层状弹性体系力学

（第 2 版）

郭大智　王东升　冯德成　著

人民交通出版社股份有限公司

北京

内 容 提 要

本书是在作者研究生使用讲义的基础上,经修改、补充而成的一本层状弹性体系力学基础理论书。本书内容主要包括:轴对称圆形荷载作用下层状弹性体系的应力与位移力学分析;非轴对称圆形荷载作用下层状弹性体系的应力与位移力学计算;多圆荷载作用下层状弹性体系力学的应力与位移叠加以及层状弹性体系上板体理论等。

本书可供道路工程专业高年级学生、研究生以及从事道路工程设计、研究的人员参考。

图书在版编目(CIP)数据

层状弹性体系力学 / 郭大智, 王东升, 冯德成著. — 北京 : 人民交通出版社股份有限公司, 2023.1

ISBN 978-7-114-18270-9

Ⅰ.①层… Ⅱ.①郭…②王…③冯… Ⅲ.①层状结构—弹性力学—工程力学 Ⅳ.①TB125

中国版本图书馆 CIP 数据核字(2022)第 194141 号

Cengzhuang Tanxing Tixi Lixue

书　　名:层状弹性体系力学(第 2 版)
著 作 者:郭大智　王东升　冯德成
责任编辑:李　瑞
责任校对:孙国靖　宋佳时
责任印制:刘高彤
出版发行:人民交通出版社股份有限公司
地　　址:(100011)北京市朝阳区安定门外外馆斜街 3 号
网　　址:http://www.ccpcl.com.cn
销售电话:(010)59757973
总 经 销:人民交通出版社股份有限公司发行部
经　　销:各地新华书店
印　　刷:北京虎彩文化传播有限公司
开　　本:880 × 1230　1/16
印　　张:30.75
字　　数:915 千
版　　次:2023 年 1 月　第 2 版
印　　次:2023 年 1 月　第 2 版　第 1 次印刷
书　　号:ISBN 978-7-114-18270-9
定　　价:180.00 元

第2版前言

层状弹性体系力学的主要内容包括如下5部分：

1. 层状弹性体系的基本理论；

2. 圆形轴对称荷载作用下层状弹性体系的应力与位移力学分析，其中重点研究圆形轴对称垂直荷载下的应力与位移分析；

3. 圆形非轴对称荷载作用下层状弹性体系的应力与位移力学计算，重点分析圆形单向水平荷载下的应力与位移分量；

4. 探讨多圆荷载作用下层状弹性体系力学的应力与位移叠加公式；

5. 层状弹性体系上薄板理论。

其中，1～4部分为沥青路面设计的理论基础；而层状弹性体系上的薄板理论，为水泥混凝土路面设计的理论基础。

本书再版时，除改正一些印刷错误外，还对内容作了一些微小增减与修改。在层状弹性体系力学中，主要有如下三个方面的修改：

1. 为了与双层弹性体系、三层弹性体系推导中的参数相一致，多层弹性体系推导过程中参数将重新组合。再版时，拟采用下述两组参数：

$$L_k = \frac{(3-4\mu_{k+1})-(3-4\mu_k)m_k}{3-4\mu_{k+1}+m_k}, T_k = \frac{3-4\mu_2+m_k}{4(1-\mu_{k+1})}$$

$$M_k = \frac{1-m_k}{1+(3-4\mu_k)m_k}, V_k = \frac{1+(3-4\mu_k)m_k}{4(1-\mu_{k+1})}$$

代替第1版中的两个参数：

$$L_k = \frac{(3-4\mu_{k+1})-(3-4\mu_k)m_k}{4(1-\mu_{k+1})}$$

$$M_k = \frac{1-m_k}{4(1-\mu_{k+1})}$$

这样修改，除参数L_k、M_k在双层弹性体系、三层弹性体系和多层弹性体系中均可保持一致外，同时还便于检查多层弹性体系计算公式的正确性。

2. 再版时，增加两种系数 A_i^V、B_i^V、C_i^V、D_i^V 和 A_i^H、B_i^H、C_i^H、D_i^H、E_i^H、F_i^H 表达式（以下简称系数表达式）的检验方法：

(1) 验根法。

将所得到的系数表达式代入原始方程式中，如果满足原始方程式的要求，则说明系数表达式的解正确。

(2) 对比法。

将多层弹性体系与双层弹性体系、三层弹性体系的系数表达式进行对比检验，当 $n=2$ 或 $n=3$ 时，若可从多层弹性体系的系数表达式中，直接得到双层或三层弹性体系的系数表达式，那么这个多层弹性体系的系数表达式，就是正确的结果。

3. 再版时，还对以下两处进行了较大修改。

(1) 在应用古德曼模型时，第 1 版的计算公式为：

$$\tau_{zr_i}^V \Big|_{z=H_i} = K_k(u_{i+1}^V - u_i^V) \Big|_{z=H_i}$$

或

$$\tau_{\theta z_i}^H \Big|_{z=H_i} = K_i(v_{i+1}^H - v_i^H) \Big|_{z=H_i}$$

$$\tau_{zr_i}^H \Big|_{z=H_i} = K_i(u_{i+1}^H - u_i^H) \Big|_{z=H_i}$$

再版时，修改为如下的计算公式：

$$\tau_{zr_i}^V \Big|_{z=H_i} = K_i(u_i^V - u_{i+1}^V) \Big|_{z=H_i}$$

或

$$\tau_{\theta z_i}^H \Big|_{z=H_i} = K_i(v_i^H - v_{i+1}^H) \Big|_{z=H_i}$$

$$\tau_{zr_i}^H \Big|_{z=H_i} = K_i(u_i^H - u_{i+1}^H) \Big|_{z=H_i}$$

只有这样修改，才能保证方程式的两端均保持为正向。因此，在第 1 版中采用古德曼模型的系数表达式有误，需重新加以推导，得到正确的系数表达式。

(2) 在第 6.4 节双层弹性体系中应力与位移的数值解和第 13.4 节应力与位移的数值解中，第 1 版中也有一些错误，进行重新分析。

本书在修订定稿过程中，我的学生王东升老师曾进行过详细的审核，提出一些较好的修改意见，对此，编写组一致同意将其列为主编。

郭大智

2015 年 8 月 18 日

第1版前言

路面力学是拟定和研究沥青混凝土路面与水泥混凝土路面设计方法的理论基础,它包括层状弹性体系力学和层状黏弹性体系力学两大部分。为了适应培养研究生和开展路面设计理论和方法研究的需要,上海同济大学朱照宏教授主编、西安长安大学王秉纲教授和哈尔滨工业大学郭大智教授参编的《路面力学计算》专著,于1985年9月由人民交通出版社正式出版。这本书主要介绍均质体、双层体系和三层体系应力与位移的分析方法,它为在我国普及路面力学知识起到较大的促进作用。近十几年来,路面力学得到极大的发展,尤其是我国的道路工作者做出卓越的成绩,将路面力学向前推进了一大步。

1962年前后,为了建立柔性路面设计方法的理论基础,国内积极开展层状弹性体系理论研究工作。为此,1963年这个专题被列入国家十年科研规划重点课题的第2115项。当时,朱照宏教授利用洛甫的轴对称位移函数求得双层和三层弹性体系在圆形均布垂直荷载作用下的应力与位移分量表达式;吴晋伟高级工程师根据轴对称苏斯威尔位移函数也导出双层和三层弹性体系在圆形均布垂直荷载作用下的应力与位移分量解析解。应当指出,这两种解法尽管表达式有所不同,但其计算结果却完全相同。1973年左右,笔者采用洛甫的非轴对称位移函数法,求得双层和三层弹性体系在圆形均布垂直荷载作用下的应力与位移分量理论解。这些成果虽然只是学习、消化国外文献的结果,但它为我国后来的研究工作打下良好的基础。

采用位移函数法求解应力与位移分量一般解时,必须满足如下两条要求:一是要找出应力和位移分量与位移函数的关系式;二是位移函数必须为某微分方程的解,否则无法利用位移函数求解。因此,笔者和钟阳教授根据拉梅方程式,采用积分变换方法,分别以不同的物理量作为基本变量求解。在笔者的方法中,采用位移分量作为基本变量求解;钟阳教授先求得体积变形的解,然后再利用体积变形和位移分量的关系式求得位移分量。这两种解法大同小异,均属于位移法求解。另外,钟阳教授还根据状态方程提出传递矩阵法,导出应力与位移分量的一般解。这三种解法的最大优点,就是不需要寻找位移函数,直接从基本方程式出发求解。因此，这种解法不仅新颖，而且应用也较广泛。

随着国民经济的高速发展，高等级公路也得到迅速发展。高等级公路必须修建高等级路面。只有这样，才能适应交通量高速发展的需要。对于高等级路面，其路面的层数往往超过三层，有的路面层数可达到七层之多。因此，对于多层弹性体系的应力与位移分量如何计算，是一个急需解决的问题。在这方面，国外学者一般都采用线性代数矩阵法，国内不仅有人用过线性代数矩阵法，而且还独创出四种解法：一是吴晋伟高级工程师提出的"反力递推法"；二是笔者提出的"系数递推法"；三是王凯教授提出的"递推回代法"；四是钟阳教授提出的"传递矩阵法"。

1964 年，由于路面弯沉仪在我国全面推广应用，需要解决双圆和多圆荷载作用下的应力与位移分量的计算问题。为此，笔者采用"两次坐标变换法"，导出多圆荷载作用下某点的应力和位移叠加公式。

在圆形均布单向水平荷载作用下，分析层状弹性体系表面（$z=0$）荷载圆周边（$r=\delta$）处的应力时，我们会发现某些应力分量为"无穷大"。产生这种理论值与实际值不符的原因，在于圆形均布单向水平荷载在周边（$r=\delta$）处有"突变"。为了避免射中现象的产生，笔者提出高次抛物面荷载，只要该荷载中的荷载系数取值适当，就可以解决这种现象的产生。对于上述所谈及的问题，我们有必要加以总结，编辑成册。由于需要添加的内容较多，故决定编写如下三本书：

《路面力学中的工程数学》

《层状弹性体系力学》

《层状黏弹性体系力学》

层状弹性体系力学属于弹性力学的一个分支，它是研究在外部荷载作用下，层状弹性体系的应力、形变和位移。

层状弹性体系力学可以分为数学层状体系力学和实用层状弹性体系力学两部分。在数学层状体系力学里，只采用精确的数学推演而不引用关于形变状态或应力分布的假定。本书的层状弹性体系力学内容属于数学层状弹性体系力学。在实用层状弹性体系力学中，则引用形变状态或应力分布的假定来简化数学推演，得出具有一定近似性的解答。层状弹性体系上的板体理论，就属于实用层状弹性力学范畴。因此，本书就是围绕这两部分内容展开分析研究。

由于水平有限，如发现本书有错误和不妥之处，敬请读者批评指正，以便进一步修正补充。

郭大智

2000 年 6 月 4 日

出版说明

郭大智教授的书稿，详细呈现了层状弹性体系与层状黏弹性体系理论求解的过程，力求严谨、细致。因理论体系复杂，其所涉及的公式特别多，仅重要的结论性公式或较重要过程性公式编排了序号，而其他推演的过程记录则不编排序号，以便于读者既能把握理论求解的全局、脉络和关键节点，又能核对理论推演的细节。这也是郭大智教授理论研究风格的具体体现，本次再版我们尊重郭大智教授遗稿的原貌，对公式序号核对，但不做调整，请读者理解。

具体而言，本书公式序号有三种形式，分别为3个数字和2个数字组合，以及1个数字（或字母）表达的，如(10-1-1)、(1-2)，(1)或(A)。

其中，3个数字组合的，为该节中结论性的公式，是对理论推演全局和数值计算有关键地位的理论表达。第一个数字是章的序号，第二个数字是节的序号，第三个数字即为该公式在该节中的出现次序。

而2个数字组合的，是过程公式，由这些公式详细推演出上一种结论性公式，是理论求解的过程体现。所有这类公式每节单独排序，第一个数字按问题的总体属性排序，如多层体系理论推演中表面边界条件的序号为1，则相应的公式序号记为(1-X)或(1-Y)；第二数字依据问题的局部属性排序，如表面边界条件的垂向正应力的相应公式为(X-1)，而水平切应力的相应公式为(X-2)。读者将这些公式最终依次排布就能获取理论推演的脉络，这体现了郭大智教授治学注重物理意义和数学表达相统一的特点。另，同一条件下的理论表达，因数学变换等发生形式变化的，其序号的第二位数字加撇（甚至多个撇），这类的重要性次于无撇标记序号的公式，是纯粹的数学推导，无关全局却又关乎理论求解数学上的成败（或计算、推导的难易），因此编排附加型的序号。这样，就可能出现一种状况，即(2-2)因直接得到，而(2-1)通过数学变换后得出的情况，但序号仍按问题属性排序（而非出现先后排序），这仍然体现了注重逻辑、把握脉络的研究风格。

序号仅为一个数字或字母的，一般仅在某个条目的理论求解中出现，属局部的理论表达,也是细节呈现。

这套公式序号的编排规则确实复杂、繁琐,但恰恰妥善的平衡了总体和局部、要点和细节,是理论推演、数学表达与数值计算、程序编写四方面综合考量的一种呈现方式,体现了郭大智教授治学的过程和特点。为便于读者理解,特此说明。

目录

第1篇　基 本 理 论

第2篇　轴对称空间课题的力学分析

第3篇 非轴对称空间课题的应力与位移

第4篇 多圆荷载作用下的应力与位移分析

第1篇

基 本 理 论

1 绪 论

层状弹性体系力学,又称层状弹性理论,它专门研究圆形荷载作用下层状弹性体系内产生的应力与位移。近几十年来,由于计算机的广泛应用,层状弹性体系力学得到迅速发展。其中,我国道路工作者的贡献更为突出,他们不仅提出了多层体系的各种独特解法,而且在推导层状弹性体系的一般解时,也找到几种有别于位移函数(或应力函数)解法的新颖方法。

层状弹性体系是路面设计方法的理论基础,各国学者以各种不同的方式将其运用到路面设计中。目前,根据层状弹性力学的研究成果,建立路面设计的理论法或半理论法,已成为国际公认的共同趋势。在我国,无论是沥青路面设计,还是水泥混凝土路面设计,都较好地得到运用,并分别制定出相应的设计规范。

为了更好地学习层状弹性体系理论,本章着重介绍几个基本概念。

1.1 路基路面体系的力学模型

路面体系是建构在土基上的层状结构物,在构造上比较复杂。这种路基路面结构体系有如下一些特点:

(1)作用在路表面上的外荷载主要为汽车荷载,它对路表面不仅作用有垂直荷载,而且还有单向水平荷载的作用。这种荷载还是多次重复的动荷载,且为随机荷载。同时汽车轮胎的印迹呈近似椭圆形状,在印迹上的压力分布也并不完全是均布荷载。

(2)路基路面材料具有多样化的特点,这就决定其力学性能也不完全相同。除水泥混凝土路面材料比较接近线性弹性体外,其他路基路面材料往往具有弹性、黏性和塑性等力学性质,有的材料还具有不均匀性的特点。如高温下的沥青混凝土、松散颗粒材料和路基土等。

(3)路基路面结构体系除承受荷载外,还要反复经受环境因素(主要是水温状态)的影响。环境因素的作用,也会使路基路面结构体系的力学性能和使用品质发生较大的变化。在季节性冰冻的"三北地区"(东北、华北北部、西北),冬天因水温的影响,产生不均匀冻胀,甚至发生路面结构破坏,严重影响使用性能。春季又会发生融化,严重时形成翻浆;由于温度的变化,沥青路面材料在低温度时呈弹性性质,而在高温条件下呈黏弹性性能,甚至呈黏塑性性能;由于温差的影响,水泥混凝土路面产生过大的温度应力,以至于在构造上不得不考虑采用分块的技术措施来消减其温度应力;由于水分的影响,或使路面表面产生松散,或使路面结构层的强度和刚度降低,引起破坏;或土基的强度和刚度下降,使得路表下沉,产生裂缝,甚至出现龟裂。

为路基路面结构体系建立力学模型,是运用科学原理来解决实际工程问题的一种有效方法。但如果试图建立一个包罗万象的力学模型来分析路基路面结构体系的内力,势必出现过于复杂,甚至无法求解的局面。又如果采用回避矛盾的办法,根据实际经验确定路面结构的尺寸,将过于简单化,并具有相当大的局限性,特别是当采用新材料时,这种经验法就无能为力。因此,很多路面设计理论的研究人员总是力图采用某些假设,抓住主要矛盾,忽略次要因素,使路基路面结构体系的力学模型越来越趋于完善,其所得理论结果就越来越接近于实际。但是,它们之间仍然存在一定的差距。这种理论与实际的不一致性,可通过各种试验手段对理论结果加以修正,取得理论与实际的统一。实践证明,这种理论加修正的方法是解决实际工程问题的行之有效的办法。

当前发展比较完善的层状弹性体系理论,它与路基路面结构体系的实际情况有较大的差异。如果采用非线性弹性力学、塑性力学、黏弹性理论等来分析路基路面结构,则在力学上和数学上还有很多难以克服的问题,有的难以求解,甚至无法求解;有的又因参数过多,不能在实际中得以应用。为了解决路面设计问题,这就需要根据目前可运用的力学和数学手段,建立尽可能符合实际的力学模型。因此,人们一般将沥青混凝土路面的力学模型归纳为层状弹性体系,而水泥混凝土路面的力学模型则采用层状弹性体系上的板体理论。这两种力学模型,如图 1-1 所示。

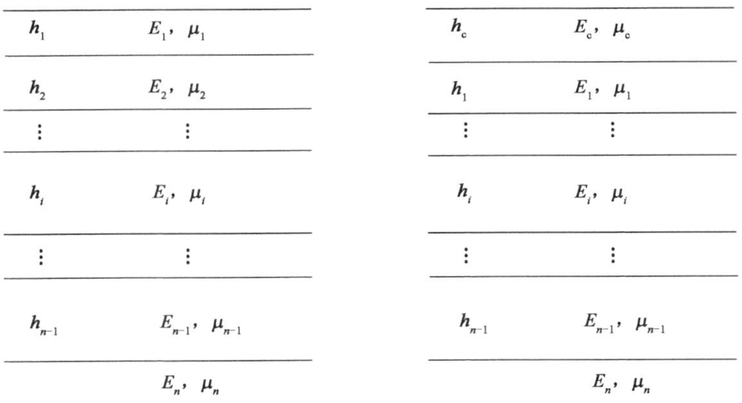

h_1 E_1, μ_1
h_2 E_2, μ_2
⋮ ⋮
h_i E_i, μ_i
⋮ ⋮
h_{n-1} E_{n-1}, μ_{n-1}
E_n, μ_n

a)层状弹性体系

h_c E_c, μ_c
h_1 E_1, μ_1
⋮ ⋮
h_i E_i, μ_i
⋮ ⋮
h_{n-1} E_{n-1}, μ_{n-1}
E_n, μ_n

b)层状弹性体系上的板

图 1-1

图 1-1 中,1 至 $n-1$ 层相当于各路面结构层,其结构参数 h_k、E_k、μ_k 分别为第 k 层的厚度(cm)、弹性模量(MPa)和泊松比;第 n 层相当于土基,其弹性参数 E_n、μ_n 分别为弹性模量(MPa)和泊松比;h_c、E_c、μ_c 分别为板的厚度(cm)、弹性模量(MPa)和泊松比,这一层板相当于水泥混凝土路面。

层状弹性体系包括弹性半空间体($n=1$)和 n 层弹性体系,其中 $n=2,3,\cdots\cdots$。若水平面方向和垂直向下的深度方向均为无限大的弹性体,则称为弹性半空间体(或弹性均质体),它是土基的力学模型。在弹性半空间体上有 $n-1$ 层具有有限厚度,且水平方向为无限大的弹性结构层,称为 n 层弹性体系。

1.2 基本假设

为了从层状弹性体系力学问题的已知量中求出未知量,就必须建立这些已知量与未知量之间的关系式,以及各个未知量之间的关系式,从而导出一套求解的方程式。在寻找求解方程式时,可以从下述三方面进行分析:一是力学条件,它可以建立起应力的静平衡微分方程式;二是几何条件,这个条件建立起形变与位移之间的微分关系式;三是物理条件,它建立起形变与应力之间的代数关系式。

在推导求解方程式时,如果精确考虑各方面的因素,则导出的方程将会非常复杂,甚至无法求解。因此,通常应按照研究对象的性质,联系求解问题的范围,做出若干基本假设,从而略去暂时不考虑的因素,使得所得方程式易于求解。为此,对层状弹性体系提出如下五条基本假设。

1.2.1 关于理想弹性、完全均匀和各向同性的假设

若物体在外力作用下产生变形，卸载后，物体完全恢复到原来的形状，则该物体称为弹性体；如果卸载后，物体不能恢复到原来的形状，则称为非弹性体。

当弹性体的应力与形变的关系呈直线，则称为线性弹性体；若其应力与形变关系呈曲线，则称为非线性弹性体，如图 1-2 所示。

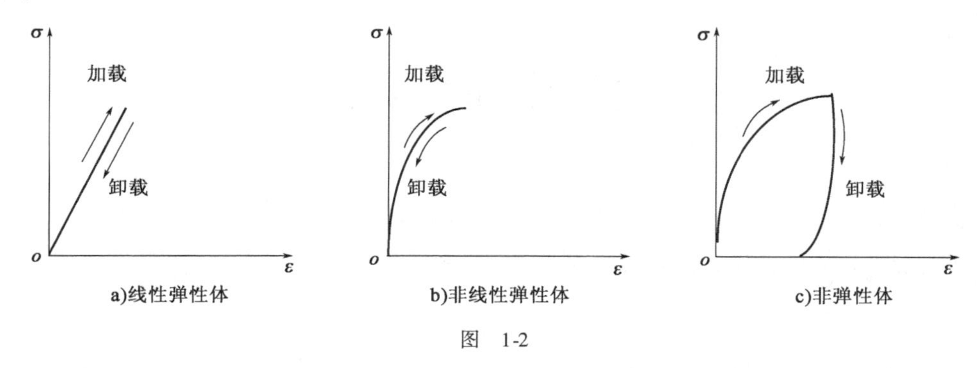

图 1-2

在这项假设中，所谓“理想弹性”是指，层状弹性体系为线性弹性体，完全服从广义虎克定律，其应力与形变呈正比。反映这种比例关系的常数称为弹性参数，它不随应力或形变的大小或符号而变。

所谓“完全均匀”是指，每层由同一种材料组成，并具有相同的弹性性质。因此，其弹性参数不随坐标位置而变。

所谓“各向同性”是指，同一点所有方向上的弹性参数完全相同。它在任何一点上，均不随方向而变。

根据这条假设，层状弹性体系力学的研究对象为线性弹性体，完全服从广义虎克定律，其弹性参数为不随坐标位置与方向变化的常数。

1.2.2 关于连续性假设

这条假设认为，物质充满物体的整个空间，没有任何空隙。它不考虑物质的原子结构，更不考虑物质的分子运动。这样，可以应用连续函数来描述其应力、形变与位移等物理量的变化规律。实际上，一切物体均由微粒组成，它们都不符合这条连续性假设。但是，只要微粒的尺寸以及相邻微粒之间的距离远远比物体本身的尺寸小，那么这条假设所引起的误差不会显著。

1.2.3 关于自然应力状态等于零的假设

按照这条假设，在施加外荷载之前，假定存在于物体内的初应力等于零。换句话说，在层状弹性体系理论中所求的应力不是物体的实际应力，而仅仅是在未知初应力上的增加值。

1.2.4 关于微小形变和微小位移的假设

假设物体受力后，各点的位移都远远小于物体原来的尺寸，且形变和转角都远远小于 1。这样，在建立物体变形后的平衡方程时，就可用变形前的尺寸代替变形后的尺寸，而不致引起显著的误差。同时，转角和形变的二次幂或乘积都可以忽略不计。这项假设使得层状弹性体系力学中的代数方程和微分方程均可简化为线性方程。

1.2.5 关于无穷远处应力、形变和位移等于零的假设

根据这条假设，当 r 趋于无穷大时，层状弹性体系中的应力、形变和位移都等于零；当 z 趋向无穷大

时,其应力、形变和位移也都等于零。实际上,在路基路面结构体系中,在水平方向和深度方向,当离荷载足够远处,其应力、形变和位移就等于零。这就是说,实际路基路面结构比层状弹性体系的应力、形变和位移收敛速度都要快得多。

根据上述分析可以看出,这五条假设中的前四条假设,与一般弹性理论中的假设完全一样。只有第五条假设,才是层状弹性体系所特有的一条假设。因此,一般弹性理论中的应力与位移分析的方程式完全适用于层状弹性理论。

1.3 空间坐标系

在层状弹性体系中,由于水平面方向无限大,故宜采用柱面坐标系求解,柱面坐标系也是一种正交坐标系。在进行分析时,采取右手法则,且 z 轴向下,如图 1-3 所示。

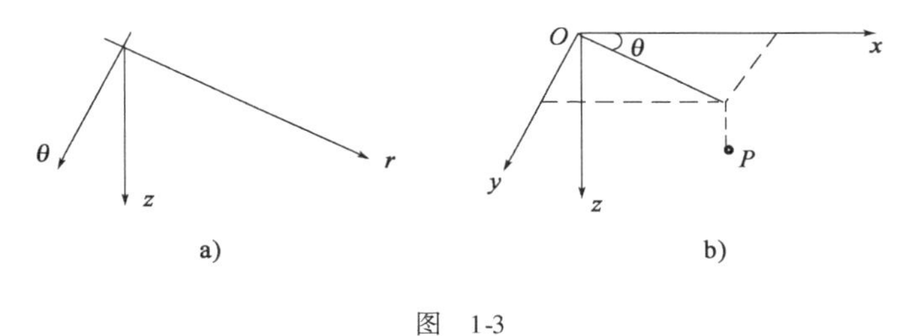

图 1-3

在柱面坐标系中,垂直于 r 轴的平面称为 r 面,垂直于 θ 轴的平面称为 θ 面,垂直于 z 轴的平面称为 z 面。

采用右手坐标系时,应力的正负号可按下述法则确定:如果某截面的外法线方向与坐标轴一致,则这个截面称为正面,而该面上的应力分量就以沿坐标轴的正方向为正,沿坐标轴的负方向为负。相反,如果某截面的外法线方向与坐标轴方向相反,则这个截面称为负面,而该面上的应力分量就以沿坐标轴的负方向为正,沿坐标轴的正向为负。

根据空间解析几何可知,柱面坐标系与直角坐标系之间的坐标变换式如下:

$$\left\{\begin{aligned} r &= \sqrt{x^2 + y^2} \\ \theta &= \arctan \frac{y}{x} \\ z &= z \end{aligned}\right. \tag{1-3-1}$$

又根据复合求导公式,则可得

$$\left\{\begin{aligned} \frac{\partial}{\partial x} &= \cos\theta \frac{\partial}{\partial r} - \frac{\sin\theta}{r} \frac{\partial}{\partial \theta} \\ \frac{\partial}{\partial y} &= \sin\theta \frac{\partial}{\partial r} + \frac{\cos\theta}{r} \frac{\partial}{\partial \theta} \\ \frac{\partial}{\partial z} &= \frac{\partial}{\partial z} \end{aligned}\right. \tag{1-3-2}$$

二阶导数的变换式可表示为:

$$
\begin{cases}
\dfrac{\partial^2}{\partial x^2} = \dfrac{1}{2}(\dfrac{\partial^2}{\partial r^2} + \dfrac{1}{r}\dfrac{\partial}{\partial r} + \dfrac{1}{r^2}\dfrac{\partial^2}{\partial \theta^2}) + \dfrac{\cos 2\theta}{2}(\dfrac{\partial^2}{\partial r^2} - \dfrac{1}{r}\dfrac{\partial}{\partial r} - \dfrac{1}{r^2}\dfrac{\partial^2}{\partial \theta^2}) - \dfrac{\sin 2\theta}{r}\dfrac{\partial}{\partial \theta}(\dfrac{\partial}{\partial r} - \dfrac{1}{r}) \\
\dfrac{\partial^2}{\partial y^2} = \dfrac{1}{2}(\dfrac{\partial^2}{\partial r^2} + \dfrac{1}{r}\dfrac{\partial}{\partial r} + \dfrac{1}{r^2}\dfrac{\partial^2}{\partial \theta^2}) - \dfrac{\cos 2\theta}{2}(\dfrac{\partial^2}{\partial r^2} - \dfrac{1}{r}\dfrac{\partial}{\partial r} - \dfrac{1}{r^2}\dfrac{\partial^2}{\partial \theta^2}) + \dfrac{\sin 2\theta}{r}\dfrac{\partial}{\partial \theta}(\dfrac{\partial}{\partial r} - \dfrac{1}{r}) \\
\dfrac{\partial^2}{\partial x \partial y} = \dfrac{\sin 2\theta}{r}(\dfrac{\partial^2}{\partial r^2} - \dfrac{1}{r}\dfrac{\partial}{\partial r} - \dfrac{1}{r^2}\dfrac{\partial^2}{\partial \theta^2}) + \dfrac{\cos 2\theta}{r}\dfrac{\partial}{\partial \theta}(\dfrac{\partial}{\partial r} - \dfrac{1}{r}) \\
\dfrac{\partial^2}{\partial z^2} = \dfrac{\partial^2}{\partial z^2}
\end{cases}
\tag{1-3-3}
$$

坐标及其导数的变换式,不仅在推导应力、形变与位移坐标变换式时是十分有用的数学公式,而且由直角坐标系的基本方程式推导柱面坐标系下的基本方程式,也是不可缺少的重要工具。

1.4 轴对称课题与非轴对称课题

当采用柱面坐标系求解层状弹性体系时,根据结构和荷载的实际情况,可分为轴对称课题与非轴对称课题。若应力分量、形变分量与位移分量都只是 r 和 z 的函数,而与 θ 角无关,则称为轴对称课题;否则如果应力、形变与位移等分量均为坐标 r、z 和 θ 的函数,则称为非轴对称课题。

在层状弹性体系的空间问题中,提出如下三个作为判断轴对称课题或非轴对称课题的条件:

(1)结构具有对称轴;

(2)荷载也具有对称轴;

(3)结构对称轴与荷载对称轴重合。

如果上述三个判断条件均得到满足,则该问题必属轴对称课题;若其中有任何一个不能满足,则该问题定为非轴对称课题。对于层状弹性体系而言,由于其水平面无限大,因此结构必然具有对称轴。如果荷载具有对称轴,则结构对称轴必然与荷载对称轴重合,故其判断条件只需根据荷载情况而定。若荷载对称于某轴,则称为层状弹性体系轴对称课题;否则称为层状弹性体系非轴对称课题。

1.5 荷载表达式

汽车在路上行驶,不仅对路表面产生垂直荷载,而且还作用有单向水平荷载。汽车轮胎的印迹接近于椭圆形,但为便于计算,可将其简化为圆形。因此,这种汽车荷载可归结为圆形轴对称垂直荷载和单向圆形非轴对称水平荷载。下面将这两种荷载作进一步分析。

1.5.1 圆形轴对称垂直荷载分析

长期以来,在路面设计中一直将汽车轮胎的垂直荷载简化为圆形均布垂直荷载,其荷载表达式可表示如下:

$$
p(r) = \begin{cases} p & (r < \delta) \\ 0 & (r > \delta) \end{cases}
\tag{1-5-1}
$$

式中:p——荷载集度(MPa);

δ——轮胎当量圆半径(cm)。

荷载表达式还可用单位阶梯函数表示:

$$p(r) = pH(\delta - r)$$

上述均布荷载在周边($r=\delta$)处的荷载集度发生突变:当 $r=\delta-0$(这个表达式,是函数 r 在 δ 的左极限,同理另一种表达式为右极限。可参考《中国大百科全书数学》第 329 页)时,则有 $p^V(\delta-0)=p$;当 $r=\delta+0$ 时,则得 $p^V(\delta+0)=0$。因此,在间断点($r=\delta$)处的荷载值等于左极限与右极限之和的一半,即 $p^V(\delta)=\frac{p}{2}$。这种荷载的突变使得间断处的某些理论计算结果与实际物理现象不符,尤其是圆形均布单向水平荷载作用下表面周边处的某些应力分量理论值趋于无限大,即产生数学上的"奇点"问题。为了解决均布荷载在理论上带来的问题,国内外学者曾对圆形半球形垂直荷载进行过研究,这种荷载的表达式为:

$$p(r) = \begin{cases} \frac{3p}{2}\sqrt{1-\frac{r^2}{\delta^2}} & (r<\delta) \\ 0 & (r>\delta) \end{cases} \tag{1-5-2}$$

这种半球形荷载的最大优点在于周边处荷载连续,而其缺点是荷载集度过分地向圆中心处集中,使得某些点的理论值与实测值相差较大。

为了解决这些矛盾,王凯曾提出"碗形"荷载图式,其一般表达式如下:

$$p(r) = \begin{cases} \frac{m+1}{m}p\left[1-\left(\frac{r}{\delta}\right)^{2m}\right] & (r<\delta) \\ 0 & (r>\delta) \end{cases} \tag{1-5-3}$$

碗形分布垂直荷载图式较上述两种荷载图式有所进步,但计算起来似乎麻烦些,且与其他荷载图式缺乏内在联系。对此,我们提出任意次旋转抛物面垂直荷载图式,这种图形轴对称垂直荷载的一般表达式为:

$$p(r) = \begin{cases} mp\left(1-\frac{r^2}{\delta^2}\right)^{m-1} & (r<\delta) \\ 0 & (r>\delta) \end{cases} \tag{1-5-4}$$

式中:m——荷载类型系数,$m>0$;

p——均布荷载集度(MPa)。

几种常见的荷载图式都包括在这种对称垂直荷载的一般表达式之中:当 $m=1$ 时,就是图形均布垂直荷载图式;当 $m=3/2$ 时,则为半球形垂直荷载图式;在均布荷载与半球形荷载之间,例如取 $m=1.1$ 时,也许会更趋于荷载分布的实际情况;当 $m=0.5$ 时,又相当于刚性承载板下的压力分布。有关这种图形轴对称垂直荷载随 m 值的变化规律,如图 1-4 所示。

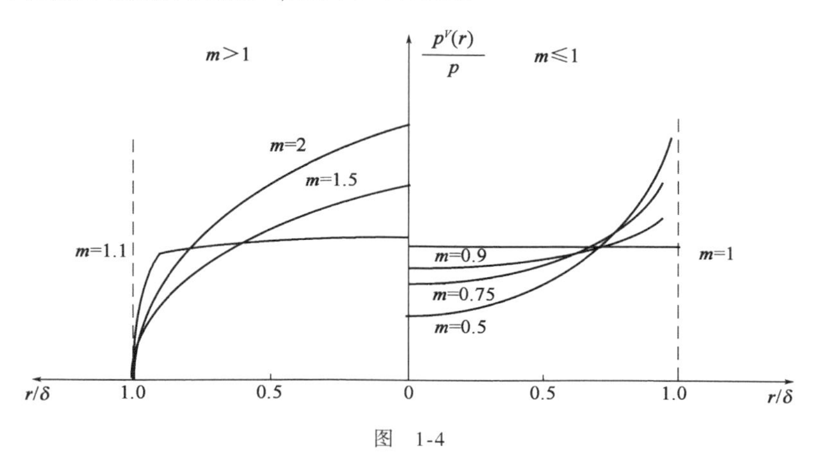

图 1-4

从图 1-4 可以看出,当 $m\leqslant1$ 时,荷载在 $r=\delta$ 处间断;当 $m>1$ 时,荷载在 $r=\delta$ 处连续。

圆形轴对称垂直荷载的亨格尔零阶积分变换式为:

$$\bar{p}(\xi) = \int_0^\infty r p^V(r) J_0(\xi r)\,\mathrm{d}r = mp\int_0^\delta r\left(1 - \frac{r^2}{\delta^2}\right)^{m-1} J_0(\xi r)\,\mathrm{d}r$$

若令 $r=\delta\sin\theta$,则有:

$$\mathrm{d}r = \delta\cos\theta\mathrm{d}\theta$$

当 $r=0$ 时,$\theta=0$;当 $r=\delta$ 时,$\theta=\pi/2$,故上述积分变换式可改写为:

$$\bar{p}(\xi) = mp\delta^2\int_0^{\frac{\pi}{2}} \sin\theta\cos^{2m-1}\theta J_0(\xi\delta\sin\theta)\,\mathrm{d}\theta$$

又根据第一索宁有限积分公式:

$$\int_0^{\frac{\pi}{2}} (x\sin\theta)\sin^{\mu+1}\theta\cos^{2v+1}\theta\mathrm{d}\theta = \frac{2^v\Gamma(v+1)}{x^{v+1}}J_{\mu+v+1}(x)$$

其中,$\mu>-1$,$v>-1$。当 $\mu=0$,$v=m-1$,$x=\xi\delta$,则可得圆形轴对称垂直荷载的亨格尔零阶积分变换式:

$$\bar{p}^V(\xi) = \frac{2^{m-1}\Gamma(m+1)p\delta}{\xi(\xi\delta)^{m-1}}J_m(\xi\delta) \tag{1-5-5}$$

当 $m=1$ 时,式(1-5-5)可化为圆形均布垂直荷载的亨格尔零阶积分变换式:

$$\bar{p}(\xi) = \frac{p\delta}{\xi}J_1(\xi\delta) \tag{1-5-6}$$

当 $m=\frac{3}{2}$时,式(1-5-5)又可化为半球形垂直荷载的亨格尔零阶积分变换式:

$$\bar{p}^V(\xi) = \frac{3p\sqrt{2\pi\delta}}{4\xi^{3/2}}J_{3/2}(\xi\delta)$$

其中,$J_{3/2}(\xi\delta)$为半奇数阶的贝塞尔函数,可用初等函数表示。

根据半奇数阶贝塞尔函数理论,有如下两式:

$$J_{1/2}(\xi\delta) = \sqrt{\frac{2}{\pi\xi\delta}}\sin\xi\delta$$

$$J_{-1/2}(\xi\delta) = \sqrt{\frac{2}{\pi\xi\delta}}\cos\xi\delta$$

又根据贝塞尔函数的递推公式,则有:

$$J_{3/2}(\xi\delta) = \frac{1}{\xi\delta}J_{1/2}(\xi\delta) - J_{-1/2}(\xi\delta)$$

故半球形垂直荷载的零阶亨格尔积分变换式可用初等函数表示:

$$\bar{p}^V(\xi) = \frac{3p\delta}{2\xi}\,\frac{\sin\xi\delta - \xi\delta\cos\xi\delta}{(\xi\delta)^2} \tag{1-5-7}$$

当 $m=1/2$ 时,式(1-5-5)又可化为刚性承载板下的垂直压力分布,其零阶亨格尔积分变换式为:

$$\bar{p}(\xi) = \frac{p\delta\sqrt{\pi\xi\delta}}{2\sqrt{2}\xi}J_{1/2}(\xi\delta)$$

若用初等函数表示,则可得如下表达式:

$$\bar{p}(\xi) = \frac{p\delta\sin\xi\delta}{2\xi} \tag{1-5-8}$$

总而言之,圆形轴对称垂直荷载的一般表达式,将常见的几种荷载图式都包含在其中。这种荷载图式不仅表达简洁,而且各种类型荷载图式的内在联系也更加明显。

1.5.2 圆形单向非轴对称水平荷载分析

根据前面的分析,路表面除承受圆形轴对称垂直荷载作用外,还作用有单向圆形水平荷载。又根据

库仑定律,则单向圆形水平荷载可表示为:

$$s(r) = fp(r)$$

式中:f——水平荷载系数,一般为 $0 \leqslant f < 1$;

$p(r)$——圆形轴对称垂直荷载。

若将式(1-5-4)代入上式,则可得

$$s(r) = \begin{cases} fmp\left(1 - \dfrac{r^2}{\delta^2}\right)^{m-1} & (r < \delta) \\ 0 & (r > \delta) \end{cases} \tag{1-5-9}$$

圆形单向水平荷载的亨格尔零阶积分变换式可表示为:

$$\bar{s}(\xi) = \frac{2^{m-1}\Gamma(m+1)fp\delta}{\xi(\xi\delta)^{m-1}}J_m(\xi\delta) \tag{1-5-10}$$

有关圆形单向水平荷载及其亨格尔零阶积分变换式的进一步分析,与圆形轴对称垂直荷载的分析完全相同。根据前面垂直荷载的分析,当 $m = 1$、$\frac{3}{2}$和$\frac{1}{2}$时,单向水平荷载的亨格尔零阶积分变换分别表示如下:

(1)圆形均布单向水平荷载的亨格尔零阶积分变换式

当 $m = 1$ 时,则可得

$$\bar{s}(\xi) = \frac{fp\delta}{\xi}J_1(\xi\delta) \tag{1-5-11}$$

(2)半球形单向水平荷载的亨格尔零阶积分变换式

当 $m = 3/2$ 时,则可得

$$\bar{s}(\xi) = \frac{3fp\delta}{2\xi}\frac{\sin\xi\delta - \xi\delta\cos\xi\delta}{(\xi\delta)^2} \tag{1-5-12}$$

(3)刚性承载板单向水平荷载的零阶亨格尔积分变换式

当 $m = 1/2$ 时,则可得

$$\bar{s}(\xi) = \frac{fp\delta}{2\xi}\sin\xi\delta \tag{1-5-13}$$

1.6 层间结合条件

在 n 层弹性体系中,共有 $n-1$ 个接触面。其中第一层与第二层的接触面称为第一界面,第二层与第三层的接触面称为第二界面,如此类推。在每个接触面上的层间结合条件可表述如下。

1.6.1 层间完全连续

层间完全连续是指,上、下两层的接触面紧密相连,其间毫无空隙,它们共同工作如同一个天然组成的弹性介质体。这样,上、下两层的接触面上,应力和位移都完全连续,只有上、下两层接触面上的水平应力不连续,如图 1-5 所示。

对于轴对称课题,其层间完全连续的结合条件为:

$$
\begin{cases}
\sigma_{z_i}\Big|_{z=H_i} = \sigma_{z_{i+1}}\Big|_{z=H_i} \\
\tau_{zr_i}\Big|_{z=H_i} = \tau_{zr_{i+1}}\Big|_{z=H_i} \\
u_i\Big|_{z=H_i} = u_{i+1}\Big|_{z=H_i} \\
w_i\Big|_{z=H_i} = w_{i+1}\Big|_{z=H_i}
\end{cases}
\tag{1-6-1}
$$

式中，$H_i = \sum_{k=1}^{i} h_k (i = 1, 2, 3, \cdots, n-1)$。

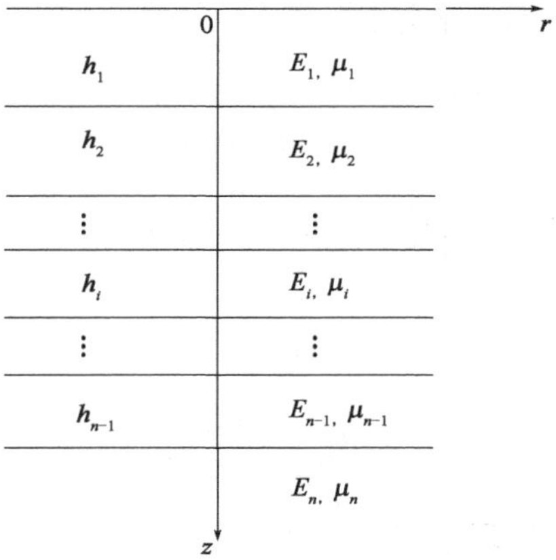

0 → r	
h_1	E_1, μ_1
h_2	E_2, μ_2
⋮	⋮
h_i	E_i, μ_i
⋮	⋮
h_{n-1}	E_{n-1}, μ_{n-1}
	E_n, μ_n
z ↓	

图 1-5

对于非轴对称课题，其层间完全连续的结合条件可表示为：

$$
\begin{cases}
\sigma_{z_i}\Big|_{z=H_i} = \sigma_{z_{i+1}}\Big|_{z=H_i} \\
\tau_{\theta z_i}\Big|_{z=H_i} = \tau_{\theta z_{i+1}}\Big|_{z=H_i} \\
\tau_{zr_i}\Big|_{z=H_i} = \tau_{zr_{i+1}}\Big|_{z=H_i} \\
u_i\Big|_{z=H_i} = u_{i+1}\Big|_{z=H_i} \\
v_i\Big|_{z=H_i} = v_{i+1}\Big|_{z=H_i} \\
w_i\Big|_{z=H_i} = w_{i+1}\Big|_{z=H_i}
\end{cases}
\tag{1-6-2}
$$

1.6.2 层间完全滑动

层间完全滑动是指，上、下两层之间可以相对滑动，接触面上完全无摩阻力。在它们的接触面上除垂直应力和垂直位移两项连续外，其他各项应力和位移都不连续。对于轴对称课题，其层间完全滑动的结合条件为：

$$\begin{cases} \sigma_{z_i}\Big|_{z=H_i} = \sigma_{z_{i+1}}\Big|_{z=H_i} \\ \tau_{zr_i}\Big|_{z=H_i} = 0 \\ \tau_{zr_{i+1}}\Big|_{z=H_i} = 0 \\ w_i\Big|_{z=H_i} = w_{i+1}\Big|_{z=H_i} \end{cases} \tag{1-6-3}$$

对于非轴对称课题,其层间完全滑动的结合条件可表示为:

$$\begin{cases} \sigma_{z_i}\Big|_{z=H_i} = \sigma_{z_{i+1}}\Big|_{z=H_i} \\ \tau_{\theta z_i}\Big|_{z=H_i} = 0 \\ \tau_{\theta z_{i+1}}\Big|_{z=H_i} = 0 \\ \tau_{zr_i}\Big|_{z=H_i} = 0 \\ \tau_{zr_{i+1}}\Big|_{z=H_i} = 0 \\ w_i\Big|_{z=H_i} = w_{i+1}\Big|_{z=H_i} \end{cases} \tag{1-6-4}$$

1.6.3 层间产生相对水平位移

在路基路面结构体系中,层间完全连续和层间完全滑动等层间结合条件实际上是两种极端状态。而一般路面结构的层间结合条件可能处于这两种极端状态之间。

这种层间结合状态,在其接触面上不仅有摩阻力,而且还产生相对水平位移。根据接触面上剪应力的分布假设,这种结合状态又可分为如下两种层间结合条件:

1. 线性分布假设

线性分布假设认为,接触面上的剪应力与层间完全连续时的剪应力呈正比,其数学表达式为:

$$\tau = k\tau_c$$

其中,τ_c 为层间完全连续时的剪应力;k 为比例系数,$0 \leqslant k \leqslant 1$;$\tau$ 为层间剪应力。

上式表明:当 $k=0$ 时,层间处于完全滑动状态,其层间剪应力为零;当 $k=1$ 时,层间处于完全连续状态,层间剪应力等于 τ_c;当 $0<k<1$ 时,层间处于完全连续与完全滑动之间的结合状态,其层间剪应力介于 $0 \sim \tau_c$ 之间。这种线性分布模型比较简单。因此,对于这一种层间结合条件,我们将在反力递推法中予以讨论。

2. 非线性分布假设

剪应力非线性分布假设采用古德曼模型作为衡量层间结合条件的尺度,如图 1-6 所示。

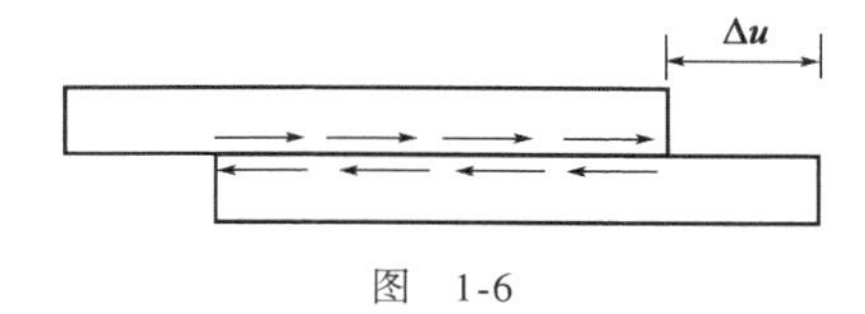

图 1-6

古德曼(Goodman)模型,就是当上、下两层发生相对水平位移 Δu 时,层间剪应力可表示为:

$$\tau = K\Delta u$$

式中:K——层间黏结系数(MPa/cm)。

从上式可以看出:当 $K=0$ 时,层间处于完全滑动状态;当 $K\to\infty$ 时,层间处于完全连续状态;当 $0<K<\infty$ 时,层间处于完全滑动与完全连续之间的结合状态。

对于轴对称课题,其层间结合条件可表示为:

$$\begin{cases} \sigma_{z_i}\Big|_{z=H_i} = \sigma_{z_{i+1}}\Big|_{z=H_i} \\ \tau_{zr_i}\Big|_{z=H_i} = \tau_{zr_{i+1}}\Big|_{z=H_i} \\ \tau_{zr_i}\Big|_{z=H_i} = K_i(u_i - u_{i+1})\Big|_{z=H_i} \\ w_i\Big|_{z=H_i} = w_{i+1}\Big|_{z=H_i} \end{cases} \tag{1-6-5}$$

对于非轴对称课题,其层间结合条件为:

$$\begin{cases} \sigma_{z_i}\Big|_{z=H_i} = \sigma_{z_{i+1}}\Big|_{z=H_i} \\ \tau_{\theta z_i}\Big|_{z=H_i} = \tau_{\theta z_{i+1}}\Big|_{z=H_i} \\ \tau_{zr_i}\Big|_{z=H_i} = \tau_{zr_{i+1}}\Big|_{z=H_i} \\ \tau_{\theta z_i}\Big|_{z=H_i} = K_i(v_i - v_{i+1})\Big|_{z=H_i} \\ \tau_{zr_i}\Big|_{z=H_i} = K_i(u_i - u_{i+1})\Big|_{z=H_i} \\ w_i\Big|_{z=H_i} = w_{i+1}\Big|_{z=H_i} \end{cases} \tag{1-6-6}$$

对于上述三种层间结合条件,我们将在下面结合具体问题,予以详尽讨论。

2 应力与位移坐标变换式

在层状弹性力学中,前四条基本假设与一般弹性力学的四条基本假设完全相同。因此,弹性力学中的基本方程式,均适用于层状弹性体系力学。但是,在弹性力学中这些基本方程式一般都是采用空间直角坐标系来表示,不能直接引用,必须将其变换为柱面坐标系下的基本方程式,才能运用。这种变换须用到应力、形变与位移的坐标变换式,才能实现。

汽车在路上行驶,可归结为多圆荷载。因此,在推导层状弹性体系内某点应力、形变与位移时,首先分析每个圆形荷载作用下的表达式。然后,再根据线性叠加原理,采用两次坐标变换法,求其叠加公式。这时也须用到应力、形变与位移坐标变换式。

鉴于上述两种情况,本章利用坐标及其导数关系式,推导应力、形变与位移的坐标变换式。

2.1 斜面上的应力分析

设斜面$\triangle COB$的面积为S_x,$\triangle AOC$的面积为S_y,$\triangle AOB$的面积为S_z,$\triangle ABC$的面积为S_N,斜面上的应力分量为x_N、y_N和z_N,如图2-1所示。

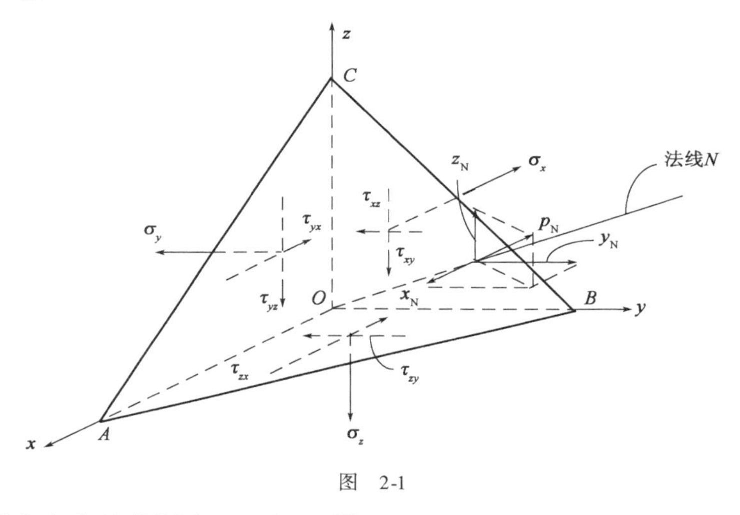

图 2-1

斜面上法线N的方向余弦分别为l、m和n,即

$$l = \cos(\widehat{x,N})$$

$$m = \cos(\widehat{y,N})$$

$$n = \cos(\widehat{z,N})$$

根据力的平衡条件$\sum F_x = 0$,可得

$$x_N S_N = \sigma_x S_x + \tau_{yx} S_y + \tau_{zx} S_z$$

即

$$x_{\mathrm{N}} = \frac{S_x}{S_{\mathrm{N}}}\sigma_x + \frac{S_y}{S_{\mathrm{N}}}\tau_{yx} + \frac{S_z}{S_{\mathrm{N}}}\tau_{zx} \tag{1}$$

同理,根据力的平衡条件$\sum F_y = 0$和$\sum F_z = 0$,又可得

$$y_{\mathrm{N}} = \frac{S_x}{S_{\mathrm{N}}}\tau_{xy} + \frac{S_y}{S_{\mathrm{N}}}\sigma_y + \frac{S_z}{S_{\mathrm{N}}}\tau_{zy} \tag{2}$$

$$z_{\mathrm{N}} = \frac{S_x}{S_{\mathrm{N}}}\tau_{xz} + \frac{S_y}{S_{\mathrm{N}}}\tau_{yz} + \frac{S_z}{S_{\mathrm{N}}}\sigma_z \tag{3}$$

又根据关系式:$l = \frac{S_x}{S_{\mathrm{N}}}, m = \frac{S_y}{S_{\mathrm{N}}}, n = \frac{S_z}{S_{\mathrm{N}}}$,式(1)、式(2)和式(3)可表示为如下形式:

$$\begin{cases} x_{\mathrm{N}} = \sigma_x l + \tau_{yx} m + \tau_{zx} n \\ y_{\mathrm{N}} = \tau_{xy} l + \sigma_y m + \tau_{zy} n \\ z_{\mathrm{N}} = \tau_{xz} l + \tau_{yz} m + \sigma_z n \end{cases} \tag{2-1-1}$$

由此可知,作用于斜面上的总应力p_{N},可由下式求得:

$$p_{\mathrm{N}}^2 = x_{\mathrm{N}}^2 + y_{\mathrm{N}}^2 + z_Z^2$$

若将x_{N}、y_{N}和z_{N}向法线N投影,则斜面上的正应力σ_{N}可由下式决定:

$$\sigma_{\mathrm{N}} = x_n l + y_{\mathrm{N}} m + z_{\mathrm{N}} n$$

再将式(2-1-1)代入上式,并由剪应力互等定理知:$\tau_{xy} = \tau_{yx}$, $\tau_{yz} = \tau_{zy}$,$\tau_{zx} = \tau_{xz}$,则可得

$$\sigma_{\mathrm{N}} = \sigma_x l^2 + \sigma_y m^2 + \sigma_z n^2 + 2\tau_{xy} lm + 2\tau_{yz} mn + 2\tau_{zx} nl \tag{2-1-2}$$

斜面上的剪应力τ_{N}可由下式求得:

$$\tau_{\mathrm{N}}^2 = p_{\mathrm{N}}^2 - \sigma_{\mathrm{N}}^2 \tag{2-1-3}$$

2.2 转轴时的应力与位移坐标变换式

若将直角坐标系$O - xyz$旋转成$O - x'y'z'$,如图2-2所示。又设$l_i, m_i, n_i (i = 1,2,3)$分别为$x', y', z'$的方向余弦,如表2-1所示。

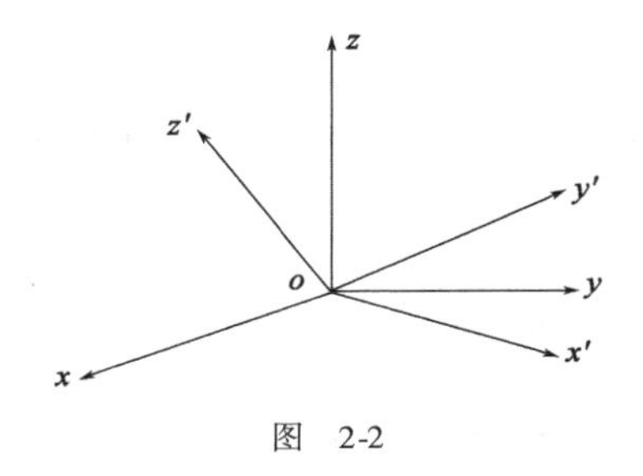

图 2-2

新旧坐标关系　　表2-1

旧坐标系 / 新坐标系	x	y	z
x'	l_1	m_1	n_1
y'	l_2	m_2	n_2
z'	l_3	m_3	n_3

作平面垂直于x'轴,则x'轴就是该平面的法线方向。根据式(2-1-1),并由剪应力互等定理,可得如下表达式:

$$\begin{cases} x_{x'} = \sigma_x l_1 + \tau_{yx} m_1 + \tau_{zx} n_1 \\ y_{x'} = \tau_{xy} l_1 + \sigma_y m_1 + \tau_{zy} n_1 \\ z_{x'} = \tau_{xz} l_1 + \tau_{yz} m_1 + \sigma_z n_1 \end{cases} \tag{1}$$

将$x_{x'}$、$y_{x'}$、$z_{x'}$分别向x'、y'、z'轴投影,将式(1)代入,并由剪应力互等定理,则可得:

$$\begin{cases}\sigma_{x'} = \sigma_x l_1^2 + \sigma_y m_1^2 + \sigma_z n_1^2 + 2\tau_{xy} l_1 m_1 + 2\tau_{yz} m_1 n_1 + 2\tau_{zx} n_1 l_1 \\ \tau_{x'y'} = \sigma_x l_1 l_2 + \sigma_y m_1 m_2 + \sigma_z n_1 n_2 + \tau_{xy}(l_1 m_2 + l_2 m_1) + \\ \qquad \tau_{yz}(m_1 n_2 + m_2 n_1) + \tau_{zx}(n_1 l_2 + l_1 n_2) \\ \tau_{x'z'} = \sigma_x l_1 l_3 + \sigma_y m_1 m_3 + \sigma_z n_1 n_3 + \tau_{xy}(l_1 m_3 + l_3 m_1) + \\ \qquad \tau_{yz}(m_1 n_3 + m_3 n_1) + \tau_{zx}(n_1 l_3 + n_3 l_1)\end{cases} \tag{2-2-1}$$

作平面垂直于 y' 轴,则 y' 轴就是该平面的法线方向。根据式(2-1-1),并由剪应力互等定理,可得如下表达式:

$$\begin{cases}x_{y'} = \sigma_x l_2 + \tau_{yx} m_2 + \tau_{zx} n_2 \\ y_{y'} = \tau_{xy} l_2 + \sigma_y m_2 + \tau_{zy} n_2 \\ z_{y'} = \tau_{xz} l_2 + \tau_{yz} m_2 + \sigma_z n_2\end{cases} \tag{2}$$

将 $x_{y'}$、$y_{y'}$、$z_{y'}$ 分别向 x'、y'、z' 轴投影,将式(2)代入,并由剪应力互等定理,则可得

$$\begin{cases}\tau_{y'x'} = \sigma_x l_2 l_1 + \sigma_y m_2 m_1 + \sigma_z n_2 n_1 + \tau_{xy}(l_2 m_1 + l_1 m_2) + \\ \qquad \tau_{yz}(m_2 n_1 + m_1 n_2) + \tau_{zx}(n_2 l_1 + n_1 l_2) \\ \sigma_{y'} = \sigma_x l_2^2 + \sigma_y m_2^2 + \sigma_z n_2^2 + 2\tau_{xy} l_2 m_2 + 2\tau_{yz} m_2 n_2 + 2\tau_{zx} n_2 l_2 \\ \tau_{y''z'} = \sigma_x l_2 l_3 + \sigma_y m_2 m_3 + \sigma_z n_2 n_3 + \tau_{xy}(l_2 m_3 + l_3 m_2) + \\ \qquad \tau_{yz}(m_2 n_3 + m_3 n_2) + \tau_{zx}(n_2 l_3 + n_3 l_2)\end{cases} \tag{2-2-2}$$

作平面垂直于 z' 轴,则 z' 轴就是该平面的法线方向。根据式(2-1-1),并由剪应力互等定理,可得如下表达式:

$$\begin{cases}x_{z'} = \sigma_x l_3 + \tau_{yx} m_3 + \tau_{zx} n_3 \\ y_{z'} = \tau_{xy} l_3 + \sigma_y m_3 + \tau_{zy} n_3 \\ z_{z'} = \tau_{xz} l_3 + \tau_{yz} m_3 + \sigma_z n_3\end{cases} \tag{3}$$

将 $x_{z'}$、$y_{z'}$、$z_{z'}$ 分别向 x'、y'、z' 轴投影,并将式(3)代入,并由剪应力互等定理,则可得

$$\begin{cases}\tau_{z'x'} = \sigma_x l_3 l_1 + \sigma_y m_3 m_1 + \sigma_z n_3 n_1 + \tau_{xy}(l_3 m_1 + l_1 m_3) + \\ \qquad \tau_{yz}(m_3 n_1 + m_1 n_3) + \tau_{zx}(n_3 l_1 + n_1 l_3) \\ \tau_{z'y'} = \sigma_x l_3 l_2 + \sigma_y m_3 m_2 + \sigma_z n_3 n_2 + \tau_{xy}(l_3 m_2 + l_2 m_3) + \\ \qquad \tau_{yz}(m_3 n_2 + m_2 n_3) + \tau_{zx}(n_3 l_2 + n_2 l_3) \\ \sigma_{z'} = \sigma_x l_3^2 + \sigma_y m_3^2 + \sigma_z n_3^2 + 2\tau_{xy} l_3 m_3 + 2\tau_{yz} m_3 n_3 + 2\tau_{zx} n_3 l_3\end{cases} \tag{2-2-3}$$

从上述六个剪应力公式可以看出,转轴后的剪应力仍然满足剪应力互等定理,即有

$$\begin{cases}\tau_{x'y'} = \tau_{y'x'} \\ \tau_{y'z'} = \tau_{z'y'} \\ \tau_{z'x'} = \tau_{x'z'}\end{cases}$$

从图 2-3 可以看出,若将位移分量 u_x、v_y、w_z 分别向 x'、y'、z' 轴投影,则有

$$\begin{cases}u_{x'} = u_x l_1 + v_y m_1 + w_z n_1 \\ v_{y'} = u_x l_2 + v_y m_2 + w_z n_2 \\ w_{z'} = u_x l_3 + v_y m_3 + w_z n_3\end{cases} \tag{2-2-4}$$

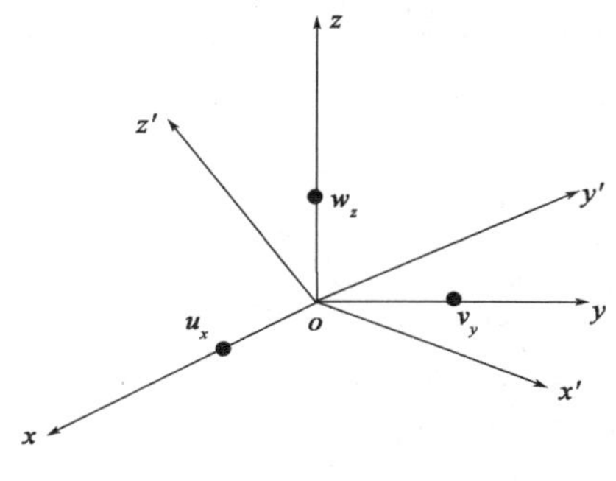

图 2-3

根据上述分析，将这些应力和位移表达式汇总，则可得转轴前后的应力与位移表达式如下：

$$
\begin{cases}
\sigma_{x'} = \sigma_x l_1^2 + \sigma_y m_1^2 + \sigma_z n_1^2 + 2\tau_{xy} l_1 m_1 + 2\tau_{yz} m_1 n_1 + 2\tau_{zx} n_1 l_1 \\
\sigma_{y'} = \sigma_x l_2^2 + \sigma_y m_2^2 + \sigma_z n_2^2 + 2\tau_{xy} l_2 m_2 + 2\tau_{yz} m_2 n_2 + 2\tau_{zx} n_2 l_2 \\
\sigma_{z'} = \sigma_x l_3^2 + \sigma_y m_3^2 + \sigma_z n_3^2 + 2\tau_{xy} l_3 m_3 + 2\tau_{yz} m_3 n_3 + 2\tau_{zx} n_3 l_3 \\
\tau_{x'y'} = \sigma_x l_1 l_2 + \sigma_y m_1 m_2 + \sigma_z n_1 n_2 + \tau_{xy}(l_1 m_2 + l_2 m_1) + \\
\qquad \tau_{yz}(m_1 n_2 + m_2 n_1) + \tau_{zx}(n_1 l_2 + n_2 l_1) \\
\tau_{y'z'} = \sigma_x l_2 l_3 + \sigma_y m_2 m_3 + \sigma_z n_2 n_3 + \tau_{xy}(l_2 m_3 + l_2 m_2) + \\
\qquad \tau_{yz}(m_2 n_3 + m_3 n_2) + \tau_{zx}(n_2 l_3 + n_3 l_2) \\
\tau_{z'x'} = \sigma_x l_3 l_1 + \sigma_y m_3 m_1 + \sigma_z n_3 n_1 + \tau_{xy}(l_3 m_1 + l_1 m_3) + \\
\qquad \tau_{yz}(m_3 n_1 + m_1 n_3) + \tau_{zx}(n_3 l_1 + n_1 l_3) \\
u_{x'} = u_x l_1 + v_y m_1 + w_z n_1 \\
v_{y'} = u_x l_2 + v_y m_2 + w_z n_2 \\
w_{z'} = u_x l_3 + v_y m_3 + w_z n_3
\end{cases}
\tag{2-2-5}
$$

2.3 应力与位移的坐标变换理论及应用

在弹性力学中，一般采用直角坐标系进行应力与位移分析，而层状弹性体系中，却是采用柱面坐标系来分析其应力与位移。因此，本节分两种情况来研究这两种正交坐标系的应力与位移坐标变换式：一是将直角坐标系下的应力与位移转变为柱面坐标系下的应力与位移；二是将柱面坐标系下的应力与位移变换为直角坐标系下的应力与位移。

由图 2-4 可知，旧坐标系为直角坐标系，新坐标系为柱面坐标系。新坐标系相当于绕 z 轴旋转一个角度 θ，这时的 r、θ 与 z 轴的方向余弦见表 2-2。

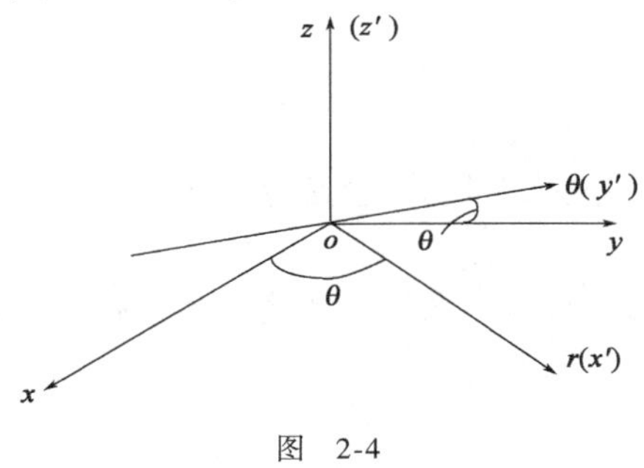

图 2-4

新旧坐标系关系 表 2-2

新坐标系	旧坐标系		
	x	y	z
$r(x')$	$l_1=\cos\theta$	$m_1=\sin\theta$	$n_1=0$
$\theta(y')$	$l_2=-\sin\theta$	$m_2=\cos\theta$	$n_2=0$
$z(z')$	$l_3=0$	$m_3=0$	$n_3=1$

若将上述方向余弦代入式(2-2-5),则可得

$$\begin{cases}\sigma_r=\sigma_x\cos^2\theta+\sigma_y\sin^2\theta+2\tau_{xy}\sin\theta\cos\theta\\ \sigma_\theta=\sigma_x\sin^2\theta+\sigma_y\cos^2\theta-2\tau_{xy}\sin\theta\cos\theta\\ \sigma_z=\sigma_z\\ \tau_{r\theta}=-(\sigma_x-\sigma_y)\sin\theta\cos\theta+\tau_{xy}(\cos^2\theta-\sin^2\theta)\\ \tau_{\theta z}=\tau_{yz}\cos\theta-\tau_{zx}\sin\theta\\ \tau_{zr}=\tau_{yz}\sin\theta+\tau_{zx}\cos\theta\\ u=u_x\cos\theta+v_y\sin\theta\\ v=v_y\cos\theta-u_x\sin\theta\\ w=w_z\end{cases}$$

再利用下述三角函数的关系式:

$$\cos^2\theta=\frac{1}{2}(1+\cos2\theta)$$

$$\sin^2\theta=\frac{1}{2}(1-\cos2\theta)$$

$$\sin2\theta=2\sin\theta\cos\theta$$

$$\cos2\theta=\cos^2\theta-\sin^2\theta$$

则上述应力与位移分量公式可改写为如下表达式:

$$\begin{cases}\sigma_r=\dfrac{\sigma_x+\sigma_y}{2}+\dfrac{\sigma_x-\sigma_y}{2}\cos2\theta+\tau_{xy}\sin2\theta\\ \sigma_\theta=\dfrac{\sigma_x+\sigma_y}{2}-\dfrac{\sigma_x-\sigma_y}{2}\cos2\theta-\tau_{xy}\sin2\theta\\ \sigma_z=\sigma_z\\ \tau_{r\theta}=-\dfrac{\sigma_x-\sigma_y}{2}\sin2\theta+\tau_{xy}\cos2\theta\\ \tau_{\theta z}=\tau_{yz}\cos\theta-\tau_{zx}\sin\theta\\ \tau_{zr}=\tau_{zx}\cos\theta+\tau_{yz}\sin\theta\\ u=u_x\cos\theta+v_y\sin\theta\\ v=v_y\cos\theta-u_x\sin\theta\\ w=w_z\end{cases} \tag{2-3-1}$$

式(2-3-1)中的九个应力与位移坐标变换式,就是直角坐标系下的应力与位移转化为柱面坐标系下的应力与位移坐标变换式。

由图 2-5 可知,旧坐标系为柱面坐标系,新坐标系为直角坐标系。新坐标系相当于绕 z 轴旋转一个角度 θ,x、y 与 z 轴的方向余弦见表 2-3。

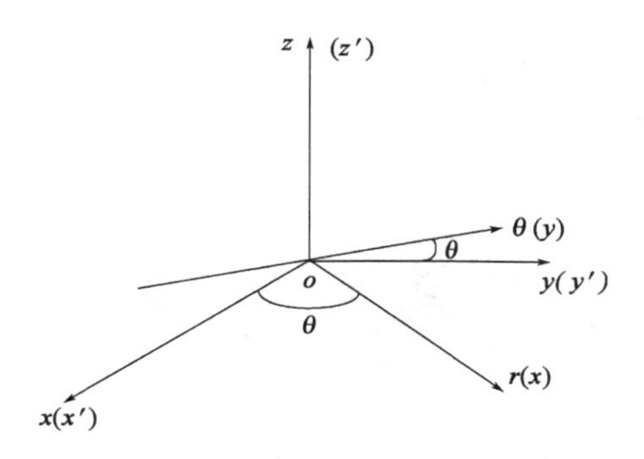

图 2-5

新旧坐标系关系

表 2-3

新坐标系	旧坐标系		
	x	y	z
$r(x')$	$l_1=\cos\theta$	$m_1=-\sin\theta$	$n_1=0$
$\theta(y')$	$l_2=\sin\theta$	$m_2=\cos\theta$	$n_2=0$
$z(z')$	$l_3=0$	$m_3=0$	$n_3=1$

若将上述方向余弦代入式(2-2-5),并注意上述三角函数关系式,则可得

$$\begin{cases}\sigma_x=\dfrac{\sigma_r+\sigma_\theta}{2}+\dfrac{\sigma_r-\sigma_\theta}{2}\cos2\theta-\tau_{r\theta}\sin2\theta\\ \sigma_y=\dfrac{\sigma_r+\sigma_\theta}{2}-\dfrac{\sigma_r-\sigma_\theta}{2}\cos2\theta+\tau_{r\theta}\sin2\theta\\ \sigma_z=\sigma_z\\ \tau_{xy}=\dfrac{\sigma_r-\sigma_\theta}{2}\sin2\theta+\tau_{r\theta}\cos2\theta\\ \tau_{yz}=\tau_{\theta z}\cos\theta+\tau_{zr}\sin\theta\\ \tau_{zx}=\tau_{zr}\cos\theta-\tau_{\theta z}\sin\theta\\ u_x=u\cos\theta-v\sin\theta\\ v_y=v\cos\theta+u\sin\theta\\ w_z=w\end{cases}\tag{2-3-2}$$

式(2-3-2)中的九个应力与位移坐标变换式,就是柱面坐标系下的应力与位移变换为直角坐标系下的应力与位移坐标变换式。

上述两种应力与位移坐标变换式,即式(2-3-1)和式(2-3-2)为解决上述两个问题的基本变换式。第一个问题将在第3章予以讨论,而第二个问题将在多圆荷载作用下应力与位移叠加公式中讨论。

3 基本方程式

在弹性力学中,一般均采用直角坐标系下的基本方程式。因此,本章根据应力与位移坐标变换式,直接从直角坐标系下的基本方程式导出柱面坐标系下的基本方程式。

3.1 运动微分方程式

在直角坐标系下,运动微分方程式可用下述表达式表示:

$$\begin{cases}\dfrac{\partial\sigma_x}{\partial x}+\dfrac{\partial\tau_{xy}}{\partial y}+\dfrac{\partial\tau_{zx}}{\partial z}=\rho\dfrac{\partial u_x}{\partial t^2}\\[2ex]\dfrac{\partial\tau_{xy}}{\partial x}+\dfrac{\partial\sigma_y}{\partial y}+\dfrac{\partial\tau_{yz}}{\partial z}=\rho\dfrac{\partial v_y}{\partial t^2}\\[2ex]\dfrac{\partial\tau_{zx}}{\partial x}+\dfrac{\partial\tau_{yz}}{\partial y}+\dfrac{\partial\sigma_z}{\partial z}=\rho\dfrac{\partial w_z}{\partial t^2}\end{cases}\tag{1}$$

式中:ρ——介质的密度(kg/m^3)。

根据应力与位移坐标变换式和坐标及其导数关系式,则有

$$\frac{\partial\sigma_x}{\partial x}=\left(\cos\theta\frac{\partial}{\partial r}-\frac{\sin\theta}{r}\frac{\partial}{\partial\theta}\right)\left(\frac{\sigma_r+\sigma_\theta}{2}+\frac{\sigma_r-\sigma_\theta}{2}\cos2\theta-\tau_{r\theta}\sin2\nu\right)\bigg|_{\theta=0}=\frac{\partial\sigma_r}{\partial r}$$

$$\begin{aligned}\frac{\partial\tau_{xy}}{\partial y}&=\left(\sin\theta\frac{\partial}{\partial r}+\frac{\cos\theta}{r}\frac{\partial}{\partial\theta}\right)\left(\frac{\sigma_r-\sigma_\theta}{2}\sin2\theta+\tau_{r\theta}\cos2\theta\right)\bigg|_{\theta=0}\\&=\frac{\cos\theta}{r}\frac{\partial}{\partial\theta}\left(\frac{\sigma_r-\sigma_\theta}{2}\sin2\theta+\tau_{r\theta}\cos2\theta\right)\bigg|_{\theta=0}\\&=\frac{\cos\theta}{r}\left[\frac{\partial}{\partial\theta}\left(\frac{\sigma_r-\sigma_\theta}{2}\right)\sin2\theta+(\sigma_r-\sigma_\theta)\cos2\theta+\cos2\theta\frac{\partial\tau_{r\theta}}{\partial\theta}-2\tau_\theta\sin2\theta\right]\bigg|_{\theta=0}\\&=\frac{1}{r}\frac{\partial\tau_{r\theta}}{\partial\theta}+\frac{\sigma_r-\sigma_\theta}{r}\end{aligned}$$

$$\frac{\partial\tau_{zx}}{\partial z}=\frac{\partial}{\partial z}(\tau_{zr}\cos\theta-\tau_{\theta z}\sin\theta)\bigg|_{\theta=0}=\frac{\partial\tau_{zr}}{\partial z}$$

$$\frac{\partial^2u_x}{\partial t^2}=\frac{\partial^2}{\partial t^2}(u\cos\theta-v\sin\theta)\bigg|_{\theta=0}=\frac{\partial^2u}{\partial t^2}$$

$$\begin{aligned}\frac{\partial\tau_{xy}}{\partial x}&=\left(\cos\theta\frac{\partial}{\partial r}-\frac{\sin\theta}{r}\frac{\partial}{\partial\theta}\right)\left(\frac{\sigma_r-\sigma_\theta}{2}\sin2\theta+\tau_{r\theta}\cos2\theta\right)\bigg|_{\theta=0}\\&=\cos\theta\frac{\partial}{\partial r}\left(\frac{\sigma_r-\sigma_\theta}{2}\sin2\theta+\tau_{r\theta}\cos2\theta\right)\bigg|_{\theta=0}=\frac{\partial\tau_{r\theta}}{\partial r}\end{aligned}$$

$$\frac{\partial \sigma_y}{\partial y} = \left(\sin\theta \frac{\partial}{\partial r} + \frac{\cos\theta}{r}\frac{\partial}{\partial \theta}\right)\left(\frac{\sigma_r + \sigma_\theta}{2} - \frac{\sigma_r - \sigma_\theta}{2}\cos 2\theta + \tau_{r\theta}\sin 2\theta\right)\Bigg|_{\theta=0}$$

$$= \frac{\cos\theta}{r}\frac{\partial}{\partial \theta}\left(\frac{\sigma_r + \sigma_\theta}{2} - \frac{\sigma_r - \sigma_\theta}{2}\cos 2\theta + \tau_{r\theta}\sin 2\theta\right)\Bigg|_{\theta=0}$$

$$= \frac{\cos\theta}{r}\left[\frac{\partial}{\partial \theta}\left(\frac{\sigma_r + \sigma_\theta}{2}\right) - \cos 2\theta \frac{\partial}{\partial \theta}\left(\frac{\sigma_r - \sigma_\theta}{2}\right) + (\sigma_r - \sigma_\theta)\sin 2\theta + \sin 2\theta \frac{\partial \tau_{r\theta}}{\partial \theta} + 2\cos 2\theta \tau_{r\theta}\right]\Bigg|_{\theta=0}$$

$$= \frac{1}{r}\frac{\partial \sigma_\theta}{\partial \theta} + \frac{2}{r}\tau_{r\theta}$$

$$\frac{\partial \tau_{yz}}{\partial z} = \frac{\partial}{\partial z}(\tau_{\theta z}\cos\theta + \tau_{zr}\sin\theta)\Big|_{\theta=0} = \frac{\partial \tau_{\theta z}}{\partial z}$$

$$\frac{\partial^2 v_y}{\partial t^2} = \frac{\partial^2}{\partial t^2}(v\cos\theta + u\sin\theta)\Big|_{\theta=0} = \frac{\partial^2 v}{\partial t^2}$$

$$\frac{\partial \tau_{zx}}{\partial x} = \left(\cos\theta \frac{\partial}{\partial r} - \frac{\sin\theta}{r}\frac{\partial}{\partial \theta}\right)(\tau_{zr}\cos\theta - \tau_{\theta z}\sin\theta)\Big|_{\theta=0} = \cos\theta \frac{\partial}{\partial r}(\tau_{zr}\cos\theta - \tau_{\theta z}\sin\theta)\Big|_{\theta=0} = \frac{\partial \tau_{zr}}{\partial r}$$

$$\frac{\partial \tau_{yz}}{\partial y} = \left(\sin\theta \frac{\partial}{\partial r} + \frac{\cos\theta}{r}\frac{\partial}{\partial \theta}\right)(\tau_{\theta z}\cos\theta + \tau_{zr}\sin\theta)\Big|_{\theta=0}$$

$$= \frac{\cos\theta}{r}\frac{\partial}{\partial \theta}(\tau_{\theta z}\cos\theta + \tau_{zr}\sin\theta)\Big|_{\theta=0}$$

$$= \frac{\cos\theta}{r}\left(\cos\theta \frac{\partial \tau_{\theta z}}{\partial \theta} - \tau_{\theta z}\sin\theta + \sin\theta \frac{\partial \tau_{zr}}{\partial \theta} + \tau_{zr}\cos\theta\right)\Big|_{\theta=0} = \frac{1}{r}\frac{\partial \tau_{\theta z}}{\partial \theta} + \frac{\tau_{zr}}{r}$$

$$\frac{\partial \sigma_z}{\partial z} = \frac{\partial \sigma_z}{\partial z}$$

$$\frac{\partial^2 w_z}{\partial t^2} = \frac{\partial^2 w}{\partial t^2}$$

若将上述结果代入式(1),则可得柱面空间坐标系的非轴对称课题下运动微分方程式如下:

$$\begin{cases} \dfrac{\partial \sigma_r}{\partial r} + \dfrac{1}{r}\dfrac{\partial \tau_{r\theta}}{\partial \theta} + \dfrac{\partial \tau_{zr}}{\partial z} + \dfrac{\sigma_r - \sigma_\theta}{r} = \rho \dfrac{\partial^2 u}{\partial t^2} \\ \dfrac{\partial \tau_{r\theta}}{\partial r} + \dfrac{1}{r}\dfrac{\partial \sigma_\theta}{\partial \theta} + \dfrac{\partial \tau_{\theta z}}{\partial z} + \dfrac{2}{r}\tau_{r\theta} = \rho \dfrac{\partial^2 v}{\partial t^2} \\ \dfrac{\partial \tau_{zr}}{\partial r} + \dfrac{1}{r}\dfrac{\partial \tau_{\theta z}}{\partial \theta} + \dfrac{\partial \sigma_z}{\partial z} + \dfrac{\tau_{zr}}{r} = \rho \dfrac{\partial^2 w}{\partial t^2} \end{cases} \tag{3-1-1}$$

对于柱面空间坐标系的层状体系轴对称课题下运动微分方程式,只需将$\frac{\partial}{\partial \theta}=0$,$\tau_{r\theta}=0$,$\tau_{\theta z}=0$,$v=0$代入式(3-1-1),则可得

$$\begin{cases} \dfrac{\partial \sigma_r}{\partial r} + \dfrac{\partial \tau_{zr}}{\partial z} + \dfrac{\sigma_r - \sigma_\theta}{r} = \rho \dfrac{\partial^2 u}{\partial t^2} \\ \dfrac{\partial \tau_{zr}}{\partial r} + \dfrac{\partial \sigma_z}{\partial z} + \dfrac{\tau_{zr}}{r} = \rho \dfrac{\partial^2 w}{\partial t^2} \end{cases} \tag{3-1-2}$$

若应力与位移和时间 t 无关,则可将下式:

$$\frac{\partial}{\partial t} = 0$$

代入式(3-1-1),则可得到非轴对称课题的静平衡微分方程式如下:

$$
\begin{cases}
\dfrac{\partial \sigma_r}{\partial r} + \dfrac{1}{r}\dfrac{\partial \tau_{r\theta}}{\partial \theta} + \dfrac{\partial \tau_{zr}}{\partial z} + \dfrac{\sigma_r - \sigma_\theta}{r} = 0 \\
\dfrac{\partial \tau_{r\theta}}{\partial r} + \dfrac{1}{r}\dfrac{\partial \sigma_\theta}{\partial \theta} + \dfrac{\partial \tau_{\theta z}}{\partial z} + \dfrac{2}{r}\tau_{r\theta} = 0 \\
\dfrac{\partial \tau_{zr}}{\partial r} + \dfrac{1}{r}\dfrac{\partial \tau_{\theta z}}{\partial \theta} + \dfrac{\partial \sigma_z}{\partial z} + \dfrac{\tau_{zr}}{r} = 0
\end{cases}
\tag{3-1-3}
$$

同理,若将下列关系式:

$$
\frac{\partial}{\partial \theta} = 0, \tau_{r\theta} = 0, \tau_{\theta z} = 0, v = 0
$$

代入式(3-1-3),则可得轴对称课题的静平衡微分方程如下:

$$
\begin{cases}
\dfrac{\partial \sigma_r}{\partial r} + \dfrac{\partial \tau_{zr}}{\partial z} + \dfrac{\sigma_r - \sigma_\theta}{r} = 0 \\
\dfrac{\partial \tau_{zr}}{\partial r} + \dfrac{\partial \sigma_z}{\partial z} + \dfrac{\tau_{zr}}{r} = 0
\end{cases}
\tag{3-1-4}
$$

3.2 几何方程式

几何方程式是反映形变分量与位移分量之间的关系式,本节不加证明地给出这些关系式,并导出形变坐标变换式。

对直角坐标系下非轴对称课题的几何方程可表示为如下形式:

$$
\begin{cases}
\varepsilon_x = \dfrac{\partial u_x}{\partial x} \\
\varepsilon_y = \dfrac{\partial v_y}{\partial y} \\
\varepsilon_z = \dfrac{\partial w_z}{\partial z} \\
\gamma_{xy} = \dfrac{\partial u_x}{\partial y} + \dfrac{\partial v_y}{\partial x} \\
\gamma_{yz} = \dfrac{\partial v_y}{\partial z} + \dfrac{\partial w_z}{\partial y} \\
\gamma_{zx} = \dfrac{\partial u_x}{\partial z} + \dfrac{\partial w_z}{\partial x} \\
\omega_x = \dfrac{\partial w_z}{\partial y} - \dfrac{\partial v_y}{\partial z} \\
\omega_y = \dfrac{\partial u_x}{\partial z} - \dfrac{\partial w_z}{\partial x} \\
\omega_z = \dfrac{\partial v_y}{\partial y} - \dfrac{\partial u_x}{\partial y}
\end{cases}
\tag{1}
$$

上式中,ε_x、ε_y、ε_z 为正形变(线形变);γ_{xy}、γ_{yz}、γ_{zx} 为角形变;ω_x、ω_y、ω_z 分别为绕 x 轴、y 轴、z 轴旋转的转动分量。

在柱面坐标系下,对于非轴对称课题的几何方程可推导如下:

$$\varepsilon_x=\frac{\partial u_x}{\partial x}=\left(\cos\theta\frac{\partial}{\partial r}-\frac{\sin\theta}{r}\frac{\partial}{\partial\theta}\right)(u\cos\theta-v\sin\theta)\bigg|_{\theta=0}=\frac{\partial u}{\partial r}=\varepsilon_r$$

$$\varepsilon_y=\frac{\partial v_y}{\partial y}=\left(\sin\theta\frac{\partial}{\partial r}+\frac{\cos\theta}{r}\frac{\partial}{\partial\theta}\right)(v\cos\theta+u\sin\theta)\bigg|_{\theta=0}=\frac{\cos\theta}{r}\frac{\partial}{\partial\theta}(v\cos\theta+u\sin\theta)\bigg|_{\theta=0}$$

$$=\frac{\cos\theta}{r}\left(\cos\theta\frac{\partial v}{\partial\theta}-v\sin\theta+\sin\theta\frac{\partial u}{\partial\theta}+u\cos\theta\right)\bigg|_{\theta=0}=\frac{u}{r}+\frac{1}{r}\frac{\partial v}{\partial\theta}=\varepsilon_\theta$$

$$\varepsilon_z=\frac{\partial w_z}{\partial z}=\frac{\partial w}{\partial z}=\varepsilon_z$$

$$\gamma_{xy}=\frac{\partial u_x}{\partial y}+\frac{\partial v_y}{\partial x}=\left[\left(\sin\theta\frac{\partial}{\partial r}+\frac{\cos\theta}{r}\frac{\partial}{\partial\theta}\right)(u\cos\theta-v\sin\theta)+\left(\cos\theta\frac{\partial}{\partial r}-\frac{\sin\theta}{r}\frac{\partial}{\partial\theta}\right)(v\cos\theta+u\sin\theta)\right]\bigg|_{\theta=0}$$

$$=\left[\frac{\cos\theta}{r}\frac{\partial}{\partial\theta}(u\cos\theta-v\sin\theta)+\cos\theta\frac{\partial}{\partial r}(v\cos\theta)\right]\bigg|_{\theta=0}$$

$$=\left[\frac{\cos\theta}{r}\left(\cos\theta\frac{\partial u}{\partial\theta}-u\sin\theta-\sin\theta\frac{\partial v}{\partial\theta}-v\cos\theta\right)+\cos^2\theta\frac{\partial v}{\partial r}\right]\bigg|_{\theta=0}$$

$$=\frac{1}{r}\frac{\partial u}{\partial\theta}+\frac{\partial v}{\partial r}-\frac{v}{r}=\gamma_{r\theta}$$

$$\gamma_{yz}=\frac{\partial v_y}{\partial z}+\frac{\partial w_z}{\partial y}=\left[\frac{\partial}{\partial z}(v\cos\theta+u\sin\theta)+\left(\sin\theta\frac{\partial}{\partial r}+\frac{\cos\theta}{r}\frac{\partial}{\partial\theta}\right)w\right]\bigg|_{\theta=0}$$

$$=\left(\cos\theta\frac{\partial v}{\partial z}+\frac{\cos\theta}{r}\frac{\partial w}{\partial\theta}\right)\bigg|_{\theta=0}=\frac{\partial v}{\partial z}+\frac{1}{r}\frac{\partial w}{\partial\theta}=\gamma_{\theta z}$$

$$\gamma_{zx}=\frac{\partial u_x}{\partial z}+\frac{\partial w_z}{\partial x}=\left[\frac{\partial}{\partial z}(u\cos\theta-v\sin\theta)+\left(\cos\theta\frac{\partial}{\partial r}-\frac{\sin\theta}{r}\frac{\partial}{\partial\theta}\right)w\right]\bigg|_{\theta=0}$$

$$=\left(\cos\theta\frac{\partial u}{\partial z}+\cos\theta\frac{\partial w}{\partial r}\right)\bigg|_{\theta=0}=\frac{\partial u}{\partial z}+\frac{\partial w}{\partial r}=\gamma_{zr}$$

$$\omega_x=\frac{\partial w_z}{\partial y}-\frac{\partial v_y}{\partial z}=\left(\sin\theta\frac{\partial}{\partial r}+\frac{\cos\theta}{r}\frac{\partial}{\partial\theta}\right)w-\frac{\partial}{\partial z}(v\cos\theta+u\sin\theta)\,]\bigg|_{\theta=0}$$

$$=\left(\frac{\cos\theta}{r}\frac{\partial w}{\partial\theta}-\cos\theta\frac{\partial v}{\partial z}\right)\bigg|_{\theta=0}=\frac{1}{r}\frac{\partial w}{\partial\theta}-\frac{\partial v}{\partial z}=\omega_r$$

$$\omega_y=\frac{\partial u_x}{\partial z}-\frac{\partial w_z}{\partial x}=\left[\frac{\partial}{\partial z}(u\cos\theta-v\sin\theta)-\left(\cos\theta\frac{\partial}{\partial r}-\frac{\sin\theta}{r}\frac{\partial}{\partial\theta}\right)w\right]\bigg|_{\theta=0}$$

$$=\left(\cos\theta\frac{\partial u}{\partial z}-\cos\theta\frac{\partial w}{\partial r}\right)\bigg|_{\theta=0}=\frac{\partial u}{\partial z}-\frac{\partial w}{\partial r}=\omega_\theta$$

$$\omega_x=\frac{\partial v_y}{\partial x}-\frac{\partial u_x}{\partial y}=\left[\left(\cos\theta\frac{\partial}{\partial r}-\frac{\sin\theta}{r}\frac{\partial}{\partial\theta}\right)(v\cos\theta+u\sin\theta)-\left(\sin\theta\frac{\partial}{\partial r}+\frac{\cos\theta}{r}\frac{\partial}{\partial\theta}\right)(u\cos\theta-v\sin\theta)\right]\bigg|_{\theta=0}$$

$$=\left[\cos\theta\frac{\partial}{\partial r}(v\cos\theta)-\frac{\cos\theta}{r}\frac{\partial}{\partial\theta}(u\cos\theta-v\sin\theta)\right]\bigg|_{\theta=0}$$

$$=\left[\cos^2\theta\frac{\partial v}{\partial r}-\frac{\cos\theta}{r}\left(\cos\theta\frac{\partial u}{\partial\theta}-u\sin\theta-\sin\theta\frac{\partial v}{\partial\theta}-v\cos\theta\right)\right]\bigg|_{\theta=0}$$

$$=\frac{\partial v}{\partial r}+\frac{v}{r}-\frac{1}{r}\frac{\partial u}{\partial\theta}=\omega_z$$

将上述结果汇总起来,则可得柱面坐标下非轴对称课题的几何方程式如下:

$$\begin{cases} \varepsilon_r = \dfrac{\partial u}{\partial r} \\ \varepsilon_\theta = \dfrac{u}{r} + \dfrac{1}{r}\dfrac{\partial v}{\partial \theta} \\ \varepsilon_z = \dfrac{\partial w}{\partial z} \\ \gamma_{r\theta} = \dfrac{1}{r}\dfrac{\partial u}{\partial \theta} + (\dfrac{\partial}{\partial r} - \dfrac{1}{r})v \\ \gamma_{\theta z} = \dfrac{\partial v}{\partial z} + \dfrac{1}{r}\dfrac{\partial w}{\partial \theta} \\ \gamma_{zr} = \dfrac{\partial u}{\partial z} + \dfrac{\partial w}{\partial r} \\ \omega_r = \dfrac{1}{r}\dfrac{\partial w}{\partial \theta} - \dfrac{\partial v}{\partial z} \\ \omega_\theta = \dfrac{\partial u}{\partial z} - \dfrac{\partial w}{\partial r} \\ \omega_z = (\dfrac{\partial}{\partial r} + \dfrac{1}{r})v - \dfrac{1}{r}\dfrac{\partial u}{\partial \theta} \end{cases} \tag{3-2-1}$$

对于轴对称课题,并注意$\dfrac{\partial}{\partial \theta}=0$、$v=0$,则有

$$\begin{cases} \varepsilon_r = \dfrac{\partial u}{\partial r} \\ \varepsilon_\theta = \dfrac{u}{r} \\ \varepsilon_z = \dfrac{\partial w}{\partial z} \\ \gamma_{zr} = \dfrac{\partial u}{\partial z} + \dfrac{\partial w}{\partial r} \\ \omega_\theta = \dfrac{\partial u}{\partial z} - \dfrac{\partial w}{\partial r} \end{cases} \tag{3-2-2}$$

根据坐标及其导数表达式、位移坐标变换式和几何方程式,可导出形变坐标变换式如下:

$$\begin{aligned} \varepsilon_x &= \frac{\partial u_x}{\partial x} = (\cos\theta\frac{\partial}{\partial r} - \frac{\sin\theta}{r}\frac{\partial}{\partial \theta})(u\cos\theta - v\sin\theta) \\ &= \cos^2\theta\frac{\partial u}{\partial r} - \sin\theta\cos\theta\frac{\partial v}{\partial r} - \frac{\sin\theta\cos\theta}{r}\frac{\partial u}{\partial \theta} + \frac{u}{r}\sin^2\theta + \frac{\sin^2\theta}{r}\frac{\partial v}{\partial \theta} + \sin\theta\cos\theta\frac{v}{r} \\ &= \frac{\partial u}{\partial r}\cos^2\theta + (\frac{1}{r}\frac{\partial v}{\partial \theta} + \frac{u}{r})\sin^2\theta - (\frac{1}{r}\frac{\partial u}{\partial \theta} + \frac{\partial v}{\partial r} - \frac{v}{r})\sin\theta\cos\theta \end{aligned}$$

若将几何方程式的有关表达式代入上式,则可得到如下表达式:

$$\varepsilon_x = \varepsilon_r\cos^2\theta + \varepsilon_\theta\sin^2\theta - \gamma_{zr}\sin\theta\cos\theta$$

$$\begin{aligned} \varepsilon_y &= \frac{\partial v_y}{\partial y} = (\sin\theta\frac{\partial}{\partial r} + \frac{\cos\theta}{r}\frac{\partial}{\partial \theta})(u\sin\theta + v\cos\theta) \\ &= \sin^2\theta\frac{\partial u}{\partial r} + \sin\theta\cos\theta\frac{\partial v}{\partial r} + \frac{\sin\theta\cos\theta}{r}\frac{\partial u}{\partial \theta} + \frac{\cos^2\theta}{r}u + \frac{\cos^2\theta}{r}\frac{\partial v}{\partial \theta} - \frac{\sin\theta\cos\theta}{r}v \\ &= \sin^2\theta\frac{\partial u}{\partial r} + \cos^2\theta(\frac{1}{r}\frac{\partial v}{\partial \theta} + \frac{u}{r}) + \sin\theta\cos\theta(\frac{1}{r}\frac{\partial u}{\partial \theta} + \frac{\partial v}{\partial r} - \frac{v}{r}) \end{aligned}$$

若将几何方程式的有关表达式代入上式,则可得到如下表达式:

$$\varepsilon_y = \varepsilon_r \sin^2\theta + \varepsilon_\theta \cos^2\theta + \gamma_{r\theta}\sin\theta\cos\theta$$

$$\varepsilon_z = \frac{\partial w_z}{\partial z} = \frac{\partial w}{\partial z} = \varepsilon_z$$

$$\gamma_{xy} = \frac{\partial u_x}{\partial y} + \frac{\partial v_y}{\partial x} = (\sin\theta\frac{\partial}{\partial r} + \frac{\cos\theta}{r}\frac{\partial}{\partial\theta})(u\cos\theta - v\sin\theta) + (\cos\theta\frac{\partial}{\partial r} - \frac{\sin\theta}{r}\frac{\partial}{\partial\theta})(u\sin\theta + v\cos\theta)$$

$$= \frac{\partial u}{\partial r}\sin\theta\cos\theta - \frac{\partial v}{\partial r}\sin^2\theta + \frac{\cos^2\theta}{r}\frac{\partial u}{\partial\theta} - \frac{u}{r}\sin\theta\cos\theta - \frac{\sin\theta\cos\theta}{r}\frac{\partial v}{\partial\theta} - \frac{v}{r}\cos^2\theta +$$

$$\frac{\partial u}{\partial r}\sin\theta\cos\theta + \frac{\partial v}{\partial r}\cos^2\theta - \frac{\sin^2\theta}{r}\frac{\partial u}{\partial\theta} - \frac{u}{r}\sin\theta\cos\theta - \frac{\sin\theta\cos\theta}{r}\frac{\partial v}{\partial\theta} + \frac{v}{r}\sin^2\theta$$

$$= 2\frac{\partial u}{\partial r}\sin\theta\cos\theta - 2(\frac{1}{r}\frac{\partial v}{\partial\theta} + \frac{u}{r})\sin\theta\cos\theta + (\frac{1}{r}\frac{\partial u}{\partial\theta} + \frac{\partial v}{\partial r} - \frac{v}{r})(\cos^2\theta - \sin^2\theta)$$

若将几何方程式的有关表达式代入上式,则可得到如下表达式:

$$\gamma_{xy} = 2\varepsilon_r\sin\theta\cos\theta - 2\varepsilon_\theta\sin\theta\cos\theta + \gamma_{r\theta}(\cos^2\theta - \sin^2\theta)$$

$$\gamma_{yz} = \frac{\partial v_y}{\partial z} + \frac{\partial w_z}{\partial y} = \frac{\partial}{\partial z}(u\sin\theta + v\cos\theta) + (\sin\theta\frac{\partial}{\partial r} + \frac{\cos\theta}{r}\frac{\partial}{\partial\theta})w$$

$$= \frac{\partial u}{\partial z}\sin\theta + \frac{\partial v}{\partial z}\cos\theta + \frac{\partial w}{\partial r}\sin\theta + \frac{\cos\theta}{r}\frac{\partial w}{\partial\theta}$$

$$= (\frac{\partial u}{\partial z} + \frac{\partial w}{\partial r})\sin\theta + (\frac{\partial v}{\partial z} + \frac{1}{r}\frac{\partial w}{\partial\theta})\cos\theta$$

若将几何方程式的有关表达式代入上式,则可得到如下表达式:

$$\gamma_{yz} = \gamma_{zr}\sin\theta + \gamma_{\theta z}\cos\theta$$

$$\gamma_{zx} = \frac{\partial w_z}{\partial x} + \frac{\partial u_x}{\partial z} = (\cos\theta\frac{\partial}{\partial r} - \frac{\sin\theta}{r}\frac{\partial}{\partial\theta})w + \frac{\partial}{\partial z}(u\cos\theta - v\sin\theta)$$

$$= \cos\theta\frac{\partial w}{\partial r} - \frac{\sin\theta}{r}\frac{\partial w}{\partial\theta} + \cos\frac{\partial u}{\partial z} - \sin\theta\frac{\partial v}{\partial z}$$

$$= (\frac{\partial w}{\partial r} + \frac{\partial u}{\partial z})\cos\theta - (\frac{1}{r}\frac{\partial w}{\partial\theta} + \frac{\partial v}{\partial z})\sin\theta$$

若将几何方程式的有关表达式代入上式,则可得到如下表达式:

$$\gamma_{zx} = \gamma_{zr}\cos\theta - \gamma_{\theta z}\sin\theta$$

$$\omega_x = \frac{\partial w_z}{\partial y} - \frac{\partial v_y}{\partial z} = (\sin\theta\frac{\partial}{\partial r} + \frac{\cos\theta}{r}\frac{\partial}{\partial\theta})w - \frac{\partial}{\partial z}(v\cos\theta + u\sin\theta)$$

$$= \sin\theta\frac{\partial w}{\partial r} + \frac{\cos\theta}{r}\frac{\partial w}{\partial\theta} - \cos\theta\frac{\partial v}{\partial z} - \sin\theta\frac{\partial u}{\partial z}$$

$$= (\frac{1}{r}\frac{\partial w}{\partial\theta} - \frac{\partial v}{\partial z})\cos\theta + (\frac{\partial w}{\partial r} - \frac{\partial u}{\partial z})\sin\theta$$

若将几何方程式的有关表达式代入上述式,则可得到如下绕 ω_Z 的旋转分量表达式:

$$\omega_x = \omega_r \cos\theta - \omega_\theta \sin\theta$$

$$\omega_y = \frac{\partial u_x}{\partial z} - \frac{\partial w_z}{\partial x} = \frac{\partial}{\partial z}(u\cos\theta - v\sin\theta) - (\cos\theta\frac{\partial}{\partial r} + \frac{\sin\theta}{r}\frac{\partial}{\partial\theta})w$$

$$= (\frac{1}{r}\frac{\partial w}{\partial\theta} - \frac{\partial v}{\partial z})\sin\theta + (\frac{\partial u}{\partial z} - \frac{\partial w}{\partial r})\cos\theta$$

若将几何方程式的有关表达式代入上式,则可得

$$\omega_y = \omega_r \sin\theta + \omega_\theta \cos\theta$$

$$\omega_z = \frac{\partial v_y}{\partial x} - \frac{\partial u_x}{\partial y} = (\cos\theta\frac{\partial}{\partial r} - \frac{\sin\theta}{r}\frac{\partial}{\partial\theta})(u\sin\theta + v\cos\theta) - (\sin\theta\frac{\partial}{\partial r} + \frac{\cos\theta}{r}\frac{\partial}{\partial\theta})(u\cos\theta - v\sin\theta)$$

$$= \frac{\partial u}{\partial r}\sin\theta\cos\theta + \frac{\partial v}{\partial r}\cos^2\theta - \frac{\sin^2\theta}{r}\frac{\partial u}{\partial\theta} - \frac{u}{r}\sin\theta\cos\theta - \frac{\sin\theta\cos\theta}{r}\frac{\partial v}{\partial\theta} + \frac{v}{r}\sin^2\theta -$$

$$\frac{\partial u}{\partial r}\sin\theta\cos\theta + \frac{\partial v}{\partial r}\sin^2\theta - \frac{\cos^2\theta}{r}\frac{\partial u}{\partial\theta} + \frac{u}{r}\sin\theta\cos\theta + \frac{\sin\theta\cos\theta}{r}\frac{\partial v}{\partial\theta} + \frac{v}{r}\cos^2\theta$$

$$= \frac{\partial v}{\partial r} - \frac{1}{r}\frac{\partial u}{\partial\theta} + \frac{v}{r} = \omega_z$$

再利用下述三角函数关系式:

$$\cos^2\theta = \frac{1}{2}(1 + \cos 2\theta)$$

$$\sin^2\theta = \frac{1}{2}(1 - \cos 2\theta)$$

$$\sin\theta\cos\theta = \frac{1}{2}\sin 2\theta$$

$$\cos^2\theta - \sin^2\theta = \cos 2\theta$$

则上述公式可改写为如下表达式:

$$\begin{cases}
\varepsilon_x = \dfrac{\varepsilon_r + \varepsilon_\theta}{2} + \dfrac{\varepsilon_r - \varepsilon_\theta}{2}\cos 2\theta - \dfrac{\gamma_{r\theta}}{2}\sin 2\theta \\
\varepsilon_y = \dfrac{\varepsilon_r + \varepsilon_\theta}{2} - \dfrac{\varepsilon_r - \varepsilon_\theta}{2}\cos 2\theta + \dfrac{\gamma_{r\theta}}{2}\sin 2\theta \\
\varepsilon_z = \varepsilon_z \\
\gamma_{xy} = (\varepsilon_r - \varepsilon_\theta)\sin 2\theta + \gamma_{r\theta}\cos 2\theta \\
\gamma_{yz} = \gamma_{\theta z}\cos\theta + \gamma_{zr}\sin\theta \\
\gamma_{zx} = \gamma_{zr}\cos\theta - \gamma_{\theta z}\sin\theta \\
\omega_x = \omega_r\cos\theta - \omega_\theta\sin\theta \\
\omega_y = \omega_r\sin\theta + \omega_\theta\cos\theta \\
\omega_z = \omega_z
\end{cases} \tag{3-2-3}$$

由式(3-2-3)可知,上述表达式就是将柱面坐标系下的形变分量转化为直角坐标系下的形变坐标变

换式。

在式(3-2-3)中,若将直角坐标系中的形变分量视为已知量,柱面坐标系中的形变分量看作未知量,解此方程组,则可得直角坐标系中的形变分量转化为柱面坐标系的形变坐标变换式如下:

$$
\begin{cases}
\varepsilon_r = \dfrac{\varepsilon_x + \varepsilon_y}{2} + \dfrac{\varepsilon_x - \varepsilon_y}{2}\cos 2\theta + \dfrac{\gamma_{xy}}{2}\sin 2\theta \\
\varepsilon_\theta = \dfrac{\varepsilon_x + \varepsilon_y}{2} - \dfrac{\varepsilon_x - \varepsilon_y}{2}\cos 2\theta - \dfrac{\gamma_{xy}}{2}\sin 2\theta \\
\varepsilon_z = \varepsilon_z \\
\gamma_{r\theta} = \gamma_{xy}\cos 2\theta - (\varepsilon_r - \varepsilon_\theta)\sin 2\theta \\
\gamma_{\theta z} = \gamma_{yz}\cos\theta - \gamma_{zx}\sin\theta \\
\gamma_{zr} = \gamma_{zx}\cos\theta + \gamma_{yz}\sin\theta \\
\omega_r = \omega_x\cos\theta + \omega_y\sin\theta \\
\omega_\theta = \omega_y\cos\theta - \omega_x\sin\theta \\
\omega_z = \omega_z
\end{cases}
\tag{3-2-4}
$$

3.3　物理方程式

在完全弹性的各向同性体内,形变分量与应力分量之间的物理关系式服从广义虎克定律。对于直角坐标系,广义虎克定律可表示为如下形式:

$$
\begin{cases}
\varepsilon_x = \dfrac{1}{E}[\sigma_x - \mu(\sigma_y + \sigma_z)] \\
\varepsilon_y = \dfrac{1}{E}[\sigma_y - \mu(\sigma_x + \sigma_z)] \\
\varepsilon_z = \dfrac{1}{E}[\sigma_z - \mu(\sigma_x + \sigma_y)] \\
\gamma_{xy} = \dfrac{1}{G}\tau_{xy} \\
\gamma_{yz} = \dfrac{1}{G}\tau_{yz} \\
\gamma_{zx} = \dfrac{1}{G}\tau_{zx}
\end{cases}
\tag{1}
$$

式中:E——弹性模量(MPa);

μ——泊松比,又称为泊松系数;

G——剪切弹性模量,又称刚度模量,其值可由下式确定:

$$
G = \frac{E}{2(1 + \mu)}
$$

上述公式表明,正应力只引起正应变,它可改变物体的体积,而不能改变物体的形状;剪应力只引起角应变,它可改变物体的形状,而不能改变物体的体积。

利用应力与形变坐标变换式,当 $\theta = 0$ 时,则有

$$\sigma_x = \left(\frac{\sigma_r+\sigma_\theta}{2}+\frac{\sigma_r-\sigma_\theta}{2}\cos2\theta-\tau_{r\theta}\sin2\theta\right)\Big|_{\theta=0}=\sigma_r$$

$$\sigma_y = \left(\frac{\sigma_r+\sigma_\theta}{2}-\frac{\sigma_r-\sigma_\theta}{2}\cos2\theta+\tau_{r\theta}\sin2\theta\right)\Big|_{\theta=0}=\sigma_\theta$$

$$\sigma_z=\sigma_z$$

$$\tau_{xy}=\left(\frac{\sigma_r-\sigma_\theta}{2}\sin2\theta+\tau_{r\theta}\cos2\theta\right)\Big|_{\theta=0}=\tau_{r\theta}$$

$$\tau_{yz}=(\tau_{\theta z}\cos\theta+\tau_{zr}\sin\theta)\big|_{\theta=0}=\tau_{\theta z}$$

$$\tau_{zx}=(\tau_{zr}\cos\theta-\tau_{\theta z}\sin\theta)\big|_{\theta=0}=\tau_{zr}$$

$$\varepsilon_x = \left(\frac{\varepsilon_r+\varepsilon_\theta}{2}+\frac{\varepsilon_r-\varepsilon_\theta}{2}\cos2\theta-\frac{\gamma_{r\theta}}{2}\sin2\theta\right)\Big|_{\theta=0}=\varepsilon_r$$

$$\varepsilon_y = \left(\frac{\varepsilon_r+\varepsilon_\theta}{2}-\frac{\varepsilon_r-\varepsilon_\theta}{2}\cos2\theta+\frac{\gamma_{r\theta}}{2}\sin2\theta\right)\Big|_{\theta=0}=\varepsilon_\theta$$

$$\varepsilon_z=\varepsilon_z$$

$$\gamma_{xy}=[(\varepsilon_r-\varepsilon_\theta)\sin2\theta+\gamma_{r\theta}\cos2\theta]\big|_{\theta=0}=\gamma_{r\theta}$$

$$\gamma_{yz}=(\gamma_{\theta z}\cos\theta+\gamma_{zr}\sin\theta)\big|_{\theta=0}=\gamma_{\theta z}$$

$$\gamma_{zx}=(\gamma_{zr}\cos\theta-\gamma_{\theta z}\sin\theta)\big|_{\theta=0}=\gamma_{zr}$$

若将上述结果代入式(1),则可得

$$\begin{cases}\varepsilon_r=\dfrac{1}{E}[\sigma_r-\mu(\sigma_\theta+\sigma_z)]\\ \varepsilon_\theta=\dfrac{1}{E}[\sigma_\theta-\mu(\sigma_r+\sigma_z)]\\ \varepsilon_z=\dfrac{1}{E}[\sigma_z-\mu(\sigma_r+\sigma_\theta)]\\ \gamma_{r\theta}=\dfrac{1}{G}\tau_{r\theta}\\ \gamma_{\theta z}=\dfrac{1}{G}\tau_{\theta z}\\ \gamma_{zr}=\dfrac{1}{G}\tau_{zr}\end{cases}\tag{3-3-1}$$

式(3-3-1)为柱面坐标系下非轴对称课题的物理方程式,对于轴对称课题,只需将 $\tau_{r\theta}=\tau_{\theta z}=0$ 代入式(3-3-1),则可得轴对称课题的广义虎克定律如下:

$$\begin{cases}\varepsilon_r=\dfrac{1}{E}[\sigma_r-\mu(\sigma_\theta+\sigma_z)]\\ \varepsilon_\theta=\dfrac{1}{E}[\sigma_\theta-\mu(\sigma_r+\sigma_z)]\\ \varepsilon_z=\dfrac{1}{E}[\sigma_z-\mu(\sigma_r+\sigma_\theta)]\\ \gamma_{zr}=\dfrac{1}{G}\tau_{zr}\end{cases}\tag{3-3-2}$$

在式(3-3-1)中,若将形变分量视为已知量,应力分量看为未知量,并解此方程组,则可得用形变分量表示应力分量的广义虎克定律如下:

$$
\begin{cases}
\sigma_r = 2G\varepsilon_r + \lambda e \\
\sigma_\theta = 2G\varepsilon_\theta + \lambda e \\
\sigma_z = 2G\varepsilon_z + \lambda e \\
\tau_{r\theta} = G\gamma_{r\theta} \\
\tau_{\theta z} = G\gamma_{\theta z} \\
\tau_{zr} = G\gamma_{zr}
\end{cases}
\tag{3-3-3}
$$

式中：e——体积形变，$e = \varepsilon_r + \varepsilon_\theta + \varepsilon_z$；

λ——拉梅常数，其值由下式确定：

$$
\lambda = \frac{2\mu G}{1 - 2\mu}
$$

式(3-3-3)为柱面坐标系下非轴对称课题的物理方程式，对于轴对称课题，只需将 $\gamma_{r\theta} = \gamma_{\theta z} = 0$ 代入式(3-3-3)，则有

$$
\begin{cases}
\sigma_r = 2G\varepsilon_r + \lambda e \\
\sigma_\theta = 2G\varepsilon_\theta + \lambda e \\
\sigma_z = 2G\varepsilon_z + \lambda e \\
\tau_{zr} = G\gamma_{zr}
\end{cases}
\tag{3-3-4}
$$

在式(3-3-3)中，若将几何方程式，即式(3-2-1)代入，则可得非轴对称课题下用位移分量表示应力分量的广义虎克定律如下：

$$
\begin{cases}
\sigma_r = \left[(\lambda + 2G)\dfrac{\partial}{\partial r} + \dfrac{\lambda}{r}\right]u + \dfrac{\lambda}{r}\dfrac{\partial v}{\partial \theta} + \lambda\dfrac{\partial w}{\partial z} \\
\sigma_\theta = \left(\lambda\dfrac{\partial}{\partial r} + \dfrac{\lambda + 2G}{r}\right)u + \dfrac{\lambda + 2G}{r}\dfrac{\partial v}{\partial \theta} + \lambda\dfrac{\partial w}{\partial z} \\
\sigma_z = \lambda\left(\dfrac{\partial}{\partial r} + \dfrac{1}{r}\right)u + \dfrac{\lambda}{r}\dfrac{\partial v}{\partial \theta} + (\lambda + 2G)\dfrac{\partial w}{\partial z} \\
\tau_{r\theta} = G\left[\dfrac{1}{r}\dfrac{\partial u}{\partial \theta} + \left(\dfrac{\partial}{\partial r} - \dfrac{1}{r}\right)v\right] \\
\tau_{\theta z} = G\left(\dfrac{\partial v}{\partial z} + \dfrac{1}{r}\dfrac{\partial w}{\partial \theta}\right) \\
\tau_{zr} = G\left(\dfrac{\partial u}{\partial z} + \dfrac{\partial w}{\partial r}\right)
\end{cases}
\tag{3-3-5}
$$

对于轴对称课题，只需将$\dfrac{\partial}{\partial \theta} = 0$ 和 $v = 0$ 代入式(3-3-5)，则可得到如下关系式：

$$
\begin{cases}
\sigma_r = \left[(\lambda + 2G)\dfrac{\partial}{\partial r} + \dfrac{\lambda}{r}\right]u + \lambda\dfrac{\partial w}{\partial z} \\
\sigma_\theta = \left(\lambda\dfrac{\partial}{\partial r} + \dfrac{\lambda + 2G}{r}\right)u + \lambda\dfrac{\partial w}{\partial z} \\
\sigma_z = \lambda\left(\dfrac{\partial}{\partial r} + \dfrac{1}{r}\right)u + (\lambda + 2G)\dfrac{\partial w}{\partial z} \\
\tau_{zr} = G\left(\dfrac{\partial u}{\partial z} + \dfrac{\partial w}{\partial r}\right)
\end{cases}
\tag{3-3-6}
$$

上述用位移分量表示应力的广义虎克定律，又称为弹性方程。如果求得位移分量，就能根据弹性方程求出应力分量表达式。

3.4 拉梅方程式

本章前三节从力学条件、几何条件和物理条件三个方面，导得应力分量、形变分量和位移分量之间的关系式。另外，还有转动分量与位移分量之间的微分关系。不过这三个微分关系，只要求得位移分量，就能唯一确定。因此，在研究力学条件、几何条件和物理条件时，可暂不考虑转动分量与位移分量之间的三个微分关系。

对于非轴对称课题，由式(3-3-1)或式(3-1-3)、式(3-2-1)的前六式和式(3-3-1)可以看出，一共有15个未知量，其中6个应力分量σ_r、σ_θ、σ_z、$\tau_{r\theta}$、$\tau_{\theta z}$和τ_{zr}，6个形变分量ε_r、ε_θ、ε_z、$\gamma_{r\theta}$、$\gamma_{\theta z}$和γ_{zr}，3个位移分量u、v和w。方程数也是15个，其中平衡方程式3个，几何方程式6个，物理方程式6个。显然，方程数等于未知量数，所以从数学观点来看，问题可解。

对于轴对称课题，由式(3-1-2)或式(3-1-4)、式(3-2-2)的前四式和式(3-3-2)可以看出，共有10个未知量，其中4个应力分量σ_r、σ_θ、σ_z和τ_{zr}，4个形变分量ε_r、ε_θ、ε_z和γ_{zr}，2个位移分量u和w。方程数也为10个，其中平衡方程式2个，几何方程式4个，物理方程式4个。显然，方程数等于未知量数，故从数学观点而言，问题可解。

在这些方程式中，虽有代数方程式，但大多数仍为微分方程式，且未知数较多，直接用这些方程式进行求解，有较大的困难。因此，如何寻找新的方程式，使其既满足力学、几何和物理三大条件，又能降低方程数，并保持未知数与方程数相等。本节所推导的拉梅方程式就是明显的一例。

若将式(3-3-3)代入式(3-1-1)，则可得非轴对称动力学课题下的拉梅方程式如下：

$$
\begin{cases}
(\lambda + G)\dfrac{\partial e}{\partial r} + G\left(\nabla^2 u - \dfrac{u}{r^2} - \dfrac{2}{r^2}\dfrac{\partial v}{\partial \theta}\right) = \rho\dfrac{\partial^2 u}{\partial t^2} \\
\dfrac{\lambda + G}{r}\dfrac{\partial e}{\partial \theta} + G\left(\nabla^2 v - \dfrac{v}{r^2} + \dfrac{2}{r^2}\dfrac{\partial u}{\partial \theta}\right) = \rho\dfrac{\partial^2 v}{\partial t^2} \\
(\lambda + G)\dfrac{\partial e}{\partial z} + G\nabla^2 w = \rho\dfrac{\partial^2 w}{\partial t^2}
\end{cases}
\tag{3-4-1}
$$

式中：e——体积形变，其表达式由下式确定：

$$e = \left(\frac{\partial}{\partial r} + \frac{1}{r}\right)u + \frac{1}{r}\frac{\partial v}{\partial \theta} + \frac{\partial w}{\partial z}$$

∇^2——柱面坐标系下非轴对称课题的拉普拉斯算子，其表达式为：

$$\nabla^2 = \frac{\partial^2}{\partial r^2} + \frac{1}{r}\frac{\partial}{\partial r} + \frac{1}{r^2}\frac{\partial^2}{\partial \theta^2} + \frac{\partial^2}{\partial z^2}$$

对于轴对称动力学课题，只需将$\dfrac{\partial}{\partial \theta}=0$和$v=0$代入式(3-4-1)，则可得拉梅方程式如下：

$$
\begin{cases}
(\lambda + G)\dfrac{\partial e}{\partial r} + G\left(\nabla^2 u - \dfrac{u}{r^2}\right) = \rho\dfrac{\partial^2 u}{\partial t^2} \\
(\lambda + G)\dfrac{\partial e}{\partial z} + G\nabla^2 w = \rho\dfrac{\partial^2 w}{\partial t^2}
\end{cases}
\tag{3-4-2}
$$

式中：e——体积形变，其表达式由下式确定：

$$e = \left(\frac{\partial}{\partial r} + \frac{1}{r}\right)u + \frac{\partial w}{\partial z}$$

∇^2——柱面坐标系下轴对称课题的拉普拉斯算子，其表达式为：

$$\nabla^2 = \frac{\partial^2}{\partial r^2} + \frac{1}{r}\frac{\partial}{\partial r} + \frac{\partial^2}{\partial z^2}$$

对于非轴对称静力学课题,只需将$\frac{\partial}{\partial t}=0$代入式(3-4-1),则可得拉梅方程式如下:

$$\begin{cases}(\lambda+G)\frac{\partial e}{\partial r}+G(\nabla^2 u-\frac{u}{r^2}-\frac{2}{r^2}\frac{\partial v}{\partial \theta})=0\\ \frac{\lambda+G}{r}\frac{\partial e}{\partial \theta}+G(\nabla^2 v-\frac{v}{r^2}+\frac{2}{r^2}\frac{\partial u}{\partial \theta})=0\\ (\lambda+G)\frac{\partial e}{\partial z}+G\nabla^2 w=0\end{cases} \tag{3-4-3}$$

对于轴对称静力学课题,可将$\frac{\partial}{\partial t}=0$代入式(3-4-2),则可得拉梅方程式如下:

$$\begin{cases}(\lambda+G)\frac{\partial e}{\partial r}+G(\nabla^2 u-\frac{u}{r^2})=0\\ (\lambda+G)\frac{\partial e}{\partial z}+G\nabla^2 w=0\end{cases} \tag{3-4-4}$$

从上述方程式可以看出,拉梅方程式是集力学条件、几何条件和物理条件三方面的综合方程式,它是采用位移法求解的基本方程式。如果能够通过拉梅方程式求得位移分量,那么,根据几何方程式就可求得形变分量,再利用弹性方程式求出应力分量。

3.5 相容方程式

连续体内的任意点位移取决于位移分量,在同一点的形变取决于形变分量。由几何方程式可知,当已知位移分量时,形变分量也唯一确定。很显然,形变分量之间必须存在某种关系。这也就是说,形变前后的物体均为连续体,不能发生某些部分互相脱离的情况。

3.5.1 形变协调方程式

在空间直角坐标系下,形变协调方程式可表示为如下形式:

$$\begin{cases}\frac{\partial^2 \varepsilon_x}{\partial y^2}+\frac{\partial^2 \varepsilon_y}{\partial x^2}=\frac{\partial^2 \gamma_{xy}}{\partial x\partial y}\\ \frac{\partial^2 \varepsilon_y}{\partial z^2}+\frac{\partial^2 \varepsilon_z}{\partial y^2}=\frac{\partial^2 \gamma_{yz}}{\partial y\partial z}\\ \frac{\partial^2 \varepsilon_z}{\partial x^2}+\frac{\partial^2 \varepsilon_x}{\partial z^2}=\frac{\partial^2 \gamma_{zx}}{\partial z\partial x}\\ \frac{\partial}{\partial z}(\frac{\partial \gamma_{yz}}{\partial x}+\frac{\partial \gamma_{zx}}{\partial y}-\frac{\partial \gamma_{xy}}{\partial z})=2\frac{\partial^2 \varepsilon_z}{\partial x\partial y}\\ \frac{\partial}{\partial x}(\frac{\partial \gamma_{zx}}{\partial y}+\frac{\partial \gamma_{xy}}{\partial z}-\frac{\partial \gamma_{yz}}{\partial x})=2\frac{\partial^2 \varepsilon_x}{\partial y\partial z}\\ \frac{\partial}{\partial y}(\frac{\partial \gamma_{xy}}{\partial z}+\frac{\partial \gamma_{yz}}{\partial x}-\frac{\partial \gamma_{zx}}{\partial y})=2\frac{\partial^2 \varepsilon_y}{\partial z\partial x}\end{cases} \tag{1}$$

式(1)中的关系式一共有6个,它们可分为两大类:第一类为在同一平面内的形变分量之间的关系式,如式(1)中的前三个关系式;第二类为在不同平面内的形变分量之间的关系式,如式(1)中的后三个关系式。

形变协调方程式的物理意义在于,物体在变形前是一个连续体,变形后也应是一个连续体。

利用坐标及其导数关系式和形变分量的坐标变换式,则可得到非轴对称课题下柱面坐标系的形变协调方程式如下:

$$
\left\{\begin{array}{l}
\dfrac{1}{r^2}\dfrac{\partial^2\varepsilon_r}{\partial\theta^2}-\dfrac{1}{r}\dfrac{\partial\varepsilon_r}{\partial r}+\dfrac{\partial^2\varepsilon_\theta}{\partial r^2}+\dfrac{2}{r}\dfrac{\partial\varepsilon_\theta}{\partial r}=\dfrac{1}{r}\dfrac{\partial}{\partial\theta}\left(\dfrac{\partial}{\partial r}+\dfrac{1}{r}\right)\gamma_{r\theta}\\
\dfrac{\partial^2\varepsilon_\theta}{\partial z^2}+\dfrac{1}{r}\dfrac{\partial\varepsilon_z}{\partial r}+\dfrac{1}{r^2}\dfrac{\partial^2\varepsilon_z}{\partial\theta^2}=\dfrac{\partial}{\partial z}\left(\dfrac{1}{r}\dfrac{\partial\gamma_{\theta z}}{\partial\theta}+\dfrac{\gamma_{zr}}{r}\right)\\
\dfrac{\partial^2\varepsilon_z}{\partial r^2}+\dfrac{\partial^2\varepsilon_r}{\partial z^2}=\dfrac{\partial^2\gamma_{zr}}{\partial z\partial r}\\
\dfrac{\partial}{\partial z}\left[\left(\dfrac{\partial}{\partial r}-\dfrac{1}{r}\right)\gamma_{\theta z}+\dfrac{1}{r}\dfrac{\partial\gamma_{zr}}{\partial\theta}-\dfrac{\partial\gamma_{r\theta}}{\partial z}\right]=\dfrac{2}{r}\dfrac{\partial}{\partial\theta}\left(\dfrac{\partial}{\partial r}-\dfrac{1}{r}\right)\varepsilon_z\\
\dfrac{\partial}{\partial r}\left[\dfrac{1}{r}\dfrac{\partial\gamma_{zr}}{\partial\theta}-\dfrac{1}{r}\dfrac{\partial}{\partial r}(r\gamma_{\theta z})\right]+\dfrac{\partial}{\partial z}\left(\dfrac{\partial}{\partial r}+\dfrac{2}{r}\right)\gamma_{r\theta}=\dfrac{2}{r}\dfrac{\partial^2\varepsilon_r}{\partial\theta\partial z}\\
\dfrac{1}{r}\dfrac{\partial}{\partial\theta}\left(\dfrac{\partial\gamma_{r\theta}}{\partial z}+\dfrac{\partial\gamma_{\theta z}}{\partial r}-\dfrac{\gamma_{\theta z}}{r}-\dfrac{1}{r}\dfrac{\partial\gamma_{zr}}{\partial\theta}\right)=2\dfrac{\partial}{\partial z}\left(\dfrac{\partial\varepsilon_\theta}{\partial r}-\dfrac{\varepsilon_r-\varepsilon_\theta}{r}\right)
\end{array}\right.
\tag{3-5-1}
$$

对于轴对称课题,只需将 $\dfrac{\partial}{\partial\theta}=0$、$\gamma_{r\theta}=\gamma_{\theta z}=0$ 代入式(3-5-1),则可得柱面坐标系的形变协调方程式如下:

$$
\left\{\begin{array}{l}
\dfrac{1}{r}\dfrac{\partial\varepsilon_r}{\partial r}-\dfrac{\partial^2\varepsilon_\theta}{\partial r^2}-\dfrac{2}{r}\dfrac{\partial\varepsilon_\theta}{\partial r}=0\\
\dfrac{\partial^2\varepsilon_\theta}{\partial z^2}+\dfrac{1}{r}\dfrac{\partial\varepsilon_z}{\partial r}=\dfrac{1}{r}\dfrac{\partial\gamma_{zr}}{\partial z}\\
\dfrac{\partial^2\varepsilon_z}{\partial r^2}+\dfrac{\partial^2\varepsilon_r}{\partial z^2}=\dfrac{\partial^2\gamma_{zr}}{\partial z\partial r}\\
\dfrac{\partial^2\varepsilon_\theta}{\partial z\partial r}+\dfrac{1}{r}\dfrac{\partial\varepsilon_\theta}{\partial z}-\dfrac{1}{r}\dfrac{\partial\varepsilon_r}{\partial z}=0
\end{array}\right.
\tag{3-5-2}
$$

3.5.2 应力协调方程式

若将广义虎克定律,即式(3-3-1)代入式(3-5-1)中,则可得非轴对称课题下柱面坐标系的应力协调方程式,如下:

$$
\left\{\begin{array}{l}
(1+\mu)\left[\nabla^2\sigma_r-\dfrac{2}{r^2}(\sigma_r-\sigma_\theta)-\dfrac{4}{r^2}\dfrac{\partial\tau_{r\theta}}{\partial\theta}\right]+\dfrac{\partial^2\Theta}{\partial r^2}=0\\
(1+\mu)\left[\nabla^2\sigma_\theta+\dfrac{2}{r^2}(\sigma_r-\sigma_\theta)+\dfrac{4}{r^2}\dfrac{\partial\tau_{r\theta}}{\partial\theta}\right]+\left(\dfrac{1}{r}\dfrac{\partial}{\partial r}+\dfrac{1}{r^2}\dfrac{\partial^2}{\partial\theta^2}\right)\Theta=0\\
(1+\mu)\nabla^2\sigma_z+\dfrac{\partial^2\Theta}{\partial z^2}=0\\
(1+\mu)\left[\nabla^2\tau_{r\theta}+\dfrac{2}{r^2}\dfrac{\partial}{\partial\theta}(\sigma_r-\sigma_\theta)-\dfrac{4}{r^2}\tau_{r\theta}\right]+\dfrac{1}{r}\dfrac{\partial}{\partial\theta}\left(\dfrac{\partial}{\partial r}-\dfrac{1}{r}\right)\Theta=0\\
(1+\mu)\left(\nabla^2\tau_{\theta z}-\dfrac{\tau_{\theta z}}{r^2}+\dfrac{2}{r^2}\dfrac{\partial\tau_{zr}}{\partial\theta}\right)+\dfrac{\partial^2\Theta}{\partial\theta\partial z}=0\\
(1+\mu)\left(\nabla^2\tau_{zr}-\dfrac{\tau_{zr}}{r^2}-\dfrac{2}{r^2}\dfrac{\partial\tau_{\theta z}}{\partial\theta}\right)+\dfrac{\partial^2\Theta}{\partial r\partial z}=0
\end{array}\right.
\tag{3-5-3}
$$

式中:Θ——第一应力不变量,$\Theta=\sigma_r+\sigma_\theta+\sigma_z$;

∇^2——柱面坐标系下非轴对称的拉普拉斯算子,其表达式为:

$$\nabla^2 = \frac{\partial^2}{\partial r^2} + \frac{1}{r}\frac{\partial}{\partial r} + \frac{1}{r^2}\frac{\partial^2}{\partial \theta^2} + \frac{\partial^2}{\partial z^2}$$

对于轴对称课题,则有

$$\begin{cases} (1+\mu)\left[\nabla^2\sigma_r - \dfrac{2}{r^2}(\sigma_r - \sigma_\theta)\right] + \dfrac{\partial^2\Theta}{\partial r^2} = 0 \\ (1+\mu)\left[\nabla^2\sigma_\theta + \dfrac{2}{r^2}(\sigma_r - \sigma_\theta)\right] + \dfrac{1}{r}\dfrac{\partial\Theta}{\partial r} = 0 \\ (1+\mu)\ \nabla^2\sigma_z + \dfrac{\partial^2\Theta}{\partial z^2} = 0 \\ (1+\mu)\left(\nabla^2\tau_{zr} - \dfrac{\tau_{zr}}{r^2}\right) + \dfrac{\partial^2\Theta}{\partial r\partial z} = 0 \end{cases} \tag{3-5-4}$$

式中:∇^2——柱面坐标系下轴对称空间课题的拉普拉斯算子,其表达式为:

$$\nabla^2 = \frac{\partial^2}{\partial r^2} + \frac{1}{r}\frac{\partial}{\partial r} + \frac{\partial^2}{\partial z^2}$$

由式(3-5-3)和式(3-5-4)可以看出,应力协调方程式是采用应力法(或称力法)求解的基本方程式。

第2篇

轴对称空间课题的力学分析

4　应力与位移分量一般解

在推导应力与位移分量一般解时,国内外一般采用位移函数法。此法虽简捷实用,但需要给出位移函数与应力和位移分量之间的关系式,方能求解。否则,将无法确定应力与位移表达式。

因此,本章除了介绍洛甫的位移函数解法和苏斯威尔的位移函数解法之外,还将论述两种新颖独特的解法:

一是钟阳教授提出的传递矩阵法;

二是郭大智和钟阳教授分别提出的层状弹性体系一般解的积分变换解法。

这几种解法直接从基本方程出发求解,不必寻找位移函数。因此,它更具有普遍意义,更易于求解新的课题。

4.1　应力与位移一般解的洛甫法

设轴对称空间课题的位移函数为 $\varphi=\varphi(r,z)$,并给定位移分量与位移函数的关系式,如下:

$$\begin{cases} u=-\dfrac{1+\mu}{E}\dfrac{\partial\varphi}{\partial r\partial z} \\ w=\dfrac{1+\mu}{E}\left[2(1-\mu)\nabla^2\varphi-\dfrac{\partial^2\varphi}{\partial z^2}\right] \end{cases} \tag{1}$$

若将式(1)代入用位移表示的物理方程式,即式(3-3-6),则可得到应力分量用位移函数表示的关系式,如下:

$$\begin{cases} \sigma_r=\dfrac{\partial}{\partial z}\left(\mu\nabla^2\varphi-\dfrac{\partial^2\varphi}{\partial r^2}\right) \\ \sigma_\theta=\dfrac{\partial}{\partial z}\left(\mu\nabla^2\varphi-\dfrac{1}{r}\dfrac{\partial\varphi}{\partial r}\right) \\ \sigma_z=\dfrac{\partial}{\partial z}\left[(2-\mu)\nabla^2\varphi-\dfrac{\partial^2\varphi}{\partial z^2}\right] \\ \tau_{zr}=\dfrac{\partial}{\partial r}\left[(1-\mu)\nabla^2\varphi-\dfrac{\partial^2\varphi}{\partial z^2}\right] \end{cases} \tag{2}$$

若将式(2)代入轴对称空间课题的静平衡微分方程式,即式(3-1-4)和应力协调方程式(3-5-4),除静平衡微分方程式中第一个方程恒等于零外,其余方程式全部可转化为重调和方程,即

$$\nabla^4\varphi(r,z)=0 \tag{3}$$

式中:∇^4——柱面坐标系下轴对称空间课题的重拉普拉斯算子,其表达式为:

$$\nabla^4=\left(\frac{\partial^2}{\partial r^2}+\frac{1}{r}\frac{\partial}{\partial r}+\frac{\partial^2}{\partial z^2}\right)^2$$

这就是说,如果位移函数 $\varphi(r,z)$ 是重调和方程的解,则其能满足静平衡微分方程式和应力协调方程式。因此,只要根据重调和方程求得位移函数 $\varphi(r,z)$,就能根据式(2)与式(1)计算应力与位移分

量。形变分量可根据物理方程式或几何方程式求得。

利用洛甫法求解应力与位移分量表达式时,需要解算重调和方程,它一般可采用亨格尔积分变换理论求解。

根据亨格尔积分变换理论,对重调和方程施加零阶的亨格尔积分变换,则有

$$\begin{aligned}\int_0^\infty r\,\nabla^4\varphi(r,z)J_0(\xi r)\,\mathrm{d}r &= \int_0^\infty r\,\nabla^2[\nabla^2\varphi(r,z)]J_0(\xi r)\,\mathrm{d}r\\ &= \left(\frac{\mathrm{d}^2}{\mathrm{d}z^2}-\xi^2\right)^2\int_0^\infty r\,\nabla^2\varphi(r,z)J_0(\xi r)\,\mathrm{d}r\\ &= \left(\frac{\mathrm{d}^2}{\mathrm{d}z^2}-\xi^2\right)^2\int_0^\infty r\varphi(r,z)J_0(\xi r)\,\mathrm{d}r\\ &= \left(\frac{\mathrm{d}^2}{\mathrm{d}z^2}-\xi^2\right)^2\overline{\varphi}(\xi,z)\end{aligned}$$

由于 $\varphi(r,z)$ 满足重调和方程,即

$$\nabla^4\varphi = 0$$

所以

$$\left(\frac{\mathrm{d}^2}{\mathrm{d}z^2}-\xi^2\right)^2\overline{\varphi}(\xi,z) = 0 \tag{4}$$

式中:$\overline{\varphi}(\xi,z)$——位移函数 $\varphi(r,z)$ 的零阶亨格尔积分变换,其表达式可表示为如下形式:

$$\overline{\varphi}(\xi,z) = \int_0^\infty r\varphi(r,z)J_0(\xi r)\,\mathrm{d}r$$

通过上述亨格尔积分变换,可以将重调和方程式(3)转化为四阶线性常微分方程式(4),其解可采用一般积分法求得,如下:

$$\overline{\varphi}(\xi,z) = (A_\xi + B_\xi z)e^{-\xi z} + (C_\xi + D_\xi z)e^{\xi z} \tag{5}$$

根据亨格尔积分变换的反演公式,则可得位移函数 $\varphi(r,z)$ 的表达式,如下:

$$\varphi(r,z) = \int_0^\infty \xi[(A_\xi + B_\xi z)e^{-\xi z} + (C_\xi + D_\xi z)e^{\xi z}]J_0(\xi r)\,\mathrm{d}\xi \tag{6}$$

其中,ξ 为积分参变量,A_ξ、B_ξ、C_ξ 和 D_ξ 均为与 ξ 有关的积分常数,其值由边界条件和层间结合条件来确定。所以,今后只要根据层状弹性体系轴对称课题的定解条件,就可寻找其应力与位移分量的精确解。

为了求得应力与位移分量表达式,分别求出位移函数 $\varphi(r,z)$ 的各种导数如下:

$$\frac{1}{r}\frac{\partial\varphi}{\partial r} = -\frac{1}{r}\int_0^\infty \xi^2\overline{\varphi}(\xi,z)J_1(\xi r)\,\mathrm{d}\xi$$

$$\frac{\partial^2\varphi}{\partial r^2} = -\int_0^\infty \xi^2\overline{\varphi}(\xi,z)J_0(\xi r)\,\mathrm{d}\xi + \frac{1}{r}\int_0^\infty \xi^2\overline{\varphi}(\xi,z)J_1(\xi r)\,\mathrm{d}\xi$$

$$\frac{\partial^2\varphi}{\partial z^2} = \int_0^\infty \xi\frac{\mathrm{d}^2\overline{\varphi}(\xi,z)}{\mathrm{d}z^2}J_0(\xi r)\,\mathrm{d}\xi$$

$$\nabla^2\varphi = \int_0^\infty \xi\left(\frac{\mathrm{d}^2}{\mathrm{d}z^2}-\xi^2\right)\overline{\varphi}(\xi,z)J_0(\xi r)\,\mathrm{d}\xi$$

$$\frac{\partial}{\partial r}(\nabla^2\varphi) = -\int_0^\infty \xi^2\left(\frac{\mathrm{d}^2}{\mathrm{d}z^2}-\xi^2\right)\overline{\varphi}(\xi,z)J_1(\xi r)\,\mathrm{d}\xi$$

若将上述表达式代入式(2)和式(1),则可得轴对称课题下的应力与位移表达式如下:

$$\begin{cases}\sigma_r = \int_0^\infty \xi[\mu \frac{d^3\overline{\varphi}}{dz^3} + (1-\mu)\xi^2 \frac{d\overline{\varphi}}{dz}]J_0(\xi r)d\xi - \frac{1}{r}\int_0^\infty \xi^2 \frac{d\overline{\varphi}}{dz}J_1(\xi r)d\xi \\ \sigma_\theta = \mu \int_0^\infty \xi(\frac{d^3\overline{\varphi}}{dz^3} - \xi^2 \frac{d\overline{\varphi}}{dz})J_0(\xi r)d\xi + \frac{1}{r}\int_0^\infty \xi^2 \frac{d\overline{\varphi}}{dz}J_1(\xi r)d\xi \\ \sigma_z = \int_0^\infty \xi[(1-\mu)\frac{d^3\overline{\varphi}}{dz^3} - (2-\mu)\xi^2 \frac{d\overline{\varphi}}{dz}]J_0(\xi r)d\xi \\ \tau_{zr} = \int_0^\infty \xi^2[\xi^2(1-\mu)\overline{\varphi} + \mu \frac{d^2\overline{\varphi}}{dz^2}]J_1(\xi r)d\xi \\ u = \frac{1+\mu}{E}\int_0^\infty \xi^2 \frac{d\overline{\varphi}}{dz}J_1(\xi r)d\xi \\ w = \frac{1+\mu}{E}\int_0^\infty \xi[(1-2\mu)\frac{d^2\overline{\varphi}}{dz^2} - 2(1-\mu)\xi^2\overline{\varphi}]J_0(\xi r)d\psi \end{cases} \tag{7}$$

上述表达式表明，只要求得位移函数 $\overline{\varphi}$ 对 z 的一阶、二阶、三阶导数，就能得到层状弹性体系轴对称课题下应力与位移的一般表达式。

因为位移函数 $\varphi(r,z)$ 的亨格尔积分变换式为：

$$\overline{\varphi}(\xi,z) = (A_\xi + B_\xi z)e^{-\xi z} + (C_\xi + D_\xi z)e^{\xi z}$$

所以，$\overline{\varphi}(\xi,z)$ 对 z 的导数可表示为如下形式：

$$\frac{d\overline{\varphi}}{dz} = -[\xi A_\xi - (1-\xi z)B_\xi]e^{-\xi z} + [\xi C_\xi + (1+\xi z)D_\xi]e^{\xi z}$$

$$\frac{d^2\overline{\varphi}}{dz^2} = [\xi A_\xi - (2-\xi z)B_\xi]\xi e^{-\xi z} + [\xi C_\xi + (2+\xi z)D_\xi]\xi e^{\xi z}$$

$$\frac{d^3\overline{\varphi}}{dz^3} = -[\xi A_\xi - (3-\xi z)B_\xi]\xi^2 e^{-\xi z} + [\xi C_\xi + (3+\xi z)D_\xi]\xi^2 e^{\xi z}$$

若将 $\overline{\varphi}(\xi,z)$ 及其对 z 的导数代入式(7)，则可得轴对称课题下应力与位移分量的一般表达式，如下：

$$\begin{cases}\sigma_r = -\int_0^\infty \xi^3\{[\xi A_\xi - (1+2\mu-\xi z)B_\xi]e^{-\xi z} - [\xi C_\xi + (1+2\mu+\xi z)D_\xi]e^{\xi z}\}J_0(\xi r)d\xi + \frac{U_\xi}{r} \\ \sigma_\theta = 2\mu\int_0^\infty \xi^3(B_\xi e^{-\xi z} + D_\xi e^{\xi z})J_0(\xi r)d\xi - \frac{U_\xi}{r} \\ \sigma_z = \int_0^\infty \xi^3\{[\xi A_\xi + (1-2\mu+\xi z)B_\xi]e^{-\xi z} - [\xi C_\xi - (1-2\mu-\xi z)D_\xi]e^{\xi z}\}J_0(\xi r)d\xi \\ \tau_{zr} = \int_0^\infty \xi^3\{[\xi A_\xi - (2\mu-\xi z)B_\xi]e^{-\xi z} + [\xi C_\xi + (2\mu+\xi z)D_\xi]e^{\xi z}\}J_1(\xi r)d\xi \\ u = -\frac{1+\mu}{E}U_\xi \\ w = -\frac{1+\mu}{E}\int_0^\infty \xi^2\{[\xi A_\xi + (2-4\mu+\xi z)B_\xi]e^{-\xi z} + [\xi C_\xi - (2-4\mu-\xi z)D_\xi]e^{\xi z}\}J_0(\xi r)d\xi \end{cases} \tag{8}$$

式中,$U_{\xi}=\int_0^{\infty}\xi^2\{[\xi A_{\xi}-(1-\xi z)B_{\xi}]e^{-\xi z}-[\xi C_{\xi}+(1+\xi z)D_{\xi}]e^{\xi z}\}J_1(\xi r)\mathrm{d}\xi$。

上述表达式为早期国内外文献上所给出的公式,其实这些表达式还可进一步简化。若令 $A=\xi^3A_{\xi}$、$B=\xi^2B_{\xi}$、$C=\xi^3C_{\xi}$ 和 $D=\xi^2D_{\xi}$,则轴对称空间课题的一般解可改写如下:

$$
\begin{cases}
\sigma_r=-\int_0^{\infty}\xi\{[A-(1+2\mu-\xi z)B]e^{-\xi z}-[C+(1+2\mu+\xi z)D]e^{\xi z}\}J_0(\xi r)\mathrm{d}\xi+\dfrac{1}{r}U\\
\sigma_{\theta}=2\mu\int_0^{\infty}\xi(Be^{-\xi z}+De^{\xi z})J_0(\xi r)\mathrm{d}\xi-\dfrac{1}{r}U\\
\sigma_z=\int_0^{\infty}\xi\{[A+(1-2\mu+\xi z)B]e^{-\xi z}-[C-(1-2\mu-\xi z)D]e^{\xi z}\}J_0(\xi r)\mathrm{d}\xi\\
\tau_{zr}=\int_0^{\infty}\xi\{[A-(2\mu-\xi z)B]e^{-\xi z}-[C+(2\mu+\xi z)D]e^{\xi z}\}J_1(\xi r)\mathrm{d}\xi\\
u=-\dfrac{1+\mu}{E}U\\
w=-\dfrac{1+\mu}{E}\int_0^{\infty}\{[A-(2-4\mu+\xi z)B]e^{-\xi z}+[C-(2-4\mu-\xi z)D]e^{\xi z}\}J_0(\xi r)\mathrm{d}\xi
\end{cases}
\tag{4-1-1}
$$

式中,$U=\int_0^{\infty}\{[A-(1-\xi z)B]e^{-\xi z}-[C+(1+\xi z)D]e^{\xi z}\}J_1(\xi r)\mathrm{d}\xi$。

上述应力与位移分量的一般解,适用于任何类型的轴对称空间课题。对解决某一具体轴对称空间课题,只要根据其边界条件和层间结合条件求得积分常数 A、B、C、D,就能获得该课题的应力与位移分量全部精确解,再根据物理方程式或几何方程式求得其形变分量。

若 $r=0$,并注意下述关系式:

$$\lim_{r\to0}J_0(\xi r)=1$$

$$\lim_{r\to0}J_1(\xi r)=0$$

$$\lim_{r\to0}\frac{1}{r}J_1(\xi r)=\frac{\xi}{2}$$

则可得轴对称课题下应力与位移分量的一般表达式如下:

$$\sigma_r=-\frac{1}{2}\int_0^{\infty}\xi\{[A-(1+4\mu-\xi z)B]e^{-\xi z}-[C+(1+4\mu+\xi z)D]e^{\xi z}\}\mathrm{d}\xi$$

$$\sigma_{\theta}=-\frac{1}{2}\int_0^{\infty}\xi\{[A-(1+4\mu-\xi z)B]e^{-\xi z}-[C+(1+4\mu+\xi z)D]e^{\xi z}\}\mathrm{d}\xi$$

$$\sigma_z=\int_0^{\infty}\xi\{[A+(1-2\mu+\xi z)B]e^{-\xi z}-[C-(1-2\mu-\xi z)D]e^{\xi z}\}\mathrm{d}\xi$$

$$\tau_{zr}=0$$

$$u=0$$

$$w=-\frac{1+\mu}{E}\int_0^{\infty}\xi\{[A+(2-4\mu+\xi z)B]e^{-\xi z}-[C-(2-4\mu-\xi z)D]e^{\xi z}\}\mathrm{d}\xi$$

从上述结果可以看出,当 $r=0$ 时,有 $\sigma_r=\sigma_{\theta}$,$\tau_{zr}=u=0$。这些结果可以作为编程时检验源程序正确与否的一种方法。

4.2　应力与位移一般解的苏斯威尔法

设位移函数$\chi=\chi(r,z)$，并给定

$$\begin{cases} u = \dfrac{1+\mu}{E}\dfrac{1}{r}\left(\dfrac{\partial^2\chi}{\partial z^2} - 2\mu\vartheta^2\chi\right) \\ \dfrac{\partial w}{\partial r} = \dfrac{1+\mu}{E}\dfrac{1}{r}\dfrac{\partial}{\partial z}\left(\dfrac{\partial^2\chi}{\partial z^2} - 2\vartheta^2\chi\right) \end{cases} \tag{1}$$

式中：ϑ^2——微分算子，其表达式为：

$$\vartheta^2 = \frac{\partial^2}{\partial r^2} - \frac{1}{r}\frac{\partial}{\partial r} + \frac{\partial^2}{\partial z^2}$$

若将式(1)代入下述用位移表示的物理方程式：

$$\begin{cases} \sigma_r = \left[(\lambda+2G)\dfrac{\partial}{\partial r} + \dfrac{\lambda}{r}\right]u + \lambda\dfrac{\partial w}{\partial z} \\ \sigma_\theta = \left[\lambda\dfrac{\partial}{\partial r} + \dfrac{\lambda+2G}{r}\right]u + \lambda\dfrac{\partial w}{\partial z} \\ \sigma_z = \lambda\left(\dfrac{\partial}{\partial r} + \dfrac{1}{r}\right)u + (\lambda+2G)\dfrac{\partial w}{\partial z} \\ \tau_{zr} = G\left(\dfrac{\partial u}{\partial z} + \dfrac{\partial w}{\partial r}\right) \end{cases}$$

则可得到应力分量用位移函数表示的关系式如下：

$$\begin{cases} \sigma_r - \sigma_\theta = r\dfrac{\partial}{\partial r}\left[\dfrac{1}{r^2}\left(\dfrac{\partial^2\chi}{\partial z^2} - 2\mu\vartheta^2\chi\right)\right] \\ \sigma_r + \sigma_\theta = \dfrac{1}{r}\dfrac{\partial^3\chi}{\partial r\partial z^2} \\ \sigma_z = -\dfrac{1}{r}\dfrac{\partial}{\partial r}\left[\dfrac{\partial^2\chi}{\partial z^2} - (1+\mu)\vartheta^2\chi\right] \\ \tau_{zr} = -\dfrac{1}{r}\dfrac{\partial}{\partial z}\left[\dfrac{\partial^2\chi}{\partial z^2} - (1+\mu)\vartheta^2\chi\right] \end{cases} \tag{2}$$

若将式(2)中的应力分量表达式代入轴对称空间课题的静平衡微分方程式和应力协调方程式，则这些方程全部转化为下式：

$$\vartheta^4\chi = 0$$

式中，$\vartheta^4 = \left(\dfrac{\partial^2}{\partial r^2} - \dfrac{1}{r}\dfrac{\partial}{\partial r} + \dfrac{\partial^2}{\partial z^2}\right)^2$。

若再令

$$\begin{cases} \phi = \vartheta^2\chi \\ \psi = \dfrac{\partial^2\chi}{\partial z^2} - (1+\mu)\vartheta^2\chi \end{cases} \tag{3}$$

并代入式(2)和式(1)，则可得应力与位移分量采用位移函数$\phi(r,z)$和$\psi(r,z)$表示的方程式如下：

$$\begin{cases}\sigma_r = \dfrac{1}{r}\dfrac{\partial}{\partial r}(\phi+\psi) - \dfrac{1}{r^2}[(1-\mu)\phi+\psi] \\ \sigma_\theta = \dfrac{\mu}{r}\dfrac{\partial\phi}{\partial r} + \dfrac{1}{r^2}[(1-\mu)\phi+\psi] \\ \sigma_z = -\dfrac{1}{r}\dfrac{\partial\psi}{\partial r} \\ \tau_{zr} = -\dfrac{1}{r}\dfrac{\partial\psi}{\partial z} \\ u = \dfrac{1+\mu}{E}\dfrac{1}{r}[(1-\mu)\phi+\psi] \\ \dfrac{\partial w}{\partial r} = -\dfrac{1+\mu}{E}\dfrac{1}{r}\dfrac{\partial}{\partial z}[(1-\mu)\phi+\psi]\end{cases} \tag{4}$$

式(3)中两式的两端施加算子 ϑ^2,并注意 $\vartheta^4\chi=0$,则可得

$$\begin{cases}\vartheta^2\phi = 0 \\ \vartheta^2\psi = \dfrac{\partial^2\phi}{\partial z^2}\end{cases} \tag{5}$$

通过上述变换,将四阶偏微分方程 $\vartheta^4 x=0$ 降阶为两个二阶偏微分方程组,即式(5)。只要根据式(5)求得 ϕ 和 ψ 后,就能根据式(4)计算应力与位移分量的一般解。

在求解过程中,仍然采用亨格尔积分变换理论。但苏斯威尔法所采用的亨格尔积分变换式及其反演公式与洛甫法有所不同,其变换式和反演公式分别为:

$$\bar{f}(\xi,z) = \int_0^\infty \xi f(r,z) J_1(\xi r)\,\mathrm{d}r$$

$$f(r,z) = \int_0^\infty r\bar{f}(\xi,z) J_1(\xi r)\,\mathrm{d}\xi$$

并注意下述关系式:

$$\int_0^\infty \xi[\vartheta^2 f(r,z)] J_1(\xi r)\,\mathrm{d}r = (\frac{\mathrm{d}^2}{\mathrm{d}z^2}-\xi^2)\bar{f}(\xi,z)$$

式(5)中的两式施加一阶的亨格尔积分变换,则有:

$$\begin{cases}(\dfrac{\mathrm{d}^2}{\mathrm{d}z^2}-\xi^2)\bar{\phi}(\xi,z) = 0 \\ (\dfrac{\mathrm{d}^2}{\mathrm{d}z^2}-\xi^2)\bar{\psi}(\xi,z) = \dfrac{\mathrm{d}^2}{\mathrm{d}z^2}\bar{\phi}(\xi,z)\end{cases} \tag{6}$$

式中,$\bar{\phi}(\xi,z) = \int_0^\infty \xi\phi(r,z)J_1(\xi r)\,\mathrm{d}r$;$\bar{\psi}(\xi,z) = \int_0^\infty \xi\psi(r,z)J_1(\xi r)\,\mathrm{d}r$。

式(6)中的两个常微分方程,采用一般积分法求解,则可得

$$\bar{\phi}(\xi,z) = 2(B^* e^{-\xi z} + D^* e^{\xi z})$$
$$\bar{\psi}(\xi,z) = (A^* - \xi z B^*)e^{-\xi z} + (C^* + \xi z D^*)e^{\xi z}$$

对上述两式施加亨格尔积分变换的反变换,则有

$$\phi(r,z) = 2\int_0^\infty r(B^* e^{-\xi z} + D^* e^{\xi z}) J_1(\xi r)\mathrm{d}\xi$$

$$\phi(r,z) = \int_0^\infty r[(A^* - \xi z B^*)e^{-\xi z} + (C^* + \xi z D^*)e^{\xi z}] J_1(\xi r)\mathrm{d}\xi$$

又根据亨格尔积分变换理论,有:

$$\frac{\partial\phi}{\partial r} = \frac{\partial}{\partial r}\int_0^\infty r\overline{\phi}J_1(\xi r)\mathrm{d}\xi = \int_0^\infty \overline{\phi}\frac{\partial}{\partial r}[J_1(\xi r)]\mathrm{d}\xi = r\int_0^\infty \xi\overline{\phi}J_0(\xi r)\mathrm{d}\xi$$

即

$$\begin{cases} \dfrac{1}{r}\dfrac{\partial\phi}{\partial r} = \displaystyle\int_0^\infty \xi\overline{\phi}J_0(\xi r)\mathrm{d}\xi \\ \dfrac{1}{r}\dfrac{\partial\psi}{\partial r} = \displaystyle\int_0^\infty \xi\overline{\psi}J_0(\xi r)\mathrm{d}\xi \end{cases} \tag{7}$$

同理,可求得 ϕ 和 ψ 对 z 的一阶导数表达式如下:

$$\begin{cases} \dfrac{1}{r}\dfrac{\partial\phi}{\partial z} = \displaystyle\int_0^\infty \frac{\mathrm{d}\overline{\phi}}{\mathrm{d}z}J_1(\xi r)\mathrm{d}\xi \\ \dfrac{1}{r}\dfrac{\partial\psi}{\partial r} = \displaystyle\int_0^\infty \frac{\mathrm{d}\overline{\psi}}{\mathrm{d}z}J_1(\xi r)\mathrm{d}\xi \end{cases} \tag{8}$$

若将式(7)和式(8)代入式(4),则可得

$$\begin{cases} \sigma_r = \displaystyle\int_0^\infty \xi(\overline{\phi} + \overline{\psi})J_0(\xi r)\mathrm{d}\xi - \frac{1}{r}U \\ \sigma_\theta = \mu\displaystyle\int_0^\infty \xi\overline{\phi}J_0(\xi r)\mathrm{d}\xi + \frac{1}{r}U \\ \sigma_z = -\displaystyle\int_0^\infty \xi\overline{\psi}J_0(\xi r)\mathrm{d}\xi \\ \tau_{zr} = \displaystyle\int_0^\infty \frac{\mathrm{d}\overline{\psi}}{\mathrm{d}z}J_1(\xi r)\mathrm{d}\xi \\ u = \dfrac{1+\mu}{E}U \\ w = \dfrac{1+\mu}{E}\displaystyle\int_0^\infty \frac{1}{\xi}\frac{\mathrm{d}}{\mathrm{d}z}[(1-\mu)\overline{\phi} - \overline{\psi}]J_0(\xi r)\mathrm{d}\xi \end{cases} \tag{9}$$

式中, $U = \int_0^\infty [(1-\mu)\overline{\phi} + \overline{\psi}]J_1(\xi r)\mathrm{d}\xi$ 。

再将下列关系式:

$$\overline{\phi} = 2(B^* e^{-\xi z} + D^* e^{\xi z})$$

$$\overline{\psi} = (A^* - \xi z B^*)e^{-\xi z} + (C^* + \xi z D^*)e^{\xi z}$$

$$\frac{\mathrm{d}\overline{\phi}}{\mathrm{d}z} = -2\xi(B^* e^{-\xi z} - D^* e^{\xi z})$$

$$\frac{\mathrm{d}\overline{\psi}}{\mathrm{d}z}=-[A^{*}+(1-\xi z)B^{*}]\xi e^{-\xi z}+[C^{*}+(1+\xi z)D^{*}]\xi e^{\xi z}$$

代入式(9),则可得到苏斯威尔法的应力与位移分量的一般解如下:

$$\begin{cases}\sigma_{r}=\int_{0}^{\infty}\xi\{[A^{*}+(2-\xi z)B^{*}]e^{-\xi z}+[C^{*}+(2+\xi z)D^{*}]e^{\xi z}\}J_{0}(\xi r)\mathrm{d}\xi-\dfrac{1}{r}U\\ \sigma_{\theta}=2\mu\int_{0}^{\infty}\xi(B^{*}e^{-\xi z}+D^{*}e^{\xi z})J_{0}(\xi r)\mathrm{d}\xi+\dfrac{1}{r}U\\ \sigma_{z}=-\int_{0}^{\infty}\xi[(A^{*}-\xi zB^{*})e^{-\xi z}+(C^{*}+\xi zD^{*})e^{\xi z}]J_{0}(\xi r)\mathrm{d}\xi\\ \tau_{zr}=-\int_{0}^{\infty}\xi\{[A^{*}+(1-\xi z)B^{*}]e^{-\xi z}-[C^{*}+(1+\xi z)D^{*}]e^{\xi z}\}J_{1}(\xi r)\mathrm{d}\xi\\ u=\dfrac{1+\mu}{E}U\\ w=\int_{0}^{\infty}\{[A^{*}-(1-2\mu+\xi z)B^{*}]e^{-\xi z}-[C^{*}-(1-2\mu-\xi z)D^{*}]e^{\xi z}\}J_{0}(\xi r)\mathrm{d}\xi\end{cases}\tag{4-2-1}$$

式中,$U=\int_{0}^{\infty}\{[A^{*}+(2-2\mu-\xi z)B^{*}]e^{-\xi z}+[C^{*}+(2-2\mu+\xi z)D^{*}]e^{\xi z}\}J_{1}(\xi r)\mathrm{d}\xi$。

从上述分析结果可以看出,采用苏斯威尔法解得到的应力与位移分量一般解析表达式,要比洛甫法的表达式简捷一些。但是,目前苏斯威尔法尚未找到向非轴对称空间课题推广的途径,而洛甫法却易于向非轴对称空间课题推广。所以,今后我们将不考虑采用苏斯威尔法的一般解来分析各种具体轴对称课题的解析解,采用洛甫法来求解应力与位移分量的一般解析表达式。

苏斯威尔法与洛甫法的一般解相比较,看来似乎不一致,但其实完全相同。若将下列关系式:

$$\begin{aligned}A^{*}&=-[A+(1-2\mu)B]\\ B^{*}&=B\\ C^{*}&=C-(1-2\mu)D\\ D^{*}&=D\end{aligned}$$

代入式(4-2-1),其结果完全同于洛甫法的一般解。

4.3 轴对称空间课题一般解的积分变换法

无论是位移函数解法中的洛甫法,还是苏斯威尔法,都必须给出位移分量与位移函数之间的关系式,才能根据基本方程式来求解。否则,将一事无成。比如,在非轴对称空间课题中,目前尚未找到苏斯威尔法中位移函数与位移分量之间的关系式,故苏斯威尔法无法在非轴对称空间课题中得到应用。不过,对于非轴对称空间课题,洛甫法也给出位移分量与位移函数之间的关系式,故它可根据基本方程式来求解。另外,对于某些新课题,可能由于无法找到位移分量与位移函数之间的关系式,却不能采用位移函数法求解。因此,寻找直接由基本方程式求解的方法,势在必行。本节介绍的两种积分变换解法,就是直接应用拉梅方程求解的新颖方法。

4.3.1　郭大智解法

在式(3-4-4)中,若令

$$\begin{cases} u(r,z) = \dfrac{1}{2G}u^*(r,z) \\ w(r,z) = \dfrac{1}{2G}w^*(r,z) \end{cases} \tag{4-3-1}$$

并将下述关系式:

$$\frac{\partial e}{\partial r} = \frac{1}{2G}\left[\left(\frac{\partial^2}{\partial r^2} + \frac{1}{r}\frac{\partial}{\partial r} - \frac{1}{r^2}\right)u^* + \frac{\partial^2 w^*}{\partial r \partial z}\right]$$

$$\frac{\partial e}{\partial z} = \frac{1}{2G}\left[\left(\frac{\partial}{\partial r} + \frac{1}{r}\right)\frac{\partial u^*}{\partial z} + \frac{\partial^2 w^*}{\partial r \partial z}\right]$$

$$\frac{\lambda + G}{2G} = \frac{1}{2(1-2\mu)}$$

代入式(3-4-4),则拉梅方程式可改写为下述两式:

$$\begin{cases} 2(1-\mu)\left(\dfrac{\partial^2}{\partial r^2} + \dfrac{1}{r}\dfrac{\partial}{\partial r} - \dfrac{1}{r^2}\right)u^* + (1-2\mu)\dfrac{\partial^2 u^*}{\partial z^2} + \dfrac{\partial^2 w^*}{\partial r \partial z} = 0 \\ \left(\dfrac{\partial}{\partial r} + \dfrac{1}{r}\right)\dfrac{\partial u^*}{\partial z} + (1-2\mu)\left(\dfrac{\partial^2}{\partial r^2} + \dfrac{1}{r}\dfrac{\partial}{\partial r}\right)w^* + 2(1-\mu)\dfrac{\partial^2 w^*}{\partial z^2} = 0 \end{cases} \tag{4-3-2}$$

式(4-3-2)对 r 施加亨格尔积分变换,其中第一式施加亨格尔一阶积分变换,第二式施加亨格尔零阶积分变换。在推导过程中,应注意下列积分变换关系式:

$$\int_0^\infty r\left[\left(\frac{\partial^2}{\partial r^2} + \frac{1}{r}\frac{\partial}{\partial r} - \frac{1}{r^2}\right)u^*(r,z)\right]J_1(\xi r)\,dr = -\xi^2\bar{u}_1^*(\xi,z)$$

$$\int_0^\infty r\left[\frac{\partial}{\partial r}w^*(r,z)\right]J_1(\xi r)\,dr = -\xi\bar{w}_0^*(\xi,z)$$

$$\int_0^\infty r\left[\left(\frac{\partial}{\partial r} + \frac{1}{r}\right)u^*(r,z)\right]J_0(\xi r)\,dr = \xi\bar{u}_1^*(\xi,z)$$

$$\int_0^\infty r\left[\left(\frac{\partial^2}{\partial r^2} + \frac{1}{r}\frac{\partial}{\partial r}\right)w^*(r,z)\right]J_0(\xi r)\,dr = -\xi^2\bar{w}_0^*(\xi,z)$$

式中,$\bar{u}_1^*(\xi,z) = \int_0^\infty ru^*(r,z)J_1(\xi r)\,dr$;$\bar{w}_0^*(\xi,z) = \int_0^\infty rw^*(r,z)J_0(\xi r)\,dr$。

则可得如下两式:

$$\begin{cases} (1-2\mu)\dfrac{d^2\bar{u}_1^*(\xi,z)}{dz^2} - 2(1-\mu)\xi^2\bar{u}_1^*(\xi,z) - \xi\dfrac{d\bar{w}_0^*(\xi,z)}{dz} = 0 \\ \xi\dfrac{d\bar{u}_1^*(\xi,z)}{dz} - (1-2\mu)\xi^2\bar{w}_0^*(\xi,z) + 2(1-\mu)\dfrac{d^2\bar{w}_0^*(\xi,z)}{dz^2} = 0 \end{cases} \tag{4-3-3}$$

式(4-3-3)对 z 再施加拉普拉斯积分变换,并注意拉氏积分变换的微分性质:

$$\int_0^\infty \frac{d^m f(z)}{dz^m}e^{-pz}\,dz = p^m\tilde{f}(p) - \sum_{k=1}^{m}p^{m-k}f^{(k-1)}(0)$$

式中，$\tilde{f}(p)=\int_0^\infty f(z)e^{-pz}\mathrm{d}z$；$f^{(0)}(0)=f(0)$。

若 $m=2$，则可得

$$\int_0^\infty \frac{\mathrm{d}^2 f(z)}{\mathrm{d}z^2}e^{-pz}\mathrm{d}z = p^2\tilde{f}(p)-pf(0)-\frac{\mathrm{d}f(0)}{\mathrm{d}z}$$

若 $m=1$，则可得

$$\int_0^\infty \frac{\mathrm{d}f(z)}{\mathrm{d}z}e^{-pz}\mathrm{d}z = p\tilde{f}(p)-f(0)$$

故式(4-3-3)可表示为如下形式：

$$(1-2\mu)[p^2\tilde{\bar{u}}_1^*(\xi,p)-p\bar{u}_1^*(\xi,0)-\frac{\mathrm{d}\bar{u}_1^*(\xi,0)}{\mathrm{d}z}]-2(1-\mu)\xi^2\tilde{\bar{u}}_1^*(\xi,p)-\xi[p\tilde{\bar{w}}_0^*(\xi,p)-\bar{w}_0^*(\xi,0)]=0$$

$$\xi[p\tilde{\bar{u}}_1^*(\xi,p)-\bar{u}_1^*(\xi,0)]-(1-2\mu)\xi^2\tilde{\bar{w}}_0^*(\xi,p)+2(1-\mu)[p^2\tilde{\bar{w}}_0^*(\xi,p)-p\tilde{\bar{w}}_0^*(\xi,0)-\frac{\mathrm{d}\bar{w}_0^*(\xi,0)}{\mathrm{d}z}]=0$$

为了便于下一步的分析，将上述联立方程式重新加以整理，并令下述四个关系式：

$$Q_1=\bar{u}_1^*(\xi,0)$$

$$Q_2=\frac{\mathrm{d}\bar{u}_1^*(\xi,0)}{\mathrm{d}z}$$

$$R_1=\bar{w}_0^*(\xi,0)$$

$$R_2=\frac{\mathrm{d}\bar{w}_0^*(\xi,0)}{\mathrm{d}z}$$

则可得

$$\begin{cases}[(1-2\mu)p^2-2(1-\mu)\xi^2]\tilde{\bar{u}}_1^*(\xi,p)-p\xi\tilde{\bar{w}}_0^*(\xi,p)=(1-2\mu)(pQ_1+Q_2)-\xi R_1\\ p\xi\tilde{\bar{u}}_1^*(\xi,p)+[2(1-\mu)p^2-(1-2\mu)\xi^2]\tilde{\bar{w}}_0^*(\xi,p)=\xi Q_1+2(1-\mu)(pR_1+R_2)\end{cases}\tag{4-3-4}$$

上述两式联立，根据行列式的克莱姆法则，则可得

$$\begin{cases}\tilde{\bar{u}}_1^*(\xi,p)=\dfrac{[(1-2\mu)p^3+2\mu p\xi^2]Q_1}{(1-2\mu)(p^2-\xi^2)^2}+\dfrac{[2(1-\mu)p^2-(1-2\mu)\xi^2]Q_2}{2(1-\mu)(p^2-\xi^2)^2}+\\ \qquad\dfrac{\xi^3R_1}{2(1-\mu)(p^2-\xi^2)^2}+\dfrac{p\xi R_2}{(1-2\mu)(p^2-\xi^2)^2}\\ \tilde{\bar{w}}_0^*(\xi,p)=-\{\dfrac{\xi^3Q_1}{(1-2\mu)(p^2-\xi^2)^2}+\dfrac{p\xi Q_2}{2(1-\mu)(p^2-\xi^2)^2}-\\ \qquad\dfrac{[2(1-\mu)p^3-(3-2\mu)p\xi^2]R_1}{2(1-\mu)(p^2-\xi^2)^2}-\dfrac{[(1-2\mu)p^2-2(1-\mu)\xi^2]R_2}{(1-2\mu)(p^2-\xi^2)^2}\}\end{cases}\tag{4-3-5}$$

根据拉氏积分反变换的海维赛德展开式：

$$L^{-1}[\tilde{f}(p)]=\sum_{k=1}^{n}\frac{1}{(m_k-1)!}\lim_{p\to\alpha_k}(\frac{\mathrm{d}}{\mathrm{d}p})^{m_k-1}[(p-\alpha_k)^{m_k}\frac{G(p)}{Q(p)}e^{pz}]$$

则可得如下拉氏变换的反变换关系式：

$$L^{-1}[\frac{p^3}{(p^2-\xi^2)^2}] = \frac{1}{4}[(2-\xi z)e^{-\xi z}+(2+\xi z)e^{\xi z}]$$

$$L^{-1}[\frac{p^2}{(p^2-\xi^2)^2}] = -\frac{1}{4\xi}[(1-\xi z)e^{-\xi z}-(1+\xi z)e^{\xi z}]$$

$$L^{-1}[\frac{p}{(p^2-\xi^2)^2}] = -\frac{1}{4\xi^2}(\xi z e^{-\xi z}-\xi z e^{\xi z})]$$

$$L^{-1}[\frac{1}{(p^2-\xi^2)^2}] = \frac{1}{4\xi^3}[(1+\xi z)e^{-\xi z}-(1-\xi z)e^{\xi z}]$$

式(4-3-5)对 p 施加拉氏积分变换的反变换,并将上述结果代入该式,则可得

$$\begin{cases} \bar{u}_1^*(\xi,z) = -\Big\{\frac{Q_1}{4(1-2\mu)}\{[-(1-4\mu)-(1-\xi z)]e^{-\xi z}-[(1-4\mu)+(1+\xi z)]e^{\xi z}\}+ \\ \quad \frac{Q_2}{8(1-\mu)\xi}\{[2(1-2\mu)+(1-\xi z)]e^{-\xi z}-[2(1-2\mu)+(1+\xi z)]e^{\xi z}]\}- \\ \quad \frac{R_1}{8(1-\mu)}\{[2-(1-\xi z)]e^{-\xi z}-[2-(1+\xi z)]e^{\xi z}]+ \\ \quad \frac{R_2}{4(1-2\mu)\xi}[1-(1-\xi z)]e^{-\xi z}-[-1+(1+\xi z)]e^{\xi z}\}\Big\} \\ \bar{w}_0^*(\xi,z) = -\Big\{\frac{Q_1}{4(1-2\mu)}\{[-(1-4\mu)+(2-4\mu+\xi z)]e^{-\xi z}+[(1-4\mu)-(2-4\mu-\xi z)]e^{\xi z}\}+ \\ \quad \frac{Q_2}{8(1-\mu)\xi}\{[2(1-2\mu)-(2-4\mu+\xi z)]e^{-\xi z}+[2(1-2\mu)-(2-4\mu-\xi z)]e^{\xi z}\}- \\ \quad \frac{R_1}{8(1-\mu)}\{[2+(2-4\mu+\xi z)]e^{-\xi z}+[2+(2-4\mu-\xi z)e^{\xi z}]\}+ \\ \quad \frac{R_2}{4(1-2\mu)\xi}\{[1+(2-4\mu+\xi z)e^{-\xi z}-[1+(2-4\mu-\xi z)]e^{\xi z}\}\Big\} \end{cases}$$

若令

$$A = -\xi[\frac{1-4\mu}{4(1-2\mu)}Q_1-\frac{1-2\mu}{4(1-\mu)\xi}Q_2+\frac{1}{4(1-\mu)}R_1-\frac{1}{4(1-2\mu)\xi}R_2]$$

$$B = \xi[\frac{1}{4(1-2\mu)}Q_1-\frac{1}{8(1-\mu)\xi}Q_2-\frac{1}{8(1-\mu)}R_1+\frac{1}{4(1-2\mu)\xi}R_2]$$

$$C = \xi[\frac{1-4\mu}{4(1-2\mu)}Q_1+\frac{1-2\mu}{4(1-\mu)\xi}Q_2-\frac{1}{4(1-\mu)}R_1-\frac{1}{4(1-2\mu)\xi}R_2]$$

$$D = \xi[\frac{1}{4(1-2\mu)}Q_1+\frac{1}{8(1-\mu)\xi}Q_2+\frac{1}{8(1-\mu)}R_1+\frac{1}{4(1-2\mu)\xi}R_2]$$

则上述两式可改写为如下两式：

$$\bar{u}_1^*(\xi,z) = -\frac{1}{\xi}\{[A-(1-\xi z)B]e^{-\xi z}-[C+(1+\xi z)D]e^{\xi z}\}$$

$$\bar{w}_0^*(\xi,z) = -\frac{1}{\xi}\{[A+(2-4\mu+\xi z)B]e^{-\xi z}+[C-(2-4\mu-\xi z)D]e^{\xi z}\}$$

上两式再施加亨格尔积分反变换,其中第一式施加亨格尔一阶积分反变换,第二式施加亨格尔零阶积分反变换,并注意下述关系式:

$$u^*(r,z) = \int_0^\infty \xi \overline{u}_1^*(\xi,z) J_1(\xi r)\mathrm{d}\xi$$

$$w^*(r,z) = \int_0^\infty \xi \overline{w}_0^*(\xi,z) J_0(\xi r)\mathrm{d}\xi$$

$$u(r.z) = \frac{1}{2G}u^*(r,z)$$

$$w(r,z) = \frac{1}{2G}w^*(r,z)$$

则可得

$$u = -\frac{1+\mu}{E}U$$

$$w = -\frac{1+\mu}{E}\int_0^\infty \{[A+(2-4\mu+\xi z)B]e^{-\xi z} + [C-(2-4\mu-\xi z)D]e^{\xi z}\}J_0(\xi r)\mathrm{d}\xi$$

式中,$U = \int_0^\infty \{[A-(1-\xi z)B]e^{-\xi z} - [C+(1+\xi z)D]e^{\xi z}\}J_1(\xi r)\mathrm{d}\xi$ 。

上述位移分量的一般解,完全同于洛甫解的结果。若将位移分量一般解代入用位移表示应力的物理方程,则所得应力分量的一般解,也完全同于洛甫解的结果,详见式(4-1-1)。

4.3.2 钟阳解法

若令

$$\begin{cases} u(r,z) = \dfrac{1}{2G}u^*(r,z) \\ w(r,z) = \dfrac{1}{2G}w^*(r,z) \end{cases}$$

并注意下述关系式:

$$\frac{\lambda+G}{2G} = \frac{1}{2(1-2\mu)}$$

$$e^* = \frac{\partial u^*}{\partial r} + \frac{u^*}{r} + \frac{\partial w^*}{\partial z}$$

式(3-4-4)可改写为如下形式:

$$\frac{\partial e^*}{\partial r} + (1-2\mu)(\nabla^2 u^* - \frac{u^*}{r^2}) = 0 \tag{4-3-6}$$

$$\frac{\partial e^*}{\partial z} + (1-2\mu)\ \nabla^2 w^* = 0 \tag{4-3-7}$$

式(4-3-6)施加算子$(\frac{\partial}{\partial r}+\frac{1}{r})$,式(4-3-7)对 z 求偏导,并相加。推导过程中,应注意下列关系式:

$$(\frac{\partial}{\partial r}+\frac{1}{r})\ \nabla^2 u^* = \nabla^2(\frac{\partial}{\partial r}+\frac{1}{r})u^* + \frac{1}{r^2}\frac{\partial u^*}{\partial r} - \frac{u^*}{r^3}$$

$$(\frac{\partial}{\partial r}+\frac{1}{r})(\frac{u^*}{r^2}) = \frac{1}{r^2}\frac{\partial u^*}{\partial r} - \frac{u^*}{r^3}$$

$$(\frac{\partial}{\partial r}+\frac{1}{r})\frac{\partial e^*}{\partial r} = (\frac{\partial^2}{\partial r^2}+\frac{1}{r}\frac{\partial}{\partial r})e^*$$

则可得

$$\nabla^2 e^* = 0 \tag{4-3-8}$$

将式(4-3-8)施加亨格尔零阶积分变换,则可得到如下的二阶线性齐次常微分方程:

$$\left(\frac{d^2}{dz^2} - \xi^2\right)\bar{e}^*(\xi,z) = 0$$

式中,$\bar{e}^*(\xi,z) = \int_0^\infty re^*(r,z)J_0(\xi r)dr$。

上述微分方程的解为:

$$\bar{e}^*(\xi,z) = B_1 e^{-\xi z} + D_1 e^{\xi z} \tag{4-3-9}$$

将式(4-3-6)施加一阶的亨格尔积分变换,并注意式(4-3-9)和下列关系式:

$$\int_0^\infty r\frac{\partial e^*}{\partial r}J_1(\xi r)dr = -\xi\bar{e}^*(\xi,z)$$

$$\int_0^\infty r\left(\nabla^2 u^* - \frac{u^*}{r^2}\right)J_1(\xi r)dr = \left(\frac{d^2}{dz^2} - \xi^2\right)\bar{u}(\xi,z)$$

则可得如下表达式:

$$\left(\frac{d^2}{dz^2} - \xi^2\right)\bar{u}^*(\xi,z) = \frac{\xi}{1-2\mu}(B_1 e^{-\xi z} + D_1 e^{\xi z}) \tag{4-3-10}$$

式中,$\bar{u}^*(\xi,z) = \int_0^\infty ru^*(r,z)J_1(\xi r)dr$。

将式(4-3-7)施加零阶的亨格尔积分变换,并注意式(4-3-9)和关系式:

$$\frac{d}{dz}\bar{e}^*(\xi,z) = -\xi(B_1 e^{-\xi z} - D_1 e^{\xi z})$$

则可得如下表达式:

$$\left(\frac{d^2}{dz^2} - \xi^2\right)\bar{w}^*(\xi,z) = \frac{\xi}{1-2\mu}(B_1 e^{-\xi z} - D_1 e^{\xi z}) \tag{4-3-11}$$

式中,$\bar{w}^*(\xi,z) = \int_0^\infty rw^*(r,z)J_0(\xi r)dr$。

上述式(4-3-10)和式(4-3-11)都是二阶线性非齐次常微分方程组,它们的解由两部分组成:一部分为齐次方程的通解,另一部分为非齐次方程的特解。因此,其解可表示为如下形式:

$$\bar{u}^*(\xi,z) = \frac{1}{2(1-2\mu)\xi}\{[2(1-2\mu)\xi A_1 - \xi zB_1]e^{-\xi z} + [2(1-2\mu)\xi C_1 + \xi zD_1]e^{\xi z}\} \tag{4-3-12}$$

$$\bar{w}^*(\xi,z) = \frac{1}{2(1-2\mu)\xi}\{[2(1-2\mu)\xi A_2 - \xi zB_1]e^{-\xi z} + [2(1-2\mu)\xi C_1 - \xi zD_1]e^{\xi z}\} \tag{4-3-13}$$

将体积形变表达式:

$$e^* = \left(\frac{\partial}{\partial r} + \frac{1}{r}\right)u^* + \frac{\partial w^*}{\partial z}$$

施加零阶的亨格尔积分变换,并注意下述关系式:

$$\int_0^\infty r\left(\frac{\partial}{\partial r} + \frac{1}{r}\right)u^*(r,z)J_0(\xi r)dr = \xi\bar{u}^*(\xi,z)$$

则可得如下表达式:

$$\bar{e}^*(\xi,z) = \xi\bar{u}^*(\xi,z) + \frac{d}{dz}\bar{w}^*(\xi,z) \tag{4-3-14}$$

将式(4-3-9)、式(4-3-12)和式(4-3-13)代入式(4-3-14),并注意下述关系式:

$$\frac{\mathrm{d}}{\mathrm{d}z}\overline{w}^*(\xi,z)=-\frac{1}{2(1-2\mu)}\{[2(1-2\mu)\xi A_2+(1-\xi z)B_1]e^{-\xi z}-[2(1-2\mu)\xi C_2-(1+\xi z)D_1]e^{\xi z}\}$$

则可得

$$A_2=\frac{1}{2(1-2\mu)\xi}[2(1-2\mu)\xi A_1-(3-4\mu)B_1]$$

$$C_2=\frac{1}{2(1-2\mu)\xi}[(3-4\mu)D_1-2(1-2\mu)\xi C_1]$$

将 A_2 和 C_2 代入式(4-3-13),则可得

$$\overline{w}^*(\xi,z)=\frac{1}{2(1-2\mu)\xi}\{[2(1-2\mu)\xi A_1-(3-4\mu+\xi z)B_1]e^{-\xi z}-[2(1-2\mu)\xi C_1-(3-4\mu-\xi z)D_1]e^{\xi z}\} \tag{4-3-15}$$

将式(6)和式(4-3-15)改写如下:

$$\overline{u}^*(\xi,z)=-\frac{1}{2(1-2\mu)\xi}\{[-2(1-2\mu)\xi A_1+B_1-(1-\xi z)B_1]e^{-\xi z}-[2(1-2\mu)\xi C_1-D_1+(1+\xi z)D_1]e^{\xi z}\}$$

$$\overline{w}^*(\xi,z)=-\frac{1}{2(1-2\mu)\xi}\{[-2(1-2\mu)\xi A_1+B_1+(2-4\mu+\xi z)B_1]e^{-\xi z}+[2(1-2\overline{\omega})\xi C_1-D_1-(2-4\mu-\xi z)D_1]e^{\xi z}\}$$

若令

$$A=\frac{B_1}{2(1-2\mu)}-\xi A_1$$

$$B=\frac{B_1}{2(1-2\mu)}$$

$$C=\xi C_1-\frac{D_1}{2(1-2\mu)}$$

$$D=\frac{D_1}{2(1-2\mu)}$$

则上述两式又可改写为如下两式:

$$\overline{u}^*(\xi,z)=-\frac{1}{\xi}\{[A-(1-\xi z)B]e^{-\xi z}-[C+(1+\xi z)D]e^{\xi z}\}$$

$$\overline{w}^*(\xi,z)=-\frac{1}{\xi}\{[A+(2-4\mu+\xi z)B]e^{-\xi z}+[C-(2-4\mu-\xi z)D]e^{\xi z}\}$$

再将这两式分别施加亨格尔一阶和零阶积分反变换,并注意下列关系式:

$$u(r,z)=\frac{1}{2G}u^*(r,z)$$

$$w(r,z)=\frac{1}{2G}w^*(r,z)$$

则可得位移分量表达式如下:

$$u=-\frac{1+\mu}{E}U$$

$$w=-\frac{1+\mu}{E}\int_0^\infty\{[A+(2-4\mu+\xi z)B]e^{-\xi z}+[C-(2-4\mu-\xi z)D]e^{\xi z}\}J_0(\xi r)\mathrm{d}\xi$$

式中，$U = \int_0^\infty \{[A-(1-\xi z)B]e^{-\xi z}-[C+(1+\xi z)D]e^{\xi z}\}J_1(\xi r)\mathrm{d}\xi$。

上述位移分量的一般解，完全同于洛甫解的结果。若将位移分量表达式代入物理方程式，则所得的应力分量一般解也完全同于洛甫解的结果。

从以上分析可以看出，拉梅方程的积分变换解法，虽比洛甫法复杂些，但它不需要寻找位移分量与位移函数之间的关系式。这对难以给出位移函数与位移分量之间表达式的轴对称空间课题，找到一种解题的全新方法。因此，这两种解法更具有普遍意义。

4.4　轴对称空间课题的传递矩阵法

传递矩阵法，是由钟阳教授提出的一种独特解法。所谓"传递矩阵法"，主要根据静平衡方程和用位移表示的物理方程式，导出状态向量表达式，建立状态向量与初始状态向量之间的关系式。据此，解出状态向量后，对其进行亨格尔积分反变换，就可得到应力与位移分量表示的一般表达式，在本节中，我们将对轴对称称空间课题的传递矩阵法进行分析。

由式(3-1-4)中的第二式，则可得如下表达式：

$$\frac{\partial\sigma_z}{\partial z} = -\left(\frac{\partial}{\partial r}+\frac{1}{r}\right)\tau_{zr} \tag{4-4-1}$$

若令

$$u(r,z) = \frac{1}{2G}u^*(r,z)$$

$$w(r,z) = \frac{1}{2G}w^*(r,z)$$

并注意到下列关系式：

$$\frac{\lambda}{2G} = \frac{\mu}{1-2\mu}$$

$$\frac{\lambda+2G}{2G} = \frac{1-\mu}{1-2\mu}$$

则用位移表示的物理方程式，即式(3-3-6)，可改写为下述表达式：

$$\begin{cases}\sigma_r = \dfrac{1}{1-2\mu}\{[\{1-\mu)\dfrac{\partial}{\partial r}+\dfrac{\mu}{r}]u^* + \mu\dfrac{\partial w^*}{\partial z}\} \\ \sigma_\theta = \dfrac{1}{1-2\mu}[(\mu\dfrac{\partial}{\partial r}+\dfrac{1-\mu}{r})u^* + \mu\dfrac{\partial w^*}{\partial a}] \\ \sigma_z = \dfrac{1}{1-2\mu}[\mu(\dfrac{\partial}{\partial r}+\dfrac{1}{r})u^* + (1-\mu)\dfrac{\partial w^*}{\partial z}] \\ \tau_{zr} = \dfrac{1}{2}(\dfrac{\partial u^*}{\partial z}+\dfrac{\partial w^*}{\partial r})\end{cases} \tag{4-4-2}$$

若将式(4-4-2)中的第一式和第二式代入式(3-1-4)中的第一式，则可得

$$\frac{\partial\tau_{zr}}{\partial z}+\frac{1-\mu}{1-2\mu}\left(\frac{\partial^2}{\partial r^2}+\frac{1}{r}\frac{\partial}{\partial r}-\frac{1}{r^2}\right)u^* + \frac{\mu}{1-2\mu}\frac{\partial^2 w^*}{\partial r\partial z} = 0 \tag{4-4-3}$$

再将式(1)中的第三式对 r 求偏导，则有如下表达式：

$$\frac{\partial\sigma_z}{\partial r} = \frac{\mu}{1-2\mu}\left(\frac{\partial^2}{\partial r^2}+\frac{1}{r}\frac{\partial}{\partial r}-\frac{1}{r^2}\right)u^* + \frac{1-\mu}{1-2\mu}\frac{\partial^2 w^*}{\partial r\partial z} \tag{4-4-4}$$

若将式(4-4-3)和式(4-4-4)联立,消去$\frac{\partial^2 w^*}{\partial r\partial z}$,即式(4-4-3)×(1-μ)减去式(4-4-4)×μ,并注意$(1-\mu)^2-\mu^2=1-2\mu^2$,则可得

$$\frac{\partial \tau_{zr}}{\partial z}=-\frac{\mu}{1-\mu}\frac{\partial \sigma_z}{\partial r}-\frac{1}{1-\mu}\left(\frac{\partial^2}{\partial r^2}+\frac{1}{r}\frac{\partial}{\partial r}-\frac{1}{r^2}\right)u^* \tag{4-4-5}$$

由式(4-4-2)中的第四式和第三式,则可得

$$\frac{\partial u^*}{\partial z}=2\tau_{zr}-\frac{\partial w^*}{\partial r} \tag{4-4-6}$$

$$\frac{\partial w^*}{\partial z}=\frac{1-2\mu}{1-\mu}\sigma_z-\frac{\mu}{1-\mu}\left(\frac{\partial}{\partial r}+\frac{1}{r}\right)u^* \tag{4-4-7}$$

将式(4-4-1)、式(4-4-5)、式(4-4-6)和式(4-4-7)写为下述矩阵表达形式:

$$\frac{\partial}{\partial z}\begin{Bmatrix}\sigma_z\\ \tau_{zr}\\ u^*\\ w^*\end{Bmatrix}=\begin{bmatrix}0 & -\left(\frac{\partial}{\partial r}+\frac{1}{r}\right) & 0 & 0\\ \frac{\mu}{1-\mu}\frac{\partial}{\partial r} & 0 & -\frac{1}{1-\mu}\left(\frac{\partial^2}{\partial r^2}+\frac{1}{r}\frac{\partial}{\partial r}-\frac{1}{r^2}\right) & 0\\ 0 & 2 & 0 & -\frac{\partial}{\partial r}\\ \frac{1-2\mu}{1-\mu} & 0 & -\frac{\mu}{1-\mu}\left(\frac{\partial}{\partial r}+\frac{1}{r}\right) & 0\end{bmatrix}\begin{Bmatrix}\sigma_z\\ \tau_{zr}\\ u^*\\ w^*\end{Bmatrix}$$

对上述矩阵施加亨格尔积分变换,即

$$\bar{\sigma}_z(\xi,z)=\int_0^\infty r\sigma_z(r,z)J_0(\xi r)\mathrm{d}r$$

$$\bar{\tau}_{zr}(\xi,z)=\int_0^\infty r\tau_{zr}(r,z)J_1(\xi r)\mathrm{d}r$$

$$\bar{u}^*(\xi,z)=\int_0^\infty ru^*(r,z)J_1(\xi r)\mathrm{d}r$$

$$\bar{w}^*(\xi,z)=\int_0^\infty rw^*(r,z)J_0(\xi r)\mathrm{d}r$$

并注意下述关系式:

$$\int_0^\infty r\left(\frac{\partial}{\partial r}+\frac{1}{r}\right)\tau_{zr}(r,z)J_0(\xi r)\mathrm{d}r=\xi\bar{\tau}_{zr}(\xi,z)$$

$$\int_0^\infty r\frac{\partial \sigma_z(r,z)}{\partial r}J_1(\xi r)\mathrm{d}r=-\xi\bar{\sigma}_z(\xi,z)$$

$$\int_0^\infty r\left(\frac{\partial^2}{\partial r^2}+\frac{1}{r}\frac{\partial}{\partial r}-\frac{1}{r^2}\right)u^*(r,z)J_1(\xi r)\mathrm{d}r=-\xi^2\bar{u}^*(\xi,z)$$

$$\int_0^\infty r\frac{\partial w^*(r,z)}{\partial r}J_1(\xi r)\mathrm{d}r=-\xi\bar{w}^*(\xi,z)$$

$$\int_0^\infty r\left(\frac{\partial}{\partial r}+\frac{1}{r}\right)u^*(r,z)J_0(\xi r)\mathrm{d}r=\xi\bar{w}^*(\xi,z)$$

则可得

$$\frac{\mathrm{d}}{\mathrm{d}z}\begin{Bmatrix}\overline{\sigma}_z\\ \overline{\tau}_{zr}\\ \overline{u}^*\\ \overline{w}^*\end{Bmatrix}=\begin{bmatrix}0 & -\xi & 0 & 0\\ \dfrac{\mu\xi}{1-\mu} & 0 & -\dfrac{\xi^2}{1-\mu} & 0\\ 0 & 2 & 0 & -\dfrac{\partial}{\partial r}\\ \dfrac{1-2\mu}{1-\mu} & 0 & -\dfrac{\mu\xi}{1-\mu} & 0\end{bmatrix}\begin{Bmatrix}\overline{\sigma}_z\\ \overline{\tau}_{zr}\\ \overline{u}^*\\ \overline{w}^*\end{Bmatrix}$$

若令状态向量为：

$$[\overline{X}]=[\overline{\sigma}_z\quad \overline{\tau}_{zr}\quad \overline{u}^*\quad \overline{w}^*]^T$$

则上式可改写为下述矩阵微分方程：

$$\frac{\mathrm{d}[\overline{X}]}{\mathrm{d}z}=[A][\overline{X}] \tag{4-4-8}$$

式中，矩阵$[A]$的表达式可用下式表示：

$$[A]=\begin{bmatrix}0 & -\xi & 0 & 0\\ \dfrac{\mu\xi}{1-\mu} & 0 & -\dfrac{\xi^2}{1-\mu} & 0\\ 0 & 2 & 0 & -\dfrac{\partial}{\partial r}\\ \dfrac{1-2\mu}{1-\mu} & 0 & -\dfrac{\mu\xi}{1-\mu} & 0\end{bmatrix}$$

式(4-4-8)的解可表示为如下形式：

$$[\overline{X}]=e^{[A]z}[\overline{X}_0] \tag{4-4-9}$$

式中，$[X_0]=[\overline{\sigma}_z(\xi,0)\quad \overline{\tau}_{zr}(\xi,0)\quad \overline{u}^*(\xi,0)\quad \overline{w}^*(\xi,0)]^T$。

上式中的指数矩阵$e^{[A]z}$称为传递矩阵，以下用矩阵$[G]$表示。由式(4-4-9)可以看出，传递矩阵$[G]$把初始状态向量$[\overline{X}_0]$与任意深度处的状态向量$\overline{X}$联系起来，建立起式(4-4-9)的关系式。

根据线性代数可知，方阵$[A]$的特征方程满足下述行列式方程：

$$\det([\overline{A}]-\lambda[I])=0$$

其中，单位方阵$[I]$与方阵$[\overline{A}]$同为四阶方阵。解这个特征方程，则可得

$$(\lambda^2-\xi^2)^2=0$$

根据凯莱-哈密顿定理，为满足其特征方程，方阵$[A]$必须有

$$[A]^4-2\xi^2[A]+\xi^4[I]=0$$

即四阶方阵$[A]$的级数展开式的最高次幂不能高于三次，故有：

$$e^{[A]z}=a_0[I]+a_1[A]+a_2[A]^2+a_3[A]^3 \tag{4-4-10}$$

上式用方阵$[A]$的特征值代替，仍然成立，即

$$e^{\lambda z}=a_0+a_1\lambda+a_2\lambda^2+a_3\lambda^3 \tag{4-4-11}$$

由于方阵$[A]$的特征方程具有重根，它应满足式(4-4-11)对λ的导数关系式，故有：

$$ze^{\lambda z}=a_1+2a_2\lambda+3a_3\lambda^2 \tag{4-4-12}$$

若将$\lambda=\pm\xi$代入式(4-4-11)和式(4-4-12)，则可得到下述线性方程组：

$$\begin{cases}a_0+a_1\xi+a_2\xi^2+a_3\xi^3=e^{\xi z}\\ a_0-a_1\xi+a_2\xi^2-a_3\xi^3=e^{-\xi z}\\ a_1+2a_2\xi+3a_3\xi^2=ze^{\xi z}\\ a_1-2a_2\xi+3a_3\xi^2=ze^{-\xi z}\end{cases} \tag{4-4-13}$$

采用行列式理论中的克莱姆法则，求解式(4-4-13)，则可得到系数a_0、a_1、a_2、a_3的表达式如下：

$$\begin{cases} a_0 = \dfrac{1}{4}[(2+\xi z)e^{-\xi z}+(2-\xi z)e^{\xi z} \\ a_1 = -\dfrac{1}{4\xi}[(3+\xi z)e^{-\xi z}-(3-\xi z)e^{\xi z}] \\ a_2 = -\dfrac{1}{4\xi^2}(\xi z e^{-\xi z}-\xi z e^{\xi z}) \\ a_3 = \dfrac{1}{4\xi^3}[(1+\xi z)e^{-\xi z}-(1-\xi z)e^{\xi z}] \end{cases} \tag{4-4-14}$$

若将指数矩阵 $e^{[\overline{A}]z}$ 用传递矩阵 $[\overline{G}]$ 表示,式(4-4-10)又可表示为下式:

$$[\overline{G}] = a_0[I] + a_1[A] + a_2[A]^2 + a_3[A]^3$$

由上式可以看出,传递矩阵 $[\overline{G}]$ 除了与系数 a_0、a_1、a_2、a_3 有关外,还与矩阵 $[I]$、$[\overline{A}]$、$[\overline{A}]^2$、$[\overline{A}]^3$ 有关。

单位方阵的元素 I_{ij},可用下式表示:

$$I_{ij} = \begin{cases} 1 & (i=j) \\ 0 & (i \neq j) \end{cases}$$

若令 $P_{ij}^{(1)}(i,j=1\sim4)$ 为方阵 $[\overline{A}]$ 的元素,则可得

$$[A] = \begin{bmatrix} P_{11}^{(1)} & P_{12}^{(1)} & P_{13}^{(1)} & P_{14}^{(1)} \\ P_{21}^{(1)} & P_{22}^{(1)} & P_{23}^{(1)} & P_{24}^{(1)} \\ P_{31}^{(1)} & P_{32}^{(1)} & P_{33}^{(1)} & P_{34}^{(1)} \\ P_{41}^{(1)} & P_{42}^{(1)} & P_{43}^{(1)} & P_{44}^{(1)} \end{bmatrix}$$

式中:$P_{11}^{(1)}=0, P_{12}^{(1)}=-\xi, P_{13}^{(1)}=0, P_{14}^{(1)}=0$

$P_{21}^{(1)}=\dfrac{\mu\xi}{1-\mu}, P_{22}^{(1)}=0, P_{23}^{(1)}=\dfrac{\xi^2}{1-\mu}, P_{24}^{(1)}=0$

$P_{31}^{(1)}=0, P_{32}^{(1)}=2, P_{33}^{(1)}=0, P_{34}^{(1)}=\xi$

$P_{41}^{(1)}=\dfrac{1-2\mu}{1-\mu}, P_{42}^{(1)}=0, P_{43}^{(1)}=-\dfrac{\mu\xi}{1-\mu}, P_{44}^{(1)}=0$

对于方阵 $[\overline{A}]^2$ 和 $[\overline{A}]^3$ 的元素分别采用 $P_{ij}^{(m)}(i,j=1\sim4, m=2\sim3)$ 表示,它们的元素表达式均可根据矩阵乘法求得。

对于方阵 $[\overline{A}]^2$,可以采用矩阵相乘的方式,按下述解题方法:

$$P_{ij}^{(2)} = \sum_{k=1}^{4} P_{ik}^{(1)} P_{kj}^{(1)}$$

进行计算。其中,$i,j=1\sim4$。根据分析,方阵 $[\overline{A}]^2$ 可表示为如下形式:

$$[A]^2 = [A][A] = \begin{bmatrix} P_{11}^{(1)} & P_{12}^{(1)} & P_{13}^{(1)} & P_{14}^{(1)} \\ P_{21}^{(1)} & P_{22}^{(1)} & P_{23}^{(1)} & P_{24}^{(1)} \\ P_{31}^{(1)} & P_{32}^{(1)} & P_{33}^{(1)} & P_{34}^{(1)} \\ P_{41}^{(1)} & P_{42}^{(1)} & P_{43}^{(1)} & P_{44}^{(1)} \end{bmatrix}$$

式中:$P_{11}^{(2)}=-\dfrac{\mu\xi^2}{1-\mu}, P_{12}^{(2)}=0, P_{13}^{(2)}=-\dfrac{\xi^3}{1-\mu}, P_{14}^{(2)}=0$

$P_{21}^{(2)}=0, P_{22}^{(2)}=\dfrac{(2-\mu)\xi^2}{1-\mu}, P_{23}^{(2)}=0, P_{24}^{(2)}=\dfrac{\xi^3}{1-\mu}$

$P_{31}^{(2)}=\dfrac{\xi}{1-\mu}, P_{32}^{(2)}=0, P_{33}^{(2)}=\dfrac{(2-\mu)\xi^2}{1-\mu}, P_{34}^{(2)}=0$

$P_{41}^{(2)}=0, P_{42}^{(2)}=-\dfrac{\xi}{1-\mu}, P_{43}^{(2)}=0, P_{44}^{(2)}=-\dfrac{\mu\xi^2}{1-\mu}$

对于方阵$[\overline{A}]^3$,可以采用矩阵相乘的方式,按下述解题方法:

$$P_{ij}^{(3)}=\sum_{k=1}^{4}P_{ik}^{(2)}P_{kj}^{(1)}$$

或

$$P_{ij}^{(3)}=\sum_{k=1}^{4}P_{ik}^{(1)}P_{kj}^{(2)}$$

进行计算。其中,$i,j=1\sim4$。根据分析,方阵$[\overline{A}]^2$可表示如下:

$$[A]^3=[A]^2[A]=[A][A]^2=\begin{bmatrix}P_{11}^{(3)} & P_{12}^{(3)} & P_{13}^{(3)} & P_{14}^{(3)}\\ P_{21}^{(3)} & P_{22}^{(3)} & P_{23}^{(3)} & P_{24}^{(3)}\\ P_{31}^{(3)} & P_{32}^{(3)} & P_{33}^{(3)} & P_{34}^{(3)}\\ P_{41}^{(3)} & P_{42}^{(3)} & P_{43}^{(3)} & P_{44}^{(3)}\end{bmatrix}$$

式中:$P_{11}^{(2)}=-\dfrac{\mu\xi^2}{1-\mu},P_{12}^{(2)}=0,P_{13}^{(2)}=-\dfrac{\xi^3}{1-\mu},P_{14}^{(2)}=0$

$P_{21}^{(2)}=0,P_{22}^{(2)}=\dfrac{(2-\mu)\xi^2}{1-\mu},P_{23}^{(2)}=0,P_{24}^{(2)}=\dfrac{\xi^3}{1-\mu}$

$P_{31}^{(2)}=\dfrac{\xi}{1-\mu},P_{32}^{(2)}=0,P_{33}^{(2)}=\dfrac{(2-\mu)\xi^2}{1-\mu},P_{34}^{(2)}=0$

$P_{41}^{(2)}=0,P_{42}^{(2)}=-\dfrac{\xi}{1-\mu},P_{43}^{(2)}=0,P_{44}^{(2)}=-\dfrac{\mu\xi^2}{1-\mu}$

当$i,j=1,2,3,4$时,可按下式:

$$G_{ij}=a_0I_{ij}+a_1P_{ij}^{(1)}+a_2P_{ij}^{(2)}+a_3P_{ij}^{(3)}$$

计算传递矩阵的元素表达式,从而求得传递矩阵$[G]$如下:

$$[G]=\begin{bmatrix}G_{11} & G_{12} & G_{13} & G_{14}\\ G_{21} & G_{22} & G_{23} & G_{24}\\ G_{31} & G_{32} & G_{33} & G_{34}\\ G_{41} & G_{42} & G_{43} & G_{44}\end{bmatrix}$$

式中:$G_{11}=\dfrac{1}{4(1-\mu)}[(2-2\mu+\xi z)e^{-\xi z}+(2-2\mu-\xi z)e^{\xi z}]$

$G_{12}=\dfrac{1}{4(1-\mu)}[(1-2\mu-\xi z)e^{-\xi z}-(1-2\mu+\xi z)e^{\xi z}]$

$G_{13}=\dfrac{\xi}{4(1-\mu)}(\xi ze^{-\xi z}-\xi ze^{\xi z})$

$G_{14}=-\dfrac{\xi}{4(1-\mu)}[(1+\xi z)e^{-\xi z}-(1-\xi z)e^{\xi z}]$

$G_{21}=\dfrac{1}{4(1-\mu)}[(1-2\mu+\xi z)e^{-\xi z}-(1-2\mu-\xi z)e^{\xi z}]$

$G_{22}=\dfrac{1}{4(1-\mu)}[(2-2\mu-\xi z)e^{-\xi z}+(2-2\mu+\xi z)e^{\xi z}]$

$G_{23}=-\dfrac{\xi}{4(1-\mu)}[(1-\xi z)e^{-\xi z}-(1+\xi z)e^{\xi z}]$

$G_{24}=-\dfrac{\xi}{4(1-\mu)}(\xi ze^{-\xi z}-\xi ze^{\xi z})$

$G_{31}=-\dfrac{z}{4(1-\mu)}(e^{-\xi z}-e^{\xi z})$

$G_{32}=-\dfrac{1}{4(1-\mu)\xi}[(3-4\mu-\xi z)e^{-\xi z}-(3-4\mu+\xi z)e^{\xi z}]$

$$G_{33}=\frac{1}{4(1-\mu)}[(2-2\mu-\xi z)e^{-\xi z}+(2-2\mu+\xi z)e^{\xi z}]$$

$$G_{34}=-\frac{1}{4(1-\mu)}[(1-2\mu-\xi z)e^{-\xi z}-(1-2\mu+\xi z)e^{\xi z}]$$

$$G_{41}=-\frac{1}{4(1-\mu)\xi}[(3-4\mu+\xi z)e^{-\xi z}-(3-4\mu-\xi z)e^{\xi z}]$$

$$G_{42}=\frac{1}{4(1-\mu)\xi}(\xi ze^{-\xi z}-\xi ze^{\xi z})$$

$$G_{43}=-\frac{1}{4(1-\mu)}[(1-2\mu+\xi z)e^{-\xi z}-(1-2\mu-\xi z)e^{\xi z}]$$

$$G_{44}=\frac{1}{4(1-\mu)}[(2-2\mu+\xi z)e^{-\xi z}+(2-2\mu-\xi z)e^{\xi z}]$$

再由式(4-4-9),可写出任意层应力和位移分量的亨格尔积分变换表达式:

$$\begin{Bmatrix}\bar{\sigma}_z(\xi,z)\\ \bar{\tau}_{zr}(\xi,z)\\ \bar{u}^*(\xi,z)\\ \bar{w}^*(\xi,z)\end{Bmatrix}=\begin{bmatrix}G_{11} & G_{12} & G_{13} & G_{14}\\ G_{21} & G_{22} & G_{23} & G_{24}\\ G_{31} & G_{32} & G_{33} & G_{34}\\ G_{41} & G_{42} & G_{43} & G_{44}\end{bmatrix}\begin{Bmatrix}\bar{\sigma}_z(\xi,0)\\ \bar{\tau}_{zr}(\xi,0)\\ \bar{u}^*(\xi,0)\\ \bar{w}^*(\xi,0)\end{Bmatrix}$$

若令

$$Q_1=\bar{\sigma}_z(\xi,0),Q_2=\bar{\tau}_{zr}(\xi,0)$$

$$R_1=\bar{u}^*(\xi,0),R_2=\bar{w}^*(\xi,0)$$

则上式又可改写为下式:

$$\begin{Bmatrix}\bar{\sigma}_z(\xi,z)\\ \bar{\tau}_{zr}(\xi,z)\\ \bar{u}^*(\xi,z)\\ \bar{w}^*(\xi,z)\end{Bmatrix}=\begin{bmatrix}G_{11} & G_{12} & G_{13} & G_{14}\\ G_{21} & G_{22} & G_{23} & G_{24}\\ G_{31} & G_{32} & G_{33} & G_{34}\\ G_{41} & G_{42} & G_{43} & G_{44}\end{bmatrix}\begin{Bmatrix}Q_1\\ Q_2\\ R_1\\ R_2\end{Bmatrix}$$

若对上述矩阵施加亨格尔积分反变换,则可得应力和位移分量表达式如下:

$$\begin{cases}\sigma_z=\int_0^\infty\xi(G_{11}Q_1+G_{12}Q_2+G_{13}R_1+G_{14}R_2)J_0(\xi r)\mathrm{d}\xi\\ \tau_{zr}=\int_0^\infty\xi(G_{21}Q_1+G_{22}Q_2+G_{23}R_1+G_{24}R_2)J_1(\xi r)\mathrm{d}\xi\\ u^*=U_\xi\\ w^*=\int_0^\infty\xi(G_{41}Q_1+G_{42}Q_2+G_{43}R_1+G_{44}R_2)J_0(\xi r)\mathrm{d}\xi\end{cases}\tag{4-4-15}$$

式中,$U_\xi=-\int_0^\infty\xi(G_{31}Q_1+G_{32}Q_2+G_{33}R_1+G_{34}R_2)J_1(\xi r)\mathrm{d}\xi$ 。

式(4-4-15)中的第三式和第四式代入式(4-4-2)中的第一式和第二式,并注意关系式:

$$\frac{\mathrm{d}}{\mathrm{d}r}J_1(\xi r)=\xi J_0(\xi r)-\frac{1}{r}J_1(\xi r)$$

则可得如下两个表达式：

$$\sigma_r = \frac{1}{1-2\mu}\int_0^\infty \xi\{[(1-\mu)G_{31}+\mu\frac{\mathrm{d}G_{41}}{\mathrm{d}z}]Q_1+[(1-\mu)G_{31}+\mu\frac{\mathrm{d}G_1}{\mathrm{d}z}]Q_1+$$

$$[(1-\mu)G_{33}+\mu\frac{\mathrm{d}G_{43}}{\mathrm{d}z}]R_1+[(1-\mu)G_{34}+\mu\frac{\mathrm{d}G_{44}}{\mathrm{d}z}]R_2\}J_0(\xi r)\mathrm{d}\xi+\frac{1}{r}U_\xi \tag{4-4-16}$$

$$\sigma_\theta = \frac{\mu}{1-2\mu}\int_0^\infty \xi[(G_{31}+\frac{\mathrm{d}G_{41}}{\mathrm{d}z})Q_1+(G_{32}+\frac{\mathrm{d}G_{42}}{\mathrm{d}z})Q_2+(G_{32}+\frac{\mathrm{d}G_{42}}{\mathrm{d}z})Q_2+(G_{33}+\frac{\mathrm{d}G_{43}}{\mathrm{d}z})R_1+$$

$$(G_{34}+\frac{\mathrm{d}G_{44}}{\mathrm{d}z})R_2]J_0(\xi r)\mathrm{d}\xi-\frac{1}{r}U_\xi \tag{4-4-17}$$

若将下述表达式：

$$\frac{\mathrm{d}G_{41}}{\mathrm{d}z}=\frac{1-2\mu}{2(1-\mu)}(e^{-\xi z}+e^{\xi z})-\xi G_{31}$$

$$\frac{\mathrm{d}G_{42}}{\mathrm{d}z}=-\frac{1-2\mu}{2(1-\mu)}(e^{-\xi z}-e^{\xi z})-\xi G_{32}$$

$$\frac{\mathrm{d}G_{43}}{\mathrm{d}z}=\frac{(1-2\mu)\xi}{2(1-\mu)}(e^{-\xi z}-e^{\xi z})-\xi G_{33}$$

$$\frac{\mathrm{d}G_{44}}{\mathrm{d}z}=-\frac{(1-2\mu)\xi}{2(1-\mu)}(e^{-\xi z}-e^{\xi z})-\xi G_{34}$$

以及传递矩阵中各元素表达式代入式(4-4-16)、式(4-4-17)和式(4-4-15)，则可得轴对称空间课题下的应力与位移分量表达式如下：

$$\begin{cases}
\sigma_r = \frac{1}{4(1-\mu)}\int_0^\infty \xi\{[(2\mu-\xi z)e^{-\xi z}+(2\mu+\xi z)e^{\xi z}]Q_1- \\
\quad [(3-2\mu-\xi z)e^{-\xi z}-(3-2\mu+\xi z)e^{\xi z}]Q_2+\xi[(2-\xi z)e^{-\xi z}+(2+\xi z)e^{\xi z}]R_1- \\
\quad \xi[(1-\xi z)e^{-\xi z}-(1+\xi z)e^{\xi z}]R_2\}J_0(\xi r)\mathrm{d}\xi+\frac{1}{r}U_\xi \\
\sigma_\theta = \frac{1}{4(1-\mu)}\times 2\mu\int_0^\infty \xi[(e^{-\xi z}+e^{\xi z})Q_1-(e^{-\xi z}-e^{\xi z})Q_2+\xi(e^{-\xi z}+e^{\xi z})R_1- \\
\quad \xi(e^{-\xi z}-e^{\xi z})R_2]J_0(\xi r)\mathrm{d}\xi-\frac{1}{r}U_\xi \\
\sigma_z = \frac{1}{4(1-\mu)}\int_0^\infty \xi\{[(2-2\mu+\xi z)e^{-\xi z}+(2-2\mu-\xi z)e^{\xi z}]Q_1+ \\
\quad [(1-2\mu-\xi z)e^{-\xi z}-(1-2\mu+\xi z)e^{\xi z}]Q_2+\xi(\xi z e^{-\xi z}-\xi z e^{\xi z})R_1- \\
\quad \xi[(1+\xi)e^{-\xi z}-(1-\xi z)e^{\xi z}]R_2\}J_0(\xi r)\mathrm{d}\xi \\
\tau_{zr} = \frac{1}{4(1-\mu)}\int_0^\infty \xi\{[(1-2\mu+\xi z)e^{-\xi z}-(1-2\mu-\xi z)e^{\xi z}]Q_1+ \\
\quad [(2-2\mu-\xi z)e^{-\xi z}+(2-2\mu+\xi z)e^{\xi z}]Q_2-
\end{cases}$$

$$
\begin{cases}
\xi[(1-\xi z)e^{-\xi z}-(1+\xi z)e^{\xi z}]R_1-\xi(\xi ze^{-\xi z}-\xi ze^{\xi z})R_2\}J_1(\xi r)\mathrm{d}\xi \\
u=-\dfrac{1+\mu}{E}U_\xi \\
w=-\dfrac{1+\mu}{E}\times\dfrac{1}{4(1-\mu)}\displaystyle\int_0^\infty\{[(3-4\mu+\xi z)e^{-\xi z}-(3-4\mu-\xi z)e^{\xi z}]Q_1- \\
\quad(\xi ze^{-\xi z}-\xi ze^{\xi z})Q_2+\xi[(1-2\mu+\xi z)e^{-\xi z}-(1-2\mu-\xi z)e^{\xi z}]R_1- \\
\quad\xi[(2-2\mu+\xi z)e^{-\xi z}+(2-2\mu-\xi z)e^{\xi z}]R_2\}J_0(\xi r)\mathrm{d}\xi
\end{cases}
\tag{4-4-18}
$$

式中，$U_\xi=\dfrac{1}{4(1-\mu)}\displaystyle\int_0^\infty\{(\xi ze^{-\xi z}-\xi e^{\xi z})Q_1+[(3-4\mu-\xi z)e^{-\xi z}-(3-4\mu+\xi z)e^{\xi z}]Q_2-$

$\xi[(2-2\mu-\xi z)e^{-\xi z}+(2-2\mu+\xi z)e^{\alpha\xi z}]R_1+$

$\xi[(1-2\mu-\xi z)e^{-\xi z}-(1-2\mu+\xi z)e^{\xi z}]R_2\}J_1(\xi r)\mathrm{d}\xi$

为了检验式(4-4-18)的正确性,可将上述应力与位移分量表达式改写如下：

$$
\begin{cases}
\sigma_r=-\dfrac{1}{4(1-\mu)}\displaystyle\int_0^\infty\xi\Big\{\{[1-(1+2\mu-\xi z)]e^{-\xi z}-[-1+(1+2\mu+\xi z)]e^{\xi z}\}Q_1+ \\
\quad\{[2(1-2\mu)+(1+2\mu-\xi z)]e^{-\zeta z}-[2(1-2\mu)+(1+2\mu+\xi z)]e^{\xi z}\}Q_2+ \\
\quad\xi\{[-(1-2\mu)-(1+2\mu-\xi z)]e^{-\xi z}-[(1-2\mu)+(1+2\mu+\xi z)]e^{\xi z}\}R_1+ \\
\quad\xi\{[-2\mu+(1+2\mu-\xi z)]e^{-\xi z}-[-2\mu+(1+2\mu+\xi z)]e^{\xi z}\}R_2\}\Big\}J_0(\xi r)\mathrm{d}\xi+\dfrac{1}{r}U_\xi \\
\sigma_\theta=\dfrac{1}{4(1-\mu)}\times2\mu\displaystyle\int_0^\infty\xi[(e^{-\xi z}+e^{\xi z})Q_1+(-e^{-\xi z}+e^{\xi z})Q_2+\xi(e^{-\xi z}+e^{\xi z})R_1+ \\
\quad\xi(-e^{-\xi z}+e^{\xi z})R_2]J_0(\xi r)\mathrm{d}\xi-\dfrac{1}{r}U_\xi \\
\sigma_z=\dfrac{1}{4(1-\mu)}\displaystyle\int_0^\infty\xi\Big\{\{[1+(1-2\mu+\xi z)]e^{-\xi z}-[-1-(1-2\mu-\xi z)e^{\xi z}]\}Q_1+ \\
\quad\{[2(1-2\mu)-(1-2\mu+\xi z)]e^{-\xi z}-[2(1-2\mu)-(1-2\mu-\xi z)]e^{\xi z}\}Q_2+ \\
\quad\xi\{[-(1-2\mu)+(1-2\mu+\xi z)] \\
\quad e^{-\xi z}-[(1-2\mu)-(1-2\mu-\xi z)]e^{\xi z}\}R_1+\xi\{[-2\mu-(1-2\mu+\xi)] \\
\quad e^{-\xi z}-[-2\mu-(1-2\mu-\xi z)e^{\xi z}]R_2\}\Big\}J_0(\xi r)\mathrm{d}\xi \\
\tau_{zr}=\dfrac{1}{4(1-\mu)}\displaystyle\int_0^\infty\xi\Big\{\{[1-(2\mu-\xi z)]e^{-\xi z}-[-1+(2\mu+\xi z)]e^{\xi z}\}Q_1+ \\
\quad\{[2(1-2\mu)+(2\mu-\xi z)]e^{-\xi z}-[2(1-2\mu)+(2\mu+\xi z)]e^{\xi z}\}Q_2+ \\
\quad\xi\{[-(1-2\mu)-(2\mu-\xi z)]e^{-\xi z}-[(1-2\mu)+(2\mu+\xi z)]e^{\xi z}\}R_1+ \\
\quad\xi\{[-2\mu+(2\mu-\xi z)]e^{-\xi z}-[-2\mu+(2\mu+\xi z)]e^{\zeta z}\}R_2\Big\}J_1(\xi r)\mathrm{d}\xi
\end{cases}
$$

$$\begin{cases} u = -\dfrac{1+\mu}{E}U_\xi \\ w = -\dfrac{1+\mu}{E_1}\times\dfrac{1}{4(1-\mu)}\displaystyle\int_0^\infty \Big\{ \{[1+(2-4\mu+\xi z)]e^{-\xi z} + [-1-(2-4\mu-\xi z)]e^{\xi z}\}Q_1 + \\ \quad \{[2(1-2\mu)-(2-4\mu+\xi z)]e^{-\xi z} + [2(1-2\mu)-(2-4\mu-\xi z)]e^{\xi z}\}Q_2 + \\ \quad \xi\{[-(1-2\mu)+(2-4\mu+\xi z)]e^{-\xi z} + [(1-2\mu)-(2-4\mu-\xi z)]e^{\xi z}\}R_1 + \\ \quad \xi\{[-2\mu-(2-4\mu+\xi z)]e^{-\xi z} + [-2\mu-(2-4\mu-\xi z)e^{\xi z}]R_2\}\Big\} J_0(\xi r)\mathrm{d}\xi \end{cases}$$

式中，$U_\xi = \dfrac{1}{4(1-\mu)}\displaystyle\int_0^\infty \Big\{ \{[1-(1-\xi z)]e^{-\xi z} - [-1+(1+\xi z)]e^{\xi z}\}Q_1 +$

$$\{[(2(1-2\mu)+(1-\xi z)]e^{-\xi z} - [2(1-2\mu)+(1+\xi z)]e^{\xi z}\}Q_2 +$$

$$\xi\{[-(1-2\mu)-(1-\xi z)]e^{-\xi z} - [(1-2\mu)+(1+\xi z)]e^{\xi z}\}R_1 +$$

$$\xi\{[-2\mu+(1-\xi z)]e^{-\xi z} - [-2\mu+(1+\xi z)]e^{\xi z}\}R_2\Big\} J_1(\xi r)\mathrm{d}\xi$$

若令

$$A = \frac{1}{4(1-\mu)}[Q_1 + 2(1-2\mu)Q_2 - \xi(1-2\mu)R_1 - 2\mu\xi R_2]$$

$$B = \frac{1}{4(1-\mu)}(Q_1 - Q_2 + \xi R_1 - \xi R_2)$$

$$C = -\frac{1}{4(1-\mu)}[Q_1 - 2(1-2\mu)Q_2 - \xi(1-2\mu)R_1 + 2\mu\xi R_2]$$

$$D = \frac{1}{4(1-\mu)}[Q_1 + Q_2 + \xi R_1 + \xi R_2]$$

则上述应力和位移分量公式又可改写为如下表达式：

$$\begin{cases} \sigma_r = -\displaystyle\int_0^\infty \xi\{[A-(1+2\mu-\xi z)B]e^{-\xi z} - [C+(1+2\mu+\xi z)D]e^{\xi z}\}J_0(\xi r)\mathrm{d}\xi + \dfrac{1}{r}U \\ \sigma_\theta = 2\mu\displaystyle\int_0^\infty \xi(Be^{-\xi z} + De^{\xi z})J_0(\xi r)\mathrm{d}\xi - \dfrac{1}{r}U \\ \sigma_z = \displaystyle\int_0^\infty \xi\{[A+(1-2\mu+\xi z)B]e^{-\xi z} - [C-(1-2\mu-\xi z)D]e^{\xi z}\}J_0(\xi r)\mathrm{d}\xi \\ \tau_{zr} = \displaystyle\int_0^\infty \xi\{[A-(2\mu-\xi z)B]e^{-\xi z} - [C+(2\mu+\xi z)D]e^{\xi z}\}J_1(\xi r)\mathrm{d}\xi \\ u = -\dfrac{1+\mu}{E}U \\ w = -\dfrac{1+\mu}{E}\displaystyle\int_0^\infty \xi\{[A-(2-4\mu+\xi z)B]e^{-\xi z} + [C-(2-4\mu-\xi z)D]e^{\xi z}\}J_0(\xi r)\mathrm{d}\xi \end{cases}$$

式中，$U = \int_0^\infty \{[A - (1 - \xi z)B]e^{-\xi z} - [C + (1 + \xi z)D]e^{\xi z}\} J_1(\xi r)\mathrm{d}\xi$

从上述检验分析可以看出,这些应力和位移分量的结果完全同于洛甫位移函数法的结果。这也就是说,传递矩阵法的解析解正确无误。

上述应力与位移分量的一般解,适用于任意类型的轴对称空间课题。对某一具体轴对称空间课题,只要根据求解条件得到初始状态向量,就能获得该课题的全部解析解。由于传递矩阵法的概念清晰,公式较为简洁,易于向动力学和黏弹性层状体系等课题推广,因此具有较高的实用价值。

在推导应力与位移分量一般解时,本章一共介绍四种不同的解法,尽管它们的一般解在形式上不一致,但经过一定的变换,其结果完全相同。所以在讲述其他章节时,均采用式(4-1-1)(即洛甫解法的一般解)来分析层状弹性体系中轴对称空间课题的具体解。

5　轴对称课题中的弹性半空间力学分析

弹性半空间体是由无限水平面为边界，而深度方向也为无限的弹性均质体。它是层状弹性体系中最简单的一种情况，如图5-1所示。在道路工程中，一般将路基视为弹性半空间体，采用弹性理论的方法来分析路基在荷载作用下的应力与位移。

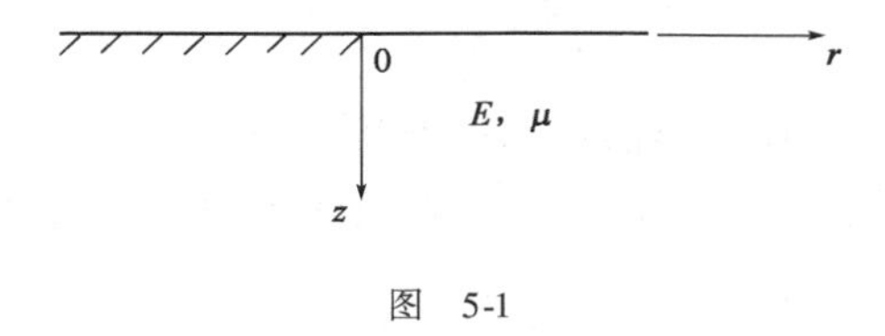

图　5-1

根据理论计算和试验结果，将路基归结为弹性半空间体模型来研究它的应力与位移分布情况，一般来说还是一种可行的方法。但要更精确分析路基中的应力与位移，还需考虑土的多孔性、各向不均匀性、内摩阻和塑性等因素的影响。这些问题在理论上过于复杂，甚至难以求解。所以，一般还是应用弹性理论的方法来求解应力与位移，并辅以实际验证方法加以修正。在本章，我们仅研究弹性半空间体这一理想状况，对它的应力与位移进行理论分析。

5.1　弹性半空间体分析的应力与位移一般解

根据基本假设中的第五项假设，当 r 与 z 无限增大时，所有应力与位移分量都趋于零，即

$$\lim_{r\to\infty}[\sigma_r,\sigma_\theta,\sigma_z,\tau_{zr},u,w]=0 \tag{1}$$

$$\lim_{z\to\infty}[\sigma_r,\sigma_\theta,\sigma_z,\tau_{zr},u,w]=0 \tag{2}$$

由于当 $r\to\infty$ 时，$J_0(\xi r)$ 与 $J_1(\xi r)$ 都趋于零，所有应力、位移与形变分量都能满足式(1)的要求。要想使式(2)的条件也能得到满足，只有 $C=D=0$。这时，当 z 无限增大时，才能使应力与位移分量均趋于零，满足式(2)的要求。

若将 $C=D=0$ 代入式(4-1-1)，则可得弹性半空间体内应力与位移的一般解如下：

$$\begin{cases}\sigma_r^V=-\int_0^\infty \xi[A-(1+2\mu-\xi z)B]e^{-\xi z}J_0(\xi r)\mathrm{d}\xi+\dfrac{1}{r}U\\ \sigma_\theta^V=2\mu\int_0^\infty \xi Be^{-\xi z}J_0(\xi r)\mathrm{d}\xi-\dfrac{1}{r}U\\ \sigma_z^V=\int_0^\infty \xi[A+(1-2\mu+\xi z)B]e^{-\xi z}J_0(\xi r)\mathrm{d}\xi\end{cases}$$

$$
\begin{cases}
\tau_{zr}^{V} = \int_{0}^{\infty} \xi \{ [A - (2\mu - \xi z)B] e^{-\xi z} J_1(\xi r) \mathrm{d}\xi \\
u^{V} = -\dfrac{1+\mu}{E} U \\
w^{V} = -\dfrac{1+\mu}{E} \int_{0}^{\infty} [A + (2 - 4\mu + \xi z)B] e^{-\xi z} J_0(\xi r) \mathrm{d}\xi
\end{cases} \tag{5-1-1}
$$

式中，$U = \int_{0}^{\infty} [A - (1 - \xi z)B] e^{-\xi z} J_1(\xi r) \mathrm{d}\xi$

对于弹性半空间体系的具体轴对称空间课题，只要根据该课题的表面边界条件求得参数 A 和 B，就能获得该具体课题的全部精确解。

5.2 任意轴对称垂直荷载下弹性半空间体分析

如果弹性半空间体表面上作用有任意轴对称垂直荷载 $p(r)$，如图 5-2 所示，我们只须根据弹性半空间体的边界条件，求得未知的积分参数 A 和 B，就能得到任意轴对称垂直荷载作用下弹性半空间课题的应力与位移分量的一般表达式。

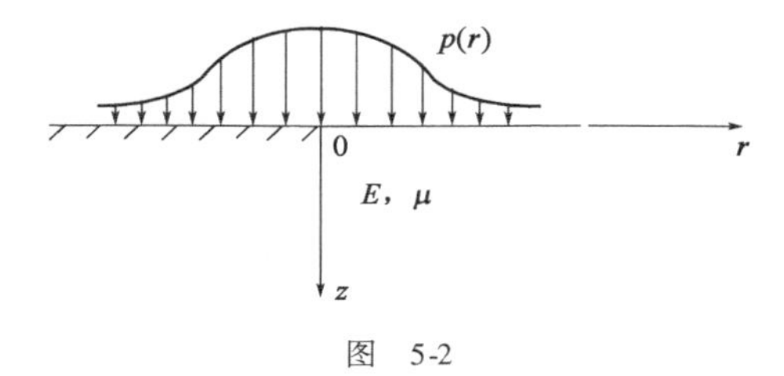

图 5-2

从图 5-2 中可以看出，本课题的解必须满足边界条件。在弹性半空间体表面($z=0$)上，有如下两式：

$$
\begin{cases}
\sigma_z^V \Big|_{z=0} = -p(r) \\
\tau_{zr}^V \Big|_{z=0} = 0
\end{cases} \tag{1}
$$

若将 $z=0$ 代入式(5-1-1)中 σ_z^V 和 τ_{zr}^V 的积分表达式，则表面边界条件可写成如下两式：

$$
\int_0^{\infty} \xi [A + (1 - 2\mu)B] J_0(\xi r) \mathrm{d}\xi = -p(r)
$$

$$
\int_0^{\infty} \xi (A - 2\mu B) J_1(\xi r) \mathrm{d}\xi = 0
$$

对上两式施加亨格尔积分变换，其中第一式施加零阶亨格尔变换，第二式施加一阶亨格尔变换，则可得如下两式：

$$
A + (1 - 2\mu)B = -\bar{p}(\xi)
$$
$$
A - 2\mu B = 0
$$

式中：$\bar{p}(\xi)$—— 任意轴对称垂直荷载的零阶亨格尔积分变换式，其表达式为：

$$
\bar{p}(\xi) = \int_0^{\infty} r p(r) J_0(\xi r) \mathrm{d}r
$$

采用行列式理论,求解上述联立方程式,可得未知参数 A 和 B 的表达式如下:

$$A = -2\mu\bar{p}(\xi)$$
$$B = -\bar{p}(\xi)$$

若将 A、B 表达式代入式(5-1-1),则可得到任意轴对称垂直荷载作用下弹性半空间体的应力与位移分量表达式:

$$\begin{cases}
\sigma_r^V = -\left[\int_0^\infty \xi(1-\xi z)e^{-\xi z}\bar{p}(\xi)J_0(\xi r)\mathrm{d}\xi - \dfrac{1}{r}U^V\right] \\
\sigma_\theta^V = -\left[2\mu\int_0^\infty \xi e^{-\xi z}\bar{p}(\xi)J_0(\xi r)\mathrm{d}\xi + \dfrac{1}{r}U^V\right] \\
\sigma_z^V = -\int_0^\infty \xi(1+\xi z)e^{-\xi z}\bar{p}(\xi)J_0(\xi r)\mathrm{d}\xi \\
\tau_{zr}^V = -z\int_0^\infty \xi^2 e^{-\xi z}\bar{p}(\xi)J_1(\xi r)\mathrm{d}\xi \\
u^V = -\dfrac{1+\mu}{E}U^V \\
w^V = \dfrac{1+\mu}{E}\int_0^\infty (2-2\mu+\xi z)e^{-\xi z}\bar{p}(\xi)J_0(\xi r)\mathrm{d}\xi
\end{cases} \tag{5-2-1}$$

式中,$U = \int_0^\infty [A-(1-\xi z)B]e^{-\xi z}\bar{p}(\xi)J_1(\xi r)\mathrm{d}\xi$;$\bar{p}(\xi) = \int_0^\infty rp(r)J_0(\xi r)\mathrm{d}r$。

由式(5-2-1)可以看出,当轴对称垂直荷载 $p(r)$ 已知时,只要求得荷载的亨格尔积分变换 $\bar{p}(\xi)$,就能得到该荷载条件下弹性半空间体应力与位移的解析解。

5.3　圆形均布垂直荷载下的应力与位移

设弹性半空间体的表面上以 δ 为半径的圆形面积内有圆形均布垂直荷载(柔性承载板)作用,而且在圆面积外部没有垂直荷载作用,如图5-3所示,若弹性半空间体表面上以 δ 为半径的圆形面积内有均布垂直荷载(柔性承载板)作用,而且在圆面积外没有荷载作用,如图5-3所示。根据第1章的分析,圆形均布垂直荷载表达式可表示为如下形式:

$$p(r) = \begin{cases} p & (r < \delta) \\ 0 & (r > \delta) \end{cases}$$

式中:p——圆形均布垂直荷载的集度(MPa),其值可按 $p = \dfrac{P}{\pi\delta^2}$ 计算。其中,P 为作用于圆面积内垂直总力(kN);

δ——荷载圆半径(cm)。

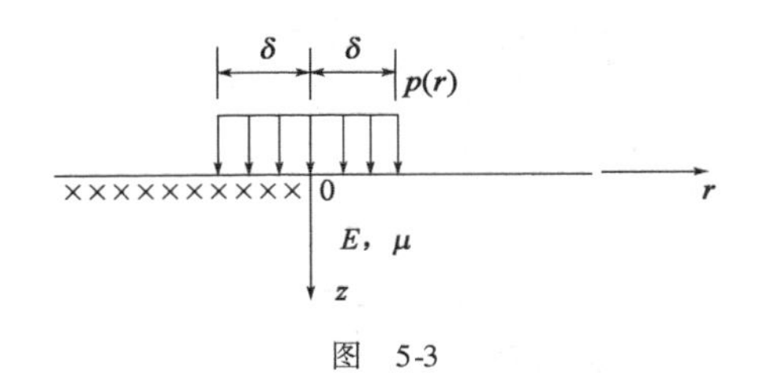

图　5-3

根据式(1-5-6),圆形均布垂直荷载 $p(r)$ 的零阶亨格尔积分变换式可表示为:

$$\bar{p}(\xi) = \frac{p\delta}{\xi}J_1(\xi\delta)$$

若将 $\bar{p}(\xi)$ 和 $x=\xi\delta$ 代入式(5-1-1),则可得圆形均布垂直荷载作用下弹性半空间体应力与位移分量表达式如下:

$$\begin{cases} \sigma_r^V = -p\{\int_0^\infty [A^V - (1+2\mu - \frac{z}{\delta}x)B^V]e^{-\frac{z}{\delta}x}J_1(x)J_0(\frac{r}{\delta}x)\mathrm{d}x - \frac{\delta}{r}U^V\} \\ \sigma_\theta^V = p[2\mu\int_0^\infty B^V e^{-\frac{z}{\delta}x}J_1(x)J_0(\frac{r}{\delta}x)\mathrm{d}x - \frac{\delta}{r}U^V] \\ \sigma_z^V = p\int_0^\infty [A^V + (1-2\mu + \frac{z}{\delta}x)B^V]e^{-\frac{z}{\delta}x}J_1(x)J_0(\frac{r}{\delta}x)\mathrm{d}x \\ \tau_{zr}^V = p\int_0^\infty [A^V - (2\mu - \frac{z}{\delta}x)B^V]e^{-\frac{z}{\delta}x}J_1(x)J_1(\frac{r}{\delta}x)\mathrm{d}x \\ u^V = -\frac{(1+\mu)p\delta}{E}U^V \\ w^V = -\frac{(1+\mu)p\delta}{E}\int_0^\infty [A^V + (2-4\mu + \frac{z}{\delta}x)B^V]e^{-\frac{z}{\delta}x}J_1(x)J_0(\frac{r}{\delta}x)\frac{\mathrm{d}x}{x} \end{cases} \tag{5-3-1}$$

式中,$U^V = \int_0^\infty [A^V - (1 - \frac{z}{\delta}x)B^V]e^{-\frac{z}{\delta}x}J_1(x)J_1(\frac{r}{\delta}x)\frac{\mathrm{d}x}{x}$。

从图5-3可以看出,本课题的解必须满足表面边界条件的要求。这就是说,在弹性半空间体表面($z=0$)上,有如下两式:

$$p\int_0^\infty [A^V + (1-2\mu)B^V]J_1(x)J_0(\frac{r}{\delta}x)\mathrm{d}x = -p(r) \tag{A}$$

$$p\int_0^\infty (A^V - 2\mu B^V)J_1(x)J_1(\frac{r}{\delta}x)\mathrm{d}x = 0 \tag{B}$$

为了便于下面的推导,我们首先将式(A)左端进行变形,如下:

$$式(A)左端 = p\delta\int_0^\infty \xi[A^V + (1-2\mu)B^V]\frac{J_1(\xi r)}{\xi}J_0(\xi r)\mathrm{d}\xi = \int_0^\infty \xi[A^V + (1-2\mu)B^V]\frac{p\delta J_1(\xi r)}{\xi}J_0(\xi r)\mathrm{d}\xi$$

若对上述两个表达式施加亨格尔积分变换,其中式(A)施加零阶亨格尔积分变换,式(B)施加一阶亨格尔积分变换,并注意下述关系式:

$$\bar{p}(\xi) = \frac{p\delta}{\xi}J_1(\xi\delta)$$

则可得如下两式:

$$\begin{cases} [A^V + (1-2\mu)B^V]\bar{p}(\xi) = -\bar{p}(\xi) \\ A^V - 2\mu B^V = 0 \end{cases}$$

即

$$\begin{cases} A^V + (1-2\mu)B^V = -1 \\ A^V - 2\mu B^V = 0 \end{cases}$$

采用消去法解上述联立方程式,则可得

$$A^V = -2\mu$$
$$B^V = -1$$

若将系数 A^V 和 B^V 代入式(5-3-1),则可得:

$$
\begin{cases}
\sigma_r^V = -p\left[\int_0^\infty \left(1-\frac{z}{\delta}x\right)e^{-\frac{z}{\delta}x}J_1(x)J_0\left(\frac{r}{\delta}x\right)\mathrm{d}x - \frac{\delta}{r}U^V\right] \\
\sigma_\theta^V = -p\left[2\mu\int_0^\infty e^{-\frac{z}{\delta}x}J_1(x)J_0\left(\frac{r}{\delta}x\right)\mathrm{d}x + \frac{\delta}{r}U^V\right] \\
\sigma_z^V = -p\int_0^\infty \left(1+\frac{z}{\delta}x\right)e^{-\frac{z}{\delta}x}J_1(x)J_0\left(\frac{r}{\delta}x\right)\mathrm{d}x \\
\tau_{zr}^V = -p\frac{z}{\delta}\int_0^\infty xe^{-\frac{z}{\delta}x}J_1(x)J_1\left(\frac{r}{\delta}x\right)\mathrm{d}x \\
u^V = -\frac{(1+\mu)p\delta}{E}U^V \\
w^V = \frac{(1+\mu)p\delta}{E}\int_0^\infty \left(2-2\mu+\frac{z}{\delta}x\right)e^{-\frac{z}{\delta}x}J_1(x)J_0\left(\frac{r}{\delta}x\right)\frac{\mathrm{d}x}{x}
\end{cases}
\tag{5-3-2}
$$

式中，$U^V = \int_0^\infty \left(1-2\mu-\frac{z}{\delta}x\right)e^{-\frac{z}{\delta}x}J_1(x)J_1\left(\frac{r}{\delta}x\right)\frac{\mathrm{d}x}{x}$。

若令

$$
\begin{cases}
\sigma_r^V = p\bar{\sigma}_r^V \\
\sigma_\theta^V = p\bar{\sigma}_\theta^V \\
\sigma_z^V = p\bar{\sigma}_z^V \\
\tau_{zr}^V = p\bar{\tau}_{zr}^V \\
u^V = \frac{(1+\mu)p\delta}{E}\bar{u}^V \\
w^V = \frac{(1+\mu)p\delta}{E}\bar{w}^V
\end{cases}
\tag{5-3-3}
$$

则可得圆形均布垂直荷载作用下弹性半空间体的应力与位移系数表达式如下：

$$
\begin{cases}
\bar{\sigma}_r^V = -\left[\int_0^\infty \left(1-\frac{z}{\delta}x\right)e^{-\frac{z}{\delta}x}J_1(x)J_0\left(\frac{r}{\delta}x\right)\mathrm{d}x - \frac{\delta}{r}\bar{U}^V\right] \\
\bar{\sigma}_\theta^V = -\left[2\mu\int_0^\infty e^{-\frac{z}{\delta}x}J_1(x)J_0\left(\frac{r}{\delta}x\right)\mathrm{d}x + \frac{\delta}{r}\bar{U}^V\right] \\
\bar{\sigma}_z^V = -\int_0^\infty \left(1+\frac{z}{\delta}x\right)e^{-\frac{z}{\delta}x}J_1(x)J_0\left(\frac{r}{\delta}x\right)\mathrm{d}x \\
\bar{\tau}_{zr}^V = -\frac{z}{\delta}\int_0^\infty xe^{-\frac{z}{\delta}x}J_1(x)J_1\left(\frac{r}{\delta}x\right)\mathrm{d}x \\
\bar{u}^V = -\bar{U}^V \\
\bar{w}^v = \int_0^\infty \left(2-2\mu+\frac{z}{\delta}x\right)e^{-\frac{z}{\delta}x}J_1(x)J_0\left(\frac{r}{\delta}x\right)\frac{\mathrm{d}x}{x}
\end{cases}
\tag{5-3-4}
$$

式中，$\bar{U}^V = \int_0^\infty \left(1-2\mu-\frac{z}{\delta}x\right)e^{-\frac{z}{\delta}x}J_1(x)J_1\left(\frac{r}{\delta}x\right)\frac{\mathrm{d}x}{x}$。

在上述公式中，都必须计算下述无穷积分式：

$$
\int_0^\infty x^{k-1}e^{-\frac{z}{\delta}x}J_n\left(\frac{r}{\delta}x\right)J_1(x)\mathrm{d}x
$$

在一般情况下，这个积分难以求得其精确解。在实际应用中，可以采用数值积分的方法求其数值解。但对于某些特殊点,例如表面($z=0$)上和在 z 轴($r=0$)上,则可求得它们的精确解。

对于弹性半空间体表面($z=0$)上任意点的应力与位移分量,也可以直接积分求得其解析表达式。在计算时,可将 $z=0$ 代入式(5-3-4),则可得

$$
\begin{cases}
\overline{\sigma}_r^V = -\left[\int_0^\infty J_1(x)J_0\left(\frac{r}{\delta}x\right)\mathrm{d}x - \frac{\delta}{r}\overline{U}^V\right] \\
\overline{\sigma}_\theta^V = -\left[2\mu\int_0^\infty J_1(x)J_0\left(\frac{r}{\delta}x\right)\mathrm{d}x + \frac{\delta}{r}\overline{U}^V\right] \\
\overline{\sigma}_z^V = -\int_0^\infty J_1(x)J_0\left(\frac{r}{\delta}x\right)\mathrm{d}x \\
\overline{\tau}_{zr}^V = 0 \\
\overline{u}^V = -\overline{U}^V \\
\overline{w}^v = 2(1-\mu)\int_0^\infty J_1(x)J_0\left(\frac{r}{\delta}x\right)\frac{\mathrm{d}x}{x}
\end{cases}
$$

式中,$\overline{U}^V = (1-2\mu)\int_0^\infty J_1(x)J_1\left(\frac{r}{\delta}x\right)\frac{\mathrm{d}x}{x}$。

若令

$$
I_1^V(m)\Big|_{m=1} = I_1^V(1) = \int_0^\infty J_1(x)J_0\left(\frac{r}{\delta}x\right)\mathrm{d}x
$$

$$
I_2^V(m)\Big|_{m=1} = I_2^V(1) = \int_0^\infty J_1(x)J_0\left(\frac{r}{\delta}x\right)\frac{\mathrm{d}x}{x}
$$

$$
I_3^V(m)\Big|_{m=1} = I_3^V(1) = \int_0^\infty J_1(x)J_1\left(\frac{r}{\delta}x\right)\frac{\mathrm{d}x}{x}
$$

$$
I_4^V(m)\Big|_{m=1} = I_4^V(1) = \frac{\delta}{r}I_3^V(1) = \frac{\delta}{r}\int_0^\infty J_1(x)J_1\left(\frac{r}{\delta}x\right)\frac{\mathrm{d}x}{x}
$$

则圆形均布垂直荷载作用下,表面($z=0$)处的应力、位移与变形系数公式可改写为下述表达式:

$$
\begin{cases}
\overline{\sigma}_r^V = -\left[I_1^V(1) - (1-2\mu)I_4^V(1)\right] \\
\overline{\sigma}_\theta^V = -\left[2\mu I_1^V(1) + (1-2\mu)I_4^V(1)\right] \\
\overline{\sigma}_z^V = -I_1^V(1) \\
\overline{\tau}_{zr}^V = 0 \\
\overline{u}^V = -(1-2\mu)I_3^V(1) \\
\overline{w}^v = 2(1-\mu)I_2^V(1)
\end{cases}
\tag{5-3-5}
$$

上式中的 $I_k^V(k=1\sim4)$ 表达式可根据韦伯—夏夫海特林积分公式计算,如下:

$$
I_1^V(1) = \int_0^\infty J_1(x)J_0\left(\frac{r}{\delta}x\right)\mathrm{d}x = \begin{cases} 1 & (r<\delta) \\ \frac{1}{2} & (r=\delta) \\ 0 & (r>\delta) \end{cases}
$$

$$I_2^V(1)=\int_0^{\infty}J_1(x)J_0\left(\frac{r}{\delta}x\right)\frac{\mathrm{d}x}{x}=\begin{cases}F\left(\frac{1}{2},-\frac{1}{2},1,\frac{r^2}{\delta^2}\right) & (r<\delta)\\ \frac{2}{\pi} & (r=\delta)\\ \frac{\delta}{2r}F\left(\frac{1}{2},\frac{1}{2},2,\frac{\delta^2}{r^2}\right) & (r>\delta)\end{cases}$$

$$I_3^V(1)=\int_0^{\infty}J_1(x)J_1\left(\frac{r}{\delta}x\right)\frac{\mathrm{d}x}{x}=\begin{cases}\frac{1}{2}\times\frac{r}{\delta} & (r\leqslant\delta)\\ \frac{1}{2}\times\frac{\delta}{r} & (r\geqslant\delta)\end{cases}$$

$$I_4^V(1)=\frac{\delta}{r}I_3^V(1)=\begin{cases}\frac{1}{2} & (r\leqslant\delta)\\ \frac{1}{2}\times\left(\frac{\delta}{r}\right)^2 & (r\geqslant\delta)\end{cases}$$

由垂直位移系数和分量表达式,可得圆形面积边缘处的垂直位移系数和分量为:

$$\bar{w}^V\Big|_{\substack{r=\delta\\ z=0}}=\frac{4(1-\mu)}{\pi}$$

或

$$w^V\Big|_{\substack{r=\delta\\ z=0}}=\frac{4(1-\mu^2)p\delta}{\pi E}$$

对于 z 轴上任意点的应力与位移系数,可将 $r=0$ 代入式(5-3-4)。在计算中,应注意下列关系式:

$$\lim_{r\to 0}J_0\left(\frac{r}{\delta}x\right)=1$$

$$\lim_{r\to 0}J_1\left(\frac{r}{\delta}x\right)=0$$

$$\lim_{r\to 0}\frac{r}{\delta}J_1\left(\frac{r}{\delta}x\right)=\frac{x}{2}$$

则可得 z 轴上任意点的应力与位移系数的初等表达式如下:

$$\begin{cases}\bar{\sigma}_r^V=-\left[\int_0^{\infty}\left(1-\frac{z}{\delta}x\right)e^{-\frac{z}{\delta}x}J_1(x)\mathrm{d}x-\frac{\delta}{r}\bar{U}^V\right]\\ \bar{\sigma}_\theta^V=-\left[2\mu\int_0^{\infty}e^{-\frac{z}{\delta}x}J_1(x)\mathrm{d}x+\frac{\delta}{r}\bar{U}^V\right]\\ \bar{\sigma}_z^V=-\int_0^{\infty}\left(1+\frac{z}{\delta}x\right)e^{-\frac{z}{\delta}x}J_1(x)\mathrm{d}x\\ \bar{\tau}_{zr}^V=0\\ \bar{u}^V=0\\ \bar{w}^v=\int_0^{\infty}\left(2-2\mu+\frac{z}{\delta}x\right)e^{-\frac{z}{\delta}x}J_1(x)\frac{\mathrm{d}x}{x}\end{cases}$$

式中,$\frac{\delta}{r}\bar{U}^V=\frac{1}{2}\int_0^{\infty}\left(1-2\mu-\frac{z}{\delta}x\right)e^{-\frac{z}{\delta}x}J_1(x)\mathrm{d}x$。

若令

$$K_0^V(1)=\int_0^{\infty}e^{-\frac{z}{\delta}x}J_1(x)\frac{\mathrm{d}x}{x}$$

$$K_1^V(1) = \int_0^\infty e^{-\frac{z}{\delta}x} J_1(x)\,\mathrm{d}x$$

$$K_2^V(1) = \int_0^\infty x e^{-\frac{z}{\delta}x} J_1(x)\,\mathrm{d}x$$

则圆形轴对称垂直荷载作用下,z 轴($r=0$)处的应力、位移与变形系数公式可改写为下述表达式:

$$\begin{cases}\overline{\sigma}_r^V = -\dfrac{1}{2}\left[(1+2\mu)K_1^V(1) - \dfrac{z}{\delta}K_2^V(1)\right] \\ \overline{\sigma}_\theta^V = -\dfrac{1}{2}\left[(1+2\mu)K_1^V(1) - \dfrac{z}{\delta}K_2^V(1)\right] \\ \overline{\sigma}_z^V = -\left[K_1^V(1) + \dfrac{z}{\delta}K_2^V(1)\right] \\ \overline{\tau}_{zr}^V = 0 \\ \overline{u}^V = 0 \\ \overline{w}^v = \left[2(1-\mu)K_0^V(1) + \dfrac{z}{\delta}K_1^V(1)\right]\end{cases} \tag{5-3-6}$$

上式中的 $K_i^V(1)(i=0\sim2)$ 的计算公式可表示为如下形式:

$$K_0^V(1) = \int_0^\infty e^{-\frac{z}{\delta}x} J_1(x)\frac{\mathrm{d}x}{x} = \sqrt{1+\left(\frac{z}{\delta}\right)^2} - \frac{z}{\delta}$$

$$K_1^V(1) = \int_0^\infty e^{-\frac{z}{\delta}x} J_1(x)\,\mathrm{d}x = 1 - \frac{z}{\delta}\left(1+\frac{z^2}{\delta^2}\right)^{-\frac{1}{2}}$$

$$K_2^V(1) = \int_0^\infty x e^{-\frac{z}{\delta}x} J_1(x)\,\mathrm{d}x = \left(1+\frac{z^2}{\delta^2}\right)^{-\frac{3}{2}}$$

从上述分析可以看出,由于轴对称的缘故,在轴线上有 $\overline{\sigma}_r^V = \overline{\sigma}_\theta^V$,且 $\overline{\tau}_{zr}^V = 0$,$\overline{u}^V = 0$。

在表面中心($z=0$, $r=0$)处的最大弯沉(垂直位移)系数和分量值为:

$$\overline{w}^V\Big|_{\substack{r=0\\z=0}} = 2(1-\mu)$$

或

$$w^V\Big|_{\substack{r=0\\z=0}} = \frac{2(1-\mu^2)p\delta}{E}$$

土力学中的布辛尼斯克课题,就是探讨集中力作用下弹性半空间体应力分析问题。在土力学中,它采用试函数法求解,这种解法相当麻烦。在本节,我们可以从圆形均布垂直荷载作用下的弹性半空间体课题中直接导出。

若将 $p = \dfrac{P}{\pi\delta^2}$ 代入荷载的亨格尔积分变换式,则可得

$$\overline{p}(\xi) = \frac{PJ_1(\xi\delta)}{\pi\xi\delta}$$

若使上式中的圆面积半径 δ 趋于零,则可得垂直集中力的亨格尔积分变换式如下:

$$\overline{p}(\xi) = \frac{P}{\pi}\lim_{\delta\to0}\frac{J_1(\xi\delta)}{\xi\delta} = \frac{P}{2\pi}$$

若将 $\overline{p}(\xi)$ 代入式(5-2-1),则可得

$$
\begin{cases}
\sigma_r^V = -\dfrac{P}{2\pi}\left[\displaystyle\int_0^\infty \xi(1-\xi z)e^{-\xi z}J_0(\xi r)\mathrm{d}\xi - \dfrac{1}{r}U^V\right] \\
\sigma_\theta^V = -\left[\dfrac{\mu P}{\pi}\displaystyle\int_0^\infty \xi e^{-\xi z}J_0(\xi r)\mathrm{d}\xi + \dfrac{1}{r}U^V\right] \\
\sigma_z^V = -\dfrac{P}{2\pi}\displaystyle\int_0^\infty \xi(1+\xi z)e^{-\xi z}J_0(\xi r)\mathrm{d}\xi \\
\tau_{zr}^V = -\dfrac{Pz}{2\pi}\displaystyle\int_0^\infty \xi^2 e^{-\xi z}J_1(\xi r)\mathrm{d}\xi \\
u^V = -\dfrac{1+\mu}{E}\times\dfrac{P}{2\pi}\overline{U}^V \\
w^v = \dfrac{1+\mu}{E}\times\dfrac{P}{2\pi}\displaystyle\int_0^\infty (2-2\mu+\xi z)e^{-\xi z}J_0(\xi r)\mathrm{d}\xi
\end{cases}
\tag{5-3-7}
$$

式中，$U^V = \int_0^\infty (1-2\mu-\xi z)e^{-\xi z}J_1(\xi r)\mathrm{d}\xi$。

又根据亨格积分公式，则有

$$\int_0^\infty e^{-\xi z}J_0(\xi r)\mathrm{d}\xi = \frac{1}{R}$$

$$\int_0^\infty \xi e^{-\xi z}J_0(\xi r)\mathrm{d}\xi = \frac{z}{R^3}$$

$$\int_0^\infty \xi^2 e^{-\xi z}J_0(\xi r)\mathrm{d}\xi = \frac{2}{R^3} - \frac{3r^2}{R^5}$$

$$\int_0^\infty e^{-\xi z}J_1(\xi r)\frac{\mathrm{d}\xi}{\xi} = \frac{r}{R+z}$$

$$\int_0^\infty e^{-\xi z}J_1(\xi r)\mathrm{d}\xi = \frac{r}{R(R+z)}$$

$$\int_0^\infty \xi e^{-\xi z}J_1(\xi r)\mathrm{d}\xi = \frac{r}{R^3}$$

$$\int_0^\infty \xi^2 e^{-\xi z}J_1(\xi r)\mathrm{d}\xi = \frac{3rz}{R^5}$$

式中，$R = \sqrt{r^2+z^2}$。

若将上述七个计算结果代入式(5-3-7)，则可得垂直集中力作用下弹性半空间体的应力与位移分量表达式如下：

$$
\begin{cases}
\sigma_r^V = \dfrac{P}{2\pi R^2}\left[\dfrac{(1-2\mu)R}{R+z} - \dfrac{3r^2 z}{R^3}\right] \\
\sigma_\theta^V = \dfrac{(1-2\mu)P}{2\pi R^2}\left(\dfrac{z}{R} - \dfrac{R}{R+z}\right) \\
\sigma_z^V = -\dfrac{3Pz^3}{2\pi R^5} \\
\tau_{zr}^V = -\dfrac{3Pz^2 r}{2\pi R^5}
\end{cases}
$$

$$\begin{cases} u^V = \dfrac{1+\mu}{E} \times \dfrac{rP}{2\pi R}\left(\dfrac{z}{R^2} - \dfrac{1-2\mu}{R+z}\right) \\ w^v = \dfrac{1+\mu}{E} \times \dfrac{P}{2\pi R}\left[2(1-\mu) + \dfrac{z^2}{R^3}\right] \end{cases} \tag{5-3-8}$$

这一计算结果完全同于土力学中所推导的结果,但采用亨格尔积分变换求解要比土力学中的方法简捷些。

5.4 半球形垂直荷载下的应力与位移

设在弹性半空间体的表面上,作用有以 δ 为半径的半球形垂直荷载,如图 5-4 所示。

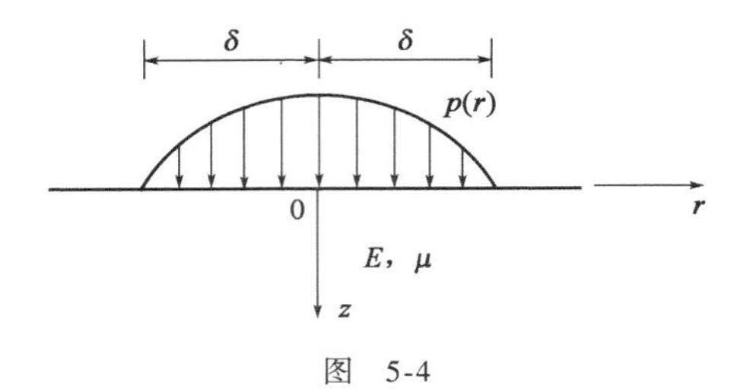

图 5-4

半球形垂直荷载表达式为:

$$p(r) = \begin{cases} \dfrac{3p}{2}\sqrt{1 - \dfrac{r^2}{\delta^2}} & (r < \delta) \\ 0 & (r > \delta) \end{cases}$$

式中:$p = \dfrac{P}{\pi\delta^2}$;

δ——荷载圆半径(cm)。

根据式(1-5-7),半球形荷载的亨格尔积分变换式,可表示为:

$$\bar{p}(\xi) = \frac{3p\delta}{2\xi} \times \frac{\sin\xi\delta - \xi\delta\cos\xi\delta}{(\xi\delta)^2}$$

若将 $\bar{p}(\xi)$ 和 $x = \xi\delta$ 代入式(5-2-1),则可得半球形荷载作用下弹性半空间体的应力与位移分量表达式如下:

$$\begin{cases} \sigma_r^V = -\dfrac{3p}{2}\left[\displaystyle\int_0^\infty \left(1 - \dfrac{z}{\delta}x\right) \dfrac{\sin x - x\cos x}{x^2} e^{-\frac{z}{\delta}x} J_0\left(\dfrac{r}{\delta}x\right)\mathrm{d}x - \dfrac{\delta}{r}U^V\right] \\ \sigma_\theta^V = -\dfrac{3p}{2}\left[2\mu \displaystyle\int_0^\infty \dfrac{\sin x - x\cos x}{x^2} e^{-\frac{z}{\delta}x} J_0\left(\dfrac{r}{\delta}x\right)\mathrm{d}x + \dfrac{\delta}{r}U^V\right] \\ \sigma_z^V = -\dfrac{3p}{2}\displaystyle\int_0^\infty \left(1 + \dfrac{z}{\delta}x\right) \dfrac{\sin x - x\cos x}{x^2} e^{-\frac{z}{\delta}x} J_0\left(\dfrac{r}{\delta}x\right)\mathrm{d}x \\ \tau_{zr}^V = -\dfrac{3p}{2} \times \dfrac{z}{\delta}\displaystyle\int_0^\infty \dfrac{\sin x - x\cos x}{x} e^{-\frac{z}{\delta}x} J_1\left(\dfrac{r}{\delta}x\right)\mathrm{d}x \\ u^V = -\dfrac{3(1+\mu)p\delta}{2E}U^V \\ w^V = \dfrac{3(1+\mu)p\delta}{2E}\displaystyle\int_0^\infty \left(2 - 2\mu + \dfrac{z}{\delta}x\right) \dfrac{\sin x - x\cos x}{x^3} e^{-\frac{z}{\delta}x} J_0\left(\dfrac{r}{\delta}x\right)\mathrm{d}x \end{cases} \tag{5-4-1}$$

式中，$U^V = \int_0^\infty (1-2\mu-\frac{z}{\delta}x)\frac{\sin x - x\cos x}{x^3}e^{-\frac{z}{\delta}x}J_1(\frac{r}{\delta}x)\mathrm{d}x$。

若令

$$\begin{cases}\sigma_r^V = p\bar{\sigma}_r^V \\ \sigma_\theta^V = p\bar{\sigma}_\theta^V \\ \sigma_z^V = p\bar{\sigma}_z^V \\ \tau_{zr}^V = p\bar{\tau}_{zr}^V \\ u^V = \frac{(1+\mu)p\delta}{E}\bar{u}^V \\ w^V = \frac{(1+\mu)p\delta}{E}\bar{w}^V\end{cases} \tag{5-4-2}$$

则可得半球形垂直荷载作用下弹性半空间体内的应力与位移系数表达式如下：

$$\begin{cases}\bar{\sigma}_r^V = -\frac{3}{2}[\int_0^\infty(1-\frac{z}{\delta}x)\frac{\sin x - x\cos x}{x^2}e^{-\frac{z}{\delta}x}J_0(\frac{r}{\delta}x)\mathrm{d}x - \frac{\delta}{r}\bar{U}^V] \\ \bar{\sigma}_\theta^V = -\frac{3}{2}[2\mu\int_0^\infty\frac{\sin x - x\cos x}{x^2}e^{-\frac{z}{\delta}x}J_0(\frac{r}{\delta}x)\mathrm{d}x + \frac{\delta}{r}\bar{U}^V] \\ \bar{\sigma}_z^V = -\frac{3}{2}\int_0^\infty(1+\frac{z}{\delta}x)\frac{\sin x - x\cos x}{x^2}e^{-\frac{z}{\delta}x}J_0(\frac{r}{\delta}x)\mathrm{d}x \\ \bar{\tau}_{zr}^V = -\frac{3}{2}\times\frac{z}{\delta}\int_0^\infty\frac{\sin x - x\cos x}{x}e^{-\frac{z}{\delta}x}J_1(\frac{r}{\delta}x)\mathrm{d}x \\ \bar{u}^V = -\frac{3}{2}\bar{U}^V \\ \bar{w}^v = \frac{3}{2}\int_0^\infty(2-2\mu+\frac{z}{\delta}x)\frac{\sin x - x\cos x}{x^3}e^{-\frac{z}{\delta}x}J_0(\frac{r}{\delta}x)\mathrm{d}x\end{cases} \tag{5-4-3}$$

式中，$\bar{U}^V = \int_0^\infty (1-2\mu-\frac{z}{\delta}x)\frac{\sin x - x\cos x}{x^3}e^{-\frac{z}{\delta}x}J_1(\frac{r}{\delta}x)\mathrm{d}x$。

上述公式中都必须计算下述无穷积分式：

$$\int_0^\infty x^{n-1}\sin x e^{-\frac{z}{\delta}x}J_k(\frac{r}{\delta}x)\mathrm{d}x$$

$$\int_0^\infty x^{m-1}\cos x e^{-\frac{z}{\delta}x}J_k(\frac{r}{\delta}x)\mathrm{d}x$$

这两类无穷积分式在有些情况下难以求得其初等精确解,尤其是第二式。但在式(5-4-3)中所用到的表达式均可利用复数理论求得其初等函数解。若令

$$J_1^V(\frac{3}{2}) = \frac{3}{2}\int_0^\infty\frac{\sin x - x\cos x}{x^2}e^{-\frac{z}{\delta}x}J_0(\frac{r}{\delta}x)\mathrm{d}x$$

$$J_2^V(\frac{3}{2}) = \frac{3}{2}\int_0^\infty\frac{\sin x - x\cos x}{x^2}e^{-\frac{z}{\delta}x}J_1(\frac{r}{\delta}x)\mathrm{d}x$$

$$J_3^V(\frac{3}{2}) = \frac{3}{2}\int_0^\infty \frac{\sin x - x\cos x}{x^3} e^{-\frac{z}{\delta}x} J_0(\frac{r}{\delta}x)\mathrm{d}x$$

$$J_4^V(\frac{3}{2}) = \frac{3}{2}\int_0^\infty \frac{\sin x - x\cos x}{x^3} e^{-\frac{z}{\delta}x} J_1(\frac{r}{\delta}x)\mathrm{d}x$$

$$J_5^V(\frac{3}{2}) = \frac{3}{2}\times\frac{\delta}{r}\int_0^\infty \frac{\sin x - x\cos x}{x^3} e^{-\frac{z}{\delta}x} J_1(\frac{r}{\delta}x)\mathrm{d}x$$

$$J_6^V(\frac{3}{2}) = \frac{3}{2}\int_0^\infty \frac{\sin x - x\cos x}{x} e^{-\frac{z}{\delta}x} J_0(\frac{r}{\delta}x)\mathrm{d}x$$

$$J_7^V(\frac{3}{2}) = \frac{3}{2}\int_0^\infty \frac{\sin x - x\cos x}{x} e^{-\frac{z}{\delta}x} J_1(\frac{r}{\delta}x)\mathrm{d}x$$

$$J_8^V(\frac{3}{2}) = \frac{3}{2}\times\frac{\delta}{r}\int_0^\infty \frac{\sin x - x\cos x}{x^2} e^{-\frac{z}{\delta}x} J_1(\frac{r}{\delta}x)\mathrm{d}x$$

若将上述结果代入式(5-4-3),则可得半球形荷载作用下弹性半空间体的应力、位移系数表达式如下:

$$\begin{cases}
\bar{\sigma}_r^V = -\{J_1^V(\frac{3}{2}) - \frac{z}{\delta}J_6^V(\frac{3}{2}) - [(1-2\mu)J_5^V(\frac{3}{2}) - \frac{z}{\delta}J_8^V(\frac{3}{2})]\} \\
\bar{\sigma}_\theta^V = -\frac{3}{2}\{2\mu J_1^V(\frac{3}{2}) + [(1-2\mu)J_5^V - \frac{z}{\delta}J_8^V(\frac{3}{2})]\} \\
\bar{\sigma}_z^V = -[J_1^V(\frac{3}{2}) + \frac{z}{\delta}J_6^V(\frac{3}{2})] \\
\bar{\tau}_{zr}^V = -\frac{z}{\delta}J_7^V(\frac{3}{2}) \\
\bar{u}^V = -[(1-2\mu)J_4^V(\frac{3}{2}) - \frac{z}{\delta}J_2^V(\frac{3}{2})] \\
\bar{w}^v = [2(1-\mu)J_3^V(\frac{3}{2}) + \frac{z}{\delta}J_1^V(\frac{3}{2})]
\end{cases} \tag{5-4-4}$$

式中:$J_1^V(\frac{3}{2}) = \frac{3}{2}(R^{\frac{1}{2}}\sin\frac{\varphi}{2} - \frac{z}{\delta}\arctan\frac{1+R^{\frac{1}{2}}\sin\frac{\varphi}{2}}{\frac{z}{\delta}+R^{\frac{1}{2}}\cos\frac{\varphi}{2}})$

$$J_2^V(\frac{3}{2}) = \frac{3}{4}[\frac{r}{\delta}\arctan\frac{1+R^{\frac{1}{2}}\sin\frac{\varphi}{2}}{\frac{z}{\delta}+R^{\frac{1}{2}}\cos\frac{\varphi}{2}} - \frac{\delta}{r}R^{\frac{1}{2}}\sin(\frac{\varphi}{2}-\theta)\sqrt{(\frac{z}{\delta})^2+1}]$$

$$J_3^V(\frac{3}{2}) = \frac{3}{4}\{(1-\frac{1}{2}\frac{r^2}{\delta^2}+\frac{z^2}{\delta^2})\arctan\frac{1+R^{\frac{1}{2}}\sin\frac{\varphi}{2}}{\frac{z}{\delta}+R^{\frac{1}{2}}\cos\frac{\varphi}{2}} - R^{\frac{1}{2}}[\frac{\sqrt{1+\frac{z^2}{\delta^2}}}{2}\sin(\frac{\varphi}{2}-\theta) + \frac{z}{\delta}R^{\frac{1}{2}}\sin\frac{\varphi}{2}]\}$$

$$J_4^V(\frac{3}{2}) = \frac{1}{2}\times\frac{\delta}{r}[1-(1-\frac{r^2}{\delta^2})R^{\frac{1}{2}}\sin\frac{\varphi}{2} + \frac{1}{2}\times\frac{z}{\delta}R^{\frac{1}{2}}\sin(\theta-\frac{\varphi}{2})\sqrt{(\frac{z}{\delta})^2+1} -$$

$$\frac{3}{2}\times\frac{r^2}{\delta^2}\times\frac{z}{\delta}\arctan\frac{1+R^{\frac{1}{2}}\sin\frac{\varphi}{2}}{\frac{z}{\delta}+R^{\frac{1}{2}}\cos\frac{\varphi}{2}}]$$

$$J_5^V(\frac{3}{2})=\frac{1}{2}\times(\frac{\delta}{r})^2[1-(1-\frac{r^2}{\delta^2})R^{\frac{1}{2}}\sin\frac{\varphi}{2}+\frac{1}{2}\times\frac{z}{\delta}R^{\frac{1}{2}}\sin(\theta-\frac{\varphi}{2})\sqrt{(\frac{z}{\delta})^2+1}-$$

$$\frac{3}{2}\times\frac{r^2}{\delta^2}\times\frac{z}{\delta}\arctan\frac{1+R^{\frac{1}{2}}\sin\frac{\varphi}{2}}{\frac{z}{\delta}+R^{\frac{1}{2}}\cos\frac{\varphi}{2}}]$$

$$J_6^V(\frac{3}{2})=\frac{3}{2}(\arctan\frac{1+R^{\frac{1}{2}}\sin\frac{\varphi}{2}}{\frac{z}{\delta}+R^{\frac{1}{2}}\cos\frac{\varphi}{2}}-R^{-\frac{1}{2}}\cos\frac{\varphi}{2})$$

$$J_7^V(\frac{3}{2})=\frac{3}{2}\times\frac{\delta}{r}[R^{-\frac{1}{2}}\cos(\rho-\frac{\varphi}{2})\sqrt{1+\frac{z^2}{\delta^2}}-R^{\frac{1}{2}}\sin\frac{\varphi}{2}]$$

$$J_8^V(\frac{3}{2})=\frac{3}{4}[\arctan\frac{1+R^{\frac{1}{2}}\sin\frac{\varphi}{2}}{\frac{z}{\delta}+R^{\frac{1}{2}}\cos\frac{\varphi}{2}}-(\frac{\delta}{r})^2R^{\frac{1}{2}}\sin(\frac{\varphi}{2}-\theta)\sqrt{(\frac{z}{\delta})^2+1}]$$

$$R=\sqrt{(\frac{r^2}{\delta^2}+\frac{z^2}{\delta^2}-1)^2+4\frac{z^2}{\delta^2}}$$

$$\varphi=\arctan\frac{2\frac{z}{\delta}}{\frac{r^2}{\delta^2}+\frac{z^2}{\delta^2}-1}$$

$$\theta=\arctan\frac{\delta}{z}$$

在推导 z 轴上或表面上的应力与位移系数表达式时，既可根据式(5-4-3)求得，也可由式(5-4-4)得到。但是，根据式(5-4-3)推导的公式，较为简单明了，而采用式(5-4-4)推导，十分烦琐，容易出错。所以，下面根据式(5-4-3)来推导 z 轴上或表面上的表达式。

若令

$$I_1^V(\frac{3}{2})=\frac{3}{2}\int_0^{\infty}\frac{\sin x-x\cos x}{x^2}J_0(\frac{r}{\delta}x)\mathrm{d}x$$

$$I_2^V(\frac{3}{2})=\frac{3}{2}\int_0^{\infty}\frac{\sin x-x\cos x}{x^3}J_0(\frac{r}{\delta}x)\mathrm{d}x$$

$$I_3^V(\frac{3}{2})=\frac{3}{2}\int_0^{\infty}\frac{\sin x-x\cos x}{x^3}J_1(\frac{r}{\delta}x)\mathrm{d}x$$

$$I_4^V(\frac{3}{2})=\frac{3}{2}\times\frac{\delta}{r}\int_0^{\infty}\frac{\sin x-x\cos x}{x^3}J_1(\frac{r}{\delta}x)\mathrm{d}x$$

则半球形垂直荷载作用下，表面($z=0$)处的应力与位移系数公式可改写为下述表达式：

$$
\begin{cases}
\bar{\sigma}_r^V = -[I_1^V(\frac{3}{2}) - (1-2\mu)I_4^V(\frac{3}{2})] \\
\bar{\sigma}_\theta^V = -[2\mu I_1^V(\frac{3}{2}) + (1-2\mu)I_4^V(\frac{3}{2})] \\
\bar{\sigma}_z^V = -I_1^V(\frac{3}{2}) \\
\bar{\tau}_{zr}^V = 0 \\
\bar{u}^V = -(1-2\mu)I_3^V(\frac{3}{2}) \\
\bar{w}^V = 2(1-\mu)I_2^V(\frac{3}{2})
\end{cases}
\tag{5-4-5}
$$

式中的 $I_k^V(\frac{3}{2})(k=1\sim4)$ 公式可表示为如下形式:

$$
I_1^V(\frac{3}{2}) = \begin{cases}
\frac{3}{2}\sqrt{1-(\frac{r}{\delta})^2} & (r \leqslant \delta) \\
0 & (r \geqslant \delta)
\end{cases}
$$

$$
I_2^V(\frac{3}{2}) = \begin{cases}
\frac{3\pi}{8}[1-\frac{1}{2}(\frac{r}{\delta})^2] & (r \leqslant \delta) \\
\frac{3}{8}\times\frac{r}{\delta}\{\sqrt{1-(\frac{\delta}{r})^2} - \frac{r}{\delta}[1-2(\frac{\delta}{r})^2]\arcsin\frac{\delta}{r}\} & (r \geqslant \delta)
\end{cases}
$$

$$
I_3^V(\frac{3}{2}) = \begin{cases}
\frac{1}{2}\times\frac{\delta}{r}[1-(1-\frac{r^2}{\delta^2})^{\frac{3}{2}}] & (r \leqslant \delta) \\
\frac{1}{2}\times\frac{\delta}{r} & (r \geqslant \delta)
\end{cases}
$$

$$
I_4^V(\frac{3}{2}) = \begin{cases}
\frac{1}{2}\times(\frac{\delta}{r})^2[1-(1-\frac{r^2}{\delta^2})^{\frac{3}{2}}] & (r \leqslant \delta) \\
\frac{1}{2}\times(\frac{\delta}{r})^2 & (r \geqslant \delta)
\end{cases}
$$

为了求得表面荷载边缘处的垂直位移分量(弯沉值)和系数值,可将 $r=\delta$ 代入式(5-4-5)中的垂直位移公式,则可得

$$
\bar{w}^V \Big|_{\substack{r=0 \\ z=0}} = \frac{3\pi(1-\mu)}{8}
$$

或

$$
w^V \Big|_{\substack{r=0 \\ z=0}} = \frac{3\pi(1-\mu^2)p\delta}{8E}
$$

由此可见,半球形垂直荷载作用下弹性半空间体表面荷载边缘处的垂直位移要比圆形均布垂直荷载情况下小一些,约为 0.925 倍。

对于 z 轴上任意点的应力与位移系数表达式,可将 $r=0$ 代入式(5-4-3),在计算过程中,应注意到如下公式:

$$
\lim_{r\to0} J_0(\frac{r}{\delta}x) = 1
$$

$$
\lim_{r\to0} J_1(\frac{r}{\delta}x) = 0
$$

$$
\lim_{r\to0} \frac{\delta}{r} J_1(\frac{r}{\delta}x) = \frac{x}{2}
$$

则可得

$$
\begin{cases}
\overline{\sigma}_r^V = -\left[\int_0^\infty \left(1 - \frac{z}{\delta}x\right)e^{-\frac{z}{\delta}x}J\left(\frac{3}{2}\right)\mathrm{d}x - \frac{\delta}{r}\overline{U}^V\right] \\
\overline{\sigma}_\theta^V = -\left[2\mu\int_0^\infty e^{-\frac{z}{\delta}x}J\left(\frac{3}{2}\right)\mathrm{d}x + \frac{\delta}{r}\overline{U}^V\right] \\
\overline{\sigma}_z^V = -\int_0^\infty \left(1 + \frac{z}{\delta}x\right)e^{-\frac{z}{\delta}x}J\left(\frac{3}{2}\right)\mathrm{d}x \\
\overline{\tau}_{zr}^V = 0 \\
\overline{u}^V = 0 \\
\overline{w}^V = \int_0^\infty \left(2 - 2\mu + \frac{z}{\delta}x\right)e^{-\frac{z}{\delta}x}J\left(\frac{3}{2}\right)\frac{\mathrm{d}x}{x}
\end{cases}
$$

式中，$\frac{\delta}{r}\overline{U}^V = \frac{1}{2}\int_0^\infty \left(1 - 2\mu - \frac{z}{\delta}x\right)e^{-\frac{z}{\delta}x}J(m)\mathrm{d}x$；$J\left(\frac{3}{2}\right) = \frac{3}{2} \times \frac{\sin x - x\cos x}{x^2}$。

若令

$$K_0^V\left(\frac{3}{2}\right) = \frac{3}{2}\int_0^\infty e^{-\frac{z}{\delta}x}\frac{\sin x - x\cos x}{x^3}\mathrm{d}x$$

$$K_1^V\left(\frac{3}{2}\right) = \frac{3}{2}\int_0^\infty e^{-\frac{z}{\delta}x}\frac{\sin x - x\cos x}{x^2}\mathrm{d}x$$

$$K_2^V\left(\frac{3}{2}\right) = \frac{3}{2}\int_0^\infty e^{-\frac{z}{\delta}x}\frac{\sin x - x\cos x}{x}\mathrm{d}x$$

则圆形轴对称垂直荷载作用下，在 z 轴（$r=0$）上的应力与位移与变形系数公式可改写为下述表达式：

$$
\begin{cases}
\overline{\sigma}_r^V = -\frac{1}{2}\left[(1 + 2\mu)K_1^V\left(\frac{3}{2}\right) - \frac{z}{\delta}K_2^V\left(\frac{3}{2}\right)\right] \\
\overline{\sigma}_\theta^V = -\frac{1}{2}\left[(1 + 2\mu)K_1^V\left(\frac{3}{2}\right) - \frac{z}{\delta}K_2^V\left(\frac{3}{2}\right)\right] \\
\overline{\sigma}_z^V = -\left(K_1^V\left(\frac{3}{2}\right) + \frac{z}{\delta}K_2^V\left(\frac{3}{2}\right)\right] \\
\overline{\tau}_{zr}^V = 0 \\
\overline{u}^V = 0 \\
\overline{w}^V = \left[2(1 - \mu)K_0^V\left(\frac{3}{2}\right) + \frac{z}{\delta}K_1^V\left(\frac{3}{2}\right)\right]
\end{cases}
\tag{5-4-6}
$$

式中：$K_0^V\left(\frac{3}{2}\right) = \frac{3}{4}\left\{\left[1 + \left(\frac{z}{\delta}\right)^2\right]\arctan\frac{\delta}{z} - \frac{\frac{z}{\delta}}{\left(\frac{z}{\delta}\right)^2 + 1}\right\}$；$K_1^V\left(\frac{3}{2}\right) = \frac{3}{2}\left(1 - \frac{z}{\delta}\arctan\frac{\delta}{z}\right)$。

$$K_2^V\left(\frac{3}{2}\right)=\frac{3}{2}\left[\arctan\frac{1}{\sqrt{1+\left(\frac{z}{\delta}\right)^2}}-\frac{\frac{z}{\delta}}{1+\left(\frac{z}{\delta}\right)^2}\right]$$

在表面中心处的最大垂直位移分量(弯沉值)和系数值分别为:

$$\bar{w}^V\bigg|_{\substack{r=0\\z=0}}=\frac{3\pi(1-\mu)}{4}$$

或

$$w^V\bigg|_{\substack{r=0\\z=0}}=\frac{3\pi(1-\mu^2)p\delta}{4E}$$

由此可见,半球形垂直荷载下表面中心处的最大弯沉值约为圆形均布垂直荷载下的1.18倍。

从上述应力与位移分量公式可以看出,在荷载边缘($r=\delta$)处,它们都连续,这是由于荷载在该处也连续的缘故。

5.5 刚性承载板下弹性半空间体的应力与位移

弹性半空间体表面承受局部压缩时的应力与位移,曾经有许多人研究过,其中有代表性的是穆斯海里什维列和史奈登所提出的任意形状刚性体压缩时的二维变形和刚性旋转体压缩时的三维轴对称变形的一般解,而牟歧鹿楼利用亨格尔积分变换方法求得任意非轴对称形状刚性局部压入弹性半空间体表面时应力与位移的一般解。

对道路工作者而言,比较感兴趣的是研究刚性承载板下弹性半空间体应力、位移的分布状况,如图5-5所示。史奈登曾利用对偶积分方程对这个问题进行过深入的研究,求得其应力与位移表达式。但这种对偶积分方程解法,不仅推导繁冗,而且难以向多层弹性体系推广。本节将利用刚性承载板下压力分布图式来讨论这个问题,这种分析方法不仅推导简捷,而且还易于向多层弹性体系推广。

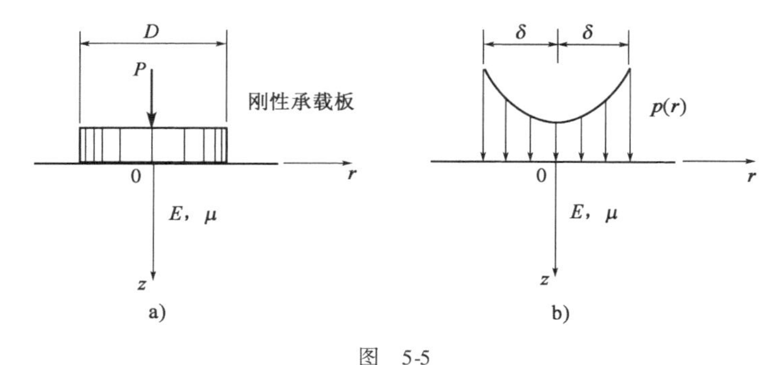

图 5-5

刚性承载板下压力分布图式为:

$$p(r)=\frac{p}{2}\times\frac{1}{\sqrt{1-\frac{r^2}{\delta^2}}}\times H(\delta-r)$$

上述图式中:δ——承载板的半径(cm);

D——承载板的直径(cm),$D=2\delta$;

p——圆形均布荷载的集度(MPa);

P——承载板上作用的总力(kN);

$H(t)$——单位阶梯函数。

根据式(1-5-8),刚性承载板荷载 $p(r)$ 的零阶亨格尔积分变换式可表示为如下形式:

$$\bar{p}(\xi) = \frac{p\delta}{\xi} \times \frac{\sin\xi\delta}{2}$$

若将 $x = \xi\delta$ 代入上式,则可得

$$\bar{p}(\xi) = \frac{p\delta^2}{2} \times \frac{\sin x}{x}$$

若将 $\bar{p}(\xi)$ 和 $x = \xi\delta$ 代入式(5-2-1),则可得刚性承载板下弹性半空间体应力与位移分量的表达式,如下:

$$\begin{cases} \sigma_r^V = -\frac{p}{2}\left[\int_0^\infty \left(1 - \frac{z}{\delta}x\right)\sin x e^{-\frac{z}{\delta}x} J_0\left(\frac{r}{\delta}x\right)\mathrm{d}x - \frac{\delta}{r}U^V\right] \\ \sigma_\theta^V = -\frac{p}{2}\left[2\mu\int_0^\infty \sin x e^{-\frac{z}{\delta}x} J_0\left(\frac{r}{\delta}x\right)\mathrm{d}x + \frac{\delta}{r}U^V\right] \\ \sigma_z^V = -\frac{p}{2}\int_0^\infty \left(1 + \frac{z}{\delta}x\right)\sin x e^{-\frac{z}{\delta}x} J_0\left(\frac{r}{\delta}x\right)\mathrm{d}x \\ \tau_{zr}^V = -\frac{p}{2} \times \frac{z}{\delta}\int_0^\infty x\sin x e^{-\frac{z}{\delta}x} J_1\left(\frac{r}{\delta}x\right)\mathrm{d}x \\ u^v = -\frac{(1+\mu)p\delta}{2E}U^V \\ w^V = \frac{(1+\mu)p\delta}{2E}\int_0^\infty \left(2 - 2\mu + \frac{z}{\delta}x\right)\frac{\sin x}{x} e^{-\frac{z}{\delta}x} J_0\left(\frac{r}{\delta}x\right)\mathrm{d}x \end{cases} \tag{5-5-1}$$

式中,$U^V = \int_0^\infty \left(1 - 2\mu - \frac{z}{\delta}x\right)\frac{\sin x}{x} e^{-\frac{z}{\delta}x} J_1\left(\frac{r}{\delta}x\right)\mathrm{d}x$。

若令

$$\begin{cases} \sigma_r^V = p\bar{\sigma}_r^V \\ \sigma_\theta^V = p\bar{\sigma}_\theta^V \\ \sigma_z^V = p\bar{\sigma}_z^V \\ \tau_{zr}^V = p\bar{\tau}_{zr}^V \\ u^V = \frac{p\delta}{E}\bar{u}^V \\ w^V = \frac{p\delta}{E}\bar{w}^V \end{cases} \tag{5-5-2}$$

则可得刚性承载板作用下弹性半空间体应力与位移系数的表达式,如下:

$$\begin{cases} \bar{\sigma}_r^V = -\frac{1}{2}\left[\int_0^\infty \left(1 - \frac{z}{\delta}x\right)\sin x e^{-\frac{z}{\delta}x} J_0\left(\frac{r}{\delta}x\right)\mathrm{d}x - \frac{\delta}{r}\bar{U}^V\right] \\ \bar{\sigma}_\theta^V = -\frac{1}{2}\left[2\mu\int_0^\infty \sin x e^{-\frac{z}{\delta}x} J_0\left(\frac{r}{\delta}x\right)\mathrm{d}x + \frac{\delta}{r}\bar{U}^V\right] \\ \bar{\sigma}_z^V = -\frac{1}{2}\int_0^\infty \left(1 + \frac{z}{\delta}x\right)\sin x e^{-\frac{z}{\delta}x} J_0\left(\frac{r}{\delta}x\right)\mathrm{d}x \end{cases}$$

$$\begin{cases}\bar{\tau}_{zr}^{V} = -\dfrac{1}{2}\times\dfrac{z}{\delta}\displaystyle\int_0^{\infty}x\sin xe^{-\frac{z}{\delta}x}J_1\left(\dfrac{r}{\delta}x\right)\mathrm{d}x\\ \bar{u}^{v} = -\dfrac{1}{2}\bar{U}^{V}\\ \bar{w}^{V} = \dfrac{1}{2}\displaystyle\int_0^{\infty}\left(2-2\mu+\dfrac{z}{\delta}x\right)\dfrac{\sin x}{x}e^{-\frac{z}{\delta}x}J_0\left(\dfrac{r}{\delta}x\right)\mathrm{d}x\end{cases} \tag{5-5-3}$$

式中，$\bar{U}^{V} = \int_0^{\infty}\left(1-2\mu-\frac{z}{\delta}x\right)\frac{\sin x}{x}e^{-\frac{z}{\delta}x}J_1\left(\frac{r}{\delta}x\right)\mathrm{d}x$。

上述公式中都必须计算下列无穷积分式：

$$\int_0^{\infty}x^{m-1}\sin xe^{-\frac{z}{\delta}x}J_k\left(\frac{r}{\delta}x\right)\mathrm{d}x$$

这些公式中所用到的无穷积分式均可利用复数关系，求得其初等函数解。如果令

$$J_1^V\left(\frac{1}{2}\right) = \frac{1}{2}\int_0^{\infty}\sin xe^{-\frac{z}{\delta}x}J_0\left(\frac{r}{\delta}x\right)\mathrm{d}x$$

$$J_2^V\left(\frac{1}{2}\right) = \frac{1}{2}\int_0^{\infty}\sin xe^{-\frac{z}{\delta}x}J_1\left(\frac{r}{\delta}x\right)\mathrm{d}x$$

$$J_3^V\left(\frac{1}{2}\right) = \frac{1}{2}\int_0^{\infty}\frac{\sin x}{x}e^{-\frac{z}{\delta}x}J_0\left(\frac{r}{\delta}x\right)\mathrm{d}x$$

$$J_4^V\left(\frac{1}{2}\right) = \frac{1}{2}\int_0^{\infty}\frac{\sin x}{x}e^{-\frac{z}{\delta}x}J_1\left(\frac{r}{\delta}x\right)\mathrm{d}x$$

$$J_5^V\left(\frac{1}{2}\right) = \frac{1}{2}\times\frac{\delta}{r}\int_0^{\infty}\frac{\sin x}{x^3}e^{-\frac{z}{\delta}x}J_1\left(\frac{r}{\delta}x\right)\mathrm{d}x$$

$$J_6^V\left(\frac{1}{2}\right) = \frac{1}{2}\int_0^{\infty}x\sin xe^{-\frac{z}{\delta}x}J_0\left(\frac{r}{\delta}x\right)\mathrm{d}x$$

$$J_7^V\left(\frac{1}{2}\right) = \frac{1}{2}\int_0^{\infty}x\sin xe^{-\frac{z}{\delta}x}J_1\left(\frac{r}{\delta}x\right)\mathrm{d}x$$

$$J_8^V\left(\frac{1}{2}\right) = \frac{1}{2}\times\frac{\delta}{r}\int_0^{\infty}\sin xe^{-\frac{z}{\delta}x}J_1\left(\frac{r}{\delta}x\right)\mathrm{d}x$$

并将上述表达式代入式(5-5-3)，则可得刚性承载板下弹性半空间体内的应力与位移系数表达式，如下：

$$\begin{cases}\bar{\sigma}_r^V = -\left\{J_1^V\left(\frac{1}{2}\right)-\frac{z}{\delta}J_6^V\left(\frac{1}{2}\right)-\left[(1-2\mu)J_5^V\left(\frac{1}{2}\right)-\frac{z}{\delta}J_8^V\left(\frac{1}{2}\right)\right]\right\}\\ \bar{\sigma}_\theta^V = -\left\{2\mu\displaystyle\int_0^{\infty}\sin xe^{-\frac{z}{\delta}x}J_0\left(\frac{r}{\delta}x\right)\mathrm{d}x+\left[(1-2\mu)J_6^V\left(\frac{1}{2}\right)-\frac{z}{\delta}J_8^V\left(\frac{1}{2}\right)\right]\right\}\\ \bar{\sigma}_z^V = -\left[J_1^V\left(\frac{1}{2}\right)+\frac{z}{\delta}J_6^V\left(\frac{1}{2}\right)\right]\\ \bar{\tau}_{zr}^V = -\frac{z}{\delta}J_7^V\left(\frac{1}{2}\right)\\ \bar{u}^v = -\left[(1-2\mu)J_4^V\left(\frac{1}{2}\right)-\frac{z}{\delta}J_2^V\left(\frac{1}{2}\right)\right]\\ \bar{w}^V = \left[2(1-\mu)J_3^V\left(\frac{1}{2}\right)+\frac{z}{\delta}J_0^V\left(\frac{1}{2}\right)\right]\end{cases} \tag{5-5-4}$$

式中：$J_1^V(\frac{1}{2}) = R^{-\frac{1}{2}}\sin\frac{\varphi}{2}$

$$J_2^V(\frac{1}{2}) = -\frac{\delta}{r}R^{-\frac{1}{2}}\sin(\frac{\varphi}{2}-\theta)\sqrt{1+\frac{z^2}{\delta^2}}$$

$$J_3^V(\frac{1}{2}) = \arctan\frac{1+R^{\frac{1}{2}}\sin\frac{\varphi}{2}}{\frac{z}{\delta}+R^{\frac{1}{2}}\cos\frac{\varphi}{2}}$$

$$J_4^V(\frac{1}{2}) = \frac{\delta}{r}(1-R^{\frac{1}{2}}\sin\frac{\varphi}{2})$$

$$J_5^V(\frac{1}{2}) = (\frac{\delta}{r})^2(1-R^{\frac{1}{2}}\sin\frac{\varphi}{2})$$

$$J_6^V(\frac{1}{2}) = R^{-\frac{3}{2}}\sin(\frac{3\varphi}{2}-\theta)\sqrt{1+\frac{z^2}{\delta^2}}$$

$$J_7^V(\frac{1}{2}) = \int_0^\infty x\sin x e^{-\frac{z}{\delta}x}J_1(\frac{r}{\delta}x)\mathrm{d}x = \frac{r}{\delta}R^{-\frac{3}{2}}\sin\frac{3\varphi}{2}$$

$$J_8^V(\frac{1}{2}) = -(\frac{\delta}{r})^2R^{-\frac{1}{2}}\sin(\frac{\varphi}{2}-\theta)\sqrt{1+\frac{z^2}{\delta^2}}$$

其中，$R=\sqrt{(\frac{r^2}{\delta^2}+\frac{z^2}{\delta^2}-1)^2+4\frac{z^2}{\delta^2}}$

$$\varphi = \arctan\frac{2\frac{z}{\delta}}{\frac{r^2}{\delta^2}+\frac{z^2}{\delta^2}-1}$$

$$\theta = \arctan\frac{\delta}{z}$$

对于表面上任意点的应力与位移系数，可将 $z=0$ 代入式(5-5-3)，则可以得到如下的表达式：

$$\begin{cases} \overline{\sigma}_r^V = -\frac{1}{2}[\int_0^\infty \sin x e^{-\frac{z}{\delta}x}J_0(\frac{r}{\delta}x)\mathrm{d}x - \frac{\delta}{r}\overline{U}^V] \\ \overline{\sigma}_\theta^V = -\frac{1}{2}[2\mu\int_0^\infty \sin x e^{-\frac{z}{\delta}x}J_0(\frac{r}{\delta}x)\mathrm{d}x + \frac{\delta}{r}\overline{U}^V] \\ \overline{\sigma}_z^V = -\frac{1}{2}\int_0^\infty \sin x e^{-\frac{z}{\delta}x}J_0(\frac{r}{\delta}x)\mathrm{d}x \\ \overline{\tau}_{zr}^V = 0 \\ \overline{u}^v = -\frac{1}{2}\overline{U}^V \\ \overline{w}^V = \frac{1}{2}\int_0^\infty (2-2\mu)\frac{\sin x}{x}e^{-\frac{z}{\delta}x}J_0(\frac{r}{\delta}x)\mathrm{d}x \end{cases}$$

式中，$\overline{U}^V = (1-2\mu)\int_0^\infty \frac{\sin x}{x}e^{-\frac{z}{\delta}x}J_1(\frac{r}{\delta}x)\mathrm{d}x$。

若令

$$I_1^V\left(\frac{1}{2}\right)=\frac{1}{2}\int_0^{\infty}\sin x J_0\left(\frac{r}{\delta}x\right)\mathrm{d}x$$

$$I_2^V\left(\frac{1}{2}\right)=\frac{1}{2}\int_0^{\infty}\frac{\sin x}{x}J_0\left(\frac{r}{\delta}x\right)\mathrm{d}x$$

$$I_3^V\left(\frac{1}{2}\right)=\frac{1}{2}\int_0^{\infty}\frac{\sin x}{x}J_1\left(\frac{r}{\delta}x\right)\mathrm{d}x$$

$$I_4^V\left(\frac{1}{2}\right)=\frac{\delta}{2r}\int_0^{\infty}\frac{\sin x}{x}J_1\left(\frac{r}{\delta}x\right)\mathrm{d}x$$

则上式可改写为下式:

$$\begin{cases}\bar{\sigma}_r^V=-\left[I_1^V\left(\frac{1}{2}\right)-(1-2\mu)I_4^V\left(\frac{1}{2}\right)\right]\\ \bar{\sigma}_\theta^V=-\left[2\mu I_1^V\left(\frac{1}{2}\right)+(1-2\mu)I_4^V\left(\frac{1}{2}\right)\right]\\ \bar{\sigma}_z^V=-I_1^V\left(\frac{1}{2}\right)\\ \bar{\tau}_{zr}^V=0\\ \bar{u}^v=-(1-2\mu)I_3^V\left(\frac{1}{2}\right)\\ \bar{w}^V=2(1-\mu)I_2^V\left(\frac{1}{2}\right)\end{cases}\tag{5-5-5}$$

式中的 $I_k^V\left(\frac{1}{2}\right)(k=1\sim4)$ 公式可表示为如下形式:

$$I_1^V\left(\frac{1}{2}\right)=\begin{cases}\frac{1}{2}\frac{1}{\sqrt{1-\left(\frac{r}{\delta}\right)^2}} & (r\leqslant\delta)\\ \infty & (r=\delta)\\ 0 & (r\geqslant\delta)\end{cases}$$

$$I_2^V\left(\frac{1}{2}\right)=\begin{cases}\frac{\pi}{4} & (r\leqslant\delta)\\ \frac{1}{2}\arcsin\frac{\delta}{r} & (r\geqslant\delta)\end{cases}$$

$$I_3^V\left(\frac{1}{2}\right)=\begin{cases}\frac{1}{2}\times\frac{\delta}{r}\left[1-\left(1-\frac{r^2}{\delta^2}\right)^{\frac{1}{2}}\right] & (r\leqslant\delta)\\ \frac{1}{2}\times\frac{\delta}{r} & (r\geqslant\delta)\end{cases}$$

$$I_4^V\left(\frac{1}{2}\right)=\begin{cases}\frac{1}{2}\times\left(\frac{\delta}{r}\right)^2\left[1-\left(1-\frac{r^2}{\delta^2}\right)^{\frac{1}{2}}\right] & (r\leqslant\delta)\\ \frac{1}{2}\times\left(\frac{\delta}{r}\right)^2 & (r\geqslant\delta)\end{cases}$$

对于 z 轴上任意点的应力与位移系数,可将 $r=0$ 代入式(5-5-3),在计算过程中要注意到下列关系式:

$$\lim_{r\to0}J_0\left(\frac{r}{\delta}x\right)=1$$

$$\lim_{r\to0}J_1\left(\frac{r}{\delta}x\right)=0$$

$$\lim_{r\to0}\frac{\delta}{r}J_1\left(\frac{r}{\delta}x\right)=\frac{x}{2}$$

则可得

$$\begin{cases}\overline{\sigma}_r^V = -\dfrac{1}{2}\left[\displaystyle\int_0^{\infty}\left(1-\dfrac{z}{\delta}x\right)\sin x e^{-\frac{z}{\delta}x}\mathrm{d}x - \overline{U}^V\right]\\ \overline{\sigma}_\theta^V = -\dfrac{1}{2}\left[2\mu\displaystyle\int_0^{\infty}\sin x e^{-\frac{z}{\delta}x}\mathrm{d}x + \overline{U}^V\right]\\ \overline{\sigma}_z^V = -\dfrac{1}{2}\displaystyle\int_0^{\infty}\left(1+\dfrac{z}{\delta}x\right)\sin x e^{-\frac{z}{\delta}x}\mathrm{d}x\\ \overline{\tau}_{zr}^V = 0\\ \overline{u}^v = 0\\ \overline{w}^V = \dfrac{1}{2}\displaystyle\int_0^{\infty}\left(2-2\mu+\dfrac{z}{\delta}x\right)\dfrac{\sin x}{x}e^{-\frac{z}{\delta}x}\mathrm{d}x\end{cases}$$

式中，$\overline{U}_r^V = \dfrac{1}{2}\displaystyle\int_0^{\infty}\left(1-2\mu-\dfrac{z}{\delta}x\right)\sin x e^{-\frac{z}{\delta}x}\mathrm{d}x$。

若令

$$K_0^V\left(\frac{1}{2}\right) = \frac{1}{2}\int_0^{\infty}\frac{\sin x}{x}e^{-\frac{z}{\delta}x}\mathrm{d}x$$

$$K_1^V\left(\frac{1}{2}\right) = \frac{1}{2}\int_0^{\infty}\sin x e^{-\frac{z}{\delta}x}\mathrm{d}x$$

$$K_2^V\left(\frac{1}{2}\right) = \frac{1}{2}\int_0^{\infty}x\sin x e^{-\frac{z}{\delta}x}\mathrm{d}x$$

则可得

$$\begin{cases}\overline{\sigma}_r^V = -\{(1+2\mu)K_1^V\left(\dfrac{1}{2}\right) - \dfrac{z}{\delta}K_2^V\left(\dfrac{1}{2}\right)]\\ \overline{\sigma}_\theta^V = -\left[(1+2\mu)K_1^V\left(\dfrac{1}{2}\right) - \dfrac{z}{\delta}K_2^V\left(\dfrac{1}{2}\right)\right]\\ \overline{\sigma}_z^V = -\left[K_1^V\left(\dfrac{1}{2}\right) + \dfrac{z}{\delta}K_2^V\left(\dfrac{1}{2}\right)\right]\\ \overline{\tau}_{zr}^V = 0\\ \overline{u}^v = 0\\ \overline{w}^V = \left[2(1-\mu)K_0^V\left(\dfrac{1}{2}\right) + \dfrac{z}{\delta}K_1^V\left(\dfrac{1}{2}\right)\right]\end{cases} \tag{5-5-6}$$

式中：$K_0^V\left(\dfrac{1}{2}\right) = \dfrac{1}{2}\arctan\dfrac{\delta}{z}$

$$K_1^V\left(\frac{1}{2}\right) = \frac{1}{2}\times\frac{1}{1+\dfrac{z^2}{\delta^2}}$$

$$K_2^V\left(\frac{1}{2}\right) = \frac{\dfrac{z}{\delta}}{\left[1+\left(\dfrac{z}{\delta}\right)^2\right]^2}$$

在表面中心处的垂直位移值和垂直应力分量与系数值分别为：

$$\bar{w}^V\Big|_{\substack{r=0\\z=0}} = \frac{(1-\mu^2)\pi}{2}$$

$$\bar{\sigma}_z^V\Big|_{\substack{r=0\\z=0}} = -\frac{1}{2}$$

或

$$w^V\Big|_{\substack{r=0\\z=0}} = \frac{2(1-\mu^2)p\delta}{E} \times \frac{\pi}{4}$$

$$\sigma_z^V\Big|_{\substack{r=0\\z=0}} = -\frac{p}{2}$$

由此可见,刚性承载板下弹性半空间体表面中心处的垂直位移和垂直应力值都比圆形均布垂直荷载(柔性板)情况下小一些,垂直位移为柔性板的0.775倍,垂直应力正好为柔性板的一半。在路面设计中,垂直位移中的π/4,一般称为刚性影响系数。

5.6 圆形轴对称垂直荷载下弹性半空间体分析

前三节曾分析过三种常见的圆形轴对称垂直荷载作用下弹性半空间体内的应力与位移,本节将研究任意类型的圆形轴对称垂直荷载作用下弹性半空间体内的应力与位移。从分析中可以看出,三种常见的圆形轴对称垂直荷载的应力与位移结果包括在圆形轴对称垂直荷载下弹性半空间体的应力与位移内。

根据式(1-5-5),圆形轴对称垂直荷载的零阶亨格尔积分变换式可表示为如下形式:

$$\bar{p}(\xi) = \frac{p\delta}{\xi}J(m)$$

式中,$J(m) = \dfrac{2^{m-1}\Gamma(m+1)}{(\xi\delta)^{m-1}}J_m(\xi\delta)$。

若将 $\bar{p}(\xi)$ 和 $x=\xi\delta$ 代入式(5-2-1),则可得圆形轴对称垂直荷载下弹性半空间体的应力与位移分量表达式如下:

$$\begin{cases}\sigma_r^V = -p\left[\int_0^\infty \left(1-\frac{z}{\delta}\right)e^{-\frac{z}{\delta}x}J(m)J_0\left(\frac{r}{\delta}x\right)\mathrm{d}x - \frac{\delta}{r}U^V\right] \\ \sigma_\theta^V = -p\left[2\mu\int_0^\infty e^{-\frac{z}{\delta}x}J(m)J_0\left(\frac{r}{\delta}x\right)\mathrm{d}x + \frac{\delta}{r}U^V\right] \\ \sigma_z^V = -p\int_0^\infty \left(1+\frac{z}{\delta}\right)e^{-\frac{z}{\delta}x}J(m)J_0\left(\frac{r}{\delta}x\right)\mathrm{d}x \\ \tau_{zr}^V = -p\times\frac{z}{\delta}\int_0^\infty e^{-\frac{z}{\delta}x}J(m)J_1\left(\frac{r}{\delta}x\right)\mathrm{d}x \\ u^V = -\frac{(1+\mu)p\delta}{E}\overline{U}^V \\ w^V = \frac{(1+\mu)p\delta}{E}\int_0^\infty\left(2-2\mu+\frac{z}{\delta}x\right)e^{-\frac{z}{\delta}x}J(m)J_0\left(\frac{r}{\delta}x\right)\frac{\mathrm{d}x}{x}\end{cases} \tag{5-6-1}$$

式中，$\overline{U}^V = \int_0^\infty (1 - 2\mu - \frac{z}{\delta}x) e^{-\frac{z}{\delta}x} J(m) J_1(\frac{r}{\delta}x) \frac{dx}{x}$。

其中，$J(m) = \frac{2^{m-1}\Gamma(m+1)}{x^{m-1}} J_m(x)$。

若令

$$
\begin{cases}
\sigma_r^V = p\overline{\sigma}_r^V \\
\sigma_\theta^V = p\overline{\sigma}_\theta^V \\
\sigma_z^V = p\overline{\sigma}_z^V \\
\tau_{zr}^V = p\overline{\tau}_{zr}^V \\
u^V = \dfrac{(1+\mu)p\delta}{E}\overline{u}^V \\
w^V = \dfrac{(1+\mu)p\delta}{E}\overline{w}^V
\end{cases}
\tag{5-6-2}
$$

则可得圆形轴对称垂直荷载作用下弹性半空间体应力与位移系数表达式如下：

$$
\begin{cases}
\overline{\sigma}_r^V = -[\int_0^\infty (1 - \frac{z}{\delta}x) e^{-\frac{z}{\delta}x} J(m) J_0(\frac{r}{\delta}x) dx - \frac{\delta}{r}\overline{U}^V] \\
\overline{\sigma}_\theta^V = -[2\mu \int_0^\infty e^{-\frac{z}{\delta}x} J(m) J_0(\frac{r}{\delta}x) dx + \frac{\delta}{r}\overline{U}^V] \\
\overline{\sigma}_z^V = -\int_0^\infty (1 + \frac{z}{\delta}) e^{-\frac{z}{\delta}x} J(m) J_0(\frac{r}{\delta}x) dx \\
\overline{\tau}_{zr}^V = -\frac{z}{\delta}\int_0^\infty x e^{-\frac{z}{\delta}x} J(m) J_1(\frac{r}{\delta}x) dx \\
\overline{u}^V = -\overline{U}^V \\
\overline{w}^V = \int_0^\infty (2 - 2\mu + \frac{z}{\delta}x) e^{-\frac{z}{\delta}x} J(m) J_0(\frac{r}{\delta}x) \frac{dx}{x}
\end{cases}
\tag{5-6-3}
$$

式中，$\overline{U}^V = \int_0^\infty (1 - 2\mu - \frac{z}{\delta}x) e^{-\frac{z}{\delta}x} J(m) J_1(\frac{r}{\delta}x) \frac{dx}{x}$。

其中，$J(m) = \frac{2^{m-1}\Gamma(m+1)}{x^{m-1}} J_m(x)$。

在一般情况下，上述应力与位移分量表达式难以求得其精确解。在实际应用中，可采用数值积分法求其数值解。但对某些特殊情况下，比如 z 轴（$r=0$）上或介质表面（$z=0$）上，则可求得它们的精确解。

若将 $z=0$ 代入式(5-6-1)，则可得圆形轴对称垂直荷载作用下表面的应力、位移与变形系数公式如下：

$$
\begin{cases}
\overline{\sigma}_r^V = -\left[\int_0^\infty J(m)J_0\left(\frac{r}{\delta}x\right)\mathrm{d}x - \frac{\delta}{r}\overline{U}^V\right] \\
\overline{\sigma}_\theta^V = -\left[2\mu\int_0^\infty J(m)J_0\left(\frac{r}{\delta}x\right)\mathrm{d}x + \frac{\delta}{r}\overline{U}^V\right] \\
\overline{\sigma}_z^V = -\int_0^\infty J(m)J_0\left(\frac{r}{\delta}x\right)\mathrm{d}x \\
\overline{\tau}_{zr}^V = 0 \\
\overline{u}^V = -\overline{U}^V \\
\overline{w}^V = 2(1-\mu)\int_0^\infty J(m)J_0\left(\frac{r}{\delta}x\right)\frac{\mathrm{d}x}{x}
\end{cases}
$$

式中，$\overline{U}^V = (1-2\mu)\int_0^\infty J(m)J_1\left(\frac{r}{\delta}x\right)\frac{\mathrm{d}x}{x}$；$J(m) = \frac{2^{n-1}\Gamma(m+1)}{x^{m-1}}J_m(x)$。

若令

$$I_1^V(m) = \int_0^\infty J(m)J_0\left(\frac{r}{\delta}x\right)\mathrm{d}x = 2^{m-1}\Gamma(m+1)\int_0^\infty J_m(x)J_0\left(\frac{r}{\delta}x\right)\frac{\mathrm{d}x}{x^{m-1}}$$

$$I_2^V(m) = \int_0^\infty J(m)J_0\left(\frac{r}{\delta}x\right)\frac{\mathrm{d}x}{x} = 2^{m-1}\Gamma(m+1)\int_0^\infty J_m(x)J_0\left(\frac{r}{\delta}x\right)\frac{\mathrm{d}x}{x^m}$$

$$I_3^V(m) = \int_0^\infty J(m)J_1\left(\frac{r}{\delta}x\right)\frac{\mathrm{d}x}{x} = 2^{m-1}\Gamma(m+1)\int_0^\infty J_m(x)J_1\left(\frac{r}{\delta}x\right)\frac{\mathrm{d}x}{x^m}$$

$$I_4^V(m) = \frac{\delta}{r}\int_0^\infty J(m)J_1\left(\frac{r}{\delta}x\right)\frac{\mathrm{d}x}{x} = 2^{m-1}\Gamma(m+1)\times\frac{\delta}{r}\int_0^\infty J_m(x)J_1\left(\frac{r}{\delta}x\right)\frac{\mathrm{d}x}{x^m}$$

则圆形轴对称垂直荷载作用下，表面($z=0$)处的应力、位移与变形系数公式可改写为下述表达式：

$$
\begin{cases}
\overline{\sigma}_r^V = -\left[I_1^V(m) - (1-2\mu)I_4^V(m)\right] \\
\overline{\sigma}_\theta^V = -\left[2\mu I_1^V(m) + (1-2\mu)I_4^V(m)\right] \\
\overline{\sigma}_z^V = -I_1^V(m) \\
\overline{\tau}_{zr}^V = 0 \\
\overline{u}^V = -(1-2\mu)I_3^V(m) \\
\overline{w}^V = 2(1-\mu)I_2^V(m)
\end{cases}
\tag{5-6-4}
$$

式中的 $I_k^V(m)(k=1\sim4)$ 公式可表示为如下形式：

$$
I_1^V(m) = \begin{cases}
m\left[1-\left(\frac{r}{\delta}\right)^2\right]^{m-1} & (r<\delta) \\
B(m) & (r=\delta) \\
0 & (r>\delta)
\end{cases}
$$

$$
I_2^V(m) = \begin{cases}
\frac{\Gamma(m+1)\sqrt{\pi}}{2\Gamma\left(m+\frac{1}{2}\right)}F\left(\frac{1}{2},\frac{1}{2}-m,1,\frac{r^2}{\delta^2}\right) & (r\leqslant\delta) \\
\frac{1}{2}\times\frac{\delta}{r}F\left(\frac{1}{2},\frac{1}{2},m+1,\frac{\delta^2}{r^2}\right) & (r\geqslant\delta)
\end{cases}
$$

$$I_3^V(m)=\begin{cases}\frac{1}{2}\times\frac{\delta}{r}[1-(1-\frac{r^2}{\delta^2})^m] & (r\leqslant\delta)\\ \frac{1}{2}\times\frac{\delta}{r} & (r\geqslant\delta)\end{cases}$$

$$I_4^V(m)=\begin{cases}\frac{1}{2}\times(\frac{\delta}{r})^2[1-(1-\frac{r^2}{\delta^2})^m] & (r\leqslant\delta)\\ \frac{1}{2}\times(\frac{\delta}{r})^2 & (r\geqslant\delta)\end{cases}$$

其中,$B(m)$的表达式为:

$$B(m)=\begin{cases}0 & (m>1)\\ \frac{1}{2} & (m=1)\\ \infty & (m<1)\end{cases}$$

为检验式(5-6-3)的正确性,可以将几种常见的荷载类型系数 m 值(即 $m=1,m=\frac{3}{2},m=\frac{1}{2}$)代入式(5-6-4),可得到与前述完全一致的结果。

比如,取 $m=1$。将 $m=1$ 代入 $I_k^V(m)(k=1\sim4)$的表达式,则有

$$I_1^V(1)=\begin{cases}1 & (r<\delta)\\ \frac{1}{2} & (r=\delta)\\ 0 & (r>\delta)\end{cases}$$

$$I_2^V(1)=\begin{cases}F(\frac{1}{2},-\frac{1}{2},1,\frac{r^2}{\delta^2}) & (r\leqslant\delta)\\ \frac{1}{2}\times\frac{\delta}{r}F(\frac{1}{2},\frac{1}{2},2,\frac{\delta^2}{r^2}) & (r\geqslant\delta)\end{cases}$$

$$I_3^V(1)=\begin{cases}\frac{1}{2}\times\frac{r}{\delta} & (r\leqslant\delta)\\ \frac{1}{2}\times\frac{\delta}{r} & (r\geqslant\delta)\end{cases}$$

$$I_4^V(1)=\begin{cases}\frac{1}{2} & (r\leqslant\delta)\\ \frac{1}{2}\times(\frac{\delta}{r})^2 & (r\geqslant\delta)\end{cases}$$

这些结果与式(5-3-4)中的完全一样。

如果将 $m=\frac{3}{2}$代入 $I_k^V(m)(k=1\sim4)$的表达式,则有

$$I_1^V(\frac{3}{2})=\begin{cases}\frac{3}{2}\sqrt{1-(\frac{r}{\delta})^2} & (r\leqslant\delta)\\ 0 & (r\geqslant\delta)\end{cases}$$

$$I_2^V(\frac{3}{2})=\begin{cases}\frac{3\pi}{8}[1-\frac{1}{2}(\frac{r}{\delta})^2] & (r\leqslant\delta)\\ \frac{3}{8}\times\frac{r}{\delta}\{\sqrt{1-(\frac{\delta}{r})^2}-\frac{r}{\delta}[1-2(\frac{\delta}{r})^2]\arcsin\frac{\delta}{r}\} & (r\geqslant\delta)\end{cases}$$

$$I_3^V(\frac{3}{2})=\begin{cases}\frac{1}{2}\times\frac{\delta}{r}[1-(1-\frac{r^2}{\delta^2})^{\frac{3}{2}}] & (r\leqslant\delta)\\ \frac{1}{2}\times\frac{\delta}{r} & (r\geqslant\delta)\end{cases}$$

$$I_4^V\left(\frac{3}{2}\right)=\begin{cases}\dfrac{1}{2}\times\left(\dfrac{\delta}{r}\right)^2\left[1-\left(1-\dfrac{r^2}{\delta^2}\right)^{\frac{3}{2}}\right] & (r\leqslant\delta)\\ \dfrac{1}{2}\times\left(\dfrac{\delta}{r}\right)^2 & (r\geqslant\delta)\end{cases}$$

这些结果与式(5-4-5)中的表达式完全一致。

再将 $m=\dfrac{1}{2}$代入 $I_k^V(m)(k=1\sim4)$的表达式中,则可得到如下的 $I_k^V(m)(k=1\sim4)$表达式:

$$I_1^V\left(\frac{1}{2}\right)=\begin{cases}\dfrac{1}{2}\dfrac{1}{\sqrt{1-\left(\dfrac{r}{\delta}\right)^2}} & (r\leqslant\delta)\\ \infty & (r=\delta)\\ 0 & (r\geqslant\delta)\end{cases}$$

$$I_2^V\left(\frac{1}{2}\right)=\begin{cases}\dfrac{\pi}{4} & (r\leqslant\delta)\\ \dfrac{1}{2}\arcsin\dfrac{\delta}{r} & (r\geqslant\delta)\end{cases}$$

$$I_3^V\left(\frac{1}{2}\right)=\begin{cases}\dfrac{1}{2}\times\dfrac{\delta}{r}\left[1-\sqrt{1-\left(\dfrac{r}{\delta}\right)^2}\right] & (r\leqslant\delta)\\ \dfrac{1}{2}\times\dfrac{\delta}{r} & (r\geqslant\delta)\end{cases}$$

$$I_4^V\left(\frac{1}{2}\right)=\begin{cases}\dfrac{1}{2}\times\left(\dfrac{\delta}{r}\right)^2\left[1-\sqrt{\left(1-\dfrac{r}{\delta}\right)^2}\right] & (r\leqslant\delta)\\ \dfrac{1}{2}\times\left(\dfrac{\delta}{r}\right)^2 & (r\geqslant\delta)\end{cases}$$

上述这些结果与式(5-5-5)中的公式完全相同。

对于弹性半空间体 z 轴上的应力与位移系数表达式,可将 $r=0$ 代入式(5-6-3)中,经过适当的运算与化简,则可得到弹性半空间体 z 轴上的应力与位移系数表达式。在运算过程中应注意下列关系式:

$$\lim_{r\to0}J_0\left(\frac{r}{\delta}x\right)=1$$

$$\lim_{r\to0}J_1\left(\frac{r}{\delta}\right)=0$$

$$\lim_{r\to0}\frac{\delta}{r}J_1\left(\frac{r}{\delta}\right)=\frac{x}{2}$$

则可得

$$\begin{cases}\bar{\sigma}_r^V=-\left[\displaystyle\int_0^\infty\left(1-\frac{z}{\delta}x\right)e^{-\frac{z}{\delta}x}J(m)\mathrm{d}x-\bar{U}^V\right]\\ \bar{\sigma}_\theta^V=-\left[2\mu\displaystyle\int_0^\infty e^{-\frac{z}{\delta}x}J(m)\mathrm{d}x+\bar{U}^V\right]\\ \bar{\sigma}_z^V=-\displaystyle\int_0^\infty\left(1+\frac{z}{\delta}x\right)e^{-\frac{z}{\delta}x}J(m)\mathrm{d}x\\ \bar{\tau}_{zr}^V=0\\ \bar{u}^V=0\\ \bar{w}^V=\displaystyle\int_0^\infty\left(2-2\mu+\frac{z}{\delta}x\right)e^{-\frac{z}{\delta}x}J(m)\frac{\mathrm{d}x}{x}\end{cases}$$

式中，$\overline{U}^{V} = \dfrac{1}{2}\int_{0}^{\infty}(1-2\mu-\dfrac{z}{\delta}x)e^{-\frac{z}{\delta}x}J(m)\mathrm{d}x$

$J(m)=\dfrac{2^{m-1}\Gamma(m+1)}{x^{m-1}}J_{m}(x)$

其中：m 为荷载类型系数，$0<m<2$。

若令

$$K_0^V(m) = \int_0^\infty e^{-\frac{z}{\delta}x}J(m)\frac{\mathrm{d}x}{x} = 2^{m-1}\Gamma(m+1)\int_0^\infty e^{-\frac{z}{\delta}x}J_m(x)\frac{\mathrm{d}x}{x^m}$$

$$K_1^V(m) = \int_0^\infty e^{-\frac{z}{\delta}x}J(m)\mathrm{d}x = 2^{m-1}\Gamma(m+1)\int_0^\infty e^{-\frac{z}{\delta}x}J^m(x)\frac{\mathrm{d}x}{x^{m-1}}$$

$$K_2^V(m) = \int_0^\infty xe^{-\frac{z}{\delta}x}J(m)\mathrm{d}x = 2^{m-1}\Gamma(m+1)\int_0^\infty e^{-\frac{z}{\delta}x}J_m(x)\frac{\mathrm{d}x}{x^{m-2}}$$

则圆形轴对称垂直荷载作用下，在 z 轴（$r=0$）上的应力与位移与变形系数公式可改写为下述表达式：

$$\begin{cases}\overline{\sigma}_r^V = -\dfrac{1}{2}\left[(1+2\mu)K_1^V(m)-\dfrac{z}{\delta}K_2^V(m)\right]\\ \overline{\sigma}_\theta^V = -\dfrac{1}{2}\left[(1+2\mu)K_1^V(m)-\dfrac{z}{\delta}K_2^V(m)\right]\\ \overline{\sigma}_z^V = -\left[K_1^V(m)+\dfrac{z}{\delta}K_2^V(m)\right]\\ \overline{\tau}_{zr}^V = 0\\ \overline{u}^V = 0\\ \overline{w}^V = \left[2(1-\mu)K_0^V(m)+\dfrac{z}{\delta}K_1^V(m)\right]\end{cases} \tag{5-6-5}$$

式中，$K_0^V(m)=\dfrac{1}{2}\times\dfrac{1}{\sqrt{1+(\frac{z}{\delta})^2}}F(\dfrac{1}{2},m,m+1,\dfrac{1}{1+\frac{z^2}{\delta^2}})$

$$K_1^V(m)=\frac{1}{2}\times\frac{1}{1+\frac{z^2}{\delta^2}}F(1,m-\frac{1}{2},m+1,\frac{1}{1+\frac{z^2}{\delta^2}})$$

$$K_2^V(m)=\frac{1}{\sqrt{[1+(\frac{z}{\delta})^2]^3}}F(\frac{3}{2},m-1,m+1,\frac{1}{1+\frac{z^2}{\delta^2}})$$

将几种常见的荷载类型系数 m 代入 $K_i^V(m)(0\sim2)$，然后再将这些函数值代入式(5-6-4)，就可检验应力与位移系数表达式的正确性。

首先，若将 $m=1$ 代入 $K_i^V(m)(i=0\sim2)$ 的表达式，则有

$$K_0^V(1) = \sqrt{1+(\frac{z}{\delta})^2}-\frac{z}{\delta}$$

$$K_1^V(1) = 1-\frac{\frac{z}{\delta}}{\sqrt{1+(\frac{z}{\delta})^2}}$$

$$K_2^V(1) = \frac{1}{\sqrt{[1+(\frac{z}{\delta})^2]^3}}$$

这些结果与式(5-3-5)中的完全一样。

又将 $m=\frac{3}{2}$ 代入 $K_i^V(m)(i=0\sim2)$ 的表达式，则有

$$K_0^V(\frac{3}{2})=\frac{3}{4}\{[1+(\frac{z}{\delta})^2]\arctan\frac{\delta}{z}-\frac{\frac{z}{\delta}}{(\frac{z}{\delta})^2+1}]\}$$

$$K_1^V(\frac{3}{2})=\frac{3}{2}(1-\frac{z}{\delta}\arctan\frac{\delta}{z})$$

$$K_2^V(\frac{3}{2})=\frac{3}{2}[\arctan\frac{1}{\sqrt{1+(\frac{z}{\delta})^2}}-\frac{\frac{z}{\delta}}{1+(\frac{z}{\delta})^2}]$$

这些结果与式(5-4-6)中的完全一致。

再将 $m=\frac{1}{2}$ 代入 $K_i^V(m)(i=0\sim2)$ 的表达式，则有

$$K_0^V(\frac{1}{2})=\frac{1}{2}\arctan\frac{\delta}{z}$$

$$K_1^V(\frac{1}{2})=\frac{1}{2}\times\frac{1}{1+\frac{z^2}{\delta^2}}$$

$$K_2^V(\frac{1}{2})=\frac{\frac{z}{\delta}}{[1+(\frac{z}{\delta})^2]^2}$$

这些结果与式(5-5-6)中的完全相同。

从上述分析可以看出，式(5-6-3)可以作为各种不同类型圆形轴对称垂直荷载(即均布荷载、半球形荷载、刚性承载板荷载和高次抛物面荷载)作用下弹性半空间体应力与位移系数的一般表达式。

6 双层弹性体系的分析

路面结构往往是一种多层体系，如果不考虑材料塑性性质的影响，显然层状弹性体系理论要比弹性半空间体理论，更能反映路面结构的实际状况。双层弹性体系是层状弹性体系中较为简单的一种，它的理论可以直接用于单层路面的应力分析。近几十年来，双层弹性体系理论已获得完善的发展，先后发表相关论文的有松村孙治、伯米斯特、福克斯和科岗。在我国，吴晋伟、郭大智、王凯、许志鸿等人还对双层弹性体系进行过数值解的研究工作。

根据双层弹性体系的层间结合条件，双层弹性体系可分为双层弹性连续体系、双层弹性滑动体系和双层弹性相对滑动体系。对于这几种结合状态，都已获得完善的解析解。

6.1 圆形轴对称垂直荷载下的双层弹性连续体系

所谓双层弹性体系，它包括具有一定厚度 h 的水平方向无限延伸的上层，连续支承在弹性半空间体上，上、下两层的弹性参数分别采用 E_1、μ_1，E_2、μ_2 表示，双层弹性体系的表面上，作用有轴对称垂直荷载 $p(r)$，如图 6-1 所示。

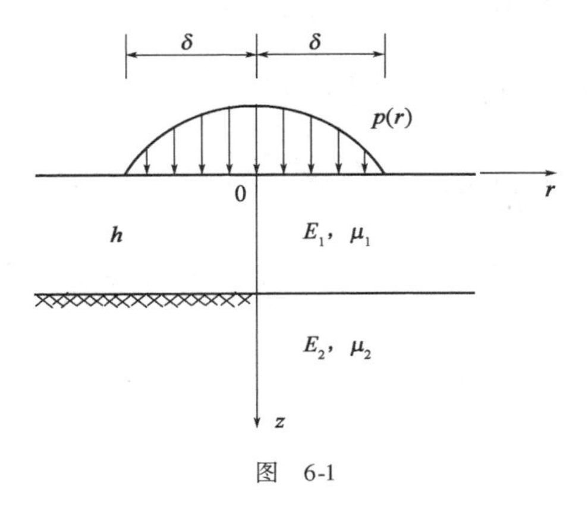

图 6-1

6.1.1 定解条件

根据假设，上层表面上的边界条件可用下述两式表示：

$$\sigma_{z_1}\Big|_{z=0} = -p(r)$$

$$\tau_{zr_1}\Big|_{z=0} = 0$$

上下两层接触处层间结合条件可写为如下四式：

$$\sigma_{z_1}\Big|_{z=h} = \sigma_{z_2}\Big|_{z=h}$$

$$\tau_{zr_1}\Big|_{z=h} = \tau_{zr_2}\Big|_{z=h}$$

$$u_1\Big|_{z=h} = u_2\Big|_{z=h}$$

$$w_1\Big|_{z=h} = w_2\Big|_{z=h}$$

在上述表达式中,σ_{r_1}、σ_{θ_1}、σ_{z_1}、τ_{zr_1}、u_1、w_1 和 σ_{r_2}、σ_{θ_2}、σ_{z_2}、τ_{zr_2}、u_2、w_2 的下标表示层位号。例如,σ_{r_1}、σ_{θ_1}、σ_{z_1}、τ_{zr_1}、u_1、w_1 表示第一层应力与位移分量表达式,σ_{r_2}、σ_{θ_2}、σ_{z_2}、τ_{zr_2}、u_2、w_2 表示第二层应力与位移分量表达式。

6.1.2 建立线性方程组

如果在层状弹性体系表面上作用有圆形轴对称垂直荷载 $p(r)$,其表达式可用下式表示:

$$p(r) = mp\left(1 - \frac{r^2}{\delta^2}\right)^{m-1} H(\delta - r)$$

根据式(1-5-5),圆形均布垂直荷载 $p(r)$ 的零阶亨格尔积分变换可表示为下式:

$$\bar{p}(\xi) = \frac{p\delta}{\xi}J(m)$$

式中,$J(m) = \dfrac{2^{m-1}\Gamma(m+1)}{(\xi\delta)^{m-1}}J_m(\xi\delta)$。

如果将 $A = \bar{p}(\xi)A_i^V$、$B = \bar{p}(\xi)B_i^V$、$C = \bar{p}(\xi)C_i^V$、$D = \bar{p}(\xi)D_i^V$ 和 $x = \xi\delta$ 代入式(4-1-1),则可得

$$\left\{\begin{aligned}
\sigma_{r_i}^V &= -p\Big\{\int_0^\infty \{[A_i^V - (1 + 2\mu_i - \xi z)B_i^V]e^{-\xi z} - \\
&\quad [C_i^V + (1 + 2\mu_i + \xi z)D_i^V]e^{\xi z}\}J(m)J_0(\xi r)\,\mathrm{d}\xi - \frac{\delta}{r}U_i^V\Big\} \\
\sigma_{\theta_i}^V &= p\Big[2\mu_i\int_0^\infty (B_i^V e^{-\frac{z}{\delta}x} + D_i^V e^{\frac{z}{\delta}x})J(m)J_0\left(\frac{r}{\delta}x\right)\mathrm{d}x - \frac{\delta}{r}U_i^V\Big] \\
\sigma_{z_1}^V &= p\int_0^\infty \{[A_i^V + (1 - 2\mu_i + \frac{z}{\delta}x)B_i^V]e^{-\frac{z}{\delta}x} - [C_i^V - (1 - 2\mu_i - \frac{z}{\delta}x)D_i^V]e^{\frac{z}{\delta}x}\}J(m)J_0\left(\frac{r}{\delta}x\right)\mathrm{d}x \\
\tau_{zr_i}^V &= p\int_0^\infty \{[A_i^V - (2\mu_i - \frac{z}{\delta}x)B_i^V]e^{-\frac{z}{\delta}x} + [C_i^V + (2\mu_i + \frac{z}{\delta}x)D_i^V]e^{\frac{z}{\delta}x}\}J(m)J_1\left(\frac{r}{\delta}x\right)\mathrm{d}x \\
u_i^V &= -\frac{(1 + \mu_i)p\delta}{E_i}U_i^V \\
w_i^V &= -\frac{(1 + \mu_i)p\delta}{E_i}\int_0^\infty \{[A_i^V + (2 - 4\mu_i + \frac{z}{\delta}x)B_i^V]e^{-\frac{z}{\delta}x} + [C_i^V - (2 - 4\mu_i - \frac{z}{\delta}x)D_i^V]e^{\frac{z}{\delta}x}\} \\
&\quad J(m)J_0\left(\frac{r}{\delta}x\right)\frac{\mathrm{d}x}{x}
\end{aligned}\right. \tag{6-1-1}$$

式中:$U_i^V = \displaystyle\int_0^\infty \{[A_i^V - (1 - \frac{z}{\delta}x)B_i^V]e^{-\frac{z}{\delta}x} - [C_i^V + (1 + \frac{z}{\delta}x)D_i^V]e^{\frac{z}{\delta}x}\}J(m)J_1\left(\frac{r}{\delta}x\right)\frac{\mathrm{d}x}{x}$

$$J(m) = \frac{2^{m-1}\Gamma(m+1)}{x^{m-1}}J_m(x)$$

其中,n 为层状弹性体系的层数,当 $i = 1,2,\cdots\cdots,n-1$ 时,各层的结构参数分别为 h_i、E_i、μ_i,最下层($i = n$)的结构参数为 E_n、μ_n。为满足边界条件的要求,$C_n^V = D_n^V = 0$。

根据表面边界条件,将 $z = 0$ 代入式(6-1-1)的第三式和第四式,则可得如下两个方程式:

$$p\int_0^{\infty}\{[A_1^V+(1-2\mu_1)B_1^V]-[C_1^V-(1-2\mu_1)D_1^V]\}J(m)J_0(\frac{r}{\delta}x)\mathrm{d}x=-p(r)$$

$$p\int_0^{\infty}[(A_1^V-2\mu_1B_1^V)+(C_1^V+2\mu_1D_1^V)]J(m)J_1(\frac{r}{\delta}x)\mathrm{d}x=0$$

上两式经过变换,则可得

$$\int_0^{\infty}\{[A_1^V+(1-2\mu_1)B_1^V]-[C_1^V-(1-2\mu_1)D_1^V]\}\frac{p\delta}{\xi}J(m)J_0(\xi r)\mathrm{d}\xi=-p(r)$$

$$\int_0^{\infty}(A_1^V-2\mu_1B_1^V+C_1^V+2\mu_1D_1^V)\frac{p\delta}{\xi}J(m)J_1(\xi r)\mathrm{d}\xi=0$$

上两式施加亨格尔积分变换,其中第一式施加零阶亨格尔积分变换,第二式施加一阶亨格尔积分变换,并注意下述关系式:

$$\bar{p}(\xi)=\frac{p\delta}{\xi}J(m)$$

则可得如下两式:

$$[A_1^V+(1-2\mu_1)B_1^V-[C_1^V+(1-2\mu_1)D_1^V]\bar{p}(\xi)=-\bar{p}(\xi)$$

$$(A_1^V-2\mu_1B_1^V+C_1^V+2\mu_1D_1^V)\bar{p}(\xi)=0$$

上述两式进一步化简,则可得

$$A_1^V+(1-2\mu_1)B_1^V-C_1^V+(1-2\mu_1)D_1^V=-1 \tag{1}$$

$$A_1^V-2\mu_1B_1^V+C_1^V+2\mu_1D_1^V=0 \tag{2}$$

同理,根据层间结合条件,并施加亨格尔积分变换,并注意 $C_2^V=D_2^V=0$,则可得如下四个方程式:

$$[A_1^V+(1-2\mu_1+\frac{h}{\delta}x)B_1^V]e^{-2\frac{h}{\delta}x}-C_1^V+(1-2\mu_1-\frac{h}{\delta}x)D_1^V=[A_2^V+(1-2\mu_2+\frac{h}{\delta}x)B_2^V]e^{-2\frac{h}{\delta}x} \tag{3'}$$

$$[A_1^V-(2\mu_1-\frac{h}{\delta}x)B_1^V]e^{-2\frac{h}{\delta}x}+C_1^V+(2\mu_1+\frac{h}{\delta}x)D_1^V=[A_2^V-(2\mu_2-\frac{h}{\delta}x)B_2^V]e^{-2\frac{h}{\delta}x} \tag{4'}$$

$$m_1\{[A_1^V-(1-\frac{h}{\delta}x)B_1^V]e^{-2\xi h}-C_1^V-(1+\frac{h}{\delta}x)D_1^V=[A_2^V-(1-\frac{h}{\delta}x)B_2^V]e^{-2\frac{h}{\delta}x} \tag{5'}$$

$$\begin{aligned}&m_1\{[A_1^V+(2-4\mu_1+\frac{h}{\delta}x)B_1^V]e^{-2\frac{h}{\delta}x}+C_1^V-(2-4\mu_1-\frac{h}{\delta}x)D_1^V\}\\&=[A_2^V+(2-4\mu_1+\xi h)B_2^V]e^{-2\xi h}\end{aligned} \tag{6'}$$

式中,$m_1=\dfrac{(1+\mu_1)E_2}{(1+\mu_2)E_1}$。

上述六个方程式中,共有六个未知 A_1^V、B_1^V、C_1^V、D_1^V 和 A_2^V、B_2^V,这些待定积分系数的下标,表示层位号,例如,A_1^V、B_1^V、C_1^V、D_1^V 为第一层的待定系数,A_2^V、B_2^V 为第二层的待定系数。

6.1.3 确定系数 A_1^V、B_1^V、C_1^V、D_1^V 和 A_2^V、B_2^V 表达式

式(3′)±式(4′),则有:

$$[2A_1^V+(1-4\mu_1+2\frac{h}{\delta}x)B_1^V]e^{-2\frac{h}{\delta}x}+D_1^V=[2A_2^V+(1-4\mu_2+\frac{h}{\delta}x)B_2^V]e^{-2\frac{h}{\delta}x} \tag{3''}$$

$$B_1^Ve^{-2\frac{h}{\delta}x}-[2C_1^V-(1-4\mu_1-2\frac{h}{\delta}x)D_1^V]=B_2^Ve^{-2\frac{h}{\delta}x} \tag{4''}$$

式(6′)±式(5′),则可得:

$$m_1\{[2A_1^V+(1-4\mu_1+2\frac{h}{\delta}x)B_1^V]e^{-2\frac{h}{\delta}x}-(3-4\mu_1)D_1^V\}=[2A_2^V+(1-4\mu_2+\frac{h}{\delta}x)B_2^V]e^{-2\frac{h}{\delta}x} \quad (5'')$$

$$m_1\{(3-4\mu_1)B_1^Ve^{-2\frac{h}{\delta}x}+[2C_1^V-(1-4\mu_1-2\frac{h}{\delta}x)D_1^V]\}=(3-4\mu_2)B_2^Ve^{-2\frac{h}{\delta}x} \quad (6'')$$

从上述四式可以看出,式(3″)与式(5″)的右端完全相同,式(4″)与式(6″)的右端只相差一个常数因子$(3-4\mu_2)$。因此,可得两个不含系数A_2^V、B_2^V的方程式。

式(3″)-式(5″),可得

$$[2(1-m_1)A_1^V+(1-m_1)(1-4\mu_1+2\frac{h}{\delta}x)B_1^V]e^{-2\frac{h}{\delta}x}+[1+(3-4\mu_1)m_1]D_1^V=0$$

若令

$$M=\frac{1-m_1}{(3-4\mu_1)m_1+1}$$

则上式可改写为下式:

$$[2MA_1^V+(1-4\mu_1+2\frac{h}{\delta}x)MB_1^V]e^{-2\frac{h}{\delta}x}+D_1^V=0 \quad (3)$$

式(4″)×$(3-4\mu_2)$-式(6″),则有:

$$[(3-4\mu_2)-(3-4\mu_1)m_1]B_1^V]e^{-2\frac{h}{\delta}x}-2(3-4\mu_2+m_1)C_1^V+(3-4\mu_2+m_1)(1-4\mu_1-2\frac{h}{\delta}x)D_1^V=0$$

若令

$$L=\frac{(3-4\mu_2)-(3-4\mu_1)m_1}{3-4\mu_2+m_1}$$

则上式可改写为下式:

$$LB_1^Ve^{-2\frac{h}{\delta}x}-2C_1^V+(1-4\mu_1-2\frac{h}{\delta}x)D_1^V=0 \quad (4)$$

若将下述线性方程组,即式(1)、式(2)、式(3)、式(4),联立:

$$\begin{cases}A_1^V+(1-2\mu_1)B_1^V-C_1^V+(1-2\mu_1)D_1^V=-1\\A_1^V-2\mu_1B_1^V+C_1^V+2\mu_1D_1^V=0\\[2MA_1^V+(1-4\mu_1+2\frac{h}{\delta}x)MB_1^V]e^{-2\frac{h}{\delta}x}+D_1^V=0\\LB_1^Ve^{-2\frac{h}{\delta}x}-2C_1^V+(1-4\mu_1-2\frac{h}{\delta}x)D_1^V=0\end{cases}$$

采用行列式理论求解上述方程组,其解的分母行列式为:

$$D_C=\begin{vmatrix}1 & 1-2\mu_1 & -1 & 1-2\mu_1\\1 & -2\mu_1 & 1 & 2\mu_1\\2Me^{-2\frac{h}{\delta}x} & (1-4\mu_1+2\xi h)Me^{-2\frac{h}{\delta}x} & 0 & 1\\0 & Le^{-2\frac{h}{\delta}x} & -2 & 1-4\mu_1-2\frac{h}{\delta}x\end{vmatrix}$$

$$=2[(2\frac{h}{\delta})^2Me^{-2\frac{h}{\delta}x}-(1-Le^{-2\frac{h}{\delta}x})(1-Me^{-2\frac{h}{\delta}x})]$$

若令

$$\Delta_{2C}=(2\frac{h}{\delta})^2Me^{-2\frac{h}{\delta}x}-(1-Le^{-2\frac{h}{\delta}x})(1-Me^{-2\frac{h}{\delta}x})$$

则分母行列式可表示为如下形式：

$$D_C = 2\Delta_{2C}$$

根据克莱姆法则，系数 A_1^V、B_1^V、C_1^V 和 D_1^V 的表达式可表示为如下形式：

$$A_1^V = \frac{1}{D_C}\begin{vmatrix} -1 & 1-2\mu_1 & -1 & 1-2\mu_1 \\ 0 & -2\mu_1 & 1 & 2\mu_1 \\ 0 & (1-4\mu_1+2\frac{h}{\delta}x)Me^{-2\frac{h}{\delta}x} & 0 & 1 \\ 0 & Le^{-2\frac{h}{\delta}x} & -2 & 1-4\mu_1-2\frac{h}{\delta}x \end{vmatrix}$$

$$= \frac{1}{2\Delta_{2C}}\{[(1-4\mu_1+2\frac{h}{\delta}x)(1-2\frac{h}{\delta}x)M-L]e^{-2\frac{h}{\delta}x}+4\mu_1\}$$

即

$$A_1^V = \frac{1}{2\Delta_{2C}}\{[(1-4\mu_1+2\frac{h}{\delta}x)(1-2\frac{h}{\delta}x)M-L]e^{-2\frac{h}{\delta}x}+4\mu_1\}$$

$$B_1^V = \frac{1}{D_C}\begin{vmatrix} 1 & -1 & -1 & 1-2\mu_1 \\ 1 & 0 & 1 & 2\mu_1 \\ 2Me^{-2\frac{h}{\delta}x} & 0 & 0 & 1 \\ 0 & 0 & -2 & 1-4\mu_1-2\frac{h}{\delta}x \end{vmatrix}$$

$$= -\frac{1}{\Delta_{2C}}[(1-2\frac{h}{\delta}x)Me^{-2\frac{h}{\delta}x}-1]$$

即

$$B_1^V = -\frac{1}{\Delta_{2C}}[(1-2\frac{h}{\delta}x)Me^{-2\frac{h}{\delta}x}-1]$$

$$C_1^V = \frac{1}{D_C}\begin{vmatrix} 1 & 1-2\mu_1 & -1 & 1-2\mu_1 \\ 1 & -2\mu_1 & 0 & 2\mu_1 \\ 2Me^{-2\frac{h}{\delta}x} & (1-4\mu_1+2\frac{h}{\delta}x)Me^{-2\frac{h}{\delta}x} & 0 & 1 \\ 0 & Le^{-2\frac{h}{\delta}x} & 0 & 1-4\mu_1-2\frac{h}{\delta}x \end{vmatrix}$$

$$= -\frac{1}{2\Delta_{2C}}\{[(1-4\mu_1-2\frac{h}{\delta}x)(1+2\frac{h}{\delta}x)M-L]e^{-2\frac{h}{\delta}x}+4\mu_1 LMe^{-4\frac{h}{\delta}x}\}$$

即

$$C_1^V = -\frac{1}{2\Delta_{2C}}\{[(1-4\mu_1-2\frac{h}{\delta}x)(1+2\frac{h}{\delta}x)M-L]e^{-2\frac{h}{\delta}x}+4\mu_1 LMe^{-4\frac{h}{\delta}x}\}$$

$$D_1^V = \frac{1}{D_C}\begin{vmatrix} 1 & 1-2\mu_1 & -1 & -1 \\ 1 & -2\mu_1 & 1 & 0 \\ 2Me^{-2\frac{h}{\delta}x} & (1-4\mu_1+2\frac{h}{\delta}x)Me^{-2\frac{h}{\delta}x} & 0 & 0 \\ 0 & Le^{-2\frac{h}{\delta}x} & -2 & 0 \end{vmatrix}$$

$$= \frac{1}{2\Delta_{2C}}[-2(1+2\frac{h}{\delta}x)Me^{-2\frac{h}{\delta}x}+2LMe^{-4\frac{h}{\delta}x}]$$

即

$$D_1^V = -\frac{1}{\Delta_{2C}}(1+2\frac{h}{\delta}x-Le^{-2\frac{h}{\delta}x})Me^{-2\frac{h}{\delta}x}$$

将 B_1^V、C_1^V 和 D_1^V 代入式(4″)：

$$B_2^V = B_1^V - 2C_1^V e^{2\frac{h}{\delta}x} + (1 - 4\mu_1 - 2\frac{h}{\delta}x)D_1^V e^{2\frac{h}{\delta}x}$$

则可得 B_2^V 的表达式如下：

$$B_2^V = -\frac{1}{\Delta_{2C}}[-(1 - 2\frac{h}{\delta}x)M(L-1)e^{-2\frac{h}{\delta}x} + (L-1)]$$

即

$$B_2^V = \frac{L-1}{\Delta_{2C}}[(1 - 2\frac{h}{\delta}x)Me^{-2\frac{h}{\delta}x} - 1]$$

若将式(4″)：

$$B_2^V = B_1^V - 2C_1^V e^{2\frac{h}{\delta}x} + (1 - 4\mu_1 - 2\frac{h}{\delta}x)D_1^V e^{2\frac{h}{\delta}x}$$

代入式(3″)：

$$[2A_1^V + (1 - 4\mu_1 + 2\frac{h}{\delta}x)B_1^V]e^{-2\frac{h}{\delta}x} + D_1^V = [2A_2^V + (1 - 4\mu_2 + \frac{h}{\delta}x)B_2^V]e^{-2\frac{h}{\delta}x}$$

则可得 A_2 的表达式如下：

$$A_2^V = \frac{1}{2}[2A_1^V + (1 - 4\mu_1 + 2\frac{h}{\delta}x)B_1^V + D_1^V e^{2\frac{h}{\delta}x} - (1 - 4\mu_2 + 2\frac{h}{\delta}x)B_2^V]$$

又将 A_1^V、B_1^V、D_1^V 和 B_2^V 表达式代入上述 A_2^V 表达式，则可得：

$$A_2^V = \frac{1}{2\Delta_{2C}}\{[L(M-1) - (1 - 4\mu_2 + 2\frac{h}{\delta}x)(1 - 2\frac{h}{\delta}x)(L-1)M]e^{-2\frac{h}{\delta}x} - (1 + 2\frac{h}{\delta}x)(M-1) + (1 - 4\mu_2 + 2\frac{h}{\delta}x)(L-1)\}$$

6.1.4 验证系数表达式

根据本节的定解条件，求得系数 A_1^V、B_1^V、C_1^V、D_1^V 和 A_2^V、B_2^V 表达式后，其系数公式是否正确，需要进行检验。为此，我们同时采用验根法和对比法进行验证。

6.1.4.1 验根法

(1)检验第一层系数

若将第一层系数 A_1^V、B_1^V、C_1^V、D_1^V 的表达式代入式(1)左端：

$$式(1)左端 = A_1^V + (1 - 2\mu_1)B_1^V - C_1^V + (1 - 2\mu_1)D_1^V$$

则可得

$$式(1)左端 = -\frac{1}{\Delta_{2C}}[(2\frac{h}{\delta}x)^2 Me^{-2\frac{h}{\delta}x} - (1 - Le^{-2\frac{h}{\delta}x})(1 - Me^{-2\frac{h}{\delta}x})] = -1$$

根据上述分析，则可知：

$$式(1)左端 = 式(1)右端$$

(2)检验第二层系数

若将式(3′)的表达式：

$$[A_1^V + (1 - 2\mu_1 + \frac{h}{\delta}x)B_1^V]e^{-2\frac{h}{\delta}x} - C_1^V + (1 - 2\mu_1 - \frac{h}{\delta}x)D_1^V = [A_2^V + (1 - 2\mu_2 + \frac{h}{\delta}x)B_2^V]e^{-2\frac{h}{\delta}x}$$

的两端同乘以 $e^{2\frac{h}{\delta}x}$，则上式可改写为下述表达式：

$$A_1^V + (1 - 2\mu_1 + \frac{h}{\delta}x)B_1^V - C_1^V e^{2\frac{h}{\delta}x} + (1 - 2\mu_1 - \frac{h}{\delta}x)D_1^V e^{2\frac{h}{\delta}x} = A_2^V + (1 - 2\mu_2 + \frac{h}{\delta}x)B_2^V \quad (A)$$

若将第一层系数 A_1^V、B_1^V、C_1^V、D_1^V 的表达式代入式(A)左端：

$$\text{式(A)左端}=A_1^V+(1-2\mu_1+\frac{h}{\delta}x)B_1^V-C_1^Ve^{2\frac{h}{\delta}x}+(1-2\mu_1-\frac{h}{\delta}x)D_1^Ve^{2\frac{h}{\delta}x}$$

则可得

$$\text{式(A)左端}=\frac{1}{2\Delta_{2C}}\{[(M-1)L+(1-2\frac{h}{\delta}x)(L-1)M]e^{-2\frac{h}{\delta}x}-(L-1)-(1+2\frac{h}{\delta}x)(M-1)\}$$

若将 A_2^V、B_2^V 表达式代入式(A)右端：

$$\text{式(A)右端}=[A_2^V+(1-2\mu_2+\frac{h}{\delta}x)B_2^V]$$

则可得

$$\text{式(A)右端}=\frac{1}{2\Delta_{2C}}\{[L(M-1)+(1-2\frac{h}{\delta}x)(L-1)M]e^{-2\frac{h}{\delta}x}-(L-1)-(1+2\frac{h}{\delta}x)(M-1)\}$$

根据上述分析,则有

$$\text{式(A)左端}=\text{式(A)右端}$$

即

$$\text{式(3')左端}=\text{式(3')右端}$$

6.1.4.2 对比法

当 $h=0$ 时,双层连续体系可以退化为弹性均质体。这时有 $E_1=E_2=E,\mu_1=\mu_2=\mu$,其他各个系数可简化为：

$$m_1=1$$
$$L=0$$
$$M=0$$
$$\Delta_{2C}=-1$$

若将 $h=0$ 以及上述四个参数代入双层弹性连续体系的系数表达式：

$$A_1^V=\frac{1}{2\Delta_{2C}}\{[(1-4\mu_1+2\frac{h}{\delta}x)(1-2\frac{h}{\delta}x)M-L]e^{-2\frac{h}{\delta}x}+4\mu_1\}$$

$$B_1^V=-\frac{1}{\Delta_{2C}}[(1-2\frac{h}{\delta}x)Me^{-2\frac{h}{\delta}x}-1]$$

$$C_1^V=-\frac{1}{2\Delta_{2C}}[(1-4\mu_1-2\frac{h}{\delta}x)(1+2\frac{h}{\delta}x)M-L+4\mu_2LMe^{-2\frac{h}{\delta}x}]e^{-2\frac{h}{\delta}x}$$

$$D_1^V=-\frac{1}{\Delta_{2C}}(1+2\frac{h}{\delta}x-Le^{-2\frac{h}{\delta}x})Me^{-2\frac{h}{\delta}x}$$

$$A_2^V=\frac{1}{2\Delta_{2C}}\{[L(M-1)-(1-4\mu_1+2\frac{h}{\delta}x)(1-2\frac{h}{\delta}x)(L-1)M]e^{-2\frac{h}{\delta}x}-(1+2\frac{h}{\delta}x)(M-1)+(1-4\mu_2+2\frac{h}{\delta}x)(L-1)\}$$

$$B_2^V=\frac{1}{\Delta_{2C}}(L-1)[(1-2\frac{h}{\delta}x)Me^{-2\frac{h}{\delta}x}-1]$$

中,并注意 $E_1=E_2=E,\mu_1=\mu_2=\mu$,则可得

$$A_1^V=-2\mu$$
$$B_1^V=-1$$

$$C_1^V = D_1^V = 0$$

$$A_2^V = -2\mu$$

$$B_2^V = -1$$

根据弹性半空间体的分析,当 $h=0$ 时,双层弹性连续体系退化为弹性半空间体。这时,上述分析结果完全同于弹性半空间体的系数表达式。

6.1.5 公式汇总

6.1.5.1 圆形轴对称垂直荷载的亨格尔积分变换

如果双层弹性连续体系表面上作用的荷载为圆形轴对称垂直荷载,其表达式可表示为如下形式:

$$p(r) = \begin{cases} mp\left(1-\dfrac{r^2}{\delta^2}\right)^{m-1} & (r<\delta) \\ 0 & (r>\delta) \end{cases}$$

或

$$p(r) = mp\left(1-\dfrac{r^2}{\delta^2}\right)^{m-1} H(\delta - r)$$

式中:m——荷载类型系数,$m>0$;

p——均布荷载集度(MPa)。

6.1.5.2 应力与位移分量表达式

(1)第一层应力与位移分量表达式

$$\begin{cases} \sigma_{r_1}^V = -p\Big\{\displaystyle\int_0^\infty \{[A_1^V - (1+2\mu_1 - \frac{z}{\delta}x)B_1^V]e^{-\frac{z}{\delta}x} - \\ \qquad [C_1^V + (1+2\mu_1+\frac{z}{\delta}x)D_1^V]e^{\frac{z}{\delta}x}\}J(m)J_0(\frac{r}{\delta}x)\mathrm{d}x - \frac{\delta}{r}U_1^V\Big\} \\ \sigma_{\theta_1}^V = p[2\mu_1\displaystyle\int_0^\infty (B_1^V e^{-\frac{z}{\delta}x} + D_1^V e^{\frac{z}{\delta}x})J(m)J_0(\frac{r}{\delta}x)\mathrm{d}x - \frac{\delta}{r}U_1^V] \\ \sigma_{z_1}^V = -p\displaystyle\int_0^\infty \{[A_1^V + (1-2\mu_1+\frac{z}{\delta}x)B_1^V]e^{-\frac{z}{\beta}x} - \\ \qquad [C_1^V - (1-2\mu_1-\frac{z}{\delta}x)D_1^V]e^{\frac{z}{\delta}x}\}J(m)J_0(\frac{r}{\beta}x)\mathrm{d}x \\ \tau_{zr_i}^V = p\displaystyle\int_0^\infty \{[A_i^V - (2\mu_i - \frac{z}{\delta}x)B_i^V]e^{-\frac{z}{\delta}x} + [C_i^V + (2\mu_i+\frac{z}{\delta}x)D_i^V]e^{\frac{z}{x}x}\}J(m)J_1(\frac{r}{\delta}x)\mathrm{d}x \\ \bar{u}_1^v = -\dfrac{(1+\mu_1)p\delta}{E_1}\bar{U}_1^V \\ \bar{w}_1^V = -\dfrac{(1+\mu_1)p\delta}{E_1}\displaystyle\int_0^\infty \{[A_1^V + (2-4\mu_1+\frac{z}{\delta}x)B_1^V]e^{-\frac{z}{\delta}x} + \\ \qquad [C_1^V - (2-4\mu_1-\frac{z}{\delta}x)D_1^V]e^{\frac{z}{\delta}x}\}J(m)J_0(\frac{r}{\delta}x)\dfrac{\mathrm{d}x}{x} \end{cases} \tag{6-1-2}$$

式中,$U_1^V = \displaystyle\int_0^\infty \{[A_1^v - (1-\frac{z}{\delta}x)B_1^v]e^{-\frac{z}{\delta}x} - [C_1^V + (1+\frac{z}{\delta}x)D_1^V]e^{\frac{h}{\delta}x}\}J(m)J_1(\frac{r}{\delta}x)\frac{\mathrm{d}x}{x}$

$$J(m) = \frac{2^{m-1}\Gamma(m+1)}{x^{m-1}}J_m(x)$$

(2)第二层应力与位移分量表达式

$$\begin{cases}\sigma_{r_2}^V = -p\{\int_0^\infty \{[A_2^V-(1+2\mu_2-\frac{z}{\delta}x)B_2^V]e^{-\frac{z}{\delta}x}J(m)J_0(\frac{r}{\delta}x)\mathrm{d}x-\frac{\delta}{r}U_2^V\} \\ \sigma_{\theta_2}^V = p[2\mu_2\int_0^\infty B_2^V e^{-\frac{z}{\delta}x}J(m)J_0(\frac{r}{\delta}x)\mathrm{d}x-\frac{\delta}{r}U_2^V] \\ \sigma_{z_2}^V = -p\int_0^\infty [A_2^V+(1-2\mu_2+\frac{z}{\delta}x)B_2^V]e^{-\frac{z}{\beta}x}J(m)J_0(\frac{r}{\beta}x)\mathrm{d}x \\ \tau_{zr_2}^V = p\int_0^\infty [A_2^V-(2\mu_2-\frac{z}{\delta}x)B_2^V]e^{-\frac{z}{\delta}x}J(m)J_1(\frac{r}{\delta}x)\mathrm{d}x \\ u_2^v = -\frac{(1+\mu_2)p\delta}{E_2}U_2^V \\ w_2^V = -\frac{(1+\mu_2)p\delta}{E_2}\int_0^\infty [A_2^V+(2-4\mu_2+\frac{z}{\delta}x)B_2^V]e^{-\frac{z}{\delta}x}J(m)J_0(\frac{r}{\delta}x)\frac{\mathrm{d}x}{x}\end{cases} \tag{6-1-3}$$

式中，$U_2^V=\int_0^\infty\{[A_2^v-(1-\frac{z}{\delta}x)B_2^V]e^{-\frac{z}{\delta}x}\}J(m)J_1(\frac{r}{\delta}x)\frac{\mathrm{d}x}{x}$；$J(m)=\frac{2^{m-1}\Gamma(m+1)}{x^{m-1}}J_m(x)$。

6.1.5.3 应力与位移系数表达式

当 $i=1,2$ 时，若令

$$\begin{cases}\sigma_{r_1}^V = p\bar{\sigma}_{r_i}^V \\ \sigma_{\theta_i}^V = p\bar{\sigma}_{\theta_i}^V \\ \sigma_{z_i}^V = p\bar{\sigma}_{z_i}^V \\ \tau_{zr_i}^V = p\bar{\tau}_{zr_i}^V \\ u_i^V = \frac{(1+\mu_i)p\delta}{E_i}\bar{u}_i^V \\ w_i^V = \frac{(1+\mu_i)p\delta}{E_i}\bar{w}_i^V\end{cases} \tag{6-1-4}$$

则可得圆形轴对称垂直荷载作用下双层弹性连续体系内任意点的应力与位移系数表达式如下：

$$\begin{cases}\bar{\sigma}_{r_1}^V = -\int_0^\infty\{[A_1^V-(1+2\mu_1-\frac{z}{\delta}x)B_1^V]e^{-\frac{z}{\delta}x}- \\ \qquad [C_1^V+(1+2\mu_1+\frac{z}{\delta}x)D_1^V]e^{\frac{z}{\delta}x}\}J(m)J_0(\frac{r}{\delta}x)\mathrm{d}x+\frac{\delta}{r}\bar{U}_1^V \\ \bar{\sigma}_{\theta_1}^V = 2\mu_1\int_0^\infty(B_1^V e^{-\frac{z}{\delta}x}+D_1^V e^{\frac{z}{\delta}x})J(m)J_0(\frac{r}{\delta}x)\mathrm{d}x-\frac{\delta}{r}\bar{U}_1^V \\ \bar{\sigma}_{z_1}^V = -\int_0^\infty\{[A_1^V+(1-2\mu_1+\frac{z}{\delta}x)B_1^V]e^{-\frac{z}{\beta}x}- \\ \qquad [C_1^V-(1-2\mu_1-\frac{z}{\delta}x)D_1^V]e^{\frac{z}{\delta}x}\}J(m)J_0(\frac{r}{\beta}x)\mathrm{d}x \\ \bar{\tau}_{z_1}^V = \int_0^\infty\{[A_1^V-(2\mu_1-\frac{z}{\delta}x)B_1^V]e^{-\frac{z}{\delta}x}+[C_1^V+(2\mu_1+\frac{z}{\delta}x)D_1^V]e^{\frac{z}{x}x}\}J(m)J_1(\frac{r}{\delta}x)\mathrm{d}x \\ \bar{u}_1^v = -\bar{U}_1^V \\ \bar{w}_1^V = -\int_0^\infty\{[A_1^V+(2-4\mu_1+\frac{z}{\delta}x)B_1^V]e^{-\frac{z}{\delta}x}+ \\ \qquad [C_1^V-(2-4\mu_1-\frac{z}{\delta}x)D_1^V]e^{\frac{z}{\delta}x}\}J(m)J_0(\frac{r}{\delta}x)\frac{\mathrm{d}x}{x}\end{cases} \tag{6-1-5}$$

$$
\left\{\begin{array}{l}
\overline{\sigma}_{r_2}^V = -\left\{\int_0^\infty \left\{\left[A_2^V - \left(1 + 2\mu_2 - \frac{z}{\delta}x\right)B_2^V\right]e^{-\frac{z}{\delta}x}J(m)J_0\left(\frac{r}{\delta}x\right)\mathrm{d}x - \frac{\delta}{r}U_2^V\right\}\right. \\
\overline{\sigma}_{\theta_2}^V = 2\mu_2\int_0^\infty B_2^V e^{-\frac{z}{\delta}x}J(m)J_0\left(\frac{r}{\delta}x\right)\mathrm{d}x - \frac{\delta}{r}U_2^V \\
\overline{\sigma}_{z_2}^V = -\int_0^\infty \left[A_2^V + \left(1 - 2\mu_2 + \frac{z}{\delta}x\right)B_2^V\right]e^{-\frac{z}{\beta}x}J(m)J_0\left(\frac{r}{\beta}x\right)\mathrm{d}x \\
\overline{\tau}_{zr_2}^V = \int_0^\infty \left[A_2^V - \left(2\mu_2 - \frac{z}{\delta}x\right)B_2^V\right]e^{-\frac{z}{\delta}x}J(m)J_1\left(\frac{r}{\delta}x\right)\mathrm{d}x \\
\overline{u}_2^v = -\overline{U}_2^V \\
\overline{w}_2^V = -\int_0^\infty \left[A_2^V + \left(2 - 4\mu_2 + \frac{z}{\delta}x\right)B_2^V\right]e^{-\frac{z}{\delta}x}J(m)J_0\left(\frac{r}{\delta}x\right)\frac{\mathrm{d}x}{x}
\end{array}\right. \tag{6-1-6}
$$

其中，$U_1^V = \int_0^\infty \left\{\left[A_1^V - \left(1 - \frac{z}{\delta}x\right)B_1^V\right]e^{-\frac{z}{\delta}x} - \left[C_1^V + \left(1 + \frac{z}{\delta}x\right)D_1^V\right]e^{\frac{h}{\delta}x}\right\}J(m)J_1\left(\frac{r}{\delta}x\right)\frac{\mathrm{d}x}{x}$

$$\overline{U}_2^V = \int_0^\infty \left\{\left[A_2^V - \left(1 - \frac{z}{\delta}x\right)B_2^V\right]e^{-\frac{z}{\delta}x}\right\}J(m)J_1\left(\frac{r}{\delta}x\right)\frac{\mathrm{d}x}{x}$$

$$J(m) = \frac{2^{m-1}\Gamma(m+1)}{x^{m-1}}J_m(x)$$

式中：$m_1 = \dfrac{(1+\mu_1)E_2}{(1+\mu_2)E_1}$；

$$L = \frac{(3-4\mu_2) - (3-4\mu_1)m_1}{(3-4\mu_2) + m_1};$$

$$M = \frac{1 - m_1}{1 + (3-4\mu_1)m_1};$$

$$\Delta_C = 2\frac{h^2}{\delta^2}x^2 Me^{-2\frac{h}{\delta}x} - \left(1 - Le^{-2\frac{h}{\delta}x}\right)\left(1 - Me^{-2\frac{h}{\delta}x}\right);$$

m——荷载类型系数，$m > 0$。

根据荷载类型系数的 m 取值不同，几种不同荷载的 $J(m)$ 表达式为：

(1)刚性承载板垂直荷载($m = \dfrac{1}{2}$)

$$J\left(\frac{1}{2}\right) = \frac{1}{2}\sin x$$

(2)垂直均布荷载($m = 1$)

$$J(1) = J_1(x)$$

(3)半球形荷载($m = \dfrac{3}{2}$)

$$J\left(\frac{3}{2}\right) = \frac{3}{2} \times \frac{\sin x - x\cos x}{x^2}$$

(4)圆形高次抛物面荷载($1 < m < 2$)

$$J(m) = \frac{2^{m-1}\Gamma(m+1)}{x^{m-1}}J_m(x)$$

上述表达式中的 i 表示层位号，$i = 1$ 是上层的弹性参数和应力与位移的下标，都应当采用下标 1；$i = 2$是下层弹性参数和应力与位移的下标。在计算下层的应力与位移时，应注意双层弹性体系中，$C_2^V = D_2^V = 0$，这样才能满足无穷远处边界条件的要求。

应该指出，式(6-1-1)或式(6-1-3)就是圆形轴对称垂直荷载下层状弹性体系的应力与位移一般解。这也就是说，只要表面作用有圆形轴对称垂直荷载，无论是弹性半空间体，还是双层弹性体系、三层弹性体系、多层弹性体系，均可用式(6-1-1)或式(6-1-3)来计算它们的应力与位移分量。在应用时应注意，其中 $C_n^V = D_n^V = 0(n = 1,2,3,\cdots\cdots)$。

6.2 圆形轴对称垂直荷载下的双层弹性滑动体系

6.2.1 定解条件

根据定解条件，双层弹性滑动体系的边界条件和层间结合条件可表示为如下表达式：

$$\sigma_{z_1}^V\Big|_{z=0} = -p(r)$$

$$\tau_{zr_1}^V\Big|_{z=0} = 0$$

$$\sigma_{z_1}^V\Big|_{z=h} = \sigma_{z_2}^V\Big|_{z=h}$$

$$\tau_{zr_1}^V\Big|_{z=h} = 0$$

$$\tau_{zr_2}^V\Big|_{z=h} = 0$$

$$w_1^V\Big|_{z=h} = w_2^V\Big|_{z=h}$$

6.2.2 建立线性方程组

根据双层弹性滑动体系的上述六个定解条件，我们对垂直应力系数 $\overline{\sigma}_z^V$ 和垂直位移系数 $\overline{w}^V$ 施加零阶亨格尔积分变换式；对水平剪应力系数 $\overline{\tau}_{zr}^V$ 施加一阶亨格尔积分变换式，并注意 $C_2^V = D_2^V = 0$，则可以得到如下的线性方程组：

$$A_1^V + (1-2\mu_1)B_1^V - C_1^V + (1-2\mu_1)D_1^V = -1 \tag{1}$$

$$A_1^V - 2\mu_1 B_1^V + C_1^V + 2\mu_1 D_1^V = 0 \tag{2}$$

$$\begin{aligned}&[A_1^V + (1-2\mu_1+\frac{h}{\delta}x)B_1^V]e^{-2\frac{h}{\delta}x} - C_1^V + (1-2\mu_1-\frac{h}{\delta}x)D_1^V \\ &= [A_2^V + (1-2\mu_2+\frac{h}{\delta}x)B_2^V]e^{-2\frac{h}{\delta}x}\end{aligned} \tag{3'}$$

$$[A_1^V - (2\mu_1-\frac{h}{\delta}x)B_1^V]e^{-2\frac{h}{\delta}x} + C_1^V + (2\mu_1+\frac{h}{\delta}x)D_1^V = 0 \tag{4}$$

$$A_2^V - (2\mu_2-\frac{h}{\delta}x)B_2^V = 0 \tag{5'}$$

$$\begin{aligned}&m_1\{[A_1^V + (2-4\mu_1+\frac{h}{\delta}x)B_1^V]e^{-2\frac{h}{\delta}x} + C_1^V - (2-4\mu_1-\frac{h}{\delta}x)D_1^V\} \\ &= [A_2^V + (2-4\mu_2+\frac{h}{\delta}x)B_2^V]e^{-2\frac{h}{\delta}x}\end{aligned} \tag{6'}$$

式中，$m_1 = \dfrac{(1+\mu_1)E_2}{(1+\mu_2)E_1}$。

6.2.3 确定系数 A_1^V、B_1^V、C_1^V、D_1^V 和 A_2^V、B_2^V

由式(5′)可得：

$$A_2^V = (2\mu_2 - \frac{h}{\delta}x)B_2^V \tag{5}$$

式(5)代入式(3′),则可得

$$[A_1^V + (1 - 2\mu_1 + \frac{h}{\delta}x)B_1^V]e^{-2\frac{h}{\delta}x} - C_1^V + (1 - 2\mu_1 - \frac{h}{\delta}x)D_1^V = B_2^V e^{-\frac{h}{\delta}x} \tag{6}$$

式(5)代入式(6′),则可得

$$m_1\{[A_1^V + (2 - 4\mu_1 + \frac{h}{\delta}x)B_1^V]e^{-2\frac{h}{\delta}x} + C_1^V - (2 - 4\mu_1 - \frac{h}{\delta}x)D_1^V\} = 2(1 - \mu_2)B_2^V e^{-2\frac{h}{\delta}x}$$

若令

$$n_{2F} = \frac{m_1}{2(1 - \mu_2)}$$

则上式可改写为下式：

$$n_{2F}\{[A_1^V + (2 - 4\mu_1 + \frac{h}{\delta}x)B_1^V]e^{-2\frac{h}{\delta}x} + C_1^V - (2 - 4\mu_1 - \frac{h}{\delta}x)D_1^V\} = B_2^V e^{-2\frac{h}{\delta}x} \tag{6″}$$

式(6″) - 式(6),则有如下表达式：

$$\{(n_{2F} - 1)A_1^V + [n_{2F}(2 - 4\mu_1 + \frac{h}{\delta}x) - (1 - 2\mu_1 + \frac{h}{\delta}x)]B_1^V\}e^{-2\frac{h}{\delta}x} +$$
$$(n_{2F} + 1)C_1^V - [n_{2F}(2 - 4\mu_1 - \frac{h}{\delta}x) + (1 - 2\mu_1 - \frac{h}{\delta}x)]D_1^V = 0 \tag{3‴}$$

式(3‴) - $(n_{2F} - 1)$ × 式(4),则可得

$$[2(1 - \mu_1)n_{2F} - 1]B_1^V e^{-2\frac{h}{\delta}x} + 2C_1^V - [2(1 - \mu_1)n_{2F} + 1 - 2(2\mu_1 + \frac{h}{\delta}x)]D_1^V = 0$$

即

$$[(1 - \mu_1)n_{2F} - \frac{1}{2}]B_1^V e^{-2\frac{h}{\delta}x} + C_1^V - [(1 - \mu_1)n_{2F} + \frac{1}{2} - (2\mu_1 + \frac{h}{\delta}x)]D_1^V = 0$$

若令

$$k_{2F} = (1 - \mu_1)n_{2F} + \frac{1}{2}$$

则上式可改写为下式：

$$(k_{2F} - 1)B_1^V e^{-2\frac{h}{\delta}x} + C_1^V - [k_{2F} - (2\mu_1 + \frac{h}{\delta}x)]D_1^V = 0 \tag{3}$$

式(1)、式(2)、式(3)和式(4)联立,即

$$A_1^V + (1 - 2\mu_1)B_1^V - C_1^V + (1 - 2\mu_1)D_1^V = -1$$
$$A_1^V - 2\mu_1 B_1^V + C_1^V + 2\mu_1 D_1^V = 0$$
$$(k_{2F} - 1)B_1^V e^{-2\frac{h}{\delta}x} + C_1^V - [k_{2F} - (2\mu_1 + \frac{h}{\delta}x)]D_1^V = 0$$
$$[A_1^V - (2\mu_1 - \frac{h}{\delta}x)B_1^V]e^{-2\frac{h}{\delta}x} + C_1^V + (2\mu_1 + \frac{h}{\delta}x)D_1^V = 0$$

上述线性方程组的共同分母为：

$$D_F = \begin{vmatrix} 1 & 1-2\mu_1 & -1 & 1-2\mu_1 \\ 1 & -2\mu_1 & 1 & 2\mu_1 \\ 0 & (k_{2F}-1)e^{-2\frac{h}{\delta}x} & 1 & (2\mu_1+\frac{h}{\delta}x)-k_{2F} \\ e^{-2\frac{h}{\delta}x} & -(2\mu_1-\frac{h}{\delta}x)e^{-2\frac{h}{\delta}x} & 1 & 2\mu_1+\frac{h}{\delta}x \end{vmatrix}$$

$$= -\{k_{2F}+[2\frac{h}{\delta}x(2k_{2F}-1)-(1+2\frac{h^2}{\delta^2}x^2)]e^{-2\frac{h}{\delta}x}-(k_{2F}-1)e^{-4\frac{h}{\delta}x}\}$$

若令

$$\Delta_{2F} = k_{2F}+[2\frac{h}{\delta}x(2k_{2F}-1)-(1+2\frac{h^2}{\delta^2}x^2)]e^{-2\frac{h}{\delta}x}-(k_{2F}-1)e^{-4\frac{h}{\delta}x}$$

则分母行列式可表示为如下形式：

$$D_F = \Delta_{2F}$$

根据行列式理论中的克莱姆法则，A_1^V、B_1^V、C_1^V 和 D_1^V 的表达式可表示为如下形式：

$$A_1^V = \frac{1}{D_F}\begin{vmatrix} -1 & 1-2\mu_1 & -1 & 1-2\mu_1 \\ 0 & -2\mu_1 & 1 & 2\mu_1 \\ 0 & (k_{2F}-1)e^{-2\frac{h}{\delta}x} & 1 & (2\mu_1+\frac{h}{\delta}x)-k_{2F} \\ 0 & -(2\mu_1-\frac{h}{\delta}x)e^{-2\frac{h}{\delta}x} & 1 & 2\mu_1+\frac{h}{\delta}x \end{vmatrix}$$

$$= -\frac{1}{\Delta_{2F}}[2\mu_1\frac{h}{\delta}x+\frac{h}{\delta}x(k_{2F}-1)e^{-2\frac{h}{\delta}x}-2\mu_1\frac{h}{\delta}x+2\mu_1k_{2F}+\frac{h}{\delta}x(2\mu_1-\frac{h}{\delta}x)e^{-2\frac{h}{\delta}x}-k_{2F}(2\mu_1-\frac{h}{\delta}x)e^{-2\frac{h}{\delta}x}]$$

即

$$A_1^V = -\frac{1}{\Delta_{2F}}\{2\mu_1k_{2F}-[k_{2F}(2\mu_1-\frac{h}{\delta}x)+\frac{h}{\delta}x(1-2\mu_1+\frac{h}{\delta}x-k_{2F})]e^{-2\frac{h}{\delta}x}\}$$

$$B_1^V = \frac{1}{D_F}\begin{vmatrix} 1 & -1 & -1 & 1-2\mu_1 \\ 1 & 0 & 1 & 2\mu_1 \\ 0 & 0 & 1 & (2\mu_1+\frac{h}{\delta}x)-k_{2F} \\ e^{-2\frac{h}{\delta}x} & 0 & 1 & 2\mu_1+\frac{h}{\delta}x \end{vmatrix}$$

$$= \frac{1}{\Delta_{2F}}[-\frac{h}{\delta}x-\frac{h}{\delta}xe^{-2\frac{h}{\delta}x}+k_{2F}e^{-2\frac{h}{\delta}x}+\frac{h}{\delta}x-k_{2F}]$$

即

$$B_1^V = -\frac{1}{\Delta_{2F}}[k_{2F}-(k_{2F}-\frac{h}{\delta}x)e^{-2\frac{h}{\delta}x}]$$

对于 C_1^V 的表达式，可用下式表示：

$$C_1^V = \frac{1}{D_F}\begin{vmatrix} 1 & 1-2\mu_1 & -1 & 1-2\mu_1 \\ 1 & -2\mu_1 & 0 & 2\mu_1 \\ 0 & (k_{2F}-1)e^{-2\frac{h}{\delta}x} & 0 & (2\mu_1+\frac{h}{\delta}x)-k_{2F} \\ e^{-2\frac{h}{\delta}x} & -(2\mu_1-\frac{h}{\delta}x)e^{-2\frac{h}{\delta}x} & 0 & 2\mu_1+\frac{h}{\delta}x \end{vmatrix}$$

$$= \frac{1}{\Delta_{2F}}[(2\mu_1+\frac{h}{\delta}x)(k_{2F}-1)-2\mu_1(k_{2F}-1)e^{-2\frac{h}{\delta}x}-\frac{h}{\delta}x(2\mu_1+\frac{h}{\delta}x)+\frac{h}{\delta}xk_{2F}]e^{-2\frac{h}{\delta}x}$$

即

$$C_1^V = \frac{1}{\Delta_{2F}}[(2\mu_1 + \frac{h}{\delta}x)(k_{2F} - 1) - \frac{h}{\delta}x(2\mu_1 + \frac{h}{\delta}x - k_{2F}) - 2\mu_1(k_{2F} - 1)e^{-2\frac{h}{\delta}x}]e^{-2\frac{h}{\delta}x}$$

对于 D_1^V 的表达式,可用下式表示:

$$D_1^V = \frac{1}{D_F}\begin{vmatrix} 1 & 1 - 2\mu_1 & -1 & -1 \\ 1 & -2\mu_1 & 1 & 0 \\ 0 & (k_{2F} - 1)e^{-2\frac{h}{\delta}x} & 1 & 0 \\ e^{-2\frac{h}{\delta}x} & -(2\mu_1 - \frac{h}{\delta}x)e^{-2\frac{h}{\delta}x} & 1 & 0 \end{vmatrix}$$

$$= -\frac{1}{\Delta_{2F}}[(k_{2F} - 1) - (k_{2F} - 1)e^{-2\frac{h}{\delta}x} - \frac{h}{\delta}x]e^{-2\frac{h}{\delta}x}$$

即

$$D_1^V = -\frac{1}{\Delta_{2F}}[(k_{2F} - 1 - \frac{h}{\delta}x) - (k_{2F} - 1)e^{-2\frac{h}{\delta}x}]e^{-2\frac{h}{\delta}x}$$

将 B_1^V、C_1^V 和 D_1^V 的表达式代入式(6):

$$B_2^V = A_1^V + (1 - 2\mu_1 + \frac{h}{\delta}x)B_1^V - C_1^V e^{2\frac{h}{\delta}x} + (1 - 2\mu_1 - \frac{h}{\delta}x)D_1^V e^{2\frac{h}{\delta}x}$$

则可得

$$B_2^V = -\frac{1}{\Delta_{2F}}(2k_{2F} - 1)[(1 + \frac{h}{\delta}x) - (1 - \frac{h}{\delta}x)e^{-2\frac{h}{\delta}x}]$$

若将 B_2^V 表达式代入式(5):

$$A_2^V = (2\mu_2 - \frac{h}{\delta}x)B_2^V$$

则可得 A_2^V 的表达式如下:

$$A_2^V = -\frac{1}{\Delta_{2F}}(2k_{2F} - 1)(2\mu_2 - \frac{h}{\delta}x)[(1 + \frac{h}{\delta}x) - (1 - \frac{h}{\delta}x)e^{-2\frac{h}{\delta}x}]$$

6.2.4 验证系数公式

根据本节的定解条件,求得系数 A_1^V、B_1^V、C_1^V、D_1^V 和 A_2^V、B_2^V 表达式后,其系数公式是否正确,需要进行检验。为此,我们可以采取验根法和对比法验证有关方程式。

(1)检验第一层系数

将第一层系数 A_1^V、B_1^V、C_1^V、D_1^V 的公式代入式(1)左端:

$$式(1)左端 = A_1^V + (1 - 2\mu_1)B_1^V - C_1^V + (1 - 2\mu_1)D_1^V$$

则可得

$$式(1)左端 = -\frac{1}{\Delta_{2F}}\{k_{2F} + 2\frac{h}{\delta}x(2k_{2F} - 1)e^{-2\frac{h}{\delta}x} - [1 + 2(\frac{h}{\delta}x)^2]e^{-2\frac{h}{\delta}x} - (k_{2F} - 1)e^{-4\frac{h}{\delta}x}\} = -1$$

根据上述分析,则可知:

$$式(1)左端 = 式(1)右端$$

(2)检验第二层系数

根据式(3′),即下述表达式:

$$[A_1^V+(1-2\mu_1+\frac{h}{\delta}x)B_1^V]e^{-2\frac{h}{\delta}x}-C_1^V+(1-2\mu_1-\frac{h}{\delta}x)D_1^V=[A_2^V+(1-2\mu_2+\frac{h}{\delta}x)B_2^V]e^{-2\frac{h}{\delta}x}$$

若将式(3′)的两端同乘以 $e^{2\frac{h}{\delta}x}$,则上式还可改写为下述表达式:

$$A_1^V+(1-2\mu_1+\frac{h}{\delta}x)B_1^V-C_1^Ve^{2\frac{h}{\delta}x}+(1-2\mu_1-\frac{h}{\delta}x)D_1^Ve^{2\frac{h}{\delta}x}=[A_2^V+(1-2\mu_2+\frac{h}{\delta}x)B_2^V] \quad \text{(A)}$$

若将第一层系数 A_1^V、B_1^V、C_1^V、D_1^V 的表达式代入上式左端:

$$\text{式(A)左端}=A_1^V+(1-2\mu_1+\frac{h}{\delta}x)B_1^V-C_1^Ve^{2\frac{h}{\delta}x}+(1-2\mu_1-\frac{h}{\delta}x)D_1^Ve^{2\frac{h}{\delta}x}$$

则可得

$$\text{式(A)左端}=-\frac{1}{\Delta_{2F}}(2k_{2F}-1)[(1+\frac{h}{\delta}x)-(1-\frac{h}{\delta}x)e^{-2\frac{h}{\delta}x}]$$

若将第二层系数 A_2^V、B_2^V 表达式代入式(A)右端:

$$\text{式(A)右端}=[A_2^V+(1-2\mu_2+\frac{h}{\delta}x)B_2^V]$$

则可得

$$\text{式(A)右端}=-\frac{1}{\Delta_{2F}}(2k_{2F}-1)[(1+\frac{h}{\delta}x)-(1-\frac{h}{\delta}x)e^{-2\frac{h}{\delta}x}]$$

根据上述分析,则可知:

$$\text{式(A)左端}=\text{式(A)右端}$$

即

$$\text{式(3′)左端}=\text{式(3′)右端}$$

6.2.5 系数汇总

经检验,双层弹性滑动体系的系数表达式完全正确,故将圆形轴对称垂直荷载作用下双层弹性滑动体系的系数表达式汇总如下:

$$\begin{cases}
A_1^V=-\frac{1}{\Delta_{2F}}\{2\mu_1k_{2F}-[k_{2F}(2\mu_1-\frac{h}{\delta}x)+\frac{h}{\delta}x(1-2\mu_1+\frac{h}{\delta}x-k_{2F})]e^{-2\frac{h}{\delta}x}\} \\
B_1^V=-\frac{1}{\Delta_{2F}}[k_{2F}-(k_{2F}-\frac{h}{\delta}x)e^{-2\frac{h}{\delta}x}] \\
C_1^V=\frac{1}{\Delta_{2F}}[(2\mu_1+\frac{h}{\delta}x)(k_{2F}-1)-\frac{h}{\delta}x(2\mu_1+\frac{h}{\delta}x-k_{2F})-2\mu_1(k_{2F}-1)e^{-2\frac{h}{\delta}x}]e^{-2\frac{h}{\delta}x} \\
D_1^V=-\frac{1}{\Delta_{2F}}[(k_{2F}-1-\frac{h}{\delta}x)-(k_{2F}-1)e^{-2\frac{h}{\delta}x}]e^{-2\frac{h}{\delta}x} \\
A_2^V=-\frac{1}{\Delta_{2F}}(2k_{2F}-1)(2\mu_2-\frac{h}{\delta}x)[(1+\frac{h}{\delta}x)-(1-\frac{h}{\delta}x)e^{-2\frac{h}{\delta}x}] \\
B_2^V=-\frac{1}{\Delta_{2F}}(2k_{2F}-1)[(1+\frac{h}{\delta}x)-(1-\frac{h}{\delta}x)e^{-2\frac{h}{\delta}x}]
\end{cases}$$

式中:$m_1=\frac{(1+\mu_1)E_2}{(1+\mu_2)E_1}$

$$k_{2F}=\frac{(1-\mu_1)m_1}{2(1-\mu_2)}+\frac{1}{2}$$

$$\Delta_{2F}=k_{2F}+[2\frac{h}{\delta}x(2k_{2F}-1)-(1+2\frac{h^2}{\delta^2}x^2)]e^{-2\frac{h}{\delta}x}-(k_{2F}-1)e^{-4\frac{h}{\delta}x}$$

从上述两节的有关分析,可以得到如下几点结论:

(1)尽管双层弹性连续体系和双层弹性滑动体系的应力与位移积分表达式完全一样,但由于定解条件的不同,才使得两者的 A_1^V、B_1^V、C_1^V、D_1^V 和 A_2^V、B_2^V 表达式之间存在差异。

(2)A_1、B_1、C_1、D_1 和 A_2、B_2 的系数表达式与 A_1^V、B_1^V、C_1^V、D_1^V 和 A_2^V、B_2^V 的系数表达式之间均相差一个垂直反力因子 $\bar{p}^V(x)$。这就是说,在定解条件中只需将 A_1、B_1、C_1、D_1 和 A_2、B_2 换成相应的 A_1^V、B_1^V、C_1^V、D_1^V 和 A_2^V、B_2^V,将 $\bar{p}^V(x)$ 换成 1,就可得到用 A_1^V、B_1^V、C_1^V、D_1^V 和 A_2^V、B_2^V 表示的定解条件。

(3)由于应力与位移的表达式均为无穷积分表达式,它只有在计算机的帮助下,采用数值积分方法,编制计算程序,才能完成其数值解。

(4)坐标系位置的选择,原则上可以任意选定。但为了计算上的方便,一般将 r 轴选择在层状弹性体系的表面上,z 轴均选择在荷载圆的圆心轴线上。比如双层弹性体系中,坐标系位置的选择,如图 6-2 所示。

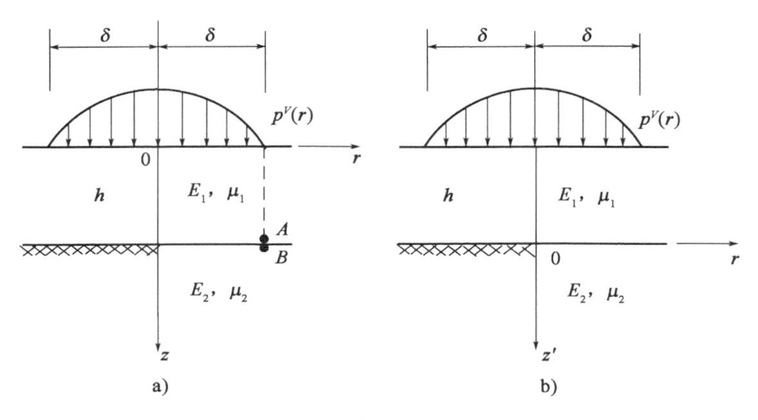

图 6-2

在图 6-2a)中,坐标原点选择在表面荷载圆中心处;在图 6-2b)中,却选择在接触面荷载圆中心轴线上。两者相当于 r 轴坐标平移,其距离为 h。根据坐标平移距离,两者的坐标变换式如下:

$$z = z' + h$$

$$z' = z - h$$

由于坐标系位置的不同,系数 A_1^V、B_1^V、C_1^V、D_1^V 和 A_2^V、B_2^V 的表达式也不尽相同,但它们之间可用上述坐标变换式转化成相同的结果。

本书中的坐标系位置均选在表面荷载圆中心处,即如图 6-2a)所示。这时,表面荷载圆中心处的坐标为 $r=0$,$z=0$。

(5)通常情况下,点与坐标系的坐标一一对应。给定坐标 r、z 后,该点就会唯一确定;反之,给定某点的位置,其坐标也就唯一确定。但在轴对称层状弹性体系中,仅给定坐标 r、z,还不能唯一确定该点的位置。例如图 6-2a)中的 A、B 两点,其坐标均为 $r=\delta$,$z=h$,但 A 点在上层底面,而 B 点在下层顶面。因此,还必须给定层位号 i,才能唯一确定某点的位置。这样 A 点还需取 $i=1$,B 点也应取 $i=2$。这就是说,在轴对称层状弹性体系中,只有给定 r、z、i,才能唯一确定某点位置。

由于增加层位号 i,故存在 i 与 z 相匹配的问题。对于双层弹性体系而言,当 $i=1$ 时,z 的取值范围只能为 $0\leqslant z\leqslant h$;当 $i=2$ 时,$z\geqslant h$。否则,由于 i 与 z 不相配,而出现计算错误。

(6)从 A_1^V、B_1^V、C_1^V、D_1^V 和 A_2^V、B_2^V 的表达式可以看出,双层弹性滑动体系要比双层弹性连续体系简单些,但根据数值解的结果,双层弹性滑动体系的应力分量要比双层弹性连续体系大一些,有时甚至是其 10 多倍,在多层弹性体系中也有类似的结论。因此,在路面结构中,应尽量采用技术措施,将接触面做成连续状态。否则,由于施工不当,将接触面做成滑动状态,引起过大的拉应力,使结构层产生破坏。有关双层弹性体系的计算结果,请参阅上海同济大学公路工程研究所编写的《路面厚度计算图表》,人民交通出版社,1975。

(7)对于几种常见的荷载图式,只需将相应的 $J(m)$ 表达式代入式(6-1-1)就能得到相应垂直荷载下,双层弹性体系的应力与位移分量或系数全部解析表达式。

6.3 古德曼模型在双层弹性体系中的应用

路面结构的每一接触面上,实际接触状态一般既不是完全连续,也不是完全滑动,而是介于这两种极端情况之间,它不仅产生相对水平位移,而且还有摩阻力作用。这种接触状态,一般可采用古德曼模型来描述,并用层间黏结系数 K(MPa/cm)来表示其接触状态,模型图示见图 6-3。

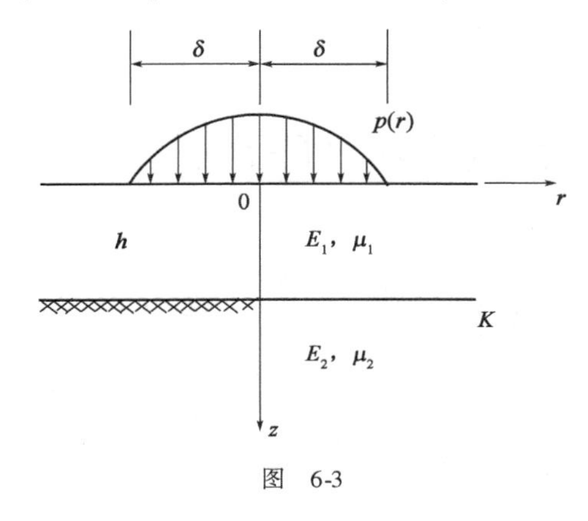

图 6-3

6.3.1 定解条件

根据假设,其表面边界条件和层间接触条件的求解条件可表示为如下形式:

$$\sigma_{z_1}^V\Big|_{z=0} = -p(r)$$

$$\tau_{zr_1}^V\Big|_{z=0} = 0$$

$$\sigma_{z_1}^V\Big|_{z=h} = \sigma_{z_2}^V\Big|_{z=h}$$

$$\tau_{zr_1}^V\Big|_{z=h} = \tau_{zr_2}^V\Big|_{z=h}$$

$$\tau_{zr_1}^V\Big|_{z=h} = K(u_1^V - u_2^V)\Big|_{z=h}$$

$$w_1^V\Big|_{z=h} = w_2^V\Big|_{z=h}$$

6.3.2 建立线性方程组

根据定解条件,对垂直应力系数 $\overline{\sigma}_z^V$ 和垂直位移系数 $\overline{w}^V$ 施加零阶亨格尔积分变换;对水平剪应力系数 $\overline{\tau}_{zr}^V$ 和水平位移系数 $\overline{u}^V$ 施加一阶亨格尔积分变换,则可得如下线性方程组:

$$A_1^V + (1-2\mu_1)B_1^V - C_1^V + (1-2\mu_1)D_1^V = -1 \tag{1}$$

$$A_1^V - 2\mu_1 B_1^V + C_1^V + 2\mu_1 D_1^V = 0 \tag{2}$$

$$[A_1^V + (1-2\mu_1+\frac{h}{\delta}x)B_1^V]e^{-2\frac{h}{\delta}x} - C_1^V + (1-2\mu_1-\frac{h}{\delta}x)D_1^V = [A_2^V + (1-2\mu_2+\frac{h}{\delta}x)B_2^V]e^{-2\frac{h}{\delta}x} \tag{3'}$$

$$[A_1^V-(2\mu_1-\frac{h}{\delta}x)B_1^V]e^{-2\frac{h}{\delta}x}+C_1^V+(2\mu_1+\frac{h}{\delta}x)D_1^V=[A_2^V-(2\mu_2-\frac{h}{\delta}x)B_2^V]e^{-2\frac{h}{\delta}x} \tag{4'}$$

$$m_1\Big\{\{(1+\chi)A_1^V-[(1-\frac{h}{\delta}x)+\chi(2\mu_1-\frac{h}{\delta}x)]B_1^V\}e^{-2\frac{h}{\delta}x}-(1-\chi)C_1^V-$$

$$[(1+\frac{h}{\delta}x)-\chi(2\mu_1+\frac{h}{\delta}x)]D_1^V\Big\}=[A_2^V-(1-\frac{h}{\delta}x)B_2^V]e^{-2\frac{h}{\delta}x} \tag{5'}$$

$$m_1\{[A_1^V+(2-4\mu_1+\frac{h}{\delta}x)B_1^V]e^{-2\frac{h}{\delta}x}+C_1^V-(2-4\mu_1-\frac{h}{\delta}x)D_1^V\}=[A_2^V+(2-4\mu_2+\frac{h}{\delta}x)B_2^V]e^{-2\frac{h}{\delta}x} \tag{6'}$$

式中：$m_1=\dfrac{(1+\mu_1)E_2}{(1+\mu_2)E_1}$

$\chi=\dfrac{E_1x}{(1+\mu_1)K\delta}$

6.3.3 确定系数 A_1^V、B_1^V、C_1^V、D_1^V 和 A_2^V、B_2^V

式(3′) ± 式(4′)，则可得如下两式：

$$[2A_1^V+(1-4\mu_1+2\frac{h}{\delta}x)B_1^V]e^{-2\frac{h}{\delta}x}+D_1^V=[2A_2^V+(1-4\mu_2+2\frac{h}{\delta}x)B_2^V]e^{-2\frac{h}{\delta}x} \tag{5}$$

$$B_1^Ve^{-2\frac{h}{\delta}x}-2C_1^V+(1-4\mu_1-2\frac{h}{\delta}x)D_1^V=B_2^Ve^{-2\frac{h}{\delta}x} \tag{6}$$

式(6′) ± 式(5′)，则可得如下两个表达式：

$$m_1\Big\{\{(2+\chi)A_1^V+[(1-4\mu_1+2\frac{h}{\delta}x)-\chi(2\mu_1-\frac{h}{\delta}x)]B_1^V\}e^{-2\frac{h}{\delta}x}+\chi C_1^V-[(3-4\mu_1)-\chi(2\mu_1+\frac{h}{\delta}x)]D_1^V\Big\}$$

$$=[2A_2^V-(1-4\mu_2+2\frac{h}{\delta}x)B_2^V]e^{-2\frac{h}{\delta}x} \tag{5''}$$

$$m_1\{-\chi A_1^V+[(3-4\mu_1)+\chi(2\mu_1-\frac{h}{\delta}x)B_1^V]e^{-2\frac{h}{\delta}x}+(2-\chi)C_1^V-$$

$$[(1-4\mu_1-2\frac{h}{\delta}x)+\chi(2\mu_1+\frac{h}{\delta}x)D_1^V\}=(3-4\mu_2)B_2^Ve^{-2\frac{h}{\delta}x} \tag{6''}$$

式(5) − 式(5″)，则可得：

$$2(1-m_1-\frac{\chi m_1}{2})e^{-2\frac{h}{\delta}x}A_1^V+[(1-m_1)(1-4\mu_1+2\frac{h}{\delta}x)+\chi m_1(2\mu_1-\frac{h}{\delta}x)]e^{-2\frac{h}{\delta}x}B_1^V-$$

$$\chi m_1C_1^V+[1+(3-4\mu_1)m_1-\chi m_1(2\mu_1+\frac{h}{\delta}x)]D_1^V=0$$

若令

$$M=\frac{1-m_1}{(3-4\mu_1)m_1+1}$$

$$Q=\frac{\chi m_1}{2[(3-4\mu_1)m_1+1]}$$

则上式可改写为下式：

$$2(M-Q)e^{-2\frac{h}{\delta}x}A_1^V+[M(1-4\mu_1+2\frac{h}{\delta}x)+2Q(2\mu_1-\frac{h}{\delta}x)]e^{-2\frac{h}{\delta}x}B_1^V-$$

$$2QC_1^V+[1-2Q(2\mu_1+\frac{h}{\delta}x)]D_1^V=0 \tag{3}$$

$(3-4\mu_2)\times$式(6) − 式(6″)，则有

$$\chi m_1 e^{-2\frac{h}{\delta}x}A_1^V + [(3-4\mu_2) - m_1(3-4\mu_1) - \chi m_1(2\mu_1 - \frac{h}{\delta}x)]e^{-2\frac{h}{\delta}x}B_1^V - 2(3-4\mu_2+m_1-\frac{\chi m_1}{2})C_1^V +$$

$$[(3-4\mu_2+m_1)(1-4\mu_1-2\frac{h}{\delta}x) - \chi m_1(2\mu_1+\frac{h}{\delta}x)]D_1^V = 0$$

若令

$$L = \frac{(3-4\mu_2) - (3-4\mu_1)m_1}{3-4\mu_2+m_1}$$

$$R = \frac{\chi m_1}{2(3-4\mu_2+m_1)}$$

则可得只含 A_1、B_1、C_1 和 D_1 的另一个方程式如下：

$$2Re^{-2\frac{h}{\delta}x}A_1^V + [L-2(2\mu_1-\frac{h}{\delta}x)R]e^{-2\frac{h}{\delta}x}B_1^V - 2(1-R)C_1^V + [(1-4\mu_1-2\frac{h}{\delta}x) + 2(2\mu_1+\frac{h}{\delta}x)R]D_1^V = 0 \tag{4}$$

式(1)、式(2)、式(3)和式(4)联立，则可得到如下的联立方程组：

$$A_1^V + (1-2\mu_1)B_1^V - C_1^V + (1-2\mu_1)D_1^V = -1$$

$$A_1^V - 2\mu_1 B_1^V + C_1^V + 2\mu_1 D_1^V = 0$$

$$2(M-Q)e^{-2\frac{h}{\delta}x}A_1^V + [M(1-4\mu_1+2\frac{h}{\delta}x) + 2(2\mu_1-\frac{h}{\delta}x)Q]e^{-2\frac{h}{\delta}x}B_1^V - 2QC_1^V + [1-2(2\mu_1+\frac{h}{\delta}x)Q]D_1^V = 0$$

$$2Re^{-2\frac{h}{\delta}x}A_1^V + [L-2(2\mu_1-\frac{h}{\delta}x)R]e^{-2\frac{h}{\delta}x}B_1^V - 2(1-R)C_1^V + [(1-4\mu_1-2\frac{h}{\delta}x) + 2(2\mu_1+\frac{h}{\delta}x)R]D_1^V = 0$$

采用行列式理论中的克莱姆法则求解上述线性方程组，其分母行列式为：

$$D_G = \begin{vmatrix} 1 & 1-2\mu_1 & -1 & 1-2\mu_1 \\ 1 & -2\mu_1 & 1 & 2\mu_1 \\ 2(M-Q)e^{-2\frac{h}{\delta}x} & [M(1-4\mu_1+2\frac{h}{\delta}x)+2(2\mu_1-\frac{h}{\delta}x)Q]e^{-2\frac{h}{\delta}x} & -2Q & 1-2(2\mu_1+\frac{h}{\delta}x)Q \\ 2Re^{-2\frac{h}{\delta}x} & [L-2(2\mu_1-\frac{h}{\delta}x)R]e^{-2\frac{h}{\delta}x} & -2(1-R) & (1-4\mu_1-2\frac{h}{\delta}x)+2(2\mu_1+\frac{h}{\delta}x)R \end{vmatrix}$$

$$=2\{(2\frac{h}{\delta}x)^2[(1-R)M-Q] - (1-Le^{-2\frac{h}{\delta}x})(1-Me^{-2\frac{h}{\delta}x}) + [1-(1-2\frac{h}{\delta}x)e^{-2\frac{h}{\delta}x}](Q+R) - (1+2\frac{h}{\delta}x-e^{-2\frac{h}{\delta}x})$$
$$(LQ+RM)e^{-2\frac{h}{\delta}x}\}$$

若令

$$\Delta_{2G} = \left(2\frac{h}{\delta}x\right)^2[(1-R)M-Q]e^{-2\frac{h}{\delta}x} - (1-Le^{-2\frac{h}{\delta}x})(1-Me^{-2\frac{h}{\delta}x}) + [1-(1-2\frac{h}{\delta}x)e^{-2\frac{h}{\delta}x}](Q+R) -$$
$$(1+2\frac{h}{\delta}x-e^{-2\frac{h}{\delta}x})(LQ+RM)e^{-2\frac{h}{\delta}x}$$

则上式可改写为下式：

$$D_G = 2\Delta_{2G}$$

根据行列式理论的克莱姆法则，A_1^V、B_1^V、C_1^V 和 D_1^V 的系数公式可表示为如下形式：

$$A_1^V = \frac{1}{D_G}\begin{vmatrix} -1 & 1-2\mu_1 & -1 & 1-2\mu_1 \\ 0 & -2\mu_1 & 1 & 2\mu_1 \\ 0 & \left[M\left(1-4\mu_1+2\frac{h}{\delta}x\right)+2\left(2\mu_1-\frac{h}{\delta}x\right)Q\right]e^{-2\frac{h}{\delta}x} & -2Q & 1-2\left(2\mu_1+\frac{h}{\delta}x\right)Q \\ 0 & \left[L-2\left(2\mu_1-\frac{h}{\delta}x\right)R\right]e^{-2\frac{h}{\delta}x} & -2(1-R) & \left(1-4\mu_1-2\frac{h}{\delta}x\right)+2\left(2\mu_1+\frac{h}{\delta}x\right)R \end{vmatrix}$$

$$= \frac{1}{2\Delta_{2G}}\left\{\left(1-4\mu_1+2\frac{h}{\delta}x\right)\left[1-2\frac{h}{\delta}x(1-R)\right]Me^{-2\frac{h}{\delta}x}+\right.$$

$$2\left(2\mu_1-\frac{h}{\delta}x\right)\left[\left(1-2\frac{h}{\delta}x\right)+2R\frac{h}{\delta}x\right]Qe^{-2\frac{h}{\delta}x}-4\mu_1\left(1-2\frac{h}{\delta}x+2R\frac{h}{\delta}x\right)Q-$$

$$\left(1-2Q\frac{h}{\delta}x\right)Le^{-2\frac{h}{\delta}x}+2\left(2\mu_1-\frac{h}{\delta}x\right)\left(1-2Q\frac{h}{\delta}x\right)Re^{-3\frac{h}{\delta}x}+$$

$$4\mu_1\left(1-2Q\frac{h}{\delta}x\right)-4\mu_1\left(1-2Q\frac{h}{\delta}x\right)R$$

即

$$A_1^V = \frac{1}{2\Delta_{2G}}\left\{\left(1-4\mu_1+2\frac{h}{\delta}x\right)\left[1-2\frac{h}{\delta}x(1-R)\right]Me^{-2\frac{h}{\delta}x}-\left(1-2\frac{h}{\delta}xQ\right)Le^{-2\frac{h}{\delta}x}+\right.$$

$$\left.2\left(2\mu_1-\frac{h}{\delta}x\right)\left[\left(1-2\frac{h}{\delta}x\right)Q+R\right]e^{-2\frac{h}{\delta}x}+4\mu_1(1-Q-R)\right\}$$

对于 B_1^V 表达式,可用下式表示:

$$B_1^V = \frac{1}{D_G}\begin{vmatrix} 1 & -1 & -1 & 1-2\mu_1 \\ 1 & 0 & 1 & 2\mu_1 \\ 2(M-Q)e^{-2\frac{h}{\delta}x} & 0 & -2Q & 1-2\left(2\mu_1+\frac{h}{\delta}x\right)Q \\ 2Re^{-2\frac{h}{\delta}x} & 0 & -2(1-R) & \left(1-4\mu_1-2\frac{h}{\delta}x\right)+2\left(2\mu_1+\frac{h}{\delta}x\right)R \end{vmatrix}$$

$$= -\frac{1}{\Delta_{2G}}\left\{\left[1-2\frac{h}{\delta}x(1-R)\right]Me^{-2\frac{h}{\delta}x}+\left(1-2\frac{h}{\delta}x\right)Q-\left(1-2\frac{h}{\delta}x\right)Qe^{-2\frac{h}{\delta}x}+\right.$$

$$\left.2\frac{h}{\delta}x\left(1-e^{-2\frac{h}{\delta}x}\right)RQ-\left(1-2Q\frac{h}{\delta}x\right)+\left(1-e^{-2\frac{h}{\delta}x}\right)R-2\frac{h}{\delta}x\left(1-e^{-2\frac{h}{\delta}x}\right)RQ\right\}$$

即

$$B_1^V = -\frac{1}{\Delta_{2G}}\left\{\left[1-2\frac{h}{\delta}x(1-R)\right]Me^{-2\frac{h}{\delta}x}-\left[\left(1-2\frac{h}{\delta}x\right)Q+R\right]e^{-2\frac{h}{\delta}x}-(1-Q-R)\right\}$$

对于 C_1^V 表达式,可用下式表示:

$$C_1^V = \frac{1}{D_G}\begin{vmatrix} 1 & 1-2\mu_1 & -1 & 1-2\mu_1 \\ 1 & -2\mu_1 & 0 & 2\mu_1 \\ 2(M-Q)e^{-2\frac{h}{\delta}x} & [M(1-4\mu_1+2\frac{h}{\delta}x)+2(2\mu_1-\frac{h}{\delta}x)Q]e^{-2\frac{h}{\delta}x} & 0 & 1-2(2\mu_1+\frac{h}{\delta}x)Q \\ 2Re^{-2\frac{h}{\delta}x} & [L-2(2\mu_1-\frac{h}{\delta}x)R]e^{-2\frac{h}{\delta}x} & 0 & (1-4\mu_1-2\frac{h}{\delta}x)+2(2\mu_1+\frac{h}{\delta}x)R \end{vmatrix}$$

$$= -\frac{e^{-2\frac{h}{\delta}x}}{2\Delta_{2G}}\{(1-4\mu_1-2\frac{h}{\delta}x)[M(1+2\frac{h}{\delta}x)-2Q\frac{h}{\delta}x]+$$
$$2[(2\mu_1+\frac{h}{\delta}x)(1+2\frac{h}{\delta}x)-2\mu_1 e^{-2\frac{h}{\delta}x}-4\mu_1\frac{h}{\delta}xe^{-2\frac{h}{\delta}x}]RM-$$
$$(L+2R\frac{h}{\delta}x)+4\mu_1 LMe^{-2\frac{h}{\delta}x}+8\mu_1\frac{h}{\delta}xRMe^{-2\frac{h}{\delta}x}+2[2\mu_1+\frac{h}{\delta}x-2\mu_1 e^{-2\frac{h}{\delta}x}]LQ\}$$

即

$$C_1^V = -\frac{1}{2\Delta_{2G}}\{(1-4\mu_1-2\frac{h}{\delta}x)[(1+2\frac{h}{\delta}x)M-2\frac{h}{\delta}xQ]+$$
$$2[(2\mu_1+\frac{h}{\delta}x)(1+2\frac{h}{\delta}x)-2\mu_1 e^{-2\frac{h}{\delta}x}]RM-(L+2\frac{h}{\delta}xR)+$$
$$4\mu_1 LMe^{-2\frac{h}{\delta}x}+2(2\mu_1+\frac{h}{\delta}x-2\mu_1 e^{-2\frac{h}{\delta}x})LQ\}e^{-2\frac{h}{\delta}x}\}$$

对于 D_1^V 表达式,可用下式表示:

$$D_1^V = \frac{1}{D_G}\begin{vmatrix} 1 & 1-2\mu_1 & -1 & -1 \\ 1 & -2\mu_1 & 1 & 0 \\ 2(M-Q)e^{-2\frac{h}{\delta}x} & [M(1-4\mu_1+2\frac{h}{\delta}x)+2(2\mu_1-\frac{h}{\delta}x)Q]e^{-2\frac{h}{\delta}x} & -2Q & 0 \\ 2Re^{-2\frac{h}{\delta}x} & [L-2(2\mu_1-\frac{h}{\delta}x)R]e^{-2\frac{h}{\delta}x} & -2(1-R) & 0 \end{vmatrix}$$

$$= -\frac{e^{-2\frac{h}{\delta}x}}{\Delta_{2G}}\{[(1+2\frac{h}{\delta}x)M-2\frac{h}{\delta}xQ][1-(1-e^{-2\frac{h}{\delta}x})R]-(L+2\frac{h}{\delta}xR)[Me^{-2\frac{h}{\delta}x}+(1-e^{-2\frac{h}{\delta}x})Q]\}$$

即

$$D_1^V = -\frac{1}{\Delta_{2G}}\{(1+2\frac{h}{\delta}x)(1-R)M-(L-R)Me^{-2\frac{h}{\delta}x}-[(1-e^{-2\frac{h}{\delta}x})L+2\frac{h}{\delta}x]Q\}e^{-2\frac{h}{\delta}x}$$

将 B_1^V、C_1^V 和 D_1^V 代入式(6):

$$B_2^V = [B_1^V e^{-2\frac{h}{\delta}x}-2C_1^V+(1-4\mu_1-2\frac{h}{\delta}x)D_1^V]e^{2\frac{h}{\delta}x}$$

则可得

$$B_2^V = -\frac{1}{\Delta_{2G}}\{[1-(1-2\frac{h}{\delta}x)Me^{-2\frac{h}{\delta}x}](L-1)-(1+2\frac{h}{\delta}x-e^{-2\frac{h}{\delta}x})(M-1)R-$$
$$[1-(1-2\frac{h}{\delta}x)e^{-2\frac{h}{\delta}x}](L-1)Q\}$$

若将 A_1^V、B_1^V、D_1^V 和 B_2^V 代入式(5):

$$A_2^V = A_1^V+\frac{1}{2}(1-4\mu_1+2\frac{h}{\delta}x)B_1^V+\frac{1}{2}e^{2\frac{h}{\delta}x}D_1^V-\frac{1}{2}(1-4\mu_2+2\frac{h}{\delta}x)B_2^V$$

则可得系数 A_2^V 的表达式如下:

$$A_2 = \frac{1}{2\Delta_G}\{[(M-1)L-(1-4\mu_2+2\frac{h}{\delta}x)(1-2\frac{h}{\delta}x)(L-1)M]e^{-2\frac{h}{\delta}x}-$$
$$(1+2\frac{h}{\delta}x)(M-1)+(1-4\mu_2+2\frac{h}{\delta}x)(L-1)+$$
$$2(2\mu_2-\frac{h}{\delta}x)(1+2\frac{h}{\delta}x-e^{-2\frac{h}{\delta}x})(M-1)R+$$
$$2(2\mu_2-\frac{h}{\delta}x)[1-(1-2\frac{h}{\delta}x)e^{-2\frac{h}{\delta}x}](L-1)Q\}$$

6.3.4 验证系数公式

根据本节的定解条件,求得系数 A_1^V、B_1^V、C_1^V、D_1^V 和 A_2^V、B_2^V 表达式后,其系数公式是否正确,需要进行检验。为此,我们同时采用验根法和对比法进行验证。

6.3.4.1 验根法

(1)检验第一层系数

将第一层系数 A_1^V、B_1^V、C_1^V、D_1^V 表达式代入式(1)左端:

$$式(1)左端 = A_1^V+(1-2\mu_1)B_1^V-C_1^V+(1-2\mu_1)D_1^V$$

则可得

$$式(1)左端 = -\frac{1}{\Delta_{2G}}\{(2\frac{h}{\delta}x)^2[(1-R)M-Q]e^{-2\frac{h}{\delta}x}-(1-Le^{-2\frac{h}{\delta}x})(1-Me^{-2\frac{h}{\delta}x})+$$
$$[1-(1-2\frac{h}{\delta}x)e^{-2\frac{h}{\delta}x}](Q+R)-(1+2\frac{h}{\delta}x-e^{-2\frac{h}{\delta}x})(LQ+RM)e^{-2\frac{h}{\delta}x}=-1$$

即

$$式(1)左端=式(1)右端$$

(2)检验第二层系数

根据式(3′),即下述表达式:

$$[A_1^V+(1-2\mu_1+\frac{h}{\delta}x)B_1^V]e^{-2\frac{h}{\delta}x}-C_1^V+(1-2\mu_1-\frac{h}{\delta}x)D_1^V=[A_2^V+(1-2\mu_2+\frac{h}{\delta}x)B_2^V]e^{-2\frac{h}{\delta}x}$$

式(3′)两端同乘以 $e^{2\frac{h}{\delta}x}$,则上式还可改写为下述表达式:

$$A_1^V+(1-2\mu_1+\frac{h}{\delta}x)B_1^V-C_1^Ve^{2\frac{h}{\delta}x}+(1-2\mu_1-\frac{h}{\delta}x)D_1^Ve^{2\frac{h}{\delta}x}=[A_2^V+(1-2\mu_2+\frac{h}{\delta}x)B_2^V] \quad (A)$$

将第一层系数 A_1^V、B_1^V、C_1^V、D_1^V 的公式代入式(A)左端:

$$式(A)左端 = A_1^V+(1-2\mu_1+\frac{h}{\delta}x)B_1^V-C_1^Ve^{2\frac{h}{\delta}x}+(1-2\mu_1-\frac{h}{\delta}x)D_1^Ve^{2\frac{h}{\delta}x}$$

则可得

$$式(A)左端 = \frac{1}{2\Delta_{2G}}\{[(M-1)L+(1-2\frac{h}{\delta}x)(L-1)M]e^{-2\frac{h}{\delta}x}-(1+2\frac{h}{\delta}x)(M-1)-(L-1)+2[1-(1-2\frac{h}{\delta}x)e^{-2\frac{h}{\delta}x}](L-1)Q+2(1+2\frac{h}{\delta}x-e^{-2\frac{h}{\delta}x})(M-1)R\}$$

若将第二层系数A_2^V、B_2^V代入式(A)右端：

$$式(A)右端 = A_2^V+(1-2\mu_2+\frac{h}{\delta}x)B_2^V$$

则可得

$$式(A)右端 = \frac{1}{2\Delta_{2G}}\{[(M-1)L+(1-2\frac{h}{\delta}x)(L-1)M]e^{-2\frac{h}{\delta}x}-(1+2\frac{h}{\delta}x)(M-1)-(L-1)+2[1-(1-2\frac{h}{\delta}x)e^{-2\frac{h}{\delta}x}](L-1)Q+2(1+2\frac{h}{\delta}x-e^{-2\frac{h}{\delta}x})(M-1)R\}$$

根据上述分析可知：

$$式(A)左端 = 式(A)右端$$

即

$$式(3')左端 = 式(3')右端$$

6.3.4.2 对比法

采用古德曼模型分析双层弹性体系，当$K=\infty$时，它相当于双层连续体系；当$K=0$时，它又相当于双层滑动体系。因此，除了可以采用古德曼模型的双层弹性体系与双层连续体系和双层滑动体系的系数进行比较，还可采用均质体的系数进行比较，确定系数的正确性。

(1)双层弹性连续体系的系数对比法

当$K=\infty$时，古德曼模型所表示的层间接触条件退化为连续条件，这时有

$$\chi = \lim_{K\to\infty}\frac{E_1x}{(1+\mu_1)K\delta} = 0$$

$$Q = \lim_{K\to\infty}\frac{\chi m_1}{2[(3-4\mu_1)m_1+1]} = 0$$

$$R = \lim_{K\to\infty}\frac{\chi m_1}{2(3-4\mu_2+m_1)} = 0$$

若将$Q=0$和$R=0$，则下述Δ_{2G}表达式：

$$\Delta_{2G} = (2\frac{h}{\delta}x)^2[(1-R)M-Q]e^{-2\frac{h}{\delta}x}-(1-Le^{-2\frac{h}{\delta}x})(1-Me^{-2\frac{h}{\delta}x})+[1-(1-2\frac{h}{\delta}x)e^{-2\frac{h}{\delta}x}](Q+R)-(1+2\frac{h}{\delta}x-e^{-2\frac{h}{\delta}x})(LQ+RM)e^{-2\frac{h}{\delta}x}$$

可改写为：

$$\Delta_{2G} = (2\frac{h}{\delta}x)^2Me^{-2\frac{h}{\delta}x}-(1-Le^{-2\frac{h}{\delta}x})(1-Me^{-2\frac{h}{\delta}x}) = \Delta_{2C}$$

若将$Q=0$和$R=0$代入下述系数表达式：

$$A_1^V = \frac{1}{2\Delta_{2G}}\{(1-4\mu_1+2\frac{h}{\delta}x)[1-2\frac{h}{\delta}x(1-R)]Me^{-2\frac{h}{\delta}x}-(1-2\frac{h}{\delta}xQ)Le^{-2\frac{h}{\delta}x}+2(2\mu_1-\frac{h}{\delta}x)[(1-2\frac{h}{\delta}x)Q+R]e^{-2\frac{h}{\delta}x}+4\mu_1(1-Q-R)\}$$

$$B_1^V = -\frac{1}{\Delta_{2G}}\{[1-2\frac{h}{\delta}x(1-R)]Me^{-2\frac{h}{\delta}x}-[(1-2\frac{h}{\delta}x)Q+R]e^{-2\frac{h}{\delta}x}-(1-Q-R)\}$$

$$C_1^V = -\frac{1}{2\Delta_{2G}}\{(1-4\mu_1-2\frac{h}{\delta}x)[(1+2\frac{h}{\delta}x)M-2\frac{h}{\delta}xQ]+$$

$$2[(2\mu_1+\frac{h}{\delta}x)(1+2\frac{h}{\delta}x)-2\mu_1 e^{-2\frac{h}{\delta}x}]RM-(L+2\frac{h}{\delta}xR)+$$

$$4\mu_1 LMe^{-2\frac{h}{\delta}x}+2(2\mu_1+\frac{h}{\delta}x-2\mu_1 e^{-2\frac{h}{\delta}x})LQ\}e^{-2\frac{h}{\delta}x}$$

$$D_1^V=-\frac{1}{\Delta_{2G}}\{(1+2\frac{h}{\delta}x)(1-R)M-(L-R)Me^{-2\frac{h}{\delta}x}-[(1-e^{-2\frac{h}{\delta}x})L+2\frac{h}{\delta}x]Q\}e^{-2\frac{h}{\delta}x}$$

$$A_2^V=\frac{1}{2\Delta_{2G}}\{[(M-1)L-(1-4\mu_2+2\frac{h}{\delta}x)(1-2\frac{h}{\delta}x)(L-1)M]e^{-2\frac{h}{\delta}x}-$$

$$(1+2\frac{h}{\delta}x)(M-1)+(1-4\mu_2+2\frac{h}{\delta}x)(L-1)+$$

$$2(2\mu_2-\frac{h}{\delta}x)(1+2\frac{h}{\delta}x-e^{-2\frac{h}{\delta}x})(M-1)R+$$

$$2(2\mu_2-\frac{h}{\delta}x)[1-(1-2\frac{h}{\delta}x)e^{-2\frac{h}{\delta}x}](L-1)Q\}$$

$$B_2^V=-\frac{1}{\Delta_{2G}}\{(L-1)[1-(1-2\frac{h}{\delta}x)Me^{-2\frac{h}{\delta}x}]-[1-(1-2\frac{h}{\delta}x)e^{-2\frac{h}{\delta}x}](L-1)Q-$$

$$(1+2\frac{h}{\delta}x-e^{-2\frac{h}{\delta}x})(M-1)R\}$$

中,则可得

$$A_1^V=\frac{1}{2\Delta_{2C}}\{[(1-4\mu_1+2\frac{h}{\delta}x)(1-2\frac{h}{\delta}x)M-L]e^{-2\frac{h}{\delta}x}+4\mu_1\}$$

$$B_1^V=-\frac{1}{\Delta_{2C}}[(1-2\frac{h}{\delta}x)Me^{-2\frac{h}{\delta}x}-1]$$

$$C_1^V=-\frac{1}{2\Delta_{2C}}[(1-4\mu_1-2\frac{h}{\delta}x)(1+2\frac{h}{\delta}x)M-L+4\mu_1 LMe^{-2\frac{h}{\delta}x}]e^{-2\frac{h}{\delta}x}$$

$$D_1^V=-\frac{1}{\Delta_{c2C}}(1+2\frac{h}{\delta}x-Le^{-2\frac{h}{\delta}x})Me^{-2\frac{h}{\delta}x}$$

$$A_2^V=\frac{1}{2\Delta_{2C}}\{[(M-1)L-(1-4\mu_2+2\frac{h}{\delta}x)(1-2\frac{h}{\delta}x)(L-1)M]e^{-2\frac{h}{\delta}x}-$$

$$(1+2\frac{h}{\delta}x)(M-1)+(1-4\mu_2+2\frac{h}{\delta}x)(L-1)\}$$

$$B_2^V=-\frac{L-1}{\Delta_{2C}}[1-(1-2\frac{h}{\delta}x)Me^{-2\frac{h}{\delta}x}]$$

根据上述分析,这些系数表达式的计算结果,完全同于弹性连续体系的系数表达式。

(2)双层弹性滑动体系的系数对比法

当 $K=0$ 时,古德曼模型所表示的层间接触条件退化为完全滑动条件,这时则有如下表达式:

$$\chi=\lim_{K\to0}\frac{E_1 x}{(1+\mu_1)K\delta}=\infty$$

$$Q=\lim_{K\to0}\frac{\chi m_1}{2[(3-4\mu_1)m_1+1]}=\infty$$

$$R=\lim_{K\to0}\frac{\chi m_1}{2(3-4\mu_2+m_1)}=\infty$$

$$\Delta_{2G}=\lim_{K\to0}\left\{\left(2\frac{h}{\delta}x\right)^2[(1-R)M-Q]e^{-2\frac{h}{\delta}x}-(1-Le^{-2\frac{h}{\delta}x})(1-Me^{-2\frac{h}{\delta}x})+\right.$$

$$\left.[1-(1-2\frac{h}{\delta}x)e^{-2\frac{h}{\delta}x}](Q+R)-(1+2\frac{h}{\delta}x-e^{-2\frac{h}{\delta}x})(LQ+RM)e^{-2\frac{h}{\delta}x}\right\}$$

$$=\infty$$

根据上述分析可知：所有的系数表达式均为$\frac{\infty}{\infty}$不定性。这种不定性，除了可以采用罗比塔法则处理外，还可采用消去法解决这些系数表达式的不定性问题。由于系数公式比较冗长，篇幅有限，因此，我们采用系数的分母和分子先分别分析，待化简后，再综合分析。

$$\Delta_{2G} = R\left\{\left(2\frac{h}{\delta}x\right)^2\left[\left(\frac{1}{R}-1\right)M-\frac{Q}{R}\right]e^{-2\frac{h}{\delta}x}-\frac{1}{R}\left(1-Le^{-2\frac{h}{\delta}x}\right)\left(1-Me^{-2\frac{h}{\delta}x}\right)+\right.$$
$$\left.\left[1-\left(1-2\frac{h}{\delta}x\right)e^{-2\frac{h}{\delta}x}\right]\left(\frac{Q}{R}+1\right)-\left(1+2\frac{h}{\delta}x-e^{-2\frac{h}{\delta}x}\right)\left(L\frac{Q}{R}+M\right)e^{-2\frac{h}{\delta}x}\right\}$$

若令

$$\Delta_{2G} = R\Delta$$

则可得

$$\Delta = \left(2\frac{h}{\delta}x\right)^2\left[\left(\frac{1}{R}-1\right)M-\frac{Q}{R}\right]e^{-2\frac{h}{\delta}x}-\frac{1}{R}\left(1-Le^{-2\frac{h}{\delta}x}\right)\left(1-Me^{-2\frac{h}{\delta}x}\right)+$$
$$\left[1-\left(1-2\frac{h}{\delta}x\right)e^{-2\frac{h}{\delta}x}\right]\left(\frac{Q}{R}+1\right)-\left(1+2\frac{h}{\delta}x-e^{-2\frac{h}{\delta}x}\right)\left(L\frac{Q}{R}+M\right)e^{-2\frac{h}{\delta}x}$$

若将下述表达式：

$$\frac{1}{R} = \lim_{K\to 0}\frac{2(3-4\mu_2+m_1)}{\chi m_1} = 0$$

代入Δ表达式中，则可得

$$\Delta = -\left(2\frac{h}{\delta}x\right)^2\left(M+\frac{Q}{R}\right)e^{-2\frac{h}{\delta}x}+\left[1-\left(1-2\frac{h}{\delta}x\right)e^{-2\frac{h}{\delta}x}\right]\left(\frac{Q}{R}+1\right)-\left(1+2\frac{h}{\delta}x-e^{-2\frac{h}{\delta}x}\right)\left(L\frac{Q}{R}+M\right)e^{-2\frac{h}{\delta}x}$$

又将下述表达式：

$$\frac{Q}{R} = \frac{\chi m_1}{2[(3-4\mu_1)m_1+1]}\times\frac{2(3-4\mu_2+m_1)}{\chi m_1} = \frac{3-4\mu_2+m_1}{(3-4\mu_1)m_1+1}$$

$$L = \frac{(3-4\mu_2)-(3-4\mu_1)m_1}{3-4\mu_2+m_1}$$

$$M = \frac{1-m_1}{(3-4\mu_1)m_1+1}$$

代入Δ表达式中，则有

$$\Delta = \frac{4(1-\mu_2)}{(3-4\mu_2)m_1+1}\left\{-\left(2\frac{h}{\delta}x\right)^2e^{-2\frac{h}{\delta}x}+\right.$$
$$\left[1-\left(1-2\frac{h}{\delta}x\right)e^{-2\frac{h}{\delta}x}\right]\times 2\left[(1-\mu_1)\frac{m_1}{2(1-\mu_2)}+\frac{1}{2}\right]-$$
$$\left.\left(1+2\frac{h}{\delta}x-e^{-2\frac{h}{\delta}x}\right)\left\{2-2\left[(1-\mu_1)\frac{m_1}{2(1-\mu_2)}+\frac{1}{2}\right]\right\}e^{-2\frac{h}{\delta}x}\right\}$$

若令

$$k_{2F} = \frac{(1-\mu_1)m_1}{2(1-\mu_2)}+\frac{1}{2}$$

则可得

$$\Delta = \frac{8(1-\mu_2)}{(3-4\mu_2)m_1+1}\left\{k_{2F}+\left[2\frac{h}{\delta}x(2k_{2F}-1)-\left(1+2\frac{h^2}{\delta^2}x^2\right)\right]e^{-2\frac{h}{\delta}x}-(k_{2F}-1)e^{-4\frac{h}{\delta}x}\right\}$$

即

$$\Delta_{2G} = RS\Delta_{2F}$$

式中，$\Delta_{2F}=k_{2F}+\left[2\frac{h}{\delta}x(2k_{2F}-1)-\left(1+2\frac{h^2}{\delta^2}x^2\right)\right]e^{-2\frac{h}{\delta}x}-(k_{2F}-1)e^{-4\frac{h}{\delta}x}$

$$S=\frac{8(1-\mu_2)}{(3-4\mu_2)m_1+1}$$

对系数 A_1^V 表达式进行分析,其结果如下:

$$A_1^V=\frac{1}{2\Delta_{2G}}\{(1-4\mu_1+2\frac{h}{\delta}x)[1-2\frac{h}{\delta}x(1-R)]Me^{-2\frac{h}{\delta}x}-(1-2\frac{h}{\delta}xQ)Le^{-2\frac{h}{\delta}x}+$$
$$2(2\mu_1-\frac{h}{\delta}x)[(1-2\frac{h}{\delta}x)Q+R]e^{-2\frac{h}{\delta}x}+4\mu_1(1-Q-R)\}$$
$$=\frac{R}{2\Delta_{2G}}\{(1-4\mu_1+2\frac{h}{\delta}x)[\frac{1}{R}-2\frac{h}{\delta}x(\frac{1}{R}-1)]Me^{-2\frac{h}{\delta}x}-(\frac{1}{R}-2\frac{h}{\delta}x\frac{Q}{R})Le^{-2\frac{h}{\delta}x}+$$
$$2(2\mu_1-\frac{h}{\delta}x)[(1-2\frac{h}{\delta}x)\frac{Q}{R}+1]e^{-2\frac{h}{\delta}x}+4\mu_1(\frac{1}{R}-\frac{Q}{R}-1)\}$$

若将下述表达式:

$$\frac{1}{R}=\lim_{K\to 0}\frac{2(3-4\mu_2+m_1)}{\chi m_1}=0$$
$$\Delta_{2G}=RS\Delta_{2F}$$

代入 A_1^V 表达式中,则可得

$$A_1^V=\frac{1}{2S\Delta_{2F}}\{2\frac{h}{\delta}x(1-4\mu_1+2\frac{h}{\delta}x)(M+\frac{Q}{R})e^{-2\frac{h}{\delta}x}+2\frac{h}{\delta}x\frac{Q}{R}(L-1)e^{-2\frac{h}{\delta}x}+$$
$$2(2\mu_1-\frac{h}{\delta}x)(\frac{Q}{R}+1)e^{-2\frac{h}{\delta}x}-4\mu_1(\frac{Q}{R}+1)\}$$

又将下述表达式:

$$\frac{Q}{R}=\frac{\chi m_1}{2[(3-4\mu_1)m_1+1]}\times\frac{2(3-4\mu_2+m_1)}{\chi m_1}=\frac{3-4\mu_2+m_1}{(3-4\mu_1)m_1+1}$$
$$L=\frac{(3-4\mu_2)-(3-4\mu_1)m_1}{3-4\mu_2+m_1}$$
$$M=\frac{1-m_1}{(3-4\mu_1)m_1+1}$$

代入 A_1^V 表达式中,并注意 $S=\frac{8(1-\mu_2)}{(3-4\mu_2)m_1+1}$,则可得

$$A_1^V=\frac{1}{2\Delta_{2F}}\{\frac{h}{\delta}x(1-4\mu_1+2\frac{h}{\delta}x)e^{-2\frac{h}{\delta}x}-\frac{h}{\delta}x\frac{(1-\mu_1)m_1}{1-\mu_2}e^{-2\frac{h}{\delta}x}+$$
$$(2\mu_1-\frac{h}{\delta}x)[1+\frac{(1-\mu_1)m_1}{1-\mu_2}]e^{-2\frac{\delta}{\delta}x}-2\mu_1\times[1+\frac{(1-\mu_1)m_1}{1-\mu_2}]\}$$

若令

$$k_{2F}=\frac{(1-\mu_1)m_1}{2(1-\mu_2)}+\frac{1}{2}$$

则可得

$$A_1^V=\frac{1}{2\Delta_{2F}}\{-4\mu_1k_{2F}+2[(2\mu_1-\frac{h}{\delta}x)k_{2F}+\frac{h}{\delta}x(1-2\mu_1+\frac{h}{\delta}x-k_{2F})]e^{-2\frac{h}{\delta}x}\}$$

即

$$A_1^V=-\frac{1}{\Delta_{2F}}\{2\mu_1k_{2F}-[(2\mu_1-\frac{h}{\delta}x)k_{2F}+\frac{h}{\delta}x(1-2\mu_1+\frac{h}{\delta}x-k_{2F})]e^{-2\frac{h}{\delta}x}\}$$

对系数 B_1^V 表达式进行分析,其结果如下:

$$B_1^V=-\frac{1}{\Delta_{2G}}\{[1-2\frac{h}{\delta}x(1-R)]Me^{-2\frac{h}{\delta}x}-[(1-2\frac{h}{\delta}x)Q+R]e^{-2\frac{h}{\delta}x}-(1-Q-R)\}$$

$$= -\frac{R}{\Delta_{2G}}\{[\frac{1}{R}-2\frac{h}{\delta}x(\frac{1}{R}-1)]Me^{-2\frac{h}{\delta}x}-[(1-2\frac{h}{\delta}x)\frac{Q}{R}+1]e^{-2\frac{h}{\delta}x}-(\frac{1}{R}-\frac{Q}{R}-1)\}$$

若将下述表达式：

$$\frac{1}{R}=\lim_{K\to 0}\frac{2(3-4\mu_2+m_1)}{\chi m_1}=0$$

$$\Delta_{2G}=RS\Delta_{2F}$$

代入 B_1^V 表达式中，则可得

$$B_1^V=-\frac{1}{S\Delta_{2F}}[2\frac{h}{\delta}x(M+\frac{Q}{R})e^{-2\frac{h}{\delta}x}-(\frac{Q}{R}+1)e^{-2\frac{h}{\delta}x}+(\frac{Q}{R}+1)]$$

又将下述表达式：

$$\frac{Q}{R}=\frac{\chi m_1}{1[(3-4\mu_1)m_1+1]}\times\frac{2(3-4\mu_2+m_1)}{\chi m_1}=\frac{3-4\mu_2+m_1}{(3-4\mu_1)m_1+1}$$

$$L=\frac{(3-4\mu_2)-(3-4\mu_1)m_1}{3-4\mu_2+m_1}$$

$$M=\frac{1-m_1}{(3-4\mu_1)m_1+1}$$

代入 B_1^V 表达式中，并注意 $S=\dfrac{8(1-\mu_2)}{(3-4\mu_2)m_1+1}$，则可得

$$B_1^V=-\frac{1}{2\Delta_{2F}}\times\{2\frac{h}{\delta}xe^{-2\frac{h}{\delta}x}-[1+\frac{(1-\mu_1)m_1}{1-\mu_2}]e^{-2\frac{h}{\delta}x}+[1+\frac{(1-\mu_1)m_1}{1-\mu_2}]\}$$

若令

$$k_{2F}=\frac{(1-\mu_1)m_1}{2(1-\mu_2)}+\frac{1}{2}$$

则可得

$$B_1^V=-\frac{1}{\Delta_{2F}}(\frac{h}{\delta}xe^{-2\frac{h}{\delta}x}-k_{2F}e^{-2\frac{h}{\delta}x}+k_{2F})$$

即

$$B_1^V=-\frac{1}{\Delta_{2F}}[k_{2F}-(k_{2F}-\frac{h}{\delta}x)e^{-2\frac{h}{\delta}x}]$$

对系数 C_1^V 表达式进行分析，其结果如下：

$$\begin{aligned}C_1^V=&-\frac{1}{2\Delta_{2G}}\{(1-4\mu_1-2\frac{h}{\delta}x)[(1+2\frac{h}{\delta}x)M-2\frac{h}{\delta}xQ]+\\&2[(2\mu_1+\frac{h}{\delta}x)(1+2\frac{h}{\delta}x)-2\mu_1e^{-2\frac{h}{\delta}x}]RM-(L+2\frac{h}{\delta}xR)+\\&4\mu_1LMe^{-2\frac{h}{\delta}x}+2(2\mu_1+\frac{h}{\delta}x-2\mu_1e^{-2\frac{h}{\delta}x})LQ\}e^{-2\frac{h}{\delta}x}\\=&-\frac{R}{2\Delta_{2G}}\{(1-4\mu_1-2\frac{h}{\delta}x)[(1+2\frac{h}{\delta}x)\frac{M}{R}-2\frac{h}{\delta}x\frac{Q}{R}]+\\&2[(2\mu_1+\frac{h}{\delta}x)(1+2\frac{h}{\delta}x)-2\mu_1e^{-2\frac{h}{\delta}x}]M-(\frac{L}{R}+2\frac{h}{\delta}x)+\\&4\mu_1\frac{LM}{R}e^{-2\frac{h}{\delta}x}+2(2\mu_1+\frac{h}{\delta}x-2\mu_1e^{-2\frac{h}{\delta}x})L\frac{Q}{R}\}e^{-2\frac{h}{\delta}x}\end{aligned}$$

若将下述表达式：

$$\frac{1}{R}=\lim_{K\to 0}\frac{2(3-4\mu_2+m_1)}{\chi m_1}=0$$

$$\Delta_{2G}=RS\Delta_{2F}$$

代入 C_1^V 表达式中,则可得

$$C_1^V=-\frac{1}{2S\Delta_{2F}}\{-2\frac{h}{\delta}x(\frac{Q}{R}+1)+4\frac{h}{\delta}x(2\mu_1+\frac{h}{\delta}x)(M+\frac{Q}{R})+$$
$$2(2\mu_1+\frac{h}{\delta}x)(M+L\frac{Q}{R})-4\mu_1(M+L\frac{Q}{R})e^{-2\frac{h}{\delta}x}\}e^{-2\frac{h}{\delta}x}$$

又将下述表达式:

$$\frac{Q}{R}=\frac{\chi m_1}{2[(3-4\mu_1)m_1+1]}\times\frac{2(3-4\mu_2+m_1)}{\chi m_1}=\frac{3-4\mu_2+m_1}{(3-4\mu_1)m_1+1}$$
$$L=\frac{(3-4\mu_2)-(3-4\mu_1)m_1}{3-4\mu_2+m_1}$$
$$M=\frac{1-m_1}{(3-4\mu_1)m_1+1}$$

代入 C_1^V 表达式中,并注意 $S=\dfrac{8(1-\mu_2)}{(3-4\mu_2)m_1+1}$,则可得

$$C_1^V=-\frac{1}{2\Delta_{2F}}\{-\frac{h}{\delta}x[1+\frac{(1-\mu_1)m_1}{1-\mu_2}]+2\frac{h}{\delta}x(2\mu_1+\frac{h}{\delta}x)+$$
$$(2\mu_1+\frac{h}{\delta}x)[2-\frac{(1-\mu_1)m_1}{1-\mu_2}-1]-$$
$$2\mu_1[2-\frac{(1-\mu_1)m_1}{1-\mu_2}-1]e^{-2\frac{h}{\delta}x}\}e^{-2\frac{h}{\delta}x}$$

若令

$$k_{2F}=\frac{(1-\mu_1)m_1}{2(1-\mu_2)}+\frac{1}{2}$$

则可得

$$C_1^V=\frac{1}{\Delta_{2F}}\{\frac{h}{\delta}xk_{2F}+(2\mu_1+\frac{h}{\delta}x)(k_{2F}-1-\frac{h}{\delta}x)-2\mu_1(k_{2F}-1)e^{-2\frac{h}{\delta}x}\}e^{-2\frac{h}{\delta}x}$$

即

$$C_1^V=\frac{1}{\Delta_{2F}}\{\frac{h}{\delta}xk_{2F}+(2\mu_1+\frac{h}{\delta}x)(k_{2F}-1-\frac{h}{\delta}x)-2\mu_1(k_{2F}-1)e^{-2\frac{h}{\delta}x}\}e^{-2\frac{h}{\delta}x}$$

对系数 D_1^V 表达式进行分析,其结果如下:

$$D_1^V=-\frac{1}{\Delta_{2G}}\{(1+2\frac{h}{\delta}x)(1-R)M-(L-R)Me^{-2\frac{h}{\delta}x}-[(1-e^{-2\frac{h}{\delta}x})L+2\frac{h}{\delta}x]Q\}e^{-2\frac{h}{\delta}x}$$
$$=-\frac{R}{\Delta_{2G}}\{(1+2\frac{h}{\delta}x)(\frac{1}{R}-1)M-(\frac{L}{R}-1)Me^{-2\frac{h}{\delta}x}-[(1-e^{-2\frac{h}{\delta}x})L+2\frac{h}{\delta}x]\frac{Q}{R}\}e^{-2\frac{h}{\delta}x}$$

若将下述表达式:

$$\frac{1}{R}=\lim_{K\to0}\frac{2(3-4\mu_2+m_1)}{\chi m_1}=0$$
$$\Delta_{2G}=RS\Delta_{2F}$$

代入 D_1^V 表达式中,则可得

$$D_1^V=-\frac{1}{\Delta_{2G}}\{(1+2\frac{h}{\delta}x)(1-R)M-(L-R)Me^{-2\frac{h}{\delta}x}-[(1-e^{-2\frac{h}{\delta}x})L+2\frac{h}{\delta}x]Q\}e^{-2\frac{h}{\delta}x}$$
$$=-\frac{R}{\Delta_{2G}}\{(1+2\frac{h}{\delta}x)(\frac{1}{R}-1)M-(\frac{L}{R}-1)Me^{-2\frac{h}{\delta}x}-[(1-e^{-2\frac{h}{\delta}x})L+2\frac{h}{\delta}x]\frac{Q}{R}\}e^{-2\frac{h}{\delta}x}$$

若将下述表达式:

$$\frac{1}{R}=\lim_{K\to 0}\frac{2(3-4\mu_2+m_1)}{\chi m_1}=0$$

$$\Delta_{2G}=RS\Delta_{2F}$$

则可得

$$D_1^V=\frac{1}{S\Delta_{2F}}[(M+L\frac{Q}{R})+2\frac{h}{\delta}x(M+\frac{Q}{R})-(M+L\frac{Q}{R})e^{-2\frac{h}{\delta}x}]e^{-2\frac{h}{\delta}x}$$

又将下述表达式：

$$\frac{Q}{R}=\frac{\chi m_1}{2[(3-4\mu_1)m_1+1]}\times\frac{2(3-4\mu_2+m_1)}{\chi m_1}=\frac{3-4\mu_2+m_1}{(3-4\mu_1)m_1+1}$$

$$L=\frac{(3-4\mu_2)-(3-4\mu_1)m_1}{3-4\mu_2+m_1}$$

$$M=\frac{1-m_1}{(3-4\mu_1)m_1+1}$$

代入 D_1^V 表达式中，并注意 $S=\frac{8(1-\mu_2)}{(3-4\mu_2)m_1+1}$，则可得

$$D_1^V=\frac{1}{2\Delta_{2F}}\{[1-\frac{(1-\mu_1)m_2}{1-\mu_2}]+2\frac{h}{\delta}x-[1-\frac{(1-\mu_1)m_2}{1-\mu_2}]e^{-2\frac{h}{\delta}x}\}e^{-2\frac{h}{\delta}x}$$

若令

$$k_{2F}=\frac{(1-\mu_1)m_1}{2(1-\mu_2)}+\frac{1}{2}$$

则可得

$$D_1^V=-\frac{1}{\Delta_{2F}}[(k_F-1)-\frac{h}{\delta}x-(k_F-1)e^{-2\frac{h}{\delta}x}]e^{-2\frac{h}{\delta}x}$$

即

$$D_1^V=-\frac{1}{\Delta_{2F}}[(k_F-1-\frac{h}{\delta}x)-(k_F-1)e^{-2\frac{h}{\delta}x}]e^{-2\frac{h}{\delta}x}$$

对系数 A_2^V 进行分析如下：

$$\begin{aligned}A_2^V=&\frac{1}{2\Delta_{2G}}\{[(M-1)L-(1-4\mu_2+2\frac{h}{\delta}x)(1-2\frac{h}{\delta}x)(L-1)M]e^{-2\frac{h}{\delta}x}-\\&(1+2\frac{h}{\delta}x)(M-1)+(1-4\mu_2+2\frac{h}{\delta}x)(L-1)+\\&2(2\mu_2-\frac{h}{\delta}x)(1+2\frac{h}{\delta}x-e^{-2\frac{h}{\delta}x})(M-1)R+\\&2(2\mu_2-\frac{h}{\delta}x)[1-(1-2\frac{h}{\delta}x)e^{-2\frac{h}{\delta}x}](L-1)Q\}\\=&\frac{R}{2\Delta_{2G}}\{[(M-1)\frac{L}{R}-(1-4\mu_2+2\frac{h}{\delta}x)(1-2\frac{h}{\delta}x)(L-1)\frac{M}{R}]e^{-2\frac{h}{\delta}x}-\\&\frac{1}{R}(1+2\frac{h}{\delta}x)(M-1)+\frac{1}{R}(1-4\mu_2+2\frac{h}{\delta}x)(L-1)+\\&2(2\mu_2-\frac{h}{\delta}x)(1+2\frac{h}{\delta}x-e^{-2\frac{h}{\delta}x})(M-1)+\\&2(2\mu_2-\frac{h}{\delta}x)[1-(1-2\frac{h}{\delta}x)e^{-2\frac{h}{\delta}x}](L-1)\frac{Q}{R}\}\end{aligned}$$

若将下述表达式：

$$\frac{1}{R}=\lim_{K\to 0}\frac{2(3-4\mu_2+m_1)}{\chi m_1}=0$$

$$\Delta_{2G}=RS\Delta_{2F}$$

代入 A_2^V 表达式中,则可得

$$A_2^V = \frac{1}{S\Delta_{2F}}(2\mu_2 - \frac{h}{\delta}x)\{(1+2\frac{h}{\delta}x - e^{-2\frac{h}{\delta}x})(M-1) + [1-(1-2\frac{h}{\delta}x)e^{-2\frac{h}{\delta}x}](L-1)\frac{Q}{R}\}$$

又将下述表达式:

$$\frac{Q}{R} = \frac{\chi m_1}{2[(3-4\mu_1)m_1+1]} \times \frac{2(3-4\mu_2+m_1)}{\chi m_1} = \frac{3-4\mu_2+m_1}{(3-4\mu_1)m_1+1}$$

$$L = \frac{(3-4\mu_2)-(3-4\mu_1)m_1}{3-4\mu_2+m_1}$$

$$M = \frac{1-m_1}{(3-4\mu_1)m_1+1}$$

代入 A_2^V 表达式中,并注意 $S=\dfrac{8(1-\mu_2)}{(3-4\mu_2)m_1+1}$,则可得

$$A_2^V = -\frac{1}{2\Delta_{2F}}\left(2\mu_2 - \frac{h}{\delta}x\right)\left\{\left(1+2\frac{h}{\delta}x - e^{-2\frac{h}{\delta}x}\right)\times\frac{(1-\mu_1)m_1}{1-\mu_2} + \left[1-\left(1-2\frac{h}{\delta}x\right)e^{-2\frac{h}{\delta}x}\right]\times\frac{(1-\mu_1)m_1}{1-\mu_2}\right\}$$

若令

$$k_{2F} = \frac{(1-\mu_1)m_1}{2(1-\mu_2)} + \frac{1}{2}$$

则可得

$$A_2^V = -\frac{1}{2\Delta_{2F}}(2k_{2F}-1)(2\mu_2 - \frac{h}{\delta}x)[2(1+\frac{h}{\delta}x) - 2(1-\frac{h}{\delta}x)e^{-2\frac{h}{\delta}x}]$$

即

$$A_2^V = -\frac{1}{\Delta_{2F}}(2k_{2F}-1)(2\mu_2 - \frac{h}{\delta}x)[(1+\frac{h}{\delta}x) - (1-\frac{h}{\delta}x)e^{-2\frac{h}{\delta}x}]$$

对系数 A_2^V 进行分析如下:

$$\begin{aligned}B_2^V &= -\frac{1}{\Delta_{2G}}\{(L-1)[1-(1-2\frac{h}{\delta}x)Me^{-2\frac{h}{\delta}x}] - [1-(1-2\frac{h}{\delta}x)e^{-2\frac{h}{\delta}x}](L-1)Q - \\ &\quad (1+2\frac{h}{\delta}x - e^{-2\frac{h}{\delta}x})(M-1)R\} \\ &= -\frac{R}{\Delta_{2G}}\{\frac{L-1}{R}\times[1-(1-2\frac{h}{\delta}x)Me^{-2\frac{h}{\delta}x}] - [1-(1-2\frac{h}{\delta}x)e^{-2\frac{h}{\delta}x}](L-1)\frac{Q}{R} - \\ &\quad (1+2\frac{h}{\delta}x - e^{-2\frac{h}{\delta}x})(M-1)\}\end{aligned}$$

若将下述表达式:

$$\frac{1}{R} = \lim_{K\to 0}\frac{2(3-4\mu_2+m_1)}{\chi m_1} = 0$$

$$\Delta_{2G} = RS\Delta_{2F}$$

代入 A_2^V 表达式中,则可得

$$B_2^V = -\frac{1}{S\Delta_{2F}}[-[1-(1-2\frac{h}{\delta}x)e^{-2\frac{h}{\delta}x}](L-1)\frac{Q}{R} - (1+2\frac{h}{\delta}x - e^{-2\frac{h}{\delta}x})(M-1)]$$

又将下述表达式:

$$\frac{Q}{R} = \frac{\chi m_1}{2[(3-4\mu_1)m_1+1]} \times \frac{2(3-4\mu_2+m_1)}{\chi m_1} = \frac{3-4\mu_2+m_1}{(3-4\mu_1)m_1+1}$$

$$L = \frac{(3-4\mu_2)-(3-4\mu_1)m_1}{3-4\mu_2+m_1}$$

$$M = \frac{1 - m_1}{(3 - 4\mu_1)m_1 + 1}$$

代入 B_2^V 表达式中，并注意 $S = \dfrac{8(1-\mu_2)}{(3-4\mu_2)m_1+1}$，则可得

$$B_2^V = -\frac{1}{2\Delta_{2F}}\left\{\left[1 - (1 - 2\frac{h}{\delta}x)e^{-2\frac{h}{\delta}x}\right]\times\frac{(1-\mu_1)m_1}{1-\mu_2} + \left(1 + 2\frac{h}{\delta}x - e^{-2\frac{h}{\delta}x}\right)\times\frac{(1-\mu_1)m_c}{1-\mu_2}\right\}$$

若令

$$k_{2F} = \frac{(1-\mu_1)m_1}{2(1-\mu_2)} + \frac{1}{2}$$

则可得

$$B_2^V = -\frac{1}{2\Delta_{2F}}(2k_{2F} - 1)[2(1 + \frac{h}{\delta}x) - 2(1 - \frac{h}{\delta}x)e^{-2\frac{h}{\delta}x}]$$

即

$$B_2^V = -\frac{1}{\Delta_{2F}}(2k_{2F} - 1)[(1 + \frac{h}{\delta}x) - (1 - \frac{h}{\delta}x)e^{-2\frac{h}{\delta}x}]$$

(3)弹性半空间体的系数对比法

当 $h=0, K=\infty$ 时，双层连续体系退化为弹性均质体。这时 $E_1 = E_2 = E, \mu_1 = \mu_2 = \mu$，其他各个系数可简化为：

$$m_1 = 1, L = M = R = Q = 0, \Delta_{2G} = -1$$

若将 $h=0$ 以及上述参数代入双层体系的系数表达式：

$$A_1^V = \frac{1}{2\Delta_{2G}}\{(1 - 4\mu_1 + 2\frac{h}{\delta}x)[1 - 2\frac{h}{\delta}x(1-R)]Me^{-2\frac{h}{\delta}x} - (1 - 2\frac{h}{\delta}xQ)Le^{-2\frac{h}{\delta}x} +$$
$$2(2\mu_1 - \frac{h}{\delta}x)[(1 - 2\frac{h}{\delta}x)Q + R]e^{-2\frac{h}{\delta}x} + 4\mu_1(1 - Q - R)\}$$

$$B_1^V = -\frac{1}{\Delta_{2G}}\{[1 - 2\frac{h}{\delta}x(1-R)]Me^{-2\frac{h}{\delta}x} - [(1 - 2\frac{h}{\delta}x)Q + R]e^{-2\frac{h}{\delta}x} - (1 - Q - R)\}$$

$$C_1^V = -\frac{1}{2\Delta_{2G}}\{(1 - 4\mu_1 - 2\frac{h}{\delta}x)[(1 + 2\frac{h}{\delta}x)M - 2\frac{h}{\delta}xQ] +$$
$$2[(2\mu_1 + \frac{h}{\delta}x)(1 + 2\frac{h}{\delta}x) - 2\mu_1 e^{-2\frac{h}{\delta}x}]RM - (L + 2\frac{h}{\delta}xR) +$$
$$4\mu_1 LMe^{-2\frac{h}{\delta}x} + 2(2\mu_1 + \frac{h}{\delta}x - 2\mu_1 e^{-2\frac{h}{\delta}x})LQ\}e^{-2\frac{h}{\delta}x}$$

$$D_1^V = -\frac{1}{\Delta_{2G}}\{(1 + 2\frac{h}{\delta}x)(1-R)M - (L-R)Me^{-2\frac{h}{\delta}x} - [(1 - e^{-2\frac{h}{\delta}x})L + 2\frac{h}{\delta}x]Q\}e^{-2\frac{h}{\delta}x}$$

$$A_2^V = \frac{1}{2\Delta_{2G}}\{[(M-1)L - (1 - 4\mu_2 + 2\frac{h}{\delta}x)(1 - 2\frac{h}{\delta}x)(L-1)M]e^{-2\frac{h}{\delta}x} -$$
$$(1 + 2\frac{h}{\delta}x)(M-1) + (1 - 4\mu_2 + 2\frac{h}{\delta}x)(L-1) +$$
$$2(2\mu_2 - \frac{h}{\delta}x)(1 + 2\frac{h}{\delta}x - e^{-2\frac{h}{\delta}x})(M-1)R +$$
$$2(2\mu_2 - \frac{h}{\delta}x)[1 - (1 - 2\frac{h}{\delta}x)e^{-2\frac{h}{\delta}x}](L-1)Q\}$$

$$B_2^V = -\frac{1}{\Delta_{2G}}\{(L-1)[1 - (1 - 2\frac{h}{\delta}x)Me^{-2\frac{h}{\delta}x}] - [1 - (1 - 2\frac{h}{\delta}x)e^{-2\frac{h}{\delta}x}](L-1)Q -$$
$$(1 + 2\frac{h}{\delta}x - e^{-2\frac{h}{\delta}x})(M-1)R\}$$

中,并注意 $E_1=E_2=E,\mu_1=\mu_2=\mu$,则可得

$$A_1^V=-2\mu,B_1^V=-1,C_1^V=D_1^V=0$$

$$A_2^V=-2\mu,B_2^V=-1$$

(4)系数汇总

综上所述,在圆形轴对称垂直荷载作用下,双层弹性体系层间产生水平位移时,系数 A_1^V、B_1^V、C_1^V、D_1^V 和 A_2^V、B_2^V 的表达式汇总如下:

$$\begin{cases}
A_1^V=\dfrac{1}{2\Delta_{2G}}\{(1-4\mu_1+2\dfrac{h}{\delta}x)[1-2\dfrac{h}{\delta}x(1-R)]Me^{-2\frac{h}{\delta}x}-(1-2\dfrac{h}{\delta}xQ)Le^{-2\frac{h}{\delta}x}+\\
\quad 2(2\mu_1-\dfrac{h}{\delta}x)[(1-2\dfrac{h}{\delta}x)Q+R]e^{-2\frac{h}{\delta}x}+4\mu_1(1-Q-R)\}\\
B_1^V=-\dfrac{1}{\Delta_{2G}}\{[1-2\dfrac{h}{\delta}x(1-R)]Me^{-2\frac{h}{\delta}x}-[(1-2\dfrac{h}{\delta}x)Q+R]e^{-2\frac{h}{\delta}x}-(1-Q-R)\}\\
C_1^V=-\dfrac{1}{2\Delta_{2G}}\{(1-4\mu_1-2\dfrac{h}{\delta}x)[(1+2\dfrac{h}{\delta}x)M-2\dfrac{h}{\delta}xQ]+\\
\quad 2[(2\mu_1+\dfrac{h}{\delta}x)(1+2\dfrac{h}{\delta}x)-2\mu_1e^{-2\frac{h}{\delta}x}]RM-(L+2\dfrac{h}{\delta}xR)+\\
\quad 4\mu_1LMe^{-2\frac{h}{\delta}x}+2(2\mu_1+\dfrac{h}{\delta}x-2\mu_1e^{-2\frac{h}{\delta}x})LQ\}e^{-2\frac{h}{\delta}x}\\
D_1^V=-\dfrac{1}{\Delta_{2G}}\{(1+2\dfrac{h}{\delta}x)(1-R)M-(L-R)Me^{-2\frac{h}{\delta}x}-[(1-e^{-2\frac{h}{\delta}x})L+2\dfrac{h}{\delta}x]Q\}e^{-2\frac{h}{\delta}x}
\end{cases}$$

$$\begin{cases}
A_2^V=\dfrac{1}{2\Delta_{2G}}\{[(M-1)L-(1-4\mu_2+2\dfrac{h}{\delta}x)(1-2\dfrac{h}{\delta}x)(L-1)M]e^{-2\frac{h}{\delta}x}-\\
\quad (1+2\dfrac{h}{\delta}x)(M-1)+(1-4\mu_2+2\dfrac{h}{\delta}x)(L-1)+\\
\quad 2(2\mu_2-\dfrac{h}{\delta}x)(1+2\dfrac{h}{\delta}x-e^{-2\frac{h}{\delta}x})(M-1)R+\\
\quad 2(2\mu_2-\dfrac{h}{\delta}x)[1-(1-2\dfrac{h}{\delta}x)e^{-2\frac{h}{\delta}x}](L-1)Q\}\\
B_2^V=-\dfrac{1}{\Delta_{2G}}\{(L-1)[1-(1-2\dfrac{h}{\delta}x)Me^{-2\frac{h}{\delta}x}]-[1-(1-2\dfrac{h}{\delta}x)e^{-2\frac{h}{\delta}x}](L-1)Q-\\
\quad (1+2\dfrac{h}{\delta}x-e^{-2\frac{h}{\delta}x})(M-1)R\}
\end{cases}$$

式中:$m_1=\dfrac{(1+\mu_1)E_2}{(1+\mu_2)E_1}$

$$\chi=\frac{E_1x}{(1+\mu_1)K\delta}$$

$$L=\frac{(3-4\mu_2)-(3-4\mu_1)m_1}{3-4\mu_2+m_1}$$

$$M=\frac{1-m_1}{(3-4\mu_1)m_1+1}$$

$$Q=\frac{\chi m_1}{2[(3-4\mu_1)m_1+1]}$$

$$R=\frac{\chi m_1}{2(3-4\mu_2+m_1)}$$

$$\Delta_{2G}=(2\frac{h}{\delta}x)^2[(1-R)M+Q]e^{-2\frac{h}{\delta}x}-(1-Le^{-2\frac{h}{\delta}x})(1-Me^{-2\frac{h}{\delta}x})+$$

$$[1-(1-2\frac{h}{\delta}x)e^{-2\frac{h}{\delta}x}](Q+R)-(1+2\frac{h}{\delta}x-e^{-2\frac{h}{\delta}x})(LQ+RM)e^{-2\frac{h}{\delta}x}$$

根据上述分析,可得到如下两点结论:

当 $K=\infty$ 或 $K\neq 0$ 的其他值时,若将 R、Q 值代入上述系数 A_1^V、B_1^V、C_1^V、D_1^V 和 A_2^V、B_2^V 的表达式中,就可求得双层弹性连续体系或其他产生层间相对水平位移的系数表达式。

当 $K=0$ 时,双层弹性体系就会转变为双层弹性滑动体系。这时,系数 A_1^V、B_1^V、C_1^V、D_1^V 和 A_2^V、B_2^V 的表达式可按如下形式表示:

$$A_1^V=\frac{1}{\Delta}\{\frac{h}{\delta}x(1-4\mu_1+2\frac{h}{\delta}x)Me^{-2\frac{h}{\delta}x}+\frac{h}{\delta}x\frac{Q}{R}Le^{-2\frac{h}{\delta}x}+$$

$$(2\mu_1-\frac{h}{\delta}x)[(1-2\frac{h}{\delta}x)\frac{Q}{R}+1]e^{-2\frac{h}{\delta}x}-2\mu_1(\frac{Q}{R}+1)\}$$

$$B_1^V=-\frac{1}{\Delta}\{2\frac{h}{\delta}xMe^{-2\frac{h}{\delta}x}-[(1-2\frac{h}{\delta}x)\frac{Q}{R}+1]e^{-2\frac{h}{\delta}x}+(\frac{Q}{R}+1)\}$$

$$C_1^V=\frac{1}{\Delta}\{\frac{h}{\delta}x(1-4\mu_1-2\frac{h}{\delta}x)\frac{Q}{R}-[(2\mu_1+\frac{h}{\delta}x)(1+2\frac{h}{\delta}x)-2\mu_1e^{-2\frac{h}{\delta}x}]M+$$

$$\frac{h}{\delta}x-(2\mu_1+\frac{h}{\delta}x-2\mu_1e^{-2\frac{h}{\delta}x})L\frac{Q}{R}\}e^{-2\frac{h}{\delta}x}$$

$$D_1^V=\frac{1}{\Delta}\{(1+2\frac{h}{\delta}x)M-Me^{-2\frac{h}{\delta}x}+[(1-e^{-2\frac{h}{\delta}x})L+2\frac{h}{\delta}x]\frac{Q}{R}\}e^{-2\frac{h}{\delta}x}$$

$$A_2^V=\frac{1}{\Delta}\{(2\mu_2-\frac{h}{\delta}x)(1+2\frac{h}{\delta}x-e^{-2\frac{h}{\delta}x})(M-1)+$$

$$(2\mu_2-\frac{h}{\delta}x)[1-(1-2\frac{h}{\delta}x)e^{-2\frac{h}{\delta}x}](L-1)\frac{Q}{R}\}$$

$$B_2^V=\frac{1}{\Delta}\{[1-(1-2\frac{h}{\delta}x)e^{-2\frac{h}{\delta}x}](L-1)\frac{Q}{R}+(1+2\frac{h}{\delta}x-e^{-2\frac{h}{\delta}x})(M-1)\}$$

式中:$\frac{Q}{R}=\frac{3-4\mu_2+m_1}{(3-4\mu_1)m_1+1}$

$$\Delta=-\left(2\frac{h}{\delta}x\right)^2\left(M+\frac{Q}{R}\right)e^{-2\frac{h}{\delta}x}+\left[1-\left(1-2\frac{h}{\delta}x\right)e^{-2\frac{h}{\delta}x}\right]\left(\frac{Q}{R}+1\right)-\left(1+2\frac{h}{\delta}x-e^{-2\frac{h}{\delta}x}\right)\left(L\frac{Q}{R}+M\right)e^{-2\frac{h}{\delta}x}$$

而不必简化为双层弹性滑动体系的系数表达式。

6.4 双层弹性体系中应力与位移的数值解

从上述分析可以看出,双层弹性体系的应力与位移表达式,均为含贝塞尔函数和指数函数的无穷积分。因此,采用手工计算,难以完成双层弹性体系的数值解,必须借助计算机编制高级语言程序,才能完成双层弹性体系中应力与位移分量数值解的计算工作。

编程时,应满足如下四项要求:

(1)运行速度要尽量快;

(2)计算精度要尽量高;

(3)计算范围要尽量广;

(4)使用时要尽量方便。

为了达到这四项要求,我们应从双层弹性体系中的计算公式、计算方法等方面进行进一步的深入研

究,寻找出最佳的编程方案,得到精度较高的应力与位移分量数值解。因此,提出如下五个方面的问题,进行深入探讨:

(1)选择计算公式;

(2)确定积分上限值;

(3)选用数值积分方法;

(4)推导应力与位移的余项公式;

(5)检验程序正确性的方法。

下面我们仅以圆形均布垂直荷载下的双层弹性体系为例,对上述五个方面的问题进行进一步讨论。

6.4.1 选择计算公式

在进行数值积分时,一般来说应采用式(6-1-3)中的应力与位移系数公式进行编程。但在这些应力和位移的表达式中,均含有指数函数 $e^{-\frac{z}{\delta}x}$ 和 $e^{\frac{z}{\delta}x}$,它们的取值范围分别为 1 ~ 0 和 1 ~ ∞ 。当 z 的取值足够大时,有可能产生溢出,造成死机;即使不产生溢出现象时,又有可能出现"病态"问题,得出难以置信的错误结果。因此,为了消除上述两种弊端,我们应对式(6-1-3)中的应力和位移分量解析表达式进行某些变换,使其不会出现上述问题,造成死机或错误的计算结果。另外,为了扩大计算范围,也必须对这些系数表达式进行必要的简化。对此,我们可将系数 C_1^V、D_1^V 表达式中的 $e^{-2\frac{h}{\delta}x}$ 移至 $e^{\frac{z}{\delta}x}$ 中,转变为 $e^{-(2\frac{h}{\delta}x-\frac{z}{\delta}x)}$。

若令

$$A_i^V=A_i,B_i^V=B_i,C_i^V=e^{-2\frac{h}{\delta}x}C_i,D_i^V=e^{-2\frac{h}{\delta}x}D_i,J(1)=J_1(x)$$

那么,式(6-1-3)可改写为下式:

$$\begin{cases}\bar{\sigma}_{r_i}^V=-\int_0^\infty\{[A_i-(1+2\mu_i-\frac{z}{\delta}x)B_i]e^{-\frac{z}{\delta}x}-[C_i+(1+2\mu_i+\frac{z}{\delta}x)D_i]e^{-(2\frac{h}{\delta}-\frac{z}{\delta})x}\}J_1(x)J_0(\frac{r}{\delta}x)\mathrm{d}x+\frac{\delta}{r}\bar{U}_i^V\\ \bar{\sigma}_{\theta_i}^V=2\mu_i\int_0^\infty(Be^{-\frac{z}{\delta}x}+D_ie^{-(2\frac{h}{\delta}-\frac{z}{\delta})x})J_1(x)J_0(\frac{r}{\delta}x)\mathrm{d}x-\frac{\delta}{r}\bar{U}_i^V\\ \bar{\sigma}_{z_i}^V=-\int_0^\infty\{[A_i+(1-2\mu_i+\frac{z}{\delta}x)B_i]e^{-\frac{z}{\beta}x}-[C_i-(1-2\mu_i-\frac{z}{\delta}x)D_i]e^{-(2\frac{h}{\delta}-\frac{z}{\delta})x}\}J_1(x)J_0(\frac{r}{\beta}x)\mathrm{d}x\\ \bar{\tau}_{zr_i}^V=\int_0^\infty\{[A_i-(2\mu_i-\frac{z}{\delta}x)B_i]e^{-\frac{z}{\delta}x}+[C_i+(2\mu_i+\frac{z}{\delta}x)D_i]e^{-(2\frac{h}{\delta}-\frac{z}{\delta})x}\}J_1(x)J_1(\frac{r}{\delta}x)\mathrm{d}x\\ \bar{u}_i^v=-\bar{U}_i^V\\ \bar{w}_i^V=-\int_0^\infty\{[A_i+(2-4\mu_i+\frac{z}{\delta}x)B_i]e^{-\frac{z}{\delta}x}+[C_i-(2-4\mu_i-\frac{z}{\delta}x)D_i]e^{-(2\frac{h}{\delta}-\frac{z}{\delta})x}\}J_1(x)J_0(\frac{r}{\delta}x)\frac{\mathrm{d}x}{x}\end{cases}\tag{6-4-1}$$

式中,$\bar{U}_i^V=\int_0^\infty\{[A_i-(1-\frac{z}{\delta}x)B_i]e^{-\frac{z}{\delta}x}-[C_i+(1+\frac{z}{\delta}x)D_i]e^{-(2\frac{h}{\delta}-\frac{z}{\delta})x}\}J_1(x)J_1(\frac{r}{\delta}x)\frac{\mathrm{d}x}{x}$

其中,$A_1=\frac{1}{2\Delta_{2C}}\{[(1-2\frac{h}{\delta}x)(1-4\mu_1+2\frac{h}{\delta}x)M-L]e^{-2\frac{h}{\delta}X}+4\mu_1\}$

$$B_1=-\frac{1}{\Delta_{2C}}[(1-2\frac{h}{\delta}x)Me^{-2\frac{h}{\delta}x}-1]$$

$$C_1=-\frac{1}{2\Delta_{2C}}[(1+2\frac{h}{\delta}x)(1-4\mu_1-2\frac{h}{\delta}x)M-L+4\mu_1LMe^{-2\frac{h}{\delta}x}]$$

$$D_1=-\frac{M}{\Delta_{2C}}[(1+2\frac{h}{\delta}x)-Le^{-2\frac{h}{\delta}x}]$$

$$A_2=\frac{1}{2\Delta_{2C}}\{[(1-2\frac{h}{\delta}x)(1-4\mu_2+2\frac{h}{\delta}x)(1-L)M-L(1-M)]e^{-2\frac{h}{\delta}x}+$$

$$(1+2\frac{h}{\delta}x)(1-M)-(1-4\mu_2+2\frac{h}{\delta}x)(1-L)\}$$

$$B_2=-\frac{1-L}{\Delta_{2C}}[(1-2\frac{h}{\delta}x)Me^{-2\frac{h}{\delta}x}-1]$$

$$\Delta_{2C}=(2\frac{h}{\delta}x)^2Me^{-2\frac{h}{\delta}x}-(1-Le^{-2\frac{h}{\delta}x})(1-Me^{-2\frac{h}{\delta}x})$$

$$m_1=\frac{(1+\mu_1)E_2}{(1+\mu_2)E_1}$$

$$L=\frac{(3-4\mu_2)-(3-4\mu_1)m_1}{(3-4\mu_2)+m_1}$$

$$M=\frac{1-m_1}{1+(3-4\mu_1)m_1}$$

式(6-4-1)中，$\overline{\sigma}_{r_i}^V$称为径向应力系数；$\overline{\sigma}_{\theta_i}^V$称为辐向应力系数；$\overline{\sigma}_{z_i}^V$称为垂直应力系数；$\overline{\tau}_{zr_i}^V$称为剪应力系数；$\overline{u}_i^V$称为径向水平位移系数；$\overline{w}_1^V$称为垂直位移系数。这些系数都是无因次的无穷积分。其中 i 表示层位号，$i=1$为上层，z 的取值范围为$0\leqslant\frac{z}{\delta}\leqslant\frac{h}{\delta}$；$i=2$ 为下层，z 的取值范围为$\frac{z}{\delta}\geqslant\frac{h}{\delta}$。

由式(6-4-1)可以看出，所有应力和位移系数，均为含贝塞尔函数和指数函数的无穷积分。但其指数函数由原来的 1 ~ ∞ 变为 1 ~ 0。通过这样的处理，一则，可消除溢出现象；再者，可部分消除“病态”问题。从而提高其计算精度，扩大计算范围。

6.4.2　确定积分上限值

在计算无穷积分时，由于计算机不可能计算出 0 ~ ∞ 的积分值，一般都采用一定上限值 x_s，计算 0 ~ x_s 的积分值，再加上 x_s ~ ∞ 的余项值。为了恰当地选定积分上限值 x_s，就必须对应力和位移分量系数表达式的被积函数特性进行分析。从所有应力与位移分量表达式可以看出，被积函数都是由两部分函数的乘积组成，其中一部分与贝塞尔函数有关，它是一个波动衰减函数，当变量 x 趋近于无穷大时，它的极限为零；而另一部分与指数函数有关，当变量 x 趋近于无穷大时，它的极限与坐标 z 有关。当 $z=0$ 时，它是一个单调有界函数；当 $z>0$ 时，它是一个单调减函数，且趋于零。根据这些函数的特性，对于不同坐标点 z，可按不同的原则来确定其恰当的上限 x_s。对于 $z=0$，其上限 x_s 可取为：

$$x_s\geqslant\frac{15\delta}{h}$$

对于 $z>0$，其上限 x_s 可取为：

$$x_s\geqslant\frac{15\delta}{h+z}$$

在以上的限制条件中，均取定指数函数的幂次不小于 15，这样就能使积分余项中的指数函数部分的数值基本上不大于 10^{-8}。又由于贝塞尔函数不仅是波动函数，而且是收敛函数。也就是说，贝塞尔函数是一个振荡衰减函数。因此，可以保证这些无穷积分的余项值，不会影响到对数值解所要求的精度，至少可以保证三位有效数字。这样的精度在工程上已经是足够精确的。如需要提高数值解的精度，则应加大积分上限值。

6.4.3　选用数值积分方法

在计算应力和位移的系数表达式时，都可归结为计算含指数函数和贝塞尔函数的无穷积分。对于这类无穷积分的数值计算问题，首先要将 0 ~ ∞ 的无穷积分化为等效的从 0 ~ x_s 区间上的定积分。然后采用数值积分方法求其数值解，并应加上余项值。

从数学角度而言,数值积分方法很多。但用于层状弹性体系理论的数值方法主要有两大类:一类为辛普森(抛物线)数值积分方法;另一类为高斯数值积分方法。由于高斯数值积分方法的运行速度和计算精度,均优于辛普森(抛物线)数值积分方法,故我们主要探索高斯数值积分方法。根据高斯数值积分方法的特点,它又可以分为如下三种方法:

(1)“传统的”高斯数值积分方法

在积分区间[-1, 1]上取 n 个插值点,则高斯数值积分公式可表达为下式:

$$\int_{-1}^{1} f(t)\,\mathrm{d}t = \sum_{k=1}^{n} A_k f(t_k)$$

式中:t_k——高斯节点,其值可查数学手册;

A_k——高斯系数,其值可查数学手册。

应当指出,根据应力和位移系数表达式的特点,高斯节点数 n 应取偶数点,不要选用奇数点,这样对计算大有好处。

从上式可以看出,高斯节点数越多,其数值积分的计算精度也就越高,但计算速度会越来越慢。因此,必须在节点数与计算速度上进行权衡,寻找计算精度和计算速度均较好的节点数。根据我们的编程经验,建议采用16点高斯数值积分法,在满足工程精度的前提下,其计算速度也相当快。

上述积分区间为[-1, 1],而在实际工作中,一般积分区间为[a,b]。为此,令

$$x_k = \frac{a+b}{2} + \frac{b-a}{2} t_k$$

则有积分区间[a,b]的高斯数值积分式,如下:

$$\int_{a}^{b} f(x)\,\mathrm{d}x = \frac{b-a}{2} \sum_{k=1}^{n} A_k f(x_k)$$

对于层状弹性体系,有 $a=0$,$b=x_{\mathrm{s}}$。在实际应用中,一般采用复化高斯积分法。该法将积分区间[a,b]划分为长度相等的 S 个子区间,每个子区间上采用 n 点高斯求积公式计算其积分值,然后再将 S 个子区间的积分值相加,求得整个区间的积分值,即

$$\int_{a}^{b} f(x)\,\mathrm{d}x = \frac{b-a}{2S} \sum_{j=1}^{S} \sum_{k=1}^{n} A_k f(x_k)$$

式中,$x_k = \dfrac{b-a}{S}\left[\dfrac{1}{2}t_k + \left(j - \dfrac{1}{2}\right)\right]$。

若设子区间长为 L_{s},则子区间数 S 可按下式确定

$$S = \left[\frac{x_s}{L_s}\right] + 1$$

其中,[·]为取整符号。

上述数值积分方法就是数值计算方法中常见的高斯积分法,为了和下述两种方法相呼应,故改称“传统的”高斯积分数值积分法。

(2)改进的高斯积分法

“传统的”高斯数值积分法,虽然其代数精确度远远高于辛普森(抛物线)数值积分法,但由于它是固定积分上限和定子区间长的数值积分法。因此,它无法控制该积分值的计算精度能否满足要求。为了控制计算精度,一般采用试算法,来确定积分上限 x_{s} 和子区间长 L_{s}。但是,采用多组数据试算所确定的积分上限 x_{s} 和子区间长 L_{s},并不能保证对任何结构进行计算时,都能满足计算精度的要求。

为了克服“传统的”高斯数值积分法不能控制计算精度的缺点,有人提出改进的高斯数值积分法。该法首先将整个积分区间[a,b]划分为一个子区间(即 $S=1$),进行高斯数值积分,然后再将整个积分

区间划分为两个子区间(即 $S=2$),进行高斯数值积分,若两者积分值之差的绝对值小于或等于给定的误差限,则第二次的计算结果即为最终的积分值;若不满足要求,又将整个积分区间划分为四个子区间(即 $S=4$),进行高斯数值积分,若满足要求,就将第三次的积分作为最终的积分值;否则再将子区间数增加一倍(即 $S=8,16,32,\cdots\cdots$),重新计算。如此循环,直至满足精度要求为止。

改进的高斯数值积分法是固定积分区间和变子区间长的求积方法,它采用给定的误差限来控制计算精度。因此,改进的高斯数值积分法在计算精度方面显然要优于"传统的"高斯积分法,但由于高斯数值积分法为不等距内插求积公式,前次计算结果,不能为后一次计算所利用,其运算速度也明显低于"传统的"高斯数值积分法。所以,这种数值积分法也不是理想的求积方法。

(3)变上限的高斯数值积分法

为了吸收上述两法的优点,克服其缺点,我们提出了变积分上限的高斯数值积分法。这种计算方法采用固定的子区间长(比如 $L_s=3$),并对第一个子区间采用高斯求积公式进行计算。若其结果满足给定的误差限要求,该计算结果就是最终的积分值;如果不满足要求,计算第二个子区间的积分值,并将前后两次积分值相加。若第二个积分值满足给定的误差限的要求,停止计算,其和作为最终的积分值。若不满足要求,继续取下一个子区间进行计算,如此重复,直至满足要求为止。

由于变上限的高斯数值积分法,充分利用前面的计算结果,故其运行速度要比改进的高斯数值积分法快得多,且能控制精度。因此,变积分上限的高斯数值积分法是一种较好的求积方法。

采用变上限的高斯数值积分法进行计算,其运行速度有时要比"传统的"高斯数值积分法快一些,有时又可能比"传统的"高斯数值积分法慢一点。但不管本法是快还慢,它都能满足积分的精度要求。若"传统的"高斯数值积分法比变上限的高斯数值积分法快时,表明它的积分上限定的过小,其积分值的计算精度不能满足要求;而"传统的"高斯数值积分法比变上限的高斯数值积分法慢时,又说明它的积分上限定的过长,计算精度虽能满足要求,但却浪费机时。

总而言之,在满足计算精度的前提下,采用变上限的高斯数值积分法要比前两种方法好一些。

6.4.4 余项公式的确定

由式(6-4-1)可知,应力和位移系数表达式中的被积函数均为两部分的乘积,其中一部分与贝塞尔函数有关,用 $J(x)$ 表示;而另一部分与指数函数有关,用 $E(x)$ 表示。这就是说,它们均可用下式表示:

$$\int_0^{\infty} E(x)J(x)\,\mathrm{d}x \tag{1}$$

经分析表明,$J(x)$ 是一个波动衰减函数,当变量 x 趋近无穷大时,它们的极限为零,即

$$\lim_{x\to\infty} J(x) = 0$$

而 $E(x)$ 部分,当 $z=0$ 时,它是一个单调有界函数,当变量 x 趋近无穷大时,其极限为与 μ_1 有关的定值 $A(\mu_1)$。当 $z>0$ 时,它是一个单调减函数,当变量 x 趋近无穷大时,其极限为零。即

$$\lim_{z\to\infty} E(x) = \begin{cases} A(\mu_1) & (z=0) \\ 0 & (z>0) \end{cases}$$

因此,式(1)可以改写为下式:

$$\int_0^{\infty} E(x)J(x)\,\mathrm{d}x = \int_0^{x_s} E(x)J(x)\,\mathrm{d}x + \int_{x_s}^{\infty} E(x)J(x)\,\mathrm{d}x$$

在上述无穷积分中,等式右端的第二个积分称为余项,它的计算值与坐标 z 有关,以下我们采用 R 表示余项(等式右端的第二个积分)。为了便于计算,第二部分积分又可改写为如下形式:

$$R=\begin{cases}A(\mu_1)\left[\int_0^{\infty}J(x)\mathrm{d}x-\int_0^{x_s}J(x)\mathrm{d}x\right] & (z=0)\\ 0 & (z>0)\end{cases}$$

上式表明,只有计算表面($z=0$)的应力和位移系数时,需要加上余项值;而计算其他点($z>0$)的应力与位移系数时,则不需要加上余项,或者说其余项值等于零。

采用余项法,计算表面上的应力与位移分量或系数,是我国吴晋伟高级工程师于 1962 年首先提出的一种计算方法。由于表面上某些应力与位移系数的数值积分收敛速度极慢,需要较大的积分上限,才能求得其数值解。这样,由于计算时间过长,严重影响其使用条件。故在国外计算表面应力与位移系数时,采用计算表面下某一点(比如,取坐标 $z=0.000005$)的积分值,并用这一点的积分值来代替表面的积分值。尽管它的 z 坐标值与表面坐标 $z=0$ 相差甚微,但所求的积分值,毕竟不是表面的真实积分值。我国由于采用余项法直接计算表面值,成功地解决了这一难题。

对表面应力与位移中的 $E(x)$ 部分取变量 x 趋近无穷大的极限值,则可得表面($z=0$)的余项公式如下:

$$\begin{cases}R(\bar{\sigma}_{r_1}^{V})=-\left[\int_0^{\infty}J_1(x)J_0\left(\frac{r}{\delta}x\right)\mathrm{d}x-\int_0^{x_s}J_1(x)J_0\left(\frac{r}{\delta}x\right)\mathrm{d}x\right]+\\ \qquad(1-2\mu_1)\frac{\delta}{r}\left[\int_0^{\infty}\frac{J_1(x)J_1\left(\frac{r}{\delta}x\right)}{x}\mathrm{d}x-\int_0^{x_s}\frac{J_1(x)J_1\left(\frac{r}{\delta}x\right)}{x}\mathrm{d}x\right]\\ R(\bar{\sigma}_{\theta_1}^{V})=-2\mu_1\left[\int_0^{\infty}J_1(x)J_0\left(\frac{r}{\delta}x\right)\mathrm{d}x-\int_0^{x_s}J_1(x)J_0\left(\frac{r}{\delta}x\right)\mathrm{d}x\right]-\\ \qquad(1-2\mu_1)\frac{\delta}{r}\left[\int_0^{\infty}\frac{J_1(x)J_1\left(\frac{r}{\delta}x\right)}{x}\mathrm{d}x-\int_0^{x_s}\frac{J_1(x)J_1\left(\frac{r}{\delta}x\right)}{x}\mathrm{d}x\right]\\ R(\bar{\sigma}_{z_1}^{V})=-\left[\int_0^{\infty}J_1(x)J_0\left(\frac{r}{\delta}x\right)\mathrm{d}x-\int_0^{x_s}J_1(x)J_0\left(\frac{r}{\delta}x\right)\mathrm{d}x\right]\\ R(\bar{\tau}_{zr_i}^{V})=0\\ R(\bar{u}_1^{V})=-\frac{(1-2\mu_1)}{2}\left[\int_0^{\infty}\frac{J_1(x)J_1\left(\frac{r}{\delta}x\right)}{x}\mathrm{d}x-\int_0^{x_s}\frac{J_1(x)J_1\left(\frac{r}{\delta}x\right)}{x}\mathrm{d}x\right]\\ R(\bar{w}_1^{V})=-(1-\mu_1)\left[\int_0^{\infty}\frac{J_1(x)J_0\left(\frac{r}{\delta}x\right)}{x}\mathrm{d}x-\int_0^{x_s}\frac{J_1(x)J_0\left(\frac{r}{\delta}x\right)}{x}\mathrm{d}x\right]\end{cases}\tag{6-4-2}$$

式中的无穷积分可表示为如下形式:

$$\int_0^{\infty}J_1(x)J_0\left(\frac{r}{\delta}x\right)\mathrm{d}x=\begin{cases}1 & (r<\delta)\\ \frac{1}{2} & (r=\delta)\\ 0 & (r>\delta)\end{cases}$$

$$\int_0^{\infty}\frac{J_1(x)J_0\left(\frac{r}{\delta}x\right)}{x}\mathrm{d}x=\begin{cases}F\left(\frac{1}{2},-\frac{1}{2},1,\frac{r^2}{\delta^2}\right) & (r<\delta)\\ \frac{2}{\pi} & (r=\delta)\\ \frac{1}{2}\times\frac{\delta}{r}F\left(\frac{1}{2},\frac{1}{2},2,\frac{\delta^2}{r^2}\right) & (r>\delta)\end{cases}$$

$$\int_0^{\infty}\frac{J_1(x)J_1\left(\frac{r}{\delta}x\right)}{x}\mathrm{d}x=\begin{cases}\frac{1}{2}\times\frac{r}{\delta} & (r\leqslant\delta)\\ \frac{1}{2}\times\frac{\delta}{r} & (r\geqslant\delta)\end{cases}$$

$$\frac{\delta}{r}\int_0^{\infty}\frac{J_1(x)J_1(\frac{r}{\delta}x)}{x}\mathrm{d}x=\begin{cases}\frac{1}{2} & (r\leqslant\delta)\\ \frac{1}{2}\times(\frac{\delta}{r})^2 & (r\geqslant\delta)\end{cases}$$

采用余项公式计算表面应力与位移系数，不仅可以保证计算精度，而且还可缩短计算时间。因此，它在我国得到普遍应用。对于余项公式，如果能够指出如下几点，或许对编程工作大有好处。

(1)由式(6-4-2)可以看出，在计算双层弹性体系的应力与位移系数时，余项公式中的积分由两部分组成：第一部分为 0 ~ ∞ 的无穷积分，它实质上就是圆形均布垂直荷载下的弹性半空间体表面($z=0$)处应力与位移系数表达式；而第二部分为 0 至上限 x_s 的有限积分，它可以采用固定子区间、变上限的高斯数值积分法求得。

(2)如果双层弹性体系表面($z=0$)上作用有圆形轴对称垂直荷载，那么，这种圆形轴对称垂直荷载的余项公式只需将式(6-4-2)中的 $J_1(x)$ 用 $J(m)$ 代替即可。其余项公式可表示为如下形式：

$$\begin{aligned}
R(\bar{\sigma}_{r_1}^{V}) &= -[\int_0^{\infty}J(m)J_0(\frac{r}{\delta}x)\mathrm{d}x-\int_0^{x_s}J(m)J_0(\frac{r}{\delta}x)\mathrm{d}x]+\\
&\quad(1-2\mu_1)[\frac{\delta}{r}\int_0^{\infty}\frac{J(m)J_1(\frac{r}{\delta}x)}{x}\mathrm{d}x-\frac{\delta}{r}\int_0^{x_s}\frac{J(m)J_1(\frac{r}{\delta}x)}{x}\mathrm{d}x]\\
R(\sigma_{\theta_1}^{V}) &= -2\mu_1[\int_0^{\infty}J(m)J_0(\frac{r}{\delta}x)\mathrm{d}x-\int_0^{x_s}J(m)J_0(\frac{r}{\delta}x)\mathrm{d}x]-\\
&\quad(1-2\mu_1)[\frac{\delta}{r}\int_0^{\infty}\frac{J(m)J_1(\frac{r}{\delta}x)}{x}\mathrm{d}x-\frac{\delta}{r}\int_0^{x_s}\frac{J(m)J_1(\frac{r}{\delta}x)}{x}\mathrm{d}x]\\
R(\bar{\sigma}_{z_1}^{V}) &= -[\int_0^{\infty}J(m)J_0(\frac{r}{\delta}x)\mathrm{d}x-\int_0^{x_s}J(m)J_0(\frac{r}{\delta}x)\mathrm{d}x]\\
R(\tau_{zr_1}^{V}) &= 0\\
R(\bar{u}_1^{V}) &= -\frac{1-2\mu_1}{2}[\int_0^{\infty}\frac{J(m)J_1(\frac{r}{\delta}x)}{x}\mathrm{d}x-\int_0^{x_s}\frac{J(m)J_1(\frac{r}{\delta}x)}{x}\mathrm{d}x]\\
R(\bar{w}_1) &= -(1-\mu_1)[\int_0^{\infty}\frac{J(m)J_0(\frac{r}{\delta}x)}{x}\mathrm{d}x-\int_0^{x_s}\frac{J(m)J_0(\frac{r}{\delta}x)}{x}\mathrm{d}x]
\end{aligned} \tag{6-4-3}$$

式中的无穷积分可表示为如下形式：

$$\int_0^{\infty}J(m)J_0(\frac{r}{\delta}x)\mathrm{d}x=\begin{cases}m(1-\frac{r^2}{\delta^2})^{m-1} & (r<\delta)\\ B(m) & (r=\delta)\\ 0 & (r>\delta)\end{cases}$$

$$\int_0^{\infty}\frac{J_m(x)J_0(\frac{r}{\delta}x)}{x}\mathrm{d}x=\begin{cases}\frac{\Gamma(m+1)\sqrt{\pi}}{2\Gamma(m+\frac{1}{2})}F(\frac{1}{2},\frac{1}{2}-m,1,\frac{r^2}{\delta^2}) & (r<\delta)\\ \frac{\Gamma(m)\Gamma(m+1)}{2[\Gamma(m+\frac{1}{2})]^2} & (r=\delta)\\ \frac{1}{2}\times\frac{\delta}{r}F(\frac{1}{2},\frac{1}{2},m+1,\frac{\delta^2}{r^2}) & (r>\delta)\end{cases}$$

$$\int_0^\infty \frac{J(m)J_1(\frac{r}{\delta}x)}{x}\mathrm{d}x = \begin{cases} \frac{1}{2}\times\frac{\delta}{r}[1-(1-\frac{r^2}{\delta^2})^m] & (r\leqslant\delta) \\ \frac{1}{2}\times\frac{\delta}{r} & (r\geqslant\delta) \end{cases}$$

$$\frac{\delta}{r}\int_0^\infty \frac{J(m)J_1(\frac{r}{\delta}x)}{x}\mathrm{d}x = \begin{cases} \frac{1}{2}\times\frac{\delta^2}{r^2}[1-(1-\frac{r^2}{\delta^2})^m] & (r\leqslant\delta) \\ \frac{1}{2}\times\frac{\delta^2}{r^2} & (r\geqslant\delta) \end{cases}$$

其中,$B(m)$可表示为如下形式:

$$B(m) = \begin{cases} 0 & (m>1) \\ \frac{1}{2} & (m=1) \\ \infty & (m<1) \end{cases}$$

(3)余项公式不仅适用于双层体系,而且还适用于多层体系。应当指出,只要是圆形轴对称垂直荷载的问题,也不管层间接触面的结合状态属于什么样的结合条件(完全连续结合条件、完全滑动结合条件、层间产生相对水平位移),它们的余项公式都可用式(6-4-3)来计算。

(4)对于几种常见的荷载,$J(m)$的计算表达式可表示为如下形式:

①圆形均布垂直荷载

根据式(1-5-5),圆形均布垂直荷载的亨格尔积分变换式为:

$$\bar{p}(\xi) = \frac{p\delta}{\xi}J_1(\xi\delta)$$

因此,若令$x=\xi\delta$,式(6-4-3)中的$J(m)$可为:

$$m = 1$$

$$J(1) = J_1(x)$$

②半球形垂直荷载

根据式(1-5-5),半球形垂直荷载的亨格尔积分变换式为:

$$\bar{p}(\xi) = \frac{3p\delta}{2\xi}\times\frac{\sin\xi\delta-\xi\delta\cos\xi\delta}{(\xi\delta)^2}$$

因此,可将式(6-4-3)余项公式中的$J(m)$表示为:

$$m = \frac{3}{2}$$

$$J(\frac{3}{2}) = \frac{3}{2}\times\frac{\sin x - x\cos x}{x^2}$$

③刚性承载板垂直荷载

$$\bar{p}(\xi) = \frac{p\delta}{2\xi}\sin\xi\delta$$

因此,可将式(6-4-3)余项公式中的$J(m)$表示为:

$$m = \frac{1}{2}$$

$$J(\frac{1}{2}) = \frac{1}{2}\sin x$$

6.4.5 检验程序正确性的方法

根据给定的计算任务,编制出计算程序后,首要的工作就是检查程序中存在的问题,修改错误。这就是通常所说的"通程序"。应该指出,只有所编程序完全正确无误,经过试算,数据正确,才能正式交付使用。

"通程序"是整个编程工作中不可缺少的重要环节,也是一项反反复复的枯燥无味工作,必须怀着心情平和、勤于思考的工作态度,才能较快的发现问题,修改错误,完成"通程序"的工作。只有完成"通程序"的工作,才能进行数据试算。

检验程序正确性的试算方法,一般有两类:一类为数据对比法,另一类为关系式对比法。

数据对比法是根据已有的数据与程序计算结果进行对比的检验方法,它只有事先掌握该课题的一些计算结果,才能进行对比。因此,这类对比方法的局限性较大。

关系式对比法是利用某些关系式的计算数据与程序的计算结果进行对比的检验方法,这类检验方法的适用性较大,但它没有统一的检验模式,只能根据具体课题寻找一些关系式进行检验。比如,在层状弹性体系理论中,可根据几何方程式、物理方程式和层间结合条件等导出一些关系式与程序的计算结果进行对比检验。下面介绍几种关系式的检验方法:

6.4.5.1 相邻点检验法

所谓"相邻点"系指在某一界面的下层顶算点 B 与上层底面的相应点 A,互为相邻点。此时,A、B 两点的坐标 r、z 完全相同,所不同的是点 A 在第 i 层,而点 B 处在第 $i+1$ 层($i=1,2,\cdots\cdots,n-1$),如图 6-4 所示。

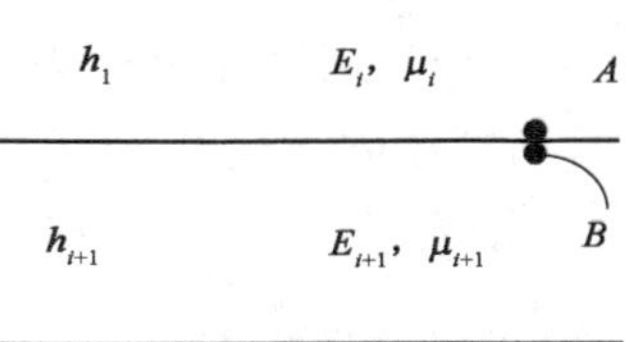

图 6-4

由于 A、B 两点分别处在某一接触面的上层底面和该接触面的下层顶面,因此这两点的应力与位移分量(系数)值应受到层间结合条件的制约。

对于双层弹性体系,A、B 两点分别处在路面结构层的底面和土基的顶面上。根据层间结合条件,它可分为如下三种结合条件来讨论:

(1)层间连续条件下的检验法

根据层间连续条件,若用应力与位移分量表示,则有:

$$\begin{cases} \sigma_{z_2}^V\Big|_{z=h} = \sigma_{z_1}^V\Big|_{z=h} \\ \tau_{zr_2}^V\Big|_{z=h} = \tau_{zr_1}^V\Big|_{z=h} \\ u_2^V\Big|_{z=h} = u_1^V\Big|_{z=h} \\ w_2^V\Big|_{z=h} = w_1^V\Big|_{z=h} \end{cases} \tag{6-4-4}$$

若用应力与位移系数表示,则可得:

$$\begin{cases} \bar{\sigma}_{z_2}^V\Big|_{z=h} = \bar{\sigma}_{z_1}^V\Big|_{z=h} \\ \bar{\tau}_{zr_2}^V\Big|_{z=h} = \bar{\tau}_{zr_1}^V\Big|_{z=h} \\ \bar{u}_2^V\Big|_{z=h} = m_1\bar{u}_1^V\Big|_{z=h} \\ \bar{w}_2^V\Big|_{z=h} = m_1\bar{w}_1^V\Big|_{z=h} \end{cases} \tag{6-4-5}$$

式中,$m_1=\dfrac{(1+\mu_1)E_2}{(1+\mu_2)E_1}$。

由程序求得 A、B 两点的应力与位移分量(系数)计算结果,如果满足上述要求,则表明程序正确无误。

(2)层间滑动条件下的检验法

根据层间滑动条件,若用应力与位移分量表示,则可得

$$\begin{cases}\sigma_{z_2}^V\big|_{z=h}=\sigma_{z_1}^V\big|_{z=h}\\ \tau_{zr_2}^V\big|_{z=h}=0\\ \tau_{zr_1}^V\big|_{z=h}=0\\ w_2^V\big|_{z=h}=w_1^V\big|_{z=h}\end{cases}\tag{6-4-6}$$

若用应力与位移系数表示,则可得

$$\begin{cases}\bar{\sigma}_{z_2}^V\big|_{z=h}=\bar{\sigma}_{z_1}^V\big|_{z=h}\\ \bar{\tau}_{zr_2}^V\big|_{z=h}=0\\ \bar{\tau}_{zr_1}^V\big|_{z=h}=0\\ \bar{w}_2^V\big|_{z=h}=m_1\bar{w}_1^V\big|_{z=h}\end{cases}\tag{6-4-7}$$

由程序求得 A、B 两点的应力与位移分量(系数)计算结果,如果满足上述要求,表明程序正确无误。

(3)层间半连续半滑动结合条件下的检验法

根据层间半连续半滑动结合条件,则可得下述关系式:

$$\begin{cases}\sigma_{z_2}^V=\sigma_{z_1}^V\\ \tau_{zr_2}^V=\tau_{zr_i}^V\\ u_2^V=u_1^V-\dfrac{\tau_{zr_1}^V}{K}\\ w_2^V=w_1^V\end{cases}\tag{6-4-8}$$

式中:K——接触层界面的黏结系数(MPa/cm),其值为 $0<K<\infty$。

如果 $K=\infty$,层间接触面处于完全连续状况。这时,$u_2^V=u_1^V-\dfrac{\tau_{zr_1}^V}{K}$应改写为 $u_2^V=u_1^V$;如果 $K=0$,层间接触面处于完全滑动状况。这时,$\tau_{zr_2}^V=\tau_{zr_1}^V$、$u_2^V=u_1^V-\dfrac{\tau_{zr_1}^V}{K}$应改写为 $\tau_{zr_2}^V=0$,$\tau_{zr_1}^V=0$。

若用应力与位移系数表示,则可得如下四个表达式:

$$\begin{cases}\bar{\sigma}_{z_2}^V=\bar{\sigma}_{z_1}^V\\ \bar{\tau}_{zr_2}^V=\bar{\tau}_{zr_1}^V\\ \bar{u}_2^V=m_1(\bar{u}_1^V-\chi\bar{\tau}_{zr_{i1}}^V)\\ \bar{w}_2^V=m_1\bar{w}_1^V\end{cases}\tag{6-4-9}$$

式中,$\chi=\dfrac{E_1x}{(1+\mu_1)K\delta}$。

由程序求得 A、B 两点的应力与位移计算结果,如果满足上述要求,表明程序正确无误。

6.4.5.2 基本方程式的检验法

根据物理方程式，则有：

$$\begin{cases}\varepsilon_{r_i}^V = \dfrac{1}{E_i}[\sigma_{r_i}^V - \mu_i(\sigma_{\theta_i}^V + \sigma_{z_i}^V)] \\ \varepsilon_{\theta_i}^V = \dfrac{1}{E_i}[\sigma_{\theta_i}^V - \mu_i(\sigma_{r_i}^V + \sigma_{z_i}^V)] \\ \varepsilon_{z_i}^V = \dfrac{1}{E_i}[\sigma_{z_i}^V - \mu_i(\sigma_{r_i}^V + \sigma_{\theta_i}^V)]\end{cases} \tag{6-4-10}$$

式中，$i=1,2$。

若令

$$\sigma_{r_i}^V = p\overline{\sigma}_{r_i}^V, \sigma_{\theta_1}^V = p\overline{\sigma}_{\theta_1}^V, \sigma_{z_i}^V = p\overline{\sigma}_{z_i}^V$$

$$\varepsilon_{r_i}^V = \frac{p}{E_i}\overline{\varepsilon}_{r_i}^V, \varepsilon_{\theta_i}^V = \frac{p}{E_i}\overline{\varepsilon}_{\theta_i}^V, \varepsilon_{z_i}^V = \frac{p}{E_i}\overline{\varepsilon}_{z_i}^V$$

则可得到采用应力系数和形变系数表示的物理方程如下：

$$\begin{cases}\overline{\varepsilon}_{r_i}^V = \dfrac{1}{E_i}[\overline{\sigma}_{r_i}^V - \mu_i(\overline{\sigma}_{\theta_i}^V + \overline{\sigma}_{z_i}^V)] \\ \overline{\varepsilon}_{\theta_i}^V = \dfrac{1}{E_i}[\overline{\sigma}_{\theta_i}^V - \mu_i(\overline{\sigma}_{r_i}^V + \overline{\sigma}_{z_i}^V)] \\ \overline{\varepsilon}_{z_i}^V = \dfrac{1}{E_i}[\overline{\sigma}_{z_i}^V - \mu_i(\overline{\sigma}_{r_i}^V + \overline{\sigma}_{\theta_i}^V)]\end{cases} \tag{6-4-11}$$

又根据几何方程前三式，即

$$\begin{cases}\varepsilon_{r_i}^V = \dfrac{\partial u_i^V}{\partial r} \\ \varepsilon_{\theta_i}^V = \dfrac{u_i^V}{r} \\ \varepsilon_{z_i}^V = \dfrac{\partial w_i^V}{\partial z}\end{cases}$$

并注意贝塞尔函数的导数公式：

$$\frac{\partial}{\partial r}J_1\left(\frac{r}{\delta}x\right) = \frac{x}{\delta}J_0\left(\frac{r}{\delta}x\right) - \frac{1}{r}J_1\left(\frac{r}{\delta}x\right)$$

则可得形变分量的积分表达式如下：

$$\begin{cases}\varepsilon_{r_i}^V = -\dfrac{(1+\mu_i)p}{E_i}\Big\{\displaystyle\int_0^\infty \{[A_i^V - (1-\frac{z}{\delta}x)B_i^V]e^{-\frac{z}{\delta}x} - \\ \quad [C_i^V + (1+\frac{z}{\delta}x)D_i^V]e^{\frac{z}{\delta}x}\}J(m)J_0(\frac{r}{\delta}x)\mathrm{d}x - \dfrac{\delta}{r}U_i^V\Big\} \\ \varepsilon_{\theta_i}^V = -\dfrac{(1+\mu_i)p}{E_i} \times \dfrac{\delta}{r}U_1^V \\ \varepsilon_{z_i}^V = \dfrac{(1+\mu_i)p}{E_i}\displaystyle\int_0^\infty \{[A_i^V + (1-4\mu_i+\frac{z}{\delta}x)B_i^V]e^{-\frac{z}{\delta}x} - \\ \quad [C_i^V - (1-4\mu_i-\frac{z}{\delta}x)D_i^V]e^{\frac{z}{\delta}x}\}J(m)J_0(\frac{r}{\delta}x)\dfrac{\mathrm{d}x}{x}\end{cases}$$

式中，$U_i^V = \int_0^\infty \{[A_i^V - (1 - \frac{z}{\delta}x)B_i^V]e^{-\frac{z}{\delta}x} - [C_i^V + (1 + \frac{z}{\delta}x)D_i^V]e^{\frac{z}{\delta}x}\} J(m) J_1(\frac{r}{\delta}x)\frac{dx}{x}$。

上述形变分量为圆形轴对称垂直荷载作用下层状弹性体系形变的一般解。

若令

$$
\begin{aligned}
A_i^V &= A_i \\
B_i^V &= B_i \\
C_i^V &= e^{-2\frac{h}{\delta}x} C_i \\
D_i^V &= e^{-2\frac{h}{\delta}x} D_i \\
J(1) &= J_1(x)
\end{aligned}
$$

则可得圆形均布垂直荷载作用下,双层弹性体系的形变分量积分表达式如下:

$$
\begin{cases}
\varepsilon_{r_i}^V = -\dfrac{(1+\mu_i)p}{E_i}\Big\{\displaystyle\int_0^\infty \{[A_i - (1 - \frac{z}{\delta}x)B_i]e^{-\frac{z}{\delta}x} - \\
\qquad [C_i + (1 + \frac{z}{\delta}x)D_i]e^{-(2\frac{h}{\delta}x - \frac{z}{\delta}x)}\} J_1(x) J_0(\frac{r}{\delta}x)dx - \dfrac{\delta}{r}U_i^V\Big\} \\
\varepsilon_{\theta_i}^V = -\dfrac{(1+\mu_i)p}{E_i} \times \dfrac{\delta}{r}U_1^V \\
\varepsilon_{z_i}^V = \dfrac{(1+\mu_i)p}{E_i}\displaystyle\int_0^\infty \{[A_i + (1 - 4\mu_i + \frac{z}{\delta}x)B_i]e^{-\frac{z}{\delta}x} - \\
\qquad [C_i - (1 - 4\mu_i - \frac{z}{\delta}x)D_i]e^{-(2\frac{h}{\delta}x - \frac{z}{\delta}x)}\} J_1(x) J_0(\frac{r}{\delta}x)\dfrac{dx}{x}
\end{cases}
\tag{6-4-12}
$$

式中，$U_i^V = \int_0^\infty \{[A_i - (1 - \frac{z}{\delta}x)B_i]e^{-\frac{z}{\delta}x} - [C_i + (1 + \frac{z}{\delta}x)D_i]e^{-(2\frac{h}{\delta}x - \frac{z}{\delta}x)}\} J_1(x) J_1(\frac{r}{\delta}x)\frac{dx}{x}$。

若用形变系数表示,即

$$
\varepsilon_{r_i}^V = \frac{p}{E_i}\bar{\varepsilon}_r^V, \varepsilon_{\theta_i}^V = \frac{p}{E_i}\bar{\varepsilon}_{\theta_i}^V, \varepsilon_{z_i}^V = \frac{p}{E_i}\varepsilon_{z_1}^V
$$

则可得双层体系在圆形均布垂直荷载下的形变系数表达式如下:

$$
\begin{cases}
\bar{\varepsilon}_{r_i}^V = -(1+\mu_i)\displaystyle\int_0^\infty \{[A_i - (1 - \frac{z}{\delta}x)B_i]e^{-\frac{z}{\delta}x} - \\
\qquad [C_i + (1 + \frac{z}{\delta}x)D_i]e^{-(2\frac{h}{\delta}x - \frac{z}{\delta}x)}\} J_1(x) J_0(\frac{r}{\delta}x)dx - \dfrac{\delta}{r}U_i^V \\
\bar{\varepsilon}_{\theta_i}^V = -\dfrac{(1+\mu_i)p}{E_i} \times \dfrac{\delta}{r}U_1^V \\
\bar{\varepsilon}_{z_i}^V = (1+\mu_i)\displaystyle\int_0^\infty \{[A_i + (1 - 4\mu_i + \frac{z}{\delta}x)B_i]e^{-\frac{z}{\delta}x} - \\
\qquad [C_i - (1 - 4\mu_i - \frac{z}{\delta}x)D_i]e^{-(2\frac{h}{\delta}x - \frac{z}{\delta}x)}\} J_1(x) J_0(\frac{r}{\delta}x)\dfrac{dx}{x}
\end{cases}
\tag{6-4-13}
$$

式中，$U_i^V = \int_0^\infty \{[A_i - (1 - \frac{z}{\delta}x)B_i]e^{-\frac{z}{\delta}x} - [C_i + (1 + \frac{z}{\delta}x)D_i]e^{-(2\frac{h}{\delta}x - \frac{z}{\delta}x)}\} J_1(x) J_1(\frac{r}{\delta}x)\frac{dx}{x}$。

为了检验程序的正确性,可将式(6-4-12)或式(6-4-13)中的三个形变系数积分表达式暂时编入程序中,并计算应力、位移与形变分量(系数)表达式的数值,再将三个正应力系数的计算结果代入广义虎克定律表达式,其计算结果与形变系数积分表达式值进行比较。若两者相一致,表明程序完全正确,可正式使用该程序,否则检查程序,修改错误,再进行比较,直至完全正确为止。

应当指出,无论采用数据检验法,还是使用关系式检验法进行程序的检验,均应选择多点进行对比。只有这样,才能较为全面的检验程序的正确性。

尽管本节主要介绍双层体系的数据计算,但其内容也适用于多层体系的数值计算。

7 弹性地基上的薄板

目前,世界各国刚性路面(水泥混凝土路面)设计方法的力学计算理论,主要采用弹性地基上的板体理论。

板一般为矩形板,其厚度为 h_C,板长为 L、板宽为 B。通常,板长大于板宽。根据板厚与板宽的比值,板可划分为如下三种类型。

7.0.1 薄膜(极薄板)

这种板的厚度 h_C 与板宽 B 的比值大约为:

$$\frac{h_C}{B} \leqslant \left(\frac{1}{80} \sim \frac{1}{100}\right)$$

这种板具有很小的弯曲刚度,它的挠度远比板的厚度大。由于这种板在中曲面上承受拉压,因此计算时通常不考虑其弯曲,只计算其拉伸或压缩。

7.0.2 薄板(中厚度板)

对于这种薄板,其厚度与板宽的比值大约在下列范围内:

$$\left(\frac{1}{80} \sim \frac{1}{100}\right) < \frac{h_C}{B} \leqslant \left(\frac{1}{5} \sim \frac{1}{8}\right)$$

这种薄板的挠度远远小于厚度,本章主要介绍薄板的计算理论。

7.0.3 厚板

这种厚板的厚宽比为:

$$\frac{h_C}{B} > \left(\frac{1}{5} \sim \frac{1}{8}\right)$$

计算厚板,既要考虑板的弯曲,又要考虑中曲面的形变。因此,这种厚板的计算理论要比薄板更为复杂。

对于弹性地基,采用不同的力学模型,可得到不同弹性地基上板的理论解。具有代表性的弹性地基模型,有采用地基反应模量表征的温克勒地基(简称 K 地基)和采用弹性模量和泊松比所表征的弹性半空间体地基(简称 E 地基)等两类地基。

温克勒地基系由互不联系的弹簧系统组成的地基,它假定地基所承受的压力与其垂直位移呈正比,即

$$p = kw$$

其中,p 为地基反力(MPa);k 为地基反力模量(或基底系数、垫层系数)(MPa/cm)。这种假设表明,地基的垂直位移只与该处作用的荷载有关,而与其他地方作用的荷载无关。因此,这种地基模型不能反映实际地基的工作状态。由于温克勒地基模型与实际地基之间存在较大的差异,因此,本章只介绍弹性半空间体上的薄板理论。

弹性半空间体上板体的解法较为复杂,有些情况下很难求得其解析表达式,所以在使用上往往会遇到较大的困难。但是,随着有限元分析法的研究工作深入开展,使得过去无法解决的计算问题有可能得到解决。如矩形板、异形板在任意位置荷载作用下应力与位移的计算问题,具有传递功能多板系统的应力与位移计算问题,地基不均匀支承和地基部分脱空的计算问题等。

有限元法是一种近似的计算方法,而且只能得到数值解,无法求得其解析表达式。这样,对水泥混凝土路面进行可靠度分析将会带来一定的困难。

采用有限元法分析弹性地基上板体的应力与位移,请参阅邓学钧、陈荣生编著的《刚性路面设计》一书。本章只介绍弹性半空间体上无限大板理论。

7.1 弹性薄板与地基的附加假设

设薄板的厚度为 h_C,板的长度为 L,板的宽度为 B,坐标系选择在板厚的中央处,如图 7-1 所示。

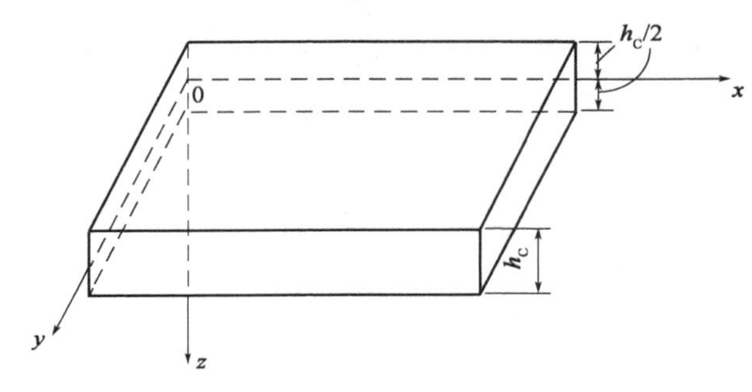

图 7-1

目前,水泥混凝土路面应力分析的力学模式,大多是采用弹性地基上板体理论。在求解弹性半空间体地基上的薄板问题时,除应满足层状弹性理论的五项基本假设外,还对薄板做出如下三点附加假设,用来简化空间课题的基本方程。

(1)垂直中性面方向的形变分量 ε_z 极其微小,可以忽略不计,即

$$\varepsilon_z = 0$$

由前述的几何方程式可知:

$$\varepsilon_z = \frac{\partial w}{\partial z} = 0$$

故可得

$$w = w(r,\theta) \tag{a}$$

这个表达式表明,板的垂直位移(挠度)w 只是 r、θ 的函数,不随 z 而变。因此,在中性面的任何一根法线上各点都具有相同的垂直位移。

(2)薄板的应力分量 $\tau_{\theta z}$、τ_{zr} 和 σ_z 远小于其他三个应力分量 σ_r、σ_θ、$\tau_{r\theta}$。因而,它们对形变的影响可以忽略不计。

由于不计 $\tau_{\theta z}$ 与 τ_{zr} 所引起的形变,故有如下关系式:

$$\gamma_{\theta z} = 0$$

$$\gamma_{zr} = 0$$

由 $\varepsilon_z = 0, \gamma_{\theta z} = 0, \gamma_{zr} = 0$ 可知,在薄板弯曲时,中性面的法线不产生伸缩,并且会成为弹性曲面的法线。

根据几何方程式(3-2-1)中的第五式和第六式,则可得

$$\gamma_{\theta z} = \frac{\partial v}{\partial z} + \frac{1}{r}\frac{\partial w}{\partial \theta} = 0$$

$$\gamma_{zr} = \frac{\partial u}{\partial z} + \frac{\partial w}{\partial r} = 0$$

即

$$\begin{cases} \dfrac{\partial v}{\partial z} = -\dfrac{1}{r}\dfrac{\partial w}{\partial \theta} \\ \dfrac{\partial u}{\partial z} = -\dfrac{\partial w}{\partial r} \end{cases} \tag{b}$$

由于不计 σ_z 对形变的影响,所以板的物理方程式可表示为如下形式:

$$\begin{cases} \varepsilon_r = \dfrac{1}{E}(\sigma_r - \mu_C\sigma_\theta) \\ \varepsilon_\theta = \dfrac{1}{E}(\sigma_\theta - \mu_C\sigma_r) \\ \gamma_{r\theta} = \dfrac{2(1+\mu_C)}{E}\tau_{r\theta} \end{cases} \tag{c}$$

(3)薄板中性面内的各点都不产生平行于中性面的水平位移,即

$$\begin{cases} u\big|_{z=0} = 0 \\ v\big|_{z=0} = 0 \end{cases} \tag{d}$$

根据几何方程式可知:

$$\begin{cases} \varepsilon_r = \dfrac{\partial u}{\partial r} \\ \varepsilon_\theta = \dfrac{u}{r} + \dfrac{1}{r}\dfrac{\partial v}{\partial \theta} \\ \gamma_{r\theta} = \dfrac{1}{r}\dfrac{\partial u}{\partial \theta} + \dfrac{\partial v}{\partial r} - \dfrac{v}{r} \end{cases}$$

则可得

$$\begin{cases} \varepsilon_r\big|_{z=0} = 0 \\ \varepsilon_\theta\big|_{z=0} = 0 \\ \gamma_{r\theta}\big|_{z=0} = 0 \end{cases} \tag{e}$$

当薄板置放在弹性地基上并与其共同工作时,对薄板与地基间的联系又附加如下两条假设:

(1)在形变过程中,薄板与地基的接触面始终相吻合。这就是说,板底面与地基表面的垂直位移相等。

(2)在薄板与地基的接触面上无摩阻力,可以自由滑动。也就是说,层间水平剪应力为零,地基对薄板只产生垂直反力。

7.2 弹性曲面微分方程

在薄板的小挠度弯曲问题中,一般采用位移法求解,即取薄板的挠度 w 作为基本未知量。因此,其

他分量(水平位移分量 u、v,主要形变分量 ε_r、ε_θ、$\gamma_{r\theta}$,主要应力分量 σ_r、σ_θ、$\tau_{r\theta}$,次要应力分量 $\tau_{\theta z}$、τ_{zr} 与更次要的应力分量 σ_z)分别都用挠度 w 来表示,并导出求解挠度的方程。

由上节式(b)可知,$\frac{1}{r}\frac{\partial w}{\partial \theta}$和$\frac{\partial w}{\partial r}$只是 r 和 θ 的函数,而与 z 无关。于是,对其从 0 到 z 积分,则可得

$$u = -z\frac{\partial w}{\partial r}$$

$$v = -\frac{z}{r}\frac{\partial w}{\partial \theta}$$

若将上述结果代入下述几何方程式:

$$\varepsilon_r = \frac{\partial u}{\partial r}$$

$$\varepsilon_\theta = \frac{u}{r} + \frac{1}{r}\frac{\partial v}{\partial \theta}$$

$$\gamma_{r\theta} = \frac{1}{r}\frac{\partial u}{\partial \theta} + \frac{\partial v}{\partial r} - \frac{v}{r}$$

则可得

$$\begin{cases} \varepsilon_r = -z\dfrac{\partial^2 w}{\partial r^2} \\ \varepsilon_\theta = -z\left(\dfrac{1}{r}\dfrac{\partial w}{\partial r} + \dfrac{1}{r^2}\dfrac{\partial^2 w}{\partial \theta^2}\right) \\ \gamma_{r\theta} = -2z\left(\dfrac{1}{r}\dfrac{\partial^2 w}{\partial r\partial \theta} - \dfrac{1}{r^2}\dfrac{\partial w}{\partial \theta}\right) \end{cases} \tag{1}$$

上节式(c)可改写为下述表达式:

$$\sigma_r = \frac{E_C}{1-\mu_C^2}(\varepsilon_r + \mu_C\varepsilon_\theta)$$

$$\sigma_\theta = \frac{E_C}{1-\mu_C^2}(\varepsilon_\theta + \mu_C\varepsilon_r)$$

$$\gamma_{r\theta} = \frac{E_C}{2(1+\mu_C)}\gamma_{r\theta}$$

若将式(1)代入上式,则又可改写为如下表达式:

$$\begin{cases} \sigma_r = -\dfrac{E_C z}{1-\mu_C^2}\left[\dfrac{\partial^2 w}{\partial r^2} + \mu_C\left(\dfrac{1}{r}\dfrac{\partial w}{\partial r} + \dfrac{1}{r^2}\dfrac{\partial^2 w}{\partial \theta^2}\right)\right] \\ \sigma_\theta = -\dfrac{E_C z}{1-\mu_C^2}\left(\dfrac{1}{r}\dfrac{\partial w}{\partial r} + \dfrac{1}{r^2}\dfrac{\partial^2 w}{\partial \theta^2} + \mu_C\dfrac{\partial^2 w}{\partial r^2}\right) \\ \tau_{r\theta} = -\dfrac{E_C z}{1+\mu_C}\left(\dfrac{1}{r}\dfrac{\partial^2 w}{\partial r\partial \theta} - \dfrac{1}{r^2}\dfrac{\partial w}{\partial \theta}\right) \end{cases} \tag{2}$$

由于 $w(r,\theta)$ 不随坐标 z 而变,可知这三个主要应力分量(σ_r、σ_θ、$\tau_{r\theta}$)都和 z 呈正比。

为了用 $w(r,\theta)$ 表示应力分量 $\tau_{\theta z}$、τ_{zr} 和 σ_z,可以将静平衡方程式改写为下述三式:

$$\begin{cases} \dfrac{\partial \tau_{zr}}{\partial z} = -\left(\dfrac{\partial \sigma_r}{\partial r} + \dfrac{1}{r}\dfrac{\partial \tau_{r\theta}}{\partial \theta} + \dfrac{\sigma_r - \sigma_\theta}{r}\right) \\ \dfrac{\partial \tau_{\theta z}}{\partial z} = -\left(\dfrac{\partial \tau_{r\theta}}{\partial r} + \dfrac{1}{r}\dfrac{\partial \sigma_\theta}{\partial \theta} + \dfrac{2}{r}\tau_{r\theta}\right) \\ \dfrac{\partial \sigma_z}{\partial z} = -\left(\dfrac{\partial \tau_{zr}}{\partial r} + \dfrac{1}{r}\dfrac{\partial \tau_{\theta z}}{\partial \theta} + \dfrac{\tau_{zr}}{r}\right) \end{cases} \tag{3}$$

若将式(2)代入式(3)的前两式,并注意下列关系式:

$$\frac{\partial}{\partial r}\nabla^2 w = (\frac{\partial^3}{\partial r^3} + \frac{1}{r}\frac{\partial^2}{\partial r^2} - \frac{1}{r^2}\frac{\partial}{\partial r} + \frac{1}{r^2}\frac{\partial^3}{\partial r\partial\theta^2} - \frac{2}{r^3}\frac{\partial^2}{\partial\theta^2})w$$

$$\frac{1}{r}\frac{\partial}{\partial\theta}\nabla^2 w = (\frac{1}{r}\frac{\partial^3}{\partial r^2\partial\theta} + \frac{1}{r^2}\frac{\partial^2}{\partial r\partial\theta} + \frac{1}{r^3}\frac{\partial^3}{\partial\theta^3})w$$

则可得

$$\frac{\partial\tau_{zr}}{\partial z} = \frac{E_C z}{1-\mu_C^2}\frac{\partial}{\partial r}\nabla^2 w$$

$$\frac{\partial\tau_{\theta z}}{\partial z} = \frac{E_C z}{1-\mu_C^2}\frac{1}{r}\frac{\partial}{\partial\theta}\nabla^2 w$$

若将上述两个表达式对 z 从 $-\frac{h_C}{2}$ 至 z 进行积分,则可得如下关系式:

$$\begin{cases}\tau_{zr} = -\dfrac{E_C}{2(1-\mu_C{}^2)}(\dfrac{h_C^2}{4} - z^2)\dfrac{\partial}{\partial r}\nabla^2 w \\ \tau_{\theta z} = -\dfrac{E_C}{2(1-\mu_C{}^2)}(\dfrac{h_C^2}{4} - z^2)\dfrac{1}{r}\dfrac{\partial}{\partial\theta}\nabla^2 w\end{cases} \tag{4}$$

将式(4)代入式(3)中的第三式,并注意下述关系式:

$$\nabla^2 = \frac{\partial^2}{\partial r^2} + \frac{1}{r}\frac{\partial}{\partial r} + \frac{1}{r^2}\frac{\partial^2}{\partial\theta^2}$$

$$\nabla^4 = (\frac{\partial^2}{\partial r^2} + \frac{1}{r}\frac{\partial}{\partial r} + \frac{1}{r^2}\frac{\partial^2}{\partial\theta^2})^2$$

则可得到下式:

$$\frac{\partial\sigma_z}{\partial z} = -\frac{E_C}{2(1-\mu_C^2)}(\frac{h_C^2}{4} - z^2)\nabla^4 w$$

上式对 z 从 $\frac{h_C}{2}$ 至 z 积分,则可得

$$\sigma_z = -\frac{E_C h_C^3}{6(1-\mu_C^2)}(\frac{1}{2} - \frac{z}{h_C})^2(1 + \frac{z}{h_C})\nabla^4 w \tag{5}$$

为了求出挠度与荷载之间的关系,假定薄板顶面作用有垂直荷载 $q(r,\theta)$,则薄板顶面的边界条件为:

$$\sigma_z\Big|_{z=-\frac{h_C}{2}} = -q(r,\theta)$$

若将式(5)代入上述边界条件,则可得

$$\frac{E_C h_C^3}{12(1-\mu_C^2)}\nabla^4 w = q(r,\theta)$$

如果令薄板的圆柱刚度(或弯曲刚度)为:

$$D = \frac{E_C h_C^3}{12(1-\mu_C^2)}$$

则上式又可改写为下式:

$$D\nabla^4 w(r,\theta) = q(r,\theta) \tag{7-2-1}$$

式中:∇^4——非轴对称课题的重拉普拉斯算子,其表达式为:

$$\nabla^4 = (\frac{\partial^2}{\partial r^2} + \frac{1}{r}\frac{\partial}{\partial r} + \frac{1}{r^2}\frac{\partial^2}{\partial\theta^2})^2$$

对于轴对称课题,则上式可改写为下式:

$$D\nabla^4 w(r) = q(r) \tag{7-2-2}$$

式中：∇^4——轴对称课题的重拉普拉斯算子，其表达式为：

$$\nabla^4 = \left(\frac{\mathrm{d}^2}{\mathrm{d}r^2} + \frac{1}{r}\frac{\mathrm{d}}{\mathrm{d}r}\right)^2$$

式(7-2-1)称为非轴对称课题的薄板弹性曲面微分方程，式(7-2-2)称为轴对称课题的薄板弹性曲面微分方程。一切以弹性薄板为模式的水泥混凝土路面应力分析的课题，归根到底是根据不同的边界条件和约束条件，求解板的挠度 w。然后，再根据式(2)、式(4)和式(5)，求得各项应力分量。

根据板内的应力分量，在计算过程中应注意下列关系式：

$$M_r = \int_{-\frac{h_C}{2}}^{\frac{h_C}{2}} z\sigma_r \mathrm{d}z$$

$$M_\theta = \int_{-\frac{h_C}{2}}^{\frac{h_C}{2}} z\sigma_\theta \mathrm{d}z$$

$$M_{r\theta} = \int_{-\frac{h_C}{2}}^{\frac{h_C}{2}} z\tau_{r\theta} \mathrm{d}z$$

$$M_{\theta z} = \int_{-\frac{h_C}{2}}^{\frac{h_C}{2}} z\tau_{\theta z} \mathrm{d}z$$

$$Q_r = 2\int_{-\frac{h_C}{2}}^{\frac{h_C}{2}} \tau_{zr} \mathrm{d}z$$

$$Q_\theta = 2\int_{-\frac{h_C}{2}}^{\frac{h_C}{2}} \tau_{\theta Z} \mathrm{d}z$$

则可求得板单位宽度上的弯矩、扭矩和剪力表达式如下：

$$\begin{cases} M_r = -D\left[\frac{\partial^2}{\partial r^2} + \mu_C\left(\frac{1}{r}\frac{\partial}{\partial r} + \frac{1}{r^2}\frac{\partial^2}{\partial \theta^2}\right)\right]w \\ M_\theta = -D\left(\mu_C\frac{\partial^2}{\partial r^2} + \frac{1}{r}\frac{\partial}{\partial r} + \frac{1}{r^2}\frac{\partial^2}{\partial \theta^2}\right)w \\ M_{r\theta} = -D(1-\mu_C)\left(\frac{1}{r}\frac{\partial^2}{\partial r\partial\theta} - \frac{1}{r^2}\frac{\partial^2}{\partial \theta^2}\right)w \\ M_{\theta z} = 0 \\ Q_r = -D\frac{\partial}{\partial r}\nabla^2 w \\ Q_\theta = -D\frac{1}{r}\frac{\partial}{\partial \theta}\nabla^2 w \end{cases} \tag{7-2-3}$$

式中：∇^2——非轴对称课题的拉普拉斯算子，其表达式为：

$$\nabla^2 = \frac{\partial^2}{\partial r^2} + \frac{1}{r}\frac{\partial}{\partial r} + \frac{1}{r^2}\frac{\partial^2}{\partial \theta^2}$$

D——板的圆柱刚度（或弯曲刚度），其表达式为：

$$D = \frac{E_C h_C^3}{12(1-\mu_C)}$$

若将式(7-2-3)代入式(2)、式(4)和式(5)，并注意式(7-2-1)的关系式：

$$D\nabla^4 w = q(r,\theta)$$

则可得各应力分量与弯矩、扭矩和剪力之间的表达式如下：

$$
\begin{cases}
\sigma_r = \dfrac{12M_r}{h_C^3}z \\
\sigma_\theta = \dfrac{12M_\theta}{h_C^3}z \\
\sigma_z = -2q(r,\theta)\left(\dfrac{1}{2}-\dfrac{z}{h_C}\right)^2\left(1+\dfrac{z}{h_C}\right) \\
\tau_{r\theta} = \dfrac{12M_{r\theta}}{h_C^3}z \\
\tau_{\theta z} = \dfrac{6Q_\theta}{h_C^3}\left(\dfrac{h_C^2}{4}-z^2\right) \\
\tau_{zr} = \dfrac{6Q_r}{h_C^3}\left(\dfrac{h_C^2}{4}-z^2\right)
\end{cases}
\tag{7-2-4}
$$

由式(7-2-4)可以看出,所有应力分量表达式完全同于式(2)、式(4)和式(5)的相应公式。

对于轴对称课题,式(7-2-3)可改写为下述公式:

$$
\begin{cases}
M_r = -D\left(\dfrac{d^2}{dr^2}+\dfrac{\mu_C}{r}\dfrac{d}{dr}\right)w \\
M_\theta = -D\left(\mu_C\dfrac{d^2}{dr^2}+\dfrac{1}{r}\dfrac{d}{dr}\right)w \\
M_{r\theta} = M_{\theta z} = 0 \\
Q_r = -D\dfrac{d}{dr}\nabla^2 w \\
Q_\theta = 0
\end{cases}
\tag{7-2-5}
$$

式中,$\nabla^2=\dfrac{d^2}{dr^2}+\dfrac{1}{r}\dfrac{d}{dr}$。

而式(7-2-4)也可改写为如下表达式:

$$
\begin{cases}
\sigma_r = \dfrac{12M_r}{h_C^3}z \\
\sigma_\theta = \dfrac{12M_\theta}{h_C^3}z \\
\sigma_z = -2q(r)\left(\dfrac{1}{2}-\dfrac{z}{h_C}\right)^2\left(1+\dfrac{z}{h_C}\right) \\
\tau_{r\theta} = \tau_{\theta z} = 0 \\
\tau_{zr} = \dfrac{6Q_r}{h_C^3}\left(\dfrac{h_C^2}{4}-z^2\right)
\end{cases}
\tag{7-2-6}
$$

从上式分析可以看出,只要求得板的挠度,则板的弯矩、扭矩、剪力和应力分量均可求得。

7.3 圆形轴对称垂直荷载作用下的一般解

在圆形轴对称垂直荷载作用下,弹性半空间体地基上无限大薄板的力学模式,如图7-2a)所示。

设薄板的厚度为h_C,弹性模量和泊松比分别为E_C和μ_C,地基的弹性模量和泊松比分别为E_0和μ_0。柱面坐标系选择在薄板与地基的接触面上,而不是薄板的表面上。为了便于求解,采用截面法,将板与地基沿接触面切开,使其成为两个脱离体,如图 7-2b)所示。

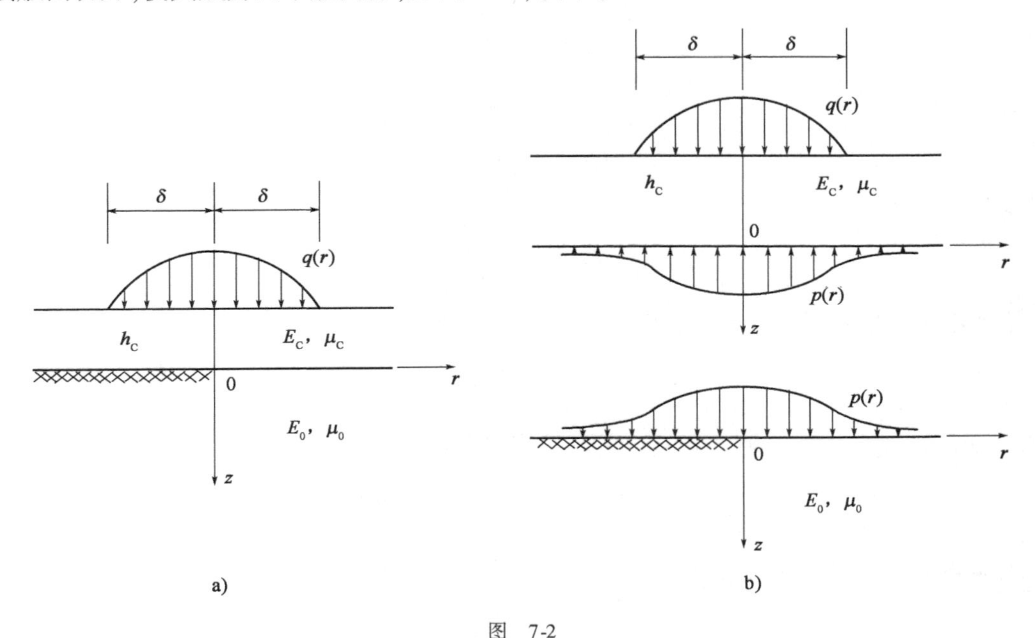

图 7-2

从图 7-2 可以看出,由于板面承受轴对称垂直荷载 $p(r)$,板底的地基反力 $p(r)$ 也必然为轴对称垂直荷载。因此,根据式(7-2-2),板的弹性曲面微分方程可表示为如下形式:

$$D\,\nabla^4 w(r) = q(r) - p(r) \tag{7-3-1}$$

式中:$D = \dfrac{E_C h_C{}^3}{12(1-\mu_C{}^2)}$

$$\nabla^4 = \left(\frac{d^2}{dr^2} + \frac{1}{r}\frac{d}{dr}\right)^2$$

从上述微分方程可以看出,该方程共有两个未知量 $w(r)$ 和 $p(r)$,所以必须建立另一个方程式,才有可能求解。为此,有必要对下层地基脱离体进行分析。从图 7-2b)可以看出,下层脱离体,相当于轴对称垂直荷载 $p(r)$ 作用下的弹性半空间体。因此,根据式(5-2-1)中的垂直位移公式,当 $z=0$ 时,则有

$$w(r) = \frac{2(1-\mu_0{}^2)}{E_0}\int_0^{\infty} \bar{p}(\xi) J_0(\xi r)\,d\xi \tag{7-3-2}$$

式中:$\bar{p}(\xi)$——未知反力 $p(r)$ 的零阶亨格尔积分变换式。

根据板与地基的附加假设,地基表面的垂直位移就是板的挠度,也就是说,式(7-3-2)就是板的挠度公式。因此,式(7-3-1)和式(7-3-2)为弹性半空间体地基上无限大薄板的两个基本方程式。

为了求解,将这两个基本方程式施加零阶的亨格尔积分变换,并注意下述关系式:

$$\int_0^{\infty} r\,\nabla^4 w(r) J_0(\xi r)\,dr = \xi^4\,\bar{w}(\xi)$$

则可得如下两个变换式:

$$D\xi^4\,\bar{w}(\xi) = \bar{q}(\xi) - \bar{p}(\xi) \tag{6}$$

$$\bar{w}(\xi) = \frac{2(1-\mu_0^2)}{E_0} \times \frac{\bar{p}(\xi)}{\xi} \tag{7}$$

若将式(7)代入式(6),则可得

$$\left[1 + \frac{2D(1-\mu_0^2)}{E_0}\xi^3\right]\bar{p}(\xi) = \bar{q}(\xi)$$

如果令薄板的刚性半径 l(cm)为:

$$l = \sqrt[3]{\frac{2D(1-\mu_0^2)}{E_0}}$$

即

$$l = h_C \sqrt[3]{\frac{E_C(1-\mu_0{}^2)}{6E_0(1-\mu_C{}^2)}}$$

则上式可改写为下式:

$$\bar{p}(\xi) = \frac{\bar{q}(\xi)}{1+l^3\xi^3} \tag{7-3-3}$$

上式施加零阶亨格尔积分反变换,则可得反力的表达式如下:

$$p(r) = \int_0^\infty \xi \frac{\bar{q}(\xi)J_0(\xi r)}{1+l^3\xi^3}\mathrm{d}\xi \tag{7-3-4}$$

若将式(7-3-3)代入式(7),则可得挠度的零阶亨格尔积分变换式如下:

$$\bar{w}(\xi) = \frac{2(1-\mu_0{}^2)}{E_0} \times \frac{1}{\xi} \times \frac{\bar{q}(\xi)}{1+l^3\xi^3} \tag{7-3-5}$$

上式施加零阶亨格尔积分反变换,则可得板的挠度表达式如下:

$$w(r) = \frac{2(1-\mu_0{}^2)}{E_0}\int_0^\infty \frac{\bar{q}(\xi)J_0(\xi r)}{1+l^3\xi^3}\mathrm{d}\xi \tag{7-3-6}$$

若将式(7-3-6)代入式(7-2-5)中的第一式和第二式,并注意下列关系式:

$$\frac{\mathrm{d}}{\mathrm{d}r}J_0(\xi r) = -\xi J_1(\xi r)$$

$$\frac{\mathrm{d}^2}{\mathrm{d}r^2}J_0(\xi r) = -\xi\left[\xi J_0(\xi r) - \frac{1}{r}J_1(\xi r)\right]$$

则求得弯矩表达式如下:

$$\begin{cases} M_r = \int_0^\infty \xi \frac{\bar{q}(\xi)}{l^{-3}+\xi^3}\left[\xi J_0(\xi r) - \frac{1-\mu_C}{r}J_1(\xi r)\right]\mathrm{d}\xi \\ M_\theta = \int_0^\infty \xi \frac{\bar{q}(\xi)}{l^{-3}+\xi^3}\left[\xi\mu_C J_0(\xi r) + \frac{1-\mu_C}{r}J_1(\xi r)\mathrm{d}\xi\right. \end{cases} \tag{7-3-7}$$

对于弹性半空间体地基,可将式(7-3-3)代入式(5-2-1),则可求得地基内任意点的应力与位移分量表达式如下:

$$\begin{cases} \sigma_r = -\int_0^\infty \xi \frac{q(\xi)}{1+l^3\xi^3}(1-\xi z)e^{-\xi z}J_0(\xi r)\mathrm{d}\xi + \frac{1}{r}U \\ \sigma_\theta = -2\mu_0\int_0^\infty \xi \frac{\bar{q}(\xi)}{1+l^3\xi^3}e^{-\xi z}J_0(\xi r)\mathrm{d}\xi - \frac{1}{r}U \\ \sigma_z = -\int_0^\infty \xi \frac{\bar{q}(\xi)}{1+l^3\xi^3}(1+\xi z)e^{-\xi z}J_0(\xi r)\mathrm{d}\xi \\ \tau_{zr} = -z\int_0^\infty \xi^2 \frac{\bar{q}(\xi)}{1+l^3\xi^3}e^{-\xi z}J_1(\xi r)\mathrm{d}\xi \\ u = -\frac{1+\mu_0}{E_0}U \\ w = \frac{1+\mu_0}{E_0}\int_0^\infty \frac{\bar{q}(\xi)}{1+l^3\xi^3}(2-2\mu_0+\xi z)e^{-\xi z}J_0(\xi r)\mathrm{d}\xi \end{cases} \tag{7-3-8}$$

式中，$U = \int_0^\infty \frac{\bar{q}(\xi)}{1 + l^3\xi^3}(1 - 2\mu_0 - \xi z)e^{\xi z}J_1(\xi r)\mathrm{d}\xi$。

上述分析表明，只要根据外荷载求得其零阶亨格尔积分变换式，就可得到板的挠度、弯矩、地基反力和地基内应力与位移分量等。

$$q(r) = \begin{cases} mq(1 - \frac{r^2}{\delta^2})^{m-1} & (r < \delta) \\ 0 & (r > \delta) \end{cases}$$

式中：m——荷载类型系数，$m > 0$；

q——均布荷载集度，其表达式为：$q = \frac{Q}{\pi\delta^2}$，其中，$Q$ 为圆面积内的总力。

根据式(1-5-5)，圆形轴对称垂直荷载的零阶亨格尔积分变换式可表示为如下形式：

$$\bar{q}(\xi) = \frac{q\delta}{\xi}J(m) \tag{7-3-9}$$

式中，$J(m) = \frac{2^{m-1}\Gamma(m+1)}{(\xi\delta)^{m-1}}J_m(\xi\delta)$。

当 $m = 1$、$m = \frac{3}{2}$和 $m = \frac{1}{2}$时，可将应力、应变、反力、挠度和弯矩、剪力等计算公式中的 $J(m)$分别表示为：

$$J(1) = J_1(\xi\delta)$$

$$J(\frac{3}{2}) = \frac{3}{2} \times \frac{\sin\xi\delta - \xi\delta\cos\xi\delta}{(\xi\delta)^2}$$

$$J(\frac{1}{2}) = \frac{1}{2}\sin\xi\delta$$

若板的表面作用有集中力 Q，则它的零阶亨格尔积分表达式为：

$$\bar{q}(\xi) = \frac{Q}{2\pi} \tag{7-3-10}$$

7.4　解的数值计算

在水泥混凝土路面设计中，一般将荷载简化为圆形均布荷载或者集中力荷载。因此，本节仅以这两种荷载讨论解的数值计算。

根据圆形均布垂直荷载的零阶亨格尔积分变换式，则有

$$\bar{q}(\xi) = \frac{QJ_1(\xi\delta)}{\pi\delta\xi}$$

若将上述变换式代入式(7-3-4)、式(7-3-6)和式(7-3-7)，并令 $t = l\xi$，则可得圆形均布垂直荷载下板的反力、挠度和弯矩公式，如下：

$$\begin{cases} p(r) = \dfrac{Q}{\pi\delta l}\displaystyle\int_0^{\infty} \dfrac{J_1(\dfrac{\delta}{l}t)J_0(\dfrac{r}{l}t)}{1+t^3}\mathrm{d}t \\ w(r) = \dfrac{2(1-\mu_0{}^2)Q}{\pi\delta E_0}\displaystyle\int_0^{\infty} \dfrac{J_1(\dfrac{\delta}{l}t)J_0(\dfrac{r}{l}t)}{t(1+t^3)}\mathrm{d}t \\ M_r = \dfrac{Ql}{\pi\delta}\displaystyle\int_0^{\infty} \dfrac{J_1(\dfrac{\delta}{l}t)}{1+t^3}[tJ_0(\dfrac{r}{l}t) - \dfrac{(1-\mu_C)l}{r}J_i(\dfrac{r}{l}t)]\mathrm{d}t \\ M_\theta = \dfrac{Ql}{\pi\delta}\displaystyle\int_0^{\infty} \dfrac{J_1(\dfrac{\delta}{l}t)}{1+t^3}[\mu_C tJ_0(\dfrac{r}{l}t) + \dfrac{(1-\mu_C)l}{r}J_1(\dfrac{r}{l}t)\mathrm{d}t \end{cases} \tag{1}$$

若令

$$\begin{cases} p(r) = \dfrac{Q}{l^2}\bar{p}(r) \\ w(r) = \dfrac{(1-\mu_0{}^2)Q}{E_0 l}\bar{w}(r) \\ M_r = Q\overline{M}_r \\ M_\theta = Q\overline{M}_\theta \end{cases} \tag{7-4-1}$$

则有

$$\begin{cases} \bar{p}(r) = \dfrac{l}{\pi\delta}\displaystyle\int_0^{\infty} \dfrac{J_1(\dfrac{\delta}{l}t)J_0(\dfrac{r}{l}t)}{1+t^3}\mathrm{d}t \\ \bar{w}(r) = \dfrac{2l}{\pi\delta}\displaystyle\int_0^{\infty} \dfrac{J_1(\dfrac{\delta}{l}t)J_0(\dfrac{r}{l}t)}{t(1+t^3)}\mathrm{d}t \\ \overline{M}_r = \dfrac{l}{\pi\delta}\displaystyle\int_0^{\infty} \dfrac{J_1(\dfrac{\delta}{l}t)}{1+t^3}[tJ_0(\dfrac{r}{l}t) - \dfrac{(1-\mu_C)l}{r}J_1(\dfrac{r}{l}t)\mathrm{d}t] \\ \overline{M}_\theta = \dfrac{l}{\pi\delta}\displaystyle\int_0^{\infty} \dfrac{J_1(\dfrac{\delta}{l}t)}{1+t^3}[\mu_C tJ_0(\dfrac{r}{l}t) + \dfrac{(1-\mu_C)l}{r}J_1(\dfrac{r}{l}t)]\mathrm{d}t \end{cases} \tag{7-4-2}$$

另外,若令

$$\begin{aligned} M_r &= Q(C_1 + \mu_C C_2) \\ M_\theta &= Q(C_2 + \mu_C C_1) \end{aligned} \tag{7-4-3}$$

式(1)中的第三式和第四式又可改写为如下两式:

$$\begin{cases} C_1 = \dfrac{l}{\pi\delta}\displaystyle\int_0^{\infty} \dfrac{tJ_1(\dfrac{\delta}{l}t)J_0(\dfrac{r}{l}t)}{1+t^3}\mathrm{d}t - C_2 \\ C_2 = \dfrac{l^2}{\pi\delta}\displaystyle\int_0^{\infty} \dfrac{J_1(\dfrac{\delta}{l}t)J_1(\dfrac{r}{l}t)}{1+t^3}\mathrm{d}t \end{cases} \tag{7-4-4}$$

当 $r=0$ 时,z 轴线上有 $M_r = M_\theta$,并用符号 M_0 表示。根据式(1)的第三式和第四式,并注意下述关系式:

$$\lim_{r\to 0}\frac{J_1(\xi r)}{r} = \frac{\xi}{2}$$

则可得板内最大弯矩表达式如下：

$$M_0 = \frac{(1+\mu_C)Ql}{2\pi\delta}\int_0^\infty \frac{tJ_1(\frac{\delta}{l}t)}{1+t^3}\mathrm{d}t \tag{7-4-5}$$

若令

$$C = \int_0^\infty \frac{tJ_1(\frac{\delta}{l}t)}{1+t^3}\mathrm{d}t$$

则有 $r=0$ 时的板内最大弯矩系数表达式，如下：

$$M_0 = \frac{(1+\mu_C)Ql}{2\pi\delta}C \tag{7-4-6}$$

在计算上述圆形均布荷载下的反力、挠度和弯矩系数时，需解决如下几个无穷积分的数值计算问题：

(1) $\int_0^\infty \frac{J_1(\frac{\delta}{l}t)J_0(\frac{r}{l}t)}{t(1+t^3)}\mathrm{d}t$

(2) $\int_0^\infty \frac{J_1(\frac{\delta}{l}t)J_0(\frac{r}{l}t)}{1+t^3}\mathrm{d}t$

(3) $\int_0^\infty \frac{tJ_1(\frac{\delta}{l}t)J_0(\frac{r}{l}t)}{1+t^3}\mathrm{d}t$

(4) $\int_0^\infty \frac{J_1(\frac{\delta}{l}t)J_1(\frac{r}{l}t)}{1+t^3}\mathrm{d}t$

(5) $\int_0^\infty \frac{tJ_1(\frac{\delta}{l}t)}{1+t^3}\mathrm{d}t$

在上述五个积分式中，其中积分式(1)、积分式(2)和积分式(4)的收敛速度比较快，可直接采用高斯数值积分法进行数值积分。而积分式(3)和积分式(5)两者的收敛速度较慢，应将其加以适当改造，在满足精度要求的条件下，提高它们的收敛速度，节省计算时间。为此，首先我们将积分式(3)分两种情况进行如下的变换：

当 $r \geqslant \delta$ 时，即计算点在荷载圆以外，可得

$$\int_0^\infty \frac{tJ_1(\frac{\delta}{l}t)J_0(\frac{r}{l}t)}{1+t^3}\mathrm{d}t = \int_0^\infty \frac{J_1(\frac{\delta}{l}t)J_0(\frac{r}{l}t)}{1+t^2}\mathrm{d}t + \int_0^\infty \frac{(t-1)J_1(\frac{\delta}{l}r)J_0(\frac{\delta}{l}t)}{(1+t^2)(1+t^3)}\mathrm{d}t$$

上式右端第一项积分，根据贝塞尔函数理论中的无穷表达式：

$$\int_0^\infty \frac{J_1(at)J_0(rt)}{1+t^2}\mathrm{d}t = I_1(a)K_0(r)$$

则可得

$$\int_0^\infty \frac{J_1(\frac{\delta}{l}t)J_0(\frac{r}{l}t)}{1+t^2}\mathrm{d}t = I_1(\frac{\delta}{l})K_0(\frac{r}{l})$$

其中，$I_1(\frac{\delta}{l})$ 和 $K_0(\frac{r}{l})$ 分别称为第一类一阶修正贝塞尔函数和第二类零阶修正贝塞尔函数。而第二项积分收敛快，可直接采用数值积分法积分。

当 $r \leqslant \delta$ 时，即计算点在荷载圆之内，可得

$$\int_0^\infty \frac{tJ_1(\frac{\delta}{l}t)J_0(\frac{r}{l}t)}{1+t^3}\mathrm{d}t = \int_0^\infty \frac{t^2J_1(\frac{\delta}{l}t)J_0(\frac{r}{l}t)}{(1+t^2)^2}\mathrm{d}t + \int_0^\infty \frac{t(2t^2-t+1)J_1(\frac{\delta}{l}t)J_0(\frac{r}{l}t)}{(1+t^2)^2(1+t^3)}\mathrm{d}t$$

上式右端第一项积分,根据下述表达式:

$$\int_0^\infty \frac{t^2J_1(at)J_0(rt)}{(1+t^2)^2}\mathrm{d}t = \frac{1}{2}[aI_0(r)K_0(a) - rI_1(r)K_1(a)]$$

则可得

$$\int_0^\infty \frac{t^2J_1(\frac{\delta}{l}t)J_0(\frac{r}{l}t)}{(1+t^2)^2}\mathrm{d}t = \frac{1}{2}[\frac{\delta}{l}I_0(\frac{r}{l})K_0(\frac{\delta}{l}) - \frac{r}{l}I_1(\frac{r}{l})K_1(\frac{\delta}{l})]$$

而第二项积分 $\int_0^\infty \frac{t(2t^2-t+1)J_1(\frac{\delta}{l}t)J_0(\frac{r}{l}t)}{(1+t^2)^2(1+t^3)}\mathrm{d}t$ 收敛较快,可直接计算。

第五项积分的收敛速度也较慢,可作如下变换:

$$\int_0^\infty \frac{tJ_1(\frac{\delta}{l}t)}{1+t^3}\mathrm{d}t = \int_0^\infty \frac{t^2J_1(\frac{\delta}{l}t)}{(1+t^2)^2}\mathrm{d}t + \int_0^\infty \frac{t(2t^2-t+1)J_1(\frac{\delta}{l}t)}{(1+t^2)^2(1+t^3)}\mathrm{d}t$$

上式右端第一项积分,根据下述表达式:

$$\int_0^\infty \frac{t^{v+1}J_v(at)}{(t^2+b^2)^{\mu+1}}\mathrm{d}t = \frac{a^\mu b^{v-\mu}}{2^\mu\Gamma(\mu+1)}K_{v-\mu}(ab)$$

当 $\mu=1, v=1, a=\frac{\delta}{l}, b=1$ 时,可得

$$\int_0^\infty \frac{t^2J_1(\frac{\delta}{l}t)}{1+t^3}\mathrm{d}t = \frac{1}{2}\frac{\delta}{l}K_0(\frac{\delta}{l})$$

而第二项积分 $\int_0^\infty \frac{t(2t^2-t+1)J_1(\frac{\delta}{l}t)}{(1+t^2)^2(1+t^3)}\mathrm{d}t$ 收敛较快,可直接计算。

如果水泥混凝土路表面作用有集中力 Q,该集中力的零阶亨格尔变换式可表示为如下形式:

$$\bar{q}(\xi) = \frac{Q}{2\pi}$$

如将集中力荷载的零阶亨格尔变换式 $\bar{q}(\xi)$ 代入式(7-3-4)、式(7-3-6)和式(7-3-7),并令 $t=l\xi$,则可得到集中力作用下板的反力、挠度和弯矩表达式如下:

$$\begin{cases} p(r) = \dfrac{Q}{2\pi l^2}\displaystyle\int_0^\infty \dfrac{J_0(\frac{r}{l}t)}{1+t^3}t\mathrm{d}t \\ w(r) = \dfrac{(1+\mu_0)Q}{2E_0 l}\displaystyle\int_0^\infty \dfrac{J_0(\frac{r}{l}t)}{1+t^3}\mathrm{d}t \\ M_r = \dfrac{Q}{2\pi}\displaystyle\int_0^\infty \dfrac{t}{1+t^3}[tJ_0(\frac{r}{l}t) - \dfrac{(1-\mu_C)l}{r}J_1(\frac{r}{l}t)]\mathrm{d}t \\ M_\theta = \dfrac{Q}{2\pi}\displaystyle\int_0^\infty \dfrac{t}{1+t^3}[\mu_C tJ_0(\frac{r}{l}t) - \dfrac{(1-\mu_C)l}{r}J_1(\frac{r}{l}t)]\mathrm{d}t \end{cases} \tag{7-4-7}$$

若令

$$p(r) = \frac{Q}{l^2}\bar{p}(r)$$

$$w(r)=\frac{(1-\mu_0^{2})Q}{E_0 l}\bar{w}(r)$$
$$M_r=Q(A+\mu_C B)$$
$$M_\theta=Q(B+\mu_C A)$$

则可得反力、挠度和弯矩系数表达式，如下：

$$\bar{p}(r)=\frac{1}{2\pi}\int_0^\infty\frac{J_0(\frac{r}{l}t)}{1+t^3}t\mathrm{d}t$$

$$\bar{w}(r)=\frac{1}{\pi}\int_0^\infty\frac{J_0(\frac{r}{l}t)}{1+t^3}\mathrm{d}t$$

$$A=\frac{1}{2\pi}\int_0^\infty\frac{J_0(\frac{r}{l}t)}{1+t^3}t^2\mathrm{d}t-B$$

$$B=\frac{l}{2\pi r}\int_0^\infty\frac{J_1(\frac{r}{l}t)}{1+t^3}t\mathrm{d}t$$

计算集中力作用下的反力、弯矩和弯矩系数时，也需解决下述无穷积分式的积分问题：

(1) $\int_0^\infty\frac{J_0(\frac{r}{l}t)}{1+t^3}\mathrm{d}t$

(2) $\int_0^\infty\frac{J_0(\frac{r}{l}t)}{1+t^3}t\mathrm{d}t$

(3) $\int_0^\infty\frac{J_0(\frac{r}{l}t)}{1+t^3}t^2\mathrm{d}t$

(4) $\int_0^\infty\frac{J_1(\frac{r}{l}t)}{1+t^3}t\mathrm{d}t$

积分式(1)积分收敛较快，可直接采用高斯数值积分法进行数值积分。积分式(2)收敛较慢，需要进行如下变换：

$$\int_0^\infty\frac{J_0(\frac{r}{l}t)}{1+t^3}t\mathrm{d}t=\int_0^\infty\frac{J_0(\frac{r}{l}t)}{1+t^2}\mathrm{d}t+\int_0^\infty\frac{(t-1)J_0(\frac{r}{\delta}t)}{(1+t^2)(1+t^3)}\mathrm{d}t$$

上式右端第一项积分，根据贝塞尔函数理论，可变换为下式：

$$\int_0^\infty\frac{J_0(\frac{r}{l}t)}{1+t^2}\mathrm{d}t=\int_0^{\frac{\pi}{2}}e^{-\frac{r}{l}\cos\theta}\mathrm{d}\theta$$

再采用数值积分法计算其数值解。而积分式(2)积分 $\int_0^\infty\frac{(t-1)J_0(\frac{r}{\delta}t)}{(1+t^2)(1+t^3)}\mathrm{d}t$ 收敛较快，可直接计算。

积分式(3)积分的收敛速度也较慢，需要变换为如下形式：

$$\int_0^\infty\frac{J_0(\frac{r}{l}t)}{1+t^3}t^2\mathrm{d}t=\int_0^\infty\frac{J_0(\frac{r}{l}t)}{1+t^2}t\mathrm{d}t+\int_0^\infty\frac{t(t-1)J_0(\frac{r}{l}t)}{(1+t^2)(1+t^3)}\mathrm{d}t$$

上式右端第一项积分，根据下述表达式：

$$\int_0^{\infty} \frac{t^{v+1} J_v(at)}{(t^2 + b^2)^{\mu+1}} \mathrm{d}t = \frac{a^{\mu} b^{v-\mu}}{2^{\mu} \Gamma(\mu + 1)} K_{v-\mu}(ab)$$

当 $\mu = 0, v = 0, a = \frac{r}{l}, b = 1$ 时,有

$$\int_0^{\infty} \frac{J_0(\frac{r}{l}t)}{1 + t^2} t \mathrm{d}t = K_0(\frac{r}{\delta})$$

而第二项积分 $\int_0^{\infty} \frac{t(t-1)J_0(\frac{r}{l}t)}{(1+t^2)(1+t^3)} \mathrm{d}t$ 收敛较快,可直接计算。

积分式(4)积分收敛也比较慢,为加快收敛速度,可变换为如下形式:

$$\int_0^{\infty} \frac{J_1(\frac{r}{l}t)}{1 + t^3} t \mathrm{d}t = \int_0^{\infty} \frac{J_1(\frac{r}{l}t)}{(1 + t^2)^2} t^2 \mathrm{d}t + \int_0^{\infty} \frac{t(2t^2 - t + 1) J_1(\frac{r}{l}t)}{(1 + t^2)^2 (1 + t^3)} \mathrm{d}t$$

上式右端第一个积分,根据下述表达式:

$$\int_0^{\infty} \frac{t^{v+1} J_v(at)}{(t^2 + b^2)^{\mu+1}} \mathrm{d}t = \frac{a^{\mu} b^{v-\mu}}{2^{\mu} \Gamma(\mu + 1)} K_{v-\mu}(ab)$$

当 $\mu = v = b = 1, a = \frac{r}{l}$ 时,可得

$$\int_0^{\infty} \frac{J_1(\frac{r}{l}t)}{(1 + t^2)^2} t^2 \mathrm{d}t = \frac{1}{2} \times \frac{r}{\delta} K_0(\frac{r}{l}t)$$

而第二项积分 $\int_0^{\infty} \frac{t(2t^2 - t + 1) J_1(\frac{r}{l}t)}{(1 + t^2)^2 (1 + t^3)} \mathrm{d}t$ 收敛较快,可直接采用高斯数值积分法进行数值积分计算。

根据上述分析,数值积分可采用高斯数值积分法。积分上限 t_s,可根据容许误差限 ε 确定。例如计算式(7-4-2)中的挠度系数表达式 $\bar{p}(r)$,其余项为:

$$R = \frac{l}{\pi\delta} \int_0^{\infty} \frac{J_1(\frac{\delta}{l}t) J_0(\frac{r}{l}t)}{1 + t^3} \mathrm{d}t$$

其中,$J_0(x)$ 的最大值为 1.0;$J_1(x)$ 的最大值不大于 0.6。所以,它的余项可表示为如下形式:

$$|R| \leqslant \frac{l}{\pi\delta} \int_{t_s}^{\infty} \frac{0.6}{t^3} \mathrm{d}t = \frac{0.3l}{\pi\delta} \times \frac{1}{t_s^2} \leqslant \varepsilon$$

即

$$t_s \geqslant \sqrt{\frac{0.3l}{\pi\delta\varepsilon}}$$

7.5 多圆荷载作用下板内应力计算

许多国家对载重汽车的最大轴重有一定的限制,故重型汽车多半采用增加轴数的办法来加大汽车

的总载量。在水泥混凝土路面应力计算中,必须考虑多轮荷载共同作用下的应力计算问题。在机场水泥混凝土路面应力计算中,也有类似的情况,如波音 -747 等大型客机,都采用多轮组机架。因此,它也必须按照多轮荷载进行计算。

计算多轮荷载作用下的板内应力,首先应确定其最不利计算点,以便计算其最大弯矩。通常,可以选择荷载最大的中心点,或者两个最大荷载之间的中心点,作为最不利计算点。如果不能直接判定最不利计算点,也可选择多个计算点进行比较,最后以最不利计算点的结果控制设计。在计算应力时,对于轮迹中心处的应力,可采用圆形均布荷载作用下的弯矩计算公式,至于其他荷载引起的计算点应力,既可以采用圆形均布荷载公式,也可以采用集中荷载公式进行计算。由于这两种方法的差别不大,所以多半采用集中荷载公式来进行计算。

荷载应力叠加在统一的直角坐标系内进行,所有的应力必须由柱面坐标系换算为直角坐标系,如图 7-3所示。

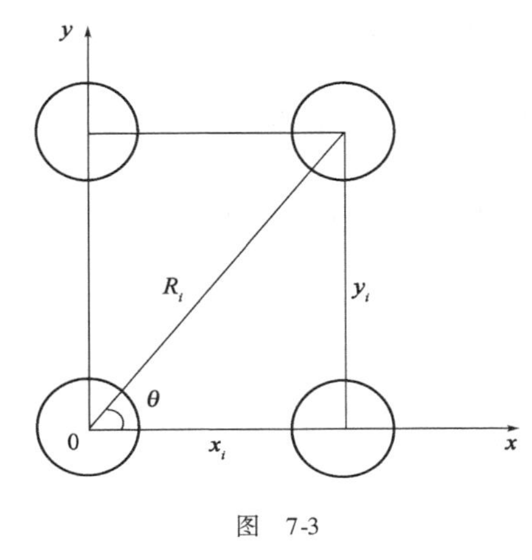

图　7-3

根据式(2-3-2)中的下列应力变换式:

$$\sigma_x = \frac{\sigma_r + \sigma_\theta}{2} + \frac{\sigma_r - \sigma_\theta}{2}\cos2\theta - \tau_{r\theta}\sin2\theta$$

$$\sigma_y = \frac{\sigma_r + \sigma_\theta}{2} + \frac{\sigma_r - \sigma_\theta}{2}\sin2\theta - \tau_{r\theta}\sin2\theta$$

$$\tau_{xy} = \frac{\sigma_r - \sigma_\theta}{2}\sin2\theta + \tau_{r\theta}\cos2\theta$$

并注意下列关系式:

$$\cos2\theta = \cos^2\theta - \sin^2\theta$$

$$\sin2\theta = 2\sin\theta_C\cos\theta$$

$$\sigma_x = \frac{6M_x}{h_C^2}$$

$$\sigma_r = \frac{6M_r}{h_C{}^2}$$

$$\sigma_y = \frac{6M_y}{h_C{}^2}$$

$$\tau_{r\theta} = 0$$

$$\tau_{\theta x} = \frac{6M_\theta}{h_C{}^2}$$

$$\tau_{xy} = \frac{6M_{xy}}{h_C{}^2}$$

则可得多轮荷载中0点的弯矩和扭矩如下：

$$\begin{cases} M_x = M_0 + \sum_{i=1}^{n-1}(M_{ri}\cos^2\theta_i + M_{\theta i}\sin^2\theta_i) \\ M_y = M_0 + \sum_{i=1}^{n-1}(M_{ri}\sin^2\theta_i + M_{\theta i}\cos^2\theta_i) \\ M_{xy} = \sum_{i=1}^{n-1}(M_{ri} - M_{\theta i})\sin\theta_i\cos\theta_i \end{cases} \tag{7-5-1}$$

若将上式中的三角函数用直角坐标 x、y 表示，那么，式(7-5-1)可改写为如下公式：

$$\begin{cases} M_x = M_0 + \sum_{i=1}^{n-1}\left(M_{ri}\dfrac{x_i^2}{x_i^2 + y_i^2} + M_{\theta i}\dfrac{y_i^2}{x_i^2 + y_i^2}\right) \\ M_y = M_0 + \sum_{i=1}^{n-1}\left(M_{ri}\dfrac{y_i^2}{x_i^2 + y_i^2} + M_{\theta i}\dfrac{x_i^2}{x_i^2 + y_i^2}\right) \\ M_{xy} = \sum_{i=1}^{n-1}(M_{ri} - M_{\theta i})\dfrac{x_i y_i}{x_i^2 + y_i^2} \end{cases} \tag{7-5-2}$$

式中：θ_i——计算点与其他荷载圆中心连线和 x 轴的夹角；

n——多轮荷载的轮数。

根据板内的弯矩和扭矩，求得弯曲应力和剪应力如下：

$$\begin{cases} \sigma_x = \dfrac{6M_x}{h_C^2} \\ \sigma_y = \dfrac{6M_y}{h_C^2} \\ \tau_{xy} = \dfrac{6M_{xy}}{h_C^2} \end{cases} \tag{7-5-3}$$

根据平面问题的主应力公式，则可得

$$\sigma_1 = \frac{\sigma_x + \sigma_y}{2} + \frac{1}{2}\sqrt{(\sigma_x - \sigma_y)^2 + 4\tau_{xy}}$$

$$\sigma_3 = \frac{\sigma_x + \sigma_y}{2} - \frac{1}{2}\sqrt{(\sigma_x - \sigma_y)^2 + 4\tau_{xy}}$$

最大主应力 σ_1 的方向为：

$$\theta_x = \frac{1}{2}\arctan\left(-\frac{2\tau_{xy}}{\sigma_x - \sigma_y}\right)$$

8　三层弹性体系力学分析

路面结构物往往是一种三层或多层体系。二十世纪四五十年代以来，各国学者就开始研究三层弹性体系的精确解，并考虑它在路面设计中的实际应用。

1945 年，伯米斯特首先提出三层连续体系应力与位移计算的一般理论，并导出三层体系表面最大垂直位移值计算的精确公式。1951 年由阿克姆和福克斯，1957 年由希夫曼根据伯米斯特的公式曾计算过三层连续体系中若干特征点的应力和位移值，并用图表列出部分数据。1962 年琼斯、皮梯，1976 年杰勒特等人都按同样方法继续完成了更多的数据，并制成详细的图表。此外，1948 年汉克等人，1955 年乔弗洛等人，1959 年科岗等人也都分析过双层地基上的板，并列出若干实用图表。

在我国，从 20 世纪 60 年代开始研究层状弹性体系理论，收集和学习国外在路面力学计算方面的论文。1962 年，朱照宏教授发表《路面力学计算》的内部资料，全面完整地介绍双层弹性体系和三层弹性体系的应力与位移的推导过程，为我国研究工作奠定强有力的基础。1964 年，吴晋伟高级工程师采用苏斯威尔应力函数法，导得双层弹性体系和三层弹性体系在圆形均布垂直荷载下的应力与位移，并在中国科学院计算技术研究所的协助下，进行较为全面的数值计算，提出数值解的数据计算图表，该成果于 1975 年才公开发表。20 世纪 70 年代以来，又有郭大智、王凯、许志鸿等人完成双圆荷载作用下双层弹性体系和三层弹性体系的应力与位移研究工作。在此期间，郭大智进行大量的数值计算，并由唐有君完成三层弹性体系的计算图表绘制工作。同时，姚祖康、王秉纲、邓学钧等为开展刚性路面设计方法的研究，采用有限元法分析弹性地基上双层板的应力。

在三层弹性体系中，共有两个接触面。每一接触面上有三种接触条件，即完全连续，完全滑动和半连续半滑动。根据组合，这两个接触面共有九种不同的接触条件，而双层体系只有三种接触条件。因此，对于 n 层体系，共有 3^{n-1} 种接触条件。但是，这些接触条件有许多接触情况不可能出现。本节中只分析三层连续体系上中滑动、中下滑动体系和三层滑动体系等三种接触条件，其他不同的接触条件组合，在实际路面中较少出现，故不予讨论。

8.1　三层弹性连续体系分析

所谓三层弹性连续体系，是指上、中、下三层都连续并紧密连接，它们共同作用如同一个天然组成的弹性介质体。这样，在每一个接触面同一坐标（即 r、z 相同）的上层底面与下层顶面处，除了径向应力和辐向应力不连续外，其他应力与位移分量均连续相等。

设三层体系表面作用有圆形轴对称垂直荷载，如图 8-1 所示。

8.1.1　定解条件

根据假设，当柱面坐标系设在三层体系表面上，坐标原点在荷载圆的中心处时，表面边界条件可写成如下两式：

$$\begin{cases}\sigma_{z_1}^V\big|_{z=0} = -p^V(r)\\ \tau_{zr_1}^V\big|_{z=0} = 0\end{cases}$$

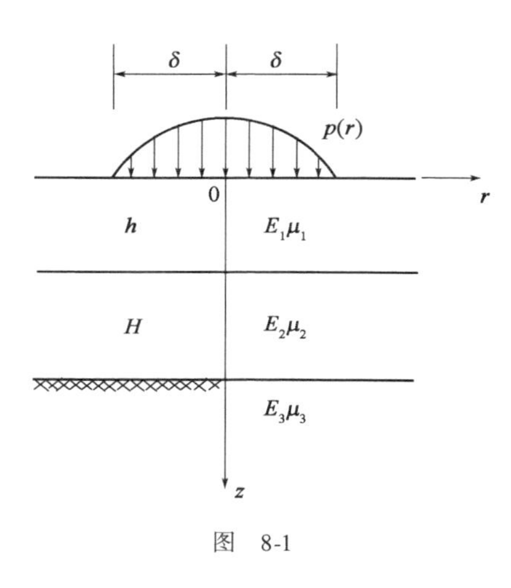

图 8-1

层间接触面上的结合条件可写出如下八个方程式:

$$\begin{cases}\sigma_{z_1}^V\big|_{z=h} = \sigma_{z_2}^V\big|_{z=h}\\ \tau_{zr_1}^V\big|_{z=h} = \tau_{zr_2}^V\big|_{z=h}\\ u_1^V\big|_{z=h} = u_2^V\big|_{z=h}\\ w_1^V\big|_{z=h} = w_2^V\big|_{z=h}\end{cases}$$

$$\begin{cases}\sigma_{z_2}^V\big|_{z=h+H} = \sigma_{z_3}^V\big|_{z=h+H}\\ \tau_{zr_2}^V\big|_{z=h+H} = \tau_{zr_3}^V\big|_{z=h+H}\\ u_2^V\big|_{z=h+H} = u_3^V\big|_{z=h+H}\\ w_2^V\big|_{z=h+H} = w_3^V\big|_{z=h+H}\end{cases}$$

8.1.2 建立线性方程组

根据式(6-1-1),三层弹性连续体系表面上和两个层间接触面上的定解条件,对垂直应力系数 $\overline{\sigma}_z^V$ 和垂直位移系数 $\overline{w}^V$ 施加零阶亨格尔积分变换;对水平剪应力系数 $\overline{\tau}_{zr}^V$ 和水平位移系数 $\overline{u}^V$ 施加一阶亨格尔积分变换,并注意 $C_3^V = D_3^V = 0$,则可得如下线性方程组:

$$A_1^V + (1-2\mu_1)B_1^V - C_1^V + (1-2\mu_1)D_1^V = -1 \tag{1}$$

$$A_1^V - 2\mu_1 B_1^V + C_1^V + 2\mu_1 D_1^V = 0 \tag{2}$$

$$[A_1^V + (1-2\mu_1+\frac{h}{\delta}x)B_1^V]e^{-2\frac{h}{\delta}x} - C_1^V + (1-2\mu_1-\frac{h}{\delta}x)D_1^V$$

$$= [A_2^V + (1-2\mu_2+\frac{h}{\delta}x)B_2^V]e^{-2\frac{h}{\delta}x} - C_2^V + (1-2\mu_2-\frac{h}{\delta}x)D_2^V \tag{3'}$$

$$[A_1^V - (2\mu_1-\frac{h}{\delta}x)B_1^V]e^{-2\frac{h}{\delta}x} + C_1^V + (2\mu_1+\frac{h}{\delta}x)D_1^V$$

$$= [A_2^V - (2\mu_2-\frac{h}{\delta}x)B_2^V]e^{-2\frac{h}{\delta}x} + C_2^V + (2\mu_2+\frac{h}{\delta}x)D_2^V \tag{4'}$$

$$m_1\{[A_1^V - (1-\frac{h}{\delta}x)B_1^V]e^{-2\frac{h}{\delta}x} - C_1^V - (1+\frac{h}{\delta}x)D_1^V\}$$

$$= [A_2^V - (1-\frac{h}{\delta}x)B_2^V]e^{-2\frac{h}{\delta}x} - C_2^V - (1+\frac{h}{\delta}x)D_2^V \tag{5'}$$

$$m_1\{[A_1^V + (2-4\mu_1+\frac{h}{\delta}x)B_1^V]e^{-2\frac{h}{\delta}x} + C_1^V - (2-4\mu_1-\frac{h}{\delta}x)D_1^V\}$$

$$= [A_2^V + (2-4\mu_2+\frac{h}{\delta}x)B_2^V]e^{-2\frac{h}{\delta}x} + C_2^V - (2-4\mu_2-\frac{h}{\delta}x)D\} \tag{6'}$$

$$[A_2^V + (1-2\mu_2+\frac{h+H}{\delta}x)B_2^V]e^{-2\frac{h+H}{\delta}x} - C_2^V + (1-2\mu_2-\frac{h+H}{\delta}x)D_2^V$$

$$= [A_3^V + (1-2\mu_3+\frac{h+H}{\delta}x)B_3^V]e^{-2\frac{h+H}{\delta}x} \tag{7'}$$

$$[A_2^V-(2\mu_2-\frac{h+H}{\delta}x)B_2^V]e^{-2\frac{h+H}{\delta}x}+C_2^V+(2\mu_2+\frac{h+H}{\delta}x)D_2^V$$

$$=[A_3^V-(2\mu_3-\frac{h+H}{\delta}x)B_3^V]e^{-2\frac{h+H}{\delta}x} \tag{8'}$$

$$m_2\{[A_2^V-(1-\frac{h+H}{\delta}x)B_2^V]e^{-2\frac{h+h}{\delta}x}-C_2^V-(1+\frac{h+H}{\delta}x)D_2^V\}$$

$$=[A_3^V-(1-\frac{h+H}{\delta}x)B_3^V]e^{-2\frac{h+H}{\delta}x} \tag{9'}$$

$$m_2\{[A_2^V+(2-4\mu_2+\frac{h+H}{\delta}x)B_2^V]e^{-2\frac{h+H}{\delta}x}+C_2^V-(2-4\mu_2-\frac{h+H}{\delta}x)D_2^V\}$$

$$=[A_3^V+(2-4\mu_3+\frac{h+H}{\delta}x)B_3^V]e^{-2\frac{h+H}{\delta}x} \tag{10'}$$

式中，$m_i=\frac{(1+\mu_i)E_{i+1}}{(1+\mu_{i+1})E_i}$，$i=1,2$。

在式(3′)和式(4′)的左端中，若设

$$\bar{p}_1^V(x)=-\{[A_1^V+(1-2\mu_1+\frac{h}{\delta}x)B_1^V]e^{-2\frac{h}{\delta}x}-C_1^V+(1-2\mu_1-\frac{h}{\delta}x)D_1^V\} \tag{a}$$

$$\bar{s}_1^V(x)=-\{[A_1^V-(2\mu_1-\frac{h}{\delta}x)B_1^V]e^{-2\frac{h}{\delta}x}+C_1^V+(2\mu_1+\frac{h}{\delta}x)D_1^V\} \tag{b}$$

那么式(3′)和式(4′)的右端可改写为下述两式：

$$[A_2^V+(1-2\mu_2+\frac{h}{\delta}x)B_2^V]e^{-2\frac{h}{\delta}x}-C_2^V+(1-2\mu_2-\frac{h}{\delta}x)D_2^V=-\bar{p}_1^V(x) \tag{3''}$$

$$[A_2^V-(2\mu_2-\frac{h}{\delta}x)B_2^V]e^{-2\frac{h}{\delta}x}+C_2^V+(2\mu_2+\frac{h}{\delta}x)D_2^V=-\bar{s}_1^V(x) \tag{4''}$$

式(6′)±式(5′)，则可得

$$m_1\{[2A_1^V+(1-4\mu_1+2\frac{h}{\delta}x)B_1^V]e^{-2\frac{h}{\delta}x}-(3-4\mu_1)D_1^V\}$$

$$=[2A_2^V+(1-4\mu_2+2\frac{h}{\delta}x)B_2^V]e^{-2\frac{h}{\delta}x}-(3-4\mu_2)D_2^V \tag{5''}$$

$$m_1[(3-4\mu_1)B_1^Ve^{-2\frac{h}{\delta}x}+2C_1^V-(1-4\mu_1-2\frac{h}{\delta}x)D_1^V]$$

$$=(3-4\mu_2)B_2^Ve^{-2\frac{h}{\delta}x}+2C_2^V-(1-4\mu_2-2\frac{h}{\delta}x)D_2^V \tag{6''}$$

式(7′)±式(8′)，则可得

$$[2A_2^V+(1-4\mu_2+2\frac{h+H}{\delta}x)B_2^V]e^{-2\frac{h+H}{\delta}x}+D_2^V=[2A_3^V+(1-4\mu_3+2\frac{h+H}{\delta}x)B_3^V]e^{-2\frac{h+H}{\delta}x} \tag{9}$$

$$B_2^Ve^{-2\frac{h+H}{\delta}x}-2C_2^V+(1-4\mu_2-2\frac{h+H}{\delta}x)D_2^V=B_3^Ve^{-2\frac{h+H}{\delta}x} \tag{10}$$

式(9′)+式(10′)，则可得

$$m_2\{[2A_2^V+(1-4\mu_2+2\frac{h+H}{\delta}x)B_2^V]e^{-2\frac{h+H}{\delta}x}-(3-4\mu_2)D_2^V\}$$

$$=[2A_3^V+(1-4\mu_3+2\frac{h+H}{\delta}x)B_3^V]e^{-2\frac{h+H}{\delta}x} \tag{9''}$$

式(10′)－式(9′)，则有

$$m_2[(3-4\mu_2)B_2^Ve^{-2\frac{h+H}{\delta}x}+2C_2^V-(1-4\mu_2+2\frac{h+H}{\delta}x)D_2^V]=(3-4\mu_3)B_3^Ve^{-2\frac{h+H}{\delta}x} \tag{10''}$$

式(9)－式(9″)，则可得

$$[2(1-m_2)A_2^V+(1-m_2)(1-4\mu_2+\frac{h+H}{\delta}x)B_2^V]e^{-2\frac{h+H}{\delta}x}+[(3-4\mu_2)m_2+1]D_2^V=0$$

若令

$$M=\frac{1-m_2}{(3-4\mu_2)m_2+1}$$

则上式可改写为下式:

$$[2MA_2^V+(1-4\mu_2+2\frac{h+H}{\delta}x)MB_2^V]e^{-2\frac{h+H}{\delta}x}+D_2^V=0 \tag{5}$$

式(10)×(3−4μ_3)−式(10″),则有

$$[(3-4\mu_3)-(3-4\mu_2)m_2]B_2^V e^{-2\frac{h+H}{\delta}x}-2[(3-4\mu_3)+m_2]C_2^V+(3-4\mu_3+m_2)$$
$$(1-4\mu_2-2\frac{h+H}{\delta}x)D_2^V=0$$

若令

$$L=\frac{(3-4\mu_3)-(3-4\mu_2)m_2}{3-4\mu_3+m_2}$$

则上式可改写为下式:

$$Le^{-2\frac{h+H}{\delta}x}B_2^V-2C_2^V+(1-4\mu_2-2\frac{h+H}{\delta}x)D_2^V=0 \tag{6}$$

式(3″)+式(4″),则可得

$$[2A_2^V+(1-4\mu_2+2\frac{h}{\delta}x)B_2^V]e^{-2\frac{h}{\delta}x}+D_2^V=-[\bar{p}_1^V(x)+\bar{s}_1^V(x)] \tag{3‴}$$

式(3″)−式(4″),则可得

$$B_2^V e^{-2\frac{h}{\delta}x}-2C_2^V+(1-4\mu_2-2\frac{h}{\delta}x)D_2^V=-[\bar{p}_1^V(x)-\bar{s}_1^V(x)] \tag{4‴}$$

式(5)−式(3‴)×$Me^{-2\frac{H}{\delta}x}$,则有

$$2\frac{H}{\delta}xMe^{-2\frac{h+H}{\delta}x}B_2^V+(1-Me^{-2\frac{H}{\delta}x})D_2^V=Me^{-2\frac{H}{\delta}x}[\bar{p}_1^V(x)+\bar{s}_1^V(x)] \tag{7}$$

式(4‴)−式(6),则可得

$$(1-Le^{-2\frac{H}{\delta}x})e^{-2\frac{h}{\delta}x}B_2^V+2\frac{H}{\delta}xD_2^V=-[\bar{p}_1^V(x)-\bar{s}_1^V(x)] \tag{8}$$

8.1.3 解线性方程组

(1)确定第二层系数(A_2^V、B_2^V、C_2^V 和 D_2^V)表达式

式(7)和式(8)联立,则可得如下线性方程组:

$$2\frac{H}{\delta}xMe^{-2\frac{h+H}{\delta}x}B_2^V+(1-Me^{-2\frac{H}{\delta}x})D_2^V=Me^{-2\frac{H}{\delta}x}[\bar{p}_1^V(x)+\bar{s}_1^V(x)]$$

$$(1-Le^{-2\frac{H}{\delta}x})e^{-\frac{h}{\delta}x}B_2^V+2\frac{H}{\delta}xD_2^V=-[\bar{p}_1^V(x)-\bar{s}_1^V(x)]$$

采用行列式理论求解上述方程组,其解的分母行列式为:

$$D_C=\begin{vmatrix} 2\frac{H}{\delta}xMe^{-2\frac{h+H}{\delta}x} & 1-Me^{-2\frac{H}{\delta}x} \\ (1-Le^{-2\frac{H}{\delta}x})e^{-2\frac{h}{\delta}x} & 2\frac{H}{\delta}x \end{vmatrix}$$
$$=e^{-2\frac{h}{\delta}x}[(2\frac{H}{\delta}x)^2Me^{-2\frac{H}{\delta}x}-(1-Le^{-2\frac{H}{\delta}x})(1-Me^{-2\frac{H}{\delta}x})]$$

若令

$$\Delta_{3C}=(2\frac{H}{\delta}x)^2Me^{-2\frac{H}{\delta}x}-(1-Le^{-2\frac{H}{\delta}x})(1-Me^{-2\frac{H}{\delta}x})$$

则分母行列式可表示为如下形式：

$$D_C=\Delta_{3C}e^{-2\frac{h}{\delta}x}$$

根据克莱姆法则，系数 B_2^V 的表达式可表示为如下形式：

$$B_2^V=\frac{1}{D_C}\begin{vmatrix} Me^{-2\frac{H}{\delta}x}[\bar{p}_1^V(x)+\bar{s}_1^V(x)] & 1-Me^{-2\frac{H}{\delta}x} \\ -[\bar{p}_1^V(x)-\bar{s}_1^V(x)] & 2\frac{H}{\delta}x \end{vmatrix}$$

$$=\frac{\bar{p}_1^V(x)e^{2\frac{h}{\delta}x}}{\Delta_{3C}}[1-(1-2\frac{H}{\delta}x)Me^{-2\frac{H}{\delta}x}]-\frac{\bar{s}_1^V(x)e^{2\frac{h}{\delta}x}}{\Delta_{3C}}[1-(1+2\frac{H}{\delta}x)Me^{-2\frac{H}{\delta}x}]$$

即

$$B_2^V=-\frac{\bar{p}_1^V(x)e^{2\frac{h}{\delta}x}}{\Delta_{3C}}[(1-2\frac{H}{\delta}x)Me^{-2\frac{H}{\delta}x}-1]+\frac{\bar{s}_1^V(x)e^{2\frac{h}{\delta}x}}{\Delta_{3C}}[(1+2\frac{H}{\delta}x)Me^{-2\frac{H}{\delta}x}-1]$$

根据克莱姆法则，系数 D_2^V 的表达式可表示为如下形式：

$$D_2^V=\frac{1}{D_C}\begin{vmatrix} 2\frac{H}{\delta}xMe^{-2\frac{h+H}{\delta}x} & Me^{-2\frac{H}{\delta}x}[\bar{p}_1^V(x)+\bar{s}_1^V(x)] \\ (1-Le^{-2\frac{H}{\delta}x})e^{-2\frac{h}{\delta}x} & -[\bar{p}_1^V(x)-\bar{s}_1^V(x)] \end{vmatrix}$$

$$=\frac{Me^{-2\frac{H}{\delta}x}}{\Delta_{3C}}[-(2\frac{H}{\delta}x+1-Le^{-2\frac{H}{\delta}x})\bar{p}_1^V(x)+(2\frac{H}{\delta}x-1+Le^{-2\frac{H}{\delta}x})\bar{s}_1^V(x)]$$

即

$$D_2^V=\frac{\bar{p}_1^V(x)Me^{-2\frac{H}{\delta}x}}{\Delta_{3C}}[Le^{-2\frac{H}{\delta}x}-(1+2\frac{H}{\delta}x)]+\frac{\bar{s}_1^V(x)Me^{-2\frac{H}{\delta}x}}{\Delta_{3C}}[Le^{-2\frac{H}{\delta}x}-(1-2\frac{H}{\delta}x)]$$

若将 B_2^V、D_2^V 代入式(5)：

$$[2MA_2^V+(1-4\mu_2+2\frac{h+H}{\delta}x)MB_2^V]e^{-2\frac{h+H}{\delta}x}+D_2^V=0$$

则可得到 A_2^V 表达式，如下：

$$A_2^V=-\frac{1}{2}[(1-4\mu_2+\frac{h+H}{\delta}x)B_2^V+\frac{1}{M}e^{2\frac{h+H}{\delta}x}D_2^V]$$

$$=\frac{\bar{p}_1^V(x)e^{2\frac{h}{\delta}x}}{2\Delta_{3C}}\{[(1-2\frac{H}{\delta}x)(1-4\mu_2+2\frac{h+H}{\delta}x)M-L]e^{-2\frac{H}{\delta}x}+2(2\mu_2-\frac{h}{\delta}x)\}-$$

$$\frac{\bar{s}_1^V(x)e^{2\frac{h}{\delta}x}}{\Delta_{3C}}\{[(1+2\frac{H}{\delta}x)(1-4\mu_2+2\frac{h+H}{\delta}x)M+L]e^{-2\frac{H}{\delta}x}-2(1-2\mu_2+\frac{h}{\delta}x)\}$$

即

$$A_2^V=\frac{\bar{p}_1^V(x)e^{2\frac{h}{\delta}x}}{2\Delta_{3C}}\{[(1-2\frac{H}{\delta}x)(1-4\mu_2+2\frac{h+H}{\delta}x)M-L]e^{-2\frac{H}{\delta}x}+2(2\mu_2-\frac{h}{\delta}x)\}-$$

$$\frac{\bar{s}_1^V(x)e^{2\frac{h}{\delta}x}}{2\Delta_{3C}}\{[(1+2\frac{H}{\delta}x)(1-4\mu_2+2\frac{h+H}{\delta}x)M+L]e^{-2\frac{H}{\delta}x}-2(1-2\mu_2+\frac{h}{\delta}x)\}$$

若将 B_2^V、D_2^V 代入式(6)：

$$Le^{-2\frac{h+H}{\delta}x}B_2^V-2C_2^V+(1-4\mu_2-2\frac{h+H}{\delta}x)D_2^V=0$$

则有

$$C_2^V=\frac{1}{2}[Le^{-2\frac{h+H}{\delta}x}B_2^V+(1-4\mu_2-2\frac{h+H}{\delta}x)D_2^V]$$

$$=-\frac{\bar{p}_1^V(x)e^{-2\frac{H}{\delta}x}}{2\Delta_{3C}}\{2(2\mu_2+\frac{h}{\delta}x)LMe^{-2\frac{H}{\delta}x}+[(1+2\frac{h}{\delta}x)(1-4\mu_2-2\frac{h+H}{\delta}x)M-L]\}+$$

$$\frac{\bar{s}_1^V(x)e^{-2\frac{H}{\delta}x}}{2\Delta_{3C}}\{2(1-2\mu_2-2\frac{h}{\delta}x)LMe^{-2\frac{H}{\delta}x}-[(1-2\frac{H}{\delta}x)(1-4\mu_2-2\frac{h+H}{\delta}x)M+L]\}$$

即

$$C_2^V=-\frac{\bar{p}_1^V(x)e^{-2\frac{H}{\delta}x}}{2\Delta_{3C}}\{2(2\mu_2+\frac{h}{\delta}x)LMe^{-2\frac{H}{\delta}x}+[(1+2\frac{H}{\delta}x)(1-4\mu_2-2\frac{h+H}{\delta}x)M-L]\}+$$

$$\frac{\bar{s}_1^V(x)e^{-2\frac{H}{\delta}x}}{2\Delta_{3C}}\{2(1-2\mu_2-\frac{h}{\delta}x)LMe^{-2\frac{H}{\delta}x}-[(1-2\frac{H}{\delta}x)(1-4\mu_2-2\frac{h+H}{\delta}x)M+L]\}$$

(2)确定第三层系数(A_3^V 和 B_3^V)

将 B_2^V、C_2^V 和 D_2^V 代入式(10),则可得 B_3^V 的表达式如下:

$$B_3^V=B_2^V-2e^{2\frac{h+H}{\delta}x}C_2^V+(1-4\mu_2-2\frac{h+H}{\delta}x)e^{2\frac{h+H}{\delta}x}D_2^V$$

$$=\frac{\bar{p}_1^V(x)e^{2\frac{h}{\delta}x}}{\Delta_{3C}}[(1-2\frac{H}{\delta}x)(L-1)Me^{-2\frac{H}{\delta}x}-(L-1)]-$$

$$\frac{\bar{s}_1^V(x)e^{2\frac{h}{\delta}x}}{\Delta_{3C}}[(1+2\frac{H}{\delta}x)(L-1)Me^{-2\frac{H}{\delta}x}-(L-1)]$$

即

$$B_3^V=\frac{\bar{p}_1^V(x)(L-1)e^{2\frac{h}{\delta}x}}{\Delta_{3C}}[(1-2\frac{H}{\delta}x)Me^{-2\frac{H}{\delta}x}-1]-\frac{\bar{s}_1^V(x)(L-1)e^{2\frac{h}{\delta}x}}{\Delta_{3C}}[(1+2\frac{H}{\delta}x)Me^{-2\frac{H}{\delta}x}-1]$$

将 A_2^V、B_2^V 和 D_2^V 代入式(9),则可得 A_3^V 的表达式如下:

$$A_3^V=A_2^V+\frac{1}{2}(1-4\mu_2+2\frac{h+H}{\delta}x)B_2^V]+\frac{1}{2}e^{2\frac{h+H}{\delta}x}D_2^V-\frac{1}{2}(1-4\mu_3+2\frac{h+H}{\delta}x)e^{2\frac{h+H}{\delta}x}B_3^V$$

$$=\frac{\bar{p}_1^V(x)e^{2\frac{h}{\delta}x}}{2\Delta_{3C}}[L(M-1)e^{-2\frac{H}{\delta}x}-(1+2\frac{H}{\delta}x)(M-1)]+$$

$$\frac{\bar{s}_1^V(x)e^{-2\frac{H}{\delta}x}}{2\Delta_{3C}}[L(M-1)e^{-2\frac{H}{\delta}x}-(1-2\frac{h}{\delta}x)(M-1)]-$$

$$\frac{\bar{p}_1^V(x)(L-1)e^{2\frac{h}{\delta}x}}{2\Delta_{3C}}(1-4\mu_3+2\frac{h+H}{\delta}x)[(1-2\frac{H}{\delta}x)Me^{-2\frac{H}{\delta}xx}-1]+$$

$$\frac{\bar{s}_1^V(x)(L-1)e^{2\frac{h}{\delta}x}}{2\Delta_{3C}}(1-4\mu_3+2\frac{h+H}{\delta}x)[(1+2\frac{H}{\delta}x)Me^{-2\frac{H}{\delta}x}-1]$$

即

$$A_3^V=\frac{\bar{p}_1^V(x)e^{2\frac{h}{\delta}x}}{2\Delta_{3C}}\{[(M-1)L-(1-2\frac{H}{\delta}x)(1-4\mu_3+2\frac{h+H}{\delta}x)(L-1)M]e^{-2\frac{H}{\delta}x}-$$

$$[(1+2\frac{H}{\delta}x)(M-1)-(1-4\mu_3+2\frac{h+H}{\delta}x)(L-1)]\}+$$

$$\frac{\bar{s}_1^V(x)e^{2\frac{h}{\delta}x}}{2\Delta_{3C}}\{[(M-1)L+(1+2\frac{H}{\delta}x)(1-4\mu_3+2\frac{h+H}{\delta}x)(L-1)M]e^{-2\frac{H}{\delta}x}-$$

$$[(1-2\frac{H}{\delta}x)(M-1)+(1-4\mu_3+2\frac{h+H}{\delta}x)(L-1)]\}$$

(3)确定第一层系数(A_1^V、B_1^V、C_1^V 和 D_1^V)

若将 A_2^V、B_2^V、D_2^V 的系数表达式代入式(5″)的右端:

$$m_1\{[2A_1^V+(1-4\mu_1+2\frac{h}{\delta}x)B_1^V]e^{-2\frac{h}{\delta}x}-(3-4\mu_1)D_1^V\}$$

$$=[2A_2^V+(1-4\mu_2+2\frac{h}{\delta}x)B_2^V]e^{-2\frac{h}{\delta}x}-(3-4\mu_2)D_2^V$$

则可得

$$m_1\{[2A_1^V+(1-4\mu_1+2\frac{h}{\delta}x)B_1^V]e^{-2\frac{h}{\delta}x}-(3-4\mu_1)D_1^V\}$$

$$=-\frac{\bar{p}_1^V(x)}{\Delta_{3C}}\{4(1-\mu_2)[Le^{-2\frac{H}{\delta}x}-(1+2\frac{H}{\delta}x)]Me^{-2\frac{H}{\delta}x}+\Delta_{3C}\}-$$

$$\frac{\bar{s}_1^V(x)}{\Delta_{3C}}\{4(1-\mu_2)[Le^{-2\frac{H}{\delta}x}-(1-2\frac{H}{\delta}x)]Me^{-2\frac{H}{\delta}x}+\Delta_{3C}\}$$

再将式(a)和式(b)代入上式,则有

$$\{4(1-\mu_2)[Le^{-2\frac{H}{\delta}x}-(1+2\frac{H}{\delta}x)]Me^{-2\frac{H}{\delta}x}+\Delta_{3C}\}\times\{[A_1^V+(1-2\mu_1+\frac{h}{\delta}x)B_1^V[e^{-2\frac{h}{\delta}x}-C_1^V+$$

$$(1-2\mu_1-\frac{h}{\delta}x)D_1^V\}+\{4(1-\mu_2)[Le^{-2\frac{H}{\delta}x}-(1-2\frac{H}{\delta}x)]Me^{-2\frac{H}{\delta}x}+\Delta_{3C}\}\times\{[A_1^V-(2\mu_1-\frac{h}{\delta}x)B_1^V]$$

$$e^{-2\frac{h}{\delta}x}+C_1^V+(2\mu_1+\frac{h}{\delta}x)D_1^V\}\quad-m_1\Delta_{3C}\{[2A_1^V+(1-4\mu_1+2\frac{h}{\delta}x)B_1^V]e^{-2\frac{h}{\delta}x}-(3-4\mu_1)D_1^V\}=0$$

上式按系数 A_1^V、B_1^V、C_1^V、D_1^V 分类合并,则可得

$$2[(1-m_1)\Delta_{3C}-4(1-\mu_2)(1-Le^{-2\frac{H}{\delta}x})Me^{-2\frac{H}{\delta}x}]e^{-2\frac{h}{\delta}x}A_1^V+\{(1-4\mu_1+2\frac{h}{\delta}x)[(1-m_1)\Delta_{3C}-$$

$$4(1-\mu_2)(1-Le^{-2\frac{H}{\delta}x})Me^{-2\frac{H}{\delta}x}]-8(1-\mu_2)\frac{H}{\delta}xMe^{-2\frac{H}{\delta}x}\}e^{-2\frac{h}{\delta}x}B_1^V+16(1-\mu_2)\frac{H}{\delta}xMe^{-2\frac{H}{\delta}x}C_1^V+$$

$$\{(1-m_1)\Delta_{3C}-4(1-\mu_2)(1-Le^{-2\frac{H}{\delta}x})Me^{-2\frac{H}{\delta}x}+4(1-\mu_1)m_1\Delta_1-8(1-\mu_2)(1-4\mu_1-2\frac{h}{\delta}x)$$

$$\frac{H}{\delta}xMe^{-2\frac{H}{\delta}x}\}D_1^V=0$$

若令

$$I=\frac{(1-\mu_1)m_1\Delta_{3C}}{2(1-\mu_2)}$$

$$K=\frac{(1-m_1)\Delta_{3C}-4(1-\mu_2)(1-Le^{-2\frac{H}{\delta}x})Me^{-2\frac{H}{\delta}x}}{8(1-\mu_2)}$$

则上式可改写为下式：

$$2Ke^{-2\frac{h}{\delta}x}A_1^V+[(1-4\mu_1+2\frac{h}{\delta}x)K-\frac{H}{\delta}xMe^{-2\frac{H}{\delta}x}]e^{-2\frac{h}{\delta}x}B_1^V+2\frac{H}{\delta}xMe^{-2\frac{H}{\delta}x}C_1^V+$$
$$[I+K-(1-4\mu_1-2\frac{h}{\delta}x)\frac{H}{\delta}xMe^{-2\frac{H}{\delta}x}\}D_1^V=0 \tag{3}$$

若将 B_2^V、C_2^V、D_2^V 的系数表达式代入式(6″)：

$$m_1[(3-4\mu_1)e^{-2\frac{h}{\delta}x}B_1^V+2C_1^V-(1-4\mu_1-2\frac{h}{\delta}x)D_1^V]=(3-4\mu_2)e^{-2\frac{h}{\delta}x}B_2^V+2C_2^V-(1-4\mu_2-2\frac{h}{\delta}x)D_2^V$$

的右端，则有

$$m_1[(3-4\mu_1)e^{-2\frac{h}{\delta}x}B_1^V+2C_1^V-(1-4\mu_1-2\frac{h}{\delta}x)D_1^V]$$
$$=-\frac{\bar{p}_1^V(x)}{\Delta_{3C}}[4(1-\mu_2)(1-2\frac{H}{\delta}x)Me^{-2\frac{H}{\delta}x}-\Delta_{3C}-4(1-\mu_2)]-\frac{\bar{s}_1^V(x)}{\Delta_{3C}}[\Delta_{3C}+4(1-\mu_2)-4(1-\mu_2)$$
$$(1+2\frac{H}{\delta}x)Me^{-2\frac{H}{\delta}x}]$$

再将式(a)和式(b)代入上式，则可得

$$m_1\Delta_{3C}[(3-4\mu_1)e^{-2\frac{h}{\delta}x}B_1^V+2C_1^V-(1-4\mu_1-2\frac{h}{\delta}x)D_1^V]-$$
$$\{[A_1^V+(1-2\mu_1+\frac{h}{\delta}x)B_1^V]e^{-2\frac{h}{\delta}x}-C_1^V+(1-2\mu_1-\frac{h}{\delta}x)D_1^V\}\times$$
$$[4(1-\mu_2)(1-2\frac{H}{\delta}x)Me^{-2\frac{H}{\delta}x}-\Delta_{3C}-4(1-\mu_2)]-$$
$$\{[A_1^V-(2\mu_1-\frac{h}{\delta}x)B_1^V]e^{-2\frac{h}{\delta}x}+C_1^V+(2\mu_1+\frac{h}{\delta}x)D_1^V\}\times$$
$$[\Delta_{3C}+4(1-\mu_2)-4(1-\mu_2)(1+2\frac{H}{\delta}x)Me^{-2\frac{H}{\delta}x}]=0$$

上式按系数 A_1^V、B_1^V、C_1^V、D_1^V 分类合并，则可得

$$16(1-\mu_2)\frac{H}{\delta}xMe^{-2\frac{h+H}{\delta}x}A_1^V+[4(1-\mu_1)m_1\Delta_{3C}+(1-m_1)\Delta_{3C}+4(1-\mu_2)(1-Me^{-2\frac{H}{\delta}x})+$$
$$8(1-\mu_2)(1-4\mu_1+2\frac{h}{\delta}x)\frac{H}{\delta}xMe^{-2\frac{H}{\delta}x}]e^{-2\frac{h}{\delta}x}B_1^V-2[(1-m_1)\Delta_{3C}+$$
$$4(1-\mu_2)(1-Me^{-2\frac{H}{\delta}x})]C_1^V+\{(1-4\mu_2-2\frac{h}{\delta}x)[(1-m_1)\Delta_{3C}+$$
$$4(1-\mu_2)(1-Me^{-2\frac{H}{\delta}x})]+8(1-\mu_2)\frac{H}{\delta}xMe^{-2\frac{H}{\delta}x}\}D_1^V=0$$

再令

$$J=\frac{(1-m_1)\Delta_{3C}+4(1-\mu_2)(1-Me^{-2\frac{H}{\delta}x})}{8(1-\mu_2)}$$

并注意下述关系式：

$$I=\frac{(1-\mu_1)m_1\Delta_{3C}}{2(1-\mu_2)}$$

则有

$$2\frac{H}{\delta}xMe^{-2\frac{h+H}{\delta}x}A_1^V+[I+J+(1-4\mu_1+2\frac{h}{\delta}x)\frac{H}{\delta}xMe^{-2\frac{H}{\delta}x}]e^{-2\frac{h}{\delta}x}B_1^V-2JC_1^V+[1-4\mu_2-2\frac{h}{\delta}x)J+\frac{H}{\delta}xMe^{-2\frac{H}{\delta}x}]D_1^V=0 \tag{4}$$

式(1)、式(2)、式(3)、式(4)联立，则可得如下线性方程组：

$$\begin{cases}A_1^V+(1-2\mu_1)B_1^V-C_1^V+(1-2\mu_1)D_1^V=-1\\ A_1^V-2\mu_1B_1^V+C_1^V+2\mu_1D_1^V=0\\ 2Ke^{-2\frac{h}{\delta}x}A_1^V+[(1-4\mu_1+2\frac{h}{\delta}x)K-\frac{H}{\delta}xMe^{-2\frac{H}{\delta}x}]e^{-2\frac{h}{\delta}x}B_1^V+2\frac{H}{\delta}xMe^{-2\frac{H}{\delta}x}C_1^V+\\ \quad[I+J-(1-4\mu_1-2\frac{h}{\delta}x)\frac{H}{\delta}xMe^{-2\frac{H}{\delta}x}]D_1^V=0\\ 2\frac{H}{\delta}xMe^{-2\frac{h+H}{\delta}x}A_1^V+[I+J+(1-4\mu_1+2\frac{h}{\delta}x)\frac{H}{\delta}xMe^{-2\frac{H}{\delta}x}]e^{-2\frac{h}{\delta}x}B_1^V-2JC_1^V+\\ \quad[(1-4\mu_1-2\frac{h}{\delta}x)J+\frac{H}{\delta}xMe^{-2\frac{h}{\delta}x}]D_1^V=0\end{cases}$$

采用行列式理论中的克莱姆法则求解上述线性方程组，其共同分母行列式可表示为如下形式：

$$D_C=\begin{vmatrix}1 & 1-2\mu_1 & -1 & 1-2\mu_1\\ 1 & -2\mu_1 & 1 & 2\mu_1\\ 2Ke^{-2\frac{h}{\delta}x} & [(1-4\mu_1+2\frac{h}{\delta}x)K-\frac{H}{\delta}xMe^{-2\frac{H}{\delta}x}]e^{-2\frac{h}{\delta}x} & 2\frac{H}{\delta}xMe^{-2\frac{H}{\delta}x} & I+K-(1-4\mu_1-2\frac{h}{\delta}x)\frac{H}{\delta}xMe^{-2\frac{H}{\delta}x}\\ 2\frac{H}{\delta}xMe^{-2\frac{h+H}{\delta}x} & [I+J+(1-4\mu_1+2\frac{h}{\delta}x)\frac{H}{\delta}xMe^{-2\frac{H}{\delta}x}]e^{-2\frac{h}{\delta}x} & -2J & (1-4\mu_1-2\frac{h}{\delta}x)J+\frac{H}{\delta}xMe^{-2\frac{H}{\delta}x}\end{vmatrix}$$

$$=2\left\{\{I^2+4\frac{h}{\delta}x\times\frac{H}{\delta}xIMe^{-2\frac{H}{\delta}x}+(2\frac{h}{\delta}x)^2[(\frac{H}{\delta}xMe^{-2\frac{H}{\delta}x})^2+JK]\}e^{-2\frac{h}{\delta}x}+\{[(\frac{H}{\delta}xMe^{-2\frac{h}{\delta}x})^2+(I+J)K]e^{-2\frac{h}{\delta}x}-[(\frac{H}{\delta}xMe^{-2\frac{H}{\delta}x})^2+(I+K)J]\}(1-e^{-2\frac{h}{\delta}x})\right\}$$

若令

$$\lambda=\{I^2+4\frac{h}{\delta}x\times\frac{H}{\delta}xIMe^{-2\frac{H}{\delta}x}+(2\frac{h}{\delta}x)^2[(\frac{H}{\delta}xMe^{-2\frac{H}{\delta}x})^2+JK]\}e^{-2\frac{h}{\delta}x}+\\ \{[(\frac{H}{\delta}xMe^{-2\frac{h}{\delta}x})^2+(I+J)K]e^{-2\frac{h}{\delta}x}-[(\frac{H}{\delta}xMe^{-2\frac{H}{\delta}x})^2+(I+K)J]\}(1-e^{-2\frac{h}{\delta}x})$$

则有

$$D_C=2\lambda$$

根据行列式理论的克莱姆法则，系数 A_1^V 的表达式可求得如下：

$$A_1^V=\frac{1}{D_C}\begin{vmatrix}-1 & 1-2\mu_1 & -1 & 1-2\mu_1\\ 0 & -2\mu_1 & 1 & 2\mu_1\\ 0 & [(1-4\mu_1+2\frac{h}{\delta}x)K-\frac{H}{\delta}xMe^{-2\frac{H}{\delta}x}]e^{-2\frac{h}{\delta}x} & 2\frac{H}{\delta}xMe^{-2\frac{H}{\delta}x} & I+K-(1-4\mu_1-2\frac{h}{\delta}x)\frac{H}{\delta}xMe^{-2\frac{H}{\delta}x}\\ 0 & [I+J+(1-4\mu_1+2\frac{h}{\delta}x)\frac{H}{\delta}xMe^{-2\frac{H}{\delta}x}]e^{-2\frac{h}{\delta}x} & -2J & (1-4\mu_1-2\frac{h}{\delta}x)J+\frac{H}{\delta}xMe^{-2\frac{H}{\delta}x}\end{vmatrix}$$

$$=\frac{1}{2\lambda}[4\mu_1(\frac{H}{\delta}xMe^{-2\frac{H}{\delta}x})^2+(1-4\mu_1+2\frac{h}{\delta}x)(1-2\frac{h}{\delta}x)JKe^{-2\frac{h}{\delta}x}-(\frac{H}{\delta}xMe^{-2\frac{H}{\delta}x})^2\times e^{-2\frac{h}{\delta}x}+4\mu_1(I+K)J-$$

$$(I+J)(I+K)e^{-2\frac{h}{\delta}x}+(4\mu_1-4\frac{h}{\delta}x)\frac{H}{\delta}xIMe^{-2\frac{h+H}{\delta}x}+(1-4\mu_1+2\frac{h}{\delta}x)(1-2\frac{h}{\delta}x)(\frac{H}{\delta}xMe^{-2\frac{H}{\delta}x})^2\times e^{-2\frac{h}{\delta}x}]$$

即

$$A_1^V=\frac{1}{2\lambda}\Big\{4\mu_1[(\frac{H}{\delta}xMe^{-2\frac{H}{\delta}x})^2+(I+K)J]+\{(1-4\mu_1+2\frac{h}{\delta}x)(1-2\frac{h}{\delta}x)[(\frac{H}{\delta}xMe^{-2\frac{H}{\delta}x})^2+JK]-$$

$$[(\frac{H}{\delta}xMe^{-2\frac{H}{\delta}x})^2+(I+J)(I+K)]+(4\mu_1-4\frac{h}{\delta}x)\frac{H}{\delta}xIMe^{-2\frac{H}{\delta}x}\}e^{-2\frac{h}{\delta}x}\Big\}$$

根据行列式理论的克莱姆法则,系数 B_1^V 的表达式可求得如下:

$$B_1^V=\frac{1}{D_C}\begin{vmatrix}1 & -1 & -1 & 1-2\mu_1\\ 1 & 0 & 1 & 2\mu_1\\ 2Ke^{-2\frac{h}{\delta}x} & 0 & 2\frac{H}{\delta}xMe^{-2\frac{H}{\delta}x} & I+K-(1-4\mu_1-2\frac{h}{\delta}x)\frac{H}{\delta}xMe^{-2\frac{H}{\delta}x}\\ 2\frac{H}{\delta}xMe^{-2\frac{h+H}{\delta}x} & 0 & -2J & (1-4\mu_1-2\frac{h}{\delta}x)J+\frac{H}{\delta}xMe^{-2\frac{H}{\delta}x}\end{vmatrix}$$

$$=\frac{1}{\lambda}[(\frac{H}{\delta}xMe^{-2\frac{H}{\delta}x})^2-(1-2\frac{h}{\delta}x)JKe^{-2\frac{h}{\delta}x}+(I+K)J+\frac{H}{\delta}xIMe^{-2\frac{h+H}{\delta}x}-(1-2\frac{h}{\delta}x)(\frac{H}{\delta}xMe^{-2\frac{H}{\delta}x})^2e^{-2\frac{h}{\delta}x}]$$

即

$$B_1^V=\frac{1}{\lambda}\Big\{[(\frac{H}{\delta}xMe^{-2\frac{H}{\delta}x})^2+(I+K)J]-\{(1-2\frac{h}{\delta}x)[(\frac{H}{\delta}xMe^{-3\frac{H}{\delta}x})^2+JK]-\frac{H}{\delta}xIMe^{-2\frac{H}{\delta}x}\}e^{-2\frac{h}{\delta}x}\Big\}$$

根据行列式理论的克莱姆法则,系数 C_1^V 的表达式可求得如下:

$$C_1^V=\frac{1}{D_C}\begin{vmatrix}1 & 1-2\mu_1 & -1 & 1-2\mu_1\\ 1 & -2\mu_1 & 0 & 2\mu_1\\ 2Ke^{-2\frac{h}{\delta}x} & [(1-4\mu_1+2\frac{h}{\delta}x)K-\frac{H}{\delta}xMe^{-2\frac{H}{\delta}x}]e^{-2\frac{h}{\delta}x} & 0 & I+K-(1-4\mu_1-2\frac{h}{\delta}x)\frac{H}{\delta}xMe^{-2\frac{H}{\delta}x}\\ 2\frac{H}{\delta}xMe^{-2\frac{h+H}{\delta}x} & [I+J+(1-4\mu_1+2\frac{h}{\delta}x)\frac{H}{\delta}xMe^{-2\frac{H}{\delta}x}]e^{-2\frac{h}{\delta}x} & 0 & (1-4\mu_1-2\frac{h}{\delta}x)J+\frac{H}{\delta}xMe^{-2\frac{H}{\delta}x}\end{vmatrix}$$

$$=-\frac{e^{-2\frac{h}{\delta}x}}{2\lambda}\{(1-4\mu_1-2\frac{h}{\delta}x)(1+2\frac{h}{\delta}x)[(\frac{H}{\delta}xMe^{-2\frac{H}{\delta}x})^2+JK]-[(\frac{H}{\delta}xMe^{-2\frac{H}{\delta}x})^2+(I+J)(I+K)]-$$

$$(4\mu_1+4\frac{h}{\delta}x)\frac{H}{\delta}xIMe^{-2\frac{H}{\delta}x}+4\mu_1[(\frac{H}{\delta}xMe^{-2\frac{H}{\delta}x})^2+(I+J)K]e^{-2\frac{h}{\delta}x}\}$$

即

$$C_1^V=-\frac{e^{-2\frac{h}{\delta}x}}{2\lambda}\{(1-4\mu_1-2\frac{h}{\delta}x)(1+2\frac{h}{\delta}x)[(\frac{H}{\delta}xMe^{-2\frac{H}{\delta}x})^2+JK]-[(\frac{H}{\delta}xMe^{-2\frac{H}{\delta}x})^2+(I+J)(I+K)]-$$

$$(4\mu_1+4\frac{h}{\delta}x)\frac{H}{\delta}xIMe^{-2\frac{H}{\delta}x}+4\mu_1[(\frac{H}{\delta}xMe^{-2\frac{H}{\delta}x})^2+(I+J)K]e^{-2\frac{h}{\delta}x}\}$$

根据行列式理论的克莱姆法则,系数 D_1^V 的表达式可求得如下:

$$D_1^V=\frac{1}{D_C}\begin{vmatrix}1 & 1-2\mu_1 & -1 & -1\\ 1 & -2\mu_1 & 1 & 0\\ 2Ke^{-2\frac{h}{\delta}x} & \left[(1-4\mu_1+2\frac{h}{\delta}x)K-\frac{H}{\delta}xMe^{-2\frac{H}{\delta}x}\right]e^{-2\frac{h}{\delta}x} & 2\frac{H}{\delta}xMe^{-2\frac{H}{\delta}x} & 0\\ 2\frac{H}{\delta}xMe^{-2\frac{h+H}{\delta}x} & \left[I+J+(1-4\mu_1+2\frac{h}{\delta}x)\frac{H}{\delta}xMe^{-2\frac{H}{\delta}x}\right]e^{-2\frac{h}{\delta}x} & -2J & 0\end{vmatrix}$$

$$=-\frac{e^{-2\frac{h}{\delta}x}}{\lambda}\left[(1+2\frac{h}{\delta}x)JK-(\frac{H}{\delta}xMe^{-2\frac{H}{\delta}x})^2\times e^{-2\frac{h}{\delta}x}+\frac{H}{\delta}xIMe^{-2\frac{H}{\delta}x}+(1+2\frac{h}{\delta}x)(\frac{H}{\delta}xMe^{-2\frac{H}{\delta}x})^2-(I+J)Ke^{-2\frac{h}{\delta}x})\right]$$

即

$$D_1^V=-\frac{e^{-2\frac{h}{\delta}x}}{\lambda}\left\{(1+2\frac{h}{\delta}x)\left[(\frac{H}{\delta}xMe^{-2\frac{H}{\delta}x})^2+JK\right]+\frac{H}{\delta}xIMe^{-2\frac{H}{\delta}x}-\left[(\frac{H}{\delta}xMe^{-2\frac{H}{\delta}x})^2+(I+J)K\right]e^{-2\frac{h}{\delta}x}\right\}$$

(4)确定上、中层接触面上反力的亨格尔积分表达式

①接触面上垂直反力的亨格尔积分表达式

若将系数 A_1^V、B_1^V、C_1^V、D_1^V 代入式(a)：

$$\bar{p}_1^V(x)=-\left\{\left[A_1^V+(1-2\mu_1+\frac{h}{\delta}x)B_1^V\right]e^{-2\frac{h}{\delta}x}-C_1^V+(1-2\mu_1-\frac{h}{\delta}x)D_1^V\right\}$$

则可得

$$\bar{p}_1^V(x)=-\frac{e^{-2\frac{h}{\delta}x}}{2\lambda}\Big\{4\mu_1\left[(\frac{H}{\delta}xMe^{-2\frac{H}{\delta}x})^2+(I+K)J\right]+\{(1-4\mu_1+2\frac{h}{\delta}x)(1-2\frac{h}{\delta}x)\left[(\frac{H}{\delta}xMe^{-2\frac{H}{\delta}x})^2+JK\right]-\left[(\frac{H}{\delta}xMe^{-2\frac{H}{\delta}x})^2+(I+J)(I+K)\right]+(4\mu_1-4\frac{h}{\delta}x)\frac{H}{\delta}xIMe^{-2\frac{H}{\delta}x}\}e^{-2\frac{h}{\delta}x}\Big\}-$$

$$\frac{1-2\mu_1+\frac{h}{\delta}x}{\lambda}\Big\{\left[(\frac{H}{\delta}xMe^{-2\frac{H}{\delta}x})^2+(I+K)J\right]-\{\left[(1-2\frac{h}{\delta}x)\left[(\frac{H}{\delta}xMe^{-2\frac{H}{\delta}x})^2+JK\right]-\frac{H}{\delta}xIMe^{-2\frac{H}{\delta}x}\right\}e^{-2\frac{h}{\delta}x}\Big\}-$$

$$\frac{e^{-2\frac{h}{\delta}x}}{2\lambda}\{(1-4\mu_1-2\frac{h}{\delta}x)(1+2\frac{h}{\delta}x)\left[(\frac{H}{\delta}xMe^{-2\frac{H}{\delta}x})^2+JK\right]-\left[(\frac{H}{\delta}xMe^{-2\frac{H}{\delta}x})^2+(I+J)(I+K)\right]-(4\mu_1+4\frac{h}{\delta}x)\frac{H}{\delta}xIMe^{-2\frac{H}{\delta}x}+4\mu_1\left[(I+J)K+(\frac{H}{\delta}xMe^{-2\frac{H}{\delta}x})^2\right]e^{-2\frac{h}{\delta}x}\}+$$

$$\frac{(1-2\mu_1-\frac{h}{\delta}x)e^{-2\frac{h}{\delta}x}}{\lambda}\{(1+2\frac{h}{\delta}x)\left[(\frac{H}{\delta}xMe^{-2\frac{H}{\delta}x})^2+JK\right]+\frac{H}{\delta}xIMe^{-2\frac{H}{\delta}x}-\left[(\frac{h}{\delta}xMe^{-2\frac{H}{\delta}x})^2+(I+J)K\right]\}$$

$$=-\frac{e^{-2\frac{h}{\delta}x}}{2\lambda}\{-2\frac{h}{\delta}xI(\frac{H}{\delta}xMe^{-2\frac{H}{\delta}x}-J)-I(I-J+K+2\frac{H}{\delta}xMe^{-2\frac{H}{\delta}x})-\left[2\frac{h}{\delta}xI(\frac{H}{\delta}xMe^{-2\frac{H}{\delta}x}+K)+I(I+J-K-2\frac{H}{\delta}xMe^{-2\frac{H}{\delta}x})\right]e^{-2\frac{h}{\delta}x}\}$$

即

$$\bar{p}_1^V(x)=\frac{e^{-2\frac{h}{\delta}x}}{2\lambda}\{2\frac{h}{\delta}xI(\frac{H}{\delta}xMe^{-2\frac{H}{\delta}x}-J)+I(I-J+K+2\frac{H}{\delta}xMe^{-2\frac{H}{\delta}x})+\left[2\frac{h}{\delta}xI(\frac{h}{\delta}xMe^{-2\frac{H}{\delta}x}+K)+I(I+J-K-2\frac{H}{\delta}xMe^{-2\frac{H}{\delta}x})\right]e^{-2\frac{h}{\delta}x}\}$$

②接触面上水平反力的亨格尔积分表达式

若将系数 A_1^V、B_1^V、C_1^V、D_1^V 代入式(b)：

$$\bar{s}_1^V(x)=-\left\{\left[A_1^V-(2\mu_1-\frac{h}{\delta}x)B_1^V\right]e^{-2\frac{h}{\delta}x}+C_1^V+(2\mu_1+\frac{h}{\delta}x)D_1^V\right\}$$

则可得

$$\bar{s}_1^V(x) = -\frac{e^{-2\frac{h}{\delta}x}}{2\lambda}\Big\{4\mu_1[(\frac{H}{\delta}xMe^{-2\frac{H}{\delta}x})^2+(I+K)J]+\{(1-4\mu_1+2\frac{h}{\delta}x)(1-2\frac{h}{\delta}x)[(\frac{H}{\delta}xMe^{-2\frac{H}{\delta}x})^2+JK]-[(\frac{H}{\delta}xMe^{-2\frac{H}{\delta}x})^2+(I+J)(I+K)]+(4\mu_1-4\frac{h}{\delta}x)\frac{H}{\delta}xIMe^{-2\frac{H}{\delta}x}\}e^{-2\frac{h}{\delta}x}\Big\}+\frac{(2\mu_1-\frac{h}{\delta}x)e^{-2\frac{h}{\delta}x}}{\lambda}\Big\{[(\frac{H}{\delta}xMe^{-2\frac{H}{\delta}x})^2+(I+K)J]-\{[(1-2\frac{h}{\delta}x)[(\frac{H}{\delta}xMe^{-2\frac{H}{\delta}x})^2+JK]-\frac{H}{\delta}xIMe^{-2\frac{H}{\delta}x}\}e^{-2\frac{h}{\delta}x}\Big\}+\frac{e^{-2\frac{h}{\delta}x}}{2\lambda}\{(1-4\mu_1-2\frac{h}{\delta}x)(1+2\frac{h}{\delta}x)[(\frac{H}{\delta}xMe^{-2\frac{H}{\delta}x})^2+JK]-[(\frac{H}{\delta}xMe^{-2\frac{H}{\delta}x})^2+(I+J)(I+K)]-(4\mu_1+4\frac{h}{\delta}x)\frac{H}{\delta}xIMe^{-2\frac{H}{\delta}x}+4\mu_1[(I+J)K+(\frac{H}{\delta}xMe^{-2\frac{H}{\delta}x})^2]e^{-2\frac{h}{\delta}x}\}+\frac{(2\mu_1+\frac{h}{\delta}x)e^{-2\frac{h}{\delta}x}}{\lambda}\{(1+2\frac{h}{\delta}x)[(\frac{H}{\delta}xMe^{-2\frac{H}{\delta}x})^2+JK]+\frac{H}{\delta}xIMe^{-2\frac{H}{\delta}x}-[(\frac{h}{\delta}xMe^{-2\frac{H}{\delta}x})^2+(I+J)K]e^{-2\frac{h}{\delta}x}\}$$

$$= -\frac{e^{-2\frac{h}{\delta}x}}{2\lambda}[-I(I+J+K)e^{-2\frac{h}{\delta}x}-2\frac{h}{\delta}x\times\frac{H}{\delta}xIMe^{-2\frac{h+H}{\delta}x}+2\frac{h}{\delta}xIJ+I(I+J+K)+2\frac{h}{\delta}x\times\frac{H}{\delta}xIMe^{-2\frac{H}{\delta}x}+2\frac{h}{\delta}xIKe^{-2\frac{h}{\delta}x}]$$

即

$$\bar{s}_1^V(x) = -\frac{e^{-2\frac{h}{\delta}x}}{2\lambda}\{2\frac{h}{\delta}xI(\frac{H}{\delta}xMe^{-2\frac{H}{\delta}x}+J)+I(I+J+K)-[2\frac{h}{\delta}xI(\frac{H}{\delta}xMe^{-2\frac{H}{\delta}x}-K)+I(I+J+K)]e^{-2\frac{h}{\delta}x}\}$$

8.1.4 验证系数表达式

根据本节的定解条件,求得系数 A_1^V、B_1^V、C_1^V、D_1^V 和 A_2^V、B_2^V、C_2^V、D_2^V,以及 A_3^V、B_3^V 表达式后,其系数公式是否正确,需要进行检验。为此,我们同时采用验根法和对比法进行验证。

8.1.4.1 验根法

(1)检验第一层系数表达式

将上层系数 A_1^V、B_1^V、C_1^V、D_1^V 的公式代入式(2):

$$式(2)左端 = A_1^V - 2\mu_1 B_1^V + C_1^V + 2\mu_1 D_1^V$$

则可得

$$式(2)左端 = \frac{1}{2\lambda}\Big\{4\mu_1[(\frac{H}{\delta}xMe^{-2\frac{H}{\delta}x})^2+(I+K)J]+\{(1-4\mu_1+2\frac{h}{\delta}x)(1-2\frac{h}{\delta}x)[(\frac{H}{\delta}xMe^{-2\frac{H}{\delta}x})^2+JK]-[(\frac{H}{\delta}xMe^{-2\frac{H}{\delta}x})^2+(I+J)(I+K)]+(4\mu_1-4\frac{h}{\delta}x)\frac{H}{\delta}xIMe^{-2\frac{H}{\delta}x}\}e^{-2\frac{h}{\delta}x}\Big\}-\frac{2\mu_1}{\lambda}\Big\{[(\frac{H}{\delta}xMe^{-2\frac{H}{\delta}x})^2+(I+K)J]-\{(1-2\frac{h}{\delta}x)[(\frac{H}{\delta}xMe^{-2\frac{H}{\delta}x})^2+JK]-\frac{H}{\delta}xIMe^{-2\frac{H}{\delta}x}\}e^{-2\frac{h}{\delta}x}\Big\}-\frac{e^{-2\frac{h}{\delta}x}}{2\lambda}\{(1-4\mu_1-2\frac{h}{\delta}x)(1+2\frac{h}{\delta}x)[(\frac{H}{\delta}xMe^{-2\frac{H}{\delta}x})^2+JK]-[(\frac{H}{\delta}xMe^{-2\frac{H}{\delta}x})^2+(I+J)(I+K)]-(4\mu_1+4\frac{h}{\delta}x)\frac{H}{\delta}xIMe^{-2\frac{H}{\delta}x}+4\mu_1[(I+J)K+$$

$$(\frac{H}{\delta}xMe^{-2\frac{H}{\delta}x})^2]e^{-2\frac{h}{\delta}x}\}-\frac{2\mu_1 e^{-2\frac{h}{\delta}x}}{\lambda}\{(1+2\frac{h}{\delta}x)[(\frac{H}{\delta}xMe^{-2\frac{H}{\delta}x})^2+JK]+$$

$$\frac{H}{\delta}xIMe^{-2\frac{H}{\delta}x}-[(\frac{h}{\delta}xMe^{-2\frac{H}{\delta}x})^2+(I+J)K\}=0=\text{式(2)右端}$$

根据上述分析，则可知

$$\text{式(2)左端}=\text{式(2)右端}$$

(2)检验第二层(中层)系数表达式

若将第二层系数 A_2^V、B_2^V、C_2^V、D_2^V 代入下述式(3″)：

$$[A_2^V+(1-2\mu_2+\frac{h}{\delta}x)B_2^V]e^{-2\frac{h}{\delta}x}-C_2^V+(1-2\mu_2-\frac{h}{\delta}x)D_2^V=-\bar{p}_1^V(x)$$

的左端，则可得

$$\text{式(3″)左端}=-\frac{\bar{p}_1^V(x)}{2\Delta_{3C}}\{[-(1-2\frac{H}{\delta}x)(1-4\mu_2+2\frac{h}{\delta}x+2\frac{H}{\delta}x)M+L]e^{-2\frac{H}{\delta}x}-2(2\mu_2-\frac{h}{\delta}x)\}-$$

$$\frac{\bar{s}_1^V(x)}{2\Delta_{3C}}\{[(1+2\frac{H}{\delta}x)(1-4\mu_2+2\frac{h}{\delta}x+2\frac{H}{\delta}x)M+L]e^{-2\frac{H}{\delta}x}-2(1-2\mu_2+\frac{h}{\delta})\}-$$

$$\frac{\bar{p}_1^V(x)}{2\Delta_{3C}}[(1-2\frac{H}{\delta}x)(1+1-4\mu_2+2\frac{h}{\delta}x)Me^{-2\frac{H}{\delta}x}-2(1-2\mu_2+\frac{h}{\delta}x)]-$$

$$\frac{\bar{s}_1^V(x)}{2\Delta_{3C}}[-(1+2\frac{H}{\delta}x)(1+1-4\mu_2+2\frac{h}{\delta}x)Me^{-2\frac{H}{\delta}x}+2(1-2\mu_2+\frac{h}{\delta}x)]-$$

$$\frac{\bar{p}_1^V(x)}{2\Delta_{3C}}\{-2(2\mu_2+\frac{h}{\delta}x)LMe^{-4\frac{H}{\delta}x}-[(1+2\frac{H}{\delta}x)(1-4\mu_2-2\frac{h}{\delta}x-2\frac{H}{\delta}x)M-L]e^{-2\frac{H}{\delta}x}\}-$$

$$\frac{\bar{s}_1^V(x)}{2\Delta_{3C}}\{2(1-2\mu_2-\frac{h}{\delta}x)LMe^{-4\frac{H}{\delta}x}-[(1-2\frac{H}{\delta}x)(1-4\mu_2-2\frac{h}{\delta}x-2\frac{H}{\delta}x)M+L]e^{-2\frac{H}{\delta}x}\}-$$

$$\frac{\bar{p}_1^V(x)}{2\Delta_{3C}}[-2(1-2\mu_2-\frac{h}{\delta}x)LMe^{-4\frac{H}{\delta}x}+(1+2\frac{H}{\delta}x)(1+1-4\mu_2-2\frac{h}{\delta}x)Me^{-2\frac{H}{\delta}x}]-$$

$$\frac{\bar{s}_1^V(x)}{2\Delta_{3C}}[-2(1-2\mu_2-\frac{h}{\delta}x)LMe^{-4\frac{H}{\delta}x}+(1-2\frac{H}{\delta}x)(1+1-4\mu_2-2\frac{h}{\delta}x)Me^{-2\frac{H}{\delta}x}]$$

$$=-\frac{\bar{p}_1^V(x)}{\Delta_{3C}}[(2\frac{H}{\delta}x)^2M-(1-Le^{-2\frac{H}{\delta}x})(1-Me^{-2\frac{H}{\delta}x})]=-\bar{p}_1^V(x)$$

根据上述分析，则有

$$\text{式(3″)左端}=\text{式(3″)右端}$$

(3)检验第三层系数表达式

为了检验系数 A_3^V、B_3^V 的正确性，将系数 A_2^V、B_2^V、C_2^V、D_2^V 代入式(7′)：

$$[A_2^V+(1-2\mu_2+\frac{h+H}{\delta}x)B_2^V]e^{-2\frac{h+H}{\delta}x}-C_2^V+(1-2\mu_2-\frac{h+H}{\delta}x)D_2^V=[A_3^V+(1-2\mu_3+\frac{h+H}{\delta}x)B_3^V]e^{-2\frac{h+H}{\delta}x}$$

的左端，即

$$\text{式(7′)左端}=[A_2^V+(1-2\mu_2+\frac{h+H}{\delta}x)B_2^V]e^{-2\frac{h+H}{\delta}x}-C_2^V+(1-2\mu_2-\frac{h+H}{\delta}x)D_2^V$$

则可得

$$\text{式(7′)左端}=\frac{\bar{p}_1^V(x)e^{-2\frac{H}{\delta}x}}{2\Delta_{3C}}\{[(1-2\frac{H}{\delta}x)(1-4\mu_2+2\frac{h+H}{\delta}x)M-L]e^{-2\frac{H}{\delta}x}+2(2\mu_2-\frac{h}{\delta}x)\}-$$

$$\frac{\bar{s}_1^V(x)e^{-2\frac{H}{\delta}x}}{2\Delta_{3C}}\{[(1+2\frac{H}{\delta}x)(1-4\mu_2+2\frac{h+H}{\delta}x)M+L]e^{-2\frac{H}{\delta}x}-2(1-2\mu_2+\frac{h}{\delta}x)\}-$$

$$\frac{\bar{p}_1^V(x)e^{-2\frac{H}{\delta}x}}{\Delta_{3C}}(1-2\mu_2+\frac{h+H}{\delta}x)[(1-2\frac{H}{\delta}x)Me^{-2\frac{H}{\delta}x}-1]+$$

$$\frac{\bar{s}_1^V(x)e^{-2\frac{H}{\delta}x}}{\Delta_{3C}}(1-2\mu_2+\frac{h+H}{\delta}x)[(1+2\frac{H}{\delta}x)Me^{-2\frac{H}{\delta}x}-1]+$$

$$\frac{\bar{p}_1^V(x)e^{-2\frac{H}{\delta}x}}{2\Delta_{3C}}\{2(2\mu_2+\frac{h}{\delta}x)LMe^{-2\frac{H}{\delta}x}+[(1+2\frac{H}{\delta}x)(1-4\mu_2-2\frac{h+H}{\delta}x)M-L]\}-$$

$$\frac{\bar{s}_1^V(x)e^{-2\frac{H}{\delta}x}}{2\Delta_{3C}}\{2(1-2\mu_2+\frac{h}{\delta}x)LMe^{-2\frac{H}{\delta}x}-[(1-2\frac{H}{\delta}x)(1-4\mu_2-2\frac{h+H}{\delta}x)M+L]\}+$$

$$\frac{\bar{p}_1^V(x)Me^{-2\frac{H}{\delta}x}}{\Delta_{3C}}(1-2\mu_2-\frac{h+H}{\delta}x)[Le^{-2\frac{H}{\delta}x}-(1+2\frac{H}{\delta}x)]-$$

$$\frac{\bar{s}_1^V(x)Me^{-2\frac{H}{\delta}x}}{\Delta_{3C}}(1-2\mu_2-\frac{h+H}{\delta}x)[Le^{-2\frac{H}{\delta}x}-(1-2\frac{H}{\delta}x)]$$

$$=\frac{\bar{p}_1^V(x)e^{-2\frac{H}{\delta}x}}{2\Delta_{3C}}\{[(1-2\frac{H}{\delta}x)(L-1)M+(M-1)L]e^{-2\frac{H}{\delta}x}-[(1+2\frac{H}{\delta}x)(M-1)+$$

$$(L-1)]\}-\frac{\bar{s}_1^V(x)e^{-2\frac{H}{\delta}x}}{2\Delta_{3C}}\{[(1+2\frac{H}{\delta}x)(L-1)M-(M-1)L]e^{-2\frac{H}{\delta}x}+$$

$$[(1-2\frac{H}{\delta}x)(M-1)-(L-1)]\}$$

若将系数 A_3^V、B_3^V 代入式(7′):

$$[A_2^V+(1-2\mu_2+\frac{h+H}{\delta}x)B_2^V]e^{-2\frac{h+H}{\delta}x}-C_2^V+(1-2\mu_2-\frac{h+H}{\delta}x)D_2^V=[A_3^V+(1-2\mu_3+\frac{h+H}{\delta}x)B_3^V]e^{-2\frac{h+H}{\delta}x}$$

的右端,即

$$式(7')右端=[A_3^V+(1-2\mu_3+\frac{h+H}{\delta}x)B_3^V]e^{-2\frac{h+H}{\delta}x}$$

则可得

$$式(7')右端=\frac{\bar{p}_1^V(x)e^{-2\frac{H}{\delta}x}}{2\Delta_{3C}}\{[(M-1)L-(1-2\frac{H}{\delta}x)(1-4\mu_3+2\frac{h+H}{\delta}x)\times(L-1)M]e^{-2\frac{H}{\delta}x}-$$

$$[(1+2\frac{H}{\delta}x)(M-1)-(1-4\mu_3+2\frac{h+H}{\delta}x)\times(L-1)]\}+\frac{\bar{s}_1^V(x)e^{-2\frac{H}{\delta}x}}{2\Delta_{3C}}\{[(M-1)L+$$

$$(1+2\frac{H}{\delta}x)(1-4\mu_3+2\frac{h+H}{\delta}x)\times(L-1)M]e^{-2\frac{H}{\delta}x}-[(1-2\frac{H}{\delta}x)(M-1)+$$

$$(1-4\mu_3+3\frac{h+H}{\delta}x)\times(L-1)]\}$$

$$=\frac{\bar{p}_1^V(x)e^{-2\frac{H}{\delta}x}}{2\Delta_{3C}}\{[(1-2\frac{H}{\delta}x)(L-1)M+(M-1)L]e^{-2\frac{H}{\delta}x}-[(1+2\frac{H}{\delta}x)(M-1)+$$

$$(L-1)]\}-\frac{\bar{s}_1^V(x)e^{-2\frac{H}{\delta}x}}{2\Delta_{3C}}\{[(1+2\frac{H}{\delta}x)(L-1)M-(M-1)L]e^{-2\frac{H}{\delta}x}+$$

$$[(1-2\frac{H}{\delta}x)(M-1)-(L-1)]\}$$

根据上述分析,可知:

$$式(7')左端=式(7')右端$$

8.1.4.2 对比法

(1)双层弹性连续体系的系数对比法

①第一种情况($h=0$)

当 $h=0$ 时,三层连续体系可以退化为双层弹性连续体系。这时有 $E_2=E_1$,$\mu_2=\mu_1$,其他各个系数可简化为:

$$m_1=1,I=\frac{\Delta_{3C}}{2},J=\frac{1-Me^{-2\frac{H}{\delta}x}}{2}$$

$$K=-\frac{(1-Le^{-2\frac{H}{\delta}x})Me^{-2\frac{H}{\delta}x}}{2},\lambda=\frac{\Delta_{3C}^2}{4}$$

$$\bar{p}_1^V(x)=1,\bar{s}_1^V(x)=0$$

若将 $h=0$ 以及上述参数代入三层连续体系的第一层系数(A_1^V、B_1^V、C_1^V 和 D_1^V)表达式中,则可得:

$$A_1^V=\frac{1}{2\Delta_{3C}}\{[(1-4\mu_2+2\frac{H}{\delta}x)(1-2\frac{H}{\delta}x)M-L]e^{-2\frac{H}{\delta}x}+4\mu_2\}$$

$$B_1^V=-\frac{1}{\Delta_{3C}}[(1-2\frac{H}{\delta}x)Me^{-2\frac{H}{\delta}x}-1]$$

$$C_1^V=-\frac{e^{-2\frac{H}{\delta}x}}{2\Delta_{3C}}[(1-4\mu_2-2\frac{H}{\delta}x)(1+2\frac{H}{\delta}x)M-L+4\mu_2LMe^{-2\frac{H}{\delta}x}]$$

$$D_1^V=-\frac{Me^{-2\frac{H}{\delta}x}}{\Delta_{3C}}[(1+2\frac{H}{\delta}x)-Le^{-2\frac{H}{\delta}x}]$$

若将 $h=0$ 以及上述参数代入三层连续体系的第二层系数(A_2^V、B_2^V、C_2^V 和 D_2^V)表达式中,则可得:

$$A_2^V=\frac{1}{2\Delta_{3C}}\{[(1-2\frac{H}{\delta}x)(1-4\mu_2+2\frac{H}{\delta}x)M-L]e^{-2\frac{H}{\delta}x}+4\mu_2\}$$

$$B_2^V=-\frac{1}{\Delta_{3C}}[(1-2\frac{H}{\delta}x)Me^{-2\frac{H}{\delta}x}-1]$$

$$C_2^V=-\frac{e^{-2\frac{H}{\delta}x}}{2\Delta_{3C}}[(1+2\frac{H}{\delta}x)(1-4\mu_2-2\frac{H}{\delta}x)M-L+4\mu_2LMe^{-2\frac{H}{\delta}x}]$$

$$D_2^V=-\frac{Me^{-2\frac{H}{\delta}x}}{\Delta_{3C}}[(1+2\frac{H}{\delta}x)-Le^{-2\frac{H}{\delta}x}]$$

若将 $h=0$ 以及上述参数代入三层连续体系的第三层系数(A_3^V 和 B_3^V)表达式中,则可得:

$$A_3^V=\frac{1}{2\Delta_{3C}}\{[L(M-1)-(1-2\frac{H}{\delta}x)(1-4\mu_3+2\frac{H}{\delta}x)(L-1)M]e^{-2\frac{H}{\delta}x}-(1+2\frac{H}{\delta}x)(M-1)+(1-4\mu_3+2\frac{H}{\delta}x)(L-1)]\}$$

$$B_3^V=\frac{(L-1)}{\Delta_{3C}}[(1-2\frac{H}{\delta}x)Me^{-2\frac{H}{\delta}x}-1]$$

根据上述分析可知,在三层弹性连续体系中,若令第一层厚度 $h=0$,则由第二层和第三层组成双层弹性连续体系,其系数表达式与双层弹性连续体系的系数表达式完全相同。但要注意的是,三层弹性连续体系第二层的结构层厚度 H,就是双层弹性连续体系的上层厚度 h;三层弹性连续体系的 μ_3,就是双层弹性连续体系中的 μ_2;三层弹性连续体系中的系数 Δ_{3C},就是双层弹性连续体系中的系数 Δ_{2C}。

②第二种情况($H=0$)

当 $H=0$ 时,三层连续体系也可以退化为双层弹性连续体系。这时有 $E_2=E_1$,$\mu_2=\mu_1$,其他各个系

数可简化为:

$$m_1=1,\Delta_{3C}=-(1-L)(1-M)$$

$$I=-\frac{(1-L)(1-M)}{2},\ J=\frac{1-M}{2},K=-\frac{M(1-L)}{2},\lambda=\frac{\Delta_{3C}^2}{4}$$

若将 $H=0$ 和上述这些参数表达式代入上层系数 A_1^V、B_1^V、C_1^V、D_1^V 公式中,则可得

$$A_1^V=\frac{1}{2\Delta_{3C}}\{[(1-4\mu_1+2\frac{h}{\delta}x)(1-2\frac{h}{\delta}x)M-L]e^{-2\frac{h}{\delta}x}+4\mu_1\}$$

$$B_1^V=-\frac{1}{\Delta_{3C}}[(1-2\frac{h}{\delta}x)Me^{-2\frac{h}{\delta}x}-1]$$

$$C_1^V=-\frac{1}{2\Delta_{3C}}[(1-4\mu_1-2\frac{h}{\delta}x)(1+2\frac{h}{\delta}x)M-L+4\mu_1LMe^{-2\frac{h}{\delta}x}]e^{-2\frac{h}{\delta}x}$$

$$D_1^V=-\frac{1}{\Delta_{3C}}[(1+2\frac{h}{\delta}x)-Le^{-2\frac{h}{\delta}x}]Me^{-2\frac{h}{\delta}x}$$

当 $H=0$ 时,层间反力的亨格尔积分变换式及其和差表达式可简化为下述公式:

$$\bar{p}_1^V(x)=-\frac{e^{-2\frac{h}{\delta}x}}{2\Delta_{3C}}\{(1+2\frac{h}{\delta}x)(1-M)+(1-L)-[(1-2\frac{h}{\delta}x)(1-L)M+(1-M)L]e^{-2\frac{h}{\delta}x}\}$$

$$\bar{s}_1^V(x)=-\frac{e^{-2\frac{h}{\delta}x}}{\Delta_{3C}}\{(1+2\frac{h}{\delta}x)(1-M)-(1-L)+[(1-2\frac{h}{\delta}x)(1-L)M-(1-M)L]e^{-2\frac{h}{\delta}x}\}$$

若将 $H=0$ 和有关参数表达式代入中层系数 A_2^V、B_2^V、C_2^V、D_2^V 表达式中,则可得

$$A_2^V=\frac{1}{2\Delta_{3C}}\{[(1-4\mu_2+2\frac{h}{\delta}x)(1-2\frac{h}{\delta}x)M-L]e^{-2\frac{h}{\delta}x}+4\mu_2\}$$

$$B_2^V=-\frac{1}{\Delta_{3C}}[(1-2\frac{h}{\delta}x)Me^{-2\frac{h}{\delta}x}-1]$$

$$C_2^V=-\frac{1}{2\Delta_{3C}}[(1-4\mu_2-2\frac{h}{\delta}x)(1+2\frac{h}{\delta}x)M-L+4\mu_2LMe^{-2\frac{h}{\delta}x}]e^{-2\frac{h}{\delta}x}$$

$$D_2^V=-\frac{1}{\Delta_{3C}}[(1+2\frac{h}{\delta}x)-Le^{-2\frac{h}{\delta}x}]Me^{-2\frac{h}{\delta}x}$$

若将 $H=0$ 和有关等参数表达式代入下层系数 A_3^V、B_3^V 的公式中,则可得

$$A_3^V=\frac{1}{2\Delta_{3C}}\{[(M-1)L-(1-4\mu_3+2\frac{h}{\delta}x)(1-2\frac{h}{\delta}x)(L-1)M]e^{-2\frac{h}{\delta}x}-$$
$$(1+2\frac{h}{\delta}x)(M-1)+(1-4\mu_3+2\frac{h}{\delta}x)(L-1)\}$$

$$B_3^V=\frac{1-L}{\Delta_{3C}}[1-(1-2\frac{h}{\delta}x)Me^{-2\frac{h}{\delta}x}]=\frac{L-1}{\Delta_{3C}}[(1-2\frac{h}{\delta}x)Me^{-2\frac{h}{\delta}x}-1]$$

根据上述分析可知,在三层弹性连续体系中,若令第二层厚度 $H=0$,则由第一层和第三层组成双层弹性连续体系,其系数表达式与双层弹性连续体系的系数表达式完全相同。但要注意的是,三层弹性连续体系中的第三层泊松系数 μ_3,就是双层弹性连续体系的第二层泊松系数 μ_2;三层弹性连续体系中的系数 Δ_{3C},就是双层弹性连续体系的系数 Δ_{2C}。

(2)弹性半空间体的系数对比法

当 $h=H=0$ 时,三层弹性连续体系退化为弹性半空间体。这时有 $\mu_1=\mu_2=\mu_3=\mu,E_1=E_2=E_3=E$,其他各个参数可简化为:

$$m_1=m_2=1,L=M=0$$

$$\Delta_{3C}=-1,I=-\frac{1}{2},J=\frac{1}{2},K=0,\lambda=\frac{1}{4}$$

$$\bar{p}_1^V(x)=1,\bar{s}_1^V(x)=0$$

若将 $h=H=0$ 及其有关参数代入三层弹性连续体系的系数表达式中，并注意 $E_1=E_2=E_3=E$，$\mu_1=\mu_2=\mu_4=\mu$，则可得

$$
\begin{aligned}
&A_1^V=A_2^V=\boldsymbol{A}_3=-2\mu\\
&B_1^V=B_2^V=B_3^V=-1\\
&C_1^V=C_2^V=0\\
&D_1^V=D_2^V=0
\end{aligned}
$$

上述结果完全同于弹性半空间体的系数表达式。

8.1.5　系数汇总

综上所述，在圆形轴对称垂直荷载作用下三层弹性连续体系中，系数 A_1^V、B_1^V、C_1^V、D_1^V、A_2^V、B_2^V、C_2^V、D_2^V 和 A_3^V、B_3^V 的表达式可以汇总如下：

$$
\begin{aligned}
A_1^V=\frac{1}{2\lambda}\Big\{&4\mu_1\Big[\Big(\frac{H}{\delta}xMe^{-2\frac{H}{\delta}x}\Big)^2+(I+K)J\Big]+\Big\{\Big(1-4\mu_1+2\frac{h}{\delta}x\Big)\Big(1-2\frac{h}{\delta}x\Big)\Big[\Big(\frac{H}{\delta}xMe^{-2\frac{H}{\delta}x}\Big)^2+JK\Big]-\\
&\Big[\Big(\frac{H}{\delta}xMe^{-2\frac{H}{\delta}x}\Big)^2+(I+J)(I+K)\Big]+\Big(4\mu_1-4\frac{h}{\delta}x\Big)\frac{H}{\delta}xIMe^{-2\frac{H}{\delta}x}\Big\}e^{-2\frac{h}{\delta}x}\Big\}
\end{aligned}
$$

$$
B_1^V=\frac{1}{\lambda}\Big\{\Big[\Big(\frac{H}{\delta}xMe^{-2\frac{H}{\delta}x}\Big)^2+(I+K)J\Big]-\Big\{\Big(1-2\frac{h}{\delta}x\Big)\Big[\Big(\frac{H}{\delta}xMe^{-2\frac{H}{\delta}x}\Big)^2+JK\Big]-\frac{H}{\delta}xIMe^{-2\frac{H}{\delta}x}\Big\}e^{-2\frac{h}{\delta}x}\Big\}
$$

$$
\begin{aligned}
C_1^V=-\frac{e^{-2\frac{h}{\delta}x}}{2\lambda}\Big\{&\Big(1-4\mu_1-2\frac{h}{\delta}x\Big)\Big(1+2\frac{H}{\delta}x\Big)\Big[\Big(\frac{H}{\delta}xMe^{-2\frac{H}{\delta}x}\Big)^2+JK\Big]-\Big[\Big(\frac{H}{\delta}xMe^{-2\frac{H}{\delta}x}\Big)^2+\\
&(I+J)(I+K)\Big]-\Big(4\mu_1+4\frac{h}{\delta}x\Big)\frac{H}{\delta}xIMe^{-2\frac{H}{\delta}x}+4\mu_1\Big[\Big(\frac{H}{\delta}xMe^{-2\frac{H}{\delta}x}\Big)^2+(I+J)K\Big]e^{-2\frac{h}{\delta}x}\Big\}
\end{aligned}
$$

$$
D_1^V=-\frac{e^{-2\frac{h}{\delta}x}}{\lambda}\Big\{\Big(1+2\frac{h}{\delta}x\Big)\Big[\Big(\frac{H}{\delta}xMe^{-2\frac{H}{\delta}x}\Big)^2+JK\Big]+\frac{H}{\delta}xIMe^{-2\frac{H}{\delta}x}-\Big[\Big(\frac{H}{\delta}xMe^{-2\frac{H}{\delta}x}\Big)^2+(I+J)K\Big]e^{-2\frac{h}{\delta}x}\Big\}
$$

$$
\begin{aligned}
A_2^V=&\frac{\bar{p}_1^V(x)e^{2\frac{h}{\delta}x}}{2\Delta_{3C}}\Big\{\Big[\Big(1-2\frac{H}{\delta}x\Big)\Big(1-4\mu_2+2\frac{h+H}{\delta}x\Big)M-L\Big]e^{-2\frac{H}{\delta}x}+2\Big(2\mu_2-\frac{h}{\delta}x\Big)\Big\}-\\
&\frac{\bar{s}_1^V(x)e^{2\frac{h}{\delta}x}}{2\Delta_{3C}}\Big\{\Big[\Big(1+2\frac{H}{\delta}x\Big)\Big(1-4\mu_2+2\frac{h+H}{\delta}x\Big)M+L\Big]e^{-2\frac{H}{\delta}x}-2\Big(1-2\mu_2+\frac{h}{\delta}x\Big)\Big\}
\end{aligned}
$$

$$
B_2^V=-\frac{\bar{p}_1^V(x)e^{2\frac{h}{\delta}x}}{\Delta_{3C}}\Big[\Big(1-2\frac{H}{\delta}x\Big)Me^{-2\frac{H}{\delta}x}-1\Big]+\frac{\bar{s}_1^V(x)e^{2\frac{h}{\delta}x}}{\Delta_{3C}}\Big[\Big(1+2\frac{H}{\delta}x\Big)Me^{-2\frac{H}{\delta}x}-1\Big]
$$

$$
\begin{aligned}
C_2^V=&-\frac{\bar{p}_1^V(x)e^{-2\frac{H}{\delta}x}}{2\Delta_{3C}}\Big[2\Big(2\mu_2+\frac{h}{\delta}x\Big)LMe^{-2\frac{H}{\delta}x}+\Big(1+2\frac{H}{\delta}x\Big)\Big(1-4\mu_2-2\frac{h+H}{\delta}x\Big)M-L\Big]+\\
&\frac{\bar{s}_1^V(x)e^{-2\frac{H}{\delta}x}}{2\Delta_{3C}}\Big[2\Big(1-2\mu_2-\frac{h}{\delta}x\Big)LMe^{-2\frac{h}{\delta}x}-\Big(1-2\frac{H}{\delta}x\Big)\Big(1-4\mu_2-\frac{h+H}{\delta}x\Big)M-L\Big]
\end{aligned}
$$

$$
D_2^V=\frac{\bar{p}_1^V(x)Me^{-2\frac{H}{\delta}x}}{\Delta_{3C}}\Big[Le^{-2\frac{H}{\delta}x}-\Big(1+2\frac{H}{\delta}x\Big)\Big]+\frac{\bar{s}_1^V(x)Me^{-2\frac{H}{\delta}x}}{\Delta_{3C}}\Big[Le^{-2\frac{H}{\delta}x}-\Big(1-2\frac{H}{\delta}x\Big)\Big]
$$

$$
\begin{aligned}
A_3^V=&\frac{\bar{p}_1^V(x)e^{2\frac{h}{\delta}x}}{2\Delta_{3C}}\Big\{\Big[(M-1)L-\Big(1-2\frac{H}{\delta}x\Big)\Big(1-4\mu_3+2\frac{h+H}{\delta}x\Big)(L-1)M\Big]e^{-2\frac{H}{\delta}x}-\\
&\Big[\Big(1+2\frac{H}{\delta}x\Big)(M-1)-\Big(1-4\mu_3+2\frac{h+H}{\delta}x\Big)(L-1)\Big\}+\frac{\bar{s}_1^V(x)e^{2\frac{h}{\delta}x}}{2\Delta_{3C}}\Big\{\Big[(M-1)L+\\
&\Big(1+2\frac{H}{\delta}x\Big)\Big(1-4\mu_3+2\frac{h+H}{\delta}x\Big)(L-1)M\Big]e^{-2\frac{H}{\delta}x}-\Big[\Big(1-2\frac{H}{\delta}x\Big)(M-1)+\\
&\Big(1-4\mu_3+2\frac{h+H}{\delta}x\Big)(L-1)\Big]
\end{aligned}
$$

$$B_3^V=\frac{\overline{p}_1^V(x)(L-1)e^{2\frac{h}{\delta}x}}{\Delta_{3C}}\left[\left(1-2\frac{H}{\delta}x\right)Me^{-2\frac{H}{\delta}x}-1\right]-\frac{\overline{s}_1^V(x)(L-1)e^{2\frac{h}{\delta}x}}{\Delta_{3C}}\left[\left(1+2\frac{H}{\delta}x\right)Me^{-2\frac{H}{\delta}x}-1\right]$$

式中：$m_i=\frac{(1+\mu_i)E_{i+1}}{(1+\mu_{i+1})E_i},(i=1,2)$

$$L=\frac{(3-4\mu_3)-(3-4\mu_2)m_2}{(3-4\mu_3)+m_2}$$

$$M=\frac{1-m_2}{(3-4\mu_2)m_2+1}$$

$$\Delta_{3C}=\left(2\frac{H}{\delta}x\right)^2Me^{-2\frac{H}{\delta}x}-\left(1-Le^{-2\frac{H}{\delta}x}\right)\left(1-Me^{-2\frac{H}{\delta}x}\right)$$

$$I=\frac{(1-\mu_1)m_1\Delta_{3C}}{2(1-\mu_2)}$$

$$J=\frac{(1-m_1)\Delta_{3C}+4(1-\mu_2)\left(1-Me^{-2\frac{H}{\delta}x}\right)}{8(1-\mu_2)}$$

$$K=\frac{(1-m_1)\Delta_{3C}-4(1-\mu_2)\left(1-Le^{-2\frac{H}{\delta}x}\right)Me^{-2\frac{H}{\delta}x}}{8(1-\mu_2)}$$

$$\lambda=\left\{I^2+4\frac{h}{\delta}x\times\frac{H}{\delta}xIMe^{-2\frac{H}{\delta}x}+\left(2\frac{h}{\delta}x\right)^2\left[\left(\frac{H}{\delta}xMe^{-2\frac{H}{\delta}x}\right)^2+JK\right]\right\}e^{-2\frac{h}{\delta}x}+\left\{\left[\left(\frac{H}{\delta}xMe^{-2\frac{h}{\delta}x}\right)^2+\right.\right.$$
$$\left.\left.(I+J)K\right]e^{-2\frac{h}{\delta}x}-\left[\left(\frac{H}{\delta}xNe^{-2\frac{H}{\delta}x}\right)^2+(I+K)J\right]\right\}\left(1-e^{-2\frac{h}{\delta}x}\right)$$

$$\overline{p}_1^V(x)=\frac{e^{-2\frac{h}{\delta}x}}{2\lambda}\left\{2\frac{h}{\delta}xI\left(\frac{H}{\delta}xMe^{-2\frac{H}{\delta}x}-J\right)+I\left(I-J+K+2\frac{H}{\delta}xMe^{-2\frac{H}{\delta}x}\right)+\left[2\frac{h}{\delta}x\left(\frac{H}{\delta}xMe^{-2\frac{H}{\delta}x}+K\right)+\right.\right.$$
$$\left.\left.I\left(I+J-K-2\frac{H}{\delta}xMe^{-2\frac{H}{\delta}x}\right)\right]e^{-2\frac{h}{\delta}x}\right\}$$

$$s_1^V(x)=-\frac{e^{-2h\frac{h}{\delta}x}}{2\lambda}\left\{2\frac{h}{\delta}xI\left(\frac{H}{\delta}xMe^{-2\frac{H}{\delta}x}+J\right)+I(I+J+K)-\left[2\frac{h}{\delta}xI\left(\frac{H}{\delta}xMe^{-2\frac{H}{\delta}x}-K\right)+I(I+J+K)\right]e^{-2\frac{h}{\delta}x}\right\}$$

8.2 上中滑动、中下连续的三层弹性体系

设在圆形轴对称垂直荷载作用下，上、中两层之间的接触面上完全无摩阻力。这样，上、中两层之间的接触面(第一接触面)上，除垂直位移和垂直应力连续外，其他应力与位移分量均不连续。而中、下两层的接触面(第二接触面)上紧密连续，如同一个天然介质体。这样的三层弹性体系，称之为上中滑动、中下连续的三层弹性体系。

8.2.1 定解条件

根据假设，当柱面坐标系设在三层体系表面上，坐标原点在荷载圆的中心处时，表面边界条件可写成如下两式：

$$\begin{cases}\sigma_{z1}^V\big|_{z=0}=-p^V(r)\\ \tau_{zr1}^V\big|_{z=0}=0\end{cases}$$

层间第一接触面上的结合条件可写为如下表达式：

$$\begin{cases}\sigma_{z_1}^V\big|_{z=h}=\sigma_{z_2}^V\big|_{z=h}\\ \tau_{zr_1}^V\big|_{z=h}=0\\ \tau_{zr_2}^V\big|_{z=h}=0\\ w_1^V\big|_{z=h}=w_2^V\big|_{z=h}\end{cases}$$

层间第二接触面上的结合条件可写为如下表达式：

$$\begin{cases}\sigma_{z_1}^V\big|_{z=h+H}=\sigma_{z_3}^V\big|_{z=h+H}\\ \tau_{zr_2}^V\big|_{z=h+H}=\tau_{zr_3}^V\big|_{z=h+H}\\ u_2^V\big|_{z=h+H}=u_3^V\big|_{z=h_1+H}\\ w_2^V\big|_{z=h+H}=w_3^V\big|_{z=h+H}\end{cases}$$

8.2.2 建立线性方程组

根据式(6-1-1)，三层弹性体系表面边界条件和两个接触面上的定解条件，列出定解条件的求解方程组，并对这些方程组，施加亨格尔积分变换。其中，对垂直应力 $\sigma_{z_i}^V$ 和垂直位移 w_i^V 施加零阶亨格尔积分变换式；对剪应力 $\tau_{zr_i}^V$ 施加一阶亨格尔积分变换式。在推导过程中，并注意 $i=1,2,3$；$C_3^V=D_3^V=0$，则可以得到如下的线性方程组：

$$A_1^V+(1-2\mu_1)B_1^V-C_1^V+(1-2\mu_1)D_1^V=-1 \tag{1}$$

$$A_1^V-2\mu_1 B_1^V+C_1^V+2\mu_1 D_1^V=0 \tag{2}$$

$$\begin{aligned}&[A_1^V+(1-2\mu_1+\frac{h}{\delta}x)B_1^V]e^{-2\frac{h}{\delta}x}-C_1^V+(1-2\mu_1-\frac{h}{\delta}x)D_1^V\\&=[A_2^V+(1-2\mu_2+\frac{h}{\delta}x)B_2^V]e^{-2\frac{h}{\delta}x}-C_2^V+(1-2\mu_2-\frac{h}{\delta}x)D_2^V\end{aligned} \tag{3'}$$

$$[A_1^V-(2\mu_1-\frac{h}{\delta}x)B_1^V]e^{-2\frac{h}{\delta}x}+C_1^V+(2\mu_1+\frac{h}{\delta}x)D_1^V=0 \tag{4'}$$

$$[A_2^V-(2\mu_2-\frac{h}{\delta}x)B_2^V]e^{-2\frac{h}{\delta}x}+C_2^V+(2\mu_2+\frac{h}{\delta}x)D_2^V=0 \tag{6}$$

$$\begin{aligned}&m_1\{[A_1^V-(1-\frac{h}{\delta}x)B_1^V]e^{-2\frac{h}{\delta}x}-C_1^V-(1+\frac{h}{\delta}x)D_1^V\}\\&=[A_2^V-(1-\frac{h}{\delta}x)B_2^V]e^{-2\frac{h}{\delta}x}-C_2^V-(1+\frac{h}{\delta}x)D_2^V\end{aligned} \tag{5'}$$

$$\begin{aligned}&m_1\{[A_1^V+(2-4\mu_1+\frac{h}{\delta}x)B_1^V]e^{-2\frac{h}{\delta}x}+C_1^V-(2-4\mu_1-\frac{h}{\delta}x)D_1^V\\&=[A_2^V+(2-4\mu_2+\frac{h}{\delta}x)B_2^V]e^{-2\frac{h}{\delta}x}+C_2^V-(2-4\mu_2-\frac{h}{\delta}x)D_2^V\end{aligned} \tag{6'}$$

$$\begin{aligned}&[A_2^V+(1-2\mu_2+\frac{h+H}{\delta}x)B_2^V]e^{-2\frac{h+H}{\delta}x}-C_2^V+(1-2\mu_2-\frac{h+H}{\delta}x)D_2^V\\&=[A_3^V+(1-2\mu_3+\frac{h+H}{\delta}x)B_3^V]e^{-2\frac{h+H}{\delta}x}\end{aligned} \tag{7'}$$

$$\begin{aligned}&[A_2^V-(2\mu_2-\frac{h+H}{\delta}x)B_2^V]e^{-2\frac{h+H}{\delta}x}+C_2^V+(2\mu_2+\frac{h+H}{\delta}x)D_2^V\\&=[A_3^V-(2\mu_3-\frac{h+H}{\delta}x)B_3^V]e^{-2\frac{h+H}{\delta}x}\end{aligned} \tag{8'}$$

$$m_2\{[A_2^V-(1-\frac{h+H}{\delta}x)B_2^V]e^{-2\frac{h+H}{\delta}x}-C_2^V-(1+\frac{h+H}{\delta}x)D_2^V\}$$

$$=[A_3^V-(1-\frac{h+H}{\delta}x)B_3^V]e^{-2\frac{h+H}{\delta}x} \tag{9'}$$

$$m_2\{[A_2^V+(2-4\mu_2+\frac{h+H}{\delta}x)B_2^V]e^{-2\frac{h+H}{\delta}x}+C_2^V-(2-4\mu_2-\frac{h+H}{\delta}x)D_2^V\}$$

$$=[A_2^V+(2-4\mu_2+\frac{h+H}{\delta}x)B_3^V]e^{-2\frac{h+H}{\delta}x} \tag{10'}$$

式中，$m_i=\dfrac{(1+\mu_i)E_{i+1}}{(1+\mu_{i+1})E_i}$，$i=1,2$。

若设上、中层接触面上垂直反力的零阶亨格尔积分变换式为 $\bar{p}_1^V(\xi)$，即

$$\bar{p}_1^V(x)=-\{[A_1^V+(1-2\mu_1+\frac{h}{\delta}x)B_1^V]e^{-2\frac{h}{\delta}x}-C_1^V+(1-2\mu_1-\frac{h}{\delta}x)D_1^V\} \tag{a}$$

式(3′)可改写为下式：

$$[A_2^V+(1-2\mu_2+\frac{h}{\delta}x)B_2^V]e^{-2\frac{h}{\delta}x}-C_2^V+(1-2\mu_{21}-\frac{h}{\delta}x)D_2^V=-\bar{p}_1^V(x) \tag{5}$$

式(6′)±式(5′)，则可得

$$m_1\{[2A_1^V+(1-4\mu_1+2\frac{h}{\delta}x)B_1^V]e^{-2\frac{h}{\delta}x}-(3-4\mu_1)D_1^V\}$$

$$=[2A_2^V+(1-4\mu_2+2\frac{h}{\delta}x)B_2^V]e^{-2\frac{h}{\delta}x}-(3-4\mu_2)D_2^V \tag{5''}$$

$$m_1[(3-4\mu_1)B_1^Ve^{-2\frac{h}{\delta}x}+2C_1^V-(1-4\mu_1-2\frac{h}{\delta}x)D_1^V]=(3-4\mu_2)B_2^Ve^{-2\frac{h}{\delta}x}+2C_2^V-(1-4\mu_2-2\frac{h}{\delta}x)D_2^V \tag{6''}$$

式(7′)±式(8′)，则可得

$$[2A_2^V+(1-4\mu_2+2\frac{h+H}{\delta}x)B_2^V]e^{-2\frac{h+H}{\delta}x}+D_2^V=[2A_3^V+(1-4\mu_3+2\frac{h+H}{\delta}x)B_2^V]e^{-2\frac{h+H}{\delta}x} \tag{9}$$

$$B_2^Ve^{-2\frac{h+H}{\delta}x}-2C_2^V+(1-4\mu_2-2\frac{h+H}{\delta})D_2^V=B_2^Ve^{-2\frac{h+H}{\delta}x} \tag{10}$$

式(10′)±式(9′)，则有

$$m_2\{[2A_2^V+(1-4\mu_2+2\frac{h+H}{\delta}x)B_2^V]e^{-2\frac{h+H}{\delta}x}-(3-4\mu_2)D_2^V\}$$

$$=[2A_3^V+(1-4\mu_3+2\frac{h+H}{\delta}x)B_3^V]e^{-2\frac{h+H}{\delta}x} \tag{9''}$$

$$m_2\{(3-4\mu_2)B_2^Ve^{-2\frac{h+H}{\delta}x}+2C_2^V-(1-4\mu_2+2\frac{h+H}{\delta}x)D_2^V\}=(3-4\mu_3)B_3^Ve^{-2\frac{h+H}{\delta}x} \tag{10''}$$

8.2.3 确定系数 A_i^V、B_i^V、C_i^V、D_i^V

8.2.3.1 确定第二层系数(A_2^V、B_2^V、C_2^V 和 D_2^V)

式(9)－式(9″)，则可得

$$[2(1-m_2)A_2^V+(1-m_2)(1-4\mu_2+2\frac{h+H}{\delta}x)B_2^V]e^{-2\frac{h+H}{\delta}x}+[(3-4\mu_2)m_2+1]D_2^V=0$$

若令

$$M=\frac{1-m_2}{(3-4\mu_2)m_2+1}$$

则上式可改写为下式：

$$[2MA_2^V+(1-4\mu_2+2\frac{h+H}{\delta}x)MB_2^V]e^{-2\frac{h+H}{\delta}x}+D_2^V=0 \tag{7''}$$

$(3-4\mu_3)\times$式(10)－式(10″),则可得

$$[(3-4\mu_3)-(2-4\mu_2)m_2]B_2^Ve^{-2\frac{h+H}{\delta}x}-2(3-4\mu_3+m_2)C_2^V+(3-4\mu_2+m_2)(1-4\mu_2-2\frac{h+H}{\delta}x)D_2^V=0$$

若令

$$L=\frac{(3-4\mu_3)-(3-4\mu_2)m_2}{3-4\mu_3+m_2}$$

则上式可改写为如下表达式:

$$Le^{-2\frac{h+H}{\delta}x}B_2^V-2C_2^V+(1-4\mu_2-\frac{h+H}{\delta})D_2^V=0 \tag{8''}$$

式(5)±式(6),则可得

$$[2A_2^V+(1-4\mu_2+2\frac{h}{\delta}x)B_2^V]e^{-2\frac{h}{\delta}x}+D_2^V=-\overline{p}_1^V(x) \tag{3'''}$$

$$B_2^Ve^{-2\frac{h}{\delta}x}-2C_2^V+(1-4\mu_2-2\frac{h}{\delta}x)D_2^V=-\overline{p}_1^V(x) \tag{4'''}$$

式(7″)－式(3‴)$\times Me^{-2\frac{H}{\delta}x}$,则可得

$$2\frac{H}{\delta}xMe^{-2\frac{h+H}{\delta}x}B_2^V+(1-Me^{-2\frac{H}{\delta}x})D_2^V=Me^{-2\frac{H}{x}x}\overline{p}_1^V(x) \tag{7}$$

式(4‴)－式(8″),则可得

$$(1-Le^{-2\frac{H}{\delta}x})e^{-2\frac{h}{\delta}x}B_2^V+2\frac{H}{\delta}D_2^V=-\overline{p}_1^V(x) \tag{8}$$

若将本节的式(7)、式(8)两式,与本章8.1三层弹性连续体系中的式(7)、式(8):

$$2\frac{H}{\delta}xMe^{-2\frac{h+H}{\delta}x}B_2^V+(1-Me^{-2\frac{H}{\delta}x})D_2^V=Me^{-2\frac{H}{\delta}x}[\overline{p}_1^V(x)+\overline{s}_1^V(x)]$$

$$(1-Le^{-2\frac{H}{\delta}x})e^{-2\frac{h}{\delta}x}B_2^V+2\frac{H}{\delta}xD_2^V=-[\overline{p}_1^V(x)-\overline{s}_1^V(x)]$$

进行比较可知,两者等式左端完全相同,唯等式右端有所不同,但在三层弹性连续体系的式(7)、式(8)中,若令$\overline{s}_1^V(x)=0$,就可变成本节中的式(7)、式(8)两式。由此,在三层弹性连续体系中的第二层系数表达式中,令$\overline{s}_1^V(x)=0$,则可得到上中接触面滑动、中下接触面连续的三层体系中,第二层系数表达式如下:

$$\begin{cases}A_2^V=\frac{\overline{p}_1^V(x)e^{2\frac{h}{\delta}x}}{2\Delta_{3C}}\{[(1-2\frac{H}{\delta}x)(1-4\mu_2+2\frac{h+H}{\delta}x)M-L]e^{-2\frac{H}{\delta}x}+2(2\mu_2-\frac{h}{\delta}x)\}\\ B_2^V=-\frac{\overline{p}_1^V(x)e^{2\frac{h}{\delta}x}}{\Delta_{3C}}[(1-2\frac{H}{\delta}x)Me^{-2\frac{H}{\delta}x}-1]\\ C_2^V=-\frac{\overline{p}_1^V(x)e^{-2\frac{H}{\delta}x}}{2\Delta_{3C}}[2(2\mu_2+\frac{h}{\delta}x)LMe^{-2\frac{H}{\delta}x}+(1+2\frac{H}{\delta}x)(1-4\mu_2-2\frac{h+H}{\delta}x)M-L]\\ D_2^V=\frac{\overline{p}_1^V(x)Me^{-2\frac{H}{\delta}x}}{\Delta_{3C}}[Le^{-2\frac{H}{\delta}x}-(1+2\frac{H}{\delta}x)]\end{cases}$$

式中:$L=\dfrac{(3-4\mu_3)-(3-4\mu_2)m_2}{3-4\mu_3+m_2}$

$$M=\frac{1-m_2}{(3-4\mu_2)m_2+1}$$

$$\Delta_{3C}=(2\frac{H}{\delta}x)^2Me^{-2\frac{H}{\delta}x}-(1-Le^{-2\frac{H}{\delta}x})(1-Me^{-2\frac{H}{\delta}x})$$

8.2.3.2 确定第三层系数(A_3^V、B_3^V)

若将 A_2^V、B_2^V、C_2^V 和 D_2^V 系数表达式代入式(9)、式(10),则可得第三层系数表达式如下:

$$\begin{cases}A_3^V=-\frac{\bar{p}_1^V(x)e^{2\frac{h}{\delta}x}}{2\Delta_{3C}}\{[(1-M)L-(1-2\frac{H}{\delta}x)(1-4\mu_3+2\frac{h+H}{\delta}x)(1-L)M]e^{-2\frac{H}{\delta}x}-\\ \quad[(1+2\frac{H}{\delta}x)(1-M)-(1-4\mu_3+2\frac{h+H}{\delta}x)(1-L)]\}\\ B_3^V=-\frac{\bar{p}_1^V(x)(1-L)e^{2\frac{h}{\delta}x}}{\Delta_{3C}}[(1-2\frac{H}{\delta}x)Me^{-2\frac{H}{\delta}x}-1]\end{cases}$$

应当指出,若将 $\bar{s}_1^V(x)=0$ 代入三层弹性连续体系中的第三层(下层)系数表达式,也可以求得本节中第三层(下层)系数 A_3^V 和 B_3^V 的表达式。

8.2.3.3 确定第一层系数(A_1^V、B_1^V、C_1^V 和 D_1^V)

若将 A_2^V、B_2^V、C_2^V 和 D_2^V 系数表达式代入式(6′):

$$m_1\{[A_1^V+(2-4\mu_1+\frac{h}{\delta}x)B_1^V]e^{-2\frac{h}{\delta}x}+C_1^V-(2-4\mu_1-\frac{h}{\delta}x)D_1^V\}$$
$$=[A_2^V+(2-4\mu_2+\frac{h}{\delta}x)B_2^V]e^{-2\frac{h}{\delta}x}+C_2^V-(2-4\mu_2-\frac{h}{\delta}x)D_2^V$$

的右端,则可得

$$m_1\{[A_1^V+(2-4\mu_1+\frac{h}{\delta}x)B_1^V]e^{-2\frac{h}{\delta}x}+C_1^V-(2-4\mu_1-\frac{h}{\delta}x)D_1^V\}$$
$$=\frac{2(1-\mu_2)\bar{p}_1^V(x)}{\Delta_{3C}}[1+4\frac{H}{\delta}xMe^{-2\frac{H}{\delta}x}-LMe^{-4\frac{H}{\delta}x}]$$

若令

$$n_{3F}=-\frac{m_1\Delta_{3C}}{2(1-\mu_2)(1+4\frac{H}{\delta}xMe^{-2\frac{H}{\delta}x}-LMe^{-4\frac{H}{\delta}x})}$$

则可得

$$n_{3F}\{[A_1^V+(2-4\mu_1+\frac{h}{\delta}x)B_1^V]e^{-2\frac{h}{\delta}x}+C_1^V-(2-4\mu_1-\frac{h}{\delta}x)D_1^V\}=-\bar{p}_1^V(x)\tag{6″}$$

式(6″)-式(a)-($n_{3F}-1$)×式(4),并令

$$k_{3F}=(1-\mu_1)n_{3F}+\frac{1}{2}$$

则有如下表达式:

$$(k_{3F}-1)B_1^Ve^{-2\frac{h}{\delta}x}+C_1^V-[k_{3F}-(2\mu_1+\frac{h}{\delta}x)]D_1^V=0\tag{3}$$

式(1)、式(2)、式(3)和式(4)联立,即

$$\begin{cases}A_1^V+(1-2\mu_1)B_1^V-C_1^V+(1-2\mu_1)D_1^V=0\\ A_1^V-2\mu_1B_1^V+C_1^V+2\mu_1D_1^V=0\\ (k_{3F}-1)B_1^Ve^{-2\frac{h}{\delta}x}+C_1^V-[k_{3F}-(2\mu_1+\frac{h}{\delta}x)]D_1^V=0\\ [A_1^V-(2\mu_1-\frac{h}{\delta}x)B_1^V]e^{-2\frac{h}{\delta}x}+C_1^V+(2\mu_1+\frac{h}{\delta}x)D_1^V=0\end{cases}$$

上述线性方程组完全同于双层弹性滑动体系中(第6.2节)的式(1)、式(2)、式(3)和式(4),则可得

$$\begin{cases} A_1^V = -\dfrac{1}{\Delta_{3F}}\{2\mu_1 k_{3F} - [k_{3F}(2\mu_1 - \dfrac{h}{\delta}x) + \dfrac{h}{\delta}x(1-2\mu_1+\dfrac{h}{\delta}x - k_{3F})]e^{-2\frac{h}{\delta}x}\} \\ B_1^V = -\dfrac{1}{\Delta_{3F}}[k_{3F} - (k_{3F} - \dfrac{h}{\delta}x)e^{-2\frac{h}{\delta}x}] \\ C_1^V = \dfrac{e^{-2\frac{h}{\delta}x}}{\Delta_{3F}}[(2\mu_1 + \dfrac{h}{\delta}x)(k_{3F}-1) - \dfrac{h}{\delta}x(2\mu_1 + \dfrac{h}{\delta}x - k_{3F}) - 2\mu_1(k_{3F}-1)e^{-2\frac{h}{\delta}x}] \\ D_1^V = -\dfrac{e^{-2\frac{h}{\delta}x}}{\Delta_{3F}}[(k_{3F}-1-\dfrac{h}{\delta}x) - (k_{3F}-1)e^{-2\frac{h}{\delta}x}] \end{cases}$$

式中,$\Delta_{3F} = k_{3F} + [2\dfrac{h}{\delta}x(2k_{3F}-1) - (1+2\dfrac{h^2}{\delta^2}x^2)]e^{-2\frac{h}{\delta}x} - (k_{3F}-1)e^{-4\frac{h}{\delta}x}$。

8.2.3.4 确定上、中层接触面上垂直反力的亨格尔积分表达式

若将 A_1^V、B_1^V、C_1^V、D_1^V 的表达式代入式(a):

$$\bar{p}_1^V(x) = -\{[A_1^V + (1-2\mu_1+\frac{h}{\delta}x)B_1^V]e^{-2\frac{h}{\delta}x} - C_1^V + (1-2\mu_1-\frac{h}{\delta}x)D_1^V\}$$

则可得到上、中层接触面上垂直反力的亨格尔积分表达式如下:

$$\bar{p}_1^V(x) = \frac{e^{-2\frac{h}{\delta}x}}{\Delta_{3F}}[(1+\frac{h}{\delta}x)(2k_{3F}-1) - (1-\frac{h}{\delta}x)(2k_{3F}-1)e^{-2\frac{h}{\delta}x}]$$

即

$$\bar{p}_1^V(x) = \frac{1}{\Delta_{3F}}(2k_{3F}-1)[(1+\frac{h}{\delta}x) - (1-\frac{h}{\delta}x)e^{-2\frac{h}{\delta}x}]e^{-2\frac{h}{\delta}x}$$

8.2.4 验证系数公式

根据本节的定解条件,求得系数 A_1^V、B_1^V、C_1^V、D_1^V、A_2^V、B_2^V、C_2^V、D_2^V 和 A_3^V、B_3^V 表达式后,其系数公式是否正确,需要进行检验。为此,我们同时采用验根法和对比法进行验证。

8.2.4.1 验根法

(1)检验第一层系数(A_1^V、B_1^V、C_1^V、D_1^V)

将第一层系数 A_1^V、B_1^V、C_1^V、D_1^V 的公式代入式(1):

$$A_1^V + (1-2\mu_1)B_1^V - C_1^V + (1-2\mu_1)D_1^V = -1$$

的左端,则可得

$$\begin{aligned} \text{式(1)左端} &= A_1^V + (1-2\mu_1)B_1^V - C_1^V + (1-2\mu_1)D_1^V \\ &= -\frac{1}{\Delta_{3F}}\{2\mu_1 k_{3F} - [k_{3F}(2\mu_1 - \frac{h}{\delta}x) + \frac{h}{\delta}x(1-2\mu_1+\frac{h}{\delta}x-k_{3F})]e^{-2\frac{h}{\delta}x}\} - \\ &\quad \frac{1-2\mu_1}{\Delta_{3F}}[k_{3F} - (k_{3F}-\frac{h}{\delta}x)e^{-2\frac{h}{\delta}x}] - \frac{e^{-2\frac{h}{\delta}x}}{\Delta_{3F}}[(2\mu_1+\frac{h}{\delta}x)(k_{3F}-1) - \\ &\quad \frac{h}{\delta}x(2\mu_1+\frac{h}{\delta}x-k_{3F}) - 2\mu_1(k_{3F}-1)e^{-2\frac{h}{\delta}x}] - \frac{(1-2\mu_1)e^{-2\frac{h}{\delta}x}}{\Delta_{3F}}[(k_{3F}-1-\frac{h}{\delta}x) - \\ &\quad (k_{3F}-1)e^{-2\frac{h}{\delta}x}] \\ &= -\frac{1}{\Delta_{3F}}\{k_{3F} + 2\frac{h}{\delta}x(2k_{3F}-1)e^{-2\frac{h}{\delta}x} - [1+2(\frac{h}{\delta}x)^2]e^{-2\frac{h}{\delta}x} - (k_{3F}-1)e^{-4\frac{h}{\delta}x}\} = -1 \end{aligned}$$

即

$$\text{式(1)左端} = \text{式(1)右端}$$

(2)检验第二层系数(A_2^V、B_2^V、C_2^V、D_2^V)

若将系数 A_1^V、B_1^V、C_1^V、D_1^V 表达式代入式(6′):

$$m_1\{[A_1^V+(2-4\mu_1+\frac{h}{\delta}x)B_1^V]e^{-2\frac{h}{\delta}x}+C_1^V-(2-4\mu_1-\frac{h}{\delta}x)D_1^V\}$$
$$=[A_2^V+(2-4\mu_2+\frac{h}{\delta}x)B_2^V]e^{-2\frac{h}{\delta}x}+C_2^V-(2-4\mu_2-\frac{h}{\delta}x)D_2^V$$

的左端,则可得

$$m_1\{[A_1^V+(2-4\mu_1+\frac{h}{\delta}x)B_1^V]e^{-2\frac{h}{\delta}x}+C_1^V-(2-4\mu_1-\frac{h}{\delta}x)D_1^V\}$$
$$=-\frac{m_1e^{-2\frac{h}{\delta}x}}{\Delta_{3F}}\{2\mu_1k_{3F}-[k_{3F}(2\mu_1-\frac{h}{\delta}x)+\frac{h}{\delta}x(1-2\mu_1+\frac{h}{\delta}x-k_{3F})]e^{-2\frac{h}{\delta}x}\}-$$
$$\frac{(2-4\mu_1+\frac{h}{\delta}x)m_1e^{-2\frac{h}{\delta}x}}{\Delta_{3F}}[k_{3F}-(k_{3F}-\frac{h}{\delta}x)e^{-2\frac{h}{\delta}x}]+\frac{m_1e^{-2\frac{h}{\delta}x}}{\Delta_{3F}}[(2\mu_1+\frac{h}{\delta}x)(k_{3F}-1)-$$
$$\frac{h}{\delta}x(2\mu_1+\frac{h}{\delta}x-k_{3F})-2\mu_1(k_{3F}-1)e^{-2\frac{h}{\delta}x}]+\frac{(2-4\mu_1-\frac{h}{\delta}x)m_1e^{-2\frac{h}{\delta}x}}{\Delta_{3F}}[(k_{3F}-1-\frac{h}{\delta}x)-$$
$$(k_{3F}-1)e^{-2\frac{h}{\delta}x}]$$

上式经过进一步化简,则可得

$$m_1\{[A_1^V+(2-4\mu_1+\frac{h}{\delta}x)B_1^V]e^{-2\frac{h}{\delta}x}+C_1^V-(2-4\mu_1-\frac{h}{\delta}x)D_1^V\}$$
$$=\frac{2(1-\mu_2)e^{-2\frac{h}{\delta}x}}{\Delta_{3F}}(2k_{3F}-1)[(1+\frac{h}{\delta}x)-(1-\frac{h}{\delta}x)e^{-2\frac{h}{\delta}x}]\times\frac{1+4\frac{H}{\delta}xMe^{-2\frac{H}{\delta}x}-LMe^{-4\frac{H}{\delta}x}}{\Delta_{3F}}$$

若将 A_2^V、B_2^V、C_2^V、D_2^V 表达式代入式(6′):

$$m_1\{[A_1^V+(2-4\mu_1+\frac{h}{\delta}x)B_1^V]e^{-2\frac{h}{\delta}x}+C_1^V-(2-4\mu_1-\frac{h}{\delta}x)D_1^V\}$$
$$=[A_2^V+(2-4\mu_2+\frac{h}{\delta}x)B_2^V]e^{-2\frac{h}{\delta}x}+C_2^V-(2-4\mu_2-\frac{h}{\delta}x)D_2^V$$

的右端,则可得

$$\text{式(6′)右端}=[A_2^V+(2-4\mu_2+\frac{h}{\delta}x)B_2^V]e^{-2\frac{h}{\delta}x}+C_2^V-(2-4\mu_2-\frac{h}{\delta}x)D_2^V$$
$$=\frac{\bar{p}_1^V(x)}{2\Delta_{3C}}\{[(1-2\frac{H}{\delta}x)(1-4\mu_2+2\frac{h+H}{\delta}x)M-L]e^{-2\frac{H}{\delta}x}+2(2\mu_2-\frac{h}{\delta}x)\}-$$
$$\frac{(2-4\mu_2+\frac{h}{\delta}x)\bar{p}_1^V(x)}{\Delta_{3C}}[(1-2\frac{H}{\delta}x)Me^{-2\frac{H}{\delta}x}-1]-\frac{\bar{p}_1^V(x)e^{-2\frac{h}{\delta}x}}{2\Delta_{3C}}[2(2\mu_2+\frac{h}{\delta}x)LMe^{-2\frac{H}{\delta}x}+$$
$$(1+2\frac{H}{\delta}x)(1-4\mu_2-2\frac{h+H}{\delta}x)M-L]-$$
$$\frac{(2-4\mu_2-\frac{h}{\delta}x)\bar{p}_1^V(x)Me^{-2\frac{H}{\delta}x}}{\Delta_{3C}}[Le^{-2\frac{H}{\delta}x}-(1+2\frac{H}{\delta}x)]$$
$$=\frac{2(1-\mu_2)\bar{p}_1^V(x)}{\Delta_{3C}}(1+4\frac{H}{\delta}xMe^{-2\frac{H}{\delta}x}-LMe^{-4\frac{H}{\delta}x})$$

又将下述表达式:

$$\bar{p}_1^V(x)=\frac{e^{-2\frac{h}{\delta}x}}{\Delta_{3F}}(2k_{3F}-1)[(1+\frac{h}{\delta}x)-(1-\frac{h}{\delta}x)e^{-2\frac{h}{\delta}x}]$$

代入上式,则可得

$$[A_2^V+(2-4\mu_2+\frac{h}{\delta}x)B_2^V]e^{-2\frac{h}{\delta}x}+C_2^V-(2-4\mu_2-\frac{h}{\delta}x)D_2^V$$

$$=\frac{2(1-\mu_2)e^{-2\frac{h}{\delta}x}}{\Delta_{3F}}(2k_{3F}-1)[(1+\frac{h}{\delta}x)-(1-\frac{h}{\delta}x)e^{-2\frac{h}{\delta}x}]\times\frac{1+4\frac{H}{\delta}xMe^{-2\frac{H}{\delta}x}-LMe^{-4\frac{H}{\delta}x}}{\Delta_{3F}}$$

根据上述分析,则可知

式(6′)左端=式(6′)右端

(3)检验第三层系数(A_3^V、B_3^V)

根据式(7′),即下述表达式:

$$[A_2^V+(1-2\mu_2+\frac{h+H}{\delta}x)B_2^V]e^{-2\frac{h+H}{\delta}x}-C_2^V+(1-2\mu_2-\frac{h+H}{\delta}x)D_2^V$$

$$=[A_3^V+(1-2\mu_3+\frac{h+H}{\delta}x)B_3^V]e^{-2\frac{h+H}{\delta}x}$$

若将式(7′)的两端同乘以 $e^{2\frac{h+H}{\delta}x}$,则上式还可改写为下述表达式:

$$A_2^V+(1-2\mu_2+\frac{h+H}{\delta}x)B_2^V-C_2^Ve^{2\frac{h+H}{\delta}x}+(1-2\mu_2-\frac{h+H}{\delta}x)D_2^Ve^{2\frac{h+H}{\delta}x}$$

$$=[A_3^V+(1-2\mu_3+\frac{h}{\delta}x)B_3^V] \tag{A}$$

若将第二层系数 A_2^V、B_2^V、C_2^V、D_2^V 的公式代入式(A)的左端,则可得

$$A_2^V+(1-2\mu_2+\frac{h+H}{\delta}x)B_2^V-C_2^Ve^{2\frac{h+H}{\delta}x}+(1-2\mu_2-\frac{h+H}{\delta}x)D_2^Ve^{2\frac{h+H}{\delta}x}$$

$$=\frac{\bar{p}_1^V(x)e^{2\frac{h}{\delta}x}}{2\Delta_{3C}}\{[(1-2\frac{H}{\delta}x)(1-4\mu_2+2\frac{h+H}{\delta}x)M-L]e^{-2\frac{H}{\delta}x}+2(2\mu_2-\frac{h}{\delta}x)\}-$$

$$\frac{\bar{p}_1^V(x)e^{2\frac{h}{\delta}x}}{\Delta_{3C}}(1-2\mu_2+\frac{h+H}{\delta}x)[(1-2\frac{H}{\delta}x)Me^{-2\frac{H}{\delta}x}-1]+\frac{\bar{p}_1^V(x)e^{2\frac{h}{\delta}x}}{2\Delta_{3C}}[2(2\mu_2+\frac{h}{\delta}x)LMe^{-2\frac{H}{\delta}x}+$$

$$(1+2\frac{H}{\delta}x)(1-4\mu_2-2\frac{h+H}{\delta}x)M-L]+\frac{\bar{p}_1^V(x)Me^{2\frac{h}{\delta}x}}{\Delta_{3C}}(1-2\mu_2-\frac{h+H}{\delta}x)[Le^{-2\frac{H}{\delta}x}-(1+2\frac{H}{\delta}x)]$$

$$=\frac{\bar{p}_1^V(x)e^{2\frac{h}{\delta}x}}{2\Delta_{3C}}\{(1+2\frac{H}{\delta}x)(1-M)+(1-L)-(1-2\frac{H}{\delta}x)(1-L)Me^{-2\frac{H}{\delta}x}-(1-M)Le^{-2\frac{H}{\delta}x}]$$

若将第三层系数 A_3^V、B_3^V 代入式(A)的右端,则可得

$$[A_3^V+(1-2\mu_3+\frac{h}{\delta}x)B_3^V]$$

$$=-\frac{\bar{p}_1^V(x)e^{2\frac{h}{\delta}x}}{2\Delta_{3C}}\{[(1-M)L-(1-2\frac{H}{\delta}x)(1-4\mu_3+2\frac{h+H}{\delta}x)(1-L)M]e^{-2\frac{H}{\delta}x}-$$

$$[(1+2\frac{H}{\delta}x)(1-M)-(1-4\mu_3+2\frac{h+H}{\delta}x)(1-L)]\}-$$

$$\frac{\bar{p}_1^V(x)(1-L)e^{2\frac{h}{\delta}x}}{\Delta_{3C}}(1-2\mu_3+\frac{h}{\delta}x)[(1-2\frac{H}{\delta}x)Me^{-2\frac{H}{\delta}x}-1]$$

$$=-\frac{\bar{p}_1^V(x)e^{2\frac{h}{\delta}x}}{2\Delta_{3C}}\{[(1-2\frac{H}{\delta}x)(1-L)M+(1-M)L]e^{-2\frac{H}{\delta}x}-[(1+2\frac{H}{\delta}x)(1-M)+(1-L)]\}$$

根据上述分析,则可知

式(A)左端=式(A)右端

即

$$式(7')左端=式(7')右端$$

8.2.4.2　对比法

当 $H=0$ 时,上中滑动、中下连续的三层弹性体系可以退化为双层弹性滑动体系。这时有 $E_3=E_2$,$\mu_3=\mu_2$,其他各个系数可简化为:

$$m_1=1$$
$$L=0$$
$$M=0$$
$$\Delta_{3C}=-1$$
$$n_{3F}=n_{2F}$$
$$k_{3F}=k_{2F}$$
$$\Delta_{3F}=\Delta_{2F}$$

$$\bar{p}_1^V(x)=\frac{1}{\Delta_{2F}}(2k_{2F}-1)\left[\left(1+\frac{h}{\delta}x\right)-\left(1-\frac{h}{\delta}x\right)e^{-2\frac{h}{\delta}x}\right]e^{-2\frac{h}{\delta}x}$$

当 $H=0$ 时,若将下列关系式:

$$k_{3F}=k_{2F}$$
$$\Delta_{3F}=\Delta_{2F}$$

代入上层系数 A_1^V、B_1^V、C_1^V、D_1^V 公式:

$$A_1^V=-\frac{1}{\Delta_{3F}}\left\{2\mu_1k_{3F}-\left[k_{3F}\left(2\mu_1-\frac{h}{\delta}x\right)+\frac{h}{\delta}x\left(1-2\mu_1+\frac{h}{\delta}x-k_{3F}\right)\right]e^{-2\frac{h}{\delta}x}\right\}$$

$$B_1^V=-\frac{1}{\Delta_{3F}}\left[k_{3F}-\left(k_{3F}-\frac{h}{\delta}x\right)e^{-2\frac{h}{\delta}x}\right]$$

$$C_1^V=\frac{e^{-2\frac{h}{\delta}x}}{\Delta_{3F}}\left[\left(2\mu_1+\frac{h}{\delta}x\right)(k_{3F}-1)-\frac{h}{\delta}x\left(2\mu_1+\frac{h}{\delta}x-k_{3F}\right)-2\mu_1(k_{3F}-1)e^{-2\frac{h}{\delta}x}\right]$$

$$D_1^V=-\frac{e^{-2\frac{h}{\delta}x}}{\Delta_{3F}}\left[\left(k_{3F}-1-\frac{h}{\delta}x\right)-(k_{3F}-1)e^{-2\frac{h}{\delta}x}\right]$$

则可得

$$A_1^V=-\frac{1}{\Delta_{2F}}\left\{2\mu_1k_{2F}-\left[k_{2F}\left(2\mu_1-\frac{h}{\delta}x\right)+\frac{h}{\delta}x\left(1-2\mu_1+\frac{h}{\delta}x-k_{2F}\right)\right]e^{-2\frac{h}{\delta}x}\right\}$$

$$B_1^V=-\frac{1}{\Delta_{2F}}\left[k_{2F}-\left(k_{2F}-\frac{h}{\delta}x\right)e^{-2\frac{h}{\delta}x}\right]$$

$$C_1^V=\frac{e^{-2\frac{h}{\delta}x}}{\Delta_{2F}}\left[\left(2\mu_1+\frac{h}{\delta}x\right)(k_{2F}-1)-\frac{h}{\delta}x\left(2\mu_1+\frac{h}{\delta}x-k_{2F}\right)-2\mu_1(k_{2F}-1)e^{-2\frac{h}{\delta}x}\right]$$

$$D_1^V=-\frac{e^{-2\frac{h}{\delta}x}}{\Delta_{2F}}\left[\left(k_{2F}-1-\frac{h}{\delta}x\right)-(k_{2F}-1)e^{-2\frac{h}{\delta}x}\right]$$

根据双层弹性滑动体系的分析,第一层系数表达式可表示为如下形式:

$$A_1^V=-\frac{1}{\Delta_{2F}}\left\{2\mu_1k_{2F}-\left[k_{2F}\left(2\mu_1-\frac{h}{\delta}x\right)+\frac{h}{\delta}x\left(1-2\mu_1+\frac{h}{\delta}x-k_{2F}\right)\right]e^{-2\frac{h}{\delta}x}\right\}$$

$$B_1^V=-\frac{1}{\Delta_{2F}}\left[k_{2F}-\left(k_{2F}-\frac{h}{\delta}x\right)e^{-2\frac{h}{\delta}x}\right]$$

$$C_1^V=\frac{1}{\Delta_{2F}}\left[\left(2\mu_1+\frac{h}{\delta}x\right)(k_{2F}-1)-\frac{h}{\delta}x\left(2\mu_1+\frac{h}{\delta}x-k_{2F}\right)-2\mu_1(k_{2F}-1)e^{-2\frac{h}{\delta}x}\right]e^{-2\frac{h}{\delta}x}$$

$$D_1^V=-\frac{1}{\Delta_{2F}}\left[\left(k_{2F}-1-\frac{h}{\delta}x\right)-(k_{2F}-1)e^{-2\frac{h}{\delta}x}\right]e^{-2\frac{h}{\delta}x}$$

$$A_2^V = -\frac{1}{\Delta_{2F}}(2k_{2F}-1)(2\mu_2 - \frac{h}{\delta}x)[(1+\frac{h}{\delta}x)-(1-\frac{h}{\delta}x)e^{-2\frac{h}{\delta}x}]$$

$$B_2^V = -\frac{1}{\Delta_{2F}}(2k_{2F}-1)[(1+\frac{h}{\delta}x)-(1-\frac{h}{\delta}x)e^{-2\frac{h}{\delta}x}]$$

当 $H=0$ 时，若将下列关系式：

$$L=0, M=0, \Delta_{3C}=-1$$

代入中层系数 A_2^V、B_2^V、C_2^V、D_2^V 表达式和下层系数 A_3^V、B_3^V 表达式：

$$A_2^V = \frac{\bar{p}_1^V(x)e^{2\frac{h}{\delta}x}}{2\Delta_{3C}}\{[(1-2\frac{H}{\delta}x)(1-4\mu_2+2\frac{h+H}{\delta}x)M-L]e^{-2\frac{H}{\delta}x}+2(2\mu_2-\frac{h}{\delta}x)\}$$

$$B_2^V = -\frac{\bar{p}_1^V(x)e^{2\frac{h}{\delta}x}}{\Delta_{3C}}[(1-2\frac{H}{\delta}x)Me^{-2\frac{H}{\delta}x}-1]$$

$$C_2^V = -\frac{\bar{p}_1^V(x)e^{-2\frac{H}{\delta}x}}{2\Delta_{3C}}[2(2\mu_2+\frac{h}{\delta}x)LMe^{-2\frac{H}{\delta}x}+(1+2\frac{H}{\delta}x)(1-4\mu_2-2\frac{h+H}{\delta}x)M-L]$$

$$D_2^V = \frac{\bar{p}_1^V(x)Me^{-2\frac{H}{\delta}x}}{\Delta_{3C}}[Le^{-2\frac{H}{\delta}x}-(1+2\frac{H}{\delta}x)]$$

$$A_3^V = -\frac{\bar{p}_1^V(x)e^{2\frac{h}{\delta}x}}{2\Delta_{3C}}\{[(1-M)L-(1-2\frac{H}{\delta}x)(1-4\mu_3+2\frac{h+H}{\delta}x)(1-L)M]e^{-2\frac{H}{\delta}x}-$$
$$[(1+2\frac{H}{\delta}x)(1-M)-(1-4\mu_3+2\frac{h+H}{\delta}x)(1-L)]\}$$

$$B_3^V = -\frac{\bar{p}_1^V(x)(1-L)e^{2\frac{h}{\delta}x}}{\Delta_{3C}}[(1-2\frac{H}{\delta}x)Me^{-2\frac{H}{\delta}x}-1]$$

则可得

$$A_2^V = -(2\mu_2-\frac{h}{\delta}x)e^{2\frac{h}{\delta}x}\bar{p}_1^V(x)$$

$$B_2^V = -e^{2\frac{h}{\delta}x}\bar{p}_1^V(x)$$

$$C_2^V = D_2^V = 0$$

$$A_3^V = -(2\mu_3-\frac{h}{\delta}x)e^{2\frac{h}{\delta}x}\bar{p}_1^V(x)$$

$$B_3^V = -e^{2\frac{h}{\delta}x}\bar{p}_1^V(x)$$

再代入下述表达式：

$$\bar{p}_1^V(x) = \frac{1}{\Delta_{2F}}(2k_{2F}-1)[(1+\frac{h}{\delta}x)-(1-\frac{h}{\delta}x)e^{-2\frac{h}{\delta}x}]e^{-2\frac{h}{\delta}x}$$

则可得

$$A_2^V = -\frac{1}{\Delta_{2F}}(2\mu_2-\frac{h}{\delta}x)(2k_{2F}-1)[(1+\frac{h}{\delta}x)-(1-\frac{h}{\delta}x)e^{-2\frac{h}{\delta}x}]$$

$$B_2^V = -\frac{1}{\Delta_{2F}}(2k_F-1)[(1+\frac{h}{\delta}x)-(1-\frac{h}{\delta}x)e^{-2\frac{h}{\delta}x}]$$

$$C_2^V = D_2^V = 0$$

$$A_3^V = -\frac{1}{\Delta_{2F}}(2\mu_3-\frac{h}{\delta}x)(2k_F-1)[(1+\frac{h}{\delta}x)-(1-\frac{h}{\delta}x)e^{-2\frac{h}{\delta}x}] = A_2^V$$

$$B_3^V = -\frac{1}{\Delta_{2F}}(2k_F-1)[(1+\frac{h}{\delta}x)-(1-\frac{h}{\delta}x)e^{-2\frac{h}{\delta}x}] = B_2^V$$

从上述分析可以看出，$A_2^V=A_3^V$，$B_2^V=B_3^V$，$C_2^V=C_3^V=0$，$D_2^V=D_3^V=0$。

根据双层弹性滑动体系的分析,第一层和第二层系数表达式可表示为如下形式:

$$A_1^V=-\frac{1}{\Delta_{2F}}\{2\mu_1k_F-[k_F(2\mu_1-\frac{h}{\delta}x)+\frac{h}{\delta}x(1-2\mu_1+\frac{h}{\delta}x-k_F)]e^{-2\frac{h}{\delta}x}\}$$

$$B_1^V=-\frac{1}{\Delta_{2F}}[k_F-(k_F-\frac{h}{\delta}x)e^{-2\frac{h}{\delta}x}]$$

$$C_1^V=\frac{1}{\Delta_{2F}}[(2\mu_1+\frac{h}{\delta}x)(k_F-1)-\frac{h}{\delta}x(2\mu_1+\frac{h}{\delta}x-k_F)-2\mu_1(k_F-1)e^{-2\frac{h}{\delta}x}]e^{-2\frac{h}{\delta}x}$$

$$D_1^V=-\frac{1}{\Delta_{2F}}[(k_F-1-\frac{h}{\delta}x)-(k_F-1)e^{-2\frac{h}{\delta}x}]e^{-2\frac{h}{\delta}x}$$

$$A_2^V=-\frac{1}{\Delta_{2F}}(2k_F-1)(2\mu_2-\frac{h}{\delta}x)[(1+\frac{h}{\delta}x)-(1-\frac{h}{\delta}x)e^{-2\frac{h}{\delta}x}]$$

$$B_2^V=-\frac{1}{\Delta_{2F}}(2k_F-1)[(1+\frac{h}{\delta}x)-(1-\frac{h}{\delta}x)e^{-2\frac{h}{\delta}x}]$$

根据上述分析,当 $H=0$ 时,上中滑动、中下连续的三层弹性体系完全退化为双层滑动弹性体系。

8.3 古德曼模型在三层弹性体系中的应用

圆形轴对称垂直荷载作用下三层弹性体系的力学模型图如图 8-2 所示。

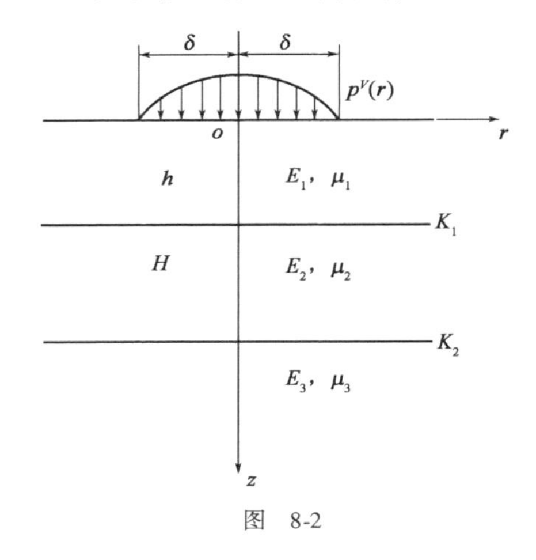

图 8-2

8.3.1 定解条件

(1)边界条件

①表面边界条件

若采用应力和位移分量表示,则有如下两个表达式:

$$\begin{cases}\sigma_{z_1}^V\Big|_{z=0}=-p^V(r)\\ \tau_{zr_1}^V\Big|_{z=0}=0\end{cases}$$

或采用应力和位移系数表示,则有如下两个表达式:

$$\begin{cases}p\,\overline{\sigma}_{z_1}^V\Big|_{z=0}=-\overline{p}^V(x)\\ \overline{\tau}_{zr_1}^V\Big|_{z=0}=0\end{cases}$$

②无穷远处边界条件

若采用应力和位移分量表示,则有如下两个表达式:

$$\lim_{r\to\infty}[\sigma_{r_3}^V,\sigma_{\theta_3}^V,\sigma_{z_3}^V,\tau_{zr_3}^V,u_3^V,w_3^V]=0$$

$$\lim_{z\to\infty}[\sigma_{r_3}^V,\sigma_{\theta_3}^V,\sigma_{z_3}^V,\tau_{zr_3}^V,u_3^V,w_3^V]=0$$

或采用应力和位移系数表示,则有如下两个表达式:

$$\lim_{r\to\infty}[\overline{\sigma}_{r_3}^V,\overline{\sigma}_{\theta_3}^V,\overline{\sigma}_{z_3}^V,\overline{\tau}_{zr_3}^V,\overline{u}_3^V,\overline{w}_3^V]=0$$

$$\lim_{z\to\infty}[\overline{\sigma}_{r_3}^V,\overline{\sigma}_{\theta_3}^V,\overline{\sigma}_{z_3}^V,\overline{\tau}_{zr_3}^V,\overline{u}_3^V,\overline{w}_3^V]=0$$

(2)层间接触条件

若层间结合条件采用应力和位移分量表示,则层间接触条件可表示为如下形式:

$$\sigma_{z_1}^V\Big|_{z=h}=\sigma_{z_2}^V\Big|_{z=h}$$

$$\tau_{zr_1}^V\Big|_{z=h}=\tau_{zr_2}^V\Big|_{z=h}$$

$$\tau_{zr_1}^V\Big|_{z=h}=K_1(u_1^V-u_2^V)\Big|_{z=h}$$

$$w_1^V\Big|_{z=h}=w_2^V\Big|_{z=h}$$

$$\sigma_{z_2}^V\Big|_{z=h+H}=\sigma_{z_3}^V\Big|_{z=h+H}$$

$$\tau_{zr_2}^V\Big|_{z=h+H}=\tau_{zr_2}^V\Big|_{z=h+H}$$

$$\tau_{zr_2}^V\Big|_{z=h+H}=K_2(u_2^V-u_3^V)\Big|_{z=h+H}$$

$$w_2^V\Big|_{z=h+H}=w_3^V\Big|_{z=h+H}$$

上述层间接触条件中，K_1 和 K_2 分别为第一层和第二层接触面上的层间黏结系数(MPa/cm)。

$$\overline{\sigma}_{z_1}^V\Big|_{z=h}=\overline{\sigma}_{z_2}^V\Big|_{z=h}$$

$$\overline{\tau}_{zr_1}^V\Big|_{z=h}=\overline{\tau}_{zr_2}^V\Big|_{z=h}$$

$$\tau_{zr_1}\Big|_{z=h}=K_1\left[-\frac{(1+\mu_1)\delta}{E_1}\overline{u}_1^V+\frac{(1+\mu_2)\delta}{E_2}\overline{u}_2^V\right]\Big|_{z=h}$$

$$\frac{1+\mu_1}{E_1}\overline{w}_1^V\Big|_{z=h}=\frac{1+\mu_2}{E_2}\overline{w}_2^V\Big|_{z=h}$$

$$\overline{\sigma}_{z_2}^V\Big|_{z=h+H}=\overline{\sigma}_{z_3}^V\Big|_{z=h+H}$$

$$\overline{\tau}_{zr_2}^V\Big|_{z=h+H}=\overline{\tau}_{zr_3}^V\Big|_{z=h+H}$$

$$\tau_{zr_2}\Big|_{z=h+H}=K_2\left[-\frac{(1+\mu_2)\delta}{E_2}\overline{u}_2^V+\frac{(1+\mu_3)\delta}{E_3}\overline{u}_3^V\right]\Big|_{z=h+H}$$

$$\frac{1+\mu_2}{E_2}\overline{w}_2^V\Big|_{z=h+H}=\frac{1+\mu_3}{E_3}\overline{w}_3^V\Big|_{z=h+H}$$

若令

$$m_k=\frac{(1+\mu_k)E_{k+1}}{(1+\mu_{k+1})E_k}\quad(k=1,2)$$

$$G_K^{(k)}=\frac{E_k}{(1+\mu_k)K_k\delta}\quad(k=1,2)$$

则上述层间结合条件可改写为下述表达式：

$$\overline{\sigma}_{z_1}^V\Big|_{z=h}=\overline{\sigma}_{z_2}^V\Big|_{z=h}$$

$$\overline{\tau}_{zr_1}^V\Big|_{z=h}=\overline{\tau}_{zr_2}^V\Big|_{z=h}$$

$$m_1(\overline{u}_1^V+G_K^{(1)}\overline{\tau}_{zr_1}^V)\Big|_{z=h}=\overline{u}_2^V\Big|_{z=h}$$

$$m_1\overline{w}_1^V\Big|_{z=h}=\overline{w}_2^V\Big|_{z=h}$$

$$\overline{\sigma}_{z_2}^V\Big|_{z=h+H}=\overline{\sigma}_{z_3}^V\Big|_{z=h+H}$$

$$\overline{\tau}_{zr_2}^V\Big|_{z=h+H}=\overline{\tau}_{zr_3}^V\Big|_{z=h+H}$$

$$m_2(\overline{u}_2^V+G_K^{(2)}\overline{\tau}_{zr_2}^V)\Big|_{z=h+H}=\overline{u}_3^V\Big|_{z=h+H}$$

$$m_2\overline{w}_2^V\Big|_{z=h+H}=\overline{w}_3^V\Big|_{z=h+H}$$

8.3.2 建立线性方程组

根据定解条件,对垂直应力系数 $\overline{\sigma}_z^V$ 和垂直位移系数 $\overline{w}^V$ 施加零阶亨格尔积分变换;对水平剪应力系数 $\overline{\tau}_{zr}^V$ 和水平位移系数 $\overline{u}^V$ 施加一阶亨格尔积分变换,并注意 $C_3^V=D_3^V=0$ 时,则可得如下线性方程组:

(1)表面边界条件

$$A_1^V+(1-2\mu_1)B_1^V-C_1^V+(1-2\mu_1)D_1^V=-1 \tag{1}$$

$$A_1^V-2\mu_1B_1^V+C_1^V+2\mu_1D_1^V=0 \tag{2}$$

(2)层间接触条件

$$[A_1^V+(1-2\mu_1+\frac{h}{\delta}x)B_1^V]e^{-2\frac{h}{\delta}x}-C_1^V+(1-2\mu_1-\frac{h}{\delta}x)D_1^V$$

$$=[A_2^V+(1-2\mu_2+\frac{h}{\delta}x)B_2^V]e^{-2\frac{h}{\delta}x}-C_2^V+(1-2\mu_2-\frac{h}{\delta}x)D_2^V \tag{2-1'}$$

$$[A_1^V-(2\mu_1-\frac{h}{\delta}x)B_1^V]e^{-2\frac{h}{\delta}x}+C_1^V+(2\mu_1+\frac{h}{\delta}x)D_1^V$$

$$=[A_2^V-(2\mu_2-\frac{h}{\delta}x)B_2^V]e^{-2\frac{h}{\delta}x}+C_2^V+(2\mu_2+\frac{h}{\delta}x)D_2^V \tag{2-2'}$$

$$m_1\{(1+\chi_1)e^{-2\frac{h}{\delta}x}A_1^V-[(1-\frac{h}{\delta}x)+\chi_1(2\mu_1-\frac{h}{\delta}x)]e^{-2\frac{h}{\delta}x}B_1^V-(1-\chi_1)C_1^V-[(1+\frac{h}{\delta}x)-\chi_1(2\mu_1+\frac{h}{\delta}x)]D_1^V\}$$

$$=[A_2^V-(1-\frac{h}{\delta}x)B_2^V]e^{-2\frac{h}{\delta}x}-C_2^V-(1+\frac{h}{\delta}x)D_2^V \tag{2-3'}$$

$$m_1\{[A_1^V+(2-4\mu_1+\frac{h}{\delta}x)B_1^V]e^{-2\frac{h}{\delta}x}+C_1^V-(2-4\mu_1-\frac{h}{\delta}x)D_1^V\}$$

$$=[A_1^V+(2-4\mu_2+\frac{h}{\delta}x)B_2^V]e^{-2\frac{h}{\delta}x}+C_2^V-(2-4\mu_2-\frac{h}{\delta}x)D_2^V \tag{2-4'}$$

$$[A_2^V+(1-2\mu_2+\frac{h+H}{\delta}x)B_2^V]e^{-2\frac{h+H}{\delta}x}-C_2^V+(1-2\mu_2-\frac{h+H}{\delta}x)D_2^V$$

$$=[A_3^V+(1-2\mu_3+\frac{h+H}{\delta}x)B_2^V]e^{-2\frac{h+H}{\delta}x} \tag{3-1'}$$

$$[A_2^V-(2\mu_2-\frac{h+H}{\delta}x)B_2^V]e^{-2\frac{h+H}{\delta}x}+C_2^V+(2\mu_2+\frac{h+H}{\delta}x)D_2^V$$

$$=[A_3^V-(2\mu_3-\frac{h+H}{\delta}x)B_3^V]e^{-2\frac{h+H}{\delta}x} \tag{3-2'}$$

$$m_2\{(1+\chi_2)e^{-2\frac{h+H}{\delta}x}A_2^V-[(1-\frac{h+H}{\delta}x)+\chi_2(2\mu_2-\frac{h+H}{\delta}x)]e^{-2\frac{h+H}{\delta}x}B_2^V-(1-\chi_2)C_2^V-[(1+\frac{h+H}{\delta}x)-$$

$$\chi_2(2\mu_2+\frac{h+H}{\delta}x)]D_2^V=[A_3^V-(1-\frac{h+H}{\delta}x)B_3^V]e^{-2\frac{h}{\delta}x} \tag{3-3'}$$

$$m_2\{[A_2^V+(2-4\mu_2+\frac{h+H}{\delta}x)B_2^V]e^{-2\frac{h+H}{\delta}x}+C_2^V-(2-4\mu_2-\frac{h+H}{\delta}x)D_2^V\}$$

$$=[A_3^V+(2-4\mu_3+\frac{h+H}{\delta}x)B_3^V]e^{-2\frac{h+H}{\delta}x} \tag{3-4'}$$

式中,$\chi_k=G_K^{(k)}x$,$(k=1,2)$。

若设

$$\bar{p}_1^V(x) = -\{[A_1^V + (1-2\mu_1+\frac{h}{\delta}x)B_1^V]e^{-2\frac{h}{\delta}x} - C_1^V + (1-2\mu_1-\frac{h}{\delta}x)D_1^V\} \tag{a}$$

$$\bar{s}_1^V(x) = -\{[A_1^V - (2\mu_1-\frac{h}{\delta}x)B_1^V]e^{-2\frac{h}{\delta}x} + C_1^V + (2\mu_1+\frac{h}{\delta}x)D_1^V\} \tag{b}$$

那么,式(2-1′)和式(2-2′)可改写为如下两式:

$$[A_2^V + (1-2\mu_2+\frac{h}{\delta}x)B_2^V]e^{-2\frac{h}{\delta}x} - C_2^V + (1-2\mu_2-\frac{h}{\delta}x)D_2^V = -\bar{p}_1^V(x) \tag{2-1″}$$

$$[A_2^V - (2\mu_2-\frac{h}{\delta}x)B_2^V]e^{-2\frac{h}{\delta}x} + C_2^V + (2\mu_2+\frac{h}{\delta}x)D_2^V = -\bar{s}_1^V(x) \tag{2-2″}$$

式(2-4′) ± 式(2-3′),则可得

$$m_1\{2(1+\frac{\chi_1}{2})e^{-2\frac{h}{\delta}x}A_1^V + [(1-4\mu_1+2\frac{h}{\delta}x) - \chi_1(2\mu_1-\frac{h}{\delta}x)]e^{-2\frac{h}{\delta}x}B_1^V + \chi_1 C_1^V - [(3-4\mu_1) - \chi_1(2\mu_1+\frac{h}{\delta}x)]D_1^V\} = [2A_2^V + (1-4\mu_2+2\frac{h}{\delta}x)B_2^V]e^{-2\frac{h}{\delta}x} - (3-4\mu_2)D_2^V \tag{2-3″}$$

$$m_1\{-\chi_1 e^{-2\frac{h}{\delta}x}A_1^V + [(3-4\mu_1) + \chi_1(2\mu_1-\frac{h}{\delta}x)]e^{-2\frac{h}{\delta}x}B_1^V + 2(1-\frac{\chi_1}{2})C_1^V - [(1-4\mu_1-2\frac{h}{\delta}x) + \chi_1(2\mu_1+\frac{h}{\delta}x)]D_1^V\} = (3-4\mu_2)e^{-2\frac{h}{\delta}x}B_2^V + 2C_2^V - (1-4\mu_2-2\frac{h}{\delta}x)D_2^V \tag{2-4″}$$

式(3-1′) ± 式(3-2′),则可得

$$[2A_2^V + (1-4\mu_2+2\frac{h+H}{\delta}x)B_2^V]e^{-2\frac{h+H}{\delta}x} + D_2^V = [2A_3^V + (1-4\mu_3+2\frac{h+H}{\delta}x)B_2^V]e^{-2\frac{h+H}{\delta}x} \tag{9}$$

$$B_2^V e^{-2\frac{h+H}{\delta}x} - 2C_2^V + (1-4\mu_2-2\frac{h+H}{\delta}x)D_2^V = B_3^V e^{-2\frac{h+H}{\delta}x} \tag{10}$$

式(3-4′) ± 式(3-3′),则可得

$$m_2\{2(1+\frac{\chi_2}{2})e^{-2\frac{h+H}{\delta}x}A_2^V + [(1-4\mu_2+2\frac{h+H}{\delta}x) - \chi_2(2\mu_2-\frac{h+H}{\delta}x)]e^{-2\frac{h+H}{\delta}x}B_2^V + \chi_2 C_2^V - [(3-4\mu_2) - \chi_2(2\mu_2+\frac{h+H}{\delta}x)]D_2^V\} = [2A_3^V + (1-4\mu_3+2\frac{h+H}{\delta}x)B_3^V]e^{-2\frac{h}{\delta}x} \tag{3-3″}$$

$$m_2\{[-\chi_2 e^{-2\frac{h+H}{\delta}x}A_2^V + [(3-4\mu_2) + \chi_2(2\mu_2-\frac{h+H}{\delta}x)]e^{-2\frac{h+H}{\delta}x}B_2^V + 2(1-\frac{\chi_2}{2})C_2^V - [(1-4\mu_2-2\frac{h+H}{\delta}x) + \chi_2(2\mu_2+\frac{h+H}{\delta}x)]D_2^V\} = (3-4\mu_3)B_3^V e^{-2\frac{h+H}{\delta}x} \tag{3-4″}$$

式(9) − 式(3-3″),则可得

$$2(1-m_2-\frac{m_2\chi_2}{2})e^{-2\frac{h+H}{\delta}x}A_2^V + [(1-m_2)(1-4\mu_2+2\frac{h+H}{\delta}x) + m_2\chi_2(2\mu_2-\frac{h+H}{\delta}x)]e^{-2\frac{h+H}{\delta}x}B_2^V - m_2\chi_2 C_2^V + [1+(3-4\mu_2)m_2 - m_2\chi_2(2\mu_2+\frac{h+H}{\delta}x)]D_2^V = 0$$

若令

$$M=\frac{1-m_2}{1+(3-4\mu_2)m_2}$$

$$Q_2=\frac{m_2\chi_2}{2[1+(3-4\mu_2)m_2]}$$

则上式可改写为下式:

$$2(M-Q_2)e^{-2\frac{h+H}{\delta}x}A_2^V+[(1-4\mu_2+2\frac{h+H}{\delta}x)M+2(2\mu_2-\frac{h+H}{\delta}x)Q_2]e^{-2\frac{h+H}{\delta}x}B_2^V-2Q_2C_2^V+$$

$$[1-2(2\mu_2+\frac{h+H}{\delta}x)Q_2]D_2^V=0 \tag{7}$$

式(10)×(3-4μ_3)－式(3-4″),则可得

$$\{\chi_2m_2A_2^V+[(3-4\mu_3)-(3-4\mu_2)m_2-\chi_2m_2(2\mu_2-\frac{h+H}{\delta}x)]B_2^V\}e^{-2\frac{h+H}{\delta}x}-2(3-4\mu_3+m_2-\frac{\chi_2m_2}{2})C_2^V+$$

$$[(3-4\mu_3+m_2)(1-4\mu_2-2\frac{h+H}{\delta}x)+\chi_2m_2(2\mu_2+\frac{h+H}{\delta}x)]D_2^V=0$$

若令

$$L=\frac{(3-4\mu_3)-(3-4\mu_2)m_2}{3-4\mu_3+m_2}$$

$$R_2=\frac{\chi_2m_2}{2(3-4\mu_3+m_2)}$$

则上式可改写为下式:

$$\{2R_2A_2^V+[L-2(2\mu_2-\frac{h+H}{\delta}x)R_2]B_2^V\}e^{-2\frac{h+H}{\delta}x}-2(1-R_2)C_2^V+[(1-4\mu_2-2\frac{h+H}{\delta}x)+$$

$$2(2\mu_2+\frac{h+H}{\delta}x)R_2]D_2^V\}=0 \tag{8}$$

8.3.3 解线性方程组

(1)确定第二层系数(A_2^V、B_2^V、C_2^V、D_2^V)表达式

若将式(5)、式(6)、式(7)和式(8)汇总如下:

$$[A_2^V+(1-2\mu_2+\frac{h}{\delta}x)B_2^V]e^{-2\frac{h}{\delta}x}-C_2^V+(1-2\mu_2-\frac{h}{\delta}x)D_2^V=-\bar{p}_1^V(x)$$

$$[A_2^V-(2\mu_2-\frac{h}{\delta}x)B_2^V]e^{-2\frac{h}{\delta}x}+C_2^V+(2\mu_2+\frac{h}{\delta}x)D_2^V=-\bar{s}_1^V(x)$$

$$2(M-Q_2)e^{-2\frac{h+H}{\delta}x}A_2^V+[(1-4\mu_2+2\frac{h+H}{\delta}x)M+2(2\mu_2-\frac{h+H}{\delta}x)Q_2]e^{-2\frac{h+H}{\delta}x}B_2^V-$$

$$2Q_2C_2^V+[1-2(2\mu_2+\frac{h+H}{\delta}x)Q_2]D_2^V=0$$

$$\{2R_2A_2^V+[L-2(2\mu_2-\frac{h+H}{\delta}x)R_2]B_2^V\}e^{-2\frac{h+H}{\delta}x}-2(1-R_2)C_2^V+[(1-4\mu_2-2\frac{h+H}{\delta}x)+2(2\mu_2+\frac{h+H}{\delta}x)$$

$$R_2]D_2^V\}=0$$

并联立。对于上述联立方程组,可采用行列式理论的克莱姆法则求解。为了便于求解上述联立方程组,若令

$$P_{12}=1-2\mu_2+\frac{h}{\delta}x,P_{14}=1-2\mu_2-\frac{h}{\delta}x$$

$$P_{22}=2\mu_2-\frac{h}{\delta}x,P_{24}=2\mu_2+\frac{h}{\delta}x$$

$$P_{31}=2(M-Q_2),P_{32}=(1-4\mu_2+2\frac{h+H}{\delta}x)M+2(2\mu_2-\frac{h+H}{\delta}x)Q_2$$

$$P_{34}=1-2(2\mu_2+\frac{h+H}{\delta}x)Q_2$$

$$P_{42}=L-2(2\mu_2-\frac{h+H}{\delta}x)R_2,P_{43}=2(1-R_2)$$

$$P_{44}=(1-4\mu_2-2\frac{h+H}{\delta}x)+2(2\mu_2+\frac{h+H}{\delta}x)R_2$$

则上述联立方程组可改写如下：

$$\begin{aligned}&(A_2^V+P_{12}B_2^V)e^{-2\frac{h}{\delta}x}-C_2^V+P_{14}D_2^V=-\bar{p}_1^V(x)\\&(A_2^V-P_{22}B_2^V)e^{-2\frac{h}{\delta}x}+C_2^V+P_{24}D_2^V=-\bar{s}_1^V(x)\\&(P_{31}A_2^V+P_{32}B_2^V)e^{-2\frac{h+H}{\delta}x}-2Q_2C_2^V+P_{34}D_2^V=0\\&(2R_2A_2^V+P_{42}B_2^V)e^{-2\frac{h+H}{\delta}x}-P_{43}\boldsymbol{C}_2+P_{44}D_2^V=0\end{aligned}$$

这个联立方程组的分母行列式为：

$$D_G=\begin{vmatrix}e^{-2\frac{h}{\delta}x} & P_{12}e^{-2\frac{h}{\delta}x} & -1 & P_{14}\\ e^{-2\frac{h}{\delta}x} & -P_{22}e^{-2\frac{h}{\delta}x} & 1 & P_{24}\\ P_{31}e^{-2\frac{h+H}{\delta}x} & P_{32}e^{-2\frac{h+H}{\delta}x} & -2Q_2 & P_{34}\\ 2R_2e^{-2\frac{h+H}{\delta}x} & P_{42}e^{-2\frac{h+H}{\delta}x} & -P_{43} & P_{44}\end{vmatrix}$$

采用降阶法，则可得分母行列式 D_G 的表达式如下：

$$D_G=2\Delta_{3G}e^{-4\frac{h}{\delta}x}$$

式中：$\Delta_{3G}=(2\frac{H}{\delta}x)^2[M(1-R_2)-Q_2]e^{-2\frac{H}{\delta}x}-(1-Le^{-2\frac{H}{\delta}x})(1-Me^{-2\frac{H}{\delta}x})-(1+2\frac{H}{\delta}x-e^{-2\frac{H}{\delta}x})(LQ_2+MR_2)e^{-2\frac{H}{\delta}x}+[1-(1-2\frac{H}{\delta}x)e^{-2\frac{H}{\delta}x}](R_2+Q_2)$

这个联立方程组的系数 A_2^V 表达式可表示为如下形式：

$$A_2^V=\frac{1}{D_G}\begin{vmatrix}-\bar{p}_1^V(x) & P_{12}e^{-2\frac{h}{\delta}x} & -1 & P_{14}\\ -\bar{s}_1^V(x) & -P_{22}e^{-2\frac{h}{\delta}x} & 1 & P_{24}\\ 0 & P_{32}e^{-2\frac{h+H}{\delta}x} & -2Q_2 & P_{34}\\ 0 & P_{42}e^{-2\frac{h+H}{\delta}x} & -P_{43} & P_{44}\end{vmatrix}$$

采用降阶法，则可得系数 A_2^V 表达式如下：

$$A_2^V=\frac{\bar{p}_1^V(x)e^{2\frac{h}{\delta}x}}{2\Delta_{3G}}\{(1-4\mu_2+2\frac{h+H}{\delta}x)(1-2\frac{H}{\delta}x)[M(1-R_2)-Q_2]e^{-2\frac{H}{\delta}x}-[L(1-Q_2)-R_2]e^{-2\frac{H}{\delta}x}-(1-2\frac{H}{\delta}x)(L-1)Q_2e^{-2\frac{H}{\delta}x}+(1-4\mu_2+2\frac{h+H}{\delta}x)(M-1)R_2e^{-2\frac{H}{\delta}x}+2(2\mu_2-\frac{h}{\delta}x)(1-R_2-Q_2)\}-\frac{\bar{s}_1^V(x)e^{2\frac{h}{\delta}x}}{2\Delta_{3G}}\{(1+2\frac{H}{\delta}x)(1-4\mu_2+2\frac{h+H}{\delta}x)[M(1-R_2)-Q_2]e^{-2\frac{H}{\delta}x}+[L(1-Q_2)-$$

$$R_2]e^{-2\frac{H}{\delta}x}-(1+2\frac{H}{\delta}x)(L-1)Q_2e^{-2\frac{H}{\delta}x}-(1-4\mu_2+2\frac{h+H}{\delta}x)(M-1)R_2e^{-2\frac{H}{\delta}x}-$$

$$2(1-2\mu_2+\frac{h}{\delta}x)(1-R_2-Q_2)\}$$

同理,可得系数 B_2^V、C_2^V、D_2^V 表达式如下:

$$B_2^V=-\frac{\bar{p}_1^V(x)e^{2\frac{h}{\delta}x}}{\Delta_{3G}}\{(1-2\frac{H}{\delta}x)[M(1-R_2)-Q_2]e^{-2\frac{H}{\delta}x}+(M-1)R_2e^{-2\frac{H}{\delta}x}-(1-R_2-Q_2)\}+$$

$$\frac{\bar{s}_1^V(x)e^{2\frac{h}{\delta}x}}{\Delta_{3G}}\{(1+2\frac{H}{\delta}x)[M(1-R_2)-Q_2]e^{-2\frac{H}{\delta}x}-(M-1)R_2e^{-2\frac{H}{\delta}x}-(1-R_2-Q_2)\}$$

$$C_2^V=-\frac{\bar{p}_1^V(x)e^{-2\frac{H}{\delta}x}}{2\Delta_{3G}}\{2(2\mu_2+\frac{h}{\delta}x)[(L(M-Q_2)-MR_2]e^{-2\frac{H}{\delta}x}+(1+2\frac{H}{\delta}x)(1-4\mu_2-2\frac{h+H}{\delta}x)[M(1-$$

$$R_2)-Q_2]-(L-R_2-Q_2)+(1+2\frac{H}{\delta}x)(M-1)R_2+2(2\mu_2+\frac{h+H}{\delta}x)(L-1)Q_2\}+$$

$$\frac{\bar{s}_1^V(x)e^{-2\frac{H}{\delta}x}}{2\Delta_{3G}}\{2(1-2\mu_2-\frac{h}{\delta}x)[L(M-Q_2)-MR_2]e^{-2\frac{H}{\delta}x}-(1-2\frac{H}{\delta}x)(1-4\mu_2-$$

$$2\frac{h+H}{\delta}x)[M(1-R_2)-Q_2]-(L-R_2-Q_2)-(1-2\frac{H}{\delta}x)(M-1)R_2+$$

$$2(2\mu_2+\frac{h+H}{\delta}x)(L-1)Q_2\}$$

$$D_2^V=\frac{\bar{p}_1^V(x)e^{-2\frac{H}{\delta}x}}{\Delta_{3G}}\{[L(M-Q_2)-MR_2]e^{-2\frac{H}{\delta}x}-(1+2\frac{H}{\delta}x)[M(1-R_2)-Q_2]+(L-1)Q_2\}+$$

$$\frac{\bar{s}_1^V(x)e^{-2\frac{H}{\delta}x}}{\Delta_{3G}}\{[L(M-Q_2)-MR_2]e^{-2\frac{H}{\delta}x}-(1-2\frac{H}{\delta}x)[M(1-R_2)-Q_2]-(L-1)Q_2\}$$

(2)确定第三层系数(A_3^V 和 B_3^V)表达式

在式(10)的表达式:

$$B_2^Ve^{-2\frac{h+H}{\delta}x}-2C_2^V+(1-4\mu_2-2\frac{h+H}{\delta}x)D_2^V=B_3^Ve^{-2\frac{h+H}{\delta}x}$$

中,进行适当处理,则可将其表达式改写为下式:

$$B_3^V=B_2^V-2C_2^Ve^{2\frac{h+H}{\delta}x}+(1-4\mu_2-2\frac{h+H}{\delta}x)D_2^Ve^{2\frac{h+H}{\delta}x}$$

若将 B_2^V、C_2^V 和 D_2^V 的表达式代入上述改写后的表达式,则可得

$$B_3^V=-\frac{\bar{p}_1^V(x)e^{2\frac{h}{\delta}x}}{\Delta_{3G}}\{(1-2\frac{H}{\delta}x)[M(1-R_2)-Q_2]e^{-2\frac{H}{\delta}x}+(M-1)R_2e^{-2\frac{H}{\delta}x}-(1-R_2-Q_2)\}+$$

$$\frac{\bar{s}_1^V(x)e^{2\frac{h}{\delta}x}}{\Delta_{3G}}\{(1+2\frac{H}{\delta}x)[M(1-R_2)-Q_2]e^{-2\frac{H}{\delta}x}-(M-1)R_2e^{-2\frac{H}{\delta}x}-(1-R_2-Q_2)\}+$$

$$\frac{\bar{p}_1^V(x)e^{2\frac{h}{\delta}x}}{\Delta_{3G}}\{2(2\mu_2+\frac{h}{\delta}x)[L(M-Q_2)-MR_2]e^{-2\frac{H}{\delta}x}+(1+2\frac{H}{\delta}x)(1-4\mu_2-2\frac{h+H}{\delta}x)\times$$

$$[M(1-R_2)-Q_2]-(L-R_2-Q_2)+(1+2\frac{H}{\delta}x)(M-1)R_2+2(2\mu_2+\frac{h+H}{\delta}x)(L-1)Q_2\}-$$

$$\frac{\bar{s}_1^V(x)e^{2\frac{h}{\delta}x}}{\Delta_{3G}}\{2(1-2\mu_2-\frac{h}{\delta}x)[L(M-Q_2)-MR_2]e^{-2\frac{H}{\delta}x}-(1-2\frac{H}{\delta}x)(1-4\mu_2-2\frac{h+H}{\delta}x)\times$$

$$[M(1-R_2)-Q_2]-(L-R_2-Q_2)-(1-2\frac{H}{\delta}x)(M-1)R_2+2(2\mu_2+\frac{h+H}{\delta}x)(L-1)Q_2\}+$$

$$\frac{\bar{p}_1^V(x)e^{2\frac{h}{\delta}x}}{\Delta_{3G}}\{(1-4\mu_2-2\frac{h+H}{\delta}x)[L(M-Q_2)-MR_2]e^{-2\frac{H}{\delta}x}-(1+2\frac{H}{\delta}x)[M(1-R_2)-Q_2]+$$
$$(L-1)Q_2\}+\frac{\bar{s}_1^V(x)e^{2\frac{h}{\delta}x}}{\Delta_{3G}}(1-4\mu_2-2\frac{h+H}{\delta}x)\{[L(M-Q_2)-MR_2]e^{-2\frac{H}{\delta}x}-$$
$$(1-2\frac{H}{\delta}x)[M(1-R_2)-Q_2]-(L-1)Q_2\}$$

上式进行化简、合并、整理,则可得

$$B_3^V=\frac{\bar{p}_1^V(x)e^{2\frac{h}{\delta}x}}{\Delta_{3G}}\{[(1-2\frac{H}{\delta}x)(L-1)(M-Q_2)-(M-1)R_2]e^{-2\frac{H}{\delta}x}+(1+2\frac{H}{\delta}x)(M-1)R_2-$$
$$(L-1)(1-Q_2)\}-\frac{\bar{s}_1^V(x)e^{2\frac{h}{\delta}x}}{\Delta_{3G}}\{[(1+2\frac{H}{\delta}x)(L-1)(M-Q_2)+(M-1)R_2]e^{2\frac{H}{\delta}x}-$$
$$(1-2\frac{H}{\delta}x)(M-1)R_2-(L-1)(1-Q_2)\}$$

在式(9)的表达式:

$$[2A_2^V+(1-4\mu_2+2\frac{h+H}{\delta}x)B_2^V]e^{-2\frac{h+H}{\delta}x}+D_2^V=[2A_3^V+(1-4\mu_3+2\frac{h+H}{\delta}x)B_2^V]e^{-2\frac{h+H}{\delta}x}$$

中,进行适当处理,则可将其表达式改写为下式:

$$A_3^V=\frac{1}{2}[2A_2^V+(1-4\mu_2+2\frac{h+H}{\delta}x)B_2^V+D_2^Ve^{2\frac{h+H}{\delta}x}-(1-4\mu_3+2\frac{h+H}{\delta}x)B_2^V]$$
$$=A_2^V+\frac{1}{2}(1-4\mu_2+2\frac{h+H}{\delta}x)B_2^V+\frac{1}{2}D_2^Ve^{2\frac{h+H}{\delta}x}-\frac{1}{2}(1-4\mu_3+2\frac{h+H}{\delta}x)B_3^V$$

先将 A_2^V、B_2^V 和 D_2^V 的表达式代入上述改写后的表达式,则可得

$$A_3^V=\frac{\bar{p}_1^V(x)e^{2\frac{h}{\delta}x}}{2\Delta_{3G}}\{(1-4\mu_2+2\frac{h+H}{\delta}x)(1-2\frac{H}{\delta}x)[M(1-R_2)-Q_2]e^{-2\frac{H}{\delta}x}-[L(1-Q_2)-R_2]e^{-2\frac{H}{\delta}x}-$$
$$(1-2\frac{H}{\delta}x)(L-1)Q_2e^{-2\frac{H}{\delta}x}+(1-4\mu_2+2\frac{h+H}{\delta}x)(M-1)R_2e^{-2\frac{H}{\delta}x}+2(2\mu_2-\frac{h}{\delta}x)(1-R_2-$$
$$Q_2)\}-\frac{\bar{s}_1^V(x)e^{2\frac{h}{\delta}x}}{2\Delta_{3G}}\{(1+2\frac{H}{\delta}x)(1-4\mu_2+2\frac{h+H}{\delta}x)[M(1-R_2)-Q_2]e^{-2\frac{H}{\delta}x}+[L(1-Q_2)-$$
$$R_2]e^{-2\frac{H}{\delta}x}-(1+2\frac{H}{\delta}x)(L-1)Q_2e^{-2\frac{H}{\delta}x}-(1-4\mu_2+2\frac{h+H}{\delta}x)(M-1)R_2e^{-2\frac{H}{\delta}x}-2(1-2\mu_2+$$
$$\frac{h}{\delta}x)(1-R_2-Q_2)\}-\frac{\bar{p}_1^V(x)e^{2\frac{h}{\delta}x}}{2\Delta_{3G}}(1-4\mu_2+2\frac{h+H}{\delta}x)\{(1-2\frac{H}{\delta}x)[M(1-R_2)-Q_2]e^{-2\frac{H}{\delta}x}+$$
$$(M-1)R_2e^{-2\frac{H}{\delta}x}-(1-R_2-Q_2)\}+\frac{\bar{s}_1^V(x)e^{2\frac{h}{\delta}x}}{2\Delta_{3G}}(1-4\mu_2+2\frac{h+H}{\delta}x)\{(1+2\frac{H}{\delta}x)[M(1-R_2)-$$
$$Q_2]e^{-2\frac{H}{\delta}x}-(M-1)R_2e^{-2\frac{h}{\delta}x}-(1-R_2-Q_2)\}+\frac{\bar{p}_1^V(x)e^{-2\frac{h}{\delta}x}}{2\Delta_{3G}}\{[L(M-Q_2)-MR_2]e^{-2\frac{H}{\delta}x}-$$
$$(1+2\frac{H}{\delta}x)[M(1-R_2)-Q_2]+(L-1)Q_2\}+\frac{\bar{s}_1^V(x)e^{-2\frac{h}{\delta}x}}{2\Delta_{3G}}\{[L(M-Q_2)-MR_2]e^{-2\frac{H}{\delta}x}-$$
$$(1-2\frac{H}{\delta}x)[M(1-R_2)-Q_2]-(L-1)Q_2\}-\frac{1}{2}(1-4\mu_3+2\frac{h+H}{\delta}x)B_3^V$$

上式进行化简、合并、整理,则可得

$$A_3^V=\frac{\bar{p}_1^V(x)e^{2\frac{h}{\delta}x}}{2\Delta_{3G}}\{[L(M-1)-(M-1)R_2-(1-2\frac{H}{\delta}x)(L-1)Q_2-(1-4\mu_3+2\frac{h+H}{\delta}x)(1-2\frac{H}{\delta}x)(L-1)(M-Q_2)+(1-4\mu_2+2\frac{h+H}{\delta}x)(M-1)R_2]e^{-2\frac{H}{\delta}x}-[(1+2\frac{H}{\delta}x)(M-1)(1-R_2)-(L-1)Q_2+(1-4\mu_3+2\frac{h+H}{\delta}x)(1+2\frac{H}{\delta}x)(M-1)R_2-(1-4\mu_3+2\frac{h+H}{\delta}x)(L-1)(1-Q_2)]\}+\frac{\bar{s}_1^V(x)e^{2\frac{h}{\delta}x}}{2\Delta_{3G}}\{[L(M-1)-(M-1)R_2+(1+2\frac{H}{\delta}x)(L-1)Q_2+(1-4\mu_3+2\frac{h+H}{\delta}x)[(1+2\frac{H}{\delta}x)(L-1)(M-Q_2)+(1-4\mu_2+2\frac{h+H}{\delta}x)(M-1)R_2]e^{-2\frac{H}{\delta}x}-[(1-2\frac{H}{\delta}x)(M-1)(1-R_2)+(L-1)Q_2+(1-4\mu_3+2\frac{h+H}{\delta}x)(1-2\frac{H}{\delta}x)(M-1)R_2+(1-4\mu_3+2\frac{h+H}{\delta}x)(L-1)(1-Q_2)]\}$$

(3)确定第一层系数(A_1^V、B_1^V、C_1^V 和 D_1^V)表达式

若将 A_2^V、B_2^V、C_2^V 和 D_2^V 的有关系数表达式代入式(2-3″)、式(2-4″):

$$m_1\{2(1+\frac{\chi_1}{2})e^{-2\frac{h}{\delta}x}A_1^V+[(1-4\mu_1+2\frac{h}{\delta}x)-\chi_1(2\mu_1-\frac{h}{\delta}x)]e^{-2\frac{h}{\delta}x}B_1^V+\chi_1C_1^V-[(3-4\mu_1)-\chi_1(2\mu_1+\frac{h}{\delta}x)]D_1^V=[2A_2^V+(1-4\mu_2+2\frac{h}{\delta}x)B_2^V]e^{-2\frac{h}{\delta}x}-(3-4\mu_2)D_2^V \tag{2-3″}$$

$$m_1\{-\chi_1e^{-2\frac{h}{\delta}x}A_1^V+[(3-4\mu_1)+\chi_1(2\mu_1-\frac{h}{\delta}x)]e^{-2\frac{h}{\delta}x}B_1^V+2(1-\frac{\chi_1}{2})C_1^V-[(1-4\mu_1-2\frac{h}{\delta}x)+\chi_1(2\mu_1+\frac{h}{\delta}x)]D_1^V\}=(3-4\mu_2)e^{-2\frac{h}{\delta}x}B_2^V+2C_2^V-(1-4\mu_2-2\frac{h}{\delta}x)D_2^V \tag{2-4″}$$

的右端,并进行化简、合并后,再将第一接触面的两个反力表达式,式(a)和式(b):

$$\bar{p}_1^V(x)=-\{[A_1^V+(1-2\mu_1+\frac{h}{\delta}x)B_1^V]e^{-2\frac{h}{\delta}x}-C_1^V+(1-2\mu_1-\frac{h}{\delta}x)D_1^V\}$$

$$\bar{s}_1^V(x)=-\{[A_1^V-(2\mu_1-\frac{h}{\delta}x)B_1^V]e^{-2\frac{h}{\delta}x}+C_1^V+(2\mu_1+\frac{h}{\delta}x)D_1^V\}$$

代入,可得式(3)和式(4),同时与式(1)和式(2)一起组成联立方程式如下:

$$A_1^V+(1-2\mu_1)B_1^V-C_1^V+(1-2\mu_1)D_1^V=-1$$

$$A_1^V-2\mu_1B_1^V+C_1^V+2\mu_1D_1^V=0$$

$$2K_{3G}e^{-2\frac{h}{\delta}x}A_1^V+[(1-4\mu_1+2\frac{h}{\delta}x)K_{3G}-Q_{3G}]e^{-2\frac{h}{\delta}x}B_1^V+2Q_{3G}C_1^V+[I_{3G}+K_{3G}-(1-4\mu_1-2\frac{h}{\delta}x)Q_{3G}]D_1^V=0$$

$$2R_{3G}e^{-2\frac{h}{\delta}x}A_1^V+[I_{3G}+J_{3G}+(1-4\mu_1+2\frac{h}{\delta}x)R_{3G}]e^{-2\frac{h}{\delta}x}B_1^V-2J_{3G}C_1^V+[(1-4\mu_1-2\frac{h}{\delta}x)J_{3G}+R_{3G}]D_1^V=0$$

式中：$I_{3G}=\dfrac{(1-\mu_1)m_1\Delta_{3G}}{2(1-\mu_2)}$

$$J_{3G}=\frac{1}{8(1-\mu_2)}\{(1-m_1)\Delta_{3G}+4(1-\mu_2)[(1-Me^{-2\frac{H}{\delta}x})-(1-e^{-2\frac{H}{\delta}x})(R_2+Q_2)]\}+R_1$$

$$K_{3G}=\frac{1}{8(1-\mu_2)}\{(1-m_1)\Delta_{3G}-4(1-\mu_2)\{[M(1-R_2)-Q_2]-[L(M-Q_2)-MR_2]e^{-2\frac{H}{\delta}x}\}e^{-2\frac{H}{\delta}x}-R_1\}$$

$$Q_{3G}=\frac{1}{8(1-\mu_2)}\{8(1-\mu_2)\frac{H}{\delta}x[M(1-R_2)-Q_2]e^{-2\frac{H}{\delta}x}-4(1-\mu_2)(L-1)Q_2e^{-2\frac{H}{\delta}x}\}-R_1$$

$$R_{3G}=\frac{1}{8(1-\mu_2)}\{8(1-\mu_2)\frac{H}{\delta}x[M(1-R_2)-Q_2]e^{-2\frac{H}{\delta}x}\}-R_1$$

其中，$m_k=\dfrac{(1+\mu_k)E_{k+1}}{(1+\mu_{k+1})E_k}\quad(k=1,2)$

$$G_K^{(k)}=\frac{E_k}{(1+\mu_k)K_k\delta},\ \chi_k=G_K^{(k)}x\quad(k=1,2)$$

$$M=\frac{1-m_2}{1+(3-4\mu_2)m_2}$$

$$Q_2=\frac{m_2\chi_2}{2[1+(3-4\mu_2)m_2]}$$

$$L=\frac{(3-4\mu_3)-(3-4\mu_2)m_2}{3-4\mu_3+m_2}$$

$$R_2=\frac{\chi_2m_2}{2(3-4\mu_3+m_2)}$$

$$\Delta_{3G}=(2\frac{H}{\delta}x)^2[M(1-R_2)-Q_2]e^{-2\frac{H}{\delta}x}-(1-Le^{-2\frac{H}{\delta}x})(1-Me^{-2\frac{H}{\delta}x})-(1+2\frac{H}{\delta}x-e^{-2\frac{H}{\delta}x})(LQ_2+MR_2)e^{-2\frac{H}{\delta}x}+[1-(1-2\frac{H}{\delta}x)e^{-2\frac{H}{\delta}x}](R_2+Q_2)$$

$$R_1=\frac{m_1\Delta_{3G}\chi_1}{16(1-\mu_2)}$$

采用行列式理论，对上述联立方程组进行求解，则可得 A_1^V、B_1^V、C_1^V 和 D_1^V 表达式如下：

$$A_1^V=\frac{1}{2\lambda_{3G}}4\mu_1[R_{3G}Q_{3G}+(I_{3G}+K_{3G})J_{3G}]+\{(1-4\mu_1+2\frac{h}{\delta}x)(1-2\frac{h}{\delta}x)(R_{3G}Q_{3G}+J_{3G}K_{3G})-[R_{3G}Q_{3G}+(I_{3G}+K_{3G})(I_{3G}+J_{3G})]+[4\mu_1I_{3G}R_{3G}-2\frac{h}{\delta}xI_{3G}(R_{3G}+Q_{3G})-I_{3G}(R_{3G}-Q_{3G})]\}e^{-2\frac{h}{\delta}x}$$

$$B_1^V=\frac{1}{\lambda_{3G}}\{R_{3G}Q_{3G}+(I_{3G}+K_{3G})J_{3G}-[(1-2\frac{h}{\delta}x)(R_{3G}Q_{3G}+J_{3G}K_{3G})-I_{3G}R_{3G}]e^{-2\frac{h}{\delta}x}\}$$

$$C_1^V=-\frac{e^{-2\frac{h}{\delta}x}}{2\lambda_{3G}}\{(1+2\frac{h}{\delta}x)(1-4\mu_1-2\frac{h}{\delta}x)(R_{3G}Q_{3G}+J_{3G}K_{3G})-[R_{3G}Q_{3G}+(I_{3G}+K_{3G})(I_{3G}+J_{3G})]-[4\mu_1I_{3G}Q_{3G}+2\frac{h}{\delta}xI_{3G}(R_{3G}+Q_{3G})+I_{3G}(R_{3G}-Q_{3G})]+4\mu_1[R_{3G}Q_{3G}+(I_{3G}+J_{3G})K_{3G}]e^{-2\frac{h}{\delta}x}\}$$

$$D_1^V=-\frac{e^{-2\frac{h}{\delta}x}}{\lambda_{3G}}\{(1+2\frac{h}{\delta}x)(R_{3G}Q_{3G}+J_{3G}K_{3G})+I_{3G}Q_{3G}-[R_{3G}Q_{3G}+(I_{3G}+J_{3G})K_{3G}]e^{-2\frac{h}{\delta}x}\}$$

式中，$\lambda_{3G}=[I_{3G}^2+2\frac{h}{\delta}xI_{3G}(R_{3G}+Q_{3G})+(2\frac{h}{\delta}x)^2(R_{3G}Q_{3G}+J_{3G}K_{3G})]e^{-2\frac{h}{\delta}x}+\{[R_{3G}Q_{3G}+(I_{3G}+J_{3G})K_{3G}]e^{-2\frac{h}{\delta}x}-[R_{3G}Q_{3G}+(I_{3G}+K_{3G})J_{3G}]\}(1-e^{-2\frac{h}{\delta}x})$

(4)确定上、中层接触面(第一接触面)上反力的亨格尔积分表达式

①上、中层接触面上的垂直反力表达式

若将系数 A_1^V、B_1^V、C_1^V、D_1^V 代入式(a):

$$\bar{p}_1^V(x) = -\{[A_1^V + (1-2\mu_1 + \frac{h}{\delta}x)B_1^V]e^{-2\frac{h}{\delta}x} - C_1^V + (1-2\mu_1 - \frac{h}{\delta}x)D_1^V\}$$

$$= -e^{-2\frac{h}{\delta}x}A_1^V - (1-2\mu_1 + \frac{h}{\delta}x)e^{-2\frac{h}{\delta}x}B_1^V + C_1^V - (1-2\mu_1 - \frac{h}{\delta}x)D_1^V$$

并进行化简、合并,则可得第一接触面层间垂直反力的亨格尔积分表达式如下:

$$\bar{p}_1^V(x) = \frac{e^{-2\frac{h}{\delta}x}}{2\lambda_{3G}}\{2\frac{h}{\delta}xI_{3G}(R_{3G} - J_{3G}) + I_{3G}(I_{3G} - J_{3G} + K_{3G} + R_{3G} + Q_{3G}) + [2\frac{h}{\delta}xI_{3G}(Q_{3G} + K_{3G}) + I_{3G}(I_{3G} + J_{3G} - K_{3G} - R_{3G} - Q_{3G})]e^{-2\frac{h}{\delta}x}\}$$

②上、中层接触面上的水平反力表达式

若将系数 A_1^V、B_1^V、C_1^V、D_1^V 代入式(b):

$$\bar{s}_1^V(x) = -\{[A_1^V - (2\mu_1 - \frac{h}{\delta}x)B_1^V]e^{-2\frac{h}{\delta}x} + C_1^V + (2\mu_1 + \frac{h}{\delta}x)D_1^V\}$$

$$= -e^{-2\frac{h}{\delta}x}A_1^V + (2\mu_1 - \frac{h}{\delta}x)e^{-2\frac{h}{\delta}x}B_1^V - C_1^V - (2\mu_1 + \frac{h}{\delta}x)D_1^V$$

则可得到第一接触面上层间水平反力的亨格尔积分表达式如下:

$$\bar{s}_1^V(x) = -\frac{e^{-2\frac{h}{\delta}x}}{2\lambda_{3G}}\{2\frac{h}{\delta}xI_{3G}(R_{3G} + J_{3G}) + I_{3G}(I_{3G} + J_{3G} + K_{3G} + R_{3G} - Q_{3G}) - [2\frac{h}{\delta}xI_{3G}(Q_{3G} - K_{3G}) + I_{3G}(I_{3G} + J_{3G} + K_{3G} + R_{3G} - Q_{3G})]e^{-2\frac{h}{\delta}x}\}$$

8.3.4 验证系数公式

根据本节的定解条件,在求得上、中、下三层的系数 A_i^V、B_i^V、C_i^V、D_i^V($i=1,2,3$)表达式后,还需要对这些系数公式是否正确,进行检验。为此,我们同时采用验根法和对比法两种方法进行验证。如果验证都通过,这些系数表达式完全正确无误。

(1)验根法

①检验第一层 A_1^V、B_1^V、C_1^V、D_1^V 的系数表达式

将第一层系数 A_1^V、B_1^V、C_1^V、D_1^V 的表达式代入下述式(2):

$$A_1^V - 2\mu_1 B_1^V + C_1^V + 2\mu_1 D_1^V = 0$$

的左端,则可得

$$式(2)左端 = -\frac{1}{2\lambda_{3G}}[-(1+2\frac{h}{\delta}x)(1-2\frac{h}{\delta}x)(R_{3G}Q_{3G} + J_{3G}K_{3G})e^{-2\frac{h}{\delta}x} + (1+2\frac{h}{\delta}x)(1-2\frac{h}{\delta}x)(R_{3G}Q_{3G} + J_{3G}K_{3G})e^{-2\frac{h}{\delta}x}] = 0$$

根据上述分析,则可知

$$式(2)左端 = 式(2)右端$$

②检验第二层 A_2^V、B_2^V、C_2^V、D_2^V 的系数表达式

若将式(2-1″):

$$[A_2^V + (1-2\mu_2 + \frac{h}{\delta}x)B_2^V]e^{-2\frac{h}{\delta}x} - C_2^V + (1-2\mu_2 - \frac{h}{\delta}x)D_2^V = -\bar{p}_1^V(x)$$

改写为下式:

$$e^{-2\frac{h}{\delta}x}A_2^V + (1-2\mu_2 + \frac{h}{\delta}x)e^{-2\frac{h}{\delta}x}B_2^V - C_2^V + (1-2\mu_2 - \frac{h}{\delta}x)D_2^V = -\bar{p}_1^V(x)$$

并将第二层系数 A_2^V、B_2^V、C_2^V、D_2^V 代入上式的左端，则可得

$$式(2\text{-}1'')左端=-\frac{\bar{p}_1^V(x)}{\Delta_{3G}}\{(2\frac{H}{\delta}x)^2[M(1-R_2)-Q_2]e^{-2\frac{H}{\delta}x}-(1-Le^{-2\frac{H}{\delta}x})(1-Me^{-2\frac{H}{\delta}x})-(1+2\frac{H}{\delta}x-e^{-2\frac{H}{\delta}x})(LQ_2+MR_2)e^{-2\frac{H}{\delta}x}+[1-(1-2\frac{H}{\delta}x)e^{-2\frac{H}{\delta}x}](R_2+Q_2)\}$$

又因

$$\Delta_{3G}=(2\frac{H}{\delta}x)^2[M(1-R_2)-Q_2]e^{-2\frac{H}{\delta}x}-(1-Le^{-2\frac{H}{\delta}x})(1-Me^{-2\frac{H}{\delta}x})-(1+2\frac{H}{\delta}x-e^{-2\frac{H}{\delta}x})(LQ_2+MR_2)e^{-2\frac{H}{\delta}x}+[1-(1-2\frac{H}{\delta}x)e^{-2\frac{H}{\delta}x}](R_2+Q_2)$$

故上式可以改写为下式：

$$式(2\text{-}1'')左端=-\bar{p}_1^V(x)$$

根据上述分析，将系数 A_2^V、B_2^V、C_2^V、D_2^V 代入式(2-1″)左端，则式(2-1″)两端得到满足，即

$$式(2\text{-}1'')左端=式(2\text{-}1'')右端$$

③检验第三层系数表达式

为了检验系数 A_3^V、B_3^V 的正确性，将系数 A_2^V、B_2^V、C_2^V、D_2^V 和 A_3^V、B_3^V 分别代入式(3-1′)两端：

$$[A_2^V+(1-2\mu_2+\frac{h+H}{\delta}x)B_2^V]e^{-2\frac{h+H}{\delta}x}-C_2^V+(1-2\mu_2-\frac{h+H}{\delta}x)D_2^V=[A_3^V+(1-2\mu_3+\frac{h+H}{\delta}x)B_2^V]e^{-2\frac{h+H}{\delta}x}$$

的左、右两端，则可得式(3-1′)两端的计算结果如下：

$$式(3\text{-}1')左端=\frac{\bar{p}_1^V(x)e^{-2\frac{H}{\delta}x}}{2\Delta_{3G}}\{[L(M-1)-2(M-1)R_2-(1-2\frac{H}{\delta}x)(L-1)Q_2+(1-2\frac{H}{\delta}x)(L-1)(M-Q_2)]e^{-2\frac{H}{\delta}x}+(1+2\frac{H}{\delta}x)(M-1)(1-R_2)+(L-1)Q_2+(1+2\frac{H}{\delta}x)(M-1)R_2-(L-1)(1-Q_2)\}+\frac{\bar{s}_1^V(x)e^{-2\frac{H}{\delta}x}}{2\Delta_{3G}}\{[L(M-1)-2(M-1)R_2+(1+2\frac{H}{\delta}x)(L-1)Q_2-(1+2\frac{H}{\delta}x)(L-1)(M-Q_2)]e^{-2\frac{H}{\delta}x}-(1-2\frac{H}{\delta}x)(M-1)(1-R_2)-(L-1)Q_2+(1-2\frac{H}{\delta}x)(M-1)R_2+(L-1)(1-Q_2)\}$$

$$式(3\text{-}1')右端=\frac{\bar{p}_1^V(x)e^{-2\frac{H}{\delta}x}}{2\Delta_{3G}}\{[L(M-1)-2(M-1)R_2-(1-2\frac{H}{\delta}x)(L-1)Q_2+(1-2\frac{H}{\delta}x)(L-1)(M-Q_2)]e^{-2\frac{H}{\delta}x}-(1+2\frac{H}{\delta}x)(M-1)(1-R_2)+(L-1)Q_2+(1+2\frac{H}{\delta}x)(M-1)R_2-(L-1)(1-Q_2)\}+\frac{\bar{s}_1^V(x)e^{-2\frac{H}{\delta}x}}{2\Delta_{3G}}\{[L(M-1)-2(M-1)R_2+(1+2\frac{H}{\delta}x)(L-1)Q_2-(1+2\frac{H}{\delta}x)(L-1)(M-Q_2)]e^{-2\frac{H}{\delta}x}-(1-2\frac{H}{\delta}x)(M-1)(1-R_2)-(L-1)Q_2+(1-2\frac{H}{\delta}x)(M-1)R_2+(L-1)(1-Q_2)\}$$

根据上述分析,如果将系数A_2^V、B_2^V、C_2^V、D_2^V和A_3^V、B_3^V分别代入式(3-1′)的左、右两端,那么式(3-1′)两端得到满足,即

式(3-1′)左端=式(3-1′)右端

(2)系数对比法

①三层弹性连续体系的系数对比法

当$K_1=\infty$,$K_2=\infty$时,古德曼模型的三层体系可以转变为三层弹性连续体系。这时有

$$\chi_1=\lim_{K_1\to\infty}\frac{E_1x}{(1+\mu_1)K_1\delta}=0$$

$$\chi_2=\lim_{K_2\to\infty}\frac{E_2x}{(1+\mu_2)K_2\delta}=0$$

其他各个系数可简化为:

$$R_1=Q_2=R_2=0$$

$$\Delta_{3G}=(2\frac{H}{\delta}x)^2Me^{-2\frac{H}{\delta}x}-(1-Le^{-2\frac{H}{\delta}x})(1-Me^{-2\frac{H}{\delta}x})=\Delta_{3C}$$

$$I_{3G}=\frac{(1-\mu_1)m_1\Delta_{3G}}{2(1-\mu_2)}=\frac{(1-\mu_1)m_1\Delta_{3C}}{2(1-\mu_2)}=I$$

$$J_{3G}=\frac{(1-m_1)\Delta_{3G}+4(1-\mu_2)(1-Me^{-2\frac{H}{\delta}x})}{8(1-\mu_2)}=J$$

$$K_{3G}=\frac{(1-m_1)\Delta_{3C}-4(1-\mu_2)(1-Le^{-2\frac{H}{\delta}x})Me^{-2\frac{H}{\delta}x}}{8(1-\mu_2)}=K$$

$$Q_{3G}=R_{3G}=\frac{H}{\delta}xMe^{-2\frac{H}{\delta}x}$$

$$\begin{aligned}\lambda_{3G}=&\{I^2+4\frac{h}{\delta}\times\frac{H}{\delta}xIe^{-2\frac{H}{\delta}x}+(2\frac{h}{\delta}x)^2[(\frac{H}{\delta}xe^{-2\frac{H}{\delta}x})^2+JK]\}e^{-2\frac{h}{\delta}x}+\{[(\frac{H}{\delta}xMe^{-2\frac{H}{\delta}x})^2+\\&(I+J)K]e^{-2\frac{h}{\delta}x}-[(\frac{H}{\delta}xMe^{-2\frac{H}{\delta}x})^2+(I+K)J]\}(1-e^{-2\frac{h}{\delta}x})=\lambda\end{aligned}$$

$$\begin{aligned}\bar{p}_1^V(x)=&\frac{e^{-2\frac{h}{\delta}x}}{2\lambda}\{2\frac{h}{\delta}xI(\frac{H}{\delta}xMe^{-2\frac{H}{\delta}x}-J)+I(I-J+K+2\frac{H}{\delta}Me^{-2\frac{H}{\delta}x})+[2\frac{h}{\delta}xI(\frac{H}{\delta}xMe^{-2\frac{H}{\delta}x}+K)+\\&I(I+J-K-2\frac{H}{\delta}xMe^{-2\frac{H}{\delta}x})]e^{-2\frac{h}{\delta}x}\}\end{aligned}$$

$$\begin{aligned}\bar{s}_1^V(x)=&-\frac{e^{-2\frac{h}{\delta}x}}{2\lambda}\{2\frac{h}{\delta}xI(\frac{H}{\delta}xMe^{-2\frac{H}{\delta}x}+J)+I(I+J+K)-[2\frac{h}{\delta}xI(\frac{H}{\delta}xMe^{-2\frac{H}{\delta}x}-K)+\\&I(I+J+K)]e^{-2\frac{h}{\delta}x}\}\end{aligned}$$

从上述分析可以看出,当$K_1=\infty$,$K_2=\infty$时,采用古德曼模型的三层弹性体系的Δ_{3G}、I_{3G}、J_{3G}、K_{3G}、λ_{3G}表达式与三层弹性连续体系的下述表达式:

$$\Delta_{3C}=(2\frac{H}{\delta}x)^2Me^{-2\frac{H}{\delta}x}-(1-Le^{-2\frac{H}{\delta}x})(1-Me^{-2\frac{h}{\delta}x})$$

$$I=\frac{(1-\mu_1)m_1\Delta_{3C}}{2(1-\mu_2)}$$

$$J=\frac{(1-m_1)\Delta_{3C}+4(1-\mu_2)(1-Me^{-2\frac{H}{\delta}x})}{8(1-\mu_2)}$$

$$K=\frac{(1-m_1)\Delta_{3C}-4(1-\mu_2)(1-Le^{-2\frac{H}{\delta}x})Me^{-2\frac{H}{\delta}x}}{8(1-\mu_2)}$$

$$\lambda=\left\{I^2+4\frac{h}{\delta}\times\frac{H}{\delta}xIMe^{-2\frac{H}{\delta}x}+(2\frac{h}{\delta}x)^2[(\frac{H}{\delta}xe^{-2\frac{H}{\delta}x})^2+JK\right\}e^{-2\frac{H}{\delta}x}+\{[(\frac{H}{\delta}xMe^{-2\frac{H}{\delta}x})^2+$$

$$(I+J)K]e^{-2\frac{h}{\delta}x}-[(\frac{H}{\delta}xMe^{-2\frac{H}{\delta}x})^2+(I+K)J]\}(1-e^{-2\frac{h}{\delta}x})$$

$$\bar{p}_1^V(x)=\frac{1}{2\lambda}\{2\frac{h}{\delta}xI(\frac{H}{\delta}xMe^{-2\frac{H}{\delta}x}-J)+I(I-J+K+2\frac{H}{\delta}xMe^{-2\frac{H}{\delta}x})+[2\frac{h}{\delta}xI(\frac{H}{\delta}xMe^{-2\frac{H}{\delta}x}+K)+$$

$$I(I+J-K-2\frac{H}{\delta}xMe^{-2\frac{H}{\delta}x})]e^{-2\frac{h}{\delta}x}\}e^{-2\frac{h}{\delta}x}$$

$$\bar{s}_1^V(x)=-\frac{1}{2\lambda}\{2\frac{h}{\delta}xI(\frac{H}{\delta}xMe^{-2\frac{H}{\delta}x}+J)+I(I+J+K)-[2\frac{h}{\delta}xI(\frac{H}{\delta}xMe^{-2\frac{H}{\delta}x}-K)+I(I+J+K)]$$

$$e^{-2\frac{h}{\delta}x}\}e^{-2\frac{h}{\delta}x}$$

完全相同。

若将上述有关参数表达式代入采用古德曼模型的三层弹性体系第一层(上层)系数(A_1^V、B_1^V、C_1^V 和 D_1^V)表达式,则可得 A_1^V、B_1^V、C_1^V 和 D_1^V 表达式如下:

$$A_1^V=\frac{1}{2\lambda}4\left\{\mu_1[(\frac{H}{\delta}xMe^{-2\frac{H}{\delta}x})^2+(I+K)J]+\{(1-4\mu_1+2\frac{h}{\delta}x)(1-2\frac{h}{\delta}x)[(\frac{H}{\delta}xMe^{-2\frac{H}{\delta}x})^2+JK]-\right.$$

$$\left.[(\frac{H}{\delta}xMe^{-2\frac{H}{\delta}x})^2+(I+K)(I+J)]+(4\mu_1-4\frac{h}{\delta}x)\frac{H}{\delta}xIM\}e^{-2\frac{H}{\delta}x}\right\}$$

$$B_1^V=\frac{1}{\lambda}\left\{(\frac{H}{\delta}xMe^{-2\frac{H}{\delta}x})^2+(I+K)J-\{(1-2\frac{h}{\delta}x)[(\frac{H}{\delta}xMe^{-2\frac{h}{\delta}x})^2+JK]-\frac{H}{\delta}xIMe^{-2\frac{H}{\delta}x}\}e^{-2\frac{h}{\delta}x}\right\}$$

$$C_1^V=-\frac{e^{-2\frac{h}{\delta}x}}{2\lambda}\{(1+2\frac{h}{\delta}x)(1-4\mu_1-2\frac{h}{\delta}x)[(\frac{H}{\delta}xMe^{-2\frac{H}{\delta}x})^2+JK]-[(\frac{H}{\delta}xMe^{-2\frac{H}{\delta}x})^2+$$

$$(I+K)(I+J)]-(4\mu_1+4\frac{h}{\delta}x)\frac{H}{\delta}xIMe^{-2\frac{H}{\delta}x}+4\mu_1[(\frac{H}{\delta}xMe^{-2\frac{H}{\delta}x})^2+(I+J)K]e^{-2\frac{h}{\delta}x}\}$$

$$D_1^V=-\frac{e^{-2\frac{h}{\delta}x}}{\lambda}\{(1+2\frac{h}{\delta}x)[(\frac{H}{\delta}xMe^{-2\frac{H}{\delta}x})^2+JK]+\frac{H}{\delta}xIMe^{-2\frac{h}{\delta}x}-[(\frac{H}{\delta}xMe^{-2\frac{H}{\delta}x})^2+(I+J)K]e^{-2\frac{h}{\delta}x}\}$$

从上述分析可以看出,如果两个接触面上的黏结系数均为 $K_1=K_2=\infty$,则采用古德曼模型的三层弹性体系中的上层(第一层)系数(A_1^V、B_1^V、C_1^V、D_1^V)表达式与三层弹性连续体系的第一层(上层)系数(A_1^V、B_1^V、C_1^V、D_1^V)表达式:

$$A_1^V=\frac{1}{2\lambda}\left\{4\mu_1[(\frac{H}{\delta}xMe^{-2\frac{H}{\delta}x})^2+(I+K)J]+\{(1-4\mu_1+2\frac{h}{\delta}x)(1-2\frac{h}{\delta}x)[(\frac{H}{\delta}xMe^{-2\frac{H}{\delta}x})^2+JK]-\right.$$

$$\left.[(\frac{H}{\delta}xMe^{-2\frac{H}{\delta}x})^2+(I+J)(I+K)]+(4\mu_1-4\frac{h}{\delta}x)\frac{H}{\delta}xIMe^{-2\frac{H}{\delta}x}\}e^{-2\frac{h}{\delta}x}\right\}$$

$$B_1^V=\frac{1}{\lambda}\left\{[(\frac{H}{\delta}xMe^{-2\frac{H}{\delta}x})^2+(I+K)J]-\{(1-2\frac{h}{\delta}x)[(\frac{H}{\delta}xMe^{-2\frac{H}{\delta}x})^2+JK]-\frac{H}{\delta}xIMe^{-2\frac{H}{\delta}x}\}e^{-2\frac{h}{\delta}x}\right\}$$

$$C_1^V=-\frac{1}{2\lambda}\{(1-4\mu_1-2\frac{h}{\delta}x)(1+2\frac{H}{\delta}x)[(\frac{H}{\delta}xMe^{-2\frac{H}{\delta}x})^2+JK]-[(\frac{H}{\delta}xMe^{-2\frac{H}{\delta}x})^2+(I+J)(I+K)]-$$

$$(4\mu_1+4\frac{h}{\delta}x)\frac{H}{\delta}xIMe^{-2\frac{H}{\delta}x}+4\mu_1[(\frac{H}{\delta}xMe^{-2\frac{H}{\delta}x})^2+(I+J)K]e^{-2\frac{h}{\delta}x}\}e^{-2\frac{h}{\delta}x}$$

$$D_1^V=-\frac{1}{\lambda}\{(1+2\frac{h}{\delta}x)[(\frac{H}{\delta}xMe^{-2\frac{H}{\delta}x})^2+JK]+\frac{H}{\delta}xIMe^{-2\frac{H}{\delta}x}-[(\frac{H}{\delta}xMe^{-2\frac{H}{\delta}x})^2+(I+J)K]e^{-2\frac{h}{\delta}x}\}e^{-2\frac{h}{\delta}x}$$

完全一样。

若将有关参数代入采用古德曼模型的三层弹性体系第二层(中层)系数(A_2^V、B_2^V、C_2^V 和 D_2^V)表达式中,在分析的过程中,应注意两个接触面的黏结系数均为 $K_1=K_2=\infty$,则可得

$$A_2^V=\frac{\bar{p}_1^V(x)e^{2\frac{h}{\delta}x}}{2\Delta_{3C}}\{[(1-4\mu_1+2\frac{h+H}{\delta}x)(1-2\frac{H}{\delta}x)M-L]e^{-2\frac{H}{\delta}x}+2(2\mu_2-\frac{h}{\delta}x)\}-$$
$$\frac{\bar{s}_1^V(x)e^{2\frac{h}{\delta}x}}{2\Delta_{3C}}\{[(1+2\frac{H}{\delta}x)(1-4\mu_2+2\frac{h+H}{\delta}x)M+L]e^{-2\frac{H}{\delta}x}-2(1-2\mu_2+\frac{h}{\delta}x)\}$$

$$B_2^V=-\frac{\bar{p}_1^V(x)e^{2\frac{h}{\delta}x}}{\Delta_{3C}}[(1-2\frac{H}{\delta}x)Me^{-2\frac{H}{\delta}x}-1]+\frac{\bar{s}_1^V(x)e^{2\frac{h}{\delta}x}}{\Delta_{3C}}[(1+2\frac{H}{\delta}x)Me^{-2\frac{H}{\delta}x}-1]$$

$$C_2^V=-\frac{\bar{p}_1^V(x)e^{-2\frac{H}{\delta}x}}{2\Delta_{3C}}[2(2\mu_2+\frac{h}{\delta}x)LMe^{-2\frac{H}{\delta}x}+(1+2\frac{H}{\delta}x)(1-4\mu_2-2\frac{h+H}{\delta}x)M-L]+$$
$$\frac{\bar{s}_1^V(x)e^{-2\frac{H}{\delta}x}}{2\Delta_{3C}}[2(1-2\mu_2-\frac{h}{\delta}x)LMe^{-2\frac{H}{\delta}x}-(1-2\frac{H}{\delta}x)(1-4\mu_2-2\frac{h+H}{\delta}x)M-L]$$

$$D_2^V=\frac{\bar{p}_1^V(x)Me^{-2\frac{H}{\delta}x}}{\Delta_{3C}}[Le^{-2\frac{H}{\delta}x}-(1+2\frac{H}{\delta}x)]+\frac{\bar{s}_1^V(x)Me^{-2\frac{H}{\delta}x}}{\Delta_{3C}}[Le^{-2\frac{H}{\delta}x}-(1-2\frac{H}{\delta}x)]$$

从上述分析可以看出,如果两个接触面上的黏结系数均为 $K_1=K_2=\infty$,则采用古德曼模型三层弹性体系中的中层(第二层)系数(A_2^V、B_2^V、C_2^V、D_2^V)表达式与三层弹性连续体系的第二层(中层)系数(A_2^V、B_2^V、C_2^V、D_2^V)表达式:

$$A_2^V=\frac{\bar{p}_1^V(x)e^{2\frac{h}{\delta}x}}{2\Delta_{3C}}\{[(1-2\frac{H}{\delta}x)(1-4\mu_2+2\frac{h+H}{\delta}x)M-L]e^{-2\frac{H}{\delta}x}+2(2\mu_2-\frac{h}{\delta}x)\}-$$
$$\frac{\bar{s}_1^V(x)e^{2\frac{h}{\delta}x}}{2\Delta_{3C}}\{[(1+2\frac{H}{\delta}x)(1-4\mu_2+2\frac{h+H}{\delta}x)M+L]e^{-2\frac{H}{\delta}x}-2(1-2\mu_2+\frac{h}{\delta}x)\}$$

$$B_2^V=-\frac{\bar{p}_1^V(x)e^{2\frac{h}{\delta}x}}{\Delta_{3C}}[(1-2\frac{H}{\delta}x)Me^{-2\frac{H}{\delta}x}-1]+\frac{\bar{s}_1^V(x)e^{2\frac{h}{\delta}x}}{\Delta_{3C}}[(1+2\frac{H}{\delta}x)Me^{-2\frac{H}{\delta}x}-1]$$

$$C_2^V=-\frac{\bar{p}_1^V(x)e^{-2\frac{H}{\delta}x}}{2\Delta_{3C}}[2(2\mu_2+\frac{h}{\delta}x)LMe^{-2\frac{H}{\delta}x}+(1+2\frac{H}{\delta}x)\times(1-4\mu_2-2\frac{h+H}{\delta}x)M-L]+$$
$$\frac{\bar{s}_1^V(x)e^{-2\frac{H}{\delta}x}}{2\Delta_{3C}}[2(1-2\mu_2-\frac{h}{\delta}x)LMe^{-2\frac{h}{\delta}x}-(1-2\frac{H}{\delta}x)\times(1-4\mu_2-\frac{h+H}{\delta}x)M-L]$$

$$D_2^V=\frac{\bar{p}_1^V(x)Me^{-2\frac{H}{\delta}x}}{\Delta_{3C}}[Le^{-2\frac{H}{\delta}x}-(1+2\frac{H}{\delta}x)]+\frac{\bar{s}_1^V(x)Me^{-2\frac{H}{\delta}x}}{\Delta_{3C}}[Le^{-2\frac{H}{\delta}x}-(1-2\frac{H}{\delta}x)]$$

完全相同。

若将有关参数代入采用古德曼模型的三层弹性体系第三层(下层)系数(A_3^V、B_3^V)表达式。分析时,应注意两个接触面的黏结系数均为 $K_1=K_2=\infty$,则可得

$$A_3^V=\frac{\bar{p}_1^V(x)e^{2\frac{h}{\delta}x}}{2\Delta_{3C}}\{[L(M-1)-(1-4\mu_3+2\frac{h+H}{\delta}x)(1-2\frac{H}{\delta}x)(L-1)M]e^{-2\frac{H}{\delta}x}-$$
$$[(1+2\frac{H}{\delta}x)(M-1)-(1-4\mu_3+2\frac{h+H}{\delta}x)(L-1)]\}+\frac{\bar{s}_1^V(x)e^{2\frac{h}{x}x}}{2\Delta_{3C}}\{[L(M-1)+$$
$$(1-4\mu_3+2\frac{h+H}{\delta}x)(1+2\frac{H}{\delta}x)(L-1)M]e^{-2\frac{H}{\delta}x}-[(1-2\frac{H}{\delta}x)(M-1)+$$
$$(1-4\mu_3+2\frac{h+H}{\delta}x)(L-1)]\}$$

$$B_3^V=\frac{\bar{p}_1^V(x)(L-1)e^{2\frac{h}{\delta}x}}{\Delta_{3C}}[(1-2\frac{H}{\delta}x)Me^{-2\frac{H}{\delta}x}-1]-\frac{\bar{s}_1^V(x)(L-1)e^{2\frac{h}{\delta}x}}{\Delta_{3C}}[(1+2\frac{H}{\delta}x)Me^{-2\frac{H}{\delta}x}-1]$$

从上述分析可以看出，如果两个接触面上的黏结系数均为 $K_1=K_2=\infty$，则采用古德曼模型的三层弹性体系中的下层（第三层）系数（A_3^V、B_3^V）表达式与三层弹性连续体系的第三层（下层）系数（A_3^V、B_3^V）表达式：

$$A_3^V=\frac{\bar{p}_1^V(x)e^{2\frac{h}{\delta}x}}{2\Delta_{3C}}\{[L(M-1)-(1-4\mu_3+2\frac{h+H}{\delta}x)(1-2\frac{H}{\delta}x)(L-1)M]e^{-2\frac{H}{\delta}x}-[(1+2\frac{H}{\delta}x)(M-1)-(1-4\mu_3+2\frac{h+H}{\delta}x)(L-1)]\}+\frac{\bar{s}_1^V(x)e^{2\frac{h}{x}x}}{2\Delta_{3C}}\{[L(M-1)+(1-4\mu_3+2\frac{h+H}{\delta}x)(1+2\frac{H}{\delta}x)(L-1)M]e^{-2\frac{H}{\delta}x}-[(1-2\frac{H}{\delta}x)(M-1)+(1-4\mu_3+2\frac{h+H}{\delta}x)(L-1)]\}$$

$$B_3^V=\frac{\bar{p}_1^V(x)(L-1)e^{-2\frac{H}{\delta}x}}{\Delta_{3C}}[(1-2\frac{H}{\delta}x)M^{-2\frac{H}{\delta}x}-1]-\frac{\bar{s}_1^V(x)(L-1)e^{-2\frac{H}{\delta}x}}{\Delta_{3C}}[(1+2\frac{H}{\delta}x)Me^{-2\frac{H}{\delta}x}-1]$$

完全一样。

②上中滑动、中下连续三层弹性体系的系数对比法

当 $K_1=0$，$K_2=\infty$时，古德曼模型的三层体系可以转变为第一界面滑动、第二界面连续（上中滑动、中下连续）三层弹性体系。这时有

$$\chi_1=\lim_{K_1\to 0}\frac{E_1x}{(1+\mu_1)K_1\delta}=\infty$$

$$\chi_2=\lim_{K_2\to\infty}\frac{E_2x}{(1+\mu_2)K_2\delta}=0$$

其他各个系数可简化为：

$$R_1=\frac{m_1\Delta_{3G}\chi_1}{16(1-\mu_2)}=\infty$$

$$Q_2=\frac{m_2\chi_2}{2[1+(3-4\mu_2)m_2]}=0, R_2=\frac{m_2\chi_2}{2(3-4\mu_3+m_2)}=0$$

$$\Delta_{3G}=(2\frac{H}{\delta}x)^2Me^{-2\frac{H}{\delta}x}-(1-Le^{-2\frac{H}{\delta}x})(1-Me^{-2\frac{H}{\delta}x})=\Delta_{3C}$$

$$I_{3G}=\frac{(1-\mu_1)m_1\Delta_{3G}}{2(1-\mu_2)}=\frac{(1-\mu_1)m_1\Delta_{3C}}{2(1-\mu_2)}=I$$

$$J_{3G}=\frac{(1-m_1)\Delta_{3G}+4(1-\mu_2)(1-Me^{-2\frac{H}{\delta}x})}{8(1-\mu_2)}+R_1=\infty$$

$$K_{3G}=\frac{(1-m_1)\Delta_{3C}-4(1-\mu_2)(1-Le^{-2\frac{H}{\delta}x})Me^{-2\frac{H}{\delta}x}}{8(1-\mu_2)}-R_1=\infty$$

$$Q_{3G}=\frac{H}{\delta}xMe^{-2\frac{H}{\delta}x}-R_1=\infty$$

$$R_{3G}=\frac{H}{\delta}xMe^{-2\frac{H}{\delta}x}-R_1=\infty$$

$$\lambda_{3G}=\infty$$

$$\bar{p}_1^V(x)=\frac{\infty}{\infty}$$

$$\bar{s}_1^V(x)=\frac{\infty}{\infty}$$

根据上述分析可知：所有的系数χ_1、J_{3G}、K_{3G}、Q_{3G}和 λ_{3G}表达式均为无穷大，$\bar{p}_1^V(x)$与 $\bar{s}_1^V(x)$均为$\frac{\infty}{\infty}$不

定型。由此可知,系数 A_i^V、B_i^V、C_i^V 和 $D_i^V(i=1,2)$ 的表达式均为$\frac{\infty}{\infty}$不定型。这种不定型,除了可以采用罗比塔法则处理外,还可采用消去法解决这些系数表达式的不定型问题。由于这些系数公式比较冗长,篇幅有限,因此,我们采用系数的分母和分子先分别部分极限分析。待化简后,再综合极限分析。

由于系数 λ_{3G}、$\bar{p}_1^V(x)$、$\bar{s}_1^V(x)$ 和 A_1^V、B_1^V、C_1^V、D_1^V 表达式比较复杂而冗长,这些系数表达式中,均包含有 J_{3G}、K_{3G}、R_{3G}、Q_{3G},它们也复杂冗长。为了便于分析,我们先将所需分析的表达式加以简化,避免出现不必要的错误,可令

$$P_{11}=\frac{(1-m_1)\Delta_{3C}}{8(1-\mu_2)},P_{12}=\frac{1}{2}(1-Me^{-2\frac{H}{\delta}x})$$

$$P_{22}=\frac{1}{2}(1-Le^{-2\frac{H}{\delta}x})Me^{-2\frac{H}{\delta}x}$$

$$P_{31}=\frac{H}{\delta}xMe^{-2\frac{H}{\delta}x}$$

则可得

$$J_{3G}=P_{11}+P_{12}+R_1$$
$$K_{3G}=P_{11}-P_{22}-R_1$$
$$R_{3G}=Q_{3G}=P_{31}-R_1$$

当 $K_1=0$,$K_2=\infty$时,分母行列式 λ_{3G}可表示为如下形式:

$$\lambda_{3G}=[I_{3G}^2+2\frac{h}{\delta}xI_{3G}(R_{3G}+Q_{3G})+(2\frac{h}{\delta}x)^2(R_{3G}Q_{3G}+J_{3G}K_{3G})]e^{-2\frac{h}{\delta}x}+\{[R_{3G}Q_{3G}+(I_{3G}+J_{3G})K_{3G}]e^{-2\frac{h}{\delta}x}-[R_{3G}Q_{3G}+(I_{3G}+K_{3G})J_{3G}]\}(1-e^{-2\frac{h}{\delta}x})$$

若将下列关系式:

$$I_{3G}=I=\frac{(1-\mu_1)m_1\Delta_{3C}}{2(1-\mu_2)}$$
$$J_{3G}=P_{11}+P_{12}+R_1$$
$$K_{3G}=P_{11}-P_{22}-R_1$$
$$R_{3G}=Q_{3G}=P_{31}-R_1$$

代入上式,则 λ_{3G}表达式可改写为如下形式:

$$\lambda_{3G}=R_1\Big\{\{\frac{I^2}{R_1}+4\frac{h}{\delta}xI(\frac{P_{31}}{R_1}-1)+(2\frac{h}{\delta}x)^2[\frac{P_{31}^2+(P_{11}+P_{12})(P_{11}-P_{22})}{R_1}-(P_{12}+P_{22}+2P_{31})]\}e^{-2\frac{h}{\delta}x}+\{[\frac{P_{31}^2+(I+P_{11}+P_{12})(P_{11}-P_{22})}{R_1}-(I+P_{12}+P_{22}+2P_{31})]e^{-2\frac{h}{\delta}x}-[\frac{P_{31}^2+(I+P_{11}-P_{22})(P_{11}+P_{12})}{R_1}+(I-P_{12}-P_{22}-2P_{31})]\}(1-e^{-2\frac{h}{\delta}x})\Big\}$$

若将下述关系式:

$$\frac{1}{R_1}=\lim_{\chi_1\to\infty}\frac{16(1-\mu_2)}{m_1\Delta_{3C}\chi_1}=0$$

代入,则 λ_{3G}表达式又可改写为如下形式:

$$\lambda_{3G}=2(P_{12}+P_{22}+2P_{31})R_1\{[\frac{1}{2}-\frac{I}{2(P_{12}+P_{22}+2P_{31})}]-[4\frac{h}{\delta}x\frac{I}{2(P_{12}+P_{22}+2P_{31})}+1+\frac{1}{2}(2\frac{h}{\delta}x)^2]e^{-2\frac{h}{\delta}x}+[\frac{I}{2(P_{12}+P_{22}+2P_{31})}+\frac{1}{2}]e^{-4\frac{h}{\delta}x}\}$$

若将下述表达式:

$$I=\frac{(1-\mu_1)m_1\Delta_{3C}}{2(1-\mu_2)},P_{11}=\frac{(1-m_1)\Delta_{3C}}{8(1-\mu_2)},P_{12}=\frac{1}{2}(1-Me^{-2\frac{H}{\delta}x})$$

$$P_{22}=\frac{1}{2}(1-Le^{-2\frac{H}{\delta}x})Me^{-2\frac{H}{\delta}x},P_{31}=\frac{H}{\delta}xMe^{-2\frac{H}{\delta}x}$$

代入上式,则可得

$$2(P_{12}+P_{22}+2P_{31})=1+4\frac{H}{\delta}xMe^{-2\frac{H}{\delta}x}-LMe^{-4\frac{H}{\delta}x}$$

同理,还可得

$$\frac{I}{2(P_{12}+P_{22}+2P_{31})}=\frac{(1-\mu_1)m_1\Delta_{3C}}{2(1-\mu_2)(1-4\frac{H}{\delta}xe^{-2\frac{H}{\delta}x}-LMe^{-4\frac{H}{\delta}x})}$$

又令

$$n_{3F}=-\frac{m_1\Delta_{3C}}{2(1-\mu_2)(1-4\frac{H}{\delta}xe^{-2\frac{H}{\delta}x}-LMe^{-4\frac{H}{\delta}x})}$$

$$k_{3F}=(1-\mu_1)n_{3F}+\frac{1}{2}$$

则有

$$\begin{aligned}\frac{1}{2}-\frac{I}{2(P_{12}+P_{22}+2P_{31})}&=\frac{1}{2}+(1-\mu_1)n_{3F}=k_{3F}-\frac{I}{2(P_{12}+P_{22}+2P_{31})}\\&=-\frac{I}{2(P_{12}+P_{22}+2P_{31})}+\frac{1}{2}-\frac{1}{2}=k_{3F}-\frac{1}{2}=\frac{1}{2}(2k_{3F}-1)\frac{I}{2(P_{12}+P_{22}+2P_{31})}+\frac{1}{2}\\&=-[\frac{1}{2}-\frac{I}{2(P_{12}+P_{22}+2P_{31})}]+1=-k_{3F}+1=-(k_{3F}-1)\end{aligned}$$

若将上述关系式代入 λ_{3G}的表达式,则可得

$$\lambda_{3G}=2(P_{12}+P_{22}+2P_{31})R_1\{k_{3F}+[2\frac{h}{\delta}x(2k_{3F}-1)-(1+2\frac{h^2}{\delta^2}x^2)]e^{-2\frac{h}{\delta}x}-(k_{3F}-1)e^{-4\frac{h}{\delta}x}\}$$

再令

$$\Delta_{3F}=k_{3F}+[2\frac{h}{\delta}x(2k_{3F}-1)-(1+2\frac{h^2}{\delta^2}x^2)]e^{-2\frac{h}{\delta}x}-(k_{3F}-1)e^{-4\frac{h}{\delta}x}$$

则可得

$$\lambda_{3G}=2(P_{12}+P_{22}+2P_{31})R_1\Delta_{3F}$$

从上述分析可以看出,当 $K_1=0,K_2=\infty$时,所得到的 n_{3F}、k_{3F}、Δ_{3F}表达式与上中滑动、中下连续的三层体系中的 n_{3F}、k_{3F}、Δ_{3F}表达式完全相同。

当 $K_1=0,K_2=\infty$时,垂直反力的亨格尔积分变换式 $\bar{p}_1^V(x)$可表示为如下形式:

$$\begin{aligned}\bar{p}_1^V(x)=\frac{e^{-2\frac{h}{\delta}x}}{2\lambda_{3G}}\{&2\frac{h}{\delta}xI_{3G}(R_{3G}-J_{3G})+I_{3G}(I_{3G}-J_{3G}+K_{3G}+R_{3G}+Q_{3G})+[2\frac{h}{\delta}xI_{3G}(Q_{3G}+K_{3G})+\\&I_{3G}(I_{3G}+J_{3G}-K_{3G}-R_{3G}-Q_{3G})]e^{-2\frac{h}{\delta}x}\}\end{aligned}$$

若将下列关系式:

$$I_{3G}=I=\frac{(1-\mu_1)m_1\Delta_{3C}}{2(1-\mu_2)}$$

$$J_{3G}=P_{11}+P_{12}+R_1$$

$$K_{3G}=P_{11}-P_{22}-R_1$$

$$R_{3G}=Q_{3G}=P_{31}-R_1$$

代入上式,则 $\bar{p}_1^V(x)$ 表达式可改写为如下形式:

$$\bar{p}_1^V(x)=\frac{R_1e^{-2\frac{h}{\delta}x}}{2\lambda_{3G}}\{2\frac{h}{\delta}xI(\frac{P_{31}-P_{11}-P_{12}}{R_1}-2)+I(\frac{I-P_{12}-P_{22}+2P_{31}}{R_1}-4)+[2\frac{h}{\delta}xI(\frac{P_{31}+P_{11}-P_{22}}{R_1}-2)+I(\frac{I+P_{12}+P_{22}-2P_{31}}{R_1}+4)]e^{-2\frac{h}{\delta}x}\}$$

若将下述关系式:

$$\frac{1}{R_1}=\lim_{\chi_1\to\infty}\frac{16(1-\mu_2)}{m_1\Delta_{3C}\chi_1}=0$$

代入上式,则 $\bar{p}_1^V(x)$ 表达式可改写为如下形式:

$$\bar{p}_1^V(x)=\frac{R_1e^{-2\frac{h}{\delta}x}}{\lambda_{3G}}\times(-2I)[(1+\frac{h}{\delta}x)-(1-\frac{h}{\delta}x)e^{-2\frac{h}{\delta}x}]$$

再将下述表达式:

$$\lambda_{3G}=2(P_{12}+P_{22}+2P_{31})R_1\Delta_{3F}$$

代入,则可得

$$\bar{p}_1^V(x)=\frac{e^{-2\frac{h}{\delta}x}}{\Delta_{3F}}\times\frac{-2I}{2(P_{12}+P_{22}+2P_{31}})[(1+\frac{h}{\delta}x)-(1-\frac{h}{\delta}x)e^{-2\frac{h}{\delta}x}]$$

又根据 λ_{3G} 表达式的分析可知:

$$\frac{-2I}{2(P_{12}+P_{22}+2P_{31})}=2[-\frac{I}{2(P_{12}+P_{22}+2P_{31})}]=2\times\frac{1}{2}(2k_{3F}-1)=2k_{3F}-1$$

若将这个结果代入 $\bar{p}_1^V(x)$ 表达式,则可得

$$\bar{p}_1^V(x)=\frac{e^{-2\frac{h}{\delta}x}}{\Delta_{3F}}(2k_{3F}-1)[(1+\frac{h}{\delta}x)-(1-\frac{h}{\delta}x)e^{-2\frac{h}{\delta}x}]$$

从上述分析可以看出,当 $K_1=0,K_2=\infty$ 时,所得到的 $\bar{p}_1^V(x)$ 表达式与上中滑动、中下连续的三层体系中 $\bar{p}_1^V(x)$ 的表达式完全相同。

当 $K_1=0,K_2=\infty$ 时,水平反力的亨格尔积分变换式 $\bar{s}_1^V(x)$ 可表示为如下形式:

$$\bar{s}_1^V(x)=\frac{e^{-2\frac{h}{\delta}x}}{2\lambda_{3G}}\left\{2\frac{h}{\delta}xI_{3G}(R_{3G}+J_{3G})+I_{3G}(I_{3G}+J_{3G}+K_{3G}+R_{3G}-Q_{3G})-[2\frac{h}{\delta}xI_{3G}(Q_{3G}-K_{3G})+I_{3G}(I_{3G}+J_{3G}+K_{3G}+R_{3G}-Q_{3G})]e^{-2\frac{h}{\delta}x}\right\}$$

若将下列关系式:

$$I_{3G}=I=\frac{(1-\mu_1)m_1\Delta_{3C}}{2(1-\mu_2)}$$

$$J_{3G}=P_{11}+P_{12}+R_1$$

$$K_{3G}=P_{11}-P_{22}-R_1$$

$$R_{3G}=Q_{3G}=P_{31}-R_1$$

代入上式,则 $\bar{s}_1^V(x)$ 表达式可改写为如下形式:

$$\bar{s}_1^V(x)=\frac{Ie^{-2\frac{h}{\delta}x}}{2\lambda_{3G}}\left\{2\frac{h}{\delta}x(P_{31}+P_{11}+P_{12})+(I+2P_{11}+P_{12}-P_{22})-[2\frac{h}{\delta}x(P_{31}-P_{11}+P_{22})+(I+2P_{11}+P_{12}-P_{22})]e^{-2\frac{h}{\delta}x}\right\}$$

若将下述表达式:

$$\lim_{K_1\to\infty}\frac{1}{\lambda_{3G}}=\lim_{K_1\to\infty}\frac{1}{2(P_{12}+P_{22}+2P_{31})R_1\Delta_{3C}}=0$$

代入上述$\bar{s}_1^V(x)$表达式，可表示为：

$$\bar{s}_1^V(x)=0$$

从上述分析可以看出，当$K_1=0$，$K_2=\infty$时，所得到的$\bar{s}_1^V(x)$表达式与上中滑动、中下连续的三层体系中$\bar{s}_1^V(x)$的表达式完全相同，即

$$\bar{s}_1^V(x)=0$$

若将下列关系式：

$$I_{3G}=I=\frac{(1-\mu_1)m_1\Delta_{3C}}{2(1-\mu_2)}$$

$$J_{3G}=P_{11}+P_{12}+R_1,\ K_{3G}=P_{11}-P_{22}-R_1$$

$$R_{3G}=Q_{3G}=P_{31}-R_1$$

代入上层系数A_1^V表达式，则可得

$$A_1^V=\frac{1}{2\lambda_{3G}}\Big\{4\mu_1[P_{31}^2-2P_{31}R_1+(I+P_{11}-P_{22})(P_{11}+P_{12})+(I-P_{22})R_1-P_{12}R_1]+$$

$$\{(1-4\mu_1+2\frac{h}{\delta}x)(1-2\frac{h}{\delta}x)\times[P_{31}^2-2P_{31}R_1+(P_{11}+P_{12})(P_{11}-P_{22})-$$

$$P_{12}R_1-P_{22}R_1]-[P_{31}^2-2P_{31}R_1+(I+P_{11}-P_{22})(I+P_{11}+P_{12})-P_{22}R_1-P_{12}R_1]+$$

$$[(4\mu_1-4\frac{h}{\delta}x)IP_{31}-(4\mu_2-4\frac{h}{\delta}x)IR_1]\}e^{-2\frac{h}{\delta}x}\Big\}$$

若将上式进行重新归纳，则可得

$$A_1^V=\frac{1}{2\lambda_{3G}}\Big\{4\mu_1\{P_{31}^2+(I+P_{11}-P_{22})(P_{11}+P_{12})+[I-(P_{22}+P_{12}+2P_{31})]R_1\}+$$

$$\{(1-4\mu_1+2\frac{h}{\delta}x)(1-2\frac{h}{\delta}x)\times[P_{31}^2+(P_{11}+P_{12})(P_{11}-P_{22})-$$

$$(P_{12}+P_{22}+2P_{31})R_1]-[P_{31}^2+(I+P_{11}-P_{22})(I+P_{11}+P_{12})-$$

$$(P_{22}+P_{12}+2P_{31})R_1]+[(4\mu_1-4\frac{h}{\delta}x)IP_{31}-(4\mu_2-4\frac{h}{\delta}x)IR_1]\}e^{-2\frac{h}{\delta}x}\Big\}$$

又将$\lambda_{3G}=2(P_{12}+P_{22}+2P_{31})R_1\Delta_{3F}$代入上式，则可得

$$A_1^V=\frac{1}{4(P_{12}+P_{22}+2P_{31})\Delta_{3F}}\Big\{4\mu_1[\frac{P_{31}^2+(I+P_{11}-P_{22})(P_{11}+P_{12})}{R_1}+I-(P_{12}+P_{22}+2P_{31})]+$$

$$\{(1-4\mu_1+2\frac{h}{\delta}x)(1-2\frac{h}{\delta}x)\times[\frac{P_{31}^2+(P_{11}+P_{12})(P_{11}-P_{22})}{R_1}-(P_{12}+P_{22}+2P_{31})]-$$

$$[\frac{P_{31}^2+(I+P_{11}-P_{22})(I+P_{11}+P_{12})}{R_1}-(P_{12}+P_{22}+2P_{31})]+$$

$$[\frac{(4\mu_1-4\frac{h}{\delta}x)IP_{31}}{R_1}-(4\mu_2-4\frac{h}{\delta}x)I]\}e^{-2\frac{h}{\delta}x}\Big\}$$

若将下述表达式：

$$\frac{1}{R_1}=\lim_{\chi_1\to\infty}\frac{16(1-\mu_2)}{m_1\Delta_{3C}\chi_1}=0$$

代入上式，则A_1^V表达式可改写为如下：

$$A_1^V=\frac{1}{2\Delta_{3F}}\{-4\mu_1[-\frac{I}{2(P_{12}+P_{22}+2P_{31})}+\frac{1}{2}]+[2\mu_1-2\frac{h}{\delta}x(2\mu_1-\frac{h}{\delta}x)+$$

$$(4\mu_2-4\frac{h}{\delta}x)\frac{-I}{2(P_{12}+P_{22}+2P_{31})}]e^{-2\frac{h}{\delta}x}\}$$

根据在λ_{3G}表达式中的分析，可以得到下列关系式：

$$-\frac{I}{2(P_{12}+P_{22}+2P_{31})}+\frac{1}{2}=k_{3F}$$

$$-\frac{I}{2(P_{12}+P_{22}+2P_{31})}=\frac{1}{2}(2k_{3F}-1)$$

若将这两个表达式代入上式,则可得

$$A_1^V=-\frac{1}{\Delta_{3F}}\{2\mu_1 k_{3F}-[(2\mu_1-\frac{h}{\delta}x)k_{3F}+\frac{h}{\delta}x(1-2\mu_1+\frac{h}{\delta}x-k_{3F})]e^{-2\frac{h}{\delta}x}\}$$

若将下列关系式:

$$I_{3G}=I=\frac{(1-\mu_1)m_1\Delta_{3C}}{2(1-\mu_2)}$$

$$J_{3G}=P_{11}+P_{12}+R_1,K_{3G}=P_{11}-P_{22}-R_1$$

$$R_{3G}=Q_{3G}=P_{31}-R_1$$

代入上层系数 B_1^V 表达式,则可得

$$B_1^V=\frac{1}{\lambda_{3G}}\Big\{P_{31}^2+(I+P_{11}-P_{22})(P_{11}+P_{12})+(I-P_{12}-P_{22}-2P_{31})R_1-\{(1-2\frac{h}{\delta}x)[P_{31}^2+(P_{11}+P_{12})(P_{11}-P_{22})-(P_{12}+P_{22}+2P_{31})R_1]-IP_{31}+IR_1\}e^{-2\frac{h}{\delta}x}\Big\}$$

又将 $\lambda_{3G}=2(P_{12}+P_{22}+2P_{31})R_1\Delta_{3F}$ 代入上式,则可得

$$B_1^V=\frac{1}{2(P_{12}+P_{22}+2P_{31})\Delta_{3F}}\Big\{\frac{P_{31}^2+(I+P_{11}-P_{22})(P_{11}+P_{12})}{R_1}+[I-(P_{12}+P_{22}+2P_{31})]-\{(1-2\frac{h}{\delta}x)[\frac{P_{31}^2-2P_{31}R_1+(P_{11}+P_{12})(P_{11}-P_{22})}{R_1}-(P_{12}+P_{22}+2P_{31})]-\frac{IP_{31}}{R_1}+I\}e^{-2\frac{h}{\delta}x}\Big\}$$

若将下述表达式:

$$\frac{1}{R_1}=\lim_{\chi_1\to\infty}\frac{16(1-\mu_2)}{m_1\Delta_{3C}\chi_1}=0$$

代入上式,则 B_1^V 表达式可改写为如下形式:

$$B_1^V=-\frac{1}{\Delta_{3F}}\{[-\frac{I}{2(P_{12}+P_{22}+2P_{31})}+\frac{1}{2}]-[-\frac{h}{\delta}x-\frac{I}{2(P_{12}+P_{22}+2P_{31})}+\frac{1}{2}]\}e^{-2\frac{h}{\delta}x}$$

根据在 λ_{3G} 表达式中的分析,可以得到下述关系式:

$$-\frac{I}{2(P_{12}+P_{22}+2P_{31})}+\frac{1}{2}=k_{3F}$$

若将这个表达式代入上式,则可得

$$B_1^V=-\frac{1}{\Delta_{3F}}[k_{3F}-(k_{3F}-\frac{h}{\delta}x)e^{-2\frac{h}{\delta}x}]$$

若将下列关系式:

$$I_{3G}=I=\frac{(1-\mu_1)m_1\Delta_{3C}}{2(1-\mu_2)}$$

$$J_{3G}=P_{11}+P_{12}+R_1$$

$$K_{3G}=P_{11}-P_{22}-R_1$$

$$R_{3G}=Q_{3G}=P_{31}-R_1$$

代入上层系数 C_1^V 表达式,则可得

$$C_1^V=-\frac{e^{-2\frac{h}{\delta}x}}{2\lambda_{3G}}\{(1+2\frac{h}{\delta}x)(1-4\mu_1-2\frac{h}{\delta}x)[P_{31}^2+(P_{11}+P_{12})(P_{11}-P_{22})-(P_{11}+P_{12}+2P_{31})R_1]-[P_{31}^2+(I+P_{11}-P_{22})(I+P_{11}+P_{12})-(P_{12}+P_{22}+2P_{31})R_1]-(4\mu_1+4\frac{h}{\delta}x)I(P_{31}-R_1)+$$

$$4\mu_1[P_{31}^2+(I+P_{11}+P_{12})(P_{11}-P_{22})-(I+P_{12}+P_{22}+2P_{31})R_1]e^{-2\frac{h}{\delta}x}\}$$

又将下述关系式：

$$\lambda_{3G}=2(P_{12}+P_{22}+2P_{31})R_1\Delta_{3F}$$

代入上式，则可得

$$C_1^V=-\frac{e^{-2\frac{h}{\delta}x}}{4(P_{12}+P_{22}+2P_{31})\Delta_{3F}}\{(1+2\frac{h}{\delta}x)(1-4\mu_1-2\frac{h}{\delta}x)\times[\frac{P_{31}^2+(P_{11}+P_{12})(P_{11}-P_{22})}{R_1}-(P_{11}+P_{12}+2P_{31})]-[\frac{P_{31}^2+(I+P_{11}-P_{22})(I+P_{11}+P_{12})}{R_1}-(P_{12}+P_{22}+2P_{31})]-(4\mu_1+4\frac{h}{\delta}x)(\frac{P_{31}}{R_1}-1)I+4\mu_1[\frac{P_{31}^2+(I+P_{11}+P_{12})(P_{11}-P_{22})}{R_1}-(I+P_{12}+P_{22}+2P_{31})]e^{-2\frac{h}{\delta}x}\}$$

若将下述表达式：

$$\frac{1}{R_1}=\lim_{\chi_1\to\infty}\frac{16(1-\mu_2)}{m_1\Delta_{3C}\chi_1}=0$$

代入上式，则 C_1^V 表达式可改写为如下形式：

$$C_1^V=-\frac{e^{-2\frac{h}{\delta}x}}{2\Delta_{3F}}\{-\frac{1}{2}+(2\mu_1+\frac{h}{\delta}x)-\frac{h}{\delta}x(1-4\mu_1-2\frac{h}{\delta}x)+\frac{1}{2}+(4\mu_1+4\frac{h}{\delta}x)\frac{I}{2(P_{12}+P_{22}+2P_{31})}-4\mu_1[\frac{I}{2(P_{12}+P_{22}+2P_{31})}+\frac{1}{2}]e^{-2\frac{h}{\delta}x}\}$$

根据在 λ_{3G} 表达式中的分析，可以得到下述关系式：

$$\frac{I}{2(P_{12}+P_{22}+2P_{31})}=-[-\frac{I}{2(P_{12}+P_{22}+2P_{31})}+\frac{1}{2}]+\frac{1}{2}=-(k_{3F}-\frac{1}{2})$$

将这个关系式代入上式，则可得

$$C_1^V=\frac{e^{-2\frac{h}{\delta}x}}{\Delta_{3F}}\{(2\mu_1+\frac{h}{\delta}x)(k_{3F}-1)-\frac{h}{\delta}x(2\mu_1+\frac{h}{\delta}x-k_{3F})-2\mu_1(k_{3F}-1)e^{-2\frac{h}{\delta}x}\}$$

若将下列关系式：

$$I_{3G}=I=\frac{(1-\mu_1)m_1\Delta_{3C}}{2(1-\mu_2)}$$

$$J_{3G}=P_{11}+P_{12}+R_1$$

$$K_{3G}=P_{11}-P_{22}-R_1$$

$$R_{3G}=Q_{3G}=P_{31}-R_1$$

代入上层系数 D_1^V 表达式，则可得

$$D_1^V=-\frac{e^{-2\frac{h}{\delta}x}}{\lambda_{3G}}\{(1+2\frac{h}{\delta}x)[(P_{31}^2+(P_{11}+P_{12})(P_{11}-P_{22})]-(P_{12}+P_{22}+2P_{31})R_1]+P_{31}I-IR_1-[P_{31}^2+(I+P_{11}+P_{12})(P_{11}-P_{22})-(I+P_{12}+P_{22}+2P_{31})R_1]e^{-2\frac{h}{\delta}x}\}$$

又将下述关系式：

$$\lambda_{3G}=2(P_{12}+P_{22}+2P_{31})R_1\Delta_{3F}$$

代入上式，则可得

$$D_1^V=-\frac{e^{-2\frac{h}{\delta}x}}{2(P_{12}+P_{22}+2P_{31})\Delta_{3F}}\{(1+2\frac{h}{\delta}x)[\frac{P_{31}^2+(P_{11}+P_{12})(P_{11}-P_{22})}{R_1}-(P_{12}+P_{22}+2P_{31})]+\frac{P_{31}I}{R_1}-I-[\frac{P_{31}^2+(I+P_{11}+P_{12})(P_{11}-P_{22})}{R_1}-(I+P_{12}+P_{22}+2P_{31})]e^{-2\frac{h}{\delta}x}\}$$

若将下述表达式：

$$\frac{1}{R_1}=\lim_{\chi_1\to\infty}\frac{16(1-\mu_2)}{m_1\Delta_{3C}\chi_1}=0$$

代入上式,则 D_1^V 表达式可改写为如下形式:

$$D_1^V=-\frac{e^{-2\frac{h}{\delta}x}}{\Delta_{3F}}\left\{-\frac{1}{2}\left(1+2\frac{h}{\delta}x\right)-\frac{I}{2(P_{12}+P_{22}+2P_{31})}+\frac{1}{2}-\frac{1}{2}-\left[-\frac{I}{2(P_{12}+P_{22}+2P_{31})}+\frac{1}{2}-1\right]e^{-2\frac{h}{\delta}x}\right\}$$

根据在 λ_{3G} 表达式中的分析,可以得到下述关系式:

$$-\frac{I}{2(P_{12}+P_{22}+2P_{31})}+\frac{1}{2}=k_{3F}$$

若将这个表达式代入上式,则可得

$$D_1^V=-\frac{e^{-2\frac{h}{\delta}x}}{\Delta_{3F}}\left[\left(k_{3F}-1-\frac{h}{\delta}x\right)-(k_{3F}-1)e^{-2\frac{h}{\delta}x}\right]$$

根据上述分析可以看出,如果 $K_1=0,K_2=\infty$,则采用古德曼模型的三层弹性体系中的中层系数(A_1^V、B_1^V、C_1^V、D_1^V)表达式与三层弹性连续体系的上层系数(A_1^V、B_1^V、C_1^V、D_1^V)表达式完全相同。

如果将下列关系式:

$$R_2=0,Q_2=0$$

$$\Delta_{3G}=\Delta_{3C}$$

$$\bar{p}_1^V(x)=\frac{e^{-2\frac{h}{\delta}x}}{\Delta_{3F}}(2k_{3F}-1)\left[\left(1+\frac{h}{\delta}x\right)-\left(1-\frac{h}{\delta}x\right)e^{-2\frac{h}{\delta}x}\right]$$

$$\bar{s}_1^V(x)=0$$

代入第二层和第三层系数表达式,就能得到上中滑动、中下连续三层弹性体系中的中层系数表达式,如下:

$$A_2^V=\frac{\bar{p}_1^V(x)e^{2\frac{h}{\delta}x}}{2\Delta_{3C}}\left\{\left[\left(1-4\mu_2+2\frac{h+H}{\delta}x\right)\left(1-2\frac{H}{\delta}x\right)M-L\right]e^{-2\frac{H}{\delta}x}+2\left(2\mu_2-\frac{h}{\delta}x\right)\right\}$$

$$B_2^V=-\frac{\bar{p}_1^V(x)}{\Delta_{3C}}\left[\left(1-2\frac{H}{\delta}x\right)Me^{-2\frac{H}{\delta}x}-1\right]$$

$$C_2^V=-\frac{\bar{p}_1^V(x)e^{-2\frac{h}{\delta}x}}{2\Delta_{3C}}\left[2\left(2\mu_2+\frac{h}{\delta}x\right)LMe^{-2\frac{H}{\delta}x}+\left(1+2\frac{H}{\delta}x\right)\left(1-4\mu_2-2\frac{h+H}{\delta}x\right)M-L\right]$$

$$D_2^V=\frac{\bar{p}_1^V(x)Me^{-2\frac{H}{\delta}x}}{\Delta_{3C}}\left[Le^{-2\frac{H}{\delta}x}-\left(1+2\frac{H}{\delta}x\right)\right]$$

根据上述分析可以看出,如果 $K_1=0,K_2=\infty$,则采用古德曼模型的三层弹性体系中的中层系数(A_2^V、B_2^V、C_2^V、D_2^V)表达式与三层弹性连续体系的中层系数(A_2^V、B_2^V、C_2^V、D_2^V)表达式完全相同。

$$A_3^V=\frac{\bar{p}_1^V(x)e^{2\frac{h}{\delta}x}}{2\Delta_{3C}}\left\{\left[L(M-1)-\left(1-4\mu_3+2\frac{h+H}{\delta}x\right)\times\left(1-2\frac{H}{\delta}x\right)(L-1)M\right]e^{-2\frac{H}{\delta}x}-\left[\left(1+2\frac{H}{\delta}x\right)(M-1)-\left(1-4\mu_3+2\frac{h+H}{\delta}x\right)(L-1)\right]\right\}$$

$$B_3^V=\frac{\bar{p}_1^V(x)(L-1)e^{-2\frac{H}{\delta}x}}{\Delta_{3C}}\left[\left(1-2\frac{H}{\delta}x\right)Me^{-2\frac{H}{\delta}x}-1\right]$$

若将下列两个关系式:

$$M-1=-(1-M)$$

$$L-1=-(1-L)$$

代入上述 A_3^V、B_3^V 系数表达式，可改写为下述两式：

$$A_3^V = -\frac{\bar{p}_1^V(x)e^{2\frac{h}{\delta}x}}{2\Delta_{3C}}\left\{\left[L(1-M)-(1-4\mu_3+2\frac{h+H}{\delta}x)\times(1-2\frac{H}{\delta}x)(1-L)M\right]e^{-2\frac{H}{\delta}x}-\left[(1+2\frac{H}{\delta}x)(1-M)-(1-4\mu_3+2\frac{h+H}{\delta}x)(1-L)\right]\right\}$$

$$B_3^V = -\frac{\bar{p}_1^V(x)(1-L)e^{-2\frac{H}{\delta}x}}{\Delta_{3C}}\left[(1-2\frac{H}{\delta}x)Me^{-2\frac{H}{\delta}x}-1\right]$$

根据上述分析可以看出，如果 $K_1=0, K_2=\infty$，则采用古德曼模型的三层弹性体系中的下层系数(A_3^V、B_3^V)表达式与三层弹性连续体系的下中层系数(A_3^V、B_3^V)表达式：

$$A_3^V = -\frac{\bar{p}_1^V(x)e^{2\frac{h}{\delta}x}}{2\Delta_{3C}}\left\{\left[L(1-M)-(1-4\mu_3+2\frac{h+H}{\delta}x)\times(1-2\frac{H}{\delta}x)(1-L)M\right]e^{-2\frac{H}{\delta}x}-\left[(1+2\frac{H}{\delta}x)(1-M)-(1-4\mu_3+2\frac{h+H}{\delta}x)(1-L)\right]\right\}$$

$$B_3^V = -\frac{\bar{p}_1^V(x)(1-L)e^{-2\frac{H}{\delta}x}}{\Delta_{3C}}\left[(1-2\frac{H}{\delta}x)Me^{-2\frac{H}{\delta}x}-1\right]$$

完全相同。

本来，还应该进行双层弹性体系和半空间弹性体系的对比分析工作。但这些检验分析工作，早在三层弹性连续体系与上中滑动、中下连续的三层弹性体系中进行过分析。因此，在此不赘述。

8.3.5 系数汇总

经检验，所有三层的系数(A_1^V、B_1^V、C_1^V、D_1^V、A_2^V、B_2^V、C_2^V、D_2^V、A_3^V、B_3^V)表达式完全正确，故将圆形轴对称垂直荷载作用下采用古德曼模型的三层弹性体系系数表达式汇总如下：

$$A_1^V = \frac{1}{2\lambda_{3G}}4\mu_1\left[R_{3G}Q_{3G}+(I_{3G}+K_{3G})J_{3G}\right]+\left\{(1-4\mu_1+2\frac{h}{\delta}x)(1-2\frac{h}{\delta}x)(R_{3G}Q_{3G}+J_{3G}K_{3G})-\left[R_{3G}Q_{3G}+(I_{3G}+K_{3G})(I_{3G}+J_{3G})\right]+\left[4\mu_1 I_{3G}R_{3G}-2\frac{h}{\delta}xI_{3G}(R_{3G}+Q_{3G})-I_{3G}(R_{3G}-Q_{3G})\right]\right\}e^{-2\frac{h}{\delta}x}$$

$$B_1^V = \frac{1}{\lambda_{3G}}\left\{R_{3G}Q_{3G}+(I_{3G}+K_{3G})J_{3G}-\left[(1-2\frac{h}{\delta}x)(R_{3G}Q_{3G}+J_{3G}K_{3G})-I_{3G}R_{3G}\right]e^{-2\frac{h}{\delta}x}\right\}$$

$$C_1^V = -\frac{e^{-2\frac{h}{\delta}x}}{2\lambda_{3G}}\left\{(1+2\frac{h}{\delta}x)(1-4\mu_1-2\frac{h}{\delta}x)(R_{3G}Q_{3G}+J_{3G}K_{3G})-\left[R_{3G}Q_{3G}+(I_{3G}+K_{3G})(I_{3G}+J_{3G})\right]-\left[4\mu_1 I_{3G}Q_{3G}+2\frac{h}{\delta}xI_{3G}(R_{3G}+Q_{3G})+I_{3G}(R_{3G}-Q_{3G})\right]+4\mu_1\left[R_{3G}Q_{3G}+(I_{3G}+J_{3G})K_{3G}\right]e^{-2\frac{h}{\delta}x}\right\}$$

$$D_1^V = -\frac{e^{-2\frac{h}{\delta}x}}{\lambda_{3G}}\left\{(1+2\frac{h}{\delta}x)(R_{3G}Q_{3G}+J_{3G}K_{3G})+I_{3G}Q_{3G}-\left[R_{3G}Q_{3G}+(I_{3G}+J_{3G})K_{3G}\right]e^{-2\frac{h}{\delta}x}\right\}$$

$$A_2^V = \frac{\bar{p}_1^V(x)e^{2\frac{h}{\delta}x}}{2\Delta_{3G}}\left\{(1-4\mu_2+2\frac{h+H}{\delta}x)(1-2\frac{H}{\delta}x)\left[M(1-R_2)-Q_2\right]e^{-2\frac{H}{\delta}x}-\left[L(1-Q_2)-R_2\right]e^{-2\frac{H}{\delta}x}-(1-2\frac{H}{\delta}x)(L-1)Q_2e^{-2\frac{H}{\delta}x}+(1-4\mu_2+2\frac{h+H}{\delta}x)(M-1)R_2e^{-2\frac{H}{\delta}x}+\right.$$

$$2(2\mu_2-\frac{h}{\delta}x)(1-R_2-Q_2)\}-\frac{\bar{s}_1^V(x)e^{2\frac{h}{\delta}x}}{2\Delta_{3G}}\{(1+2\frac{H}{\delta}x)(1-4\mu_2+2\frac{h+H}{\delta}x)[M(1-R_2)-Q_2]\times$$

$$e^{-2\frac{H}{\delta}x}+[L(1-Q_2)-R_2]e^{-2\frac{H}{\delta}x}-(1+2\frac{H}{\delta}x)(L-1)Q_2e^{-2\frac{H}{\delta}x}-(1-4\mu_2+2\frac{h+H}{\delta}x)(M-1)\times$$

$$R_2e^{-2\frac{H}{\delta}x}-2(1-2\mu_2+\frac{h}{\delta}x)(1-R_2-Q_2)\}$$

$$B_2^V=-\frac{\bar{p}_1^V(x)e^{2\frac{h}{\delta}x}}{\Delta_{3G}}\{(1-2\frac{H}{\delta}x)[M(1-R_2)-Q_2]e^{-2\frac{H}{\delta}x}+(M-1)R_2e^{-2\frac{H}{\delta}x}-(1-R_2-Q_2)\}+$$

$$\frac{\bar{s}_1^V(x)e^{2\frac{h}{\delta}x}}{\Delta_{3G}}\{(1+2\frac{H}{\delta}x)[M(1-R_2)-Q_2]e^{-2\frac{H}{\delta}x}-(M-1)R_2e^{-2\frac{H}{\delta}x}-(1-R_2-Q_2)\}$$

$$C_2^V=-\frac{\bar{p}_1^V(x)e^{-2\frac{H}{\delta}x}}{2\Delta_{3G}}\{2(2\mu_2+\frac{h}{\delta}x)[(L(M-Q_2)-MR_2]e^{-2\frac{H}{\delta}x}+(1+2\frac{H}{\delta}x)(1-4\mu_2-2\frac{h+H}{\delta}x)\times$$

$$[M(1-R_2)-Q_2]-(L-R_2-Q_2)+(1+2\frac{H}{\delta}x)(M-1)R_2+2(2\mu_2+\frac{h+H}{\delta}x)(L-1)Q_2\}+$$

$$\frac{\bar{s}_1^V(x)e^{-2\frac{H}{\delta}x}}{2\Delta_{3G}}\{2(1-2\mu_2-\frac{h}{\delta}x)[L(M-Q_2)-MR_2]e^{-2\frac{H}{\delta}x}-(1-2\frac{H}{\delta}x)(1-4\mu_2-2\frac{h+H}{\delta}x)\times$$

$$[M(1-R_2)-Q_2]-(L-R_2-Q_2)-(1-2\frac{H}{\delta}x)(M-1)R_2+2(2\mu_2+\frac{h+H}{\delta}x)(L-1)Q_2\}$$

$$D_2^V=\frac{\bar{p}_1^V(x)e^{-2\frac{H}{\delta}x}}{\Delta_{3G}}\{[L(M-Q_2)-MR_2]e^{-2\frac{H}{\delta}x}-(1+2\frac{H}{\delta}x)[M(11-R_2)-Q_2]+(L-1)Q_2\}+$$

$$\frac{\bar{s}_1^V(x)e^{-2\frac{h}{\delta}x}}{\Delta_{3G}}\{[L(M-Q_2)-MR_2]e^{-2\frac{H}{\delta}x}-(1-2\frac{H}{\delta}x)[M(1-R_2)-Q_2]-(L-1)Q_2\}$$

$$A_3^V=\frac{\bar{p}_1^V(x)e^{2\frac{h}{\delta}x}}{2\Delta_{3G}}\{[L(M-1)-(M-1)R_2-(1-2\frac{H}{\delta}x)(L-1)Q_2-$$

$$(1-4\mu_3+2\frac{h+H}{\delta}x)(1-2\frac{H}{\delta}x)(L-1)(M-Q_2)+$$

$$(1-4\mu_2+2\frac{h+H}{\delta}x)(M-1)R_2]e^{-2\frac{H}{\delta}x}-[(1+2\frac{H}{\delta}x)(M-1)(1-R_2)-$$

$$(L-1)Q_2+(1-4\mu_3+2\frac{h+H}{\delta}x)(1+2\frac{H}{\delta}x)(M-1)R_2-(1-4\mu_3+$$

$$2\frac{h+H}{\delta}x)(L-1)(1-Q_2)]\}+\frac{\bar{s}_1^V(x)e^{2\frac{h}{\delta}x}}{2\Delta_{3G}}\{[L(M-1)-(M-1)R_2+$$

$$(1+2\frac{H}{\delta}x)(L-1)Q_2+(1-4\mu_3+2\frac{h+H}{\delta}x)[(1+2\frac{H}{\delta}x)(L-1)(M-Q_2)+$$

$$(1-4\mu_2+2\frac{h+H}{\delta}x)(M-1)R_2]e^{-2\frac{H}{\delta}x}-[(1-2\frac{H}{\delta}x)(M-1)(1-R_2)+$$

$$(L-1)Q_2+(1-4\mu_3+2\frac{h+H}{\delta}x)(1-2\frac{H}{\delta}x)(M-1)R_2+$$

$$(1-4\mu_3+2\frac{h+H}{\delta}x)(L-1)(1-Q_2)]\}$$

$$B_3^V=\frac{\bar{p}_1^V(x)e^{2\frac{h}{\delta}x}}{\Delta_{3G}}\{[(1-2\frac{H}{\delta}x)(L-1)(M-Q_2)-(M-1)R_2]e^{-2\frac{H}{\delta}x}+(1+2\frac{H}{\delta}x)(M-1)R_2-$$

$$(L-1)(1-Q_2)\}-\frac{\bar{s}_1^V(x)e^{2\frac{h}{\delta}x}}{\Delta_{3G}}\{[(1+2\frac{H}{\delta}x)(L-1)(M-Q_2)+(M-1)R_2]e^{2\frac{H}{\delta}x}-$$

$$(1-2\frac{H}{\delta}x)(M-1)R_2-(L-1)(1-Q_2)\}$$

式中，$m_1=\frac{(1+\mu_1)E_2}{(1+\mu_2)E_1}$，$m_2=\frac{(1+\mu_2)E_3}{(1+\mu_3)E_2}$

$$\chi_1=\frac{E_1x}{(1+\mu_2)K_1\delta},\ \chi_2=\frac{E_2x}{(1+\mu_2)K_2\delta}$$

$$L=\frac{(3-4\mu_3)-(3-4\mu_2)m_2}{3-4\mu_3+m_2}$$

$$M=\frac{1-m_2}{1+(3-4\mu_2)m_2}$$

$$Q_2=\frac{\chi_2m_2}{2[1+(3-4\mu_2)m_2]}$$

$$R_2=\frac{\chi_2m_2}{2(3-4\mu_3+m_2)}$$

$$\Delta_{3G}=(2\frac{H}{\delta}x)^2[M(1-R_2)-Q_2]e^{-2\frac{H}{\delta}x}-(1-Le^{-2\frac{H}{\delta}x})(1-Me^{-2\frac{H}{\delta}x})-$$

$$(1+2\frac{H}{\delta}x-e^{-2\frac{H}{\delta}x})(LQ_2+MR_2)e^{-2\frac{H}{\delta}x}+[1-(1-2\frac{H}{\delta}x)e^{-2\frac{H}{\delta}x}](R_2+Q_2)$$

$$R_1=\frac{m_1\Delta_{3G}\chi_1}{16(1-\mu_2)}$$

$$I_{3G}=\frac{(1-\mu_1)m_1\Delta_{3G}}{2(1-\mu_2)}$$

$$J_{3G}=\frac{1}{8(1-\mu_2)}\{(1-m_1)\Delta_{3G}+4(1-\mu_2)[(1-Me^{-2\frac{H}{\delta}x})-(1-e^{-2\frac{H}{\delta}x})(R_2+Q_2)]\}+R_1$$

$$K_{3G}=\frac{1}{8(1-\mu_2)}\Big\{(1-m_1)\Delta_{3G}-4(1-\mu_2)\{[M(1-R_2)-Q_2]-$$

$$[L(M-Q_2)-MR_2]e^{-2\frac{H}{\delta}x}\}e^{-2\frac{H}{\delta}x}-R_1\Big\}$$

$$Q_{3G}=\frac{1}{8(1-\mu_2)}\{8(1-\mu_2)\frac{H}{\delta}x[M(1-R_2)-Q_2]e^{-2\frac{H}{\delta}x}-4(1-\mu_2)(L-1)Q_2e^{-2\frac{H}{\delta}x}\}-R_1$$

$$R_{3G}=\frac{1}{8(1-\mu_2)}\{8(1-\mu_2)\frac{H}{\delta}x[M(1-R_2)-Q_2]e^{-2\frac{H}{\delta}x}\}-R_1$$

9 板的三层弹性体系

水泥混凝土路面往往设置在双层弹性体系地基上,即在土基上铺设一定厚度的基层,然后在其上再铺设水泥混凝土面层。

在我国现行水泥混凝土路面设计方法中,采用弹性半空间体地基上无限大板的理论验算板中应力。这时,对基层具有的较高弹性模量往往忽略不计,或稍微提高土基的模量,或采用土基和基层的综合当量模量,但如何估算综合当量模量,至今尚无一个完善的方法。因此,对设置基层的水泥混凝土路面,如能采用双层弹性体系地基上板的理论,较为理想。

对旧水泥混凝土路面或机场道面进行改建时,往往需要在旧水泥混凝土面层上加铺一层新的水泥混凝土面层,层间结合条件可采用结合连续式或隔离滑动式两种层间结合状态。此时,宜采用弹性地基上双层板的理论进行求解。

本章叙述双层弹性体系地基上无限大薄板,以及弹性地基上结合式或分离式双层无限大板在板中或加载时挠度和应力的计算公式及其推导过程,并介绍求算数值解的方法。

对于弹性半空间体地基上的厚板理论,可以采取赖斯法或汉盖法进行分析。有关这两种厚板的近似解法,请参阅《路面力学计算》第九章。

应当指出,如果摒弃板的附加假设,直接采用层状弹性体系理论求解,就能得到弹性半空间体地基或层状弹性体系地基上板的精确解。但是,它只能得到板中的解。对于板边或板角,无法求得其应力与挠度。

9.1 双层弹性体系地基上薄板的理论解

在求解双层弹性体系地基上无限大薄板的小挠度问题时,有关薄板的基本假设,板与地基之间联系的附加假设都同样适用。双层弹性体系地基由一定厚度的基层与弹性半空间体所组成,如同双层弹性体系一样。基层与弹性半空间体的接触面可以为完全连续或完全滑动或半连续半滑动三种状态。本节只考虑完全连续或完全滑动两种结合状态。双层弹性体系地基上板的计算图式如图 9-1 所示。

从图 9-1 中可以看出,这个图示是一个“三层体系”。第一层(上层)为无限大薄板,板的厚度采用 h_C 表示,板的弹性模量为 E_C,板的泊松系数为 μ_C。第二层(中层)和第三层(下层)由双层弹性连续体系组成,其中第二层的计算参数分别用层厚 h、弹性模量 E_1、泊松系数 μ_1 表示。第三层的计算参数分别表示如下:弹性模量用 E_0 表示,泊松系数采用 μ_0 表示。另外,我们假定第一界面的接触面处于完全滑动状态,第二界面的接触面处于完全连续状态。

若将双层弹性体系地基上的板,沿板与双层弹性体系的第一界面接触面处切开,如图 9-1b)所示。在上部脱离体中,板的上下表面分别作用有圆形轴对称荷载 $q(r)$ 和轴对称反力 $p(r)$,而下部脱离体相当于轴对称垂直荷载 $p(r)$ 作用下的双层弹性体系,与弹性半空间体地基上板的求解方法相类似,板的弹性曲面方程仍为式(7-3-1),板的挠度即为双层体系地基的表面垂直位移 $w(r)$,它可根据双层弹性体系理论求得。

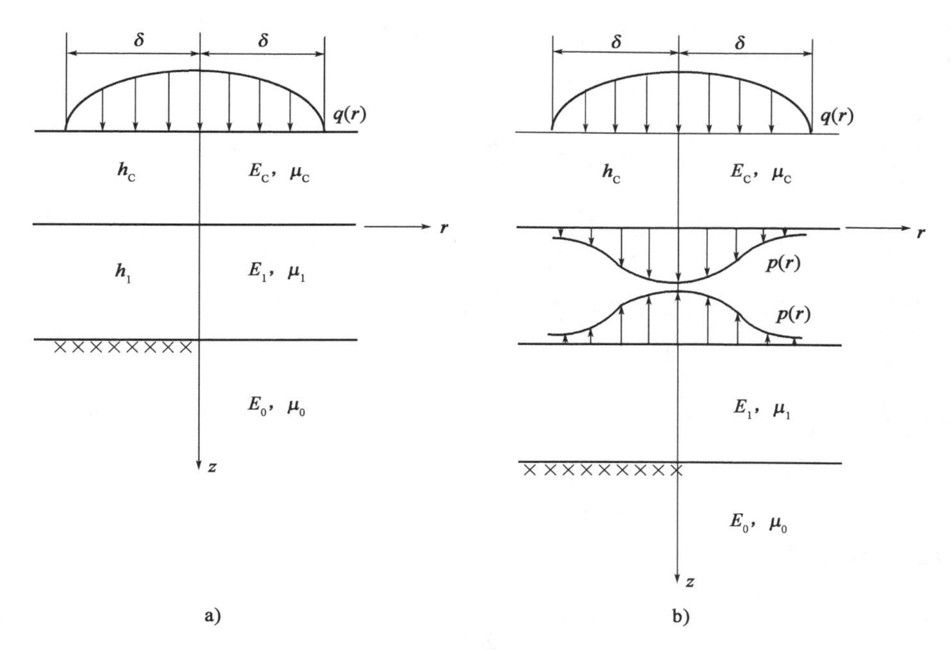

图 9-1

对于双层弹性连续体系，可将下述系数表达式：

$$A_1 = \frac{\bar{p}(\xi)}{2\Delta_C}\{[(1-4\mu_1+2\xi h)(1-2\xi h)M-L]e^{-2\xi h}+4\mu_1\}$$

$$B_1 = -\frac{\bar{p}(\xi)}{\Delta_C}[(1-2\xi h)Me^{-2\xi h}-1]$$

$$C_1 = -\frac{\bar{p}(\xi)e^{-2\xi h}}{\Delta_C}[(1-4\mu_1-2\xi h)(1+2\xi h)M-L+4\mu_1 Le^{-2\xi h}]$$

$$D_1 = -\frac{\bar{p}(\xi)Me^{-2\xi h}}{\Delta_C}[(1+2\xi h)-Le^{-2\xi h}]$$

以及 $z=0$ 代入式(4-1-1)中垂直位移公式，则可得板的挠度公式如下：

$$w(r) = \frac{2(1-\mu_1^2)}{E_1}\int_0^{\infty}\frac{LMe^{-4\xi h}-4\xi hMe^{-2\xi h}-1}{\Delta_C}\bar{p}(\xi)J_0(\xi r)\mathrm{d}\xi$$

若令

$$\eta = LMe^{-4\xi h}-4\xi hMe^{-2\xi h}-1$$

则上式可改为下式：

$$w(r) = \frac{2(1-\mu_1^2)}{E_1}\int_0^{\infty}\frac{\eta}{\Delta_C}\bar{p}(\xi)J_0(\xi r)d\xi \tag{1}$$

对于双层弹性滑动体系，可将下列关系式：

$$A_1 = -\frac{\bar{p}_1(\xi)}{\Delta_{2F}}\{2\mu_1 k_{2F}-[k_{2F}(2\mu_1-\xi h)+\xi h(1-2\mu_1+\xi h-k_{2F})]e^{-2\xi h}\}$$

$$B_1 = -\frac{\bar{p}_1(\xi)}{\Delta_{2F}}[k_{2F}-(k_{2F}-\xi h)e^{-2\xi h}]$$

$$C_1 = -\frac{\bar{p}_1(\xi)e^{-2\xi h}}{\Delta_{2F}}[(2\mu_1+\xi h)(k_{2F}-1-\xi h)+\xi hk_{2F}-2\mu_1(k_{2F}-1)e^{-2\xi h}]$$

$$D_1 = -\frac{\bar{p}(\xi)e^{-2\xi h}}{\Delta_{2F}}[(k_{2F}-1-\xi h)-(k_{2F}-1)e^{-2\xi h}]$$

以及 $z=0$ 代入式(4-1-1)中的垂直位移表达式，则可得板的挠度公式如下：

$$w(r)=\frac{2(1-\mu_1^2)}{E_1}\int_0^\infty\frac{k_{2F}-(2k_{2F}-1-2\xi h)e^{-2\xi h}+(k_{2F}-1)e^{-4\xi h}}{\Delta_{2F}}\bar{p}(\xi)J_0(\xi r)\mathrm{d}\xi$$

若令

$$\eta=k_{2F}-(2k_{2F}-1-2\xi h)e^{-2\xi h}+(k_{2F}-1)e^{-4\xi h}$$

则上式也可改写为下式:

$$w(r)=\frac{2(1-\mu_1^2)}{E_1}\int_0^\infty\frac{\eta}{\Delta_F}\bar{p}(\xi)J_0(\xi r)\mathrm{d}\xi \tag{2}$$

由式(1)和式(2)可以看出,该两式在结构上相同,可统一用下式表示:

$$w(r)=\frac{2(1-\mu_1^2)}{E_1}\int_0^\infty\frac{\eta}{\Delta}\bar{p}(\xi)J_0(\xi r)\mathrm{d}\xi \tag{a}$$

其中,对于双层连续体系,则有

$$\Delta=\Delta_C$$

$$\eta=LMe^{-4\xi h}-4\xi hMe^{-2\xi h}-1$$

对于双层滑动体系,则有

$$\Delta=\Delta_{2F}$$

$$\eta=k_{2F}-(2k_{2F}-1-2\xi h)e^{-2\xi h}+(k_{2F}-1)e^{-4\xi h}$$

若对式(a)施加零阶的亨格尔积分变换,则可得

$$\bar{w}(\xi)=\frac{2(1-\mu_1^2)}{E_1}\times\frac{\bar{p}(\xi)}{\xi}\times\frac{\eta}{\Delta} \tag{b}$$

双层地基上板的求解,可仿照弹性空间体地基板的方法进行。根据式(7-3-1),其两端施加零阶亨格尔积分变换,则可得

$$\bar{p}(\xi)=\bar{q}(\xi)-D\xi^4\bar{w}(\xi) \tag{c}$$

若将式(c)代入式(b),则可得

$$\bar{w}(\xi)=\frac{2(1-\mu_1^2)}{E_1}\times\frac{\bar{q}(\xi)-D\xi^4\bar{w}(\xi)}{\xi}\times\frac{\eta}{\Delta} \tag{d}$$

若令刚性半径为 $l=\sqrt[3]{\frac{2D(1-\mu_1^2)}{E_1}}$,并注意 $D=\frac{E_Ch_C^3}{12(1-\mu_C^2)}$,即

$$l=h_C\sqrt[3]{\frac{E_C(1-\mu_1^2)}{6E_1(1-\mu_C^2)}}$$

则上式可改写为下式:

$$\left(1+\frac{l^3\xi^3\eta}{\Delta}\right)\bar{w}(\xi)=\frac{2(1-\mu_1^2)}{E_1}\times\frac{\bar{q}(\xi)}{\xi}\times\frac{\eta}{\Delta} \tag{e}$$

即

$$\bar{w}(\xi)=\frac{2(1-\mu_1^2)}{E_1}\times\frac{\bar{q}(\xi)}{\xi}\times\frac{\eta}{\Delta+l^3\xi^3\eta}$$

若令

$$\lambda=\Delta+l^3\xi^3\eta$$

则上式可改写为如下形式:

$$\bar{w}(\xi)=\frac{2(1-\mu_1^2)}{E_1}\times\frac{\bar{q}(\xi)}{\xi}\times\frac{\eta}{\lambda} \tag{9-1-1}$$

上式施加零阶亨格尔积分变换,则可得板的挠度表达式如下:

$$w(r)=\frac{2(1-\mu_1^2)}{E_1}\int_0^\infty\frac{\eta}{\lambda}\bar{q}(\xi)J_0(\xi r)\mathrm{d}\xi \tag{9-1-2}$$

其中,对于双层弹性连续体,有

$$m = \frac{(1+\mu_1)E_0}{(1+\mu_0)E_1}$$

$$L = \frac{(3-4\mu_0) - m(3-4\mu_1)}{(1-4\mu_0)+m}$$

$$M = \frac{(1-m)}{m(1-4\mu_1)+1}$$

$$\eta = LMe^{-4\xi h} - 4\xi hMe^{-2\xi h} - 1$$

$$\lambda = 4\xi^2 h^2 Me^{-2\xi h} - (1-Le^{-2\xi h})(1-Me^{-2\xi h}) + l^3\xi^3\eta$$

对于双层弹性滑动体,有

$$m = \frac{(1+\mu_1)E_0}{(1+\mu_0)E_1}$$

$$n_{2F} = \frac{m}{2(1-\mu_0)}$$

$$k_{2F} = (1-\mu_1)n_{2F} + \frac{1}{2}$$

$$\eta = k_{2F} - (2k_{2F} - 1 - 2\xi h)e^{-2\xi h} + (k_{2F}-1)e^{-4\xi h}$$

$$\lambda = k_{2F} + [2\xi h(2k_{2F}-1) - (1+2\xi^2h^2)]e^{-2\xi h} - (k_{2F}-1)e^{-4\xi h} + l^3\xi^3\eta$$

若将式(9-1-1)代入式(c),则可得

$$\bar{p}(\xi) = \bar{q}(\xi)(1 - l^3\xi^3\frac{\eta}{\lambda}) \tag{9-1-3}$$

上式施加零阶亨格尔积分反变换,则可得地基反力表达式如下:

$$p(r) = \int_0^\infty \xi(1 - l^3\xi^3\frac{\eta}{\lambda})\bar{q}(\xi)J_0(\xi r)\mathrm{d}\xi \tag{9-1-4}$$

若将式(9-1-2)代入式(7-2-5)中的第一式和第二式,则可得双层弹性体系地基上板的径向弯矩和辐向弯矩表达式如下:

$$\begin{cases} M_r = l^3\int_0^\infty \xi\frac{\eta}{\lambda}\bar{q}(\xi)[\xi J_0(\xi r) - \frac{1-\mu_C}{r}J_1(\xi r)]\mathrm{d}\xi \\ M_\theta = l^3\int_0^\infty \xi\frac{\eta}{\lambda}\bar{q}(\xi)[\mu_C\xi J_0(\xi r) + \frac{1-\mu_C}{r}J_1(\xi r)]\mathrm{d}\xi \end{cases} \tag{9-1-5}$$

对于板上作用有圆面积半径为 δ 的均布荷载 $q = \frac{QJ_1(\xi\delta)}{\pi\delta^2}$,其零阶亨格尔积分变换为:

$$\bar{q}(\xi) = \frac{QJ_1(\xi\delta)}{\pi\delta\xi}$$

将上式表达式代入式(9-1-2)、式(9-1-4)和式(9-1-5),则可得双层弹性体系地基上板的挠度、反力和弯矩表达式,如下:

$$w(r) = \frac{(1-\mu_1^2)Q}{\pi\delta E_1}\int_0^\infty \frac{J_1(\xi\delta)J_0(\xi r)}{\xi}\frac{\eta}{\lambda}\mathrm{d}\xi \tag{9-1-6}$$

$$p(r) = \frac{Q}{\pi\delta}\int_0^\infty (1 - l^3\xi^3\frac{\eta}{\lambda})J_1(\xi\delta)J_0(\xi r)\mathrm{d}\xi \tag{9-1-7}$$

$$M_r = \frac{l^3Q}{\pi\delta}\int_0^\infty J_1(\xi\delta)[\xi J_0(\xi r) - \frac{1-\mu_C}{r}J_1(\xi r)]\frac{\eta}{\lambda}\mathrm{d}\xi \tag{9-1-8}$$

$$M_\theta = \frac{l^3Q}{\pi\delta}\int_0^\infty J_1(\xi\delta)[\mu_C\xi J_0(\xi r) + \frac{1-\mu_C}{r}J_1(\xi r)]\frac{\eta}{\lambda}\mathrm{d}\xi \tag{9-1-9}$$

若令

$$C_1 = \frac{l^3}{\pi\delta}\int_0^\infty \xi J_1(\xi\delta)J_0(\xi r) + \frac{\eta}{\lambda}\mathrm{d}\xi - C_2$$

$$C_2 = \frac{l^3}{\pi\delta r}\int_0^\infty J_1(\xi\delta)J_1(\xi r)\frac{\eta}{\lambda}d\xi$$

则可得

$$\begin{cases} M_r = (C_1 + \mu_C C_2)Q \\ M_\theta = (C_2 + \mu_C C_1)Q \end{cases} \tag{9-1-10}$$

在荷载中心($r=0$)处,有

$$\lim_{r\to 0} J_0(\xi r) = 1$$

$$\lim_{r\to 0} J_1(\xi r) = 0$$

$$\lim_{r\to 0}\frac{J_1(\xi r)}{r} = \frac{\xi}{2}$$

故板底的最大弯矩为:

$$M_r = M_\theta = \frac{(1+\mu_c)lQ}{2\pi\delta}C$$

式中,$C = l^2\int_0^\infty \xi J_1(\xi\delta)\frac{\eta}{\lambda}\mathrm{d}\xi$。

当板上作用集中荷载 Q 时,荷载的零阶亨格尔积分变换为:

$$\bar{q}(\xi) = \frac{Q}{2\pi}$$

则由式(9-1-2)、式(9-1-4)和式(9-1-5)可得集中荷载作用下板的挠度、反力和弯矩表达式如下:

$$w(r) = \frac{(1-\mu_1^2)Q}{\pi E_1}\int_0^\infty \frac{\eta}{\lambda}J_0(\xi r)\mathrm{d}\xi$$

$$p(r) = \frac{Q}{2\pi}\int_0^\infty \xi(1 - l^3\xi^3\frac{\eta}{\lambda})J_0(\xi r)\mathrm{d}\xi$$

$$M_r = (A + \mu_C B)Q$$

$$M_\theta = (B + \mu_C A)Q$$

式中:$A = \frac{l^3}{2\pi}\int_0^\infty \xi^2\frac{\eta}{\lambda}J_0(\xi r)\mathrm{d}\xi - B$

$B = \frac{l^3}{2\pi r}\int_0^\infty \xi\frac{\eta}{\lambda}J_1(\xi r)\mathrm{d}\xi$

双层弹性体系地基中的应力分量表达式与位移分量表达式可通过将式(9-1-3)代入式(4-1-1)求得。

9.2 解的数值计算

对上节求出的解进行数值计算时,各个无穷积分需采用数值积分方法进行积分。为了便于数值积分,可将收敛慢的积分,应用贝塞尔函数理论,转换成收敛速度较快的形式。若令 $t=l\xi$,则有

$$\frac{\eta}{\lambda} = \frac{1}{g(\frac{h}{l}t) + t^3}$$

上式中的 $g(\frac{h}{l}t)$ 表达式可分如下两种情况表示:

对于双层弹性连续体系,则可得

$$g(\frac{h}{l}t) = \frac{(2\frac{h}{l}t)^2 Me^{-2\frac{h}{l}t} - (1 - Le^{-2\frac{h}{l}t})(1 - Me^{-2\frac{h}{l}t})}{LMe^{-4\frac{h}{l}t} - 4\frac{h}{l}tMe^{-2\frac{h}{l}t} - 1}$$

式中:$L = \dfrac{(3 - 4\mu_0) - (3 - 4\mu_1)m}{3 - 4\mu_0 + m}$

$m = \dfrac{(1 + \mu_1)E_0}{(1 + \mu_0)E_1}$

$M = \dfrac{1 - m}{1 + (3 - 4\mu_1)m}$

对于双层弹性滑动体系,则可得

$$g(\frac{h}{l}t) = \frac{k_{2F} + [2\frac{h}{l}t(2k_{2F} - 1) - (1 + 2\frac{h^2}{l^2}t^2)]e^{-2\frac{h}{l}t} - (k_{2F} - 1)e^{-4\frac{h}{l}t}}{k_{2F} - (2k_{2F} - 1 - 2\frac{h}{l}t)e^{-4\frac{h}{l}t} + (k_{2F} - 1)e^{-4\frac{h}{l}t}}$$

式中:$k_{2F} = \dfrac{1}{2} + (1 - \mu_1)n_{2F}$

$n_{2F} = \dfrac{m}{2(1 - \mu_0)}$

均布荷载作用下的各个有关公式变换为如下表达式:

(1) $w(r) = \dfrac{2(1 - \mu_1^2)Q}{\pi\delta E_1}\displaystyle\int_0^\infty \frac{J_1(\frac{\delta}{l}t)J_0(\frac{r}{l}t)}{t[g(\frac{h}{l}t) + t^3]}\mathrm{d}t$

(2) $p(r) = \dfrac{Q}{\pi\delta l}\displaystyle\int_0^\infty \frac{J_1(\frac{\delta}{l}t)J_0(\frac{r}{l}t)g(\frac{h}{l}t)}{g(\frac{h}{l}t) + t^3}\mathrm{d}t$

(3) $C_1 = \dfrac{l}{\pi\delta}\displaystyle\int_0^\infty \frac{tJ_1(\frac{\delta}{l}t)J_0(\frac{r}{l}t)}{g(\frac{h}{l}t) + t^3}\mathrm{d}t - C_2$

(4) $C_2 = \dfrac{l^2}{\pi\delta r}\displaystyle\int_0^\infty \frac{J_1(\frac{\delta}{l}t)J_1(\frac{r}{l}t)}{g(\frac{h}{l}t) + t^3}\mathrm{d}t$

(5) $C = \displaystyle\int_0^\infty \frac{tJ_1(\frac{\delta}{l}t)}{g(\frac{h}{l}t) + t^3}\mathrm{d}t$

其中积分(1)、(2)、(4)收敛较快,可直接进行数值积分。而积分(3)和积分(5)收敛比较慢,需要进行适当变换,以便加快收敛速度。

积分(3)右端第一个积分可按如下变换进行积分:

当 $r \geqslant \delta$ 时,则有

$$\int_0^\infty \frac{tJ_1(\frac{\delta}{l}t)J_0(\frac{r}{l}t)}{g(\frac{h}{l}t) + t^3}\mathrm{d}t = \int_0^\infty \frac{J_1(\frac{\delta}{l}t)J_0(\frac{r}{l}t)}{1 + t^2}\mathrm{d}t + \int_0^\infty \frac{J_1(\frac{\delta}{l}t)J_0(\frac{r}{l}t)[t - g(\frac{h}{l}t)]}{(1 + t^2)[g(\frac{h}{l}t) + t^3]}\mathrm{d}t$$

其中，$\int_0^\infty \frac{J_1(\frac{\delta}{l}t)J_0(\frac{r}{l}t)}{1+t^2}\mathrm{d}t = I_1(\frac{\delta}{l})K_0(\frac{r}{l})$。

当 $r\leqslant\delta$ 时,则有

$$\int_0^\infty \frac{tJ_1(\frac{\delta}{l}t)J_0(\frac{r}{l}t)}{g(\frac{h}{l}t)+t^3}\mathrm{d}t = \int_0^\infty \frac{t^2J_1(\frac{\delta}{l}t)J_0(\frac{r}{l}t)}{(1+t^2)^2}\mathrm{d}t + \int_0^\infty \frac{J_1(\frac{\delta}{l}t)J_0(\frac{r}{l}t)[2t^3-t^2g(\frac{h}{l}t)+t]}{(1+t^2)^2[g(\frac{h}{l}t)+t^3]}\mathrm{d}t$$

其中，$\int_0^\infty \frac{t^2J_1(\frac{\delta}{l}t)J_0(\frac{r}{\delta}t)}{(1+t^2)^2}\mathrm{d}t = \frac{1}{2}[\frac{\delta}{l}I_0(\frac{r}{l})K_0(\frac{\delta}{l}) - \frac{r}{l}I_1(\frac{r}{l})K_1(\frac{\delta}{l})]$。

积分(5)作如下变换：

$$\int_0^\infty \frac{tJ_1(\frac{\delta}{l}t)}{g(\frac{h}{l}t)+t^3}\mathrm{d}t = \int_0^\infty \frac{t^2J_1(\frac{\delta}{l}t)}{(1+t^2)^2}\mathrm{d}t + \int_0^\infty \frac{J_1(\frac{\delta}{l}t)[2t^3-t^2g(\frac{h}{l}t)+t]}{(1+t^2)^2[g(\frac{h}{l}t)+t^3]}\mathrm{d}t$$

其中，$\int_0^\infty \frac{t^2J_1(\frac{\delta}{l}t)}{(1+t^2)^2}\mathrm{d}t = \frac{\delta}{2l}K_0(\frac{\delta}{l})$。

当板上作用集中荷载时,若令

$$t = l\xi$$

$$\frac{\eta}{\lambda} = \frac{1}{g(\frac{h}{l}t)+t^3}$$

则可得

$$(6)\ w(r) = \frac{(1-\mu_1^2)Q}{\pi lE_1}\int_0^\infty \frac{J_0(\frac{r}{l}t)}{g(\frac{h}{l}t)+t^3}\mathrm{d}t$$

$$(7)\ p(r) = \frac{Q}{2\pi l^2}\int_0^\infty \frac{tJ_0(\frac{r}{l}t)g(\frac{h}{l}t)}{g(\frac{h}{l}t)+t^3}\mathrm{d}t$$

$$(8)\ A = \frac{1}{2\pi}\int_0^\infty \frac{t^2J_0(\frac{r}{l}t)}{g(\frac{h}{l}t)+t^3}\mathrm{d}t - B$$

$$(9)\ B = \frac{l}{2\pi r}\int_0^\infty \frac{tJ_1(\frac{r}{l}t)}{g(\frac{h}{l}t)+t^3}\mathrm{d}t$$

其中积分(6)和(7)收敛快,而积分(8)和(9)收敛慢。所以,需要对(8)和(9)这两个积分进行变换。积分(8)可变换为:

$$\int_0^{\infty}\frac{t^2J_0(\frac{r}{l}t)}{g(\frac{h}{l}t)+t^3}\mathrm{d}t=\int_0^{\infty}\frac{tJ_0(\frac{r}{l}t)}{1+t^2}\mathrm{d}t\int_0^{\infty}\frac{tJ_0(\frac{r}{l}t)[t-g(\frac{h}{l}t)]}{(1+t^2)[g(\frac{h}{l}t)+t^3]}\mathrm{d}t$$

其中，$\int_0^{\infty}\frac{tJ_0(\frac{\delta}{l}t)}{1+t^2}\mathrm{d}t=K_0(\frac{r}{l})$。

积分(9)可参照积分(5)的方法变换为如下表达式：

$$\int_0^{\infty}\frac{tJ_1(\frac{\delta}{l}t)}{g(\frac{h}{l}t)+t^3}\mathrm{d}t=\int_0^{\infty}\frac{t^2J_1(\frac{\delta}{l}t)}{(1+t^2)^2}\mathrm{d}t+\int_0^{\infty}\frac{J_1(\frac{r}{l}t)[2t^3-t^2g(\frac{h}{l}t)+t]}{(1+t^2)^2[g(\frac{h}{l}t)+t^3]}\mathrm{d}t$$

其中，$\int_0^{\infty}\frac{t^2J_1(\frac{r}{l}t)}{(1+t^2)^2}\mathrm{d}t=\frac{1}{2}\times\frac{r}{l}K_0(\frac{r}{l})$。

在进行数值积分时，其积分上限也按 7.4 节所述方法确定。

在上述变换中，遇到 $I_m(x)$ 和 $K_n(x)$，它们分别称为 m 阶第一类开尔文函数和 n 阶第二类开尔文函数，详情请参阅《特殊函数的积分变换》一书。

9.3 弹性半空间体地基上的双层板

在弹性半空间体地基上的双层弹性无限大薄板，称为弹性地基上的双层板。根据上下两层板接触面的不同假设，双层板可分为分离式双层板和结合式双层板。分离式双层板假定上下层板的接触面上完全光滑，而结合式则假定上下层板的接触面上完全连续。

9.3.1 弹性地基上分离式双层板

设弹性地基上的分离式双层板表面作用有圆形轴对称垂直荷载，如图 9-2a）所示。求解时，可将两层板和地基沿两个接触面切开成三个脱离体，如图 9-2b）所示。

在上层板的表面作用有已知的圆形轴对称荷载 $q(r)$，上层板底面作用有轴对称反力 $p_2(r)$，此界面反力 $p_2(r)$，又是下层板的表面荷载，在下层板底面作用有轴对称反力 $p_1(r)$，这个界面反力 $p_1(r)$，也是弹性半空间体的表面荷载。应该指出，$p_2(r)$、$p_1(r)$ 均为未知界面反力，可由已知荷载和结构体系的计算参数确定。

对于这种分离式双层板的求解，根据薄板小挠度理论，上层板和下层板的弹性曲面方程可由式(7-3-1)得出，它们分别为：

$$D_2\nabla^4w(r)=q(r)-p_2(r) \tag{1}$$

$$D_1\nabla^4w(r)=p_2(r)-p_1(r) \tag{2}$$

式中，D_2 和 D_1 分别为上层板和下层板的弯曲刚度，即

$$D_2=\frac{E_{C_2}h_{C_2}}{12(1-\mu_{C_2}^2)}$$

$$D_1=\frac{E_{C_1}h_{C_1}}{12(1-\mu_{C_1}^2)}$$

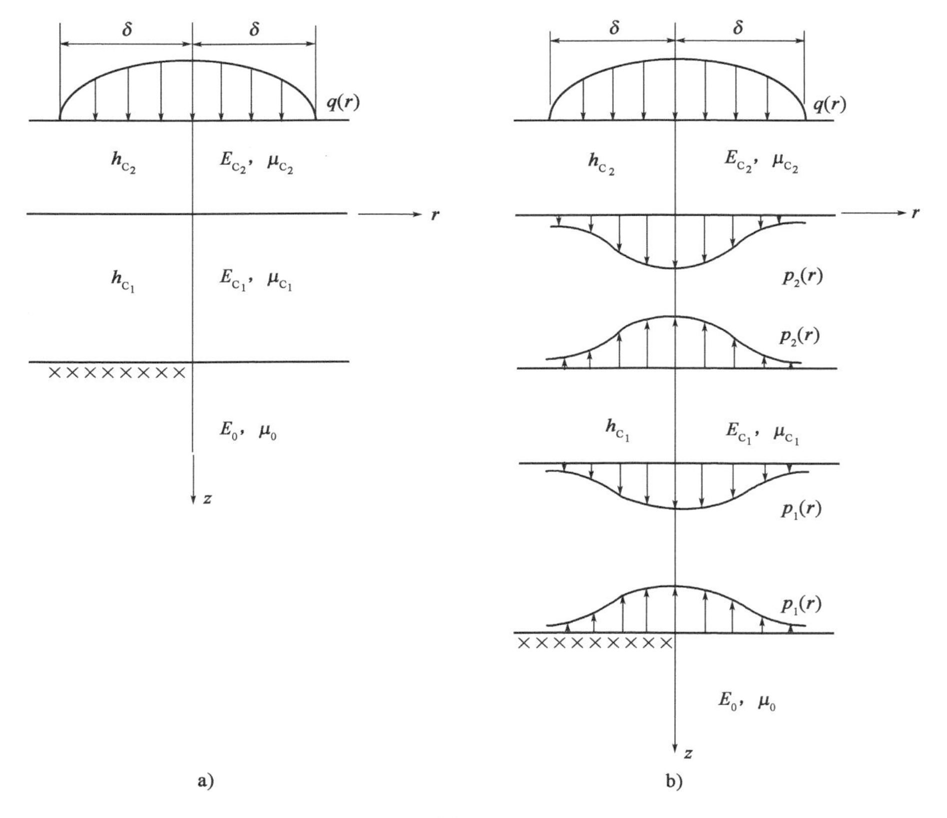

图 9-2

$w(r)$为板的挠度,按照薄板的假设,上层板和下层板的挠度相等,并等于地基表面的垂直位移。

若将式(1)和式(2)相加,则可得

$$(D_1 + D_2)\nabla^4 w(r) = q(r) - p_1(r)$$

再令

$$D = D_1 + D_2$$

则上式可改写为下式

$$D\nabla^4 w(r) = q(r) - p_1(r) \tag{9-3-1}$$

上式与弹性地基上单层板的弹性曲面方程相仿,因而可采用第 7 章所述方法求弹性地基上分离式双层板的解。根据式(7-3-6)和式(7-3-4),则可得

$$w(r) = \frac{2(1-\mu_0^2)}{E_0}\int_0^\infty \frac{\bar{q}(\xi)J_0(\xi r)}{1+l^3\xi^3}\mathrm{d}\xi \tag{9-3-2}$$

$$p_1(r) = \int_0^\infty \frac{\bar{q}(\xi)J_0(\xi r)}{1+l^3\xi^3}\mathrm{d}\xi \tag{9-3-3}$$

式中,$l = \sqrt[3]{\frac{2(1-\mu_0^2)D}{E_0}} = \sqrt[3]{\frac{1-\mu_0^2}{6E_0}\left(\frac{E_{C_2}h_{C_2}^3}{1-\mu_{C_2}^2} + \frac{E_{C_1}h_{C_1}^3}{1-\mu_{C_1}^2}\right)}$。

若将式(2)两端施加零阶亨格尔积分变换,并将下列关系式:

$$\bar{w}(\xi) = \frac{2(1-\mu_0^2)}{E_0}\frac{\bar{q}(\xi)}{\xi(1+l^3\xi^3)}$$

$$\bar{p}_1(\xi) = \frac{\bar{q}(\xi)}{1 + l^3\xi^3}$$

代入,则可得

$$\bar{p}_2(\xi) = \frac{(1 + l_1^3\xi^3)\bar{q}(\xi)J_0(\xi r)}{1 + l^3\xi^3} \tag{3}$$

式中,$l_1 = \sqrt[3]{\frac{2(1-\mu_0^2)D_1}{E_0}} = h_{C_1}\sqrt[3]{\frac{E_{C_1}(1-\mu_0^2)}{6(1-\mu_{C_1}^2)E_0}}$。

若对上式施加零阶的亨格尔积分反变换,则可得

$$p_2(r) = \int_0^{\infty}\xi\frac{\bar{q}(\xi)(1 + l_1^3\xi^3)J_0(\xi r)}{1 + l^3\xi^3}\mathrm{d}\xi \tag{9-3-4}$$

根据式(7-2-5)中的第一式和第二式,则可得上层板和下层板的弯矩分别为:

$$\begin{cases} M_{r_2} = l_2^3\int_0^{\infty}\frac{\bar{q}(\xi)}{1 + l^3\xi^3}\left[\xi J_0(\xi r) - \frac{1-\mu_{C_2}}{r}J_1(\xi r)\right]\mathrm{d}\xi \\ M_{\theta_2} = l_2^3\int_0^{\infty}\frac{\bar{q}(\xi)}{1 + l^3\xi^3}\left[\xi\mu_{C_2}J_0(\xi r) + \frac{1-\mu_{C_2}}{r}J_1(\xi r)\right]\mathrm{d}\xi \end{cases} \tag{4}$$

$$\begin{cases} M_{r_1} = l_1^3\int_0^{\infty}\frac{\bar{q}(\xi)}{1 + l^3\xi^3}\left[\xi J_0(\xi r) - \frac{1-\mu_{C_1}}{r}J_1(\xi r)\right]\mathrm{d}\xi \\ M_{\theta_1} = l_1^3\int_0^{\infty}\frac{\bar{q}(\xi)}{1 + l^3\xi^3}\left[\xi\mu_{C_1}J_0(\xi r) + \frac{1-\mu_{C_1}}{r}J_1(\xi r)\right]\mathrm{d}\xi \end{cases} \tag{5}$$

对于分离式双层板,上下层板承受的总弯矩为上下层板各自承受的弯矩之和,即

$$M_r = M_{r_2} + M_{r_1}$$

$$M_\theta = M_{\theta_2} + M_{\theta_1}$$

若将式(4)和式(5)代入上述两式,则可得

$$\begin{cases} M_r = \int_0^{\infty}\frac{\bar{q}(\xi)}{1 + l^3\xi^3}\left[\xi(l_2^3 + l_1^3)J_0(\xi r) - \frac{(1-\mu_{C_2})l_2^3 + (1-\mu_{C_1})l_1^3}{r}J_1(\xi r)\right]\mathrm{d}\xi \\ M_\theta = l_2^3\int_0^{\infty}\frac{\bar{q}(\xi)}{1 + l^3\xi^3}\left[\xi(\mu_{C_2}l_2^3 + \mu_{C_1}l_1^3)J_0(\xi r) + \frac{(1-\mu_{C_2})l_2^3 + (1-\mu_{C_1})l_1^3}{r}J_1(\xi r)\right]\mathrm{d}\xi \end{cases} \tag{9-3-5}$$

当 $\mu_{C_2} = \mu_{C_1} = \mu_C$ 时,并注意下列关系式:

$$l^3 = l_2^3 + l_1^3$$

则可得

$$\begin{cases} M_r = \int_0^{\infty}\frac{\bar{q}(\zeta)}{l^{-3} + \xi^3}\left[\xi J_0(\xi r) - \frac{1-\mu_C}{r}J_1(\xi r)\right]\mathrm{d}\xi \\ M_\theta = \int_0^{\infty}\frac{\bar{q}(\xi)}{l^{-3} + \xi^3}\left[\xi\mu_C J_0(\xi r) + \frac{1-\mu_C}{r}J_1(\xi r)\right]\mathrm{d}\xi \end{cases} \tag{9-3-6}$$

式中，$l = \sqrt[3]{\frac{1-\mu_0^2}{6(1-\mu_C^2)E_0}(E_{C_2}h_{C_2}^3 + E_{C_1}h_{C_1}^3)}$。

在上、下两层泊松系数相等的条件下，根据式(7-2-5)中的前两式，则可得上下两层板内弯矩与弯矩的关系式如下；

$$M_{r_2} = \frac{D_2}{D}M_r \qquad M_{\theta_2} = \frac{D_2}{D}M_\theta$$

$$M_{r_1} = \frac{D_1}{D}M_r \qquad M_{\theta_1} = \frac{D_1}{D}M_\theta$$

9.3.2 弹性半空间体地基上结合式双层板

弹性地基上结合式双层板求解较为困难，这里只介绍泊松比相等时的求解分析。很明显，当上下两层板完全紧密接触，如同一个单层板那样工作时，这也就是说，结合式双层板仅有一个中性面。根据双层板横断面上内力之和为零的条件，可求得该中性面的位置，即距 r 上层板表面的距离 h_0，如图 9-3 所示。

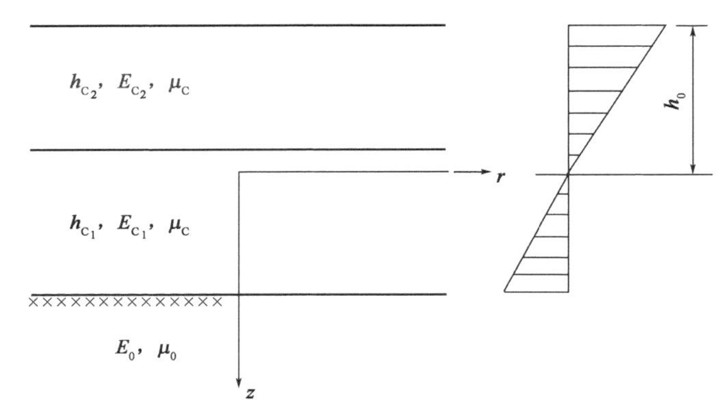

图 9-3

当上下两层板的泊松比相等($\mu_{C_2} = \mu_{C_1} = \mu_C$)时，合力为零的条件可表示为如下形式：

$$-\frac{E_{C_2}}{1-\mu_C^2}\left(\frac{d^2}{dr^2} - \frac{\mu_C}{r}\frac{d}{dr}\right)w\int_{-h_0}^{-(h_0-h_{C_2})} z dz - \frac{E_{C_1}}{1-\mu_C^2}\left(\frac{d^2}{dr^2} - \frac{\mu_C}{r}\frac{d}{dr}\right)w\int_{-(h_0-h_{C_2})}^{h_{C_1}-(h_0-h_{C_2})} z dz = 0$$

即

$$\frac{E_{C_2}}{2}z^2\Bigg|_{h_0}^{-(h_0-h_{C_2})} + \frac{E_{C_1}}{2}z^2\Bigg|_{-(h_0-h_{C_2})}^{h_{C_1}-(h_0-h_{C_2})} = 0$$

由上式求得中性面位置为：

$$h_0 = \frac{E_{C_2}h_{C_2}^2 + 2E_{C_1}h_{C_1}h_{C_2} + E_{C_1}h_{C_1}^2}{2(E_{C_2}h_{C_2} + E_{C_1}h_{C_1})}$$

结合式双层板所承受的总弯矩为：

$$M_r = -\frac{1}{1-\mu_C^2}\left(\frac{d^2 w}{dr^2} - \frac{\mu_C}{r}\frac{d}{dr}\right)\left[E_{C_2}\int_{-h_0}^{-(h_0-h_{C_2})} z^2 dz + E_{C_1}\int_{-(h_0-h_{C_2})}^{h_{C_1}-(h_0-h_{C_2})} z^2 dz\right]$$

$$M_\theta = -\frac{1}{1-\mu_C^2}\left(\mu_C\frac{d^2 w}{dr^2} - \frac{1}{r}\frac{dw}{dr}\right)\left[E_{C_2}\int_{-h_0}^{-(h_0-h_{C_2})} z^2 dz + E_{C_1}\int_{-(h_0-h_{C_2})}^{h_{C_1}-(h_0-h_{C_2})} z^2 dz\right]$$

若对上述两式进行积分，并令

$$D = \frac{E_{C_1}[(h_{C_1} + h_{C_2} - h_0)^3 - (h_{C_2} - h_0)^3] + E_{C_2}[(h_{C_2} - h_0)^3 + h_0^3]}{3(1-\mu_C^2)}$$

则可得

$$
\begin{cases}
M_{\mathrm{r}} = -D\left(\dfrac{\mathrm{d}^2 w}{\mathrm{d}r^2} - \dfrac{\mu_{\mathrm{C}}}{r}\dfrac{\mathrm{d}w}{\mathrm{d}r}\right) \\
M_{\theta} = -D\left(\mu_{\mathrm{C}}\dfrac{\mathrm{d}^2 w}{\mathrm{d}r^2} - \dfrac{1}{r}\dfrac{\mathrm{d}w}{\mathrm{d}r}\right)
\end{cases}
\tag{9-3-7}
$$

结合式双层板的挠度和反力表达式分别为：

$$
w(r) = \frac{2(1-\mu_0^2)}{E_0}\int_0^{\infty}\frac{\bar{q}(\xi)J_0(\xi r)}{1+l^3\xi^3}\mathrm{d}\xi \tag{9-3-8}
$$

$$
p(r) = \int_0^{\infty}\xi\frac{\bar{q}(\xi)J_0(\xi)r}{1+l^3\xi^3}\mathrm{d}\xi \tag{9-3-9}
$$

式中，$l = \sqrt[3]{\dfrac{2(1-\mu_0^2)}{3(1-\mu_{\mathrm{C}}^2)E_0}\{E_{\mathrm{C}_1}[(h_{\mathrm{C}_2}+h_{\mathrm{C}_1}-h_0)^3-(h_{\mathrm{C}_2}-h_0)^3]+E_{\mathrm{C}_2}[(h_{\mathrm{C}_2}-h_0)^3+h_0^3]\}}$。

若将式(9-3-8)代入式(9-3-7)，则可得

$$
\begin{aligned}
M_{\mathrm{r}} &= \int_0^{\infty}\frac{\bar{q}(\xi)}{l^{-3}+\xi^3}\left[\xi J_0(\xi r) - \frac{1-\mu_{\mathrm{C}}}{r}J_1(\xi r)\right]\mathrm{d}\xi \\
M_{\theta} &= \int_0^{\infty}\frac{\bar{q}(\xi)}{l^{-3}+\xi^3}\left[\xi\mu_{\mathrm{C}}J_0(\xi r) + \frac{1-\mu_{\mathrm{C}}}{r}J_1(\xi r)\right]\mathrm{d}\xi
\end{aligned}
\tag{9-3-10}
$$

如果需求上下层板的弯曲应力，注意下列关系式：

$$
\sigma_{\mathrm{r}} = \frac{E_{\mathrm{C}}z}{1-\mu_{\mathrm{C}}^2}\left(\frac{\mathrm{d}^2 w}{\mathrm{d}r^2} - \frac{\mu_{\mathrm{C}}}{r}\frac{\mathrm{d}w}{\mathrm{d}r}\right)
$$

$$
\sigma_{\theta} = \frac{E_{\mathrm{C}}z}{1-\mu_{\mathrm{C}}^2}\left(\mu_{\mathrm{C}}\frac{\mathrm{d}^2 w}{\mathrm{d}r^2} - \frac{1}{r}\frac{\mathrm{d}w}{\mathrm{d}r}\right)
$$

则可得到上层、下层板的弯曲应力如下：

$$
\sigma_{\mathrm{r}_2} = \frac{E_{\mathrm{C}_2}z}{(1-\mu_{\mathrm{C}}^2)D}M_{\mathrm{r}}
$$

$$
\sigma_{\theta_2} = \frac{E_{\mathrm{C}_2}z}{(1-\mu_{\mathrm{C}}^2)D}M_{\theta}
$$

$$
\sigma_{\mathrm{r}_1} = \frac{E_{\mathrm{C}_1}z}{(1-\mu_{\mathrm{C}}^2)D}M_{\mathrm{r}}
$$

$$
\sigma_{\theta_1} = \frac{E_{\mathrm{C}_1}z}{(1-\mu_{\mathrm{C}}^2)D}M_{\theta}
$$

当计算上层板底面的应力时，可取 $z = h_{\mathrm{C}_2} - h_0$；当计算下层板底面的应力时，应取 $z = h_{\mathrm{C}_2} + h_{\mathrm{C}_1} - h_0$。

在计算弹性半空间体地基上双层板的地基内应力与位移时，其应力与位移分量表达式，可按式(7-3-8)求得。

10 多层弹性体系的应力与位移分析

近几十年来,由于快速计算机的应用,以及力学理论和数值计算技术的发展,求解多层弹性体系的应力与位移表达式的算法日益增多。目前,多层弹性体系的计算程序,在美国有加里福尼亚研究所ELSYM程序,有切夫隆研究公司 CHEV-5L 程序,在荷兰阿姆斯特丹有壳牌研究工作组的 BISAR 程序,在澳大利亚有联邦科学与工业研究院的 GCP-1 程序,在中国有哈尔滨工业大学(原名为哈尔滨建筑大学)的 APDS97 程序等。

对于多层弹性体系理论的解析解,目前国内外共有五种解法:

(1)线性代数矩阵法;

(2)递推回代法;

(3)反力递推法;

(4)系数递推法;

(5)传递矩阵法。

线性代数矩阵法是一种常见的解法。国外多数学者都采用此法求解。国内也有梁贵纯、朱照宏等人采用线性代数矩阵法。该法的最大特点是:计算方法简洁,程序短小,不受层间接触条件的限制,通用性强,但计算时间较长,实用性差。

王凯提出的递推回代法,是一种半解析法,这种解法的理论基础是高斯消去法。

吴晋伟所提出的反力递推法,采用材料力学的截面法手段,分析多层弹性体系的解析解,求得层间反力的递推关系。这是一种力学概念清晰,计算方法简洁的解法。

系数递推法是由郭大智提出的多层弹性体系理论解法,它主要利用带状矩阵的特性,求得系数 A_i^V、B_i^V、C_i^V、D_i^V 的递推关系。应当指出,系数递推法发表后,西安空军工程学院姚炳卿教授也提出类似的解法。

钟阳教授提出的传递矩阵法,是一种解法独特、适用性较强的解法。但是,该解法从本质上讲与反力递推法、系数递推法无异,只是表现形式不同而已。

根据上述分析,本章主要介绍系数递推法和反力递推法。

10.1 多层弹性连续体系的系数递推法

设 n 层弹性连续体表面作用有圆形轴对称垂直荷载 $p(r)$,各层厚度、弹性模量和泊松比分别为 h_k、E_k、$\mu_k(k=1,2,3,\cdots,n-1)$,最下层为弹性半空间体,其弹性模量和泊松比分别用 E_n、μ_n 表示,如图 10-1所示。应当指出,弹性半空间体的弹性模量和泊松比,有时也采用 E_0 和 μ_0 表示。尤其在道路工程中,采用这种表示方法居多。

当柱面坐标系的坐标设置在多层弹性连续体系表面上,当坐标原点在荷载圆的中心处时,根据假设,表面边界条件可写成如下两式:

$$
\begin{cases}
\sigma_{z_1}^{V}\Big|_{z=0} = -p(r) \\
\tau_{zr_1}^{V}\Big|_{z=0} = 0
\end{cases}
$$

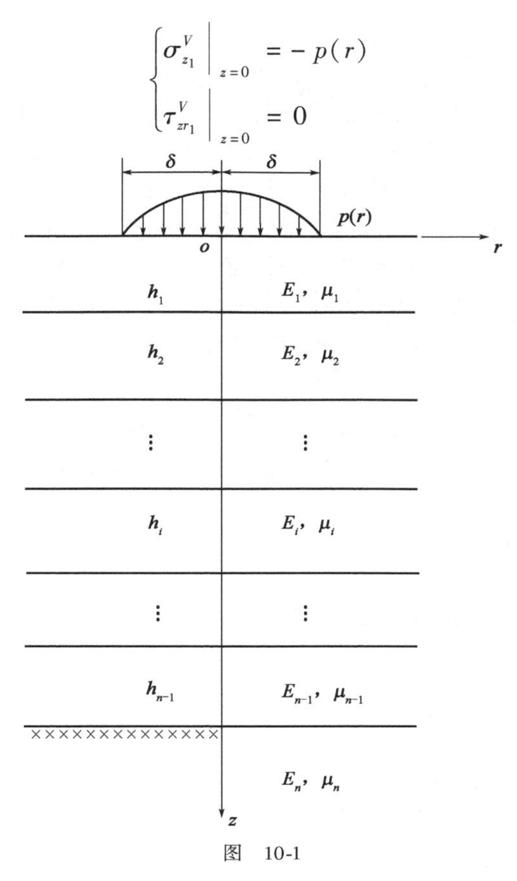

图　10-1

若采用应力和位移系数表示，则有如下两个表达式：

$$
\begin{cases}
p\,\bar{\sigma}_{z_1}^{V}\Big|_{z=0} = -p(x) \\
\bar{\tau}_{zr_1}^{V}\Big|_{z=0} = 0
\end{cases}
$$

若层间结合条件采用应力和位移分量表示，当 $k=1,2,3,\cdots,n-1$ 时，则层间连续条件可表示为如下形式：

$$
\begin{aligned}
\sigma_{z_k}^{V}\Big|_{z=H_k} &= \sigma_{z_{k+1}}^{V}\Big|_{z=H_k} \\
\tau_{zr_k}^{V}\Big|_{z=H_k} &= \tau_{zr_{k+1}}^{V}\Big|_{z=H_k} \\
u_k^{V}\Big|_{z=H_k} &= u_{k+1}^{V}\Big|_{z=H_k} \\
w_k^{V}\Big|_{z=H_k} &= w_{k+1}^{V}\Big|_{z=H_k}
\end{aligned}
$$

式中：k——层间接触面号（$k=1,2,3,\cdots,n-1$）；

H_k——累计厚度（cm），$H_k=\sum_{j=1}^{k}h_j$。

若层间结合条件采用应力和位移系数表示，则上述求解条件可以改写为如下表达式：

$$
\begin{aligned}
\bar{\sigma}_{z_k}^{V}\Big|_{z=H_k} &= \bar{\sigma}_{z_{k+1}}^{V}\Big|_{z=H_k} \\
\bar{\tau}_{zr_k}^{V}\Big|_{z=H_k} &= \bar{\tau}_{zr_k}^{V}\Big|_{z=H_k} \\
\frac{1+\mu_k}{E_k}\bar{u}_k^{V}\Big|_{z=H_k} &= \frac{1+\mu_{k+1}}{E_{k+1}}\bar{u}_{k+1}^{V}\Big|_{z=H_k}
\end{aligned}
$$

$$\frac{1+\mu_k}{E_k}\bar{w}_k^V\bigg|_{z=H_k}=\frac{1+\mu_{k+1}}{E_{k+1}}\bar{w}_{k+1}^V\bigg|_{z=H_k}$$

设多层弹性体系一共有 n 层,那么,在这个弹性体系中,一共有 n-1 个接触面,每个接触面均有上述4个结合条件,所有接触面上结合条件共有 $4(n-1)$ 个。加上表面两个边界条件,,共有 $4n-2$ 个定解条件。每一个条件可以列出一个方程式,因此,我们可以得到 $4n-2$ 个方程式组成的方程组。在 n 层弹性体系的轴对称问题中,每一层有4个未知量,故未知量一共有 $4n$ 个。根据无穷远处等于零的条件,在第 n 层中,恒有 $C_n=D_n\equiv 0$。这就是说,未知量共有 $4n-2$ 个。根据上述分析,本课题共有 $4n$-2 个方程和 $4n-2$ 个未知量,所以,这个联立方程组可解。为此,根据式(6-1-1),对上述应力和位移分量或系数的求解条件施加亨格尔积分变换,则可得

(1)表面边界条件下

$$A_1^V+(1-2\mu_1)B_1^V-C_1^V+(1-2\mu_1)D_1^V=-1 \tag{1-1}$$

$$A_1^V-2\mu_1B_1^V+C_1^V+2\mu_1D_1^V=0 \tag{1-2}$$

(2)层间接触条件下

对于 $k=1,2,3,\cdots,n-1$,则有

$$\left[A_k^V+\left(1-2\mu_k+\frac{H_k}{\delta}x\right)B_k^V\right]e^{-2\frac{H_k}{\delta}x}-C_k^V+\left(1-2\mu_k-\frac{H_k}{\delta}x\right)D_k^V$$

$$=\left[A_{k+1}^V+\left(1-2\mu_{k+1}+\frac{H_k}{\delta}x\right)B_{k+1}^V\right]e^{-2\frac{H_k}{\delta}x}-C_{k+1}^V+\left(1-2\mu_{k+1}-\frac{H_k}{\delta}x\right)D_{k+1}^V \tag{2-1′}$$

$$\left[A_k^V-\left(2\mu_k-\frac{H_k}{\delta}x\right)B_k^V\right]e^{-2\frac{H_k}{\delta}x}+C_k^V+\left(2\mu_k+\frac{H_k}{\delta}x\right)D_k^V$$

$$=\left[A_{k+1}^V-\left(2\mu_2-\frac{H_k}{\delta}x\right)B_{k+1}^V\right]e^{-2\frac{H_k}{\delta}x}+C_{k+1}^V+\left(2\mu_{k+1}+\frac{H_k}{\delta}x\right)D_{k+1}^V \tag{2-2′}$$

$$m_k\left\{\left[A_k^V-\left(1-\frac{H_k}{\delta}x\right)B_k^V\right]e^{-2\frac{H_k}{\delta}x}-C_k^V-\left(1+\frac{H_k}{\delta}x\right)D_k^V\right\}$$

$$=\left[A_{k+1}^V-\left(1-\frac{H_k}{\delta}x\right)B_{k+1}^V\right]e^{-2\frac{H_k}{\delta}x}-C_{k+1}^V-\left(1+\frac{H_k}{\delta}x\right)D_{k+1}^V \tag{2-3′}$$

$$m_k\left\{\left[A_k^V+\left(2-4\mu_k+\frac{H_k}{\delta}x\right)B_k^V\right]e^{-2\frac{H_k}{\delta}x}+C_k^V-\left(2-4\mu_k-\frac{H_k}{\delta}x\right)D_k^V\right\}$$

$$=\left[A_{k+1}^V+\left(2-4\mu_{k+1}+\frac{H_k}{\delta}x\right)B_{k+1}^V\right]e^{-2\frac{H_k}{\delta}x}+C_{k+1}^V-\left(2-4\mu_{k+1}-\frac{H_k}{\delta}x\right)D_{k+1}^V \tag{2-4′}$$

式中,$m_k=\dfrac{(1+\mu_k)E_{k+1}}{(1+\mu_{k+1})E_k}$,$k=1,2,3,\cdots,n-1$。

式(2-1′)±式(2-2′),则可得

$$\left[2A_k^V+\left(1-4\mu_k+2\frac{H_k}{\delta}x\right)B_k^V\right]e^{-2\frac{H_k}{\delta}x}+D_k^V=\left[2A_{k+1}^V+\left(1-4\mu_{k+1}+2\frac{H_k}{\delta}x\right)B_{k+1}^V\right]e^{-2\frac{H_k}{\delta}x}+D_{k+1}^V \tag{2-1″}$$

$$B_k^Ve^{-2\frac{H_k}{\delta}x}-2C_k^V+\left(1-4\mu_k-2\frac{H_k}{\delta}x\right)D_k^V=B_{k+1}^Ve^{-2\frac{H_k}{\delta}x}-2C_{k+1}^V+\left(1-4\mu_{k+1}-2\frac{H_k}{\delta}x\right)D_{k+1}^V \tag{2-2″}$$

式(2-4′)±式(2-3′),则有

$$m_k\left\{\left[2A_k^V+\left(1-4\mu_k+2\frac{H_k}{\delta}x\right)B_k^V\right]e^{-2\frac{H_k}{\delta}x}-(3-4\mu_k)D_k^V\right\}$$

$$=\left[2A_{k+1}^V+\left(1-4\mu_{k+1}+2\frac{H_k}{\delta}x\right)B_{k+1}^V\right]e^{-2\frac{H_k}{\delta}x}-(3-4\mu_{k+1})D_{k+1}^V \tag{2-3″}$$

$$m_k\{[(3-4\mu_k)B_k^V e^{-2\frac{H_k}{\delta}x}+2C_k^V-(1-4\mu_k-2\frac{H_k}{\delta}x)D_k^V\}$$

$$=(3-4\mu_{k+1}^V)B_{k+1}^V e^{-2\frac{H_k}{\delta}x}+2C_{k+1}^V-(1-4\mu_{k+1}-2\frac{H_k}{\delta}x)D_{k+1}^V \tag{2-4''}$$

$(3-4\mu_{k+1})\times$式(2-1″)+式(2-3″),则可得

$$2(3-4\mu_{k+1}+m_k)A_k^V e^{-2\frac{H_k}{\delta}x}+(3-4\mu_{k+1}+m_k)(1-4\mu_k+2\frac{H_k}{\delta}x)B_k^V e^{-2\frac{H_k}{\delta}x}+[(3-4\mu_{k+1})-(3-4\mu_k)m_k]D_k^V$$

$$=4(1-\mu_{k+1})[2A_{k+1}^V+(1-4\mu_{k+1}+2\frac{H_k}{\delta}x)B_{k+1}^V]e^{-2\frac{H_k}{\delta}x}$$

若令

$$L_k=\frac{(3-4\mu_{k+1})-(3-4\mu_k)m_k}{3-4\mu_{k+1}+m_k}$$

$$T_k=\frac{3-4\mu_{k+1}+m_k}{4(1-\mu_{k+1})}$$

则上式可改写为如下形式:

$$T_k[2A_k^V e^{-2\frac{H_k}{\delta}x}+(1-4\mu_k+2\frac{H_k}{\delta}x)B_k^V e^{-2\frac{H_k}{\delta}x}+L_kD_k^V]=[2A_{k+1}^V+(1-4\mu_{k+1}+2\frac{H_k}{\delta}x)B_{k+1}^V]e^{-2\frac{H_k}{\delta}x} \tag{2-1'''}$$

式(2-2″)+式(2-4″),则有

$$[1+(3-4\mu_k)m_k]B_k^V e^{-2\frac{H_k}{\delta}x}-2(1-m_k)C_k^V+(1-m_k)(1-4\mu_k-2\frac{H_k}{\delta}x)D_k^V=4(1-\mu_{k+1})B_{k+1}^V e^{-2\frac{H_k}{\delta}x}$$

若令

$$M_k=\frac{1-m_k}{1+(3-4\mu_k)m_k}$$

$$V_k=\frac{1+(3-4\mu_k)m_k}{4(1-\mu_{k+1})}$$

则可得

$$V_k[B_k^V e^{-2\frac{H_k}{\delta}x}-2M_kC_k^V+(1-4\mu_k-2\frac{H_k}{\delta}x)M_kD_k^V]=B_{k+1}^V e^{-2\frac{H_k}{\delta}x}$$

即

$$B_{k+1}^V=V_k[B_k^V e^{-2\frac{H_k}{\delta}x}-2M_kC_k^V+(1-4\mu_k-2\frac{H_k}{\delta}x)M_kD_k^V]e^{-2\frac{H_k}{\delta}x} \tag{2-2}$$

$(3-4\mu_{k+1})\times$式(2-2″)-式(2-4″),则可得

$$[(3-4_{k+1})-(3-4\mu_k)m_k]B_k^V e^{-2\frac{H_k}{\delta}x}-2[(3-4\mu_{k+1})+m_k]C_k^V+[(3-4\mu_{k+1})+m_k](1-4\mu_k-2\frac{H_k}{\delta}x)D_k^V$$

$$=-4(1-\mu_{k+1})[2C_{k+1}^V-(1-4\mu_{k+1}-2\frac{H_k}{\delta}x)D_{k+1}^V]$$

即

$$T_k[L_kB_k^V e^{-2\frac{H_k}{\delta}x}-2C_k^V+(1-4\mu_k-2\frac{H_k}{\delta}x)D_k^V]=-2C_{k+1}^V+(1-4\mu_{k+1}-2\frac{H_k}{\delta}x)D_{k+1}^V \tag{2-3'''}$$

式(2-1″)-式(2-3″),则有

$$2(1-m_k)A_k^V e^{-2\frac{H_k}{\delta}x}+(1-m_k)(1-4\mu_k+2\frac{H_k}{\delta}x)B_k^V e^{-2\frac{H_k}{\delta}x}+[1+(3-4\mu_k)m_k]D_k^V=4(1-\mu_{k+1})D_{k+1}^V$$

即

$$D_{k+1}=V_k\{[2M_kA_k^V+M_k(1-4\mu_k+2\frac{H_k}{\delta}x)B_k^V]e^{-2\frac{H_k}{\delta}x}+D_k^V\} \tag{2-4}$$

若将式(2-2)代入式(2-1‴),则可得

$$A_{k+1}^V=\frac{T_k}{2}[2A_k^V e^{-2\frac{H_k}{\delta}x}+(1-4\mu_k+2\frac{H_k}{\delta}x)B_k^V e^{-2\frac{H_k}{\delta}x}+L_kD_k^V]e^{2\frac{H_k}{\delta}x}-\frac{1}{2}(1-4\mu_{k+1}+2\frac{H_k}{\delta}x)B_{k+1}^V$$

$$=\{\frac{T_k}{2}[2A_k^V e^{-2\frac{H_k}{\delta}x}+(1-4\mu_k+2\frac{H_k}{\delta}x)B_k^V e^{-2\frac{H_k}{\delta}x}+L_kD_k^V]-\frac{V_k}{2}(1-4\mu_{k+1}+2\frac{H_k}{\delta}x)\times[B_k^V e^{-2\frac{H_k}{\delta}x}-2M_kC_k^V+$$

$$(1-4\mu_k-2\frac{H_k}{\delta}x)M_kD_k^V]\}e^{2\frac{H_k}{\delta}x}$$

$$=\{T_kA_k^V e^{-2\frac{H_k}{\delta}x}+\frac{1}{2}[1-4\mu_k+2\frac{H_k}{\delta}x)T_k-(1-4\mu_{k+1}+2\frac{H_k}{\delta}x)V_k]B_k^V e^{-2\frac{H_k}{\delta}x}+$$

$$(1-4\mu_{k+1}+2\frac{H_k}{\delta}x)V_kM_kC_k^V+\frac{1}{2}[T_kL_k-(1-4\mu_k-2\frac{H_k}{\delta}x)\times(1-4\mu_{k+1}+2\frac{H_k}{\delta}x)V_kM_k]D_k^V\}e^{2\frac{H_k}{\delta}x}$$

即

$$A_{k+1}^V=\{T_kA_k^V e^{-2\frac{H_k}{\delta}x}+\frac{1}{2}[((1-4\mu_k+2\frac{H_k}{\delta}x)T_k-(1-4\mu_{k+1}+2\frac{H_k}{\delta}x)V_k]B_k^V e^{-2\frac{H_k}{\delta}x}+$$

$$(1-4\mu_{k+1}+2\frac{H_k}{\delta}x)V_kM_kC_k^V+\frac{1}{2}[T_kL_k-(1-4\mu_k-2\frac{H_k}{\delta}x)\times(1-4\mu_{k+1}+2\frac{H_k}{\delta}x)V_kM_k]D_k^V\}e^{2\frac{H_k}{\delta}x} \tag{2-1}$$

式(2-4)代入式(2-3‴),则有

$$C_{k+1}^V=\frac{1}{2}(1-4\mu_{k+1}-2\frac{H_k}{\delta}x)D_{k+1}^V-\frac{T_k}{2}[L_kB_k^V e^{-2\frac{H_k}{\delta}x}-2C_k^V+(1-4\mu_k-2\frac{H_k}{\delta}x)D_k^V]$$

$$=\frac{V_k}{2}(1-4\mu_{k+1}-2\frac{H_k}{\delta}x)\{[2M_kA_k^V+(1-4\mu_k+2\frac{H_k}{\delta}x)M_kB_k^V]e^{-2\frac{H_k}{\delta}x}+D_k^V\}-$$

$$\frac{T_k}{2}[L_kB_k^V e^{-2\frac{H_k}{\delta}x}-2C_k^V+(1-4\mu_k-2\frac{H_k}{\delta}x)D_k^V]$$

$$=(1-4\mu_{k+1}-2\frac{H_k}{\delta}x)V_kM_kA_k^V e^{-2\frac{H_k}{\delta}x}+\frac{1}{2}[(1-4\mu_k+2\frac{H_k}{\delta}x)V_kM_k\times$$

$$(1-4\mu_{k+1}-2\frac{H_k}{\delta}x)-T_kL_k]B_k^V e^{-2\frac{H_k}{\delta}x}+T_kC_k^V+$$

$$\frac{1}{2}[(1-4\mu_{k+1}-2\frac{H_k}{\delta}x)V_k-(1-4\mu_k-2\frac{H_k}{\delta}x)T_k]D_k^V$$

即

$$C_{k+1}^V=(1-4\mu_{k+1}-2\frac{H_k}{\delta}x)V_kM_kA_k^V e^{-2\frac{H_k}{\delta}x}+\frac{1}{2}[(1-4\mu_k+2\frac{H_k}{\delta}x)\times$$

$$(1-4\mu_{k+1}-2\frac{H_k}{\delta}x)V_kM_k-T_kL_k]B_k^V e^{-2\frac{H_k}{\delta}x}+T_kC_k^V+$$

$$\frac{1}{2}[(1-4\mu_{k+1}-2\frac{H_k}{\delta}x)V_k-(1-4\mu_k-2\frac{H_k}{\delta}x)T_k]D_k^V \tag{2-3}$$

若令

$$P_k^{11} = T_k$$

$$P_k^{12} = \frac{1}{2}[(1-4\mu_k+2\frac{H_k}{\delta}x)T_k-(1-4\mu_{k+1}+2\frac{H_k}{\delta}x)V_k]$$

$$P_k^{13} = (1-4\mu_{k+1}+2\frac{H_k}{\delta}x)V_kM_k$$

$$P_k^{14} = \frac{1}{2}[T_kL_k-(1-4\mu_k-2\frac{H_k}{\delta}x)(1-4\mu_{k+1}+2\frac{H_k}{\delta}x)V_kM_k]$$

$$P_k^{21} = 0$$

$$P_k^{22} = V_k$$

$$P_k^{23} = -2V_kM_k$$

$$P_k^{24} = (1-4\mu_k-2\frac{H_k}{\delta}x)V_kM_k$$

$$P_k^{31} = (1-4\mu_{k+1}-2\frac{H_k}{\delta}x)V_kM_k$$

$$P_k^{32} = \frac{1}{2}[(1-4\mu_k+2\frac{H_k}{\delta}x)(1-4\mu_{k+1}-2\frac{H_k}{\delta}x)V_kM_k-T_kL_k]$$

$$P_k^{33} = T_k$$

$$P_k^{34} = \frac{1}{2}[(1-4\mu_{k+1}-2\frac{H_k}{\delta}x)V_k-(1-4\mu_k-2\frac{H_k}{\delta}x)T_k]$$

$$P_k^{41} = 2V_kM_k$$

$$P_k^{42} = (1-4\mu_k+2\frac{H_k}{\delta}x)V_kM_k$$

$$P_k^{43} = 0$$

$$P_k^{44} = V_k$$

那么,式(2-1)、式(2-2)、式(2-3)和式(2-4)就可以改写为第 k 接触面上、下两层之间的系数递推关系式,如下:

$$A_{k+1}^V = (P_k^{11}e^{-2\frac{H_k}{\delta}x}A_k^V+P_k^{12}e^{-2\frac{H_k}{\delta}x}B_k^V+P_k^{13}C_k^V+P_k^{14}D_k^V)e^{2\frac{H_k}{\delta}x}$$

$$B_{k+1}^V = (P_k^{21}e^{-2\frac{H_k}{\delta}x}A_k^V+P_k^{22}e^{-2\frac{H_k}{\delta}x}B_k^V+P_k^{23}C_k^V+P_k^{24}D_k^V)e^{2\frac{H_k}{\delta}x}$$

$$C_{k+1}^V = P_k^{31}e^{-2\frac{H_k}{\delta}x}A_k^V+P_k^{32}e^{-2\frac{H_k}{\delta}x}B_k^V+P_k^{33}C_k^V+P_k^{34}D_k^V$$

$$D_{k+1}^V = P_k^{41}e^{-2\frac{H_k}{\delta}x}A_k^V+P_k^{42}e^{-2\frac{H_k}{\delta}x}B_k^V+P_k^{43}C_k^V+P_k^{44}D_k^V$$

其中,$k=1,2,3,\cdots,n-1$。

根据上述分析可知,下一层系数 A_{k+1}^V、B_{k+1}^V、C_{k+1}^V、D_{k+1}^V,可用上一层系数 A_k^V、B_k^V、C_k^V、D_k^V 表示。这种递推关系说明,第二层系数 A_2^V、B_2^V、C_2^V、D_2^V,可以用第一层系数 A_1^V、B_1^V、C_1^V、D_1^V 表示;第三层系数 A_3^V、B_3^V、C_3^V、D_3^V,可用第二层系数 A_2^V、B_2^V、C_2^V、D_2^V 表示;而第二层系数 A_2^V、B_2^V、C_2^V、D_2^V,又可用第一层系数 A_1^V、B_1^V、C_1^V、D_1^V 表示。这也就是说,第三层系数 A_3^V、B_3^V、C_3^V 、D_3^V 的表达式,也可用第一层系数 A_1^V、B_1^V、C_1^V、D_1^V 表示;由此类推,第 n 层系数 A_n^V、B_n^V、C_n^V、D_n^V,可用第一层系数 A_1^V、B_1^V、C_1^V、D_1^V 表示。但应该注意的是,$C_n^V=D_n^V=0$。对此,我们将在下面作详细的分析:

当 $k=1$ 时,可得

$$A_2^V=(P_1^{11}e^{-2\frac{H_1}{\delta}x}A_1^V+P_1^{12}e^{-2\frac{H_1}{\delta}x}B_1^V+P_1^{13}C_1^V+P_1^{14}D_1^V)e^{2\frac{H_1}{\delta}x}$$

$$B_2^V=(P_1^{21}e^{-2\frac{H_1}{\delta}x}A_1^V+P_1^{22}e^{-2\frac{H_1}{\delta}x}B_1^V+P_1^{23}C_1^V+P_1^{24}D_1^V)e^{2\frac{H_1}{\delta}x}$$

$$C_2^V=P_1^{31}e^{-2\frac{H_1}{\delta}x}A_1^V+P_1^{32}e^{-2\frac{H_1}{\delta}x}B_1^V+P_1^{33}C_1^V+P_1^{34}D_1^V$$

$$D_2^V=P_1^{41}e^{-2\frac{H_1}{\delta}x}A_1^V+P_1^{42}e^{-2\frac{H_1}{\delta}x}B_1^V+P_1^{43}C_1^V+P_1^{44}D_1^V$$

又令

$$R_1^{il}=P_1^{jl}\quad(j,l=1,2,3,4)$$

则上述四式可改写为如下形式:

$$A_2^V=(R_1^{11}e^{-2\frac{H_1}{\delta}x}A_1^V+R_1^{12}e^{-2\frac{H_1}{\delta}x}B_1^V+R_1^{13}C_1^V+R_1^{14}D_1^V)e^{2\frac{H_1}{\delta}x}$$

$$B_2^V=(R_1^{21}e^{-2\frac{H_1}{\delta}x}A_1^V+R_1^{22}e^{-2\frac{H_1}{\delta}x}B_1^V+R_1^{23}C_1^V+R_1^{24}D_1^V)e^{2\frac{H_1}{\delta}x}$$

$$C_2^V=R_1^{31}e^{-2\frac{H_1}{\delta}x}A_1^V+R_1^{32}e^{-2\frac{H_1}{\delta}x}B_1^V+R_1^{33}C_1^V+R_1^{34}D_1^V$$

$$D_2^V=R_1^{41}e^{-2\frac{H_1}{\delta}x}A_1^V+R_1^{42}e^{-2\frac{H_1}{\delta}x}B_1^V+R_1^{43}C_1^V+R_1^{44}D_1^V$$

当 $k=2$ 时,有

$$A_3^V=(P_2^{11}e^{-2\frac{H_2}{\delta}x}A_2^V+P_2^{12}e^{-2\frac{H_2}{\delta}x}B_2^V+P_2^{13}C_2^V+P_2^{14}D_2^V)e^{2\frac{H_2}{\delta}x}$$

$$B_3^V=(P_2^{21}e^{-2\frac{H_2}{\delta}x}A_2^V+P_2^{22}e^{-2\frac{H_2}{\delta}x}B_2^V+P_2^{23}C_2^V+P_2^{24}D_2^V)e^{2\frac{H_2}{\delta}x}$$

$$C_3^V=P_2^{31}e^{-2\frac{H_2}{\delta}x}A_2^V+P_2^{32}e^{-2\frac{H_2}{\delta}x}B_2^V+P_2^{33}C_2^V+P_2^{34}D_2^V$$

$$D_3^V=P_2^{41}e^{-2\frac{H_2}{\delta}x}A_2^V+P_2^{42}e^{-2\frac{H_2}{\delta}x}B_2^V+P_2^{43}C_2^V+P_2^{44}D_2^V$$

又将系数 A_2^V、B_2^V、C_2^V、D_2^V 表达式代入上述四式,则可得

$$\begin{aligned}A_3^V=&[P_2^{11}e^{-2\frac{H_2}{\delta}x}(R_1^{11}e^{-2\frac{H_1}{\delta}x}A_1^V+R_1^{12}e^{-2\frac{H_1}{\delta}x}B_1^V+R_1^{13}C_1^V+R_1^{14}D_1^V)e^{2\frac{H_1}{\delta}x}+\\&P_2^{12}e^{-2\frac{H_2}{\delta}x}(R_1^{21}e^{-2\frac{H_1}{\delta}x}A_1^V+R_1^{22}e^{-2\frac{H_1}{\delta}x}B_1^V+R_1^{23}C_1^V+R_1^{24}D_1^V)e^{2\frac{H_1}{\delta}x}+\\&P_2^{13}(R_1^{31}e^{-2\frac{H_1}{\delta}x}A_1^V+R_1^{32}e^{-2\frac{H_1}{\delta}x}B_1^V+R_1^{33}C_1^V+R_1^{34}D_1^V)+\\&P_2^{14}(R_1^{41}e^{-2\frac{H_1}{\delta}x}A_1^V+R_1^{42}e^{-2\frac{H_1}{\delta}x}B_1^V+R_1^{43}C_1^V+R_1^{44}D_1^V)]e^{2\frac{H_2}{\delta}x}\\=&[(P_2^{11}R_1^{11}e^{-2\frac{h_2}{\delta}x}+P_2^{12}R_1^{21}e^{-2\frac{h_2}{\delta}x}+P_1^{13}R_1^{31}+P_1^{14}R_1^{41})e^{-2\frac{H_1}{\delta}x}A_1^V+\\&(P_2^{11}R_1^{12}e^{-2\frac{h_2}{\delta}x}+P_2^{12}R_1^{22}e^{-2\frac{h_2}{\delta}x}+P_2^{13}R_1^{32}+P_2^{14}R_2^{42})e^{-2\frac{H_1}{\delta}x}B_1^V+\\&(P_2^{11}R_1^{13}e^{-2\frac{h_2}{\delta}x}+P_2^{12}R_1^{23}e^{-2\frac{h_2}{\delta}x}+P_2^{13}R_1^{33}+P_2^{14}R_1^{43})C_1^V+\\&(P_2^{11}R_1^{14}e^{-2\frac{h_2}{\delta}x}+P_2^{12}R_1^{24}e^{-2\frac{h_2}{\delta}x}+P_2^{13}R_1^{34}+P_2^{14}R_1^{44})D_1^V]e^{2\frac{H_2}{\delta}x}\end{aligned}$$

当 $j,l=1,2,3,4$ 时,令

$$R_2^{jl}=P_2^{j1}R_1^{1l}e^{-2\frac{h_2}{\delta}+}+P_2^{j2}R_1^{2l}e^{-2\frac{h_2}{\delta}x}+P_2^{j3}R_1^{3l}+P_2^{j4}R_1^{4l}$$

则上式可改写为下式:

$$A_3^V=(R_2^{11}e^{-2\frac{H_1}{\delta}x}A_1^V+R_2^{12}e^{-2\frac{H_1}{\delta}x}B_1^V+R_2^{13}C_1^V+R_2^{14}D_1^V)e^{2\frac{H_2}{\delta}x}$$

同理,可得

$$B_3^V=(R_2^{21}e^{-2\frac{H_1}{\delta}x}A_1^V+R_2^{22}e^{-2\frac{H_1}{\delta}x}B_1^V+R_2^{23}C_1^V++R_2^{24}D_1^V)e^{2\frac{H_2}{\delta}x}$$

$$C_3^V=R_2^{31}e^{-2\frac{H_1}{\delta}x}A_1^V+R_2^{32}e^{-2\frac{H_1}{\delta}x}B_1^V+R_2^{33}C_1^V+R_2^{34}D_1^V$$

$$D_3^V=R_2^{41}e^{-2\frac{H_1}{\delta}x}A_1^V+R_2^{42}e^{-2\frac{H_1}{\delta}x}B_1^V+R_2^{43}C_1^V+R_2^{44}D_1^V$$

若用通式表示,当 $i = 2,3,\cdots,n$ 时,可得

$$\begin{cases}A_i^V = (R_{i-1}^{11}e^{-2\frac{H_1}{\delta}x}A_1^V + R_{i-1}^{12}e^{-2\frac{H_1}{\delta}x}B_1^V + R_{i-1}^{13}C_1^V + R_{i-1}^{14}D_1^V)e^{2\frac{H_{i-1}}{\delta}x} \\ B_i^V = (R_{i-1}^{21}e^{-2\frac{H_1}{\delta}x}A_1^V + R_{i-1}^{22}e^{-2\frac{H_1}{\delta}x}B_1^V + R_{i-1}^{23}C_1^V + R_{i-1}^{24}D_1^V)e^{2\frac{H_{i-1}}{\delta}x} \\ C_i^V = R_{i-1}^{31}e^{-2\frac{H_1}{\delta}x}A_1^V + R_{i-1}^{32}e^{-2\frac{H_1}{\delta}x}B_1^V + R_{i-1}^{33}C_1^V + R_{i-1}^{34}D_1^V \\ D_i^V = R_{i-1}^{41}e^{-2\frac{H_1}{\delta}x}A_1^V + R_{i-1}^{42}e^{-2\frac{H_1}{\delta}x}B_1^V + R_{i-1}^{43}C_1^V + R_{i-1}^{44}D_1^V\end{cases}$$

式中,对于 $k = 1,2,3,\cdots,n-1, j,l = 1,2,3,4$,有

$$R_k^{jl} = \begin{cases}P_k^{jl} & (k = 1) \\ P_k^{j1}R_{k-1}^{1l}e^{-2\frac{h_k}{\delta}x} + P_k^{j2}R_{k-1}^{2l}e^{-2\frac{h_k}{\delta}x} + P_k^{j3}R_{k-1}^{3l} + P_k^{j4}R_{k-1}^{4l} & (k \neq 1)\end{cases}$$

由于 $H_1 = h_1$,所以上述四式又可改写为如下四式:

$$\begin{cases}A_i^V = (R_{i-1}^{11}e^{-2\frac{h_1}{\delta}x}A_1^V + R_{i-1}^{12}e^{-2\frac{h_1}{\delta}x}B_1^V + R_{i-1}^{13}C_1^V + R_{i-1}^{14}D_1^V)e^{2\frac{H_{i-1}}{\delta}x} \\ B_i^V = (R_{i-1}^{21}e^{-2\frac{h_1}{\delta}x}A_1^V + R_{i-1}^{22}e^{-2\frac{h_1}{\delta}x}B_1^V + R_{i-1}^{23}C_1^V + R_{i-1}^{24}D_1^V)e^{2\frac{H_{i-1}}{\delta}x} \\ C_i^V = R_{i-1}^{31}e^{-2\frac{h_1}{\delta}x}A_1^V + R_{i-1}^{32}e^{-2\frac{h_1}{\delta}x}B_1^V + R_{i-1}^{33}C_1^V + R_{i-1}^{34}D_1^V \\ D_i^V = R_{i-1}^{41}e^{-2\frac{h_1}{\delta}x}A_1^V + R_{i-1}^{42}e^{-2\frac{h_1}{\delta}x}B_1^V + R_{i-1}^{43}C_1^V + R_{i-1}^{44}D_1^V\end{cases} \tag{10-1-1}$$

当 $i = n$ 时,根据上述四式中的第三式和第四式,并注意 $C_n^V = D_n^V = 0$,则可得

$$R_{n-1}^{31}e^{-2\frac{h_1}{\delta}x}A_1^V + R_{n-1}^{32}e^{-2\frac{h_1}{\delta}x}B_1^V + R_{n-1}^{33}C_1^V + R_{n-1}^{34}D_1^V = 0 \tag{1-3}$$

$$R_{n-1}^{41}e^{-2\frac{h_1}{\delta}x}A_1^V + R_{n-1}^{42}e^{-2\frac{h_1}{\delta}x}B_1^V + R_{n-1}^{43}C_1^V + R_{n-1}^{44}D_1^V = 0 \tag{1-4}$$

如果我们将式(1-1)、式(1-2)与式(1-3)、式(1-4)的四个表达式:

$$A_1^V + (1-2\mu_1)B_1^V - C_1^V + (1-2\mu_1)D_1^V = -1$$

$$A_1^V - 2\mu_1 B_1^V + C_1^V + 2\mu_1 D_1^V = 0$$

$$R_{n-1}^{31}e^{-2\frac{h_1}{\delta}x}A_1^V + R_{n-1}^{32}e^{-2\frac{h_1}{\delta}x}B_1^V + R_{n-1}^{33}C_1^V + R_{n-1}^{34}D_1^V = 0$$

$$R_{n-1}^{41}e^{-2\frac{h_1}{\delta}x}A_1^V + R_{n-1}^{42}e^{-2\frac{h_1}{\delta}x}B_1^V + R_{n-1}^{43}C_1^V + R_{n-1}^{44}D_1^V = 0$$

联立,采用行列式理论中的克莱姆法则求解上述线性方程组,其共同分母行列式可表示为如下形式:

$$D_C = \begin{vmatrix}1 & 1-2\mu_1 & -1 & 1-2\mu_1 \\ 1 & -2\mu_1 & 1 & 2\mu_1 \\ R_{n-1}^{31}e^{-2\frac{h_1}{\delta}x} & R_{n-1}^{32}e^{-2\frac{h_1}{\delta}x} & R_{n-1}^{33} & R_{n-1}^{34} \\ R_{n-1}^{41}e^{-2\frac{h_1}{\delta}x} & R_{n-1}^{42}e^{-2\frac{h_1}{\delta}x} & R_{n-1}^{43} & R_{n-1}^{44}\end{vmatrix}$$

$$= \begin{vmatrix}1 & 0 & 0 & 0 \\ 1 & -1 & 2 & -(1-4\mu_1) \\ R_{n-1}^{31}e^{-2\frac{h_1}{\delta}x} & [R_{n-1}^{32} - (1-2\mu_1)R_{n-1}^{31}]e^{-2\frac{h_1}{\delta}x} & R_{n-1}^{33} + R_{n-1}^{31}e^{-2\frac{h_1}{\delta}x} & R_{n-1}^{34} - (1-2\mu_1)R_{n-1}^{31}e^{-2\frac{h_1}{\delta}x} \\ R_{n-1}^{41}e^{-2\frac{h_1}{\delta}x} & [R_{n-1}^{42} - (1-2\mu_1)R_{n-1}^{41}]e^{-2\frac{h_1}{\delta}x} & R_{n-1}^{43} + R_{n-1}^{41}e^{-2\frac{h_1}{\delta}x} & R_{n-1}^{44} - (1-2\mu_1)R_{n-1}^{41}e^{-2\frac{h_1}{\delta}x}\end{vmatrix}$$

$$
= \begin{vmatrix} -1 & 2 & -(1-4\mu_1) \\ [R_{n-1}^{32} - (1-2\mu_1)R_{n-1}^{31}]e^{-2\frac{h_1}{\delta}x} & R_{n-1}^{33} + R_{n-1}^{31}e^{-2\frac{h_1}{\delta}x} & R_{n-1}^{34} - (1-2\mu_1)R_{n-1}^{31}e^{-2\frac{h_1}{\delta}x} \\ [R_{n-1}^{42} - (1-2\mu_1)R_{n-1}^{41}]e^{-2\frac{h_1}{\delta}x} & R_{n-1}^{43} + R_{n-1}^{41}e^{-2\frac{h_1}{\delta}x} & R_{n-1}^{44} - (1-2\mu_1)R_{n-1}^{41}e^{-2\frac{h_1}{\delta}x} \end{vmatrix}
$$

$$
= \begin{vmatrix} -1 & 0 & 0 \\ [R_{n-1}^{32} - (1-2\mu_1)R_{n-1}^{31}]e^{-2\frac{h_1}{\delta}x} & R_{n-1}^{33} + [2R_{n-1}^{32} - (1-4\mu_1)R_{n-1}^{31}]e^{-2\frac{h_1}{\delta}x} & R_{n-1}^{34} - [(1-4\mu_1)R_{n-1}^{32} + 4\mu_1(1-2\mu_1)R_{n-1}^{31}]e^{-2\frac{h_1}{\delta}x} \\ [R_{n-1}^{42} - (1-2\mu_1)R_{n-1}^{41}]e^{-2\frac{h_1}{\delta}x} & R_{n-1}^{43} + [2R_{n-1}^{42} - (1-4\mu_1)R_{n-1}^{41}]e^{-2\frac{h_1}{\delta}x} & R_{n-1}^{44} - [(1-4\mu_1)R_{n-1}^{42} + 4\mu_1(1-2\mu_1)R_{n-1}^{41}]e^{-2\frac{h_1}{\gamma}x} \end{vmatrix}
$$

$$
= -\begin{vmatrix} R_{n-1}^{33} + [2R_{n-1}^{32} - (1-4\mu_1)R_{n-1}^{31}]e^{-2\frac{h_1}{\delta}x} & R_{n-1}^{34} - [(1-4\mu_1)R_{n-1}^{32} + 4\mu_1(1-2\mu_1)R_{n-1}^{31}]e^{-2\frac{h_1}{\delta}x} \\ R_{n-1}^{43} + [2R_{n-1}^{42} - (1-4\mu_1)R_{n-1}^{41}]e^{-2\frac{h_1}{\delta}x} & R_{n-1}^{44} - [(1-4\mu_1)R_{n-1}^{42} + 4\mu_1(1-2\mu_1)R_{n-1}^{41}]e^{-2\frac{h_1}{\delta}x} \end{vmatrix}
$$

$$
= -\{[R_{n-1}^{33} + 2R_{n-1}^{32}e^{-2\frac{h_1}{\delta}x} - (1-4\mu_1)R_{n-1}^{31}e^{-2\frac{h_1}{\delta}x}] \times [R_{n-1}^{44} - (1-4\mu_1)R_{n-1}^{42}e^{-2\frac{h_1}{\delta}x} -
$$

$$
4\mu_1(1-2\mu_1)R_{n-1}^{41}e^{-2\frac{h_1}{\delta}x}] - [R_{n-1}^{43} + 2R_{n-1}^{42}e^{-2\frac{h_1}{\delta}x} - (1-4\mu_1)R_{n-1}^{41}e^{-2\frac{h_1}{\delta}x}] \times [R_{n-1}^{34} - (1-4\mu_1)R_{n-1}^{32}e^{-2\frac{h_1}{\delta}x} -
$$

$$
4\mu_1(1-2\mu_1)R_{n-1}^{31}e^{-2\frac{h_1}{\delta}x}]\}
$$

若将上述表达式加以逐项展开,并重新整理,则可得

$$
D_C = (R_{n-1}^{33}R_{n-1}^{44} - R_{n-1}^{34}R_{n-1}^{43}) + (1-4\mu_1)(R_{n-1}^{32}R_{n-1}^{43} - R_{n-1}^{33}R_{n-1}^{42})e^{-2\frac{h_1}{\delta}x} + \frac{1}{2}[1-(1-4\mu_1)^2] \times
$$

$$
(R_{n-1}^{31}R_{n-1}^{43} - R_{n-1}^{33}R_{n-1}^{41})e^{-2\frac{h_1}{\delta}x} + 2(R_{n-1}^{32}R_{n-1}^{44} - R_{n-1}^{34}R_{n-1}^{42})e^{-2\frac{h_1}{\delta}x} - (1-4\mu_1)(R_{n-1}^{31}R_{n-1}^{44} -
$$

$$
R_{n-1}^{34}R_{n-1}^{41})e^{-2\frac{h_1}{\delta}x} + (R_{n-1}^{31}R_{n-1}^{42} - R_{n-1}^{32}R_{n-1}^{41})e^{-4\frac{h_1}{\delta}x}
$$

若令

$$
\Delta_C = (R_{n-1}^{33}R_{n-1}^{44} - R_{n-1}^{34}R_{n-1}^{43}) + \{2(R_{n-1}^{32}R_{n-1}^{44} - R_{n-1}^{34}R_{n-1}^{42}) + \frac{1}{2}[1-(1-4\mu_1)^2](R_{n-1}^{31}R_{n-1}^{43} - R_{n-1}^{33}R_{n-1}^{41}) -
$$

$$
(1-4\mu_1)(R_{n-1}^{31}R_{n-1}^{44} - R_{n-1}^{34}R_{n-1}^{41}) + (1-4\mu_1)(R_{n-1}^{32}R_{n-1}^{43} - R_{n-1}^{33}R_{n-1}^{42})\}e^{-2\frac{h_1}{\delta}x} + (R_{n-1}^{31}R_{n-1}^{42} - R_{n-1}^{32}R_{n-1}^{41})e^{-4\frac{h_1}{\delta}x}
$$

则可得

$$
D_C = -\Delta_C
$$

在计算行列式时,可以采用降阶法,根据初等变换方法,求解这个行列式。首先,在四阶行列式的某一行或某一列中,使得某一个元素不为零,其余三个元素均为零。这样,可使其变成三阶行列式。在三阶行列式中,仍然采用降阶法使其变成二阶行列式。这时,二阶行列式就能求出该四阶行列式的计算结果。

根据行列式理论的克莱姆法则,系数 A_1^V 表达式可求得如下:

$$
A_1^V = \frac{1}{D_C}\begin{vmatrix} -1 & 1-2\mu_1 & -1 & 1-2\mu_1 \\ 0 & -2\mu_1 & 1 & 2\mu_1 \\ 0 & R_{n-1}^{32}e^{-2\frac{h_1}{\delta}x} & R_{n-1}^{33} & R_{n-1}^{34} \\ 0 & R_{n-1}^{42}e^{-2\frac{h_1}{\delta}x} & R_{n-1}^{43} & R_{n-1}^{44} \end{vmatrix}
$$

采用降阶法,利用初等变换方法,则可得

$$A_1^V=-\frac{1}{\Delta_C}\{2\mu_1(R_{n-1}^{33}R_{n-1}^{44}-R_{n-1}^{34}R_{n-1}^{43})+[(R_{n-1}^{32}R_{n-1}^{44}-R_{n-1}^{34}R_{n-1}^{42})-2\mu_1(R_{n-1}^{32}R_{n-1}^{43}-R_{n-1}^{33}R_{n-1}^{42})]e^{-2\frac{h_1}{\delta}x}\}$$

根据行列式理论的克莱姆法则,系数 B_1^V 表达式可求得如下:

$$B_1^V=\frac{1}{D_C}\begin{vmatrix}1 & -1 & -1 & 1-2\mu_1\\ 1 & 0 & 1 & 2\mu_1\\ R_{n-1}^{31}e^{-2\frac{h_1}{\delta}x} & 0 & R_{n-1}^{33} & R_{n-1}^{34}\\ R_{n-1}^{41}e^{-2\frac{h_1}{\delta}x} & 0 & R_{n-1}^{43} & R_{n-1}^{44}\end{vmatrix}$$

采用降阶法,利用初等变换方法,则可得

$$B_1^V=-\frac{1}{\Delta_C}\{(R_{n-1}^{33}R_{n-1}^{44}-R_{n-1}^{34}R_{n-1}^{43})-[(R_{n-1}^{31}R_{n-1}^{44}-R_{n-1}^{34}R_{n-1}^{41})-2\mu_1(R_{n-1}^{31}R_{n-1}^{43}-R_{n-1}^{33}R_{n-1}^{41})]e^{-2\frac{h_1}{\delta}x}\}$$

根据行列式理论的克莱姆法则,系数 C_1^V 表达式可求得如下:

$$C_1^V=\frac{1}{D_C}\begin{vmatrix}1 & 1-2\mu_1 & -1 & 1-2\mu_1\\ 1 & -2\mu_1 & 0 & 2\mu_1\\ R_{n-1}^{31}e^{-2\frac{h_1}{\delta}x} & R_{n-1}^{32}e^{-2\frac{h_1}{\delta}x} & 0 & R_{n-1}^{34}\\ R_{n-1}^{41}e^{-2\frac{h_1}{\delta}x} & R_{n-1}^{42}e^{-2\frac{h_1}{\delta}x} & 0 & R_{n-1}^{44}\end{vmatrix}$$

采用降阶法,利用初等变换方法,则可得

$$C_1^V=\frac{e^{-2\frac{h_1}{\delta}x}}{\Delta_C}[(R_{n-1}^{32}R_{n-1}^{44}-R_{n-1}^{34}R_{n-1}^{42})+2\mu_1(R_{n-1}^{31}R_{n-1}^{44}-R_{n-1}^{34}R_{n-1}^{41})+2\mu_1(R_{n-1}^{31}R_{n-1}^{42}-R_{n-1}^{32}R_{n-1}^{41})e^{-2\frac{h_1}{\delta}x}]$$

根据行列式理论的克莱姆法则,系数 D_1^V 表达式可求得如下:

$$D_1^V=\frac{1}{D_C}\begin{vmatrix}1 & 1-2\mu_1 & -1 & -1\\ 1 & -2\mu_1 & 1 & 0\\ R_{n-1}^{31}e^{-2\frac{h_1}{\delta}x} & R_{n-1}^{32}e^{-2\frac{h_1}{\delta}x} & R_{n-1}^{33} & 0\\ R_{n-1}^{41}e^{-2\frac{h_1}{\delta}x} & R_{n-1}^{42}e^{-2\frac{h_1}{\delta}x} & R_{n-1}^{43} & 0\end{vmatrix}$$

采用求解行列式的降阶法,利用初等变换方法,则可得

$$D_1^V=-\frac{e^{-2\frac{h_1}{\delta}x}}{\Delta_C}[(R_{n-1}^{32}R_{n-1}^{43}-R_{n-1}^{33}R_{n-1}^{42})+2\mu_1(R_{n-1}^{31}R_{n-1}^{43}-R_{n-1}^{33}R_{n-1}^{41})+(R_{n-1}^{31}R_{n-1}^{42}-R_{n-1}^{32}R_{n-1}^{41})e^{-2\frac{h_1}{\delta}x}]$$

根据上述分析,第一层系数表达式可汇总如下:

$$\begin{cases} A_1^V = -\dfrac{1}{\Delta_C}\{2\mu_1(R_{n-1}^{33}R_{n-1}^{44} - R_{n-1}^{34}R_{n-1}^{43}) + [(R_{n-1}^{32}R_{n-1}^{44} - R_{n-1}^{34}R_{n-1}^{42}) - 2\mu_1(R_{n-1}^{32}R_{n-1}^{43} - R_{n-1}^{33}R_{n-1}^{42})]e^{-2\frac{h_1}{\delta}x}\} \\ B_1^V = -\dfrac{1}{\Delta_C}\{(R_{n-1}^{33}R_{n-1}^{44} - R_{n-1}^{34}R_{n-1}^{43}) - [(R_{n-1}^{31}R_{n-1}^{44} - R_{n-1}^{34}R_{n-1}^{41}) - 2\mu_1(R_{n-1}^{31}R_{n-1}^{43} - R_{n-1}^{33}R_{n-1}^{41})]e^{-2\frac{h_1}{\delta}x}\} \\ C_1^V = \dfrac{1}{\Delta_C}[(R_{n-1}^{32}R_{n-1}^{44} - R_{n-1}^{34}R_{n-1}^{42}) + 2\mu_1(R_{n-1}^{31}R_{n-1}^{44} - R_{n-1}^{34}R_{n-1}^{41}) + 2\mu_1(R_{n-1}^{31}R_{n-1}^{42} - R_{n-1}^{32}R_{n-1}^{41})e^{-2\frac{h_1}{\delta}x}]e^{-2\frac{h_1}{\delta}x} \\ D_1^V = -\dfrac{1}{\Delta_C}[(R_{n-1}^{32}R_{n-1}^{43} - R_{n-1}^{33}R_{n-1}^{42}) + 2\mu_1(R_{n-1}^{31}R_{n-1}^{43} - R_{n-1}^{33}R_{n-1}^{41}) + (R_{n-1}^{31}R_{n-1}^{42} - R_{n-1}^{32}R_{n-1}^{41})e^{-2\frac{h_1}{\delta}x}]e^{-2\frac{h_1}{\delta}x} \end{cases} \tag{10-1-2}$$

根据本节的定解解条件,求得多层弹性连续体系的系数 A_i^V、B_i^V、C_i^V、$D_i^V(i=1,2,\cdots,n)$表达式后,这些系数表达式是否正确,需要进行检验。为此,我们同时采用验根法和对比法进行验证。

10.1.1 验根法

所谓“验根法”,就是将求得的系数表达式代入由求解条件所确定的方程式中,如果满足原方程式的要求,那么,它表明系数表达式完全正确;否则,不满足原方程的要求,这就需要检查系数表达式的错误之处。

(1)检验第一层 A_1^V、B_1^V、C_1^V、$D_1^V(i=1,2,\cdots,n)$的系数表达式

若将第一层系数 A_1^V、B_1^V、C_1^V、D_1^V 表达式代入式(1-2)左端,则可得

$$\begin{aligned} \text{式(1-2)左端} &= A_1^V - 2\mu_1 B_1^V + C_1^V + 2\mu_1 D_1^V \\ &= -\frac{1}{\Delta_C}\{2\mu_1(R_{n-1}^{33}R_{n-1}^{44} - R_{n-1}^{34}R_{n-1}^{43}) + [(R_{n-1}^{32}R_{n-1}^{44} - R_{n-1}^{34}R_{n-1}^{42}) - 2\mu_1(R_{n-1}^{32}R_{n-1}^{43} - \\ &\quad R_{n-1}^{33}R_{n-1}^{42})]e^{-2\frac{h_1}{\delta}x}\} + \frac{2\mu_1}{\Delta_C}\{(R_{n-1}^{33}R_{n-1}^{44} - R_{n-1}^{34}R_{n-1}^{43}) - [(R_{n-1}^{31}R_{n-1}^{44} - R_{n-1}^{34}R_{n-1}^{41}) - \\ &\quad 2\mu_1(R_{n-1}^{31}R_{n-1}^{43} - R_{n-1}^{33}R_{n-1}^{41})]e^{-2\frac{h_1}{\delta}x}\} + \frac{e^{-2\frac{h_1}{\delta}x}}{\Delta_C}[(R_{n-1}^{32}R_{n-1}^{44} - R_{n-1}^{34}R_{n-1}^{42}) + 2\mu_1(R_{n-1}^{31}R_{n-1}^{44} - \\ &\quad R_{n-1}^{34}R_{n-1}^{41}) + 2\mu_1(R_{n-1}^{31}R_{n-1}^{42} - R_{n-1}^{32}R_{n-1}^{41})e^{-2\frac{h_1}{\delta}x}] - \frac{2\mu_1 e^{-2\frac{h_1}{\delta}x}}{\Delta_C}[(R_{n-1}^{32}R_{n-1}^{43} - R_{n-1}^{33}R_{n-1}^{42}) + \\ &\quad 2\mu_1(R_{n-1}^{31}R_{n-1}^{43} - R_{n-1}^{33}R_{n-1}^{41}) + (R_{n-1}^{31}R_{n-1}^{42} - R_{n-1}^{32}R_{n-1}^{41})e^{-2\frac{h_1}{\delta}x}] \\ &= -\frac{1}{\Delta_C}[2\mu_1(R_{n-1}^{33}R_{n-1}^{44} - R_{n-1}^{34}R_{n-1}^{43}) + (R_{n-1}^{32}R_{n-1}^{44} - R_{n-1}^{34}R_{n-1}^{42})e^{-2\frac{h_1}{\delta}x} - 2\mu_1(R_{n-1}^{32}R_{n-1}^{43} - \\ &\quad R_{n-1}^{33}R_{n-1}^{42})e^{-2\frac{h_1}{\delta}x} - 2\mu_1(R_{n-1}^{33}R_{n-1}^{44} - R_{n-1}^{34}R_{n-1}^{43}) + 2\mu_1(R_{n-1}^{31}R_{n-1}^{44} - R_{n-1}^{34}R_{n-1}^{41})e^{-2\frac{h_1}{\delta}x} - \\ &\quad 4\mu_1^2(R_{n-1}^{31}R_{n-1}^{43} - R_{n-1}^{33}R_{n-1}^{41})e^{-2\frac{h_1}{\delta}x} - (R_{n-1}^{32}R_{n-1}^{44} - R_{n-1}^{34}R_{n-1}^{42})e^{-2\frac{h_1}{\delta}x} - 2\mu_1(R_{n-1}^{31}R_{n-1}^{44} - \\ &\quad R_{n-1}^{34}R_{n-1}^{41})e^{-2\frac{h_1}{\delta}x} - 2\mu_1(R_{n-1}^{31}R_{n-1}^{42} - R_{n-1}^{32}R_{n-1}^{41})e^{-4\frac{h_1}{\delta}x} + 2\mu_1(R_{n-1}^{32}R_{n-1}^{43} - R_{n-1}^{33}R_{n-1}^{42})e^{-2\frac{h_1}{\delta}x} + \\ &\quad 4\mu_1^2(R_{n-1}^{31}R_{n-1}^{43} - R_{n-1}^{33}R_{n-1}^{41})e^{-2\frac{h_1}{\delta}x} + 2\mu_1(R_{n-1}^{31}R_{n-1}^{42} - R_{n-1}^{32}R_{n-1}^{41})e^{-4\frac{h_1}{x}x}] = 0 \end{aligned}$$

根据上述分析,则可知

$$\text{式(1-2)左端} = 0 = \text{式(1-2)右端}$$

(2)检验第 $i(i=2,3,4,\cdots,n)$层系数表达式

为了便于计算,我们将式(2-1′):

$$\begin{aligned} &[A_k^V + (1-2\mu_k + \frac{H_k}{\delta}x)B_k^V]e^{-2\frac{H_k}{\delta}x} - C_k^V + (1-2\mu_k - \frac{H_k}{\delta}x)D_k^V \\ &= [A_{k+1}^V + (1-2\mu_{k+1} + \frac{H_k}{\delta}x)B_{k+1}^V]e^{-2\frac{H_k}{\delta}x} - C_{k+1}^V + (1-2\mu_{k+1} - \frac{H_k}{\delta}x)D_{k+1}^V \end{aligned}$$

中的 k 和 $k+1$,改写为 $i-1$ 和 i,这样式(2-1′)可改写为下式:

$$[A_{i-1}^V+(1-2\mu_{i-1}+\frac{H_{i-1}}{\delta}x)B_{i-1}^V]e^{-2\frac{H_{i-1}}{\delta}x}-C_{i-1}^V+(1-2\mu_{i-1}-\frac{H_{i-1}}{\delta}x)D_{i-1}^V$$

$$=[A_i^V+(1-2\mu_i+\frac{H_{i-1}}{\delta}x)B_i^V]e^{-2\frac{H_{i-1}}{\delta}x}-C_i^V+(1-2\mu_i-\frac{H_{i-1}}{\delta}x)D_i^V \tag{A}$$

当 $i=2,3,4,\cdots,n$ 时,若将下述表达式:

$$A_i^V=(P_{i-1}^{11}e^{-2\frac{H_{i-1}}{\delta}x}A_{i-1}^V+P_{i-1}^{12}e^{-2\frac{H_{i-1}}{\delta}x}B_{i-1}^V+P_{i-1}^{13}C_{i-1}^V+P_{i-1}^{14}D_{i-1}^V)e^{2\frac{H_{i-1}}{\delta}x}$$

$$B_i^V=(P_{i-1}^{21}e^{-2\frac{H_{i-1}}{\delta}x}A_{i-1}^V+P_{i-1}^{22}e^{-2\frac{H_{i-1}}{\delta}x}B_{i-1}^V+P_{i-1}^{23}C_{i-1}^V+P_{i-1}^{24}D_{i-1}^V)e^{2\frac{H_{i-1}}{\delta}x}$$

$$C_i^V=P_{i-1}^{31}e^{-2\frac{H_{i-1}}{\delta}x}A_{i-1}^V+P_{i-1}^{32}e^{-2\frac{H_{i-1}}{\delta}x}B_{i-1}^V+P_{i-1}^{33}C_{i-1}^V+P_{i-1}^{34}D_{i-1}^V$$

$$D_i^V=P_{i-1}^{41}e^{-2\frac{H_{i-1}}{\delta}x}A_{i-1}^V+P_{i-1}^{42}e^{-2\frac{H_{i-1}}{\delta}x}B_{i-1}^V+P_{i-1}^{43}C_{i-1}^V+P_{i-1}^{44}D_{i-1}^V$$

代入式(A)右端,并注意 $P_{i-1}^{21}=P_{i-1}^{43}=0$,则可得

$$\text{式(A)右端}=(P_{i-1}^{11}e^{-2\frac{H_{i-1}}{\delta}x}A_{i-1}^V+P_{i-1}^{12}e^{-2\frac{H_{i-1}}{\delta}x}B_{i-1}^V+P_{i-1}^{13}C_{i-1}^V+P_{i-1}^{14}D_{i-1}^V)e^{2\frac{H_{i-1}}{\delta}x}+(1-2\mu_i+\frac{H_{i-1}}{\delta}x)(P_{i-1}^{22}e^{-2\frac{H_{i-1}}{\delta}x}B_{i-1}^V+P_{i-1}^{23}C_{i-1}^V+P_{i-1}^{24}D_{i-1}^V)e^{2\frac{H_{i-1}}{\delta}x}-(P_{i-1}^{31}e^{-2\frac{H_{i-1}}{\delta}x}A_{i-1}^V+P_{i-1}^{32}e^{-2\frac{H_{i-1}}{\delta}x}B_{i-1}^V+P_{i-1}^{33}C_{i-1}^V+P_{i-1}^{34}D_{i-1}^V)+(1-2\mu_1-\frac{H_{i-1}}{\delta}x)(P_{i-1}^{41}e^{-2\frac{H_{i-1}}{\delta}x}A_{i-1}^V+P_{i-1}^{42}e^{-2\frac{H_{i-1}}{\delta}x}B_{i-1}^V+P_{i-1}^{44}D_{i-1}^V)$$

上式按系数 A_{i-1}^V、B_{i-1}^V、C_{i-1}^V、D_{i-1}^V 分类合并,并将 $P_{i-1}^{jl}(j,l=1,2,3,4)$ 代入,则可得

$$\text{式(A)右端}=(T_{i-1}+M_{i-1}V_{i-1})e^{-2\frac{H_{i-1}}{\delta}x}A_{i-1}^V+[(\frac{1}{2}-2\mu_{i-1}+\frac{H_{i-1}}{\delta}x)(T_{i-1}+M_{i-1}V_{i-1})+\frac{1}{2}(V_{i-1}+T_{i-1}L_{i-1})]e^{-2\frac{H_{i-1}}{\delta}x}B_{i-1}^V-(V_{i-1}M_{i-1}+T_{i-1})C_{i-1}^V+[\frac{1}{2}(T_{i-1}L_{i-1}+V_{i-1})+(\frac{1}{2}-2\mu_{i-1}-\frac{H_{i-1}}{\delta}x)(T_{i-1}+V_{i-1}M_{i-1})]D_{i-1}^V$$

又将据下述表达式:

$$T_{i-1}+V_{i-1}M_{i-1}=\frac{3-4\mu_i+m_{i-1}}{4(1-\mu_i)}+\frac{1+(3-4\mu_{i-1})m_{i-1}}{4(1-\mu_i)}\times\frac{1-m_{i-1}}{1+(3-4\mu_{i-1})m_{i-1}}$$

$$=\frac{3-4\mu_i+m_{i-1}}{4(1-\mu_i)}+\frac{1-m_{i-1}}{4(1-\mu_i)}=1$$

$$T_{i-1}L_{i-1}+V_{i-1}=\frac{3-4\mu_i+m_{i-1}}{4(1-\mu_i)}\times\frac{(3-4\mu_i)-(3-4\mu_{i-1})}{3-4\mu_i+m_{i-1}}+\frac{1+(3-4\mu_{i-1})m_{i-1}}{4(1-\mu_i)}$$

$$=\frac{(3-4\mu_i)-(3-4\mu_{i-1})m_{i-1}}{4(1-\mu_i)}+\frac{1+(3-4\mu_{i-1})m_{i-1}}{4(1-\mu_i)}=1$$

则式(A)右端可改写为下式:

$$\text{式(A)右端}=[A_{i-1}^V+(1-2\mu_{i-1}+\frac{H_{i-1}}{\delta}x)B_{i-1}^V]e^{-2\frac{H_{i-1}}{\delta}x}-C_{i-1}^V+(1-2\mu_{i-1}-\frac{H_{i-1}}{\delta}x)D_{i-1}^V=\text{式(A)左端}$$

根据上述分析,则可知

式(A)左端=式(A)右端

即

式(2-1′)左端=式(2-1′)右端

10.1.2　系数对比法

当 $n=2$ 时,多层弹性连续体系可以转变为双层弹性连续体系。这时有 $H_1=h_1=h$,其他各个系数可简化为:

$$M_1 = M, L_1 = L, \Delta_C = -T_1 V_1 \Delta_{2C}$$

当 $n=2$ 时,并注意 $P_1^{jl} = R_1^{jl}(j,l=1,2,3,4)$,则多层弹性连续体系的第一层系数 A_1^V、B_1^V、C_1^V、D_1^V 表达式可以改写为如下形式:

$$A_1^V = -\frac{1}{\Delta_C}\{2\mu_1(P_1^{33}P_1^{44} - P_1^{34}P_1^{43}) + [(P_1^{32}P_1^{44} - P_1^{34}P_1^{42}) - 2\mu_1(P_1^{32}P_1^{43} - P_1^{33}P_1^{42})]e^{-2\frac{h_1}{\delta}x}\}$$

$$B_1^V = -\frac{1}{\Delta_C}\{(P_1^{33}P_1^{44} - P_1^{34}P_1^{43}) - [(P_1^{31}P_1^{44} - P_1^{34}P_1^{41}) - 2\mu_1(P_1^{31}P_1^{43} - P_1^{33}P_1^{41})]e^{-2\frac{h_1}{\delta}x}\}$$

$$C_1^V = \frac{e^{-2\frac{h_1}{\delta}x}}{\Delta_C}[(P_1^{32}P_1^{44} - P_1^{34}P_1^{42}) + 2\mu_1(P_1^{31}P_1^{44} - P_1^{34}P_1^{41}) + 2\mu_1(P_1^{31}P_1^{42} - P_1^{32}P_1^{41})e^{-2\frac{h_1}{\delta}x}]$$

$$D_1^V = -\frac{e^{-2\frac{h_1}{\delta}x}}{\Delta_C}[(P_1^{32}P_1^{43} - P_1^{33}P_1^{42}) + 2\mu_1(P_1^{31}P_1^{43} - P_1^{33}P_1^{41}) + (P_1^{31}P_1^{42} - P_1^{32}P_1^{41})e^{-2\frac{h_1}{\delta}x}]$$

再将 $P_1^{jl}(j,l=1,2,3,4)$ 表达式代入上述表达式,并注意 $\Delta_C = -T_1V_1\Delta_{2C}$,则可得第一层系数表达式如下:

$$A_1^V = \frac{1}{2\Delta_{2C}}\{[(1-4\mu_1+2\frac{h_1}{\delta}x)(1-2\frac{h_1}{\delta}x)M_1 - L_1]e^{-2\frac{h_1}{\delta}x} + 4\mu_1\}$$

$$B_1^V = -\frac{1}{\Delta_{2C}}[(1-2\frac{h_1}{\delta}x)M_1e^{-2\frac{h_1}{\delta}x} - 1]$$

$$C_1^V = -\frac{1}{2\Delta_{2C}}[(1-4\mu_1-2\frac{h_1}{\delta}x)(1+2\frac{h_1}{\delta}x)M_1 - L_1 + 4\mu_1L_1M_1e^{-2\frac{h_1}{\delta}x}]e^{-2\frac{h_1}{\delta}x}$$

$$D_1^V = -\frac{1}{\Delta_{2C}}[(1+2\frac{h_1}{\delta}x) - L_1e^{-2\frac{h_1}{\delta}x}]M_1e^{-2\frac{h_1}{\delta}x}$$

根据双层弹性连续体系分析,第一层系数表达式可表示为如下形式:

$$A_1^V = \frac{1}{2\Delta_{2C}}\{[(1-4\mu_1+2\frac{h}{\delta}x)(1-2\frac{h}{\delta}x)M - L]e^{-2\frac{h}{\delta}x} + 4\mu_1\}$$

$$D_1^V = -\frac{1}{\Delta_{2C}}[(1+2\frac{h}{\delta}x) - Le^{-2\frac{h}{\delta}x}]Me^{-2\frac{h}{\delta}x}$$

$$C_1^V = -\frac{1}{2\Delta_{2C}}[(1-4\mu_1-2\frac{h}{\delta}x)(1+2\frac{h}{\delta}x)M - L + 4\mu_1LMe^{-2\frac{h}{\delta}x}]e^{-2\frac{h}{\delta}x}$$

$$D_1^V = -\frac{1}{\Delta_{2C}}[(1+2\frac{h}{\delta}x) - Le^{-2\frac{h}{\delta}x}]Me^{-2\frac{h}{\delta}x}$$

由于 $M_1 = M, L_1 = L, h_1 = h$,所以两者的第一层(上层)系数表达式完全相等。

当 $2 \leqslant i \leqslant n$ 时,多层弹性连续体系中第 i 层系数表达式可用下述公式表示:

$$A_i^V = (R_{i-1}^{11}e^{-2\frac{H_1}{\delta}x}A_1^V + R_{i-1}^{12}e^{-2\frac{H_1}{\delta}x}B_1^V + R_{i-1}^{13}C_1^V + R_{i-1}^{14}D_1^V)e^{2\frac{H_{i-1}}{\delta}x}$$

$$B_i^V = (R_{i-1}^{21}e^{-2\frac{H_1}{\delta}x}A_1^V + R_{i-1}^{22}e^{-2\frac{H_1}{\delta}x}B_1^V + R_{i-1}^{23}C_1^V + R_{i-1}^{24}D_1^V)e^{2\frac{H_{i-1}}{\delta}x}$$

$$C_i^V = R_{i-1}^{31}e^{-2\frac{H_1}{\delta}x}A_1^V + R_{i-1}^{32}e^{-2\frac{H_1}{\delta}x}B_1^V + R_{i-1}^{33}C_1^V + R_{i-1}^{34}D_1^V$$

$$D_i^V = R_{i-1}^{41}e^{-2\frac{H_1}{\delta}x}A_1^V + R_{i-1}^{42}e^{-2\frac{H_1}{\delta}x}B_1^V + R_{i-1}^{43}C_1^V + R_{i-1}^{44}D_1^V$$

当 $i=2, n=2$ 时,则多层弹性连续体系转变为双层弹性连续体系。这时,由于 $P_1^{jl} = R_1^{jl}(j,l=1,2,3,4)$,$P_1^{21} = P_1^{43} = 0$,所以第二层(下层)系数表达式可表示为如下形式:

$$A_2^V = (P_1^{11}e^{-2\frac{h_1}{\delta}x}A_1^V + P_1^{12}e^{-2\frac{h_1}{\delta}x}B_1^V + P_1^{13}C_1^V + P_1^{14}D_1^V)e^{2\frac{h_1}{\delta}x}$$

$$B_2^V = (P_1^{22}e^{-2\frac{h_1}{\delta}x}B_1^V + P_1^{23}C_1^V + P_1^{24}D_1^V)e^{2\frac{h_1}{\delta}x}$$

$$C_2^V = P_1^{31}e^{-2\frac{h_1}{\delta}x}A_1^V + P_1^{32}e^{-2\frac{h_1}{\delta}x}B_1^V + P_1^{33}C_1^V + P_1^{34}D_1^V$$

$$D_2^V = P_1^{41} e^{-2\frac{h_1}{\delta}x} A_1^V + P_1^{42} e^{-2\frac{h_1}{\delta}x} B_1^V + P_1^{44} D_1^V$$

若将 $P_1^{jl}(j,l = 1,2,3,4)$ 表达式以及第一层系数表达式代入上述表达式,并注意 $\Delta_C = -T_1V_1\Delta_{2C}$ 则可得

$$A_2^V = \frac{1}{2\Delta_{2C}}\{[L_1(M_1 - 1) - (1 - 4\mu_2 + 2\frac{h_1}{\delta}x)(1 - 2\frac{h_1}{\delta}x)(L_1 - 1)M_1]e^{-2\frac{h}{\delta}x} - (1 + 2\frac{h_1}{\delta}x)(M_1 - 1) + (1 - 4\mu_2 + 2\frac{h_1}{\delta}x)(L_1 - 1)\}$$

$$B_2^V = \frac{L_1 - 1}{\Delta_{2C}}[(1 - 2\frac{h_1}{\delta}x)M_1 e^{-2\frac{1h}{\delta}x} - 1]$$

$$C_2^V = D_2^V = 0$$

根据双层弹性连续体系的分析,下层系数表达式可表示为如下形式:

$$A_2^V = \frac{1}{2\Delta_{2C}}\{[L(M - 1) - (1 - 4\mu_2 + 2\frac{h}{\delta}x)(1 - 2\frac{h}{\delta}x)(L - 1)M]e^{-2\frac{h}{\delta}x} - (1 + 2\frac{h}{\delta}x)(M - 1) + (1 - 4\mu_2 + 2\frac{h}{\delta}x)(L - 1)\}$$

$$B_2^V = \frac{L - 1}{\Delta_{2C}}[(1 - 2\frac{h}{\delta}x)Me^{-2\frac{h}{\delta}x} - 1]$$

$$C_2^V = D_2^V = 0$$

由于 $h_1 = h, M_1 = M, L_1 = L$,所以两者的第二层表达式完全相等。

根据上述两种检验方法(验根法和对比法)的分析,层间界面完全连续,多层弹性体系中的系数 A_i^V、B_i^V、C_i^V、$D_i^V(i = 1,2,3,\cdots,n)$ 表达式完全正确。

10.2 第一界面滑动、其余界面连续的系数递推法

根据假设,本节的定解条件可表示为如下形式:

10.2.1 边界条件

(1)表面边界条件

若采用应力和位移分量表示,则有如下两个表达式:

$$\sigma_{z_1}^V \Big|_{z=0} = -p(r)$$

$$\tau_{zr_1}^V \Big|_{z=0} = 0$$

或采用应力和位移系数表示,则有如下两个表达式:

$$p\,\bar{\sigma}_{z_1}^V \Big|_{z=0} = -p(r)$$

$$p\,\bar{\tau}_{zr_1}^V \Big|_{z=0} = 0$$

(2)无穷远处边界条件

若采用应力和位移分量表示,则有如下两个表达式:

$$\lim_{r\to\infty}[\sigma_{r_n}^V, \sigma_{\theta_n}^V, \sigma_{z_n}^V, \tau_{zr_n}^V, u_n^V, w_n^V] = 0$$

$$\lim_{z\to\infty}[\sigma_{r_n}^V, \sigma_{\theta_n}^V, \sigma_{z_n}^V, \tau_{zr_n}^V, u_n^V, w_n^V] = 0$$

或采用应力和位移系数表示,则有如下两个表达式:

$$\lim_{r\to\infty}[\bar{\sigma}_{r_n}^V,\bar{\sigma}_{\theta_n}^V,\bar{\sigma}_{z_n}^V,\bar{\tau}_{zr_n}^V,\bar{u}_n^V,\bar{w}_n^V]=0$$

$$\lim_{z\to\infty}[\bar{\sigma}_{r_n}^V,\bar{\sigma}_{\theta_n}^V,\bar{\sigma}_{z_n}^V,\bar{\tau}_{zr_n}^V,\bar{u}_n^V,\bar{w}_n^V]=0$$

10.2.2 层间接触条件

(1)第一界面($k=1$)完全滑动

若采用应力和位移分量表示,则第一接触面上完全滑动的求解条件可表示为如下形式:

$$\sigma_{z_1}^V\Big|_{z=H_1}=\sigma_{z_2}^V\Big|_{z=H_1}$$

$$\tau_{zr_1}^V\Big|_{z=H_1}=0$$

$$\tau_{zr_2}^V\Big|_{z=H_1}=0$$

$$w_1^V\Big|_{z=H_1}=w_2^V\Big|_{z=H_1}$$

式中,$H_1=h_1$。

若采用应力和位移系数表示,则有如下四个表达式:

$$\bar{\sigma}_{z_1}^V\Big|_{z=h_1}=\bar{\sigma}_{z_2}^V\Big|_{z=h_1}$$

$$\bar{\tau}_{zr_1}^V\Big|z=h_1=0$$

$$\bar{\tau}_{zr_2}^V\Big|_{z=h_1}=0$$

$$\frac{1+\mu_1}{E_1}\bar{w}_1^V\Big|_{z=h_1}=\frac{1+\mu_2}{E_2}\bar{w}_2^V\Big|_{z=h_1}$$

(2)其他接触面($k\geqslant 2$)完全连续

若层间结合条件采用应力和位移分量表示,当$k=2,3,\cdots,n-1$时,则层间完全连续的定解条件可表示为如下形式:

$$\sigma_{z_k}^V\Big|_{z=H_k}=\sigma_{z_{k+1}}^V\Big|_{z=H_k}$$

$$\tau_{zr_k}^V\Big|_{z=H_k}=\tau_{zr_{k+1}}^V\Big|_{z=H_k}$$

$$u_k^V\Big|_{z=H_k}=u_{k+1}^V\Big|_{z=H_k}$$

$$w_k^V\Big|_{z=H_k}=w_{k+1}^V\Big|_{z=H_k}$$

式中:k——接触面号($k=2,3,\cdots,n-1$);

H_k——累计厚度(cm),$H_k=\sum_{j=1}^{k}h_j$。

若采用应力和位移系数表示,当$k=2,3,\cdots,n-1$时,求解条件可表示为如下形式:

$$\bar{\sigma}_{z_k}^V\Big|_{z=H_k}=\bar{\sigma}_{z_{k+1}}^V\Big|_{z=H_{k+1}}$$

$$\bar{\tau}_{zr_k}^V\Big|_{z=H_k}=\bar{\tau}_{zr_{k+1}}^V\Big|_{z=H_{k+1}}$$

$$\frac{1+\mu_k}{E_k}\bar{u}_k^V\Big|_{z=H_k}=\frac{1+\mu_{k+1}}{E_{k+1}}\bar{u}_{k+1}^V\Big|_{z=H_k}$$

$$\frac{1+\mu_k}{E_k}\bar{w}_k^V\Big|_{z=H_k}=\frac{1+\mu_{k+1}}{E_{k+1}}\bar{w}_{k+1}^V\Big|_{z=H_k}$$

在第一界面滑动、其余界面连续的多层弹性体系中。根据上述定解条件,我们对垂直应力系数$\bar{\sigma}_z^V$

和垂直位移系数 $\overline{w}^V$，施加亨格尔零阶积分变换式；对水平剪应力系数 $\overline{\tau}_{zr}^V$，施加亨格尔一阶积分变换式。在推导公式的运算过程中，当 $z \to \infty$ 时，只要 $C_n^V = D_n^V = 0$，才能满足这个无穷远处边界条件的要求。由此，可以得到如下线性方程组：

$$A_1^V + (1 - 2\mu_1)B_1^V - C_1^V + (1 - 2\mu_1)D_1^V = -1 \tag{1-1}$$

$$A_1^V - 2\mu_1 B_1^V + C_1^V + 2\mu_1 D_1^V = 0 \tag{1-2}$$

$$[A_1^V + (1 - 2\mu_1 + \frac{h_1}{\delta}x)B_1^V]e^{-2\frac{h_1}{\delta}x} - C_1^V + (1 - 2\mu_1 - \frac{h_1}{\delta}x)D_1^V$$

$$= [A_2^V + (1 - 2\mu_2 + \frac{h_1}{\delta}x)B_2^V]e^{-2\frac{h_1}{\delta}x} - C_2^V + (1 - 2\mu_2 - \frac{h_1}{\delta}x)D_2^V \tag{2-1'}$$

$$[A_1^V - (2\mu_1 - \frac{h_1}{\delta}x)B_1^V]e^{-2\frac{h_1}{\delta}x} + C_1^V + (2\mu_1 + \frac{h_1}{\delta}x)D_1^V = 0 \tag{1-4}$$

$$[A_2^V - (2\mu_2 - \frac{h_1}{\delta}x)B_2^V]e^{-2\frac{h_1}{\delta}x} + C_2^V + (2\mu_2 + \frac{h_1}{\delta}x)D_2^V = 0 \tag{2-2}$$

$$m_1\{[A_1^V + (2 - 4\mu_1 + \frac{h_1}{\delta}x)B_1^V]e^{-2\frac{h_1}{\delta}x} + C_1^V - (2 - 4\mu_1 - \frac{h_1}{\delta}x)D_1^V\}$$

$$= [A_2^V + (2 - 4\mu_2 + \frac{h_1}{\delta}x)B_2^V]e^{-2\frac{h_1}{\delta}x} + C_2^V - (2 - 4\mu_2 - \frac{h_1}{\delta}x)D_2^V \tag{2-4'}$$

对于 $k = 2, 3, \cdots, n-1$，则有

$$[A_k^V + (1 - 2\mu_k + \frac{H_k}{\delta}x)B_k^V]e^{-2\frac{H_k}{\delta}x} - C_k^V + (1 - 2\mu_k - \frac{H_k}{\delta}x)D_k^V$$

$$= [A_{k+1}^V + (1 - 2\mu_{k+1} + \frac{H_k}{\delta}x)B_{k+1}^V]e^{-2\frac{H_k}{\delta}x} - C_{k+1}^V + (1 - 2\mu_{k+1} - \frac{H_k}{\delta}x) \tag{3-1'}$$

$$[A_k^V - (2\mu_k - \frac{H_k}{\delta}x)B_k^V]e^{-2\frac{H_k}{\delta}x} + C_k^V + (2\mu_k + \frac{H_k}{\delta}x)D_k^V$$

$$= [A_{k+1}^V - (2\mu_{k+1} - \frac{H_k}{\delta}x)B_{k+1}^V]e^{-2\frac{H_k}{\delta}x} + C_{k+1}^V + (2\mu_{k+1} + \frac{H_k}{\delta}x)D_{k+1}^V \tag{3-2'}$$

$$m_k\{[A_k^V - (1 - \frac{H_k}{\delta}x)B_k^V]e^{-2\frac{H_k}{\delta}x} - C_k^V - (1 + \frac{H_k}{\delta}x)D_k^V\}$$

$$= [A_{k+1}^V - (1 - \frac{H_k}{\delta}x)B_{k+1}^V]e^{-2\frac{H_k}{\delta}x} - C_{k+1}^V - (1 + \frac{H_k}{\delta}x)D_{k+1}^V \tag{3-3'}$$

$$m_k\{[A_k^V + (2 - 4\mu_k + \frac{H_k}{\delta}x)B_k^V]e^{-2\frac{H_k}{\delta}x} + C_k^V - (2 - 4\mu_k - \frac{H_k}{\delta}x)D_k^V\}$$

$$= [A_{k+1}^V + (2 - 4\mu_{k+1} + \frac{H_k}{\delta}x)B_{k+1}^V]e^{-2\frac{H_k}{\delta}x} + C_{k+1}^V - (2 - 4\mu_{k+1} - \frac{H_k}{\delta}x)D_{k+1}^V \tag{3-4'}$$

式中，$m_k = \dfrac{(1 + \mu_k)E_{k+1}}{(1 + \mu_{k+1})E_k}$，$k = 2, 3, 4, \cdots, n-1$。

若令

$$\overline{p}_1(x) = -\{[A_1^V + (1 - 2\mu_1 + \frac{h_1}{\delta}x)B_1^V]e^{-2\frac{h_1}{\delta}x} - C_1^V + (1 - 2\mu_1 - \frac{h_1}{\delta}x)D_1^V\} \tag{a}$$

式(2-1′)右端可改写为下式：

$$A_2^V + (1 - 2\mu_2 + \frac{h_1}{\delta}x)B_2^V - C_2^V + (1 - 2\mu_2 - \frac{h_1}{\delta}x)D_2^V = -\overline{p}_1(x) \tag{2-1}$$

本节中的式(3-1′)、式(3-2′)、式(3-3′)、式(3-4′)完全同于多层弹性连续体系中的式(2-1′)、式(2-2′)、式(2-3′)、式(2-4′)。所不同的是，本节中的 $i = 3, 4, 5, \cdots, n$，而多层弹性连续体系中的 $i = 2$，

3,4,…,n。故仿照多层弹性连续体系的推导方法,当 $i=3,4,5,\cdots,n$,则可得

$$\begin{cases}A_i^V=(R_{i-1}^{11}e^{-2\frac{H_2}{\delta}x}A_2^V+R_{i-1}^{12}e^{-2\frac{H_2}{\delta}x}B_2^V+R_{i-1}^{13}C_2^V+R_{i-1}^{14}D_2^V)e^{2\frac{H_{i-1}}{\delta}x}\\B_i^V=(R_{i-1}^{21}e^{-2\frac{H_2}{\delta}x}A_2^V+R_{i-1}^{22}e^{-2\frac{H_2}{\delta}x}B_2^V+R_{i-1}^{23}C_2^V+R_{i-1}^{24}D_2^V)e^{2\frac{H_{i-1}}{\delta}x}\\C_i^V=R_{i-1}^{31}e^{-2\frac{H_2}{\delta}x}A_2^V+R_{i-1}^{32}e^{-2\frac{H_2}{\delta}x}B_2^V+R_{i-1}^{33}C_2^V+R_{i-1}^{34}D_2^V\\D_i^V=R_{i-1}^{41}e^{-2\frac{H_2}{\delta}x}A_2^V+R_{i-1}^{42}e^{-2\frac{H_2}{\delta}x}B_2^V+R_{i-1}^{43}C_2^V+R_{i-1}^{44}D_2^V\end{cases}\tag{10-2-1}$$

式中,对于 $k=2,3,\cdots,n-1;j,l=1,2,3,4$,则有

$$R_k^{jl}=\begin{cases}P_k^{jl} & (k=2)\\P_k^{j1}R_{k-1}^{1l}e^{-2\frac{h_k}{\delta}x}+P_k^{j2}R_{k-1}^{2l}e^{-2\frac{h_k}{\delta}x}+P_k^{j3}R_{k-1}^{3l}+P_k^{j4}R_{k-1}^{4l} & (k>2)\end{cases}$$

其中,当 $k=2,3,4,\cdots,n-1$ 时,则有

$$P_k^{11}=T_k$$

$$P_k^{12}=\frac{1}{2}[(1-4\mu_k+2\frac{H_k}{\delta}x)T_k-(1-4\mu_{k+1}+2\frac{H_k}{\delta}x)V_k]$$

$$P_k^{13}=(1-4\mu_{k+1}+3\frac{H_k}{\delta}x)M_kV_k$$

$$P_k^{14}=\frac{1}{2}[L_kT_k-(1-4\mu_k-2\frac{H_k}{\delta}x)(1-4\mu_{k+1}+2\frac{H_k}{\delta}x)M_kV_k]$$

$$P_k^{21}=0$$

$$P_k^{22}=V_k$$

$$P_k^{23}=-2M_kV_k$$

$$P_k^{24}=(1-4\mu_k-2\frac{H_k}{\delta}x)M_kV_k$$

$$P_k^{31}=(1-4\mu_{k+1}-2\frac{H_k}{\delta}x)M_kV_k$$

$$P_k^{32}=\frac{1}{2}[(1-4\mu_k+2\frac{H_k}{\delta}x)(1-4\mu_{k+1}-2\frac{H_k}{\delta}x)M_kV_k-L_kT_k]$$

$$P_k^{33}=T_k$$

$$P_k^{34}=\frac{1}{2}[(1-4\mu_{k+1}-2\frac{H_k}{\delta}x)V_k-(1-4\mu_k-2\frac{H_k}{\delta}x)T_k]$$

$$P_k^{41}=2M_kV_k$$

$$P_k^{42}=(1-4\mu_k+2\frac{H_k}{\delta}x)M_kV_k$$

$$P_k^{43}=0$$

$$P_k^{44}=V_k$$

其中,$L_k=\dfrac{(3-4\mu_{k+1})-(3-4\mu_k)m_k}{3-4\mu_{k+1}+m_k}$

$$T_k=\frac{3-4\mu_{k+1}+m_k}{4(1-\mu_{k+1})}$$

$$M_k=\frac{1-m_k}{1+(3-4\mu_k)m_k}$$

$$V_k = \frac{1 + (3 - \mu_k) m_k}{4(1 - \mu_{k+1})}$$

当 $i = n$ 时,根据上述四式中的第三式和第四式,并注意 $C_n^V = D_n^V = 0$,则有

$$R_{n-1}^{31} e^{-2\frac{H_2}{\delta}x} A_2^V + R_{n-1}^{32} e^{-2\frac{H_2}{\delta}x} B_2^V + R_{n-1}^{33} C_2^V + R_{n-1}^{34} D_2^V = 0 \tag{2-3}$$

$$R_{n-1}^{41} e^{-2\frac{H_2}{\delta}x} A_2^V + R_{n-1}^{42} e^{-2\frac{H_2}{\delta}x} B_2^V + R_{n-1}^{43} C_2^V + R_{n-1}^{44} D_2^V = 0 \tag{2-4}$$

若将式(2-1)、式(2-2)、式(2-3)、式(2-4):

$$[A_2^V + (1 - 2\mu_2 + \frac{h_1}{\delta}x) B_2^V] e^{-2\frac{h_1}{\delta}x} - C_2^V + (1 - 2\mu_2 - \frac{h_1}{\delta}x) D_2^V = -\bar{p}_1^V(x)$$

$$[A_2^V - (2\mu_2 - \frac{h_1}{\delta}x) B_2^V] e^{-2\frac{h_1}{\delta}x} + C_2^V + (2\mu_2 + \frac{h_1}{\delta}x) D_2^V = 0$$

$$R_{n-1}^{31} e^{-2\frac{H_2}{\delta}x} A_2^V + R_{n-1}^{32} e^{-2\frac{H_2}{\delta}x} B_2^V + R_{n-1}^{33} C_2^V + R_{n-1}^{34} D_2^V = 0$$

$$R_{n-1}^{41} e^{-2\frac{H_2}{\delta}x} A_2^V + R_{n-1}^{42} e^{-2\frac{H_2}{\delta}x} B_2^V + R_{n-1}^{43} C_2^V + R_{n-1}^{44} D_2^V = 0$$

联立,采用行列式理论中的克莱姆法则求解上述线性方程组,其共同分母行列式可表示为如下形式:

$$D_C = \begin{vmatrix} e^{-2\frac{h_1}{\delta}x} & (1 - 2\mu_2 + \frac{h_1}{\delta}x) e^{-2\frac{h_1}{\delta}x} & -1 & 1 - 2\mu_2 - \frac{h_1}{\delta}x \\ e^{-2\frac{h_1}{\delta}x} & -(2\mu_2 - \frac{h_1}{\delta}x) e^{-2\frac{h_1}{\delta}x} & 1 & 2\mu_2 + \frac{h_1}{\delta}x \\ R_{n-1}^{31} e^{-2\frac{H_2}{\delta}x} & R_{n-1}^{32} e^{-2\frac{H_2}{\delta}x} & R_{n-1}^{33} & R_{n-1}^{34} \\ R_{n-1}^{41} e^{-2\frac{H_2}{\delta}x} & R_{n-1}^{42} e^{-2\frac{H_2}{\delta}x} & R_{n-1}^{43} & R_{n-1}^{44} \end{vmatrix}$$

采用求解行列式的降阶法,则可得

$$D_C = -e^{-4\frac{h_1}{\delta}x} \Delta_C$$

其中,参数 Δ_C 关系式可表示为如下形式:

$$\Delta_C = (R_{n-1}^{33} R_{n-1}^{44} - R_{n-1}^{34} R_{n-1}^{43}) + \{2(R_{n-1}^{32} R_{n-1}^{44} - R_{n-1}^{34} R_{n-1}^{42}) + \frac{1}{2}[1 - (1 - 4\mu_2 - 2\frac{h_1}{\delta}x)(1 - 4\mu_2 + 2\frac{h_1}{\delta}x)] \times$$

$$(R_{n-1}^{31} R_{n-1}^{43} - R_{n-1}^{33} R_{n-1}^{41}) + (1 - 4\mu_2 - 2\frac{h_1}{\delta}x)(R_{n-1}^{32} R_{n-1}^{43} - R_{n-1}^{33} R_{n-1}^{42}) - (1 - 4\mu_2 + 2\frac{h_1}{\delta}x)(R_{n-1}^{31} R_{n-1}^{44} -$$

$$R_{n-1}^{34} R_{n-1}^{41})\} e^{-2\frac{h_2}{\delta}x} + (R_{n-1}^{31} R_{n-1}^{42} - R_{n-1}^{32} R_{n-1}^{41}) e^{-4\frac{h_2}{\delta}x}$$

根据行列式理论的克莱姆法则,系数 A_2^V 的表达式可得如下:

$$A_2^V = \frac{1}{D_C} \begin{vmatrix} -\bar{p}_1(x) & (1 - 2\mu_2 + \frac{h_1}{\delta}x) e^{-2\frac{h_1}{\delta}x} & -1 & 1 - 2\mu_2 - \frac{h_1}{\delta}x \\ 0 & -(2\mu_2 - \frac{h_1}{\delta}x) e^{-2\frac{h_1}{\delta}x} & 1 & 2\mu_2 + \frac{h_1}{\delta}x \\ 0 & R_{n-1}^{32} e^{-2\frac{H_2}{\delta}x} & R_{n-1}^{33} & R_{n-1}^{34} \\ 0 & R_{n-1}^{42} e^{-2\frac{H_2}{\delta}x} & R_{n-1}^{43} & R_{n-1}^{44} \end{vmatrix}$$

采用求解行列式的降阶法,则可得

$$A_2^V = -\frac{\bar{p}_1(x) e^{2\frac{h_1}{\delta}x}}{\Delta_C} \{ (2\mu_2 - \frac{h_1}{\delta}x)(R_{n-1}^{33} R_{n-1}^{44} - R_{n-1}^{34} R_{n-1}^{43}) + [(R_{n-1}^{32} R_{n-1}^{44} - R_{n-1}^{34} R_{n-1}^{42}) -$$

$$(2\mu_2 + \frac{h_1}{\delta}x) \times (R_{n-1}^{32}R_{n-1}^{43} - R_{n-1}^{33}R_{n-1}^{42})]e^{-2\frac{h_2}{\delta}x}\}$$

根据行列式理论的克莱姆法则,系数 B_2^V 的表达式可得如下:

$$B_2^V = \frac{1}{D_C}\begin{vmatrix} e^{-2\frac{h_1}{\delta}x} & -\bar{p}_1(x) & -1 & 1-2\mu_2-\frac{h_1}{\delta}x \\ e^{-2\frac{h_1}{\delta}x} & 0 & 1 & 2\mu_2+\frac{h_1}{\delta}x \\ R_{n-1}^{31}e^{-2\frac{H_2}{\delta}x} & 0 & R_{n-1}^{33} & R_{n-1}^{34} \\ R_{n-1}^{41}e^{-2\frac{H_2}{\delta}x} & 0 & R_{n-1}^{43} & R_{n-1}^{44} \end{vmatrix}$$

采用求解行列式的降阶法,则可得

$$B_2^V = -\frac{\bar{p}_1(x)e^{2\frac{h_1}{\delta}x}}{\Delta_C}\{(R_{n-1}^{33}R_{n-1}^{44} - R_{n-1}^{34}R_{n-1}^{43}) - [(R_{n-1}^{31}R_{n-1}^{44} - R_{n-1}^{34}R_{n-1}^{41}) - (2\mu_2 + \frac{h_1}{\delta}x)$$

$$(R_{n-1}^{31}R_{n-1}^{43} - R_{n-1}^{33}R_{n-1}^{41})]e^{-2\frac{h_2}{\delta}x}\}$$

根据行列式理论的克莱姆法则,系数 C_2^V 的表达式可得如下:

$$C_2^V = \frac{1}{D_C}\begin{vmatrix} e^{-2\frac{h_1}{\delta}x} & (1-2\mu_2+\frac{h_1}{\delta}x)e^{-2\frac{h_1}{\delta}x} & -\bar{p}_1(x) & 1-2\mu_2-\frac{h_1}{\delta}x \\ e^{-2\frac{h_1}{\delta}x} & -(2\mu_2-\frac{h_1}{\delta}x)e^{-2\frac{h_1}{\delta}x} & 0 & 2\mu_2+\frac{h_1}{\delta}x \\ R_{n-1}^{31}e^{-2\frac{H_2}{\delta}x} & R_{n-1}^{32}e^{-2\frac{H_2}{\delta}x} & 0 & R_{n-1}^{34} \\ R_{n-1}^{41}e^{-2\frac{H_2}{\delta}x} & R_{n-1}^{42}e^{-2\frac{H_2}{\delta}x} & 0 & R_{n-1}^{44} \end{vmatrix}$$

采用求解行列式的降阶法,则可得

$$C_2^V = \frac{\bar{p}_1(x)e^{-2\frac{h_2}{\delta}x}}{\Delta_C}[(R_{n-1}^{32}R_{n-1}^{44} - R_{n-1}^{34}R_{n-1}^{42}) + (2\mu_2 - \frac{h_1}{\delta}x)(R_{n-1}^{31}R_{n-1}^{44} - R_{n-1}^{34}R_{n-1}^{41}) + (2\mu_2 + \frac{h_1}{\delta}x)$$

$$(R_{n-1}^{31}R_{n-1}^{42} - R_{n-1}^{32}R_{n-1}^{41})e^{-2\frac{h_2}{\delta}x}]$$

根据行列式理论的克莱姆法则,系数 D_2^V 的表达式可得如下:

$$D_2^V = \frac{1}{D_C}\begin{vmatrix} e^{-2\frac{h_1}{\delta}x} & (1-2\mu_2+\frac{h_1}{\delta}x)e^{-2\frac{h_1}{\delta}x} & -1 & -\bar{p}_1(x) \\ e^{-2\frac{h_1}{\delta}x} & -(2\mu_2-\frac{h_1}{\delta}x)e^{-2\frac{h_1}{\delta}x} & 1 & 0 \\ R_{n-1}^{31}e^{-2\frac{H_2}{\delta}x} & R_{n-1}^{32}e^{-2\frac{H_2}{\delta}x} & R_{n-1}^{33} & 0 \\ R_{n-1}^{41}e^{-2\frac{H_2}{\delta}x} & R_{n-1}^{42}e^{-2\frac{H_2}{\delta}x} & R_{n-1}^{43} & 0 \end{vmatrix}$$

采用求解行列式的降阶法，则可得

$$D_2^V=-\frac{\bar{p}_1(x)e^{-2\frac{h_2}{\delta}x}}{\Delta_C}[(R_{n-1}^{32}R_{n-1}^{43}-R_{n-1}^{33}R_{n-1}^{42})+(2\mu_2-\frac{h_1}{\delta}x)(R_{n-1}^{31}R_{n-1}^{43}-R_{n-1}^{33}R_{n-1}^{41})+(R_{n-1}^{31}R_{n-1}^{42}-R_{n-1}^{32}R_{n-1}^{41})e^{-2\frac{h_2}{\delta}x}]$$

综上所述，第二层系数表达式可汇总如下：

$$\begin{cases}A_2^V=-\frac{\bar{p}_1(x)}{\Delta_C}\{(2\mu_2-\frac{h_1}{\delta}x)(R_{n-1}^{33}R_{n-1}^{44}-R_{n-1}^{34}R_{n-1}^{43})+[(R_{n-1}^{32}R_{n-1}^{44}-R_{n-1}^{34}R_{n-1}^{42})-(2\mu_2+\frac{h_1}{\delta}x)\\\quad(R_{n-1}^{32}R_{n-1}^{43}-R_{n-1}^{33}R_{n-1}^{42})]e^{-2\frac{h_2}{\delta}x}\}e^{2\frac{h_1}{\delta}x}\\B_2^V=-\frac{\bar{p}_1(x)}{\Delta_C}\{(R_{n-1}^{33}R_{n-1}^{44}-R_{n-1}^{34}R_{n-1}^{43})-[(R_{n-1}^{31}R_{n-1}^{44}-R_{n-1}^{34}R_{n-1}^{41})-(2\mu_2+\frac{h_2}{\delta}x)(R_{n-1}^{31}R_{n-1}^{43}-\\\quad R_{n-1}^{33}R_{n-1}^{41})e^{-2\frac{h_2}{\delta}x}\}e^{2\frac{h_1}{\delta}x}\\C_2^V=\frac{\bar{p}_1(x)}{\Delta_C}[(R_{n-1}^{32}R_{n-1}^{44}-R_{n-1}^{34}R_{n-1}^{42})+(2\mu_2-\frac{h_1}{\delta}x)(R_{n-1}^{31}R_{n-1}^{44}-R_{n-1}^{34}R_{n-1}^{41})+\\\quad(2\mu_2+\frac{h_1}{\delta})(R_{n-1}^{31}R_{n-1}^{42}-R_{n-1}^{32}R_{n-1}^{41})e^{-2\frac{h_2}{\delta}x}]e^{-2\frac{h_2}{\delta}x}\\D_2^V=-\frac{\bar{p}_1(x)}{\Delta_C}[(R_{n-1}^{32}R_{n-1}^{43}-R_{n-1}^{33}R_{n-1}^{42})+(2\mu_2-\frac{h_1}{\delta}x)(R_{n-1}^{31}R_{n-1}^{43}-R_{n-1}^{33}R_{n-1}^{41})+(R_{n-1}^{31}R_{n-1}^{42}-\\\quad R_{n-1}^{32}R_{n-1}^{41})e^{-2\frac{h_2}{\delta}x}]e^{-2\frac{h_2}{\delta}x}\end{cases}\tag{10-2-2}$$

上述分析表明，只要求得第一界面的垂直反力亨格尔积分变换式 $\bar{p}_1(x)$，就能得到系数 A_2^V、B_2^V、C_2^V、D_2^V。但根据式(a)可知，只有求得系数 A_1^V、B_1^V、C_1^V 和 D_1^V，才能得到反力的亨格尔积分变换式 $\bar{p}_1^V(x)$。

若将 A_2^V、B_2^V、C_2^V 和 D_2^V 系数表达式代入式(2-4′)右端，则可得

$$\begin{aligned}&m_1\{[A_1^V+(2-4\mu_1+\frac{h_1}{\delta}x)B_1^V]e^{-2\frac{h_1}{\delta}x}+C_1^V-(2-4\mu_1-\frac{h_1}{\delta}x)D_1^V\}\\&=[A_2^V+(2-4\mu_2+\frac{h_1}{\delta}x)B_2^V]e^{-2\frac{h_1}{\delta}x}+C_2^V-(2-4\mu_2-\frac{h_1}{\delta}x)D_2^V\\&=A_2^Ve^{-2\frac{h_1}{\delta}x}+(2-4\mu_2+\frac{h_1}{\delta}x)B_2^Ve^{-2\frac{h_1}{\delta}x}+C_2^V-(2-4\mu_2-\frac{h_1}{\delta}x)D_2^V\\&=-\frac{\bar{p}_1(x)}{\Delta_C}\{(2\mu_2-\frac{h_1}{\delta}x)(R_{n-1}^{33}R_{n-1}^{44}-R_{n-1}^{34}R_{n-1}^{43})+[(R_{n-1}^{32}R_{n-1}^{44}-R_{n-1}^{34}R_{n-1}^{42})-\\&\quad(2\mu_2+\frac{h_1}{\delta}x)(R_{n-1}^{32}R_{n-1}^{43}-R_{n-1}^{33}R_{n-1}^{42})]e^{-2\frac{h_2}{\delta}x}\}-\frac{\bar{p}_1(x)}{\Delta_C}(2-4\mu_2+\frac{h_1}{\delta}x)\{(R_{n-1}^{33}R_{n-1}^{44}-\\&\quad R_{n-1}^{34}R_{n-1}^{43})-[(R_{n-1}^{31}R_{n-1}^{44}-R_{n-1}^{34}R_{n-1}^{41})-(2\mu_2+\frac{h_1}{\delta}x)(R_{n-1}^{31}R_{n-1}^{43}-\\&\quad R_{n-1}^{33}R_{n-1}^{41})]e^{-2\frac{h_2}{\delta}x}\}+\frac{\bar{p}_1(x)e^{-2\frac{h_2}{\delta}x}}{\Delta_C}[(R_{n-1}^{32}R_{n-1}^{44}-R_{n-1}^{34}R_{n-1}^{42})+\\&\quad(2\mu_2-\frac{h_1}{\delta}x)(R_{n-1}^{31}R_{n-1}^{44}-R_{n-1}^{34}R_{n-1}^{41})+(2\mu_2+\frac{h_1}{\delta}x)(R_{n-1}^{31}R_{n-1}^{42}-R_{n-1}^{32}R_{n-1}^{41})e^{-2\frac{h_2}{\delta}x}]+\\&\quad\frac{\bar{p}_1(x)e^{-2\frac{h_2}{\delta}x}}{\Delta_C}(2-4\mu_2-\frac{h_1}{\delta}x)[(R_{n-1}^{32}R_{n-1}^{43}-R_{n-1}^{33}R_{n-1}^{42})+(2\mu_2-\frac{h_1}{\delta}x)(R_{n-1}^{31}R_{n-1}^{43}-\\&\quad R_{n-1}^{33}R_{n-1}^{41})+(R_{n-1}^{31}R_{n-1}^{42}-R_{n-1}^{32}R_{n-1}^{41})e^{-2\frac{h_2}{\delta}x}]\end{aligned}$$

若对上式进行进一步化简、合并，则可得

$$m_1\{[A_1^V+(2-4\mu_1+\frac{h_1}{\delta}x)B_1^V]e^{-2\frac{h_1}{\delta}x}+C_1^V-(2-4\mu_1-\frac{h_1}{\delta}x)D_1^V\}$$
$$=-\frac{\bar{p}_1(x)}{\Delta_C}\times 2(1-\mu_2)\{(R_{n-1}^{33}R_{n-1}^{44}-R_{n-1}^{34}R_{n-1}^{43})-[(R_{n-1}^{32}R_{n-1}^{43}-R_{n-1}^{33}R_{n-1}^{42})+(R_{n-1}^{31}R_{n-1}^{44}-$$
$$R_{n-1}^{34}R_{n-1}^{41})-2\frac{h_1}{\delta}x(R_{n-1}^{31}R_{n-1}^{43}-R_{n-1}^{33}R_{n-1}^{41})]e^{-2\frac{h_2}{\delta}x}-(R_{n-1}^{31}R_{n-1}^{42}-R_{n-1}^{32}R_{n-1}^{41})e^{-4\frac{h_2}{\delta}x}\}$$

若令

$$\Delta_m=(R_{n-1}^{33}R_{n-1}^{44}-R_{n-1}^{34}R_{n-1}^{43})-[(R_{n-1}^{32}R_{n-1}^{43}-R_{n-1}^{33}R_{n-1}^{42})+(R_{n-1}^{31}R_{n-1}^{44}-R_{n-1}^{34}R_{n-1}^{41})-2\frac{h_1}{\delta}x(R_{n-1}^{31}R_{n-1}^{43}-$$
$$R_{n-1}^{33}R_{n-1}^{41})]e^{-2\frac{h_2}{\delta}x}-(R_{n-1}^{31}R_{n-1}^{42}-R_{n-1}^{32}R_{n-1}^{41})e^{-4\frac{h_2}{\delta}x}$$

$$n_F=\frac{m_1\Delta_C}{2(1-\mu_2)\Delta_m}$$

则上式(2-4′)可改写为下式:

$$n_F\{[A_1^V+(2-4\mu_1+\frac{h_1}{\delta}x)B_1^V]e^{-2\frac{h_1}{\delta}x}+C_1^V-(2-4\mu_1-\frac{h_1}{\delta}x)D_1^V\}=-\bar{p}_1^V(x) \tag{2-4″}$$

式(2-4″) $-n_F\times$式(1-2),则可得

$$2(1-\mu_1)n_F(B_1^Ve^{-2\frac{h_1}{\delta}x}-D_1^V)=-\bar{p}_1(x) \tag{2-4‴}$$

式(a)-式(1-2),则有

$$B_1^Ve^{-2\frac{h_1}{\delta}x}-2C_1^V+(1-4\mu_1-2\frac{h_1}{\delta}x)D_1^V=-\bar{p}_1(x) \tag{1-3′}$$

式(2-4‴)-式(1-3′),则可得

$$2[(1-\mu_1)n_F-\frac{1}{2}]B_1^Ve^{-2\frac{h_1}{\delta}x}+2C_1^V-2[(1-\mu_1)n_F+\frac{1}{2}-(2\mu_1+\frac{h_1}{\delta}x)D_1^V]=0$$

若令

$$k_F=(1-\mu_1)n_F+\frac{1}{2}$$

则上式可改写为下式:

$$(k_F-1)B_1^Ve^{-2\frac{h_1}{\delta}x}+C_1^V-[k_F-(2\mu_1+\frac{h_1}{\delta}x)]D_1^V=0 \tag{1-3}$$

式(1-1)、式(1-2)、式(1-3)和式(1-4)联立,即

$$A_1^V+(1-2\mu_1)B_1^V-C_1^V+(1-2\mu_1)D_1^V=-1$$
$$A_1^V-2\mu_1B_1^V+C_1^V+2\mu_1D_1^V=0$$
$$(k_F-1)B_1^Ve^{-2\frac{h_1}{\delta}x}+C_1^V-[k_F-(2\mu_1+\frac{h_1}{\delta}x)]D_1^V=0$$
$$[A_1^V-(2\mu_1-\frac{h_1}{\delta}x)B_1^V]e^{-2\frac{h_1}{\delta}x}+C_1^V+(2\mu_1+\frac{h_1}{\delta}x)D_1^V=0$$

上述线性方程组完全同于双层弹性滑动体系中的式(1)、式(2)、式(3)和式(4),则可得

$$\begin{cases}A_1^V=-\dfrac{1}{\Delta_F}\{2\mu_1k_F-[k_F(2\mu_1-\dfrac{h_1}{\delta}x)+\dfrac{h_1}{\delta}x(1-2\mu_1+\dfrac{h_1}{\delta}x-k_F)]e^{-2\frac{h_1}{\delta}x}\}\\ B_1^V=-\dfrac{1}{\Delta_F}[k_F-(k_F-\dfrac{h_1}{\delta}x)e^{-2\frac{h_1}{\delta}x}]\\ C_1^V=\dfrac{1}{\Delta_F}[(2\mu_1+\dfrac{h_1}{\delta}x)(k_F-1)-\dfrac{h_1}{\delta}x(2\mu_1+\dfrac{h_1}{\delta}x-k_F)-2\mu_1(k_F-1)e^{-2\frac{h_1}{\delta}x}]e^{-2\frac{h_1}{\delta}x}\\ D_1^V=-\dfrac{1}{\Delta_F}[(k_F-1-\dfrac{h_1}{\delta}x)-(k_F-1)e^{-2\frac{h_1}{\delta}x}]e^{-2\frac{h_1}{\delta}x}\end{cases} \tag{10-2-3}$$

式中，$\Delta_F = k_F + [2\frac{h_1}{\delta}x(2k_F - 1) - (1 + 2\frac{h_1^2}{\delta^2}x^2)]e^{-2\frac{h_1}{\delta}x} - (k_F - 1)e^{-4\frac{h_1}{\delta}x}$。

若将 A_1^V、B_1^V、C_1^V、D_1^V 的表达式代入式(a)，则可得第一界面上的垂直反力亨格尔积分表达式如下：

$$\bar{p}_1(x) = \frac{e^{-2\frac{h_1}{\delta}x}}{\Delta_F}(2k_F - 1)[(1 + \frac{h_1}{\delta}x) - (1 - \frac{h_1}{\delta}x)e^{-2\frac{h_1}{\delta}x}] \tag{10-2-4}$$

根据本节的定解条件，求得系数 A_i^V、B_i^V、C_i^V、$D_i^V(i = 1,2,3,\cdots,n)$ 表达式后，其系数公式是否正确，需要进行检验。为此，我们同时采用验根法和对比法进行验证。

10.2.3 验根法

(1)检验第一层系数

将第一层系数 A_1^V、B_1^V、C_1^V、D_1^V 的公式代入式(1-1)，则可得

$$\begin{aligned}
\text{式(1-1)左端} &= A_1^V + (1 - 2\mu_1)B_1^V - C_1^V + (1 - 2\mu_1)D_1^V \\
&= -\frac{1}{\Delta_F}\{2\mu_1 k_F - [k_F(2\mu_1 - \frac{h_1}{\delta}x) + \frac{h_1}{\delta}x(1 - 2\mu_1 + \frac{h_1}{\delta}x - k_F)]e^{-2\frac{h_1}{\delta}x}\} - \\
&\quad \frac{1 - 2\mu_1}{\Delta_F}[k_F - (k_F - \frac{h_1}{\delta}x)e^{-2\frac{h_1}{\delta}x}] - \frac{1}{\Delta_F}[(2\mu_1 + \frac{h_1}{\delta}x)(k_F - 1) - \\
&\quad \frac{h_1}{\delta}x(2\mu_1 + \frac{h_1}{\delta}x - k_F) - 2\mu_1(k_F - 1)e^{-2\frac{h_1}{\delta}x}]e^{-2\frac{h_1}{\delta}x} - \\
&\quad \frac{1 - 2\mu_1}{\Delta_F}[(k_F - 1 - \frac{h_1}{\delta}x) - (k_F - 1)e^{-2\frac{h_1}{\delta}x}]e^{-2\frac{h_1}{\delta}x}
\end{aligned}$$

若对上式进行进一步化简、合并，则可得

$$\text{式(1-1) 左端} = -\frac{1}{\Delta_F}\{k_F + 2\frac{h_1}{\delta}x(2k_F - 1)e^{-2\frac{h_1}{\delta}x} - [1 + 2(\frac{h_1}{\delta}x)^2]e^{-2\frac{h_1}{\delta}x} - (k_F - 1)e^{-4\frac{h_1}{\delta}x}\}$$

若将下述关系式：

$$\Delta_F = k_F + [2\frac{h_1}{\delta}x(2k_F - 1) - (1 + 2\frac{h_1^2}{\delta^2}x^2)]e^{-2\frac{h_1}{\delta}x} - (k_F - 1)e^{-4\frac{h_1}{\delta}x}$$

代入上式，则可得

$$\text{式(1-1)左端} = -1 = \text{式(1-1)右端}$$

(2)检验第二层系数

若将系数 A_2^V、B_2^V、C_2^V、D_2^V 表达式分别代入式(2-2)的左端，则可得

$$\begin{aligned}
\text{式(2-2) 左端} &= -\frac{1}{\Delta_C}\{2\mu_1(R_{n-1}^{33}R_{n-1}^{44} - R_{n-1}^{34}R_{n-1}^{43}) + [(R_{n-1}^{32}R_{n-1}^{44} - R_{n-1}^{34}R_{n-1}^{42}) - \\
&\quad 2\mu_1(R_{n-1}^{32}R_{n-1}^{43} - R_{n-1}^{33}R_{n-1}^{42})]e^{-2\frac{h_1}{\delta}x}\} + \frac{2\mu_1}{\Delta_C}\{(R_{n-1}^{33}R_{n-1}^{44} - R_{n-1}^{34}R_{n-1}^{43}) - \\
&\quad [(R_{n-1}^{31}R_{n-1}^{44} - R_{n-1}^{34}R_{n-1}^{41}) - 2\mu_1(R_{n-1}^{31}R_{n-1}^{43} - R_{n-1}^{33}R_{n-1}^{41})]e^{-2\frac{h_1}{\delta}x}\} + \\
&\quad \frac{e^{-2\frac{h_1}{\delta}x}}{\Delta_C}[(R_{n-1}^{32}R_{n-1}^{44} - R_{n-1}^{34}R_{n-1}^{42}) + 2\mu_1(R_{n-1}^{31}R_{n-1}^{44} - R_{n-1}^{34}R_{n-1}^{41}) + 2\mu_1(R_{n-1}^{31}R_{n-1}^{42} - \\
&\quad R_{n-1}^{32}R_{n-1}^{41})e^{-2\frac{h_1}{\delta}x}] - \frac{2\mu_1 e^{-2\frac{h_1}{\delta}x}}{\Delta_C}[(R_{n-1}^{32}R_{n-1}^{43} - R_{n-1}^{33}R_{n-1}^{42}) + 2\mu_1(R_{n-1}^{31}R_{n-1}^{43} - R_{n-1}^{33}R_{n-1}^{41}) + \\
&\quad (R_{n-1}^{31}R_{n-1}^{42} - R_{n-1}^{32}R_{n-1}^{41})e^{-2\frac{h_1}{\delta}x}]
\end{aligned}$$

若对上式进行进一步化简、合并，则可得

$$\text{式(2-2)左端} = 0 = \text{式(2-2)右端}$$

根据上述分析,则可知

式(2-2)左端 = 式(2-2)右端

(3)检验第 $i(i=3,4,5,\cdots,n)$ 层系数

为了便于计算,我们将式(3-1′):

$$[A_k^V+(1-2\mu_k+\frac{H_k}{\delta}x)B_k^V]e^{-2\frac{H_k}{\delta}x}-C_k^V+(1-2\mu_k-\frac{H_k}{\delta}x)D_k^V$$

$$=[A_{k+1}^V+(1-2\mu_{k+1}+\frac{H_k}{\delta}x)B_{k+1}^V]e^{-2\frac{H_k}{\delta}x}-C_{k+1}^V+(1-2\mu_{k+1}-\frac{H_k}{\delta}x)D_{k+1}^V$$

中的 k 和 $k+1$,改写为 $i-1$ 和 i,这样式(3-1′)可改写为下式:

$$[A_{i-1}^V+(1-2\mu_{i-1}+\frac{H_{i-1}}{\delta}x)B_{i-1}^V]e^{-2\frac{H_{i-1}}{\delta}x}-C_{i-1}^V+(1-2\mu_{i-1}-\frac{H_{i-1}}{\delta}x)D_{i-1}^V$$

$$=[A_i^V+(1-2\mu_i+\frac{H_{i-1}}{\delta}x)B_i^V]e^{-2\frac{H_{i-1}}{\delta}x}-C_i^V+(1-2\mu_i-\frac{H_{i-1}}{\delta}x)D_i^V \tag{A}$$

当 $i=3,4,5,\cdots,n$ 时,若将 $P_{i-1}^{21}=P_{i-1}^{43}=0$ 和下述表达式:

$$A_i^V=(P_{i-1}^{11}e^{-2\frac{H_{i-1}}{\delta}x}A_{i-1}^V+P_{i-1}^{12}e^{-2\frac{H_{i-1}}{\delta}x}B_{i-1}^V+P_{i-1}^{13}C_{i-1}^V+P_{i-1}^{14}D_{i-1}^V)e^{2\frac{H_{i-1}}{\delta}x}$$

$$B_i^V=(P_{i-1}^{22}e^{-2\frac{H_{i-1}}{\delta}x}B_{i-1}^V+P_{i-1}^{23}C_{i-1}^V+P_{i-1}^{24}D_{i-1}^V)e^{2\frac{H_{i-1}}{\delta}x}$$

$$C_i^V=P_{i-1}^{31}e^{-2\frac{H_{i-1}}{\delta}x}A_{i-1}^V+P_{i-1}^{32}e^{-2\frac{H_{i-1}}{\delta}x}B_{i-1}^V+P_{i-1}^{33}C_{i-1}^V+P_{i-1}^{34}D_{i-1}^V$$

$$D_i^V=P_{i-1}^{41}e^{-2\frac{H_{i-1}}{\delta}x}A_{i-1}^V+P_{i-1}^{42}e^{-2\frac{H_{i-1}}{\delta}x}B_{i-1}^V+P_{i-1}^{44}D_{i-1}^V$$

代入式(A)右端,则可得

$$\begin{aligned}\text{式(A)右端}=&[P_{i-1}^{11}+(1-2\mu_i+\frac{H_{i-1}}{\delta}x)P_{i-1}^{21}-P_{i-1}^{31}+(1-2\mu_i-\frac{H_{i-1}}{\delta}x)P_{i-1}^{41}]e^{-2\frac{H_{i-1}}{\delta}x}A_{i-1}^V+\\&[P_{i-1}^{12}+(1-2\mu_i+\frac{H_{i-1}}{\delta}x)P_{i-1}^{22}-P_{i-1}^{32}+(1-2\mu_i-\frac{H_{i-1}}{\delta}x)P_{i-1}^{42}]e^{-2\frac{H_{i-1}}{\delta}x}B_{i-1}^V+\\&[P_{i-1}^{13}+(1-2\mu_i+\frac{H_{i-1}}{\delta}x)P_{i-1}^{23}-P_{i-1}^{33}+(1-2\mu_i-\frac{H_{i-1}}{\delta}x)P_{i-1}^{43}]C_{i-1}^V+\\&[P_{i-1}^{14}+(1-2\mu_i+\frac{H_{i-1}}{\delta}x)P_{i-1}^{24}-P_{i-1}^{34}+(1-2\mu_i-\frac{H_{i-1}}{\delta}x)P_{i-1}^{44}]D_{i-1}^V\end{aligned}$$

又将 $P_{i-1}^{jl}(j,l=1,2,3,4)$ 表达式代入式(A)右端,并进行化简、合并,则可得

$$\begin{aligned}\text{式(A)右端}=&(T_{i-1}+M_{i-1}V_{i-1})e^{-2\frac{H_{i-1}}{\delta}x}A_{i-1}^V+[(\frac{1}{2}-2\mu_{i-1}+\frac{H_{i-1}}{\delta}x)(T_{i-1}+M_{i-1}V_{i-1})+\\&\frac{1}{2}(V_{i-1}+\delta Tx_{i-1}L_{i-1})]e^{-2\frac{H_{i-1}}{\delta}x}B_{i-1}^V-(V_{i-1}M_{i-1}+T_{i-1})C_{i-1}^V+[\frac{1}{2}(T_{i-1}L_{i-1}+V_{i-1})+\\&(\frac{1}{2}-2\mu_{i-1}-\frac{H_{i-1}}{\delta}x)(T_{i-1}+V_{i-1}M_{i-1})]D_{i-1}^V\end{aligned}$$

又根据下述表达式:

$$T_{i-1}+M_{i-1}V_{i-1}=1$$

$$T_{i-1}L_{i-1}+V_{i-1}=1$$

则式(A)右端可改写为下式:

$$\text{式(A)右端}=[A_{i-1}^V+(1-2\mu_{i-1}+\frac{H_{i-1}}{\delta}x)B_{i-1}^V]e^{-2\frac{H_{i-1}}{\delta}x}-C_{i-1}^V+(1-2\mu_{i-1}-\frac{H_{i-1}}{\delta}x)D_{i-1}^V=\text{式(A)左端}$$

根据上述分析,则可知

式(A)左端 = 式(A)右端

即

式(3-1′)左端 = 式(3-1′)右端

根据上述两种检验方法(验根法和对比法)的分析,第一界面滑动、其余界面连续多层弹性体系中的系数 A_i^V、B_i^V、C_i^V、D_i^V($i = 1,2,3,\cdots,n$)表达式完全正确。

10.3 古德曼模型在系数递推法中的应用

设多层弹性体系表面作用有圆形轴对称垂直荷载 $p(r)$,各结构层的厚度、弹性模量和泊松比等参数分别为 h_i、E_i、μ_i($i = 1,2,\cdots,n-1$)。最下层为弹性半空间体,其弹性模量和泊松比分别采用 E_n 和 μ_n 表示。接触面上的黏结系数为 K_k($k = 1,2,\cdots,n-1$),如图 10-2 所示。

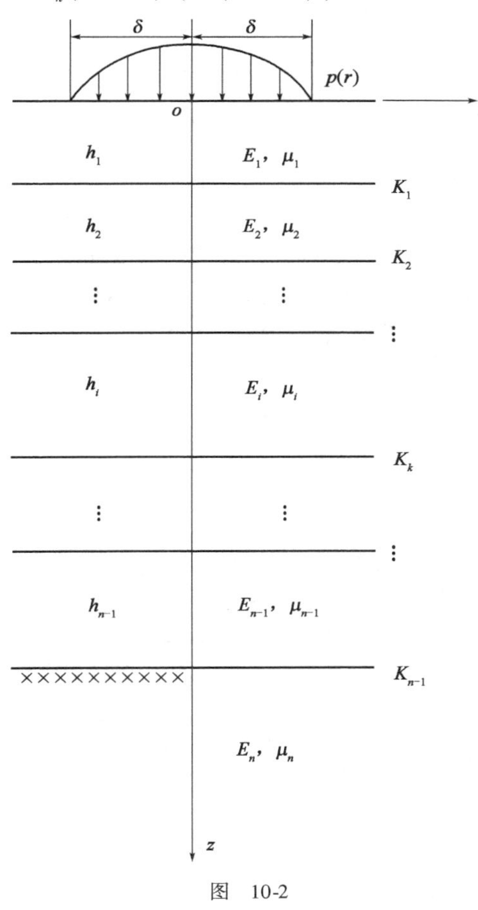

图 10-2

在多层弹性体系表面上设置柱面坐标系,当坐标原点在荷载圆中心处时,若采用应力和位移分量表示,则表面上的边界条件可表示为如下两个表达式:

$$\sigma_{z_1}^V \Big|_{z=0} = -p(r)$$

$$\tau_{z r_1}^V \Big|_{z=0} = 0$$

或采用应力和位移系数表示,则有如下两个表达式:

$$\bar{\sigma}_{z_1}^V \Big|_{z=0} = -\bar{p}(r)$$

$$\bar{\tau}_{z r_1}^V \Big|_{z=0} = 0$$

若采用应力和位移分量表示,则无穷远处边界条件可表示为如下两个表达式:

$$\lim_{r\to\infty}[\sigma_{r_n}^{V},\sigma_{\theta_n}^{V},\sigma_{z_n}^{V},\tau_{zr_n}^{V},u_n^{V},w_n^{V}]=0$$

$$\lim_{z\to\infty}[\sigma_{r_n}^{V},\sigma_{\theta_n}^{V},\sigma_{z_n}^{V},\tau_{zr_n}^{V},u_n^{V},w_n^{V}]=0$$

或采用应力和位移系数表示,则有如下两个表达式:

$$\lim_{r\to\infty}[\bar{\sigma}_{r_n}^{V},\bar{\sigma}_{\theta_n}^{V},\bar{\sigma}_{z_n}^{V},\bar{\tau}_{zr_n}^{V},\bar{u}_n^{V},\bar{w}_n^{V}]=0$$

$$\lim_{z\to\infty}[\bar{\sigma}_{r_n}^{V},\bar{\sigma}_{\theta_n}^{V},\bar{\sigma}_{z_n}^{V},\bar{\tau}_{zr_n}^{V},\bar{u}_n^{V},\bar{w}_n^{V}]=0$$

n 层弹性体系共有 $n-1$ 个接触面,并用 k 表示接触面号。若层间结合条件采用应力和位移分量表示,当 $k=1,2,\cdots,n-1$ 时,则层间连续条件可表示为如下表达式:

$$\sigma_{z_k}^{V}\Big|_{z=H_k}=\sigma_{z_{k+1}}^{V}\Big|_{z=H_k}$$

$$\tau_{zr_k}^{V}\Big|_{z=H_k}=\tau_{zr_{k+1}}^{V}\Big|_{z=H_k}$$

$$\tau_{zr_k}^{V}\Big|_{z=H_k}=K_k(u_k^{V}-u_{k+1}^{V})\Big|_{z=H_k}$$

$$w_k^{V}\Big|_{z=H}=w_{k+1}^{V}\Big|_{z=H_k}$$

其中,K_k 为层间黏结系数(MPa/cm),下标 k 的取值为 $k=1,2,3,\cdots,n-1$ 。

在 n 层弹性体系中,一共有 $n-1$ 个接触面。因此,在接触面上总共有 $4(n-1)$ 个方程。

若层间结合条件采用应力和位移系数表示,当 $k=1,2,\cdots,n-1$ 时,则每层层间产生相对水平位移的结合条件有如下表达式:

$$\bar{\sigma}_{z_k}^{V}\Big|_{z=H_k}=\bar{\sigma}_{z_{k+1}}^{V}\Big|_{z=H_k}$$

$$\bar{\tau}_{zr_k}^{V}\Big|_{z=H_k}=\bar{\tau}_{zr_{k+1}}^{V}\Big|_{z=H_k}$$

$$\bar{\tau}_{zr_k}^{V}\Big|_{z=H_k}=K_k\left[-\frac{(1+\mu_k)\delta}{E_k}\bar{u}_k^{V}+\frac{(1+\mu_{k+1})\delta}{E_{k+1}}\bar{u}_{k+1}^{V}\right]\Big|_{z=H_k}$$

$$\frac{1+\mu_k}{E_k}\bar{w}_k^{V}\Big|_{z=H}=\frac{1+\mu_{k+1}}{E_{k+1}}\bar{w}_{k+1}^{V}\Big|_{z=H_k}$$

当 $k=1,2,3,\cdots,n-1$ 时,若令

$$m_k=\frac{(1+\mu_k)E_{k+1}}{(1+\mu_{k+1})E_k}$$

$$G_K^{(k)}=\frac{E_k}{(1+\mu_k)K_k\delta}$$

则上述层间结合条件可改写为下述表达式:

$$\bar{\sigma}_{z_k}^{V}\Big|_{z=H_k}=\bar{\sigma}_{z_{k+1}}^{V}\Big|_{z=H_k}$$

$$\bar{\tau}_{zr_k}^{V}\Big|_{z=H_k}=\bar{\tau}_{zr_{k+1}}^{V}\Big|_{z=H_k}$$

$$m_k(\bar{u}_k^{V}+G_K^{(k)}\tau_{zr_k}^{V})\Big|_{z=H_k}=\bar{u}_{k+1}^{V}\Big|_{z=H_k}$$

$$m_k\bar{w}_k^{V}\Big|_{z=H}=\bar{w}_{k+1}^{V}\Big|_{z=H_k}$$

根据定解条件,对垂直应力系数 $\bar{\sigma}_z^{V}$ 和垂直位移系数 $\bar{w}^{V}$ 施加零阶亨格尔积分变换;对水平剪应力系数 $\bar{\tau}_{zr}^{V}$ 和水平位移系数 $\bar{u}^{V}$ 施加一阶的亨格尔积分变换,并注意 $C_n^{V}=D_n^{V}=0$,则可得如下线性方程组:

1)表面边界条件

对表面边界条件进行亨格尔积分变换,则可得

$$A_1^V + (1 - 2\mu_1)B_1^V - C_1^V + (1 - 2\mu_1)D_1^V = -1 \tag{1-1}$$

$$A_1^V - 2\mu_1 B_1^V + C_1^V + 2\mu_1 D_1^V = 0 \tag{1-2}$$

2)层间接触条件

根据上述层间接触条件,并注意 $H_1 = h_1$,则第一界面上的接触条件可表示为如下形式:

$$\begin{aligned}&[A_1^V + (1 - 2\mu_1 + \frac{h_1}{\delta}x)B_1^V]e^{-2\frac{h_1}{\delta}x} - C_1^V + (1 - 2\mu_1 - \frac{h_1}{\delta}x)D_1^V\\&= [A_2^V + (1 - 2\mu_2 + \frac{h_1}{\delta}x)B_2^V]e^{-2\frac{h_1}{\delta}x} - C_2^V + (1 - 2\mu_2 - \frac{h_1}{\delta}x)D_2^V\end{aligned} \tag{2-1'}$$

$$\begin{aligned}&[A_1^V - (2\mu_1 - \frac{h_1}{\delta}x)B_1^V]e^{-2\frac{h_1}{\delta}x} + C_1^V + (2\mu_1 + \frac{h_1}{\delta}x)D_1^V\\&= [A_2^V - (2\mu_2 - \frac{h_1}{\delta}x)B_2^V]e^{-2\frac{h_1}{\delta}x} + C_2^V + (2\mu_2 + \frac{h_1}{\delta}x)D_2^V\end{aligned} \tag{2-2'}$$

$$\begin{aligned}&m_1\{(1 + \chi_1)e^{-2\frac{h_1}{\delta}x}A_1^V - [(1 - \frac{h_1}{\delta}x) + \chi_1(2\mu_1 - \frac{h_1}{\delta}x)]e^{-2\frac{h_1}{\delta}x}B_1^V -\\&(1 - \chi_1)C_1^V - [(1 + \frac{h_1}{\delta}x) - \chi_1(2\mu_1 + \frac{h_1}{\delta}x)]D_1^V\}\\&= [A_2^V - (1 - \frac{h_1}{\delta}x)B_2^V]e^{-2\frac{h_1}{\delta}x} - C_2^V - (1 + \frac{h_1}{\delta}x)D_2^V\end{aligned} \tag{2-3'}$$

$$\begin{aligned}&m_1\{[A_1^V + (2 - 4\mu_1 + \frac{h_1}{\delta}x)B_1^V]e^{-2\frac{h_1}{\delta}x} + C_1^V - (2 - 4\mu_1 - \frac{h_1}{\delta}x)D_1^V\}\\&= [A_2^V + (2 - 4\mu_2 + \frac{h_1}{\delta}x)B_2^V]e^{-2\frac{h_1}{\delta}x} + C_2^V - (2 - 4\mu_2 - \frac{h_1}{\delta}x)D_2^V\end{aligned} \tag{2-4'}$$

式中,$\chi_1 = G_K^{(1)}x$。

如果 $k = 2,3,\cdots,n-1$ 时,则第 k 界面上的接触条件可表示为如下形式:

$$\begin{aligned}&[A_k^V + (1 - 2\mu_k + \frac{H_k}{\delta}x)B_k^V]e^{-2\frac{H_k}{\delta}x} - C_k^V + (1 - 2\mu_k - \frac{H_k}{\delta}x)D_K^V\\&= [A_{k+1}^V + (1 - 2\mu_{k+1} + \frac{H_k}{\delta}x)B_{k+1}^V]e^{-2\frac{H_k}{\delta}x} - C_k^V + (1 - 2\mu_k - \frac{H_k}{\delta}x)D_k^V\end{aligned} \tag{3-1'}$$

$$\begin{aligned}&[A_k^V - (2\mu_k - \frac{H_k}{\delta}x)B_k^V]e^{-2\frac{H_k}{\delta}x} + C_k^V + (2\mu_k + \frac{H_k}{\delta}x)D_k^V\\&= [A_{k+1}^V - (2\mu_{k+1} - \frac{H_k}{\delta}x)B_{k+1}^V]e^{-2\frac{H_k}{\delta}x} + C_k^V + (2\mu_{k+1} + \frac{H_k}{\delta}x)D_{k+1}^V\end{aligned} \tag{3-2'}$$

$$\begin{aligned}&m_k\{(1 + \chi_k)e^{-2\frac{H_k}{\delta}x}A_k^V - [(1 - \frac{H_k}{\delta}x) + \chi_k(2\mu_k - \frac{H_k}{\delta}x)]e^{-2\frac{H_k}{\delta}x}B_k^V - (1 - \chi_k)C_k^V - [(1 + \frac{H_k}{\delta}x) -\\&\chi_k(2\mu_k + \frac{H_k}{\delta}x)]D_k^V\} = [A_{k+1}^V - (1 - \frac{H_k}{\delta}x)B_{k+1}^V]e^{-2\frac{H_k}{\delta}x} - C_{k+1}^V - (1 + \frac{H_k}{\delta}x)D_{k+1}^V\end{aligned} \tag{3-3'}$$

$$\begin{aligned}&m_k\{[A_k^V + (2 - 4\mu_k + \frac{H_k}{\delta}x)B_k^V]e^{-2\frac{H_k}{\delta}x} + C_k^V - (2 - 4\mu_k - \frac{H_k}{\delta}x)D_k^V\}\\&= A_{k+1}^V + (2 - 4\mu_{k+1} + \frac{H_k}{\delta}x)B_{k+1}^V + C_{k+1}^V - (2 - 4\mu_{k+1} - \frac{H_k}{\delta}x)D_{k+1}^V\end{aligned} \tag{3-4'}$$

式中,$\chi_k = G_K^{(k)}x, k = 2,3,4,\cdots,n-1$。

若设

$$\bar{p}_1(x) = -\{[A_1^V + (1-2\mu_1 + \frac{h_1}{\delta}x)B_1^V]e^{-2\frac{h_1}{\delta}x} - C_1^V + (1-2\mu_1 - \frac{h_1}{\delta}x)D_1^V\} \tag{a}$$

$$\bar{s}_1(x) = -\{[A_1^V - (2\mu_1 - \frac{h_1}{\delta}x)B_1^V]e^{-2\frac{h_1}{\delta}x} + C_1^V + (2\mu_1 + \frac{h_1}{\delta}x)D_1^V\} \tag{b}$$

那么,式(2-1′)和式(2-2′)可改写为如下两式:

$$[A_2^V + (1-2\mu_2 + \frac{h_1}{\delta}x)B_2^V]e^{-2\frac{h_1}{\delta}x} - C_2^V + (1-2\mu_2 - \frac{h_1}{\delta}x)D_2^V = -\bar{p}_1(x) \tag{2-1}$$

$$[A_2^V - (2\mu_2 - \frac{h_1}{\delta}x)B_2^V]e^{-2\frac{h_1}{\delta}x} + C_2^V + (2\mu_2 + \frac{h_1}{\delta}x)D_2^V = -\bar{s}_1(x) \tag{2-2}$$

为了便于计算,我们按下述三种情况:

(1)第 $i(i=3,4,5,\cdots,n)$ 层;

(2)第二层;

(3)第一层。

求出采用古德曼模型的多层弹性体系中系数表达式:

1)第 $i(i=3,4,5,\cdots,n)$ 层的系数表达式分析

式(3-1′) ± 式(3-2′),则有

$$[2A_k^V + (1-4\mu_k + 2\frac{H_k}{\delta}x)B_k^V]e^{-2\frac{H_k}{\delta}x} + D_K^V = [2A_{k+1}^V + (1-4\mu_{k+1} + 2\frac{H_k}{\delta}x)B_{k+1}^V]e^{-2\frac{H_k}{\delta}x} + D_{k+1}^V \tag{3-1″}$$

$$B_k^V e^{-2\frac{H_k}{\delta}x} - 2C_k^V + (1-4\mu_k - 2\frac{H_k}{\delta}x)D_k^V = B_{k+1}^V e^{-2\frac{H_k}{\delta}x} - 2C_k^V + (1-4\mu_{k+1} - 2\frac{H_k}{\delta}x)D_{k+1}^V \tag{3-2″}$$

式(3-3′) ± 式(3-4′),则可得

$$\begin{aligned} & m_k\{2(1+\frac{\chi_k}{2})e^{-2\frac{H_k}{\delta}x}A_k^V + [(1-4\mu_k + 2\frac{H_k}{\delta}x) - \chi_k(2\mu_k - \frac{H_k}{\delta}x)]e^{-2\frac{H_k}{\delta}x}B_k^V + \\ & \chi_k C_k^V - [(3-4\mu_k) - \chi_k(2\mu_k + \frac{H_k}{\delta}x)]D_k^V\} \\ = & [2A_{k+1}^V + (1-4\mu_{k+1} + 2\frac{H_k}{\delta}x)B_{k+1}^V]e^{-2\frac{H_k}{\delta}x} - (3-4\mu_{k+1})D_{k+1}^V \end{aligned} \tag{3-3″}$$

$$\begin{aligned} & m_k\{-\chi_1 e^{-2\frac{H_k}{\delta}x}A_k^V + [(3-4\mu_k) + \chi_1(2\mu_k - \frac{H_k}{\delta}x)]e^{-2\frac{H_k}{\delta}x}B_k^V + \\ & 2(1-\frac{\chi_k}{2})C_k^V - [(1-4\mu_k - 2\frac{H_k}{\delta}x) + \chi_k(2\mu_k + \frac{H_k}{\delta}x)]D_k^V\} \\ = & (3-4\mu_{k+1})e^{-2\frac{h}{\delta}x}B_{k+1}^V + 2C_{k+1}^V - (1-4\mu_{k+1} - 2\frac{H_k}{\delta}x)D_{k+1}^V \end{aligned} \tag{3-4″}$$

$(3-4\mu_{k+1})$ × 式(3-1″) + 式(3-3″),则可得

$$\begin{aligned} & 2[(3-4\mu_{k+1}+m_k) + \frac{\chi_k m_k}{2}]e^{-2\frac{H_k}{\delta}x}A_k^V + [(3-4\mu_{k+1}+m_k) \times (1-4\mu_k + 2\frac{H_k}{\delta}x) - \chi_k m_k(2\mu_k - \\ & \frac{H_k}{\delta}x)]e^{-2\frac{H_k}{\delta}x}B_k^V + \chi_k m_k C_k^V + [(3-4\mu_{k+1}) - (3-4\mu_k)m_k + \chi_k m_k(2\mu_k + \frac{H_k}{\delta}x)]D_k^V \\ = & 4(1-\mu_{k+1})[2A_{k+1}^V + (1-4\mu_{k+1} + 2\frac{H_k}{\delta}x)B_{k+1}^V]e^{-2\frac{H_k}{\delta}x} \end{aligned}$$

若令

$$L_k = \frac{(3-4\mu_{k+1}) - (3-4\mu_k)m_k}{3-4\mu_{k+1}+m_k}$$

$$T_k = \frac{3-4\mu_{k+1}+m_k}{4(1-\mu_{k+1})}$$

$$R_k = \frac{\chi_k m_k}{2(3-4\mu_{k+1}+m_k)}$$

则上式可改写为如下形式：

$$T_k\{2(1+R_k)e^{-2\frac{H_k}{\delta}x}A_k^V + [(1-4\mu_k+2\frac{H_k}{\delta}x)-2(2\mu_k-\frac{H_k}{\delta}x)R_k]e^{-2\frac{H_k}{\delta}x}B_k^V + 2R_kC_k^V + [L_k+2(2\mu_k+\frac{H_k}{\delta}x)R_k]D_k^V\}$$

$$=[2A_{k+1}^V + (1-4\mu_{k+1}+2\frac{H_k}{\delta}x)B_{k+1}^V]e^{-2\frac{H_k}{\delta}x} \quad (3\text{-}1''')$$

式(3-2″)+式(3-4″),则有

$$-\chi_k m_k e^{-2\frac{H_k}{\delta}x}A_k^V + [1+(3-4\mu_k)m_k+(2\mu_k-\frac{H_k}{\delta}x)\chi_k m_k]e^{-2\frac{H_k}{\delta}x}B_k^V - 2(1-m_k+\frac{\chi_k m_k}{2})C_k^V +$$

$$[(1-m_k)(1-4\mu_k-2\frac{H_k}{\delta}x)-\chi_k m_k(2\mu_k+\frac{H_k}{\delta}x)]D_k^V = 4(1-\mu_{k+1})e^{-2\frac{H_k}{\delta}x}B_{k+1}^V$$

若令

$$M_k = \frac{1-m_k}{1+(3-4\mu_k)m_k}$$

$$V_k = \frac{1+(3-4\mu_k)m_k}{4(1-\mu_{k+1})}$$

$$Q_k = \frac{\chi_k m_k}{2[1+(3-4\mu_k)m_k]}$$

则上式可改写为下式：

$$V_k\{-2Q_k e^{-2\frac{H_k}{\delta}x}A_k^V + [1+2(2\mu_k-\frac{H_k}{\delta}x)Q_k]e^{-2\frac{H_k}{\delta}x}B_k^V - 2(M_k+Q_k)C_k^V + [M_k(1-4\mu_k-2\frac{H_k}{\delta}x)-$$

$$2(2\mu_k+\frac{H_k}{\delta}x)Q_k]D_k^V\} = e^{-2\frac{H_k}{\delta}x}B_{k+1}^V$$

即

$$B_{k+1}^V = V_k\{-2Q_k e^{-2\frac{H_k}{\delta}x}A_k^V + [1+2(2\mu_k-\frac{H_k}{\delta}x)Q_k]e^{-2\frac{H_k}{\delta}x}B_k^V - 2(M_k+Q_k)C_k^V +$$

$$[M_k(1-4\mu_k-2\frac{H_k}{\delta}x)-2(2\mu_k+\frac{H_k}{\delta}x)Q_k]D_k^V\}e^{2\frac{H_k}{\delta}x} \quad (3\text{-}2)$$

$(3-4\mu_{k+1})\times$式(3-2″)−式(3-4″),则可得

$$\chi_k m_k e^{-2\frac{H_k}{\delta}x}A_k^V + [(3-4\mu_{k+1})-(3-4\mu_k)m_k-\chi_k m_k(2\mu_k-\frac{H_k}{\delta}x)]e^{-2\frac{H_k}{\delta}x}B_k^V -$$

$$2(3-4\mu_{k+1}+m_k-\frac{\chi_k m_k}{2})C_k^V + [(3-4\mu_{k+1}+m_k)(1-4\mu_k-2\frac{H_k}{\delta}x)+\chi_k m_k(2\mu_k+\frac{H_k}{\delta}x)]D_k^V$$

$$=-4(1-\mu_{k+1})[2C_{k+1}^V-(1-4\mu_{k+1}-2\frac{H_k}{\delta}x)D_{k+1}^V]$$

若代入下述表达式：

$$L_k = \frac{(3-4\mu_{k+1})-(3-4\mu_k)m_k}{3-4\mu_{k+1}+m_k}$$

$$T_k = \frac{3 - 4\mu_{k+1} + m_k}{4(1 - \mu_{k+1})}$$

$$R_k = \frac{\chi_k m_k}{2(3 - 4\mu_{k+1} + m_k)}$$

则上式可改写为下式：

$$-T_k\{2R_k e^{-2\frac{H_k}{\delta}x}A_k^V + [L_k - 2(2\mu_k - \frac{H_k}{\delta}x)R_k]e^{-2\frac{H_k}{\delta}x}B_k^V - 2(1 - R_k)C_k^V +$$
$$[(1 - 4\mu_k - 2\frac{H_k}{\delta}x) + 2(2\mu_k + \frac{H_k}{\delta}x)R_k]D_k^V\}$$
$$= 2C_{k+1}^V - (1 - 4\mu_{k+1} - 2\frac{H_k}{\delta}x)D_{k+1}^V \tag{3-2'''}$$

式(3-1″)－式(3-3″),则有

$$2[(1 - m_k) - \frac{\chi_k m_k}{2}]e^{-2\frac{H_k}{\delta}x}A_k^V + [(1 - m_k)(1 - 4\mu_k + 2\frac{H_k}{\delta}x) +$$
$$\chi_k m_k(2\mu_k - \frac{H_k}{\delta}x)]e^{-2\frac{H_k}{\delta}x}B_k^V - \chi_k m_k C_k^V +$$
$$[1 + (3 - 4\mu_k)m_k - \chi_k m_k(2\mu_k + \frac{H_k}{\delta}x)]D_k^V$$
$$= 4(1 - \mu_{k+1})D_{k+1}^V$$

若将下述表达式：

$$M_k = \frac{1 - m_k}{1 + (3 - 4\mu_k)m_k}$$

$$V_k = \frac{1 + (3 - 4\mu_k)m_k}{4(1 - \mu_{k+1})}$$

$$Q_k = \frac{\chi_k m_k}{2[1 + (3 - 4\mu_k)m_k]}$$

代入上式,则可得

$$D_{k+1}^V = V_k\{2(M_k - Q_k)A_k^V e^{-2\frac{H_k}{\delta}x} + [(1 - 4\mu_k + 2\frac{H_k}{\delta}x)M_k + 2(2\mu_k - \frac{H_k}{\delta}x)Q_k]e^{-2\frac{H_k}{\delta}x}B_k^V -$$
$$2Q_k C_k^V + [1 - 2(2\mu_k + \frac{H_k}{\delta}x)Q_k]D_k^V\} \tag{3-4}$$

若将式(3-1‴)加以变换,则可得系数 A_{k+1}^V 表达式如下：

$$A_{k+1}^V = \frac{T_k}{2}\{2(1 + R_k)e^{-2\frac{H_k}{\delta}x}A_k^V + [(1 - 4\mu_k + 2\frac{H_k}{\delta}x) - 2(2\mu_k - \frac{H_k}{\delta}x)R_k]e^{-2\frac{H_k}{\delta}x}B_k^V +$$
$$2R_k C_k^V + [L_k + 2(2\mu_k + \frac{H_k}{\delta}x)R_k]D_k^V\} - \frac{1}{2}(1 - 4\mu_{k+1} + 2\frac{H_k}{\delta}x)B_{k+1}^V e^{2\frac{H_k}{\delta}x}$$

若将式(3-2)代入上式,则系数 A_{k+1}^V 表达式又可改写为如下：

$$A_{k+1}^V = \frac{T_k}{2}\{2(1 + R_k)e^{-2\frac{H_k}{\delta}x}A_k^V + [(1 - 4\mu_k + 2\frac{H_k}{\delta}x) - 2(2\mu_k - \frac{H_k}{\delta}x)R_k]e^{-2\frac{H_k}{\delta}x}B_k^V +$$
$$2R_k C_k^V + [L_k + 2(2\mu_k + \frac{H_k}{\delta}x)R_k]D_k^V\} - \frac{V_k}{2}(1 - 4\mu_{k+1} + 2\frac{H_k}{\delta}x)\{-2Q_k e^{-2\frac{H_k}{\delta}x}A_k^V +$$
$$[1 + 2(2\mu_k - \frac{H_k}{\delta}x)Q_k]e^{-2\frac{H_k}{\delta}x}B_k^V - 2(M_k + Q_k)C_k^V + [M_k(1 - 4\mu_k - 2\frac{H_k}{\delta}x) -$$
$$2(2\mu_k + \frac{H_k}{\delta}x)Q_k]D_k^V\}e^{2\frac{H_k}{\delta}x}$$

上式加以重新整理,则可得

$$A_{k+1}^{V}=\Big\{(1+R_k)T_k e^{-2\frac{H_k}{\delta}x}A_k^V+\frac{T_k}{2}[(1-4\mu_k+2\frac{H_k}{\delta}x)-2(2\mu_k-\frac{H_k}{\delta}x)R_k]e^{-2\frac{H_k}{\delta}x}B_k^V+R_kT_kC_k^V+\frac{T_k}{2}[L_k+2(2\mu_k+\frac{H_k}{\delta}x)R_k]D_k^V\Big\}+(1-4\mu_{k+1}+2\frac{H_k}{\delta}x)\Big\{Q_kV_ke^{-2\frac{H_k}{\delta}x}A_k^V-\frac{V_k}{2}[1+2(2\mu_k-\frac{H_k}{\delta}x)Q_k]e^{-2\frac{H_k}{\delta}x}B_k^V+(M_k+Q_k)V_kC_k^V-\frac{V_k}{2}[(1-4\mu_k-2\frac{H_k}{\delta}x)M_k-2(2\mu_k+\frac{H_k}{\delta}x)Q_k]D_k^V\Big\}e^{2\frac{H_k}{\delta}x}$$

上式按系数 A_k^V、B_k^V、C_k^V、D_k^V 归并同类项,则可得

$$A_{k+1}^{V}=\Big\{[(1+R_k)T_k+(1-4\mu_{k+1}+2\frac{H_k}{\delta}x)Q_kV_k]e^{-2\frac{H_k}{\delta}x}A_k^V+\frac{1}{2}[(1-4\mu_k+2\frac{H_k}{\delta}x)T_k-(1-4\mu_{k+1}+2\frac{H_k}{\delta}x)V_k-2(2\mu_k-\frac{H_k}{\delta}x)T_kR_k-2(2\mu_k-\frac{H_k}{\delta}x)(1-4\mu_{k+1}+2\frac{H_k}{\delta}x)Q_kV_k]e^{-2\frac{H_k}{\delta}x}B_k^V+[T_kR_k+(1-4\mu_{k+1}+2\frac{H_k}{\delta}x)(M_k+Q_k)V_k]C_k^V+\frac{1}{2}[T_kL_k+2(2\mu_k+\frac{H_k}{\delta}x)T_kR_k-(1-4\mu_{k+1}+2\frac{H_k}{\delta}x)(1-4\mu_k-2\frac{H_k}{\delta}x)V_kM_k+2(2\mu_k+\frac{H_k}{\delta}x)\times(1-4\mu_{k+1}+2\frac{H_k}{\delta}x)Q_kV_k]D_k^V\Big\}e^{2\frac{H_k}{\delta}x} \tag{3-1}$$

式(3-4)代入式(3-2‴),则有

$$C_{k+1}^{V}=\frac{1}{2}\Big\{(1-4\mu_{k+1}-2\frac{H_k}{\delta}x)V_k\{2(M_k-Q_k)e^{-2\frac{H_k}{\delta}x}A_k^V+[(1-4\mu_k+2\frac{H_k}{\delta}x)M_k+2(2\mu_k-\frac{H_k}{\delta}x)Q_k]e^{-2\frac{H_k}{\delta}x}B_k^V-2Q_kC_k^V+[1-2(2\mu_k+\frac{H_k}{\delta}x)Q_k]D_k^V\}-T_k\{2R_ke^{-2\frac{H_k}{\delta}x}A_k^V+[L_k-2(2\mu_k-\frac{H_k}{\delta}x)R_k]e^{-2\frac{H_k}{\delta}x}B_k^V-2(1-R_k)C_k^V+[(1-4\mu_k-2\frac{H_k}{\delta}x)+2(2\mu_k+\frac{H_k}{\delta}x)R_k]D_k^V\}\Big\}$$

即

$$C_{k+1}^{V}=\Big\{[(1-4\mu_{k+1}-2\frac{H_k}{\delta}x)(M_k-Q_k)V_k-R_kT_k]e^{-2\frac{H_k}{\delta}x}A_k^V+\frac{1}{2}[(1-4\mu_{k+1}-2\frac{H_k}{\delta}x)(1-4\mu_k+2\frac{H_k}{\delta}x)V_kM_k-T_kL_k+2(2\mu_k-\frac{H_k}{\delta}x)R_kT_k+2(2\mu_k-\frac{H_k}{\delta}x)(1-4\mu_{k+1}-2\frac{H_k}{\delta}x)Q_kV_k]e^{-2\frac{H_k}{\delta}x}B_k^V+[(1-R_k)T_k-(1-4\mu_{k+1}-2\frac{H_k}{\delta}x)Q_kV_k]C_k^V+\frac{1}{2}[(1-4\mu_{k+1}-2\frac{H_k}{\delta}x)V_k-(1-4\mu_k-2\frac{H_k}{\delta}x)T_k-2(2\mu_k+\frac{H_k}{\delta}x)(1-4\mu_{k+1}-2\frac{H_k}{\delta}x)Q_kV_k-2(2\mu_k+\frac{H_k}{\delta}x)R_kT_k]D_k\Big\} \tag{3-2}$$

若令

$$P_k^{11} = (1 + R_k)T_k + (1 - 4\mu_{k+1} + 2\frac{H_k}{\delta}x)Q_kV_k$$

$$P_k^{12} = \frac{1}{2}[(1 - 4\mu_k + 2\frac{H_k}{\delta}x)T_k - (1 - 4\mu_{k+1} + 2\frac{H_k}{\delta}x)V_k - 2(2\mu_k - \frac{H_k}{\delta}x)(1 - 4\mu_{k+1} + 2\frac{H_k}{\delta}x)Q_kV_k - 2(2\mu_k - \frac{H_k}{\delta}x)R_kT_k]$$

$$P_k^{13} = (1 - 4\mu_{k+1} + 2\frac{H_k}{\delta}x)(M_k + Q_k)V_k + R_kT_k$$

$$P_k^{14} = \frac{1}{2}\{L_kT_k - (1 - 4\mu_k - 2\frac{H_k}{\delta}x)(1 - 4\mu_{k+1} + 2\frac{H_k}{\delta}x)M_kV_k + 2(2\mu_k + \frac{H_k}{\delta}x)[(1 - 4\mu_{k+1} + 2\frac{H_k}{\delta}x)Q_kV_k + R_kT_k]\}$$

$$P_k^{21} = -2Q_kV_k$$

$$P_k^{22} = V_k + 2(2\mu_k - \frac{H_k}{\delta}x)Q_kV_k$$

$$P_k^{23} = -2(M_k + Q_k)V_k$$

$$P_k^{24} = (1 - 4\mu_k - 2\frac{H_k}{\delta}x)M_kV_k - 2(2\mu_k + \frac{H_k}{\delta}x)Q_kV_k$$

$$P_k^{31} = (1 - 4\mu_{k+1} - 2\frac{H_k}{\delta}x)(M_k - Q_k)V_k - R_kT_k$$

$$P_k^{32} = \frac{1}{2}[(1 - 4\mu_k + 2\frac{H_k}{\delta}x)(1 - 4\mu_{k+1} - 2\frac{H_k}{\delta}x)M_kV_k - L_kT_k + 2(2\mu_k - \frac{H_k}{\delta}x)(1 - 4\mu_{k+1} - 2\frac{H_k}{\delta}x)Q_kV_k + 2(2\mu_k - \frac{H_k}{\delta}x)R_kT_k]$$

$$P_k^{33} = (1 - R_k)T_k - (1 - 4\mu_{k+1} - 2\frac{H_k}{\delta}x)Q_kV_k$$

$$P_k^{34} = \frac{1}{2}[(1 - 4\mu_{k+1} - 2\frac{H_k}{\delta}x)V_k - (1 - 4\mu_k - 2\frac{H_k}{\delta}x)T_k - 2(2\mu_k + \frac{H_k}{\delta}x)(1 - 4\mu_{k+1} - 2\frac{H_k}{\delta}x)Q_kV_k - 2(2\mu_k + \frac{H_k}{\delta}x)R_kT_k]$$

$$P_k^{41} = 2(M_k - Q_k)V_k$$

$$P_k^{42} = (1 - 4\mu_k + 2\frac{H_k}{\delta}x)M_kV_k + 2(2\mu_k - \frac{H_k}{\delta}x)Q_kV_k$$

$$P_k^{43} = -2Q_kV_k$$

$$P_k^{44} = V_k - 2(2\mu_k + \frac{H_k}{\delta}x)Q_kV_k$$

那么,式(3-1)、式(3-2)、式(3-3)和式(3-4)可改写为如下四个系数递推公式:

$$A_{k+1}^V = (P_k^{11}e^{-2\frac{H_k}{\delta}x}A_k^V + P_k^{12}e^{-2\frac{H_k}{\delta}x}B_k^V + P_k^{13}C_k^V + P_k^{14}D_k^V)e^{2\frac{H_k}{\delta}x}$$

$$B_{k+1}^V = (P_k^{21}e^{-2\frac{H_k}{\delta}x}A_k^V + P_k^{22}e^{-2\frac{H_k}{\delta}x}B_k^V + P_k^{23}C_k^V + P_k^{24}D_k^V)e^{2\frac{H_k}{\delta}x}$$

$$C_{k+1}^V = P_k^{31}e^{-2\frac{H_k}{\delta}x}A_k^V + P_k^{32}e^{-2\frac{H_k}{\delta}x}B_k^V + P_k^{33}C_k^V + P_k^{34}D_k^V$$

$$D_{k+1}^V = P_k^{41}e^{-2\frac{H_k}{\delta}x}A_k^V + P_k^{42}e^{-2\frac{H_k}{\delta}x}B_k^V + P_k^{43}C_k^V + P_k^{44}D_k^V$$

其中,$k = 2,3,4,\cdots,n-1$。

根据上述分析可知:下一层系数 A_{k+1}^V、B_{k+1}^V、C_{k+1}^V、D_{k+1}^V,可用上一层系数 A_k^V、B_k^V、C_k^V、D_k^V 表示。

这种递推关系说明，第三层系数 A_3^V、B_3^V、C_3^V、D_3^V，可以用第二层系数 A_2^V、B_2^V、C_2^V、D_2^V 表示；第四层系数 A_4^V、B_4^V、C_4^V、D_4^V，可用第三层系数 A_3^V、B_3^V、C_3^V、D_3^V 表示，而第三层系数 A_3^V、B_3^V、C_3^V、D_3^V，又可用第二层系数 A_2^V、B_2^V、C_2^V、D_2^V 表示。这也就是说，第四层系数 A_4^V、B_4^V、C_4^V、D_4^V 的表达式，也可用第二层系数 A_2^V、B_2^V、C_2^V、D_2^V 表示。由此类推，第 n 层系数 A_n^V、B_n^V、C_n^V、D_n^V，可用第二层系数 A_2^V、B_2^V、C_2^V、D_2^V 表示，但应该注意的是，根据无穷远处的边界条件，有 $C_n^V = D_n^V = 0$。对此，当 $i=3,4,5,\cdots,n$ 时，若用第二层系数 A_2^V、B_2^V、C_2^V、D_2^V 表示第 i 层系数 A_i^V、B_i^V、C_i^V、D_i^V 表达式，则可得

$$\begin{cases} A_i^V = (R_{i-1}^{11}e^{-2\frac{H_2}{\delta}x}A_2^V + R_{i-1}^{12}e^{-2\frac{H_2}{\delta}x}B_2^V + R_{i-1}^{13}C_2^V + R_{i-1}^{14}D_2^V)e^{2\frac{H_{i-1}}{\delta}x} \\ B_i^V = (R_{i-1}^{21}e^{-2\frac{H_2}{\delta}x}A_2^V + R_{i-1}^{22}e^{-2\frac{H_2}{\delta}x}B_2^V + R_{i-1}^{23}C_2^V + R_{i-1}^{24}D_2^V)e^{2\frac{H_{i-1}}{\delta}x} \\ C_i^V = R_{i-1}^{31}e^{-2\frac{H_2}{\delta}x}A_2^V + R_{i-1}^{32}e^{-2\frac{H_2}{\delta}x}B_2^V + R_{i-1}^{33}C_2^V + R_{i-1}^{34}D_2^V \\ D_i^V = R_{i-1}^{41}e^{-2\frac{H_2}{\delta}x}A_2^V + R_{i-1}^{42}e^{-2\frac{H_2}{\delta}x}B_2^V + R_{i-1}^{43}C_2^V + R_{i-1}^{44}D_2^V \end{cases} \tag{10-3-1}$$

式中，对于 $k=2,3,4,\cdots,n-1$；$j,l=1,2,3,4$，则有

$$R_k^{jl} = \begin{cases} P_k^{jl} & (k=2) \\ P_k^{j1}R_{k-1}^{1l}e^{-2\frac{h_k}{\delta}x} + P_k^{j2}R_{k-1}^{2l}e^{-2\frac{h_k}{\delta}x} + P_k^{j3}R_{k-1}^{3l} + P_k^{j4}R_{k-1}^{4l} & (k \neq 2) \end{cases}$$

2）确定第二层系数表达式

当 $i=n$ 时，根据上述四式中的第三式和第四式，并注意 $C_n^V = D_n^V = 0$，则有

$$R_{n-1}^{31}e^{-2\frac{H_2}{\delta}x}A_2^V + R_{n-1}^{32}e^{-2\frac{H_2}{\delta}x}B_2^V + R_{n-1}^{33}C_2^V + R_{n-1}^{34}D_2^V = 0 \tag{2-3}$$

$$R_{n-1}^{41}e^{-2\frac{H_2}{\delta}x}A_2^V + R_{n-1}^{42}e^{-2\frac{H_2}{\delta}x}B_2^V + R_{n-1}^{43}C_2^V + R_{n-1}^{44}D_2^V = 0 \tag{2-4}$$

如果将式(2-1)、式(2-2)、式(2-3)和式(2-4)等四个表达式：

$$[A_2^V + (1-2\mu_2+\frac{h_1}{\delta}x)B_2^V]e^{-2\frac{h_1}{\delta}x} - C_2^V + (1-2\mu_2-\frac{h_1}{\delta}x)D_2^V = -\bar{p}_1^V(x)$$

$$[A_2^V - (2\mu_2-\frac{h_1}{\delta}x)B_2^V]e^{-2\frac{h_1}{\delta}x} + C_2^V + (2\mu_2+\frac{h_1}{\delta}x)D_2^V = -\bar{s}_1^V(x)$$

$$R_{n-1}^{31}e^{-2\frac{H_2}{\delta}x}A_2^V + R_{n-1}^{32}e^{-2\frac{H_2}{\delta}x}B_2^V + R_{n-1}^{33}C_2^V + R_{n-1}^{34}D_2^V = 0$$

$$R_{n-1}^{41}e^{-2\frac{H_2}{\delta}x}A_2^V + R_{n-1}^{42}e^{-2\frac{H_2}{\delta}x}B_2^V + R_{n-1}^{43}C_2^V + R_{n-1}^{44}D_2^V = 0$$

联立，我们采用行列式理论中的克莱姆法则，求解上述线性方程组，并令

$$P_{12} = 1-2\mu_2+\frac{h_1}{\delta}x, P_{14} = 1-2\mu_2-\frac{h_1}{\delta}x$$

$$P_{22} = 2\mu_2-\frac{h_1}{\delta}x, P_{24} = 2\mu_2+\frac{h_1}{\delta}x$$

$$P_{31} = R_{n-1}^{31}e^{-2\frac{h_2}{\delta}x}, P_{32} = R_{n-1}^{32}e^{-2\frac{h_2}{\delta}x}, P_{33} = R_{n-1}^{33}, P_{34} = R_{n-1}^{34}$$

$$P_{41} = R_{n-1}^{41}e^{-2\frac{h_2}{\delta}x}, P_{42} = R_{n-1}^{42}e^{-2\frac{h_2}{\delta}x}, P_{43} = R_{n-1}^{43}, P_{44} = R_{n-1}^{44}$$

则上述联立方程组可改写为如下方程组：

$$(A_2^V + P_{12}B_2^V)e^{-2\frac{h_1}{\delta}x} - C_2^V + P_{14}D_2^V = -\bar{p}_1(x)$$

$$(A_2^V - P_{22}B_2^V)e^{-2\frac{h_1}{\delta}x} + C_2^V + P_{24}D_2^V = -\bar{s}_1(x)$$

$$(P_{34}A_2^V + P_{32}B_2^V)e^{-2\frac{h_1}{\delta}x} + P_{33}C_2^V + P_{34}D_2^V = 0$$

$$(P_{41}A_2^V + P_{42}B_2^V)e^{-2\frac{h_1}{\delta}x} + P_{43}C_2^V + P_{44}D_2^V = 0$$

采用行列式理论求解这个联立方程组,其分母行列式为:

$$D_{\mathrm{G}}=\begin{vmatrix} e^{-2\frac{h_1}{\delta}x} & P_{12}e^{-2\frac{h_1}{\delta}x} & -1 & P_{14} \\ e^{-2\frac{h_1}{\delta}x} & -P_{22}e^{-2\frac{h_1}{\delta}x} & 1 & P_{24} \\ P_{31}e^{-2\frac{h_1}{\delta}x} & P_{32}e^{-2\frac{h_1}{\delta}x} & P_{33} & P_{34} \\ P_{41}e^{-2\frac{h_1}{\delta}x} & P_{42}e^{-2\frac{h_1}{\delta}x} & P_{43} & P_{44} \end{vmatrix}$$

在求解上述联立方程组时,我们采用降阶法,并利用初等变换。由此,分母行列式可表示为如下形式:

$$\begin{aligned} D_{\mathrm{G}}=&-e^{-4\frac{h_1}{\delta}x}\{(R_{n-1}^{33}R_{n-1}^{44}-R_{n-1}^{34}R_{n-1}^{43})+2(R_{n-1}^{32}R_{n-1}^{44}-R_{n-1}^{34}R_{n-1}^{42})e^{-2\frac{h_2}{\delta}x}+\frac{1}{2}[1-(1-4\mu_2+\\ &2\frac{h_1}{\delta}x)(1-4\mu_2-2\frac{h_1}{\delta}x)]\times(R_{n-1}^{31}R_{n-1}^{43}-R_{n-1}^{33}R_{n-1}^{41})e^{-2\frac{h_2}{\delta}x}+(1-4\mu_2-2\frac{h_1}{\delta}x)(R_{n-1}^{32}R_{n-1}^{43}-\\ &R_{n-1}^{33}R_{n-1}^{42})e^{-2\frac{h_2}{\delta}x}-(1-4\mu_2+2\frac{h_1}{\delta}x)(R_{n-1}^{31}R_{n-1}^{44}-R_{n-1}^{34}R_{n-1}^{41})e^{-2\frac{h_2}{\delta}x}+\\ &(R_{n-1}^{31}R_{n-1}^{42}-R_{n-1}^{32}R_{n-1}^{41})e^{-4\frac{h_2}{\delta}x}\} \end{aligned}$$

若令

$$\begin{aligned} \Delta_{\mathrm{G}}=&(R_{n-1}^{33}R_{n-1}^{44}-R_{n-1}^{34}R_{n-1}^{43})+\{2(R_{n-1}^{32}R_{n-1}^{44}-R_{n-1}^{34}R_{n-1}^{42})+\frac{1}{2}[1-(1-4\mu_2+2\frac{h_1}{\delta}x)(1-\\ &4\mu_2-2\frac{h_1}{\delta}x)](R_{n-1}^{31}R_{n-1}^{43}-R_{n-1}^{33}R_{n-1}^{41})+(1-4\mu_2-2\frac{h_1}{\delta}x)(R_{n-1}^{32}R_{n-1}^{43}-R_{n-1}^{33}R_{n-1}^{42})-\\ &(1-4\mu_2+2\frac{h_1}{\delta}x)(R_{n-1}^{31}R_{n-1}^{44}-R_{n-1}^{34}R_{n-1}^{41})\}e^{-2\frac{h_2}{\delta}x}+(R_{n-1}^{31}R_{n-1}^{42}-R_{n-1}^{32}R_{n-1}^{41})e^{-4\frac{h_2}{\delta}x} \end{aligned}$$

则分母行列式的 D_{G} 表达式可改写为下式:

$$D_{\mathrm{G}}=-\Delta_{\mathrm{G}}e^{-4\frac{h_1}{\delta}x}$$

根据行列式理论的克莱姆法则,系数 A_2^V 的表达式可以求得如下:

$$A_2^V=\frac{1}{D_{\mathrm{G}}}\begin{vmatrix} -\bar{p}(x) & P_{12}e^{-2\frac{h_1}{\delta}x} & -1 & P_{14} \\ -\bar{s}_1(x) & -P_{22}e^{-2\frac{h_1}{\delta}x} & 1 & P_{24} \\ 0 & P_{32}e^{-2\frac{h_1}{\delta}x} & P_{33} & P_{34} \\ 0 & P_{42}e^{-2\frac{h_1}{\delta}x} & P_{43} & P_{44} \end{vmatrix}$$

采用求解行列式的降阶法,则可得

$$\begin{aligned} A_2^V=&-\frac{\bar{p}_1(x)e^{2\frac{h_1}{\delta}x}}{\Delta_{\mathrm{G}}}\{[(R_{n-1}^{32}R_{n-1}^{44}-R_{n-1}^{34}R_{n-1}^{42})-(2\mu_2+\frac{h_1}{\delta}x)(R_{n-1}^{32}R_{n-1}^{43}-R_{n-1}^{33}R_{n-1}^{42})]e^{-2\frac{h_2}{\delta}x}+\\ &(2\mu_2-\frac{h_1}{\delta}x)(R_{n-1}^{33}R_{n-1}^{44}-R_{n-1}^{34}R_{n-1}^{43})\}-\frac{\bar{s}_1(x)e^{2\frac{h_1}{\delta}x}}{\Delta_{\mathrm{G}}}\{[(R_{n-1}^{32}R_{n-1}^{44}-R_{n-1}^{34}R_{n-1}^{42})+\\ &(1-2\mu_2-\frac{h_1}{\delta}x)(R_{n-1}^{32}R_{n-1}^{43}-R_{n-1}^{33}R_{n-1}^{42})]e^{-2\frac{h_2}{\delta}x}+(1-2\mu_2+\frac{h_1}{\delta}x)(R_{n-1}^{33}R_{n-1}^{44}-R_{n-1}^{34}R_{n-1}^{43})\} \end{aligned}$$

根据行列式理论的克莱姆法则,系数 B_2^V 的表达式可以求得如下:

$$B_2^V = \frac{1}{D_G}\begin{vmatrix} e^{-2\frac{h_1}{\delta}x} & -\bar{p}_1(x) & -1 & P_{14} \\ e^{-2\frac{h_1}{\delta}x} & -\bar{s}_1(x) & 1 & P_{24} \\ P_{31}e^{-2\frac{h_1}{\delta}x} & 0 & P_{33} & P_{34} \\ P_{41}e^{-2\frac{h_1}{\delta}x} & 0 & P_{43} & P_{44} \end{vmatrix}$$

采用求解行列式的降阶法，则可得

$$B_2^V = -\frac{\bar{p}_1(x)e^{2\frac{h_1}{\delta}x}}{\Delta_G}\{(R_{n-1}^{33}R_{n-1}^{44} - R_{n-1}^{34}R_{n-1}^{43}) + [(2\mu_2 + \frac{h_1}{\delta}x)(R_{n-1}^{31}R_{n-1}^{43} - R_{n-1}^{33}R_{n-1}^{41}) - (R_{n-1}^{31}R_{n-1}^{44} - R_{n-1}^{34}R_{n-1}^{41})]e^{-2\frac{h_2}{\delta}x}\} + \frac{\bar{s}_1(x)e^{2\frac{h_1}{\delta}x}}{\Delta_G}\{(R_{n-1}^{33}R_{n-1}^{44} - R_{n-1}^{34}R_{n-1}^{43}) + [(1 - 2\mu_2 - \frac{h_1}{\delta}x) \times (R_{n-1}^{31}R_{n-1}^{43} - R_{n-1}^{33}R_{n-1}^{41}) + (R_{n-1}^{31}R_{n-1}^{44} - R_{n-1}^{34}R_{n-1}^{41})]e^{-2\frac{h_2}{\delta}x}\}$$

根据行列式理论的克莱姆法则，系数 C_2^V 的表达式可以求得如下：

$$C_2^V = \frac{1}{D_G}\begin{vmatrix} e^{-2\frac{h_1}{\delta}x} & P_{12}e^{-2\frac{h_1}{\delta}x} & -\bar{p}_1(x) & P_{14} \\ e^{-2\frac{h_1}{\delta}x} & -P_{22}e^{-2\frac{h_1}{\delta}x} & -\bar{s}_1(x) & P_{24} \\ P_{31}e^{-2\frac{h_1}{\delta}x} & P_{32}e^{-2\frac{h_1}{\delta}x} & 0 & P_{34} \\ P_{41}e^{-2\frac{h_1}{\delta}x} & P_{42}e^{-2\frac{h_1}{\delta}x} & 0 & P_{44} \end{vmatrix}$$

采用求解行列式的降阶法，则可得

$$C_2^V = \frac{\bar{p}_1(x)e^{-2\frac{h_2}{\delta}x}}{\Delta_G}[(R_{n-1}^{32}R_{n-1}^{44} - R_{n-1}^{34}R_{n-1}^{42}) + (2\mu_2 - \frac{h_1}{\delta}x)(R_{n-1}^{31}R_{n-1}^{44} - R_{n-1}^{34}R_{n-1}^{41}) + (2\mu_2 + \frac{h_1}{\delta}x) \times (R_{n-1}^{31}R_{n-1}^{42} - R_{n-1}^{32}R_{n-1}^{41})e^{-2\frac{h_2}{\delta}x}] - \frac{\bar{s}_1(x)e^{-2\frac{h_2}{\delta}x}}{\Delta_G}[(R_{n-1}^{32}R_{n-1}^{44} - R_{n-1}^{34}R_{n-1}^{42}) - (1 - 2\mu_2 + \frac{h_1}{\delta}x) \times (R_{n-1}^{31}R_{n-1}^{44} - R_{n-1}^{34}R_{n-1}^{41}) + (1 - 2\mu_2 - \frac{h_1}{\delta}x)(R_{n-1}^{31}R_{n-1}^{42} - R_{n-1}^{32}R_{n-1}^{41})e^{-2\frac{h_2}{\delta}x}]$$

根据行列式理论的克莱姆法则，系数 D_2^V 的表达式可以求得如下：

$$D_2^V = \frac{1}{D_G}\begin{vmatrix} e^{-2\frac{h_1}{\delta}x} & P_{12}e^{-2\frac{h_1}{\delta}x} & -1 & -\bar{p}_1(x) \\ e^{-2\frac{h_1}{\delta}x} & -P_{22}e^{-2\frac{h_1}{\delta}x} & 1 & -\bar{s}_1(x) \\ P_{31}e^{-2\frac{h_1}{\delta}x} & P_{32}e^{-2\frac{h_1}{\delta}x} & P_{33} & 0 \\ P_{41}e^{-2\frac{h_1}{\delta}x} & P_{42}e^{-2\frac{h_1}{\delta}x} & P_{43} & 0 \end{vmatrix}$$

采用求解行列式的降阶法，则可得

$$D_2^V = -\frac{\bar{p}_1(x)e^{-2\frac{h_2}{\delta}x}}{\Delta_G}[(R_{n-1}^{32}R_{n-1}^{43} - R_{n-1}^{33}R_{n-1}^{42}) + (2\mu_2 - \frac{h_1}{\delta}x)(R_{n-1}^{31}R_{n-1}^{43} - R_{n-1}^{33}R_{n-1}^{41}) + (R_{n-1}^{31}R_{n-1}^{42} - R_{n-1}^{32}R_{n-1}^{41})e^{-2\frac{h_2}{\delta}x}] + \frac{\bar{s}_1(x)e^{-2\frac{h_2}{\delta}x}}{\Delta_G}[(R_{n-1}^{32}R_{n-1}^{43} - R_{n-1}^{33}R_{n-1}^{42}) - (1 - 2\mu_2 + \frac{h_1}{\delta}x)(R_{n-1}^{31}R_{n-1}^{43} - R_{n-1}^{33}R_{n-1}^{41}) - (R_{n-1}^{31}R_{n-1}^{42} - R_{n-1}^{32}R_{n-1}^{41})e^{-2\frac{h_2}{\delta}x}]$$

综上所述，第二层系数表达式汇总如下：

$$
\left\{\begin{aligned}
A_2^V &= -\frac{\bar{p}_1(x)}{\Delta_G}\{[(R_{n-1}^{32}R_{n-1}^{44}-R_{n-1}^{34}R_{n-1}^{42})-(2\mu_2+\frac{h_1}{\delta}x)(R_{n-1}^{32}R_{n-1}^{43}-R_{n-1}^{33}R_{n-1}^{42})]e^{-2\frac{h_2}{\delta}x}+\\
&(2\mu_2-\frac{h_1}{\delta}x)(R_{n-1}^{33}R_{n-1}^{44}-R_{n-1}^{34}R_{n-1}^{43})\}e^{2\frac{h_1}{\delta}x}-\frac{\bar{s}_1(x)}{\Delta_G}\{[(R_{n-1}^{32}R_{n-1}^{44}-R_{n-1}^{34}R_{n-1}^{42})+\\
&(1-2\mu_2-\frac{h_1}{\delta}x)(R_{n-1}^{32}R_{n-1}^{43}-R_{n-1}^{33}R_{n-1}^{42})]e^{-2\frac{h_2}{\delta}x}+(1-2\mu_2+\frac{h_1}{\delta}x)(R_{n-1}^{33}R_{n-1}^{44}-R_{n-1}^{34}R_{n-1}^{43})\}e^{2\frac{h_1}{\delta}x}\\
B_2^V &= -\frac{\bar{p}_1(x)}{\Delta_G}\{(R_{n-1}^{33}R_{n-1}^{44}-R_{n-1}^{34}R_{n-1}^{43})+[(2\mu_2+\frac{h_1}{\delta}x)(R_{n-1}^{31}R_{n-1}^{43}-R_{n-1}^{33}R_{n-1}^{41})-\\
&(R_{n-1}^{31}R_{n-1}^{44}-R_{n-1}^{34}R_{n-1}^{41})]e^{-2\frac{h_2}{\delta}x}\}e^{2\frac{h_1}{\delta}x}+\frac{\bar{s}_1(x)}{\Delta_G}\{(R_{n-1}^{33}R_{n-1}^{44}-R_{n-1}^{34}R_{n-1}^{43})+[(1-2\mu_2-\frac{h_1}{\delta}x)\\
&(R_{n-1}^{31}R_{n-1}^{43}-R_{n-1}^{33}R_{n-1}^{41})+(R_{n-1}^{31}R_{n-1}^{44}-R_{n-1}^{34}R_{n-1}^{41})]e^{-2\frac{h_2}{\delta}x}\}e^{2\frac{h_1}{\delta}x}\\
C_2^V &= \frac{\bar{p}_1(x)}{\Delta_G}[(R_{n-1}^{32}R_{n-1}^{44}-R_{n-1}^{34}R_{n-1}^{42})+(2\mu_2-\frac{h_1}{\delta}x)(R_{n-1}^{31}R_{n-1}^{44}-R_{n-1}^{34}R_{n-1}^{41})+(2\mu_2+\frac{h_1}{\delta}x)\\
&(R_{n-1}^{31}R_{n-1}^{42}-R_{n-1}^{32}R_{n-1}^{41})e^{-2\frac{h_2}{\delta}x}]e^{-2\frac{h_2}{\delta}x}-\frac{\bar{s}_1(x)}{\Delta_G}\{(R_{n-1}^{32}R_{n-1}^{44}-R_{n-1}^{34}R_{n-1}^{42})-(1-2\mu_2+\frac{h_1}{\delta}x)\\
&(R_{n-1}^{31}R_{n-1}^{44}-R_{n-1}^{34}R_{n-1}^{41})+(1-2\mu_2-\frac{h_1}{\delta}x)(R_{n-1}^{31}R_{n-1}^{42}-R_{n-1}^{32}R_{n-1}^{41})e^{-2\frac{h_2}{\delta}x}\}e^{-2\frac{h_2}{\delta}x}\\
D_2^V &= -\frac{\bar{p}_1(x)}{\Delta_G}[(R_{n-1}^{32}R_{n-1}^{43}-R_{n-1}^{33}R_{n-1}^{42})+(2\mu_2-\frac{h_1}{\delta}x)(R_{n-1}^{31}R_{n-1}^{43}-R_{n-1}^{33}R_{n-1}^{41})+(R_{n-1}^{31}R_{n-1}^{42}-\\
&R_{n-1}^{32}R_{n-1}^{41})e^{-2\frac{h_2}{\delta}x}]e^{-2\frac{h_2}{\delta}x}+\frac{\bar{s}_1(x)}{\Delta_G}[(R_{n-1}^{32}R_{n-1}^{43}-R_{n-1}^{33}R_{n-1}^{42})-(1-2\mu_2+\frac{h_1}{\delta}x)(R_{n-1}^{31}R_{n-1}^{43}-\\
&R_{n-1}^{33}R_{n-1}^{41})-(R_{n-1}^{31}R_{n-1}^{42}-R_{n-1}^{32}R_{n-1}^{41})e^{-2\frac{h_2}{\delta}x}]e^{-2\frac{h_2}{\delta}x}
\end{aligned}\right. \tag{10-3-2}
$$

式中,Δ_G 表达式可表示为如下形式:

$$
\begin{aligned}
\Delta_G &= (R_{n-1}^{33}R_{n-1}^{44}-R_{n-1}^{34}R_{n-1}^{43})+\{2(R_{n-1}^{32}R_{n-1}^{44}-R_{n-1}^{34}R_{n-1}^{42})+\frac{1}{2}[1-(1-4\mu_2+\\
&2\frac{h_1}{\delta}x)(1-4\mu_2-2\frac{h_1}{\delta}x)](R_{n-1}^{31}R_{n-1}^{43}-R_{n-1}^{33}R_{n-1}^{41})+(1-4\mu_2-2\frac{h_1}{\delta}x)(R_{n-1}^{32}R_{n-1}^{43}-\\
&R_{n-1}^{33}R_{n-1}^{42})-(1-4\mu_2+2\frac{h_1}{\delta}x)(R_{n-1}^{31}R_{n-1}^{44}-R_{n-1}^{34}R_{n-1}^{41})\}e^{-2\frac{h_2}{\delta}x}+(R_{n-1}^{31}R_{n-1}^{42}-R_{n-1}^{32}R_{n-1}^{41})e^{-4\frac{h_2}{\delta}x}
\end{aligned}
$$

3)确定第一层系数表达式

式(2-4′)+式(2-3′),并注意 $H_1=h_1$,则可得

$$
\begin{aligned}
&m_1\{2(1+\frac{\chi_1}{2})e^{-2\frac{h_1}{\delta}x}A_1^V+[(1-4\mu_1+2\frac{h_1}{\delta}x)-\chi_1(2\mu_1-\frac{h_1}{\delta}x)]e^{-2\frac{h_1}{\delta}x}B_1^V+\chi_1C_1^V-[(3-4\mu_1)-\\
&\chi_1(2\mu_1+\frac{h_1}{\delta}x)]D_1^V\} = [2A_2^V+(1-4\mu_2+2\frac{h_1}{\delta}x)B_2^V]e^{-2\frac{h_1}{\delta}x}-(3-4\mu_2)D_2^V
\end{aligned} \tag{2-3″}
$$

若将系数 A_2^V、B_2^V 和 D_2^V 表达式代入式(2-3″)右端,则可得

$$
\begin{aligned}
&m_1\{2(1+\frac{\chi_1}{2})e^{-2\frac{h_1}{\delta}x}A_1^V+[(1-4\mu_1+2\frac{h_1}{\delta}x)-\chi_1(2\mu_1-\frac{h_1}{\delta}x)]e^{-2\frac{h_1}{\delta}x}B_1^V+\\
&\chi_1C_1^V-[(3-4\mu_1)-\chi_1(2\mu_1+\frac{h_1}{\delta}x)]D_1^V\\
&=-\frac{2\bar{p}_1(x)}{\Delta_G}\{[(R_{n-1}^{32}R_{n-1}^{44}-R_{n-1}^{34}R_{n-1}^{42})-(2\mu_1+\frac{h_1}{\delta}x)(R_{n-1}^{32}R_{n-1}^{43}-R_{n-1}^{33}R_{n-1}^{42})]e^{-2\frac{h_2}{\delta}x}+\\
&(2\mu_1-\frac{h_1}{\delta}x)(R_{n-1}^{33}R_{n-1}^{44}-R_{n-1}^{34}R_{n-1}^{43})\}-\frac{2\bar{s}_1(x)}{\Delta_G}\{[(R_{n-1}^{32}R_{n-1}^{44}-R_{n-1}^{34}R_{n-1}^{42})+(1-2\mu_2-\frac{h_1}{\delta}x)
\end{aligned}
$$

$$(R_{n-1}^{32}R_{n-1}^{43}-R_{n-1}^{33}R_{n-1}^{42})]e^{-2\frac{h_2}{\delta}x}+(1-2\mu_2+\frac{h_1}{\delta}x)(R_{n-1}^{33}R_{n-1}^{44}-R_{n-1}^{34}R_{n-1}^{43})\}-$$

$$\frac{\bar{p}_1(x)}{\Delta_G}(1-4\mu_2+2\frac{h_1}{\delta}x)\{(R_{n-1}^{33}R_{n-1}^{44}-R_{n-1}^{34}R_{n-1}^{43})+[(2\mu_2+\frac{h_1}{\delta}x)(R_{n-1}^{31}R_{n-1}^{43}-R_{n-1}^{33}R_{n-1}^{41})-$$

$$(R_{n-1}^{31}R_{n-1}^{44}-R_{n-1}^{34}R_{n-1}^{41})]e^{-2\frac{h_2}{\delta}x}\}+\frac{\bar{s}_1(x)}{\Delta_G}(1-4\mu_2+2\frac{h_1}{\delta}x)\{(R_{n-1}^{33}R_{n-1}^{44}-R_{n-1}^{34}R_{n-1}^{43})+$$

$$[(1-2\mu_2-\frac{h_1}{\delta}x)(R_{n-1}^{31}R_{n-1}^{43}-R_{n-1}^{33}R_{n-1}^{41})+(R_{n-1}^{31}R_{n-1}^{44}-R_{n-1}^{34}R_{n-1}^{41})]e^{-2\frac{h_2}{\delta}x}\}+$$

$$\frac{\bar{p}_1(x)}{\Delta_G}(3-4\mu_2)[(R_{n-1}^{32}R_{n-1}^{43}-R_{n-1}^{33}R_{n-1}^{42})+(2\mu_2-\frac{h_1}{\delta}x)(R_{n-1}^{31}R_{n-1}^{43}-R_{n-1}^{33}R_{n-1}^{41})+$$

$$(R_{n-1}^{31}R_{n-1}^{42}-R_{n-1}^{32}R_{n-1}^{41})e^{-2\frac{h_2}{\delta}x}]e^{-2\frac{h_2}{\delta}x}-\frac{\bar{s}_1(x)}{\Delta_G}(3-4\mu_2)[(R_{n-1}^{32}R_{n-1}^{43}-R_{n-1}^{33}R_{n-1}^{42})-$$

$$(1-2\mu_2+\frac{h_1}{\delta}x)(R_{n-1}^{31}R_{n-1}^{43}-R_{n-1}^{33}R_{n-1}^{41})-(R_{n-1}^{31}R_{n-1}^{42}-R_{n-1}^{32}R_{n-1}^{41})e^{-2\frac{h_2}{\delta}x}]e^{-2\frac{h_2}{\delta}x}$$

若按 $\bar{p}_1^V(x)$ 和 $\bar{s}_1^V(x)$ 合并同类项,并予以化简、归并,则可得

$$m_1\{2(1+\frac{\chi_1}{2})e^{-2\frac{h_1}{\delta}x}A_1^V+[(1-4\mu_1+2\frac{h_1}{\delta}x)-\chi_1(2\mu_1-\frac{h_1}{\delta}x)]e^{-2\frac{h_1}{\delta}x}B_1^V+$$

$$\chi_1C_1^V-[(3-4\mu_1)-\chi_1(2\mu_1+\frac{h_1}{\delta}x)]D_1^V\}$$

$$=-\frac{\bar{p}_1(x)}{\Delta_G}\{\Delta_G-4(1-\mu_2)[(R_{n-1}^{32}R_{n-1}^{43}-R_{n-1}^{33}R_{n-1}^{42})+(2\mu_2-\frac{h_1}{\delta}x)(R_{n-1}^{31}R_{n-1}^{43}-R_{n-1}^{33}R_{n-1}^{41})+$$

$$(R_{n-1}^{31}R_{n-1}^{42}-R_{n-1}^{32}R_{n-1}^{41})e^{-2\frac{h_2}{\delta}x}]e^{-2\frac{h_2}{\delta}x}\}-\frac{\bar{s}_1(x)}{\Delta_G}\{\Delta_G-4(1-\mu_2)[-(R_{n-1}^{32}R_{n-1}^{43}-R_{n-1}^{33}R_{n-1}^{42})+$$

$$(1-2\mu_2+\frac{h_1}{\delta}x)(R_{n-1}^{31}R_{n-1}^{43}-R_{n-1}^{33}R_{n-1}^{41})+(R_{n-1}^{31}R_{n-1}^{42}-R_{n-1}^{32}R_{n-1}^{41})e^{-2\frac{h_2}{\delta}x}]e^{-2\frac{h_2}{\delta}x}\}$$

再将式(a)和式(b)的反力表达式:

$$\bar{p}_1(x)=-\{[A_1^V+(1-2\mu_1+\frac{h_1}{\delta}x)B_1^V]e^{-2\frac{h_1}{\delta}x}-C_1^V+(1-2\mu_1-\frac{h_1}{\delta}x)D_1^V\}$$

$$\bar{s}_1(x)=-\{[A_1^V-(2\mu_1-\frac{h_1}{\delta}x)B_1^V]e^{-2\frac{h_1}{\delta}x}+C_1^V+(2\mu_1+\frac{h_1}{\delta}x)D_1^V\}$$

代入上式,并将式(2-3″)的左端表达式移至式(2-3″)的右端,则可得

$$\{\Delta_G-4(1-\mu_2)[(R_{n-1}^{32}R_{n-1}^{43}-R_{n-1}^{33}R_{n-1}^{42})+(2\mu_2-\frac{h_1}{\delta}x)(R_{n-1}^{31}R_{n-1}^{43}-R_{n-1}^{33}R_{n-1}^{41})+$$

$$(R_{n-1}^{31}R_{n-1}^{42}-R_{n-1}^{32}R_{n-1}^{41})e^{-2\frac{h_2}{\delta}x}]e^{-2\frac{h_2}{\delta}x}\}\times\{[A_1^V+(1-2\mu_1+\frac{h_1}{\delta}x)B_1^V]e^{-2\frac{h_1}{\delta}x}-C_1^V+$$

$$(1-2\mu_1-\frac{h_1}{\delta}x)D_1^V\}+\{\Delta_G-4(1-\mu_2)[-(R_{n-1}^{32}R_{n-1}^{43}-R_{n-1}^{33}R_{n-1}^{42})+(1-2\mu_2+\frac{h_1}{\delta}x)$$

$$(R_{n-1}^{31}R_{n-1}^{43}-R_{n-1}^{33}R_{n-1}^{41})+(R_{n-1}^{31}R_{n-1}^{42}-R_{n-1}^{32}R_{n-1}^{41})e^{-2\frac{h_2}{\delta}x}]e^{-2\frac{h_2}{\delta}x}\}\times\{[A_1^V-(2\mu_1-\frac{h_1}{\delta}x)B_1^V]e^{-2\frac{h_1}{\delta}x}+$$

$$C_1^V+(2\mu_2+\frac{h_1}{\delta}x)D_1^V\}-m_1\Delta_G\{2(1+\frac{\chi_1}{2})e^{-2\frac{h_1}{\delta}x}A_1^V+[(1-4\mu_1+2\frac{h_1}{\delta}x)-\chi_1(2\mu_1-\frac{h_1}{\delta}x)]e^{-2\frac{h_1}{\delta}x}B_1^V+$$

$$\chi_1C_1^V-[(3-4\mu_1)-\chi_1(2\mu_1+\frac{h_1}{\delta}x)]D_1^V\}=0$$

如果将上式按系数 A_1^V、B_1^V、C_1^V、D_1^V 展开,并予以化简、归并,则可得

$$2\{[1-(1+\frac{\chi_1}{2})m_1]\Delta_G-4(1-\mu_2)[\frac{1}{2}(R_{n-1}^{31}R_{n-1}^{43}-R_{n-1}^{33}R_{n-1}^{41})+$$

$$(R_{n-1}^{31}R_{n-1}^{42}-R_{n-1}^{32}R_{n-1}^{41})e^{-2\frac{h_2}{\delta}x}]e^{-2\frac{h_2}{\delta}x}\}e^{-2\frac{h_1}{\delta}x}A_1^V+\{(1-4\mu_1+2\frac{h_1}{\delta}x)\Delta_G-$$

$$4(1-\mu_2)[(R_{n-1}^{32}R_{n-1}^{43}-R_{n-1}^{33}R_{n-1}^{42})+\frac{1}{2}(1-4\mu_1+2\frac{h_1}{\delta}x)(R_{n-1}^{31}R_{n-1}^{43}-R_{n-1}^{33}R_{n-1}^{41})-$$

$$\frac{1}{2}(1-4\mu_2+2\frac{h_1}{\delta}x)(R_{n-1}^{31}R_{n-1}^{43}-R_{n-1}^{33}R_{n-1}^{41})+(1-4\mu_1+2\frac{h_1}{\delta}x)(R_{n-1}^{31}R_{n-1}^{42}-R_{n-1}^{32}R_{n-1}^{41})e^{-2\frac{h_2}{\delta}x}]e^{-2\frac{h_2}{\delta}x}-$$

$$(1-4\mu_1+2\frac{h_1}{\delta}x)(1+\frac{\chi_1}{2})m_1\Delta_G+m_1\Delta_G\frac{\chi_1}{2}\}e^{-2\frac{h_1}{\delta}x}B_1^V+2\{4(1-\mu_2)[(R_{n-1}^{32}R_{n-1}^{43}-R_{n-1}^{33}R_{n-1}^{42})-$$

$$\frac{1}{2}(1-4\mu_2+2\frac{h_1}{\delta}x)(R_{n-1}^{31}R_{n-1}^{43}-R_{n-1}^{33}R_{n-1}^{41})]e^{-2\frac{h_2}{\delta}x}-m_1\Delta_G\frac{\chi_1}{2}\}C_1^V+\{\Delta_G-4(1-\mu_2)$$

$$[(1-4\mu_1-2\frac{h_1}{\delta}x)(R_{n-1}^{32}R_{n-1}^{43}-R_{n-1}^{33}R_{n-1}^{42})+\frac{1}{2}(R_{n-1}^{31}R_{n-1}^{43}-R_{n-1}^{33}R_{n-1}^{41})-\frac{1}{2}(1-4\mu_1-2\frac{h_1}{\delta}x)$$

$$(1-4\mu_2+2\frac{h_1}{\delta}x)(R_{n-1}^{31}R_{n-1}^{43}-R_{n-1}^{33}R_{n-1}^{41})+(R_{n-1}^{31}R_{n-1}^{42}-R_{n-1}^{32}R_{n-1}^{41})e^{-2\frac{h_2}{\delta}x}]e^{-2\frac{h_2}{\delta}x}+4(1-\mu_1)m_1\Delta_G-$$

$$(1+\frac{\chi_1}{2})m_1\Delta_G+(1-4\mu_1-2\frac{h_1}{\delta}x)m_1\Delta_G\frac{\chi_1}{2}\}D_1^V=0$$

若令

$$I_G=\frac{(1-\mu_1)m_1\Delta_G}{2(1-\mu_2)}$$

$$K_G=\frac{1}{8(1-\mu_2)}\{[1-(1+\frac{\chi_1}{2})m_1]\Delta_G-4(1-\mu_2)[\frac{1}{2}(R_{n-1}^{31}R_{n-1}^{43}-R_{n-1}^{33}R_{n-1}^{41})+$$
$$(R_{n-1}^{31}R_{n-1}^{42}-R_{n-1}^{32}R_{n-1}^{41})e^{-2\frac{h_2}{\delta}x}]e^{-2\frac{h_2}{\delta}x}\}$$

$$R_G=\frac{1}{2}[(R_{n-1}^{32}R_{n-1}^{43}-R_{n-1}^{33}R_{n-1}^{42})-\frac{1}{2}(1-4\mu_2+2\frac{h_1}{\delta}x)(R_{n-1}^{31}R_{n-1}^{43}-R_{n-1}^{33}R_{n-1}^{41})]e^{-2\frac{h_2}{\delta}x}-\frac{m_1\Delta_G\chi_1}{16(1-\mu_2)}$$

则可得

$$2K_Ge^{-2\frac{h_1}{\delta}x}A_1^V+[(1-4\mu_1+2\frac{h_1}{\delta}x)K_G-R_G]e^{-2\frac{h_1}{\delta}x}B_1^V+2R_GC_1^V+$$
$$[I_G+K_G-(1-4\mu_1-2\frac{h_1}{\delta}x)R_G]D_1^V=0 \tag{1-3}$$

式(2-4′)－式(2-3′),并注意 $H_1=h_1$,则可得

$$-\chi_1m_1e^{-2\frac{h_1}{\delta}x}A_1^V+[(3-4\mu_2)m_1+\chi_1m_1(2\mu_1-\frac{h_1}{\delta}x)]e^{-2\frac{h_1}{\delta}x}B_1^V+$$
$$2(1-\frac{\chi_1}{2})m_1C_1^V-[(1-4\mu_2-2\frac{h_1}{\delta}x)m_1+\chi_1m_1(2\mu_1+\frac{h_1}{\delta}x)]D_1^V$$
$$=(3-4\mu_2)B_2^Ve^{-2\frac{h_1}{\delta}x}+2C_2^V-(1-4\mu_2-2\frac{h_1}{\delta}x)D_2^V \tag{2-4″}$$

若将系数 B_2^V、C_2^V 和 D_2^V 表达式代入式(2-4″)右端,则可得

$$-m_1\{\chi_1e^{-2\frac{h_1}{\delta}x}A_1^V-[(3-4\mu_2)+\chi_1(2\mu_1-\frac{h_1}{\delta}x)]e^{-2\frac{h_1}{\delta}x}B_1^V-2(1-\frac{\chi_1}{2})C_1^V+[(1-4\mu_2-2\frac{h_1}{\delta}x)+$$

$$\chi_1(2\mu_1+\frac{h_1}{\delta}x)]D_1^V\}=-\frac{\bar{p}_1(x)}{\Delta_G}(3-4\mu_2)\{(R_{n-1}^{33}R_{n-1}^{44}-R_{n-1}^{34}R_{n-1}^{43})+[(2\mu_2+\frac{h_1}{\delta}x)$$

$$(R_{n-1}^{31}R_{n-1}^{43}-R_{n-1}^{33}R_{n-1}^{41})-(R_{n-1}^{31}R_{n-1}^{44}-R_{n-1}^{34}R_{n-1}^{41})]e^{-2\frac{h_2}{\delta}x}\}+\frac{\bar{s}_1(x)}{\Delta_G}(3-4\mu_2)\{(R_{n-1}^{33}R_{n-1}^{44}-R_{n-1}^{34}R_{n-1}^{43})+$$

$$[(1-2\mu_2-\frac{h_1}{\delta}x)(R_{n-1}^{31}R_{n-1}^{43}-R_{n-1}^{33}R_{n-1}^{41})+(R_{n-1}^{31}R_{n-1}^{44}-R_{n-1}^{34}R_{n-1}^{41})]e^{-2\frac{h_2}{\delta}x}\}+$$

$$\frac{\bar{p}_1(x)}{\Delta_G}[2(R_{n-1}^{32}R_{n-1}^{44}-R_{n-1}^{34}R_{n-1}^{42})+2(2\mu_2-\frac{h_1}{\delta}x)(R_{n-1}^{31}R_{n-1}^{44}-R_{n-1}^{34}R_{n-1}^{41})+$$

$$2(2\mu_2+\frac{h_1}{\delta}x)(R_{n-1}^{31}R_{n-1}^{42}-R_{n-1}^{32}R_{n-1}^{41})e^{-2\frac{h_2}{\delta}x}]e^{-2\frac{h_2}{\delta}x}-\frac{\bar{s}_1(x)}{\Delta_G}[2(R_{n-1}^{32}R_{n-1}^{44}-R_{n-1}^{34}R_{n-1}^{42})-$$

$$2(1-2\mu_2+\frac{h_1}{\delta}x)(R_{n-1}^{31}R_{n-1}^{44}-R_{n-1}^{34}R_{n-1}^{41})+2(1-2\mu_2-\frac{h_1}{\delta}x)(R_{n-1}^{31}R_{n-1}^{42}-R_{n-1}^{32}R_{n-1}^{41})]e^{-2\frac{h_2}{\delta}x}+$$

$$\frac{\bar{p}_1(x)}{\Delta_G}(1-4\mu_2-2\frac{h_1}{\delta}x)[(R_{n-1}^{32}R_{n-1}^{43}-R_{n-1}^{33}R_{n-1}^{42})+(2\mu_2-\frac{h_1}{\delta}x)(R_{n-1}^{31}R_{n-1}^{43}-R_{n-1}^{33}R_{n-1}^{41})+$$

$$(R_{n-1}^{31}R_{n-1}^{42}-R_{n-1}^{32}R_{n-1}^{41})e^{-2\frac{h_2}{\delta}x}]e^{-2\frac{h_2}{\delta}x}-\frac{\bar{s}_1(x)}{\Delta_G}(1-4\mu_2-2\frac{h_1}{\delta}x)[R_{n-1}^{32}R_{n-1}^{43}-R_{n-1}^{33}R_{n-1}^{42})-$$

$$(1-2\mu_2+\frac{h_1}{\delta}x)(R_{n-1}^{31}R_{n-1}^{43}-R_{n-1}^{33}R_{n-1}^{41})-(R_{n-1}^{31}R_{n-1}^{42}-R_{n-1}^{32}R_{n-1}^{41})e^{-2\frac{h_2}{\delta}x}]e^{-2\frac{h_2}{\delta}x}$$

若将上式按 $\bar{p}_1(x)$、$\bar{s}_1(x)$ 的同类项展开，并注意下述表达式：

$$\Delta_G=(R_{n-1}^{33}R_{n-1}^{44}-R_{n-1}^{34}R_{n-1}^{43})+[2(R_{n-1}^{32}R_{n-1}^{44}-R_{n-1}^{34}R_{n-1}^{42})+\frac{1}{2}[1-(1-4\mu_2-2\frac{h_1}{\delta}x)$$

$$(1-4\mu_2+2\frac{h_1}{\delta}x)]\times(R_{n-1}^{31}R_{n-1}^{43}-R_{n-1}^{33}R_{n-1}^{41})+(1-4\mu_2-2\frac{h_1}{\delta}x)(R_{n-1}^{32}R_{n-1}^{43}-R_{n-1}^{33}R_{n-1}^{42})-$$

$$(1-4\mu_2+2\frac{h_1}{\delta}x)(R_{n-1}^{31}R_{n-1}^{44}-R_{n-1}^{34}R_{n-1}^{41})]e^{-2\frac{h_2}{\delta}x}+(R_{n-1}^{31}R_{n-1}^{42}-R_{n-1}^{32}R_{n-1}^{41})e^{-4\frac{h_2}{\delta}x}]$$

式(2-4″)可改写为下式：

$$-m_1\{\chi_1e^{-2\frac{h_1}{\delta}x}A_1^V-[(3-4\mu_1)+\chi_1(2\mu_1-\frac{h_1}{\delta}x)]e^{-2\frac{h_1}{\delta}x}B_1^V-2(1-\frac{\chi_1}{\delta}x)C_1^V+$$

$$[(1-4\mu_1-2\frac{h_1}{\delta}x)+\chi_1(2\mu_1+\frac{h_1}{\delta}x)]D_1^V\}$$

$$=-\frac{\bar{p}_1(x)}{\Delta_G}\{4(1-\mu_2)[(R_{n-1}^{33}R_{n-1}^{44}-R_{n-1}^{34}R_{n-1}^{43})+(2\mu_2+\frac{h_1}{\delta}x)(R_{n-1}^{31}R_{n-1}^{43}-R_{n-1}^{33}R_{n-1}^{41})e^{-2\frac{h_2}{\delta}x}-$$

$$(R_{n-1}^{31}R_{n-1}^{44}-R_{n-1}^{34}R_{n-1}^{41})e^{-2\frac{h_2}{\delta}x}]-\Delta_G\}-\frac{\bar{s}_1(x)}{\Delta_G}\{\Delta_G-4(1-\mu_2)[(R_{n-1}^{33}R_{n-1}^{44}-R_{n-1}^{34}R_{n-1}^{43})+$$

$$(1-2\mu_2-\frac{h_1}{\delta}x)(R_{n-1}^{31}R_{n-1}^{43}-R_{n-1}^{33}R_{n-1}^{41})e^{-2\frac{h_2}{\delta}x}+(R_{n-1}^{31}R_{n-1}^{44}-R_{n-1}^{34}R_{n-1}^{41})e^{-2\frac{h_2}{\delta}x}]\}$$

又将第一层面上反力的亨格尔积分表达式，即式(a)和式(b)：

$$\bar{p}_1(x)=-\{[A_1^V+(1-2\mu_1+\frac{h_1}{\delta}x)B_1^V]e^{-2\frac{h_1}{\delta}x}-C_1^V+(1-2\mu_1-\frac{h_1}{\delta}x)D_1^V\}$$

$$\bar{s}_1(x)=-\{[A_1^V-(2\mu_1-\frac{h_1}{\delta}x)B_1^V]e^{-2\frac{h_1}{\delta}x}+C_1^V+(2\mu_1+\frac{h_1}{\delta}x)D_1^V\}$$

代入上式，并将式(2-4″)右端表达式移至式(2-4″)左端的前列，则可得

$$\{4(1-\mu_2)[-(R_{n-1}^{33}R_{n-1}^{44}-R_{n-1}^{34}R_{n-1}^{43})-(2\mu_2+\frac{h_1}{\delta}x)(R_{n-1}^{31}R_{n-1}^{43}-R_{n-1}^{33}R_{n-1}^{41})e^{-2\frac{h_2}{\delta}x}+(R_{n-1}^{31}R_{n-1}^{44}-R_{n-1}^{34}R_{n-1}^{41})$$

$$e^{-2\frac{h_2}{\delta}x}]+\Delta_G\}\times\{[A_1^V+(1-2\mu_1+\frac{h_1}{\delta}x)B_1^V]e^{-2\frac{h_1}{\delta}x}-C_1^V+(1-2\mu_1-\frac{h_1}{\delta}x)D_1^V\}+\{-\Delta_G+$$

$$4(1-\mu_2)[(R_{n-1}^{33}R_{n-1}^{44}-R_{n-1}^{34}R_{n-1}^{43})+(1-2\mu_2-\frac{h_1}{\delta}x)(R_{n-1}^{31}R_{n-1}^{43}-R_{n-1}^{33}R_{n-1}^{41})e^{-2\frac{h_2}{\delta}x}+$$

$$(R_{n-1}^{31}R_{n-1}^{44}-R_{n-1}^{34}R_{n-1}^{41})e^{-2\frac{h_2}{\delta}x}]\}\times\{[A_1^V-(2\mu_1-\frac{h_1}{\delta}x)B_1^V]e^{-2\frac{h_1}{\delta}x}+C_1^V+(2\mu_1+\frac{h_1}{\delta}x)D_1^V\}-$$

$$m_1\Delta_G\{\chi_1e^{-2\frac{h_1}{\delta}x}A_1^V-[(3-4\mu_1)+\chi_1(2\mu_1-\frac{h_1}{\delta}x)]e^{-2\frac{h_1}{\delta}x}B_1^V-2(1-\frac{\chi_1}{2})C_1^V+[(1-4\mu_1-2\frac{h_1}{\delta}x)+$$

$$\chi_1(2\mu_1+\frac{h_1}{\delta}x)]D_1^V\}=0$$

如果将上式按第一层系数(A_1^V、B_1^V、C_1^V、D_1^V)的同类项展开,进一步合并、化简,并令

$$J_G=\frac{1}{8(1-\mu_2)}\{[1-(1-\frac{\chi_1}{2})m_1]\Delta_G-4(1-\mu_2)[(R_{n-1}^{33}R_{n-1}^{44}-R_{n-1}^{34}R_{n-1}^{43})+\frac{1}{2}(R_{n-1}^{31}R_{n-1}^{43}-R_{n-1}^{33}R_{n-1}^{41})e^{-2\frac{h_2}{\delta}x}]\}$$

$$Q_G=\frac{1}{2}[(R_{n-1}^{31}R_{n-1}^{44}-R_{n-1}^{34}R_{n-1}^{41})+\frac{1}{2}(1-4\mu_2-2\frac{h_1}{\delta}x)\times(R_{n-1}^{31}R_{n-1}^{43}-R_{n-1}^{33}R_{n-1}^{41})]e^{-2\frac{h_2}{\delta}x}-\frac{m_1\Delta_G\chi_1}{16(1-\mu_2)}$$

加上下述关系式:

$$I_G=\frac{(1-\mu_1)m_1\Delta_G}{2(1-\mu_2)}$$

则上式又可改写为下述表达式:

$$2Q_Ge^{-2\frac{h_1}{\delta}x}A_1^V+[I_G+J_G+(1-4\mu_1+2\frac{h_1}{\delta}x)Q_G]e^{-2\frac{h_1}{\delta}x}B_1^V-2J_GC_1^V+[(1-4\mu_1-2\frac{h_1}{\delta}x)J_G+Q_G]D_1^V=0 \tag{1-4}$$

如果我们将式(1-1)、式(1-2)、式(1-3)和式(1-4)的四个表达式:

$$A_1^V+(1-2\mu_1)B_1^V-C_1^V+(1-2\mu_1)D_1^V=-1$$

$$A_1^V-2\mu_1B_1^V+C_1^V+2\mu_1D_1^V=0$$

$$2K_Ge^{-2\frac{h_1}{\delta}x}A_1^V+[(1-4\mu_1+2\frac{h_1}{\delta}x)K_G-R_G]e^{-2\frac{h_1}{\delta}x}B_1^V+2R_GC_1^V+[I_G+K_G-(1-4\mu_1-2\frac{h_1}{\delta}x)R_G]D_1^V=0$$

$$2Q_Ge^{-2\frac{h_1}{\delta}x}A_1^V+[I_G+J_G+(1-4\mu_1+2\frac{h_1}{\delta}x)Q_G]e^{-2\frac{h_1}{\delta}x}B_1^V-2J_GC_1^V+[(1-4\mu_1-2\frac{h_1}{\delta}x)J_G+Q_G]D_1^V=0$$

联立。为了便于计算,设

$$P_{12}=P_{14}=1-2\mu_1,P_{22}=P_{24}=2\mu_1$$

$$P_{31}=2K_G,P_{32}=(1-4\mu_1+2\frac{h_1}{\delta}x)K_G-R_G$$

$$P_{33}=2R_G,P_{34}=I_G+K_G-(1-4\mu_1-2\frac{h_1}{\delta}x)R_G$$

$$P_{41}=2Q_G,P_{42}=I_G+J_G+(1-4\mu_1+2\frac{h_1}{\delta}x)Q_G$$

$$P_{43}=2J_G,P_{44}=(1-4\mu_1-2\frac{h_1}{\delta}x)J_G+Q_G$$

则上述联立方程组可改写为如下联立方程组:

$$A_1^V+P_{12}B_1^V-C_1^V+P_{14}D_1^V=-1$$

$$A_1^V-P_{22}B_1^V+C_1^V+P_{24}D_1^V=0$$

$$(P_{31}A_1^V+P_{32}B_1^V)e^{-2\frac{h_1}{\delta}x}+P_{33}C_1^V+P_{34}D_1^V=0$$

$$(P_{41}A_1^V + P_{42}B_{1)}^V)e^{-2\frac{h_1}{\delta}x} - P_{43}C_1^V + P_{44}D_1^V = 0$$

采用行列式理论中的克莱姆法则求解上述线性方程组,其行列式共同分母表达式分析如下:

$$D_G = \begin{vmatrix} 1 & P_{12} & -1 & P_{14} \\ 1 & -P_{22} & 1 & P_{24} \\ P_{31}e^{-2\frac{h_1}{\delta}x} & P_{32}e^{-2\frac{h_1}{\delta}x} & P_{33} & P_{34} \\ P_{41}e^{-2\frac{h_1}{\delta}x} & P_{42}e^{-2\frac{h_1}{\delta}x} & -P_{43} & P_{44} \end{vmatrix}$$

采用求解行列式的降阶法,则可得

$$D_G = 2\Big\{[I_G^2 + 2\frac{h_1}{\delta}xI_G(R_G + Q_G) + (2\frac{h_1}{\delta}x)2(R_GQ_G + J_GK_G)]e^{-2\frac{h_1}{\delta}x} + \{[R_GQ_G + (I_G + J_G)K_G]e^{-2\frac{h_1}{\delta}x} - [R_GQ_G + (I_G + K_G)J_G]\}(1 - e^{-2\frac{h_1}{\delta}x})\Big\}$$

若令

$$\lambda_G = [I_G^2 + 2\frac{h_1}{\delta}xI_G(R_G + Q_G) + (2\frac{h_1}{\delta}x)2(R_GQ_G + J_GK_G)]e^{-2\frac{h_1}{\delta}x} + \{[R_GQ_G + (I_G + J_G)K_G]e^{-2\frac{h_1}{\delta}x} - [R_GQ_G + (I_G + K_G)J_G]\}(1 - e^{-2\frac{h_1}{\delta}x})$$

则上式可改写为下式:

$$D_G = 2\lambda_G$$

根据行列式理论的克莱姆法则,系数 A_1^V 的表达式可以求得如下:

$$A_1^V = \frac{1}{D_G}\begin{vmatrix} 1 & P_{12} & -1 & P_{14} \\ 0 & -P_{22} & 1 & P_{24} \\ 0 & P_{32}e^{-2\frac{h_1}{\delta}x} & P_{33} & P_{34} \\ 0 & P_{42}e^{-2\frac{h_1}{\delta}x} & -P_{43} & P_{44} \end{vmatrix}$$

采用求解行列式的降阶法,则可得

$$A_1^V = \frac{1}{2\lambda_G}\{4\mu_1[R_GQ_G + (I_G + K_G)J_G] + [(1 - 4\mu_1 + 2\frac{h_1}{\delta}x)(1 - 2\frac{h_1}{\delta}x)(R_GQ_G + J_GK_G) - R_GQ_G - (I_G + J_G)(I_G + K_G) + (4\mu_1 - 4\frac{h_1}{\delta}x)I_GQ_G + (1 - 2\frac{h_1}{\delta}x)I_G(R_G - Q_G)]e^{-2\frac{h_1}{\delta}x}\}$$

根据行列式理论的克莱姆法则,系数 B_1^V 的表达式可以求得如下:

$$B_1^V = \frac{1}{D_G}\begin{vmatrix} 1 & 1 & -1 & P_{14} \\ 1 & 0 & 1 & P_{24} \\ P_{31}e^{-2\frac{h_1}{\chi}x} & 0 & P_{33} & P_{34} \\ P_{41}e^{-2\frac{h_1}{\delta}x} & 0 & -P_{43} & P_{44} \end{vmatrix}$$

采用求解行列式的降阶法,则可得

$$B_1^V = \frac{1}{\lambda_G}\{R_GQ_G + (I_G + K_G)J_G + [I_GQ_G - (1 - 2\frac{h_1}{\delta}x)(R_GQ_G + J_GK_G)]e^{-2\frac{h_1}{\delta}x}\}$$

根据行列式理论的克莱姆法则,系数 C_1^V 的表达式可以求得如下:

$$C_1^V = \frac{1}{D_G}\begin{vmatrix} -1 & P_{12} & -1 & P_{14} \\ 1 & -P_{22} & 0 & P_{24} \\ P_{31}e^{-2\frac{h_1}{x}x} & P_{32}e^{-2\frac{h_1}{\delta}x} & 0 & P_{34} \\ P_{41}e^{-2\frac{h_1}{\delta}x} & P_{42}e^{-2\frac{h_1}{\delta}x} & 0 & P_{44} \end{vmatrix}$$

采用求解行列式的降阶法,则可得

$$C_1^V = -\frac{e^{-2\frac{h_1}{\delta}x}}{2\lambda_G}\{(1 - 4\mu_1 - 2\frac{h_1}{\delta}x)(1 + 2\frac{h_1}{\delta}x)(R_GQ_G + J_GK_G) - R_GQ_G - (I_G + J_G)(I_G + K_G) -$$
$$(4\mu_1 + 4\frac{h_1}{\delta}x)I_GR_G + (1 + 2\frac{h_1}{\delta}x)I_G(R_G - Q_G) + 4\mu_1[R_GQ_G + (I_G + J_G)K_G]e^{-2\frac{h_1}{\delta}x}\}$$

根据行列式理论的克莱姆法则,系数 D_1^V 的表达式可以求得如下:

$$D_1^V = \frac{1}{D_G}\begin{vmatrix} -1 & P_{12} & -1 & -1 \\ 1 & -P_{22} & 1 & 0 \\ P_{31}e^{-2\frac{h_1}{x}x} & P_{32}e^{-2\frac{h_1}{\delta}x} & P_{33} & 0 \\ P_{41}e^{-2\frac{h_1}{\delta}x} & P_{42}e^{-2\frac{h_1}{\delta}x} & -P_{43} & 0 \end{vmatrix}$$

采用求解行列式的降阶法,则可得

$$D_1^V = -\frac{e^{-2\frac{h_1}{\delta}x}}{\lambda_G}\{[(1 + 2\frac{h_1}{\delta}x)(R_GQ_G + J_GK_G) + I_GR_G] - [R_GQ_G + (I_G + J_G)K_G]e^{-2\frac{h_1}{\delta}x}\}$$

综上所述,第一层系数表达式可汇总如下:

$$\begin{cases} A_1^V = \frac{1}{2\lambda_G}\{4\mu_1[R_GQ_G + (I_G + K_G)J_G] + [(1 - 4\mu_1 + 2\frac{h_1}{\delta}x)(1 - 2\frac{h_1}{\delta}x)(R_GQ_G + J_GK_G) - \\ \qquad R_GQ_G - (I_G + J_G)(I_G + K_G) + (4\mu_1 - 4\frac{h_1}{\delta}x)I_GQ_G + (1 - 2\frac{h_1}{\delta}x)I_G(R_G - Q_G)]e^{-2\frac{h_1}{\delta}x}\} \\ B_1^V = \frac{1}{\lambda_G}\{R_GQ_G + (I_G + K_G)J_G + [I_GQ_G - (1 - 2\frac{h_1}{\delta}x)(R_GQ_G + J_GK_G)]e^{-2\frac{h_1}{\delta}x}\} \\ C_1^V = -\frac{1}{2\lambda_G}\{(1 - 4\mu_1 - 2\frac{h_1}{\delta}x)(1 + 2\frac{h_1}{\delta}x)(R_GQ_G + J_GK_G) - R_GQ_G - (I_G + J_G)(I_G + K_G) - \\ \qquad (4\mu_1 + 4\frac{h_1}{\delta}x)I_GR_G + (1 + 2\frac{h_1}{\delta}x)I_G(R_G - Q_G) + 4\mu_1[R_GQ_G + (I_G + J_G)K_G]e^{-2\frac{h_1}{\delta}x}\}e^{-2\frac{h_1}{\delta}x} \\ D_1^V = -\frac{1}{\lambda_G}\{[(1 + 2\frac{h_1}{\delta}x)(R_GQ_G + J_GK_G) + I_GR_G] - [R_GQ_G + (I_G + J_G)K_G]e^{-2\frac{h_1}{\delta}x}\}e^{-2\frac{h_1}{\delta}x} \end{cases} \tag{10-3-3}$$

4)确定第一接触面上的界面反力表达式

若将第一层的系数 A_1^V、B_1^V、C_1^V 和 D_1^V 表达式,代入下述公式:

$$\bar{p}_1(x) = -A_1^V e^{-2\frac{h_1}{\delta}x} - (1-2\mu_1+\frac{h_1}{\delta}x)B_1^V e^{-2\frac{h_1}{\delta}x} + C_1^V - (1-2\mu_1-\frac{h_1}{\delta}x)D_1^V$$

中,并进行化简、合并,则可得

$$\bar{p}_1(x) = \frac{I_G e^{-2\frac{h_1}{\delta}x}}{2\lambda_G}\{2\frac{h_1}{\delta}x(Q_G-J_G)+(I_G-J_G+K_G+R_G+Q_G)+[2\frac{h_1}{\delta}x(R_G+K_G)+(I_G+J_G-K_G-R_G-Q_G)]e^{-2\frac{h_1}{\delta}x}\}$$

若将第一层的系数 A_1^V、B_1^V、C_1^V 和 D_1^V 表达式,代入水平反力的亨格尔积分公式:

$$\bar{s}_1(x) = -A_1^V e^{-2\frac{h_1}{\delta}x} + (2\mu_1-\frac{h_1}{\delta}x)B_1^V e^{-2\frac{h_1}{\delta}x} - C_1^V - (2\mu_1+\frac{h_1}{\delta}x)D_1^V$$

中,并进行化简、合并,则可得

$$\bar{s}_1(x) = -\frac{I_G e^{-2\frac{h_1}{\delta}x}}{2\lambda_G}\{2\frac{h_1}{\delta}x(Q_G+J_G)+(I_G+J_G+K_G-R_G+Q_G)-[2\frac{h_1}{\delta}x(Q_G-K_G)+(I_G+J_G+K_G-R_G+Q_G)]e^{-2\frac{h_1}{\delta}x}\}$$

综上所述,第一层接触面上的界面反力表达式可汇总如下:

$$\begin{cases} \bar{p}_1(x) = \dfrac{I_G}{2\lambda_G}\{2\dfrac{h_1}{\delta}x(Q_G-J_G)+(I_G-J_G+K_G+R_G+Q_G)+ \\ \qquad [2\dfrac{h_1}{\delta}x(R_G+K_G)+(I_G+J_G-K_G-R_G-Q_G)]e^{-2\frac{h_1}{\delta}x}\}e^{-2\frac{h_1}{\delta}x} \\ \bar{s}_1(x) = -\dfrac{I_G}{2\lambda_G}\{2\dfrac{h_1}{\delta}x(Q_G+J_G)+(I_G+J_G+K_G-R_G+Q_G)- \\ \qquad [2\dfrac{h_1}{\delta}x(Q_G-K_G)+(I_G+J_G+K_G-R_G+Q_G)]e^{-2\frac{h_1}{\delta}x}\}e^{-2\frac{h_1}{\delta}x} \end{cases} \tag{10-3-4}$$

根据本节的定解条件,求得系数 A_i^V、B_i^V、C_i^V、$D_i^V(i=1,2,3,\cdots,n)$表达式后,其系数公式是否正确,需要进行检验。为此,我们可以采用验根法和对比法进行验证。

1)验根法

所谓"验根法",就是将求得的某层系数表达式代入由边界条件或层间接触条件确定的方程式,以便验证其是否满足方程式的要求。

(1)检验第一层系数

将第一层系数 A_1^V、B_1^V、C_1^V、D_1^V 的公式代入式(1-2):

$$A_1^V - 2\mu_1 B_1^V + C_1^V + 2\mu_1 D_1^V = 0$$

的左端,则可得

$$\text{式(1-2)左端} = \frac{1}{2\lambda_G}\{4\mu_1[R_GQ_G+(I_G+K_G)J_G]+[(1-4\mu_1+2\frac{h_1}{\delta}x)(1-2\frac{h_1}{\delta}x)(R_GQ_G+J_GK_G)-R_GQ_G-(I_G+J_G)(I_G+K_G)+(4\mu_1-4\frac{h_1}{\delta}x)I_GQ_G+(1-2\frac{h_1}{\delta}x)I_G(R_G-Q_G)]e^{-2\frac{h_1}{\delta}x}\}-\frac{2\mu_1}{\lambda_G}\{R_GQ_G+(I_G+K_G)J_G+$$

$$[I_G Q_G - (1-2\frac{h_1}{\delta}x)(R_G Q_G + J_G K_G)]e^{-2\frac{h_1}{\delta}x}\} - \frac{e^{-2\frac{h_1}{\delta}x}}{2\lambda_G}\{(1-4\mu_1-2\frac{h_1}{\delta}x)$$

$$(1+2\frac{h_1}{\delta}x)(R_G Q_G + J_G K_G) - R_G Q_G - (I_G+J_G)(I_G+K_G) - (4\mu_1+4\frac{h_1}{\delta}x)$$

$$I_G R_G + (1+2\frac{h_1}{\delta}x)I_G(R_G-Q_G) + 4\mu_1[R_G Q_G + (I_G+J_G)K_G]e^{-2\frac{h_1}{\delta}x}\} -$$

$$\frac{2\mu_1 e^{-2\frac{h_1}{\delta}x}}{\lambda_G}\{(1+2\frac{h_1}{\delta}x)(R_G Q_G + J_G K_G) + I_G R_G - [R_G Q_G + (I_G+J_G)K_G]e^{-2\frac{h_1}{\delta}x}\} = 0$$

根据上述分析,则有

$$式(1\text{-}2)左端 = 0 = 式(1\text{-}2)右端$$

这表明,所求得的第一层系数 A_1^V、B_1^V、C_1^V 和 D_1^V 的表达式正确无误。

(2)检验第二层系数

若将第二层系数 A_2^V、B_2^V、C_2^V 和 D_2^V 的表达式代入式(2-1):

$$[A_2^V + (1-2\mu_2+\frac{h_1}{\delta}x)B_2^V]e^{-2\frac{h_1}{\delta}x} - C_2^V + (1-2\mu_2-\frac{h_1}{\delta}x)D_2^V = -\bar{p}_1^V(x)$$

的左端,则可得

$$式(2\text{-}1)左端 = A_2^V e^{-2\frac{h_1}{\delta}x} + (1-2\mu_2+\frac{h_1}{\delta}x)B_2^V e^{-2\frac{h_1}{\delta}x} - C_2^V + (1-2\mu_2-\frac{h_1}{\delta}x)D_2^V$$

$$= -\frac{\bar{p}_1(x)}{\Delta_G}\{[(R_{n-1}^{32}R_{n-1}^{44} - R_{n-1}^{34}R_{n-1}^{42}) - (2\mu_2+\frac{h_1}{\delta}x)(R_{n-1}^{32}R_{n-1}^{43} - R_{n-1}^{33}R_{n-1}^{42})]e^{-2\frac{h_2}{\delta}x} +$$

$$(2\mu_2-\frac{h_2}{\delta}x)(R_{n-1}^{33}R_{n-1}^{44} - R_{n-1}^{34}R_{n-1}^{43})\} - \frac{\bar{s}_1(x)}{\Delta_G}\{[(R_{n-1}^{32}R_{n-1}^{44} - R_{n-1}^{34}R_{n-1}^{42}) +$$

$$(1-2\mu_2-\frac{h_1}{\delta}x)(R_{n-1}^{32}R_{n-1}^{43} - R_{n-1}^{33}R_{n-1}^{42})]e^{-2\frac{h_2}{\delta}x} + (1-2\mu_2+\frac{h_1}{\delta}x)$$

$$(R_{n-1}^{33}R_{n-1}^{44} - R_{n-1}^{34}R_{n-1}^{43})\} - \frac{\bar{p}_1(x)}{\Delta_G}(1-2\mu_2+\frac{h_1}{\delta}x)\{(R_{n-1}^{33}R_{n-1}^{44} - R_{n-1}^{34}R_{n-1}^{43}) +$$

$$[(2\mu_2+\frac{h_1}{\delta}x)(R_{n-1}^{31}R_{n-1}^{43} - R_{n-1}^{33}R_{n-1}^{41}) - (R_{n-1}^{31}R_{n-1}^{44} - R_{n-1}^{34}R_{n-1}^{41})]e^{-2\frac{h_2}{\delta}x}\} + \frac{\bar{s}_1(x)}{\Delta_G}$$

$$(1-2\mu_2+\frac{h_1}{\delta}x)\{(R_{n-1}^{33}R_{n-1}^{44} - R_{n-1}^{34}R_{n-1}^{43}) + [(1-2\mu_2-\frac{h_1}{\delta}x)(R_{n-1}^{31}R_{n-1}^{43} - R_{n-1}^{33}R_{n-1}^{41}) +$$

$$(R_{n-1}^{31}R_{n-1}^{44} - R_{n-1}^{34}R_{n-1}^{41})]e^{-2\frac{h_2}{\delta}x}\} - \frac{\bar{p}_1(x)e^{-2\frac{h_2}{\delta}x}}{\Delta_G}[(R_{n-1}^{32}R_{n-1}^{44} - R_{n-1}^{34}R_{n-1}^{42}) + (2\mu_2 -$$

$$\frac{h_1}{\delta}x)(R_{n-1}^{31}R_{n-1}^{44} - R_{n-1}^{34}R_{n-1}^{41}) + (2\mu_2+\frac{h_2}{\delta}x)(R_{n-1}^{31}R_{n-1}^{42} - R_{n-1}^{32}R_{n-1}^{41})e^{-2\frac{h_2}{\delta}x}] +$$

$$\frac{\bar{s}_1(x)e^{-2\frac{h_2}{\delta}x}}{\Delta_G}[(R_{n-1}^{32}R_{n-1}^{44} - R_{n-1}^{34}R_{n-1}^{42}) - (1-2\mu_2+\frac{h_1}{\delta}x)(R_{n-1}^{31}R_{n-1}^{44} - R_{n-1}^{34}R_{n-1}^{41}) +$$

$$(1-2\mu_2-\frac{h_1}{\delta}x)(R_{n-1}^{31}R_{n-1}^{42} - R_{n-1}^{32}R_{n-1}^{41})e^{-2\frac{h_2}{\delta}x}] - \frac{\bar{p}_1(x)e^{-2\frac{h_2}{\delta}x}}{\Delta_G}(1-2\mu_2 -$$

$$\frac{h_1}{\delta}x)[(R_{n-1}^{32}R_{n-1}^{43} - R_{n-1}^{33}R_{n-1}^{42}) + (2\mu_2-\frac{h_1}{\delta}x)(R_{n-1}^{31}R_{n-1}^{43} - R_{n-1}^{33}R_{n-1}^{41}) + (R_{n-1}^{31}R_{n-1}^{44} -$$

$$R_{n-1}^{34}R_{n-1}^{41})e^{-2\frac{h_2}{\delta}x}] + \frac{\bar{s}_1(x)e^{-2\frac{h_2}{\delta}x}}{\Delta_G}(1-2\mu_2-\frac{h_1}{\delta}x)[(R_{n-1}^{32}R_{n-1}^{43} - R_{n-1}^{33}R_{n-1}^{42}) -$$

$$(1-2\mu_2+\frac{h_1}{\delta}x)(R_{n-1}^{31}R_{n-1}^{43}-R_{n-1}^{33}R_{n-1}^{41})-(R_{n-1}^{31}R_{n-1}^{42}-R_{n-1}^{32}R_{n-1}^{41})e^{-2\frac{h_2}{\delta}x}]$$

上式加以合并、化简,则可得

$$\text{式(2-2) 左端}=-\frac{\bar{p}_1(x)}{\Delta_G}\{(R_{n-1}^{33}R_{n-1}^{44}-R_{n-1}^{34}R_{n-1}^{43})+[2(R_{n-1}^{32}R_{n-1}^{44}-R_{n-1}^{34}R_{n-1}^{42})+\frac{1}{2}[1-(1-4\mu_2-2\frac{h_1}{\delta}x)(1-4\mu_2+2\frac{h_1}{\delta}x)(R_{n-1}^{31}R_{n-1}^{43}-R_{n-1}^{33}R_{n-1}^{41})+(1-2\mu_2-\frac{h_1}{\delta}x)(2\mu_1-\frac{h_1}{\delta}x)(R_{n-1}^{31}R_{n-1}^{43}-R_{n-1}^{33}R_{n-1}^{41})-(1-4\mu_2+2\frac{h_1}{\delta}x)(R_{n-1}^{31}R_{n-1}^{44}-R_{n-1}^{34}R_{n-1}^{41})+(1-4\mu_2-2\frac{h_1}{\delta}x)(R_{n-}^{32}R_{n-1}^{43}-R_{n-1}^{33}R_{n-1}^{42})]e^{-2\frac{h_2}{\delta}x}+(R_{n-1}^{31}R_{n-1}^{42}-R_{n-1}^{32}R_{n-1}^{41})e^{-4\frac{h_2}{\delta}x}\}$$

又因

$$\Delta_G=(R_{n-1}^{33}R_{n-1}^{44}-R_{n-1}^{34}R_{n-1}^{43})+\{2(R_{n-1}^{32}R_{n-1}^{44}-R_{n-1}^{34}R_{n-1}^{42})+\frac{1}{2}[1-(1-4\mu_2-2\frac{h_1}{\delta}x)(1-4\mu_2+2\frac{h_1}{\delta}x)]\times(R_{n-1}^{31}R_{n-1}^{43}-R_{n-1}^{33}R_{n-1}^{41})-(1-4\mu_2+2\frac{h_1}{\delta}x)(R_{n-1}^{31}R_{n-1}^{44}-R_{n-1}^{34}R_{n-1}^{41})+(1-4\mu_2-2\frac{h_1}{\delta}x)\times(R_{n-1}^{32}R_{n-1}^{43}-R_{n-1}^{33}R_{n-1}^{42})\}e^{-2\frac{h_2}{\delta}x}+(R_{n-1}^{31}R_{n-1}^{42}-R_{n-1}^{32}R_{n-1}^{41})e^{-4\frac{h_2}{\delta}x}$$

故式(2-1)左端可改写为下式:

$$\text{式(2-1) 左端}=-\bar{p}_1(x)$$

即

$$\text{式(2-1) 左端}=-\bar{p}_1(x)=\text{式(2-1) 右端}$$

这表明,上述所求得的第二层系数 A_2^V、B_2^V、C_2^V 和 D_2^V 的表达式也无比正确。

(3)检验第 $i(i=3,4,5,\cdots,n)$ 层系数

为了便于计算,我们将式(3-1′):

$$[A_k^V+(1-2\mu_k+\frac{H_k}{\delta}x)B_k^V]e^{-2\frac{H_k}{\delta}x}-C_k^V+(1-2\mu_k-\frac{H_k}{\delta}x)D_k^V$$
$$=[A_{k+1}^V+(1-2\mu_{k+1}+\frac{H_k}{\delta}x)B_{k+1}^V]e^{-2\frac{H_k}{\delta}x}-C_{k+1}^V+(1-2\mu_{k+1}-\frac{H_k}{\delta}x)D_{k+1}^V$$

中的 k 和 $k+1$,改写为 $i-1$ 和 i,这样式(3-1′)可改写为下式:

$$[A_{i-1}^V+(1-2\mu_{i-1}+\frac{H_{i-1}}{\delta}x)B_{i-1}^V]e^{-2\frac{H_{i-1}}{\delta}x}-C_{i-1}^V+(1-2\mu_{i-1}-\frac{H_{i-1}}{\delta}x)D_{i-1}^V$$
$$=[A_i^V+(1-2\mu_i+\frac{H_{i-1}}{\delta}x)B_i^V]e^{-2\frac{H_{i-1}}{\delta}x}-C_i^V+(1-2\mu_i-\frac{H_{i-1}}{\delta}x)D_i^V \tag{A}$$

当 $i=3,4,\cdots,n$ 时,若将下述表达式:

$$A_i^V=(P_{i-1}^{11}e^{-2\frac{H_{i-1}}{\delta}x}A_{i-1}^V+P_{i-1}^{12}e^{-2\frac{H_{i-1}}{\delta}x}B_{i-1}^V+P_{i-1}^{13}C_{i-1}^V+P_{i-1}^{14}D_{i-1}^V)e^{2\frac{H_{i-1}}{\delta}x}$$
$$B_i^V=(P_{i-1}^{21}e^{-2\frac{H_{i-1}}{\delta}x}A_{i-1}^V+P_{i-1}^{22}e^{-2\frac{H_{i-1}}{\delta}x}B_{i-1}^V+P_{i-1}^{23}C_{i-1}^V+P_{i-1}^{24}D_{i-1}^V)e^{2\frac{H_{i-1}}{\delta}x}$$
$$C_i^V=P_{i-1}^{31}e^{-2\frac{H_{i-1}}{\delta}x}A_{i-1}^V+P_{i-1}^{32}e^{-2\frac{H_{i-1}}{\delta}x}B_{i-1}^V+P_{i-1}^{33}C_{i-1}^V+P_{i-1}^{34}D_{i-1}^V$$
$$D_i^V=P_{i-1}^{41}e^{-2\frac{H_{i-1}}{\delta}x}A_{i-1}^V+P_{i-1}^{42}e^{-2\frac{H_{i-1}}{\delta}x}B_{i-1}^V+P_{i-1}^{43}C_{i-1}^V+P_{i-1}^{44}D_{i-1}^V$$

代入式(A)右端,则可得

$$\text{式(A) 右端}=[A_i^V+(1-2\mu_i+\frac{H_{i-1}}{\delta}x)B_i^V]e^{-2\frac{H_{i-1}}{\delta}x}-C_i^V+(1-2\mu_i-\frac{H_{i-1}}{\delta}x)D_i^V$$
$$=A_i^Ve^{-2\frac{H_{i-1}}{\delta}x}+(1-2\mu_i+\frac{H_{i-1}}{\delta}x)B_i^Ve^{-2\frac{H_{i-1}}{\delta}x}-C_i^V+(1-2\mu_i-\frac{H_{i-1}}{\delta}x)D_i^V$$

$$= (P_{i-1}^{11}e^{-2\frac{H_{i-1}}{\delta}x}A_{i-1}^{V} + P_{i-1}^{12}e^{-2\frac{H_{i-1}}{\delta}x}B_{i-1}^{V} + P_{i-1}^{13}C_{i-1}^{V} + P_{i-1}^{14}D_{i-1}^{V}) + (1 - 2\mu_i + \frac{H_{i-1}}{\delta}x)$$
$$(P_{i-1}^{21}e^{-2\frac{H_{i-1}}{\delta}x}A_{i-1}^{V} + P_{i-1}^{22}e^{-2\frac{H_{i-1}}{\delta}x}B_{i-1}^{V} + P_{i-1}^{23}C_{i-1}^{V} + P_{i-1}^{24}D_{i-1}^{V}) - (P_{i-1}^{31}e^{-2\frac{H_{i-1}}{\delta}x}A_{i-1}^{V} +$$
$$P_{i-1}^{32}e^{-2\frac{H_{i-1}}{\delta}x}B_{i-1}^{V} + P_{i-1}^{33}C_{i-1}^{V} + P_{i-1}^{34}D_{i-1}^{V}) + (1 - 2\mu_i - \frac{H_{i-1}}{\delta}x)(P_{i-1}^{41}e^{-2\frac{H_{i-1}}{\delta}x}A_{i-1}^{V} +$$
$$P_{i-1}^{42}e^{-2\frac{H_{i-1}}{\delta}x}B_{i-1}^{V} + P_{i-1}^{43}C_{i-1}^{V} + P_{i-1}^{44}D_{i-1}^{V})$$

若按系数 A_{i-1}^{V}、B_{i-1}^{V}、C_{i-1}^{V} 和 D_{i-1}^{V} 合并同类项,则上式可改写为下式:

$$\text{式(A)右端} = [P_{i-1}^{11} + (1 - 2\mu_i + \frac{H_{i-1}}{\delta}x)P_{i-1}^{21} - P_{i-1}^{31} + (1 - 2\mu_1 - \frac{H_{i-1}}{\delta}x)P_{i-1}^{41}]e^{-2\frac{H_{i-1}}{\delta}x}A_{i-1}^{V} +$$
$$[P_{i-1}^{12} + (1 - 2\mu_i + \frac{H_{i-1}}{\delta}x)P_{i-1}^{22} - P_{i-1}^{32} + (1 - 2\mu_i - \frac{H_{i-1}}{\delta}x)]e^{-2\frac{H_{i-1}}{\delta}x}B_{i-1}^{V} + [P_{i-1}^{13} +$$
$$(1 - 2\mu_i + \frac{H_{i-1}}{\delta}x)P_{i-1}^{23} - P_{i-1}^{33} + (1 - 2\mu_i - \frac{H_{i-1}}{\delta}x)P_{i-1}^{43}]C_{i-1}^{V} + [P_{i-1}^{14} +$$
$$(1 - 2\mu_i + \frac{H_{i-1}}{\delta}x)P_{i-1}^{24} - P_{i-1}^{43} + (1 - 2\mu_i - \frac{H_{i-1}}{\delta}x)P_{i-1}^{44}]D_{i-1}^{V}$$

又将 $P_{i-1}^{jl}(j,l = 1,2,3,4)$关系式代入上述表达式,则可得

$$\text{式(A)右端} = \{(1 + R_{i-1})T_{i-1} + (1 - 4\mu_i + 2\frac{H_{i-1}}{\delta}x)Q_{i-1}V_{i-1} + (1 - 2\mu_i + \frac{H_{i-1}}{\delta}x) \times (-2Q_{i-1}V_{i-1}) -$$
$$[(1 - 4\mu_1 - 2\frac{H_{i-1}}{\delta}x)(M_{i-1} - Q_{i-1})V_{i-1} - R_{i-1}T_{i-1}] + 2(1 - 2\mu_i - \frac{H_{i-1}}{\delta}x)(M_{i-1} -$$
$$Q_{i-1})V_{i-1}\}e^{-2\frac{H_{i-1}}{\delta}x}A_{i-1}^{V} + \{\frac{1}{2}[(1 - 4\mu_{i-1} + 2\frac{H_{i-1}}{\delta}x)T_{i-1} - (1 - 4\mu_i + 2\frac{H_{i-1}}{\delta}x)V_{i-1} -$$
$$2(2\mu_{i-1} - \frac{H_{i-1}}{\delta}x)(1 - 4\mu_i + 2\frac{H_{i-1}}{\delta}x)Q_{i-1}V_{i-1} - 2(2\mu_{i-1} - \frac{H_{i-1}}{\delta}x)R_{i-1}T_{i-1}] + (1 - 2\mu_i +$$
$$\frac{H_{i-1}}{\delta}x)[V_{i-1} + 2(2\mu_i - \frac{H_{i-1}}{\delta}x)Q_{i-1}V_{i-1}] - \frac{1}{2}[(1 - 4\mu_{i-1} + 2\frac{H_{i-1}}{\delta}x)(1 - 4\mu_i -$$
$$2\frac{H_{i-1}}{\delta}x)M_{i-1}V_{i-1} - L_{i-1}T_{i-1} + 2(2\mu_{i-1} - \frac{H_{i-1}}{\delta}x) \times (1 - 4\mu_i - 2\frac{H_{i-1}}{\delta}x)Q_{i-1}V_{i-1} +$$
$$2(2\mu_{i-1} - \frac{H_{i-1}}{\delta}x)R_{i-1}T_{i-1}] + (1 - 2\mu_i - \frac{H_{i-1}}{\delta}x)[(1 - 4\mu_{i-1} + 2\frac{H_{i-1}}{\delta}x)M_{i-1}V_{i-1} +$$
$$2(2\mu_{i-1} - \frac{H_{i-1}}{\delta}x)Q_{i-1}V_{i-1}]\}e^{-2\frac{H_{i-1}}{\delta}x}B_{i-1}^{V} + \{(1 - 4\mu_i + 2\frac{H_{i-1}}{\delta}x)(M_{i-1} + Q_{i-1})V_{i-1} +$$
$$R_{i-1}T_{i-1} + (1 - 2\mu_i + \frac{H_{i-1}}{\delta}x) \times [-2(M_{i-1} + Q_{i-1})V_{i-1}] - [(1 - R_{i-1})T_{i-1} -$$
$$(1 - 4\mu_i R - 2\frac{H_{i-1}}{\delta}x)Q_{i-1}V_{i-1}] + (1 - 2\mu_i - \frac{H_{i-1}}{\delta}x) \times (-2Q_{i-1}V_{i-1}\}C_{i-1}^{V} +$$
$$\{\frac{1}{2}[L_{i-1}T_{i-1} - (1 - 4\mu_{i-1} - 2\frac{H_{i-1}}{\delta}x) \times (1 - 4\mu_i + 2\frac{H_{i-1}}{\delta}x)M_{i-1}V_{i-1} + 2(2\mu_{i-1} +$$
$$\frac{H_{i-1}}{\delta}x) \times (1 - 4\mu_i + 2\frac{H_{i-1}}{\delta}x)Q_{i-1}V_{i-1} + 2(2\mu_{i-1} + \frac{H_{i-1}}{\delta}x)R_{i-1}T_{i-1}] + (1 - 2\mu_i + \frac{H_{i-1}}{\delta}x) \times$$
$$[(1 - 4\mu_{i-1} - 2\frac{H_{i-1}}{\delta}x)M_{i-1}V_{i-1} - 2(2\mu_i + \frac{H_{i-1}}{\delta}x)Q_{i-1}V_{i-1}] - \frac{1}{2}[(1 - 4\mu_i - 2\frac{H_{i-1}}{\delta}x) \times$$
$$V_{i-1} - (1 - 4\mu_{i-1} - 2\frac{H_{i-1}}{\delta}x)T_{i-1} - 2(2\mu_{i-1} + \frac{H_{i-1}}{\delta}x) \times (1 - 4\mu_i - 2\frac{H_{i-1}}{\delta}x)Q_{i-1}V_{i-1} -$$

$$2(2\mu_{i-1}+\frac{H_{i-1}}{\delta}x)R_{i-1}T_{i-1}]+(1-2\mu_i-\frac{H_{i-1}}{\delta}x)\times[V_{i-1}-2(2\mu_{i-1}+\frac{H_{i-1}}{\delta}x)Q_{i-1}V_{i-1}]\}D_{i-1}^V$$

上式进一步化简、合并，则可得

$$\begin{aligned}式(A)右端 =& [(T_{i-1}+M_{i-1}V_{i-1})+2(R_{i-1}T_{i-1}-Q_{i-1}V_{i-1})]e^{-2\frac{H_{i-1}}{\delta}x}A_{i-1}^V+[(1-2\mu_{i-1}+\frac{H_{i-1}}{\delta}x)\times\\&(T_{i-1}+M_{i-1}V_{i-1})-\frac{1}{2}(T_{i-1}+M_{i-1}V_{i-1})+\frac{1}{2}(V_{i-1}+T_{i-1}L_{i-1})-2(2\mu_{i-1}-\\&\frac{H_{i-1}}{\delta}x)(R_{i-1}T_{i-1}-Q_{i-1}V_{i-1})]e^{-2\frac{H_{i-1}}{\delta}x}B_{i-1}^V+[2(R_{i-1}T_{i-1}-Q_{i-1}V_{i-1})-\\&(T_{i-1}+M_{i-1}V_{i-1})]C_{i-1}^V+[(1-2\mu_{i-1}-\frac{H_{i-1}}{\delta}x)(T_{i-1}+M_{i-1}V_{i-1})+\\&\frac{1}{2}(L_{i-1}T_{i-1}+V_{i-1})-\frac{1}{2}(T_{i-1}+M_{i-1}V_{i-1})+2(2\mu_{i-1}+\frac{H_{i-1}}{\delta}x)(R_{i-1}T_{i-1}+Q_{i-1}V_{i-1})]D_{i-1}^V\end{aligned}$$

又将下述表达式：

$$\begin{aligned}T_{i-1}+M_{i-1}V_{i-1}&=\frac{3-4\mu_i+m_{i-1}}{4(1-\mu_i)}+\frac{1+(3-4\mu_{i-1})m_{i-1}}{4(1-\mu_i)}\times\frac{1-m_{i-1}}{1+(3-4\mu_{i-1})m_{i-1}}\\&=\frac{3-4\mu_i+m_{i-1}}{4(1-\mu_i)}+\frac{1-m_{i-1}}{4(1-\mu_i)}=1\end{aligned}$$

$$\begin{aligned}T_{i-1}L_{i-1}+V_{i-1}&=\frac{3-4\mu_i+m_{i-1}}{4(1-\mu_i)}\times\frac{(3-4\mu_i)-(3-4\mu_{i-1})m_{i-1}}{3-4\mu_i+m_{i-1}}+\frac{1+(3-4\mu_{i-1})m_{i-1}}{4(1-\mu_i)}\\&=\frac{(3-4\mu_i)-(3-4\mu_{i-1})m_{i-1}}{4(1-\mu_i)}+\frac{1+(3-4\mu_{i-1})m_{i-1}}{4(1-\mu_i)}=1\end{aligned}$$

$$\begin{aligned}R_{i-1}T_{i-1}-Q_{i-1}V_{i-1}&=\frac{\chi_{i-1}m_{i-1}}{2(3-4\mu_i+m_{i-1})}\times\frac{3-4\mu_i+m_{i-1}}{4(1-\mu_i)}-\frac{\chi_{i-1}m_{i-1}}{2[1+(3-4\mu_{i-1})m_{i-1}]}\times\\&\frac{1+(3-4\mu_{i-1})m_{i-1}}{4(1-\mu_i)}]=\frac{\chi_{i-1}m_{i-1}}{8(1-\mu_i)}-\frac{\chi_{i-1}m_{i-1}}{8(1-\mu_i)}=0\end{aligned}$$

代入上述表达式，则式(A)右端可改写为下式：

$$\begin{aligned}式(A)右端&=[A_{i-1}^V+(1-2\mu_{i-1}+\frac{H_{i-1}}{\delta}x)B_{i-1}^V]e^{-2\frac{H_{i-1}}{\delta}x}-C_{i-1}^V+(1-2\mu_{i-1}-\frac{H_{i-1}}{\delta}x)D_{i-1}^V\\&=式(A)左端\end{aligned}$$

根据上述分析，则有

$$式(3\text{-}1')左端=式(3\text{-}1')右端$$

上述分析表明，第 i $(3\leqslant i\leqslant n)$ 层系数 A_i^V、B_i^V、C_i^V 和 D_i^V 的表达式仍然正确无误。

2)系数对比法

(1)三层弹性连续体系的系数对比法

当 $n=3, K_1=K_2=\infty$ 时，采用古德曼模型的多层弹性体系退化为三层连续弹性体系。这时两者的厚度有如下的关系：

$$h_1=h, h_2=H, H_1=h$$
$$H_2=h_1+h_2=h+H$$

对于其他计算参数在下面进行分析。

当 $n=3, k=1,2$ 时，下述关系式：

$$m_k=\frac{(1+\mu_k)E_{k+1}}{(1+\mu_{k+1})E_k}$$

$$G_K^{(k)} = \frac{E_k}{(1+\mu_k)K_k\delta}, \chi_k = G_K^{(k)} x$$

可以改写如下：

$$m_1 = \frac{(1+\mu_1)E_2}{(1+\mu_2)E_1}, m_2 = \frac{(1+\mu_2)E_3}{(1+\mu_3)E_2}$$

$$G_K^{(1)} = \lim_{K_1\to\infty} \frac{E_1}{(1+\mu_1)K_1\delta} = 0, \chi_1 = G_K^{(1)} x = 0$$

$$G_K^{(2)} = \lim_{K_2\to\infty} \frac{E_2}{(1+\mu_2)K_2\delta} = 0, \chi_2 = G_K^{(2)} x = 0$$

当 $n = 3, k = 2$ 时，下述关系式：

$$L_k = \frac{(3-4\mu_{k+1}) - (3-4\mu_k)m_k}{3-4\mu_{k+1}+m_k}$$

$$T_k = \frac{3-4\mu_{k+1}+m_k}{4(1-\mu_{k+1})}$$

$$R_k = \frac{\chi_k m_k}{2(3-4\mu_{k+1}+m_k)}$$

可以改写如下：

$$L_2 = \frac{(3-4\mu_3) - (3-4\mu_2)m_2}{3-4\mu_3+m_2}$$

$$T_2 = \frac{3-4\mu_3+m_2}{4(1-\mu_3)}$$

$$R_2 = \frac{\chi_2 m_2}{2(3-4\mu_3+m_2)} = 0$$

当 $n = 3, k = 2$ 时，下述关系式：

$$M_k = \frac{1-m_k}{1+(3-4\mu_k)m_k}$$

$$V_k = \frac{1+(3-4\mu_k)m_k}{4(1-\mu_{k+1})}$$

$$Q_k = \frac{\chi_k m_k}{2[1+(3-4\mu_k)m_k]}$$

可以改写如下：

$$M_2 = \frac{1-m_2}{1+(3-4\mu_2)m_2}$$

$$V_k = \frac{1+(3-4\mu_2)m_2}{4(1-\mu_3)}$$

$$Q_k = \frac{\chi_2 m_2}{2[1+(3-4\mu_2)m_2]}$$

当 $n = 3, K_1 = K_2 = \infty$ 时，若将 $R_2^{jl} = P_2^{jl}(j,l = 1,2,3,4)$ 代入下式：

$$\begin{aligned}\Delta_G = {} & (R_{n-1}^{33}R_{n-1}^{44} - R_{n-1}^{34}R_{n-1}^{43}) + \{2(R_{n-1}^{32}R_{n-1}^{44} - R_{n-1}^{34}R_{n-1}^{42}) + \frac{1}{2}[1-(1-4\mu_2+2\frac{h_1}{\delta}x)\times \\ & (1-4\mu_2-2\frac{h_1}{\delta}x)](R_{n-1}^{31}R_{n-1}^{43} - R_{n-1}^{33}R_{n-1}^{41}) + (1-4\mu_2-2\frac{h_1}{\delta}x)(R_{n-1}^{32}R_{n-1}^{43} - R_{n-1}^{33}R_{n-1}^{42}) - \\ & (1-4\mu_2+2\frac{h_1}{\delta}x)(R_{n-1}^{31}R_{n-1}^{44} - R_{n-1}^{34}R_{n-1}^{41})\}e^{-2\frac{h_2}{\delta}x} + (R_{n-1}^{31}R_{n-1}^{42} - R_{n-1}^{32}R_{n-1}^{41})e^{-4\frac{h_2}{\delta}x}\end{aligned}$$

中，并注意 $R_2 = Q_2 = 0, P_2^{21} = P_2^{43} = 0$，则可得

$$\Delta_G = -T_2V_2[(2\frac{h_2}{\delta}x)^2M_2e^{-2\frac{h_2}{\delta}x} - (1 - L_2e^{-2\frac{h_2}{\delta}x})(1 - M_2e^{-2\frac{h_2}{\delta}x})]$$

在采用古德曼模型的层状弹性体系中，如果 $n = 3, K_1 = K_2 = \infty$，那么，采用古德曼模型的层状弹性体系，就可以退化为三层弹性连续体系。这时有 $H = h_2, L_2 = L, M_2 = M$，上述 Δ_G 的表达式可以改写为下式：

$$\Delta_G = -T_2V_2[(2\frac{H}{\delta}x)^2Me^{-2\frac{H}{\delta}x} - (1 - Le^{-2\frac{H}{\delta}x})(1 - Me^{-2\frac{H}{\delta}x})]$$

根据三层弹性连续体系分析，Δ_{3C} 的表达式为：

$$\Delta_{3C} = (2\frac{H}{\delta}x)^2Me^{-2\frac{H}{\delta}x} - (1 - Le^{-2\frac{H}{\delta}x})(1 - Me^{-2\frac{H}{\delta}x})$$

所以，Δ_G 表达式可以改写如下：

$$\Delta_G = -T_2V_2\Delta_{3C}$$

同理，当 $n = 3, K_1 = K_2 = \infty$ 时，则可得

$$I_G = -T_2V_2I$$

$$J_G = -T_2V_2J$$

$$K_G = -T_2V_2K$$

$$R_G = Q_k = -T_2V_2 \times \frac{h_2}{\delta}xM_2e^{-2\frac{h_2}{\delta}x}$$

$$\lambda_G = (T_2V_2)2\lambda$$

$$\bar{p}_1^V(x) = \frac{Ie^{-2\frac{h_1}{\delta}x}}{2\lambda}\{2\frac{h_1}{\delta}xI(\frac{h_2}{\delta}xM_2e^{-2\frac{h_2}{\delta}x} - J) + (I - J + K + 2\frac{h_2}{\delta}xM_2e^{-2\frac{h_2}{\delta}x}) + [2\frac{h_1}{\delta}xI(\frac{h_2}{\delta}xM_2e^{-2\frac{h_2}{\delta}x} + K) + (I + J - K - 2\frac{h_2}{\delta}xM_2e^{-2\frac{h_2}{\delta}x})]e^{-2\frac{h_1}{\delta}x}\}$$

$$\bar{s}_1^V(x) = -\frac{Ie^{-2\frac{h_1}{\delta}x}}{2\lambda}\{2\frac{h_1}{\delta}x(\frac{h_2}{\delta}xeM_2e^{-2\frac{h_2}{\delta}x} + J) + (I + J + K) - [2\frac{h_1}{\delta}x(\frac{h_2}{\delta}xM_2e^{-2\frac{h_2}{\delta}x} - K) + (I + J + K)]e^{-2\frac{h_1}{\delta}x}\}$$

根据前面的分析，系数 A_1^V 的表达式为：

$$A_1^V = \frac{1}{2\lambda_G}\{4\mu_1[R_GQ_G + (I_G + K_G)J_G] + [(1 - 4\mu_1 + 2\frac{h_1}{\delta}x)(1 - 2\frac{h_1}{\delta}x)(R_GQ_G + J_GK_G) - R_GQ_G - (I_G + J_G)(I_G + K_G) + (4\mu_1 - 4\frac{h_1}{\delta}x)I_GQ_G + (1 - 2\frac{h_1}{\delta}x)I_G(R_G - Q_G)]e^{-2\frac{h_1}{\delta}x}\}$$

若将下述参数表达式：

$$I_G = -T_2V_2I, J_G = -T_2V_2J, K_G = -T_2V_2K$$

$$R_G = Q_G = -T_2V_2 \times \frac{h_2}{\delta}M_2e^{-2\frac{h_2}{\delta}x}$$

$$\lambda_G = (T_2V_2)^2\lambda$$

代入上式，则上式可改写如下：

$$A_1^V = \frac{1}{2\lambda}\left\{4\mu_1[(\frac{h_2}{\delta}xM_2e^{-2\frac{h_2}{\delta}x})^2 + (I + K)J] + \{(1 - 4\mu_1 + 2\frac{h_1}{\delta}x)(1 - 2\frac{h_1}{\delta}x)[(\frac{h_2}{\delta}xMe^{-2\frac{h_2}{\delta}x})^2 + JK] - [(\frac{h_2}{\delta}xM_2e^{-2\frac{h_2}{\delta}x})^2 + (I + J)(I + K)] + (4\mu_1 - 4\frac{h_1}{\delta}x)\frac{h_2}{\delta}xIM_2e^{-2\frac{h_2}{\delta}x}\}e^{-2\frac{h_1}{\delta}x}\right\}$$

当 $n = 3, K_1 = K_2 = \infty$ 时，由于 $h = h_1, H = h_2, M = M_2$，所以古德曼模型多层弹性体系第一层系数 A_1^V 的表达式完全同于三层弹性连续体系第一层系数 A_1^V 的表达式：

$$A_1^V=\frac{1}{2\lambda}\Big\{4\mu_1[(\frac{h}{\delta}xMe^{-2\frac{H}{\delta}x})^2+(I+K)J]+\{(1-4\mu_1+2\frac{h}{\delta}x)(1-2\frac{h}{\delta}x)[(\frac{h}{\delta}xMe^{-2\frac{H}{\delta}x})^2+JK]-[(\frac{H}{\delta}xMe^{-2\frac{H}{\delta}x})^2+(I+J)(I+K)]+(4\mu_1-4\frac{h}{\delta}x)\frac{H}{\delta}xIMe^{-2\frac{H}{\delta}x}\}e^{-2\frac{h}{\delta}x}\Big\}$$

根据前面的分析,系数 B_1^V 的表达式为:

$$B_1^V=\frac{1}{\lambda_G}\{R_GQ_G+(I_G+K_G)J_G+[I_GQ_G-(1-2\frac{h_1}{\delta}x)(R_GQ_G+J_GK_G)]e^{-2\frac{h_1}{\delta}x}\}$$

若将下述参数表达式:

$$I_G=-T_2V_2I,J_G=-T_2V_2J,K_G=-T_2V_2K$$

$$R_G=Q_G=-T_2V_2\times\frac{h_2}{\delta}M_2e^{-2\frac{h_2}{\delta}x}$$

$$\lambda_G=(T_2V_2)^2\lambda$$

代入上式,则上式可改写如下:

$$B_1^V=\frac{1}{\lambda}(\frac{h_2}{\delta}xM_2e^{-2\frac{h_2}{\delta}x})^2+(I+K)J+\{\frac{h_2}{\delta}x\times IM_2e^{-2\frac{h_2}{\delta}x}-(1-2\frac{h_1}{\delta}x)[(\frac{h_2}{\delta}x\times M_2e^{-2\frac{h_2}{\delta}x})^2+JK]\}e^{-2\frac{h_1}{\delta}x}$$

当 $n=3,K_1=K_2=\infty$ 时,由于 $h=h_1,H=h_2,M=M_2$,所以古德曼模型多层弹性体系第一层系数 B_1^V 的表达式完全同于三层弹性连续体系第一层系数 B_1^V 的表达式。

$$B_1^V=\frac{1}{\lambda}\Big\{(\frac{H}{\delta}xM_2e^{-2\frac{H}{\delta}x})^2+(I+K)J+\{\frac{H}{\delta}x\times IM_2e^{-2\frac{H}{\delta}x}-(1-2\frac{h}{\delta}x)[(\frac{h}{\delta}x\times M_2e^{-2\frac{H}{\delta}x})^2+JK]\}e^{-2\frac{h}{\delta}x}\Big\}$$

根据前面的分析,系数 C_1^V 的表达式为:

$$C_1^V=-\frac{e^{-2\frac{h_1}{\delta}x}}{2\lambda_G}\{(1-4\mu_1-2\frac{h_1}{\delta}x)(1+2\frac{h_1}{\delta}x)(R_GQ_G+J_GK_G)-[R_GQ_G+(I_G+J_G)(I_G+K_G)]-(4\mu_1+4\frac{h_1}{\delta}x)I_GR_G+(1+2\frac{h_1}{\delta}x)I_G(R_G-Q_G)+4\mu_1[R_GQ_G+(I_G+J_G)K_G]e^{-2\frac{h_1}{\delta}x}\}$$

若将下述参数表达式:

$$I_G=-T_2V_2I,J_G=-T_2V_2J,K_G=-T_2V_2K$$

$$R_G=Q_G=-T_2V_2\times\frac{h_2}{\delta}M_2e^{-2\frac{h_2}{\delta}x}$$

$$\lambda_G=(T_2V_2)^2\lambda$$

代入上式,则上式可改写如下:

$$C_1^V=-\frac{e^{-2\frac{h_1}{\delta}x}}{2\lambda_G}\{(1-4\mu_1-2\frac{h_1}{\delta}x)(1+2\frac{h_1}{\delta}x)[(\frac{H}{\delta}x\times M_2e^{-2\frac{h_2}{\delta}x})^2+JK]-[(\frac{h_2}{\delta}xM_2e^{-2\frac{h_2}{\delta}x})^2+(I+J)(I+K)]-(4\mu_1+4\frac{h_1}{\delta}x)\frac{h_2}{\delta}x\times IM_2e^{-2\frac{h_2}{\delta}x}+4\mu_1[(\frac{h_2}{\delta}x\times M_2e^{-2\frac{h_2}{\delta}x})^2+(I+J)K]e^{-2\frac{h_1}{\delta}x}\}$$

当 $n=3,K_1=K_2=\infty$ 时,由于 $h=h_1,H=h_2,M=M_2$,所以古德曼模型多层弹性体系第一层系数 C_1^V 的表达式完全同于三层弹性连续体系第一层系数 C_1^V 的表达式。

$$C_1^V=-\frac{e^{-2\frac{h}{\delta}x}}{2\lambda}\{(1-4\mu_1-2\frac{h}{\delta}x)(1+2\frac{h}{\delta}x)[(\frac{H}{\delta}x\times M_2e^{-2\frac{H}{\delta}x})^2+JK]-[(\frac{h_2}{\delta}x\times M_2e^{-2\frac{h_2}{\delta}x})^2+(I+J)(I+K)]-(4\mu_1+4\frac{h_1}{\delta}x)\frac{h_2}{\delta}x\times IM_2e^{-2\frac{H}{\delta}x}+4\mu_1[(\frac{H_x}{\delta}\times M_2e^{-2\frac{H}{\delta}x})^2+(I+J)K]e^{-2\frac{h}{\delta}x}\}$$

根据前面的分析,系数 D_1^V 的表达式为:

$$D_1^V=-\frac{e^{-2\frac{h_1}{\delta}x}}{\lambda_G}\{[(1+2\frac{h_1}{\delta}x)(R_GQ_G+J_GK_G)+I_GR_G]-[R_GQ_G+(I_G+J_G)K_G]e^{-2\frac{h_1}{\delta}x}\}$$

若将下述参数表达式:

$$I_G = -T_2V_2I, J_G = -T_2V_2J, K_G = -T_2V_2K$$

$$R_G = Q_G = -T_2V_2 \times \frac{h_2}{\delta}M_2e^{-2\frac{h_2}{\delta}x}$$

$$\lambda_G = (T_2V_2)^2\lambda$$

代入上式,则上式可改写如下:

$$D_1^V = -\frac{e^{-2\frac{h_1}{\delta}x}}{\lambda}\{(1+2\frac{h_1}{\delta}x)[(\frac{h_2}{\delta}x \times M_2e^{-2\frac{h_2}{\delta}x})^2 + JK] + \frac{h_2}{\delta}x \times IM_2e^{-2\frac{h_2}{\delta}x} - [(\frac{h_2}{\delta}x \times M_2e^{-2\frac{h_2}{\delta}x})^2 + (I+J)K]e^{-2\frac{h_1}{\delta}x}\}$$

当 $n=3$, $K_1=K_2=\infty$时,由于 $h=h_1$, $H=h_2$, $M=M_2$,所以古德曼模型多层弹性体系第一层系数 D_1^V 的表达式完全同于三层弹性连续体系第一层系数 D_1^V 的表达式。

$$D_1^V = -\frac{e^{-2\frac{h}{\delta}x}}{\lambda}\{(1+2\frac{h}{\delta}x)[(\frac{H}{\delta}x \times Me^{-2\frac{H}{\delta}x})^2 + JK] + \frac{H}{\delta}x \times IMe^{-2\frac{H}{\delta}x} - [(\frac{H}{\delta}x \times Me^{-2\frac{H}{\delta}x})^2 + (I+J)K]e^{-2\frac{h}{\delta}x}\}$$

根据上述分析,当 $n=3$, $K_1=K_2=\infty$时,采用古德曼模型的多层弹性体系第一层系数 A_1^V、B_1^V、C_1^V 和 D_1^V 的表达式与三层弹性连续体系上层(第一层)系数 A_1^V、B_1^V、C_1^V 和 D_1^V 的表达式完全相同。

同理,按照第一层系数表达式的分析方法,则可得到第二层的系数表达式如下:

$$A_2^V = \frac{\bar{p}_1(x)e^{2\frac{h_1}{\delta}x}}{2\Delta_{3C}}\{[(1-2\frac{h_2}{\delta}x)(1-4\mu_2+2\frac{H_2}{\delta}x)M_2 - L_2]e^{-2\frac{h_2}{\delta}x} + 2(2\mu_2 - \frac{h_1}{\delta}x)\} - \frac{\bar{s}_1(x)e^{2\frac{h_1}{\delta}x}}{2\Delta_{3C}}\{[(1+2\frac{h_2}{\delta}x)(1-4\mu_2+2\frac{H_2}{\delta}x)M_2 + L_2]e^{-2\frac{h_2}{\delta}x} - 2(1-2\mu_2+\frac{h_1}{\delta}x)T_2V_2\}$$

$$B_2^V = -\frac{\bar{p}_1(x)e^{2\frac{h_1}{\delta}x}}{\Delta_{3C}}[(1+2\frac{h_2}{\delta}x)M_2e^{-2\frac{h_2}{\delta}x} - 1] + \frac{\bar{s}_1(x)e^{2\frac{h_1}{\delta}x}}{\Delta_{3C}}[(1+2\frac{h_2}{\delta}x)M_2e^{-2\frac{h_2}{\delta}x} - 1]$$

$$C_2 = -\frac{\bar{p}_1(x)e^{-2\frac{h_2}{\delta}x}}{2\Delta_{3C}}\{2(2\mu_2+\frac{h_2}{\delta}x)L_2M_2e^{-2\frac{h_2}{\delta}x} + [(1+2\frac{H_2}{\delta}x)(1-4\mu_2-2\frac{h_2}{\delta}x)M_2 - L_2]\} + \frac{\bar{s}_1(x)e^{-2\frac{h_2}{\delta}x}}{2\Delta_{3C}}\{2(1-2\mu_2-\frac{h_1}{\delta}x)L_2M_2e^{-2\frac{h_2}{\delta}x} - [(1-2\frac{h_2}{\delta}x)(1-4\mu_2-2\frac{H_2}{\delta}x)M_2 + L_2]\}$$

$$D_2^V = \frac{\bar{p}_1(x)M_2e^{-2\frac{h_2}{\delta}x}}{\Delta_{3C}}[L_2e^{-2\frac{h_2}{\delta}x} - (1+2\frac{h_2}{\delta}x)] + \frac{\bar{s}_1(x)M_2e^{-2\frac{h_2}{\delta}x}}{\Delta_{3C}}[L_2e^{-2\frac{h_2}{\delta}x} - (1-2\frac{h_2}{\delta}x)]$$

当 $n=3$, $K_1=K_2=\infty$时,由于 $h=h_1$, $H=h_2$, $H+h=H_2=h_1+h_2$, $L=L_2$, $M=M_2$,所以古德曼模型多层弹性体系第二层的系数表达式完全同于三层弹性连续体系第二层的系数表达式:

$$A_2^V = \frac{\bar{p}_1(x)e^{2\frac{h}{\delta}x}}{2\Delta_{3C}}\{[(1-2\frac{H}{\delta}x)(1-4\mu_2+2\frac{h+H}{\delta}x)M - L]e^{-2\frac{H}{\delta}x} + 2(2\mu_2-\frac{h}{\delta}x)\} - \frac{\bar{s}_1(x)e^{2\frac{h}{\delta}x}}{2\Delta_{3C}}\{[(1+2\frac{H}{\delta}x)(1-4\mu_2+2\frac{h+H}{\delta}x)M + L]e^{-2\frac{H}{\delta}x} - 2(1-2\mu_2+\frac{h}{\delta}x)\}$$

$$B_2^V = -\frac{\bar{p}_1(x)e^{2\frac{h}{\delta}x}}{\Delta_{3C}}[(1-2\frac{H}{\delta}x)Me^{-2\frac{H}{\delta}x} - 1] + \frac{\bar{s}_1(x)e^{2\frac{h}{\delta}x}}{\Delta_{3C}}[(1+2\frac{H}{\delta}x)Me^{-2\frac{H}{\delta}x} - 1]$$

$$C_2^V = -\frac{\bar{p}_1(x)e^{-2\frac{H}{\delta}x}}{2\Delta_{3C}}\{2(2\mu_2+\frac{h}{\delta}x)LMe^{-2\frac{H}{\delta}x} + [(1+2\frac{H}{\delta}x)(1-4\mu_2-2\frac{h+H}{\delta}x)M - L]\} + \frac{\bar{s}_1(x)e^{-2\frac{H}{\delta}x}}{2\Delta_{3C}}\{2(1-2\mu_2-\frac{h}{\delta}x)LMe^{-2\frac{h}{\delta}x} - [(1-2\frac{H}{\delta}x)(1-4\mu_2-\frac{h+H}{\delta}x)M + L]\}$$

$$D_2^V = \frac{\bar{p}_1(x)Me^{-2\frac{H}{\delta}x}}{\Delta_{3C}}[Le^{-2\frac{H}{\delta}x} - (1 + 2\frac{H}{\delta}x)] + \frac{\bar{s}_1(x)Me^{-2\frac{H}{\delta}x}}{\Delta_{3C}}[Le^{-2\frac{H}{\delta}x} - (1 - 2\frac{H}{\delta}x)]$$

同理,第三层的系数表达式可表示为如下:

$$A_3^V = \frac{\bar{p}_1(x)e^{2\frac{h_1}{\delta}x}}{2\Delta_{3C}}\{[L_2(M_2 - 1) - (1 - 2\frac{h_2}{\delta}x)(1 - 4\mu_3 + 2\frac{H_2}{\delta}x)M_2(L_2 - 1)]e^{-2\frac{h_2}{\delta}x} -$$

$$[(1 + 2\frac{h_2}{\delta}x)(M_2 - 1) - (1 - 4\mu_3 + 2\frac{H_2}{\delta}x)(L_2 - 1)]\} +$$

$$\frac{\bar{s}_1(x)e^{2\frac{h_1}{\delta}x}}{2\Delta_{3C}}\{[L_2(M_2 - 1) + (1 + 2\frac{h_2}{\delta}x)(1 - 4\mu_3 + 2\frac{H_2}{\delta}x)M_2(L_2 - 1)]e^{-2\frac{h_2}{\delta}x} -$$

$$[(1 - 2\frac{h_2}{\delta}x)(M_2 - 1) + (1 - 4\mu_3 + 2\frac{H_2}{\delta}x)(L_2 - 1)]\}$$

$$B_3^V = \frac{\bar{p}_1(x)(L_2 - 1)e^{2\frac{h_1}{\delta}x}}{\Delta_{3C}}[(1 - 2\frac{h_2}{\delta}x)M_2e^{-2\frac{h_2}{\delta}x} - 1] - \frac{\bar{s}_1(x)(L_2 - 1)e^{2\frac{h_1}{\delta}x}}{\Delta_{3C}}[(1 + 2\frac{h_2}{\delta}x)M_2e^{-2\frac{h_2}{\delta}x} - 1]$$

$$C_3^V = D_3^V = 0$$

当 $n = 3$, $K_1 = K_2 = \infty$时,由于 $h = h_1$, $H = h_2$, $H + h = H_2 = h_1 + h_2$, $L = L_2$, $M = M_2$,所以在采用古德曼模型的多层弹性体系中,第三层系数表达式完全同于三层弹性连续体系中的第三层系数表达式:

$$A_3^V = \frac{\bar{p}_1(x)e^{2\frac{h}{\delta}x}}{2\Delta_{3C}}\{[(M - 1)L - (1 - 2\frac{H}{\delta}x)(1 - 4\mu_3 + 2\frac{h + H}{\delta}x)(L - 1)M]e^{-2\frac{H}{\delta}x} -$$

$$[(1 + 2\frac{H}{\delta}x)(M - 1) - (1 - 4\mu_3 + 2\frac{h + H}{\delta}x)(L - 1)]\} +$$

$$\frac{\bar{s}_1(x)e^{2\frac{h}{\delta}x}}{2\Delta_{3C}}\{[(M - 1)L + (1 + 2\frac{H}{\delta}x)(1 - 4\mu_3 + 2\frac{h + H}{\delta}x)(L - 1)M]e^{-2\frac{H}{\delta}x} -$$

$$[(1 - 2\frac{H}{\delta}x)(M - 1) + (1 - 4\mu_3 + 2\frac{h + H}{\delta}x)(L - 1)]\}$$

$$B_3^V = \frac{\bar{p}_1(x)(L - 1)e^{2\frac{h}{\delta}x}}{\Delta_{3C}}[(1 - 2\frac{H}{\delta}x)Me^{-2\frac{H}{\delta}x} - 1] - \frac{\bar{s}_1(x)(L - 1)e^{2\frac{h}{\delta}x}}{\Delta_{3C}}[(1 + 2\frac{H}{\delta}x)Me^{-2\frac{H}{\delta}x} - 1]$$

$$C_3^V = D_3^V = 0$$

(2)上中滑动、中下连续三层弹性体系的系数对比法

当 $n = 3, K_1 = 0, K_2 = \infty$时,采用古德曼模型的多层体系可以转换为上中滑动、中下连续的三层弹性体系。这时有 $h_1 = h, h_2 = H, H_2 = h_1 + h_2 = H + h$,其他各个系数可简化如下:

$$m_1 = \frac{(1 + \mu_1)E_2}{(1 + \mu_2)E_1}$$

$$m_2 = \frac{(1 + \mu_2)E_3}{(1 + \mu_3)E_2}$$

$$G_K^{(1)} = \lim_{K_1 \to 0}\frac{E_1}{(1 + \mu_1)K_1\delta} = \infty$$

$$\chi_1 = G_K^{(1)}x = \infty$$

$$G_K^{(2)} = \lim_{K_2 \to \infty}\frac{E_2}{(1 + \mu_2)K_2\delta} = 0$$

$$\chi_2 = G_K^{(2)} x = 0$$

$$L_2 = \frac{(3-4\mu_3)-(3-\mu_2)m_2}{3-4\mu_3+m_2}$$

$$T_2 = \frac{3-4\mu_3+m_2}{4(1-\mu_3)}$$

$$R_2 = \frac{\chi_2 m_2}{2(3-4\mu_3+m_2)} = 0$$

$$M_2 = \frac{1-m_2}{1+(3-4\mu_2)m_2}$$

$$V_2 = \frac{1+(3-4\mu_2)m_2}{4(1-\mu_3)}$$

$$Q_2 = \frac{\chi_2 m_2}{2[1+(3-4\mu_2)m_2]} = 0$$

在上中滑动、中下连续的三层体系中，参数 L、M 的表达式可用下述公式表示：

$$L = \frac{(3-4\mu_3)-(3-4\mu_2)m_2}{3-4\mu_3+m_1}$$

$$M = \frac{1-m_2}{1+(3-4\mu_2)m_2}$$

根据上述分析可知，L_2、M_2 与 L、M 之间的关系可表示为如下：

$$L_2 = L$$

$$M_2 = M$$

当 $k=2$ 时，则有 $R_2=0$，$Q_2=0$，故系数 $P_2^{jl}(j,l=1,2,3,4)$ 的关系式可表示为如下：

$$P_2^{11} = T_2$$

$$P_2^{12} = \frac{1}{2}\left[\left(1-4\mu_2+2\frac{H_2}{\delta}x\right)T_2-\left(1-4\mu_3+2\frac{H_2}{\delta}x\right)V_2\right]$$

$$P_2^{13} = \left(1-4\mu_3+2\frac{H_2}{\delta}x\right)M_2V_2$$

$$P_2^{14} = \frac{1}{2}\left[L_2T_2-\left(1-4\mu_2-2\frac{H_2}{\delta}x\right)\left(1-4\mu_3+2\frac{H_2}{\delta}x\right)M_2V_2\right]$$

$$P_2^{21} = 0$$

$$P_2^{22} = V_2$$

$$P_2^{23} = -2M_2V_2$$

$$P_2^{24} = \left(1-4\mu_2-2\frac{H_2}{\delta}x\right)M_2V_2$$

$$P_2^{31} = \left(1-4\mu_3-2\frac{H_2}{\delta}x\right)M_2V_2$$

$$P_2^{32} = \frac{1}{2}\left[\left(1-4\mu_2+2\frac{H_2}{\delta}x\right)\left(1-4\mu_3-2\frac{H_2}{\delta}x\right)M_2V_2-L_2T_2\right]$$

$$P_2^{33} = T_2$$

$$P_2^{34} = \frac{1}{2}\left[\left(1-4\mu_3-2\frac{H_2}{\delta}x\right)V_2-\left(1-4\mu_2-2\frac{H_2}{\delta}x\right)T_2\right]$$

$$P_2^{41} = 2M_2V_2$$

$$P_2^{42}=(1-4\mu_2+2\frac{H_2}{\delta}x)M_2V_2$$

$$P_2^{42}=0$$

$$P_2^{44}=V_2$$

当 $n=3$，$K_1=0$，$K_2=\infty$时，采用古德曼模型的多层弹性体系转换为上中滑动、中下连续的三层体系。这时，有关参数 $R_2^{jl}=P_2^{jl}(j,l=1,2,3,4)$代入 Δ_G 的表达式中，并注意 $P_2^{43}=0$，则可得

$$\begin{aligned}\Delta_G=&P_2^{33}P_2^{44}+\{2(P_2^{32}P_2^{44}-P_2^{34}P_2^{42})-\\&\frac{1}{2}[1-(1-4\mu_2+2\frac{h_1}{\delta}x)(1-4\mu_2-2\frac{h_1}{\delta}x)]P_2^{33}P_2^{41}-\\&(1-4\mu_2-2\frac{h_1}{\delta}x)P_2^{33}P_2^{42}-\\&(1-4\mu_2+2\frac{h_1}{\delta}x)(P_2^{31}P_2^{44}-P_2^{34}P_2^{41})\}e^{-2\frac{h_2}{\delta}x}+\\&(P_2^{31}P_2^{42}-P_2^{32}P_2^{41})e^{-4\frac{h_2}{\delta}x}\end{aligned}$$

若将参数 $P_2^{jl}(j,l=1,2,3,4)$表达式代入上式，并予以化简、合并，则可得

$$\Delta_G=-T_2V_2[(2\frac{h_2}{\delta}x)^2M_2e^{-2\frac{h_2}{\delta}x}-(1-L_2e^{-2\frac{h_2}{\delta}x})(1-M_2e^{-2\frac{h_2}{\delta}x})]$$

根据上中滑动、中下连续的三层弹性体系分析，参数 Δ_{3C}的表达式可以表示为下式：

$$\Delta_{3C}=(2\frac{H}{\delta}x)^2Me^{-2\frac{H}{\delta}x}-(1-Le^{-2\frac{H}{\delta}x})(1-Me^{-2\frac{H}{\delta}x})$$

当 $n=3$，$K_1=0$，$K_2=\infty$时，由于 $h_2=H$，$L_2=L$，$M_2=M$，所以，Δ_G 与 Δ_{3C}之间有如下关系：

$$\Delta_G=-T_2V_2\Delta_{3C}$$

当 $n=3$，$K_1=0$，$K_2=\infty$时，若将 $\Delta_G=-T_2V_2\Delta_{3C}$ 代入参数 I_G 表达式：

$$I_G=\frac{(1-\mu_1)m_1\Delta_G}{2(1-\mu_2)}$$

中，则可得

$$I_G=-T_2V_2\frac{(1-\mu_1)m_1\Delta_{3C}}{2(1-\mu_2)}$$

当 $n=3$，$K_1=0$，$K_2=\infty$时，在下列表达式：

$$\begin{aligned}J_G=&\frac{1}{8(1-\mu_2)}\Big\{[1-(1-\frac{\chi_1}{2})m_1]\Delta_G-4(1-\mu_2)[R_{n-1}^{33}R_{n-1}^{44}-R_{n-1}^{34}R_{n-1}^{43})+\\&\frac{1}{2}(R_{n-1}^{31}R_{n-1}^{43}-R_{n-1}^{33}R_{n-1}^{41})e^{-2\frac{h_2}{\delta}x}]\Big\}\end{aligned}$$

$$\begin{aligned}K_G=&\frac{1}{8(1-\mu_2)}\Big\{[1-(1+\frac{\chi_1}{2})m_1]\Delta_G-4(1-\mu_2)[\frac{1}{2}(R_{n-1}^{31}R_{n-1}^{43}-R_{n-1}^{33}R_{n-1}^{41})+\\&(R_{n-1}^{31}R_{n-1}^{42}-R_{n-1}^{32}R_{n-1}^{41})e^{-2\frac{h_2}{\delta}x}]e^{-2\frac{h_2}{\delta}x}\Big\}\end{aligned}$$

$$R_G=\frac{1}{2}[(R_{n-1}^{32}R_{n-1}^{43}-R_{n-1}^{33}R_{n-1}^{42})-\frac{1}{2}(1-4\mu_2+2\frac{h_1}{\delta}x)(R_{n-1}^{31}R_{n-1}^{43}-R_{n-1}^{33}R_{n-1}^{41})]e^{-2\frac{h_2}{\delta}x}-\frac{m_1\Delta_G\chi_1}{16(1-\mu_2)}$$

$$Q_G=\frac{1}{2}[(R_{n-1}^{31}R_{n-1}^{44}-R_{n-1}^{34}R_{n-1}^{41})+\frac{1}{2}(1-4\mu_2-2\frac{h_1}{\delta}x)(R_{n-1}^{31}R_{n-1}^{43}-R_{n-1}^{33}R_{n-1}^{41})]e^{-2\frac{h_2}{\delta}x}-\frac{m_1\Delta_G\chi_1}{16(1-\mu_2)}$$

中，若令

$$R_\chi=\frac{m_1\Delta_G\chi_1}{16(1-\mu_2)}$$

并注意 $R_2^{jl} = P_2^{jl}$ ($j = 3,4;l' = 1,2,3,4$) , $P_2^{43} = 0$,则可得

$$J_G = \frac{(1-m_1)\Delta_G}{8(1-\mu_2)} - \frac{1}{2}P_2^{33}P_2^{44} + \frac{1}{4}P_2^{33}P_2^{41}e^{-2\frac{h_2}{\delta}x} + R_\chi$$

$$K_G = \frac{(1-m_1)\Delta_G}{8(1-\mu_2)} + \frac{1}{4}P_2^{33}P_2^{41}e^{-2\frac{h_2}{\delta}x} - \frac{1}{2}(P_2^{31}P_2^{42} - P_2^{32}P_2^{41})e^{-4\frac{h_2}{\delta}x} - R_\chi$$

$$R_G = -\frac{1}{2}P_2^{33}P_2^{42}e^{-2\frac{h_2}{\delta}x} + \frac{1}{4}(1-4\mu_2+2\frac{h_1}{\delta}x)P_2^{33}P_2^{41}e^{-2\frac{h_2}{\delta}x} - R_\chi$$

$$Q_G = \frac{1}{2}(P_2^{31}P_2^{44} - R_2^{34}P_2^{41})e^{-2\frac{h_2}{\delta}x} - \frac{1}{4}(1-4\mu_2-2\frac{h_1}{\delta}x)P_2^{33}P_2^{41}e^{-2\frac{h_2}{\delta}x} - R_\chi$$

根据上述分析可知,当 $n = 3$, $K_1 = 0$, $K_2 = \infty$时,则有$\chi_1 = \infty$, $R_2^{jl} = P_2^{jl}$ ($j,l = 1,2,3,4$)。故系数 K_G、R_G、J_G 和 Q_G 均为无穷大,进而可知,系数 A_1^V 、B_1^V 、C_1^V 和 D_1^V 的表达式也均为 $\frac{\infty}{\infty}$ 不定形。这种不定形,除了可以采用罗比塔法则处理外,还可采用消去法解决这些系数表达式的不定形问题。由于系数公式比较冗长,篇幅有限,因此,我们采用系数的分母和分子先分别分析,待化简后,再综合分析。

由于 λ_G、$\bar{p}_1^V(x)$、$\bar{s}_1^V(x)$ 和 A_1^V、B_1^V、C_1^V、D_1^V 表达式都较复杂冗长,且这些表达式中,均包含有 J_G、K_G、R_G、Q_G,它们的系数表达式也复杂冗长。为了便于分析,我们先将所需分析的表达式加以简化,避免出现不必要的错误。为此,可令

$$P_{11} = \frac{(1-m_1)\Delta_G}{8(1-\mu_2)}, P_{12} = \frac{1}{2}P_2^{33}P_2^{44}, P_{13} = \frac{1}{4}P_2^{33}P_2^{41}e^{-2\frac{h_1}{\delta}x}$$

$$P_{21} = P_{11}, P_{22} = P_{13}, P_{23} = \frac{1}{2}(P_2^{31}P_2^{42} - P_2^{32}P_2^{41})e^{-4\frac{h_1}{\delta}x}$$

$$P_{31} = \frac{1}{2}P_2^{33}P_2^{42}e^{-2\frac{h_1}{\delta}x}$$

$$P_{32} = \frac{1}{4}(1-4\mu_2+2\frac{h_1}{\delta}x)P_2^{33}P_2^{41}e^{-2\frac{h_1}{\delta}x}$$

$$P_{41} = \frac{1}{2}(P_2^{31}P_2^{44} - P_2^{34}P_2^{41})e^{-2\frac{h_1}{\delta}x}$$

$$P_{42} = \frac{1}{4}(1-4\mu_2-2\frac{h_1}{\delta}x)P_2^{33}P_2^{41}e^{-2\frac{h_1}{\delta}x}$$

则 J_G、K_G、R_G 和 Q_G 的四个表达式式可改写为下式:

$$J_G = P_{11} - P_{12} + P_{13} + R_\chi$$
$$K_G = P_{11} + P_{13} - P_{23} - R_\chi$$
$$R_G = -P_{31} + P_{32} - R_\chi$$
$$Q_G = P_{41} - P_{42} - R_\chi$$

若将上述这些 J_G、K_G、R_G 和 Q_G关系式,代入 λ_G 表达式中的五个有关部分:

$$J_GK_G + R_GQ_G$$
$$I_GJ_G$$
$$I_G(I_G + J_G + K_G)$$
$$I_G(R_G + Q_G)$$
$$I_GK_G$$

则可得

$$J_GK_G + Q_GR_G = R_\chi\{\frac{1}{R_\chi}[(P_{11} - P_{12} + P_{13})(P_{11} + P_{13} - P_{23}) - (P_{41} - P_{42})(P_{31} - P_{32})] + (P_{12} - P_{23} + P_{31} - P_{32} - P_{41} + P_{42})\}$$

$$I_GJ_G = I_GR_\chi[\frac{1}{R_\chi}(P_{11} - P_{12} + P_{13}) + 1]$$

$$I_G(I_G + J_G + K_G) = I_G R_G[\frac{1}{R_\chi}(I_G + 2P_{11} - P_{12} + 2P_{13} - P_{23})]$$

$$R_G + Q_G = R_\chi[\frac{1}{R_\chi}(-P_{31} + P_{32} + P_{41} - P_{42}) - 2]$$

$$I_G K_G = I_G R_\chi[\frac{1}{R_\chi}(P_{11} + P_{13} - P_{23}) - 1]$$

若将下述表达式:

$$\lim_{R_\chi \to \infty} \frac{1}{R_\chi} = 0$$

代入上述五个表达式中,则可得

$$J_G K_G + Q_G R_G = R_\chi \times (P_{12} - P_{23} + P_{31} - P_{32} - P_{41} + P_{42})$$
$$I_G J_G = R_\chi \times I_G$$
$$I_G(I_G + J_G + K_G) = R_\chi \times 0$$
$$R_G + Q_G = R_\chi \times (-2)$$
$$I_G K_G = R_\chi \times (-I_G)$$

又将这些计算结果代入下式:

$$\lambda_G = -(J_G K_G + R_G Q_G + I_G J_G) + \{I_G(I_G + J_G + K_G) + 2\frac{h_1}{\delta}x I_G(R_G + Q_G) + 2[1 + 2(\frac{h_1}{\delta}x)^2](J_G K_G + R_G Q_G)\} e^{-2\frac{h_1}{\delta}x} - (J_G K_G + R_G Q_G + I_G K_G) e^{-4\frac{h_1}{\delta}x}$$

则可得

$$\lambda_G = -R_\chi \Big\{ (P_{12} - P_{23} + P_{31} - P_{32} - P_{41} + P_{42}) + I_G + \{4\frac{h_1}{\delta}x I_G - 2[1 + 2(\frac{h_1}{\delta}x)^2](P_{12} - P_{23} + P_{31} - P_{32} - P_{41} + P_{42})\} e^{-2\frac{h_1}{\delta}x} + [(P_{12} - P_{23} + P_{31} - P_{32} - P_{41} + P_{42}) - I_G] e^{-4\frac{h_1}{\delta}x} \Big\}$$

在上述表达式中,若将 $2(P_{12} - P_{23} + P_{31} - P_{32} - P_{41} - P_{42})$ 提到大花括号的外面,则可得

$$\lambda_G = -2(P_{12} - P_{23} + P_{31} - P_{32} - P_{41} + P_{42}) R_\chi \times \Big\{ [\frac{1}{2} + \frac{I_G}{2(P_{12} - P_{23} + P_{31} - P_{32} - P_{41} + P_{42})}] + \{4\frac{h_1}{\delta}x \frac{I_G}{2(P_{12} - P_{23} + P_{31} - P_{32} - P_{41} + P_{42})} - [1 + 2(\frac{h_1}{\delta}x)^2]\} e^{-2\frac{h_1}{\delta}x} + [\frac{1}{2} - \frac{I_G}{2(P_{12} - P_{23} + P_{31} - P_{32} - P_{41} + P_{42})}] e^{-4\frac{h_1}{\delta}x} \Big\}$$

若令

$$P_{00} = 2(P_{12} - P_{23} + P_{31} - P_{32} - P_{41} + P_{42})$$

则 λ_G 表达式还可以改写为下式:

$$\lambda_G = -R_\chi P_{00} \{ (\frac{1}{2} + \frac{I_G}{P_{00}}) + [4\frac{h_1}{\delta}x \times \frac{I_G}{P_{00}} - 1 - 2(\frac{h_1}{\delta}x)^2] e^{-2\frac{h_1}{\delta}x} - (\frac{1}{2} - \frac{I_G}{P_{00}}) e^{-4\frac{h_1}{\delta}x} \}$$

若将下列表达式:

$$P_{12} = \frac{1}{2} P_2^{33} P_2^{44}$$

$$P_{23} = \frac{1}{2}(P_2^{31}P_2^{42} - P_2^{32}P_2^{41})e^{-4\frac{h_1}{\delta}x}$$

$$P_{31} = \frac{1}{2}P_2^{33}P_2^{42}e^{-2\frac{h_1}{\delta}x}$$

$$P_{32} = \frac{1}{4}(1 - 4\mu_2 + 2\frac{h_1}{\delta}x)P_2^{33}P_2^{41}e^{-2\frac{h_1}{\delta}x}$$

$$P_{41} = \frac{1}{2}(P_2^{31}P_2^{44} - P_2^{34}P_2^{41})e^{-2\frac{h_1}{\delta}x}$$

$$P_{42} = \frac{1}{4}(1 - 4\mu_2 - 2\frac{h_1}{\delta}x)P_2^{33}P_2^{41}e^{-2\frac{h_1}{\delta}x}$$

代入 P_{00} 部分,则可得

$$P_{00} = P_2^{33}P_2^{44} + (P_2^{33}P_2^{42} - P_2^{31}P_2^{44} + P_2^{34}P_2^{41} - 2\frac{h_1}{\delta}xP_2^{33}P_2^{41})e^{-2\frac{h_1}{\delta}x} - (P_2^{31}P_2^{42} - P_2^{2}P_2^{41})e^{-4\frac{h_1}{\delta}x}$$

又将下列表达式:

$$P_2^{31} = (1 - 4\mu_3 - 2\frac{H_2}{\delta}x)M_2V_2$$

$$P_2^{32} = \frac{1}{2}[(1 - 4\mu_2 + 2\frac{H_2}{\delta}x)(1 - 4\mu_3 - 2\frac{H_2}{\delta}x)M_2V_2 - L_2T_2]$$

$$P_2^{33} = T_2$$

$$P_2^{34} = \frac{1}{2}[(1 - 4\mu_3 - 2\frac{H_2}{\delta}x)V_2 - (1 - 4\mu_2 - 2\frac{H_2}{\delta}x)T_2]$$

$$P_2^{41} = 2M_2V_2$$

$$P_2^{42} = (1 - 4\mu_2 + 2\frac{H_2}{\delta}x)M_2V_2$$

$$P_2^{44} = V_2$$

代入上式,则可得

$$P_{00} = T_2V_2(1 + 4\frac{h_2}{\delta}xM_2e^{-2\frac{h_2}{\delta}x} - L_2M_2e^{-4\frac{h_2}{\delta}x})$$

若将下述表达式:

$$I_G = -T_2V_2\frac{(1 - \mu_1)m_1\Delta_{3C}}{2(1 - \mu_2)}$$

代入 $\frac{I_G}{P_{00}}$ 部分,则可得

$$\frac{I_G}{P_{00}} = \{(1 - \mu_1)[-\frac{m_1\Delta_{3C}}{2(1 - \mu_2)(1 + 4\frac{h_2}{\delta}xM_2e^{-2\frac{h_2}{\delta}x} - L_2M_2e^{-4\frac{h_2}{\delta}x})}] + \frac{1}{2}\} - \frac{1}{2}$$

若令

$$n_F = -\frac{m_1\Delta_{3C}}{2(1 - \mu_2)(1 + 4\frac{h_2}{\delta}xM_2e^{-2\frac{h_2}{\delta}x} - L_2M_2e^{-4\frac{h_2}{\delta}x})}$$

$$k_F = (1 - \mu_1)n_F + \frac{1}{2}$$

则可得

$$\frac{I_G}{P_{00}} = \frac{1}{2}(2k_F - 1)$$

同理,则有

$$\frac{1}{2}+\frac{I_G}{P_{00}}=\frac{1}{2}+\frac{1}{2}(2k_F-1)=\frac{1}{2}+k_F-\frac{1}{2}=k_F$$

$$\frac{1}{2}-\frac{I_G}{P_{00}}=\frac{1}{2}-\frac{1}{2}(2k_F-1)=\frac{1}{2}-k_F+\frac{1}{2}=-(k_F-1)$$

若将上述这些计算结果代入系数 λ_G 表达式:

$$\lambda_G=-R_\chi P_{00}\{(\frac{1}{2}+\frac{I_G}{P_{00}})+[4\frac{h_1}{\delta}x\times\frac{I_G}{P_{00}}-1-2(\frac{h_1}{\delta}x)^2]e^{-2\frac{h_1}{\delta}x}-(\frac{1}{2}-\frac{I_G}{P_{00}})e^{-4\frac{h_1}{\delta}x}\}$$

中,则可得

$$\lambda_G=-P_{00}R_\chi\{k_F+[2\frac{h_1}{\delta}x(2k_F-1)-(1+2\frac{h_1^2}{\delta^2}x^2)]e^{-2\frac{h_1}{\delta}x}-(k_F-1)e^{-4\frac{h_1}{\delta}x}\}$$

再令

$$\Delta_F=k_F+[2\frac{h_1}{\delta}x(2k_F-1)-(1+2\frac{h_1^2}{\delta^2}x^2)]e^{-2\frac{h_1}{\delta}x}-(k_F-1)e^{-4\frac{h_1}{\delta}x}$$

则上式可改写为下式:

$$\lambda_G=-P_{00}R_\chi\Delta_F$$

同理,当 $n=3$, $K_1=0$, $K_2=\infty$时,则可得

$$\bar{p}_1(x)=2\left[-\frac{(1-\mu_1)m_1\Delta_{3C}}{2(1-\mu_2)(1+4\frac{h_1}{\delta}xM_2e^{-2\frac{h_2}{\delta}x}-L_2M_2e^{-4\frac{h_2}{\delta}x})}\right]\frac{e^{-2\frac{h_1}{\delta}x}}{\Delta_F}[(1+\frac{h_1}{\delta}x)-(1-\frac{h_1}{\delta}x)e^{-2\frac{h_1}{\delta}x}]$$

若将下述关系式:

$$n_F=-\frac{m_1\Delta_{3C}}{2(1-\mu_2)(1-4\frac{h_2}{\delta}xM_2e^{-2\frac{h_2}{\delta}x}-L_2M_2e^{-4\frac{h_2}{\delta}x})}$$

$$k_F=(1-\mu_1)n_F+\frac{1}{2}$$

代入上式第一个中括号中的部分:

$$-\frac{(1-\mu_1)m_1\Delta_{3C}}{2(1-\mu_2)(1+4\frac{h_1}{\delta}xM_2e^{-2\frac{h_2}{\delta}x}-L_2M_2e^{-4\frac{h_2}{\delta}x})}$$

则可得

$$-\frac{(1-\mu_1)m_1\Delta_{3C}}{2(1-\mu_2)(1+4\frac{h_1}{\delta}xM_2e^{-2\frac{h_2}{\delta}x}-L_2M_2e^{-4\frac{h_2}{\delta}x})}=k_F-\frac{1}{2}=\frac{1}{2}(2k_F-1)$$

若将这个表达式代入 $\bar{p}_1(x)$ 表达式,则有

$$\bar{p}_1(x)=\frac{1}{\Delta_F}(2k_F-1)[(1+\frac{h_1}{\delta}x)-(1-\frac{h_1}{\delta}x)e^{-2\frac{h_1}{\delta}x}]e^{-2\frac{h_1}{\delta}x}$$

式中,$\Delta_F=k_F+[2\frac{h_1}{\delta}x(2k_F-1)-(1+2\frac{h_1^2}{\delta^2}x^2)]e^{-2\frac{h_1}{\delta}x}-(k_F-1)e^{-4\frac{h_1}{\delta}x}$。

根据上中滑动、中下连续三层体系中的分析,$\bar{p}_1^V(x)$ 表达式可表示为如下:

$$\bar{p}_1(x)=\frac{1}{\Delta_{3F}}(2k_{3F}-1)[(1+\frac{h}{\delta}x)-(1-\frac{h}{\delta}x)e^{-2\frac{h}{\delta}x}]e^{-2\frac{h_1}{\delta}x}$$

当 $n=3$, $K_1=0$, $K_2=\infty$时,采用古德曼模型的三层体系与上中滑动、中下连续的三层体系之间的有关参数有如下关系:

$$h_1 = h, k_F = k_{3F}, \Delta_F = \Delta_{3F}$$

根据上述分析,当 $n = 3$, $K_1 = 0$, $K_2 = \infty$时,采用古德曼模型的三层体系与上中滑动、中下连续的三层体系两者的 $\bar{p}_1^V(x)$ 表达式完全相同。

当 $n = 3$, $K_1 = 0$, $K_2 = \infty$时,垂直反力 $\bar{s}_1^V(x)$ 的表达式可以表示为如下:

$$\bar{s}_1(x) = 0$$

根据上中滑动、中下连续的三层体系分析, $\bar{s}_1^V(x)$ 表达式也可表示为:

$$\bar{s}_1(x) = 0$$

因此,根据上述分析,当 $n = 3$, $K_1 = 0$, $K_2 = \infty$时,采用古德曼模型的三层体系与上中滑动、中下连续的三层体系两者的 $\bar{s}_1^V(x)$ 表达式完全相同,两者均等于零。

根据前面的分析,系数 A_1^V 的表达式为:

$$A_1^V = \frac{1}{2\lambda_G}\Big\{4\mu_1[R_GQ_G + (I_G + K_G)J_G] + [(1 - 4\mu_1 + 2\frac{h_1}{\delta}x)(1 - 2\frac{h_1}{\delta}x)(R_GQ_G + J_GK_G) - R_GQ_G - (I_G + J_G)(I_G + K_G) + (4\mu_1 - 4\frac{h_1}{\delta}x)I_GQ_G + (1 - 2\frac{h_1}{\delta}x)I_G(R_G - Q_G)]e^{-2\frac{h_1}{\delta}x}\Big\}$$

为了便于计算,上式还可以改写为下式:

$$A_1^V = \frac{1}{2\lambda_G}\{4\mu_1[(J_GK_G + R_GQ_G) + I_GJ_G] + [(1 - 4\mu_1 + 2\frac{h_1}{\delta}x)(1 - 2\frac{h_1}{\delta}x)(J_GK_G + R_GQ_G) - (J_GK_G + R_GQ_G) - I_G(I_G + J_G + K_G) + (4\mu_1 - 4\frac{h_1}{\delta}x)I_GQ_G + (1 - 2\frac{h_1}{\delta}x)I_G(R_G - Q_G)]e^{-2\frac{h_1}{\delta}x}\}$$

若将下述表达式:

$$J_GK_G + Q_GR_G = R_\chi \times (P_{12} - P_{23} + P_{31} - P_{32} - P_{41} + P_{42})$$

$$I_GJ_G = R_\chi \times I_G$$

$$I_G(I_G + J_G + K_G) = R_\chi \times 0$$

$$I_GQ_G = R_Z \times (-I_G)$$

$$I_G(RG - Q_G) = R_Z \times 0$$

代入 A_1^V 表达式的花括号中,并将公共因子 R_χ 提到其外部。在运算过程中,应注意下述表达式:

$$P_{00} = 2(P_{12} - P_{23} + P_{31} - P_{32} - P_{41} + P_{42})$$

则可得

$$A_1^V = \frac{R_\chi P_{00}}{2\lambda_G}\{2\mu_1(1 + \frac{2I_G}{P_{00}}) + [\frac{1}{2}(1 - 4\mu_1 + 2\frac{h_1}{\delta}x)(1 - 2\frac{h_1}{\delta}x) - \frac{1}{2} - 2(2\mu_1 - 2\frac{h_1}{\delta}x)\frac{I_G}{P_{00}}]e^{-2\frac{h_1}{\delta}x}\}$$

根据前面的分析, $\frac{I_G}{P_{00}}$ 和 λ_G 的表达式可表示为如下:

$$\frac{I_G}{P_{00}} = \frac{I_G}{2(P_{12} - P_{23} + P_{31} - P_{32} - P_{41} + P_{42})} = \frac{1}{2}(2k_F - 1)$$

$$\lambda_G = -P_{00}R_\chi\Delta_F$$

若将上述两个计算结果代入系数 A_1^V 的表达式,则可得

$$A_1^V = -\frac{1}{\Delta_F}\{2\mu_1 k_F - [\frac{h_1}{\delta}x(1-2\mu_1+\frac{h_1}{\delta}x-k_F)+(2\mu_1-\frac{h_1}{\delta}x)k_F]e^{-2\frac{h_1}{\delta}x}\}$$

根据上中滑动、中下连续的三层体系分析，A_1^V 表达式可表示为如下：

$$A_1^V = -\frac{1}{\Delta_{3F}}\{2\mu_1 k_{3F} - [k_{3F}(2\mu_1-\frac{h}{\delta}x)+\frac{h}{\delta}x(1-2\mu_1+\frac{h}{\delta}x-k_{3F})]e^{-2\frac{h}{\delta}x}\}$$

由于 $h_1=h, k_{3F}=k_F, \Delta_{3F}=\Delta_F$，因此，当 $n=3$，$K_1=0$，$K_2=\infty$时，采用古德曼模型的三层体系与上中滑动、中下连续的三层体系两者的 A_1^V 表达式完全相同。

同理，当 $n=3$，$K_1=0$，$K_2=\infty$时，则可得到 B_1^V、C_1^V、D_1^V 系数表达式如下：

$$B_1^V = -\frac{1}{\Delta_F}[k_F-(k_F-\frac{h_1}{\delta}x)e^{-2\frac{h_1}{\delta}x}]$$

$$C_1^V = \frac{e^{-2\frac{h_1}{\delta}x}}{\Delta_F}[(2\mu_1+\frac{h_1}{\delta}x)(k_F-1)-\frac{h_1}{\delta}x(2\mu_1+\frac{h_1}{\delta}x-k_F)-2\mu_1(k_F-1)e^{-2\frac{h_1}{\delta}x}]$$

$$D_1^V = -\frac{e^{-2\frac{h_1}{\delta}x}}{\Delta_F}[(k_F-1-\frac{h_1}{\delta}x)-(k_F-1)e^{-2\frac{h_1}{\delta}x}]$$

根据上中滑动、中下连续的三层体系分析，B_1^V、C_1^V、D_1^V 表达式可表示为：

$$B_1^V = -\frac{1}{\Delta_{3F}}[k_{3F}-(k_{3F}-\frac{h}{\delta}x)e^{-2\frac{h}{\delta}x}]$$

$$C_1^V = \frac{e^{-2\frac{h}{\delta}x}}{\Delta_{3F}}[(2\mu_1+\frac{h}{\delta}x)(k_{3F}-1)-\frac{h}{\delta}x(2\mu_1+\frac{h}{\delta}x-k_{3F})-2\mu_1(k_{3F}-1)e^{-2\frac{h}{\delta}x}]$$

$$D_1^V = -\frac{e^{-2\frac{h}{\delta}x}}{\Delta_{3F}}[(k_{3F}-1-\frac{h}{\delta}x)-(k_{3F}-1)e^{-2\frac{h}{\delta}x}]$$

由于 $h_1=h$，$k_{3F}=k_F, \Delta_{3F}=\Delta_F$，因此，当 $n=3$，$K_1=0$，$K_2=\infty$时，采用古德曼模型的三层体系与上中滑动、中下连续的三层体系两者的系数 A_1^V、B_1^V、C_1^V、D_1^V 的表达式完全相同。

当 $n=3$，$K_1=0$，$K_2=\infty$时，若将如下表达式：

$$\bar{s}_1(x)=0$$

$$R_2^{jl}=P_2^{jl}\quad(j=3,4;l=2,3,4)$$

代入系数 A_2^V 的表达式：

$$A_2^V = -\frac{\bar{p}_1(x)e^{2\frac{h_1}{\delta}x}}{\Delta_G}\{[(R_{n-1}^{32}R_{n-1}^{44}-R_{n-1}^{34}R_{n-1}^{42})-(2\mu_2+\frac{h_1}{\delta}x)(R_{n-1}^{32}R_{n-1}^{43}-R_{n-1}^{33}R_{n-1}^{42})]e^{-2\frac{h_2}{\delta}x}+$$

$$(2\mu_2-\frac{h_1}{\delta}x)(R_{n-1}^{33}R_{n-1}^{44}-R_{n-1}^{34}R_{n-1}^{43})\}-\frac{\bar{s}_1(x)e^{2\frac{h_1}{\delta}x}}{\Delta_G}\{[(R_{n-1}^{32}R_{n-1}^{44}-R_{n-1}^{34}R_{n-1}^{42})+$$

$$(1-2\mu_2-\frac{h_1}{\delta}x)(R_{n-1}^{32}R_{n-1}^{43}-R_{n-1}^{33}R_{n-1}^{42})]e^{-2\frac{h_2}{\delta}x}+(1-2\mu_2+\frac{h_1}{\delta}x)(R_{n-1}^{33}R_{n-1}^{44}-R_{n-1}^{34}R_{n-1}^{43})\}$$

中，并注意 $P_2^{43}=0$，则可得

$$A_2^V = -\frac{\bar{p}_1(x)e^{-2\frac{h_1}{\delta}x}}{\Delta_G}\{[(P_2^{32}P_2^{44}-P_2^{34}P_2^{42})+(2\mu_2+\frac{h_1}{\delta}x)P_2^{33}P_2^{42}]e^{-2\frac{h_2}{\delta}x}+(2\mu_2-\frac{h_1}{\delta}x)P_2^{33}P_2^{44}\}$$

$$= -\frac{\bar{p}_1(x)e^{-2\frac{h_1}{\delta}x}}{\Delta_G}\{[(P_2^{32}P_2^{44}-P_2^{34}P_2^{42})+(2\mu_2+\frac{h_1}{\delta}x)P_2^{33}P_2^{42}]e^{-2\frac{h_2}{\delta}x}+(2\mu_2-\frac{h_1}{\delta}x)P_2^{33}P_2^{44}\}$$

若将下述表达式：

$$P_2^{32} = \frac{1}{2}[(1-4\mu_2+2\frac{H_2}{\delta}x)(1-4\mu_3-2\frac{H_2}{\delta}x)M_2V_2-T_2L_2]$$

$$P_2^{33} = T_2$$

$$P_2^{34} = \frac{1}{2}[(1-4\mu_3-2\frac{H_2}{\delta}x)V_2-(1-4\mu_2-2\frac{H_2}{\delta}x)T_2]$$

$$P_2^{42} = (1-4\mu_2+2\frac{H_2}{\delta}x)M_2V_2$$

$$P_2^{44} = V_2$$

代入系数 A_2^V 的表达式中，则可得

$$A_2^V = -\frac{T_2V_2\bar{p}_1^V(x)e^{2\frac{h_1}{\delta}x}}{\Delta_G}\{\frac{1}{2}[-L_2+(1-2\frac{h_2}{\delta}x)(1-4\mu_2+2\frac{H_2}{\delta}x)M_2]e^{-2\frac{h_2}{\delta}x}+(2\mu_2-\frac{h_1}{\delta}x)\}$$

又将下述关系式：

$$\Delta_G = -T_2V_2\Delta_{3C}$$

代入上式，则可得

$$A_2^V = \frac{\bar{p}_1(x)e^{2\frac{h_1}{\delta}x}}{2\Delta_{3C}}\{[(1-2\frac{h_2}{\delta}x)\times(1-4\mu_2+2\frac{H_2}{\delta}x)M_2-L_2]e^{-2\frac{h_2}{\delta}x}+2(2\mu_2-\frac{h_1}{\delta}x)\}$$

当 $n=3$，$K_1=0$，$K_2=\infty$时，由于 $h=h_1$，$H=h_2$，$H+h=H_2=h_1+h_2$，$L=L_2$，$M=M_2$，所以古德曼模型多层弹性体系第二层系数 A_2^V 的表达式完全同于上中滑动、中下连续三层弹性体系第二层系数 A_2^V 的表达式：

$$A_2^V = \frac{\bar{p}_1(x)e^{2\frac{h}{\delta}x}}{2\Delta_{3C}}\{[(1-2\frac{H}{\delta}x)(1-4\mu_2+2\frac{h+H}{\delta}x)M-L]e^{-2\frac{h}{\delta}x}+2(2\mu_2-\frac{h}{\delta}x)\}$$

同理，当 $n=3$，$K_1=0$，$K_2=\infty$时，B_2^V、C_2^V、D_2^V 的表达式可表示为如下：

$$B_2^V = -\frac{\bar{p}_1(x)}{\Delta_{3C}}[(1-2\frac{h_2}{\delta}x)M_2e^{-2\frac{h_2}{\delta}x}-1]e^{2\frac{h_1}{\delta}x}$$

$$C_2^V = -\frac{\bar{p}_1(x)}{2\Delta_{3C}}\{2(2\mu_2+\frac{h_2}{\delta}x)L_2M_2e^{-2\frac{h_2}{\delta}x}+[(1-4\mu_2-2\frac{H_2}{\delta}x)(1+2\frac{h_2}{\delta}x)M_2-L_2]\}e^{-2\frac{h_2}{\delta}x}$$

$$D_2^V = \frac{\bar{p}_1(x)M_2}{\Delta_{3C}}[L_2e^{-2\frac{h_2}{\delta}x}-(1+2\frac{h_2}{\delta}x)]e^{-2\frac{h_2}{\delta}x}$$

当 $n=3$，$K_1=0$，$K_2=\infty$时，由于 $h_1=h$，$h_2=H$，$h_1+h_2=H_2=h+H$，$L_2=L$，$M_2=M$，所以古德曼模型多层弹性体系第二层系数 B_2^V、C_2^V、D_2^V 的表达式完全同于上中滑动、中下连续三层弹性体系第二层系数 B_2^V、C_2^V、D_2^V 的表达式：

$$B_2^V = -\frac{\bar{p}_1(x)e^{2\frac{h}{\delta}x}}{\Delta_{3C}}[(1-2\frac{H}{\delta}x)Me^{-2\frac{H}{\delta}x}-1]$$

$$C_2^V = -\frac{\bar{p}_1(x)e^{-2\frac{H}{\delta}x}}{2\Delta_{3C}}[2(2\mu_2+\frac{h}{\delta}x)LMe^{-2\frac{H}{\delta}x}+(1+2\frac{H}{\delta}x)(1-4\mu_2-2\frac{h+H}{\delta}x)M-L]$$

$$D_2^V = \frac{\bar{p}_1(x)Me^{-2\frac{H}{\delta}x}}{\Delta_{3C}}[Le^{-2\frac{H}{\delta}x}-(1+2\frac{H}{\delta}x)]$$

根据前面的分析,当 $n=3$ 时,系数 A_3^V 表达式可表示为如下:

$$A_3^V=(P_2^{11}e^{-2\frac{H_k}{\delta}x}A_2^V+P_2^{12}e^{-2\frac{H_2}{\delta}x}B_2^V+P_2^{13}C_2^V+P_2^{14}D_2^V)e^{2\frac{H_2}{\delta}x}$$

为了方便分析,系数 A_3^V 表达式可改写为下式:

$$A_3^V=P_2^{11}A_2^V+P_2^{12}B_2^V+P_2^{13}e^{2\frac{H_2}{\delta}x}C_2^V+P_2^{14}e^{2\frac{H_2}{\delta}x}D_2^V$$

若将第二层 A_2^V、B_2^V、C_2^V、D_2^V 系数表达式,以及 $P_2^{jl}(j,l=1,2,3,4)$ 表达式,$\Delta_G=-T_2V_2\Delta_{3C}$ 代入上式,则可得

$$A_3^V=-\frac{\bar{p}_1(x)e^{2\frac{h_1}{\delta}x}}{\Delta_G}\{[(P_2^{11}P_2^{32}P_2^{44}-P_2^{11}P_2^{34}P_2^{42})+(2\mu_2+\frac{h_1}{\delta}x)P_2^{11}P_2^{33}P_2^{42}]e^{-2\frac{h_2}{\delta}x}+(2\mu_2-\frac{h_1}{\delta}x)P_{11}P_2^{33}P_2^{44}\}-$$
$$\frac{\bar{p}_1(x)e^{2\frac{h_1}{\delta}x}}{\Delta_G}\{P_2^{12}P_2^{33}P_2^{44}-[(2\mu_2+\frac{h_1}{\delta}x)P_2^{12}P_2^{33}P_2^{41}+(P_2^{12}P_2^{31}P_2^{44}-P_2^{12}P_2^{34}P_2^{41})]e^{-2\frac{h_2}{\delta}x}\}+$$
$$\frac{\bar{p}_1(x)e^{-2\frac{h_2}{\delta}x}}{\Delta_G}[(P_2^{13}P_2^{32}P_2^{44}-P_2^{13}P_2^{34}P_2^{42})+(2\mu_2-\frac{h_1}{\delta}x)(P_2^{13}P_2^{31}P_2^{44}-P_2^{13}P_2^{34}P_2^{41})+$$
$$(2\mu_2+\frac{h_1}{\delta}x)(P_2^{13}P_2^{31}P_2^{42}-P_2^{13}P_2^{32}P_2^{41})e^{-2\frac{h_2}{\delta}x}]+$$
$$\frac{\bar{p}_1(x)e^{-2\frac{h_2}{\delta}x}}{\Delta_G}[P_2^{14}P_2^{33}P_2^{42}+(2\mu_2-\frac{h_1}{\delta}x)P_2^{14}P_2^{33}P_2^{41}-(P_2^{14}P_2^{31}P_2^{42}-P_2^{14}P_2^{32}P_2^{41})e^{-2\frac{h_2}{\delta}x}]$$

又将 $P_2^{jl}(j,l=1,2,3,4)$ 表达式,$\Delta_G=-T_2V_2\Delta_{3C}$ 代入上式,并予以化简、合并,则可得

$$A_3^V=\frac{\bar{p}_1(x)e^{2\frac{h_1}{\delta}x}}{2\Delta_{3C}}\{[-L_2T_2+L_2^2M_2T_2+(1-2\frac{h_2}{\delta}x)(1-4\mu_3+2\frac{H_2}{\delta}x)M_2V_2-$$
$$(1-2\frac{h_2}{\delta}x)(1-4\mu_3+2\frac{H_2}{\delta}x)L_2M_2^2V_2]e^{-2\frac{h_2}{\delta}x}+$$
$$(1+2\frac{h_2}{\delta}x)T_2-(1+2\frac{h_2}{\delta}x)L_2M_2T_2-(1-4\mu_3+2\frac{H_2}{\delta}x)V_2+(1-4\mu_3+2\frac{H_2}{\delta}x)L_2M_2V_2\}$$

上式加以重新整理、化简,则可得

$$A_3^V=\frac{\bar{p}_1^V(x)e^{2\frac{h_1}{\delta}x}}{2\Delta_{3C}}\{[L_2M_2(L_2T_2+V_2)-L_2(M_2V_2+T_2)-$$
$$(1-2\frac{h_2}{\delta}x)(1-4\mu_3+2\frac{H_2}{\delta}x)L_2M_2(M_2V_2+T_2)+$$
$$(1-2\frac{h_2}{\delta}x)(1-4\mu_3+2\frac{H_2}{\delta}x)M_2(L_2T_2+V_2)]e^{-2\frac{h_2}{\delta}x}-$$
$$(1+2\frac{h_2}{\delta}x)M_2(L_2T_2+V_2)+(1+2\frac{h_2}{\delta}x)(M_2V_2+T_2)+$$
$$(1-4\mu_3+2\frac{H_2}{\delta}x)L_2(M_2V_2+T_2)-$$
$$(1-4\mu_3+2\frac{H_2}{\delta}x)(L_2T_2+V_2)\}$$

又将下列表达式:

$$M_2V_2+T_2=1$$
$$L_2+V_2=1$$

代入上式，则可得

$$A_3^V = -\frac{\overline{p}_1^V(x)e^{2\frac{h_1}{\delta}x}}{2\Delta_{3C}}\{[L_2(1-M_2)-(1-2\frac{h_2}{\delta}x)(1-4\mu_3+2\frac{h_1+h_2}{\delta}x)M_2(1-L_2)]e^{-2\frac{h_2}{\delta}x}-$$
$$[(1+2\frac{h_2}{\delta}x)(1-M_2)-(1-4\mu_3+2\frac{h_1+h_2}{\delta}x)(1-L_21]\}$$

当 $n=3$，$K_1=0$，$K_2=\infty$时，由于 $h_1=h$，$h_2=H$，$h_1+h_2=H_2=h+H$，$L_2=L$，$M_2=M$，所以古德曼模型多层弹性体系第三层系数 A_3^V 的表达式完全同于上中滑动、中下连续三层弹性体系第三层系数 A_3^V 的表达式：

$$A_3^V = -\frac{\overline{p}_1(x)e^{2\frac{h}{\delta}x}}{2\Delta_{3C}}\{[(1-M)L-(1-2\frac{H}{\delta}x)(1-4\mu_3+2\frac{h+H}{\delta}x)(1-L)M]\mathrm{e}^{-2\frac{H}{\delta}x}-$$
$$[(1+2\frac{H}{\delta}x)(1-M)-(1-4\mu_3+2\frac{h+H}{\delta}x)(1-L)]\}$$

同理，当 $n=3$，$K_1=0$，$K_2=\infty$时，则可得

$$B_3^V = \frac{\overline{p}_1(x)(L_2-1)e^{2\frac{h_1}{\delta}x}}{\Delta_{3C}}[(1-2\frac{h_2}{\delta}x)M_2e^{-2\frac{h_2}{\delta}x}-1]$$

$$C_3^V = D_3^V = 0$$

当 $n=3$，$K_1=0$，$K_2=\infty$时，由于 $h_1=h$，$h_2=H$，$L_2=L$，$M_2=M$，所以，古德曼模型多层弹性体系第三层系数 B_3^V 的表达式完全同于上中滑动、中下连续三层弹性体系第三层系数 B_3^V 的表达式：

$$B_3^V = \frac{\overline{p}_1(x)(L-1)e^{2\frac{h_1}{\delta}x}}{\Delta_{3C}}[(1-2\frac{H}{\delta}x)Me^{-2\frac{H}{\delta}x}-1]$$

$$C_3^V = D_3^V = 0$$

从上面分析可以看出，当 $n=3$，$K_1=0$，$K_2=\infty$时，第三层系数 A_3^V、B_3^V、C_3^V 和 D_3^V 表达式，可以在 $n=3$，$K_1=K_2=\infty$时的第三层系数 A_3^V、B_3^V、C_3^V 和 D_3^V 表达式中，令 $\overline{s}_1^V(x)=0$ 而得。

经过 $n=3$，$K_1=K_2=\infty$和 $n=3$，$K_1=0$，$K_2=\infty$两种情况（即三层弹性连续体系和上中滑动、中下连续的弹性体系）的检验，采用古德曼模型的多层弹性体系系数表达式完全正确无误。

10.4　多层弹性体系的反力递推法

反力递推法采用材料力学中的截面法，将多层弹性体系（图 10-1）中第 i 层沿着上、下两层的接触面切开，形成脱离体，如图 10-3 所示。

该脱离体的结构参数分别为 h_i、E_i、μ_i，未知系数为 A_i^V、B_i^V、C_i^V、D_i^V，坐标原点至该结构层上表面的距离为 H_{i-1}，至下底面为 H_i。在脱离体上表面处作用有垂直荷载 $p_{i-1}(r)$、水平荷载 $s_{i-1}(r)$，下底面处有 $p_i(r)$、$s_i(r)$ 作用。除第一层上表面（即 $z=0$）的荷载已知外，其余均为未知反力。应当指出，在第一层上面层处的已知荷载为 $p(r)$，$s_0(r)=0$。而第 n 层为弹性半空间体，其下底面的垂直距离无穷大，故 $h_n=\infty$，$p_n(r)=s_n(r)=0$。所谓“反力递推法”，就是利用层间接触条件来寻求反力 $p_i(r)$、$s_i(r)$ 与 $p_{i-1}(r)$、$s_{i-1}(r)$ 之间的递推关系。进而求出系数 A_i^V、B_i^V、C_i^V、D_i^V 表达式。

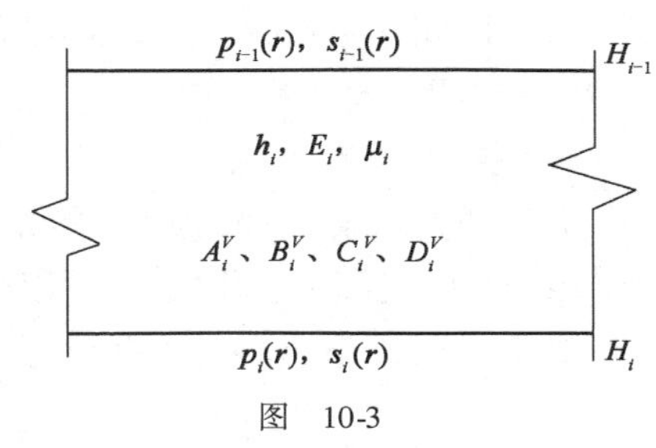

图　10-3

当初,吴晋伟高级工程师根据苏斯威尔的位移函数法,分析多层弹性体系应力与位移分量解析表达式,求得层间反力的递推关系。但是,苏斯威尔位移函数法只能求解层状弹性体系的轴对称课题,目前,尚无法向非轴对称课题推广。为了解决这一矛盾,本节根据反力递推法的解题思路,利用洛甫的位移函数法,求其层间反力递推关系。这样,就可以向非轴对称课题推广。

根据式(6-1-1),圆形轴对称垂直荷载的 $J(m)$ 表达式可用下式表示:

$$\bar{p}(x) = \frac{p\delta}{\xi}J(m)$$

式中,$J(m) = \frac{2^{m-1}\Gamma(m+1)}{x^{m-1}}J_m(x)$。

本节中,我们只研究圆形均布垂直荷载下层状弹性体系的反力递推法,对于其他轴对称垂直荷载,可按本节的方法进行分析。对于圆形均布垂直荷载的亨格尔积分变换,可将荷载系数 $m=1$ 代入上式,则可得

$$J(1) = J_1(x)$$

若将 $J(1)=J_1(x)$ 代入式(6-1-1),则可得圆形均布垂直荷载作用下层状弹性体系内任意点的应力与位移分量表达式如下:

$$\begin{cases}\sigma_{r_i}^V = -p\left\{\int_0^\infty \{[A_i^V - (1+2\mu_i - \frac{z}{\delta}x)B_i^V]e^{-\frac{z}{\delta}x} - [C_i^V + (1+2\mu_i + \frac{z}{\delta}x)D_i^V]e^{\frac{z}{\delta}x}\} \times \right. \\ \qquad \left. J_1(x)J_0(\frac{r}{\delta}x)\mathrm{d}x - \frac{\delta}{r}U_i^V\right\} \\ \sigma_{\theta_i}^V = p[2\mu_i\int_0^\infty (B_i^V e^{-\frac{z}{\delta}x} + D_i^V e^{\frac{z}{\delta}x})J_1(x)J_0(\frac{r}{\delta}x)\mathrm{d}x - \frac{\delta}{r}U_i^V] \\ \sigma_{z_i}^V = p\int_0^\infty \{[A_i^V + (1-2\mu_i + \frac{z}{\delta}x)B_i^V]e^{-\frac{z}{\beta}x} - [C_i^V - (1-2\mu_i - \frac{z}{\delta}x)D_i^V]e^{\frac{z}{\delta}x}\} \times J_1(x)J_0(\frac{r}{\beta}x)\mathrm{d}x \\ \tau_{zr_i}^V = p\int_0^\infty \{[A_i^V - (2\mu_i - \frac{z}{\delta}x)B_i^V]e^{-\frac{z}{\delta}x} + [C_i^V + (2\mu_i + \frac{z}{\delta}x)D_i^V]e^{\frac{z}{x}x}\} \times J_1(x)J_1(\frac{r}{\delta}x)\mathrm{d}x \\ u_i^V = -\frac{(1+\mu_i)p\delta}{E_i}U_i^V \\ w_i^V = -\frac{(1+\mu_1)p\delta}{E_i}\int_0^\infty \{[A_i^V + (2-4\mu_i + \frac{z}{\delta}x)B_i^V]e^{-\frac{z}{\delta}x} + [C_i^V - (2-4\mu_i - \frac{z}{\delta}x)D_i^V]e^{\frac{z}{\delta}x}\}J_1(x)J_0(\frac{r}{\delta}x)\frac{\mathrm{d}x}{x}\end{cases} \tag{10-4-1}$$

式中,$U_i^V = \int_0^\infty \{[A_i^v - (1-\frac{z}{\delta}x)B_i^v]e^{-\frac{z}{\delta}x} - [C_i^V + (1+\frac{z}{\delta}x)D_i^V]e^{\frac{z}{\delta}x}\}J_1(x)J_1(\frac{r}{\delta}x)\frac{\mathrm{d}x}{x}$。

对于层间接触条件,本节将分析如下两种求解条件:

(1)层间完全连续;

(2)层间完全滑动。

上述两类求解条件的详尽情况参阅1.6的介绍。

由第 i 层脱离体(图10-3)可以列出如下四个方程式:

对于 $i=1,2,3,4,\cdots,n$,并注意 $p_0(r)=p(r)$,$s_0(r)=0$,则有

$$\sigma_{z_i}^V\big|_{z=H_{i-1}} = -p_{i-1}(r)$$

$$\tau_{zr_i}^V\big|_{z=H_{i-1}} = -s_{i-1}(r)$$

$$\sigma_{z_i}^V\big|_{z=H_i} = -p_i(r)$$

$$\tau_{zr_i}^V \big|_{z=H_i} = -s_i(r)$$

将式(10-4-1)中的 σ_z、τ_{zr} 表达式：

$$\sigma_{z_i}^V = p\int_0^\infty \{[A_i^V + (1-2\mu_i + \frac{z}{\delta}x)B_i^V]e^{-\frac{z}{\beta}x} - [C_i^V - (1-2\mu_i - \frac{z}{\delta}x)D_i^V]e^{\frac{z}{\delta}x}\}J_1(x)J_0(\frac{r}{\beta}x)\mathrm{d}x$$

$$\tau_{zr_i}^V = p\int_0^\infty \{[A_i^V - (2\mu_i - \frac{z}{\delta}x)B_i^V]e^{-\frac{z}{\delta}x} + [C_i^V + (2\mu_i + \frac{z}{\delta}x)D_i^V]e^{\frac{z}{x}x}\}J_1(x)J_1(\frac{r}{\delta}x)\mathrm{d}x$$

代入上述四式，并对其施加亨格尔积分变换，则可得如下四式：

$$[A_i^V + (1-2\mu_i + \frac{H_{i-1}}{\delta}x)B_i^V]e^{-2\frac{H_{i-1}}{\delta}}x - C_i^V + (1-2\mu_i - \frac{H_{i-1}}{\delta}x)D_i^V = -\bar{p}_{i-1}^V(x)e^{-\frac{H_{i-1}}{\delta}x} \quad (1)$$

$$[A_i^V - (2\mu_i - \frac{H_{i-1}}{\delta}x)B_i^V]e^{-2\frac{H_{i-1}}{\delta}x} + C_i^V + (2\mu_i + \frac{H_{i-1}}{\delta}x)D_i^V = -\bar{s}_{i-1}^V(x)e^{-\frac{H_{i-1}}{\delta}x} \quad (2)$$

$$[A_i^V + (1-2\mu_i + \frac{H_i}{\delta}x)B_i^V]e^{-2\frac{H_i}{\delta}x} - C_i^V + (1-2\mu_i - \frac{H_i}{\delta}x)D_i^V = -\bar{p}_i^V(x)e^{-\frac{H_i}{\delta}x} \quad (3)$$

$$[A_i^V - (2\mu_i - \frac{H_i}{\delta}x)B_i^V]e^{-2\frac{H_i}{\delta}x} + C_i^V + (2\mu_i + \frac{H_i}{\delta}x)D_i^V = -s_i^V(x)e^{-\frac{H_i}{\delta}x} \quad (4)$$

式中：H_{i-1}——累计厚度(cm)，对于 $k=0,1,2,\cdots,n$，累计厚度可以计算如下：

$$H_k = \begin{cases} 0 & (k=0) \\ \sum_{j=1}^{k} h_j & (1 \leqslant k \leqslant n-1) \\ \infty & (k=n) \end{cases}$$

$$\bar{p}_0(x) = 1$$

$$\bar{s}_0(x) = 0$$

式(1)与式(2)相加、相减，则可得如下两式：

$$[2A_i^V + (1-4\mu_i + 2\frac{H_{i-1}}{\delta}x)B_i^V]e^{-2\frac{H_{i-1}}{\delta}x} + D_i^V = -[\bar{p}_{i-1}(x) + \bar{s}_{i-1}(x)]e^{-\frac{H_{i-1}}{\delta}x} \quad (5)$$

$$B_i^V e^{-2\frac{H_{i-1}}{\delta}x} - 2C_i^V + (1-4\mu_i - 2\frac{H_{i-1}}{\delta}x)D_i^V = -[\bar{p}_{i-1}(x) - \bar{s}_{i-1}(x)]e^{-\frac{H_{i-1}}{\delta}x} \quad (6)$$

式(3)与式(4)相加、相减，则可得如下两式：

$$[2A_i^V + (1-4\mu_i + 2\frac{H_i}{\delta}x)B_i^V]e^{-2\frac{H_i}{\delta}x} + D_i^V = -[\bar{p}_i^V(x) + \bar{s}_i^V(x)]e^{-\frac{H_i}{\delta}x} \quad (7)$$

$$B_i^V e^{-2\frac{H_i}{\delta}x} - 2C_i^V + (1-4\mu_i - 2\frac{H_i}{\delta}x)D_i^V = -[\bar{p}_i(x) - \bar{s}_i(x)]e^{-\frac{H_i}{\delta}x} \quad (8)$$

式(6)与式(8)相减，并注意 $h_i = H_i - H_{i-1}$，则可得如下表达式：

$$(1 - e^{-2\frac{h_i}{\Delta}x})B_i^V e^{-2\frac{H_{i-1}}{\delta}x} + 2\frac{h_i}{\delta}xD_i^V = \{[\bar{p}_i(x)_i^V(x)]e^{-\frac{h}{\delta}x_i} - [\bar{p}_{i-1}(x) - \bar{s}_{i-1}(x)]\}e^{-\frac{H_{i-1}}{\delta}x} \quad (9)$$

式(7)与式(5)乘以因子 $e^{-2\frac{h_i}{\delta}x}$ 后相减，则可得如下表达式：

$$2\frac{h_i}{\delta}xB_i^V e^{-2\frac{H}{\delta}x_i} + (1 - e^{-2\frac{h_i}{\delta}x})D_i^V = -\{[\bar{p}_i(x) + \bar{s}_i(x)] - [\bar{p}_{i-1}(x) + \bar{s}_{i-1}(x)]e^{-\frac{h_i}{\delta}x}\}e^{-\frac{H_i}{\delta}x} \quad (10)$$

为了便于计算，我们令

$$P_1 = \bar{p}_i(x)$$

$$P_2 = \bar{s}_i(x)$$

$$P_3 = \bar{p}_{i-1}(x)$$

$$P_4 = \bar{s}_{i-1}(x)$$

那么，式(9)与式(10)可改写如下：

$$(1-e^{-2\frac{h_i}{\delta}x})B_i^V e^{-2\frac{H_{i-1}}{\delta}x}+2\frac{h_i}{\delta}xD_i^V=(P_1e^{-\frac{h_1}{\delta}x}-P_2e^{-\frac{h_i}{\delta}x}-P_3+P_4)e^{-\frac{H_{i-1}}{\delta}x}$$

$$2\frac{h_i}{\delta}xB_i^V e^{-2\frac{h_i}{\delta}x}+(1-e^{-2\frac{h_i}{\delta}x})D_i^V=-(P_1+P_2-P_3e^{-\frac{h_i}{\delta}x}-P_4e^{-\frac{h_i}{\delta}x})e^{-\frac{H_i}{\delta}x}$$

若采用行列式理论中的克莱姆法则,求解上述联立方程组,则其分母行列式可表示如下:

$$D_e=\begin{vmatrix}(1-e^{-2\frac{h_i}{\delta}x})e^{-2\frac{H_{i-1}}{\delta}x} & 2\frac{h_i}{\delta}x\\ 2\frac{h_i}{\delta}xe^{-2\frac{H_i}{\delta}x} & 1-e^{-2\frac{h_i}{\delta}x}\end{vmatrix}=e^{-2\frac{H_{i-1}}{\delta}x}\begin{vmatrix}1-e^{-2\frac{h_i}{\delta}x} & 2\frac{h_i}{\delta}x\\ 2\frac{h_i}{\delta}xe^{-2\xi h_i} & 1-e^{-2\frac{h_i}{\delta}x}\end{vmatrix}$$

$$=[(1-e^{-2\frac{h_i}{\delta}x})^2-(2\frac{h_i}{\delta}x)^2e^{-2\frac{h_i}{\delta}x}]e^{-2\frac{H_{i-1}}{\delta}x}$$

若令

$$\Delta_i=(1-e^{-2\frac{h_i}{\delta}x})^2-(2\frac{h_i}{\delta}x)^2e^{-2\frac{h_i}{\delta}x}$$

则分母行列式可改写为如下形式:

$$D_i=\Delta_i e^{-2\frac{H_{i-1}}{\delta}x}$$

根据行列式理论中的克莱姆法则,B_i 表达式可表示为如下形式:

$$B_i^V=\frac{1}{D_e}\begin{vmatrix}(P_1e^{-\frac{h_i}{\delta}x}-P_2e^{-\frac{h_i}{\delta}x}-P_3+P_4)e^{-\frac{H_{i-1}}{\delta}x} & 2\frac{h_i}{\delta}x\\ -(P_1+P_2-P_3e^{-\frac{h_i}{\delta}x}-P_4e^{-\frac{h_i}{\delta}x})e^{-\frac{H_i}{\delta}x} & 1-e^{-2\frac{h_i}{\delta}x}\end{vmatrix}$$

$$=\frac{e^{\frac{H_{i-1}}{\delta}x}}{\Delta_i}\begin{vmatrix}(P_1e^{-\frac{h_i}{\delta}x}-P_2e^{-\frac{h_i}{\delta}x}-P_3+P_4) & 2\frac{h_i}{\delta}x\\ -(P_1+P_2-P_3e^{-\frac{h_i}{\delta}x}-P_4e^{-\frac{h_i}{\delta}x})e^{-\frac{h_i}{\delta}x} & 1-e^{-2\frac{h_i}{\delta}x}\end{vmatrix}$$

$$=\frac{e^{\frac{H_{i-1}}{\delta}x}}{\Delta_i}[(P_1e^{-\frac{h_i}{\delta}x}-P_2e^{-\frac{h_i}{\delta}x}-P_3+P_4)(1-e^{-2\frac{h_i}{\delta}x})+2\frac{h_i}{\delta}xe^{-\frac{h_i}{\delta}x}(P_1+P_2-P_3e^{-\frac{h_i}{\delta}x}-P_4e^{-\frac{h_i}{\delta}x})]$$

即

$$B_i^V=\frac{e^{\frac{H_{i-1}}{\delta}x}}{\Delta_i}\{[2\frac{h_i}{\delta}x+(1-e^{-2\frac{h_i}{\delta}x})]e^{-\frac{h_i}{\delta}x}P_1+[2\frac{h_i}{\delta}x-(1-e^{-2\frac{h_i}{\delta}x})]e^{-\frac{h_i}{\delta}x}P_2-$$
$$[2\frac{h_i}{\delta}xe^{-2\frac{h_i}{\delta}x}+(1-e^{-2\frac{h_i}{\delta}x})]P_3-[2\frac{h_i}{\delta}xe^{-2\frac{h_i}{\delta}x}-(1-e^{-2\frac{h_i}{\delta}x})]P_4\}$$

若令

$$\delta_i^{(1)}=[2\frac{h_i}{\delta}x+(1-e^{-2\frac{h_i}{\delta}x})]e^{-\frac{h_i}{\delta}x}$$

$$\delta_i^{(2)}=[2\frac{h_i}{\delta}x-(1-e^{-2\frac{h_i}{\delta}x})]e^{-\frac{h_i}{\delta}x}$$

$$\delta_i^{(3)}=2\frac{h_i}{\delta}xe^{-2\frac{h_i}{\delta}x}+(1-e^{-2\frac{h_i}{\delta}x})$$

$$\delta_i^{(4)}=2\frac{h_i}{\delta}xe^{-2\frac{h_i}{\delta}x}-(1-e^{-2\frac{h_i}{\delta}x})$$

并将下列关系式:

$$P_1=\bar{p}_i(x)$$
$$P_2=\bar{s}_i(x)$$
$$P_3=\bar{p}_{i-1}(x)$$

$$P_4 = \bar{s}_{i-1}(x)$$

代入 B_i^V 表达式，则可改写为下式：

$$B_i^V = \frac{e^{\frac{H_{i-1}}{\delta}x}}{\Delta_i}[\delta_i^{(1)}\bar{p}_i(x) + \delta_i^V(x) - \delta_i^{(3)}\bar{p}_{i-1}(x) - \delta_i^{(4)}\bar{s}_{i-1}(x)]$$

根据行列式理论中的克莱姆法则，D_i^V 表达式可表示为下式：

$$D_i^V = \frac{1}{D_e}\begin{vmatrix}(1-e^{-2\frac{h_i}{\delta}x})e^{-2\frac{H_{i-1}}{\delta}x} & (P_1e^{-\frac{h_i}{\delta}x} - P_2e^{-2\frac{h_i}{\delta}x} - P_3 + P_4)e^{-\frac{H_{i-1}}{\delta}x} \\ 2\frac{h_i}{\delta}xe^{-2\frac{H_i}{\delta}x} & -(P_1 + P_2 - P_3e^{-\frac{h_i}{\delta}x} - P_4e^{-\frac{h_i}{\delta}x})e^{-\frac{H_i}{\delta}x}\end{vmatrix}$$

$$= \frac{e^{-\frac{H_i}{\delta}x}}{\Delta_i}\begin{vmatrix}(1-e^{-2\frac{h_i}{\delta}x}) & (P_1e^{-\frac{h_i}{\delta}x} - P_2e^{-2\frac{h_i}{\delta}x} - P_3 + P_4)e^{\frac{h_i}{\delta}x} \\ 2\frac{h_i}{\delta}xe^{-2\frac{h_i}{\delta}x} & -(P_1 + P_2 - P_3e^{-\frac{h_i}{\delta}x} - P_4e^{-\frac{h_i}{\delta}x})\end{vmatrix}$$

$$= -\frac{e^{-\frac{H_i}{\delta}x}}{\Delta_i}[(P_1 + P_2 - P_3e^{-\frac{h_i}{\delta}x} - P_4e^{-\frac{h_i}{\delta}x})(1-e^{-2\frac{h_i}{\delta}x}) + 2\frac{h_i}{\delta}xe^{-\frac{h_i}{\delta}x}(P_1e^{-\frac{h_i}{\delta}x} - P_2e^{-\frac{h_i}{\delta}x} - P_3 + P_4)]$$

即

$$D_i^V = -\frac{e^{-\frac{H_i}{\delta}x}}{\Delta_i}\{[2\frac{h_i}{\delta}xe^{-2\frac{h_i}{\delta}x} + (1-e^{-2\frac{h_i}{\delta}x})]P_1 - [2\frac{h_i}{\delta}xe^{-2\frac{h_i}{\delta}x} - (1-e^{-2\frac{h_i}{\delta}x})]P_2 - [2\frac{h_i}{\delta}x + (1-e^{-2\frac{h_i}{\delta}x})]e^{-\frac{h_i}{\delta}x}P_3 + [2\frac{h_i}{\delta}x - (1-e^{-2\frac{h_i}{\delta}x})]e^{-\frac{h_i}{\delta}x}P_4\}$$

若将下述关系式：

$$\delta_i^{(1)} = [2\frac{h_i}{\delta}x + (1-e^{-2\frac{h_i}{\delta}x})]e^{-\frac{h_i}{\delta}x}$$

$$\delta_i^{(2)} = [2\frac{h_i}{\delta}x - (1-e^{-2\frac{h_i}{\delta}x})]e^{-\frac{h_i}{\delta}x}$$

$$\delta_i^{(3)} = 2\frac{h_i}{\delta}xe^{-2\frac{h_i}{\delta}x} + (1-e^{-2\frac{h_i}{\delta}x})$$

$$\delta_i^{(4)} = 2\frac{h_i}{\delta}xe^{-2\frac{h_i}{\delta}x} - (1-e^{-2\frac{h_i}{\delta}x})$$

$$P_1 = \bar{p}_i(x), P_2 = \bar{s}_i(x)$$

$$P_3 = \bar{p}_{i-1}(x), P_4 = \bar{s}_{i-1}(x)$$

代入上式，则可得

$$D_i^V = -\frac{e^{-\frac{H_i}{\delta}x}}{\Delta_i}[\delta_i^{(3)}\bar{p}_i(x) - \delta_i^{(4)}\bar{s}_i(x) - \delta_i^{(1)}\bar{p}_{i-1}(x) + \delta_i^{(2)}\bar{s}_{i-1}(x)]$$

若将式(5)的表达式：

$$[2A_i^V + (1 - 4\mu_i + 2\frac{H_{i-1}}{\delta}x)B_i^V]e^{-2\frac{H_{i-1}}{\delta}x} + D_i^V = -[\bar{p}_{i-1}(x) + \bar{s}_{i-1}(x)]e^{-\frac{H_{i-1}}{\delta}x}$$

改写如下：

$$A_i^V = -\frac{e^{\frac{H_{i-1}}{\delta}x}}{2}\{(1 - 4\mu_i + 2\frac{H_{i-1}}{\delta}x)e^{-\frac{H_{i-1}}{\delta}x}B_i^V + e^{\frac{H_{i-1}}{\delta}x}D_i^V + [\bar{p}_{i-1}(x) + \bar{s}_{i-1}(x)]\}$$

又将 B_i^V、D_i^V 表达式代入上式，则可得

$$A_i^V = -\frac{e^{\frac{H_{i-1}}{\delta}x}}{2\Delta_i}\{(1-4\mu_i+2\frac{H_{i-1}}{\delta}x)[\delta_i^{(1)}\bar{p}_i(x)+\delta_i^{(2)}\bar{s}_i(x)-\delta_i^{(3)}\bar{p}_{i-1}(x)-\delta_i^{(4)}\bar{s}_{i-1}(x)]-$$

$$[\delta_i^{(3)}\bar{p}_i(x)-\delta_{i-1}^{(4)}\bar{s}_i(x)-\delta_i^{(1)}\bar{p}_{i-1}(x)+\delta_{i-1}^{(2)}\bar{s}_i(x)]e^{-\frac{h_1}{\delta}x}+\Delta_i[\bar{p}_{i-1}(x)+\bar{s}_{i-1}(x)]\}$$

上式按 $\bar{p}_i(x)$、$\bar{s}_i(x)$、$\bar{p}_{i-1}(x)$、$\bar{s}_{i-1}(x)$ 合并同类项,则可得

$$A_i^V = -\frac{e^{\frac{H_{i-1}}{\delta}x}}{2\Delta_i}\{[(1-4\mu_i+2\frac{H_{i-1}}{\delta}x)\delta_i^{(1)}-\delta_i^{(3)}e^{-\frac{h_i}{\delta}x}]\bar{p}_i(x)+$$

$$[(1-4\mu_i+2\frac{H_{i-1}}{\delta}x)\delta_i^{(2)}+\delta_i^{(4)}e^{-\frac{h_i}{\delta}x}]\bar{s}_i(x)-$$

$$[(1-4\mu_i+2\frac{H_{i-1}}{\delta}x)\delta_i^{(3)}-\delta_i^{(1)}e^{-\frac{h_i}{\delta}x}-\Delta_i]\bar{p}_{i-1}(x)-$$

$$[(1-4\mu_i+2\frac{H_{i-1}}{\delta}x)\delta_i^{(4)}+\delta_i^{(2)}e^{-\frac{h_i}{\delta}x}-\Delta_i]\bar{s}_{i-1}(x)\}$$

若令

$$\alpha_i^{(1)} = (1-4\mu_i+2\frac{H_{i-1}}{\delta}x)\delta_i^{(1)}-\delta_i^{(3)}e^{-\frac{h_i}{\delta}x}$$

$$\alpha_i^{(2)} = (1-4\mu_i+2\frac{H_{i-1}}{\delta}x)\delta_i^{(2)}+\delta_i^{(4)}e^{-\frac{h_i}{\delta}x}$$

$$\alpha_i^{(3)} = (1-4\mu_i+2\frac{H_{i-1}}{\delta}x)\delta_i^{(3)}-\delta_i^{(1)}e^{-\frac{h_i}{\delta}x}-\Delta_i$$

$$\alpha_i^{(4)} = (1-4\mu_i+2\frac{H_{i-1}}{\delta}x)\delta_i^{(4)}+\delta_i^{(2)}e^{-\frac{h_i}{\delta}x}-\Delta_i$$

则上式可改写为下式:

$$A_i^V = -\frac{e^{\frac{H_{i-1}}{\delta}x}}{2\Delta_i}[\alpha_i^{(1)}\bar{p}_i(x)+\alpha_i^{(2)}\bar{s}_i(x)-\alpha_i^{(3)}\bar{p}_{i-1}(x)-\alpha_i^{(4)}\bar{s}_{i-1}(x)]$$

若将式(8)的表达式:

$$B_i^V e^{-2\frac{H_i}{\delta}x}-2C_i^V+(1-4\mu_1-2\frac{H_i}{\delta}x)D_i^V = -[\bar{p}_i^V(x)-\bar{s}_i^V(x)]e^{-\frac{H_i}{\delta}x}$$

改写如下:

$$C_i^V = \frac{1}{2}\{B_i^V e^{-2\frac{H_i}{\delta}x}+(1-4\mu_1-2\frac{H_i}{\delta}x)D_i^V+[\bar{p}_i(x)-\bar{s}_i(x)]e^{-\frac{H_i}{\delta}x}\}$$

若将 B_i^V、D_i^V 表达式代入上式,则可得

$$C_i^V = \frac{1}{2}\{\frac{e^{\frac{H_{i-1}}{\delta}x}}{\Delta_i}[\delta_i^{(1)}\bar{p}_i(x)+\delta_i^{(2)}\bar{s}_i(x)-\delta_i^{(3)}\bar{p}_{i-1}(x)-\delta_i^{(4)}\bar{s}_{i-1}(x)]e^{-2\frac{H_i}{\delta}x}-(1-4\mu_i-2\frac{H_i}{\delta}x)$$

$$\frac{e^{-\frac{H_i}{\delta}x}}{\Delta_i}[\delta_i^{(3)}\bar{p}_i(x)-\delta_i^{(4)}\bar{s}_i(x)-\delta_i^{(1)}\bar{p}_{i-1}(x)+\delta_i^{(2)}\bar{s}_{i-1}(x)]+[\bar{p}_i(x)-\bar{s}_i(x)]e^{-\frac{H_i}{\delta}x}\}$$

上式按 $\bar{p}_i(x)$、$\bar{s}_i(x)$、$\bar{p}_{i-1}(x)$、$\bar{s}_{i-1}(x)$ 合并同类项,则可得

$$C_i^V = -\frac{e^{-\frac{H_i}{\delta}x}}{2\Delta_i}\{[(1-4\mu_i-2\frac{H_i}{\delta}x)\delta_i^{(3)}-\delta_i^{(1)}e^{-\frac{h_i}{\delta}x}-\Delta_i]\bar{p}_i(x)-$$

$$[(1-4\mu_i-2\frac{H_i}{\delta}x)\delta_i^{(4)}+\delta_i^{(2)}e^{-\frac{h_i}{\delta}x}-\Delta_i]\bar{s}_i(x)-$$

$$[(1-4\mu_i-2\frac{H_i}{\delta}x)\delta_i^{(1)}-\delta_i^{(3)}e^{-\frac{h_i}{\delta}x}]\bar{p}_{i-1}(x)+$$

$$[(1-4\mu_i-2\frac{H_i}{\delta}x)\delta_i^{(2)}+\delta_i^{(4)}e^{-\frac{h_i}{\delta}x}]\bar{s}_{i-1}(x)\}e^{-\frac{h_i}{\delta}x}$$

若令

$$\beta_i^{(1)} = (1-4\mu_i-2\frac{H_i}{\delta}x)\delta_i^{(3)}-\delta_i^{(1)}e^{-\frac{h_i}{\delta}x}-\Delta_i$$

$$\beta_i^{(2)} = (1-4\mu_i-2\frac{H_i}{\delta}x)\delta_i^{(4)}+\delta_i^{(2)}e^{-\frac{h_i}{\delta}x}-\Delta_i$$

$$\beta_i^{(3)} = (1-4\mu_i-2\frac{H_i}{\delta}x)\delta_i^{(1)}-\delta_i^{(3)}e^{-\frac{h_i}{\delta}x}$$

$$\beta_i^{(4)} = (1-4\mu_i-2\frac{H_i}{\delta}x)\delta_i^{(2)}+\delta_i^{(4)}e^{-\frac{h_i}{\delta}x}$$

则上式可改写为下式：

$$C_i^V = -\frac{e^{-\frac{H_i}{\delta}x}}{2\Delta_i}[\beta_i^{(1)}\bar{p}_i(x)-\beta_i^{(2)}\bar{s}_i(x)-\beta_i^{(3)}\bar{p}_{i-1}(x)+\beta_i^{(4)}\bar{s}_{i-1}(x)]$$

综上所述，当 $1 \leqslant i < n-1$ 时，第 i 层的系数表达式可表示为如下形式：

$$\begin{cases}
A_i^V = -\dfrac{e^{\frac{H_{i-1}}{\delta}x}}{2\Delta_i}[\alpha_i^{(1)}\bar{p}_i(x)+\alpha_i^{(2)}\bar{s}_i(x)-\alpha_i^{(3)}\bar{p}_{i-1}(x)-\alpha_i^{(4)}\bar{s}_{i-1}(x)] \\
B_i^V = \dfrac{e^{\frac{H_{i-1}}{\delta}x}}{\Delta_i}[\delta_i^{(1)}\bar{p}_i(x)+\delta_i^{(2)}\bar{s}_i(x)-\delta_i^{(3)}\bar{p}_{i-1}(x)-\delta_i^{(4)}\bar{s}_{i-1}(x)] \\
C_i^V = -\dfrac{e^{-\frac{H_i}{\delta}x}}{2\Delta_i}[\beta_i^{(1)}\bar{p}_i(x)-\beta_i^{(2)}\bar{s}_i(x)-\beta_i^{(3)}\bar{p}_{i-1}(x)+\beta_i^{(4)}\bar{s}_{i-1}(x)] \\
D_i^V = -\dfrac{e^{-\frac{H_i}{\delta}x}}{\Delta_i}[\delta_i^{(3)}\bar{p}_i(x)-\delta_i^{(4)}\bar{s}_i(x)-\delta_i^{(1)}\bar{p}_{i-1}(x)+\delta_i^{(2)}\bar{s}_{i-1}(x)]
\end{cases} \quad (10\text{-}4\text{-}2)$$

式中，$\bar{p}_0(x)=1$；$\bar{s}_0(x)=0$。

当 $i=n$ 时，则有 $h_n\to\infty$，$H_n\to\infty$，$\bar{p}_n(x)=\bar{s}_n(x)=0$。这时，则计算参数可表示为如下形式：

$$\Delta_n = \lim_{h_n\to\infty}[(1-e^{-2\frac{h_n}{\delta}x})2-(2\frac{h_n}{\delta}x)^2e^{-2\frac{h_n}{\delta}x}] = 1$$

$$\delta_n^{(1)} = \lim_{h_n\to\infty}[2\frac{h_n}{\delta}x+(1-e^{-2\frac{h_n}{\delta}x})]e^{-\frac{h_n}{\delta}x} = 0$$

$$\delta_n^{(2)} = \lim_{h_n\to\infty}[2\frac{h_n}{\delta}x-(1-e^{-2\frac{h_n}{\delta}x})]e^{-\frac{h_n}{\delta}x} = 0$$

$$\delta_n^{(3)} = \lim_{h_n\to\infty}[2\frac{h_n}{\delta}xe^{-2\frac{h_n}{\delta}x}+(1-e^{-2\frac{h_n}{\delta}x})] = 1$$

$$\delta_n^{(4)} = \lim_{h_n\to\infty}[2\frac{h_n}{\delta}xe^{-2\frac{h_n}{\delta}x}-(1-e^{-2\frac{h_n}{\delta}x})] = -1$$

$$\alpha_n^{(1)} = \lim_{h_n\to\infty}[(1-4\mu_n+2\frac{H_{n-1}}{\delta}x)\delta_n^{(1)}-\delta_n^{(3)}e^{-\frac{h_n}{\delta}x}] = 0$$

$$\alpha_n^{(2)} = \lim_{h_n \to \infty}[(1-4\mu_n+2\frac{H_{n-1}}{\delta}x)\delta_n^{(2)}+\delta_n^{(4)}e^{-\frac{h_n}{\delta}x}]=0$$

$$\alpha_n^{(3)} = \lim_{h_n \to \infty}[(1-4\mu_n+2\frac{H_{n-1}}{\delta}x)\delta_n^{(3)}-\delta_n^{(1)}e^{-\frac{h_n}{\delta}x}-\Delta_n]=-2(2\mu_n-\frac{H_{n-1}}{\delta}x)$$

$$\alpha_n^{(4)} = (1-4\mu_n+2\frac{H_{n-1}}{\delta}x)\delta_n^{(4)}+\delta_n^{(2)}e^{-\frac{h_i}{\delta}x}-\Delta_n]=-2(1-2\mu_n+\frac{H_{n-1}}{\delta}x)$$

若将下列计算结果：

$$\bar{p}_n(x)=0,\bar{s}_n(x)=0$$

$$\Delta_n=1$$

$$\alpha_n^{(1)}=0,\alpha_n^{(2)}=0$$

$$\alpha_n^{(3)}=-2(2\mu_n-\frac{H_{n-1}}{\delta}x)$$

$$\alpha_n^{(4)}=-2(1-2\mu_n+\frac{H_{n-1}}{\delta}x)$$

代入下述表达式：

$$A_i^V=\frac{e^{\frac{H_{i-1}}{\delta}x}}{2\Delta_i}[\alpha_i^{(1)}\bar{p}_i(x)+\alpha_i^{(2)}\bar{s}_i(x)-\alpha_i^{(3)}\bar{p}_{i-1}(x)-\alpha_i^{(4)}\bar{s}_{i-1}(x)]$$

则可得第 n 层系数 A_n^V 表达式如下：

$$A_n^V=\frac{e^{\frac{H_{n-1}}{\delta}x}}{2}[-2(2\mu_n-\frac{H_{n-1}}{\delta}x)\bar{p}_{n-1}(x)-2(1-2\mu_n+\frac{H_{n-1}}{\delta}x)\bar{s}_{n-1}(x)]$$

即

$$A_n^V=-[(2\mu_n-\frac{H_{n-1}}{\delta}x)\bar{p}_{n-1}(x)+(1-2\mu_n+\frac{H_{n-1}}{\delta}x)\bar{s}_{n-1}(x)]e^{\frac{H_{n-1}}{\delta}x}$$

若将下列计算结果：

$$\bar{p}_n(x)=0,\bar{s}_n(x)=0$$

$$\Delta_n=1$$

$$\delta_n^{(1)}=0,\delta_n^{(2)}=0$$

$$\delta_n^{(3)}=1,\delta_n^{(4)}=-1$$

代入第 n 层系数 B_n^V 表达式：

$$B_i^V=-\frac{e^{\frac{H_{i-1}}{\delta}x}}{\Delta_i}[\delta_i^{(1)}\bar{p}_i(x)+\delta_i^{(2)}\bar{s}_i(x)-\delta_i^{(3)}\bar{p}_{i-1}(x)-\delta_i^{(4)}\bar{s}_{i-1}(x)]$$

则可得

$$B_n^V=-[\bar{p}_{n-1}(x)-\bar{s}_{n-1}(x)]e^{\frac{H_{n-1}}{\delta}x}$$

若将下列关系式：

$$\lim_{h_n\to\infty}e^{-\frac{H_n}{\delta}x}\beta_n^{(1)}=0$$

$$\lim_{h_n\to\infty}e^{-\frac{H_n}{\delta}x}\beta_n^{(2)}=0$$

$$\lim_{h_n\to\infty}e^{-\frac{H_n}{\delta}x}\beta_n^{(3)}=0$$

$$\lim_{h_n\to\infty}e^{-\frac{H_n}{\delta}x}\beta_n^{(4)}=0$$

代入下述表达式：

$$C_i^V = -\frac{e^{-\frac{H_1}{\delta}x}}{2\Delta_i}[\beta_i^{(1)}\bar{p}_i(x) - \beta_i^{(2)}\bar{s}_i(x) - \beta_i^{(3)}\bar{p}_{i-1}(x) + \beta_i^{(4)}\bar{s}_{i-1}(x)]$$

则可得第 n 层系数 C_n^V 表达式：

$$C_n^V = 0$$

若将下列计算结果：

$$\lim_{h_n\to\infty} e^{-\frac{H_n}{\delta}x}\delta_n^{(1)} = 0$$

$$\lim_{h_n\to\infty} e^{-\frac{H_n}{\delta}x}\delta_n^{(2)} = 0$$

$$\lim_{h_n\to\infty} e^{-\frac{H_n}{\delta}x}\delta_n^{(3)} = 0$$

$$\lim_{h_n\to\infty} e^{-\frac{H_n}{\delta}x}\delta_n^{(4)} = 0$$

代入下述表达式：

$$D_i^V = -\frac{e^{-\frac{H_i}{\delta}x}}{\Delta_i}[\delta_i^{(3)}\bar{p}_i(x) - \delta_i^{(4)}\bar{s}_i(x) - \delta_i^{(1)}\bar{p}_{i-1}(x) + \delta_i^{(2)}\bar{s}_{i-1}(x)]$$

则可得

$$D_n^V = 0$$

综上所述，当 $i=n$ 时，第 n 层的系数 A_n^V、B_n^V、C_n^V、D_n^V 表达式可表示为如下形式：

$$\begin{cases} A_n^V = -[(2\mu_n - \frac{H_{n-1}}{\delta}x)\bar{p}_{n-1}(x) + (1 - 2\mu_n + \frac{H_{n-1}}{\delta}x)\bar{s}_{n-1}(x)]e^{\frac{H_{n-1}}{\delta}x} \\ B_n^V = -[\bar{p}_{n-1}(x) - \bar{s}_{n-1}(x)] \\ C_n^V = 0 \\ D_n^V = 0 \end{cases} \tag{10-4-3}$$

其中，$C_n^V = D_n^V = 0$，它说明所有应力与位移分量均满足在无穷远处等于零的要求。

从上述分析可以看出，只要求得界面反力 $\bar{p}_i(x)$、$\bar{s}_i(x)$ 和 $\bar{p}_{i-1}(x)$、$\bar{s}_{i-1}(x)$，则待定系数 A_i^V、B_i^V、C_i^V、D_i^V 就能唯一确定。为此，当 $i=2,3,4,\cdots,n$ 时，将两个位移分量表达式：

$$u_i^V = -\frac{(1+\mu_i)p\delta}{E_i}\int_0^\infty\left\{[A_i^V - (1 - \frac{z}{\delta}x)B_i^V]e^{-\frac{z}{\delta}x} - [C_i^V + (1 + \frac{z}{\delta}x)D_i^V]e^{\frac{z}{\delta}x}\right\}J_1(x)J_1(\frac{r}{\delta}x)\frac{\mathrm{d}x}{x}$$

$$w_i^V = -\frac{(1+\mu_1)p\delta}{E_i}\int_0^\infty\left\{[A_i^V + (2 - 4\mu_i + \frac{z}{\delta}x)B_i^V]e^{-\frac{z}{\delta}x} + [C_i^V - (2 - 4\mu_i - \frac{z}{\delta}x)D_i^V]e^{\frac{z}{\delta}x}\right\}J_1(x)J_0(\frac{r}{\delta}x)\frac{\mathrm{d}x}{x}$$

代入位移连续的两个定解条件：

$$u_{i-1}^V\big|_{z=H_{i-1}} = u_i^V\big|_{z=H_i}$$

$$w_{i-1}^V\big|_{z=H_{i-1}} = w_i^V\big|_{z=H_i}$$

则可得

$$m_{i-1}\left\{[A_{i-1}^V - (1 - \frac{H_{i-1}}{\delta}x)B_{i-1}^V]e^{-2\frac{H_{i-1}}{\delta}x} - C_{i-1}^V - (1 + \frac{H_{i-1}}{\delta}x)D_{i-1}^V\right\}$$

$$= [A_i^V - (1 - \frac{H_{i-1}}{\delta}x)B_i^V]e^{-2\frac{H_{i-1}}{\delta}x} - C_i^V - (1 + \frac{H_{i-1}}{\delta}x)D_i^V$$

$$m_{i-1}\left\{[A_{i-1}^V + (2 - 4\mu_{i-1} + \frac{H_{i-1}}{\delta}x)B_{i-1}^V]e^{-2\frac{H_{i-1}}{\delta}x} + C_{i-1}^V - (2 - 4\mu_{i-1} - \frac{H_{i-1}}{\delta}x)D_{i-1}^V\right\}$$

$$= [A_i^V + (2 - 4\mu_i + \frac{H_{i-1}}{\delta}x)B_i^V]e^{-2\frac{H_{i-1}}{\delta}x} + C_i^V - (2 - 4\mu_i - \frac{H_{i-1}}{\delta}x)D_i^V$$

式中,$m_{i-1}=\dfrac{(1+\mu_{i-1})E_i}{(1+\mu_i)E_{i-1}}$。

上两式相加、相减,则可得

$$m_{i-1}\{[2A_{i-1}^V+(1-4\mu_{i-1}+2\frac{H_{i-1}}{\delta}x)B_{i-1}^V]e^{-2\frac{H_{i-1}}{\delta}x}-(3-4\mu_{i-1})D_{i-1}^V\}$$

$$=[2A_i^V+(1-4\mu_i+2\frac{H_{i-1}}{\delta}x)B_i^V]e^{-2\frac{H_{i-1}}{\delta}x}-(3-4\mu_i)D_i^V$$

$$m_{i-1}[(3-4\mu_{i-1})e^{-2\frac{H_{i-1}}{\delta}x}B_{i-1}^V+2C_{i-1}^V-(1-4\mu_{i-1}-2\frac{H_{i-1}}{\delta}x)D_{i-1}^V]$$

$$=(3-4\mu_i)e^{-2\frac{H_{i-1}}{\delta}x}B_i^V+2C_i^V-(1-4\mu_i-2\frac{H_{i-1}}{\delta}x)D_i^V$$

为了计算上的方便,可将上述两式改写如下:

$$[2A_i^V+(1-4\mu_i+2\frac{H_{i-1}}{\delta}x)B_i^V]e^{-2\frac{H_{i-1}}{\delta}x}-(3-4\mu_i)D_i^V$$

$$=m_{i-1}\{[2A_{i-1}^V+(1-4\mu_{i-1}+2\frac{H_{i-1}}{\delta}x)B_{i-1}^V]e^{-2\frac{H_{i-1}}{\delta}x}-(3-4\mu_{i-1})D_{i-1}^V\} \tag{A}$$

$$(3-4\mu_i)e^{-2\frac{H_{i-1}}{\delta}x}B_i^V+2C_i^V-(1-4\mu_{i-1}-2\frac{H_{i-1}}{\delta}x)D_i^V$$

$$=m_{i-1}[(3-4\mu_{i-1})e^{-2\frac{H_{i-1}}{\delta}x}B_{i-1}^V+2C_{i-1}^V-(1-4\mu_{i-1}-2\frac{H_{i-1}}{\delta}x)D_{i-1}^V] \tag{B}$$

若将 A_i^V、B_i^V、D_i^V 和 A_{i-1}^V、B_{i-1}^V、D_{i-1}^V 的系数表达式代入式(A),并按 $\bar{p}_i^V(x)$、$\bar{s}_i^V(x)$、$\bar{p}_{i-1}^V(x)$、$\bar{s}_{i-1}^V(x)$、$\bar{p}_{i-2}^V(x)$、$\bar{s}_{i-2}^V(x)$ 合并同类项,那么,式(A)可改写为如下表达式:

$$\Delta_{i-1}\{-[\alpha_i^{(1)}-(1-4\mu_i+2\frac{H_{i-1}}{\delta}x)\delta_i^{(1)}-(3-4\mu_i)\delta_i^{(3)}e^{-\frac{h_i}{\delta}x}]\bar{p}_i^V(x)-$$

$$[\alpha_i^{(2)}-(1-4\mu_i+2\frac{H_{i-1}}{\delta}x)\delta_i^{(2)}+(3-4\mu_i)\delta_i^{(4)}e^{-\frac{h_i}{\delta}x}]\bar{s}_i^V(x)+$$

$$[\alpha_i^{(3)}-(1-4\mu_i+2\frac{H_{i-1}}{\delta}x)\delta_i^{(3)}-(3-4\mu_i)\delta_i^{(1)}e^{-\frac{h_i}{\delta}x}]\bar{p}_{i-1}^V(x)+$$

$$[\alpha_i^{(4)}-(1-4\mu_i+2\frac{H_{i-1}}{\delta}x)\delta_i^{(4)}+(3-4\mu_i)\delta_i^{(2)}e^{-\frac{h_i}{\delta}x}]\bar{s}_{i-1}^V(x)\}$$

$$=m_{i-1}\Delta_i\{-[\alpha_{i-1}^{(1)}e^{-\frac{h_{i-1}}{\delta}x}-(1-4\mu_{i-1}+2\frac{H_{i-2}}{\delta}x)\delta_{i-1}^{(1)}e^{-\frac{h_{i-1}}{\delta}x}-(3-4\mu_{i-1})\delta_{i-1}^{(3)}]\bar{p}_{i-1}^V(x)-$$

$$[\alpha_{i-1}^{(2)}e^{-\frac{h_{i-1}}{\delta}x}-(1-4\mu_{i-1}+2\frac{H_{i-2}}{\delta}x)\delta_{i-1}^{(2)}e^{-\frac{h_{i-1}}{\delta}x}+(3-4\mu_{i-1})\delta_{i-1}^{(4)}]\bar{s}_{i-1}^V(x)+$$

$$[\alpha_{i-1}^{(3)}e^{-\frac{h_{i-1}}{\delta}x}-(1-4\mu_{i-1}+2\frac{H_{i-2}}{\delta}x)\delta_{i-1}^{(3)}e^{-\frac{h_{i-1}}{\delta}x}-(3-4\mu_{i-1})\delta_{i-1}^{(1)}]\bar{p}_{i-2}^V(x)+$$

$$[\alpha_{i-1}^{(4)}e^{-\frac{h_{i-1}}{\delta}x}-(1-4\mu_{i-1}+2\frac{H_{i-2}}{\delta}x)\delta_{i-1}^{(4)}e^{-\frac{h_{i-1}}{\delta}x}+(3-4\mu_{i-1})\delta_{i-1}^{(2)}]\bar{s}_{i-2}^V(x)\}$$

若按 $\bar{p}_i(x)$、$\bar{s}_i(x)$、$\bar{p}_{i-1}(x)$、$\bar{s}_{i-1}(x)$ 和 $\bar{p}_{i-2}(x)$、$\bar{s}_{i-2}(x)$ 合并同类项,则有

$$\Delta_{i-1}\{[-\alpha_i^{(1)}+(1-4\mu_i+2\frac{H_{i-1}}{\delta}x)\delta_i^{(1)}+(3-4\mu_i)\delta_i^{(3)}e^{-\frac{h_i}{\delta}x}]\bar{p}_i(x)+$$

$$[-\alpha_i^{(2)}+(1-4\mu_i+2\frac{H_{i-1}}{\delta}x)\delta_i^{(2)}-(3-4\mu_i)\delta_i^{(4)}e^{-\frac{h_i}{\delta}x}]\bar{s}_i(x)\}+$$

$$\{m_{i-1}\Delta_i[\alpha_{i-1}^{(1)}e^{-\frac{h_{i-1}}{\delta}x}-(1-4\mu_{i-1}+2\frac{H_{i-1}}{\delta}x)\delta_{i-1}^{(1)}e^{-\frac{h_{i-1}}{\delta}x}-(3-4\mu_{i-1})\delta_{i-1}^{(3)}]+$$

$$[\alpha_i^{(3)} - (1-\mu_i + 2\frac{H_{i-1}}{\delta}x)\delta_i^{(3)} - (3-4\mu_i)\delta_i^{(1)}e^{-\frac{h_i}{\delta}x}]\}\bar{p}_{i-1}(x) +$$

$$\{m_{i-1}\Delta_i[\alpha_{i-1}^{(2)}e^{-\frac{h_{i-1}}{\delta}x} - (1-4\mu_{i-1} + 2\frac{H_{i-1}}{\delta}x)\delta_{i-1}^{(2)}e^{-\frac{h_{i-1}}{\delta}x} + (3-4\mu_{i-1})\delta_{i-1}^{(4)}] +$$

$$[\alpha_i^{(4)} - (1-4\mu_i + 2\frac{H_{i-1}}{\delta}x)\delta_i^{(4)} + (3-4\mu_i)\delta_i^{(2)}e^{-\frac{h_i}{\delta}x}]\}\bar{s}_{i-1}(x)$$

$$= m_{i-1}\Delta_i[\alpha_{i-1}^{(3)}e^{-\frac{h_{k-1}}{\delta}x} - (1-4\mu_{i-1} + 2\frac{H_{i-1}}{\delta}x)\delta_{i-1}^{(3)}e^{-\frac{h_{i-1}}{\delta}x} - (3-4\mu_{i-1})\delta_{i-1}^{(1)}]\bar{p}_{i-2}(x) +$$

$$m_{i-1}\Delta_i[\alpha_{i-1}^{(4)}e^{-\frac{h_{k-1}}{\delta}x} - (1-4\mu_{i-1} + 2\frac{H_{i-1}}{\delta}x)\delta_{i-1}^{(4)}e^{-\frac{h_{i-1}}{\delta}x} + (3-4\mu_{i-1})\delta_{k-1}^{(2)}]\bar{s}_{i-2}(x)\}$$

若令

$$\lambda_i^{(1)} = \Delta_{i-1}[-\alpha_i^{(1)} + (1-4\mu_i + 2\frac{H_{i-1}}{\delta}x)\delta_i^{(1)} + (3-4\mu_i)\delta_i^{(3)}e^{-\frac{h_i}{\delta}x}]$$

$$\lambda_i^{(2)} = \Delta_{i-1}[-\alpha_i^{(2)} + (1-4\mu_i + 2\frac{H_{i-1}}{\delta}x)\delta_i^{(2)} - (3-4\mu_i)\delta_i^{(4)}e^{-\frac{h_i}{\delta}x}]$$

$$\lambda_i^{(3)} = m_{i-1}\Delta_i[\alpha_{i-1}^{(1)}e^{-\frac{h_{i-1}}{\delta}x} - (1-4\mu_{i-1} + 2\frac{H_{i-1}}{\delta}x)\delta_{i-1}^{(1)}e^{-\frac{h_{i-1}}{\delta}x} - (3-4\mu_{i-1})\delta_{i-1}^{(3)}] +$$

$$\Delta_{i-1}[\alpha_i^{(3)} - (1-\mu_i + 2\frac{H_{i-1}}{\delta}x)\delta_i^{(3)} - (3-4\mu_i)\delta_i^{(1)}e^{-\frac{h_i}{\delta}x}]$$

$$\lambda_i^{(4)} = m_{i-1}\Delta_i[\alpha_{i-1}^{(2)}e^{-\frac{h_{i-1}}{\delta}x} - (1-4\mu_{i-1} + 2\frac{H_{i-1}}{\delta}x)\delta_{i-1}^{(2)}e^{-\frac{h_{i-1}}{\delta}x} + (3-4\mu_{i-1})\delta_{i-1}^{(4)}] +$$

$$\Delta_{i-1}[\alpha_i^{(4)} - (1-4\mu_i + 2\frac{H_{i-1}}{\delta}x)\delta_i^{(4)} + (3-4\mu_i)\delta_i^{(2)}e^{-\frac{h_i}{\delta}x}]$$

$$\lambda_i^{(5)} = m_{i-1}\Delta_i[\alpha_{i-1}^{(3)}e^{-\frac{h_{k-1}}{\delta}x} - (1-4\mu_{i-1} + 2\frac{H_{i-1}}{\delta}x)\delta_{i-1}^{(3)}e^{-\frac{h_{i-1}}{\delta}x} - (3-4\mu_{i-1})\delta_{i-1}^{(1)}]$$

$$\lambda_i^{(6)} = m_{i-1}\Delta_i[\alpha_{i-1}^{(4)}e^{-\frac{h_{k-1}}{\delta}x} - (1-4\mu_{i-1} + 2\frac{H_{i-1}}{\delta}x)\delta_{i-1}^{(4)}e^{-\frac{h_{i-1}}{\delta}x} + (3-4\mu_{i-1})\delta_{k-1}^{(2)}]$$

则上式可改写为下式：

$$\lambda_i^{(1)}\bar{p}_i(x) + \lambda_i^{(2)}\bar{s}_i(x) + \lambda_i^{(3)}\bar{p}_{i-1}(x) + \lambda_i^{(4)}\bar{s}_{i-1}(x) = \lambda_i^{(5)}\bar{p}_{i-2}(x) + \lambda_i^{(6)}\bar{s}_{i-2}(x)$$

若将下述关系式：

$$\alpha_i^{(1)} = (1-4\mu_i + 2\frac{H_{i-1}}{\delta}x)\delta_i^{(1)} - \delta_i^{(3)}e^{-\frac{h_i}{\delta}x}$$

代入 $\lambda_i^{(1)}$ 表达式：

$$\lambda_i^{(1)} = \Delta_{i-1}[-\alpha_i^{(1)} + (1-4\mu_i + 2\frac{H_{i-1}}{\delta}x)\delta_i^{(1)} + (3-4\mu_i)\delta_i^{(3)}e^{-\frac{h_i}{\delta}x}]$$

中，则可得

$$\lambda_i^{(1)} = \Delta_{i-1}[-(1-4\mu_i + 2\frac{H_{i-1}}{\delta}x)\delta_i^{(1)} + \delta_i^{(3)}e^{-\frac{h_i}{\delta}x} + (1-4\mu_i + 2\frac{H_{i-1}}{\delta}x)\delta_i^{(1)} + (3-4\mu_i)\delta_i^{(3)}e^{-\frac{h_i}{\delta}x}]$$

即

$$\lambda_i^{(1)} = 4(1-\mu_i)\Delta_{i-1}\delta_i^{(3)}e^{-\frac{h_i}{\delta}x}$$

若将下述关系式：

$$\alpha_i^{(2)} = (1-4\mu_i + 2\frac{H_{i-1}}{\delta}x)\delta_i^{(2)} + \delta_i^{(4)}e^{-\frac{h_i}{\delta}x}$$

代入 $\lambda_i^{(2)}$ 表达式：

$$\lambda_i^{(2)} = \Delta_{i-1}[-\alpha_i^{(2)} + (1-4\mu_i + 2\frac{H_{i-1}}{\delta}x)\delta_i^{(2)} - (3-4\mu_i)\delta_i^{(4)}e^{-\frac{h_i}{\delta}x}]$$

中,则可得

$$\lambda_i^{(2)} = \Delta_{i-1}[-(1-4\mu_i + 2\frac{H_{i-1}}{\delta}x)\delta_i^{(2)} - \delta_i^{(4)}e^{-\frac{h_i}{\delta}x} + (1-4\mu_i + 2\frac{H_{i-1}}{\delta}x)\delta_i^{(2)} - (3-4\mu_i)\delta_i^{(4)}e^{-\frac{h_i}{\delta}x}]$$

即

$$\lambda_i^{(2)} = -4(1-\mu_i)\Delta_{i-1}\delta_i^{(4)}e^{-\frac{h_i}{\delta}x}$$

若将下列关系式：

$$\alpha_i^{(3)} = (1-4\mu_i + 2\frac{H_{i-1}}{\delta}x)\delta_i^{(3)} - \delta_i^{(1)}e^{-\frac{h_i}{\delta}x} - \Delta_i$$

$$\alpha_i^{(1)} = (1-4\mu_{i-1} + 2\frac{H_{i-2}}{\delta}x)\delta_{i-1}^{(1)} - \delta_{i-1}^{(3)}e^{-\frac{h_{i-1}}{\delta}x}$$

代入 $\lambda_i^{(3)}$ 表达式：

$$\lambda_i^{(3)} = m_{i-1}\Delta_i[\alpha_{i-1}^{(1)}e^{-\frac{h_{i-1}}{\delta}x} - (1-4\mu_{i-1} + 2\frac{H_{i-1}}{\delta}x)\delta_{i-1}^{(1)}e^{-\frac{h_{i-1}}{\delta}x} - (3-4\mu_{i-1})\delta_{i-1}^{(3)}] +$$

$$\Delta_{i-1}[\alpha_i^{(3)} - (1-\mu_i + 2\frac{H_{i-1}}{\delta}x)\delta_i^{(3)} - (3-4\mu_i)\delta_i^{(1)}e^{-\frac{h_i}{\delta}x}]$$

中,则可得

$$\lambda_i^{(3)} = m_{i-1}\Delta_i[(1-4\mu_{i-1} + 2\frac{H_{i-2}}{\delta}x)\delta_{i-1}^{(1)}e^{-\frac{h_{i-1}}{\delta}x} - \delta_{i-1}^{(3)}e^{-2\frac{h_{i-1}}{\delta}x} -$$

$$(1-4\mu_{i-1} + 2\frac{H_{i-2}}{\delta}x + 2\frac{h_{i-1}}{\delta}x)\delta_{i-1}^{(1)}e^{-\frac{h_{i-1}}{\delta}x} - (3-4\mu_{i-1})\delta_{i-1}^{(3)}] +$$

$$\Delta_{i-1}[(1-4\mu_i + 2\frac{H_{i-1}}{\delta}x)\delta_i^{(3)} - \delta_i^{(1)}e^{-\frac{h_i}{\delta}x} - \Delta_i -$$

$$(1-\mu_i + 2\frac{H_{i-1}}{\delta}x)\delta_i^{(3)} - (3-4\mu_i)\delta_i^{(1)}e^{-\frac{h_i}{\delta}x}]$$

上式加以重新整理、合并,则可得

$$\lambda_i^{(3)} = m_{i-1}\Delta_i[(1-e^{-2\frac{h_{i-1}}{\delta}x})\delta_{i-1}^{(3)} - 2\frac{h_{i-1}}{\delta}x\delta_{i-1}^{(1)}e^{-\frac{h_{i-1}}{\delta}x} - 4(1-\mu_{i-1})\delta_{i-1}^{(3)}] +$$

$$\Delta_{i-1}[-\delta_i^{(1)}e^{-\frac{h_i}{\delta}x} - \Delta_i - (3-4\mu_i)\delta_i^{(1)}e^{-\frac{h_i}{\delta}x}]$$

又将下列关系式：

$$\delta_{i-1}^{(1)} = [2\frac{h_{i-1}}{\delta}x + (1-e^{-2\frac{h_{i-1}}{\delta}x})]e^{-\frac{h_{i-1}}{\delta}x}$$

$$\delta_{i-1}^{(3)} = 2\frac{h_{i-1}}{\delta}xe^{-2\frac{h_{i-1}}{\delta}x} + (1-e^{-2\frac{h_{i-1}}{\delta}x})$$

代入上式,则可得

$$\lambda_i^{(3)} = m_{i-1}\Delta_i\{(1-e^{-2\frac{h_{i-1}}{\delta}x})[2\frac{h_{i-1}}{\delta}xe^{-2\frac{h_{i-1}}{\delta}x} + (1-e^{-2\frac{h_{i-1}}{\Delta}x})] -$$

$$2\frac{h_{i-1}}{\delta}x[2\frac{h_{i-1}}{\delta}x + (1-e^{-2\frac{h_{i-1}}{\delta}x})]e^{-2\frac{h_{i-1}}{\delta}x} - 4(1-\mu_{i-1})\delta_{i-1}^{(3)}\} +$$

$$\Delta_{i-1}[-\delta_i^{(1)}e^{-\frac{h_i}{\delta}x} - \Delta_i - (3-4\mu_i)\delta_i^{(1)}e^{-\frac{h_i}{\delta}x}]$$

上式进一步化简,并注意下述关系式：

$$\Delta_{i-1} = (1-e^{-2\frac{h_{i-1}}{\delta}x})^2 - (2\frac{h_{i-1}}{\delta}x)^2e^{-2\frac{h_{i-1}}{\delta}x}$$

则上式又可改写为下式：

$$\lambda_i^{(3)} = -\{m_{i-1}\Delta_i[4(1-\mu_{i-1})\delta_{i-1}^{(3)} - \Delta_{i-1}] + \Delta_{i-1}[4(1-\mu_i)\delta_i^{(1)}e^{-\frac{h_i}{\delta}x} + \Delta_i]\}$$

若将下列关系式：

$$\alpha_i^{(4)} = (1-4\mu_i + 2\frac{H_{i-1}}{\delta}x)\delta_i^{(4)} + \delta_i^{(2)}e^{-\frac{h_i}{\delta}x} - \Delta_i$$

$$\alpha_{i-1}^{(2)} = (1-4\mu_{i-1} + 2\frac{H_{i-2}}{\delta}x)\delta_{i-1}^{(2)} + \delta_{i-1}^{(4)}e^{-\frac{h_{i-1}}{\delta}x}$$

代入 $\lambda_i^{(4)}$ 表达式：

$$\lambda_i^{(4)} = m_{i-1}\Delta_i[\alpha_{i-1}^{(2)}e^{-\frac{h_{i-1}}{\delta}x} - (1-4\mu_{i-1} + 2\frac{H_{i-1}}{\delta}x)\delta_{i-1}^{(2)}e^{-\frac{h_{i-1}}{\delta}x} + (3-4\mu_{i-1})\delta_{i-1}^{(4)}] +$$

$$\Delta_{i-1}[\alpha_i^{(4)} - (1-4\mu_i + 2\frac{H_{i-1}}{\delta}x)\delta_i^{(4)} + (3-4\mu_i)\delta_i^{(2)}e^{-\frac{h_i}{\delta}x}]$$

中，则可得

$$\lambda_i^{(4)} = m_{i-1}\Delta_i[(1-4\mu_{i-1} + 2\frac{H_{i-2}}{\delta}x)\delta_{i-1}^{(2)}e^{-\frac{h_{i-1}}{\delta}x} + \delta_{i-1}^{(4)}e^{-2\frac{h_{i-1}}{\delta}x} -$$

$$(1-4\mu_{i-1} + 2\frac{H_{i-2}}{\delta}x + 2\frac{h_{i-1}}{\delta}x)\delta_{i-1}^{(2)}e^{-\frac{h_{i-1}}{\delta}x} + (3-4\mu_{i-1})\delta_{i-1}^{(4)}] +$$

$$\Delta_{i-1}[(1-4\mu_i + 2\frac{H_{i-1}}{\delta}x)\delta_i^{(4)} + \delta_i^{(2)}e^{-\frac{h_i}{\delta}x} - \Delta_i -$$

$$(1-4\mu_i + 2\frac{H_{i-1}}{\delta}x)\delta_i^{(4)} + (3-4\mu_i)\delta_i^{(2)}e^{-\frac{h_i}{\delta}x}]$$

若将上式加以重新整理、化简、合并，则可得

$$\lambda_i^{(4)} = m_{i-1}\Delta_i[-(1-e^{-2\frac{h_{i-1}}{\delta}x})\delta_{i-1}^{(4)} - 2\frac{h_{i-1}}{\delta}x\delta_{i-1}^{(2)}e^{-\frac{h_{i-1}}{\delta}x} + 4(1-\mu_{i-1})\delta_{i-1}^{(4)}] +$$

$$\Delta_{i-1}[4(1-\mu_i)\delta_i^{(2)}e^{-\frac{h_i}{\delta}x} - \Delta_i]$$

又将下列关系式：

$$\delta_{i-1}^{(2)} = [2\frac{h_{i-1}}{\delta}x - (1-e^{-2\frac{h_{i-1}}{\delta}x})]e^{-\frac{h_{i-1}}{\delta}x}$$

$$\delta_{i-1}^{(4)} = 2\frac{h_{i-1}}{\delta}xe^{-2\frac{h_{i-1}}{\delta}x} - (1-e^{-2\frac{h_{i-1}}{\delta}x})$$

代入上式，则可得

$$\lambda_i^{(4)} = m_{i-1}\Delta_i\{-(1-e^{-2\frac{h_{i-1}}{\delta}x})[2\frac{h_{i-1}}{\delta}xe^{-2\frac{h_{i-1}}{\delta}x} - (1-e^{-2\frac{h_{i-1}}{\delta}x})] -$$

$$2\frac{h_{i-1}}{\delta}x[2\frac{h_{i-1}}{\delta}x - (1-e^{-2\frac{h_{i-1}}{\delta}x})]e^{-2\frac{h_{i-1}}{\delta}x} + 4(1-\mu_{i-1})\delta_{i-1}^{(4)}\} + \Delta_{i-1}[4(1-\mu_i)\delta_i^{(2)}e^{-\frac{h_i}{\delta}x} - \Delta_i]$$

上式进一步化简，并注意下述关系式：

$$\Delta_{i-1} = (1-e^{-2\frac{h_{i-1}}{\delta}x})^2 - (2\frac{h_{i-1}}{\delta}x)^2e^{-2\frac{h_{i-1}}{\delta}x}$$

则又可改写为下式：

$$\lambda_i^{(4)} = m_{i-1}\Delta_i[4(1-\mu_{i-1})\delta_{i-1}^{(4)} + \Delta_{i-1}] + \Delta_{i-1}[4(1-\mu_i)\delta_i^{(2)}e^{-\frac{h_i}{\delta}x} - \Delta_i]$$

若将下述关系式：

$$\alpha_{i-1}^{(3)} = (1-4\mu_{i-1} + 2\frac{H_{i-2}}{\delta}x)\delta_{i-1}^{(3)} - \delta_{i-1}^{(1)}e^{-\frac{h_{i-1}}{\delta}x} - \Delta_{i-1}$$

代入 $\lambda_i^{(5)}$ 表达式：

$$\lambda_i^{(5)} = m_{i-1}\Delta_i[\alpha_{i-1}^{(3)}e^{-\frac{h_{k-1}}{\delta}x} - (1-4\mu_{i-1}+2\frac{H_{i-1}}{\delta}x)\delta_{i-1}^{(3)}e^{-\frac{h_{i-1}}{\delta}x} - (3-4\mu_{i-1})\delta_{i-1}^{(1)}]$$

中，则可得

$$\lambda_i^{(5)} = m_{i-1}\Delta_i[(1-4\mu_{i-1}+2\frac{H_{i-2}}{\delta}x)\delta_{i-1}^{(3)}e^{-\frac{h_{k-1}}{\delta}x} - \delta_{i-1}^{(2)}e^{-2\frac{h_{i-1}}{\delta}x} - \Delta_{i-1}e^{-\frac{h_{i-1}}{\delta}x} -$$

$$(1-4\mu_{i-1}+2\frac{H_{i-2}}{\delta}x+2\frac{h_{i-1}}{\delta}x)\delta_{i-1}^{(3)}e^{-\frac{h_{i-1}}{\delta}x} - (3-4\mu_{i-1})\delta_{i-1}^{(1)}]$$

又将下列关系式：

$$\delta_{i-1}^{(1)} = [2\frac{h_{i-1}}{\delta}x + (1-e^{-2\frac{h_{i-1}}{\delta}x})]e^{-\frac{h_{i-1}}{\delta}x}$$

$$\delta_{i-1}^{(3)} = 2\frac{h_{i-1}}{\delta}xe^{-2\frac{h_{i-1}}{\delta}x} + (1-e^{-2\frac{h_{i-1}}{\delta}x})$$

代入上式，则可得

$$\lambda_i^{(5)} = m_{i-1}\Delta_i\{-2\frac{h_{i-1}}{\delta}x[2\frac{h_{i-1}}{\delta}xe^{-2\frac{h_{i-1}}{\delta}x} + (1-e^{-2\frac{h_{i-1}}{\delta}x})]e^{-\frac{h_{i-1}}{\delta}x} +$$

$$(1-e^{-2\frac{h_{i-1}}{\delta}x})[2\frac{h_{i-1}}{\delta}x + (1-e^{-2\frac{h_{i-1}}{\delta}x})]e^{-\frac{h_{i-1}}{\delta}x} - \Delta_{i-1}e^{-\frac{h_{i-1}}{\delta}x} - 4(1-\mu_{i-1})\delta_{i-1}^{(1)}\}$$

$$= m_{i-1}\Delta_i[-(2\frac{h_{i-1}}{\delta}x)^2 e^{-3\frac{h_{i-1}}{\delta}x} - 2\frac{h_{i-1}}{\delta}x(1-e^{-2\frac{h_{i-1}}{\Delta}x})e^{-\frac{h_{i-1}}{\delta}x} +$$

$$2\frac{h_{i-1}}{\delta}x(1-e^{-2\frac{h_{i-1}}{\delta}x})e^{-\frac{h_{i-1}}{\delta}x} + (1-e^{-2\frac{h_{i-1}}{\delta}x})^2 e^{-\frac{h_{i-1}}{\delta}x} - \Delta_{i-1}e^{-\frac{h_{i-1}}{\delta}x} - 4(1-\mu_{i-1})\delta_{i-1}^{(1)}]$$

$$= m_{i-1}\Delta_i\{[(1-e^{-2\frac{h_{i-1}}{\delta}x})^2 - (2\frac{h_{i-1}}{\delta}x)^2 e^{-2\frac{h_{i-1}}{\delta}x}]e^{-\frac{h_{i-1}}{\delta}x} - \Delta_{i-1}e^{-\frac{h_{i-1}}{\delta}x} - 4(1-\mu_{i-1})\delta_{i-1}^{(1)}\}$$

即

$$\lambda_i^{(5)} = -4(1-\mu_{i-1})m_{i-1}\Delta_i\delta_{i-1}^{(1)}$$

若将下述关系式：

$$\alpha_{i-1}^{(4)} = (1-4\mu_{i-1}+2\frac{H_{i-2}}{\delta}x)\delta_{i-1}^{(4)} + \delta_{i-1}^{(2)}e^{-\frac{h_{i-1}}{\delta}x} - \Delta_{i-1}$$

代入 $\lambda_i^{(6)}$ 表达式：

$$\lambda_i^{(6)} = m_{i-1}\Delta_i[\alpha_{i-1}^{(4)}e^{-\frac{h_{k-1}}{\delta}x} - (1-4\mu_{i-1}+2\frac{H_{i-1}}{\delta}x)\delta_{i-1}^{(4)}e^{-\frac{h_{i-1}}{\delta}x} + (3-4\mu_{i-1})\delta_{k-1}^{(2)}]$$

中，则可得

$$\lambda_i^{(6)} = m_{i-1}\Delta_i\{[(1-4\mu_{i-1}+2\frac{H_{i-2}}{\delta}x)\delta_{i-1}^{(4)}e^{-\frac{h_{i-1}}{\delta}x} + \delta_{i-1}^{(2)}e^{-2\frac{h_{i-1}}{\delta}x} - \Delta_{i-1}e^{-\frac{h_{i-1}}{\delta}x} -$$

$$(1-4\mu_{i-1}+2\frac{H_{i-1}}{\delta}x+2\frac{h_{i-1}}{\delta}x)\delta_{i-1}^{(4)}e^{-\frac{h_{i-1}}{\delta}x} + (3-4\mu_{i-1})\delta_{i-1}^{(2)}]\}$$

$$= m_{i-1}\Delta_i[-2\frac{h_{i-1}}{\delta}x\delta_{i-1}^{(4)}e^{-\frac{h_{i-1}}{\delta}x} - (1-e^{-2\frac{h_{i-1}}{\delta}x})\delta_{i-1}^{(2)} - \Delta_{i-1}e^{-\frac{h_{i-1}}{\delta}x} + 4(1-\mu_{i-1})\delta_{i-1}^{(2)}]$$

又将下列关系式：

$$\delta_{i-1}^{(2)} = [2\frac{h_{i-1}}{\delta}x - (1-e^{-2\frac{h_{i-1}}{\delta}x})]e^{-\frac{h_{i-1}}{\delta}x}$$

$$\delta_{i-1}^{(4)} = 2\frac{h_{i-1}}{\delta}xe^{-2\frac{h_{i-1}}{\delta}x} - (1-e^{-2\frac{h_{i-1}}{\delta}x})$$

代入上式，则可得

$$\lambda_i^{(6)} = m_{i-1}\Delta_i\{-2\frac{h_{i-1}}{\delta}x[2\frac{h_{i-1}}{\delta}xe^{-2\frac{h_{i-1}}{\delta}x} - (1 - e^{-2\frac{h_{i-1}}{\delta}x})]e^{-\frac{h_{i-1}}{\delta}x} -$$

$$(1 - e^{-2\frac{h_{i-1}}{\delta}x})[2\frac{h_{i-1}}{\delta}x - (1 - e^{-2\frac{h_{i-1}}{\delta}x})]e^{-\frac{h_{i-1}}{\delta}x} - \Delta_{i-1}e^{-\frac{h_{i-1}}{\delta}x} + 4(1 - \mu_{i-1})\delta_{i-1}^{(2)}\}$$

$$= m_{i-1}\Delta_i\{[-(2\frac{h_i - 1}{\delta}x)^2e^{-2\frac{h_{i-1}}{\delta}x} + (1 - e^{-2\frac{h_{i-1}}{\delta}x})^2]e^{-\frac{h_{i-1}}{\delta}x} - \Delta_{i-1}e^{-\frac{h_{i-1}}{\delta}x} + 4(1 - \mu_{i-1})\delta_{i-1}^{(2)}\}$$

若将下列关系式：

$$\Delta_{i-1} = (1 - e^{-2\frac{H_{i-1}}{\delta}x})^2 - (2\frac{h_{i-1}}{\delta}x)^2e^{-2\frac{h_{i-1}}{\delta}x}$$

代入上式，并注意下述关系式：

$$[-(2\frac{h_{i-1}}{\delta}x)^2e^{-2\frac{h_{i-1}}{\delta}x} + (1 - e^{-2\frac{h_{i-1}}{\delta}x})^2]e^{-\frac{h_{i-1}}{\delta}x} - \Delta_{i-1}e^{-\frac{h_{i-1}}{\delta}x} = 0$$

则可得

$$\lambda_i^{(6)} = 4(1 - \mu_{i-1})m_{i-1}\Delta_i\delta_{i-1}^{(2)}$$

根据上述分析，则可得

$$\lambda_i^{(1)}\bar{p}_i^V(x) + \lambda_i^{(2)}\bar{s}_i^V(x) + \lambda_i^{(3)}\bar{p}_{i-1}^V(x) + \lambda_i^{(4)}\bar{s}_{i-1}^V(x) = \lambda_i^{(5)}\bar{p}_{i-2}^V(x) + \lambda_i^{(6)}\bar{s}_{i-2}^V(x)$$

采用式(A)的分析方法，式(B)可表述为如下表达式：

$$\lambda_i^{(7)}\bar{p}_i^V(x) + \lambda_i^{(8)}\bar{s}_i^V(x) + \lambda_i^{(9)}\bar{p}_{i-1}^V(x) + \lambda_i^{(10)}\bar{s}_{i-1}^V(x) = \lambda_i^{(11)}\bar{p}_{i-2}^V(x) + \lambda_i^{(12)}\bar{s}_{i-2}^V(x)$$

根据上述分析，则可得到如下的联立方程组：

$$\lambda_i^{(1)}\bar{p}_i^V(x) + \lambda_i^{(2)}\bar{s}_i^V(x) + \lambda_i^{(3)}\bar{p}_{i-1}^V(x) + \lambda_i^{(4)}\bar{s}_{i-1}^V(x) = \lambda_i^{(5)}\bar{p}_{i-2}^V(x) + \lambda_i^{(6)}\bar{s}_{i-2}^V(x) \quad \text{(C)}$$

$$\lambda_i^{(7)}\bar{p}_i^V(x) + \lambda_i^{(8)}\bar{s}_i^V(x) + \lambda_i^{(9)}\bar{p}_{i-1}^V(x) + \lambda_i^{(10)}\bar{s}_{i-1}^V(x) = \lambda_i^{(11)}\bar{p}_{i-2}^V(x) + \lambda_i^{(12)}\bar{s}_{i-2}^V(x) \quad \text{(D)}$$

式中：$\lambda_i^{(1)} = 4(1-\mu_i)\Delta_{i-1}\delta_i^{(3)}e^{-\frac{h_i}{\delta}x}$

$$\lambda_i^{(2)} = -4(1-\mu_i)\Delta_{i-1}\delta_i^{(4)}e^{-\frac{h_i}{\delta}x}$$

$$\lambda_i^{(3)} = -\{m_{i-1}\Delta_i[4(1-\mu_{i-1})\delta_{i-1}^{(3)} - \Delta_{i-1}] + \Delta_{i-1}[4(1-\mu_i)\delta_i^{(1)}e^{-\frac{h_i}{\delta}x} + \Delta_i]\}$$

$$\lambda_i^{(4)} = m_{i-1}\Delta_i[4(1-\mu_{i-1})\delta_{i-1}^{(4)} + \Delta_{i-1}] + \Delta_{i-1}[4(1-\mu_i)\delta_i^{(2)}e^{-\frac{h_i}{\delta}x} - \Delta_i]$$

$$\lambda_i^{(5)} = -4(1-\mu_{i-1})m_{i-1}\Delta_i\delta_{i-1}^{(1)}$$

$$\lambda_i^{(6)} = 4(1-\mu_{i-1})m_{i-1}\Delta_i\delta_{i-1}^{(2)}$$

$$\lambda_i^{(7)} = 4(1-\mu_i)\Delta_{i-1}\delta_i^{(3)}$$

$$\lambda_i^{(8)} = 4(1-\mu_i)\Delta_{i-1}\delta_i^{(4)}$$

$$\lambda_i^{(9)} = -\{m_{i-1}\Delta_i[4(1-\mu_{i-1})\delta_{i-1}^{(3)}e^{-\frac{h_{i-1}}{\delta}x} + \Delta_{i-1}] + \Delta_{i-1}[4(1-\mu_i)\delta_i^{(1)} - \Delta_i]\}$$

$$\lambda_i^{(10)} = -\{m_{i-1}\Delta_i[4(1-\mu_{i-1})\delta_{i-1}^{(4)}e^{-\frac{h_{i-1}}{\delta}x} - \Delta_{i-1}] + \Delta_{i-1}[4(1-\mu_i)\delta_i^{(2)} + \Delta_i]\}$$

$$\lambda_i^{(11)} = -4(1-\mu_{i-1})m_{i-1}\Delta_i\delta_{i-1}^{(1)}e^{-\frac{h_{i-1}}{\delta}x}$$

$$\lambda_i^{(6)} = 4(1-\mu_{i-1})m_{i-1}\Delta_i\delta_{i-1}^{(2)}e^{-\frac{h_{i-1}}{\delta}x}$$

当 $i = n$ 时，若将下列关系式：

$$\Delta_n = 1, \delta_n^{(1)} = 1, \delta_n^{(2)} = -1, \delta_n^{(3)} = \delta_n^{(4)} = 0$$

代入 $\lambda_n^{(k)}(k = 1,2,3,\cdots,12)$ 表达式中，则可得

$$\lambda_n^{(1)} = \lambda_n^{(2)} = \lambda_n^{(7)} = \lambda_n^{(8)} = 0$$

$$\lambda_n^{(3)} = -m_{n-1}\{4[4(1-\mu_{n-1})\delta_{n-1}^{(1)} - \Delta_{n-1}]\} - \Delta_{n-1}$$

$$\lambda_n^{(4)} = m_{n-1}[4(1-\mu_{n-1})\delta_{n-1}^{(2)} + \Delta_{n-1}] - \Delta_{n-1}$$

$$\lambda_n^{(5)} = -4(1-\mu_{n-1})m_{n-1}\delta_{n-1}^{(3)}$$

$$\lambda_{n-1}^{(6)} = 4(1-\mu_{n-1})m_{n-1}\delta_{n-1}^{(4)}$$

$$\lambda_n^{(9)} = -m_{n-1}[4(1-\mu_{n-1})\delta_{n-1}^{(3)}e^{-\frac{h_{n-1}}{\delta}x} + \Delta_{n-1}] - (3-4\mu_n)\Delta_{n-1}$$

$$\lambda_{n-1}^{(10)} = -m_{n-1}[4(1-\mu_{n-1})\delta_{n-1}^{(4)}e^{-\frac{h_{n-1}}{\delta}x} - \Delta_{n-1}] + (3-4\mu_n)\Delta_{n-1}$$

$$\lambda_n^{(11)} = -4(1-\mu_{n-1})m_{n-1}\delta_{n-1}^{(1)}e^{-\frac{h_{n-1}}{\delta}x}$$

$$\lambda_n^{(12)} = -4(1-\mu_{n-1})m_{n-1}\delta_{n-1}^{(2)}e^{-\frac{h_{n-1}}{\delta}x}$$

若将这些表达式代入式(C)和式(D)，则可得

$$\lambda_n^{(3)}\bar{p}_{n-1}(x) + \lambda_n^{(4)}\bar{s}_{n-1}(x) = \lambda_n^{(5)}\bar{p}_{n-2}(x) + \lambda_n^{(6)}\bar{s}_{n-2}(x) \tag{E}$$

$$\lambda_n^{(9)}\bar{p}_{n-1}(x) + \lambda_n^{(10)}\bar{s}_{n-1}(x) = \lambda_n^{(11)}\bar{p}_{n-2}(x) + \lambda_n^{(12)}\bar{s}_{n-2}(x) \tag{F}$$

采用行列式理论求解上述联立方程组，其分母行列式可表述为如下表达式：

$$D_n = \begin{vmatrix} \lambda_n^{(3)} & \lambda_n^{(4)} \\ \lambda_n^{(9)} & \lambda_n^{(10)} \end{vmatrix} = \lambda_n^{(3)}\lambda_n^{(10)} - \lambda_n^{(4)}\lambda_n^{(9)}$$

若令

$$\bar{\eta}_n = \lambda_n^{(3)}\lambda_n^{(10)} - \lambda_n^{(4)}\lambda_n^{(9)}$$

则可得

$$D_n = \bar{\eta}_n$$

采用行列式理论的克莱姆法则求解，则可得 $\bar{p}_{n-1}(x)$ 表达式如下：

$$\begin{aligned}\bar{p}_{n-1}(x) &= \frac{1}{D_n}\begin{vmatrix} \lambda_n^{(5)}\bar{p}_{n-2}(x) + \lambda_n^{(6)}\bar{s}_{n-2}(x) & \lambda_n^{(4)} \\ \lambda_n^{(11)}\bar{p}_{n-2}(x) + \lambda_n^{(12)}\bar{s}_{n-2}(x) & \lambda_n^{(10)} \end{vmatrix} \\ &= \frac{1}{\bar{\eta}_n}\{\lambda_n^{(5)}\lambda_n^{(10)}\bar{p}_{n-2}(x) + \lambda_n^{(6)}\lambda_n^{(10)}\bar{s}_{n-2}(x) - \\ &\quad [\lambda_n^{(4)}\lambda_n^{(11)}\bar{p}_{n-2}(x) + \lambda_n^{(4)}\lambda_n^{(12)}\bar{s}_{n-2}(x)]\}\end{aligned}$$

即

$$\bar{p}_{n-1}(x) = \frac{1}{\bar{\eta}_n}\{[\lambda_n^{(5)}\lambda_n^{(10)} - \lambda_n^{(4)}\lambda_n^{(11)}]\bar{p}_{n-2}(x) + [\lambda_n^{(6)}\lambda_n^{(10)}(x) - \lambda_n^{(4)}\lambda_n^{(12)}]\bar{s}_{n-2}(x)\}$$

采用行列式理论的克莱姆法则求解，则可得 $\bar{s}_{n-1}^{V}(x)$ 表达式如下：

$$\begin{aligned}\bar{s}_{n-1}(x) &= \frac{1}{D_n}\begin{vmatrix} \lambda_n^{(3)} & \lambda_n^{(5)}\bar{p}_{n-2}(x) + \lambda_n^{(6)}\bar{s}_{n-2}(x) \\ \lambda_n^{(9)} & \lambda_n^{(11)}\bar{p}_{n-2}(x) + \lambda_n^{(12)}\bar{s}_{n-2}(x) \end{vmatrix} \\ &= \frac{1}{\bar{\eta}_n}\{\lambda_n^{(3)}\lambda_n^{(11)}\bar{p}_{n-2}(x) + \lambda_n^{(3)}\lambda_n^{(12)}\bar{s}_{n-2}(x) - [\lambda_n^{(5)}\lambda_n^{(9)}\bar{p}_{n-2}(x) + \lambda_n^{(6)}\lambda_n^{(9)}\bar{s}_{n-2}(x)]\}\end{aligned}$$

即

$$\bar{s}_{n-1}(x) = \frac{1}{\bar{\eta}_n}\{[\lambda_n^{(3)}\lambda_n^{(11)} - \lambda_n^{(5)}\lambda_n^{(9)}]\bar{p}_{n-2}(x) + [\lambda_n^{(3)}\lambda_n^{(12)} - \lambda_n^{(6)}\lambda_n^{(9)}]\bar{s}_{n-2}(x)]\}$$

综上所述，则可得

$$\begin{cases}\bar{p}_{n-1}(x) = \dfrac{1}{\bar{\eta}_n}\{[\lambda_n^{(5)}\lambda_n^{(10)} - \lambda_n^{(4)}\lambda_n^{(11)}]\bar{p}_{n-2}(x) + [\lambda_n^{(6)}\lambda_n^{(10)}(x) - \lambda_n^{(4)}\lambda_n^{(12)}]\bar{s}_{n-2}(x)\} \\ \bar{s}_{n-1}(x) = \dfrac{1}{\bar{\eta}_n}\{[\lambda_n^{(3)}\lambda_n^{(11)} - \lambda_n^{(5)}\lambda_n^{(9)}]\bar{p}_{n-2}(x) + [\lambda_n^{(3)}\lambda_n^{(12)} - \lambda_n^{(6)}\lambda_n^{(9)}]\bar{s}_{n-2}(x)]\}\end{cases}$$

上述两式为双层连续体系($n=2$)的界面反力递推公式。为不失一般性，将式(E)和式(F)改写为下两式：

$$\begin{cases}\lambda_i^{(3)}\bar{p}_{i-1}^{V}(x) + \lambda_i^{(4)}\bar{s}_{i-1}^{V}(x) = \lambda_i^{(5)}\bar{p}_{i-2}^{V}(x) + \lambda_i^{(6)}\bar{s}_{i-2}^{V}(x) & \text{(G)} \\ \lambda_i^{(9)}\bar{p}_{i-1}^{V}(x) + \lambda_i^{(10)}\bar{s}_{i-1}^{V}(x) = \lambda_i^{(11)}\bar{p}_{i-2}^{V}(x) + \lambda_i^{(12)}\bar{s}_{i-2}^{V}(x) & \text{(H)}\end{cases}$$

同前面分析一样，式(G)和式(H)的解为：

$$\bar{p}_{i-1}(x)=\frac{1}{\bar{\eta}_i}\{[\lambda_i^{(5)}\lambda_i^{(10)}-\lambda_i^{(4)}\lambda_i^{(11)}]\bar{p}_{i-2}(x)+[\lambda_i^{(6)}\lambda_i^{(10)}-\lambda_i^{(4)}\lambda_i^{(12)}]\bar{s}_{i-2}(x)\}$$

$$\bar{s}_{i-1}(x)=\frac{1}{\bar{\eta}_i}\{[\lambda_i^{(3)}\lambda_i^{(11)}-\lambda_i^{(5)}\lambda_i^{(9)}]\bar{p}_{i-2}(x)+[\lambda_i^{(3)}\lambda_i^{(12)}-\lambda_i^{(6)}\lambda_i^{(9)}]\bar{s}_i(x)\}\tag{10-4-4}$$

式中，$\bar{\eta}_n=\lambda_n^{(3)}\lambda_n^{(10)}-\lambda_n^{(4)}\lambda_n^{(9)}$。

在下述联立方程组，即式(C)和式(D)所组成的联立方程组：

$$\begin{cases}\lambda_i^{(1)}\bar{p}_i(x)+\lambda_i^{(2)}\bar{s}_i(x)+\lambda_i^{(3)}\bar{p}_{i-1}(x)+\lambda_i^{(4)}\bar{s}_{i-1}(x)=\lambda_i^{(5)}\bar{p}_{i-2}(x)+\lambda_i^{(6)}\bar{s}_{i-2}(x)\\ \lambda_i^{(7)}\bar{p}_i(x)+\lambda_i^{(8)}\bar{s}_i(x)+\lambda_i^{(9)}\bar{p}_{i-1}(x)+\lambda_i^{(10)}\bar{s}_{i-1}(x)=\lambda_i^{(11)}\bar{p}_{i-2}(x)+\lambda_i^{(12)}\bar{s}_{i-2}(x)\end{cases}$$

中，用 $i-1$ 代替 i，则可得

$$\lambda_{i-1}^{(1)}\bar{p}_{i-1}(x)+\lambda_{i-1}^{(2)}\bar{s}_{i-1}(x)+\lambda_{i-1}^{(3)}\bar{p}_{i-2}(x)+\lambda_{i-1}^{(4)}\bar{s}_{i-2}(x)=\lambda_{i-1}^{(5)}\bar{p}_{i-3}(x)+\lambda_{i-1}^{(6)}\bar{s}_{i-3}(x)\tag{I}$$

$$\lambda_{i-1}^{(7)}\bar{p}_{i-1}(x)+\lambda_{i-1}^{(8)}\bar{s}_{i-1}(x)+\lambda_{i-1}^{(9)}\bar{p}_{i-2}(x)+\lambda_{i-1}^{(10)}\bar{s}_{i-2}(x)=\lambda_{i-1}^{(11)}\bar{p}_{i-3}(x)+\lambda_{i-1}^{(12)}\bar{s}_{i-3}(x)\tag{J}$$

若将式(10-4-4)的表达式代入式(I)，则可得

$$\frac{\lambda_{i-1}^{(1)}}{\bar{\eta}_i}\{[\lambda_i^{(5)}\lambda_i^{(10)}-\lambda_i^{(4)}\lambda_i^{(11)}]\bar{p}_{i-2}(x)+[\lambda_i^{(6)}\lambda_i^{(10)}(x)-\lambda_i^{(4)}\lambda_i^{(12)}]\bar{s}_{i-2}(x)\}+\frac{\lambda_{i-1}^{(2)}}{\bar{\eta}_i}\{[\lambda_i^{(3)}\lambda_i^{(11)}-\lambda_i^{(5)}\lambda_i^{(9)}]\bar{p}_{i-2}(x)+$$
$$[\lambda_i^{(3)}\lambda_i^{(12)}-\lambda_i^{(6)}\lambda_i^{(9)}]\bar{s}_{i-2}(x)\}+\lambda_{i-1}^{(3)}\bar{p}_{i-2}(x)+\lambda_{i-1}^{(4)}\bar{s}_{i-2}(x)=\lambda_{i-1}^{(5)}\bar{p}_{i-3}(x)+\lambda_{i-1}^{(6)}\bar{s}_{i-3}(x)$$

上式合并同类项，则可得

$$\{\frac{\lambda_{i-1}^{(1)}}{\bar{\eta}_i}[\lambda_i^{(5)}\lambda_i^{(10)}-\lambda_i^{(4)}\lambda_i^{(11)}]+\frac{\lambda_{i-1}^{(2)}}{\bar{\eta}_i}[\lambda_i^{(3)}\lambda_i^{(11)}-\lambda_i^{(5)}\lambda_i^{(9)}]+\lambda_{i-1}^{(3)}\}\bar{p}_{i-2}(x)+$$
$$\{\frac{\lambda_{i-1}^{(1)}}{\bar{\eta}_i}[\lambda_i^{(6)}\lambda_i^{(10)}(x)-\lambda_i^{(4)}\lambda_i^{(12)}]+\frac{\lambda_{i-1}^{(2)}}{\bar{\eta}_i}[\lambda_i^{(3)}\lambda_i^{(12)}-\lambda_i^{(6)}\lambda_i^{(9)}]+\lambda_{i-1}^{(4)}\}\bar{s}_{i-2}(x)=\lambda_{i-1}^{(5)}\bar{p}_{i-3}(x)+\lambda_{i-1}^{(6)}\bar{s}_{i-3}(x)$$

再用 i 代替 $i-1$，则可得

$$\{\frac{\lambda_i^{(1)}}{\bar{\eta}_{i+1}}[\lambda_{i+1}^{(5)}\lambda_{i+1}^{(10)}-\lambda_{i+1}^{(4)}\lambda_{i+1}^{(11)}]+\frac{\lambda_i^{(2)}}{\bar{\eta}_{i+1}}[\lambda_{i+1}^{(3)}\lambda_{i+1}^{(11)}-\lambda_{i+1}^{(5)}\lambda_{i+1}^{(9)}]+\lambda_i^{(3)}\}\bar{p}_{i-1}(x)+$$
$$\{\frac{\lambda_i^{(1)}}{\bar{\eta}_{i+1}}[\lambda_{i+1}^{(6)}\lambda_{i+1}^{(10)}(x)-\lambda_{i+1}^{(4)}\lambda_{i+1}^{(12)}]+\frac{\lambda_i^{(2)}}{\bar{\eta}_{i+1}}[\lambda_{i+1}^{(3)}\lambda_{i+1}^{(12)}-\lambda_{i+1}^{(6)}\lambda_{i+1}^{(9)}]+\lambda_i^{(4)}\}\bar{s}_{i-1}(x)=\lambda_i^{(5)}\bar{p}_{i-2}(x)+\lambda_i^{(6)}\bar{s}_{i-2}(x)\tag{K}$$

同理，若将式(10-4-4)的表达式代入式(J)，则可得

$$\frac{\lambda_{i-1}^{(7)}}{\bar{\eta}_i}\{[\lambda_i^{(5)}\lambda_i^{(10)}-\lambda_i^{(4)}\lambda_i^{(11)}]\bar{p}_{i-2}(x)+[\lambda_i^{(6)}\lambda_i^{(10)}(x)-\lambda_i^{(4)}\lambda_i^{(12)}]\bar{s}_{i-2}(x)\}+$$
$$\frac{\lambda_{i-1}^{(8)}}{\bar{\eta}_i}\{[\lambda_i^{(3)}\lambda_i^{(11)}-\lambda_i^{(5)}\lambda_i^{(9)}]\bar{p}_{i-2}(x)+[\lambda_i^{(3)}\lambda_i^{(12)}-\lambda_i^{(6)}\lambda_i^{(9)}]\bar{s}_{i-2}(x)\}+\lambda_{i-1}^{(9)}\bar{p}_{i-2}(x)+\lambda_{i-1}^{(10)}\bar{s}_{i-2}(x)$$
$$=\lambda_{i-1}^{(11)}\bar{p}_{i-3}(x)+\lambda_{i-1}^{(12)}\bar{s}_{i-3}(x)$$

上式合并同类项，则可得

$$\{\frac{\lambda_{i-1}^{(7)}}{\eta_i}[\lambda_i^{(5)}\lambda_i^{(10)}-\lambda_i^{(4)}\lambda_i^{(11)}]+\frac{\lambda_{i-1}^{(8)}}{\eta_i}[\lambda_i^{(3)}\lambda_i^{(11)}-\lambda_i^{(5)}\lambda_i^{(9)}]+\lambda_{i-1}^{(9)}\}\bar{p}_{i-2}(x)+$$

$$\left\{\frac{\lambda_{i-1}^{(7)}}{\overline{\eta}_i}\left[\lambda_i^{(6)}\lambda_i^{(10)}(x)-\lambda_i^{(4)}\lambda_i^{(12)}\right]+\frac{\lambda_{i-1}^{(8)}}{\eta_i}\left[\lambda_i^{(3)}\lambda_i^{(12)}-\lambda_i^{(6)}\lambda_i^{(9)}\right]+\lambda_{i-1}^{(10)}\right\}\bar{s}_{i-2}(x)$$
$$=\lambda_{i-1}^{(11)}\bar{p}_{i-3}(x)+\lambda_{i-1}^{(12)}\bar{s}_{i-3}(x)$$

再用 i 代替 $i-1$,则可得

$$\left\{\frac{\lambda_i^{(7)}}{\overline{\eta}_{i+1}}\left[\lambda_{i+1}^{(5)}\lambda_{i+1}^{(10)}-\lambda_{i+1}^{(4)}\lambda_{i+1}^{(11)}\right]+\frac{\lambda_i^{(8)}}{\overline{\eta}_{i+1}}\left[\lambda_{i+1}^{(3)}\lambda_{i+1}^{(11)}-\lambda_{i+1}^{(5)}\lambda_{i+1}^{(9)}\right]+\lambda_i^{(9)}\right\}\bar{p}_{i-1}(x)+$$
$$\left\{\frac{\lambda_i^{(7)}}{\overline{\eta}_{i+1}}\left[\lambda_{i+1}^{(6)}\lambda_{i+1}^{(10)}(x)-\lambda_{i+1}^{(4)}\lambda_{i+1}^{(12)}\right]+\frac{\lambda_i^{(8)}}{\overline{\eta}_{i+1}}\left[\lambda_{i+1}^{(3)}\lambda_{i+1}^{(12)}-\lambda_{i+1}^{(6)}\lambda_{i+1}^{(9)}\right]+\lambda_i^{(10)}\right\}\bar{s}_{i-1}(x)$$
$$=\lambda_i^{(11)}\bar{p}_{i-2}(x)+\lambda_i^{(12)}\bar{s}_{i-2}(x) \tag{L}$$

若令

$$\lambda_i^{(\mathrm{III})}=\frac{\lambda_i^{(1)}}{\overline{\eta}_{i+1}}\left[\lambda_{i+1}^{(5)}\lambda_{i+1}^{(\mathrm{X})}-\lambda_{i+1}^{(\mathrm{IV})}\lambda_{i+1}^{(11)}\right]+\frac{\lambda_i^{(2)}}{\overline{\eta}_{i+1}}\left[\lambda_{i+1}^{(\mathrm{III})}\lambda_{i+1}^{(11)}-\lambda_{i+1}^{(5)}\lambda_{i+1}^{(\mathrm{IX})}\right]+\lambda_i^{(3)}$$
$$\lambda_i^{(\mathrm{IV})}=\frac{\lambda_i^{(1)}}{\overline{\eta}_{i+1}}\left[\lambda_{i+1}^{(6)}\lambda_{i+1}^{(\mathrm{X})}(x)-\lambda_{i+1}^{(\mathrm{IV})}\lambda_{i+1}^{(12)}\right]+\frac{\lambda_i^{(2)}}{\overline{\eta}_{i+1}}\left[\lambda_{i+1}^{(\mathrm{III})}\lambda_{i+1}^{(12)}-\lambda_{i+1}^{(6)}\lambda_{i+1}^{(\mathrm{IX})}\right]+\lambda_i^{(4)}$$
$$\lambda_i^{(\mathrm{IX})}=\frac{\lambda_i^{(7)}}{\overline{\eta}_{i+1}}\left[\lambda_{i+1}^{(5)}\lambda_{i+1}^{(\mathrm{X})}-\lambda_{i+1}^{(\mathrm{IV})}\lambda_{i+1}^{(11)}\right]+\frac{\lambda_{i+1}^{(8)}}{\overline{\eta}_{i+1}}\left[\lambda_{i+1}^{(\mathrm{III})}\lambda_{i+1}^{(11)}-\lambda_{i+1}^{(5)}\lambda_{i+1}^{(\mathrm{IX})}\right]+\lambda_i^{(9)}$$
$$\lambda_i^{(\mathrm{X})}=\frac{\lambda_i^{(7)}}{\overline{\eta}_{i+1}}\left[\lambda_{i+1}^{(6)}\lambda_{i+1}^{(\mathrm{X})}-\lambda_{i+1}^{(\mathrm{IV})}\lambda_{i+1}^{(12)}\right]+\frac{\lambda_{i+1}^{(8)}}{\overline{\eta}_{i+1}}\left[\lambda_{i+1}^{(\mathrm{III})}\lambda_{i+1}^{(12)}-\lambda_{i+1}^{(6)}\lambda_{i+1}^{(\mathrm{IX})}\right]+\lambda_i^{(10)}$$
$$\overline{\eta}_i=\lambda_i^{(\mathrm{III})}\lambda_i^{(\mathrm{X})}-\lambda_i^{(\mathrm{IV})}\lambda_i^{(\mathrm{IX})}$$

则可将式(K)和式(L)改写为如下两式:

$$\begin{cases}\lambda_i^{(\mathrm{III})}\bar{p}_{i-1}(x)+\lambda_i^{(\mathrm{IV})}\bar{s}_{i-1}(x)=\lambda_i^{(5)}\bar{p}_{i-2}(x)+\lambda_i^{(6)}\bar{s}_{i-2}(x)\\ \lambda_i^{(\mathrm{IX})}\bar{p}_{i-1}(x)+\lambda_i^{(\mathrm{X})}\bar{s}_{i-1}(x)=\lambda_i^{(11)}\bar{p}_{i-2}(x)+\lambda_i^{(12)}\bar{s}_{i-2}(x)\end{cases}$$

采用前面分析二阶行列式的方法,则可得

$$\begin{cases}\bar{p}_{i-1}(x)=\dfrac{1}{\overline{\eta}_i}\left\{\left[\lambda_i^{(5)}\lambda_i^{(\mathrm{X})}-\lambda_i^{(\mathrm{IV})}\lambda_i^{(11)}\right]\bar{p}_{i-2}(x)+\left[\lambda_i^{(6)}\lambda_i^{(\mathrm{X})}(x)-\lambda_i^{(\mathrm{IV})}\lambda_i^{(12)}\right]\bar{s}_{i-2}(x)\right\}\\ \bar{s}_{i-1}(x)=\dfrac{1}{\overline{\eta}_i}\left\{\left[\lambda_i^{(\mathrm{III})}\lambda_i^{(11)}-\lambda_i^{(5)}\lambda_i^{(\mathrm{IX})}\right]\bar{p}_{i-2}(x)+\left[\lambda_i^{(\mathrm{III})}\lambda_i^{(12)}-\lambda_i^{(6)}\lambda_i^{(\mathrm{IX})}\right]\bar{s}_{i-2}(x)\right\}\end{cases} \tag{10-4-5}$$

式(10-4-5)为层间反力递推公式,在进行递推过程中,一定要注意如下三点事项:

(1)$\lambda_k^{(3)}$ 与 $\lambda_k^{(\mathrm{III})}$、$\lambda_k^{(4)}$ 与 $\lambda_k^{(\mathrm{IV})}$、$\lambda_k^{(9)}$ 与 $\lambda_k^{(\mathrm{IX})}$、$\lambda_k^{(10)}$ 与 $\lambda_k^{(\mathrm{X})}$ 四对变量,每对均为同一变量。只不过其中,$\lambda_k^{(3)}$、$\lambda_k^{(4)}$、$\lambda_k^{(9)}$、$\lambda_k^{(10)}$ 为递推前的值,$\lambda_k^{(\mathrm{III})}$、$\lambda_k^{(\mathrm{IV})}$、$\lambda_k^{(\mathrm{IX})}$、$\lambda_k^{(\mathrm{X})}$ 为递推后的值。但是,当 $k=n-1$ 时,只有递推前的变量值:$\lambda_{n-1}^{(3)}$、$\lambda_{n-1}^{(4)}$、$\lambda_{n-1}^{(9)}$、$\lambda_{n-1}^{(10)}$,而无递推后的变量值:$\lambda_{n-1}^{(\mathrm{III})}$、$\lambda_{n-1}^{(\mathrm{IV})}$、$\lambda_{n-1}^{(\mathrm{IX})}$、$\lambda_{n-1}^{(\mathrm{X})}$。

(2)在进行递推变量 $\lambda_k^{(\mathrm{III})}$、$\lambda_k^{(\mathrm{IV})}$、$\lambda_k^{(\mathrm{IX})}$、$\lambda_k^{(\mathrm{X})}$ 时,可按下标 k 由大到小,进行递推,即按 $k=n-1,n-2,\cdots,2,1$ 进行递推。

(3)当 $\lambda_k^{(\mathrm{III})}$、$\lambda_k^{(\mathrm{IV})}$、$\lambda_k^{(\mathrm{IX})}$、$\lambda_k^{(\mathrm{X})}$ 递推完成后,才能对层间界面反力进行递推。这时,应按下标 k 由 1 到 i 进行递推。在递推时,应注意 $\bar{p}_0^V(x)=1,\bar{s}_0^V(x)=0$。

式(10-4-5)为多层弹性连续体系的层间反力递推公式,对于层间接触面上其他接触状态的应力与位移分析,将在下节讨论。

10.5　古德曼模型在反力递推法中的应用

设多层弹性体系表面作用有圆形轴对称垂直荷载 $p(r)$，结构层的厚度、模量和泊松比分别为 h_i、E_i、μ_i，最下层为弹性半空间体，其模量和泊松比用 E_n 和 μ_n 表示。接触面上的黏结系数为 $K_i(i=1,2,3,\cdots,n-1)$，如图 10-4 所示。

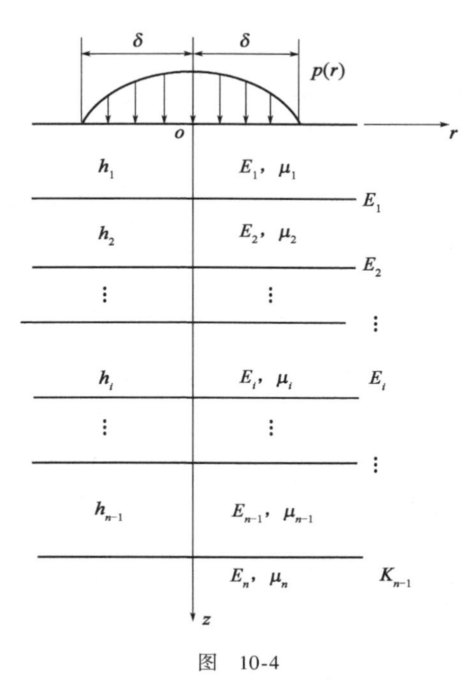

图　10-4

由图 10-3 所示的脱离体，可列出如下四式：

$$\sigma_{z_i}^V\Big|_{z=H_{i-1}} = -p_{i-1}^V(r)$$

$$\tau_{zr_i}^V\Big|_{z=H_{i-1}} = -s_{i-1}^V(r)$$

$$\sigma_{z_i}^V\Big|_{z=H_i} = -p_i^V(r)$$

$$\tau_{zr_i}^V\Big|_{z=H_i} = -s_i^V(r)$$

式中，$p_0(r)=p(r)$；$s_0(r)=0$；$i=1,2,3,4,\cdots,n$。

若将式(6-1-1)中的 σ_z、τ_{zr} 表达式代入上述四式，并对其施加亨格尔积分变换，则可得如下四式：

$$\left[A_i^V+\left(1-2\mu_i+\frac{H_{i-1}}{\delta}x\right)B_i^V\right]e^{-2\frac{H_{i-1}}{\delta}x}-C_i^V+\left(1-2\mu_i-\frac{H_{i-1}}{\delta}x\right)D_i^V=-\bar{p}_{i-1}(x)e^{-\frac{H_{i-1}}{\delta}x} \tag{1-1}$$

$$\left[A_i^V-\left(2\mu_i-\frac{H_{i-1}}{\delta}x\right)B_i^V\right]e^{-2\frac{H_{i-1}}{\delta}x}+C_i^V+\left(2\mu_i+\frac{H_{i-1}}{\delta}x\right)D_i^V=-\bar{s}_{i-1}(x)e^{-\frac{H_{i-1}}{\delta}x} \tag{1-2}$$

$$\left[A_i^V+\left(1-2\mu_i+\frac{H_i}{\delta}x\right)B_i^V\right]e^{-2\frac{H_i}{\delta}x}-C_i^V+\left(1-2\mu_i-\frac{H_i}{\delta}x\right)D_i^V=-\bar{p}(x)e^{-\frac{H_i}{\delta}x} \tag{1-3}$$

$$\left[A_i^V-\left(2\mu_i-\frac{H_i}{\delta}x\right)B_i^V\right]e^{-2\frac{H_i}{\delta}x}+C_i^V+\left(2\mu_i+\frac{H_i}{\delta}x\right)D_i^V=-\bar{s}_i(x)e^{-\frac{H_i}{\delta}x} \tag{1-4}$$

上述四个表达式所组成的线性代数方程组:式(1-1)、式(1-2)、式(1-3)、式(1-4)与10.4节中的式(a)、式(b)、式(c)和式(d)表达式所组成的线性代数方程组完全相同,故系数 A_i^V、B_i^V、C_i^V、D_i^V 的解也完全同于式(10-4-1)和式(10-4-2)。

当 $1 \leqslant i < n-1$ 时,则 A_i^V、B_i^V、C_i^V、D_i^V 的系数表达式,可用如下四个表达式表示:

$$\begin{cases} A_i^V = -\dfrac{e^{\frac{H_{i-1}}{\delta}x}}{2\Delta_i}[\alpha_i^{(1)}\bar{p}_i(x) + \alpha_i^{(2)}\bar{s}_i(x) - \alpha_i^{(3)}\bar{p}_{i-1}(x) - \alpha_i^{(4)}\bar{s}_{i-1}(x)] \\ B_i^V = \dfrac{e^{\frac{H_{i-1}}{\delta}x}}{\Delta_i}[\delta_i^{(1)}\bar{p}_i(x) + \delta_i^{(2)}\bar{s}_i(x) - \delta_i^{(3)}\bar{p}_{i-1}(x) - \delta_i^{(4)}\bar{s}_{i-1}(x)] \\ C_i^V = -\dfrac{e^{-\frac{H_i}{\delta}x}}{2\Delta_i}[\beta_i^{(1)}\bar{p}_i(x) - \beta_i^{(2)}\bar{s}_i(x) - \beta_i^{(3)}\bar{p}_{i-1}(x) + \beta_i^{(4)}\bar{s}_{i-1}(x)] \\ D_i^V = -\dfrac{e^{-\frac{H_i}{\delta}x}}{\Delta_i}[\delta_i^{(3)}\bar{p}_i(x) - \delta_i^{(4)}\bar{s}_i(x) - \delta_i^{(1)}\bar{p}_{i-1}(x) + \delta_i^{(2)}\bar{s}_{i-1}(x)] \end{cases} \tag{10-5-1}$$

当 $i=n$ 时,第 n 层的系数表达式可表示为如下表达式:

$$\begin{cases} A_n^V = -[(2\mu_n - \dfrac{H_{n-1}}{\delta}x)\bar{p}_{n-1}^V(x) + (1 - 2\mu_n + \dfrac{H_{n-1}}{\delta}x)\bar{s}_{n-1}^V(x)]e^{\frac{H_{n-1}}{\delta}x} \\ B_n^V = -[\bar{p}_{n-1}^V(x) - \bar{s}_{n-1}^V(x)] \\ C_n^V = D_n^V = 0 \end{cases} \tag{10-5-2}$$

在式(10-5-1)和式(10-5-2)中,$\alpha_i^{(1)}$、$\alpha_i^{(2)}$、$\alpha_i^{(3)}$、$\alpha_i^{(4)}$、$\beta_i^{(1)}$、$\beta_i^{(2)}$、$\beta_i^{(3)}$、$\beta_i^{(4)}$、$\delta_i^{(1)}$、$\delta_i^{(2)}$、$\delta_i^{(3)}$、$\delta_i^{(4)}$ 等系数表达式与10.4节中对应的系数完全相同。

根据位移的两个定解条件:

$$\tau_{zr_{i-1}}^V\Big|_{Z=H_{i-1}} = K_{i-1}(u_{i-1}^V - u_i^V)\Big|_{Z=H_{i-1}}$$

$$w_{i-1}^V\Big|_{Z=H_{i-1}} = w_i^V\Big|_{Z=H_{i-1}}$$

当 $i=2,3,4,\cdots,n$ 时,则可得如下两个表达式:

$$m_{i-1}\{(1+\chi_{i-1})e^{-2\frac{H_{i-1}}{\delta}x}A_{i-1}^V - [(1-\frac{H_{i-1}}{\delta}x) + (2\mu_{i-1} - \frac{H_{i-1}}{\delta}x)\chi_{i-1}]e^{-2\frac{H_{i-1}}{\delta}x}B_{i-1}^V - (1-\chi_{i-1})C_{i-1}^V - [(1+\frac{H_{i-1}}{\delta}x) - (2\mu_{i-1} + \frac{H_{i-1}}{\delta}x)\chi_{i-1}]D_{i-1}^V\}$$
$$= [A_i^V - (1-\frac{H_{i-1}}{\delta}x)B_i^V]e^{-2\frac{H_{i-1}}{\delta}x} - C_i^V - (1+\frac{H_{i-1}}{\delta}x)D_i^V$$

$$m_{i-1}\{[A_{i-1}^V + (2-4\mu_{i-1} + \frac{H_{i-1}}{\delta}x)B_{i-1}^V]e^{-2\frac{H_{i-1}}{\delta}x} + C_{i-1}^V - (2-4\mu_{i-1} - \frac{H_{i-1}}{\delta}x)D_{i-1}^V\}$$
$$= [A_i^V + (2-4\mu_i + \frac{H_{i-1}}{\delta}x)B_i^V]e^{-2\frac{H_{i-1}}{\delta}x} + C_i^V - (2-4\mu_i - \frac{H_{i-1}}{\delta}x)D_i^V$$

式中:$m_{i-1} = \dfrac{(1+\mu_{i-1})E_i}{(1+\mu_i)E_{i-1}}$

$\chi_{i-1} = \dfrac{xE_{i-1}}{(1+\mu_{i-1})K_{i-1}\delta}$

为了计算上的方便,可将上述两式改写如下:

$$[A_i^V - (1-\frac{H_{i-1}}{\delta}x)B_i^V]e^{-2\frac{H_{i-1}}{\delta}x} - C_i^V - (1+\frac{H_{i-1}}{\delta}x)D_i^V$$

$$= m_{i-1}\{(1+\chi_{i-1})A_{i-1}^{V}e^{-2\frac{H_{i-1}}{\delta}x} - [(1-\frac{H_{i-1}}{\delta}x) + (2\mu_{i-1} - \frac{H_{i-1}}{\delta}x)\chi_{i-1}]B_{i-1}^{V}e^{-2\frac{H_{i-1}}{\delta}x} -$$

$$(1-\chi_{i-1})C_{i-1}^{V} - [(1+\frac{H_{i-1}}{\delta}x) - (2\mu_{i-1} + \frac{H_{i-1}}{\delta}x)\chi_{i-1}]D_{i-1}^{V}\} \tag{2-1'}$$

$$[A_i^V + (2+4\mu_i + \frac{H_{i-1}}{\delta}x)B_i^V]e^{-2\frac{H_{i-1}}{\delta}x} + C_i^V - (2-4\mu_i - \frac{H_{i-1}}{\delta}x)D_i^V$$

$$= m_{i-1}\{[A_{i-1}^V + (2-4\mu_{i-1} + \frac{H_{i-1}}{\delta}x)B_{i-1}^V]e^{-2\frac{H_{i-1}}{\delta}x} + C_{i-1} - (2-4\mu_{i-1} - \frac{H_{i-1}}{\delta}x)D_{i-1}^V\} \tag{2-2'}$$

式(2-2′)与式(2-1′)相加、相减,则可得如下两式:

$$[2A_i^V + (1-4\mu_i + 2\frac{H_{i-1}}{\delta}x)B_i^V]e^{-2\frac{H_{k-1}}{\Delta}x} - (3-4\mu_i)D_i^V$$

$$= m_{i-1}\{2(1+\frac{\chi_{i-1}}{2})e^{-2\frac{H_{i-1}}{\delta}x}A_{i-1}^V + [(1-4\mu_{i-1} + 2\frac{H_{i-1}}{\delta}x) - (2\mu_{i-1} - \frac{H_{i-1}}{\delta}x)\chi_{i-1}]e^{-2\frac{H_{i-1}}{\delta}x}B_{i-1}^V +$$

$$\chi_{i-1}C_{i-1}^V - [(3-4\mu_{i-1}) - (2\mu_{i-1} + \frac{H_{i-1}}{\delta}x)\chi_{i-1}]D_{i-1}^V\}$$

$$(3-4\mu_i)e^{-2\frac{H_{i-1}}{\delta}x}B_{i-1}^V + 2C_i^V - (1-4\mu_i - 2\frac{H_{i-1}}{\delta}x)D_i^V \tag{2-1''}$$

$$= m_{i-1}\{-\chi_{i-1}e^{-2\frac{Hi_{k-1}}{\delta}x}A_{i-1}^V + [(3-4\mu_{i-1}) + (2\mu_{i-1} - \frac{H_{i-1}}{\delta}x)\chi_{i-1}]e^{-2\frac{H_{i-1}}{\delta}x}B_{i-1}^V +$$

$$2(1-\frac{\chi_{i-1}}{2}x)C_{i-1}^V - [(1-4\mu_{i-1} - 2\frac{H_{i-1}}{\delta}x) + (2\mu_{i-1} + \frac{H_{i-1}}{\delta}x)\chi_{i-1}]D_{i-1}^V\} \tag{2-2''}$$

根据式(10-5-1),若将A_i^V、B_i^V、C_i^V、D_i^V、A_{i-1}^V、B_{i-1}^V、C_{i-1}^V、D_{i-1}^V系数表达式代入上述两式,经整理后,可得如下两式:

$$\lambda_i^{(1)}\bar{p}_i(x) + \lambda_i^{(2)}\bar{s}_i(x) + \lambda_i^{(3)}\bar{p}_{i-1}(x) + \lambda_i^{(4)}\bar{s}_{i-1}(x) = \lambda_i^{(5)}\bar{p}_{i-2}(x) + \lambda_i^{(6)}\bar{s}_{i-2}(x) \tag{2-1}$$

$$\lambda_i^{(7)}\bar{p}_i(x) + \lambda_i^{(8)}\bar{s}_i(x) + \lambda_i^{(9)}\bar{p}_{i-1}(x) + \lambda_i^{(10)}\bar{s}i_{k-1}(x) = \lambda_i^{(11)}\bar{p}_{i-2}(x) + \lambda_i^{(12)}\bar{s}_{i-2}(x) \tag{2-2}$$

式中的系数$\lambda_i^{(j)}(j=1,2,3,\cdots,11,12)$完全同于10.4节的对应系数。

当$i=n$时,并注意$h_n=\infty$,则有

$$\Delta_n = \lim_{h_n\to\infty}[(1-e^{-2\frac{h_n}{\delta}x})^2 - (2\frac{h_n}{\delta}x)^2e^{-2\frac{h_n}{\delta}x}] = 1$$

$$\delta_n^{(1)} = \lim_{h_n\to\infty}[2\frac{h_n}{\delta}x + (1-e^{-2\frac{h_n}{\delta}x})]e^{-\frac{h_n}{\delta}x} = 0$$

$$\delta_n^{(2)} = \lim_{h_n\to\infty}[2\frac{h_n}{\delta}x - (1-e^{-2\frac{h_n}{\delta}x})]e^{-\frac{h_n}{\delta}x} = 0$$

$$\delta_n^{(3)} = \lim_{h_n\to\infty}[2\frac{h_n}{\delta}xe^{-2\frac{h_n}{\delta}x} + (1-e^{-2\frac{h_n}{\delta}x})] = 1$$

$$\delta_n^{(4)} = \lim_{h_n\to\infty}[2\frac{h_n}{\delta}xe^{-2\frac{h_n}{\delta}x} - (1-e^{-2\frac{h_n}{\delta}x})] = -1$$

由此可得

$$\lambda_n^{(1)} = \lambda_n^{(2)} = \lambda_n^{(7)} = \lambda_n^{(8)} = 0$$

$$\lambda_n^{(3)} = -\{\Delta_{n-1} + m_{n-1}[4(1-\mu_{n-1})\delta_{n-1}^{(3)} - \Delta_{n-1}]\}$$

$$\lambda_n^{(4)} = -\{\Delta_{n-1} - m_{n-1}[4(1-\mu_{n-1})\delta_n^{(4)} + (1+\chi_{n-1})\Delta_{n-1}]\}$$

$$\lambda_n^{(5)} = -4(1-\mu_{n-1})m_{n-1}\delta_{n-1}^{(1)}$$

$$\lambda_n^{(6)} = 4(1-\mu_{n-1})m_{n-1}\delta_{n-1}^{(2)}$$

$$\lambda_n^{(9)} = -\{(3-4\mu_n)\delta_k^{(3)}\Delta_{n-1} + m_{n-1}[4(1-\mu_{n-1})\delta_{n-1}^{(1)}e^{-\frac{h_{n-1}}{\delta}x} + \Delta_{n-1}]\}$$

$$\lambda_n^{(10)}=(3-4\mu_n)\Delta_{n-1}-m_{n-1}[4(1-\mu_{n-1})\delta_{n-1}^{(2)}e^{-\frac{h_{n-1}}{\delta}x}-(1-\chi_{n-1})\Delta_{n-1}]$$

$$\lambda_n^{(11)}=-4(1-\mu_{n-1})\delta_{n-1}^{(3)}m_{n-1}e^{-\frac{h_{n-1}}{\delta}x}$$

$$\lambda_n^{(12)}=-4(1-\mu_{n-1})m_{n-1}\delta_{n-1}^{(4)}e^{-\frac{h_{n-1}}{\delta}x}$$

当$k=n$时,若将上述$\lambda_n^{(j)}(j=1,2,3,\cdots,11,12)$表达式和$\bar{p}_n(x)=\bar{s}_n(x)=0$代入式(2-1)和式(2-2),则可得

$$\begin{cases}\lambda_n^{(3)}\bar{p}_{n-1}(x)+\lambda_n^{(4)}\bar{s}_{n-1}(x)=\lambda_n^{(5)}\bar{p}_{n-2}(x)+\lambda_n^{(6)}\bar{s}_{n-2}(x)\\ \lambda_n^{(9)}\bar{p}_{n-1}(x)+\lambda_n^{(10)}\bar{s}_{n-1}(x)=\lambda_n^{(11)}\bar{p}_{n-2}(x)+\lambda_n^{(12)}\bar{s}_{n-2}(x)\end{cases}\tag{A-1}$$

采用行列式理论中的克莱姆法则求解式(A-1),则可得到层间反力递推公式如下:

$$\begin{cases}\bar{p}_{n-1}(x)=\dfrac{1}{\bar{\eta}_n}\{[\lambda_n^{(5)}\lambda_n^{(10)}-\lambda_n^{(4)}\lambda_n^{(11)}]\bar{p}_{n-2}(x)+[\lambda_n^{(6)}\lambda_n^{(10)}-\lambda_n^{(4)}\lambda_n^{(12)}]\bar{s}_{n-2}(x)\}\\ \bar{s}_{n-1}(x)=\dfrac{1}{\bar{\eta}_n}\{[\lambda_n^{(3)}\lambda_n^{(11)}-\lambda_n^{(5)}\lambda_n^{(9)}]\bar{p}_{n-2}(x)+[\lambda_n^{(3)}\lambda_n^{(12)}-\lambda_n^{(6)}\lambda_n^{(9)}]\bar{s}_{n-2}(x)\}\end{cases}\tag{A-2}$$

式中,$\bar{\eta}_n=\lambda_n^{(3)}\lambda_n^{(10)}-\lambda_n^{(4)}\lambda_n^{(9)}$。

式(A-2)为双层弹性连续体系($n=2$)界面反力递推公式。为不失一般性,将式(A-2)改写如下:

$$\begin{cases}\lambda_i^{(3)}\bar{p}_{i-1}(x)+\lambda_i^{(4)}\bar{s}_{i-1}(x)=\lambda_i^{(5)}\bar{p}_{i-2}(x)+\lambda_i^{(6)}\bar{s}_{i-2}(x)\\ \lambda_i^{(9)}\bar{p}_{i-1}(x)+\lambda_i^{(10)}\bar{s}_{i-1}(x)=\lambda_i^{(11)}\bar{p}_{i-2}(x)+\lambda_i^{(12)}\bar{s}_{i-2}(x)\end{cases}\tag{A-3}$$

采用行列式理论中的克莱姆法则求解式(A-3),则可得到层间反力递推公式如下:

$$\begin{cases}\bar{p}_{i-1}(x)=\dfrac{1}{\eta_i}\{[\lambda_i^{(5)}\lambda_i^{(10)}-\lambda_i^{(4)}\lambda_i^{(11)}]\bar{p}_{i-2}(x)+[\lambda_i^{(6)}\lambda_i^{(10)}-\lambda_i^{(4)}\lambda_i^{(12)}]\bar{s}_{i-2}(x)\}\\ \bar{s}_{i-1}(x)=\dfrac{1}{\eta_i}\{[\lambda_i^{(3)}\lambda_i^{(11)}-\lambda_i^{(5)}\lambda_i^{(9)}]\bar{p}_{i-2}(x)+[\lambda_i^{(3)}\lambda_i^{(12)}-\lambda_i^{(6)}\lambda_i^{(9)}]\bar{s}_{i-2}(x)\}\end{cases}\tag{A-4}$$

式中,$\eta_i=\lambda_i^{(3)}\lambda_i^{(10)}-\lambda_i^{(4)}\lambda_i^{(9)}$。

在式(2-1)和式(2-2)中,若用$i-1$代替i,并将式(A-4)代入后,再用i代替$i-1$,则可得

$$\begin{cases}\bar{p}_{i-1}(x)=\dfrac{1}{\eta_i}\{[\lambda_i^{(5)}\lambda_1^{(\mathrm{X})}-\lambda_i^{(\mathrm{IV})}\lambda_i^{(11)}]\bar{p}_{i-2}(x)+[\lambda_i^{(6)}\lambda_i^{(\mathrm{X})}-\lambda_i^{(\mathrm{IV})}\lambda_i^{(12)}]\bar{s}_{i-2}(x)\}\\ \bar{s}_{i-1}(x)=\dfrac{1}{\eta_i}\{[\lambda_i^{(\mathrm{III})}\lambda_i^{(11)}-\lambda_k^{(5)}\lambda_i^{(\mathrm{IX})}]\bar{p}_{i-2}(x)+[\lambda_i^{(\mathrm{III})}\lambda_i^{(12)}-\lambda_i^{(6)}\lambda_i^{(\mathrm{IX})}]\bar{s}_{i-2}(x)\}\end{cases}\tag{10-5-3}$$

式中,$\bar{p}_0(x)=1,\bar{s}_0(x)=0$。

当$i=n,n-1,\cdots,3,2$时,则有$\lambda_i^{(\mathrm{III})}$、$\lambda_i^{(\mathrm{IV})}$、$\lambda_i^{(\mathrm{IX})}$、$\lambda_i^{(\mathrm{X})}$表达式如下:

$$\lambda_i^{(\mathrm{III})}=\begin{cases}\lambda_n^{(3)} & (i=n)\\ \dfrac{\lambda_i^{(1)}}{\eta_{i+1}}[\lambda_{i+1}^{(5)}\lambda_{i+1}^{(\mathrm{X})}-\lambda_{i+1}^{(\mathrm{IV})}\lambda_{i+1}^{(11)}]+\dfrac{\lambda_i^{(2)}}{\eta_{i+1}}[\lambda_{i+1}^{(\mathrm{III})}\lambda_{i+1}^{(11)}-\lambda_{i+1}^{(5)}\lambda_{i+1}^{(\mathrm{IX})}]+\lambda_i^{(3)} & (i\neq n)\end{cases}$$

$$\lambda_i^{(\mathrm{IV})}=\begin{cases}\lambda_n^{(4)} & (i=n)\\ \dfrac{\lambda_i^{(1)}}{\eta_{i+1}}[\lambda_{i+1}^{(6)}\lambda_{i+1}^{(\mathrm{X})}(x)-\lambda_{i+1}^{(\mathrm{IV})}\lambda_{i+1}^{(12)}]+\dfrac{\lambda_i^{(2)}}{\eta_{i+1}}[\lambda_{i+1}^{(\mathrm{III})}\lambda_{i+1}^{(12)}-\lambda_{i+1}^{(6)}\lambda_{i+1}^{(\mathrm{IX})}]+\lambda_i^{(4)} & (i\neq n)\end{cases}$$

$$\lambda_i^{(\mathrm{IX})}=\begin{cases}\lambda_n^{(9)} & (i=n)\\ \dfrac{\lambda_i^{(7)}}{\eta_{i+1}}[\lambda_{i+1}^{(5)}\lambda_{i+1}^{(\mathrm{X})}-\lambda_{i+1}^{(\mathrm{IV})}\lambda_{i+1}^{(11)}]+\dfrac{\lambda_i^{(8)}}{\eta_{i+1}}[\lambda_{i+1}^{(\mathrm{III})}\lambda_{i+1}^{(11)}-\lambda_{i+1}^{(5)}\lambda_{i+1}^{(\mathrm{IX})}]+\lambda_i^{(9)} & (i\neq n)\end{cases}$$

$$\lambda_i^{(\mathrm{X})}=\begin{cases}\lambda_n^{(10)} & (i=n)\\ \dfrac{\lambda_i^{(7)}}{\eta_{i+1}}[\lambda_{i+1}^{(6)}\lambda_{i+1}^{(\mathrm{X})}-\lambda_{i+1}^{(\mathrm{IV})}\lambda_{i+1}^{(12)}]+\dfrac{\lambda_i^{(8)}}{\eta_{i+1}}[\lambda_{i+1}^{(\mathrm{III})}\lambda_{i+1}^{(12)}-\lambda_{i+1}^{(6)}\lambda_{i+1}^{(\mathrm{IX})}]+\lambda_i^{(10)} & (i\neq n)\end{cases}$$

$$\eta_i = \lambda_i^{(\mathrm{III})}\lambda_i^{(\mathrm{X})} - \lambda_i^{(\mathrm{IV})}\lambda_i^{(\mathrm{IX})}$$

式(10-5-3)为多层弹性体系采用古德曼模型的层间反力递推公式。在运算时，一定要注意如下三点：

(1)$\lambda_i^{(\mathrm{III})}$ 与 $\lambda_i^{(3)}$、$\lambda_i^{(\mathrm{IV})}$ 与 $\lambda_i^{(4)}$、$\lambda_i^{(\mathrm{IX})}$ 与 $\lambda_i^{(9)}$、$\lambda_i^{(\mathrm{X})}$ 与 $\lambda_i^{(10)}$ 均为同一变量，只不过 $\lambda_i^{(3)}$、$\lambda_i^{(4)}$、$\lambda_i^{(9)}$、$\lambda_i^{(10)}$ 为递推前的变量值；$\lambda_i^{(\mathrm{III})}$、$\lambda_i^{(\mathrm{IV})}$、$\lambda_i^{(\mathrm{IX})}$、$\lambda_i^{(\mathrm{X})}$ 为递推后的变量值。当 $i=n-1$ 时，只有递推前的变量值 $\lambda_i^{(3)}$、$\lambda_i^{(4)}$、$\lambda_i^{(9)}$、$\lambda_i^{(10)}$，而没有递推后的变量值 $\lambda_i^{(\mathrm{III})}$、$\lambda_i^{(\mathrm{IV})}$、$\lambda_i^{(\mathrm{IX})}$、$\lambda_i^{(\mathrm{X})}$。

(2)在递推变量 $\lambda_i^{(\mathrm{III})}$、$\lambda_i^{(\mathrm{IV})}$、$\lambda_i^{(\mathrm{IX})}$、$\lambda_i^{(\mathrm{X})}$ 时，可按下标 i 由大到小，进行递推，即按 $i=n-1,n-2,\cdots,3,2$ 进行递推。

(3)只有当 $\lambda_i^{(\mathrm{III})}$、$\lambda_i^{(\mathrm{IV})}$、$\lambda_i^{(\mathrm{IX})}$、$\lambda_i^{(\mathrm{X})}$ 的递推工作完成后，才能对层间界面反力进行递推，但它必须按下标由小到大进行递推。在递推过程中，应注意：$\bar{p}_0(x)=1$，$\bar{s}_0(x)=0$。

10.6　多层弹性体系地基上的薄板

设多层弹性体系地基上薄板的表面作用有圆形轴对称垂直荷载 $q(r)$，薄板的参数分别为 h_C、E_C、μ_C，多层弹性体系的各层厚度、模量和泊松比分别为 h_i、E_i、μ_i，最下层为弹性半空间体，其模量和泊松比分别用 E_n、μ_n 表示。层间接触面上的黏结系数为 $K_i(i=1,2,\cdots,n-1)$，如图 10-5a)所示。

采用材料力学中的截面法，将多层地基上的板与多层弹性体系地基的表层接触面切开，如图 10-5b)所示。

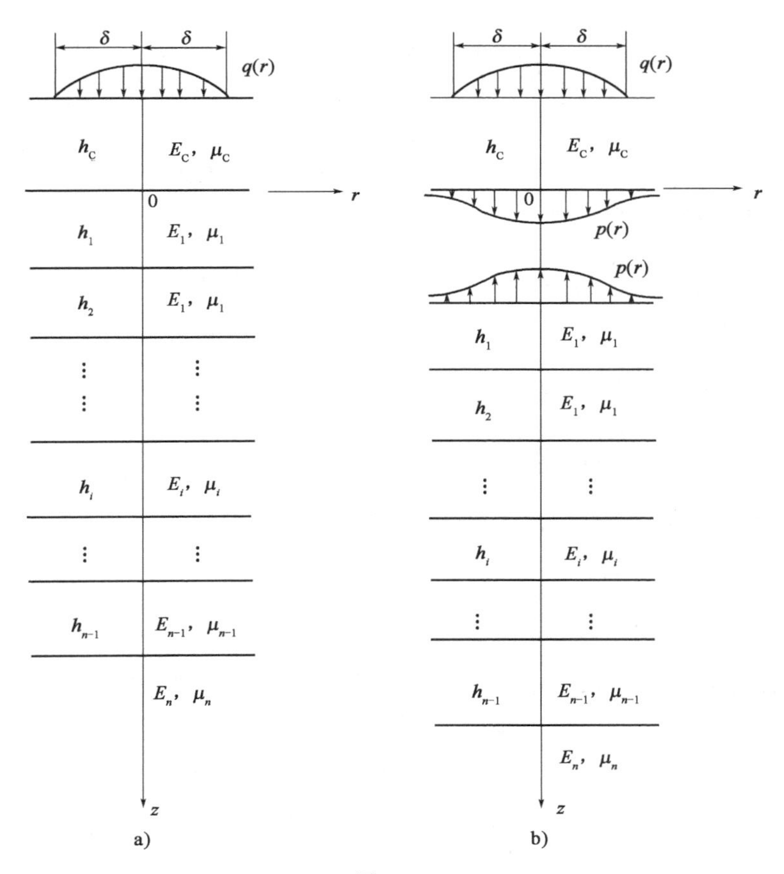

图　10-5

在上部脱离体中,薄板的上下表面分别作用有圆形轴对称垂直荷载 $q(r)$ 和轴对称垂直反力 $p(r)$,而下部脱离体相当于轴对称垂直荷载 $p(r)$ 作用下的多层弹性体系。根据前述的解题方法,薄板的挠度即为多层弹性体系地基的表面垂直位移 $w(r)$,它可根据多层弹性体系理论求得。

若采用系数递推法,可将式(10-3-3)和 $z=0$ 代入式(4-1-1)中的垂直位移公式,则可得板的挠度公式如下:

$$w(r) = \frac{2(1-\mu_1^2)}{E_1}\int_0^\infty \frac{\eta}{\Delta_C}\bar{p}(\xi)J_0(\xi r)\mathrm{d}\xi \tag{1}$$

式中:$\eta=(R_{n-1}^{33}R_{n-1}^{44}-R_{n-1}^{34}R_{n-1}^{43})-[(R_{n-1}^{31}R_{n-1}^{44}-R_{n-1}^{34}R_{n-1}^{41})+(R_{n-1}^{32}R_{n-1}^{43}-R_{n-1}^{33}R_{n-1}^{42})]e^{-2\xi h_1}-(R_{n-1}^{31}R_{n-1}^{42}-R_{n-1}^{32}R_{n-1}^{41})e^{-4\xi h_1}$

其余符号同于10.3节中的符号。

若采用反力递推法,可令式(10-4-1)中的 $i=1$,则有

$$A_1 = \frac{1}{2\Delta_1}[\alpha_1^{(3)}\bar{p}(\xi)-\alpha_1^{(1)}\bar{p}_1(\xi)-\alpha_1^{(2)}\bar{s}_1(\xi)]$$

$$B_1 = -\frac{1}{\Delta_1}[\delta_1^{(3)}\bar{p}(\xi)-\delta_1^{(1)}\bar{p}_1(\xi)-\delta_1^{(2)}\bar{s}_1(\xi)]$$

$$C_1 = \frac{e^{-\xi h_1}}{2\Delta_1}[\beta_1^{(3)}\bar{p}(\xi)-\beta_1^{(1)}\bar{p}_1(\xi)+\beta_1^{(2)}\bar{s}_1(\sigma)]$$

$$D_1 = \frac{e^{-\xi h_1}}{\Delta_1}[\delta_1^{(1)}\bar{p}(\xi)-\delta_1^{(3)}\bar{p}_1(\xi)+\delta_1^{(4)}\bar{s}_1(\xi)]$$

又将下列关系式:

$$\begin{aligned}
\alpha_1^{(1)} &= (1-4\mu_1)\delta_1^{(1)}-\delta_1^{(3)}e^{-\xi h_1}\\
\alpha_1^{(2)} &= (1-4\mu_1)\delta_1^{(2)}+\delta_1^{(4)}e^{-\xi h_1}\\
\alpha_1^{(3)} &= (1-4\mu_1)\delta_1^{(3)}-\delta_1^{(1)}e^{-\xi h_1}-\Delta_1\\
\beta_1^{(1)} &= (1-4\mu_1-2\xi h_1)\delta_1^{(3)}-\delta_1^{(1)}e^{-\xi h_1}-\Delta_1\\
\beta_1^{(2)} &= (1-4\mu_1-2\xi h_1)\delta_1^{(4)}+\delta_1^{(2)}e^{-\xi h_1}-\Delta_1\\
\beta_1^{(3)} &= (1-4\mu_1-2\xi h_1)\delta_1^{(1)}-\delta_1^{(3)}e^{-\xi h_1}
\end{aligned}$$

代入上述 A_1、B_1、C_1、D_1 表达式,则可得

$$\begin{aligned}
A_1 &= \frac{1}{2\Delta_1}\{[(1-4\mu_1)\delta_1^{(3)}-\delta_1^{(1)}e^{-\xi h_1}-\Delta_1]\bar{p}(\xi)-[(1-4\mu_1)\delta_1^{(1)}-\delta_1^{(3)}e^{-\xi h_1}]\bar{p}_1(\xi)-\\
&\quad [(1-4\mu_1)\delta_1^{(2)}+\delta_1^{(4)}e^{-\xi h_1}]\bar{s}_1(\xi)\}\\
B_1 &= -\frac{1}{\Delta_1}[\delta_1^{(3)}\bar{p}(\xi)-\delta_1^{(1)}\bar{p}_1(\xi)-\delta_1^{(2)}\bar{s}_1(\xi)]\\
C_1 &= \frac{e^{-\xi h_1}}{2\Delta_1}\{[(1-4\mu_1+2\xi h_1)\delta_1^{(1)}-\delta_1^{(3)}e^{-\xi h_1}]\bar{p}(\xi)-\\
&\quad [(1-4\mu_1-2\xi h_1)\delta_1^{(3)}-\delta_1^{(1)}e^{-\xi h_{11}}-\Delta_1]\bar{p}_1(\xi)+\\
&\quad [(1-4\mu_1-2\xi h_1)\delta_1^{(4)}-\delta_1^{(2)}e^{-\xi h_1}-\Delta_1]\bar{s}_1(\xi)\}\\
D_1 &= \frac{e^{-\xi h_1}}{\Delta_1}[\delta_1^{(1)}\bar{p}(\xi)-\delta_1^{(3)}\bar{p}_1(\xi)+\delta_1^{(4)}\bar{s}_1(\xi)]
\end{aligned}$$

再将上述四个表达式和 $z=0$ 代入式(4-1-1)中的垂直位移公式,并注意到下列关系式:

$$\begin{aligned}
\Delta_1-(1-e^{-2\xi h_1})\delta_1^{(3)}+2\xi h_1\delta_1^{(1)}e^{-\xi jh_1} &= 0\\
(1-e^{-2\xi h_1})\delta_1^{(1)}-2\xi h_1\delta_1^{(3)}e^{-\xi jh_1}-\Delta_1 e^{-\xi jh_1} &= 0\\
(1-e^{-2\xi h_1})\delta_1^{(2)}+2\xi h_1\delta_1^{(4)}e^{-\xi jh_1}+\Delta_1 e^{-\xi jh_1} &= 0
\end{aligned}$$

$$\bar{p}_1(\xi) = \frac{1}{\eta_2}[\lambda_2^{(5)}\lambda_2^{(\mathrm{X})}-\lambda_2^{(\mathrm{IV})}\lambda_2^{(11)}]\bar{p}(\xi)$$

$$\bar{s}_1(\xi) = \frac{1}{\eta_2}[\lambda_2^{(\mathrm{III})}\lambda_2^{(11)} - \lambda_2^{(5)}\lambda_2^{(\mathrm{IX})}]\bar{p}(\xi)$$

则可得挠度的表达式如下：

$$w(r) = \frac{2(1-\mu_1^2)}{E_1}\int_0^\infty \frac{\eta}{\Delta_1}\bar{p}(\xi)J_0(\xi r)\mathrm{d}\xi \tag{2}$$

式中：$\eta = \delta_1^{(3)} + \delta_1^{(1)}e^{-\xi h_1} - \frac{1}{\eta_2}[\lambda_2^{(5)}\lambda_2^{(\mathrm{X})} - \lambda_2^{(\mathrm{IV})}\lambda_2^{(11)}][\delta_1^{(1)} + \delta_1^{(3)}e^{-\xi h_1}] - \frac{1}{\eta_2}[\lambda_2^{(\mathrm{III})}\lambda_2^{(11)} - \lambda_2^{(5)}\lambda_2^{(\mathrm{IX})}][\delta_1^{(2)} - \delta_1^{(4)}e^{-\xi h_1}]$

上式中的其余符号同于10.5节的符号。

若令

$$\Delta = \begin{cases} \Delta_C & （系数递推法）\\ \Delta_1 & （反力递推法）\end{cases}$$

那么，式(1)与式(2)可以统一写成如下表达式：

$$w(r) = \frac{2(1-\mu_1^2)}{E_1}\int_0^\infty \frac{\eta}{\Delta}\bar{p}(\xi)J_0(\xi r)\mathrm{d}\xi \tag{a}$$

若式(a)施加零阶亨格尔积分变换，则可得

$$\bar{w}(\xi) = \frac{2(1-\mu_1^2)}{E_1} \times \frac{\bar{p}(\xi)}{\xi} \times \frac{\eta}{\Delta} \tag{b}$$

根据式(7-3-1)，对其两端施加零阶亨格尔积分变换，则可得到如下的未知垂直反力表达式：

$$\bar{p}(\xi) = \bar{q}(\xi) - D\xi^4\bar{w}(\xi) \tag{c}$$

若将式(c)代入式(b)，则可得

$$\bar{w}(\xi) = \frac{2(1-\mu_1^2)}{E_1} \times \frac{\bar{q}(\xi) - D\xi^4\bar{w}(\xi)}{\xi} \times \frac{\eta}{\Delta} \tag{d}$$

若令刚性半径为：

$$l = \sqrt[3]{\frac{2D(1-\mu_1^2)}{E_1}}$$

即

$$l = h_c\sqrt[3]{\frac{E_c(1-\mu_1^2)}{6E_1(1-\mu_c^2)}}$$

那么，式(d)可改写为下式：

$$\left(1 + \frac{l^3\xi^3\eta}{\Delta}\right)\bar{w}(\xi) = \frac{2(1-\mu_1^2)}{E_1} \times \frac{\bar{q}(\xi)}{\xi} \times \frac{\eta}{\Delta}$$

即

$$\bar{w}(\xi) = \frac{2(1-\mu_1^2)}{E_1} \times \frac{\bar{q}(\xi)}{\xi} \times \frac{\eta}{\Delta + l^3\xi^3\eta}$$

又令

$$\lambda = \Delta + l^3\xi^3\eta$$

则上式又可改写为下式：

$$\bar{w}(\xi) = \frac{2(1-\mu_1^2)}{E_1} \times \frac{\bar{q}(\xi)}{\xi} \times \frac{\eta}{\lambda} \tag{10-6-1}$$

若将式(10-6-1)施加零阶亨格尔积分反变换，则可得板的挠度表达式如下：

$$w(r) = \frac{2(1-\mu_1^2)}{E_1}\int_0^\infty \frac{\eta}{\lambda}\bar{q}(\xi)J_0(\xi r)\mathrm{d}\xi \tag{10-6-2}$$

若将式(10-6-1)代入式(c),则可得

$$\bar{p}(\xi)=\bar{q}(\xi)(1-l^3\xi^3\frac{\eta}{\lambda}) \tag{10-6-3}$$

对上式施加零阶亨格尔积分反变换,则可得多层弹性地基上反力表达式如下:

$$p(r)=\int_0^\infty \xi(1-l^3\xi^3\frac{\eta}{\lambda})\bar{q}(\xi)J_0(\xi r)\mathrm{d}\xi \tag{10-6-4}$$

若将式(10-6-2)代入式(7-2-5)中的第一式和第二式,则可得多层弹性体系地基上板的径向弯矩和轴向弯矩表达式如下:

$$\begin{cases}M_r=l^3\int_0^\infty \xi\frac{\eta}{\lambda}\bar{q}(\xi)\left[\xi J_0(\xi r)-\frac{1-\mu_c}{r}J_1(\xi r)\right]\mathrm{d}\xi\\ M_\theta=l^3\int_0^\infty \xi\frac{\eta}{\lambda}\bar{q}(\xi)\left[\mu_c\xi J_0(\xi r)+\frac{1-\mu_c}{r}J_1(\xi r)\right]\mathrm{d}\xi\end{cases} \tag{10-6-5}$$

对于板上作用有半径为 δ 的圆形均布垂直荷载 $q=\frac{Q}{\pi\delta^2}$,其零阶亨格尔积分反变换可表示为:

$$\bar{q}(\xi)=\frac{QJ_1(\xi\delta)}{\pi\delta\xi}$$

若将上述表达式代入式(10-6-2)、式(10-6-4)、式(10-6-5),则可得多层弹性地基上板的挠度、反力和弯矩表达式如下:

$$w(r)=\frac{2(1-\mu_1^2)Q}{\pi\delta E_1}\int_0^\infty \frac{J_1(\xi\delta)J_0(\xi r)}{\xi}\frac{\eta}{\lambda}\mathrm{d}\xi \tag{10-6-6}$$

$$p(r)=\frac{Q}{\pi\delta}\int_0^\infty (1-l^3\xi^3\frac{\eta}{\lambda})J_1(\xi\delta)J_0(\xi r)\mathrm{d}\xi \tag{10-6-7}$$

$$M_r=\frac{l^3Q}{\pi\delta}\int_0^\infty J_1(\xi\delta)\left[\xi J_0(\xi r)-\frac{1-\mu_c}{r}J_1(\xi r)\right]\frac{\eta}{\lambda}\mathrm{d}\xi \tag{10-6-8}$$

$$M_\theta=\frac{l^3Q}{\pi\delta}\int_0^\infty J_1(\xi\delta)\left[\mu_c\xi J_0(\xi r)+\frac{1-\mu_c}{r}J_1(\xi r)\right]\frac{\eta}{\lambda}\mathrm{d}\xi \tag{10-6-9}$$

若令

$$C_1=\frac{l^3}{\pi\delta}\int_0^\infty \xi J_1(\xi\delta)J_0(\xi r)\frac{\eta}{\lambda}\mathrm{d}\xi-C_2$$

$$C_2=\frac{l^3}{\pi\delta r}\int_0^\infty J_1(\xi\delta)J_1(\xi r)\frac{\eta}{\lambda}\mathrm{d}\xi$$

则可得弯矩表达式如下:

$$\begin{cases}M_r=(C_1+\mu_cC_2)Q\\ M_\theta=(C_2+\mu_cC_1)Q\end{cases} \tag{10-6-10}$$

在荷载圆的中心($r=0$)处,则有

$$\lim_{r\to0}J_0(\xi r)=1$$

$$\lim_{r\to0}J_1(\xi r)=0$$

$$\lim_{r\to0}\frac{J_1(\xi r)}{r}=\frac{\xi}{2}$$

由此可知,在 $r=0$ 处,薄板底部的最大弯矩为:

$$M_r=M_\theta=\frac{(1+\mu_c)lQ}{2\pi\delta}C$$

式中,$C=l^2\int_0^\infty \xi J_1(\xi\delta)\frac{\eta}{\lambda}\mathrm{d}\xi$。

如果板上作用集中力 Q 时，荷载的零阶亨格尔积分变换：

$$\bar{q}(\xi) = \frac{Q}{2\pi}$$

则由式(10-6-2)、式(10-6-4)和(10-6-6)，可得到集中力作用下薄板的挠度、反力和弯矩表达式如下：

$$w(r) = \frac{(1-\mu_1^2)Q}{\pi\delta E_1}\int_0^\infty \frac{\eta}{\lambda}J_0(\xi r)\mathrm{d}\xi$$

$$p(r) = \frac{Q}{2\pi}\int_0^\infty \xi\left(1 - l^3\xi^3\frac{\eta}{\lambda}\right)J_0(\xi r)\mathrm{d}\xi$$

$$M_r = (A + \mu_c B)Q$$

$$M_\theta = (B + \mu_c A)Q$$

式中：$A = \dfrac{l^3}{2\pi}\displaystyle\int_0^\infty \xi^2\frac{\eta}{\lambda}J_0(\xi r)\mathrm{d}\xi - B$

$B = \dfrac{l^3}{2\pi r}\displaystyle\int_0^\infty \xi\frac{\eta}{\lambda}J_1(\xi r)\mathrm{d}\xi$

多层弹性地基中的应力与位移分量表达式可将式(10-6-3)代入式(4-1-1)求得。

第3篇

非轴对称空间课题的应力与位移

11 水平荷载作用下层状弹性体系的一般解

近几十年来,层状弹性体系应力和位移理论在世界各国路面设计理论的研究工作中,日益受到重视,在理论分析和数值计算方面都取得很大的进展。但是,在这方面的研究中,大多只考虑轴对称垂直荷载对路面的作用,而对车辆在起动、行驶、变速和制动时所引起的水平力则考虑得很少。然而,路面的许多破坏现象表明,水平力对路面的影响是一项不可忽视的重要因素。因此,研究非轴对称单向水平荷载作用下多层弹性体系内的应力和位移具有一定的现实意义和理论价值。

在国外,有些学者对这一课题曾做过某些研究工作。比如,牟歧鹿楼研究过弹性半无限体的三维应力问题,并对均质弹性半空间的若干特殊情况进行过具体数值分析。巴帕、希福曼则把牟歧鹿楼的解法推广到层状弹性体系上去,对不同的求解条件下的应力和位移做过一般性分析。伐耳克休、威斯特曼和松岗健一也对该课题的理论分析、数值计算和试验验证作过一些工作。但是,就双层体系而言,在国外的研究工作中,数值计算方面具有较多成果的是澳大利亚杰勒德的报告。

在国内,同济大学曾于1964年对圆形均布荷载采用直接积分的方法对弹性半空间体内的应力和变形作过分析,并对路面结构在圆形均布垂直和水平复合荷载作用下的强度和稳定性等问题进行过研究工作。20世纪70年代,哈尔滨建筑工程学院(现为哈尔滨工业大学)和同济大学公路工程研究所对层状体系的非轴对称空间课题开始进行探讨,并于1978年对圆形均布单向水平荷载作用下双层弹性体系的应力与位移进行大量的数值计算工作。此后,国内有些单位关于三层和多层弹性体系在水平力作用下的解析解,在方法上和数值计算方面的研究都有不少的进展。

11.1 非轴对称空间课题的位移函数法

设非轴对称空间课题的位移函数为:

$$\varphi = \varphi(r,\theta,z)$$

$$\psi = \psi(r,\theta,z)$$

并给定位移分量与位移函数的关系式如下:

$$\begin{cases} u = \dfrac{1+\mu}{E}\left(\dfrac{\partial^2\varphi}{\partial r\partial z} - \dfrac{2}{r}\dfrac{\partial\psi}{\partial\theta}\right) \\ v = -\dfrac{1+\mu}{E}\left(\dfrac{1}{r}\dfrac{\partial^2\varphi}{\partial\theta\partial\varphi} + 2\dfrac{\partial\varphi}{\partial r}\right) \\ w = -\dfrac{1+\mu}{E}\left[2(1-\mu)\nabla^2\varphi - \dfrac{\partial^2\varphi}{\partial z^2}\right] \end{cases} \tag{1}$$

若将式(1)代入式(3-3-5),则采用双位移函数表示的应力分量关系式可表示为如下形式:

$$
\begin{cases}
\sigma_r = \dfrac{\partial}{\partial z}(\mu\nabla^2\varphi - \dfrac{\partial^2\varphi}{\partial r^2}) + \dfrac{2}{r}\dfrac{\partial}{\partial\theta}(\dfrac{\partial\psi}{\alpha r} - \dfrac{\psi}{r}) \\
\sigma_\theta = \dfrac{\partial}{\partial z}(\mu\nabla^2\varphi - \dfrac{1}{r}\dfrac{\partial\varphi}{\partial r} - \dfrac{1}{r^2}\dfrac{\partial^2\varphi}{\partial\theta^2}) - \dfrac{2}{r}\dfrac{\partial}{\partial\theta}(\dfrac{\partial\psi}{\partial r} - \dfrac{\psi}{r}) \\
\sigma_z = \dfrac{\partial}{\partial z}[(2-\mu)\nabla^2\varphi - \dfrac{\partial^2\varphi}{\partial z^2}] \\
\tau_{r\theta} = \dfrac{1}{r}\dfrac{\partial^2}{\partial\theta\partial z}(\dfrac{\varphi}{r} - \dfrac{\partial\varphi}{\partial r}) - 2\dfrac{\partial^2\psi}{\partial r^2} - \dfrac{\partial^2\psi}{\partial z^2} \\
\tau_{\theta z} = \dfrac{1}{r}\dfrac{\partial}{\partial\theta}[(1-\mu)\nabla^2\varphi - \dfrac{\partial^2\varphi}{\partial z^2}] - \dfrac{\nabla^2\psi}{\partial r\partial z} \\
\tau_{zr} = \dfrac{\partial}{\partial r}[(1-\mu)\nabla^2\varphi - \dfrac{\partial^2\varphi}{\partial z^2}] + \dfrac{1}{r}\dfrac{\partial^2\psi}{\partial\theta\partial z}
\end{cases}
\tag{2}
$$

若将式(2)代入式(3-1-3)和式(3-3-5),则非轴对称空间课题的静平衡方程式和应力协调方程式全部可转化为:

$$
\begin{cases}
\nabla^4\varphi = 0 \\
\nabla^2\psi = 0
\end{cases}
\tag{3}
$$

式中:∇^2——非轴对称空间课题的拉普拉斯算子,其表达式可表示为如下形式:

$$
\nabla^2 = \frac{\partial^2}{\partial r^2} + \frac{1}{r}\frac{\partial}{\partial r} + \frac{1}{r^2}\frac{\partial^2}{\partial\theta^2} + \frac{\partial^2}{\partial z^2}
$$

∇^4——非轴对称空间课题的重拉普拉斯算子,其表达式为:

$$
\nabla^4 = (\frac{\partial^2}{\partial r^2} + \frac{1}{r}\frac{\partial}{\partial r} + \frac{1}{r^2}\frac{\partial^2}{\partial\theta^2} + \frac{\partial^2}{\partial z^2})^2
$$

式(3)表明,如果 φ 是重调和方程的解,ψ 是调和方程的解,那么式(3-1-3)和式(3-5-3)均可满足。因此,只要根据式(3)求得双位移函数 φ 和 ψ 后,就能根据式(2)和式(1)计算应力与位移分量。形变分量可根据式(3-3-1)或式(3-2-1)求得。

根据式(3)求解重调和方程与调和方程时,仍然采用亨格尔积分变换理论。为此,可将位移函数展开成如下级数形式:

$$
\begin{cases}
\varphi(r,\theta,z) = \sum\limits_{k=0}^{\infty}\varphi_k(r,z)\cos k\theta \\
\psi(r,\theta,z) = \sum\limits_{k=0}^{\infty}\psi_k(r,z)\sin k\theta
\end{cases}
\tag{4}
$$

在式(4)中,当 $k\neq0$ 时,有 $\varphi_k(r,z)=\psi_k(r,z)=0$,而当 $k=0$ 时,又有 $\varphi_0(r,z)\neq0$,那么式(4)可简化为:

$$
\varphi(r,\theta,z) = \varphi_0(r,z)
$$
$$
\psi(r,\theta,z) = 0
$$

这就是说,式(4)只有 $k=0$ 的一项,则非轴对称空间课题的位移函数,就可转化为轴对称空间课题的位移函数。

若将式(4)的级数表达式代入式(3),则可得到如下关系式:

$$
\nabla_k^4\varphi_k = (\frac{\partial^2}{\partial r^2} + \frac{1}{r}\frac{\partial}{\partial r} - \frac{k^2}{r^2} + \frac{\partial^2}{\partial z^2})^2\varphi_k = 0
$$

$$
\nabla_k^2\psi_k = (\frac{\partial^2}{\partial r^2} + \frac{1}{r}\frac{\partial}{\partial r} - \frac{k^2}{r^2} + \frac{\partial^2}{\partial z^2})\psi_k = 0
$$

根据亨格尔积分变换理论,则可得

$$\begin{cases}\left(\frac{d^2}{dz^2}-\xi^2\right)^2\overline{\varphi}_k(\xi,z)=0\\\left(\frac{d^2}{dz^2}-\xi^2\right)\overline{\psi}_k(\xi,z)=0\end{cases}\tag{5}$$

式中：$\overline{\varphi}_k(\xi,z)=\int_0^\infty r\varphi_k(r,z)J_k(\xi r)\mathrm{d}r$

$\overline{\psi}_k(\xi,z)=\int_0^\infty r\psi_k(r,z)J_k(\xi r)\mathrm{d}r$

通过上述亨格尔 k 阶积分变换，可以将重调和方程与调和方程均转化为常微分方程，即式(5)，其解可表示为如下形式：

$$\begin{cases}\overline{\varphi}_k(\xi,z)=(A_\xi+B_\xi z)e^{-\xi z}+(C_\xi+D_\xi z)e^{\xi z}\\\overline{\psi}_k(\xi,z)=E_\xi e^{-\xi z}+F_\xi e^{\xi z}\end{cases}\tag{a}$$

根据亨格尔积分变换的反演公式，则可得

$$\varphi_k(r,z)=\int_0^\infty \xi\overline{\varphi}_k(r,z)J_k(\xi r)\mathrm{d}\xi$$

$$\overline{\psi}_k(r,z)=\int_0^\infty \xi\overline{\psi}_k(r,z)J_k(\xi r)\mathrm{d}\xi$$

若将上两式代入式(4)，则位移函数可表示为如下两式：

$$\begin{cases}\varphi(r,\theta,z)=\sum_{k=0}^{\infty}\int_0^\infty \xi\overline{\varphi}_k(r,z)J_k(\xi r)\cos k\theta\mathrm{d}\xi\\\overline{\psi}_k(r,\theta,z)=\sum_{k=0}^{\infty}\int_0^\infty \xi\overline{\psi}_k(r,z)J_k(\xi r)\sin k\theta\mathrm{d}\xi\end{cases}\tag{b}$$

根据贝塞尔函数的下述关系式：

$$\frac{\mathrm{d}}{\mathrm{d}x}J_n(x)=\frac{1}{2}[J_{n-1}(x)-J_{n+1}(x)]$$

$$J_{n+1}(x)=\frac{2n}{x}J_n(x)-J_{n-1}(x)$$

则可得贝塞尔函数的导数表达式如下：

$$\frac{\mathrm{d}}{\mathrm{d}r}J_k(\xi r)=\xi J_{k-1}(\xi r)-\frac{k}{r}J_k(\xi r)$$

$$\frac{\mathrm{d}^2}{\mathrm{d}r^2}J_k(\xi r)=-\xi^2J_k(\xi r)+\xi\left[\frac{k+1}{2r}J_{k+1}(\xi r)+\frac{k-1}{2r}J_{k-1}(\xi r)\right]$$

利用上两式，则可得位移函数对 r 的导数表达式如下：

$$\frac{\partial\varphi}{\partial r}=\sum_{k=0}^{\infty}\int_0^\infty \xi\overline{\varphi}_k\left[\xi J_{k-1}(\xi r)-\frac{k}{r}J_k(\xi r)\right]\cos k\theta\mathrm{d}\xi$$

$$\frac{\partial^2\varphi}{\partial r^2}=\sum_{k=0}^{\infty}\int_0^\infty \xi^2\,\overline{\varphi}_k\left\{-\xi J_k(\xi r)+\left[\frac{k+1}{2r}J_{k+1}(\xi r)+\frac{k-1}{2r}J_{k-1}(\xi r)\right]\right\}\cos k\theta\mathrm{d}\xi$$

$$\frac{\partial\psi}{\partial r}=\sum_{k=0}^{\infty}\int_0^\infty \xi\overline{\psi}_k\left[\xi J_{k-1}(\xi r)-\frac{k}{r}J_k(\xi r)\right]\sin k\theta\mathrm{d}\xi$$

$$\frac{\partial^2\psi}{\partial r^2}=\sum_{k=0}^{\infty}\int_0^\infty \xi^2\overline{\psi}\left\{-\xi J_k(\xi r)+\left[\frac{k+1}{2r}J_{k+1}(\xi r)+\frac{k-1}{2r}J_{k-1}(\xi r)\right]\right\}\cos k\theta\mathrm{d}\xi$$

同样，若对 z 和 θ 求导，就可得到如下一些关系式：

$$\frac{\partial^2\varphi}{\partial\theta^2}=-\sum_{k=0}^{\infty}k^2\int_0^\infty \xi\overline{\varphi}_kJ_k(\theta r)\cos k\theta\mathrm{d}\xi$$

$$\frac{\partial^2\varphi}{\partial z^2}=\sum_{k=0}^{\infty}\int_0^{\infty}\xi\frac{\mathrm{d}^2\overline{\varphi}_k}{\mathrm{d}z^2}J_k(\xi r)\cos k\theta\mathrm{d}\xi$$

$$\nabla^2\varphi=\sum_{k=0}^{\infty}\int_0^{\infty}\xi(\frac{\mathrm{d}^2}{\mathrm{d}z^2}-\xi^2)\overline{\varphi}_kJ_k(\xi r)\cos k\theta\mathrm{d}\xi$$

$$\frac{\partial}{\partial r}(\nabla^2\varphi)=\sum_{k=0}^{\infty}\int_0^{\infty}\xi(\frac{\mathrm{d}^2}{\mathrm{d}z^2}-\xi^2)\overline{\varphi}_k[\xi J_{k-1}(\xi r)-\frac{k}{r}J_k(\xi r)]\cos k\theta\mathrm{d}\xi$$

$$\frac{\partial}{\partial\theta}(\nabla^2\varphi)=-\sum_{k=0}^{\infty}k\int_0^{\infty}\xi(\frac{\mathrm{d}^2}{\mathrm{d}z^2}-\xi^2)\overline{\varphi}_kJ_k(\xi r)\sin k\theta\mathrm{d}\xi$$

$$\frac{\partial}{\partial z}(\nabla^2\varphi)=\sum_{k=0}^{\infty}\int_0^{\infty}\xi(\frac{\mathrm{d}^3}{\mathrm{d}z^3}-\xi^2\frac{\mathrm{d}}{\mathrm{d}z})\overline{\varphi}_kJ_k(\xi r)\cos k\theta\mathrm{d}\xi$$

$$\frac{\partial^2\varphi}{\partial r\partial z}=\sum_{k=0}^{\infty}\int_0^{\infty}\xi\frac{\mathrm{d}\overline{\varphi}_k}{\mathrm{d}z}[\xi J_{k-1}(\xi r)-\frac{k}{r}J_k(\xi r)]\cos k\theta\mathrm{d}\xi$$

$$\frac{\partial^2\varphi}{\partial\theta\partial z}=-\sum_{k=0}^{\infty}k\int_0^{\infty}\xi\frac{\mathrm{d}\overline{\varphi}_k}{\mathrm{d}z}J_k(\xi r)\sin k\theta\mathrm{d}\xi$$

$$\frac{\partial^3\varphi}{\partial r^2\partial z}=\sum_{k=0}^{\infty}\int_0^{\infty}\xi^2\frac{\mathrm{d}\overline{\varphi}_k}{\mathrm{d}z}\left\{-\xi J_k(\xi r)+[\frac{k+1}{2r}J_{k+1}(\xi r)+\frac{k-1}{2r}J_{k-1}(\xi r)]\right\}\cos k\theta\mathrm{d}\xi$$

$$\frac{\partial^3\varphi}{\partial r\partial\theta\partial z}=-\sum_{k=0}^{\infty}k\int_0^{\infty}\xi\frac{\mathrm{d}\overline{\varphi}_k}{\mathrm{d}z}[\xi J_{k-1}(\xi r)-\frac{k}{r}J_k(\xi r)]\sin k\theta\mathrm{d}\xi$$

$$\frac{\partial^3\varphi}{\partial\theta^2\partial z}=-\sum_{k=0}^{\infty}k^2\int_0^{\infty}\xi\frac{\mathrm{d}\overline{\varphi}_k}{\mathrm{d}z}J_k(\xi r)\cos k\theta\mathrm{d}\xi$$

$$\frac{\partial^3\varphi}{\partial\theta\partial z^2}=-\sum_{k=0}^{\infty}k\int_0^{\infty}\xi\frac{\mathrm{d}\overline{\varphi}_k}{\mathrm{d}z^2}J_k(\xi r)\sin k\theta\mathrm{d}\xi$$

$$\frac{\partial^3\varphi}{\partial z^3}=\sum_{k=0}^{\infty}\int_0^{\infty}\xi\frac{\mathrm{d}^3\overline{\varphi}_k}{\mathrm{d}z^3}J_k(\xi r)\cos k\theta\mathrm{d}\xi$$

$$\frac{\partial\psi}{\partial\theta}=\sum_{k=0}^{\infty}k\int_0^{\infty}\xi\overline{\varphi}_kJ_k(\xi r)\cos k\theta\mathrm{d}\xi$$

$$\frac{\partial^2\psi}{\partial r\partial\theta}=\sum_{k=0}^{\infty}k\int_0^{\infty}\xi\overline{\psi}_k[\xi J_{k-1}(\xi r)-\frac{k}{r}J_k(\xi r)]\cos k\theta\mathrm{d}\xi$$

$$\frac{\partial^2\psi}{\partial r\partial z}=\sum_{k=0}^{\infty}\int_0^{\infty}\xi\frac{\mathrm{d}\overline{\psi}_k}{\mathrm{d}z}[\xi J_{k-1}(\xi r)-\frac{k}{r}J_k(\xi r)]\sin k\theta\mathrm{d}\xi$$

$$\frac{\partial^2\psi}{\partial\theta\partial z}=\sum_{k=0}^{\infty}k\int_0^{\infty}\xi\frac{\mathrm{d}\overline{\psi}_k}{\mathrm{d}z}J_k(\xi r)\cos k\theta\mathrm{d}\xi$$

$$\frac{\partial^2\psi}{\partial z^2}=\sum_{k=0}^{\infty}\int_0^{\infty}\xi^3\overline{\psi}_kJ_k(\xi r)\sin k\theta\mathrm{d}\xi$$

上述最后一式，可利用关系式：$(\frac{\mathrm{d}^2}{\mathrm{d}z^2}-\xi^2)\overline{\psi}_k=0$ 求得。

若将上述位移函数的导数表达式代入式(2)和式(1)，则可得

$$
\left\{\begin{aligned}
\sigma_r &= \sum_{k=0}^{\infty}\left\{\int_0^{\infty}\xi\left[\mu\frac{\mathrm{d}^3}{\mathrm{d}z^3}+(1-\mu)\xi^2\frac{\mathrm{d}}{\mathrm{d}z}\right]\overline{\varphi}_k J_k(\xi r)\mathrm{d}\xi-\frac{k+1}{2r}U_{k+1}^*-\frac{k-1}{2r}U_{k-1}^*\right\}\cos k\theta\\
\sigma_\theta &= \sum_{k=0}^{\infty}\left[\int_0^{\infty}\mu\xi\left(\frac{\mathrm{d}^3}{\mathrm{d}z^3}-\xi^2\frac{\mathrm{d}}{\mathrm{d}z}\right)\overline{\varphi}_k J_k(\xi r)\mathrm{d}\xi+\frac{k+1}{2r}U_{k+1}^*+\frac{k-1}{2r}U_{k-1}^*\right]\cos k\theta\\
\sigma_z &= \sum_{k=0}^{\infty}\int_0^{\infty}\xi\left[(1-\mu)\frac{\mathrm{d}^3}{\mathrm{d}z^3}-(2-\mu)\xi^2\frac{\mathrm{d}}{\mathrm{d}z}\right]\overline{\varphi}_k J_k(\xi r)\cos k\theta\mathrm{d}\xi\\
\tau_{r\theta} &= \sum_{k=0}^{\infty}\left[\int_0^{\infty}\xi^3\overline{\psi}_k J_k(\xi r)\mathrm{d}\xi-\frac{k+1}{2r}U_{k+1}^*+\frac{k-1}{2r}U_{k-1}^*\right]\sin k\theta\\
\tau_{\theta z} &= \frac{1}{2}\sum_{k=0}^{\infty}(H_{k+1}+H_{k-1})\sin k\theta\\
\tau_{zr} &= \frac{1}{2}\sum_{k=0}^{\infty}(H_{k+1}-H_{k-1})\cos k\theta\\
u &= \frac{1+\mu}{2E}\sum_{k=0}^{\infty}(U_{k+1}^*-U_{k-1}^*)\cos k\theta\\
v &= \frac{1+\mu}{2E}\sum_{k=0}^{\infty}(U_{k+1}^*+U_{k-1}^*)\sin k\theta\\
w &= \frac{1+\mu}{E}\sum_{k=0}^{\infty}\int_0^{\infty}\xi\left[(1-2\mu)\frac{\mathrm{d}^3}{\mathrm{d}z^3}-2(1-\mu)\xi^2\right]\overline{\varphi}_k J_k(\xi r)\cos k\theta\mathrm{d}\xi
\end{aligned}\right. \tag{c}
$$

式中：$H_{k+1}=\int_0^{\infty}\xi^2\left\{\left[\mu\frac{\mathrm{d}^2}{\mathrm{d}z^2}+(1-\mu)\xi^2\right]\overline{\varphi}_k+\frac{\mathrm{d}\overline{\psi}_k}{\mathrm{d}z}\right\}J_{k+1}(\xi r)\mathrm{d}\xi$

$$H_{k-1}=\int_0^{\infty}\xi^2\left\{\left[\mu\frac{\mathrm{d}^2}{\mathrm{d}z^2}+(1-\mu)\xi^2\right]\overline{\varphi}_k-\frac{\mathrm{d}\overline{\psi}_k}{\mathrm{d}z}\right\}J_{k-1}(\xi r)\mathrm{d}\xi$$

$$U_{k+1}^*=\int_0^{\infty}\xi^2\left(\frac{\mathrm{d}\overline{\varphi}_k}{\mathrm{d}z}+2\overline{\psi}_k\right)J_{k+1}(\xi r)\mathrm{d}\xi$$

$$U_{k-1}^*=\int_0^{\infty}\xi^2\left(\frac{\mathrm{d}\overline{\varphi}_k}{\mathrm{d}z}+2\overline{\psi}\right)J_{k-1}(\xi r)\mathrm{d}\xi$$

上述表达式表明，只要求得$\overline{\varphi}_k$和$\overline{\psi}_k$及其导数表达式，就能得到应力与位移的一般表达式。

根据式(a)，位移函数$\varphi_k(r,z)$与$\psi_k(r,z)$的亨格尔积分变换式为：

$$\overline{\varphi}_k(\xi,z)=(A_\xi+B_\xi z)e^{-\xi z}+(C_\xi+D_\xi z)e^{\xi z}$$

$$\overline{\psi}_k(\xi,z)=E_\xi e^{-\xi z}+F_\xi e^{\xi z}$$

上述两个表达式对z求导，则可得

$$\frac{\mathrm{d}\overline{\varphi}_k}{\mathrm{d}z}=-\left\{[\xi A_\xi-(1-\xi z)B_\xi]e^{-\xi z}-[\xi C_\xi+(1+\xi z)D_\xi]e^{\xi z}\right\}$$

$$\frac{\mathrm{d}^2\overline{\varphi}_k}{\mathrm{d}z^2}=\xi\left\{[\xi A_\xi-(2-\xi z)B_\xi]e^{-\xi z}+[\xi C_\xi+(2+\xi z)D_\xi]e^{\xi z}\right\}$$

$$\frac{\mathrm{d}^3\overline{\varphi}_k}{\mathrm{d}z^3}=-\xi^2\left\{[\xi A_\xi-(3-\xi z)B_\xi]e^{-\xi z}-[\xi C_\xi+(3+\xi z)D_\xi]e^{\xi z}\right\}$$

$$\frac{\mathrm{d}\overline{\psi}_k}{\mathrm{d}z}=-\xi(E_\xi e^{-\xi z}-F_\xi e^{\xi z})$$

若将$\overline{\varphi}_k(\xi,z)$与$\overline{\psi}_k(\xi,z)$及其对$z$的导数表达式代入上述应力和位移分量的一般表达式，并令

$$A^H=\xi^3A_\xi$$

$$B^H=\xi^2B_\xi$$

$$C^H=\xi^3C_\xi$$

$$D^H=\xi^2D_\xi$$

$$E^H=\xi^3E_\xi$$

$$F^H = \xi^2 F_\xi$$
$$U_{k+1}^H = -U_{k+1}^*$$
$$U_{k-1}^H = -U_{k-1}^*$$

则可得非轴对称空间课题的应力与位移分量一般表达式如下：

$$\left\{\begin{aligned}
\sigma_r &= -\sum_{k=0}^{\infty}\int_0^{\infty}\xi\{[A^H-(1+2\mu-\xi z)B^H]e^{-\xi z}-[C^H+(1+2\mu+\xi z)D^H]e^{\xi z}\}\times\\
&\quad J_k(\xi r)\cos k\theta \mathrm{d}\xi+\sum_{k=0}^{\infty}\left(\frac{k+1}{2r}U_{k+1}^H+\frac{k-1}{2r}U_{k-1}^H\right)\cos k\theta\\
\sigma_\theta &= 2\mu\sum_{k=0}^{\infty}\int_0^{\infty}\xi(B^He^{-\xi z}+D^He^{\xi z})J_k(\xi r)\cos k\theta \mathrm{d}\xi-\\
&\quad \sum_{k=0}^{\infty}\left(\frac{k+1}{2r}U_{k+1}^H+\frac{k-1}{2r}U_{k-1}^H\right)\cos k\theta\\
\sigma_z &= \sum_{k=0}^{\infty}\int_0^{\infty}\xi\{[A^H+(1-2\mu+\xi z)B^H]e^{-\xi z}-\\
&\quad [C^H-(1-2\mu-\xi z)D^H]e^{\xi z}\}J_k(\xi r)\cos k\theta \mathrm{d}\xi\\
\tau_{r\theta} &= \sum_{k=0}^{\infty}\int_0^{\infty}\xi(E^He^{-\xi z}+F^He^{\xi z})J_k(\xi r)\sin k\theta \mathrm{d}\xi+\\
&\quad \sum_{k=0}^{\infty}\left(\frac{k+1}{2r}U_{k+1}^H-\frac{k-1}{2r}U_{k-1}^H\right)\sin k\theta\\
\tau_{\theta z} &= \frac{1}{2}\sum_{k=0}^{\infty}(H_{k+1}^H+H_{k-1}^H)\sin k\theta\\
\tau_{zr} &= \frac{1}{2}\sum_{k=0}^{\infty}(H_{k+1}^H-H_{k-1}^H)\cos k\theta\\
u &= -\frac{1+\mu}{2E}\sum_{k=0}^{\infty}(U_{k+1}^H-U_{k-1}^H)\cos k\theta\\
v &= -\frac{1+\mu}{2E}\sum_{k=0}^{\infty}(U_{k+1}^H+U_{k-1}^H)\sin k\theta\\
w &= -\frac{1+\mu}{E}\sum_{k=0}^{\infty}\int_0^{\infty}\{[A^H+(2-4\mu+\xi z)B^H]e^{-\xi z}+\\
&\quad [C^H-(2-4\mu-\xi z)D^H]e^{\xi z}\}J_k(\xi r)\cos k\theta \mathrm{d}\xi
\end{aligned}\right. \tag{11-1-1}$$

式中：$U_{k+1}^H=\int_0^{\infty}\{[A^H-(1-\xi z)B^H-2E^H]e^{-\xi z}-[C^H+(1+\xi z)D^H+2F^H]e^{\xi z}\}J_{k+1}(\xi r)\mathrm{d}\xi$

$U_{k-1}^H=\int_0^{\infty}\{[A^H-(1-\xi z)B^H+2E^H]e^{-\xi z}-[C^H+(1+\xi z)D^H-2F^H]e^{\xi z}\}J_{k-1}(\xi r)\mathrm{d}\xi$

$H_{k+1}^H=\int_0^{\infty}\xi\{[A^H-(2\mu-\xi z)B^H-E^H]e^{-\xi z}+[C^H+(2\mu+\xi z)D^H+F^H]e^{\xi z}\}J_{k+1}(\xi r)\mathrm{d}\xi$

$H_{k-1}^H=\int_0^{\infty}\xi\{[A^H-(2\mu-\xi z)B^H+E^H]e^{-\xi z}+[C^H+(2\mu+\xi z)D^H-F^H]e^{\xi z}\}J_{k-1}(\xi r)\mathrm{d}\xi$

上述应力与位移分量的一般表达式,适用于任何类型的层状弹性体系非轴对称空间课题。对解决某一具体非轴对称空间课题,只要根据其边界条件和层间结合条件,求得系数 A^H、B^H、C^H、D^H、E^H 和 F^H,就能获得该课题的应力与位移分量全部精确解,再根据物理方程或几何方程求得形变分量。

应当指出,如果 $k\equiv0$,则上述应力与位移分量表达式就会转化为轴对称空间课题的一般表达式。因此可以这样说,轴对称空间课题只不过是非轴对称空间课题当 $k\equiv0$ 时的特例。

11.2 非轴对称空间课题一般解的郭大智解法

在式(3-4-3)中,若令

$$u(r,\theta,z) = \frac{1}{2G}u^*(r,\theta,z)$$

$$v(r,\theta,z) = \frac{1}{2G}v^*(r,\theta,z)$$

$$w(r,\theta,z) = \frac{1}{2G}w^*(r,\theta,z)$$

其中 $G=\dfrac{E}{2(1+\mu)}$,并注意下述关系式:

$$\frac{\lambda + G}{2G} = \frac{1}{2(1-2\mu)}$$

那么,式(3-4-3)可改写为如下三式:

$$\begin{cases} \dfrac{\partial e^*}{\partial r} + (1-2\mu)\left(\nabla^2 u^* - \dfrac{u^*}{r^2} - \dfrac{2}{r^2}\dfrac{\partial v^*}{\partial \theta}\right) = 0 \\ \dfrac{1}{r}\dfrac{\partial e^*}{\partial \theta} + (1-2\mu)\left(\nabla^2 v^* - \dfrac{v^*}{r^2} + \dfrac{2}{r^2}\dfrac{\partial u^*}{\partial \theta}\right) = 0 \\ \dfrac{\partial e^*}{\partial z} + (1-2\mu)\nabla^2 w^* = 0 \end{cases} \tag{1}$$

式中,$e^* = \left(\dfrac{\partial}{\partial r} + \dfrac{1}{r}\right)u^* + \dfrac{1}{r}\dfrac{\partial v^*}{\partial \theta} + \dfrac{\partial w^*}{\partial z}$。

若将位移分量展开成下述三角级数:

$$u^*(r,\theta,z) = \sum_{k=0}^{\infty} u_k(r,z)\cos k\theta$$

$$v^*(r,\theta,z) = \sum_{k=0}^{\infty} v_k(r,z)\sin k\theta$$

$$w^*(r,\theta,z) = \sum_{k=0}^{\infty} w_k(r,z)\cos k\theta$$

并代入式(1),同时将式(1)中的第一式和第二式相加、相减,经整理后可得如下微分方程组:

$$\begin{cases} \left[(1-2\mu)\nabla_{k+1}^2 + \left(\dfrac{\partial^2}{\partial r^2} - \dfrac{k-1}{r}\dfrac{\partial}{\partial r} - \dfrac{k+1}{r^2}\right)\right]u_k + \\ \qquad \left[(1-2\mu)\nabla_{k+1}^2 + \dfrac{k}{r}\left(\dfrac{\partial}{\partial r} - \dfrac{k+1}{r}\right)\right]v_k + \left(\dfrac{\partial}{\partial r} - \dfrac{k}{r}\right)\dfrac{\partial w_k}{\partial z} = 0 \\ \left[(1-2\mu)\nabla_{k-1}^2 + \left(\dfrac{\partial^2}{\partial r^2} + \dfrac{k+1}{r}\dfrac{\partial}{\partial r} + \dfrac{k+1}{r^2}\right)\right]u_k - \\ \qquad \left[(1-2\mu)\nabla_{k-1}^2 - \dfrac{k}{r}\left(\dfrac{\partial}{\partial r} + \dfrac{k-1}{r}\right)\right]v_k + \left(\dfrac{\partial}{\partial r} + \dfrac{k}{r}\right)\dfrac{\partial w_k}{\partial z} = 0 \\ \left(\dfrac{\partial}{\partial r} + \dfrac{1}{r}\right)\dfrac{\partial u_k}{\partial z} + \dfrac{k}{r}\dfrac{\partial v_k}{\partial z} + \left[(1-2\mu)\nabla_k^2 + \dfrac{\partial^2}{\partial z^2}\right]w_z = 0 \end{cases} \tag{2}$$

式中,$\nabla_{k+1}^2=\frac{\partial^2}{\partial r^2}+\frac{1}{r}\frac{\partial}{\partial r}-\frac{(k+1)^2}{r^2}+\frac{\partial^2}{\partial z^2}$

$\nabla_{k-1}^2=\frac{\partial^2}{\partial r^2}+\frac{1}{r}\frac{\partial}{\partial r}-\frac{(k-1)^2}{r^2}+\frac{\partial^2}{\partial z^2}$

$\nabla_{k}^2=\frac{\partial^2}{\partial r^2}+\frac{1}{r}\frac{\partial}{\partial r}-\frac{k^2}{r^2}+\frac{\partial^2}{\partial z^2}$

其中,$u_k=u_k(r,z)$

$v_k=v_k(r,z)$

$w_k=w_k(r,z)$

式(2)对 r 施加亨格尔积分变换,其中第一式施加亨格尔 $k+1$ 阶积分变换,第二式施加亨格尔 $k-1$ 阶积分变换,第三式施加亨格尔 k 阶积分变换。在推导过程中,应注意下列关系式:

$$\int_0^\infty r\,\nabla_{k+1}^2 u_k J_{k+1}(\xi r)\mathrm{d}r=\left(\frac{\mathrm{d}^2}{\mathrm{d}z^2}-\xi^2\right)\overline{u}_k^{(k+1)}(\xi,z)$$

$$\int_0^\infty r\left(\frac{\partial^2}{\partial r^2}-\frac{k-1}{r}\frac{\partial}{\partial r}-\frac{k+1}{r^2}\right)u_k J_{k+1}(\xi r)\mathrm{d}r=-\frac{\xi^2}{2}\left[\overline{u}_k^{(k+1)}(\xi,z)-\overline{u}_k^{(k-1)}(\xi,z)\right]$$

$$\int_0^\infty r\,\nabla_{k+1}^2 v_k J_{k+1}(\xi r)\mathrm{d}r=\left(\frac{\mathrm{d}^2}{\mathrm{d}z^2}-\xi^2\right)\overline{v}_k^{(k+1)}(\xi,z)$$

$$\int_0^\infty r\left[\frac{k}{r}\left(\frac{\partial}{\partial r}-\frac{k+1}{r}\right)v_k J_{k+1}(\xi r)\mathrm{d}r=-\frac{\xi^2}{2}\left[\overline{v}_k^{(k+1)}(\xi,z)+\overline{v}_k^{(k-1)}(\xi,z)\right]\right.$$

$$\int_0^\infty r\left(\frac{\partial}{\partial r}-\frac{k}{r}\right)\frac{\partial}{\partial z}w_k(\xi,z)J_{k+1}(\xi r)\mathrm{d}r=-\xi\frac{\mathrm{d}}{\mathrm{d}z}\overline{w}_k(\xi,z)$$

$$\int_0^\infty r\,\nabla_{k-1}^2 u_k J_{k-1}(\xi r)\mathrm{d}r=\left(\frac{\mathrm{d}^2}{\mathrm{d}z^2}-\xi^2\right)\overline{u}_k^{(k-1)}(\xi,z)$$

$$\int_0^\infty r\left(\frac{\partial^2}{\partial r^2}+\frac{k+1}{r}\frac{\partial}{\partial r}-\frac{k-1}{r^2}\right)u_k J_{k-1}(\xi r)\mathrm{d}r=\frac{\xi^2}{2}\left[\overline{u}_k^{(k+1)}(\xi,z)-\overline{u}_k^{(k-1)}(\xi,z)\right]$$

$$\int_0^\infty r\,\nabla_{k-1}^2 v_k J_{k-1}(\xi r)\mathrm{d}r=\left(\frac{\mathrm{d}^2}{\mathrm{d}z^2}-\xi^2\right)\overline{v}_k^{(k-1)}(\xi,z)$$

$$\int_0^\infty r\left[\frac{k}{r}\left(\frac{\partial}{\partial r}+\frac{k-1}{r}\right)v_k\right]J_{k-1}(\xi r)\mathrm{d}r=\frac{\xi^2}{2}\left[\overline{v}_k^{(k+1)}(\xi,z)+\overline{v}_k^{(k-1)}(\xi,z)\right]$$

$$\int_0^\infty r\left(\frac{\partial}{\partial r}+\frac{k}{r}\right)\frac{\partial}{\partial z}w_k J_{k-1}(\xi r)\mathrm{d}r=\xi\frac{\mathrm{d}}{\mathrm{d}z}\overline{w}_k(\xi,z)$$

式中:$\overline{u}_k^{(k+1)}=\overline{u}_k^{(k+1)}(\xi,z)=\int_0^\infty ru_k(r,z)J_{k+1}(\xi r)\mathrm{d}r$

$\overline{u}_k^{(k-1)}=\overline{u}_k^{(k-1)}(\xi,z)=\int_0^\infty ru_k(r,z)J_{k-1}(\xi r)\mathrm{d}r$

$\overline{v}_k^{(k+1)}=\overline{v}_k^{(k+1)}(\xi,z)=\int_0^\infty rv_k(r,z)J_{k+1}(\xi r)\mathrm{d}r$

$\overline{v}_k^{(k-1)}=\overline{v}_k^{(k-1)}(\xi,z)=\int_0^\infty rv_k(r,z)J_{k-1}(\xi z)\mathrm{d}r$

$\overline{w}_k=\overline{w}_k(\xi,z)=\int_0^\infty rw_k(r,z)J_k(\xi r)\mathrm{d}r$

那么,式(2)可改写为下述三式:

$$\begin{cases}(1-2\mu)\left(\frac{\mathrm{d}^2}{\mathrm{d}z^2}-\xi^2\right)\left[\overline{u}_k^{(k+1)}+\overline{v}_k^{(k+1)}\right]-\frac{\xi^2}{2}\left\{\left[\overline{u}_k^{(k+1)}+\overline{v}_k^{(k+1)}\right]-\left[\overline{u}_k^{(k-1)}-\overline{v}_k^{(k-1)}\right]\right\}-\xi\frac{\mathrm{d}\overline{w}_k}{\mathrm{d}z}=0\\(1-2\mu)\left(\frac{\mathrm{d}^2}{\mathrm{d}z^2}-\xi^2\right)\left[\overline{u}_k^{(k-1)}-\overline{v}_k^{(k-1)}\right]+\frac{\xi^2}{2}\left\{\left[\overline{u}_k^{(k+1)}+\overline{v}_k^{(k+1)}\right]-\left[\overline{u}_k^{(k-1)}-\overline{v}_k^{(k-1)}\right]\right\}+\xi\frac{\mathrm{d}\overline{w}_k}{\mathrm{d}z}=0\\\frac{\xi}{2}\frac{\mathrm{d}}{\mathrm{d}z}\left\{\left[\overline{u}_k^{(k+1)}+\overline{v}_k^{(k+1)}\right]-\left[\overline{u}_k^{(k-1)}-\overline{v}_k^{(k-1)}\right]\right\}+\left[2(1-\mu)\frac{\mathrm{d}^2}{\mathrm{d}z^2}-(1-2\mu)\xi^2\right]\overline{w}_k=0\end{cases}\quad(3)$$

若令

$$\overline{U}_k = \overline{U}_k(\xi,z) = \overline{u}_k^{(k+1)}(\xi,z) + \overline{v}_k^{(k+1)}(\xi,z)$$

$$\overline{V}_k = \overline{V}_k(\xi,z) = \overline{u}_k^{(k-1)}(\xi,z) - \overline{v}_k^{(k-1)}(\xi,z)$$

那么,式(3)又可改写为下述三式:

$$\begin{cases}(1-2\mu)\left(\dfrac{d^2}{dz^2}-\xi^2\right)\overline{U}_k - \dfrac{\xi^2}{2}(\overline{U}_k-\overline{V}_k) - \xi\dfrac{d\overline{w}_k}{dz} = 0 \\ (1-2\mu)\left(\dfrac{d^2}{dz^2}-\xi^2\right)\overline{V}_k + \dfrac{\xi^2}{2}(\overline{U}_k-\overline{V}_k) + \xi\dfrac{d\overline{w}_k}{dz} = 0 \\ \dfrac{\xi}{2}\dfrac{d}{dz}(\overline{U}_k-\overline{V}_k) + \left[2(1-\mu)\dfrac{d^2}{dz^2} - (1-2\mu)\xi^2\right]\overline{w}_k = 0\end{cases} \tag{4}$$

若将式(4)中的第一式和第二式相减、相加,那么,式(4)中的上述三式还可改写为如下表达式:

$$\begin{cases}(1-2\mu)\dfrac{d^2}{dz^2}(\overline{U}_k-\overline{V}_k) - 2(1-\mu)\xi^2(\overline{U}_k-\overline{V}_k) - 2\xi\dfrac{d\overline{w}_k}{dz} = 0 \\ \left(\dfrac{d^2}{dz^2}-\xi^2\right)(\overline{U}_k+\overline{V}_k) = 0 \\ \dfrac{\xi}{2}\dfrac{d}{dz}(\overline{U}_k-\overline{V}_k) + \left[2(1-\mu)\dfrac{d^2}{dz^2} - (1-2\mu)\xi^2\right]\overline{w}_k = 0\end{cases} \tag{5}$$

式(5)对 z 施加拉氏变换,并注意下列拉氏变换的微分关系式:

$$\int_0^\infty \frac{d^2 f(z)}{dz^2} e^{-pz} dz = p^2 \widetilde{f}(p) - pf(0) - \frac{d}{dz}f(0)$$

$$\int_0^\infty \frac{df(z)}{dz} e^{-pz} dz = p\widetilde{f}(p) - f(0)$$

经整理后,则可得

$$\begin{cases}\left[(1-2\mu)p^2 - 2(1-\mu)\xi^2\right]\left[\widetilde{\overline{U}}_k(\xi,p) - \widetilde{\overline{V}}_k(\xi,p)\right] - 2p\xi\widetilde{\overline{w}}_k(\xi,p) \\ \quad = (1-2\mu)\left[p\overline{U}_k(\xi,0) + \dfrac{d}{dz}\widetilde{\overline{U}}_k(\xi,0) - p\overline{V}_k(\xi,0) - \dfrac{d}{dz}\widetilde{\overline{V}}_k(\xi,0)\right] - 2\xi\widetilde{\overline{w}}_k(\xi,0) \\ (p^2-\xi^2)\left[\widetilde{\overline{U}}_k(\xi,p) + \widetilde{\overline{V}}_k(\xi,p)\right] = p\overline{U}_k(\xi,0) + \dfrac{d}{dz}\overline{U}_k(\xi,0) + p\overline{V}_k(\xi,0) + \dfrac{d}{dz}\overline{V}_k(\xi,0) \\ \dfrac{p\xi}{2}\left[\widetilde{\overline{U}}_k(\xi,p) - \widetilde{\overline{V}}_k(\xi,p)\right] + \left[2(1-\mu)p^2 - (1-2\mu)\xi^2\right]\widetilde{\overline{w}}_k(\mu,p) \\ \quad = \dfrac{\xi}{2}\left[\overline{U}_k(\xi,0) - \overline{V}_k(\xi,0)\right] + 2(1-\mu)\left[p\overline{w}_k(\xi,0) + \dfrac{d}{dz}\overline{w}_k(\xi,0)\right]\end{cases} \tag{6}$$

采用行列式理论,求解式(6),其解可表示为如下:

$$
\begin{cases}
\widetilde{\widetilde{U}}_k(\xi,p) = [\dfrac{2(1-2\mu)p^3-(1-4\mu)p\xi^2}{2(1-2\mu)(p^2-\xi^2)^2}+\dfrac{4(1-\mu)p^2-(3-4\mu)\xi^2}{4(1-\mu)(p^2-\xi^2)^2}\dfrac{\mathrm{d}}{\mathrm{d}z}]\overline{U}_k(\xi,0)- \\
\qquad [\dfrac{p\xi^2}{2(1-2\mu)(p^2-\xi^2)^2}+\dfrac{\xi^2}{4(1-\mu)(p^2-\xi^2)^2}\dfrac{\mathrm{d}}{\mathrm{d}z}]\overline{V}_k(\xi,0)+ \\
\qquad [\dfrac{\xi^3}{2(1-\mu)(p^2-\xi^2)^2}+\dfrac{p\xi}{(1-2\mu)(p^2-\xi^2)^2}\dfrac{\mathrm{d}}{\mathrm{d}z}]\overline{w}_k(\xi,0) \\
\widetilde{\widetilde{V}}_k(\xi,p) = -[\dfrac{p\xi^2}{2(1-2\mu)(p^2-\xi^2)^2}+\dfrac{\xi^2}{4(1-\mu)(p^2-\xi^2)^2}\dfrac{\mathrm{d}}{\mathrm{d}z}]\overline{U}_k(\xi,0)+ \\
\qquad [\dfrac{2(1-2\mu)p^3-(1-4\mu)p\xi^2}{2(1-2\mu)(p^2-\xi^2)^2}+\dfrac{4(1-\mu)p^2-(3-4\mu)\xi^2}{4(1-\mu)(p^2-\xi^2)^2}\dfrac{\mathrm{d}}{\mathrm{d}z}]\overline{V}_k(\xi,0)+ \\
\qquad [\dfrac{\xi^3}{2(1-\mu)(p^2-\xi^2)^2}+\dfrac{p\xi}{(1-2\mu)(p^2-\xi^2)^2}\dfrac{\mathrm{d}}{\mathrm{d}z}]\overline{w}_k(\xi,0) \\
\widetilde{\widetilde{w}}_k(\xi,p) = -[\dfrac{\xi^3}{2(1-2\mu)(p^2-\xi^2)^2}+\dfrac{p\xi}{4(1-\mu)(p^2-\xi^2)^2}\dfrac{\mathrm{d}}{\mathrm{d}z}]\overline{U}_k(\xi,0)+ \\
\qquad [\dfrac{\xi^3}{2(1-2\mu)(p^2-\xi^2)^2}+\dfrac{p\xi}{4(1-\mu)(p^2-\xi^2)^2}\dfrac{\mathrm{d}}{\mathrm{d}z}]\overline{V}_k(\xi,0)+ \\
\qquad [\dfrac{2(1-\mu)p^3-(3-2\mu)p\xi^2}{2(1-\mu)(p^2-\xi^2)^2}+\dfrac{(1-2\mu)p^2-2(1-\mu)\xi^2}{(1-2\mu)(p^2-\xi^2)^2}\dfrac{\mathrm{d}}{\mathrm{d}z}]\overline{w}_k(\xi,0)
\end{cases}
\tag{11-2-1}
$$

根据拉氏积分反变换的海维赛德展开式,则可得到式(11-2-1)拉氏变换反变换的如下关系式:

$$
\begin{cases}
L^{-1}[\dfrac{p^3}{(p^2-\xi^2)^2}] = \dfrac{1}{4}[(2-\xi z)e^{-\xi z}+(2+\xi z)e^{\xi z}] \\
L^{-1}[\dfrac{p^2}{(p^2-\xi^2)^2}] = -\dfrac{1}{4\xi}[(1-\xi z)e^{-\xi z}-(1+\xi z)e^{\xi z}] \\
L^{-1}[\dfrac{p}{(p^2-\xi^2)^2}] = -\dfrac{\xi z}{4\xi^2}(e^{-\xi z}-e^{\xi z}) \\
L^{-1}[\dfrac{1}{(p^2-\xi^2)^2}] = \dfrac{1}{4\xi^3}[(1+\xi z)e^{-\zeta z}-(1-\xi z)e^{\xi z}]
\end{cases}
$$

若将式(11-2-1)对 p 进行拉氏变换反变换,并注意上述拉式反变换式,则可得

$$
\begin{aligned}
\overline{U}_k(\xi,z) = & \frac{1}{8(1-2\mu)}\{2(1-2\mu)[(2-\xi z)e^{-\xi z}+(2+\xi z)e^{\xi z}]+ \\
& (1-4\mu)(\xi ze^{-\xi z}-\xi ze^{\xi z})\}\overline{U}_k(\xi,0)+ \\
& \frac{1}{16(1-\mu)\xi}\{[2(1-2\mu)+(1-\xi z)+4(1-\mu)]e^{-\xi z}- \\
& [2(1-2\mu)+(1+\xi z)+4(1-\mu)]e^{\xi z}\}\frac{\mathrm{d}\overline{U}_k(\xi,0)}{\mathrm{d}z}- \\
& \frac{1}{8(1-2\mu)}\{[-(1-4\mu)-(1-\xi z)+2(1-2\mu)]e^{-\xi z}- \\
& [(1-4\mu)+(1-\xi z)-2(1-2\mu)]e^{\xi z}\}\overline{V}_k(\xi,0)- \\
& \frac{1}{16(1-\mu)\xi}\{[2(1-2\mu)+(1-\xi z)-4(1-\mu)]e^{-\xi z}- \\
& [2(1-2\mu)+(1-\xi z)-4(1-\mu)]e^{\xi z}\}\frac{\mathrm{d}\overline{V}_k(\xi,0)}{\mathrm{d}z}- \\
& \frac{1}{8(1-\mu)}\{[2-(1-\xi z)]e^{-\xi z}-[2-(1+\xi z)]e^{\xi z}\}\overline{w}_k(\xi,0)+ \\
& \frac{1}{4(1-2\mu)}\{[1-(1-\xi z)]e^{-\xi z}-[-1+(1+\xi z)]e^{\xi z}\}\frac{\mathrm{d}\overline{w}_k(\xi,0)}{\mathrm{d}z}
\end{aligned}
$$

$$
\begin{aligned}
\bar{V}_k(\xi,z) = &\frac{1}{8(1-2\mu)}\{[-(1-4\mu)-(1-\xi z)+2(1-2\mu)]e^{-\xi z}- \\
&[(1-4\mu)+(1+\xi z)-2(1-2\mu)]e^{\xi z}\}\bar{U}_k(\xi,0)+ \\
&\frac{1}{16(1-\mu)\xi}\{[2(1-2\mu)+(1-\xi z)-4(1-\mu)]e^{-\xi z}- \\
&[2(1-2\mu)+(1+\xi z)-4(1-\mu)]e^{\xi z}\}\frac{\mathrm{d}\bar{U}_k(\xi,0)}{\mathrm{d}z}- \\
&\frac{1}{8(1-2\mu)}\{[-(1-4\mu)-(1-\xi z)-2(1-2\mu)]e^{-\xi z}- \\
&[(1-4\mu)+(1+\xi z)+2(1-2\mu)]e^{\xi z}\}\bar{V}_k(\xi,0)- \\
&\frac{1}{16(1-\mu)\xi}\{[2(1-2\mu)+(1-\xi z)+4(1-\mu)]e^{-\xi z}- \\
&[2(1-2\mu)+(1+\xi z)+(1-4\mu)]e^{\xi z}\}\frac{\mathrm{d}\bar{V}_k(\xi,0)}{\mathrm{d}z}- \\
&\frac{1}{8(1-2\mu)}\{[2-(1-\xi z)]e^{-\xi z}-[2+(1+\xi z)]e^{\xi z}\}\bar{w}_k(\xi,0)- \\
&\frac{1}{4(1-2\mu)\xi}\{[1-(1-\xi z)]e^{-\xi z}-[-1+(1+\xi z)]e^{\xi z}\}\frac{\mathrm{d}\bar{w}_k(\xi,0)}{\mathrm{d}z}
\end{aligned}
$$

$$
\begin{aligned}
\bar{w}_k(\xi,z) = -&\Big\{\frac{1}{8(1-2\mu)}\{[-(1-4\mu)+(2-4\mu+\xi z)]e^{-\xi z}+ \\
&[(1-4\mu)-(2-4\mu-\xi z)]e^{\xi z}\}\bar{U}_k(\xi,0)+ \\
&\frac{1}{16(1-\mu)\xi}\{[2(1-2\mu)-(2-4\mu+\xi z)]e^{-\xi z}+ \\
&[2(1-2\mu)-(2-4\mu-\xi z)]e^{\xi z}\}\frac{\mathrm{d}\bar{U}_k(\xi,0)}{\mathrm{d}z}- \\
&\frac{1}{8(1-2\mu)}\{[-(1-4\mu)+(2-4\mu+\xi z)]e^{-\xi z}+ \\
&[(1-4\mu)-(2-4\mu-\xi z)]e^{\xi z}\}\bar{V}_k(\xi,0)- \\
&\frac{1}{16(1-\mu)\xi}\{[2(1-2\mu)-(2-4\mu+\xi z)]e^{-\xi z}+ \\
&[2(1-2\mu)-(2-4\mu-\xi z)]e^{\xi z}\}\frac{\mathrm{d}\bar{V}_k(\xi,0)}{\mathrm{d}z}- \\
&\frac{1}{8(1-\mu)}\{[2+(2-4\mu+\xi z)]e^{-\xi z}+[2+(2-4\mu-\xi z)]e^{\xi z}\}\bar{w}_k(\xi,0)+ \\
&\frac{1}{4(1-2\mu)\xi}\{[1+(2-4\mu+\xi z)]e^{-\xi z}+[-1-(2-4\mu-\xi z)]e^{\xi z}\}\frac{\mathrm{d}\bar{w}_k(\xi,0)}{\mathrm{d}z}\Big\}
\end{aligned}
$$

上式加以重新整理、分解、合并，则可得

$$
\begin{aligned}
\bar{U}_k(\xi,z) = -&\Big\{\frac{1}{8(1-2\mu)}\{[-(1-4\mu)-(1-\xi z)-2(1-2\mu)]e^{-\xi z}- \\
&[(1-4\mu)+(1+\xi z)+2(1-2\mu)]e^{\xi z}\}\bar{U}_k(\xi,0)+ \\
&\frac{1}{16(1-\mu)\xi}\{[2(1-2\mu)+(1-\xi z)+4(1-\mu)]e^{-\xi z}- \\
&[2(1-2\mu)+(1+\xi z)+4(1-\mu)]e^{\xi z}\}\frac{\mathrm{d}\bar{U}_k(\xi,0)}{\mathrm{d}z}- \\
&\frac{1}{8(1-2\mu)}\{[-(1-4\mu)-(1-\xi z)+2(1-2\mu)]e^{-\xi z}-
\end{aligned}
$$

$$[(1-4\mu)+(1-\xi z)-2(1-2\mu)]e^{\xi z}\}\overline{V}_k(\xi,0)-$$

$$\frac{1}{16(1-\mu)\xi}\{[2(1-2\mu)+(1-\xi z)-4(1-\mu)]e^{-\xi z}-$$

$$[2(1-2\mu)+(1-\xi z)-4(1-\mu)]e^{\xi z}\}\frac{\mathrm{d}\overline{V}_k(\xi,0)}{\mathrm{d}z}-$$

$$\frac{1}{8(1-\mu)}\{[2-(1-\xi z)]e^{-\xi z}-[2-(1+\xi z)]e^{\xi z}\}\overline{w}_k(\xi,0)+$$

$$\frac{1}{4(1-2\mu)}\{[1-(1-\xi z)]e^{-\xi z}-[-1+(1+\xi z)]e^{\xi z}\}\frac{\mathrm{d}\overline{w}_k(\xi,0)}{\mathrm{d}z}\}$$

$$\overline{V}_k(\xi,z)=\frac{1}{8(1-2\mu)}\{[-(1-4\mu)-(1-\xi z)+2(1-2\mu)]e^{-\xi z}-$$

$$[(1-4\mu)+(1+\xi z)-2(1-2\mu)]e^{\xi z}\}\overline{U}_k(\xi,0)+$$

$$\frac{1}{16(1-\mu)\xi}\{[2(1-2\mu)+(1-\xi z)-4(1-\mu)]e^{-\xi z}-$$

$$[2(1-2\mu)+(1+\xi z)-4(1-\mu)]e^{\xi z}\}\frac{\mathrm{d}\overline{U}_k(\xi,0)}{\mathrm{d}z}-$$

$$\frac{1}{8(1-2\mu)}\{[-(1-4\mu)-(1-\xi z)-2(1-2\mu)]e^{-\xi z}-$$

$$[(1-4\mu)+(1+\xi z)+2(1-2\mu)]e^{\xi z}\}\overline{V}_k(\xi,0)-$$

$$\frac{1}{16(1-\mu)\xi}\{[2(1-2\mu)+(1-\psi z)+4(1-\mu)]e^{-\xi z}-$$

$$[2(1-2\mu)+(1+\xi z)+(1-4\mu)]e^{\xi z}\}\frac{\mathrm{d}\overline{V}_k(\xi,0)}{\mathrm{d}z}-$$

$$\frac{1}{8(1-2\mu)}\{[2-(1-\xi z)]e^{-\xi z}-[2+(1+\xi z)]e^{\xi z}\}\overline{w}_k(\xi,0)-$$

$$\frac{1}{4(1-2\overline{\mu}^*)\xi}\{[1-(1-\xi z)]e^{-\xi z}-[-1+(1+\xi z)]e^{\xi z}\}\frac{\mathrm{d}\overline{w}_k(\xi,0)}{\mathrm{d}z}$$

$$\overline{w}_k(\xi,z)=-\frac{1}{8(1-2\overline{\mu}^*)}\{[-(1-4\overline{\mu}^*)+(2-4\overline{\mu}^*+\xi z)]e^{-\xi z}+$$

$$[(1-4\overline{\mu}^*)-(2-4\overline{\mu}^*-\xi z)]e^{\xi z}\}\overline{U}_k(0,s)+$$

$$\frac{1}{16(1-\overline{\mu}^*)\xi}\{[2(1-2\overline{\mu}^*)-(2-4\overline{\mu}^*+\xi z)]e^{-\xi z}+$$

$$[2(1-2\overline{\mu}^*)-(2-4\overline{\mu}^*-\xi z)]e^{\xi z}\}\frac{\mathrm{d}\overline{U}_k(0,s)}{\mathrm{d}z}-$$

$$\frac{1}{8(1-2\overline{\mu}^*)}\{[-(1-4\overline{\mu}^*)+(2-4\overline{\mu}^*+\xi z)]e^{-\xi z}+$$

$$[(1-4\overline{\mu}^*)-(2-4\overline{\mu}^*-\xi z)]e^{\xi z}\}\overline{V}_k(0,s)-$$

$$\frac{1}{16(1-\overline{\mu}^*)\xi}\{[2(1-2\overline{\mu}^*)-(2-4\overline{\mu}^*+\xi z)]e^{-\xi z}+$$

$$[2(1-2\overline{\mu}^*)-(2-4\overline{\mu}^*-\xi z)]e^{\xi z}\}\frac{\mathrm{d}\overline{V}_k(0,s)}{\mathrm{d}z}-$$

$$\frac{1}{8(1-\overline{\mu}^*)}\{[2+(2-4\overline{\mu}^*+\xi z)]e^{-\xi z}+$$

$$[2+(2-4\overline{\mu}^*-\xi z)]e^{\xi z}\}\overline{w}_k(0,s)+$$

$$\frac{1}{4(1-2\overline{\mu}^*)\xi}\{[1+(2-4\overline{\mu}^*+\xi z)]e^{-\xi z}+$$

$$[-1-(2-4\bar{\mu}^{*}-\xi z)]e^{\xi z}\}\frac{\mathrm{d}\bar{w}_k(0,s)}{\mathrm{d}z}$$

若令

$$A^H=-\xi[\frac{1-4\mu}{8(1-2\mu)}\bar{U}_k(\xi,0)-\frac{1-2\mu}{8(1-\mu)\xi}\frac{\mathrm{d}}{\mathrm{d}z}\bar{U}_k(\xi,0)-\frac{1-4\mu}{8(1-2\mu)}\bar{V}_k(\xi,0)+\frac{1-2\mu}{8(1-\mu)\xi}\frac{\mathrm{d}}{\mathrm{d}z}\bar{V}_k(\xi,0)+\frac{1}{4(1-\mu)}\bar{w}_k(\xi,0)-\frac{1}{4(1-2\mu)\xi}\frac{\mathrm{d}\bar{w}_k(\xi,0)}{\mathrm{d}z}]$$

$$B^H=\xi[\frac{1}{8(1-2\mu)}\bar{U}_k(\xi,0)-\frac{1}{16(1-\mu)\xi}\frac{\mathrm{d}\bar{U}_k(\xi,0)}{\mathrm{d}z}-\frac{1}{8(1-2\mu)}\bar{V}_k(\xi,0)+\frac{1}{16(1-\mu)\xi}\frac{\mathrm{d}\bar{V}_k(\xi,0)}{\mathrm{d}z}-\frac{1}{8(1-\mu)}\bar{w}_k(\xi,0)+\frac{1}{4(1-2\mu)\xi}\frac{\mathrm{d}\bar{w}_k(\xi,0)}{\mathrm{d}z}]$$

$$C^H=\xi[\frac{1-4\mu}{8(1-2\mu)}\bar{U}_k(\xi,0)+\frac{1-2\mu}{8(1-\mu)\xi}\frac{\mathrm{d}\bar{U}_k(\xi,0)}{\mathrm{d}z}-\frac{1-4\mu}{8(1-2\mu)}\bar{V}_k(\xi,0)-\frac{1-2\mu}{8(1-\mu)\xi}\frac{\mathrm{d}\bar{V}_k(\xi,0)}{\mathrm{d}z}-\frac{1}{4(1-\mu)}\bar{w}_k(\xi,0)-\frac{1}{4(1-2\mu)\xi}\frac{\mathrm{d}\bar{w}_k(\xi,0)}{\mathrm{d}z}]$$

$$D^H=\xi[\frac{1}{8(1-2\mu)}\bar{U}_k(\xi,0)+\frac{1}{16(1-\mu)\xi}\frac{\mathrm{d}\bar{U}_k(\xi,0)}{\mathrm{d}z}-\frac{1}{8(1-2\mu)}\bar{V}_l(\xi,0)-\frac{1}{16(1-\mu)\xi}\frac{\mathrm{d}\bar{V}_k(\xi,0)}{\mathrm{d}z}+\frac{1}{8(1-\mu)}\bar{w}_k(\xi,0)+\frac{1}{4(1-2\mu)}\frac{\mathrm{d}\bar{w}_k(\xi,0)}{\mathrm{d}z}]$$

$$E^H=\xi[\frac{1}{8}\bar{U}_k(\xi,0)-\frac{1}{8\xi}\frac{\mathrm{d}\bar{U}_k(\xi,0)}{\mathrm{d}z}+\frac{1}{8}\bar{V}_k(\xi,0)-\frac{1}{8\xi}\frac{\mathrm{d}\bar{V}_k(\xi,0)}{\mathrm{d}z}]$$

$$F^H=-\xi[\frac{1}{8}\bar{U}_k(\xi,0)+\frac{1}{8\xi}\frac{\mathrm{d}\bar{U}_k(\xi,0)}{\mathrm{d}z}+\frac{1}{8}\bar{V}_k(\xi,0)-\frac{1}{8\xi}\frac{\mathrm{d}\bar{V}_k(\xi,0)}{\mathrm{d}z}]$$

则可得

$$\begin{cases}\bar{U}_k(\xi,z)=-\dfrac{1}{\xi}\{[A^H-(1-\xi z)B^H-2E^H]e^{-\xi z}-[C^H+(1+\xi z)+2F^H\}\\\bar{V}_k(\xi,z)=\dfrac{1}{\xi}\{[A^H-(1-\xi z)+2E^H]e^{-\xi z}-[C^H+(1+\xi z)-2F^H]e^{\xi z}\}\\\bar{w}_k(\xi,0)=-\dfrac{1}{\xi}\{[A^H+(2-4\mu+\xi z)B^H]e^{-\xi z}+[C^H-(2-4\mu-\xi z)D^H]e^{\xi z}\}\end{cases}\tag{7}$$

上述三个表达式对ξ进行亨格尔积分反变换，其中第一式对ξ进行$k+1$阶的亨格尔积分反变换，第二式对ξ进行$k-1$阶的亨格尔积分反变换，第三式对ξ进行k阶的亨格尔积分反变换，并注意下列两个关系式：

$$\bar{U}_k(\xi,z)=\bar{u}_k^{(k+1)}(\xi,z)+\bar{v}_k^{(k+1)}(\xi,z)$$
$$\bar{V}_k(\xi,z)=\bar{u}_k^{(k-1)}(\xi,z)-\bar{v}_k^{(k-1)}(\xi,z)$$

则可得

$$u_k(r,z)=-\frac{1}{2}(U_{k+1}^H-U_{k-1}^H)$$

$$v_k(r,z)=-\frac{1}{2}(U_{k+1}^H+U_{k-1}^H)$$

$$w_k(r,z)=-\int_0^\infty\{[A^H+(2-4\mu+\xi z)B^H]e^{-\xi z}+[C^H-(2-4\mu-\xi z)D^H]e^{\xi z}\}J_k(\xi r)\mathrm{d}\xi$$

式中：$U_{k+1}^H=\int_0^\infty\{[A^H-(1-\xi z)B^H-2E^H]e^{-\xi z}-[C^H+(1+\xi z)D^H+2F^H]e^{\xi z}\}J_{k+1}(\xi r)\mathrm{d}\xi$

$$U_{k-1}^H=\int_0^\infty\{[A^H-(1-\xi z)B^H+2E^H]e^{-\xi z}-[C^H+(1+\xi z)D^H-2F^H]e^{\xi z}\}J_{k-1}(\xi r)\mathrm{d}\xi$$

若将上述计算结果代入下述表达式：

$$u(r,z)=\frac{1}{2G}\sum_{k=0}^{\infty}u_k(r,z)\sin k\theta$$

$$v(r,z)=\frac{1}{2G}\sum_{k=0}^{\infty}v_k(r,z)\sin k\theta$$

$$w(r,z)=\frac{1}{2G}\sum_{k=0}^{\infty}w_k(r,z)\cos k\theta$$

则可得

$$\begin{cases}u=-\dfrac{1+\mu}{2E}\displaystyle\sum_{k=0}^{\infty}(U_{k+1}^{H}-U_{k-1}^{H})\cos k\theta\\ v=-\dfrac{1+\mu}{2E}\displaystyle\sum_{k=0}^{\infty}(U_{k+1}^{H}+U_{k-1}^{H})\sin k\theta\\ w=-\dfrac{1+\mu}{E}\displaystyle\sum_{k=0}^{\infty}\int_0^{\infty}\{[A^H+(2-4\mu+\xi z)B^H]e^{-\xi z}+\\ \qquad [C^H-(2-4\mu-\xi z)D^H]e^{\xi z}\}J_k(\xi r)\cos k\theta d\xi\end{cases}\tag{11-2-2}$$

式中：$U_{k+1}^{H}=\int_0^{\infty}\{[A^H-(1-\xi z)B^H-2E^H]e^{-\xi z}-[C^H+(1+\xi z)D^H+2F^H]e^{\xi z}\}J_{k+1}(\xi r)d\xi$

$$U_{k-1}^{H}=\int_0^{\infty}\{[A^H-(1-\xi z)B^H+2E^H]e^{-\xi z}-[C^H+(1+\xi z)D^H-2F^H]e^{\xi z}\}J_{k-1}(\xi r)d\xi$$

若将式(11-2-2)代入式(3-3-5)，则可得非轴对称空间课题的应力分量一般表达式，其结果完全同于第一节的表达式。

11.3 非轴对称空间课题一般解的钟阳解法

若令

$$u(r,\theta,z)=\frac{1}{2G}u^*(r,\theta,z)$$

$$v(r,\theta,z)=\frac{1}{2G}v^*(r,\theta,z)$$

$$w(r,\theta,z)=\frac{1}{2G}w^*(r,\theta,z)$$

其中 $G=\dfrac{E}{2(1+\mu)}$，并注意下述关系式：

$$\frac{\lambda+G}{2G}=\frac{1}{2(1-2\mu)}$$

$$e^*=\left(\frac{\partial}{\partial r}+\frac{1}{r}\right)u^*+\frac{1}{r}\frac{\partial v^*}{\partial\theta}+\frac{\partial w^*}{\partial z}$$

则式(3-4-3)可改写为以下三式：

$$\begin{cases}\dfrac{\partial e^*}{\partial r}+(1-2\mu)\left(\nabla^2u^*-\dfrac{u^*}{r^2}-\dfrac{2}{r^2}\dfrac{\partial u^*}{\partial\theta}\right)=0\\ \dfrac{1}{r}\dfrac{\partial e^*}{\partial\theta}+(1-2\mu)\left(\nabla^2v^*-\dfrac{v^*}{r^2}+\dfrac{2}{r^2}\dfrac{\partial u^*}{\partial\theta}\right)=0\\ \dfrac{\partial e^*}{\partial z}+(1-2\mu)\nabla^2w^*=0\end{cases}\tag{1}$$

式(1)中的第一式施加微分算子$\left(\dfrac{\partial}{\partial r}+\dfrac{1}{r}\right)$，第二式施加微分算子$\dfrac{1}{r}\dfrac{\partial}{\partial\theta}$，第三式施加微分算子$\dfrac{\partial}{\partial z}$，并将三式相加。在推导过程中，应注意下列关系式：

$$(\frac{\partial}{\partial r}+\frac{1}{r})\nabla^2 u^* = \nabla^2(\frac{\partial}{\partial r}+\frac{1}{r})u^* + (\frac{1}{r^2}\frac{\partial}{\partial r}-\frac{1}{r^3}-\frac{2}{r^3}\frac{\partial^2}{\partial\theta^2})u^*$$

$$-(\frac{\partial}{\partial r}+\frac{1}{r})(\frac{u^*}{r^2}+\frac{2}{r^2}\frac{\partial v^*}{\partial\theta}) = -(\frac{1}{r^2}\frac{\partial}{\partial r}-\frac{1}{r^3})u^* - (\frac{2}{r^2}\frac{\partial^2}{\partial r\partial\theta}-\frac{2}{r^3}\frac{\partial}{\partial\theta})v^*$$

$$\frac{1}{r}\frac{\partial}{\partial\theta}(\nabla^2 v^*) = \nabla^2(\frac{1}{r}\frac{\partial v^*}{\partial\theta}) + (\frac{2}{r^2}\frac{\partial^2}{\partial r\partial\theta}-\frac{1}{r^3}\frac{\partial}{\partial\theta})v^*$$

$$\frac{1}{r}\frac{\partial}{\partial\theta}(-\frac{v^*}{r^2}+\frac{2}{r^2}\frac{\partial u^*}{\partial\theta}) = -\frac{1}{r^3}\frac{\partial v^*}{\partial\theta}+\frac{2}{r^3}\frac{\partial^2 u^*}{\partial\theta^2}$$

则可得

$$\nabla^2 e^*(r,\theta,z) = 0 \tag{2}$$

若将位移分量和体积形变分量展开成下列含三角函数的无穷级数表达式：

$$u^*(r,\theta,z) = \sum_{k=0}^{\infty} u_k(r,z)\cos k\theta$$

$$v^*(r,\theta,z) = \sum_{k=0}^{\infty} v_k(r,z)\sin k\theta$$

$$w^*(r,\theta,z) = \sum_{k=0}^{\infty} w_k(r,z)\cos k\theta$$

$$e^*(r,\theta,z) = \sum_{k=0}^{\infty} e_k(r,z)\cos k\theta$$

其中，$e_k(r,z) = (\frac{\partial}{\partial r}+\frac{1}{r})u_k(r,z)+\frac{k}{r}v_k(r,z)+\frac{\partial}{\partial z}w_k(r,z)$。

又将上述位移分量和体积形变分量含三角函数的无穷级数表达式代入式(1)和式(2)，则该两式可改写如下：

$$\begin{cases} \frac{\partial e_k}{\partial r}+(1-2\mu)(\nabla_k^2 u_k-\frac{u_k}{r^2}-\frac{2k}{r^2}v_k) = 0 \\ -\frac{k}{r}e_k+(1-2\mu)(\nabla_k^2 v_k-\frac{v_k}{r^2}-\frac{2k}{r^2}u_k) = 0 \\ \frac{\partial e_k}{\partial z}+(1-2\mu)\nabla_k^2 w_k = 0 \end{cases} \tag{3}$$

$$\nabla_k^2 e_k(r,z) = 0 \tag{4}$$

式中：$\nabla_k^2 = \frac{\partial^2}{\partial r^2}+\frac{1}{r}\frac{\partial}{\partial r}-\frac{k^2}{r^2}+\frac{\partial^2}{\partial z^2}$。

将式(3)中的第一式和第二式相加、相减，则式(3)又可改写为以下三式：

$$\begin{cases} (\frac{\partial}{\partial r}-\frac{k}{r})e_k+(1-2\mu)\nabla_{k+1}^2(u_k+v_k) = 0 \\ (\frac{\partial}{\partial r}+\frac{k}{r})e_k+(1-2\mu)\nabla_{k-1}^2(u_k-v_k) = 0 \\ \frac{\partial e_k}{\partial z}+(1-2\mu)\nabla_k^2 w_k = 0 \end{cases} \tag{5}$$

式中：$\nabla_{k+1}^2 = \frac{\partial^2}{\partial r^2}+\frac{1}{r}\frac{\partial}{\partial r}-\frac{(k+1)^2}{r^2}+\frac{\partial^2}{\partial z^2}$

$$\nabla_{k-1}^2 = \frac{\partial^2}{\partial r^2}+\frac{1}{r}\frac{\partial}{\partial r}-\frac{(k-1)^2}{r^2}+\frac{\partial^2}{\partial z^2}$$

若将式(4)对 r 施加亨格尔 k 阶积分变换，则可得二阶常微分方程式如下：

$$(\frac{d^2}{dz^2}-\xi^2)\bar{e}_k(\xi,z) = 0 \tag{6}$$

式中：$\bar{e}_k(\xi,z) = \int_0^{\infty} r e_k(r,z)J_k(\xi r)dr$。

上述常微分方程为线性齐次微分方程,其解可表示为如下形式:

$$\bar{e}_k(\xi,z) = B_1 e^{-\xi z} + D_1 e^{\xi z} \tag{a}$$

若将式(5)中的第一式对 r 施加亨格尔 $k+1$ 阶积分变换,第二式对 r 施加亨格尔 $k-1$ 阶积分变换,而第三式对 r 施加亨格尔 k 阶积分变换,并注意下列六个亨格尔积分变换式:

$$\int_0^\infty r\left(\frac{\partial}{\partial r} - \frac{k}{r}\right) e_k(r,z) J_{k+1}(\xi r)\,\mathrm{d}r = -\xi \bar{e}_k(\xi,z)$$

$$\int_0^\infty r\,\nabla_{k+1}^2 [u_k(r,z) + v_k(r,z)] J_{k+1}(\xi r)\,\mathrm{d}r = \left(\frac{\mathrm{d}^2}{\mathrm{d}z^2} - \xi^2\right)[\bar{u}_k^{(k+1)}(\xi,z) + \bar{v}_k^{(k+1)}(\xi,z)]$$

$$\int_0^\infty r\left(\frac{\partial}{\partial r} + \frac{k}{r}\right) e_k(r,z) J_{k-1}(\xi r)\,\mathrm{d}r = \xi \bar{e}_k(\xi,z)$$

$$\int_0^\infty r\,\nabla_{k-1}^2 [u_k(r,z) - v_k(r,z)] J_{k-1}(\xi r)\,\mathrm{d}r = \left(\frac{\mathrm{d}^2}{\mathrm{d}z^2} - \xi^2\right)[\bar{u}_k^{(k-1)}(\xi,z) - \bar{v}_k^{(k-1)}(\xi,z)]$$

$$\int_0^\infty r\,\frac{\partial e_k(r,z)}{\partial z} J_k(\xi r)\,\mathrm{d}r = \frac{\mathrm{d}}{\mathrm{d}z}\bar{e}_k(\xi,z)$$

$$\int_0^\infty r\,\nabla_k^2 w_k(r,z) J_k(\xi r)\,\mathrm{d}r = \left(\frac{\mathrm{d}^2}{\mathrm{d}z^2} - \xi^2\right)\bar{w}_k(\xi,z)$$

式中:$\bar{e}_k(\xi,z) = \int_0^\infty r e_k(r,z) J_k(\xi r)\,\mathrm{d}r$

$$\bar{u}_k^{(k+1)}(\xi,z) = \int_0^\infty r u_k(r,z) J_{k+1}(\xi r)\,\mathrm{d}r$$

$$\bar{u}_k^{(k-1)}(\xi,z) = \int_0^\infty r u_k(r,z) J_{k-1}(\xi r)\,\mathrm{d}r$$

$$\bar{v}_k^{(k+1)}(\xi,z) = \int_0^\infty r v_k(r,z) J_{k+1}(\xi r)\,\mathrm{d}r$$

$$\bar{v}_k^{(k-1)}(\xi,z) = \int_0^\infty r v_k(r,z) J_{k-1}(\xi r)\,\mathrm{d}r$$

则可得如下方程组:

$$\begin{cases} \left(\dfrac{\mathrm{d}^2}{\mathrm{d}z^2} - \xi^2\right)[\bar{u}_k^{(k+1)} + \bar{v}_k^{(k+1)}] = \dfrac{\xi \bar{e}_k}{1-2\mu} \\ \left(\dfrac{\mathrm{d}^2}{\mathrm{d}z^2} - \xi^2\right)[\bar{u}_k^{(k-1)} - \bar{v}_k^{(k-1)}] = -\dfrac{\xi \bar{e}_k}{1-2\mu} \\ \left(\dfrac{\mathrm{d}^2}{\mathrm{d}z^2} - \xi^2\right)\bar{w}_k = -\dfrac{1}{1-2\mu}\dfrac{\mathrm{d}\bar{e}_k}{\mathrm{d}z} \end{cases} \tag{7}$$

式中:$\bar{w}_k = \int_0^\infty r w_k J_k(\xi r)\,\mathrm{d}r$。

若令

$$\begin{cases} \bar{U}_k(\xi,z) = \bar{u}_k^{(k+1)}(\xi,z) + \bar{v}_k^{(k+1)}(\xi,z) \\ \bar{V}_k(\xi,z) = \bar{u}_k^{(k-1)}(\xi,z) - \bar{v}_k^{(k-1)}(\xi,z) \end{cases} \tag{b}$$

并注意下列关系式:

$$\begin{cases} \bar{e}_k(\xi,z) = B_1 e^{-\xi z} + D_1 e^{\xi z} \\ \dfrac{\mathrm{d}\bar{e}_k}{\mathrm{d}z} = -\xi(B_1 e^{-\xi z} - D_1 e^{\xi z}) \end{cases} \tag{c}$$

那么,式(7)又可改写为如下方程式:

$$\begin{cases} \left(\dfrac{\mathrm{d}^2}{\mathrm{d}z^2} - \xi^2\right)\bar{U}_k = \dfrac{\xi}{1-2\mu}(B_1 e^{-\xi z} + D_1 e^{\xi z}) \\ \left(\dfrac{\mathrm{d}^2}{\mathrm{d}z^2} - \xi^2\right)\bar{V}_k = -\dfrac{\xi}{1-2\mu}(B_1 e^{-\xi z} + D_1 e^{\xi z}) \\ \left(\dfrac{\mathrm{d}^2}{\mathrm{d}z^2} - \xi^2\right)\bar{w}_k = \dfrac{\xi}{1-2\mu}(B_1 e^{-\xi z} - D_1 e^{\xi z}) \end{cases} \tag{8}$$

由式(8)可以看出,该三式为二阶线性非齐次常微分方程组,其解由两部分组成。一部分为对应的齐次微分方程通解,另一部分为非齐次微分方程的特解。根据常微分方程理论,其解可表示为如下形式:

$$\begin{cases}\overline{U}_k = \dfrac{1}{2(1-2\mu)\xi}\{[2(1-2\mu)\xi A_1 - \xi z B_1]e^{-\xi z} + [2(1-2\mu)\xi C_1 + \xi z D_1]e^{\xi z}\} \\ \overline{V}_k = \dfrac{1}{2(1-2\mu)\xi}\{[2(1-2\mu)\xi A_2 + \xi z B_1]e^{-\xi z} + [2(1-2\mu)\xi C_2 - \xi z D_1]e^{\xi z}\} \\ \overline{w}_k = \dfrac{1}{2(1-2\mu)\xi}\{[1-2\mu)\xi z A_3 - \xi z B_1]e^{-\xi z} + [2(1-2\mu)\xi C_3 - \xi z D_1]e^{\xi z}\}\end{cases} \tag{11-3-1}$$

若将下述表达式:

$$e_k = (\frac{\partial}{\partial r} + \frac{1}{r})u_k + \frac{k}{r}v_k + \frac{\partial w_k}{\partial z}$$

对 r 施加 k 阶的亨格尔积分变换,并注意下列亨格尔积分变换式:

$$\int_0^\infty r(\frac{\partial}{\partial r} + \frac{1}{r})u_k(r,z)J_k(\xi r)\mathrm{d}r = \frac{\xi}{2}[\overline{u}_k^{(k+1)}(\xi,z) - \overline{u}_k^{(k-1)}(\xi,z)]$$

$$\int_0^\infty r[\frac{k}{r}v_k(\xi,z)]J_k(\xi r)\mathrm{d}r = \frac{\xi}{2}[\overline{v}_k^{(k+1)}(\xi,z) + \overline{v}_k^{(k-1)}(\xi,z)]$$

$$\overline{U}_k(\xi,z) = \overline{u}_k^{(k+1)}(\xi,z) + \overline{v}_k^{(k+1)}(\xi,z)$$

$$\overline{V}_k(\xi,z) = \overline{u}_k^{(k-1)}(\xi,z) - \overline{v}_k^{(k-1)}(\xi,z)$$

其中,$\overline{u}_k^{(k+1)}(\xi,z) = \int_0^\infty r u_k(r,z)J_{k+1}(\xi r)\mathrm{d}r$

$$\overline{u}_k^{(k-1)}(\xi,z) = \int_0^\infty r u_k(r,z)J_{k-1}(\xi r)\mathrm{d}r$$

$$\overline{v}_k^{(k+1)}(\xi,z) = \int_0^\infty r v_k(r,z)J_{k+1}(\xi r)\mathrm{d}r$$

$$\overline{v}_k^{(k-1)}(\xi,z) = \int_0^\infty r v_k(r,z)J_{k-1}(\xi r)\mathrm{d}r$$

则可得如下表达式:

$$\overline{e}_k(\xi,z) = \frac{\xi}{2}[\overline{U}_k(\xi,z) - \overline{V}_k(\xi,z)] + \frac{\mathrm{d}\overline{w}(\xi,z)}{\mathrm{d}z} \tag{d}$$

若将式(a)、式(11-3-1)中的第一式、第二式和式(c)代入式(d),则可得

$$B_1e^{-\xi z} + D_1e^{\xi z} = \frac{1}{2(1-2\mu)}\{[(1-2\mu)(A_1 - A_2 - 2A_3)\xi - B_1]e^{-\xi z} + [(1-2\mu)(C_1 - C_2 + C_3)\xi - D_1]e^{\xi z}\}$$

比较上式两端的对应项,则有

$$B_1 = \frac{(A_1 - A_2 - 2A_3)\xi}{2} - \frac{B_1}{2(1-2\mu)}$$

$$D_1 = \frac{(C_1 - C_2 + 2C_3)\xi}{2} - \frac{D_1}{2(1-2\mu)}$$

上两式重新加以整理,则可得到 A_3 和 C_3 表达式如下:

$$A_3 = \frac{1}{2(1-2\mu)\xi}[(1-2\mu)(A_1 - A_2)\xi - (3-4\mu)B_1]$$

$$C_3 = -\frac{1}{2(1-2\mu)\xi}[(1-2\mu)(A_1 - A_2)\xi - (3-4\mu)B_1]$$

又将 A_3、C_3 值代入式(11-3-1)中的第三式,则可得

$$\overline{w}_k = \frac{1}{2(1-2\mu)\xi}\{[(1-2\mu)(A_1 - A_2)\xi - (3-4\mu+\xi z)B_1]e^{-\xi z} - [(1-2\mu)(C_1 - C_2)\xi - (3-4\mu-\xi z)D_1]e^{\xi z}\} \tag{9}$$

若将式(11-3-1)中的第一式、第二式、和式(9)重新加以整理,则可得到如下三个表达式:

$$
\begin{cases}
\overline{U}_k = -\dfrac{1}{2(1-2\mu)\xi}\{[-(1-2\mu)(A_1-A_2)\xi + B_1 - (1-\xi z)B_1 - \\
\qquad (1-2\mu)(A_1+A_2)\xi]e^{-\xi z} - [(1-2\mu)(C_1-C_2)\xi - D_1 + \\
\qquad (1+\xi z)D_1 + (1-2\mu)(C_1+C_2)\xi]e^{\xi z}\} \\
\overline{V}_k = \dfrac{1}{2(1-2\mu)\xi}\{[-(1-2\mu)(A_1-A_2)\xi + B_1 - (1-\xi z)B_1 + \\
\qquad (1-2\mu)(A_1+A_2)\xi]e^{-\xi z} - [(1-2\mu)(C_1-C_2)\xi - D_1 + \\
\qquad (1+\xi z)D_1 - (1-2\mu)(C_1+C_2)\xi]e^{\xi z}\} \\
\overline{w}_k = -\dfrac{1}{2(1-2\mu)\xi}\{[-(1-2\mu)(A_1-A_2)\xi + B_1 + (2-4\mu+\xi z)B_1]e^{-\xi z} + \\
\qquad [(1-2\mu)(C_1-C_2)\xi - D_1 - (2-4\mu-\xi z)D_1]e^{\xi z}\}
\end{cases}
\tag{11-3-2}
$$

若令

$$A^H = \frac{1}{2}\left[\frac{B_1}{1-2\mu} - (A_1-A_2)\xi\right]$$

$$B^H = \frac{B_1}{2(1-2\mu)}$$

$$C^H = \frac{1}{2}\left[(C_1-C_2)\xi - \frac{D_1}{1-2\mu}\right]$$

$$D^H = \frac{D_1}{2(1-2\mu)}$$

$$E^H = \frac{(A_1+A_2)\xi}{4}$$

$$F^H = \frac{(C_1+C_2)\xi}{4}$$

则可得

$$
\begin{cases}
\overline{U}_k = -\dfrac{1}{\xi}\{[A^H - (1-\xi z)B^H - 2E^H]e^{-\xi z} - [C^H + (1+\xi z)D^H + 2F^H]e^{\xi z}\} \\
\overline{V}_k = \dfrac{1}{\xi}\{[A^H - (1-\xi z)B^H + 2E^H]e^{-\xi z} - [C^H + (1+\xi z)D^H - 2F^H]e^{\xi z}\} \\
\overline{w}_k = -\dfrac{1}{\xi}\{[A^H + (2-4\mu+\xi z)B^H]e^{-\xi z} + [C^H - (2-4\mu-\xi z)D^H]e^{\xi z}\}
\end{cases}
\tag{11-3-3}
$$

若将式(11-3-3)对 ξ 施加亨格尔积分反变换,其中第一式施加 $k+1$ 阶的反变换,第二式施加 $k-1$ 阶的反变换,第三式施加 k 阶的反变换,并注意下述关系式:

$$u_k = \frac{1}{2}(U_k + V_k)$$

$$v_k = \frac{1}{2}(U_k - V_k)$$

$$u = \frac{1+\mu}{E}\sum_{k=0}^{\infty} u_k \cos k\theta$$

$$v = \frac{1+\mu}{E}\sum_{k=0}^{\infty} v_k \sin k\theta$$

$$w = \frac{1+\mu}{E}\sum_{k=0}^{\infty} w_k \cos k\theta$$

则可得非轴对称空间课题的位移分量表达式如下:

$$
\begin{cases}
u = -\dfrac{1+\mu}{2E}\sum\limits_{k=0}^{\infty}(U_{k+1}^{H} - U_{k-1}^{H})\cos k\theta \\
v = -\dfrac{1+\mu}{2E}\sum\limits_{k=0}^{\infty}(U_{k+1}^{H} + U_{k-1}^{H}) \\
w = -\dfrac{1+\mu}{E}\sum\limits_{k=0}^{\infty}\int_{0}^{\infty}\{[A^{H} + (2-4\mu+\xi z)B^{H}]e^{-\xi z} + [C^{H} - (2-4\mu-\xi z)D^{H}\}J_{k}(\xi r)\cos k\theta \mathrm{d}\xi
\end{cases}
\tag{11-3-4}
$$

式中：$U_{k+1}^{H} = \int_{0}^{\infty}\{[A^{H} - (1-\xi z)B^{H} - 2E^{H}]e^{-\xi z} - [C^{H} + (1+\xi z)D^{H} + 2F^{H}]e^{\xi z}\}J_{k+1}(\xi r)\mathrm{d}\xi$

$U_{k-1}^{H} = \int_{0}^{\infty}\{[A^{H} - (1-\xi z)B^{H} + 2E^{H}]e^{-\xi z} - [C^{H} + (1+\xi z)D^{H} - 2F^{H}]e^{\xi z}\}J_{k-1}(\xi r)\mathrm{d}\xi$

上述位移分量的结果，完全同于洛甫解中非轴对称空间课题的位移分量表达式。若将式(11-3-4)的计算结果代入式(3-3-5)，则可得

$$
\begin{cases}
\sigma_{r} = -\sum\limits_{k=0}^{\infty}\int_{0}^{\infty}\xi\{[A^{H} - (1+2\mu-\xi z)B^{H}]e^{-\xi z} - [C^{H} + (1+2\mu+\xi z)D^{H}]e^{\xi z}\} \times \\
\qquad J_{k}(\xi r)\cos k\theta \mathrm{d}\xi + \sum\limits_{k=0}^{\infty}\left(\dfrac{k+1}{2r}U_{k+1}^{H} + \dfrac{k-1}{2r}U_{k-1}^{H}\right)\cos k\theta \\
\sigma_{\theta} = 2\mu\sum\limits_{k=0}^{\infty}\int_{0}^{\infty}\xi(B^{H}e^{-\xi z} + D^{H}e^{\xi z})J_{k}(\xi r)\cos k\theta \mathrm{d}\xi - \sum\limits_{k=0}^{\infty}\left(\dfrac{k+1}{2r}U_{k+1}^{H} + \dfrac{k-1}{2r}U_{k-1}^{H}\right)\cos k\theta \\
\sigma_{z} = \sum\limits_{k=0}^{\infty}\int_{0}^{\infty}\xi\{[A^{H} + (1-2\mu+\xi z)B^{H}]e^{-\xi z} - [C^{H} - (1-2\mu-\xi z)D^{H}]e^{\xi z}\}J_{k}(\xi r)\cos k\theta \mathrm{d}\xi \\
\tau_{r\theta} = \sum\limits_{k=0}^{\infty}\int_{0}^{\infty}\xi(E^{H}e^{-\xi z} + F^{H}e^{\xi z})J_{k}(\xi r)\sin k\theta \mathrm{d}\xi + \sum\limits_{k=0}^{\infty}\left(\dfrac{k+1}{2r}U_{k+1}^{H} - \dfrac{k-1}{2r}U_{k-1}^{H}\right)\sin k\theta \\
\tau_{\theta z} = \dfrac{1}{2}\sum\limits_{k=0}^{\infty}(H_{k+1}^{H} + H_{k-1}^{H})\sin k\theta \\
\tau_{zr} = \dfrac{1}{2}\sum\limits_{k=0}^{\infty}(H_{k+1}^{H} - H_{k-1}^{H})\cos k\theta
\end{cases}
\tag{11-3-5}
$$

式中：$H_{k+1}^{H} = \int_{0}^{\infty}\xi\{[A^{H} - (2\mu-\xi z)B^{H} - E^{H}]e^{-\xi z} + [C^{H} + (2\mu+\xi z)D^{H} + F^{H}]e^{\xi z}\}J_{k+1}(\xi r)\mathrm{d}\xi$

$H_{k-1}^{H} = \int_{0}^{\infty}\xi\{[A^{H} - (2\mu-\xi z)B^{H} + E^{H}]e^{-\xi z} + [C^{H} + (2\mu+\xi z)D^{H} - F^{H}]e^{\xi z}\}J_{k}(\xi r)\mathrm{d}\xi$

由此可见，所得到的应力分量表达式，也完全同于洛甫解的结果。

11.4　非轴对称课题的传递矩阵法

对于层状弹性体系的非轴对称课题，若将下述应力分量的无穷级数：

$$
\begin{aligned}
\sigma_{r}(r,\theta,z) &= \sum_{k=0}^{\infty}\sigma_{r_k}(r,z)\cos k\theta \\
\sigma_{\theta}(r,\theta,z) &= \sum_{k=0}^{\infty}\sigma_{\theta_k}(r,z)\cos k\theta \\
\sigma_{z}(r,\theta,z) &= \sum_{k=0}^{\infty}\sigma_{z_k}(r,z)\cos k\theta \\
\tau_{r\theta}(r,\theta,z) &= \sum_{k=0}^{\infty}\tau_{r\theta_k}(r,z)\sin k\theta \\
\tau_{\theta z}(r,\theta,z) &= \sum_{k=0}^{\infty}\tau_{\theta z_k}(r,z)\sin k\theta \\
\tau_{zr}(r,\theta,z) &= \sum_{k=0}^{\infty}\tau_{zr_k}(r,z)\cos\theta
\end{aligned}
$$

代入静平衡方程式，即式(3-1-3)，则可得到如下三个表达式：

$$\begin{cases}\dfrac{\partial\sigma_{r_k}}{\partial r}+\dfrac{k}{r}\tau_{r\theta_k}+\dfrac{\partial\tau_{zr_k}}{\partial z}+\dfrac{\sigma_{r_k}-\sigma_{\theta_k}}{r}=0\\ \dfrac{\partial\tau_{r\theta_k}}{\partial r}-\dfrac{k}{r}\sigma_{\theta_k}+\dfrac{\partial\tau_{\theta z_k}}{\partial z}+\dfrac{2}{r}\tau_{r\theta_k}=0\\ \dfrac{\partial\tau_{zr_k}}{\partial r}+\dfrac{k}{r}\tau_{\theta z_k}+\dfrac{\partial\sigma_{z_k}}{\partial z}+\dfrac{1}{r}\tau_{zr_k}=0\end{cases}\tag{1}$$

又将下列三个位移表达式:

$$u(r,\theta,z)=\frac{1}{2G}\sum_{k=0}^{\infty}u_k(r,z)\cos k\theta$$

$$v(r,\theta,z)=\frac{1}{2G}\sum_{k=0}^{\infty}v_k(r,z)\sin k\theta$$

$$w(r,\theta,z)=\frac{1}{2G}\sum_{k=0}^{\infty}w_k(r,z)\cos k\theta$$

其中 $G=\dfrac{E}{2(1+\mu)}$,并注意将关系式$\dfrac{\lambda}{2G}=\dfrac{\mu}{1-2\mu}$,$\dfrac{\lambda+2G}{2G}=\dfrac{1-\mu}{1-2\mu}$,代入非轴对称课题的用位移分量表示应力分量的广义虎克定律,即式(3-3-5),那么式(3-3-5)可改写为以下六个表达式:

$$\begin{cases}\sigma_{r_k}=\dfrac{1}{1-2\mu}\left\{\left[(1-\mu)\dfrac{\partial}{\partial r}+\dfrac{\mu}{r}\right]u_k+\dfrac{k\mu}{r}v_k+\mu\dfrac{\partial w_k}{\partial z}\right\}\\ \sigma_{\theta_k}=\dfrac{1}{1-2\mu}\left[\left(\mu\dfrac{\partial}{\partial r}+\dfrac{1-\mu}{r}\right)u_k+\dfrac{k(1-\mu)}{r}v_k+\mu\dfrac{\partial w_k}{\partial z}\right]\\ \sigma_{z_k}=\dfrac{1}{1-2\mu}\left[\mu\left(\dfrac{\partial}{r}+\dfrac{1}{r}\right)u_k+\dfrac{k\mu}{r}v_k+(1-\mu)\dfrac{\partial w_k}{\partial z}\right]\\ \tau_{r\theta_k}=-\dfrac{1}{2}\left[\dfrac{k}{r}u_k-\left(\dfrac{\partial}{\partial r}-\dfrac{1}{r}\right)v_k\right]\\ \tau_{\theta z_k}=\dfrac{1}{2}\left(\dfrac{\partial v_k}{\partial z}-\dfrac{k}{r}w_k\right)\\ \tau_{zr_k}=\dfrac{1}{2}\left(\dfrac{\partial u_k}{\partial z}+\dfrac{\partial w_k}{\partial r}\right)\end{cases}\tag{2}$$

由式(1)中的第三式,则可得如下表达式:

$$\frac{\partial\sigma_{z_k}}{\partial z}=-\left[\left(\frac{\partial}{\partial r}+\frac{1}{r}\right)\tau_{zr_k}+\frac{k}{r}\tau_{\theta z_k}\right]\tag{a}$$

根据式(2)中的第三式,则可得如下表达式:

$$\frac{\partial w_k}{\partial z}=\frac{1}{1-\mu}\left\{(1-2\mu)\sigma_{z_k}-\mu\left[\left(\frac{\partial}{\partial r}+\frac{1}{r}\right)u_k+\frac{k}{r}v_k\right]\right\}\tag{f}$$

若将式(2)中的第二式和第四式,即

$$\sigma_{\theta_k}=\frac{1}{1-2\mu}\left[\left(\mu\frac{\partial}{\partial r}+\frac{1-\mu}{r}\right)u_k+\frac{k(1-\mu)}{r}v_k+\mu\frac{\partial w_k}{\partial z}\right]$$

$$\tau_{r\theta_k}=-\frac{1}{2}\left[\frac{k}{r}u_k-\left(\frac{\partial}{\partial r}-\frac{1}{r}\right)v_k\right]$$

代入式(1)中的第二式:

$$\frac{\partial\tau_{\theta z_k}}{\partial z}=\frac{k}{r}\sigma_{\theta_k}-\left(\frac{\partial}{\partial r}+\frac{2}{r}\right)\tau_{r\theta_k}$$

在代入过程中，应注意下述式(f)：

$$\frac{\partial w_k}{\partial z}=\frac{1-2\mu}{1-\mu}\sigma_{z_k}-\frac{\mu}{1-\mu}(\frac{\partial}{\partial r}+\frac{1}{r})u_k-\frac{k\mu}{(1-\mu)r}v_k$$

则可得

$$\frac{\partial\tau_{\theta z_k}}{\partial z}=\frac{k\mu}{(1-\mu)r}\sigma_{z_k}+\frac{k}{r}[\frac{1+\mu}{2(1-\mu)}(\frac{\partial}{\partial r}+\frac{1}{r})+\frac{1}{r}]u_k+\frac{1+\mu}{2(1-\mu)}\frac{k^2}{r^2}v_k-\frac{1}{2}(\frac{\partial^2}{\partial r^2}+\frac{1}{r}\frac{\partial}{\partial r}-\frac{k^2+1}{r^2})v_k \tag{3}$$

若将式(2)中的第一式、第二式和第四式：

$$\sigma_{r_k}=\frac{1}{1-2\mu}\{[(1-\mu)\frac{\partial}{\partial r}+\frac{\mu}{r}]u_k+\frac{k\mu}{r}v_k+\mu\frac{\partial w_k}{\partial z}\}$$

$$\sigma_{\theta_k}=\frac{1}{1-2\mu}[(\mu\frac{\partial}{\partial r}+\frac{1-\mu}{r})u_k+\frac{k(1-\mu)}{r}v_k+\mu\frac{\partial w_k}{\partial z}]$$

$$\tau_{r\theta_k}=-\frac{1}{2}[\frac{k}{r}u_k-(\frac{\partial}{\partial r}-\frac{1}{r})v_k]$$

代入式(1)中的第一式：

$$\frac{\partial\sigma_{r_k}}{\partial r}+\frac{k}{r}\tau_{r\theta_k}+\frac{\partial\tau_{zr_k}}{\partial z}+\frac{\sigma_{r_k}-\sigma_{\theta_k}}{r}=0$$

即

$$\frac{\partial\tau_{zr_k}}{\partial z}=-(\frac{\partial\sigma_{r_k}}{\partial r}+\frac{k}{r}\tau_{r\theta_k}+\frac{\sigma_{r_k}-\sigma_{\theta_k}}{r})$$

则可得

$$\frac{\partial\tau_{zr_k}}{\partial z}=-\{\frac{\mu}{1-\mu}\frac{\partial\sigma_{z_k}}{\partial r}+\frac{1}{2}(\frac{\partial^2}{\partial r^2}+\frac{1}{r}\frac{\partial}{\partial r}-\frac{k^2+1}{r^2})u_k+\frac{1+\mu}{2(1-\mu)}(\frac{\partial^2}{\partial r^2}+\frac{1}{r}\frac{\partial}{\partial r}-\frac{1}{r^2})u_k+\frac{1+\mu}{2(1-\mu)}\frac{k}{r}(\frac{\partial}{\partial r}-\frac{1}{r})v_k-\frac{k}{r^2}v_k\} \tag{4}$$

若将式(3)与式(4)相加、相减，则可得如下两式：

$$\frac{\partial\tau_1}{\partial z}=-\{\frac{\mu}{1-\mu}(\frac{\partial}{\partial r}-\frac{k}{r})\sigma_{z_k}+\frac{1}{2}[\frac{\partial^2}{\partial r^2}+\frac{1}{r}\frac{\partial}{\partial r}-\frac{(k+1)^2}{r^2}]U_k+\frac{1+\mu}{2(1-\mu)}[(\frac{\partial^2}{\partial r^2}-\frac{k-1}{r}\frac{\partial}{\partial r}-\frac{k+1}{r^2})u_k+\frac{k}{r}(\frac{\partial}{\partial r}-\frac{k+1}{r})v_k]\} \tag{b}$$

$$\frac{\partial\tau_2}{\partial z}=\frac{\mu}{1-\mu}(\frac{\partial}{\partial r}+\frac{k}{r})\sigma_{z_k}+\frac{1}{2}[\frac{\partial^2}{\partial r^2}+\frac{1}{r}\frac{\partial}{\partial r}-\frac{(k-1)^2}{r^2}]V_k+\frac{1+\mu}{2(1-\mu)}(\frac{\partial^2}{\partial r^2}+\frac{k+1}{r}\frac{\partial}{\partial r}+\frac{k-1}{r^2})u_k+\frac{1+\mu}{2(1-\mu)}\frac{k}{r}(\frac{\partial}{\partial r}+\frac{k-1}{r})v_k \tag{c}$$

式中：$\tau_1=\tau_{\theta z_k}+\tau_{zr_k}$

$\tau_2=\tau_{\theta z_k}-\tau_{zr_k}$

$U_k=u_k+v_k$

$V_k=u_k-v_k$

若将式(2)中的第六式和第五式：

$$\tau_{zr_k} = \frac{1}{2}(\frac{\partial u_k}{\partial z} + \frac{\partial w_k}{\partial r})$$

$$\tau_{\theta z_k} = \frac{1}{2}(\frac{\partial v_k}{\partial z} - \frac{k}{r}w_k)$$

加以变换,则可得如下两式：

$$\frac{\partial u_k}{\partial z} = 2\tau_{zr} - \frac{\partial w_k}{\partial r} \tag{5}$$

$$\frac{\partial v_k}{\partial z} = 2\tau_{\theta z_k} + \frac{k}{r}w_k \tag{6}$$

若将式(5)和式(6)相加、相减,并注意下列关系式：

$$\tau_1 = \tau_{\theta z_k} + \tau_{zr_k}$$

$$\tau_2 = \tau_{\theta z_k} - \tau_{zr_k}$$

$$U_k = u_k + v_k$$

$$V_k = u_k - v_k$$

则可得

$$\frac{\partial U_k}{\partial z} = 2\tau_1 - (\frac{\partial}{\partial r} - \frac{k}{r})w_k \tag{d}$$

$$\frac{\partial V_k}{\partial z} = -[2\tau_2 + (\frac{\partial}{\partial r} + \frac{k}{r})w_k] \tag{e}$$

若将式(a)：

$$\frac{\partial \sigma_{z_k}}{\partial z} = -[(\frac{\partial}{\partial r} + \frac{1}{r})\tau_{zr_k} + \frac{k}{r}\tau_{\theta z_k}]$$

对 r 施加 k 阶的亨格尔积分变换,并注意下列关系式：

$$\int_0^\infty r(\frac{\partial}{\partial r} + \frac{1}{r})\tau_{zr_k}J_k(\xi r)\mathrm{d}r = \frac{\xi}{2}[\bar{\tau}_{zr_k}^{(k+1)} - \bar{\tau}_{zr_k}^{(k-1)}]$$

$$\int_0^\infty r(\frac{k}{r}\tau_{\theta z_k})J_k(\xi r)\mathrm{d}r = \frac{\xi}{2}[\bar{\tau}_{\theta z_k}^{(k+1)} - \bar{\tau}_{\theta z_k}^{(k-1)}]$$

$$\bar{\tau}_{\theta z_k}^{(k+1)} = \int_0^\infty r\tau_{\theta z_k}J_{k+1}(\xi r)\mathrm{d}r$$

$$\bar{\tau}_{\theta z_k}^{(k-1)} = \int_0^\infty r\tau_{\theta z_k}J_{k-1}(\xi r)\mathrm{d}r$$

$$\bar{\tau}_{zr_k}^{(k+1)} = \int_0^\infty r\tau_{zr_k}J_{k+1}(\xi r)\mathrm{d}r$$

$$\bar{\tau}_{zr_k}^{(k-1)} = \int_0^\infty r\tau_{zr_k}J_{k-1}(\xi r)\mathrm{d}r$$

$$\bar{\tau}_1 = \bar{\tau}_{\theta z_k}^{(k+1)} + \bar{\tau}_{zr_k}^{(k+1)}$$

$$\bar{\tau}_2 = \bar{\tau}_{\theta z_k}^{(k-1)} - \bar{\tau}_{zr_k}^{(k-1)}$$

则可得如下表达式：

$$\frac{\mathrm{d}\bar{\sigma}_{z_k}}{\mathrm{d}z} = -\frac{\xi}{2}(\bar{\tau}_1 + \bar{\tau}_2) \tag{A}$$

若将式(b)对 r 施加亨格尔 $k+1$ 阶积分变换,并注意下列关系式：

$$\int_0^\infty r(\frac{\partial}{\partial r}-\frac{k}{r})\sigma_{z_k}J_{k+1}(\xi r)\mathrm{d}r=-\xi\overline{\sigma}_{z_k}$$

$$\int_0^\infty r[\frac{\partial^2}{\partial r^2}+\frac{1}{r}\frac{\partial}{\partial r}-\frac{(k+1)^2}{r^2}]U_kJ_{k+1}(\xi r)\mathrm{d}r=-\xi^2\overline{U}_k$$

$$\int_0^\infty r(\frac{\partial^2}{\partial r^2}-\frac{k-1}{r}\frac{\partial}{\partial r}+\frac{k+1}{r^2})u_k(s)J_{k+1}(\xi r)\mathrm{d}r=-\frac{\xi^2}{2}[\overline{u}_k^{(k+1)}-\overline{u}_k^{(k-1)}]$$

$$\int_0^\infty r[\frac{k}{r}(\frac{\partial}{\partial r}-\frac{k+1}{r})v_k]J_{k+1}(\xi r)\mathrm{d}r=-\frac{\xi^2}{2}[\overline{v}_k^{(k+1)}+\overline{v}_k^{(k-1)}]$$

$$\overline{\sigma}_{z_k}=\int_0^\infty r\overline{\sigma}_{z_k}J_k(\xi r)\mathrm{d}r$$

$$\overline{u}_k^{(k+1)}=\int_0^\infty ru_kJ_{k+1}(\xi r)\mathrm{d}r$$

$$\overline{v}_k^{(k+1)}=\int_0^\infty rv_kJ_{k+1}(\xi r)\mathrm{d}r$$

$$\overline{u}_k^{(k-1)}=\int_0^\infty ru_kJ_{k-1}(\xi r)\mathrm{d}r$$

$$\overline{v}_k^{(k-1)}=\int_0^\infty rv_kJ_{k-1}(\xi r)\mathrm{d}r$$

$$\overline{U}_k=\overline{u}_k^{(k+1)}+\overline{v}_k^{(k+1)}$$

$$\overline{V}_k=\overline{u}_k^{(k-1)}-\overline{v}_k^{(k-1)}$$

则可得如下表达式：

$$\frac{\partial\overline{\tau}_1}{\partial z}=\frac{\xi}{2(1-\mu)}\left\{2\mu\overline{\sigma}_{z_k}+\frac{\xi}{2}[(3-\mu)\overline{U}_k-(1+\mu)\overline{V}_k]\right\}\tag{B}$$

若将式(c)对 r 施加亨格尔 $k-1$ 阶积分变换，并注意下列关系式：

$$\int_0^\infty r(\frac{\partial}{\partial r}+\frac{k}{r})\sigma_{z_k}J_{k-1}(\xi r)\mathrm{d}r=\xi\overline{\sigma}_{z_k}$$

$$\int_0^\infty r[\frac{\partial^2}{\partial r^2}+\frac{1}{r}\frac{\partial}{\partial r}-\frac{(k-1)^2}{r^2}]V_kJ_{k-1}(\xi r)\mathrm{d}r=-\xi^2\overline{V}_k$$

$$\int_0^\infty r(\frac{\partial^2}{\partial r^2}+\frac{k+1}{r}\frac{\partial}{\partial r}+\frac{k-1}{r^2})u_kJ_{k-1}(\xi r)\mathrm{d}r=\frac{\xi^2}{2}[\overline{u}_k^{(k+1)}-\overline{u}_k^{(k-1)}]$$

$$\int_0^\infty r[\frac{k}{r}(\frac{\partial}{\partial r}+\frac{k+1}{r})v_kJ_{k-1}(\xi r)\mathrm{d}r=\frac{\xi^2}{2}[\overline{v}_k^{(k+1)}+\overline{v}_k^{(k-1)}]$$

则可得如下表达式：

$$\frac{\mathrm{d}\overline{\tau}_2}{\mathrm{d}z}=\frac{\xi}{2(1-\mu)}\{2\mu\overline{\sigma}_{z_k}+\frac{\xi}{2}[(1+\mu)\overline{U}_k-(3-\mu)\overline{V}_k]\}\tag{C}$$

若将式(d)对 r 施加亨格尔 $k+1$ 阶积分变换，并注意下述关系式：

$$\int_0^\infty r\left(\frac{\partial}{\partial r}-\frac{k}{r}\right)w_k J_{k+1}(\xi r)\,\mathrm{d}r=-\xi\overline{w}_k$$

其中，$\overline{w}_k=\int_0^\infty r w_k J_k(\xi r)\,\mathrm{d}r$，则可得如下表达式：

$$\frac{\mathrm{d}\overline{U}_k}{\mathrm{d}z}=2\overline{\tau}_1+\xi\overline{w}_k \tag{D}$$

若将式(e)对 r 施加亨格尔 $k-1$ 阶积分变换，并注意下述关系式：

$$\int_0^\infty r\left(\frac{\partial}{\partial r}+\frac{k}{r}\right)w_k J_{k-1}(\xi r)\,\mathrm{d}r=\xi\overline{w}_k$$

则可得如下表达式：

$$\frac{\mathrm{d}V_k}{\mathrm{d}z}=-(2\overline{\tau}_2+\xi\overline{w}_k) \tag{E}$$

若将式(f)对 r 施加亨格尔 k 阶积分变换，并注意下述关系式：

$$\int_0^\infty r\left(\frac{\partial}{\partial r}+\frac{1}{r}\right)u_k J_k(\xi r)\,\mathrm{d}r=\frac{\xi}{2}\left[\overline{u}_k^{(k+1)}-\overline{u}_k^{(k-1)}\right]$$

$$\int_0^\infty r\left(\frac{k}{r}v_k\right)J_k(\xi r)\,\mathrm{d}r=\frac{\xi}{2}\left[\overline{v}_k^{(k+1)}+\overline{v}_k^{(k-1)}\right]$$

则可得如下表达式：

$$\frac{\mathrm{d}w_k}{\mathrm{d}z}=\frac{1}{1-\mu}\left[(1-2\mu)\overline{\sigma}_{z_k}-\frac{\mu\xi}{2}(\overline{U}_k-\overline{V}_k)\right] \tag{F}$$

式(A)、式(B)、式(C)、式(D)、式(E)和式(F)等六个表达式可写成如下矩阵形式：

$$\frac{\mathrm{d}}{\mathrm{d}z}\begin{Bmatrix}\overline{\sigma}_k\\ \overline{\tau}_1\\ \overline{\tau}_2\\ \overline{U}_k\\ \overline{V}_k\\ \overline{w}_k\end{Bmatrix}=\begin{bmatrix}0 & -\frac{\xi}{2} & -\frac{\xi}{2} & 0 & 0 & 0\\ \frac{\mu\xi}{1-\mu} & 0 & 0 & \frac{(3-\mu)\xi^2}{4(1-\mu)} & -\frac{(1+\mu)\xi^2}{4(1-\mu)} & 0\\ \frac{\mu\xi}{1-\mu} & 0 & 0 & \frac{(1+\mu)\xi^2}{4(1-\mu)} & -\frac{(3-\mu)\xi^2}{4(1-\mu)} & 0\\ 0 & 2 & 0 & 0 & 0 & \xi\\ 0 & 0 & -2 & 0 & 0 & -\xi\\ \frac{1-2\mu}{1-\mu} & 0 & 0 & -\frac{\mu\xi}{2(1-\mu)} & \frac{\mu\xi}{2(1-\mu)} & 0\end{bmatrix}\begin{Bmatrix}\overline{\sigma}_k\\ \overline{\tau}_1\\ \overline{\tau}_2\\ \overline{U}_k\\ \overline{V}_k\\ \overline{w}_k\end{Bmatrix}$$

若令状态向量

$$[\overline{X}]=[\overline{\sigma}_{z_k}\quad \tau_1\quad \overline{\tau}_2\quad \overline{U}_k\quad \overline{V}_k\quad \overline{w}_k]^{\mathrm{T}}$$

则上式可改写为下述矩阵微分方程：

$$\frac{\mathrm{d}[\overline{X}]}{\mathrm{d}z}=[A][\overline{X}] \tag{11-4-1}$$

式中，$[A]$为系数方阵，其表达式可表示为如下形式：

$$[A]=\begin{bmatrix} 0 & -\frac{\xi}{2} & -\frac{\xi}{2} & 0 & 0 & 0 \\ \frac{\mu\xi}{1-\mu} & 0 & 0 & \frac{(3-\mu)\xi^2}{4(1-\mu)} & -\frac{(1+\mu)\xi^2}{4(1-\mu)} & 0 \\ \frac{\mu\xi}{1-\mu} & 0 & 0 & \frac{(1+\mu)\xi^2}{4(1-\mu)} & -\frac{(3-\mu)\xi^2}{4(1-\mu)} & 0 \\ 0 & 2 & 0 & 0 & 0 & \xi \\ 0 & 0 & -2 & 0 & 0 & -\xi \\ \frac{1-2\mu}{1-\mu} & 0 & 0 & -\frac{\mu\xi}{2(1-\mu)} & \frac{\mu\xi}{2(1-\mu)} & 0 \end{bmatrix}$$

上述矩阵微分方程的解可表示为如下形式：

$$[\overline{X}]=e^{[A]z}[\overline{X}_0] \tag{11-4-2}$$

式中：$[\overline{X}_0]$——初始状态向量，其表达式为：

$$[\overline{X}_0]=[\overline{\sigma}_{z_k}(\xi,0) \quad \overline{\tau}_1(\xi,0) \quad \overline{\tau}_2(\xi,0) \quad \overline{U}_k(\xi,0) \quad \overline{V}_k(\xi,0) \quad \overline{w}_k(\xi,0)]^{\mathrm{T}}$$

上式中的指数矩阵$e^{[A]z}$称为传递矩阵，以下用矩阵$[G]$表示。由式(11-4-2)可以看出，传递矩阵$[G]$将初始状态向量$[\overline{X}_0]$与任意深度z处的状态向量$[\overline{X}]$联立，建立式(11-4-2)的关系式。

根据线性代数理论可知，方阵$[A]$的特征方程为：

$$\det([A]-\lambda[I])=0$$

其中，$[I]$为单位方阵，它与方阵$[A]$同阶。解此特征方程，则可得

$$\det([A]-\lambda[I])=\begin{vmatrix} -\lambda & -\frac{\xi}{2} & -\frac{\xi}{2} & 0 & 0 & 0 \\ \frac{\mu\xi}{1-\mu} & -\lambda & 0 & \frac{(3-\mu)\xi^2}{4(1-\mu)} & -\frac{(1+\mu)\xi^2}{4(1-\mu)} & 0 \\ \frac{\mu\xi}{1-\mu} & 0 & -\lambda & \frac{(1+\mu)\xi^2}{4(1-\mu)} & -\frac{(3-\mu)\xi^2}{4(1-\mu)} & 0 \\ 0 & 2 & 0 & -\lambda & 0 & \xi \\ 0 & 0 & -2 & 0 & -\lambda & -\xi \\ \frac{1-2\mu}{1-\mu} & 0 & 0 & -\frac{\mu\xi}{2(1-\mu)} & \frac{\mu\xi}{2(1-\mu)} & -\lambda \end{vmatrix}=(\lambda^2-\xi^2)^3=0$$

根据凯莱-哈密顿定理，方阵$[A]$满足其特征方程，必须有

$$[A]^6-3\xi^2[A]^4+3\xi^4[A]^2-\xi^6[I]=0$$

这也就是说，六阶方阵$[A]$的级数展开式的最高幂次不能高于五次，故有

$$e^{[A]z}=a_0(I)+a_1[A]+a_2[A]^2+a_3[A]^3+a_4[A]^4+a_5[A]^5 \tag{11-4-3}$$

若用特征值λ代替方阵$[A]$，则上式仍然成立，即

$$e^{\lambda z}=a_0+a_1\lambda+a_2\lambda^2+a_3\lambda^3+a_4\lambda^4+a_5\lambda^5 \tag{7}$$

由于方阵$[A]$的特征值有三重根,它还应满足式(7)对λ的一阶和二阶导数要求,即

$$(e^{\lambda z})'_{\lambda}=(a_0+a_1\lambda+a_2\lambda^2+a_3\lambda^3+a_4\lambda^4+a_5\lambda^5)'_{\lambda}$$

上式两端对λ求导,则可得

$$ze^{\lambda z}=a_1+2\lambda a_2+3\lambda^2 a_3+4\lambda^3 a_4+5\lambda^4 a_5 \tag{8}$$

同理,则有

$$(e^{\lambda z})''_{\lambda}=(a_0+a_1\lambda+a_2\lambda^2+a_3\lambda^3+a_4\lambda^4+a_5\lambda^5)''_{\lambda}$$

若将式(8)代入上式,则可得

$$(ze^{\lambda z})'_{\lambda}=(a_1+2\lambda a_2+3\lambda^2 a_3+4\lambda^3 a_4+5\lambda^4 a_5)'_{\lambda}$$

即

$$z^2 e^{-\lambda z}=2a_2+6\lambda a_3+12\lambda^2 a_4+20\lambda^3 a_5 \tag{9}$$

若将$\lambda=\pm\xi$代入式(7)、式(8)和式(9),则可得到如下的线性方程组:

$$\begin{cases}a_0+\xi a_1+\xi^2 a_2+\xi^3 a_3+\xi^4 a_4+\xi^5 a_5=e^{\xi z}\\ a_0-\xi a_1+\xi^2 a_2-\xi^3 a_3+\xi^4 a_4-\xi^5 a_5=e^{-\xi z}\\ a_1+2\xi a_2+3\xi^2 a_3+4\xi^3 a_4+5\xi^4 a_5=ze^{\xi z}\\ a_1-2\xi a_2+3\xi^2 a_3-4\xi^3 a_4+5\xi^4 a_5=ze^{-\xi z}\\ 2a_2+6\xi a_3+12\xi^2 a_4+20\xi^3 a_5=z^2 e^{\xi z}\\ 2a_2-6\xi a_3+12\xi^2 a_4-20\xi^3 a_5=z^2 e^{-\xi z}\end{cases}$$

若采用行列式理论中的克莱姆法则求解上述线性方程组,则可得未知系数a_0、a_1、a_2、a_3、a_4和a_5的计算结果如下:

$$a_0=\frac{1}{16}[(8+5\xi z+\xi^2 z^2)e^{-\xi z}+(8-5\xi z+\xi^2 z^2)e^{\xi z}]$$

$$a_1=-\frac{1}{16\xi}[(15+7\xi z+\xi^2 z^2)e^{-\xi z}-(15-7\xi z+\xi^2 z^2)e^{\xi z}]$$

$$a_2=-\frac{z}{8\xi}[(3+\xi z)e^{-\xi z}-(3-\xi z)e^{\xi z}]$$

$$a_3=\frac{1}{8\xi^3}[(5+5\xi z+\xi^2 z^2)e^{-\xi z}-(5-5\xi z+\xi^2 z^2)e^{\xi z}]$$

$$a_4=\frac{z}{16\xi^3}[(1+\xi z)e^{-\xi z}-(1-\xi z)e^{\xi z}]$$

$$a_5=-\frac{1}{16\xi^5}[(3+3\xi z+\xi^2 z^2)e^{-\xi z}-(3-3\xi z+\xi^2 z^2)e^{\xi z}]$$

为了求得传递矩阵$[G]$中各元素的表达式,需要计算方阵$[A]$的各次幂:$[A]^2$、$[A]^3$、$[A]^4$和$[A]^5$。利用矩阵的乘积公式,计算方阵$[A]$的各次幂:$[A]^2$、$[A]^3$、$[A]^4$和$[A]^5$。由此,其各次幂的计算结果可表示为如下形式:

$$
[A]^2=\begin{bmatrix}
-\frac{\mu\xi^2}{1-\mu} & 0 & 0 & -\frac{\xi^3}{2(1-\mu)} & \frac{\xi^3}{2(1-\mu)} & 0\\
0 & \frac{(3-2\mu)\xi^2}{2(1-\mu)} & \frac{\xi^2}{2(1-\mu)} & 0 & 0 & \frac{\xi^3}{1-\mu}\\
0 & \frac{\xi^2}{2(1-\mu)} & \frac{(3-2\mu)\xi^2}{2(1-\mu)} & 0 & 0 & \frac{\xi^3}{1-\mu}\\
\frac{\xi}{1-\mu} & 0 & 0 & \frac{(3-2\mu)\xi^2}{2(1-\mu)} & -\frac{\xi^2}{2(1-\mu)} & 0\\
-\frac{\xi}{1-\mu} & 0 & 0 & -\frac{\xi^2}{2(1-\mu)} & \frac{(3-2\mu)\xi^2}{2(1-\mu)} & 0\\
0 & -\frac{\xi}{2(1-\mu)} & -\frac{\xi}{2(1-\mu)} & 0 & 0 & -\frac{\mu\xi^2}{1-\mu}
\end{bmatrix}
$$

$$
[A]^3=\begin{bmatrix}
0 & -\frac{(2-\mu)\xi^3}{2(1-\mu)} & -\frac{(2-\mu)\xi^3}{2(1-\mu)} & 0 & 0 & -\frac{\xi^4}{1-\mu}\\
\frac{(1+\mu)\xi^3}{1-\mu} & 0 & 0 & \frac{(5-\mu)\xi^4}{4(1-\mu)} & -\frac{(3+\mu)\xi^4}{4(1-\mu)} & 0\\
\frac{(1+\mu)\xi^3}{1-\mu} & 0 & 0 & \frac{(3+\mu)\xi^4}{4(1-\mu)} & -\frac{(5-\mu)\xi^4}{4(1-\mu)} & 0\\
0 & \frac{(5-4\mu)\xi^2}{2(1-\mu)} & \frac{\xi^2}{2(1-\mu)} & 0 & 0 & \frac{(2-\mu)\xi^3}{1-\mu}\\
0 & -\frac{\xi^2}{2(1-\mu)} & -\frac{(5-4\mu)\xi^2}{2(1-\mu)} & 0 & 0 & -\frac{(2-\mu)\xi^3}{1-\mu}\\
-\frac{2\mu\xi^2}{1-\mu} & 0 & 0 & -\frac{(1+\mu)\xi^3}{2(1-\mu)} & \frac{(1+\mu)\xi^3}{2(1-\mu)} & 0
\end{bmatrix}
$$

$$
[A]^4=\begin{bmatrix}
-\frac{(1+\mu)\xi^4}{1-\mu} & 0 & 0 & -\frac{\xi^5}{1-\mu} & \frac{\xi^5}{1-\mu} & 0\\
0 & \frac{(2-\mu)\xi^4}{1-\mu} & \frac{\xi^4}{1-\mu} & 0 & 0 & \frac{2\xi^5}{1-\mu}\\
0 & \frac{\xi^4}{1-\mu} & \frac{(2-\mu)\xi^4}{1-\mu} & 0 & 0 & \frac{2\xi^5}{1-\mu}\\
\frac{2\xi^3}{1-\mu} & 0 & 0 & \frac{(2-\mu)\xi^4}{1-\mu} & -\frac{\xi^4}{1-\mu} & 0\\
-\frac{2\xi^3}{1-\mu} & 0 & 0 & -\frac{\xi^4}{1-\mu} & \frac{(2-\mu)\xi^4}{1-\mu} & 0\\
0 & -\frac{\xi^3}{1-\mu} & -\frac{\xi^3}{1-\mu} & 0 & 0 & -\frac{(1+\mu)\xi^4}{1-\mu}
\end{bmatrix}
$$

$$[A]^5=\begin{bmatrix} 0 & -\frac{(3-\mu)\xi^5}{2(1-\mu)} & -\frac{(3-\mu)\xi^5}{2(1-\mu)} & 0 & 0 & -\frac{2\xi^6}{1-\mu} \\ \frac{(2+\mu)\xi^5}{1-\mu} & 0 & 0 & \frac{(7-\mu)\xi^6}{4(1-\mu)} & -\frac{(5+\mu)\xi^6}{4(1-\mu)} & 0 \\ \frac{(2+\mu)\xi^5}{1-\mu} & 0 & 0 & \frac{(5+\mu)\xi^6}{4(1-\mu)} & -\frac{(7-\mu)\xi^6}{4(1-\mu)} & 0 \\ 0 & \frac{(3-2\mu)\xi^4}{1-\mu} & \frac{\xi^4}{1-\mu} & 0 & 0 & \frac{(3-\mu)\xi^5}{1-\mu} \\ 0 & -\frac{\xi^4}{1-\mu} & -\frac{(3-2\mu)\xi^4}{1-\mu} & 0 & 0 & -\frac{(3-\mu)\xi^5}{1-\mu} \\ -\frac{(1+2\mu)\xi^4}{1-\mu} & 0 & 0 & -\frac{(2+\mu)\xi^5}{2(1-\mu)} & \frac{(2+\mu)\xi^5}{2(1-\mu)} & 0 \end{bmatrix}$$

若设传递矩阵$[G]$的元素分别为$G_{ij}(i,j=1\sim6)$,则传递矩阵$[G]$可表示为如下形式:

$$[G]=\begin{bmatrix} G_{11} & G_{12} & G_{13} & G_{14} & G_{15} & G_{16} \\ G_{21} & G_{22} & G_{23} & G_{24} & G_{25} & G_{26} \\ G_{31} & G_{32} & G_{33} & G_{34} & G_{35} & G_{36} \\ G_{41} & G_{42} & G_{43} & G_{44} & G_{45} & G_{46} \\ G_{51} & G_{52} & G_{53} & G_{54} & G_{55} & G_{56} \\ G_{61} & G_{62} & G_{63} & G_{64} & G_{65} & G_{66} \end{bmatrix}$$

对于单位方阵的元素$I_{ij}(i,j=1\sim6)$,可用下式表示:

$$I_{ij}=\begin{cases}1 & (i=j)\\ 0 & (i\neq j)\end{cases}$$

根据式(11-4-3):

$$e^{[A]z}=a_0[I]+a_1[A]+a_2[A]^2+a_3[A]^3+a_4[A]^4+a_5[A]^5$$

则可得到传递矩阵$[G]$的元素表达式如下:

$$G_{ij}=a_0I_{ij}+a_1P_{ij}^{(1)}+a_2P_{ij}^{(2)}+a_3P_{ij}^{(3)}+a_4P_{ij}^{(4)}+a_5P_{ij}^{(5)}$$

若将系数a_0、a_1、a_2、a_3、a_4、a_5表达式和$[A]$、$[A]^2$、$[A]^3$、$[A]^4$、$[A]^5$矩阵的相应元素代入式(11-4-3),并根据矩阵加法,求得传递矩阵$[G]$中各元素表达式如下:

$$G_{11}=\frac{1}{4(1-\mu)}[(2-2\mu+\xi z)e^{-\xi z}+(2-2\mu-\xi z)e^{\xi z}]$$

$$G_{12}=\frac{1}{8(1-\mu)}[(1-2\mu-\xi z)e^{-\xi z}-(1-2\mu+\xi z)e^{\xi z}]$$

$$G_{13}=G_{12}=\frac{1}{8(1-\mu)}[(1-2\mu-\xi z)e^{-\xi z}-(1-2\mu+\xi z)e^{\xi z}]$$

$$G_{14}=\frac{\xi^2 z}{8(1-\mu)}(e^{-\xi z}-e^{\xi z})$$

$$G_{15}=-G_{14}=-\frac{\xi^2 z}{8(1-\mu)}(e^{-\xi z}-e^{\xi z})$$

$$G_{16}=-\frac{\xi}{4(1-\mu)}[(1+\xi z)e^{-\xi z}-(1-\xi z)e^{\xi z}]$$

$$G_{21}=\frac{1}{4(1-\mu)}[(1-2\mu+\xi z)e^{-\xi z}-(1-2\mu-\xi z)e^{\xi z}]$$

$$G_{22}=\frac{1}{8(1-\mu)}[(4-4\mu-\xi z)e^{-\xi z}+(4-4\mu+\xi z)e^{\xi z}]$$

$$G_{23}=-\frac{G_{14}}{\xi}=-\frac{\xi z}{8(1-\mu)}(e^{-\xi z}-e^{\xi z})$$

$$G_{24}=-\frac{\xi}{8(1-\mu)}[(2-\mu-\xi z)e^{-\xi z}-(2-\mu+\xi z)e^{\xi z}]$$

$$G_{25}=\frac{\xi}{8(1-\mu)}[(\mu-\xi z)e^{-\xi z}-(\mu+\xi z)e^{\xi z}]$$

$$G_{26}=-2G_{14}=-\frac{\xi^2 z}{4(1-\mu)}(e^{-\xi z}-e^{\xi z})$$

$$G_{31}=G_{21}=\frac{1}{4(1-\mu)}[(1-2\mu+\xi z)e^{-\xi z}-(1-2\mu-\xi z)e^{\xi z}]$$

$$G_{32}=G_{23}=-\frac{\xi z}{8(1-\mu)}(e^{-\xi z}-e^{\xi z})$$

$$G_{33}=G_{22}=\frac{1}{8(1-\mu)}[(4-4\mu-\xi z)e^{-\xi z}+(4-4\mu+\xi z)e^{\xi z}]$$

$$G_{34}=-G_{25}=-\frac{\xi}{8(1-\mu)}[(\mu-\xi z)e^{-\xi z}-(\mu+\xi z)e^{\xi z}]$$

$$G_{35}=-G_{24}=\frac{\xi}{8(1-\mu)}[(2-\mu-\xi z)e^{-\xi z}-(2-\mu+\xi z)e^{\xi z}]$$

$$G_{36}=G_{26}=-\frac{\xi^2 z}{4(1-\mu)}(e^{-\xi z}-e^{\xi z})$$

$$G_{41}=-\frac{2G_{14}}{\xi^2}=-\frac{z}{4(1-\mu)}(e^{-\xi z}-e^{\xi z})$$

$$G_{42}=-\frac{1}{8(1-\mu)\xi}[(7-8\mu-\xi z)e^{-\xi z}-(7-8\mu+\xi z)e^{\xi z}]$$

$$G_{43}=-\frac{G_{16}}{2\xi^2}=\frac{1}{8(1-\mu)\xi}[(1+\xi z)e^{-\xi z}-(1-\xi z)e^{\xi z}]$$

$$G_{44}=G_{22}=\frac{1}{8(1-\mu)}[(4-4\mu-\xi z)e^{-\xi z}+(4-4\mu+\xi z)e^{\xi z}]$$

$$G_{45}=-G_{23}=\frac{\xi z}{8(1-\mu)}(e^{-\xi z}-e^{\xi z})$$

$$G_{46}=-2G_{12}=-\frac{1}{4(1-\mu)}[(1-2\mu-\xi z)e^{-\xi z}-(1-2\mu+\xi z)e^{\xi z}]$$

$$G_{51}=-G_{41}=\frac{z}{4(1-\mu)}(e^{-\xi z}-e^{\xi z})$$

$$G_{52}=-G_{43}=-\frac{1}{8(1-\mu)\xi}[(1+\xi z)e^{-\xi z}-(1-\xi z)e^{\xi z}]$$

$$G_{53}=-G_{42}=\frac{1}{8(1-\mu)\xi}[(7-8\mu-\xi z)e^{-\xi z}-(7-8\mu+\xi z)e^{\xi z}]$$

$$G_{54}=G_{45}=\frac{\xi z}{8(1-\mu)}(e^{-\xi z}-e^{\xi z})$$

$$G_{55}=G_{22}=\frac{1}{8(1-\mu)}[(4-4\mu-\xi z)e^{-\xi z}+(4-4\mu+\xi z)e^{\xi z}]$$

$$G_{56} = -G_{46} = \frac{1}{4(1-\mu)}[(1-2\mu-\xi z)e^{-\xi z} - (1-2\mu+\xi z)e^{\xi z}]$$

$$G_{61} = -\frac{1}{4(1-\mu)\xi}[(3-4\mu+\xi z)e^{-\xi z} - (3-4\mu-\xi z)e^{\xi z}]$$

$$G_{62} = -\frac{G_{41}}{2} = \frac{z}{8(1-\mu)}(e^{-\xi z} - e^{\xi z})$$

$$G_{63} = G_{62} = \frac{z}{8(1-\mu)}(e^{-\xi z} - e^{\xi z})$$

$$G_{64} = -\frac{G_{21}}{2} = -\frac{1}{8(1-\mu)}[(1-2\mu+\xi z)e^{-\xi z} - (1-2\mu-\xi z)e^{\xi z}]$$

$$G_{65} = -G_{64} = \frac{1}{8(1-\mu)}[(1-2\mu+\xi z)e^{-\xi z} - (1-2\mu-\xi z)e^{\xi z}]$$

$$G_{66} = G_{11} = \frac{1}{4(1-\mu)}[(2-2\mu+\xi z)e^{-\xi z} + (2-2\mu-\xi z)e^{\xi z}]$$

若将传递矩阵中的各元素代入式(11-4-2)中,就能得到第 k 项应力与位移分量的亨格尔积分表达式的矩阵形式如下:

$$\begin{Bmatrix} \overline{\sigma}_{z_k} \\ \overline{\tau}_1 \\ \overline{\tau}_2 \\ \overline{U}_k \\ \overline{V}_k \\ \overline{w}_k \end{Bmatrix} = \begin{bmatrix} G_{11} & G_{12} & G_{13} & G_{14} & G_{15} & G_{16} \\ G_{21} & G_{22} & G_{23} & G_{24} & G_{25} & G_{26} \\ G_{31} & G_{32} & G_{33} & G_{34} & G_{35} & G_{36} \\ G_{41} & G_{42} & G_{43} & G_{44} & G_{45} & G_{46} \\ G_{51} & G_{52} & G_{53} & G_{54} & G_{55} & G_{56} \\ G_{61} & G_{62} & G_{63} & G_{64} & G_{65} & G_{66} \end{bmatrix} \begin{Bmatrix} \overline{\sigma}_{z_k}(\xi,0) \\ \overline{\tau}_1(\xi,0) \\ \overline{\tau}_2(\xi,0) \\ \overline{U}_k(\xi,0) \\ \overline{V}_k(\xi,0) \\ \overline{w}_k(\xi,0) \end{Bmatrix}$$

对上述矩阵进行乘积运行,则可得

$$\overline{\sigma}_{z_k} = \overline{\sigma}_{z_k}(\xi,0)G_{11} + \overline{\tau}_1(\xi,0)G_{12} + \overline{\tau}_2(\xi,0)G_{13} + \overline{U}_k(\xi,0)G_{14} + \overline{V}_k(\xi,0)G_{15} + \overline{w}_k(\xi,0)G_{16}$$

$$\overline{\tau}_1 = \overline{\sigma}_{z_k}(\xi,0)G_{21} + \overline{\tau}_1(\xi,0)G_{22} + \overline{\tau}_2(\xi,0)G_{23} + \overline{U}_k(\xi,0)G_{24} + \overline{V}_k(\xi,0)G_{25} + \overline{w}_k(\xi,0)G_{26}$$

$$\overline{\tau}_2 = \overline{\sigma}_{z_k}(\xi,0)G_{31} + \overline{\tau}_1(\xi,0)G_{32} + \overline{\tau}_2(\xi,0)G_{33} + \overline{U}_k(\xi,0)G_{34} + \overline{V}_k(\xi,0)G_{35} + \overline{w}_k(\xi,0)G_{36}$$

$$\overline{U}_k = \overline{\sigma}_{z_k}(\xi,0)G_{41} + \overline{\tau}_1(\xi,0)G_{42} + \overline{\tau}_2(\xi,0)G_{43} + \overline{U}_k(\xi,0)G_{44} + \overline{V}_k(\xi,0)G_{45} + \overline{w}_k(\xi,0)G_{46}$$

$$\overline{V}_k = \overline{\sigma}_{z_k}(\xi,0)G_{51} + \overline{\tau}_1(\xi,0)G_{52} + \overline{\tau}_2(\xi,0)G_{53} + \overline{U}_k(\xi,0)G_{54} + \overline{V}_k(\xi,0)G_{55} + \overline{w}_k(\xi,0)G_{56}$$

$$\overline{w}_k = \overline{\sigma}_{z_k}(\xi,0)G_{61} + \overline{\tau}_1(\xi,0)G_{62} + \overline{\tau}_2(\xi,0)G_{63} + \overline{U}_k(\xi,0)G_{64} + \overline{V}_k(\xi,0)G_{65} + \overline{w}_k(\xi,0)G_{66}$$

若对上述六式施加亨格尔积分反变换,则可得

$$\sigma_{z_k}=\int_0^\infty \xi[\bar{\sigma}_{z_k}(\xi,0)G_{11}+\bar{\tau}_1(\xi,0)G_{12}+\bar{\tau}_2(\xi,0)G_{13}+\bar{U}_k(\xi,0)G_{14}+\bar{V}_k(\xi,0)G_{15}+\bar{w}_k(\xi,0)G_{16}]J_k(\xi r)\mathrm{d}\xi$$

$$\tau_1=\int_0^\infty \xi[\bar{\sigma}_{z_k}(\xi,0)G_{21}+\bar{\tau}_1(\xi,0)G_{22}+\bar{\tau}_2(\xi,0)G_{23}+\bar{U}_k(\xi,0)G_{24}+\bar{V}_k(\xi,0)G_{25}+\bar{w}_k(\xi,0)G_{26}]J_{k+1}(\xi r)\mathrm{d}\xi$$

$$\tau_2=\int_0^\infty \xi[\bar{\sigma}_{z_k}(\xi,0)G_{31}+\bar{\tau}_1(\xi,0)G_{32}+\bar{\tau}_2(\xi,0)G_{33}+\bar{U}_k(\xi,0)G_{34}+\bar{V}_k(\xi,0)G_{35}+\bar{w}_k(\xi,0)G_{36}]J_{k-1}(\xi r)\mathrm{d}\xi$$

$$U_k=\int_0^\infty \xi[\bar{\sigma}_{z_k}(\xi,0)G_{41}+\bar{\tau}_1(\xi,0)G_{42}+\bar{\tau}_2(\xi,0)G_{43}+\bar{U}_k(\xi,0)G_{44}+\bar{V}_k(\xi,0)G_{45}+\bar{w}_k(\xi,0)G_{46}]J_{k+1}(\xi r)\mathrm{d}\xi$$

$$V_k=\int_0^\infty \xi[\bar{\sigma}_{z_k}(\xi,0)G_{51}+\bar{\tau}_1(\xi,0)G_{52}+\bar{\tau}_2(\xi,0)G_{53}+\bar{U}_k(\xi,0)G_{54}+\bar{V}_k(\xi,0)G_{55}+\bar{w}_k(\xi,0)G_{56}]J_{k-1}(\xi r)\mathrm{d}\xi$$

$$w_k=\int_0^\infty \xi[\bar{\sigma}_{z_k}(\xi,0)G_{61}+\bar{\tau}_1(\xi,0)G_{62}+\bar{\tau}_2(\xi,0)G_{63}+\bar{U}_k(\xi,0)G_{64}+\bar{V}_k(\xi,0)G_{65}+\bar{w}_k(\xi,0)G_{66}]J_k(\xi r)\mathrm{d}\xi$$

为了便于今后的计算分析工作，避免出现不必要的错误，同时使得各个计算表达式不要过分冗长。为此，若令

$$\begin{cases}
F_3=\bar{\sigma}_{z_k}(\xi,0)G_{11}+\bar{\tau}_1(\xi,0)G_{12}+\bar{\tau}_2(\xi,0)G_{13}+\bar{U}_k(\xi,0)G_{14}+\bar{V}_k(\xi,0)G_{15}+\bar{w}_k(\xi,0)G_{16}\\
Q_a=\bar{\sigma}_{z_k}(\xi,0)G_{21}+\bar{\tau}_1(\xi,0)G_{22}+\bar{\tau}_2(\xi,0)G_{23}+\bar{U}_k(\xi,0)G_{24}+\bar{V}_k(\xi,0)G_{25}+\bar{w}_k(\xi,0)G_{26}\\
Q_b=\bar{\sigma}_{z_k}(\xi,0)G_{31}+\bar{\tau}_1(\xi,0)G_{32}+\bar{\tau}_2(\xi,0)G_{33}+\bar{U}_k(\xi,0)G_{34}+\bar{V}_k(\xi,0)G_{35}+\bar{w}_k(\xi,0)G_{36}\\
R_a=\bar{\sigma}_{z_k}(\xi,0)G_{41}+\bar{\tau}_1(\xi,0)G_{42}+\bar{\tau}_2(\xi,0)G_{43}+\bar{U}_k(\xi,0)G_{44}+\bar{V}_k(\xi,0)G_{45}+\bar{w}_k(\xi,0)G_{46}\\
R_b=\bar{\sigma}_{z_k}(\xi,0)G_{51}+\bar{\tau}_1(\xi,0)G_{52}+\bar{\tau}_2(\xi,0)G_{53}+\bar{U}_k(\xi,0)G_{54}+\bar{V}_k(\xi,0)G_{55}+\bar{w}_k(\xi,0)G_{56}\\
F_9=\bar{\sigma}_{z_k}(\xi,0)G_{61}+\bar{\tau}_1(\xi,0)G_{62}+\bar{\tau}_2(\xi,0)G_{63}+\bar{U}_k(\xi,0)G_{64}+\bar{V}_k(\xi,0)G_{65}+\bar{w}_k(\xi,0)G_{66}
\end{cases}$$

则可得

$$\begin{cases}
\sigma_{z_k}=\int_0^\infty \xi \mathrm{F}_3 J_k(\xi r)\mathrm{d}\xi\\
\tau_1=\int_0^\infty \xi Q_a J_{k+1}(\xi r)\mathrm{d}\xi\\
\tau_2=\int_0^\infty \xi Q_b J_{k-1}(\xi r)\mathrm{d}\xi\\
U_k=\int_0^\infty \xi R_a J_{k+1}(\xi r)\mathrm{d}\xi\\
V_k=\int_0^\infty \xi R_b J_{k-1}(\xi r)\mathrm{d}\xi\\
w_k=\int_0^\infty \xi F_9 J_k(\xi r)\mathrm{d}\xi
\end{cases}$$

若将下述这些表达式：

$$\tau_1=\tau_{zr_k}+\tau_{\theta z_k}$$
$$\tau_2=\tau_{\theta z_k}-\tau_{zr_k}$$
$$U_k=u_k+v_k$$
$$V_k=u_k-v_k$$

相加、相减，则可得

$$\tau_{\theta z_k}=\frac{1}{2}(\tau_1+\tau_2)$$
$$\tau_{zr_k}=\frac{1}{2}(\tau_1-\tau_2)$$
$$u_k=\frac{1}{2}(U_k-V_k)$$
$$v_k=\frac{1}{2}(U_k-V_k)$$

在下述表达式中的第一式、第二式和第四式：

$$\begin{cases}\sigma_{r_k}=\dfrac{1}{1-2\mu}\left\{\left[(1-\mu)\dfrac{\partial}{\partial r}+\dfrac{\mu}{r}\right]u_k+\dfrac{k\mu}{r}v_k+\mu\dfrac{\partial w_k}{\partial z}\right\}\\ \sigma_{\theta_k}=\dfrac{1}{1-2\mu}\left[\left(\mu\dfrac{\partial}{\partial r}+\dfrac{1-\mu}{r}\right)u_k+\dfrac{k(1-\mu)}{r}v_k+\mu\dfrac{\partial w_k}{\partial z}\right]\\ \sigma_{z_k}=\dfrac{1}{1-2\mu}\left[\mu\left(\dfrac{\partial}{\partial r}+\dfrac{1}{r}\right)u_k+\dfrac{k\mu}{r}v_k+(1-\mu)\dfrac{\partial w_k}{\partial z}\right]\\ \tau_{r\theta_k}=-\dfrac{1}{2}\left[\dfrac{k}{r}u_k-\left(\dfrac{\partial}{\partial r}-\dfrac{1}{r}\right)v_k\right]\\ \tau_{\theta z_k}=\dfrac{1}{2}\left(\dfrac{\partial v_k}{\partial z}-\dfrac{k}{r}w_k\right)\\ \tau_{zr_k}=\dfrac{1}{2}\left(\dfrac{\partial u_k}{\partial z}+\dfrac{\partial w_k}{\partial r}\right)\end{cases}$$

则可得

$$\begin{cases}\sigma_{r_k}=\dfrac{1}{2(1-2\mu)}\left\{\left[(1-\mu)\dfrac{\partial}{\partial r}+\dfrac{\mu}{r}\right](U_k+V_k)+\dfrac{k\mu}{r}(U_k-V_k)+2\mu\dfrac{\partial w_k}{\partial z}\right\}\\ \sigma_{\theta_k}=\dfrac{1}{2(1-2\mu)}\left[\left(\mu\dfrac{\partial}{\partial r}+\dfrac{1-\mu}{r}\right)(U_k+V_k)+\dfrac{k(1-\mu)}{r}(U_k-V_k)+2\mu\dfrac{\partial w_k}{\partial z}\right]\\ \tau_{r\theta_k}=-\dfrac{1}{4}\left[\dfrac{k}{r}(U_k+V_k)-\left(\dfrac{\partial}{\partial r}-\dfrac{1}{r}\right)(U_k-V_k)\right]\end{cases}$$

若将传递矩阵中各元素表达式，代入上述应力与位移分量表达式，则可得第 k 项应力与位移分量表达式如下：

$$\sigma_{r_k}=\frac{1}{2(1-2\mu)}\int_0^\infty\xi^2\left[(1-\mu)(R_a-R_b)+\frac{2\mu}{\xi}\frac{dF_9}{dz}\right]J_k(\xi r)d\xi-\left(\frac{k+1}{2r}U_k+\frac{k-1}{2r}V_k\right)$$

$$\sigma_{\theta_k}=\frac{1}{2(1-\mu)}\int_0^\infty\xi^2\left(R_a-R_b+\frac{2}{\xi}\times\frac{dF_9}{dz}\right)J_k(\xi r)d\xi+\left(\frac{k+1}{2r}U_k-\frac{k-1}{2r}V_k\right)$$

$$\sigma_{z_k}=\int_0^\infty\xi F_3J_k(\xi r)d\xi$$

$$\tau_{r\theta_k} = \frac{1}{4}\int_0^\infty \xi^2 (R_a + R_b) J_k(\xi r) \mathrm{d}\xi + \left(\frac{k+1}{2r}U_k + \frac{k-1}{2r}V_k\right)$$

$$\tau_{\theta z_k} = \frac{1}{2}(\tau_1 + \tau_2)$$

$$\tau_{zr_k} = \frac{1}{2}(\tau_1 - \tau_2)$$

$$u_k = \frac{1}{2}(U_k + V_k)$$

$$v_k = \frac{1}{2}(U_k - V_k)$$

$$w_k = \int_0^\infty \xi F_9 J_k(\xi r) \mathrm{d}\xi$$

式中：$F_3 = \overline{\sigma}_{z_k}(\xi,0)G_{11} + \overline{\tau}_1(\xi,0)G_{12} + \overline{\tau}_2(\xi,0)G_{13} + \overline{U}_k(\xi,0)G_{14} + \overline{V}_k(\xi,0)G_{15} + \overline{w}_k(\xi,0)G_{16}$

$$\tau_1 = \int_0^\infty \xi Q_a J_{k+1}(\xi r) \mathrm{d}\xi$$

$$\tau_2 = \int_0^\infty \xi Q_b J_{k-1}(\xi r) \mathrm{d}\xi$$

$$U_k = \int_0^\infty \xi R_a J_{k+1}(\xi r) \mathrm{d}\xi$$

$$V_k = \int_0^\infty \xi R_b J_{k-1}(\xi r) \mathrm{d}\xi$$

$$F_9 = \overline{\sigma}_{z_k}(\xi,0)G_{61} + \overline{\tau}_1(\xi,0)G_{62} + \overline{\tau}_2(\xi,0)G_{63} + \overline{U}_k(\xi,0)G_{64} + \overline{V}_k(\xi,0)G_{65} + \overline{w}_k(\xi,0)G_{66}$$

其中，$Q_a = \overline{\sigma}_{z_k}(\xi,0)G_{21} + \overline{\tau}_1(\xi,0)G_{22} + \overline{\tau}_2(\xi,0)G_{23} + \overline{U}_k(\xi,0)G_{24} + \overline{V}_k(\xi,0)G_{25} + \overline{w}_k(\xi,0)G_{26}$

$$Q_b = \overline{\sigma}_{z_k}(\xi,0)G_{31} + \overline{\tau}_1(\xi,0)G_{32} + \overline{\tau}_2(\xi,0)G_{33} + \overline{U}_k(\xi,0)G_{34} + \overline{V}_k(\xi,0)G_{35} + \overline{w}_k(\xi,0)G_{36}$$

$$R_a = \overline{\sigma}_{z_k}(\xi,0)G_{41} + \overline{\tau}_1(\xi,0)G_{42} + \overline{\tau}_2(\xi,0)G_{43} + \overline{U}_k(\xi,0)G_{44} + \overline{V}_k(\xi,0)G_{45} + \overline{w}_k(\xi,0)G_{46}$$

$$R_b = \overline{\sigma}_{z_k}(\xi,0)G_{51} + \overline{\tau}_1(\xi,0)G_{52} + \overline{\tau}_2(\xi,0)G_{53} + \overline{U}_k(\xi,0)G_{54} + \overline{V}_k(\xi,0)G_{55} + \overline{w}_k(\xi,0)G_{56}$$

若将第 k 项的应力与位移分量表达式代入应力与位移分量的无穷级数表达式：

$$\begin{cases}
\sigma_r = \sum\limits_{k=0}^\infty \sigma_{r_k}(r,z)\cos k\theta \\
\sigma_\theta = \sum\limits_{k=0}^\infty \sigma_{\theta_k}(r,z)\cos k\theta \\
\sigma_z = \sum\limits_{k=0}^\infty \sigma_{z_k}(r,z)\cos k\theta \\
\tau_{r\theta} = \sum\limits_{k=0}^\infty \tau_{r\theta_k}(r,z)\sin k\theta \\
\tau_{\theta z} = \sum\limits_{k=0}^\infty \tau_{\theta z_k}(r,z)\sin k\theta \\
\tau_{zr} = \sum\limits_{k=0}^\infty \tau_{zr_k}(r,z)\cos k\theta \\
u = \dfrac{1+\mu}{E}\sum\limits_{k=0}^\infty u_k(r,z)\cos k\theta \\
v = \dfrac{1+\mu}{E}\sum\limits_{k=0}^\infty v_k(r,z)\sin k\theta \\
w = \dfrac{1+\mu}{E}\sum\limits_{k=0}^\infty w_k(r,z)\cos k\theta
\end{cases}$$

中，并注意系列关系式：

$$H_{k+1}^H = \tau_1, H_{k-1}^H = \tau_2$$

$$U_{k+1}^H = -U_k, U_{k-1}^H = V_k$$

则可得应力与位移分量表达式如下:

$$
\begin{cases}
\sigma_r = \sum_{k=0}^{\infty}\left[\int_0^{\infty}\xi F_1 J_k(\xi r)\mathrm{d}\xi + \left(\frac{k+1}{2r}U_{k+1}^H - \frac{k-1}{2r}U_{k-1}^H\right)\right]\cos k\theta \\
\sigma_\theta = \sum_{k=0}^{\infty}\left[\int_0^{\infty}\xi F_2 J_k(\xi r)\mathrm{d}\xi - \left(\frac{k+1}{2r}U_{k+1}^H + \frac{k-1}{2r}U_{k-1}^H\right)\right]\cos k\theta \\
\sigma_z = \sum_{k=0}^{\infty}\left[\int_0^{\infty}\xi F_3 J_k(\xi r)\mathrm{d}\xi\right]\cos k\theta \\
\tau_{r\theta} = \sum_{k=0}^{\infty}\left[\int_0^{\infty}\xi F_4 J_k(\xi r)\mathrm{d}\xi + \left(\frac{k+1}{2r}U_{k+1}^H - \frac{k-1}{2r}U_{k-1}^H\right)\right]\sin k\theta \\
\tau_{\theta z} = \frac{1}{2}\sum_{k=0}^{\infty}(H_{k+1}^H + H_{k-1}^H)\sin k\theta \\
\tau_{zr} = \frac{1}{2}\sum_{k=0}^{\infty}(H_{k+1}^H - H_{k-1}^H)\cos k\theta \\
u = -\frac{1+\mu}{2E}\sum_{k=0}^{\infty}(U_{k+1}^H - U_{k-1}^H)\cos k\theta \\
v = -\frac{1+\mu}{2E}\sum_{k=0}^{\infty}(U_{k+1}^H + U_{k-1}^H)\sin k\theta \\
w = \frac{1+\mu}{E}\sum_{k=0}^{\infty}\left[\int_0^{\infty}\xi F_9 J_k(\xi r)\mathrm{d}\xi\right]\cos k\theta
\end{cases}
$$

式中:$F_1 = \frac{\xi}{2(1-2\mu)}\left[(1-\mu)(R_{\mathrm{a}} - R_{\mathrm{b}}) + \frac{2\mu}{\xi}\frac{\mathrm{d}F_9}{\mathrm{d}z}\right]$

$$F_2 = \frac{\mu\xi}{2(1-2\mu)}\left(R_{\mathrm{a}} - R_{\mathrm{b}} + \frac{2}{\xi}\frac{\mathrm{d}F_9}{\mathrm{d}z}\right)$$

$$F_3 = \overline{\sigma}_{z_k}(\xi,0)G_{11} + \overline{\tau}_1(\xi,0)G_{12} + \overline{\tau}_2(\xi,0)G_{13} + \overline{U}_k(\xi,0)G_{14} + \overline{V}_k(\xi,0)G_{15} + \overline{w}_k(\xi,0)G_{16}$$

$$F_4 = \frac{\xi}{4}(R_{\mathrm{a}} + R_{\mathrm{b}})$$

$$H_{k+1}^H = \int_0^{\infty}\xi Q_{\mathrm{a}} J_{k+1}(\xi r)\mathrm{d}\xi$$

$$H_{k-1}^H = \int_0^{\infty}\xi Q_{\mathrm{b}} J_{k-1}(\xi r)\mathrm{d}\xi$$

$$U_{k+1}^H = -\int_0^{\infty}\xi R_{\mathrm{a}} J_{k+1}(\xi r)\mathrm{d}\xi$$

$$U_{k-1}^H = \int_0^{\infty}\xi R_{\mathrm{b}} J_{k-1}(\xi r)\mathrm{d}\xi$$

$$F_9 = \overline{\sigma}_{z_k}(\xi,0)G_{61} + \overline{\tau}_1(\xi,0)G_{62} + \overline{\tau}_2(\xi,0)G_{63} + \overline{U}_k(\xi,0)G_{64} + \overline{V}_k(\xi,0)G_{65} + \overline{w}_k(\xi,0)G_{66}$$

其中,$Q_{\mathrm{a}} = \overline{\sigma}_{z_k}(\xi,0)G_{21} + \overline{\tau}_1(\xi,0)G_{22} + \overline{\tau}_2(\xi,0)G_{23} + \overline{U}_k(\xi,0)G_{24} + \overline{V}_k(\xi,0)G_{25} + \overline{w}_k(\xi,0)G_{26}$

$$Q_{\mathrm{b}} = \overline{\sigma}_{z_k}(\xi,0)G_{31} + \overline{\tau}_1(\xi,0)G_{32} + \overline{\tau}_2(\xi,0)G_{33} + \overline{U}_k(\xi,0)G_{34} + \overline{V}_k(\xi,0)G_{35} + \overline{w}_k(\xi,0)G_{36}$$

$$R_{\mathrm{a}} = \overline{\sigma}_{z_k}(\xi,0)G_{41} + \overline{\tau}_1(\xi,0)G_{42} + \overline{\tau}_2(\xi,0)G_{43} + \overline{U}_k(\xi,0)G_{44} + \overline{V}_k(\xi,0)G_{45} + \overline{w}_k(\xi,0)G_{46}$$

$$R_{\mathrm{b}} = \overline{\sigma}_{z_k}(\xi,0)G_{51} + \overline{\tau}_1(\xi,0)G_{52} + \overline{\tau}_2(\xi,0)G_{53} + \overline{U}_k(\xi,0)G_{54} + \overline{V}_k(\xi,0)G_{55} + \overline{w}_k(\xi,0)G_{56}$$

从上述一系列分析可以看出,应力与位移分量均可用传递矩阵的元素表示。为此,我们将在下面作详细分析,其计算结果如下:

$$
\begin{cases}
\sigma_r = \sum_{k=0}^{\infty}\left[\int_0^{\infty}\xi F_1 J_k(\xi r)\mathrm{d}\xi + \left(\frac{k+1}{2r}U_{k+1}^H - \frac{k-1}{2r}U_{k-1}^H\right)\right]\cos k\theta \\
\sigma_\theta = 2\mu\sum_{k=0}^{\infty}\left[\int_0^{\infty}\xi F_2 J_k(\xi r)\mathrm{d}\xi - \left(\frac{k+1}{2r}U_{k+1}^H + \frac{k-1}{2r}U_{k-1}^H\right)\right]\cos k\theta \\
\sigma_z = \sum_{k=0}^{\infty}\int_0^{\infty}\xi F_3 J_k(\xi r)\cos k\theta\mathrm{d}\xi \\
\tau_{rv} = \sum_{k=0}^{\infty}\left[\int_0^{\infty}\xi F_4 J_k(\xi r)\mathrm{d}\xi - \left(\frac{k+1}{2r}U_{k+1}^H + \frac{k-1}{2r}U_{k-1}^H\right)\right]\sin k\theta \\
\tau_{\theta z} = \frac{1}{2}\sum_{k=0}^{\infty}(H_{k+1}^H + H_{k-1}^H)\sin k\theta \\
\tau_{zr} = \frac{1}{2}\sum_{k=0}^{\infty}(H_{k+1}^H - H_{k-1}^H)\cos k\theta \\
u = -\frac{1+\mu}{2E}\sum_{k=0}^{\infty}(U_{k+1}^H - U_{k-1}^H)\cos k\theta \\
v = -\frac{1+\mu}{2E}\sum_{k=0}^{\infty}(U_{k+1}^H + U_{k-1}^H)\sin k\theta \\
w = -\frac{1+\mu}{E}\sum_{k=0}^{\infty}\int_0^{\infty}F_9 J_{k+1}(\xi r)\cos k\theta\mathrm{d}\xi
\end{cases}
\tag{11-4-4}
$$

式中，$H_{k+1}^H = \int_0^{\infty}\xi F_5 J_{k+1}(\xi r)\mathrm{d}\xi, F_5 = Q_a$

$H_{k-1}^H = \int_0^{\infty}\xi F_6 J_{k-1}(\xi r)\mathrm{d}\xi, F_6 = Q_B$

$U_{k+1}^H = \int_0^{\infty}F_7 J_{k+1}(\xi r)\mathrm{d}\xi, F_7 = R_a$

$U_{k-1}^H = \int_0^{\infty}F_8 J_{k-1}(\xi r)\mathrm{d}\xi, F_8 = R_b$

其中，

$$
\begin{aligned}
F_1 = \frac{1}{8(1-\mu)}\{&2\overline{\sigma}_{z_k}(\xi,0)[(2\mu-\xi z)e^{-\xi z} + (2\mu+\xi z)e^{\xi z}] - \\
&[\overline{\tau}_1(\xi,0)+\overline{\tau}_2(\xi,0)][(3-2\mu-\xi z)e^{-\xi z} - (3-2\mu+\xi z)e^{\xi z}] + \\
&\xi[\overline{U}_k(\xi,0)-\overline{V}_k(\xi,0)][(2-\xi z)e^{-\xi z} + (2+\xi z)e^{\xi z}] - \\
&2\xi\,\overline{w}_k(\xi,0)[(1-\xi z)e^{-\xi z} - (1+\xi z)e^{\xi z}]\}
\end{aligned}
$$

$$
\begin{aligned}
F_2 = \frac{1}{8(1-\mu)}\{&[2\overline{\sigma}_{z_k}(\xi,0) - \overline{\tau}_1(\xi,0) - \overline{\tau}_2(\xi,0) + \xi\,\overline{U}_k(\xi,0) - \xi\,\overline{V}_k(\xi,0) - 2\overline{w}_k(\xi,0)]e^{-\xi z} + \\
&[2\sigma_{z_k}(\xi,0) + \overline{\tau}_1(\xi,0) + \overline{\tau}_2(\xi,0) + \\
&\xi\,\overline{U}_k(\xi,0) - \xi\,\overline{V}_k(\xi,0) + 2\xi\,\overline{w}_k(\xi,0)]e^{\xi z}]\}
\end{aligned}
$$

$$
\begin{aligned}
F_3 = \frac{1}{8(1-\mu)}\{&2\overline{\sigma}_{z_k}(\xi,0)[(2-2\mu+\xi z)e^{-\xi z} + (2-2\mu-\xi z)e^{\xi z}] + \\
&[\overline{\tau}_1(\xi,0)+\overline{\tau}_2(\xi,0)][(1-2\mu-\xi z)e^{-\xi z} - (1-2\mu+\xi z)e^{\xi z}] + \\
&\xi[\overline{U}_k(\xi,0)-\overline{V}_k(\xi,0)][\xi z(e^{-\xi z} - e^{\xi z})] - \\
&2\xi\,\overline{w}_k(\xi,0)[(1+\xi z)e^{-\xi z} - (1-\xi z)e^{\xi z}]\}
\end{aligned}
$$

$$
\begin{aligned}
F_4 = -\frac{1}{4}\{&[\overline{\tau}_1(\xi,0) - \overline{\tau}_2(\xi,0) - \frac{\xi}{2}\overline{U}_k(\xi,0) - \frac{\xi}{2}\overline{V}_k(\xi,0)]e^{-\xi z} - \\
&[\overline{\tau}_1(\xi,0) - \overline{\tau}_2(\xi,0) + \frac{\xi}{2}\overline{U}_k(\xi,0) + \frac{\xi}{2}\overline{V}_k(\xi,0)]e^{\xi z}\}
\end{aligned}
$$

$$
F_5 = Q_a = \frac{1}{8(1-\mu)}\{2\overline{\sigma}_{z_k}(\xi,0)[(1-2\mu+\xi z)e^{-\xi z} - (1-2\mu-\xi z)e^{\xi z}] +
$$

$$\bar{\tau}_1(\xi,0)[(4-4\mu-\xi z)e^{-\xi z}+(4-4\mu+\xi z)e^{\xi z}]-$$
$$\bar{\tau}_2(\xi,0)[\xi z(e^{-\xi z}-e^{\xi z})]-$$
$$\xi\bar{U}_k(\xi,0)[(2-\mu-\xi z)e^{-\xi z}-(2-\mu+\xi z)e^{\xi z}]+$$
$$\xi\bar{V}_k(\xi,0)[(\mu-\xi z)e^{-\xi z}-(\mu+\xi z)e^{\xi z}]-$$
$$2\bar{w}_k(\xi,0)[\xi z(e^{-\xi z}-e^{\xi z})]\}$$

$$F_6=Q_b=\frac{1}{8(1-\mu)}\{2\bar{\sigma}_{z_k}(\xi,0)[(1-2\mu+\xi z)e^{-\xi z}-(1-2\mu-\xi z)e^{\xi z}]-$$
$$\bar{\tau}_1(\xi,0)[\xi z(e^{-\xi z}-e^{\xi z})]+$$
$$\bar{\tau}_2(\xi,0)[(4-4\mu-\xi z)e^{-\xi z}+(4-4\mu+\xi z)e^{\xi z}]-$$
$$\xi\bar{U}_k(\xi,0)[(\mu-\xi z)e^{-\xi z}-(\mu+\xi z)e^{\xi zz}]+$$
$$\xi\bar{V}_k(\xi,0)[(2-\mu-\xi z)e^{-\xi z}-(2-\mu+\xi z)e^{\xi z}]-$$
$$2\xi\bar{w}_k(\xi,0)[\xi z(e^{-\xi z}-e^{\xi z})]\}$$

$$F_7=R_b=\frac{1}{8(1-\mu)}\{2\bar{\sigma}_{z_k}(\xi,0)[\xi z(e^{-\xi z}-e^{\xi z})]+$$
$$\bar{\tau}_1(\xi,0)[(7-8\mu-\xi z)e^{-\xi z}-(7-8\mu+\xi z)e^{\xi z}]-$$
$$\bar{\tau}_2(\xi,0)[(1+\xi z)e^{-\xi z}-(1-\xi z)e^{\xi z}]-$$
$$\xi\bar{U}_k(\xi,0)[(4-4\mu-\xi z)e^{-\xi z}+(4-4\mu+\xi z)e^{\xi z}]-$$
$$\xi\bar{V}_k(\xi,0)[\xi z(e^{-\xi z}-e^{\xi z})]+$$
$$2\xi\bar{w}_k(\xi,0)[(1-2\mu-\xi z)e^{-\xi z}-(1-2\mu+\xi z)e^{\xi z}]\}$$

$$F_8=R_b=\frac{1}{8(1-\mu)}\{2\bar{\sigma}_{z_k}(\xi,0)[\xi z(e^{-\xi z}-e^{\xi z})]-\bar{\tau}_1(\xi,0)[(1+\xi z)e^{-\xi z}-(1-\xi z)e^{\xi z}]+$$
$$\bar{\tau}_2(\xi,0)[(7-8\mu-\xi z)e^{-\xi z}-(7-8\mu+\xi z)e^{\xi z}]+$$
$$\xi\bar{U}_k(\xi,0)[\xi z(e^{-\xi z}-e^{\xi z})]+$$
$$\xi\bar{V}_k(\xi,0)[(4-4\mu-\xi z)e^{-\xi z}+(4-4\mu+\xi z)e^{\xi z}]+$$
$$2\xi\bar{w}_k(\xi,0)[(1-2\mu-\xi z)e^{-\xi z}-(1-2\mu+\xi z)e^{\xi z}]\}$$

$$F_9=\frac{1}{8(1-\mu)}\{2\bar{\sigma}_{z_k}(\xi,0)[(3-4\mu+\xi z)e^{-\xi z}-(3-4\mu-\xi z)e^{\xi z}]-$$
$$[\bar{\tau}_1(\xi,0)+\bar{\tau}_2(\xi,0)][\xi z(e^{-\xi z}-e^{\xi z})]+$$
$$\xi[\bar{U}_k(\xi,0)-\bar{V}_k(\xi,0)][(1-2\mu+\xi z)e^{-\xi z}-(1-2\mu-\xi z)e^{\xi z}]-$$
$$2\xi\bar{w}_k(\xi,0)[(2-2\mu+\xi z)e^{-\xi z}+(2-2\mu-\xi z)e^{\xi z}]\}$$

式(11-4-4)为采用传递矩阵法得到的非轴对称空间课题中应力与位移分量一般解,其中$\bar{\sigma}_{z_k}(\xi,0)$、$\bar{\tau}_1(\xi,0)$、$\bar{\tau}_2(\xi,0)$、$\bar{U}_k(\xi,0)$、$\bar{V}_k(\xi,0)$和$\bar{w}_k(\xi,0)$均为待定常数,它们可由非轴对称空间课题的求解条件求得。同时应当指出,上述待定系数中的数字“0”为局部坐标。因此,在层状弹性体系中进行分析时,应将其变为整体坐标,即表示为$\bar{\sigma}_{z_k}(\xi,H_{i-1})$、$\bar{\tau}_1(\xi,H_{i-1})$、$\bar{\tau}_2(\xi,H_{i-1})$、$\bar{U}_k(\xi,H_{i-1})$、$\bar{V}_k(\xi,H_{i-1})$和$\bar{w}_k(\xi,H_{i-1})$。其中,$H_{i-1}$的表达式可表示为如下形式:

$$H_{i-1}=\begin{cases}0 & (i=1)\\ \sum_{j=1}^{i}h_j & (i=2,3,\cdots,n-1)\end{cases}$$

为检验式(11-4-4)的正确性,采用与轴对称空间课题相同的分析方法,对传递矩阵法中的应力与位移分量进行分析。

若令

$$
\begin{cases}
A^H=\dfrac{1}{8(1-\mu)}\{2\overline{\sigma}_{z_k}(\xi,0)+2(1-2\mu)[\overline{\tau}_1(\xi,0)+\overline{\tau}_2(\xi,0)]-\\
\qquad(1-2\mu)\xi[\overline{U}_k(\xi,0)-\overline{V}_k(\xi,0)]-4\mu\xi\,\overline{w}_k(\xi,0)\}\\
B^H=\dfrac{1}{8(1-\mu)}\{2\overline{\sigma}_{z_k}(\xi,0)-[\overline{\tau}_1(\xi,0)+\overline{\tau}_2(\xi,0)]+\\
\qquad\xi[\overline{U}_k(\xi,0)-\overline{V}_k(\xi,0)]-2\xi\,\overline{w}_k(\xi,0)\}\\
C^H=-\dfrac{1}{8(1-\mu)}\{2\overline{\sigma}_{z_k}(\xi,0)-2(1-2\mu)[\overline{\tau}_1(\xi,0)+\overline{\tau}_2(\xi,0)]-\\
\qquad(1-2\mu)\xi[\overline{U}_k(\xi,0)-\overline{V}_k(\xi,0)]+4\mu\xi\,\overline{w}_k(\xi,0)\}\\
D^H=\dfrac{1}{8(1-\mu)}\{2\overline{\sigma}_{z_k}(\xi,0)+[\overline{\tau}_1(\xi,0)+\overline{\tau}_2(\xi,0)]+\\
\qquad\xi[\overline{U}_k(\xi,0)-\overline{V}_k(\xi,0)]+2\xi\,\overline{w}_k(\xi,0)\}\\
E^H=-\dfrac{1}{8}\{2[\overline{\tau}_1(\xi,0)-\overline{\tau}_2(\xi,0)]-\xi[\overline{U}_k(\xi,0)+\overline{V}_k(\xi,0)]\}\\
F^H=\dfrac{1}{8}\{2[\overline{\tau}_1(\xi,0)-\overline{\tau}_2(\xi,0)]+\xi[\overline{U}_k(\xi,0)+\overline{V}_k(\xi,0)]\}
\end{cases}
$$

那么式(11-4-4)可改写为如下表达式：

$$
\begin{cases}
\sigma_r=-\sum\limits_{k=0}^{\infty}\int_0^{\infty}\xi\{[A^H-(1+2\mu-\xi z)B^H]e^{-\xi z}-[C^H+(1+2\mu+\xi z)D^H]e^{\xi z}\}\times\\
\qquad J_k(\xi r)\cos k\theta\mathrm{d}\xi+\sum\limits_{k=0}^{\infty}(\dfrac{k+1}{2r}U_{k+1}^H+\dfrac{k-1}{2r}U_{k-1}^H)\cos k\theta\\
\sigma_\theta=2\mu\sum\limits_{k=0}^{\infty}\int_0^{\infty}\xi(B^He^{-\xi z}+D^He^{\xi z})J_k(\xi r)\cos k\theta\mathrm{d}\xi-\sum\limits_{k=0}^{\infty}(\dfrac{k+1}{2r}U_{k+1}^H+\dfrac{k-1}{2r}U_{k-1}^H)\cos k\theta\\
\sigma_z=\sum\limits_{k=0}^{\infty}\int_0^{\infty}\xi\{[A^H+(1-2\overline{\mu}+\xi z)B^H]e^{-\xi z}-\\
\qquad[C^H-(1-2\mu-\xi z)D^H]e^{\xi z}\}J_k(\xi r)\cos k\theta\mathrm{d}\xi\\
\tau_{r\theta}=\sum\limits_{k=0}^{\infty}\int_0^{\infty}\xi(E^He^{-\xi z}+F^He^{\xi z})J_k(\xi r)\sin k\theta\mathrm{d}\xi+\sum\limits_{k=0}^{\infty}(\dfrac{k+1}{2r}U_{k+1}^H-\dfrac{k-1}{2r}U_{k-1}^H)\sin k\theta\\
\tau_{\theta z}=\dfrac{1}{2}\sum\limits_{k=0}^{\infty}(H_{k+1}^H+H_{k-1}^H)\sin k\theta\\
\tau_{zr}=\dfrac{1}{2}\sum\limits_{k=0}^{\infty}(H_{k+1}^H-H_{k-1}^H)\cos k\theta\\
u=-\dfrac{1+\mu}{2E}\sum\limits_{k=0}^{\infty}(U_{k+1}^H-U_{k-1}^H)\cos k\theta\\
v=-\dfrac{1+\mu}{2E}\sum\limits_{k=0}^{\infty}(U_{k+1}^H+U_{k-1}^H)\sin k\theta\\
w=-\dfrac{1+\mu}{E}\sum\limits_{k=0}^{\infty}\int_0^{\infty}\{[A^H+(2-4\mu+\xi z)B^H]e^{-\xi z}+\\
\qquad[C^H-(2-4\mu-\xi z)D^H]e^{\xi z}\}J_k(\xi r)\cos k\theta\mathrm{d}\xi
\end{cases}
\tag{11-4-5}
$$

式中：$U_{k+1}^H=\int_0^{\infty}\{[A^H-(1-\xi z)B^H-2E^H]e^{-\xi z}-[C^H+(1+\xi z)D^H+2F^H]e^{\xi z}\}J_{k+1}(\xi r)\mathrm{d}\xi$

$U_{k-1}^H=\int_0^{\infty}\{[A^H-(1-\xi z)B^H+2E^H]e^{-\xi z}-[C^H+(1+\xi z)D^H-2F^H]e^{\xi z}\}J_{k-1}(\xi r)\mathrm{d}\xi$

$$H_{k+1}^{H} = \int_{0}^{\infty} \xi \{ [A^{H} - (2\mu - \xi z) B^{H} - E^{H}] e^{-\xi z} + [C^{H} + (2\mu + \xi z) D^{H} + F^{H}] e^{\xi z} \} J_{k+1}(\xi r) \mathrm{d}\xi$$

$$H_{k-1}^{H} = \int_{0}^{\infty} \xi \{ [A^{H} - (2\mu - \xi z) B^{H} + E^{H}] e^{-\xi z} + [C^{H} + (2\mu + \xi z) D^{H} - F^{H}] e^{\xi z} \} J_{k-1}(\xi r) \mathrm{d}\xi$$

由此可知,上述计算结果完全同于洛甫位移函数法的推导结果。因此,它表明传递矩阵法得到的应力与位移分量表达式完全正确。只要根据解题条件求得待定常数 $\overline{\sigma}_{z_k}(\xi,0)$、$\overline{\tau}_1(\xi,0)$、$\overline{\tau}_2(\xi,0)$、$\overline{U}_k(\xi,0)$、$\overline{V}_k(\xi,0)$、$\overline{w}_k(\xi,0)$,就能得到任意点的应力和位移分量解析解。

11.5 单向水平荷载作用下的一般解

若层状弹性体系表面上作用有任意单向水平荷载 $s(r)$,如图 11-1 所示。

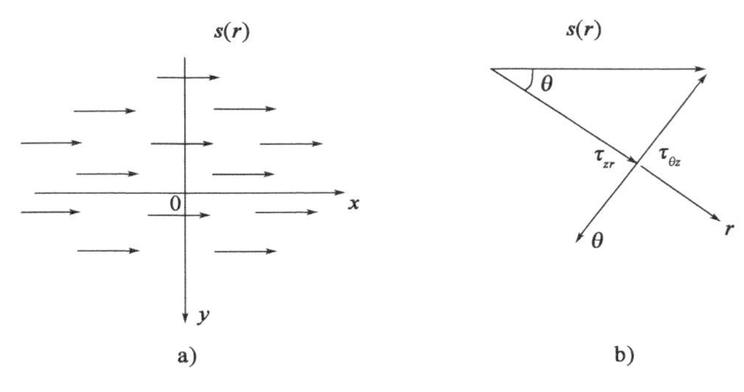

图 11-1

所以,表面边界条件可表示为:

$$\tau_{\theta z}|_{z=0} = s(r)\sin\theta$$

$$\tau_{zr}|_{z=0} = -s(r)\cos\theta$$

对照上述表达式,可以看出它相当于任意非轴对称荷载只能有 $k=1$ 的一项。因此,在式(11-4-4)中,若令 $k=1$,则单向水平荷载作用下非轴对称空间课题的一般解如下:

$$\begin{cases} \sigma_r = -\int_0^\infty \xi F_1 J_1(\xi r)\cos\theta \mathrm{d}\xi + \dfrac{1}{r} U_2^H \cos\theta \\ \sigma_\theta = 2\mu \int_0^\infty \xi F_2 J_1(\xi r)\cos\theta \mathrm{d}\xi - \dfrac{1}{r} U_2^H \cos\theta \\ \sigma_z = \int_0^\infty \xi F_3 J_1(\xi r)\cos\theta \mathrm{d}\xi \\ \tau_{r\theta} = \int_0^\infty \xi F_4 \sin\theta \mathrm{d}\xi + \dfrac{1}{r} U_2^H \sin\theta \\ \tau_{\theta z} = \dfrac{1}{2}(H_2^H + H_0^H)\sin\theta \\ \tau_{zr} = \dfrac{1}{2}(H_2^H - H_0^H)\cos\theta \\ u = -\dfrac{1+\mu}{2E}(U_2^H - U_0^H)\cos\theta \\ v = -\dfrac{1+\mu}{2E}(U_2^H + U_0^H)\sin\theta \\ w = -\dfrac{1+\mu}{E}\int_0^\infty F_9 J_1(\xi r)\cos\theta \mathrm{d}\xi \end{cases} \tag{11-5-1}$$

式中：$F_1=[A-(1+2\mu-\xi z)B]e^{-\xi z}-[C+(1+2\mu+\xi z)D]e^{\xi z}$

$F_2=B^He^{-\xi z}+D^He^{\xi z}$

$F_3=[A+(1-2\mu+\xi z)B]e^{-\xi z}-[C-(1-2\mu-\xi z)D]e^{\xi z}$

$F_4=Ee^{-\xi z}+Fe^{\xi z}$

$F_5=[A-(2\mu-\xi z)B-E]e^{-\xi z}+[C+(2\mu+\xi z)D+F]e^{\xi z}$

$F_6=[A-(2\mu-\xi z)B+E]e^{-\xi z}+[C+(2\mu+\xi z)D-F]e^{\xi z}$

$F_7=[A-(1-\xi z)B-2E]e^{-\xi z}-[C+(1+\xi z)D+2F]e^{\xi z}$

$F_8=[A-(1-\xi z)B+2E]e^{-\xi z}-[C+(1+\xi z)D-2F]e^{\xi z}$

$F_9=[A+(2-4\mu+\xi z)B]e^{-\xi z}+[C-(2-4\mu-\xi z)D]e^{\xi z}$

其中，$J_2(\xi r)=\dfrac{2}{\xi r}J_1(\xi r)-J_0(\xi r)$。

式(11-5-1)中应力与位移分量的象函数一般表达式，它适用于单向水平荷载作用下的层状弹性体系。在这些应力与位移分量的象函数表达式中的系数 $\overline{A}^H$、$\overline{B}^H$、$\overline{C}^H$、$\overline{D}^H$、$\overline{E}^H$ 和 $\overline{F}^H$ 均为六个待定常数。这些常数，可以根据边界条件和层间结合条件求得。

11.6 圆形单向水平荷载下的一般解

在层状弹性体表面上，如果作用有单向圆形水平荷载，那么它的表达式可表示如下：

$$s(r)=\begin{cases}mfp(1-\dfrac{r^2}{\delta^2})^{m-1} & (r<\delta)\\ 0 & (\delta>r)\end{cases}$$

式中：m——荷载类型系数，$m>0$；

f——水平荷载系数，$0\leqslant f\leqslant 1$；

p——圆形均布垂直荷载集度；

δ——荷载当量圆半径。

若将上述荷载对 r 施加亨格尔零阶积分变换，则可得到如下关系式：

$$\bar{s}(\xi)=\frac{fp\delta J(m)}{\xi}$$

式中：$J(m)=\dfrac{2^{m-1}\Gamma(m+1)J_m(\xi\delta)}{(\xi\delta)^{m-1}}$。

若令

$$A=\frac{fp\delta J(m)}{\xi}A_i^H,B=\frac{fp\delta J(m)}{\xi}B_i^H$$

$$C=\frac{fp\delta J(m)}{\xi}C_i^H,D=\frac{fp\delta J(m)}{\xi}D_i^H$$

$$E=\frac{fp\delta J(m)}{\xi}E_i^H,F=\frac{fp\delta J(m)}{\xi}F_i^H$$

并将这些系数和 $x=\xi\delta$ 代入式(11-5-1)，则可得圆形单向水平荷载作用下应力与位移分量表达式如下：

$$
\left\{
\begin{aligned}
\sigma_{r_i}^H &= -fp\int_0^{\infty}\{[A_i^H-(1+2\mu_i-\frac{z}{\delta}x)B_i^H]e^{-\frac{z}{\delta}x}-\\
&\quad [C_i^H+(1+2\mu_i+\frac{z}{\delta}x)D_i^H]e^{\frac{z}{\delta}x}\}J_1(\frac{r}{\delta}x)J(m)\mathrm{d}x-\frac{\delta}{r}U_{2i}^H\cos\theta\\
\sigma_{\theta_i}^H &= fp\{2\mu_i\int_0^{\infty}(B_i^He^{-\frac{z}{\delta}x}+D_i^He^{\frac{z}{\delta}x})J_1(\frac{r}{\delta}x)J(m)\mathrm{d}x-\frac{\delta}{r}U_{2i}^H\}\cos\theta\\
\sigma_{z_i}^H &= fp\int_0^{\infty}\{[A_i^H+(1-2\mu_i+\frac{z}{\delta}x)B_i^H]e^{-\frac{z}{\delta}x}-\\
&\quad [C_i^H-(1-2\mu_i-\frac{z}{\delta}x)D_i^H]e^{\frac{z}{\delta}x}\}J_1(\frac{r}{\delta}x)J(m)\cos\theta\mathrm{d}x\\
\tau_{r\theta_i}^H &= fp[\int_0^{\infty}(E_i^He^{-\frac{z}{\delta}x}+F_i^He^{\frac{z}{\delta}x})J_1(\frac{r}{\delta}x)J(m)\mathrm{d}x-\frac{\delta}{r}U_{2i}^H]\sin\theta\\
\tau_{\theta z_i}^H &= \frac{fp}{2}(H_{2i}^H+H_{0i}^H)\sin\theta\\
\tau_{zr_i}^H &= \frac{fp}{2}(H_{2i}^H-H_{0i}^H)\cos\theta\\
u_i^H &= -\frac{(1+\mu_i)fp\delta}{2E_i}(U_{2i}^H-U_{0i}^H)\cos\theta\\
v_i^H &= -\frac{(1+\mu_i)fp\delta}{2E_i}(U_{2i}^H+U_{0i}^H)\sin\theta\\
w_i &= -\frac{(1+\mu_i)fp\delta}{E_i}\int_0^{\infty}\{[A_i^H+(2-4\mu_i+\frac{z}{\delta}x)B_i^H]e^{-\frac{z}{\delta}x})+\\
&\quad [C_i^H-(2-4\mu_i-\frac{z}{\delta}x)D_i^H]e^{\frac{z}{\delta}x}\}J_1(\frac{r}{\delta}x)J(m)\cos\theta\mathrm{d}x
\end{aligned}
\right.
\tag{11-6-1}
$$

式中：

$$
\begin{aligned}
U_{2i}^H &= \int_0^{\infty}\{[A_i^H-(1-\frac{z}{\delta}x)B_i^H-2E_i^H]e^{-\frac{z}{\delta}x}-\\
&\quad [C_i^H+(1+\frac{z}{\delta}x)D_i^H+2F_i^H]e^{\frac{z}{\delta}x}\}J_2(\frac{r}{\delta}x)J(m)\frac{\mathrm{d}x}{x}\\
U_{0i}^H &= \int_0^{\infty}\{[A_i^H-(1-\frac{z}{\delta}x)B_i^H+2E_i^H]e^{-\frac{z}{\delta}x}-\\
&\quad [C_i^H+(1+\frac{z}{\delta}x)D_i^H-2F_i^H]e^{\frac{z}{\delta}x}\}J_0(\frac{r}{\delta}x)J(m)\frac{\mathrm{d}x}{x}\\
H_{2i}^H &= \int_0^{\infty}\{[A_i^H-(2\mu_i-\frac{z}{\delta}x)B_i^H-E_i^H]e^{-\frac{z}{\delta}x}+\\
&\quad [C_i^H+(2\mu_i+\frac{z}{\delta}x)D_i^H+F_i^H]e^{\frac{z}{\delta}x}\}J_2(\frac{r}{\delta}x)J(m)\mathrm{d}x\\
H_{0i}^H &= \int_0^{\infty}\{[A_i^H-(2\mu_i-\frac{z}{\delta}x)B_i^H+E_i^H]e^{-\frac{z}{\delta}x}+\\
&\quad [C_i^H+(2\mu_i^H+\frac{z}{\delta}x)D_i^H-F_i^H]e^{\frac{z}{\delta}x}\}J_0(\frac{r}{\delta}x)J(m)\mathrm{d}x
\end{aligned}
$$

其中，$J_2(\frac{r}{\delta}x)=2\frac{\delta}{r}\times\frac{J_1(\frac{r}{\delta}x)}{x}-J_0(\frac{r}{\delta}x)$。

上述应力与位移分量表达式适用于圆形高次抛物面单向水平荷载作用下层状弹性体系。其中，应力与位移分量的上标 H 表示水平荷载作用下的物理量，而下标 i 则表示计算层的层号。如果为弹性半空间体，由于只有一层，故其下标 i 可以省略。

如果层状弹性体系表面上作用有圆形均布单向水平荷载，其荷载亨格尔积分变换式可表示为下式：

$$\bar{s}(\xi) = \frac{fp\delta J_1(\xi\delta)}{\xi}$$

即

$$J(1) = J_1(x)$$

当 $m=1$ 时，如果将 $J(1)=J_1(x)$ 代入式(11-6-1)，则可得到圆形均布单向水平荷载下的应力与位移分量表达式如下：

$$\begin{cases}\sigma_{r_i}^H = -fp\left\{\int_0^\infty\{[A_i^H-(1+2\mu_i-\frac{z}{\delta}x)B_i^H]e^{-\frac{z}{\delta}x}-[C_i^H+(1+2\mu_i+\frac{z}{\delta}x)D_i^H]e^{\frac{z}{\delta}x}\}\times\right.\\ \qquad\left.J_1(\frac{r}{\delta}x)J_1(x)\mathrm{d}x-\frac{\delta}{r}U_{2i}^H\right\}\cos\theta\\ \sigma_{\theta_i}^H = fp[2\mu_i\int_0^\infty(B_i^He^{-\frac{z}{\delta}x}+D_i^He^{\frac{z}{\delta}x})J_1(\frac{r}{\delta}x)J_1(x)\mathrm{d}x-\frac{\delta}{r}U_{2i}^H]\cos\theta\\ \sigma_{z_i}^H = fp\int_0^\infty\{[A_i^H+(1-2\mu_i+\frac{z}{\delta}x)B_i^H]e^{-\frac{z}{\delta}x}-[C_i^H-(1-2\mu_i-\frac{z}{\delta}x)D_i^H]e^{\frac{z}{\delta}x}\}\times\\ \qquad J_1(\frac{r}{\delta}x)J_1(x)\cos\theta\mathrm{d}x\\ \tau_{r\theta_i}^H = fp[\int_0^\infty(E_i^He^{-\frac{z}{\delta}x}+F_i^He^{\frac{z}{\delta}x})J_1(\frac{r}{\delta}x)J_1(x)\mathrm{d}x-\frac{\delta}{r}U_{2i}^H]\sin\theta\\ \tau_{\theta z_i}^H = \frac{fp}{2}(H_{2i}^H+H_{0i}^H)\sin\theta\\ \tau_{zr_i}^H = \frac{fp}{2}(H_{2i}^H-H_{0i}^H)\cos\theta\\ u_i^H = -\frac{(1+\mu_i)fp\delta}{2E_i}(U_{2i}^H-U_{0i}^H)\cos\theta\\ v_i^H = -\frac{(1+\mu_i)fp\delta}{2E_i}(U_{2i}^H+U_{0i}^H)\sin\theta\\ w_i = -\frac{(1+\mu_i)fp\delta}{E_i}\int_0^\infty\{[A_i^H+(2-4\mu_i+\frac{z}{\delta}x)B_i^H]e^{-\frac{z}{\delta}x}+[C_i^H-(2-4\mu_i-\frac{z}{\delta}x)D_i^H]e^{\frac{z}{\delta}x}\}\times\\ \qquad J_1(\frac{r}{\delta}x)J_1(x)\cos\theta\mathrm{d}x\end{cases}\tag{11-6-2}$$

式中：$U_{2i}^H = \int_0^\infty\{[A_i^H-(1-\frac{z}{\delta}x)B_i^H-2E_i^H]e^{-\frac{z}{\delta}x}-[C_i^H+(1+\frac{z}{\delta}x)D_i^H+2F_i^H]e^{\frac{z}{\delta}x}\}\times J_2(\frac{r}{\delta}x)J(m)\frac{\mathrm{d}x}{x}$

$$U_{0i}^H = \int_0^\infty\{[A_i^H-(1-\frac{z}{\delta}x)B_i^H+2E_i^H]e^{-\frac{z}{\delta}x}-[C_i^H+(1+\frac{z}{\delta}x)D_i^H-2F_i^H]e^{\frac{z}{\delta}x}\}\times J_0(\frac{r}{\delta}x)J(m)\frac{\mathrm{d}x}{x}$$

$$H_{2i}^H = \int_0^\infty\{[A_i^H-(2\mu_i-\frac{z}{\delta}x)B_i^H-E_i^H]e^{-\frac{z}{\delta}x}+[C_i^H+(2\mu_i+\frac{z}{\delta}x)D_i^H+F_i^H]e^{\frac{z}{\delta}x}\}J_2(\frac{r}{\delta}x)J(m)\mathrm{d}x$$

$$H_{0i}^H = \int_0^\infty\{[A_i^H-(2\mu_i-\frac{z}{\delta}x)B_i^H+E_i^H]e^{-\frac{z}{\delta}x}+[C_i^H+(2\mu_i^H+\frac{z}{\delta}x)D_i^H-F_i^H]e^{\frac{z}{\delta}x}\}J_0(\frac{r}{\delta}x)J(m)\mathrm{d}x$$

其中，$J_2(\frac{r}{\delta}x)=2\frac{\delta}{r}\times\frac{J_1(\frac{r}{\delta}x)}{x}-J_0(\frac{r}{\delta}x)$。

如果表面上作用有半球形单向水平荷载，它的荷载亨格尔积分变换式为：

$$\bar{s}(\xi)=\frac{3fp\delta}{2\xi}\times\frac{\sin\xi\delta-\xi\delta\cos\xi\delta}{(\xi\delta)^{2}}$$

即

$$J\left(\frac{3}{2}\right)=\frac{3}{2}\times\frac{\sin x-x\cos x}{x^{2}}$$

若令 $J(m)=J\left(\frac{3}{2}\right)$,并代入式(11-6-1),则可得到半球形单向水平荷载下的应力与位移分量表达式。

如果表面上作用有刚性承载板单向水平荷载,其荷载亨格尔积分变换式可表示为下式:

$$\bar{s}(\xi)=\frac{fp\delta}{2\xi}\sin\xi\delta$$

即

$$J\left(\frac{1}{2}\right)=\frac{1}{2}\sin x$$

若令 $J(m)=J\left(\frac{1}{2}\right)$,并代入式(11-6-1),则可得刚性承载板单向水平荷载下的应力与位移分量表达式。

12 水平荷载下弹性半空间体分析

汽车车轮对路表所产生的作用力,既有垂直力,又有水平力。由于发动机的影响,这些作用力不仅产生静力作用,而且产生动力作用。这些垂直力和水平力的大小和作用方向,不仅取决于车轮的运动状态,而且还取决于路面表面特性(平整度和粗糙度)和线路几何特征(直道、坡道、弯道)等因素,但由于对车轮的动力影响问题研究甚少,因此,我们只考虑车轮的静力作用,分析静载下的应力与位移。

汽车车轮的运动状态可划分为下列三种情况:

1. 行驶状态

车轮在直线段行驶,除有垂直力作用外,还有单向水平力作用。单向水平力的作用方向与汽车行驶方向相反。当车轮在直线段坡道上行驶时,其垂直力要比在直线段平坡上行驶略小一点,它的下降幅度与坡度值有关。当车轮行驶在直线段上坡处时,由于坡道的影响,其水平力要比平坡上略大一些,反之下坡时又略小一点。它们的升降幅度也同坡度有关。应当指出,当增减幅度较小时,在工程中一般略而不计。

当车轮在弯道行驶时,由于离心作用,路表还产生有横向水平力。如果弯道处设置超高,则有向心力与之平衡,并不影响车轮的垂直力与水平力的大小和方向。如果弯道处不设置超高,横向水平力与车轮水平力综合成斜向水平力,它不仅影响水平力的大小,而且还改变力的作用方向。但由于这种横向水平力较小,在实际工程中,也不予以考虑。

综上所述,在行驶状态下我们只考虑车轮的垂直荷载和单向水平荷载,而忽略路面表面特性和线路几何特征的影响。

2. 停驻状态

当汽车由于某种原因停止在路上时,车轮的水平荷载为轴对称水平荷载,其作用方向指向或背向荷载圆圆心。但由于这种轴对称水平荷载的影响较小。因此,在停止状态下,只考虑轴对称垂直荷载的作用。

3. 启动或制动状态

从停止状态过渡到行驶状态,称为启动状态,而由行驶状态转变为停止状态,称之为制动状态。这两种状态的车轮水平荷载均为与行车方向一致的单向水平荷载。

根据上述分析,路表上作用的荷载,一般情况下可归结为轴对称圆形垂直荷载和非轴对称圆形单向水平荷载。由于圆形垂直荷载下层状弹性体系的应力与位移分析在第二篇中已作介绍,本章着重探讨圆形单向水平荷载作用下弹性半空间体的应力与位移。

12.1 任意非轴对称荷载下的弹性半空间体

若弹性半空间体表面上作用有非轴对称的斜向荷载,它可分解为平行于 z 轴的垂直荷载 $p(r,\theta)$、平行于 r 轴和 θ 轴的水平荷载 $g(r,\theta)$ 与 $t(r,\theta)$,将这些荷载展开成级数形式:

$$p(r,\theta) = \sum_{k=0}^{\infty} p_k(r)\cos k\theta$$

$$g(r,\theta) = \sum_{k=0}^{\infty} g_k(r)\cos k\theta$$

$$t(r,\theta) = \sum_{k=0}^{\infty} t_k(r)\sin k\theta$$

可以看出,本课题的解必须满足下列表面边界条件:

$$\begin{cases} \sigma_z \Big|_{z=0} = -\sum_{k=0}^{\infty} p_k(r)\cos k\theta \\ \tau_{\theta z} \Big|_{z=0} = -\sum_{k=0}^{\infty} t_k(r)\sin k\theta \\ \tau_{zr} \Big|_{z=0} = -\sum_{k=0}^{\infty} g_k(r)\cos k\theta \end{cases}$$

若令

$$\sigma_z = \sum_{k=0}^{\infty} \sigma_{z_k}\cos k\theta$$

$$\tau_{\theta z} = \sum_{k=0}^{\infty} \tau_{\theta z_k}\sin k\theta$$

$$\tau_{zr} = \sum_{k=0}^{\infty} \tau_{zr_k}\cos k\theta$$

式中:$\sigma_{z_k} = \int_0^{\infty} \xi\{[A^H + (1-2\mu+\xi z)B^H]e^{-\xi z} - [C^H - (1-2\mu-\xi z)D^H]e^{\xi z}\} J_k(\xi r)\mathrm{d}\xi$

$$\tau_{\theta z_k} = \frac{1}{2}(H_{k+1}^H + H_{k-1}^H)$$

$$\tau_{zr_k} = \frac{1}{2}(H_{k+1}^H - H_{k-1}^H)$$

其中,$H_{k+1}^H = \int_0^{\infty} \xi\{[A^H - (2\mu-\xi z)B^H - E^H]e^{-\xi z} + [C^H + (2\mu+\xi z)D^H + F^H]e^{\xi z}\} J_{k+1}(\xi r)\mathrm{d}\xi$

$$H_{k-1}^H = \int_0^{\infty} \xi\{[A^H - (2\mu-\xi z)B^H + E^H]e^{-\xi z} + [C^H + (2\mu+\xi z)D^H - F^H]e^{\xi z}\} J_{k-1}(\xi r)\mathrm{d}\xi$$

则上述表面边界条件可改写为如下:

$$\begin{cases} \sigma_{z_k} \Big|_{z=0} = -p_k(r) \\ \tau_{\theta z} \Big|_{z=0} = -t_k(r) \\ \tau_{zr} \Big|_{z=0} = -g_k(r) \end{cases}$$

为了便于施加亨格尔积分变换,表面边界条件中的第二式与第三式相加、相减,则可将上述表面边界条件改写为如下三式:

$$\begin{cases}\sigma_{z_k}\Big|_{z=0} = -p_k(r)\\(\tau_{\theta z}+\tau_{zr})\Big|_{z=0} = -[t_k(r)+g(r)]\\(\tau_{\theta z}-\tau_{zr})\Big|_{z=0} = -[t_k(r)-g_k(r)]\end{cases}$$

又当 r 与 z 无限增大时,所有应力与位移分量都应趋向于零。为满足无穷远处边界条件的要求,只有使得式(11-4-5)中的系数 $C^H=D^H=F^H=0$,才能满足上述边界条件的要求。

若将 $C^H=D^H=F^H=0$ 和 $z=0$ 代入上述表面边界条件,并将两端施加亨格尔积分变换,则可得

$$\begin{cases}A^H+(1-2\mu)B^H = -\bar{p}_k(\xi)\\A^H-2\mu B^H-E^H = -[\bar{t}_k^{(k+1)}(\xi)+\bar{g}_k^{(k+1)}(\xi)]\\A^H-2\mu B^H+E^H = -[\bar{t}_k^{(k-1)}(\xi)-\bar{g}_k^{(k-1)}(\xi)]\end{cases}$$

式中:$\bar{p}_k(\xi) = \int_0^\infty rp_k(r)J_k(\xi r)\mathrm{d}r$

$$\bar{t}_k^{(k+1)}(\xi) = \int_0^\infty rt_k(r)J_{k+1}(\xi r)\mathrm{d}r$$

$$\bar{t}_k^{(k-1)}(\xi) = \int_0^\infty rt_k(r)J_{k-1}(\xi r)\mathrm{d}r$$

$$\bar{g}_k^{(k+1)}(\xi) = \int_0^\infty rg_k(r)J_{k+1}(\xi r)\mathrm{d}r$$

$$\bar{g}_k^{(k-1)}(\xi) = \int_0^\infty rg_k(r)J_{k-1}(\xi r)\mathrm{d}r$$

解上述表面边界条件方程组,则可得

$$A^H = -2\mu\,\bar{p}_k(\xi) - \frac{1-2\mu}{2}\{[\bar{t}_k^{(k+1)}(\xi)+\bar{g}_k^{(k+1)}(\xi)]+[\bar{t}_k^{(k-1)}(\xi)-\bar{g}_k^{(k-1)}(\xi)]\}$$

$$B^H = -\bar{p}_k(\xi) + \frac{1}{2}\{[\bar{t}_k^{(k+1)}(\xi)+\bar{g}_k^{(k+1)}(\xi)]+[\bar{t}_k^{(k-1)}(\xi)-\bar{g}_k^{(k-1)}(\xi)]\}$$

$$E^H = \frac{1}{2}\{[\bar{t}_k^{(k+1)}(\xi)+\bar{g}_k^{(k+1)}(\xi)]-[\bar{t}_k^{(k-1)}(\xi)-\bar{g}_k^{(k-1)}(\xi)]\}$$

若将 A^H、B^H、E^H 表达式和 $C^H=D^H=F^H=0$ 代入式(11-4-5),则可得任意非轴对称荷载作用下弹性半空间体应力与位移分量的一般表达式如下:

$$
\left\{
\begin{aligned}
\sigma_r =& -\sum_{k=0}^{\infty}\int_0^{\infty}\xi\Big\{(1-\xi z)\bar{p}_k(\xi)-\frac{2-\xi z}{2}[\bar{t}_k^{(k+1)}(\xi)+\bar{g}_k^{(k+1)}(\xi)]-\\
&\frac{2-\xi z}{2}[\bar{t}_k^{(k-1)}(\xi)-\bar{g}_k^{(k-1)}(\xi)]\Big\}e^{-\xi z}J_k(\xi r)\cos k\theta \mathrm{d}\xi+\\
&\sum_{k=0}^{\infty}\left(\frac{k+1}{2r}U_{k+1}^{H}+\frac{k-1}{2r}U_{k-1}^{H}\right)\cos k\theta\\
\sigma_\theta =& -2\mu\sum_{k=0}^{\infty}\int_0^{\infty}\xi\Big\{\bar{p}_k(\xi)-\frac{1}{2}[\bar{t}_k^{(k+1)}(\xi)+\bar{g}_k^{(k+1)}(\xi)]-\frac{1}{2}[\bar{t}_k^{(k-1)}(\xi)-\bar{g}_k^{(k-1)}(\xi)]\Big\}\times\\
&e^{-\xi z}J_k(\xi r)\cos k\theta \mathrm{d}\xi-\sum_{k=0}^{\infty}\left(\frac{k+1}{2r}U_{k+1}^{H}+\frac{k-1}{2r}U_{k-1}^{H}\right)\cos k\theta\\
\sigma_z =& -\sum_{k=0}^{\infty}\int_0^{\infty}\xi\Big\{(1+\xi z)\bar{p}_k(\xi)-\frac{\xi z}{2}[\bar{t}_k^{(k+1)}(\xi)+\bar{g}_k^{(k+1)}(\xi)]-\\
&\frac{\xi z}{2}[\bar{t}_k^{(k-1)}(\xi)-\bar{g}_k^{(k-1)}(\xi)]\Big\}e^{-\xi z}J_k(\xi r)\cos k\theta \mathrm{d}\xi\\
\tau_{r\theta} =& \frac{1}{2}\sum_{k=0}^{\infty}\int_0^{\infty}\xi\Big\{[\bar{t}_k^{(k+1)}(\xi)+\bar{g}_k^{(k+1)}(\xi)]-[\bar{t}_k^{(k-1)}(\xi)-\bar{g}_k^{(k-1)}(\xi)]\Big\}e^{-\xi z}J_k(\xi r)\sin k\theta \mathrm{d}\xi+\\
&\sum_{k=0}^{\infty}\left(\frac{k+1}{2r}U_{k+1}^{H}-\frac{k-1}{2r}U_{k-1}^{H}\right)\sin k\theta\\
\tau_{\theta z} =& \frac{1}{2}\sum_{k=0}^{\infty}(H_{k+1}^{H}+H_{k-1}^{H})\sin k\theta\\
\tau_{zr} =& \frac{1}{2}\sum_{k=0}^{\infty}(H_{k+1}^{H}-H_{k-1}^{H})\cos k\theta\\
u =& -\frac{1+\mu}{2E}\sum_{k=0}^{\infty}(U_{k+1}^{H}-U_{k-1}^{H})\cos k\theta\\
v =& -\frac{1+\mu}{2E}\sum_{k=0}^{\infty}(U_{k+1}^{H}+U_{k-1}^{H})\sin k\theta\\
w =& \frac{1+\mu}{E}\sum_{k=0}^{\infty}\int_0^{\infty}\xi\Big\{(2-2\mu+\xi z)\bar{p}_k(\xi)-\frac{1-2\mu+\xi z}{2}[\bar{t}_k^{(k+1)}(\xi)+\bar{g}_k^{(k+1)}(\xi)]-\\
&\frac{1-2\mu+\xi z}{2}[\bar{t}_k^{(k-1)}(\xi)-\bar{g}_k^{(k-1)}(\xi)]\Big\}e^{-\xi z}J_k(\xi r)\cos k\theta \mathrm{d}\xi
\end{aligned}
\right.
\tag{12-1-1}
$$

式中：

$$
\begin{aligned}
U_{k+1}^{H} =& \int_0^{\infty}\Big\{(1-2\mu-\xi z)\bar{p}_k(\xi)-\frac{4-2\mu-\xi z}{2}[\bar{t}_k^{(k+1)}(\xi)+\bar{g}_k^{(k+1)}(\xi)]+\\
&\frac{2\mu+\xi z}{2}[\bar{t}_k^{(k-1)}(\xi)-\bar{g}_k^{(k-1)}(\xi)]\Big\}e^{-\xi z}J_{k+1}(\xi r)\mathrm{d}\xi
\end{aligned}
$$

$$
U_{k-1}^{H} = \int_0^{\infty}\Big\{(1-2\mu-\xi z)\bar{p}_k(\xi)+\frac{2\mu+\xi z}{2}[\bar{t}_k^{(k+1)}(\xi)+\bar{g}_k^{(k+1)}(\xi)]-
$$

$$\frac{4-2\mu-\xi z}{2}[\bar{t}_k^{(k-1)}(\xi)-\bar{g}_k^{(k-1)}(\xi)]\}e^{-\xi z}J_{k-1}(\xi r)\mathrm{d}\xi$$

$$H_{k+1}^H=-\int_0^\infty\xi\{\xi z\bar{p}_k(\xi)+\frac{2-\xi z}{2}[\bar{t}_k^{(k+1)}(\xi)+\bar{g}_k^{(k+1)}(\xi)]-$$

$$\frac{\xi z}{2}[\bar{t}_k^{(k-1)}(\xi)-\bar{g}_k^{(k-1)}(\xi)]\}e^{-\xi z}J_{k+1}(\xi r)\mathrm{d}\xi$$

$$H_{k-1}^H=-\int_0^\infty\xi\{\xi z\bar{p}_k(\xi)-\frac{\xi z}{2}[t_k^{(k+1)}(\xi)+\bar{g}_k^{(k+1)}(\xi)]+$$

$$\frac{2-\xi z}{2}[\bar{t}_k^{(k-1)}(\xi)-\bar{g}_k^{(k-1)}(\xi)]\}e^{-\xi z}J_{k-1}(\xi r)\mathrm{d}\xi$$

上述应力与位移分量表达式,适用于任何非轴对称荷载下的弹性半空间体。今后,只要给出具体非轴对称荷载的表达式,就能求得该荷载条件下弹性半空间体应力与位移分量的全部理论解。

12.2 单向水平荷载下弹性半空间体的分析

若弹性半空间体表面上作用有任意单向水平荷载 $s^H(r)$,如图 12-1 所示。

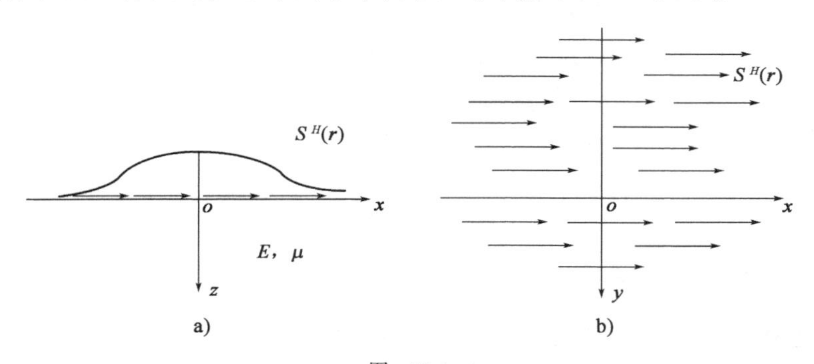

图 12-1

则可以看出,本课题的表面边界条件可表示为如下形式:

$$\sigma_z\Big|_{z=0}=0$$

$$\tau_{\theta z}\Big|_{z=0}=s^H(r)\sin\theta$$

$$\tau_{zr}\Big|_{z=0}=-s^H(r)\cos\theta$$

上述表达式相当于任意非轴对称荷载只取 $k=1$ 的一项,而其他项均为零。由此可得

$$p_1(r)=0,t_1(r)=-s^H(r),g_1(r)=s^H(r)$$

$$t_1(r)+g_1(r)=0,t_1(r)-g_1(r)=-2s^H(r)$$

$$\bar{p}_1(\xi)=0,\bar{t}_1^{(2)}(\xi)+\bar{g}_1^{(2)}(\xi)=0,\bar{t}_1^{(0)}(\xi)-\bar{g}_1^{(0)}(\xi)=-2\bar{s}^H(\xi)$$

式中,$\bar{s}^H(\xi)=\int_0^\infty rs^H(r)J_0(\xi r)\mathrm{d}r$。

若将荷载的亨格尔积分变换式代入式(12-1-1),则可得任何单向水平荷载作用下弹性半空间体应力与位移分量的解析解如下:

$$
\begin{cases}
\sigma_r = -\left[\int_0^\infty \xi(2-\xi z)\bar{s}^H(\xi)e^{-\xi z}J_1(\xi r)\mathrm{d}\xi - \dfrac{1}{r}U_2^H\right]\cos\theta \\
\sigma_\theta = -\left[2\mu\int_0^\infty \xi\bar{s}^H(\xi)e^{-\xi z}J_1(\xi r)\mathrm{d}\xi + \dfrac{1}{r}U_2^H\right]\cos\theta \\
\sigma_z = -z\int_0^\infty \xi^2\bar{s}^H(\xi)e^{-\xi z}J_1(\xi r)\cos\theta\mathrm{d}\xi \\
\tau_{r\theta} = \left[\int_0^\infty \xi\bar{s}^H(\xi)e^{-\xi z}J_1(\xi r)\mathrm{d}\xi + \dfrac{1}{r}U_2^H\right]\sin\theta \\
\tau_{\theta z} = \dfrac{1}{2}(H_2^H + H_0^H)\sin\theta \\
\tau_{zr} = \dfrac{1}{2}(H_2^H - H_0^H)\cos\theta \\
u = -\dfrac{1+\mu}{2E}(U_2^H - U_0^H)\cos\theta \\
v = -\dfrac{1+\mu}{2E}(U_2^H + U_0^H)\sin\theta \\
w = \dfrac{1+\mu}{E}\int_0^\infty (1-2\mu+\xi z)\bar{s}^H(\xi)e^{-\xi z}J_1(\xi r)\cos\theta\mathrm{d}\xi
\end{cases}
\tag{12-2-1}
$$

式中:$U_2^H = -\int_0^\infty (2\mu+\xi z)\bar{s}^H(\xi)e^{-\xi z}J_2(\xi r)\mathrm{d}\xi$

$$U_0^H = \int_0^\infty (4-2\mu-\xi z)\bar{s}^H(\xi)e^{-\xi z}J_0(\xi r)\mathrm{d}\xi$$

$$H_2^H = -z\int_0^\infty \xi^2\bar{s}^H(\xi)e^{-\xi z}J_2(\xi r)\mathrm{d}\xi$$

$$H_0^H = \int_0^\infty \xi(2-\xi z)\bar{s}^H(\xi)e^{-\xi z}J_0(\xi r)\mathrm{d}\xi$$

其中,$J_2(\xi r) = \dfrac{2}{\xi r}J_1(\xi r) - J_0(\xi r)$。

从上述应力与位移表达式可以看出,当单向水平荷载 $s^H(r)$ 表达式已知时,只要求得它的亨格尔积分变换式 $\bar{s}^H(\xi)$,就能得到该荷载条件下弹性半空间体中应力与位移的具体解析解。

12.3 圆形均布单向水平荷载下的应力与位移分析

如果弹性半空间体表面只作用有圆形均布单向水平荷载,即

$$s^H(r) = \begin{cases} s^H & (r<\delta) \\ 0 & (r>\delta) \end{cases}$$

则它的亨格尔零阶积分变换式为:

$$
\begin{aligned}
\bar{s}^H(\xi) &= \int_0^\infty rs^H(r)J_0(\xi r)\mathrm{d}r = s^H\int_0^\delta rJ_0(\xi r)\mathrm{d}r = \frac{s^H}{\xi^2}\int_0^\delta \xi rJ_0(\xi r)\mathrm{d}(\xi r) \\
&= \frac{s^H}{\xi^2}\int_0^\delta \mathrm{d}[\xi rJ_1(\xi r)] = \frac{s^H}{\xi}rJ_1(\xi r)\int_0^\delta \mathrm{d}(\xi r) = \frac{s^H\delta J_1(\xi\delta)}{\xi}
\end{aligned}
$$

根据库仑定律,则有

$$s^H = fp$$

式中：f——水平荷载系数；

p——垂直荷载集度。

将此结果代入上式，则可得

$$\bar{s}^H(\xi) = \frac{fp\delta J_1(\xi\delta)}{\xi} \tag{1}$$

若将 $\bar{s}^H(\xi)$ 表达式和 $x=\xi\delta$ 代入式(12-2-1)，则可得圆形均布单向水平荷载作用下弹性半空间体的应力与位移分量表达式如下：

$$\begin{cases}
\sigma_r^H = -fp\left[\int_0^\infty \left(2-\frac{z}{\delta}x\right)e^{-\frac{z}{\delta}x}J_1(x)J_1\left(\frac{r}{\delta}x\right)\mathrm{d}x - \frac{\delta}{r}U_2^H\right]\cos\theta \\
\sigma_\theta^H = -fp\left[2\mu\int_0^\infty e^{-\frac{z}{\delta}x}J_1(x)J_1\left(\frac{r}{\delta}x\right)\mathrm{d}x + \frac{\delta}{r}U_2^H\right]\cos\theta \\
\sigma_z^H = -fp\times\frac{z}{\delta}\int_0^\infty xe^{-\frac{z}{\delta}x}J_1(x)J_1\left(\frac{r}{\delta}x\right)\cos\theta\mathrm{d}x \\
\tau_{r\theta}^H = fp\left[\int_0^\infty e^{-\frac{z}{\delta}x}J_1(x)J_1\left(\frac{r}{\delta}x\right)\mathrm{d}x + \frac{\delta}{r}U_2^H\right]\sin\theta \\
\tau_{\theta z}^H = \frac{fp}{2}(H_2^H + H_0^H)\sin\theta \\
\tau_{zr}^H = \frac{fp}{2}(H_2^H - H_0^H)\cos\theta \\
u^H = -\frac{(1+\mu)fp\delta}{2E}(U_2^H - U_0^H)\cos\theta \\
v^H = -\frac{(1+\mu)fp\delta}{2E}(U_2^H + U_0^H)\sin\theta \\
w^H = \frac{(1+\mu)fp\delta}{E}\int_0^\infty \left(1-2\mu+\frac{z}{\delta}x\right)e^{-\frac{z}{\delta}x}J_1(x)J_1\left(\frac{r}{\delta}x\right)\cos\theta\frac{\mathrm{d}x}{x}
\end{cases} \tag{12-3-1}$$

式中：$U_2^H = -\int_0^\infty \left(2\mu+\frac{z}{\delta}x\right)e^{-\frac{z}{\delta}x}J_1(x)J_2\left(\frac{r}{\delta}x\right)\frac{\mathrm{d}x}{x}$

$$U_0^H = \int_0^\infty \left(4-2\mu-\frac{z}{\delta}x\right)e^{-\frac{z}{\delta}x}J_1(x)J_0\left(\frac{r}{\delta}x\right)\frac{\mathrm{d}x}{x}$$

$$H_2^H = -\frac{z}{\delta}\int_0^\infty xe^{-\frac{z}{\delta}x}J_1(x)J_2\left(\frac{r}{\delta}x\right)\mathrm{d}x$$

$$H_0^H = \int_0^\infty \left(2-\frac{z}{\delta}x\right)e^{-\frac{z}{\delta}x}J_1(x)J_0\left(\frac{r}{\delta}x\right)\mathrm{d}x$$

其中，$J_2\left(\frac{r}{\delta}x\right) = \frac{2}{\frac{r}{\delta}x}J_1\left(\frac{r}{\delta}x\right) - J_0\left(\frac{r}{\delta}x\right)$。

在计算上述应力与位移分量的表达式中，都必须计算含有贝塞尔函数的无穷积分表达式：

$$\int_0^\infty x^{k-1}e^{-\frac{z}{\delta}x}J_1(x)J_n\left(\frac{r}{\delta}x\right)\mathrm{d}x$$

在一般情况下，这个积分难以求得其精确解。在编程时，可采用数值积分法求其无穷积分式的数值解。但是，对于某些特殊点，例如在 z 轴($r=0$)上和表面($z=0$)上，则可得到它们的精确解。

在计算弹性半空间体在 z 轴($r=0$)上的应力与位移分量时，可以将 $r=0$ 代入式(12-3-1)，并在计算过程中注意下列关系式：

$$\lim_{r\to 0} J_0\left(\frac{r}{\delta}x\right)=1$$

$$\lim_{r\to 0} J_1\left(\frac{r}{\delta}x\right)=0$$

$$\lim_{r\to 0} J_2\left(\frac{r}{\delta}x\right)=0$$

$$\lim_{r\to 0} \frac{\delta}{r} J_2\left(\frac{r}{\delta}x\right)=0$$

则可得 z 轴上的应力与位移分量表达式如下：

$$\begin{cases}\sigma_r=0\\ \sigma_\theta=0\\ \sigma_z=0\\ \tau_{r\theta}=0\\ \tau_{\theta z}=\dfrac{fp}{2}H_0^H\sin\theta\\ \tau_{zr}=-\dfrac{fp}{2}H_0^H\cos\theta\\ u=\dfrac{(1+\mu)fp\delta}{2E}U_0^H\cos\theta\\ v=-\dfrac{(1+\mu)fp\delta}{2E}U_0^H\sin\theta\\ w=0\end{cases} \tag{2}$$

式中：$U_0^H=\int_0^\infty\left(4-2\mu-\frac{z}{\delta}x\right)e^{-\frac{z}{\delta}x}J_1(x)\frac{\mathrm{d}x}{x}$

$H_0^H=\int_0^\infty\left(2-\frac{z}{\delta}x\right)e^{-\frac{z}{\delta}x}J_1(x)J_0\left(\frac{r}{\delta}x\right)\mathrm{d}x$

若将 U_0^H 表达式和 H_0^H 表达式：

$$U_0^H=\int_0^\infty\left(4-2\mu-\frac{z}{\delta}x\right)e^{-\frac{z}{\delta}x}J_1(x)\frac{\mathrm{d}x}{x}$$

$$H_0^H=\int_0^\infty\left(2-\frac{z}{\delta}x\right)e^{-\frac{z}{\delta}x}J_1(x)J_0\left(\frac{r}{\delta}x\right)\mathrm{d}x$$

进行分解，则可得

$$U_0^H=2(2-\mu)\int_0^\infty e^{-\frac{z}{\delta}x}J_1(x)\frac{\mathrm{d}x}{x}-\frac{z}{\delta}\int_0^\infty e^{-\frac{z}{\delta}x}J_1(x)\mathrm{d}x$$

$$H_0^H=2\int_0^\infty e^{-\frac{z}{\delta}x}J_1(x)\mathrm{d}x-\frac{z}{\delta}\int_0^\infty xe^{-\frac{z}{\delta}x}J_1(x)\mathrm{d}x$$

再令

$$I_0^H=\int_0^\infty e^{-\frac{z}{\delta}x}J_1(x)\frac{\mathrm{d}x}{x}$$

$$I_1^H=\int_0^\infty e^{-\frac{z}{\delta}x}J_1(x)\mathrm{d}x$$

$$I_2^H=\int_0^\infty xe^{-\frac{z}{\delta}x}J_1(x)\mathrm{d}x$$

则上述 U_0^H 和 H_0^H 表达式可改写为如下两式：

$$U_0^H=2(2-\mu)I_0^H-\frac{z}{\delta}I_1^H$$

$$H_0^H=2I_0^H-\frac{z}{\delta}I_2^H$$

根据亨格尔无穷积分公式的第三式：

$$\int_0^{\infty}e^{-zt}J_v(rt)t^{\mu-1}\mathrm{d}t=\frac{\Gamma(\mu+v)}{\Gamma(v+1)}\left(\frac{r}{2}\right)^v(a^2+r^2)^{-\frac{\mu+v}{2}}F\left(\frac{\mu+v}{2},\frac{v-\mu+1}{2},v+1,\frac{r^2}{a^2+r^2}\right)$$

当 $a=\frac{z}{\delta},r=1,\mu=0,v=1,t=x$ 时，可得

$$\int_0^{\infty}e^{-\frac{z}{\delta}x}J_1(x)\frac{\mathrm{d}x}{x}=\frac{\Gamma(1)}{\Gamma(2)}\times\frac{1}{2}\left(\frac{z^2}{\delta^2}+1\right)^{-\frac{1}{2}}F\left[\frac{1}{2},1,2,\frac{1}{(\frac{z}{\delta})^2+1}\right]$$

即

$$I_0^H=\frac{1}{2}\times\frac{1}{\sqrt{1+\frac{z^2}{\delta^2}}}F\left(\frac{1}{2},1,2,\frac{1}{1+\frac{z^2}{\delta^2}}\right)$$

根据超几何函数的下述递推关系式：

$$c(1-t)F-cF(b-1)+(c-a)tF(c+1)=0$$

当 $a=\frac{1}{2},b=1,c=1,t=\frac{1}{1+(\frac{z}{\delta})^2}$ 时，可得

$$I_0^H=\sqrt{1+\left(\frac{z}{\delta}\right)^2}-\frac{z}{\delta}$$

同理，可得 I_1^H 与 I_2^H 表达式如下：

$$I_1^H=1-\frac{\frac{z}{\delta}}{\sqrt{1+(\frac{z}{\delta})^2}}$$

$$I_2^H=\frac{1}{\sqrt{[1+(\frac{z}{\delta})^2]^3}}$$

若将上述计算结果代入式(2)，则可得弹性半空间体在 $z=0$ 处的应力与位移分量表达式如下：

$$\begin{cases}\sigma_r^H=0\\ \sigma_\theta^H=0\\ \sigma_z^H=0\\ \tau_{rv}^H=0\\ \tau_{\theta z}^H=\dfrac{fp}{2}\left(2I_1^H-\dfrac{z}{\delta}I_2^H\right)\sin\theta\\ \tau_{zr}^H=-\dfrac{fp}{2}\left(2I_1^H-\dfrac{z}{\delta}I_2^H\right)\cos\theta\\ u^H=\dfrac{1+\mu}{2E}\left[2(2-\mu)I_0^H-\dfrac{z}{\delta}I_1^H\right]\cos\theta\\ v^H=-\dfrac{1+\mu}{2E}\left[2(2-\mu)I_0^H-\dfrac{z}{\delta}I_1^H\right]\sin\theta\\ w^H=0\end{cases}\tag{12-3-2}$$

在上述表达式中,I_0^H、I_1^H 和 I_2^H 的计算公式可表示为如下形式:

$$I_0^H=\sqrt{1+(\frac{z}{\delta})^2}-\frac{z}{\delta}$$

$$I_1^H=1-\frac{\frac{z}{\delta}}{\sqrt{1+(\frac{z}{\delta})^2}}$$

$$I_2^H=\frac{1}{\sqrt{[1+(\frac{z}{\delta})^2]^3}}$$

在计算弹性半空间体表面上的应力与位移分量时,可将 $z=0$ 代入式(12-3-1),并在计算过程中应注意下列关系式:

$$\begin{cases}\sigma_r^H=-fp[2\int_0^\infty J_1(x)J_1(\frac{r}{\delta}x)\mathrm{d}x-\frac{\delta}{r}U_2^H]\cos\theta\\ \sigma_\theta^H=-fp[2\mu\int_0^\infty J_1(x)J_1(\frac{r}{\delta}x)\mathrm{d}x+\frac{\delta}{r}U_2^H]\cos\theta\\ \sigma_z^H=-fp\times\frac{z}{\delta}\int_0^\infty xJ_1(x)J_1(\frac{r}{\delta}x)\cos\theta\mathrm{d}x\\ \tau_{r\theta}^H=fp[\int_0^\infty J_1(x)J_1(\frac{r}{\delta}x)\mathrm{d}x+\frac{\delta}{r}U_2^H]\sin\theta\\ \tau_{\theta z}^H=\frac{fp}{2}(H_2^H+H_0^H)\sin\theta\\ \tau_{zr}^H=\frac{fp}{2}(H_2^H-H_0^H)\cos\theta\\ u^H=-\frac{(1+\mu)fp\delta}{2E}(U_2^H-U_0^H)\cos\theta\\ v^H=-\frac{(1+\mu)fp\delta}{2E}(U_2^H+U_0^H)\sin\theta\\ w^H=\frac{(1+\mu)fp\delta}{E}\int_0^\infty(1-2\mu)J_1(x)J_1(\frac{r}{\delta}x)\cos\theta\frac{\mathrm{d}x}{x}\end{cases}\tag{3}$$

式中:$U_2^H=-2\mu\int_0^\infty J_1(x)J_2(\frac{r}{\delta}x)\frac{\mathrm{d}x}{x}$

$U_0^H=2(2-\mu)\int_0^\infty J_1(x)J_0(\frac{r}{\delta}x)\frac{\mathrm{d}x}{x}$

$H_2^H=0$

$H_0^H=2\int_0^\infty J_1(x)J_0(\frac{r}{\delta}x)\mathrm{d}x$

其中,$J_2(\frac{r}{\delta}x)=\frac{2}{\frac{r}{\delta}x}J_1(\frac{r}{\delta}x)-J_0(\frac{r}{\delta}x)$。

在上述应力与位移分量表达式中,都必须计算含有两个贝塞尔函数的无穷积分表达式:

$$\int_0^\infty x^{k-1}J_1(x)J_n(\frac{r}{\delta}x)\mathrm{d}x$$

为此,若设

$$J_1^H=\int_0^\infty J_1(x)J_1(\frac{r}{\delta}x)\mathrm{d}x$$

$$J_2^H=\int_0^\infty J_1(x)J_1(\frac{r}{\delta}x)\frac{\mathrm{d}x}{x}$$

$$J_3^H=\int_0^\infty J_1(x)J_2(\frac{r}{\delta}x)\frac{\mathrm{d}x}{x}$$

$$J_4^H=\frac{\delta}{r}\int_0^\infty J_1(x)J_2(\frac{r}{\delta}x)\frac{\mathrm{d}x}{x}$$

$$J_5^H=\int_0^\infty J_1(x)J_0(\frac{r}{\delta}x)\mathrm{d}x$$

$$J_6^H=\int_0^\infty J_1(x)J_0(\frac{r}{\delta}x)\frac{\mathrm{d}x}{x}$$

上述6个无穷积分,可采用如下两个公式求得,若 $\lambda\neq0$ 或 $\lambda=0$,且 $\mu-v$ 不为正奇数,则应采用韦伯-夏夫海特林无穷积分公式的第一式,即

$$\int_0^\infty\frac{J_\mu(at)J_v(bt)}{t^\lambda}\mathrm{d}t=\begin{cases}\dfrac{b^v\Gamma(\frac{\mu+v-\lambda+1}{2})}{2^\lambda a^{v-\lambda+1}\Gamma(v+1)\Gamma(\frac{\mu-v+\lambda+1}{2})}\times F(\frac{v+\mu-\lambda+1}{2},\frac{v-\mu-\lambda+1}{2},v+1,\frac{b^2}{a^2}) & (a>b)\\[2ex] \dfrac{\Gamma(\lambda)\Gamma(\frac{\mu+v-\lambda+1}{2})(\frac{a}{2})^{\lambda-1}}{2^\lambda\Gamma(\frac{\mu-v+\lambda+1}{2})\Gamma(\frac{v-\mu+\lambda+1}{2})\Gamma(\frac{\mu+v+\lambda+1}{2})} & (a=b)\\[2ex] \dfrac{a^\mu\Gamma(\frac{v+\mu-\lambda+1}{2})}{2^\lambda b^{\mu-\lambda+1}\Gamma(\mu+1)\Gamma(\frac{v-\mu+\lambda+1}{2})}\times F(\frac{\mu+v-\lambda+1}{2},\frac{\mu-v-\lambda+1}{2},\mu+1,\frac{a^2}{b^2}) & (a<b)\end{cases}$$

计算上述这些无穷积分,若 $\lambda=0$, 且 $\mu-v$ 为正奇数,则应采用韦伯-夏夫海特林无穷积分公式的第二式,即

$$\int_0^\infty J_\mu(at)J_v(bt)\mathrm{d}t=\begin{cases}\dfrac{\Gamma(\frac{\mu+v+1}{2})}{b\Gamma(v+1)\Gamma(\frac{\mu-v+1}{2})}(\frac{b}{a})^{v+1}F(\frac{\mu+v+1}{2},\frac{v-\mu+1}{2},v+1,\frac{b^2}{a^2}) & (a>b)\\[2ex] \dfrac{(-1)^{\frac{\mu-v-1}{2}}}{2a} & (a=b)\\[2ex] 0 & (a<b)\end{cases}$$

计算上述这些无穷积分。

根据这两个计算公式。我们可以得到 $J_k^H(k=1\sim6)$ 的表达式如下：

$$J_1^H=\begin{cases}\dfrac{1}{2}\times\dfrac{r}{\delta}F(\dfrac{3}{2},\dfrac{1}{2},2,\dfrac{r^2}{\delta^2}) & (r\leqslant\delta)\\ \infty & (r=\delta)\\ \dfrac{1}{2}\times(\dfrac{\delta}{r})^2F(\dfrac{3}{2},\dfrac{1}{2},2,\dfrac{\delta^2}{r^2}) & (r\geqslant\delta)\end{cases}$$

$$J_2^H=\begin{cases}\dfrac{1}{2}\times\dfrac{r}{\delta} & (r<\delta)\\ \dfrac{1}{2} & (r=\delta)\\ \dfrac{1}{2}\times\dfrac{\delta}{r} & (r>\delta)\end{cases}$$

$$J_3^H=\begin{cases}\dfrac{1}{8}\times(\dfrac{r}{\delta})^2F(\dfrac{3}{2},\dfrac{1}{2},3,\dfrac{r^2}{\delta^2}) & (r<\delta)\\ \dfrac{2}{3\pi} & (r=\delta)\\ \dfrac{1}{2}\times\dfrac{\delta}{r}F(\dfrac{3}{2},-\dfrac{1}{2},2,\dfrac{\delta^2}{r^2}) & (r>\delta)\end{cases}$$

$$J_4^H=\begin{cases}\dfrac{1}{8}\times\dfrac{r}{\delta}F(\dfrac{3}{2},\dfrac{1}{2},3,\dfrac{r^2}{\delta^2}) & (r<\delta)\\ \dfrac{2}{3\pi} & (r=\delta)\\ \dfrac{1}{2}\times(\dfrac{\delta}{r})^2F(\dfrac{3}{2},-\dfrac{1}{2},2,\dfrac{\delta^2}{r^2}) & (r>\delta)\end{cases}$$

$$J_5^H=\begin{cases}1 & (r<\delta)\\ \dfrac{1}{2} & (r=\delta)\\ 0 & (r>\delta)\end{cases}$$

$$J_6^H=\begin{cases}F(\dfrac{1}{2},-\dfrac{1}{2},1,\dfrac{r^2}{\delta^2}) & (r<\delta)\\ \dfrac{2}{\pi} & (r=\delta)\\ \dfrac{1}{2}\times\dfrac{\delta}{r}F(\dfrac{1}{2},\dfrac{1}{2},2,\dfrac{\delta^2}{r^2}) & (r>\delta)\end{cases}$$

综上所述，弹性半空间体表面 $(z=0)$ 上的应力与位移分量表达式可以改写如下：

$$
\left\{
\begin{aligned}
&\sigma_r^H = -fp(2J_1^H + 2\mu J_4^H)\cos\theta \\
&\sigma_\theta^H = -2\mu fp(J_1^H - J_4^H)\cos\theta \\
&\sigma_z^H = 0 \\
&\tau_{r\theta}^H = fp(J_1^H - 2\mu J_4^H)\sin\theta \\
&\tau_{\theta z}^H = \frac{fp}{2}(H_2^H + H_0^H)\sin\theta \\
&\tau_{zr}^H = \frac{fp}{2}(H_2^H - H_0^H)\cos\theta \\
&u^H = \frac{(1+\mu)fp\delta}{E}[\mu J_4^H + (2-\mu)J_6^H]\cos\theta \\
&v^H = \frac{(1+\mu)fp\delta}{E}[\mu J_4^H - (2-\mu)J_6^H]\sin\theta \\
&w^H = \frac{(1+\mu)fp\delta}{E}(1-2\mu)J_2^H\cos\theta
\end{aligned}
\right.
\tag{12-3-3}
$$

当 $r=\delta$ 时,若将下述两个表达式:

$$
J_4^H \Big|_{r=\delta} = \frac{2}{3\pi}
$$

$$
J_6^H \Big|_{r=\delta} = \frac{2}{\pi}
$$

代入式(12-3-3)中的水平位移表达式,则可得

$$
u \Big|_{\substack{z=0\\ r=\delta}} = \frac{4(1+\mu)(3-\mu)fp\delta}{3\pi E}\cos\theta
$$

$$
v \Big|_{\substack{z=0\\ r=\delta}} = -\frac{4(1+\mu)(3-2\mu)fp\delta}{3\pi E}\sin\theta
$$

由式(12-3-3)可以看出,其应力分量除垂直应力 σ_z 恒等于零外,均不连续,而位移分量都连续。同时,径向应力 σ_r、辐向应力 σ_θ 和水平剪应力 $\tau_{r\theta}$ 在 $r=\delta$ 处均为无限大,这是圆形均布荷载图式带来的弊病。

若弹性半空间体表面作用有水平集中力,它可视为圆形均布单向水平荷载的极限情况,其推导方法同于圆形均布垂直荷载。为此,将 $p=\dfrac{P}{\pi\delta^2}$ 代入圆形均布单向水平荷载的亨格尔积分变换式,则可得

$$
\bar{s}^H(\xi) = \frac{QJ_1(\xi\delta)}{\pi\xi\delta}
$$

式中,$Q=fP$。

若使上式中的圆半径 δ 趋于零,则可得水平集中力的亨格尔积分变换式如下:

$$
\bar{s}^H(\xi) = \frac{Q}{\pi}\lim_{\delta\to 0}\frac{J_1(\xi\delta)}{\xi\delta} = \frac{Q}{2\pi}
$$

若将 $\bar{s}^H(\xi)$ 表达式代入式(12-2-1),并注意下列关系式:

$$R = \sqrt{r^2 + z^2}$$

$$\int_0^\infty e^{-\xi z} J_0(\xi r)\,\mathrm{d}\xi = \frac{1}{R}$$

$$\int_0^\infty \xi e^{-\xi z} J_0(\xi r)\,\mathrm{d}\xi = \frac{z}{R^2}$$

$$\int_0^\infty \xi^2 e^{-\xi z} J_0(\xi r)\,\mathrm{d}\xi = \frac{2}{R^3} - \frac{3r^2}{R^5}$$

$$\int_0^\infty e^{-\xi z} J_1(\xi r)\,\mathrm{d}\xi = \frac{r}{R(R+z)}$$

$$\int_0^\infty \xi e^{-\xi z} J_1(\xi r)\,\mathrm{d}\xi = \frac{r}{R^3}$$

$$\int_0^\infty \xi^2 e^{-\xi z} J_1(\xi r)\,\mathrm{d}\xi = \frac{3rz}{R(R+z)}$$

$$\int_0^\infty e^{-\xi z} J_2(\xi r)\,\mathrm{d}\xi = \frac{R-z}{R(R+z)}$$

$$\int_0^\infty \xi e^{-\xi z} J_2(\xi r)\,\mathrm{d}\xi = \frac{2}{R(R+z)} - \frac{z}{R^3}$$

$$\int_0^\infty \xi^2 e^{-\xi z} J_2(\xi r)\,\mathrm{d}\xi = \frac{3r^2}{R^5}$$

则可得

$$\begin{cases}
\sigma_r = \dfrac{Qr}{2\pi R^3}\left[\dfrac{(1-2\mu)R^2}{(R+z)^2} - \dfrac{3r^2}{R^2}\right]\cos\theta \\
\sigma_\theta = \dfrac{(1-2\mu)Qr}{2\pi R^3}\left[1 - \dfrac{R^2}{(R+z)^2}\right]\cos\theta \\
\sigma_z = -\dfrac{3Qrz^2}{2\pi R^5}\cos\theta \\
\tau_{r\theta} = \dfrac{(1-2\mu)Qr}{2\pi R\,(R+z)^2}\sin\theta \\
\tau_{\theta z} = 0 \\
\tau_{zr} = -\dfrac{3Qr^2 z}{2\pi R^5}\cos\theta \\
u = \dfrac{(1+\mu)Q}{2\pi ER}\left\{1 + (1-2\mu)\left[\dfrac{R}{R+z} - \dfrac{r^2}{(R+z)^2}\right] + \dfrac{r^2}{R^2}\right\}\cos\theta \\
v = -\dfrac{(1+\mu)Q}{2\pi ER}\left[1 + \dfrac{(1-2\mu)R}{R+z}\right]\sin\theta \\
w = \dfrac{(1+\mu)Qr}{2\pi ER^2}\left[\dfrac{(1-2\mu)R}{R+z} + \dfrac{z}{R}\right]\cos\theta
\end{cases} \tag{12-3-4}$$

水平集中力作用下弹性半空间体的应力与位移公式,由西露蒂于 1882—1888 年间求得,因而一般称为西露蒂课题。但是,西露蒂得到的解为直角坐标系下应力与位移表达式。为检验式(12-3-4)的正确性,可利用下列应力与位移坐标变换式:

$$\begin{cases}\sigma_x=\sigma_r\cos^2\theta+\sigma_\theta\sin^2\theta-2\tau_{r\theta}\sin\theta\cos\theta\\ \sigma_y=\sigma_r\sin^2\theta+\sigma_\theta\cos^2\theta+2\tau_{r\theta}\sin\theta\cos\theta\\ \sigma_z=\sigma_z\\ \tau_{xy}=(\sigma_r-\sigma_\theta)\sin\theta\cos\theta+\tau_{r\theta}(\cos^2\theta-\sin^2\theta)\\ \tau_{yz}=\tau_{\theta z}\cos\theta+\tau_{zr}\sin\theta\\ \tau_{zx}=\tau_{zr}\cos\theta-\tau_{\theta z}\sin\theta\\ u_x=u\cos\theta-v\sin\theta\\ v_y=v\cos\theta+u\sin\theta\\ w_z=w\end{cases}$$

并注意下列关系式:

$$r=\sqrt{x^2+y^2}$$

$$\sin\theta=\frac{y}{r}$$

$$\cos\theta=\frac{x}{r}$$

则可得直角坐标系的应力与位移表达式如下:

$$\begin{cases}\sigma_x=\dfrac{Qx}{2\pi R^3}\left[\dfrac{1-2\mu}{(R+z)^2}\left(R^2-y^2-\dfrac{2Ry^2}{R+z}\right)-\dfrac{3x^2}{R^2}\right]\\ \sigma_y=\dfrac{Qx}{2\pi R^3}\left[\dfrac{1-2\mu}{(R+z)^2}\left(3R^2-x^2-\dfrac{2Rx^2}{R+z}\right)-\dfrac{3y^2}{R^2}\right]\\ \sigma_z=-\dfrac{3Qxz^2}{2\pi R^5}\\ \tau_{xy}=-\dfrac{Qy}{2\pi R^3}\left[\dfrac{1-2\mu}{(R+z)^2}\left(R^2-x^2-\dfrac{2Rx^2}{R+z}\right)-\dfrac{3x^2}{R^2}\right]\\ \tau_{yz}=-\dfrac{3Qxyz}{2\pi R^5}\\ \tau_{zx}=-\dfrac{3Qx^2z}{2\pi R^5}\\ u_x=\dfrac{(1+\mu)Q}{2\pi RE}\left\{1+\dfrac{x^2}{R^2}+(1-2\mu)\left[\dfrac{R}{R+z}-\dfrac{x^2}{(R+z)^2}\right]\right\}\\ v_y=\dfrac{(1+\mu)Qxy}{2\pi R^3E}\left[1-\dfrac{(1-2\mu)R^2}{(R+z)^2}\right]\\ w_z=\dfrac{(1+\mu)Qx}{2\pi R^2E}\left[\dfrac{(1-2\mu)R}{R+z}+\dfrac{z}{R}\right]\end{cases}\tag{12-3-5}$$

式中,$R=\sqrt{x^2+y^2+z^2}$。

这些计算结果正是西露蒂课题的解析解,这也表明式(12-3-4)完全正确。

12.4 半球形单向水平荷载作用下的弹性半空间体分析

若在弹性半空间体表面上,作用有以 δ 为半径的半球形单向水平荷载,其表达式为:

$$s^H(r)=\begin{cases}\dfrac{3fp}{2}\sqrt{1-\dfrac{r^2}{\delta^2}} & (r\leqslant\delta)\\ 0 & (r\geqslant\delta)\end{cases}$$

则半球形单向水平荷载的零阶亨格尔积分变换式为:

$$\bar{s}^H(\xi)=\frac{3fp\delta}{2\xi}\times\frac{\sin\xi\delta-\xi\delta\cos\xi\delta}{(\xi\delta)^2}$$

若将 $\bar{s}^H(\xi)$ 和 $x=\xi\delta$ 代入式(12-2-1),则可得半球形单向水平荷载作用下弹性半空间体应力与位移分量的解析解如下:

$$\begin{cases}\sigma_r=-\dfrac{3fp}{2}\left[\displaystyle\int_0^\infty\left(2-\frac{z}{\delta}x\right)e^{-\frac{z}{\delta}x}\frac{\sin x-x\cos x}{x^2}J_1\left(\frac{r}{\delta}x\right)\mathrm{d}x-\frac{\delta}{r}U_2^H\right]\cos\theta\\ \sigma_\theta=-\dfrac{3fp}{2}\left[2\mu\displaystyle\int_0^\infty e^{-\frac{z}{\delta}x}\frac{\sin x-x\cos x}{x^2}J_1\left(\frac{r}{\delta}x\right)\mathrm{d}x+\frac{\delta}{r}U_2^H\right]\cos\theta\\ \sigma_z=-\dfrac{3fp}{2}\times\dfrac{z}{\delta}\displaystyle\int_0^\infty e^{-\frac{z}{\delta}x}\frac{\sin x-x\cos x}{x}J_1\left(\frac{r}{\delta}x\right)\cos\theta\mathrm{d}x\\ \tau_{r\theta}=\dfrac{3fp}{2}\left[\displaystyle\int_0^\infty e^{-\frac{z}{\delta}x}\frac{\sin x-x\cos x}{x^2}J_1\left(\frac{r}{\delta}x\right)\mathrm{d}x+\frac{\delta}{r}U_2^H\right]\sin\theta\\ \tau_{\theta z}=\dfrac{3fp}{2}(H_2^H+H_0^H)\sin\theta\\ \tau_{zr}=\dfrac{3fp}{2}(H_2^H-H_0^H)\cos\theta\\ u=-\dfrac{3(1+\mu)fp\delta}{4E}(U_2^H-U_0^H)\cos\theta\\ v=-\dfrac{3(1+\mu)fp\delta}{4E}(U_2^H+U_0^H)\sin\theta\\ w=\dfrac{3(1+\mu)fp\delta}{2E}\displaystyle\int_0^\infty\left(1-2\mu+\frac{z}{\delta}x\right)e^{-\frac{z}{\delta}x}\frac{\sin x-x\cos x}{x^2}J_1\left(\frac{r}{\delta}x\right)\cos\theta\mathrm{d}x\end{cases}\tag{12-4-1}$$

式中:$U_2^H=-\displaystyle\int_0^\infty\left(2\mu+\frac{z}{\delta}x\right)e^{-\frac{z}{\delta}x}\frac{\sin x-x\cos x}{x^3}J_2\left(\frac{r}{\delta}x\right)\mathrm{d}x$

$$U_0^H=\int_0^\infty\left(4-2\mu-\frac{z}{\delta}x\right)e^{-\frac{z}{\delta}x}\frac{\sin x-x\cos x}{x^3}J_0\left(\frac{r}{\delta}x\right)\mathrm{d}x$$

$$H_2^H=-\frac{z}{\delta}\int_0^\infty e^{-\frac{z}{\delta}x}\frac{\sin x-x\cos x}{x}J_2\left(\frac{r}{\delta}x\right)\mathrm{d}x$$

$$H_0^H = \int_0^{\infty}(2 - \frac{z}{\delta}x)e^{-\frac{z}{\delta}x}\frac{\sin x - x\cos x}{x^2}J_0(\frac{r}{\delta}x)\mathrm{d}x$$

其中，$J_2(\frac{r}{\delta}x) = \frac{2}{\frac{r}{\delta}x}J_1(\frac{r}{\delta}x) - J_0(\frac{r}{\delta}x)$。

对于 z 轴($r=0$)上任意点的应力与位移分量表达式，可将 $r=0$ 代入式(12-4-1)，在计算分析过程中，应注意到如下四个关系式：

$$\lim_{r\to 0}J_0(\frac{r}{\delta}x) = 1$$

$$\lim_{r\to 0}J_1(\frac{r}{\delta}x) = 0$$

$$\lim_{r\to 0}J_2(\frac{r}{\delta}x) = 0$$

$$\lim_{r\to 0}\frac{\delta}{r}J_2(\frac{r}{\delta}x) = 0$$

则可得半球形单向水平荷载作用下，弹性半空间体在 z 轴($r=0$)上的应力与位移分量表达式如下：

$$\begin{cases} \sigma_r\Big|_{r=0} = 0 \\ \sigma_\theta\Big|_{r=0} = 0 \\ \sigma_z\Big|_{r=0} = 0 \\ \tau_{r\theta}\Big|_{r=0} = 0 \\ \tau_{\theta z}\Big|_{r=0} = \frac{3fp}{2}\int_0^{\infty}(2 - \frac{z}{\delta}x)e^{-\frac{z}{\delta}x}\frac{\sin x - x\cos x}{x^2}\sin\theta\mathrm{d}x \\ \tau_{zr}\Big|_{r=0} = -\frac{3fp}{2}\int_0^{\infty}(2 - \frac{z}{\delta}x)e^{-\frac{z}{\delta}x}\frac{\sin x - x\cos x}{x^2}\cos\theta\mathrm{d}x \\ u\Big|_{r=0} = \frac{3(1+\mu)fp\delta}{4E}\int_0^{\infty}(4 - 2\mu - \frac{z}{\delta}x)e^{-\frac{z}{\delta}x}\frac{\sin x - x\cos x}{x^3}\cos\theta\mathrm{d}x \\ v\Big|_{r=0} = -\frac{3(1+\mu)fp\delta}{4E}\int_0^{\infty}(4 - 2\mu - \frac{z}{\delta}x)e^{-\frac{z}{\delta}x}\frac{\sin x - x\cos x}{x^3}\sin\theta\mathrm{d}x \\ w\Big|_{r=0} = 0 \end{cases} \tag{4}$$

在 $\tau_{\theta z}$、τ_{zr}、u 和 v 的表达式中，需要计算如下三个无穷积分：

$$I_1^H = \int_0^{\infty}\frac{\sin x - x\cos x}{x}e^{-\frac{z}{\delta}x}\mathrm{d}x$$

$$I_2^H = \int_0^{\infty}\frac{\sin x - x\cos x}{x^2}e^{-\frac{z}{\delta}x}\mathrm{d}x$$

$$I_3^H = \int_0^{\infty}\frac{\sin x - x\cos x}{x^3}e^{-\frac{z}{\delta}x}\mathrm{d}x$$

上述这三个无穷积分，可采用普通的积分进行积分，则可得

$$I_1^H = \arctan\frac{\delta}{z} - \frac{\frac{z}{\delta}}{1+(\frac{z}{\delta})^2}$$

$$I_2^H = 1 - \arctan\frac{\delta}{z}$$

$$I_3^H = \frac{1}{2}\{[1+(\frac{z}{\delta})^2]\arctan\frac{\delta}{z} - \frac{z}{\delta}\}$$

若将这些计算结果代入式(4),则可得

$$\left\{\begin{aligned}
&\sigma_r\Big|_{r=0} = 0\\
&\sigma_\theta\Big|_{r=0} = 0\\
&\sigma_z\Big|_{r=0} = 0\\
&\tau_{r\theta}\Big|_{r=0} = 0\\
&\tau_{\theta z}\Big|_{r=0} = \frac{3fp}{2}(2I_2^H - \frac{z}{\delta}I_1^H)\sin\theta\\
&\tau_{zr}\Big|_{r=0} = -\frac{3fp}{2}(2I_2^H - \frac{z}{\delta}I_1^H)\cos\theta\\
&u\Big|_{r=0} = \frac{3(1+\mu)fp\delta}{4E}[2(2-\mu)I_3^H - \frac{z}{\delta}I_2^H]\cos\theta\\
&v\Big|_{r=0} = -\frac{3(1+\mu)fp\delta}{4E}[2(2-\mu)I_3^H - \frac{z}{\delta}I_2^H]\sin\theta\\
&w\Big|_{r=0} = 0
\end{aligned}\right. \tag{12-4-2}$$

在计算半球形单向水平荷载下弹性半空间体表面($z=0$)上任意点的应力与位移分量时,可将 $z=0$ 代入式(12-4-1),这时,可得如下表达式:

$$\left\{\begin{aligned}
&\sigma_r\Big|_{z=0} = -\frac{3fp}{2}\left[2\int_0^\infty \frac{\sin x - x\cos x}{x^2}J_1(\frac{r}{\delta}x)\mathrm{d}x - \frac{\delta}{r}U_2^H\right]\cos\theta\\
&\sigma_\theta\Big|_{z=0} = -\frac{3fp}{2}\left[2\mu\int_0^\infty \frac{\sin x - x\cos x}{x^2}J_1(\frac{r}{\delta}x)\mathrm{d}x + \frac{\delta}{r}U_2^H\right]\cos\theta\\
&\sigma_z\Big|_{z=0} = 0\\
&\tau_{r\theta}\Big|_{z=0} = \frac{3fp}{2}\left[\int_0^\infty \frac{\sin x - x\cos x}{x^2}J_1(\frac{r}{\delta}x)\mathrm{d}x + \frac{\delta}{r}U_2^H\right]\sin\theta\\
&\tau_{\theta z}\Big|_{z=0} = \frac{3fp}{2}(H_2^H + H_0^H)\sin\theta\\
&\tau_{zr}\Big|_{z=0} = \frac{3fp}{2}(H_2^H - H_0^H)\cos\theta\\
&u\Big|_{z=0} = -\frac{3(1+\mu)fp\delta}{4E}(U_2^H - U_0^H)\cos\theta\\
&v\Big|_{z=0} = -\frac{3(1+\mu)fp\delta}{4E}(U_2^H + U_0^H)\sin\theta\\
&w\Big|_{z=0} = \frac{3(1+\mu)(1-2\mu)fp\delta}{2E}\int_0^\infty \frac{\sin x - x\cos x}{x^3}J_1(\frac{r}{\delta}x)\cos\theta\mathrm{d}x
\end{aligned}\right. \tag{5}$$

式中：$U_2^H=-2\mu\int_0^{\infty}\frac{\sin x-x\cos x}{x^3}J_2(\frac{r}{\delta}x)\mathrm{d}x$

$$U_0^H=2(2-\mu)\int_0^{\infty}\frac{\sin x-x\cos x}{x^3}J_0(\frac{r}{\delta}x)\mathrm{d}x$$

$$H_2^H=0$$

$$H_0^H=2\int_0^{\infty}\frac{\sin x-x\cos x}{x^2}J_0(\frac{r}{\delta}x)\mathrm{d}x$$

其中，$J_2(\frac{r}{\delta}x)=\frac{2}{\frac{r}{\delta}x}J_1(\frac{r}{\delta}x)-J_0(\frac{r}{\delta}x)$。

在式(5)中，需要计算如下六个无穷积分：

$$J_1^H=\int_0^{\infty}\frac{\sin x-x\cos x}{x^2}J_1(\frac{r}{\delta}x)\mathrm{d}x$$

$$J_2^H=\int_0^{\infty}\frac{\sin x-x\cos x}{x^3}J_1(\frac{r}{\delta}x)\mathrm{d}x$$

$$J_3^H=\int_0^{\infty}\frac{\sin x-x\cos x}{x^3}J_2(\frac{r}{\delta}x)\mathrm{d}x$$

$$J_4^H=\frac{\delta}{r}\int_0^{\infty}\frac{\sin x-x\cos x}{x^3}J_2(\frac{r}{\delta}x)\mathrm{d}x$$

$$J_5^H=\int_0^{\infty}\frac{\sin x-x\cos x}{x^2}J_0(\frac{r}{\delta}x)\mathrm{d}x$$

$$J_6^H=\int_0^{\infty}\frac{\sin x-x\cos x}{x^3}J_0(\frac{r}{\delta}x)\mathrm{d}x$$

上述这些无穷积分，采用分部积分法求得它们的初等函数表达式，它们的计算结果可表示为如下形式：

$$J_1^H=\begin{cases}\frac{\pi}{4}\times\frac{r}{\delta} & (r\leqslant\delta)\\ \frac{1}{2}[\frac{r}{\delta}\arcsin\frac{\delta}{r}-\sqrt{1-(\frac{\delta}{r})^2}] & (r\geqslant\delta)\end{cases}$$

$$J_2^H=\begin{cases}\frac{1}{3}\times\frac{\delta}{r}[1-(1-\frac{r^2}{\delta^2})^{\frac{3}{2}}] & (r\leqslant\delta)\\ \frac{1}{3}\times\frac{\delta}{r} & (r\geqslant\delta)\end{cases}$$

$$J_3^H=\begin{cases}\frac{\pi}{16}(\frac{r}{\delta})^2 & (r\leqslant\delta)\\ \frac{1}{8}\times(\frac{r}{\delta})^2\{\arcsin\frac{\delta}{r}-\frac{\delta}{r}[1-2(\frac{\delta}{r})^2]\sqrt{1-(\frac{\delta}{r})^2}\} & (r\geqslant\delta)\end{cases}$$

$$J_4^H=\begin{cases}\frac{\pi}{16}\times\frac{r}{\delta} & (r\leqslant\delta)\\ \frac{1}{8}\times\frac{r}{\delta}\{\arcsin\frac{\delta}{r}-\frac{\delta}{r}[1-2(\frac{\delta}{r})^2]\sqrt{1-(\frac{\delta}{r})^2}\} & (r\geqslant\delta)\end{cases}$$

$$J_5^H=\begin{cases}\sqrt{1-(\dfrac{r}{\delta})^2} & (r\leqslant\delta)\\ 0 & (r\geqslant\delta)\end{cases}$$

$$J_6^H=\begin{cases}\dfrac{\pi}{4}[1-\dfrac{1}{2}(\dfrac{r}{\delta})^2] & (r\leqslant\delta)\\ \dfrac{1}{4}\times\dfrac{r}{\delta}\{\sqrt{1-(\dfrac{\delta}{r})^2}-\dfrac{r}{\delta}[1-2(\dfrac{\delta}{r})^2]\arcsin\dfrac{\delta}{r}\} & (r\geqslant\delta)\end{cases}$$

若将上述计算结果代入式(12-4-1),则半球形单向水平荷载下弹性半空间体表面($z=0$)上任意点的应力与位移分量表达式可以表示为如下形式:

$$\begin{cases}\sigma_r\Big|_{z=0}=-3fp(J_1^H+\mu J_4^H)\cos\theta\\ \sigma_\theta\Big|_{z=0}=-3\mu fp(J_1^H-J_4^H)\cos\theta\\ \sigma_z\Big|_{z=0}=0\\ \tau_{r\theta}\Big|_{z=0}=\dfrac{3fp}{2}(J_1^H-2\mu J_4^H)\sin\theta\\ \tau_{\theta z}\Big|_{z=0}=3fpJ_5^H\sin\theta\\ \tau_{zr}\Big|_{z=0}=-3fpJ_5^H\cos\theta\\ u\Big|_{z=0}=\dfrac{3(1+\mu)fp\delta}{2E}[\mu J_5^H+(2-\mu)J_6^H]\cos\theta\\ v\Big|_{z=0}=\dfrac{3(1+\mu)fp\delta}{2E}[\mu J_5^H-(2-\mu)J_6^H]\sin\theta\\ w\Big|_{z=0}=\dfrac{3(1+\mu)(1-2\mu)fp\delta}{2E}J_6^H\cos\theta\end{cases}\tag{12-4-3}$$

上式中的 J_1^H、J_2^H、J_3^H、J_4^H、J_5^H 和 J_6^H 表达式,在前面已分析过,并得到相应的表达式,在此不赘述。

从弹性半空间体表面($z=0$)上的应力与位移分量表达式可以看出,由于半球形单向水平荷载在圆形周边($r=\delta$)处连续,故它的应力与位移分量在圆形周边($r=\delta$)处也都连续。

如果 $r\neq0$、$z\neq0$,式(12-4-1)还可以改写为另外一种形式的表达式。我们从分析式(12-4-1)可以看出,在这些应力与位移分量表达式中,都需要计算下述无穷积分式:

$$K_m^n=\int_0^\infty\frac{\sin x-x\cos x}{x^m}e^{-\frac{z}{\delta}x}J_n(\frac{r}{\delta}x)\mathrm{d}x$$

为此,我们设

$$K_1^0=\int_0^\infty\frac{\sin x-x\cos x}{x}e^{-\frac{z}{\delta}x}J_0(\frac{r}{\delta}x)\mathrm{d}x$$

$$K_1^1=\int_0^\infty\frac{\sin x-x\cos x}{x}e^{-\frac{z}{\delta}x}J_1(\frac{r}{\delta}x)\mathrm{d}x$$

$$K_2^0=\int_0^\infty\frac{\sin x-x\cos x}{x^2}e^{-\frac{z}{\delta}x}J_0(\frac{r}{\delta}x)\mathrm{d}x$$

$$K_2^1 = \int_0^\infty \frac{\sin x - x\cos x}{x^2} e^{-\frac{z}{\delta}x} J_1\left(\frac{r}{\delta}x\right) dx$$

$$K_3^0 = \int_0^\infty \frac{\sin x - x\cos x}{x^3} e^{-\frac{z}{\delta}x} J_0\left(\frac{r}{\delta}x\right) dx$$

$$K_3^1 = \int_0^\infty \frac{\sin x - x\cos x}{x^3} e^{-\frac{z}{\delta}x} J_1\left(\frac{r}{\delta}x\right) dx$$

$$K_4^1 = \int_0^\infty \frac{\sin x - x\cos x}{x^4} e^{-\frac{z}{\delta}x} J_1\left(\frac{r}{\delta}x\right) dx$$

$$K_1^2 = \int_0^\infty \frac{\sin x - x\cos x}{x} e^{-\frac{z}{\delta}x} J_2\left(\frac{r}{\delta}x\right) dx$$

$$K_2^2 = \int_0^\infty \frac{\sin x - x\cos x}{x^2} e^{-\frac{z}{\delta}x} J_2\left(\frac{r}{\delta}x\right) dx$$

$$K_3^2 = \int_0^\infty \frac{\sin x - x\cos x}{x^3} e^{-\frac{z}{\delta}x} J_2\left(\frac{r}{\delta}x\right) dx$$

在半球形单向水平荷载作用下，弹性半空间体的应力与位移分量为无穷表达式，当 $r\neq0$、$z\neq0$ 时，也可利用复数理论求得其初等函数解。根据分析，上述无穷积分表达式的初等函数解可表示为如下：

$$K_1^0 = \arctan\frac{R^{\frac{1}{2}}\sin\frac{\varphi}{2}+1}{R^{\frac{1}{2}}\cos\frac{\varphi}{2}+\frac{z}{\delta}} - R^{-\frac{1}{2}}\cos\frac{\varphi}{2}$$

$$K_1^1 = \frac{\delta}{r}\left[R^{-\frac{1}{2}}\sqrt{1+\left(\frac{z}{\delta}\right)^2}\cos\left(\theta-\frac{\varphi}{2}\right) - R^{\frac{1}{2}}\sin\frac{\varphi}{2}\right]$$

$$K_2^0 = R^{-\frac{1}{2}}\sin\frac{\varphi}{2} - \frac{r}{\delta}K_1^1 - \frac{z}{\delta}K_1^0$$

$$K_2^1 = \frac{1}{2}\left[\frac{\delta}{r}R^{-\frac{1}{2}}\sqrt{1+\left(\frac{z}{\delta}\right)^2}\sin\left(\theta-\frac{\varphi}{2}\right) + \frac{r}{\delta}K_1^0 - \frac{z}{\delta}K_1^1\right]$$

$$K_3^0 = \frac{1}{2}\left(\arctan\frac{R^{\frac{1}{2}}\sin\frac{\varphi}{2}+1}{R^{\frac{1}{2}}\cos\frac{\varphi}{2}+\frac{z}{\delta}} - \frac{r}{\delta}K_2^1 - \frac{z}{\delta}K_2^0\right)$$

$$K_3^1 = \frac{1}{3}\left[\frac{\delta}{r}\left(1-R^{\frac{1}{2}}\sin\frac{\varphi}{2}\right) + \frac{r}{\delta}K_2^0 - \frac{z}{\delta}K_2^1\right]$$

$$K_4^1 = \frac{1}{4}\left[\frac{\delta}{r}\left(R^{\frac{1}{2}}\cos\frac{\varphi}{2} - \frac{z}{\delta}\right) + K_2^1 + \frac{r}{\delta}K_3^0 - \frac{z}{\delta}K_3^1\right]$$

$$K_1^2 = 2\frac{\delta}{r}K_2^1 - K_1^0$$

$$K_2^2 = 2\frac{\delta}{r}K_3^1 - K_2^0$$

$$K_3^2 = 2\frac{\delta}{r}K_4^1 - K_3^0$$

在上述公式中，遇到 R、φ、θ 等参数，它们可由下述计算公式表示为：

$$R=\sqrt{[(\frac{r}{\delta})^2+(\frac{z}{\delta})^2-1]^2+4(\frac{z}{\delta})^2}$$

$$\varphi=\arctan\frac{2\frac{z}{\delta}}{(\frac{r}{\delta})^2+(\frac{z}{\delta})^2-1}$$

$$\theta=\arctan\frac{\delta}{z}$$

若将上述计算结果代入式(12-4-1),则可得

$$\begin{cases}\sigma_r=-\frac{3fp}{2}(2K_2^1-\frac{z}{\delta}K_1^1-\frac{\delta}{r}U_2^H)\cos\theta\\ \sigma_\theta=-\frac{3fp}{2}(2\mu K_2^1+\frac{\delta}{r}U_2^H)\cos\theta\\ \sigma_z=-\frac{3fp}{2}\times\frac{z}{\delta}K_1^1\cos\theta\\ \tau_{r\theta}=\frac{3fp}{2}(K_2^1+\frac{\delta}{r}U_2^H)\sin\theta\\ \tau_{\theta z}=\frac{3fp}{2}(H_2^H+H_0^H)\sin\theta\\ \tau_{zr}=\frac{3fp}{2}(H_2^H-H_0^H)\cos\theta\\ u=-\frac{3(1+\mu)fp\delta}{4E}(U_2^H-U_0^H)\cos\theta\\ v=-\frac{3(1+\mu)fp\delta}{4E}(U_2^H+U_0^H)\sin\theta\\ w=\frac{3(1+\mu)fp\delta}{2E}[(1-2\mu)K_3^1+\frac{z}{\delta}K_2^1]\cos\theta\end{cases}\tag{12-4-4}$$

式中:$U_2^H=-(2\mu K_3^2+\frac{z}{\delta}K_2^2)$

$$U_0^H=2(2-\mu)K_3^0-\frac{z}{\delta}K_2^0$$

$$H_2^H=-\frac{z}{\delta}K_1^2$$

$$H_0^H=2K_2^0-\frac{z}{\delta}K_1^0$$

由上述分析可以看出,在半球形单向水平荷载作用下弹性半空间体应力与位移公式均可用初等函数来表示。这一点完全同于半球形垂直荷载下应力与位移公式的结论。

12.5 刚性承载板单向水平荷载下的弹性半空间体

如果弹性半空间体表面作用有承载板单向水平荷载,其表达式可用下式表示:

$$s^H(r)=\begin{cases}\frac{fp}{2}[1-(\frac{r}{\delta})^2]^{-\frac{1}{2}} & (r<\delta)\\ 0 & (r>\delta)\end{cases}$$

在上述荷载表达式中,零阶亨格尔积分变换式可表示为如下形式:

$$\bar{s}^H(\xi)=\frac{fp\delta\sin\xi\delta}{2\xi}$$

若将 $\bar{s}^H(\xi)$ 和 $x=\xi\delta$ 代入式(12-2-1),则可得

$$\begin{cases}\sigma_r=-\dfrac{fp}{2}\left[\displaystyle\int_0^\infty\left(2-\dfrac{z}{\delta}x\right)\sin x e^{-\frac{z}{\delta}x}J_1\left(\dfrac{r}{\delta}x\right)\mathrm{d}x-\dfrac{\delta}{r}U_2^H\right]\cos\theta\\ \sigma_\theta=-\dfrac{fp}{2}\left[2\mu\displaystyle\int_0^\infty\sin x e^{-\frac{z}{\delta}x}J_1\left(\dfrac{r}{\delta}x\right)\mathrm{d}x+\dfrac{\delta}{r}U_2^H\right]\cos\theta\\ \sigma_z=-\dfrac{fp}{2}\times\dfrac{z}{\delta}\displaystyle\int_0^\infty x\sin x e^{-\frac{z}{\delta}x}J_1\left(\dfrac{r}{\delta}x\right)\cos\theta\mathrm{d}x\\ \tau_{r\theta}=\dfrac{fp}{2}\left[\displaystyle\int_0^\infty\sin x e^{-\frac{z}{\delta}x}J_1\left(\dfrac{r}{\delta}x\right)\mathrm{d}x+\dfrac{\delta}{r}U_2^H\right]\sin\theta\\ \tau_{\theta z}=\dfrac{fp}{4}(H_2^H+H_0^H)\sin\theta\\ \tau_{zr}=\dfrac{fp}{4}(H_2^H-H_0^H)\cos\theta\\ u=-\dfrac{(1+\mu)fp\delta}{4E}(U_2^H-U_0^H)\cos\theta\\ v=-\dfrac{(1+\mu)fp\delta}{4E}(U_2^H+U_0^H)\sin\theta\\ w=\dfrac{(1+\mu)fp\delta}{2E}\displaystyle\int_0^\infty\left(1-2\mu+\dfrac{z}{\delta}x\right)\dfrac{\sin x}{x}e^{-\frac{z}{\delta}x}J_1\left(\dfrac{r}{\delta}x\right)\cos\theta\mathrm{d}x\end{cases}\tag{12-5-1}$$

式中:$U_2^H=-\displaystyle\int_0^\infty\left(2\mu+\frac{z}{\delta}x\right)\frac{\sin x}{x}e^{-\frac{z}{\delta}x}J_2\left(\frac{r}{\delta}x\right)\mathrm{d}x$

$$U_0^H=\int_0^\infty\left(4-2\mu-\frac{z}{\delta}x\right)\frac{\sin x}{x}e^{-\frac{z}{\delta}x}J_0\left(\frac{r}{\delta}x\right)\mathrm{d}x$$

$$H_2^H=-\frac{z}{\delta}\int_0^\infty x\sin x e^{-\frac{z}{\delta}x}J_2\left(\frac{r}{\delta}x\right)\mathrm{d}x$$

$$H_0^H=\int_0^\infty\left(2-\frac{z}{\delta}x\right)\sin x e^{-\frac{z}{\delta}x}J_0\left(\frac{r}{\delta}x\right)\mathrm{d}x$$

其中,$J_2\left(\dfrac{r}{\delta}x\right)=\dfrac{2}{\dfrac{r}{\delta}x}J_1\left(\dfrac{r}{\delta}x\right)-J_0\left(\dfrac{r}{\delta}x\right)$。

根据上述应力与位移分量的分析,这些应力与位移分量表达式,都需要计算含有贝塞尔函数的无穷积分式:

$$\int_0^\infty x^{m-1}\sin x e^{-\frac{z}{\delta}x}J_n\left(\frac{r}{\delta}x\right)\mathrm{d}x$$

这种无穷积分,可以根据复数理论求得它们的闭合解。

在刚性承载板单向水平荷载作用下,计算弹性半空间体 z 轴($r=0$)上的应力与位移分量时,可将 $r=0$代入式(12-5-1),并在计算中注意下列关系式:

$$\lim_{r\to 0} J_0\left(\frac{r}{\delta}x\right) = 1$$

$$\lim_{r\to 0} J_1\left(\frac{r}{\delta}x\right) = 0$$

$$\lim_{r\to 0} J_2\left(\frac{r}{\delta}x\right) = 0$$

$$\lim_{r\to 0} \frac{\delta}{r} J_2\left(\frac{r}{\delta}x\right) = 0$$

则可得如下表达式:

$$\begin{cases} \sigma_r \Big|_{r=0} = 0 \\ \sigma_\theta \Big|_{r=0} = 0 \\ \sigma_z \Big|_{r=0} = 0 \\ \tau_\theta \Big|_{r=0} = 0 \\ \tau_\theta \Big|_{r=0} = \dfrac{fp}{4} H_0^H \Big|_{r=0} \sin\theta \\ \upsilon_{zr} \Big|_{r=0} = -\dfrac{fp}{4} H_0^H \Big|_{r=0} \cos\theta \\ u \Big|_{r=0} = \dfrac{(1+\mu) fp\delta}{4E} U_0^H \Big|_{r=0} \cos\theta \\ v \Big|_{r=0} = -\dfrac{(1+\mu) fp\delta}{4E} U_0^H \Big|_{r=0} \sin\theta \\ w \Big|_{r=0} = 0 \end{cases} \tag{12-5-2}$$

式中:$U_0^H = 2(2-\mu) I_0^H - \dfrac{z}{\delta} I_1^H$

$$H_0^H = 2I_1^H - \frac{z}{\delta} I_2^H$$

其中,$I_0^H = \displaystyle\int_0^\infty \frac{\sin x}{x} e^{-\frac{z}{\delta}x} \mathrm{d}x = \arctan\frac{\delta}{z}$

$$I_1^H = \int_0^\infty \sin x e^{-\frac{z}{\delta}x} \mathrm{d}x = \frac{1}{1+\left(\dfrac{z}{\delta}\right)^2}$$

$$I_2^H = \int_0^\infty x \sin x e^{-\frac{z}{\delta}x} \mathrm{d}x = \frac{2\dfrac{z}{\delta}}{\left[1+\left(\dfrac{z}{\delta}\right)^2\right]^2}$$

对于弹性半空间体表面($z=0$)上的应力与位移分量,可将 $z=0$ 代入式(12-5-1),则可得如下表达式:

$$\begin{cases}\sigma_r\Big|_{z=0} = -\dfrac{fp}{2}\left(2J_1^1 - \dfrac{\delta}{r}U_2^H\Big|_{z=0}\right)\cos\theta \\ \sigma_\theta\Big|_{z=0} = -\dfrac{fp}{2}\left(2\mu J_1^1 + \dfrac{\delta}{r}U_2^H\Big|_{z=0}\right)\cos\theta \\ \sigma_z\Big|_{z=0} = 0 \\ \tau_{r\theta}\Big|_{z=0} = \dfrac{fp}{2}\left(J_1^1 + \dfrac{\delta}{r}U_2^H\Big|_{z=0}\right)\sin\theta \\ \tau_{\theta z}\Big|_{z=0} = -\dfrac{fp}{4}H_0^H\Big|_{z=0}\sin\theta \\ \tau_{zr}\Big|_{z=0} = -\dfrac{fp}{4}H_0^H\Big|_{z=0}\cos\theta \\ u\Big|_{z=0} = -\dfrac{(1+\mu)fp\delta}{4E}(U_2^H - U_0^H)\Big|_{z=0}\cos\theta \\ v\Big|_{z=0} = -\dfrac{(1+\mu)fp\delta}{4E}(U_2^H + U_0^H)\Big|_{z=0}\sin\theta \\ w\Big|_{z=0} = \dfrac{(1+\mu)fp\delta}{2E}J_0^1\cos\theta \end{cases} \tag{12-5-3}$$

式中：$U_2^H\Big|_{z=0} = -2\mu J_0^2$

$U_0^H\Big|_{z=0} = 2(2-\mu)J_0^0$

$H_0^H\Big|_{z=0} = 2J_1^0$

在上述公式中，J_0^0、J_0^1、J_0^2、J_1^0、J_1^1 等参数由下述计算公式表示：

$$J_0^0 = \int_0^\infty \frac{\sin x}{x}J_0\left(\frac{r}{\delta}x\right)\mathrm{d}x = \begin{cases}\dfrac{\pi}{2} & (r \leqslant \delta) \\ \arcsin\dfrac{\delta}{r} & (r \geqslant \delta)\end{cases}$$

$$J_0^1 = \int_0^\infty \frac{\sin x}{x}J_1\left(\frac{r}{\delta}x\right)\mathrm{d}x = \begin{cases}\dfrac{\delta}{r}\left[1-\sqrt{1-\left(\dfrac{r}{\delta}\right)^2}\right] & (r \leqslant \delta) \\ \dfrac{\delta}{r} & (r \geqslant \delta)\end{cases}$$

$$J_0^2 = \int_0^\infty \frac{\sin x}{x}J_2\left(\frac{r}{\delta}x\right)\mathrm{d}x = \begin{cases}0 & (r \leqslant \delta) \\ \left(\dfrac{\delta}{r}\right)^2\sqrt{\left(\dfrac{r}{\delta}\right)^2-1} & (r \geqslant \delta)\end{cases}$$

$$J_1^0 = \int_0^\infty \sin x J_0\left(\frac{r}{\delta}x\right)\mathrm{d}x = \begin{cases}\dfrac{1}{\sqrt{1-\left(\dfrac{r}{\delta}\right)^2}} & (r < \delta) \\ 0 & (r > \delta)\end{cases}$$

$$J_1^1 = \int_0^\infty \sin x J_1\left(\frac{r}{\delta}x\right)\mathrm{d}x = \begin{cases}0 & (r < \delta) \\ \dfrac{\delta}{r}\dfrac{1}{\sqrt{\left(\dfrac{r}{\delta}\right)^2-1}} & (r > \delta)\end{cases}$$

在弹性半空间体表面上，当 $r=\delta$ 时，由于 J_1^0、J_1^1 不连续，故除垂直应力等于零，其余应力分量均不连续，且为无穷大。又因为 J_0^0、J_0^1、J_0^2 连续，因此，位移分量也处于连续状态。

当 $r\neq0$、$z\neq0$ 时,则式(12-5-1)又可改写为如下初等函数表达式:

$$
\left\{\begin{aligned}
\sigma_r &= -\frac{fp}{2}\left(2K_1^1-\frac{z}{\delta}K_2^1-\frac{\delta}{r}U_2^H\right)\cos\theta\\
\sigma_\theta &= -\frac{fp}{2}\left(2\mu K_1^1+\frac{\delta}{r}U_2^H\right)\cos\theta\\
\sigma_z &= -\frac{fp}{2}\times\frac{z}{\delta}K_2^1\cos\theta\\
\tau_{r\theta} &= \frac{fp}{2}\left(K_1^1+\frac{\delta}{r}U_2^H\right)\sin\theta\\
\tau_{\theta z} &= -\frac{fp}{4}\left(H_2^H+H_0^H\right)\sin\theta\\
\tau_{zr} &= -\frac{fp}{4}\left(H_2^H-H_0^H\right)\cos\theta\\
u &= -\frac{(1+\mu)fp\delta}{4E}\left(U_2^H-U_0^H\right)\cos\theta\\
v &= -\frac{(1+\mu)fp\delta}{4E}\left(U_2^H+U_0^H\right)\sin\theta\\
w &= \frac{(1+\mu)fp\delta}{2E}\left[(1-2\mu)K_0^1-\frac{z}{\delta}K_1^1\right]\cos\theta
\end{aligned}\right. \tag{12-5-4}
$$

式中:$U_2^H=-\left(2\mu K_0^2+\frac{z}{\delta}K_1^2\right)$

$$U_0^H=2(2-\mu)K_0^0-\frac{z}{\delta}K_1^0$$

$$H_2^H=-\frac{z}{\delta}K_2^2$$

$$H_0^H=2K_1^0-\frac{z}{\delta}K_2^0$$

其中,$K_0^0=\int_0^\infty\frac{\sin x}{x}e^{-\frac{z}{\delta}x}J_0\left(\frac{r}{\delta}x\right)dx=\arctan\dfrac{R^{\frac{1}{2}}\sin\frac{\varphi}{2}+1}{R^{\frac{1}{2}}\cos\frac{\varphi}{2}+\frac{z}{\delta}}$

$$K_0^1=\int_0^\infty\frac{\sin x}{x}e^{-\frac{z}{\delta}x}J_1\left(\frac{r}{\delta}x\right)dx=\arctan\frac{R^{\frac{1}{2}}\sin\frac{\varphi}{2}+1}{R^{\frac{1}{2}}\cos\frac{\varphi}{2}+\frac{z}{\delta}}$$

$$K_0^2=\int_0^\infty\frac{\sin x}{x}e^{-\frac{z}{\delta}x}J_2\left(\frac{r}{\delta}x\right)dx=\frac{\delta^2}{r^2}\left[2\left(R^{\frac{1}{2}}\cos\frac{\varphi}{2}-\frac{z}{\delta}\right)-\sqrt{1+\frac{z^2}{\delta^2}}R^{\frac{1}{2}}\sin\left(\theta-\frac{\varphi}{2}\right)\right]$$

$$K_1^0=\int_0^\infty\sin x e^{-\frac{z}{\delta}x}J_0\left(\frac{r}{\delta}x\right)dx=R^{\frac{1}{2}}\sin\frac{\varphi}{2}$$

$$K_1^1=\int_0^\infty\sin x e^{-\frac{z}{\delta}x}J_1\left(\frac{r}{\delta}x\right)dx=\frac{\delta}{r}\sqrt{1+\left(\frac{z}{\delta}\right)^2}R^{\frac{1}{2}}\sin\left(\theta-\frac{\varphi}{2}\right)$$

$$K_1^2=\int_0^\infty\sin x e^{-\frac{z}{\delta}x}J_2\left(\frac{r}{\delta}x\right)dx=2\frac{\delta}{r}K_0^1-K_1^0$$

$$K_2^0=\int_0^\infty x\sin x e^{-\frac{z}{\delta}x}J_0\left(\frac{r}{\delta}x\right)dx=\sqrt{1+\frac{z^2}{\delta^2}}R^{-\frac{3}{2}}\sin\left(\theta-\frac{3\varphi}{2}\right)$$

$$K_2^1=\int_0^\infty x\sin x e^{-\frac{z}{\delta}x}J_1\left(\frac{r}{\delta}x\right)dx=\frac{r}{\delta}R^{-\frac{3}{2}}\sin\frac{3\varphi}{2}$$

$$K_2^2 = \int_0^{\infty} x\sin x e^{-\frac{z}{\delta}x} J_2(\frac{r}{\delta}x)\,\mathrm{d}x = 2\frac{\delta}{r}K_1^1 - K_2^0$$

根据上述分析可以看出,当 $r=0$ 时,式(12-5-1)就会化简为式(12-5-2),这也就是说,当 $r=0$ 时,式(12-5-2)为式(12-5-1)的等价表达式;当 $z=0$ 时,式(12-5-1)就会化简为式(12-5-3),这也就是说,当 $z=0$ 时,式(12-5-3)为式(12-5-1)的等价表达式;当 $r\neq0$、$z\neq0$ 时,式(12-5-1)就会化简为式(12-5-4),这也就是说,$r\neq0$、$z\neq0$ 时,式(12-5-4)为式(12-5-1)等价表达式。

应该指出,式(12-5-2)、式(12-5-3)和式(12-5-4),这三个等价表达式的最大特点是,式(12-5-1)中的无穷积分表达式,均可以采用初等函数的解析解来表示。正是由于这种代替,它不仅能够提高计算程序的运行速度,而且还使得计算结果更加准确。

12.6 圆形单向水平荷载作用下的弹性半空间体一般分析

如果弹性半空间体表面上作用有圆形高次抛物面单向水平荷载,根据库仑定律,其表达式可表示为如下形式:

$$s^H(r) = \begin{cases} mfp(1-\frac{r^2}{\delta^2})^{m-1} & (r<\delta) \\ 0 & (r>\delta) \end{cases}$$

上述荷载表达式的零阶亨格尔积分变换可表示为下式:

$$\bar{s}^H(\xi) = \frac{fp\delta}{\xi}J(m)$$

式中:$J(m) = \frac{2^{m-1}\Gamma(m+1)}{(\xi\delta)^{m-1}}J_m(\xi\delta)$。

若将 $\bar{s}^H(\xi)$ 代入式(12-2-1),并令 $x=\xi\delta$,则可得

$$\begin{cases} \sigma_r = -fp[\int_0^{\infty}(2-\frac{z}{\delta}x)e^{-\frac{z}{\delta}x}J_1(\frac{r}{\delta}x)J(m)\,\mathrm{d}x - \frac{\delta}{r}U_2]\cos\theta \\ \sigma_\theta = -fp[2\mu\int_0^{\infty}e^{-\frac{z}{\delta}x}J_1(\frac{r}{\delta}x)J(m)\,\mathrm{d}x + \frac{\delta}{r}U_2]\cos\theta \\ \sigma_z = -fp\frac{z}{\delta}\int_0^{\infty}xe^{-\frac{z}{\delta}x}J_1(\frac{r}{\delta}x)J(m)\cos\theta\,\mathrm{d}x \\ \tau_{r\theta} = fp[\int_0^{\infty}e^{-\frac{z}{\delta}x}J_1(\frac{r}{\delta}x)J(m)\,\mathrm{d}x + \frac{\delta}{r}U_2]\sin\theta \\ \tau_{\theta z} = \frac{fp}{2}(H_2+H_0)\sin\theta \\ \tau_{zr} = \frac{fp}{2}(H_2-H_0)\cos\theta \\ u = -\frac{(1+\mu)fp\delta}{2E}(U_2-U_0)\cos\theta \\ v = -\frac{(1+\mu)fp\delta}{2E}(U_2+U_0)\sin\theta \\ w = \frac{(1+\mu)fp\delta}{E} \end{cases} \tag{12-6-1}$$

式中:$U_2 = -\int_0^{\infty}(2\mu+\frac{z}{\delta}x)e^{-\frac{z}{\delta}x}J_2(\frac{r}{\delta}x)J(m)\frac{\mathrm{d}x}{x}$

$$U_0 = \int_0^\infty (4 - 2\mu - \frac{z}{\delta}x) e^{-\frac{z}{\delta}x} J_0(\frac{r}{\delta}x) J(m) \frac{dx}{x}$$

$$H_2 = -\frac{z}{\delta}\int_0^\infty x e^{-\frac{z}{\delta}x} J_2(\frac{r}{\delta}x) J(m) dx$$

$$H_0 = \int_0^\infty (2 - \frac{z}{\delta}x) e^{-\frac{z}{\delta}x} J_0(\frac{r}{\delta}x) J(m) dx$$

由式(12-6-1)中的应力与位移分量表达式可以看出,随着荷载系数 m 取值不同,其表达式各异。如 $m=1$ 时,就是圆形均布单向水平荷载下的表达式,又如 $m=3/2$ 时,即为半球形单向水平荷载下的公式,再如 $m=1/2$ 时,相当于刚性承载板单向水平荷载下的表达式。这三种荷载下的应力与位移分析,在前三节已进行过探讨。

对于弹性半空间体 z 轴 $(r=0)$ 上的应力与位移分量表达式,可以将 $r=0$ 代入式(12-6-1),在计算过程中应注意下列关系式:

$$I_1^H = \int_0^\infty e^{-\frac{z}{\delta}x} J(m) \frac{dx}{x} = \frac{1}{2} \frac{1}{\sqrt{1+\frac{z^2}{\delta^2}}} F(\frac{1}{2}, m, m+1, \frac{1}{1+\frac{z^2}{\delta^2}})$$

$$I_2^H = \int_0^\infty e^{-\frac{z}{\delta}x} J(m) dx = \frac{1}{2} \frac{1}{1+(\frac{z}{\delta})^2} F(1, m-\frac{1}{2}, m+1, \frac{1}{1+\frac{z^2}{\delta^2}})$$

$$I_3^H = \int_0^\infty x e^{-\frac{z}{\delta}x} J(m) dx = \frac{1}{\sqrt{(1+\frac{z^2}{\delta^2})^3}} F(\frac{3}{2}, m-1, m+1, \frac{1}{1+\frac{z^2}{\delta^2}})$$

则可得

$$\begin{cases} \sigma_r \Big|_{r=0} = 0 \\ \sigma_\theta \Big|_{r=0} = 0 \\ \sigma_z \Big|_{r=0} = 0 \\ \tau_{r\theta} \Big|_{r=0} = 0 \\ \tau_{\theta z} \Big|_{r=0} = \frac{fp}{2}(2I_2^H - \frac{z}{\delta}I_3^H)\sin\theta \\ \tau_{zr} \Big|_{r=0} = -\frac{fp}{2}(2I_2^H - \frac{z}{\delta}I_3^H)\cos\theta \\ u \Big|_{r=0} = \frac{(1+\mu)fp\delta}{2E}[2(2-\mu)I_1^H - \frac{z}{\delta}I_2^H]\cos\theta \\ v \Big|_{r=0} = -\frac{(1+\mu)fp\delta}{2E}[2(2-\mu)I_1^H - \frac{z}{\delta}I_2^H]\sin\theta \\ w \Big|_{r=0} = 0 \end{cases} \tag{12-6-2}$$

对于弹性半空间体表面($z=0$)上的应力与位移分量,可将 $z=0$ 代入式(12-6-1),在计算中注意下列关系式:

$$J_0^0=\int_0^\infty J_0(\frac{r}{\delta}x)J(m)\frac{\mathrm{d}x}{x}=\begin{cases}\dfrac{\Gamma(m+1)\sqrt{\pi}}{2\Gamma(m+\frac{1}{2})}F(\frac{1}{2},\frac{1}{2}-m,1,\frac{r^2}{\delta^2}) & (r\leqslant\delta)\\ \dfrac{1}{2}\times\dfrac{\delta}{r}F(\frac{1}{2},\frac{1}{2},m+1,\frac{\delta^2}{r^2}) & (r\geqslant\delta)\end{cases}$$

$$J_0^1=\int_0^\infty J_1(\frac{r}{\delta}x)J(m)\frac{\mathrm{d}x}{x}=\begin{cases}\dfrac{1}{2}\times\dfrac{\delta}{r}[1-(\frac{r^2}{\delta^2})^m] & (r\leqslant\delta)\\ \dfrac{1}{2}\times\dfrac{\delta}{r} & (r\geqslant\delta)\end{cases}$$

$$J_0^2=\int_0^\infty J_2(\frac{r}{\delta}x)J(m)\frac{\mathrm{d}x}{x}=\begin{cases}\dfrac{1}{8}\times\dfrac{\Gamma(m+1)\sqrt{\pi}}{\Gamma(m-\frac{1}{2})}\dfrac{r^2}{\delta^2}F(\frac{3}{2},\frac{3}{2}-m,3,\frac{r^2}{\delta^2}) & (r\leqslant\delta)\\ \dfrac{1}{2}\times\dfrac{\delta}{r}F(\frac{3}{2},-\frac{1}{2},m+1,\frac{\delta^2}{r^2}) & (r\geqslant\delta)\end{cases}$$

$$J_1^0=\int_0^\infty J_0(\frac{r}{\delta}x)J(m)\mathrm{d}x=\begin{cases}m(1-\frac{r^2}{\delta^2})^{m-1} & (r<\delta)\\ B(m) & (r=\delta)\\ 0 & (r>\delta)\end{cases}$$

$$J_1^1=\int_0^\infty J_1(\frac{r}{\delta}x)J(m)\mathrm{d}x=\begin{cases}\dfrac{\Gamma(m+1)\sqrt{\pi}}{2\Gamma(m-\frac{1}{2})}\times\dfrac{r}{\delta}F(\frac{3}{2},\frac{3}{2}-m,2,\frac{r^2}{\delta^2}) & (r<\delta)\\ \dfrac{\Gamma(m-1)\Gamma(m+1)}{\Gamma(m-\frac{1}{2})\Gamma(m+\frac{1}{2})} & (r=\delta)\\ \dfrac{1}{2}\times\dfrac{\delta^2}{r^2}F(\frac{3}{2},\frac{1}{2},m+1,\frac{\delta^2}{r^2}) & (r>\delta)\end{cases}$$

则表面上应力与位移分量可表示为如下形式：

$$\begin{cases}\sigma_r\big|_{z=0}=-fp(2J_1^1-\dfrac{\delta}{r}U_2\big|_{z=0})\cos\theta\\ \sigma_\theta\big|_{z=0}=-fp(2\mu J_1^1+\dfrac{\delta}{r}U_2\big|_{z=0})\cos\theta\\ \sigma_z\big|_{z=0}=0\\ \tau_{r\theta}\big|_{z=0}=fp(J_1^1+\dfrac{\delta}{r}U_2\big|_{z=0})\sin\theta\\ \tau_{\theta z}\big|_{z=0}=\dfrac{fp}{2}H_0\big|_{z=0}\sin\theta\\ \tau_{zr}\big|_{z=0}=-\dfrac{fp}{2}H_0\big|_{z=0}\cos\theta\\ u\big|_{z=0}=-\dfrac{(1+\mu)fp\delta}{2E}(U_2-U_0)\big|_{z=0}\cos\theta\\ v\big|_{z=0}=-\dfrac{(1+\mu)fp\delta}{2E}(U_2+U_0)\big|_{z=0}\sin\theta\\ w\big|_{z=0}=\dfrac{(1+\mu)(1-2\mu)fp\delta}{E}J_0^1\cos\theta\end{cases}$$

式中：$U_2\big|_{z=0}=-2\mu J_0^2$

$U_0\big|_{z=0}=2(2-\mu)J_0^0$

$$H_0\big|_{z=0}=2J_1^0$$

其中,$B(m)=\begin{cases}\infty & (m<1)\\ \dfrac{1}{2} & (m=1)\\ 0 & (m>1)\end{cases}$

若 $r\neq0$、$z\neq0$,则可根据式(12-6-1)计算应力与位移分量。在这些计算公式中,都包含下述类型的无穷积分式:

$$\int_0^{\infty}x^{k-1}e^{-\frac{z}{\delta}x}J_n\left(\frac{r}{\delta}x\right)J(m)\,\mathrm{d}x$$

一般情况下,这类无穷积分需采用数值积分方法求积,只是在某些特殊情况下才能化为初等函数解,如 $m=\dfrac{3}{2}$ 或 $m=\dfrac{1}{2}$。

13　圆形单向水平荷载下的双层体系分析

如同轴对称垂直荷载作用的情况一样，根据层间结合条件，也可将这种双层弹性体系中体系分为下述三种情况：

(1)层间完全连续状态；

(2)层间完全无摩阻的滑动状态；

(3)层间有摩阻的相对滑动状态。

在本章中，我们将主要分析圆形单向水平荷载作用下双层弹性体系的如下四个问题：

(1)双层弹性连续体系的应力与位移分量分析；

(2)双层弹性滑动体系的应力与位移分量分析；

(3)古德曼模型在双层弹性体系中的应用；

(4)双层弹性体系中应力与位移分量的数值计算。

13.1　双层弹性连续体系分析

设双层弹性连续体系表面上作用有圆形单向水平荷载 $s^H(r)$，上层厚度为 h，弹性特征参数分别为 E_1 和 μ_1，下层为弹性半空间体，其弹性特征参数以 E_2 和 μ_2 表示，如图 13-1 所示。

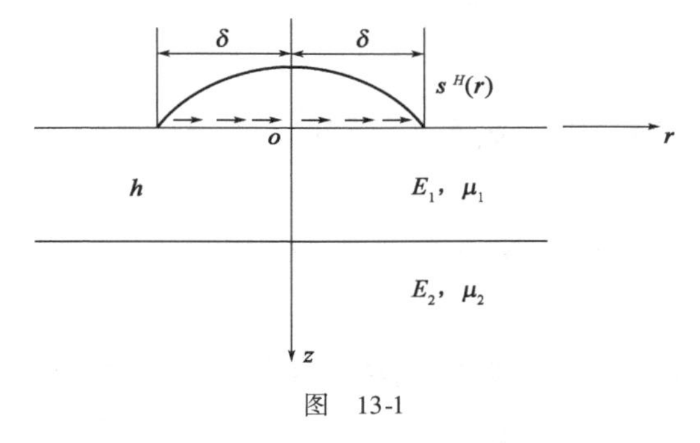

图　13-1

根据本课题的求解条件，上层表面($z=0$)的边界条件为：

$$
\begin{cases}
\sigma_{z_1}^H \Big|_{z=0} = 0 \\
\tau_{\theta z_1}^H \Big|_{z=0} = s^H(r)\sin\theta \\
\tau_{zr_1}^H \Big|_{z=0} = -s^H(r)\cos\theta
\end{cases}
$$

在两个水平向剪应力的积分表达式中,它们不仅包含有零阶的贝塞尔函数,而且还包含有二阶的贝塞尔函数,如果进行亨格尔积分变换,上述定解条件中的后两个表达式无法施加亨格尔积分变换。根据这两个水平剪应力表达式的特点,只需将它们的表达式进行相加或相减,就可以对这三个求解条件进行亨格尔积分变换。为此,将水平向剪应力重新组合如下:

$$\sigma_{z_1}^H\Big|_{z=0}=0$$

$$\left(\frac{\tau_{\theta z_1}^H}{\sin\theta}+\frac{\tau_{zr_1}^H}{\cos\theta}\right)\Big|_{z=0}=0$$

$$\left(\frac{\tau_{\theta z_1}^H}{\sin\theta}-\frac{\tau_{zr_1}^H}{\cos\theta}\right)\Big|_{z=0}=2s^H(r)$$

若将下述关系式:

$$\sigma_{z_1}^H\Big|_{z=0}=fp\,\overline{\sigma}_{z_1}^H\Big|_{z=0}\cos\theta$$

$$\tau_{\theta z_1}^H\Big|_{z=0}=\frac{fp}{2}(H_{2_1}^H+H_{0_1}^H)\Big|_{z=0}\sin\theta$$

$$\tau_{zr_1}^H\Big|_{z=0}=\frac{fp}{2}(H_{2_1}^H-H_{0_1}^H)\Big|_{z=0}\cos\theta$$

代入上式,则上述表达式可改写为下述三式:

$$\begin{cases}\overline{\sigma}_{z_1}^H\Big|_{z=0}=0\\ H_{2_1}^H\Big|_{z=0}=0\\ fpH_{0_1}^H\Big|_{z=0}=2s^H(r)\end{cases}\tag{1}$$

式中:$\overline{\sigma}_{z_1}^H\Big|_{z=0}=\int_0^\infty[A_1^H-(1-2\mu_1)B_1^H-C_1^H+(1-2\mu_1)D_1^H]J_1(x)J_1(\frac{r}{\delta}x)\mathrm{d}x$

$$H_{2_1}^H\Big|_{z=0}=\int_0^\infty(A_1^H-2\mu_1B_1^H-E_1^H+C_1^H+2\mu_1D_1^H+F_1^H)J_1(x)J_2(\frac{r}{\delta}x)\mathrm{d}x$$

$$H_{0_1}^H\Big|_{z=0}=\int_0^\infty(A_1^H-2\mu_1B_1^H+E_1^H+C_1^H+2\mu_1D_1^H-F_1^H)J_1(x)J_0(\frac{r}{\delta}x)\mathrm{d}x$$

对于无穷远处的边界条件,若采用应力和位移分量表示,则有如下两个表达式:

$$\lim_{r\to\infty}[\sigma_{r_2}^H,\sigma_{\theta_2}^H,\sigma_{z_2}^H,\tau_{r\theta_2}^H,\tau_{\theta z_2}^H,\tau_{zr_2}^H,u_2^H,v_2^H,w_2^H]=0$$

$$\lim_{z\to\infty}[\sigma_{r_2}^H,\sigma_{\theta_2}^H,\sigma_{z_2}^H,\tau_{r\theta_2}^H,\tau_{\theta z_2}^H,\tau_{zr_2}^H,u_2^H,v_2^H,w_2^H]=0$$

即

$$C_2^H=D_2^H=F_2^H=0\tag{2}$$

若采用应力和位移分量表示层间($z=h$)结合条件,则层间连续条件可表示为如下形式:

$$\sigma_{z_1}^H\Big|_{z=h}=\sigma_{z_2}^H\Big|_{z=h}$$

$$\tau_{\theta z_1}^H\Big|_{z=h}=\tau_{\theta z_2}^H\Big|_{z=h}$$

$$\tau_{zr_1}^H\Big|_{z=h}=\tau_{zr_2}^H\Big|_{z=h}$$

$$u_1^H\Big|_{z=h}=u_2^H\Big|_{z=h}$$

$$v_1^H\Big|_{z=h}=v_2^H\Big|_{z=h}$$

$$w_1^H\Big|_{z=h}=w_2^H\Big|_{z=h}$$

为了便于施加亨格尔积分变换，我们将上述层间接触面($z=h$)的六个表达式改写为如下形式：

$$\sigma_{z_1}^H\Big|_{z=h}=\sigma_{z_2}^H\Big|_{z=h}$$

$$\left(\frac{\tau_{\theta z_1}^H}{\sin\theta}+\frac{\tau_{zr_1}^H}{\cos\theta}\right)\Big|_{z=h}=\left(\frac{\tau_{\theta z_2}^H}{\sin\theta}+\frac{\tau_{zr_2}^H}{\cos\theta}\right)\Big|_{z=h}$$

$$\left(\frac{\tau_{\theta z_1}^H}{\sin\theta}-\frac{\tau_{zr_1}^H}{\cos\theta}\right)\Big|_{z=h}=\left(\frac{\tau_{\theta z_2}^H}{\sin\theta}-\frac{\tau_{zr_2}^H}{\cos\theta}\right)\Big|_{z=h}$$

$$\left(\frac{u_1^H}{\cos\theta}+\frac{v_1^H}{\sin\theta}\right)\Big|_{z=h}=\left(\frac{u_2^H}{\cos\theta}+\frac{v_2^H}{\sin\theta}\right)\Big|_{z=h}$$

$$\left(\frac{u_1^H}{\cos\theta}-\frac{v_1^H}{\sin\theta}\right)\Big|_{z=h}=\left(\frac{u_2^H}{\cos\theta}-\frac{v_2^H}{\sin\theta}\right)\Big|_{z=h}$$

$$w_1^H\Big|_{z=h}=w_2^H\Big|_{z=h}$$

若将下述关系式：

$$\sigma_{z_1}\Big|_{z=h}=fp\,\overline{\sigma}_{z_1}\Big|_{z=h}\cos\theta$$

$$\sigma_{z_2}\Big|_{z=h}=fp\,\overline{\sigma}_{z_2}\Big|_{z=h}\cos\theta$$

$$\tau_{\theta z_1}^H\Big|_{z=h}=\frac{fp}{2}(H_{2_1}^H+H_{0_1}^H)\Big|_{z=h}\sin\theta$$

$$\tau_{\theta z_2}\Big|_{z=h}=\frac{fp}{2}(H_{2_2}^H+H_{0_2}^H)\Big|_{z=h}\sin\theta$$

$$\tau_{zr_1}^H\Big|_{z=h}=\frac{fp}{2}(H_{2_1}^H-H_{0_1}^H)\Big|_{z=h}\cos\theta$$

$$\tau_{zr_2}\Big|_{z=h}=\frac{fp}{2}(H_{2_2}^H-H_{0_2}^H)\Big|_{z=h}\cos\theta$$

$$u_1^H\Big|_{z=h}=-\frac{(1+\mu_1)fp\delta}{2E_k}(U_{2_k}^H-U_{0_1}^H)\Big|_{z=h}\cos\theta$$

$$u_2^H\Big|_{z=h}=-\frac{(1+\mu_2)fp\delta}{E_2}(U_{2_2}^H-U_{0_2}^H)\Big|_{z=h}\cos\theta$$

$$v_1^H\Big|_{z=h} = -\frac{(1+\mu_1)fp\delta}{E_1}(U_{2_1}^H + U_{0_1}^H)\Big|_{z=h}\sin\theta$$

$$v_2^H\Big|_{z=h} = -\frac{(1+\mu_2)fp\delta}{E_2}(U_{2_2}^H + U_{0_2}^H)\Big|_{z=h}\sin\theta$$

$$w_1^H\Big|_{z=h} = -\frac{(1+\mu_1)fp\delta}{E}\overline{w}_1^H\Big|_{z=h}\cos\theta$$

$$w_2^H\Big|_{z=h} = -\frac{(1+\mu_2)fp\delta}{E_2}\overline{w}_2^H\Big|_{z=h}\cos\theta$$

代入上式,并注意 $m_1 = \dfrac{(1+\mu_1)E_2}{(1+\mu_2)E_1}$,则上述表达式可改写为下述表达式:

$$\begin{cases} \overline{\sigma}_{z_1}^H\Big|_{z=h} = \overline{\sigma}_{z_2}^H\Big|_{z=h} \\ H_{2_1}^H\Big|_{z=h} = H_{2_2}^H\Big|_{z=h} \\ H_{0_1}^H\Big|_{z=h} = H_{0_2}^H\Big|_{z=h} \\ m_1 U_{2_1}^H\Big|_{z=h} = U_{2_2}^H\Big|_{z=h} \\ m_1 U_{0_1}^H\Big|_{z=h} = U_{0_2}^H\Big|_{z=h} \\ m_1 \overline{w}_1^H\Big|_{z=h} = \overline{w}_2^H\Big|_{z=h} \end{cases} \tag{3}$$

式中:$\overline{\sigma}_{z_1}\Big|_{z=h} = \int_0^\infty \{[A_1^H + (1-2\mu_1+\frac{h}{\delta}x)B_1^H]e^{-\frac{h}{\delta}x} -$

$$[C_1^H - (1-2\mu_1-\frac{h}{\delta}x)D_1^H]e^{\frac{h}{\delta}x}\}J_1(x)J_1(\frac{r}{\delta}x)\theta\mathrm{d}x$$

$$\overline{\sigma}_{z_2}\Big|_{z=h} = \int_0^\infty [A_2^H + (1-2\mu_2+\frac{h}{\delta}x)B_2^H]e^{-\frac{h}{\delta}x}J_1(x)J_1(\frac{r}{\delta}x)\mathrm{d}x$$

$$H_{2_1}^H\Big|_{z=h} = \int_0^\infty \{[A_1^H - (2\mu_1-\frac{h}{\delta}x)B_1^H - E_1^H]e^{-\frac{h}{\delta}x} + [C_1^H + (2\mu_1+\frac{h}{\delta}x)D_1^H + F_1^H]e^{\frac{h}{\delta}x}\}J_1(x)J_2(\frac{r}{\delta}x)\mathrm{d}x$$

$$H_{2_2}^H\Big|_{z=h} = \int_0^\infty [A_2^H - (2\mu_2-\frac{h}{\delta}x)B_2^H - E_2^H]e^{-\frac{h}{\delta}x}J_1(x)J_2(\frac{r}{\delta}x)\mathrm{d}x$$

$$H_{0_1}^H\Big|_{z=h} = \int_0^\infty \{[A_1^H - (2\mu_1-\frac{h}{\delta}x)B_1^H + E_1^H]e^{-\frac{h}{\delta}x} + [C_1^H + (2\mu_1+\frac{h}{\delta}x)D_1^H - F_1^H]e^{\frac{h}{\delta}x}\}J_1(x)J_0(\frac{r}{\delta}x)\mathrm{d}x$$

$$H_{0_2}^H\Big|_{z=h} = \int_0^\infty [A_2^H - (2\mu_2-\frac{h}{\delta}x)B_2^H + E_2^H]e^{-\frac{h}{\delta}x}J_1(x)J_0(\frac{r}{\delta}x)\mathrm{d}x$$

$$U_{2_1}^H\Big|_{z=h} = \int_0^\infty \{[A_1^H - (1-\frac{h}{\delta}x)B_1^H - 2E_1^H]e^{-\frac{h}{\delta}x} - [C_1^H + (1+\frac{h}{\delta}x)D_1^H + 2F_1^H]e^{\frac{h}{\delta}x}\}J_1(x)J_2(\frac{r}{\delta}x)\frac{\mathrm{d}x}{x}$$

$$U_{2_2}^H\Big|_{z=h} = \int_0^\infty [A_2^H - (1-\frac{h}{\delta}x)B_2^H - 2E_2^H]e^{-\frac{h}{\delta}x}J_1(x)J_2(\frac{r}{\delta}x)\frac{\mathrm{d}x}{x}$$

$$U_{0_1}^H\Big|_{z=h}=\int_0^\infty\{[A_1^H-(1-\frac{h}{\delta}x)B_1^H+2E_1^H]e^{-\frac{h}{\delta}x}-$$

$$[C_1^H+(1+\frac{h}{\delta}x)D_1^H-2F_1^H]e^{\frac{h}{\delta}x}\}J_1(x)J_0(\frac{r}{\delta}x)\frac{\mathrm{d}x}{x}$$

$$U_{0_2}^H\Big|_{z=h}=\int_0^\infty[A_2^H-(1-\frac{h}{\delta}x)B_2^H+2E_2^H]e^{-\frac{h}{\delta}x}J_1(x)J_0(\frac{r}{\delta}x)\frac{\mathrm{d}x}{x}$$

$$\overline{w}_1^H\Big|_{z=h}=-\int_0^\infty\{[A_1^H+(2-4\mu_1+\frac{h}{\delta}x)B_1^H]e^{-\frac{h}{\delta}x}+$$

$$[C_1^H-(2-4\mu_1-\frac{h}{\delta}x)D_1^H]e^{\frac{h}{\delta}x}\}J_1(x)J_1(\frac{r}{\delta}x)\frac{\mathrm{d}x}{x}$$

$$\overline{w}_2^H\Big|_{z=h}=-\int_0^\infty[A_2^H+(2-4\mu_2+\frac{h}{\delta}x)B_2^H]e^{-\frac{h}{\delta}x}J_1(x)J_1(\frac{r}{\delta}x)\frac{\mathrm{d}x}{x}$$

若将式(1)与式(3)施加亨格尔积分变换,同时注意式(2),则可得如下线性方程组:

$$A_1^H+(1-2\mu_1)B_1^H-C_1^H+(1-2\mu_1)D_1^H=0 \tag{1-1}$$

$$A_1^H-2\mu_1B_1^H-E_1^H+C_1^H+2\mu_1D_1^H+F_1^H=0 \tag{1-2$'$}$$

$$A_1^H-2\mu_1B_1^H+E_1^H+C_1^H+2\mu_1D_1^H-F_1^H=2 \tag{1-3$'$}$$

$$[A_1^H+(1-2\mu_1+\frac{h}{\delta}x)B_1^H]e^{-2\frac{h}{\delta}x}-C_1^H+(1-2\mu_1-\frac{h}{\delta}x)D_1^H]$$

$$=[A_2^H+(1-2\mu_2+\frac{h}{\delta}x)B_2^H]e^{-2\frac{h}{\delta}x} \tag{2-1$'$}$$

$$[A_1^H-(2\mu_1-\frac{h}{\delta}x)B_1^H-E_1^H]e^{-2\frac{h}{\delta}x}+C_1^H+(2\mu_1+\frac{h}{\delta}x)D_1^H+F_1^H$$

$$=[A_2^H-(2\mu_2-\frac{h}{\delta}x)B_2^H-E_2^H]e^{-2\frac{h}{\delta}x} \tag{2-2$'$}$$

$$[A_1^H-(2\mu_1-\frac{h}{\delta}x)B_1^H+E_1^H]e^{-2\frac{h}{\delta}x}+C_1^H+(2\mu_1+\frac{h}{\delta}x)D_1^H-F_1^H$$

$$=[A_2^H-(2\mu_2-\frac{h}{\delta}x)B_2^H+E_2^H]e^{-2\frac{h}{\delta}x} \tag{2-3$'$}$$

$$m_1\{[A_1^H-(1-\frac{h}{\delta}x)B_1^H-2E_1^H]e^{-2\frac{h}{\delta}x}-C_1^H-(1+\frac{h}{\delta})D_1^H-2F_1^H\}$$

$$=[A_2^H-(1-\frac{h}{\delta}x)B_2-2E_2^H]e^{-2\frac{h}{\delta}x} \tag{2-4$'$}$$

$$m_1\{[A_1^H-(1-\frac{h}{\delta}x)B_1^H+2E_1^H]e^{-2\frac{h}{\delta}x}-C_1^H-(1+\frac{h}{\delta}x)D_1^H+2F_1^H\}$$

$$=[A_2^H-(1-\frac{h}{\delta}x)B_2^H+2E_2^H]e^{-2\frac{h}{\delta}x} \tag{2-5$'$}$$

$$m_1\{[A_1^H+(2-4\mu_1+\frac{h}{\delta}x)B_1^H]e^{-2\frac{h}{\delta}x}+C_1^H-(2-4\mu_1-\frac{h}{\delta}x)D_1^H\}$$

$$=[A_2^H-(2-4\mu_2+\frac{h}{\delta}x)B_2^H]e^{-2\frac{h}{\delta}x} \tag{2-6$'$}$$

式中:$m_1=\dfrac{(1+\mu_1)E_2}{(1+\mu_2)E_1}$。

由上述线性方程组可知,一共九个未知量,其中上层有六个未知量:A_1^H、B_1^H、C_1^H、D_1^H、E_1^H 和 F_1^H,下层有三个未知量:A_2^H、B_2^H、E_2^H。该线性方程组也有九个方程,故这个线性方程组可解,且唯一。但是,如果采用行列式理论中的克莱姆法则求解,需要计算十个 9 阶行列式;对于 n 层弹性体系,则要计算 $6n-2$ 个 $6n-3$ 阶行列式。这样浩大的计算量,令人生畏。为了减少计算工作量,可采取初等变换的方法进行行列式降阶,使其最大工作量,只需计算十个四阶行列式,从而极大地缩短计算时间,提高运算速度。

式(1-3′) ± 式(1-2′),则可得

$$A_1^H - 2\mu_1 B_1^H + C_1^H + 2\mu_1 D_1^H = 1 \tag{1-2}$$

$$E_1^H - F_1^H = 1 \tag{1-5}$$

式(2-3′) ± 式(2-2′),则有

$$[A_1^H - (2\mu_1 - \frac{h}{\delta}x)B_1^H]e^{-2\frac{h}{\delta}x} + C_1^H + (2\mu_1 + \frac{h}{\delta}x)D_1^H = [A_2^H - (2\mu_2 - \frac{h}{\delta}x)B_2^H]e^{-2\frac{h}{\delta}x} \tag{2-2″}$$

$$E_1^H e^{-2\frac{h}{\delta}x} - F_1^H = E_2^H e^{-2\frac{h}{\delta}x} \tag{2-3″}$$

式(2-5′) ± 式(2-4′),则可得

$$m_1\{[A_1^H - (1 - \frac{h}{\delta}x)B_1^H]e^{-2\frac{h}{\delta}x} - C_1^H - (1 + \frac{h}{\delta}x)D_1^H\} = [A_2^H - (1 - \frac{h}{\delta}x)B_2^H]e^{-2\frac{h}{\delta}x} \tag{2-4″}$$

$$m_1(E_1^H e^{-2\frac{h}{\delta}x} + F_1^H) = E_2^H e^{-2\frac{h}{\delta}x} \tag{2-5″}$$

式(2-1′) ± 式(2-2″),则有

$$[2A_1^H + (1 - 4\mu_1 + 2\frac{h}{\delta}x)B_1^H]e^{-2\frac{h}{\delta}x} + D_1^H = [2A_2^H + (1 - 4\mu_2 + 2\frac{h}{\delta}x)B_2^H]e^{-2\frac{h}{\delta}x} \tag{2-1″}$$

$$B_1^H e^{-2\frac{h}{\delta}x} - 2C_1^H + (1 - 4\mu_1 - 2\frac{h}{\delta}x)D_1^H = B_2^H e^{-2\frac{h}{\delta}x} \tag{2-3‴}$$

式(2-6′) ± 式(2-4″),则可得

$$m_1\{[2A_1^H + (1 - 4\mu_1 + 2\frac{h}{\delta}x)B_1^V]e^{-2\frac{h}{\delta}x} - (3 - 4\mu_1)D_1^H\} = [2A_2^H(1 - 4\mu_2 + 2\frac{h}{\delta}x)B_2^H]e^{-2\frac{h}{\delta}x} \tag{2-4‴}$$

$$m_1[(3 - 4\mu_1)B_1^H e^{-2\frac{h}{\delta}x} + 2C_1^H - (1 - 4\mu_1 - 2\frac{h}{\delta}x)D_1^H] = (3 - 4\mu_2)B_2^H e^{-2\frac{h}{\delta}x} \tag{2-6″}$$

式(2-1″) − 式(2-4‴),则有

$$[2(1 - m_1)A_1^H + (1 - m_1)(1 - 4\mu_1 + 2\frac{h}{\delta}x)B_1^H]e^{-2\frac{h}{\delta}x} + [1 + (3 - 4\mu_1)m_1]D_1^H = 0$$

若令

$$M = \frac{1 - m_1}{(3 - 4\mu_1)m_1 + 1}$$

则上式可改写为下式:

$$[2MA_1^H + (1 - 4\mu_1 + 2\frac{h}{\delta}x)MB_1^H]e^{-2\frac{h}{\delta}x} + D_1^H = 0 \tag{1-3}$$

$(3 - 4\mu_2)$ × 式(2-2‴) − 式(2-6″),则可得

$$[(3 - 4\mu_2) - (3 - 4\mu_1)m_1]B_1^H e^{-2\frac{h}{\delta}x} - 2(3 - 4\mu_2 + m_1)C_1^H + (3 - 4\mu_2 + m_1)(1 - 4\mu_1 - 2\frac{h}{\delta}x)D_1^H = 0$$

若令

$$L = \frac{(3 - 4\mu_2) - (3 - 4\mu_1)m_1}{3 - 4\mu_2 + m_1}$$

则上式也可改写为如下的简洁形式:

$$LB_1^H e^{-2\frac{h}{\delta}x} - 2C_1^H + (1 - 4\mu_1 - 2\frac{h}{\delta}x)D_1^H = 0 \tag{1-4}$$

式(2-3″) − 式(2-5″),则可得

$$(m_1 - 1)E_1^H e^{-2\frac{h}{\delta}x} + (1 + m_1)F_1^H = 0 \tag{1-6}$$

若将式(1-1)、式(1-2)、式(1-3)和式(1-4)联立,则可得如下线性方程组:

$$A_1^H+(1-2\mu_1)B_1^H-C_1^H+(1-2\mu_1)D_1^H=0$$

$$A_1^H-2\mu_1B_1^H+C_1^H+2\mu_1D_1^H=1$$

$$2MA_1^He^{-2\frac{h}{\delta}x}+(1-4\mu_1+2\frac{h}{\delta}x)MB_1^He^{-2\frac{h}{\delta}x}+D_1^H=0$$

$$LB_1^He^{-2\frac{h}{\delta}x}-2C_1^H+(1-4\mu_1-2\frac{h}{\delta}x)D_1^H=0$$

采用行列式理论,对上述线性方程组求解,则可得

$$A_1^H=\frac{1}{2\Delta_{2C}}\{[(1-4\mu_1+2\frac{h}{\delta}x)(1+2\frac{h}{\delta}x)M+L]e^{-2\frac{h}{\delta}x}-2(1-2\mu_1)\}$$

$$B_1^H=-\frac{1}{\Delta_{2C}}[(1+2\frac{h}{\delta}x)Me^{-2\frac{h}{\delta}x}-1]$$

$$C_1^H=-\frac{1}{2\Delta_{2C}}\{2(1-2\mu_1)LMe^{-2\frac{h}{\delta}x}-[(1-4\mu_1-2\frac{h}{\delta}x)(1-2\frac{h}{\delta}x)M+L]\}e^{-2\frac{h}{\delta}x}$$

$$D_1^H=-\frac{1}{\Delta_{2C}}[Le^{-2\frac{h}{\delta}x}-(1-2\frac{h}{\delta}x)]Me^{-2\frac{h}{\delta}x}$$

式中:$L=\dfrac{(3-4\mu_2)-(3-4\mu_1)m_1}{3-4\mu_2+m_1}$

$M=\dfrac{1-m_1}{(3-4\mu_1)m_1+1}$

$\Delta_{2C}=(2\frac{h}{\delta}x)^2Me^{-2\frac{h}{\delta}x}-(1-Le^{-2\frac{h}{\delta}x})(1-Me^{-2\frac{h}{\delta}x})$

若将 B_1^H、C_1^H 和 D_1^H 代入式(2-3‴),则可得 B_2^H 的表达式如下:

$$B_2^H=\frac{L-1}{\Delta_{2_C}}[(1+2\frac{h}{\delta}x)Me^{-2\frac{h}{\delta}x}-1]$$

若将系数 A_1^H、B_1^H、D_1^H 和 B_2^H 表达式代入式(2-1″),则可得到系数 A_2^V 的表达式如下:

$$A_2^H=-\frac{1}{2\Delta_{2_C}}\{[(1-4\mu_2+2\frac{h}{\delta}x)(1+2\frac{h}{\delta}x)(L-1)M+L(M-1)]e^{-2\frac{h}{\delta}x}-$$
$$[(1-2\frac{h}{\delta}x)(M-1)+(1-4\mu_2+2\frac{h}{\delta}x)(L-1)]\}$$

为了检验上述解的正确性,可将 A_1^H、B_1^H、C_1^H、D_1^H 代入式(1-1)、式(1-2)、式(1-3)和式(1-4),检验结果表明,其解完全正确。

式(1-5)和式(1-6)联立,则可得如下线性方程组:

$$E_1^H-F_1^H=1$$

$$(m_1-1)E_1^He^{-2\frac{h}{\delta}x}+(m_1+1)F_1^H=0$$

上述两式中的第二式又可改写如下:

$$E_1^H-F_1^H=1$$

$$K_m^HE_1^He^{-2\frac{h}{\delta}x}+F_1^H=0$$

式中:$K_m^H=\dfrac{m_1-1}{m_1+1}$。

我们采用消除法,求解系数 E_1^H 和 F_1^H 的表达式. 为此,式(1-5)×(m_1+1)-式(1-6),并令

$$\Delta'_{2_C}=K_m^H e^{-2\frac{h}{\delta}x}-1$$

则可得

$$E_1^H=-\frac{1}{\Delta'_{2_C}}$$

若将 E_1^H 表达式代入式(1-5),则有

$$F_1^H=E_1^H-1=\frac{1}{\Delta'_{2_C}}-1=\frac{1-\Delta'_{2_C}}{\Delta'_{2_C}}=-\frac{K_m^H e^{-2\frac{h}{\delta}x}}{\Delta'_{2_C}}$$

即

$$F_1^H=-\frac{K_m^H e^{-2\frac{h}{\delta}x}}{\Delta'_{2_C}}$$

若将 E_1^H 和 F_1^H 的表达式代入式(2-5″),则可得

$$E_2^H=\frac{K_m-1}{\Delta'_{2_C}}$$

根据本节的定解条件,求得系数 A_1^H、B_1^H、C_1^H、D_1^H、E_1^H、F_1^H 和 A_2^H、B_2^H、E_2^H 表达式后,其系数公式是否正确,需要进行检验。这些检验方法在前面已作过介绍,在此不作详细分析。经检验,系数 A_1^H、B_1^H、C_1^H、D_1^H、E_1^H、F_1^H 和 A_2^H、B_2^H、E_2^H 表达式完全正确。

13.2 双层弹性滑动体系的应力与位移

设双层弹性滑动体系表面上作用有圆形单向水平荷载 $s^H(r)$,上层厚度为 h,弹性特征参数分别为 E_1 和 μ_1,下层为弹性半空间体,其弹性特征参数用 E_2 和 μ_2 表示。

(1)表面边界条件

若采用应力和位移分量表示,则圆形单向水平荷载下双层弹性滑动体系表面($z=0$)的边界条件可表示为如下形式:

$$\begin{cases}\sigma_{z_1}^H\Big|_{z=0}=0\\ \tau_{\theta z_1}^H\Big|_{z=0}=s^H(r)\sin\theta\\ \tau_{zr_1}^H\Big|_{z=0}=-s^H(r)\cos\theta\end{cases}$$

为了便于施加亨格尔积分变换,上述求解条件重新组合如下:

$$\begin{cases}\sigma_{z_1}^H\Big|_{z=0}=0\\ \left(\dfrac{\tau_{\theta z_1}^H}{\sin\theta}+\dfrac{\tau_{zr_1}^H}{\cos\theta}\right)\Big|_{z=0}=0\\ \left(\dfrac{\tau_{\theta_1 z_1}^H}{\sin\theta}-\dfrac{\tau_{zr_1}^H}{\cos\theta}\right)\Big|_{z=0}=2s^H(r)\end{cases}$$

若将下述关系式:

$$\sigma_{z_1}^H\Big|_{z=0}=fp\,\overline{\sigma}_{z_1}^H\Big|_{z=0}\cos\theta$$

$$\tau_{\theta z_1}^H\Big|_{z=0}=\frac{fp}{2}(H_{2_1}^H+H_{0_1}^H)\Big|_{z=0}\sin\theta$$

$$\tau_{zr_1}^H\Big|_{z=0}=\frac{fp}{2}(H_{2_1}^H-H_{0_1}^H)\Big|_{z=0}\cos\theta$$

代入上式,则上述表达式可改写为下述三式:

$$\overline{\sigma}_{z_1}^H\Big|_{z=0}=0$$

$$H_{2_1}^H\Big|_{z=0}=0$$

$$fpH_{0_1}^H\Big|_{z=0}=2s^H(r)$$

式中:$\overline{\sigma}_{z_1}^H\Big|_{z=0}=\int_0^\infty[A_1^H-(1-2\mu_1)B_1^H-C_1^H+(1-2\mu_1)D_1^H]J_1(x)J_1(\frac{r}{\delta}x)\mathrm{d}x$

$$H_{2_1}^H\Big|_{z=0}=\int_0^\infty(A_1^H-2\mu_1B_1^H-E_1^H+C_1^H+2\mu_1D_1^H+F_1^H)J_1(x)J_2(\frac{r}{\delta}x)\mathrm{d}x$$

$$H_{0_1}^H\Big|_{z=0}=\int_0^\infty(A_1^H-2\mu_1B_1^H+E_1^H+C_1^H+2\mu_1D_1^H-F_1^H)J_1(x)J_0(\frac{r}{\delta}x)\mathrm{d}x$$

(2)无穷远处边界条件

根据无穷远处的边界条件,则有

$$\lim_{r\to\infty}[\sigma_{r_2}^H,\sigma_{\theta_2}^H,\sigma_{z_2}^H,\tau_{r\theta_2}^H,\tau_{\theta z_2}^H,\tau_{zr_2}^H,u_2^H,v_2^H,w_2^H]=0$$

$$\lim_{z\to\infty}[\sigma_{r_2}^H,\sigma_{\theta_2}^H,\sigma_{z_2}^H,\tau_{r\theta_2}^H,\tau_{\theta z_2}^H,\tau_{zr_2}^H,u_2^H,v_2^H,w_2^H]=0$$

即

$$C_2^H=D_2^H=F_2^H=0$$

上下层接触面上下的结合条件可表示为如下形式:

$$\sigma_{z_1}^H\Big|_{z=h}=\sigma_{z_2}^H\Big|_{z=h}$$

$$\tau_{\theta z_1}^H\Big|_{z=h}=0,\tau_{\theta z_2}^H\Big|_{z=h}=0$$

$$\tau_{zr_1}^H\Big|_{z=h}=0,\tau_{zr_2}^H\Big|_{z=h}=0$$

$$w_1^H\Big|_{z=h}=w_2^H\Big|_{z=h}$$

为了便于施加亨格尔积分变换,可将上述层间接触面的六个表达式,改写成如下表达式:

$$\sigma_{z_1}^H\Big|_{z=h}=\sigma_{z_2}^H\Big|_{z=h}$$

$$(\frac{\tau_{\theta z_1}^H}{\sin\theta}+\frac{\tau_{zr_1}^H}{\cos\theta})\Big|_{z=h}=0$$

$$(\frac{\tau_{\theta z_2}^H}{\sin\theta}+\frac{\tau_{zr_2}^H}{\cos\theta})\Big|_{z=h}=0$$

$$(\frac{\tau_{\theta z_1}^H}{\sin\theta}-\frac{\tau_{zr_1}^H}{\cos\theta})\Big|_{z=h}=0$$

$$(\frac{\tau_{\theta z_2}^H}{\sin\theta}-\frac{\tau_{zr_2}^H}{\cos\theta})\Big|_{z=h}=0$$

$$w_1^H\Big|_{z=h}=w_2^H\Big|_{z=h}$$

若将下述关系式：

$$\sigma_{z_1}\Big|_{z=h}=fp\,\bar{\sigma}_{z_1}\Big|_{z=h}\cos\theta$$

$$\sigma_{z_2}\Big|_{z=h}=fp\,\bar{\sigma}_{z_2}\Big|_{z=h}\cos\theta$$

$$\tau_{\theta z_1}^{H}\Big|_{z=h}=\frac{fp}{2}(H_{2_1}^{H}+H_{0_1}^{H})\Big|_{z=h}\sin\theta$$

$$\tau_{\theta z_2}\Big|_{z=h}=\frac{fp}{2}(H_{2_2}^{H}+H_{0_2}^{H})\Big|_{z=h}\sin\theta$$

$$\tau_{zr_1}^{H}\Big|_{z=h}=\frac{fp}{2}(H_{2_1}^{H}-H_{0_1}^{H})\Big|_{z=h}\cos\theta$$

$$\tau_{zr_2}\Big|_{z=h}=\frac{fp}{2}(H_{2_2}^{H}-H_{0_2}^{H})\Big|_{z=h}\cos\theta$$

$$u_1^{H}\Big|_{z=h}=-\frac{(1+\mu_1)fp\delta}{2E_1}(U_{2_1}^{H}-U_{0_1}^{H})\Big|_{z=h}\cos\theta$$

$$u_2^{H}\Big|_{z=h}=-\frac{(1+\mu_2)fp\delta}{E_2}(U_{2_2}^{H}-U_{0_2}^{H})\Big|_{z=h}\cos\theta$$

$$v_1^{H}\Big|_{z=h}=-\frac{(1+\mu_1)fp\delta}{E_1}(U_{2_1}^{H}+U_{0_1}^{H})\Big|_{z=h}\sin\theta$$

$$v_2^{H}\Big|_{z=h}=-\frac{(1+\mu_2)fp\delta}{E_2}(U_{2_2}^{H}+U_{0_2}^{H})\Big|_{z=h}\sin\theta$$

$$w_1^{H}\Big|_{z=h}=-\frac{(1+\mu_1)fp\delta}{E}\bar{w}_1^{H}\Big|_{z=h}\cos\theta$$

$$w_2^{H}\Big|_{z=h}=-\frac{(1+\mu_2)fp\delta}{E_2}\bar{w}_2^{H}\Big|_{z=h}\cos\theta$$

代入上式，并注意 $m_1=\dfrac{(1+\mu_1)E_2}{(1+\mu_2)E_1}$，则上述表达式可改写为下述表达式：

$$\bar{\sigma}_{z_1}^{H}\Big|_{z=h}=\bar{\sigma}_{z_2}^{H}\Big|_{z=h}$$

$$H_{2_1}^{H}\Big|_{z=h}=0$$

$$H_{2_2}^{H}\Big|_{z=h}=0$$

$$H_{0_1}^{H}\Big|_{z=h}=0$$

$$H_{0_2}^{H}\Big|_{z=h}=0$$

$$m_1\bar{w}_1^{H}\Big|_{z=h}=\bar{w}_2^{H}\Big|_{z=h}$$

式中：$\bar{\sigma}_{z_1}\Big|_{z=h}=\int_0^{\infty}\{[A_1^{H}+(1-2\mu_1+\frac{h}{\delta}x)B_1^{H}]e^{-\frac{h}{\delta}x}-[C_1^{H}-(1-2\mu_1-\frac{h}{\delta}x)D_1^{H}]e^{\frac{h}{\delta}x}\}J_1(x)J_1(\frac{r}{\delta}x)\mathrm{d}x$

$$\bar{\sigma}_{z_2}\Big|_{z=h}=\int_0^{\infty}[A_2^{H}+(1-2\mu_2+\frac{h}{\delta}x)B_2^{H}]e^{-\frac{h}{\delta}x}J_1(x)J_1(\frac{r}{\delta}x)\mathrm{d}x$$

$$H_{2_1}^{H}\Big|_{z=h}=\int_0^{\infty}\{[A_1^{H}-(2\mu_1-\frac{h}{\delta}x)B_1^{H}-E_1^{H}]e^{-\frac{h}{\delta}x}+$$

$$[C_1^{H}+(2\mu_1+\frac{h}{\delta}x)D_1^{H}+F_1^{H}]e^{\frac{h}{\delta}x}\}J_1(x)J_2(\frac{r}{\delta}x)\mathrm{d}x$$

$$H_{2_2}^H\Big|_{z=h} = \int_0^\infty [A_2^H - (2\mu_2 - \frac{h}{\delta}x)B_2^H - E_2^H]e^{-\frac{h}{\delta}x}J_1(x)J_2(\frac{r}{\delta}x)\mathrm{d}x$$

$$H_{0_1}^H\Big|_{z=h} = \int_0^\infty \{[A_1^H - (2\mu_1 - \frac{h}{\delta}x)B_1^H + E_1^H]e^{-\frac{h}{\delta}x} + [C_1^H + (2\mu_1 + \frac{h}{\delta}x)D_1^H - F_1^H]e^{\frac{h}{\delta}x}\}J_1(x)J_0(\frac{r}{\delta}x)\mathrm{d}x$$

$$H_{0_2}^H\Big|_{z=h} = \int_0^\infty [A_2^H - (2\mu_2 - \frac{h}{\delta}x)B_2^H + E_2^H]e^{-\frac{h}{\delta}x}J_1(x)J_0(\frac{r}{\delta}x)\mathrm{d}x$$

$$\overline{w}_1^H\Big|_{z=h} = -\int_0^\infty \{[A_1^H + (2 - 4\mu_1 + \frac{h}{\delta}x)B_1^H]e^{-\frac{h}{\delta}x} + [C_1^H - (2 - 4\mu_1 - \frac{h}{\delta}x)D_1^H]e^{\frac{h}{\delta}x}\}J_1(x)J_1(\frac{r}{\delta}x)\frac{\mathrm{d}x}{x}$$

$$\overline{w}_2^H\Big|_{z=h} = -\int_0^\infty [A_2^H + (2 - 4\mu_2 + \frac{h}{\delta}x)B_2^H]e^{-\frac{h}{\delta}x}J_1(x)J_1(\frac{r}{\delta}x)\frac{\mathrm{d}x}{x}$$

若将式(11-6-1)中的有关应力与位移分量代入双层弹性滑动体系表面上和层间接触面上的九个求解条件中,并对这些求解条件施加亨格尔积分变换。在运算过程中,还应当注意无穷远处的应力与位移分量均等于零的条件(即 $C_2^H = D_2^H = F_2^H = 0$),则可得到双层弹性滑动体系中的线性方程组如下:

$$A_1^H + (1-2\mu_1)B_1^H - C_1^H + (1-2\mu_1)D_1^H = 0 \tag{1}$$

$$A_1^H - 2\mu_1 B_1^H - E_1^H + C_1^H + 2\mu_1 D_1^H + F_1^H = 0 \tag{2'}$$

$$A_1^H - 2\mu_1 B_1^H + E_1^H + C_1^H + 2\mu_1 D_1^H - F_1^H = 0 \tag{3'}$$

$$[A_1^H + (1-2\mu_1 + \frac{h}{\delta}x)B_1^H]e^{-2\frac{h}{\delta}x} - C_1^H + (1-2\mu_1 - \frac{h}{\delta}x)D_1^H = [A_2^H + (1-2\mu_2 + \frac{h}{\delta}x)B_2^H]e^{-2\frac{h}{\delta}x} \tag{4'}$$

$$[A_1^H - (2\mu_1 - \frac{h}{\delta}x)B_1^H - E_1^H]e^{-2\frac{h}{\delta}x} + C_1^H + (2\mu_1 + \frac{h}{\delta}x)D_1^H + F_1^H = 0 \tag{5'}$$

$$[A_2^H - (2\mu_2 - \frac{h}{\delta}x)B_2^H - E_2^H]e^{-2\frac{h}{\delta}x} = 0 \tag{6'}$$

$$[A_1^H - (2\mu_1 - \frac{h}{\delta}x)B_1^H + E_1^H]e^{-2\frac{h}{\delta}x} + C_1^H + (2\mu_1 + \frac{h}{\delta}x)D_1^H - F_1^H = 0 \tag{7'}$$

$$[A_2^H - (2\mu_2 - \frac{h}{\delta}x)B_2^H + E_2^H]e^{-2\frac{h}{\delta}x} = 0 \tag{8'}$$

$$m_1\{[A_1^H + (2-4\mu_1 + \frac{h}{\delta}x)B_1^H]e^{-2\frac{h}{\delta}x} + C_1^H - (2-4\mu_1 - \frac{h}{\delta}x)D_1^H\} = [A_2^H + (2-4\mu_2 + \frac{h}{\delta}x)B_2^H]e^{-2\frac{h}{\delta}x} \tag{9'}$$

式中:$m_1 = \dfrac{(1+\mu_1)E_2}{(1+\mu_2)E_1}$。

式(3′)+式(2′),则可得

$$A_1^H - 2\mu_1 B_1^H + C_1^H + 2\mu_1 D_1^H = 1 \tag{2}$$

式(3′)-式(2′),则可得

$$E_1^H - F_1^H = 1 \tag{5}$$

式(7′)+式(5′),则有

$$[A_1^H - (2\mu_1 - \frac{h}{\delta}x)B_1^H]e^{-2\frac{h}{\delta}x} + C_1^H + (2\mu_1 + \frac{h}{\delta}x)D_1^H = 0 \tag{4}$$

式(8′)+式(6′),则可得

$$A_2^H - (2\mu_2 - \frac{h}{\delta}x)B_2^H = 0 \tag{7}$$

式(7′)-式(5′),则有

$$E_1^H e^{-2\frac{h}{\delta}x} - F_1^H = 0 \tag{6}$$

式(8′) - 式(6′), 则可得

$$E_2^H = 0 \tag{9}$$

若将式(6″)代入式(4′),则可得

$$[A_1^H + (1-2\mu_1 + \frac{h}{\delta}x)B_1^H]e^{-2\frac{h}{\delta}x} - C_1^H + (1-2\mu_1 - \frac{h}{\delta}x)D_1^H = B_2^H e^{-2\frac{h}{\delta}x} \tag{8}$$

若将式(6″)代入式(9′),则可得

$$m_1\{[A_1^H + (2-4\mu_1 + \frac{h}{\delta}x)B_1^H]e^{-2\frac{h}{\delta}x} + C_1^H - (2-4\mu_1 - \frac{h}{\delta}x)D_1^H\} = 2(1-\mu_1)B_2^H e^{-2\frac{h}{\delta}x}$$

若令

$$n_{2F} = \frac{m_1}{2(1-\mu_2)}$$

则上式可改写为下式:

$$n_{2F}\{[A_1^H + (2-4\mu_1 + \frac{h}{\delta}x)B_1^H]e^{-2\frac{h}{\delta}x} + C_1^H - (2-4\mu_1 - \frac{h}{\delta}x)D_1^H\} - (2-4\mu_1 - \frac{h}{\delta}x)D_1^H\} = B_2^H e^{-2\frac{h}{\delta}x} \tag{9″}$$

式(9″) - 式(8),则可得

$$(n_{2F}-1)A_1^H e^{-2\frac{h}{\delta}x} + [(2-4\mu_1 + \frac{h}{\delta}x)n_{2F} - (1-2\mu_1 + \frac{h}{\delta}x)]B_1^H e^{-2\frac{h}{\delta}x} +$$

$$(n_{2F}+1)C_1^H - [(2-4\mu_1 - \frac{h}{\delta}x)n_{2F} + (1-2\mu_1 - \frac{h}{\delta}x)]D_1^H\} = 0$$

上式与$(n_F - 1)\times$式(4)相减,则有

$$[(1-\mu_1)n_{2F} - \frac{1}{2}]B_1^H e^{-2\frac{h}{\delta}x} + C_1^H - [(1-\mu_1)n_{2F} + \frac{1}{2} - (2\mu_1 + \frac{h}{\delta}x)]D_1^H = 0$$

再令

$$k_{2F} = (1-\mu_1)n_{2F} + \frac{1}{2}$$

则上式又可改写为下式:

$$(k_{2F}-1)B_1^H e^{-2\frac{h}{\delta}x} + C_1^H + [(2\mu_1 + \frac{h}{\delta}x) - k_{2F}]D_1^H = 0 \tag{3}$$

若将式(1)、式(2)、式(3)、式(4):

$$A_1^H + (1-2\mu_1)B_1^H - C_1^H + (1-2\mu_1)D_1^H = 0$$

$$A_1^H - 2\mu_1 B_1^H + C_1^H + 2\mu_1 D_1^H = 1$$

$$(k_F-1)B_1^H e^{-2\frac{h}{\delta}x} + C_1^H + [(2\mu_1 + \frac{h}{\delta}x) - k_F]D_1^H = 0$$

$$A_1^H e^{-2\frac{h}{\delta}x} - (2\mu_1 - \frac{h}{\delta}x)B_1^H e^{-2\frac{h}{\delta}x} + C_1^H + (2\mu_1 + \frac{h}{\delta}x)D_1^H = 0$$

联立。对于这个线性方程组,仍然采用行列式理论求解,则可得到系数A_1^H、B_1^H、C_1^H、D_1^H的表达式如下:

$$A_1^H = \frac{1}{\Delta_{2F}}\{(1-2\mu_1)k_{2F} - [(2\mu_1 - \frac{h}{\delta}x)k_{2F} + (1-2\mu_1 + \frac{h}{\delta}x - k_{2F})(1 + \frac{h}{\delta}x)]e^{-2\frac{h}{\delta}x}\}$$

$$B_1^H = -\frac{1}{\Delta_{2F}}[k_{2F} - (1 + \frac{h}{\delta}x - k_{2F})e^{-2\frac{h}{\delta}x}]$$

$$C_1^H = \frac{1}{\Delta_{2F}}[(2\mu_1 + \frac{h}{\delta}x)(k_{2F} - \frac{h}{\delta}x) - (1 - \frac{h}{\delta}x)k_{2F} - (1-2\mu_1)(k_{2F}-1)e^{-2\frac{h}{\delta}x}]e^{-2\frac{h}{\delta}x}$$

$$D_1^H = -\frac{1}{\Delta_{2F}}[(k_{2F} - \frac{h}{\delta}x) + (k_{2F}-1)e^{-2\frac{h}{\delta}x}]e^{-2\frac{h}{\delta}x}$$

式中：$k_F=(1-\mu_1)n_F+\frac{1}{2}$

$$\Delta_{2F}=k_{2F}+[2\frac{h}{\delta}x(2k_{2F}-1)-(1+2\frac{h^2}{\delta^2}x^2)]e^{-2\frac{h}{\delta}x}-(k_{2F}-1)e^{-4\frac{h}{\delta}x}$$

若将式(5)和式(6)：

$$E_1^H-F_1^H=1$$

$$E_1^He^{-2\frac{h}{\delta}x}-F_1^H=0$$

联立，若采用消元法求解，则可得 E_1^H、F_1^H 表达式如下：

$$E_1^H=\frac{1}{\Delta'_{2F}}$$

$$F_1^H=\frac{1}{\Delta'_{2F}}e^{-2\frac{h}{\delta}x}$$

式中：$\Delta'_{2F}=1-e^{-2\frac{h}{\delta}x}$。

若将 A_1^H、B_1^H、C_1^H、D_1^H 代入式(8)，则可得 B_2^H 的表达式如下：

$$B_2^H=-\frac{1}{\Delta_F}(2k_{2F}-1)(1-e^{-2\frac{h}{\delta}x})\frac{h}{\delta}x$$

若将 B_2^H 表达式代入式(7)，则可得

$$A_2^H=-\frac{1}{\Delta_F}(2\mu_2-\frac{h}{\delta}x)(2k_{2F}-1)(1-e^{-2\frac{h}{\delta}x})\frac{h}{\delta}x$$

上述系数 A_1^H、B_1^H、C_1^H、D_1^H 的解析解是否正确，可将这些系数代入求解条件的原方程中进行检验，其检验方法类似于垂直荷载下双层体系的检验法。经检验，这些系数的解完全正确无误。

13.3　古德曼模型在双层弹性体系中的应用

设双层弹性体系表面上作用有圆形单向水平荷载 $s^H(r)$，上层厚度为 h，弹性特征参数分别为上层弹性模量 E_1 和上层泊松系数 μ_1；下层为弹性半空间体，其弹性特征参数分别用下层弹性模量 E_2 和下层泊松系数 μ_2 表示。上下层接触面上产生摩阻力，其大小与水平相对位移成比例，采用层间黏结系数 K 表示其比例常数。

若采用应力和位移分量表示，则可得表面($z=0$)边界条件如下：

$$\begin{cases}\sigma_{z_1}^H\Big|_{z=0}=0\\ \tau_{\theta z_1}^H\Big|_{z=0}=s^H(r)\sin\theta\\ \tau_{zr_1}^H\Big|_{z=0}=-s^H(r)\cos\theta\end{cases}$$

为了便于施加亨格尔积分变换，上述求解条件重新组合如下：

$$\sigma_{z_1}^H\Big|_{z=0}=0$$

$$\left(\frac{\tau_{\theta z_1}^H}{\sin\theta}+\frac{\tau_{zr_1}^H}{\cos\theta}\right)\Big|_{z=0}=0$$

$$\left(\frac{\tau_{\theta_1 z_1}^H}{\sin\theta}-\frac{\tau_{zr_1}^H}{\cos\theta}\right)\Big|_{z=0}=2s^H(r)$$

若将下述关系式：

$$\sigma_{z_1}^H\Big|_{z=0}=fp\,\overline{\sigma}_{z_1}^H\Big|_{z=0}\cos\theta$$

$$\tau_{\theta z_1}^H\Big|_{z=0}=\frac{fp}{2}(H_{2_1}^H+H_{0_1}^H)\Big|_{z=0}\sin\theta$$

$$\tau_{zr_1}^H\Big|_{z=0}=\frac{fp}{2}(H_{2_1}^H-H_{0_1}^H)\Big|_{z=0}\cos\theta$$

代入上式,则上述表达式可改写为下述三式：

$$\begin{cases}\overline{\sigma}_{z_1}^H\Big|_{z=0}=0\\ H_{2_1}^H\Big|_{z=0}=0\\ fpH_{0_1}^H\Big|_{z=0}=2s^H(r)\end{cases}\tag{1}$$

式中：$\overline{\sigma}_{z_1}^H\Big|_{z=0}=\int_0^\infty[A_1^H-(1-2\mu_1)B_1^H-C_1^H+(1-2\mu_1)D_1^H]J_1(x)J_1(\frac{r}{\delta}x)\mathrm{d}x$

$$H_{2_1}^H\Big|_{z=0}=\int_0^\infty(A_1^H-2\mu_1B_1^H-E_1^H+C_1^H+2\mu_1D_1^H+F_1^H)J_1(x)J_2(\frac{r}{\delta}x)\mathrm{d}x$$

$$H_{0_1}^H\Big|_{z=0}=\int_0^\infty(A_1^H-2\mu_1B_1^H+E_1^H+C_1^H+2\mu_1D_1^H-F_1^H)J_1(x)J_0(\frac{r}{\delta}x)\mathrm{d}x$$

若采用应力和位移分量表示,则无穷远处的两个边界条件表达式可表示为如下形式：

$$\lim_{r\to\infty}[\sigma_{r_2}^H,\sigma_{\theta_2}^H,\sigma_{z_2}^H,\tau_{r\theta_2}^H,\tau_{\theta z_2}^H,\tau_{zr_2}^H,u_2^H,v_2^H,w_2^H]=0$$

$$\lim_{z\to\infty}[\sigma_{r_2}^H,\sigma_{\theta_2}^H,\sigma_{z_2}^H,\tau_{r\theta_2}^H,\tau_{\theta z_2}^H,\tau_{zr_2}^H,u_2^H,v_2^H,w_2^H]=0$$

即

$$C_2^H=D_2^H=F_2^H=0\tag{2}$$

若采用应力和位移分量表示,并利用古德曼模型,则层间产生相对水平位移的结合条件有如下六个表达式：

$$\sigma_{z_1}^H\Big|_{z=h}=\sigma_{z_2}^H\Big|_{z=h}$$

$$\tau_{\theta z_1}^H\Big|_{z=h}=\tau_{\theta z_2}^H\Big|_{z=h}$$

$$\tau_{zr_1}^H\Big|_{z=h}=\tau_{zr_2}^H\Big|_{z=h}$$

$$\tau_{\theta z_1}^H\Big|_{z=h}=K(v_1^H-v_2^H)\Big|_{z=h}$$

$$\tau_{zr_1}^H\Big|_{z=h}=K(u_1^H-u_2^H)\Big|_{z=h}$$

$$w_1^H\Big|_{z=h}=w_2^H\Big|_{z=h}$$

为了便于施加亨格尔积分变换,可将上述层间接触面的六个定解表达式改写如下：

$$\sigma_{z_1}^H\Big|_{z=h}=\sigma_{z_2}^H\Big|_{z=h}$$

$$\left(\frac{\tau_{\theta z_1}^H}{\sin\theta}+\frac{\tau_{zr_1}^H}{\cos\theta}\right)\Big|_{z=h}=\left(\frac{\tau_{\theta z_2}^H}{\sin\theta}+\frac{\tau_{zr_2}^H}{\cos\theta}\right)\Big|_{z=h}$$

$$\left(\frac{\tau_{\theta z_1}^H}{\sin\theta}-\frac{\tau_{zr_1}^H}{\cos\theta}\right)\Big|_{z=h}=\left(\frac{\tau_{\theta z_2}^H}{\sin\theta}-\frac{\tau_{zr_2}^H}{\cos\theta}\right)\Big|_{z=h}$$

$$\left(\frac{\tau_{\theta z_1}^H}{\sin\theta}+\frac{\tau_{zr_1}^H}{\cos\theta}\right)\Big|_{z=h}=K\left[\left(\frac{v_1^H}{\sin\theta}+\frac{u_1^H}{\cos\theta}\right)-\left(\frac{v_2^H}{\sin\theta}+\frac{u_2^H}{\cos\theta}\right)\right]\Big|_{z=h}$$

$$\left(\frac{\tau_{\theta z_1}^H}{\sin\theta}-\frac{\tau_{zr_1}^H}{\cos\theta}\right)\Big|_{z=h}=K\left[\left(\frac{v_1^H}{\sin\theta}-\frac{u_1^H}{\cos\theta}\right)-\left(\frac{v_2^H}{\sin\theta}-\frac{u_2^H}{\cos\theta}\right)\right]\Big|_{z=h}$$

$$w_1^H\Big|_{z=h}=w_2^H\Big|_{z=h}$$

若将下述关系式：

$$\sigma_{z_1}\Big|_{z=h}=fp\,\overline{\sigma}_{z_1}\Big|_{z=h}\cos\theta$$

$$\sigma_{z_2}\Big|_{z=h}=fp\,\overline{\sigma}_{z_2}\Big|_{z=h}\cos\theta$$

$$\tau_{\theta z_1}^H\Big|_{z=h}=\frac{fp}{2}(H_{2_1}^H+H_{0_1}^H)\Big|_{z=h}\sin\theta$$

$$\tau_{\theta z_2}\Big|_{z=h}=\frac{fp}{2}(H_{2_2}^H+H_{0_2}^H)\Big|_{z=h}\sin\theta$$

$$\tau_{zr_1}^H\Big|_{z=h}=\frac{fp}{2}(H_{2_1}^H-H_{0_1}^H)\Big|_{z=h}\cos\theta$$

$$\tau_{zr_2}\Big|_{z=h}=\frac{fp}{2}(H_{2_2}^H-H_{0_2}^H)\Big|_{z=h}\cos\theta$$

$$u_1^H\Big|_{z=h}=-\frac{(1+\mu_1)fp\delta}{2E_1}(U_{2_1}^H-U_{0_1}^H)\Big|_{z=h}\cos\theta$$

$$u_2^H\Big|_{z=h}=-\frac{(1+\mu_2)fp\delta}{E_2}(U_{2_2}^H-U_{0_2}^H)\Big|_{z=h}\cos\theta$$

$$v_1^H\Big|_{z=h}=-\frac{(1+\mu_1)fp\delta}{E_1}(U_{2_1}^H+U_{0_1}^H)\Big|_{z=h}\sin\theta$$

$$v_2^H\Big|_{z=h}=-\frac{(1+\mu_2)fp\delta}{E_2}(U_{2_2}^H+U_{0_2}^H)\Big|_{z=h}\sin\theta$$

$$w_1^H\Big|_{z=h}=-\frac{(1+\mu_1)fp\delta}{E_1}\overline{w}_1^H\Big|_{z=h}\cos\theta$$

$$w_2^H\Big|_{z=h}=-\frac{(1+\mu_2)fp\delta}{E_2}\overline{w}_2^H\Big|_{z=h}\cos\theta$$

代入上式，并注意 $m_1=\dfrac{(1+\mu_1)E_2}{(1+\mu_2)E_1}$，则上述表达式可改写为应力与位移系数表达式，如下：

$$
\left\{\begin{array}{l}
\left.\overline{\sigma}_{z_1}^H\right|_{z=h}=\left.\overline{\sigma}_{z_2}^H\right|_{z=h} \\
\left.\overline{H}_{2_1}^H\right|_{z=h}=\left.\overline{H}_{2_2}^H\right|_{z=h} \\
\left.\overline{H}_{0_1}^H\right|_{z=h}=\left.\overline{H}_{0_2}^H\right|_{z=h} \\
\left.m_1\overline{U}_{2_1}^H\right|_{z=h}=\left.\overline{U}_{2_2}^H\right|_{z=h} \\
\left.m_1\overline{U}_{0_1}^H\right|_{z=h}=\left.\overline{U}_{0_2}^H\right|_{z=h} \\
\left.m_1\overline{w}_1^H\right|_{z=h}=\left.\overline{w}_2^H\right|_{z=h}
\end{array}\right. \tag{3}
$$

式中:$\left.\overline{\sigma}_{z_1}\right|_{z=h}=\int_0^{\infty}\left\{\left[A_1^H+\left(1-2\mu_1+\frac{h}{\delta}x\right)B_1^H\right]e^{-\frac{h}{\delta}x}-\left[C_1^H-\left(1-2\mu_1-\frac{h}{\delta}x\right)D_1^H\right]e^{\frac{h}{\delta}x}\right\}J_1(x)J_1\left(\frac{r}{\delta}x\right)\mathrm{d}x$

$$\left.\overline{\sigma}_{z_2}\right|_{z=h}=\int_0^{\infty}\left[A_2^H+\left(1-2\mu_2+\frac{h}{\delta}x\right)B_2^H\right]e^{-\frac{h}{\delta}x}J_1(x)J_1\left(\frac{r}{\delta}x\right)\mathrm{d}x$$

$$\left.\overline{H}_{2_1}^H\right|_{z=h}=\int_0^{\infty}\left\{\left[A_1^H-\left(2\mu_1-\frac{h}{\delta}x\right)B_1^H-E_1^H\right]e^{-\frac{h}{\delta}x}+\left[C_1^H+\left(2\mu_1+\frac{h}{\delta}x\right)D_1^H+F_1^H\right]e^{\frac{h}{\delta}x}\right\}J_1(x)J_2\left(\frac{r}{\delta}x\right)\mathrm{d}x$$

$$\left.\overline{H}_{2_2}^H\right|_{z=h}=\int_0^{\infty}\left[A_2^H-\left(2\mu_2-\frac{h}{\delta}x\right)B_2^H-E_2^H\right]e^{-\frac{h}{\delta}x}J_1(x)J_2\left(\frac{r}{\delta}x\right)\mathrm{d}x$$

$$\left.\overline{H}_{0_1}^H\right|_{z=h}=\int_0^{\infty}\left\{\left[A_1^H-\left(2\mu_1-\frac{h}{\delta}x\right)B_1^H+E_1^H\right]e^{-\frac{h}{\delta}x}+\left[C_1^H+\left(2\mu_1+\frac{h}{\delta}x\right)D_1^H-F_1^H\right]e^{\frac{h}{\delta}x}\right\}J_1(x)J_0\left(\frac{r}{\delta}x\right)\mathrm{d}x$$

$$\left.\overline{H}_{0_2}^H\right|_{z=h}=\int_0^{\infty}\left[A_2^H-\left(2\mu_2-\frac{h}{\delta}x\right)B_2^H+E_2^H\right]e^{-\frac{h}{\delta}x}J_1(x)J_0\left(\frac{r}{\delta}x\right)\mathrm{d}x$$

$$\left.\overline{w}_1^H\right|_{z=h}=-\int_0^{\infty}\left\{\left[A_1^H+\left(2-4\mu_1+\frac{h}{\delta}x\right)B_1^H\right]e^{-\frac{h}{\delta}x}+\left[C_1^H-\left(2-4\mu_1-\frac{h}{\delta}x\right)D_1^H\right]e^{\frac{h}{\delta}x}\right\}J_1(x)J_1\left(\frac{r}{\delta}x\right)\frac{\mathrm{d}x}{x}$$

$$\left.\overline{w}_2^H\right|_{z=h}=-\int_0^{\infty}\left[A_2^H+\left(2-4\mu_2+\frac{h}{\delta}x\right)B_2^H\right]e^{-\frac{h}{\delta}x}J_1(x)J_1\left(\frac{r}{\delta}x\right)\frac{\mathrm{d}x}{x}$$

若对层间产生相对水平位移的双层弹性体系表面上和层间接触面($z=h$)上的九个定解条件,即式(1)与式(3)施加亨格尔积分变换,并注意式(2)的无穷远处的边界条件,即 $C_2^H=D_2^H=F_2^H=0$,则可得如下线性方程组:

$$A_1^H+(1-2\mu_1)B_1^H-C_1^H+(1-2\mu_1)D_1^H=0 \tag{1}$$

$$A_1^H-2\mu_1B_1^H-E_1^H+C_1^H+2\mu_1D_1^H+F_1^H=0 \tag{2'}$$

$$A_1^H-2\mu_1B_1^H+E_1^H+C_1^H+2\mu_1D_1^H-F_1^H=2 \tag{3'}$$

$$[A_1^H+(1-2\mu_1+\frac{h}{\delta}x)B_1^H]e^{-2\frac{h}{\delta}x}-C_1^H+(1-2\mu_1-\frac{h}{\delta}x)D_1^H=[A_2^H+(1-2\mu_2+\frac{h}{\delta}x)B_2^H]e^{-2\frac{h}{\delta}x} \tag{4'}$$

$$[A_1^H-(2\mu_1-\frac{h}{\delta}x)B_1^H-E_1^H]e^{-2\frac{h}{\delta}x}+C_1^H+(2\mu_1+\frac{h}{\delta}x)D_1^H+F_1^H=[A_2^H-(2\mu_2-\frac{h}{\delta}x)B_2^H-E_2^H]e^{-2\frac{h}{\delta}x} \tag{5'}$$

$$[A_1^H-(2\mu_1-\frac{h}{\delta}x)B_1^H+E_1^H]e^{-2\frac{h}{\delta}x}+C_1^H+(2\mu_1+\frac{h}{\delta}x)D_1^H-F_1^H=[A_2^H-(2\mu_2-\frac{h}{\delta}x)B_2^H+E_2^H]e^{-2\frac{h}{\delta}x} \tag{6'}$$

$$\begin{aligned}&m_1\Big\{\{(1+\chi)A_1^H-[(1-\frac{h}{\delta}x)+\chi(2\mu_1-\frac{h}{\delta}x)]B_1^H-(2+\chi)E_1^H\}e^{-2\frac{h}{\delta}x}-\\&(1-\chi)C_1^H-[(1+\frac{h}{\delta}x)-\chi(2\mu_1+\frac{h}{\delta}x)]D_1^H-(2-\chi)F_1^H\Big\}\\&=[A_2^V-(1-\frac{h}{\delta}x)B_2^V-2E_2^H]e^{-2\frac{h}{\delta}x}\end{aligned} \tag{7'}$$

$$\begin{aligned}&m_1\Big\{\{(1+\chi)A_1^H-[(1-\frac{h}{\delta}x)+\chi(2\mu_1-\frac{h}{\delta}x)]B_1^H+(2+\chi)E_1^H\}e^{-2\frac{h}{\delta}x}-\\&(1-\chi)C_1^H-[(1+\frac{h}{\delta}x)-\chi(2\mu_1+\frac{h}{\delta}x)]D_1^H+(2-\chi)F_1^H\Big\}\\&=[A_2^H-(1-\frac{h}{\delta}x)B_2^H+2E_2^H]e^{-2\frac{h}{\delta}x}\end{aligned} \tag{8'}$$

$$\begin{aligned}&m_1\{[A_1^H+(2-4\mu_1+\frac{h}{\delta}x)B_1^H]e^{-2\frac{h}{\delta}x}+C_1^H-(2-4\mu_1-\frac{h}{\delta}x)D_1^H\}\\&=[A_2^H+(2-4\mu_2+\frac{h}{\delta}x)B_2^H]e^{-2\frac{h}{\delta}x}\end{aligned} \tag{9'}$$

式中：$m_1=\dfrac{(1+\mu_1)E_2}{(1+\mu_2)E_1}$

$G_K=\dfrac{E_1}{(1+\mu_1)K\delta}$

$\chi=G_Kx$

式(3′)与式(2′)相加、相减，则可得

$$A_1^H-2\mu_1B_1^H+C_1^H+2\mu_1D_1^H=1 \tag{2}$$

$$E_1^H-F_1^H=1 \tag{5}$$

式(6′)±式(5′)，则有

$$[A_1^H+(1-2\mu_1+\frac{h}{\delta}x)B_1^H]e^{-2\frac{h}{\delta}x}-C_1^H+(1-2\mu_1-\frac{h}{\delta}x)D_1^H=[A_2^H+(1-2\mu_2+\frac{h}{\delta}x)B_2^H]e^{-2\frac{h}{\delta}x} \tag{5''}$$

$$E_1^He^{-2\frac{h}{\delta}x}-F_1^H=E_2^He^{-2\frac{h}{\delta}x} \tag{9}$$

式(8′)±式(7′)，则可得

$$\begin{aligned}&m_1\{(1+\chi)A_1^He^{-2\frac{h}{\delta}x}-[(1-\frac{h}{\delta}x)+\chi(2\mu_1-\frac{h}{\delta}x)]B_1^He^{-2\frac{h}{\delta}x}-\\&(1-\chi)C_1^H-[(1+\frac{h}{\delta}x)-\chi(2\mu_1+\frac{h}{\delta}x)]D_1^H\}\\&=[A_2^H-(1-\frac{h}{\delta}x)B_2^H]e^{-2\frac{h}{\delta}x}\end{aligned} \tag{7''}$$

$$m_1[(1+\frac{\chi}{2})E_1^H e^{-2\frac{h}{\delta}x}+(1-\frac{\chi}{2})F_1^H]=E_2^H e^{-2\frac{h}{\delta}x} \tag{8''}$$

与前面处理一样,我们采用初等变换方法对系数进行分离,以便求得待定系数的系数表达式。为此,若将式(4′)与式(5″)相加、相减,则可得到如下两个表达式:

$$[2A_1^H+(1-4\mu_1+2\frac{h}{\delta}x)B_1^H]e^{-2\frac{h}{\delta}x}+D_1^H=[2A_2^H+(1-4\mu_2+2\frac{h}{\delta}x)B_2^H]e^{-2\frac{h}{\delta}x} \tag{7}$$

$$B_1^H e^{-2\frac{h}{\delta}x}-2C_1^H+(1-4\mu_1-2\frac{h}{\delta}x)D_1^H=B_2^H e^{-2\frac{h}{\delta}x} \tag{8}$$

式(9) - 式(8″),则可得

$$(m_1-1+\frac{m_1\chi}{2})E_1^H e^{-2\frac{h}{\delta}x}+(m_1+1-\frac{m_1\chi}{2})F_1^H=0$$

若令

$$R_H=\frac{m_1\chi}{2}$$

则上式可改写为下式:

$$(m_1-1+R_H)E_1^H e^{-2\frac{h}{\delta}x}+(m_1+1-R_H)F_1^H=0 \tag{6}$$

若将式(9′)与式(7″)相加、相减,则可得

$$m_1\{2(1+\frac{\chi}{2})A_1^H e^{-2\frac{h}{\delta}x}+[(1-4\mu_1+2\frac{h}{\delta}x)-\chi(2\mu_1-\frac{h}{\delta}x)]B_1^H e^{-2\frac{h}{\delta}x}+$$

$$\chi C_1^H-[(3-4\mu_1)-\chi(2\mu_1+\frac{h}{\delta}x)]D_1^H\}$$

$$=[2A_2^H+(1-4\mu_2+2\frac{h}{\delta}x)B_2^H]e^{-2\frac{h}{\delta}x} \tag{7'''}$$

$$m_1\{-\chi A_1^H e^{-2\frac{h}{\delta}x}+[(3-4\mu_1)+\chi(2\mu_1-\frac{h}{\delta}x)]B_1^H e^{-2\frac{h}{\delta}x}+2(1-\frac{\chi}{2})C_1^H-$$

$$[(1-4\mu_1-2\frac{h}{\delta}x)+\chi(2\mu_1+\frac{h}{\delta}x)]D_1^H\}$$

$$=(3-4\mu_2)B_2^H e^{-2\frac{h}{\delta}x} \tag{9''}$$

从上述分析可看出,式(7)与式(7″)的右端表达式相同,而式(8″)与式(9″)的右端表达式只差一个因子常数$(3-4\mu_2)$。因此,若将式(7)与式(7″)相减,并令

$$M=\frac{1-m_1}{1+(3-4\mu_1)m_1}$$

$$Q=\frac{\chi m_1}{2[1+(3-4\mu_1)m_1]}$$

则可得只含系数A_1^H、B_1^H、C_1^H、D_1^H的方程式如下:

$$2(M-Q)e^{-2\frac{h}{\delta}x}A_1^H+[(1-4\mu_1+2\frac{h}{\delta}x)M+2(2\mu_1-\frac{h}{\delta}x)Q]e^{-2\frac{h}{\delta}x}B_1^H-$$

$$2QC_1^H+[1-2(2\mu_1+\frac{h}{\delta}x)Q]D_1^H=0 \tag{3}$$

若将式(8″)乘以因子$(3-4\mu_2)$与式(9″)相减,并令

$$L=\frac{(3-4\mu_2)-(3-4\mu_1)m_1}{(3-4\mu_2)+m_1}$$

$$R=\frac{\chi m_1}{2[(3-4\mu_2)+m_1]}$$

则可得只含系数A_1^H、B_1^H、C_1^H和D_1^H的方程式如下:

$$2Re^{-2\frac{h}{\delta}x}A_1^H+[L-2R(2\mu_1-\frac{h}{\delta}x)]e^{-2\frac{h}{\delta}x}B_1^H-2(1-R)C_1^H+[(1-4\mu_1-2\frac{h}{\delta}x)+2(2\mu_1+\frac{h}{\delta}x)]D_1^H=0 \tag{4}$$

若将上述式(1)、式(2)、式(3)、式(4)四个方程式组成线性联立方程组,并采用行列式理论中的克莱姆法则进行求解,则可得到系数A_1^H、B_1^H、C_1^H、D_1^H表达式如下:

$$A_1^H=\frac{1}{2\Delta_{2G}}\Big\{(1-4\mu_1+2\frac{h}{\delta}x)[(1+2\frac{h}{\delta}x)-2(1+\frac{h}{\delta}x)R]Me^{-2\frac{h}{\delta}x}+$$

$$[1-2(1+\frac{h}{\delta}x)Q]Le^{-2\frac{h}{\delta}x}+2(2\mu_1-\frac{h}{\delta}x)[(1+2\frac{h}{\delta}x)Q-R]e^{-2\frac{h}{\delta}x}-$$

$$2(1-2\mu_1)(1-R-Q)\Big\}$$

$$B_1^H=-\frac{1}{\Delta_{2G}}\{[(1+2\frac{h}{\delta}x)-2(1+\frac{h}{\delta}x)R]Me^{-2\frac{h}{\delta}x}+$$

$$[R-(1+2\frac{h}{\delta}x)Q]e^{-2\frac{h}{\delta}x}-(1-R-Q)\}$$

$$C_1^H=-\frac{1}{2\Delta_{2G}}\Big\{2(1-2\mu_1)(LM-LQ-RM)e^{-2\frac{h}{\delta}x}-$$

$$[(1-4\mu_1-2\frac{h}{\delta}x)(1-2\frac{h}{\delta}x)M+L]-$$

$$2(2\mu_1+\frac{h}{\delta}x)[(1-2\frac{h}{\delta}x)RM-LQ]+$$

$$2(1-\frac{h}{\delta}x)[(1-4\mu_1-2\frac{h}{\delta}x)Q+R]\Big\}e^{-2\frac{h}{\delta}x}$$

$$D_1^H=-\frac{1}{\Delta_{2G}}\{(LM-LQ-MR)e^{-2\frac{h}{\delta}x}-(1-2\frac{h}{\delta}x)[(1-R)M-Q]-(L-1)Q\}e^{-2\frac{h}{\delta}x}$$

式中:$\Delta_{2G}=(2\frac{h}{\delta}x)^2[(1-R)M-Q]e^{-2\frac{h}{\delta}x}-(1-Le^{-2\frac{h}{\delta}x})(1-Me^{-2\frac{h}{\delta}x})+$

$$[1-(1-2\frac{h}{\delta}x)e^{-2\frac{h}{\delta}x}](Q+R)-(1+2\frac{h}{\delta}x-e^{-2\frac{h}{\delta}x})(LQ+RM)e^{-2\frac{h}{\delta}x}$$

若将式(5)和式(6):

$$E_1^H-F_1^H=1$$

$$(m_1-1+R_H)E_1^He^{-2\frac{h}{\delta}x}+(m_1+1-R_H)F_1^H=0$$

联立,采用行列式理论求解这个联立方程组,则可得

$$E_1^H=\frac{1}{\Delta'_{2G}}(m_1+1-R_H)$$

$$F_1^H=-\frac{1}{\Delta'_{2G}}(m_1-1+R_H)e^{-2\frac{h}{\delta}x}$$

式中：$\Delta'_{2G}=(m_1+1-R_H)+(m_1-1+R_H)e^{-2\frac{h}{\delta}x}$。

若将 B_1^H、C_1^H 和 D_1^H 代入式(8)，则可得

$$B_2^H=\frac{1}{\Delta_{2G}}\{[(1+2\frac{h}{\delta}x)(L-1)(M-Q)+(M-1)R]e^{-2\frac{h}{\delta}x}-[(L-1)(1-Q)+(1-2\frac{h}{\delta}x)(M-1)R]\}$$

又将系数 A_1^H、B_1^H、D_1^H 和 B_2^H 的表达式代入式(7)，则可得到 A_2^H 的表达式如下：

$$\begin{aligned}A_2^H=&-\frac{1}{2\Delta_{2G}}\{[(1-4\mu_2+2\frac{h}{\delta}x)(1+2\frac{h}{\delta}x)(L-1)M+L(M-1)]e^{-2\frac{h}{\delta}x}+\\&2(2\mu_2-\frac{h}{\delta}x)[(1+2\frac{h}{\delta}x)(L-1)Q-(M-1)R]e^{-2\frac{h}{\delta}x}-\\&[(1-2\frac{h}{\delta}x)(M-1)+(1-4\mu_2+2\frac{h}{\delta}x)(L-1)]-\\&2(2\mu_2-\frac{h}{\delta}x)[(L-1)Q-(1-2\frac{h}{\delta}x)(M-1)R]\}\end{aligned}$$

若将系数 E_1^H、F_1^H 表达式代入式(9)：

$$E_1^He^{-2\frac{h}{\delta}x}-F_1^H=E_2^He^{-2\frac{h}{\delta}x}$$

则可得

$$E_2^H=\frac{2m_1}{\Delta'_{2G}}$$

根据本节的定解条件，求得系数 A_1^H、B_1^H、C_1^H、D_1^H、E_1^H、F_1^H 和 A_2^H、B_2^H、E_2^H 表达式后，其系数公式是否正确，需要进行检验。为此，我们同时采用下述两种方法进行检验：

1. 与双层弹性连续体进行对比

当层间黏结系数 K 为无限大时，则 $Q=R=0$，这时即为双层弹性连续体。若将 $Q=R=0$ 代入上述系数表达式，可以看出，所有的系数表达式均可退化为双层弹性连续体系表达式。

应当指出，当所推导的系数表达式均可退化为双层弹性连续体系的系数表达式时，它只能说明所求得的系数表达式有可能正确。但是，如果不能退化为双层弹性连续体系的系数表达式，则求得的系数表达式肯定有错误，应仔细检查，发现错误，及时修正。

当然，也可与双层弹性滑动体进行对比。

2. 代入原方程检验

将系数表达式代入定解条件所确定的方程式，如果满足方程式，所推导的系数表达式正确。否则，应重新检查这些系数表达式的推导过程，及时改正错误，直至完全正确为止。

经检验，所求得的系数表达式完全正确。

13.4 应力与位移的数值解

同垂直荷载下的双层弹性体系一样，应力与位移公式均为无穷积分表达式。这些无穷表达式必须采用计算机进行数值计算，才能完成应力与位移的数值解。

在进行编程时，须考虑下述五方面的问题：

(1)选择计算公式；

(2)确定积分上限值；

(3)选用数值积分方法；

(4)给出表面的余项公式；

(5)检验程序正确性的方法。

上述五个问题中,第二、三两个问题完全同于第6章6.4节的分析,此处不赘述。下面仅就圆形均布单向水平荷载下的双层弹性体系为例,对一、四、五等三个问题进行深入讨论。

13.4.1 选择计算公式

若令

$$\sigma_{r_i}^H = fp\,\overline{\sigma}_{r_i}^H\cos\theta, \sigma_{\theta_i}^H = fp\,\overline{\sigma}_{\theta_i}^H\cos\theta, \sigma_{z_i}^H = fp\,\overline{\sigma}_{z_i}^H\cos\theta$$

$$\tau_{r\theta_i}^H = fp\,\overline{\tau}_{r\theta_i}^H\sin\theta, \tau_{\theta z_i}^H = fp\,\overline{\tau}_{\theta z_i}^H\sin\theta, \tau_{zr_i}^H = fp\,\overline{\tau}_{zr_i}^H\cos\theta$$

$$u_i^H = -\frac{(1+\mu_i)fp\delta}{E_i}\overline{u}_i^H\cos\theta, v_i^H = -\frac{(1+\mu_i)fp\delta}{E_i}\overline{v}_i^H\sin\theta$$

$$w_i^H = -\frac{(1+\mu_i)fp\delta}{E_i}\overline{w}_i^H\cos\theta$$

式(11-6-1)可改写为下述应力与位移系数表达式：

$$\overline{\sigma}_{r_1}^H = \int_0^\infty\{[A_i^H - (1+2\mu_i - \frac{z}{\delta}x)B_i^H]e^{-\frac{z}{\delta}x} - [C_i^H + (1+2\mu_i + \frac{z}{\delta}x)D_i^H]e^{\frac{z}{\delta}x}\}J_1(x)J_1(\frac{r}{\delta}x)\mathrm{d}x - \frac{\delta}{r}\overline{U}_2^H$$

$$\overline{\sigma}_{\theta_i}^H = \int_0^\infty(B_i^H e^{-\frac{z}{\delta}x} + D_i^H e^{\frac{z}{\delta}x})J_1(x)J_1(\frac{r}{\delta}x)\mathrm{d}x - \frac{\delta}{r}\overline{U}_2^H$$

$$\overline{\sigma}_{z_i}^H = \int_0^\infty\{[A_i^H + (1-2\mu_i + \frac{z}{\delta}x)B_i^H]e^{-\frac{z}{\delta}x} - [C_i^H - (1-2\mu_i - \frac{z}{\delta}x)D_i^H]e^{\frac{z}{\delta}x}\}J_1(x)J_1(\frac{r}{\delta}x)\mathrm{d}x$$

$$\overline{\tau}_{r\theta_i}^H = \int_0^\infty(E_i^H e^{-\frac{z}{\delta}x} + F_i^H e^{\frac{z}{\delta}x})J_1(x)J_1(\frac{r}{\delta}x)\mathrm{d}z + \frac{\delta}{r}\overline{U}_2^H$$

$$\overline{\tau}_{\theta z_i}^H = \frac{1}{2}(\overline{H}_2^H + \overline{H}_0^H)$$

$$\overline{\tau}_{zr_i}^H = \frac{1}{2}(\overline{H}_2^H - \overline{H}_0^H)$$

$$\overline{u}_i^H = \frac{1}{2}(\overline{U}_2^H - \overline{U}_0^H)$$

$$\overline{v}_i^H = \frac{1}{2}(\overline{U}_2^H + \overline{U}_0^H)$$

$$\overline{w}_i^H = \int_0^\infty\{[A_i^H + (2-4\mu_i + \frac{z}{\delta}x)B_i^H]e^{-\frac{z}{\delta}x} + [C_i^H - (2-4\mu_i - \frac{z}{\delta}x)D_i^H]e^{\frac{z}{\delta}x}\}J_1(x)J_1(\frac{r}{\delta}x)\frac{\mathrm{d}x}{x}$$

式中：

$$\overline{U}_2^H = \int_0^\infty\{[A_i^H - (1-\frac{z}{\delta}x)B_i^H - 2E_i^H]e^{-\frac{z}{\delta}x} - [C_1^H + (1+\frac{z}{\delta}x)D_i^H + 2F_i^H]e^{\frac{z}{\delta}x}\}J_1(x)J_2(\frac{r}{\delta}x)\frac{\mathrm{d}x}{x}$$

$$\overline{U}_0^H = \int_0^\infty\{[A_i^H - (1-\frac{z}{\delta}x)B_i^H + 2E_i^H]e^{-\frac{z}{\delta}x} - [C_i^H + (1+\frac{z}{\delta}x)D_i^H - 2F_i^H]e^{\frac{z}{\delta}x}\}J_1(x)J_0(\frac{r}{\delta}x)\frac{\mathrm{d}x}{x}$$

$$\overline{H}_2^H = \int_0^\infty\{[A_i^H - (2\mu_i - \frac{z}{\delta}x)B_i^H - E_i^H]e^{-\frac{z}{\delta}x} + [C_i^H + (2\mu_i + \frac{z}{\delta}x)D_i^H + F_i^H]e^{\frac{z}{\delta}x}\}J_1(x)J_2(\frac{r}{\delta}x)\mathrm{d}x$$

$$\overline{H}_0^H=\int_0^{\infty}\{[A_i^H-(2\mu_i-\frac{z}{\delta}x)B_i^H+E_i^H]e^{-\frac{z}{\delta}x}+[C_i^H+(2\mu_i+\frac{z}{\delta}x)D_i^H-F_i^H]e^{\frac{z}{\delta}x}\}J_1(x)J_0(\frac{r}{\delta}x)\mathrm{d}x$$

根据本章前三节的分析，系数 C_i^H、D_i^H、F_i^H 表达式要比 A_i^H、B_i^H、E_i^H 多一个乘积因子 $e^{-2\frac{h}{\delta}x}$。因此。若将这个乘积因子 $e^{-2\frac{h}{\delta}x}$移至应力与位移分量无穷积分表达式中，则上述应力与位移分量无穷积分表达式可改写如下：

$$\begin{cases}\overline{\sigma}_{r_i}^H=\int_0^{\infty}\{[A_i^H-(1+2\mu_i-\frac{z}{\delta}x)B_i^H]e^{-\frac{z}{\delta}x}-\\\qquad[C_i^H+(1+2\mu_i+\frac{z}{\delta}x)D_i^H]e^{-(2\frac{h}{\delta}x-\frac{z}{\delta}x)}\}J_1(x)J_1(\frac{r}{\delta}x)\mathrm{d}x-\frac{\delta}{r}\overline{U}_2^H\\\overline{\sigma}_{\theta_i}^H=\int_0^{\infty}[B_i^He^{-\frac{z}{\delta}x}+D_i^He^{-(2\frac{h}{\delta}x-\frac{z}{\delta}x)}]J_1(x)J_1(\frac{r}{\delta}x)\mathrm{d}x-\frac{\delta}{r}\overline{U}_2^H\\\overline{\sigma}_{z_i}^H=\int_0^{\infty}\{[A_i^H+(1-2\mu_i+\frac{z}{\delta}x)B_i^H]e^{-\frac{z}{\delta}x}-\\\qquad[C_i^H-(1-2\mu_i-\frac{z}{\delta}x)D_i^H]e^{-(2\frac{h}{\delta}x-\frac{z}{\delta}x)}\}J_1(x)J_1(\frac{r}{\delta}x)\mathrm{d}x\\\overline{\tau}_{r\theta_i}^H=\int_0^{\infty}[E_i^He^{-\frac{z}{\delta}x}+F_i^He^{-(2\frac{h}{\delta}x-\frac{z}{\delta}x)}]J_1(x)J_1(\frac{r}{\delta}x)\mathrm{d}z+\frac{\delta}{r}\overline{U}_2^H\\\overline{\tau}_{\theta z_i}^H=\frac{1}{2}(\overline{H}_2^H+\overline{H}_0^H)\\\overline{\tau}_{zr_i}^H=\frac{1}{2}(\overline{H}_2^H-\overline{H}_0^H)\\\overline{u}_i^H=\frac{1}{2}(\overline{U}_2^H-\overline{U}_0^H)\\\overline{v}_i^H=\frac{1}{2}(\overline{U}_2^H+\overline{U}_0^H)\\\overline{w}_i^H=\int_0^{\infty}\{[A_i^H+(2-4\mu_i+\frac{z}{\delta}x)B_i^H]e^{-\frac{z}{\delta}x}+\\\qquad[C_i^H-(2-4\mu_i-\frac{z}{\delta}x)D_i^H]e^{-(2\frac{h}{\delta}-\frac{z}{\delta}x)}\}J_1(x)J_1(\frac{r}{\delta}x)\frac{\mathrm{d}x}{x}\end{cases}\tag{13-4-1}$$

式中：$J_2(\frac{r}{\delta}x)=2\frac{\delta}{r}\times\frac{J_1(\frac{r}{\delta}x)}{x}-J_0(\frac{r}{\delta}x)$

$$\overline{U}_2^H=\int_0^{\infty}\{[A_i^H-(1-\frac{z}{\delta}x)B_i^H-2E_i^H]e^{-\frac{z}{\delta}x}-[C_i^H+(1+\frac{z}{\delta}x)D_i^H+2F_i^H]e^{-(2\frac{h}{\delta}x-\frac{z}{\delta}x)}\}J_1(x)J_2(\frac{r}{\delta}x)\frac{\mathrm{d}x}{x}$$

$$\overline{U}_0^H=\int_0^{\infty}\{[A_i^H-(1-\frac{z}{\delta}x)B_i^H+2E_i^H]e^{-\frac{z}{\delta}x}-[C_i^H+(1+\frac{z}{\delta}x)D_i^H-2F_i^H]e^{-(2\frac{h}{\delta}x-\frac{z}{\delta}x)}\}J_1(x)J_0(\frac{r}{\delta}x)\frac{\mathrm{d}x}{x}$$

$$\overline{H}_2^H=\int_0^{\infty}\{[A_i^H-(2\mu_i-\frac{z}{\delta}x)B_i^H-E_i^H]e^{-\frac{z}{\delta}x}+[C_i^H+(2\mu_i+\frac{z}{\delta}x)D_i^H+F_i^H]e^{-(2\frac{h}{\delta}x-\frac{z}{\delta}x)}\}J_1(x)J_2(\frac{r}{\delta}x)\mathrm{d}x$$

$$\overline{H}_0^H=\int_0^{\infty}\{[A_i^H-(2\mu_i-\frac{z}{\delta}x)B_i^H+E_i^H]e^{-\frac{z}{\delta}x}+[C_i^H+(2\mu_i+\frac{z}{\delta}x)D_i^H-F_i^H]e^{-(2\frac{h}{\delta}x-\frac{z}{\delta}x)}\}J_1(x)J_0(\frac{r}{\delta}x)\mathrm{d}x$$

对于双层弹性连续体系，则有如下的系数表达式：

$$A_1^H=\frac{1}{2\Delta_{2C}}\{[(1-4\mu_1+2\frac{h}{\delta}x)(1+2\frac{h}{\delta}x)M+L]e^{-2\frac{h}{\delta}x}-2(1-2\mu_1)\}$$

$$B_1^H=-\frac{1}{\Delta_{2C}}[(1+2\frac{h}{\delta}x)Me^{-2\frac{h}{\delta}x}-1]$$

$$C_1^H=-\frac{1}{2\Delta_{2C}}\{2(1-2\mu_1)LMe^{-2\frac{h}{\delta}x}-[(1-4\mu_1-2\frac{h}{\delta}x)(1-2\frac{h}{\delta}x)M+L]\}$$

$$D_1^H=-\frac{M}{\Delta_{2C}}[Le^{-2\frac{h}{\delta}x}-(1-2\frac{h}{\delta}x)]$$

$$E_1^H=\frac{m_1+1}{\Delta'_{2C}}$$

$$F_1^H=-\frac{m_1-1}{\Delta'_{2C}}$$

$$A_2^H=-\frac{1}{2\Delta_{2C}}\{[(1-4\mu_2+2\frac{h}{\delta}x)(1+2\frac{h}{\delta}x)(L-1)M+L(M-1)]e^{-2\frac{h}{\delta}x}-$$

$$[(1+2\frac{h}{\delta}x)(M-1)+(1-4\mu_2+2\frac{h}{\delta}x)(L-1)]\}$$

$$B_2^H=\frac{L-1}{\Delta_{2C}}[(1+2\frac{h}{\delta}x)Me^{-2\frac{h}{\delta}x}-1]$$

$$E_2^H=\frac{2m_1}{\Delta'_{2C}}$$

$$C_2^H=D_2^H=F_2^H=0$$

式中：$m_1=\dfrac{(1+\mu_1)E_2}{(1+\mu_2)E_1}$

$$L=\frac{(3-4\mu_2)-(3-4\mu_1)m_1}{3-4\mu_2+m_1}$$

$$M=\frac{1-m_1}{(3-4\mu_1)m_1+1}$$

$$\Delta_{2C}=(2\frac{h}{\delta}x)^2Me^{-2\frac{h}{\delta}x}-(1-Le^{-2\frac{h}{\delta}x})(1-Me^{-2\frac{h}{\delta}x})$$

$$\Delta'_{2C}=(m_1+1)+(m_1-1)e^{-2\frac{h}{\delta}x}$$

对于双层弹性滑动体系，则有如下的系数表达式：

$$A_1^H=\frac{1}{\Delta_{2F}}\{(1-2\mu_1)k_F-[(2\mu_1-\frac{h}{\delta}x)k_F+(1-2\mu_1+\frac{h}{\delta}x-k_F)(1+\frac{h}{\delta}x)]e^{-2\frac{h}{\delta}x}\}$$

$$B_1^H=-\frac{1}{\Delta_{2F}}[k_{2F}-(1+\frac{h}{\delta}x-k_{2F})e^{-2\frac{h}{\delta}x}]$$

$$C_1^H=\frac{1}{\Delta_{2F}}[(2\mu_1+\frac{h}{\delta}x)(k_{2F}-\frac{h}{\delta}x)-(1-\frac{h}{\delta}x)k_{2F}-(1-2\mu_1)(k_{2F}-1)e^{-2\frac{h}{\delta}x}]$$

$$D_1^H=-\frac{1}{\Delta_{2F}}[(k_{2F}-\frac{h}{\delta}x)+(k_{2F}-1)e^{-2\frac{h}{\delta}x}]$$

$$E_1^H=\frac{1}{\Delta'_{2F}}$$

$$F_1^H=\frac{1}{\Delta'_{2F}}$$

$$A_2^H=-\frac{1}{\Delta_{2F}}\times\frac{h}{\delta}x(2\mu_2-\frac{h}{\delta}x)(2k_{2F}-1)(1-e^{-2\frac{h}{\delta}x})$$

$$B_2^H = -\frac{1}{\Delta_{2F}} \times \frac{h}{\delta}x(2k_{2F}-1)(1-e^{-2\frac{h}{\delta}x})$$

$$E_2^H = 0$$

$$C_2^H = D_2^H = F_2^H = 0$$

式中：$m_1 = \frac{(1+\mu_1)E_2}{(1+\mu_2)E_1}$

$$k_{2F} = (1-\mu_1)n_{2F} + \frac{1}{2}$$

$$\Delta_{2F} = k_{2F} + [2\frac{h}{\delta}x(2k_{2F}-1) - (1+2\frac{h^2}{\delta^2}x^2)]e^{-2\frac{h}{\delta}x} - (k_{2F}-1)e^{-4\frac{h}{\delta}x}$$

$$\Delta'_{2F} = 1 - e^{-2\frac{h}{\delta}x}$$

对于层间产生相对水平位移的双层弹性体系，则有上、下层系数表达式如下：

$$A_1^H = \frac{1}{2\Delta_{2G}}\Big\{\{(1-4\mu_1+2\frac{h}{\delta}x)[(1+2\frac{h}{\delta}x)-2(1+\frac{h}{\delta}x)R]M + [1-2(1+\frac{h}{\delta}x)Q]L + 2(2\mu_1-\frac{h}{\delta}x)[(1+2\frac{h}{\delta}x)Q-R]\}e^{-2\frac{h}{\delta}x} - 2(1-2\mu_1)(1-R-Q)\Big\}$$

$$B_1^H = -\frac{1}{\Delta_{2G}}\{[(1+2\frac{h}{\delta}x)-2(1+\frac{h}{\delta}x)R]Me^{-2\frac{h}{\delta}x} + [R-(1+2\frac{h}{\delta}x)Q]e^{-2\frac{h}{\delta}x} - (1-Q-R)\}$$

$$C_1^H = -\frac{1}{2\Delta_{2G}}\{2(1-2\mu_1)(LM-LQ-RM)e^{-2\frac{h}{\delta}x} - [(1-4\mu_1-2\frac{h}{\delta}x)(1-2\frac{h}{\delta}x)M+L] - 2(2\mu_1+\frac{h}{\delta}x)[(1-2\frac{h}{\delta}x)RM-LQ] + 2(1-\frac{h}{\delta}x)[(1-4\mu_1-2\frac{h}{\delta}x)Q+R]\}$$

$$D_1^H = -\frac{1}{\Delta_{2G}}\{(LM-LQ-RM)e^{-2\frac{h}{\delta}x} - (1-2\frac{h}{\delta}x)[(1-R)M-Q] - (L-1)Q\}$$

$$E_1^H = \frac{1}{\Delta'_{2G}}(m_1+1-R_H)$$

$$F_1^H = -\frac{1}{\Delta'_{2G}}(m_1-1+R_H)$$

$$A_2^H = -\frac{1}{2\Delta_{2G}}\{[(1-4\mu_2+2\frac{h}{\delta}x)(1+2\frac{h}{\delta}x)(L-1)M + L(M-1)]e^{-2\frac{h}{\delta}x} + 2(2\mu_2-\frac{h}{\delta}x)[(1+2\frac{h}{\delta}x)(L-1)Q-(M-1)R]e^{-2\frac{h}{\delta}x} - [(1-2\frac{h}{\delta}x)(M-1)+(1-4\mu_2+2\frac{h}{\delta}x)(L-1)] - 2(2\mu_2-\frac{h}{\delta}x)[(L-1)Q-(1-2\frac{h}{\delta}x)(M-1)R]\}$$

$$B_2^H = \frac{1}{\Delta_{2G}}\{[(1+2\frac{h}{\delta}x)(L-1)(M-Q)+(M-1)R]e^{-2\frac{h}{\delta}x} - [(L-1)(1-Q)+(1-2\frac{h}{\delta}x)(M-1)R]\}$$

$$E_2^H = \frac{2m_1}{\Delta'_{2G}}$$

$$C_2^H = D_2^H = F_2^H = 0$$

式中：$m_1=\dfrac{(1+\mu_1)E_2}{(1+\mu_2)E_1}$

$$G_K=\frac{E_1}{(1+\mu_1)K\delta}$$

$$\chi=G_K x$$

$$L=\frac{(3-4\mu_2)-(3-4\mu_1)m_1}{3-4\mu_2+m_1}$$

$$M=\frac{1-m_1}{(3-4\mu_1)m_1+1}$$

$$Q=\frac{\chi m_1}{2[(3-4\mu_1)m_1+1]}$$

$$R=\frac{\chi m_1}{2(3-4\mu_2+m_1)}$$

$$\Delta_{2G}=(2\frac{h}{\delta}x)^2[(1-R)M+Q]e^{-2\frac{h}{\delta}x}-(1-Le^{-2\frac{h}{\delta}x})(1-Me^{-2\frac{h}{\delta}x})+$$
$$[1-(1-2\frac{h}{\delta}x)e^{-2\frac{h}{\delta}x}](Q+R)-(1+2\frac{h}{\delta}x-e^{-2\frac{h}{\delta}x})(LQ+RM)e^{-2\frac{h}{\delta}x}$$

$$R_H=\frac{m_1\chi}{2}$$

$$\Delta'_{2G}=(m_1+1-R_H)e^{-2\frac{h}{\delta}x}-(m_1-1+R_H)$$

13.4.2 确定表面的余项公式

根据第6章6.4节的分析方法，当 $z=0$ 时，圆形均布单向水平荷载下的表面余项公式可表示为如下：

$$\begin{cases}
R(\bar{\sigma}_{r_1}^H)=-2[\int_0^\infty J_1(x)J_1(\frac{r}{\delta}x)\mathrm{d}x-\int_0^{x_s}J_1(x)J_1(\frac{r}{\delta}x)\mathrm{d}x]+\frac{\delta}{r}R(\bar{U}_2^H)\\
R(\bar{\sigma}_{\theta_1}^H)=-2\mu_1[\int_0^\infty J_1(x)J_1(\frac{r}{\delta}x)\mathrm{d}x-\int_0^\infty J_1(x)J_1(\frac{r}{\delta}x)\mathrm{d}x]-\frac{\delta}{r}R(\bar{U}_2^H)\\
R(\sigma_{z_1}^H)=0\\
R(\bar{\tau}_{r\theta_1}^H)=[\int_0^\infty J_1(x)J_1(\frac{r}{\delta}x)\mathrm{d}x-\int_0^\infty J_1(x)J_1(\frac{r}{\delta}x)\mathrm{d}x]+\frac{\delta}{r}R(\bar{U}_2^H)\\
R(\bar{\tau}_{\theta z_1}^H)=\frac{1}{2}R(\bar{H}_0^H)\\
R(\bar{\tau}_{zr_1}^H)=-\frac{1}{2}R(\bar{H}_0^H)\\
R(u_1^H)=-\frac{1+\mu_1}{4}[R(\bar{U}_2^H)-R(\bar{U}_0^H)]\\
R(\bar{v}_1^H)=-\frac{1+\mu_1}{4}[R(\bar{U}_2^H)+R(\bar{U}_0^H)]\\
R(\bar{w}_1^H)=\frac{(1+\mu_1)(1-2\mu_1)}{2}[\int_0^\infty J_1(x)J_1(\frac{r}{\delta}x)\frac{\mathrm{d}x}{x}-\int_0^{x_s}J_1(x)J_1(\frac{r}{\delta}x)\frac{\mathrm{d}x}{x}]
\end{cases}\tag{13-4-2}$$

式中：$R(\bar{U}_2^H)=-2\mu_1[\int_0^\infty J_1(x)J_2(\frac{r}{\delta}x)\frac{\mathrm{d}x}{x}-\int_0^{x_s}J_1(x)J_2(\frac{r}{\delta}x)\frac{\mathrm{d}x}{x}]$

$$R(\bar{U}_0^H)=2(2-\mu)[\int_0^\infty J_1(x)J_0(\frac{r}{\delta}x)\frac{\mathrm{d}x}{x}-\int_0^{x_s}J_1(x)J_0(\frac{r}{\delta}x)\frac{\mathrm{d}x}{x}]$$

$$R(\overline{H}_0^H) = 2\left[\int_0^{\infty} J_1(x) J_0\left(\frac{r}{\delta}x\right) \mathrm{d}x - \int_0^{x_s} J_1(x) J_0\left(\frac{r}{\delta}x\right) \mathrm{d}x\right]$$

由上述表面($z=0$)的余项公式可以看出,它们都由两部分积分组成。其中由 0 至上限 x_s 的积分部分可采用数值积分法求得,另一部分由 0 至∞的积分,可按下述表达式计算:

$$\int_0^{\infty} J_1(x) J_0\left(\frac{r}{\delta}x\right) \mathrm{d}x = \begin{cases} 1 & (r < \delta) \\ \dfrac{1}{2} & (r = \delta) \\ 0 & (r > \delta) \end{cases}$$

$$\int_0^{\infty} J_1(x) J_0\left(\frac{r}{\delta}x\right) \frac{\mathrm{d}x}{x} = \begin{cases} F\left(\dfrac{1}{2}, -\dfrac{1}{2}, 1, \dfrac{r^2}{\delta^2}\right) & (r \leqslant \delta) \\ \dfrac{1}{2} \times \dfrac{\delta}{r} F\left(\dfrac{1}{2}, \dfrac{1}{2}, 2, \dfrac{\delta^2}{r^2}\right) & (r \geqslant \delta) \end{cases}$$

$$\int_0^{\infty} J_1(x) J_1\left(\frac{r}{\delta}x\right) \mathrm{d}x = \begin{cases} \dfrac{1}{2} \times \dfrac{r}{\delta} F\left(\dfrac{3}{2}, \dfrac{1}{2}, 2, \dfrac{r^2}{\delta^2}\right) & (r < \delta) \\ \infty & (r = \delta) \\ \dfrac{1}{2} \times \dfrac{\delta^2}{r^2} F\left(\dfrac{3}{2}, \dfrac{1}{2}, 2, \dfrac{\delta^2}{r^2}\right) & (r > \delta) \end{cases}$$

$$\int_0^{\infty} J_1(x) J_2\left(\frac{r}{\delta}x\right) \frac{\mathrm{d}x}{x} = \begin{cases} \dfrac{1}{8} \times \dfrac{r^2}{\delta^2} F\left(\dfrac{3}{2}, \dfrac{1}{2}, 3, \dfrac{r^2}{\delta^2}\right) & (r \leqslant \delta) \\ \dfrac{1}{2} \times \dfrac{\delta}{r} F\left(\dfrac{3}{2}, -\dfrac{1}{2}, 2, \dfrac{\delta^2}{r^2}\right) & (r \geqslant \delta) \end{cases}$$

上述表面余项公式,不仅适用于圆形均布单向水平荷载下的双层弹性体系,而且也适用于圆形均布单向水平荷载下的多层弹性体系。至于其他类型的圆形单向水平荷载的层状弹性体系,需要另行推导它的余项公式。

13.4.3 检验程序正确性的方法

在第 6 章 6.4 节中,曾介绍过两类检验方法:一类为数据对比法,另一类为关系式对比法。这两类检验方法均可用于本节。由于关系式对比法尽管思路相同,但检验公式有所不同,故本节着重介绍关系式对比法:

1. 相邻点检验法

根据层间结合条件,可按下述三种情况进行讨论:

(1)层间连续条件下的检验法

根据层间连续条件,在接触面($z=h$)上,有如下应力与位移分量的关系式:

$$\begin{cases} \sigma_{z_2}^H = \sigma_{z_1}^H \\ \tau_{\theta z_2}^H = \tau_{\theta z_1}^H \\ \tau_{zr_2}^H = \tau_{zr_1}^H \\ u_2^H = u_1^H \\ v_2^H = v_1^H \\ w_2^H = w_1^H \end{cases}$$

若用应力与位移分量系数表示，上式可改写为下述表达式：

$$\begin{cases}\overline{\sigma}_{z_2}^{H}=\overline{\sigma}_{z_1}^{H}\\ \overline{\tau}_{\theta z_2}^{H}=\overline{\tau}_{\theta z_1}^{H}\\ \overline{\tau}_{zr_2}^{H}=\overline{\tau}_{zr_1}^{H}\\ \overline{u}_2^{H}=m_1\overline{u}_1^{H}\\ \overline{v}_2^{H}=m_1\overline{v}_1^{H}\\ \overline{w}_2^{H}=m_1\overline{w}_1^{H}\end{cases}\tag{13-4-3}$$

式中：$m_1=\dfrac{(1+\mu_1)E_2}{(1+\mu_2)E_1}$。

由程序求出接触面上两相邻点的计算结果，并将上层底面处的计算结果代入式(13-4-3)，求得下层顶面相邻点的数据，再与由程序求得的下层顶面相邻点的数据进行对比检验。若两者结果一致，表明程序编制正确；否则应检查程序，找出错误，及时修改。如此重复，直至正确为止。

(2)层间滑动条件下的检验方法

根据层间滑动条件，在接触面($z=h$)上，有如下应力与位移分量的关系式：

$$\begin{cases}\sigma_{z_2}^{H}=\sigma_{z_1}^{H}\\ \tau_{\theta z_2}^{H}=0\\ \tau_{\theta z_1}^{H}=0\\ \tau_{zr_2}^{H}=0\\ \tau_{zr_1}^{H}=0\\ w_2^{H}=w_1^{H}\end{cases}$$

若用应力与位移分量系数表示，上式可改写为下述表达式：

$$\begin{cases}\overline{\sigma}_{z_2}^{H}=\overline{\sigma}_{z_1}^{H}\\ \overline{\tau}_{\theta z_2}^{H}=0\\ \overline{\tau}_{\theta z_1}^{H}=0\\ \overline{\tau}_{zr_2}^{H}=0\\ \overline{\tau}_{zr_1}^{H}=0\\ \overline{w}_2^{H}=m_1\overline{w}_1^{H}\end{cases}\tag{13-4-4}$$

式中：$m_1=\dfrac{(1+\mu_1)E_2}{(1+\mu_1)E_1}$。

其检验方法同于层间连续条件下的检验方法，在此不赘述。

(3)层间半连续半滑动结合条件下的检验方法

根据层间结合条件,在层间接触面($z=h$)上,可得下述关系式:

$$\sigma_{z_1}^{H}=\sigma_{z_2}^{H}$$

$$\tau_{\theta z_1}^{H}=\tau_{\theta z_2}^{H}$$

$$\tau_{zr_1}^{H}=\tau_{zr_2}^{H}$$

$$\tau_{\theta z_1}^{H}=K(v_1^H-v_2^H)$$

$$\tau_{zr_1}^{H}=K(u_1^H-u_2^H)$$

$$w_1^H=w_2^H$$

为了便于施加亨格尔积分变换,将上述层间接触面的六个定解表达式改写如下:

$$\sigma_{z_1}^{H}=\sigma_{z_2}^{H}$$

$$\frac{\tau_{\theta z_1}^{H}}{\sin\theta}+\frac{\tau_{zr_1}^{H}}{\cos\theta}=\frac{\tau_{\theta z_2}^{H}}{\sin\theta}+\frac{\tau_{zr_2}^{H}}{\cos\theta}$$

$$\frac{\tau_{\theta z_1}^{H}}{\sin\theta}-\frac{\tau_{zr_1}^{H}}{\cos\theta}=\frac{\tau_{\theta z_2}^{H}}{\sin\theta}-\frac{\tau_{zr_2}^{H}}{\cos\theta}$$

$$\frac{\tau_{\theta z_1}^{H}}{\sin\theta}+\frac{\tau_{zr_1}^{H}}{\cos\theta}=K\left[\left(\frac{v_1^H}{\sin\theta}+\frac{u_1^H}{\cos\theta}\right)-\left(\frac{v_2^H}{\sin\theta}+\frac{u_2^H}{\cos\theta}\right)\right]$$

$$\frac{\tau_{\theta z_1}^{H}}{\sin\theta}-\frac{\tau_{zr_1}^{H}}{\cos\theta}=K\left[\left(\frac{v_1^H}{\sin\theta}-\frac{u_1^H}{\cos\theta}\right)-\left(\frac{v_2^H}{\sin\theta}-\frac{u_2^H}{\cos\theta}\right)\right]$$

$$w_1^H=w_2^H$$

若采用应力和位移系数表示,则上述层间接触面($z=h$)的定解表达式可改写如下:

$$\overline{\sigma}_{z_1}^{H}=\overline{\sigma}_{z_2}^{H}$$

$$\overline{\tau}_{\theta z_1}^{H}+\overline{\tau}_{zr_1}^{H}=\overline{\tau}_{\theta z_2}^{H}+\overline{\tau}_{zr_2}^{H}$$

$$\overline{\tau}_{\theta z_1}^{H}-\overline{\tau}_{zr_1}^{H}=\overline{\tau}_{\theta z_2}^{H}-\overline{\tau}_{zr_2}^{H}$$

$$\overline{\tau}_{\theta z_1}^{H}+\overline{\tau}_{zr_1}^{H}=K\left[-\frac{(1+\mu_1)\delta}{2E_1}(\overline{v}_1^H+\overline{u}_1^H)+\frac{(1+\mu_2)\delta}{2E_2}(\overline{v}_2^H+\overline{u}_2^H)\right]$$

$$\overline{\tau}_{\theta z_1}^{H}-\overline{\tau}_{zr_1}^{H}=K\left[-\frac{(1+\mu_1)\delta}{2E_1}(\overline{v}_1^H-\overline{u}_1^H)+\frac{(1+\mu_2)\delta}{2E_2}(\overline{v}_2^H-\overline{u}_2^H)\right]$$

$$\frac{1+\mu_1}{E_1}\overline{w}_1^H=\frac{1+\mu_2}{E_2}\overline{w}_2^H$$

上式加以重新整理,则可得

$$
\begin{cases}
\overline{\sigma}_{z_2}^H = \overline{\sigma}_{z_1}^H \\
\overline{\tau}_{\theta z_2}^H + \overline{\tau}_{zr_2}^H = \overline{\tau}_{\theta z_1}^H + \overline{\tau}_{zr_1}^H \\
\overline{\tau}_{\theta z_2}^H - \overline{\tau}_{zr_2}^H = \overline{\tau}_{\theta z_1}^H - \overline{\tau}_{zr_1}^H \\
\frac{1}{2}(\overline{u}_2^H + \overline{v}_2^H) = m_1\left[\frac{1}{2}(\overline{u}_2^H + \overline{v}_2^H) + G_K(\overline{\tau}_{\theta z_1}^H + \overline{\tau}_{zr_1}^H)\right] \\
\frac{1}{2}(\overline{v}_2^H - \overline{u}_2^H) = m_1\left[\frac{1}{2}(\overline{v}_1^H - \overline{u}_1^H) + G_K(\overline{\tau}_{\theta z_1}^H + \overline{\tau}_{zr_1}^H)\right] \\
\overline{w}_2^H = m_1\overline{w}_1^H
\end{cases}
\tag{13-4-5}
$$

在上式中,m_1、G_K 的表达式可表示为如下形式:

$$m_1 = \frac{(1+\mu_1)E_2}{(1+\mu_2)E_1}$$

$$G_K = \frac{E_1}{(1+\mu_1)K\delta}$$

式中,K 为双层体系的接触面上的黏结系数(MPa/cm)。

其检验方法同于层间连续条件下的检验方法,在此不赘述。

2. 基本方程式检验法

根据物理方程式,则可得

$$\varepsilon_{r_i}^H = \frac{1}{E_i}\left[\varepsilon_{r_i}^H - \mu_i(\sigma_{\theta_i}^H + \sigma_{z_i}^H)\right]$$

$$\varepsilon_{\theta_i}^H = \frac{1}{E_i}\left[\sigma_{\theta_i}^H - \mu_i(\sigma_{r_i}^H + \sigma_{z_i}^H)\right]$$

$$\varepsilon_{z_i}^H = \frac{1}{Ei}\left[\sigma_{z_i}^H - \mu_i(\sigma_{r_i}^H + \sigma_{\theta_i}^H)\right]$$

若令

$$\sigma_{r_i}^H = fp\,\overline{\sigma}_{r_i}^H\cos\theta$$

$$\sigma_{\theta_i}^H = fp\,\overline{\sigma}_{\theta_i}^H\cos\theta$$

$$\sigma_{z_i}^H = fp\,\overline{\sigma}_{z_i}^H\cos\theta$$

$$\varepsilon_{r_i}^H = \frac{fp}{E_i}\overline{\varepsilon}_{r_i}^H\cos\theta$$

$$\varepsilon_{\theta_i} = \frac{fp}{E_i}\overline{\varepsilon}_{\theta_i}^H\cos\theta$$

$$\varepsilon_{z_i}^H = \frac{fp}{E_i}\overline{\varepsilon}_{z_i}^H\cos\theta$$

则可得用应力和形变分量系数表示的物理方程式如下:

$$
\begin{cases}
\overline{\varepsilon}_{r_i}^H = \overline{\sigma}_{r_i}^H - \mu_i(\overline{\sigma}_{\theta_i}^H + \overline{\sigma}_{z_i}^H) \\
\overline{\varepsilon}_{\theta_i}^H = \overline{\sigma}_{\theta_i}^H - \mu_i(\overline{\sigma}_{r_i}^H + \overline{\sigma}_{z_i}^H) \\
\overline{\varepsilon}_{z_i}^H = \overline{\sigma}_{z_i}^H - \mu_i(\overline{\sigma}_{r_i}^H + \overline{\sigma}_{\theta_i}^H)
\end{cases}
\tag{13-4-6}
$$

若将式(13-4-1)中的 $\overline{\sigma}_{r_i}^H$、$\overline{\sigma}_{\theta_i}^H$、$\overline{\sigma}_{z_i}^H$表达式代入式(13-4-6),则可得

$$\begin{cases}\overline{\varepsilon}_{r_i}^H = -(1+\mu_i)\left\{\int_0^\infty \{[A_i^H - (1-\frac{z}{\delta}x)B_i^H]e^{-\frac{z}{\delta}x} - \right.\\ \quad \left.[C_i^H + (1+\frac{z}{\delta}x)D_i^H]e^{-(2\frac{h}{\delta}x-\frac{z}{\delta}x)}\}J_1(x)J_1(\frac{r}{\delta}x)\mathrm{d}x - \frac{\delta}{r}U_{2_i}^H\right\} \\ \overline{\varepsilon}_{\theta_i}^H = -(1+\mu_i)\frac{\delta}{r}U_{2_i}^H \\ \overline{\varepsilon}_{z_i}^H = (1+\mu_i)\int_0^\infty \{[A_i^H + (1-4\mu_i+\frac{z}{\delta}x)B_i^H]e^{-\frac{z}{\delta}x} - \\ \quad [C_i^H - (1-4\mu_i-\frac{z}{\delta}x)D_i^H]e^{-(2\frac{h}{\delta}x-\frac{z}{\delta}x)}\}J_1(x)J_1(\frac{r}{\delta}x)\mathrm{d}x\end{cases} \tag{13-4-7}$$

其中,$U_{2_i}^H$表达式参阅式(13-4-1)中的 $U_{2_i}^H$表达式。

本检验法完全同于第6章6.4节的基本方程式检验法。

14　圆形单向水平荷载下的多层弹性体系

多层弹性体系的应力和位移分析,是拟定现代路面设计方法的理论依据。在第 10 章中,主要分析多层弹性体系在圆形轴对称垂直荷载作用下的应力和位移状态,得到其理论解。由于计算机存储容量的增大和计算速度的增快,垂直荷载下多层弹性体系的应力和位移分析,广泛用于路面设计之中。但是,车轮对路面所产生的作用力,除有垂直荷载作用外,还有水平荷载的作用。这种水平荷载对路面所产生破坏作用也是一项不可忽视的因素。因此,本章对多层弹性体系在圆形单向水平荷载作用下的应力和位移状态进行探讨。

同第 10 章一样,本章主要介绍系数递推法和反力递推法,特别是探讨古德曼模型在这两种递推法中的应用。

14.1　多层弹性连续体系的系数递推法

设 n 层弹性连续体表面作用有单向圆形水平荷载$s^H(r)$,各层厚度、弹性模量和泊松比分别为 h_i、E_i 和 $\mu_i(i=1,2,\cdots,n-1)$,最下层为弹性半空间体,其弹性模量和泊松比分别用 E_n 和 μ_n 表示,如图 14-1 所示。

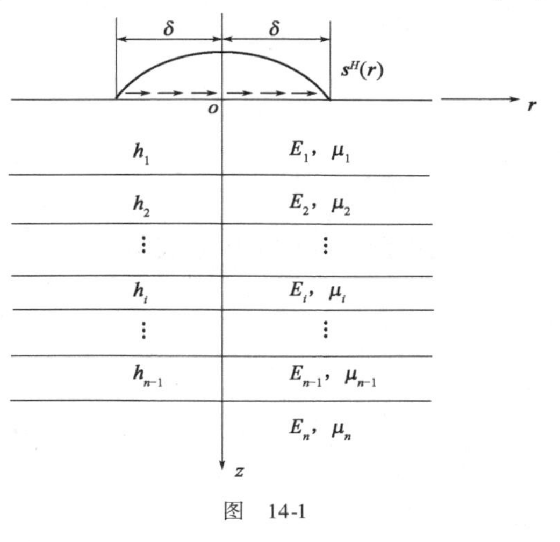

图　14-1

若将在多层弹性连续体系表面上设置柱面坐标系,其坐标原点设在荷载圆的圆心时,根据定解条件,表面($z=0$)边界条件可写成如下三式:

$$\sigma_{z_1}^H\Big|_{z=0}=0$$

$$\tau_{\theta z_1}^H\Big|_{z=0}=s^H(r)\sin\theta$$

$$\tau_{zr_1}^H\Big|_{z=0}=-s^H(r)\cos\theta$$

当 $k=1,2,3,\cdots,n-1$ 时,层间接触面($z=H_k$)上的结合条件可表示为如下公式:

$$\sigma_{z_k}^H\Big|_{z=H_k}=\sigma_{z_{k+1}}^H\Big|_{z=H_k}$$

$$\tau_{\theta z_k}^H\Big|_{z=H_k}=\tau_{\theta z_{k+1}}^H\Big|_{z=H_k}$$

$$\tau_{zr_k}^H\Big|_{z=H_k}=\tau_{zr_{k+1}}^H\Big|_{z=H_k}$$

$$u_k^H\Big|_{z=H_k}=u_{k+1}^H\Big|_{z=H_k}$$

$$v_k^H\Big|_{z=H_k}=v_{k+1}^H\Big|_{z=H_k}$$

$$w_k^H\Big|_{z=H_k}=w_{k+1}^H\Big|_{z=H_k}$$

式中:H_k——累计厚度,其值为 $H_k=\sum_{j=1}^{k}h_j$。

为了便于施加亨格尔积分变换,将上述求解条件变换成下列组合表达式:

$$\sigma_{z_1}^H\Big|_{z=0}=0$$

$$\left(\frac{\tau_{\theta z_k}^H}{\sin\theta}+\frac{\tau_{zr_1}^H}{\cos\theta}\right)\Big|_{z=0}=0$$

$$\left(\frac{\tau_{\theta z_1}^H}{\sin\theta}-\frac{\tau_{zr_1}^H}{\cos\theta}\right)\Big|_{z=0}=2s^H(r)$$

$$\sigma_{z_k}^H\Big|_{z=H_k}=\sigma_{z_{k+1}}^H\Big|_{z=H_k}$$

$$\left(\frac{\tau_{\theta z_k}^H}{\sin v}+\frac{\tau_{zr_k}^H}{\cos\theta}\right)\Big|_{z=H_k}=\left(\frac{\tau_{\theta z_{k+1}}^H}{\sin\theta}+\frac{\tau_{zr_{k+1}}^H}{\cos\theta}\right)\Big|_{z=H_k}$$

$$\left(\frac{\tau_{\theta z_k}^H}{\sin\theta}-\frac{\tau_{zr_k}^H}{\cos\theta}\right)\Big|_{z=H_k}=\left(\frac{\tau_{\theta z_{k+1}}^H}{\sin\theta}-\frac{\tau_{zr_{k+1}}^H}{\cos\theta}\right)\Big|_{z=H_k}$$

$$\left(\frac{u_k^H}{\sin v}+\frac{v_k^H}{\cos\theta}\right)\Big|_{z=H_k}=\left(\frac{u_{k+1}^H}{\sin\theta}+\frac{v_{k+1}^H}{\cos\theta}\right)\Big|_{z=H_k}$$

$$\left(\frac{u_{k+1}^H}{\sin\theta}-\frac{v_k^H}{\cos\theta}\right)\Big|_{z=H_k}=\left(\frac{u_{k+1}^H}{\sin\theta}-\frac{v_{k+1}^H}{\cos\theta}\right)\Big|_{z=H_k}$$

$$w_k^H\Big|_{z=H_k}=w_{k+1}^H\Big|_{z=H_k}$$

若对多层弹性连续体系表面($z=0$)上的定解条件,施加亨格尔积分变换,则可得

$$A_1^H+(1-2\mu_1)B_1^H-C_1^H+(1-2\mu_1)D_1^H=0 \tag{2-1}$$

$$A_1^H-2\mu_1B_1^H-E_1^H+C_1^H+2\mu_1D_1^H+F_1^H=0 \tag{2'}$$

$$A_1^H-2\mu_1B_1^H+E_1^H+C_1^H+2\mu_1D_1^H-F_1^H=2 \tag{3'}$$

当 $k=1,2,3,\cdots,n-1$ 时,对层间接触面($z=H_k$)的结合条件施加亨格尔积分变换,则可表示为如下形式:

$$\begin{aligned}&\left[A_k^H+\left(1-2\mu_k+\frac{H_k}{\delta}x\right)B_k^H\right]e^{-2\frac{H_k}{\delta}x}-C_k^H+\left(1-2\mu_k-\frac{H_k}{\delta}x\right)D_k^H\\&=\left[A_{k+1}^H+\left(1-2\mu_{k+1}+\frac{H_k}{\delta}x\right)B_{k+1}^H\right]e^{-2\frac{H_k}{\delta}x}-C_{k+1}^H+\left(1-2\mu_{k+1}-\frac{H_k}{\delta}x\right)D_{k+1}^H\end{aligned} \tag{1-1}$$

$$\begin{aligned}&\left[A_k^H-\left(2\mu_k-\frac{H_k}{\delta}x\right)B_k^H-E_k^H\right]e^{-2\frac{H_k}{\delta}x}+C_k^H+\left(2\mu_k+\frac{H_k}{\delta}x\right)D_k^H+F_k^H\\&=\left[A_{k+1}^H-\left(2\mu_{k+1}-\frac{H_k}{\delta}x\right)-E_k^H\right]e^{-2\frac{H_k}{\delta}x}+C_{k+1}^H+\left(2\mu_{k+1}+\frac{H_k}{\delta}x\right)D_{k+1}^H+F_{k+1}^H\end{aligned} \tag{5'}$$

$$[A_k^H-(2\mu_k-\frac{H_k}{\delta}x)B_k^H+E_k^H]e^{-2\frac{H_k}{\delta}x}+C_k^H+(2\mu_k+\frac{H_k}{\delta}x)D_k^H-F_k^H$$

$$=[A_{k+1}^H-(2\mu_{k+1}-\frac{H_k}{\delta}x)+E_k^H]e^{-2\frac{H_k}{\delta}x}+C_{k+1}^H+(2\mu_{k+1}+\frac{H_k}{\delta}x)D_{k+1}^H-F_{k+1}^H \tag{6'}$$

$$m_k\{[A_k^H-(1-\frac{H_k}{\delta}x)B_k^H-2E_k^H]e^{-2\frac{H_k}{\delta}x}-C_k^H-(1+\frac{h}{\delta}x)D_1^H-2F_1^H\}$$

$$=[A_{k+1}^H-(1-\frac{H_k}{\delta}x)B_{k+1}^H-2E_{k+1}^H]e^{-2\frac{H_k}{\delta}x}-C_{k+1}^H-(1+\frac{H_k}{\delta}x)D_{k+1}^H-2F_{k+1}^H \tag{7'}$$

$$m_k\{[A_k^H-(1-\frac{H_k}{\delta}x)B_k^H+2E_k^H]e^{-2\frac{H_k}{\delta}x}-C_k^H-(1+\frac{h}{\delta}x)D_1^H+2F_1^H\}$$

$$=[A_{k+1}^H-(1-\frac{H_k}{\delta}x)B_{k+1}^H+2E_{k+1}^H]e^{-2\frac{H_k}{\delta}x}-C_{k+1}^H-(1+\frac{H_k}{\delta}x)D_{k+1}^H+2F_{k+1}^H \tag{8'}$$

$$m_k\{[A_k^H+(2-4\mu_k+\frac{H_k}{\delta}x)B_k^H]e^{-2\frac{H_k}{\delta}x}+C_k^H-(2-4\mu_k-\frac{H_k}{\delta}x)D_k^H\}$$

$$=[A_{k+1}^H+(2-4\mu_{k+1}+\frac{H_k}{\delta}x)B_{k+1}^H]e^{-2\frac{H_k}{\delta}x}+C_{k+1}^H-(2-4\mu_{k+1}-\frac{H_k}{\delta}x)D_{k+1}^H \tag{1-4}$$

式中:$m_k=\frac{(1+\mu_k)E_{k+1}}{(1+\mu_{k+1})E_k}, k=1,2,3,\cdots,n-1$。

若将式(3′)与式(2′)相加、相减,则可得如下两式:

式(3′)±式(2′),则可得

$$A_1^H-2\mu_1B_1^H+C_1^H+2\mu_1D_1^H=1 \tag{2-2}$$

$$E_1^H-F_1^H=1 \tag{2-5}$$

式(6′)±式(5′),则有

$$[A_k^H-(2\mu_k-\frac{H_k}{\delta}x)B_k^H]e^{-2\frac{H_k}{\delta}x}+C_k^H+(2\mu_k+\frac{H_k}{\delta}x)D_k^H$$

$$=[A_{k+1}^H-(2\mu_{k+1}-\frac{H_k}{\delta}x)e^{-2\frac{H_k}{\delta}x}+C_{k+1}^H+(2\mu_{k+1}+\frac{H_k}{\delta}x)D_{k+1}^H \tag{1-2}$$

$$E_k^He^{-2\frac{H_k}{\delta}x}-F_k^H=E_{k+1}^He^{-2\frac{H_k}{\delta}x}-F_{k+1}^H \tag{1-5}$$

式(8′)±式(7′),则可得

$$m_k\{[A_k^H-(1-\frac{H_k}{\delta}x)B_k^H]e^{-2\frac{H_k}{\delta}x}-C_k^H-(1+\frac{H_k}{\delta}x)D_k^H\}$$

$$=[A_{k+1}^H-(1-\frac{H_k}{\delta}x)B_{k+1}^H]e^{-2\frac{H_k}{\delta}x}-C_{k+1}^H-(1+\frac{H_k}{\delta}x)D_{k+1}^H \tag{1-3}$$

$$m_k(E_k^He^{-2\frac{H_k}{\delta}x}+F_k^H)=E_{k+1}^He^{-2\frac{H_k}{\delta}x}+F_{k+1}^H \tag{1-6}$$

由上述分析可以看出,本节中的式(1-1)、式(1-2)、式(1-3)、式(1-4)与第10章10.1节中的式(2-1′)、式(2-2′)、式(2-3′)、式(2-4′)完全相同。采用第10章10.1节的分析方法,当$i=2,3,4,\cdots,n$时,则有如下的系数递推公式:

$$\begin{cases}A_i^H=(R_{i-1}^{11}e^{-2\frac{h_1}{\delta}x}A_1^H+R_{i-1}^{12}e^{-2\frac{h_1}{\delta}x}B_1^H+R_{i-1}^{13}C_1^H+R_{i-1}^{14}D_1^H)e^{2\frac{H_{i-1}}{\delta}x}\\B_i^H=(R_{i-1}^{21}e^{-2\frac{h_1}{\delta}x}A_1^H+R_{i-1}^{22}e^{-2\frac{h_1}{\delta}x}B_1^H+R_{i-1}^{23}C_1^H+R_{i-1}^{24}D_1^H)e^{2\frac{H_{i-1}}{\delta}x}\\C_i^H=R_{i-1}^{31}e^{-2\frac{h_1}{\delta}x}A_1^H+R_{i-1}^{32}e^{-2\frac{h_1}{\delta}x}B_1^H+R_{i-1}^{33}C_1^H+R_{i-1}^{34}D_1^H\\D_i^H=R_{i-1}^{41}e^{-2\frac{h_1}{\delta}x}A_1^H+R_{i-1}^{42}e^{-2\frac{h_1}{\delta}x}B_1^H+R_{i-1}^{43}C_1^H+R_{i-1}^{44}D_1^H\end{cases} \tag{14-1-1}$$

在上式中,当 $k=1,2,3,\cdots,n-1$ 和 $j,l=1,2,3,4$ 时,则有

$$R_k^{jl}=\begin{cases}P_k^{jl} & (k=1)\\ P_k^{j1}R_{k-1}^{1l}e^{-2\frac{h_k}{\delta}x}+P_k^{j2}R_{k-1}^{2l}e^{-2\frac{h_k}{\delta}x}+P_k^{j3}R_{k-1}^{3l}+P_k^{j4}R_{k-1}^{4l} & (k\neq 1)\end{cases}$$

其中,P_k^{jl} 表达式可表示为如下:

$$P_k^{11}=T_k$$

$$P_k^{12}=\frac{1}{2}[(1-4\mu_k+2\frac{H_k}{\delta}x)T_k-(1-4\mu_{k+1}+2\frac{H_k}{\delta}x)V_k]$$

$$P_k^{13}=(1-4\mu_{k+1}+2\frac{H_k}{\delta}x)V_kM_k$$

$$P_k^{14}=\frac{1}{2}[T_kL_k-(1-4\mu_k-2\frac{H_k}{\delta}x)(1-4\mu_{k+1}+2\frac{H_k}{\delta}x)V_kM_k]$$

$$P_k^{21}=0$$

$$P_k^{22}=V_k$$

$$P_k^{23}=-2V_kM_k$$

$$P_k^{24}=(1-4\mu_k-2\frac{H_k}{\delta}x)V_kM_k$$

$$P_k^{31}=(1-4\mu_{k+1}-2\frac{H_k}{\delta}x)V_kM_k$$

$$P_k^{32}=\frac{1}{2}[(1-4\mu_k+2\frac{H_k}{\delta}x)(1-4\mu_{k+1}-2\frac{H_k}{\delta}x)V_kM_k-T_kL_k]$$

$$P_k^{33}=T_k$$

$$P_k^{34}=\frac{1}{2}[(1-4\mu_{k+1}-2\frac{H_k}{\delta}x)V_k-(1-4\mu_k-2\frac{H_k}{\delta}x)T_k]$$

$$P_k^{41}=2V_kM_k$$

$$P_k^{42}=(1-4\mu_k+2\frac{H_k}{\delta}x)V_kM_k$$

$$P_k^{43}=0$$

$$P_k^{44}=V_k$$

从上述分析可知,第 i 层系数 A_i^H、B_i^H、C_i^H、D_i^H,可用 $R_{i-1}^{jl}(j,l=1,2,3,4)$ 和第一层系数 A_1^H、B_1^H、C_1^H、D_1^H 表示。这就是说,只要求得系数 A_1^H、B_1^H、C_1^H、D_1^H 和参数 R_{i-1}^{jl},通过式(14-1-1)就能直接求得第 i 层的系数 A_i^H、B_i^H、C_i^H、D_i^H。

若将式(1-5)、式(1-6):

$$E_k^He^{-2\frac{H_k}{\delta}x}-F_k^H=E_{k+1}^He^{-2\frac{H_k}{\delta}x}-F_{k+1}^H$$

$$m_k(E_k^He^{-2\frac{H_k}{\delta}x}+F_k^H)=E_{k+1}^He^{-2\frac{H_k}{\delta}x}+F_{k+1}^H$$

联立,则可得到如下表达式:

$$E_{k+1}^H=(\frac{1+m_k}{2}e^{-2\frac{H_k}{\delta}x}E_k^H-\frac{1-m_k}{2}F_k^H)e^{2\frac{H_k}{\delta}x}$$

$$F_{k+1}^H=-\frac{1-m_k}{2}e^{-2\frac{H_k}{\delta}x}E_k^H+\frac{1+m_k}{2}F_k^H$$

若令

$$T_k^{11}=\frac{1+m_k}{2},T_k^{12}=-\frac{1-m_k}{2}$$

$$T_k^{21}=-\frac{1-m_k}{2},T_k^{22}=\frac{1+m_k}{2}$$

则上式可改写如下：

$$\begin{cases}E_{k+1}^H=(T_k^{11}e^{-2\frac{H_k}{\delta}x}E_k^H+T_k^{12}F_k^H)e^{2\frac{H_k}{\delta}x}\\F_{k+1}^H=T_k^{21}e^{-2\frac{H_k}{\delta}x}E_k^H+T_k^{22}F_k^H\end{cases}\tag{A}$$

当 $k=1$ 时，式(A)可改写为下述表达式：

$$E_2^H=(T_1^{11}e^{-2\frac{h_1}{\delta}x}E_1^H+T_1^{12}F_1^H)e^{2\frac{h_1}{\delta}x}$$

$$F_2^H=T_1^{21}e^{-2\frac{h_1}{\delta}x}E_1^H+T_1^{22}F_1^H$$

若令

$$H_1^{jl}=T_1^{jl}\quad(j,l=1,2)$$

则上式可改写为下述表达式：

$$E_2^H=(H_1^{11}e^{-2\frac{h_1}{\delta}x}E_1^H+H_1^{12}F_1^H)e^{2\frac{H_1}{\delta}x}$$

$$F_2^H=H_1^{21}e^{-2\frac{h_1}{\delta}x}E_1^H+H_1^{22}F_1^H$$

当 $k=2$ 时，式(A)又可改写为下式：

$$E_3^H=(T_2^{11}e^{-2\frac{H_2}{\delta}x}E_2^H+T_2^{12}F_2^H)e^{2\frac{H_2}{\delta}x}$$

$$F_3^H=T_2^{21}e^{-2\frac{H_2}{\delta}x}E_2^H+T_2^{22}F_2^H$$

若将系数 E_2^H、F_2^H 表达式代入上式，则可得

$$E_3^H=[T_2^{11}e^{-2\frac{H_2}{\delta}x}(H_1^{11}e^{-2\frac{h_1}{\delta}x}E_1^H+H_1^{12}F_1^H)e^{2\frac{h_1}{\delta}x}+T_2^{12}(H_1^{21}e^{-2\frac{h_1}{\delta}x}E_1^H+H_1^{22}F_1^H)]e^{2\frac{H_2}{\delta}x}$$

$$F_3^H=T_2^{21}e^{-2\frac{H_2}{\delta}x}(H_1^{11}e^{-2\frac{h_1}{\delta}x}E_1^H+H_1^{12}F_1^H)e^{2\frac{h_1}{\delta}x}+T_2^{22}(H_1^{21}e^{-2\frac{h_1}{\delta}x}E_1^H+H_1^{22}F_1^H)$$

上式进一步分解、化简、合并、整理，则可得

$$\begin{aligned}E_3^H&=(T_2^{11}H_1^{11}e^{-2\frac{h_2}{\delta}x}e^{-2\frac{h_1}{\delta}x}E_1^H+T_2^{11}H_1^{12}e^{-2\frac{h_2}{\delta}x}F_1^H+T_2^{12}H_1^{21}e^{-2\frac{h_1}{\delta}x}E_1^H+T_2^{12}H_1^{22}F_1^H)e^{2\frac{H_2}{\delta}x}\\&=[(T_2^{11}H_1^{11}e^{-2\frac{h_2}{\delta}x}+T_2^{12}H_1^{21})e^{-2\frac{h_1}{\delta}x}E_1^H+(T_2^{11}H_1^{12}e^{-2\frac{h_2}{\delta}x}+T_2^{12}H_1^{22})]e^{2\frac{H_2}{\delta}x}\end{aligned}$$

$$\begin{aligned}F_3^H&=T_2^{21}H_1^{11}e^{-2\frac{h_2}{\delta}x}e^{-2\frac{h_1}{\delta}x}E_1^H+T_2^{21}H_1^{12}e^{-2\frac{h_2}{\delta}x}F_1^H+T_2^{22}H_1^{21}e^{-2\frac{h_1}{\delta}x}E_1^H+T_2^{22}H_1^{22}F_1^H\\&=(T_2^{21}H_1^{11}e^{-2\frac{h_2}{\delta}x}+T_2^{22}H_1^{21})e^{-2\frac{h_1}{\delta}x}E_1^H+(T_2^{21}H_1^{12}e^{-2\frac{h_2}{\delta}x}+T_2^{22}H_1^{22})F_1^H\end{aligned}$$

若令

$$H_2^{11}=T_2^{11}H_1^{11}e^{-2\frac{h_2}{\delta}x}+T_2^{12}H_1^{21}$$

$$H_2^{12}=T_2^{11}H_1^{12}e^{-2\frac{h_2}{\delta}x}+T_2^{12}H_1^{22}$$

$$H_2^{21}=T_2^{21}H_1^{11}e^{-2\frac{h_2}{\delta}x}+T_2^{22}H_1^{21}$$

$$H_2^{22}=T_2^{21}H_1^{12}e^{-2\frac{h_2}{\delta}x}+T_2^{22}H_1^{22}$$

则上式可改写为下式：

$$E_3^H=(H_2^{11}e^{-2\frac{h_1}{\delta}x}E_1^H+H_2^{12}F_1^H)e^{2\frac{H_2}{\delta}x}$$

$$F_3^H=H_2^{21}e^{-2\frac{h_1}{\delta}x}E_1^H+H_2^{22}F_1^H$$

由此可以推论，当 $i=k+1$ 时，式（A）可改写为下式：

$$\begin{cases}E_i^H=(H_{i-1}^{11}e^{-2\frac{h_1}{\delta}x}E_1^H+H_{i-1}^{12}F_1^H)e^{2\frac{H_{i-1}}{\delta}x}\\ F_i^H=H_{i-1}^{21}e^{-2\frac{h_1}{\delta}x}E_1^H+H_2^{22}F_1^H\end{cases}\tag{14-1-2}$$

应该指出，这种推论是否正确，还需采用“数学归纳法”予以证明。在此，我们不予赘述。

在上式中，当 $k=1,2,3,\cdots,n-1$ 和 $j,l=1,2$ 时，则有

$$H_k^{jl}=\begin{cases}T_1^{jl} & (k=1)\\ T_k^{j1}H_{k-1}^{1l}+T_k^{j2}H_{k-1}^{2l} & (k\neq 1)\end{cases}$$

式中：$T_k^{11}=T_k^{22}=\dfrac{1+m_k}{2}$

$T_k^{12}=T_k^{21}=-\dfrac{1-m_k}{2}$

当 $i=n$ 时，根据式（14-1-1）中的第三式和第四式，并注意无穷远处边界条件的要求：$C_n^H=D_n^H=0$，则可得

$$R_{n-1}^{31}e^{-2\frac{h_1}{\delta}x}A_1^H+R_{n-1}^{32}e^{-2\frac{h_1}{\delta}x}B_1^H+R_{n-1}^{33}C_1^H+R_{n-1}^{34}D_1^H=0\tag{2-3}$$

$$R_{n-1}^{41}e^{-2\frac{h_1}{\delta}x}A_1^H+R_{n-1}^{42}e^{-2\frac{h_1}{\delta}x}B_1^H+R_{n-1}^{43}C_1^H+R_{n-1}^{44}D_1^H=0\tag{2-4}$$

式（2-1）、式（2-2）、式（2-3）和式（2-4）联立，利用行列式理论中的克莱姆法则求解，则可得如下 A_1^H、B_1^H、C_1^H、D_1^H 表达式：

$$\begin{cases}A_1^H=\dfrac{1}{\Delta_C}\{(1-2\mu_1)(R_{n-1}^{33}R_{n-1}^{44}-R_{n-1}^{34}R_{n-1}^{43})+[(1-2\mu_1)(R_{n-1}^{32}R_{n-1}^{43}-R_{n-1}^{33}R_{n-1}^{42})+\\ \quad (R_{n-1}^{32}R_{n-1}^{44}-R_{n-1}^{34}R_{n-1}^{42})]e^{-2\frac{h_1}{\delta}x}\}\\ B_1^H=-\dfrac{1}{\Delta_C}\{(R_{n-1}^{33}R_{n-1}^{44}-R_{n-1}^{34}R_{n-1}^{43})+[(1-2\mu_1)(R_{n-1}^{31}R_{n-1}^{43}-R_{n-1}^{33}R_{n-1}^{41})+\\ \quad (R_{n-1}^{31}R_{n-1}^{44}-R_{n-1}^{34}R_{n-1}^{41})]e^{-2\frac{h_1}{\delta}x}\}\\ C_1^H=\dfrac{1}{\Delta_C}[(R_{n-1}^{32}R_{n-1}^{44}-R_{n-1}^{34}R_{n-1}^{42})-(1-2\mu_1)(R_{n-1}^{31}R_{n-1}^{44}-R_{n-1}^{34}R_{n-1}^{41})+\\ \quad (1-2\mu_1)(R_{n-1}^{31}R_{n-1}^{42}-R_{n-1}^{32}R_{n-1}^{41})e^{-2\frac{h_1}{\delta}x}]e^{-2\frac{h_1}{\delta}x}\\ D_1^H=-\dfrac{1}{\Delta_C}[(R_{n-1}^{32}R_{n-1}^{43}-R_{n-1}^{33}R_{n-1}^{42})-(1-2\mu_1)(R_{n-1}^{31}R_{n-1}^{43}-R_{n-1}^{33}R_{n-1}^{41})-\\ \quad (R_{n-1}^{31}R_{n-1}^{42}-R_{n-1}^{32}R_{n-1}^{41})e^{-2\frac{h_1}{\delta}x}]e^{-2\frac{h_1}{\delta}x}\end{cases}\tag{14-1-3}$$

其中，Δ_C 表达式同于第 10 章 10.1 节中的 Δ_C 表达式。

当 $i=n$ 时，根据式（14-1-2）中的第二式，并注意无穷远处边界条件的要求：$F_n^H=0$，则可得

$$H_{n-1}^{21}e^{-2\frac{h_1}{\delta}x}E_1^H+H_{n-1}^{22}F_1^H=0\tag{2-6}$$

若将式（2-5）与式（2-6）：

$$E_1^H - F_1^H = 1$$

$$H_{n-1}^{21} e^{-2\frac{h_1}{\delta}x} E_1^H + H_{i-1}^{22} F_1^H = 0$$

代入,则可得

$$\begin{cases} E_1^H = \dfrac{H_{n-1}^{22}}{\Delta'_C} \\ F_1^H = -\dfrac{H_{n-1}^{21}}{\Delta'_C} e^{-2\frac{h_1}{\delta}x} \end{cases} \tag{14-1-4}$$

式中:$\Delta'_C = H_{n-1}^{21} e^{-2\frac{h_1}{\delta}x} + H_{n-1}^{22}$。

若 $i > 1$,可将 A_1^H、B_1^H、C_1^H、D_1^H 和有关参数代入式(14-1-1),E_1^H、F_1^H 和有关参数代入式(14-1-2),则可求得 A_i^H、B_i^H、C_i^H、D_i^H、E_i^H、F_i^H 后,再将第 i 层的上述系数代入式(11-6-2),则可得到第 i 层的应力与位移分量全部解。

如果求第一层($i = 1$)的应力与位移分量,可将式(14-1-3)和式(14-1-4)直接代入式(11-6-2),就能求得该层的全部解。

14.2 第一界面滑动、其余界面连续的系数递推法

根据假设,本节的求解条件可表示为如下形式:

14.2.1 表面边界条件

若采用应力和位移分量表示表面边界条件,则表面($z = 0$)上有如下三个表达式:

$$\begin{cases} \sigma_{z_1}^H \Big|_{z=0} = 0 \\ \tau_{\theta z_1}^H \Big|_{z=0} = s^H(r)\sin\theta \\ \tau_{zr_1}^H \Big|_{z=0} = -s^H(r)\cos\theta \end{cases}$$

在两个水平向剪应力的无穷积分表达式中,它们的积分表达式,不仅包含有零阶贝塞尔函数,而且还包含有二阶贝塞尔函数,如果进行亨格尔积分变换,上述定解条件中的后两个表达式无法施加亨格尔积分变换。根据这两个水平剪应力表达式的特点,为了便于进行亨格尔积分变换,只需将它们的表达式进行相加或相减,就可以对这三个定解条件进行亨格尔积分变换。为此,将水平向剪应力重新组合如下:

$$\begin{cases} \sigma_{z_1}^H \Big|_{z=0} = 0 \\ \left(\dfrac{\tau_{\theta z_1}^H}{\sin\theta} + \dfrac{\tau_{zr_1}^H}{\cos\theta}\right) \Big|_{z=0} = 0 \\ \left(\dfrac{\tau_{zr_1}^H}{\sin\mu} - \dfrac{\tau_{zr_1}^H}{\cos\theta}\right) \Big|_{z=0} = 2s^H(r) \end{cases}$$

14.2.2 第一界面层间接触面滑动条件

若层间结合条件采用应力和位移分量表示,则层间接触面($z = h_1$)滑动条件可表示为如下形式:

$$\sigma_{z_1}^H\Big|_{z=h_1}=\sigma_{2_2}^H\Big|_{z=h_1}$$

$$\tau_{\theta z_1}^H\Big|_{z=h_1}=0$$

$$\tau_{\theta z_2}^H\Big|_{z=h_1}=0$$

$$\tau_{zr_1}^H\Big|_{z=h_1}=0$$

$$\tau_{zr_2}^H\Big|_{z=h_1}=0$$

$$w_1^H\Big|_{z=h_1}=w_2^H\Big|_{z=h_1}$$

为了便于进行亨格尔积分变换,将上述滑动条件重新组合如下:

$$\sigma_{z_1}^H\Big|_{z=h_1}=\sigma_{z_2}^H\Big|_{z=h_1}$$

$$\left(\frac{\tau_{\theta z_1}^H}{\sin\theta}+\frac{\tau_{zr_1}^H}{\cos\theta}\right)\Big|_{z=h_1}=0$$

$$\left(\frac{\tau_{\theta z_2}^H}{\sin\theta}+\frac{\tau_{zr_2}^H}{\cos v}\right)\Big|_{z=h_1}=0$$

$$\left(\frac{\tau_{\theta z_2}^H}{\sin\theta}+\frac{\tau_{zr_2}^H}{\cos\theta}\right)\Big|_{z=h_1}=0$$

$$\left(\frac{\tau_{\theta z_2}^H}{\sin\theta}-\frac{\tau_{zr_2}^H}{\cos\theta}\right)\Big|_{z=h_1}=0$$

$$w_1^H\Big|_{z=h_1}=w_2^H\Big|_{z=h_1}$$

14.2.3 其余层间连续条件

当 $k=2,3,4,\cdots,n-1$ 时,可得层间连续条件的表达式如下:

$$\sigma_{z_k}^H\Big|_{z=H_k}=\sigma_{z_{k+1}}^H\Big|_{z=H_k}$$

$$\tau_{\theta z_k}^H\Big|_{z=H_k}=\tau_{\theta z_{k+1}}^H\Big|_{z=H_k}$$

$$\tau_{zr_k}^H\Big|_{z=H_k}=\tau_{zr_{k+1}}^H\Big|_{z=H_k}$$

$$u_k^H\Big|_{z=H_k}=u_{k+1}^H\Big|_{z=H_k}$$

$$v_k^H\Big|_{z=H_k}=v_{k+1}^H\Big|_{z=H_k}$$

$$w_k^H\Big|_{z=H_k}=w_{k+1}^H\Big|_{z=H_k}$$

为了便于施加亨格尔积分变换,上述层间连续条件的表达式进行重新组合如下:

$$\sigma_{z_k}^H\Big|_{z=H_k}=\sigma_{z_{k+1}}^H\Big|_{z=H_k}$$

$$\left(\frac{\tau_{\theta z_k}^H}{\sin\theta}+\frac{\tau_{zr_k}^H}{\cos\theta}\right)\Big|_{z=H_k}=\left(\frac{\tau_{\theta z_{k+1}}^H}{\sin\theta}+\frac{\tau_{zr_{k+1}}^H}{\cos\theta}\right)_{z=H_k}$$

$$\left(\frac{\tau_{\theta z_k}^H}{\sin\theta}-\frac{\tau_{zr_k}^H}{\cos\theta}\right)\Big|_{z=H_k}=\left(\frac{\tau_{\theta z_{k+1}}^H}{\sin\theta}-\frac{\tau_{zr_{k+1}}^H}{\cos\theta}\right)\Big|_{z=H_k}$$

$$\left(\frac{u_k^H}{\cos\theta}+\frac{v_k^H}{\sin\theta}\right)\Big|_{z=H_k}=\left(\frac{u_{k+1}^H}{\cos\theta}+\frac{v_{k+1}^H}{\sin\theta}\right)\Big|_{z=H_k}$$

$$\left(\frac{u_k^H}{\cos\theta}-\frac{v_k^H}{\sin\theta}\right)\Big|_{z=H_k}=\left(\frac{u_{k+1}^H}{\cos\theta}-\frac{v_{k+1}^H}{\sin\theta}\right)\Big|_{z=H_k}$$

$$w_k^H\Big|_{z=H_k}=w_{k+1}^H\Big|_{z=H_k}$$

式中：k——接触面编号，$k=2,3,\cdots,n-1$；

H_k——累计厚度(cm)，$H_k=\sum_{j=1}^{k}h_j$。

14.2.4 无穷远处的边界条件

根据无穷远处的边界条件，则有

$$\lim_{r\to\infty}[\sigma_{r_n}^H,\sigma_{\theta_n}^H,\sigma_{z_n}^H,\tau_{r\theta_n}^H,\tau_{\theta z_n}^H,\tau_{zr_n}^H,u_n^H,v_n^H,w_n^H]=0$$

$$\lim_{z\to\infty}[\sigma_{r_n}^H,\sigma_{\theta_n}^H,\sigma_{z_n}^H,\tau_{r\theta_n}^H,\tau_{\theta z_n}^H,\tau_{zr_n}^H,u_n^H,v_n^H,w_n^H]=0$$

则可得

$$C_n^H=D_n^H=F_n^H=0$$

若将式(11-6-1)中的有关应力与位移分量表达式代入上述变换后的表面边界条件和层间接触面上的结合条件，并施加亨格尔积分变换，则可得下列线性方程组：

$$A_1^H+(1-2\mu_1)B_1^H-C_1^H+(1-2\mu_1)D_1^H=0 \quad (1)$$

$$A_1^H-2\mu_1B_1^H-E_1^H+C_1^H+2\mu_1D_1^H+F_1^H=0 \quad (2')$$

$$A_1^H-2\mu_1B_1^H+E_1^H+C_1^H+2\mu_1D_1^H-F_1^H=2 \quad (3')$$

$$[A_1^H+(1-2\mu_1+\frac{h_1}{\delta}x)B_1^H]e^{-2\frac{h_1}{\delta}x}-C_1^H+(1-2\mu_1-\frac{h_1}{\delta}x)D_1^H$$

$$=[A_2^H+(1-2\mu_2+\frac{h_1}{\delta}x)B_2^H]e^{-2\frac{h_1}{\delta}x}-C_2^H+(1-2\mu_2-\frac{h_1}{\delta}x)D_2^H \quad (4')$$

$$[A_1^H-(2\mu_1-\frac{h_1}{\delta}x)B_1^H-E_1^H]e^{-2\frac{h_1}{\delta}x}+C_1^H+(2\mu_1+\frac{h_1}{\delta}x)D_1^H+F_1^H=0 \quad (5')$$

$$[A_2^H-(2\mu_2-\frac{h_1}{\delta}x)B_2^H-E_2^H]e^{-2\frac{h_1}{\delta}x}+C_2^H+(2\mu_2+\frac{h_1}{\delta}x)D_2^H+F_2^H=0 \quad (6')$$

$$[A_1^H-(2\mu_1-\frac{h_1}{\delta}x)B_1^H+E_1^H]e^{-2\frac{h_1}{\delta}x}+C_1^H+(2\mu_1+\frac{h_1}{\delta}x)D_1^H-F_1^H=0 \quad (7')$$

$$[A_2^H-(2\mu_2-\frac{h_1}{\delta}x)B_2^H+E_2^H]e^{-2\frac{h_1}{\delta}x}+C_2^H+(2\mu_2+\frac{h_1}{\delta}x)D_2^H-F_2^H=0 \quad (8')$$

$$m_1\{[A_1^H+(2-4\mu_1+\frac{h_1}{\delta}x)B_1^H]e^{-2\frac{h_1}{\delta}x}+C_1^H-(2-4\mu_1-\frac{h_1}{\delta}x)D_1^H\}$$

$$=[A_2^H+(2-4\mu_1+\frac{h}{\delta}x)B_2^H]e^{-2\frac{h_1}{\delta}x}+C_2^H-(2-4\mu_2-\frac{h_1}{\delta}x)D_2^H \quad (9')$$

当 $k=2,3,4,\cdots,n-1$ 时,则有

$$\left[A_k^H+(1-2\mu_k+\frac{H_k}{\delta}x)B_k^H\right]e^{-2\frac{H_k}{\delta}x}-C_k^H+(1-2\mu_k-\frac{H_k}{\delta}x)D_k^H$$

$$=\left[A_{k+1}^H+(1-2\mu_{k+1}+\frac{H_k}{\delta}x)B_{k+1}^H\right]e^{-2\frac{H_k}{\delta}x}-C_{k+1}^H+(1-2\mu_{k+1}-\frac{H_k}{\delta}x)D_{k+1}^H \tag{10'}$$

$$\left[A_k^H-(2\mu_k-\frac{H_k}{\delta}x)B_k^H-E_k^H\right]e^{-2\frac{H_k}{\delta}x}+C_k^H+(2\mu_k+\frac{H_k}{\delta}x)D_k^H+F_k^H$$

$$=\left[A_{k+1}^H-(2\mu_{k+1}-\frac{H_k}{\delta}x)B_{k+1}^H-E_{k+1}^H\right]e^{-2\frac{H_k}{\delta}x}+C_{k+1}^H+(2\mu_{k+1}+\frac{H_k}{\delta}x)D_{k+1}^H+F_{k+1}^H \tag{11'}$$

$$\left[A_k^H-(2\mu_k-\frac{H_k}{\delta}x)B_k^H+E_k^H\right]e^{-2\frac{H_k}{\delta}x}+C_k^H+(2\mu_k+\frac{H_k}{\delta}x)D_k^H-F_k^H$$

$$=\left[A_{k+1}^H-(2\mu_{k+1}-\frac{H_k}{\delta}x)B_{k+1}^H+E_{k+1}^H\right]e^{-2\frac{H_k}{\delta}x}+C_{k+1}^H+(2\mu_{k+1}+\frac{H_k}{\delta}x)D_{k+1}^H-F_{k+1}^H \tag{12'}$$

$$m_k\left\{\left[A_k^H-(1-\frac{H_k}{\delta}x)B_k^H-2E_k^H\right]e^{-2\frac{H_k}{\delta}x}-C_k^H-(1+\frac{H_k}{\delta}x)D_k^H-2F_k^H\right\}$$

$$=\left[A_{k+1}^H-(1-\frac{H_k}{\delta}x)B_{k+1}^H-2E_{k+1}^H\right]e^{-2\frac{H_k}{\delta}x}-C_{k+1}^H-(1+\frac{H_k}{\delta}x)D_{k+1}^H-2F_{k+1}^H \tag{13'}$$

$$m_k\left\{\left[A_k^H-(1-\frac{H_k}{\delta}x)B_k^H+2E_k^H\right]e^{-2\frac{H_k}{\delta}x}-C_k^H-(1+\frac{H_k}{\delta}x)D_k^H+2F_k^H\right\}$$

$$=\left[A_{k+1}^H-(1-\frac{H_k}{\delta}x)B_{k+1}^H+2E_{k+1}^H\right]e^{-2\frac{H_k}{\delta}x}-C_{k+1}^H-(1+\frac{H_k}{\delta})D_{k+1}^H+2F_{k+1}^H \tag{14'}$$

$$m_k\left\{\left[A_k^H+(2-4\mu_k+\frac{H_k}{\delta}x)B_k^H\right]e^{-2\frac{H_k}{\delta}x}+C_k^H-(2-4\mu_k-\frac{H_k}{\delta}x)D_k^H\right\}$$

$$=\left[A_{k+1}^H+(2-4\mu_{k+1}+\frac{H_k}{\delta}x)B_{k+1}^H\right]e^{-2\frac{H_k}{\delta}x}+C_{k+1}^H-(2-4_{k+1}-\frac{H_k}{\delta}x)D_{k+1}^H \tag{15'}$$

式中:$m_k=\dfrac{(1+\mu i_k)E_{k+1}}{(1+\mu_{k+1})E_{ik}}, k=2,3,\cdots,n-1$。

若将式(3′)与式(2′)相加、相减,则可得如下两个表达式:

$$A_1^H-2\mu_1B_1^H+C_1^H+2\mu_1D_1^H=1 \tag{2}$$

$$E_1^H-F_1^H=1 \tag{3}$$

在下述表达式:

$$\left[A_1^H+(1-2\mu_1+\frac{h_1}{\delta}x)B_1^H\right]e^{-2\frac{h_1}{\delta}x}-C_1^H+(1-2\mu_1-\frac{h_1}{\delta}x)D_1^H$$

$$=\left[A_2^H+(1-2\mu_2+\frac{h_1}{\delta}x)B_2^H\right]e^{-2\frac{h_1}{\delta}x}-C_2^H+(1-2\mu_2-\frac{h_1}{\delta}x)D_2^H$$

中,若令

$$\bar{p}_1^H(x)=-\left\{\left[A_1^H+(1-2\mu_1+\frac{h_1}{\delta}x)B_1^H\right]e^{-2\frac{h_1}{\delta}x}-C_1^H+(1-2\mu_1-\frac{h_1}{\delta}x)D_1^H\right\} \tag{a}$$

则可得

$$\left[A_2^H+(1-2\mu_2+\frac{h_1}{\delta}x)B_2^H\right]e^{-2\frac{h_1}{\delta}x}-C_2^H+(1-2\mu_2-\frac{h_1}{\delta}x)D_2^H=-\bar{p}_1^H(x) \tag{4}$$

式(7′)±式(5′),则可得

$$\left[A_1^H-(2\mu_1-\frac{h_1}{\delta}x)B_1^H\right]e^{-2\frac{h_1}{\delta}x}+C_1^H+(2\mu_1+\frac{h_1}{\delta}x)D_1^H=0 \tag{5}$$

$$e^{-2\frac{h_1}{\delta}x}E_1^H - F_1^H = 0 \tag{7}$$

式(8′) ± 式(6′),则可得

$$[A_2^H - (2\mu_2 - \frac{h_1}{\delta}x)B_2^H]e^{-2\frac{h_1}{\delta}x} + C_2^H + (2\mu_2 + \frac{h_1}{\delta}x)D_2^H = 0 \tag{6}$$

$$e^{-2\frac{h_1}{\delta}x}E_2^H - F_2^H = 0 \tag{8}$$

本节中的式(10′)、式(11′)、式(12′)、式(13′)、式(14′)、(15′)完全同于圆形单向水平荷载下多层弹性连续体系中的式(4)、式(5′)、式(6′)、式(7′)、式(8′)、式(9)。所不同的是,本节中的 $i=3,4,5,\cdots,n$,而多层弹性连续体系中的 $i=2,3,4,\cdots,n$。故仿照本章多层弹性连续体系的推导方法,当 $i=3,4,5,\cdots,n$ 时,则可得

$$A_i^H = (P_{i-1}^{11}e^{-2\frac{H_{i-1}}{\delta}x}A_{i-1}^H + P_{i-1}^{12}e^{-2\frac{H_{i-1}}{\delta}x}B_{i-1}^H + P_{i-1}^{13}C_{i-1}^H + P_{i-1}^{14}D_{i-1}^H)e^{2\frac{H_{i-1}}{\delta}x}$$

$$B_i^H = (P_{i-1}^{21}e^{-2\frac{H_{i-1}}{\delta}x}A_{i-1}^H + P_{i-1}^{22}e^{-2\frac{H_{i-1}}{\delta}x}B_{i-1}^H + P_{i-1}^{23}C_{i-1}^H + P_{i-1}^{24}D_{i-1}^H)e^{2\frac{H_{i-1}}{\delta}x}$$

$$C_i^H = P_{i-1}^{31}e^{-2\frac{H_{i-1}}{\delta}x}A_{i-1}^H + p_{i-1}^{32}e^{-2\frac{H_{i-1}}{\delta}x}B_{i-1}^H + P_{i-1}^{33}C_{i-1}^H + P_{i-1}^{34}D_{i-1}^H$$

$$D_i^H = P_{i-1}^{41}e^{-2\frac{H_{i-1}}{\delta}x}A_{i-1}^H + P_{i-1}^{42}e^{-2\frac{H_{i-1}}{\delta}x}B_{i-1}^H + P_{i-1}^{43}C_{i-1}^H + P_{i-1}^{44}D_{i-1}^H$$

$$E_i^H = (T_{i-1}^{11}e^{-2\frac{H_{i-1}}{\delta}x}E_{i-1}^H + T_{i-1}^{12}F_{i-1}^H)e^{2\frac{H_{i-1}}{\delta}x}$$

$$F_i^H = T_{i-1}^{21}e^{-2\frac{H_{i-1}}{\delta}x}E_{i-1}^H + T_{i-1}^{22}F_{i-1}^H$$

根据上述分析可知:当 $i \geqslant 3$ 时,任何接触面上的下层系数 A_i^H、B_i^H、C_i^H、D_i^H、E_i^H、F_i^H,均可采用上层系数 A_{i-1}^H、B_{i-1}^H、C_{i-1}^H、D_{i-1}^H、E_{i-1}^H、F_{i-1}^H 表示。这种系数递推关系说明,第三层系数 A_3^H、B_3^H、C_3^H、D_3^H、E_3^H、F_3^H,可用第二层系数 A_2^H、B_2^H、C_2^H、D_2^H、E_2^H、F_2^H 表示;第四层系数 A_4^H、B_4^H、C_4^H、D_4^H、E_4^H、F_4^H,可用第三层系数 A_3^H、B_3^H、C_3^H、D_3^H、E_3^H、F_3^H 表示,而第三层系数 A_3^H、B_3^H、C_3^H、D_3^H、E_3^H、F_3^H,又可用第二层系数 A_2^H、B_2^H、C_2^H、D_2^H、E_2^H、F_2^H 表示。这也就是说,第四层系数 A_4^H、B_4^H、C_4^H、D_4^H、E_4^H、F_4^H 的表达式,也可用第二层系数 A_2^H、B_2^H、C_2^H、D_2^H、E_2^H、F_2^H 表示;由此类推,第 n 层系数 A_n^H、B_n^H、C_n^H、D_n^H、E_n^H、F_n^H,同样可用第二层系数 A_2^H、B_2^H、C_2^H、D_2^H、E_2^H、F_2^H 表示。下面,我们将作详细分析:

当 $i=3$ 时,则可得

$$A_3^H = (P_2^{11}e^{-2\frac{H_2}{2}x}A_2^H + P_2^{12}e^{-2\frac{H_2}{\delta}x}B_2^H + P_2^{13}C_2^H + P_2^{14}D_2^H)e^{2\frac{H_2}{\delta}x}$$

$$B_3^H = (P_2^{21}e^{-2\frac{H_2}{\delta}x}A_2^H + P_2^{22}e^{-2\frac{H_2}{\delta}x}B_2^H + P_2^{23}C_2^H + P_2^{24}D_2^H)e^{2\frac{H_2}{\delta}x}$$

$$C_3^H = P_2^{31}e^{-2\frac{H_2}{\delta}x}A_2^H + P_2^{32}e^{-2\frac{H_2}{\delta}x}B_2^H + P_2^{33}C_2^H + P_2^{34}D_2^H$$

$$D_3^H = P_2^{41}e^{-2\frac{H_2}{\delta}x}A_2^H + P_2^{42}e^{-2\frac{H_2}{\delta}x}B_2^H + P_2^{43}C_2^H + P_2^{44}D_2^H$$

$$E_3^H = (T_2^{11}e^{-2\frac{H_2}{\delta}x}E_2^H + T_2^{12}F_2^H)e^{2\frac{H_2}{\delta}x}$$

$$F_3^H = T_2^{21}e^{-2\frac{H_2}{\delta}x}E_2^H + T_2^{22}F_2^H$$

又令

$$R_2^{jl} = P_2^{jl} \quad (j,l=1,2,3,4)$$
$$H_2^{jl} = T_2^{jl} \quad (j,l=1,2)$$

则上述关系式可改写为下述六个表达式：

$$A_3^H=(R_2^{11}e^{-2\frac{H_2}{\delta}x}A_2^H+R_2^{12}e^{-2\frac{H_2}{\delta}x}B_2^H+R_2^{13}C_2^H+R_2^{14}D_2^H)e^{2\frac{H_2}{\delta}x}$$

$$B_3^H=(R_2^{21}e^{-2\frac{H_2}{\delta}x}A_2^H+R_2^{22}e^{-2\frac{H_2}{\delta}x}B_2^H+R_2^{23}C_2^H+R_2^{24}D_2^H)e^{2\frac{H_2}{\delta}x}$$

$$C_3^H=R_2^{31}e^{-2\frac{H_2}{\delta}x}A_2^H+R_2^{32}e^{-2\frac{H_2}{\delta}x}B_2^H+R_2^{33}C_2^H+R_2^{34}D_2^H$$

$$D_3^H=R_2^{41}e^{-2\frac{H_2}{\delta}x}A_2^H+R_2^{42}e^{-2\frac{H_2}{\delta}x}B_2^H+P_2^{43}C_2^H+P_2^{44}D_2^H$$

$$E_3^H=(H_2^{11}e^{-2\frac{H_2}{\delta}x}E_2^H+H_2^{12}F_2^H)e^{2\frac{H_2}{\delta}x}$$

$$F_3^H=H_2^{21}e^{-2\frac{H_2}{\delta}x}E_2^H+H_2^{22}F_2^H$$

当 $i=4$ 时，可得系数 A_4^H、B_4^H、C_4^H、D_4^H、E_4^H、F_4^H 与 A_3^H、B_3^H、C_3^H、D_3^H、E_3^H、F_3^H 之间的关系式如下：

$$A_4^H=(P_3^{11}e^{-2\frac{H_3}{\delta}x}A_3^H+P_3^{12}e^{-2\frac{H_3}{\delta}x}B_3^H+P_3^{13}C_3^H+P_3^{14}D_3^H)e^{2\frac{H_3}{\delta}x}$$

$$B_4^H=(P_3^{21}e^{-2\frac{H_3}{\delta}x}A_3^H+P_3^{22}e^{-2\frac{H_3}{\delta}x}B_3^H+P_3^{23}C_3^H+P_3^{24}D_3^H)e^{2\frac{H_3}{\delta}x}$$

$$C_4^H=P_3^{31}e^{-2\frac{H_3}{\delta}x}A_3^H+P_3^{32}e^{-2\frac{H_3}{\delta}x}B_3^H+P_3^{33}C_3^H+P_3^{34}D_3^H$$

$$D_4^H=P_3^{41}e^{-2\frac{H_3}{\delta}x}A_3^H+P_3^{42}e^{-2\frac{H_2}{\delta}x}B_3^H+P_3^{43}C_3^H+P_3^{44}D_3^H$$

$$E_4^H=(T_3^{11}e^{-2\frac{H_3}{\delta}x}E_3^H+T_3^{12}F_3^H)e^{2\frac{H_3}{\delta}x}$$

$$F_4^H=T_3^{21}e^{-2\frac{H_3}{\delta}x}E_3^H+T_3^{22}F_3^H$$

又将系数 A_3^H、B_3^H、C_3^H、D_3^H 的表达式和有关参数代入 A_4^H 表达式中，则可得

$$\begin{aligned}A_4^H=&[P_3^{11}e^{-2\frac{H_3}{\delta}x}(R_2^{11}e^{-2\frac{H_2}{\delta}x}A_2^H+R_2^{12}e^{-2\frac{H_2}{\delta}x}B_2^H+R_2^{13}C_2^H+R_2^{14}D_2^H)e^{2\frac{H_2}{\delta}x}+\\&P_3^{12}e^{-2\frac{H_3}{\delta}x}(R_2^{21}e^{-2\frac{H_2}{\delta}x}A_2^H+R_2^{22}e^{-2\frac{H_2}{\delta}x}B_2^H+R_2^{23}C_2^H+R_2^{24}D_2^H)e^{2\frac{H_2}{\delta}x}+\\&P_3^{13}(R_2^{31}e^{-2\frac{H_2}{\delta}x}A_2^H+R_2^{32}e^{-2\frac{H_2}{\delta}x}B_2^H+R_2^{33}C_2^H+R_2^{34}D_2^H)+\\&P_3^{14}(R_2^{41}e^{-2\frac{H_2}{\delta}x}A_2^H+R_2^{42}e^{-2\frac{H_2}{\delta}x}B_2^H+R_2^{43}C_2^H+R_2^{44}D_2^H)]e^{2\frac{H_3}{\delta}x}\\=&[(P_3^{11}R_2^{11}e^{-2\frac{H_3}{\delta}x}+P_3^{12}R_2^{21}e^{-2\frac{h_3}{\delta}x}+P_3^{13}R_2^{31}+P_3^{14}R_2^{41})e^{-2\frac{H_2}{\delta}x}A_2^H+\\&(P_3^{11}R_2^{12}e^{-2\frac{h_3}{\delta}x}+P_3^{12}R_2^{22}e^{-2\frac{h_3}{\delta}x}+P_3^{13}R_2^{32}+P_3^{14}R_2^{42})e^{-2\frac{H_2}{\delta}x}B_2^H+\\&(P_3^{11}R_2^{13}e^{-2\frac{h_3}{\delta}x}+P_3^{12}R_2^{23}e^{-2\frac{h_3}{\delta}x}+P_3^{13}R_2^{33}+P_3^{14}R_2^{43})C_2^H+\\&(P_3^{11}R_2^{14}e^{-2\frac{h_3}{\delta}x}+P_3^{12}R_2^{24}e^{-2\frac{h_3}{\delta}x}+P_3^{13}R_3^{34}+P_3^{14}R_2^{44})D_2^H]e^{2\frac{H_3}{\delta}x}\end{aligned}$$

当 $j,l=1,2,3,4$ 时，若令

$$R_3^{jl}=P_3^{j1}R_2^{1l}e^{-2\frac{h_3}{\delta}x}+P_2^{j2}R_2^{2l}e^{-2\frac{h_3}{\delta}x}+P_3^{j3}R_3^{3l}+P_3^{j4}R_2^{4l}$$

则上式可改写为下式：

$$A_4^H=(R_3^{11}e^{-2\frac{H_2}{\delta}x}A_2^H+R_3^{12}e^{-2\frac{H_2}{\delta}x}B_2^H+R_3^{13}C_2^H+R_3^{14}D_2^H)e^{2\frac{H_3}{\delta}x}$$

同理，若将系数 A_3^H、B_3^H、C_3^H、D_3^H 的表达式代入系数 B_4^H、C_4^H、D_4^H 的表达式，系数 E_3^H、F_3^H 的表达式代入 E_4^H、F_4^H 表达式中，则可得

$$B_4^H=(R_3^{21}e^{-2\frac{H_2}{\delta}x}A_2^H+R_3^{22}e^{-2\frac{H_2}{\delta}x}B_2^H+R_3^{23}C_2^H+R_3^{24}D_2^H)e^{2\frac{H_3}{\delta}x}$$

$$C_4^H=R_3^{31}e^{-2\frac{H_2}{\delta}x}A_2^H+R_3^{32}e^{-2\frac{H_2}{\delta}x}B_2^H+R_3^{33}C_2^H+R_3^{34}D_2^H$$

$$D_4^H=R_4^{41}e^{-2\frac{H_2}{\delta}x}A_2^H+R_3^{42}e^{-2\frac{H_2}{\delta}x}B_2^H+R_3^{43}C_2^H+R_3^{44}D_2^H$$

$$E_4^H=(H_3^{12}e^{-2\frac{H_2}{\delta}x}E_2^H+H_3^{12}F_2^H)e^{2\frac{H_3}{\delta}x}$$

$$F_4^H=H_3^{21}e^{-2\frac{H_2}{\delta}x}E_2^H+H_3^{22}F_2^H$$

若用通式表示,当 $i=3,4,\cdots,n$ 时,可得

$$A_i^H=(R_{i-1}^{11}e^{-2\frac{H_2}{\delta}x}A_2^H+R_{i-1}^{12}e^{-2\frac{H_2}{\delta}x}B_2^H+R_{i-1}^{13}C_2^H+R_{i-1}^{14}D_2^H)e^{2\frac{H_{i-1}}{\delta}x}$$

$$B_i^H=(R_{i-1}^{21}e^{-2\frac{H_2}{\delta}x}A_2^H+R_{i-1}^{22}e^{-2\frac{H_2}{\delta}x}B_2^H+R_{i-1}^{23}C_2^H+R_{i-1}^{24}D_2^H)e^{2\frac{H_{i-1}}{\delta}x}$$

$$C_i^H=R_{i-1}^{31}e^{-2\frac{H_2}{\delta}x}A_2^H+R_{i-1}^{32}e^{-2\frac{H_2}{\delta}x}B_2^H+R_{i-1}^{33}C_2^H+R_{i-1}^{34}D_2^H$$

$$D_i^H=R_{i-1}^{41}e^{-2\frac{H_2}{\delta}x}A_1^H+R_{i-1}^{42}e^{-2\frac{H_2}{\delta}x}B_2^H+R_{i-1}^{43}C_2^H+R_{i-1}^{44}D_2^H$$

$$E_i^H=(H_{i-1}^{11}e^{-2\frac{H_2}{\delta}x}E_2^H+H_{i-1}^{12}F_2^H)e^{2\frac{H_{i-1}}{\delta}x}$$

$$F_i^H=H_{i-1}^{21}e^{-2\frac{H_2}{\delta}x}E_2^H+H_{i-1}^{22}F_2^H$$

式中,对于 $k=2,3,4,\cdots,n-1,j,l=1,2,3,4$,则

$$R_k^{jl}=\begin{cases}P_k^{jl} & (k=2)\\ P_k^{j1}R_{k-1}^{1l}e^{-2\frac{h_k}{\delta}x}+P_k^{j2}R_{k-1}^{2l}e^{-2\frac{h_k}{\delta}x}+P_k^{j3}R_{k-1}^{3l}+P_k^{j4}R_{k-1}^{4l} & (k\neq 2)\end{cases}$$

对于 $k=2,3,4,\cdots,n-1,j,l=1,2$,则有

$$H_k^{jl}=\begin{cases}T_k^{jl} & (k=2)\\ T_k^{j1}H_{k-1}^{1l}e^{-2\frac{h_k}{\delta}x}+T_k^{j2}H_{k-1}^{2l} & (k\neq 2)\end{cases}$$

其中,$C_n^H=D_n^H=F_n^H=0$。

当 $i=n$ 时,根据下述表达式:

$$C_i^H=R_{i-1}^{31}e^{-2\frac{H_2}{\delta}x}A_2^H+R_{i-1}^{32}e^{-2\frac{H_2}{\delta}x}B_2^H+R_{i-1}^{33}C_2^H+R_{i-1}^{34}D_2^H$$

$$D_i^H=R_{i-1}^{41}e^{-2\frac{H_2}{\delta}x}A_2^H+R_{i-1}^{42}e^{-2\frac{H_2}{\delta}x}B_2^H+R_{i-1}^{43}C_2^H+R_{i-1}^{44}D_2^H$$

并注意 $C_n^H=D_n^H=0$,则有

$$R_{n-1}^{31}e^{-2\frac{H_2}{\delta}x}A_2^H+R_{n-1}^{32}e^{-2\frac{H_2}{\delta}x}B_2^H+R_{n-1}^{33}C_2^H+R_{n-1}^{34}D_2^H=0 \tag{9}$$

$$R_{n-1}^{41}e^{-2\frac{H_2}{\delta}x}A_2^H+R_{n-1}^{42}e^{-2\frac{H_2}{\delta}x}B_2^H+R_{n-1}^{43}C_2^H+R_{n-1}^{44}D_2^H=0 \tag{10}$$

若将上两式与式(4)、式(6):

$$[A_2^H+(1-2\mu_2+\frac{h_1}{\delta}x)B_2^H]e^{-2\frac{h_1}{\delta}x}-C_2^H+(1-2\mu_2-\frac{h_1}{\delta}x)D_2^H=-\bar{p}_1^H(x)$$

$$[A_2^H-(2\mu_2-\frac{h_1}{\delta}x)B_2^H]e^{-2\frac{h_1}{\delta}x}+C_2^H+(2\mu_2+\frac{h_1}{\delta}x)D_1^H=0$$

联立。我们可以看出,上述联立方程式与圆形垂直荷载下第一层界面滑动、其余界面连续的多层体系中第二层系数联立方程式为:

$$[A_2^V+(1-2\mu_2+\frac{h_1}{\delta}x)B_2^V]e^{-2\frac{h_1}{\delta}x}-C_2^V+(1-2\mu_2-\frac{h_1}{\delta}x)D_2^V=-\overline{p}_1^H(x)$$

$$[A_2^V-(2\mu_2-\frac{h_1}{\delta}x)B_2^V]e^{-2\frac{h_1}{\delta}x}+C_2^V+(2\mu_2+\frac{h_1}{\delta}x)D_2^V=0$$

$$R_{n-1}^{31}e^{-2\frac{H_2}{\delta}x}A_2^V+R_{n-1}^{32}e^{-2\frac{H_2}{\delta}x}B_2^V+R_{n-1}^{33}C_2^V+R_{n-1}^{34}D_2^V=0$$

$$R_{n-1}^{41}e^{-2\frac{H_2}{\delta}x}A_2^V+R_{n-1}^{42}e^{-2\frac{H_2}{\delta}x}B_2^V+R_{n-1}^{43}C_2^V+R_{n-1}^{44}D_2^V=0$$

进行比较,两者的方程结构相同。唯一不同之处是上标不同。其中垂直荷载为 V,水平荷载为 H。采用第一层面滑动、其余层面连续的多层体系在垂直荷载作用下的分析方法,则可得到 A_2^H、B_2^H、C_2^H、D_2^H 表达式如下:

$$A_2^H=-\frac{\overline{p}_1^H(x)e^{2\frac{h_1}{\delta}x}}{\Delta_C}\{(2\mu_2-\frac{h_1}{\delta}x)(R_{n-1}^{33}R_{n-1}^{44}-R_{n-1}^{34}R_{n-1}^{43})+[(R_{n-1}^{32}R_{n-1}^{44}-R_{n-1}^{34}R_{n-1}^{42})-(2\mu_2+\frac{h_1}{\delta}x)(R_{n-1}^{32}R_{n-1}^{43}-R_{n-1}^{33}R_{n-1}^{42})]e^{-2\frac{h_2}{\delta}x}\}$$

$$B_2^H=-\frac{\overline{p}_1^H(x)e^{2\frac{h_1}{\delta}x}}{\Delta_C}\{(R_{n-1}^{33}R_{n-1}^{44}-R_{n-1}^{34}R_{n-1}^{43})-[(R_{n-1}^{31}R_{n-1}^{44}-R_{n-1}^{34}R_{n-1}^{41})-(2\mu_2+\frac{h_1}{\delta}x)(R_{n-1}^{31}R_{n-1}^{43}-R_{n-1}^{33}R_{n-1}^{41})]e^{-2\frac{h_2}{\delta}x}\}$$

$$C_2^H=\frac{\overline{p}_1^H(x)e^{-2\frac{h_2}{\delta}x}}{\Delta_C}[(R_{n-1}^{32}R_{n-1}^{44}-R_{n-1}^{34}R_{n-1}^{42})+(2\mu_2-\frac{h_1}{\delta}x)(R_{n-1}^{31}R_{n-1}^{44}-R_{n-1}^{34}R_{n-1}^{41})+(2\mu_2+\frac{h_1}{\delta}x)(R_{n-1}^{31}R_{n-1}^{42}-R_{n-1}^{32}R_{n-1}^{41})e^{-2\frac{h_2}{\delta}x}]$$

$$D_2^H=-\frac{\overline{p}_1^H(x)e^{-2\frac{h_2}{\delta}x}}{\Delta_C}[(R_{n-1}^{32}R_{n-1}^{43}-R_{n-1}^{33}R_{n-1}^{42})+(2\mu_2-\frac{h_1}{\delta}x)(R_{n-1}^{31}R_{n-1}^{43}-R_{n-1}^{33}R_{n-1}^{41})+(R_{n-1}^{31}R_{n-1}^{42}-R_{n-1}^{32}R_{n-1}^{41})e^{-2\frac{h_2}{\delta}x}]$$

式中:$\Delta_C=(R_{n-1}^{33}R_{n-1}^{44}-R_{n-1}^{34}R_{n-1}^{43})+\{2(R_{n-1}^{32}R_{n-1}^{44}-R_{n-1}^{34}R_{n-1}^{42})+\frac{1}{2}[1-(1-4\mu_2-2\frac{h_1}{\delta}x)(1-4\mu_2+2\frac{h_1}{\delta}x)]\times(R_{n-1}^{31}R_{n-1}^{43}-R_{n-1}^{33}R_{n-1}^{41})+(1-4\mu_2-2\frac{h_1}{\delta}x)(R_{n-1}^{32}R_{n-1}^{43}-R_{n-1}^{33}R_{n-1}^{42})-(1-4\mu_2+2\frac{h_1}{\delta}x)(R_{n-1}^{31}R_{n-1}^{44}-R_{n-1}^{34}R_{n-1}^{41})\}e^{-2\frac{h_2}{\delta}x}+(R_{n-1}^{31}R_{n-1}^{42}-R_{n-1}^{32}R_{n-1}^{41})e^{-4\frac{h_2}{\delta}x}$

当 $i=n$ 时,根据下述表达式:

$$F_i^H=H_{i-1}^{21}E_2^He^{-2\frac{H_2}{\delta}x}+H_{i-1}^{22}F_2^H$$

并注意 $F_n^H=0$,则有

$$H_{n-1}^{21}E_2^He^{-2\frac{H_2}{\delta}x}+H_{n-1}^{22}F_2^H=0 \tag{11}$$

若将上式与式(8):

$$e^{-2\frac{h_1}{\delta}x}E_2^H-F_2^H=0$$

联立,则可得 E_2^H、F_2^H 表达式如下:

$$E_2^H=F_2^H=0$$

在本节中的式(9′),即

$$m_1\{[A_1^H+(2-4\mu_1+\frac{h_1}{\delta}x)B_1^H]e^{-2\frac{h_1}{\delta}x}+C_1^H-(2-4\mu_1-\frac{h_1}{\delta}x)D_1^H\}$$

$$=[A_2^H+(2-4\mu_2+\frac{h_1}{\delta}x)B_2^H]e^{-2\frac{h_1}{\delta}x}+C_2^H-(2-4\mu_2-\frac{h_1}{\delta}x)D_2^H$$

与垂直荷载下第一层界面滑动、其余层面连续的多层体系中式(6′)：

$$m_1\{[A_1^V+(2-4\mu_1+\frac{h_1}{\delta}x)B_1^V]e^{-2\frac{h_1}{\delta}x}+C_1^V-(2-4\mu_1-\frac{h_1}{\delta}x)D_1^V\}$$

$$=[A_2^V+(2-4\mu_2+\frac{h_1}{\delta}x)B_2^V]e^{-2\frac{h_1}{\delta}x}+C_2^V-(2-4\mu_2-\frac{h_1}{\delta}x)D_2^V$$

进行比较，两者在方程式的结构上完全相同。唯一不同之处是它们的上标不同。其中垂直荷载的上标为 V，水平荷载的上标则为 H。因此，用本章上一节的分析方法来分析式(9′)，即将 A_2^H、B_2^H、C_2^H 和 D_2^H 代入式(9′)，则可得

$$m_1\{[A_1^H+(2-4\mu_1+\frac{h_1}{\delta}x)B_1^H]e^{-2\frac{h_1}{\delta}}+C_1^H-(2-4\mu_1-\frac{h_1}{\delta}x)D_1^H\}$$

$$=-\frac{\bar{p}_1^H(x)}{\Delta_C}\times 2(1-\mu_2)\{(R_{n-1}^{33}R_{n-1}^{44}-R_{n-1}^{34}R_{n-1}^{43})-[(R_{n-1}^{32}R_{n-1}^{43}-R_{n-1}^{33}R_{n-1}^{42})+$$

$$(R_{n-1}^{31}R_{n-1}^{44}-R_{n-1}^{34}R_{n-1}^{41})-2\frac{h_1}{\delta}x(R_{n-1}^{31}R_{n-1}^{43}-R_{n-1}^{33}R_{n-1}^{41})]e^{-2\frac{h_2}{\delta}x}-$$

$$(R_{n-1}^{31}R_{n-1}^{42}-R_{n-1}^{32}R_{n-1}^{41})e^{-4\frac{h_2}{\delta}x}\}$$

若令

$$\Delta_m=(R_{n-1}^{33}R_{n-1}^{44}-R_{n-1}^{34}R_{n-1}^{43})-[(R_{n-1}^{32}R_{n-1}^{43}-R_{n-1}^{33}R_{n-1}^{42})+(R_{n-1}^{31}R_{n-1}^{44}-R_{n-1}^{34}R_{n-1}^{41})-$$

$$2\frac{h_1}{\delta}x(R_{n-1}^{31}R_{n-1}^{43}-R_{n-1}^{33}R_{n-1}^{41})]e^{-2\frac{h_2}{\delta}x}-(R_{n-1}^{31}R_{n-1}^{42}-R_{n-1}^{32}R_{n-1}^{41})e^{-4\frac{h_2}{\delta}x}$$

$$n_F=\frac{m_1\Delta_C}{2(1-\mu_2)\Delta_m}$$

则可得

$$n_F\{[A_1^H+(2-4\mu_1+\frac{h_1}{\delta}x)B_1^H]e^{-2\frac{h_1}{\delta}x}+C_1^H-(2-4\mu_1-\frac{h_1}{\delta}x)D_1^H\}=-\bar{p}_1^H(\xi) \tag{6″}$$

式(6″) $-n_F\times$式(5)，则可得

$$2(1-\mu_1)n_F(B_1^He^{-2\frac{h_1}{\delta}x}-D_1^H)=-\bar{p}_1^H(x) \tag{6‴}$$

式(a) − 式(5)，则有

$$B_1^He^{-2\frac{h_1}{\delta}x}-2C_1^H+(1-4\mu_1-2\frac{h_1}{\delta}x)D_1^H=-\bar{p}_1^H(x) \tag{4″}$$

式(6‴) − 式(4″)，则可得

$$2[(1-\mu_1)n_F-\frac{1}{2}]B_1^He^{-2\frac{h_1}{\delta}x}+2C_1^H-2[(1-\mu_1)n_F+\frac{1}{2}-(2\mu_1+\frac{h_1}{\delta}x)D_1^H]=0$$

若令

$$k_F=(1-\mu_1)n_F+\frac{1}{2}$$

则上式可改写为下式：

$$(k_F-1)B_1^He^{-2\frac{h_1}{\delta}x}+C_1^H-[k_F-(2\mu_1+\frac{h_1}{\delta}x)]D_1^H=0 \tag{3″}$$

若将式(1)、式(2)、式(3″)和式(5)：

$$A_1^H+(1-2\mu_1)B_1^H-C_1^H+(1-2\mu_1)D_1^H=0$$
$$A_1^H-2\mu_1B_1^H+C_1^H+2\mu_1D_1^H=1$$
$$(k_F-1)e^{-2\frac{h_1}{\delta}x}B_1^H+C_1^H-[k_F-(2\mu_1+\frac{h_1}{\delta}x)]D_1^H=0$$
$$[A_1^H-(2\mu_1-\frac{h_1}{\delta}x)B_1^H]e^{-2\frac{h_1}{\delta}x}+C_1^H+(2\mu_1+\frac{h_1}{\delta}x)D_1^H=0$$

与圆形单向水平荷载下双层弹性滑动体系的下述表达式:

$$A_1^H+(1-2\mu_1)B_1^H-C_1^H+(1-2\mu_1)D_1^H=0$$
$$A_1^H-2\mu_1B_1^H+C_1^H+2\mu_1D_1^H=1$$
$$(k_F-1)e^{-2\frac{h_1}{\delta}x}B_1^H+C_1^H+[(2\mu_1+\frac{h_1}{\delta}x)-k_F]D_1^H=0$$
$$A_1^He^{-2\frac{h}{\delta}x}-(2\mu_1-\frac{h}{\delta}x)B_1^He^{-2\frac{h}{\delta}x}+C_1^H+(2\mu_1+\frac{h}{\delta}x)D_1^H=0$$

进行比较,若将 k_{2F} 改换成 k_F,则两者完全一致。因此,采用圆形单向水平荷载下双层弹性滑动体系的分析方法,并注意将 k_{2F} 改换成 k_F,则可得 A_1^H、B_1^H、C_1^H、D_1^H 表达式如下:

$$A_1^H=\frac{1}{\Delta_F}\{(1-2\mu_1)k_F-[(2\mu_1-\frac{h_1}{\delta}x)k_F+(1-2\mu_1+\frac{h_1}{\delta}x-k_F)(1+\frac{h_1}{\delta}x)]e^{-2\frac{h_1}{\delta}x}\}$$

$$B_1^H=-\frac{1}{\Delta_F}[k_F-(1+\frac{h_1}{\delta}x-k_F)e^{-2\frac{h_1}{\delta}x}]$$

$$C_1^H=\frac{1}{\Delta_F}[(2\mu_1+\frac{h_1}{\delta}x)(k_F-\frac{h_1}{\delta}x)-(1-\frac{h_1}{\delta}x)k_F-(1-2\mu_1)(k_F-1)e^{-2\frac{h_1}{\delta}x}]e^{-2\frac{h_1}{\delta}x}$$

$$D_1^H=-\frac{1}{\Delta_F}[(k_F-\frac{h_1}{\delta}x)+(k_F-1)e^{-2\frac{h_1}{\delta}x}]e^{-2\frac{h_1}{\delta}x}$$

式中:$\Delta_F=k_F+[2\frac{h_1}{\delta}x(2k_F-1)-(1+2\frac{h_1^2}{\delta^2}x^2)]e^{-2\frac{h_1}{\delta}x}-(k_F-1)e^{-4\frac{h_1}{\delta}x}$。

式(5)和式(6):

$$E_1^H-F_1^H=1$$
$$e^{-2\frac{h_1}{\delta}x}E_1^H-F_1^H=0$$

联立,采用行列式理论的克莱姆法则求解如下:

$$D_F=\begin{vmatrix}1 & -1\\ e^{-2\frac{h_1}{\delta}x} & -1\end{vmatrix}=\begin{vmatrix}1 & 0\\ e^{-2\frac{h_1}{\delta}x} & -(1-e^{-2\frac{h_1}{\delta}x})\end{vmatrix}=-(1-e^{-2\frac{h_1}{\delta}x})$$

若令

$$\Delta'_F=1-e^{-2\frac{h_1}{\delta}x}$$

则可得

$$D'_F=-\Delta'_F$$

由此可得系数 E_1^H、F_1^H 表达式如下:

$$E_1^H=\frac{1}{D'_F}\begin{vmatrix}1 & -1\\ 0 & -1\end{vmatrix}=\frac{1}{\Delta'_F}$$

$$F_1^H=\frac{1}{D_F'}\begin{vmatrix}1 & 1\\ e^{-2\frac{h_1}{\delta}x} & 0\end{vmatrix}=\frac{e^{-2\frac{h_1}{\delta}x}}{\Delta_F'}$$

即

$$E_1^H=\frac{1}{\Delta_F'}$$

$$F_1^H=\frac{e^{-2\frac{h_1}{\delta}x}}{\Delta_F'}$$

如果将 A_1^H、B_1^H、C_1^H、D_1^H 表达式代入式(a),则可得第一界面上垂直反力 $\bar{p}_1^H(x)$ 表达式如下:

$$\bar{p}_1^H(x)=\frac{e^{-2\frac{h_1}{\delta}x}}{\Delta_F}(2k_F-1)\frac{h_1}{\delta}x(1-e^{-2\frac{h_1}{\delta}x})$$

根据上述分析,各层系数表达式汇总如下:

1.第一层系数表达式

当 $i=1$ 时,第一层系数表达式可表示为如下形式:

$$\begin{cases}A_1^H=\dfrac{1}{\Delta_F}\{(1-2\mu_1)k_F-[(2\mu_1-\dfrac{h_1}{\delta}x)k_F+(1-2\mu_1+\dfrac{h_1}{\delta}x-k_F)(1+\dfrac{h_1}{\delta}x)]e^{-2\frac{h_1}{\delta}x}\}\\ B_1^H=-\dfrac{1}{\Delta_F}[k_F-(1+\dfrac{h_1}{\delta}x-k_F)e^{-2\frac{h_1}{\delta}x}]\\ C_1^H=\dfrac{1}{\Delta_F}[(2\mu_1+\dfrac{h_1}{\delta}x)(k_F-\dfrac{h_1}{\delta}x)-(1-\dfrac{h_1}{\delta}x)k_F-(1-2\mu_1)(k_F-1)e^{-2\frac{h_1}{\delta}x}]e^{-2\frac{h_1}{\delta}x}\\ D_1^H=-\dfrac{1}{\Delta_F}[(k_F-\dfrac{h_1}{\delta}x)+(k_F-1)e^{-2\frac{h_1}{\delta}x}]e^{-2\frac{h_1}{\delta}x}\\ E_1^H=\dfrac{1}{\Delta_F'}\\ F_1^H=\dfrac{e^{-2\frac{h_1}{\delta}x}}{\Delta_F'}\end{cases}\tag{14-2-1}$$

式中:$\Delta_C=(R_{n-1}^{3}R_{n-1}^{44}-R_{n-1}^{34}R_{n-1}^{43})+\{2(R_{n-1}^{32}R_{n-1}^{44}-R_{n-1}^{34}R_{n-1}^{42})+$

$$\frac{1}{2}[1-(1-4\mu_2-2\frac{h_1}{\delta}x)(1-4\mu_2+2\frac{h_1}{\delta}x)](R_{n-1}^{31}R_{n-1}^{43}-R_{n-1}^{33}R_{n-1}^{41})+$$

$$(1-4\mu_2-2\frac{h_1}{\delta}x)(R_{n-1}^{32}R_{n-1}^{43}-R_{n-1}^{33}R_{n-1}^{42})-(1-4\mu_2+2\frac{h_1}{\delta}x)(R_{n-1}^{31}R_{n-1}^{44}-R_{n-1}^{34}R_{n-1}^{41})\}e^{-2\frac{h_2}{\delta}x}+$$

$$(R_{n-1}^{31}R_{n-1}^{42}-R_{n-1}^{32}R_{n-1}^{41})e^{-4\frac{h_2}{\delta}x}$$

$$\Delta_m=(R_{n-1}^{33}R_{n-1}^{44}-R_{n-1}^{34}R_{n-1}^{43})-[(R_{n-1}^{32}R_{n-1}^{43}-R_{n-1}^{33}R_{n-1}^{42})+(R_{n-1}^{31}R_{n-1}^{44}-R_{n-1}^{34}R_{n-1}^{41})-$$

$$2\frac{h_1}{\delta}x(R_{n-1}^{31}R_{n-1}^{43}-R_{n-1}^{33}R_{n-1}^{41})]e^{-2\frac{h_2}{\delta}x}-(R_{n-1}^{31}R_{n-1}^{42}-R_{n-1}^{32}R_{n-1}^{41})e^{-4\frac{h_2}{\delta}x}$$

$$n_F=\frac{m_1\Delta_C}{2(1-\mu_2)\Delta_m}$$

$$k_F=(1-\mu_1)n_F+\frac{1}{2}$$

$$\Delta_F=k_F+\{2\frac{h_1}{\delta}x(2k_F-1)-[(1+2(\frac{h_1}{\delta}x)^2]\}e^{-2\frac{h_1}{\delta}x}-(k_F-1)e^{-4\frac{h_1}{\delta}x}$$

$$\Delta_F'=1-e^{-2\frac{h_1}{\delta}x}$$

其中,对于 $k=1,2,3,\cdots,n-1$,则有

$$m_k = \frac{(1+\mu_k)E_{k+1}}{(1+\mu_{k+1})E_k}$$

对于 $k=2,3,4,\cdots,n-1$,则有

$$L_k = \frac{(3-4\mu_{k+1})-(3-4\mu_k)m_k}{3-4\mu_{k+1}+m_k}$$

$$T_k = \frac{3-4\mu_{k+1}+m_k}{4(1-\mu_{k+1})}$$

$$M_k = \frac{1-m_k}{(3-4\mu_k)m_k+1}$$

$$V_k = \frac{1+(3-4\mu_k)m_k}{4(1-\mu_{k+1})}$$

对于 $k=2,3,4,\cdots,n-1,j,l=1,2,3,4$,则有

$$R_k^{jl} = \begin{cases} P_k^{jl} & (k=2) \\ P_k^{j1}R_{k-1}^{1l}e^{-2\frac{h_k}{\delta}x} + P_k^{j2}R_{k-1}^{2l}e^{-2\frac{h_k}{\delta}x} + P_k^{j3}R_{k-1}^{3l} + P_k^{j4}R_{k-1}^{4l} & (k\neq 2) \end{cases}$$

对于 $k=2,3,4,\cdots,n-1,j,l=1,2$,则有

$$H_k^{jl} = \begin{cases} T_k^{jl} & (k=2) \\ T_k^{j1}H_{k-1}^{1l}e^{-2\frac{h_k}{\delta}x} + T_k^{j2}H_{k-1}^{2l} & (k\neq 2) \end{cases}$$

对于 $k=2,3,4,\cdots,n-1$,则有

$$P_k^{11} = T_k$$

$$P_k^{12} = \frac{1}{2}\left[\left(1-4\mu_k+2\frac{H_k}{\delta}x\right)T_k - \left(1-4\mu_{k+1}+2\frac{H_k}{\delta}x\right)V_k\right]$$

$$P_k^{13} = \left(1-4\mu_{k+1}+2\frac{H_k}{\delta}x\right)M_kV_k$$

$$P_k^{14} = \frac{1}{2}\left[L_kT_k - \left(1-4\mu_k-2\frac{H_k}{\delta}x\right)\left(1-4\mu_k+2\frac{H_k}{\delta}x\right)M_kV_k\right]$$

$$P_k^{21} = 0$$

$$P_k^{22} = V_k$$

$$P_k^{23} = -2M_kV_k$$

$$P_k^{24} = \left(1-4\mu_k-2\frac{H_k}{\delta}x\right)M_kV_k$$

$$P_k^{31} = \left(1-4\mu_{k+1}-2\frac{H_k}{\delta}x\right)M_kV_k$$

$$P_k^{32} = \frac{1}{2}\left[\left(1-4\mu_k+2\frac{H_k}{\delta}x\right)\left(1-4\mu_{k+1}-2\frac{H_k}{\delta}x\right)M_kV_k - L_kT_k\right]$$

$$P_k^{33} = T_k$$

$$P_k^{34}=\frac{1}{2}\left[(1-4\mu_{k+1}-2\frac{H_k}{\delta}x)V_k-(1-4\mu_k-2\frac{H_k}{\delta}x)T_k\right]$$

$$P_k^{41}=2M_kV_k$$

$$P_k^{42}=(1-4\mu_k+2\frac{H_k}{\delta}x)M_kV_k$$

$$P_k^{43}=0$$

$$P_k^{44}=V_k$$

$$T_k^{11}=T_k^{22}=\frac{1+m_k}{2}$$

$$T_k^{12}=T_k^{21}=-\frac{1-m_k}{2}$$

2. 第二层系数表达式

当 $i=2$ 时，第二层系数表达式可表示为如下形式：

$$\begin{cases}A_2^H=-\dfrac{\overline{p}_1^H(x)e^{2\frac{h_1}{\delta}x}}{\Delta_C}\{(2\mu_2-\dfrac{h_1}{\delta}x)(R_{n-1}^{33}R_{n-1}^{44}-R_{n-1}^{34}R_{n-1}^{43})+\\ \quad[(R_{n-1}^{32}R_{n-1}^{44}-R_{n-1}^{34}R_{n-1}^{42})-(2\mu_2+\dfrac{h_1}{\delta}x)(R_{n-1}^{32}R_{n-1}^{43}-R_{n-1}^{33}R_{n-1}^{42})]e^{-2\frac{h_2}{\delta}x}\}\\ B_2^H=-\dfrac{\overline{p}_1^H(x)e^{2\frac{h_1}{\delta}x}}{\Delta_C}\{(R_{n-1}^{33}R_{n-1}^{44}-R_{n-1}^{34}R_{n-1}^{43})-[(R_{n-1}^{31}R_{n-1}^{44}-R_{n-1}^{34}R_{n-1}^{41})-\\ \quad(2\mu_2+\dfrac{h_1}{\delta}x)(R_{n-1}^{31}R_{n-1}^{43}-R_{n-1}^{33}R_{n-1}^{41})]e^{-2\frac{h_2}{\delta}x}\}\\ C_2^H=\dfrac{\overline{p}_1^H(x)e^{-2\frac{h_2}{\delta}x}}{\Delta_C}[(R_{n-1}^{32}R_{n-1}^{44}-R_{n-1}^{34}R_{n-1}^{42})+(2\mu_2-\dfrac{h_1}{\delta}x)(R_{n-1}^{31}R_{n-1}^{44}-R_{n-1}^{34}R_{n-1}^{41})+\\ \quad(2\mu_2+\dfrac{h_1}{\delta}x)(R_{n-1}^{31}R_{n-1}^{42}-R_{n-1}^{32}R_{n-1}^{41})e^{-2\frac{h_2}{\delta}x}]\\ D_2^H=-\dfrac{\overline{p}_1^H(x)e^{-2\frac{h_2}{\delta}x}}{\Delta_C}[(R_{n-1}^{32}R_{n-1}^{43}-R_{n-1}^{33}R_{n-1}^{42})+(2\mu_2-\dfrac{h_1}{\delta}x)(R_{n-1}^{31}R_{n-1}^{43}-R_{n-1}^{33}R_{n-1}^{41})+\\ \quad(R_{n-1}^{31}R_{n-1}^{42}-R_{n-1}^{32}R_{n-1}^{41})e^{-2\frac{h_2}{\delta}x}]\\ E_2^H=0\\ F_2^H=0\end{cases}\tag{14-2-2}$$

式中，$\overline{p}_1^H(x)=\dfrac{1}{\Delta_F}(2k_F-1)\dfrac{h_1}{\delta}x(1-e^{-2\frac{h_1}{\delta}x})$。

在第二层系数表达式中，其他参数表达式全部同于第一层参数表达式中的参数表达式。

3. 其他层系数表达式

当 $i\geqslant3$ 时，该层系数表达式可表示为如下形式：

当 $i=3,4,5,\cdots,n$ 时，则可得

$$
\begin{cases}
A_i^H = (R_{i-1}^{11}e^{-2\frac{H_2}{\delta}x}A_2^H + R_{i-1}^{12}e^{-2\frac{H_2}{\delta}x}B_2^H + R_{i-1}^{13}C_2^H + R_{i-1}^{14}D_2^H)e^{2\frac{H_{i-1}}{\delta}x} \\
B_i^H = (R_{i-1}^{21}e^{-2\frac{H_2}{\delta}x}A_2^H + R_{i-1}^{22}e^{-2\frac{H_2}{\delta}x}B_2^H + R_{i-1}^{23}C_2^H + R_{i-1}^{24}D_2^H)e^{2\frac{H_{i-1}}{\delta}x} \\
C_i^H = R_{i-1}^{31}e^{-2\frac{H_2}{\delta}x}A_2^H + R_{i-1}^{32}e^{-2\frac{H_2}{\delta}x}B_2^H + R_{i-1}^{33}C_2^H + R_{i-1}^{34}D_2^H \\
D_i^H = R_{i-1}^{41}e^{-2\frac{H_2}{\delta}x}A_1^H + R_{i-1}^{42}e^{-2\frac{H_2}{\delta}x}B_2^H + R_{i-1}^{43}C_2^H + R_{i-1}^{44}D_2^H \\
E_i^H = (H_{i-1}^{11}e^{-2\frac{H_2}{\delta}x}E_2^H + H_{i-1}^{12}F_2^H)e^{2\frac{H_{i-1}}{\delta}x} \\
F_i^H = H_{i-1}^{21}e^{-2\frac{H_2}{\delta}x}E_2^H + H_{i-1}^{22}F_2^H
\end{cases}
\tag{14-2-3}
$$

由上述分析可知，如果需要求解第一层($i=1$)的应力与位移分量，可将式(14-2-1)中系数表达式的计算结果直接代入式(11-6-2)，即能得到圆形均布单向水平荷载下的全部理论解；若求第二层($i=2$)的应力与位移分量，则应将式(14-2-2)中系数表达式的计算结果代入式(11-6-2)，才能得到圆形均布单向水平荷载下的全部解析解；计算其他层($i \geqslant 3$)的应力与位移分量，首先根据式(14-2-2)求得系数 A_2^H、B_2^H、C_2^H、D_2^H、E_2^H、F_2^H 表达式的计算结果，然后再将这些计算结果代入式(11-6-2)，方可求出圆形均布单向水平荷载下的第 i 层层底应力与位移分量的全部解析解。

14.3 古德曼模型在系数递推法中的应用

设多层弹性体系表面上作用有单向圆形水平荷载 $s^H(r)$，各层厚度、弹性模量和泊松比分别为 h_k、E_k 和 μ_k($k=3,4,5,i,\cdots,n$)。最下层为弹性半空间体，其弹性模量和泊松比分别用 E_n 和 μ_n 表示。各接触面上的黏结系数分别为 K_k，如图 14-2 所示。

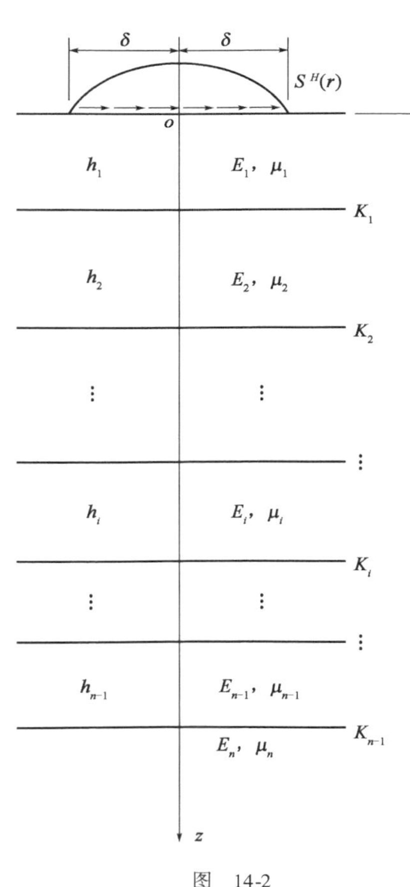

图 14-2

14.3.1 表面边界条件

若将柱面坐标设置在多层弹性体系表面上，并且 z 轴向下，其坐标系原点设置在荷载圆的圆心处。这时，若采用应力和位移分量表示，表面边界条件可写成如下三个表达式：

$$
\begin{cases}
\sigma_{z_1}^H \Big|_{z=0} = 0 \\
\tau_{\theta z_1}^H \Big|_{z=0} = s(r)\sin\theta \\
\tau_{zr_1}^H \Big|_{z=0} = -s(r)\cos\theta
\end{cases}
$$

为了便于施加亨格尔积分变换，可将上述求解条件的三个表达式变换为下列表达式：

$$
\begin{cases}
\sigma_{z_1}^H \Big|_{z=0} = 0 \\
\left(\dfrac{\tau_{\theta z_1}^H}{\sin\theta} + \dfrac{\tau_{zr_1}^H}{\cos\theta}\right) \Big|_{z=0} = 0 \\
\left(\dfrac{\tau_{\theta_1 z_1}^H}{\sin\theta} - \dfrac{\tau_{zr_1}^H}{\cos\theta}\right) \Big|_{z=0} = 2s(r)
\end{cases}
$$

14.3.2　无穷远处边界条件

若采用应力和位移分量表示,则无穷远($r\to\infty$ 或 $z\to\infty$)处边界条件有如下两个表达式:

$$\lim_{r\to\infty}[\sigma_{r_n}^H,\sigma_{\theta_n}^H,\sigma_{z_n}^H,\tau_{r\theta_n}^H,\tau_{\theta z_n}^H,\tau_{zr_n}^H,u_k^H,v_n^H,w_n^H]=0$$

$$\lim_{z\to\infty}[\sigma_{r_n}^H,\sigma_{\theta_n}^H,\sigma_{z_n}^H,\tau_{r\theta_n}^H,\tau_{\theta z_n}^H,\tau_{zr_n}^H,u_n^H,v_n^H,w_n^H]=0$$

即

$$C_n^H=D_n^H=F_n^H=0$$

14.3.3　层间接触条件

根据层间接触面上的结合条件,当 $k=1,2,3,\cdots,n-1$ 时,则有如下表达式:

$$\sigma_{z_k}^H\Big|_{z=H_k}=\sigma_{z_{k+1}}^H\Big|_{z=H_k}$$

$$\tau_{\theta z_k}^H\Big|_{z=H_k}=\tau_{\theta z_{k+1}}^H\Big|_{z=H_k}$$

$$\tau_{zr_1}^H\Big|_{z=0}=\tau_{zr_{k+1}}^H\Big|_{z=H_k}$$

$$\tau_{\theta z_k}^H\Big|_{z=H_k}=K_k(v_k^H-v_{k+1}^H)\Big|_{z=H_k}$$

$$\tau_{zr_k}^H\Big|_{z=H_k}=K_k(u_k^H-u_{k+1}^H)\Big|_{z=H_k}$$

$$w_k^H\Big|_{z=H_k}=w_{k+1}^H\Big|_{z=H_k}$$

式中:k——接触面编号,$k=1,2,3,\cdots,n-1$;

H_k——累计厚度(cm),$H_k=\sum_{j=1}^{k}h_j$;

K_k——第 k 层层间接触面上的黏结系数(MPa/cm)。

为了便于施加亨格尔积分变换,将上述求解条件变换为下列表达式:

$$\sigma_{z_k}^H\Big|_{z=H_k}=\sigma_{z_{k+1}}^H\Big|_{z=H_k}$$

$$\left(\frac{\tau_{\theta z_k}^H}{\sin\theta}+\frac{\tau_{zr_k}^H}{\cos\theta}\right)\Big|_{z=H_k}=\left(\frac{\tau_{\theta z_{k+1}}^H}{\sin\theta}+\frac{\tau_{zr_{k+1}}^H}{\cos\theta}\right)\Big|_{z=H_k}$$

$$\left(\frac{\tau_{\theta z_k}^H}{\sin\theta}-\frac{\tau_{zr_k}^H}{\cos\theta}\right)\Big|_{z=H_k}=\left(\frac{\tau_{\theta z_{k+1}}^H}{\sin\theta}-\frac{\tau_{zr_{k+1}}^H}{\cos\theta}\right)\Big|_{z=H_k}$$

$$\left(\frac{\tau_{\theta z_k}^H}{\sin\theta}+\frac{\tau_{zr_k}^H}{\cos\theta}\right)\Big|_{z=H_k}=K_k\left[\left(\frac{v_k^H}{\sin\theta}+\frac{u_k^H}{\cos\theta}\right)-\left(\frac{v_{k+1}^H}{\sin\theta}+\frac{u_{k+1}^H}{\cos\theta}\right)\right]\Big|_{z=H_k}$$

$$\left(\frac{\tau_{\theta z_k}^H}{\sin\theta}-\frac{\tau_{zr_k}^H}{\cos\theta}\right)\Big|_{z=H_k}=K_k\left[\left(\frac{v_k^H}{\sin\theta}-\frac{u_k^H}{\cos\theta}\right)-\left(\frac{v_{k+1}^H}{\sin\theta}-\frac{u_{k+1}^H}{\cos\theta}\right)\right]\Big|_{z=H_k}$$

$$w_k^H\Big|_{z=H_k}=w_{k+1}^H\Big|_{z=H_k}$$

若将式(11-6-2)中的有关应力与位移分量表达式代入变换后的定解条件,并施加亨格尔积分变换,则可得如下线性方程组:

(1)表面边界条件

$$A_1^H+(1-2\mu_1)B_1^H-C_1^H+(1-2\mu_1)D_1^H=0 \tag{1-1}$$

$$A_1^H-2\mu_1B_1^H-E_1^H+C_1^H+2\mu_1D_1^H+F_1^H=0 \tag{1-2'}$$

$$A_1^H - 2\mu_1 B_1^H + E_1^H + C_1^H + 2\mu_1 D_1^H - F_1^H = 2 \tag{1-3'}$$

(2)层间接触条件

根据层状弹性体系的层间接触条件,当 $k=1,2,3,\cdots,n-1$ 时,则有

$$\left[A_k^H + \left(1-2\mu_k + \frac{H_k}{\delta}x\right)B_k^H\right]e^{-2\frac{H_k}{\delta}x} - C_k^H + \left(1-2\mu_k - \frac{H_k}{\delta}x\right)D_k^H$$

$$= \left[A_{k+1}^H + \left(1-2\mu_{k+1} + \frac{H_k}{\delta}x\right)B_{k+1}^H\right]e^{-2\frac{H_k}{\delta}x} - C_{k+1}^H + \left(1-2\mu_{k+1} - \frac{H_k}{\delta}x\right)D_{k+1}^H \tag{2-1'}$$

$$\left[A_k^H - \left(2\mu_k - \frac{H_k}{\delta}x\right)B_k^H - E_k^H\right]e^{-2\frac{H_k}{\delta}x} + C_k^H + \left(2\mu_k + \frac{H_k}{\delta}x\right)D_k^H + F_k^H$$

$$= \left[A_{k+1}^H - \left(2\mu_{k+1} - \frac{H_k}{\delta}x\right)B_{k+1}^H - E_{k+1}^H\right]e^{-2\frac{H_k}{\delta}x} + C_{k+1}^H + \left(2\mu_{k+1} + \frac{H_k}{\delta}x\right)D_{k+1}^H + F_{k+1}^H \tag{2-2'}$$

$$\left[A_k^H - \left(2\mu_k - \frac{H_k}{\delta}x\right)B_k^H + E_k^H\right]e^{-2\frac{H_k}{\delta}x} + C_k^H + \left(2\mu_k + \frac{H_k}{\delta}x\right)D_k^H - F_k^H$$

$$= \left[A_{k+1}^H - \left(2\mu_{k+1} - \frac{H_k}{\delta}x\right)B_{k+1}^H + E_{k+1}^H\right]e^{-2\frac{H_k}{\delta}x} + C_{k+1}^H + \left(2\mu_{k+1} + \frac{H_k}{\delta}x\right)D_{k+1}^H - F_{k+1}^H \tag{2-3'}$$

$$m_k\left\{\left\{(1+\chi_k)A_k^H - \left[\left(1-\frac{H_k}{\delta}x\right) + \chi_k\left(2\mu_1 - \frac{H_k}{\delta}x\right)\right]B_k^H - (2+\chi_k)E_k^H\right\}e^{-2\frac{H_k}{\delta}x} -\right.$$

$$\left.(1-\chi_k)C_k^H - \left[\left(1+\frac{H_k}{\delta}x\right) - \chi_k\left(2\mu_1 + \frac{H_k}{\delta}x\right)\right]D_k^H - (2-\chi_k)F_k^H\right\}$$

$$= \left[A_{k+1}^H - \left(1-\frac{H_k}{\delta}x\right)B_{k+1}^H - 2E_{k+1}^H\right]e^{-2\frac{H_k}{\delta}x} - C_{k+1}^H - \left(1+\frac{H_k}{\delta}x\right)D_{k+1}^H - 2F_{k+1}^H \tag{2-4'}$$

$$m_k\left\{\left\{(1+\chi_k)A_k^H - \left[\left(1-\frac{H_k}{\delta}x\right) + \chi_k\left(2\mu_1 - \frac{H_k}{\delta}x\right)\right]B_k^H + (2+\chi_k)E_k^H\right\}e^{-2\frac{H_k}{\delta}x} -\right.$$

$$\left.(1-\chi_k)C_k^H - \left[\left(1+\frac{H_k}{\delta}x\right) - \chi_k\left(2\mu_1 + \frac{H_k}{\delta}x\right)\right]D_k^H + (2-\chi_k)F_k^H\right\}$$

$$= \left[A_{k+1}^H - \left(1-\frac{H_k}{\delta}x\right)B_{k+1}^H + 2E_{k+1}^H\right]e^{-2\frac{H_k}{\delta}x} - C_{k+1}^H - \left(1+\frac{H_k}{\delta}x\right)D_{k+1}^H + 2F_{k+1}^H \tag{2-5'}$$

$$m_k\left\{\left[A_k^H + \left(2-4\mu_k + \frac{H_k}{\delta}x\right)B_k^H\right]e^{-2\frac{H_k}{\delta}x} + C_k^H - \left(2-4\mu_k - \frac{H_k}{\delta}x\right)D_k^H\right\}$$

$$= \left[A_{k+1}^H + \left(2-4\mu_{k+1} + \frac{H_k}{\delta}x\right)B_{k+1}^H\right]e^{-2\frac{H_k}{\delta}x} + C_{k+1}^H - \left(2-4\mu_{k+1} - \frac{H_k}{\delta}x\right)D_{k+1}^H \tag{2-6'}$$

式中:$m_k = \dfrac{(1+\mu_k)E_{k+1}}{(1+\mu_{k+1})E_k}$

$\chi_k = \dfrac{E_k}{(1+\mu_k)K_k\delta}x$

式(1-3′) ± 式(1-2′),则可得

$$A_1^H - 2\mu_1 B_1^H + C_1^H + 2\mu_1 D_1^H = 1 \tag{1-2}$$

$$E_1^H - F_1^H = 1 \tag{1-5}$$

式(2-3′) ± 式(2-2′),则有

$$\left[A_k^H - \left(2\mu_k - \frac{H_k}{\delta}x\right)B_k^H\right]e^{-2\frac{H_k}{\delta}x} + C_k^H + \left(2\mu_k + \frac{H_k}{\delta}x\right)D_k^H$$

$$= \left[A_{k+1}^H - \left(2\mu_{k+1} - \frac{H_k}{\delta}x\right)B_{k+1}^H\right]e^{-2\frac{H_k}{\delta}x} + C_{k+1}^H + \left(2\mu_{k+1} + \frac{H_k}{\delta}x\right)D_{k+1}^H \tag{2-2''}$$

$$E_k^H e^{-2\frac{H_k}{\delta}x} - F_k^H = E_{k+1}^H e^{-2\frac{H_k}{\delta}x} - F_{k+1}^H \tag{2-3''}$$

式(2-5′) ± 式(2-4′),则可得

$$m_k\Big\{(1+\chi_k)A_k^H-[(1-\frac{H_k}{\delta}x)+\chi_k(2\mu_1-\frac{H_k}{\delta}x)]B_k^H\}e^{-2\frac{H_k}{\delta}x}-$$

$$(1-\chi_k)C_k^H-[(1+\frac{H_k}{\delta}x)-\chi_k(2\mu_1+\frac{H_k}{\delta}x)]D_k^H\Big\}$$

$$=[A_{k+1}^H-(1-\frac{H_k}{\delta}x)B_{k+1}^H]e^{-2\frac{H_k}{\delta}x}-C_{k+1}^H-(1+\frac{H_k}{\delta}x)D_{k+1}^H \tag{2-4″}$$

$$m_k[(1+\frac{\chi_k}{2})E_k^He^{-2\frac{H_k}{\delta}x}+(1-\frac{\chi_k}{2})F_k^H]=E_{k+1}^He^{-2\frac{H_k}{\delta}x}+F_{k+1}^H \tag{2-5″}$$

当 $k=1,2,\cdots,n-1$ 时,本节的式(2-1′)、式(2-2″)、式(2-4″)、式(2-6′)为:

$$[A_k^H+(1-2\mu_k+\frac{H_k}{\delta}x)B_k^H]e^{-2\frac{H_k}{\delta}x}-C_k^H+(1-2\mu_k-\frac{H_k}{\delta}x)D_k^H$$

$$=[A_{k+1}^H+(1-2\mu_{k+1}+\frac{H_k}{\delta}x)B_{k+1}^H]e^{-2\frac{H_k}{\delta}x}-C_{k+1}^H+(1-2\mu_{k+1}-\frac{H_k}{\delta}x)D_{k+1}^H$$

$$[A_k^H-(2\mu_k-\frac{H_k}{\delta}x)B_k^H]e^{-2\frac{H_k}{\delta}x}+C_k^H+(2\mu_k+\frac{H_k}{\delta}x)D_k^H$$

$$=[A_{k+1}^H-(2\mu_{k+1}-\frac{H_k}{\delta}x)B_{k+1}^H]e^{-2\frac{H_k}{\delta}x}+C_{k+1}^H+(2\mu_{k+1}+\frac{H_k}{\delta}x)D_{k+1}^H$$

$$m_k\Big\{\{(1+\chi_k)A_k^H-[(1-\frac{H_k}{\delta}x)+\chi_k(2\mu_k-\frac{H_k}{\delta}x)]B_k^H\}e^{-2\frac{H_k}{\delta}x}-(1-\chi_k)C_k^H-[(1+\frac{H_k}{\delta}x)-\chi_k(2\mu_k+\frac{H_k}{\delta}x)]D_k^H\Big\}$$

$$=[A_{k+1}^H-(1-\frac{H_k}{\delta}x)B_{k+1}^H]e^{-2\frac{H_k}{\delta}x}-C_{k+1}^H-(1+\frac{H_k}{\delta}x)D_{k+1}^H$$

$$m_k\Big\{[A_k^H+(2-4\mu_k+\frac{H_k}{\delta}x)B_k^H]e^{-2\frac{H_k}{\delta}x}+C_k^H-(2-4\mu_k-\frac{H_k}{\delta}x)D_k^H\Big\}$$

$$=[A_{k+1}^H+(2-4\mu_{k+1}+\frac{H_k}{\delta}x)B_{k+1}^H]e^{-2\frac{H_k}{\delta}x}+C_{k+1}^H-(2-4\mu_{k+1}-\frac{H_k}{\delta}x)D_{k+1}^H$$

在垂直荷载作用下多层体系第10.4节(古德曼模型在多层体系中的应用)中的式(2-1′)、式(2-2′)、式(2-3′)、式(2-4′):

$$[A_k^V+(1-2\mu_k+\frac{H_k}{\delta}x)B_k^V]e^{-2\frac{H_k}{\delta}x}-C_k^V+(1-2\mu_k-\frac{H_k}{\delta}x)D_k^V$$

$$=[A_{k+1}^V+(1-2\mu_{k+1}+\frac{H_k}{\delta}x)B_{k+1}^V]e^{-2\frac{H_k}{\delta}x}-C_{k+1}^V+(1-2\mu_{k+1}-\frac{H_k}{\delta}x)D_{k+1}^V$$

$$[A_k^V-(2\mu_k-\frac{H_k}{\delta}x)B_k^V]e^{-2\frac{H_k}{\delta}x}+C_k^V+(2\mu_k+\frac{H_k}{\delta}x)D_k^V$$

$$=[A_{k+1}^V-(2\mu_{k+1}-\frac{H_k}{\delta}x)B_{k+1}^V]e^{-2\frac{H_k}{\delta}x}+C_{k+1}^V+(2\mu_{k+1}+\frac{H_k}{\delta}x)D_{k+1}^V$$

$$m_k\{(1+\chi_k)e^{-2\frac{H_k}{\delta}x}A_k^V-[(1-\frac{H_k}{\delta}x)+\chi_k(2\mu_k-\frac{H_k}{\delta}x)]e^{-2\frac{H_k}{\delta}x}B_k^V-(1-\chi_k)C_k^V-[(1+\frac{H_k}{\delta}x)-\chi_k(2\mu_k+\frac{H_k}{\delta}x)]D_k^V\}$$

$$=[A_{k+1}^V-(1-\frac{H_k}{\delta}x)B_{k+1}^V]e^{-2\frac{H_k}{\delta}x}-C_{k+1}^V-(1+\frac{H_k}{\delta}x)D_{k+1}^V$$

$$m_k\{[A_k^V+(2-4\mu_k+\frac{H_k}{\delta}x)B_k^V]e^{-2\frac{H_k}{\delta}x}+C_k^V-(2-4\mu_k-\frac{H_k}{\delta}x)D_k^V\}$$
$$=[A_{k+1}^V+(2-4\mu_{k+1}+\frac{H_k}{\delta}x)B_{k+1}^V]e^{-2\frac{H_k}{\delta}x}+C_{k+1}^V-(2-4\mu_{k+1}-\frac{H_k}{\delta}x)D_{k+1}^V$$

进行比较,可以看出:两者在方程式的结构上完全相同,只有未知系数(A、B、C 和 D)的上标有所不同,而其下标完全相同。上标 H 表示圆形单向水平荷载下的未知系数,垂直荷载下的上标为 V。这就是说,我们可以将垂直荷载下的解中未知系数上标 V 改为 H,就可得到水平荷载下多层体系第二层至第 n 层未知系数的表达式:

$$A_i^H=[(P_{i-1}^{11}A_{i-1}^H+P_{i-1}^{12}B_{i-1}^H)e^{-2\frac{H_{i-1}}{\delta}x}+P_{i-1}^{13}C_{i-1}^H+P_{i-1}^{14}D_{i-1}^H]e^{2\frac{H_{i-1}}{\delta}x}$$
$$B_i^H=[(P_{i-1}^{21}A_{i-1}^H+P_{i-1}^{22}B_{i-1}^H)e^{-2\frac{H_{i-1}}{\delta}x}+P_{i-1}^{23}C_{i-1}^H+P_{i-1}^{24}D_{i-1}^H]e^{2\frac{H_{i-1}}{\delta}x}$$
$$C_i^H=(P_{i-1}^{31}A_{i-1}^H+P_{i-1}^{32}B_{i-1}^H)e^{-2\frac{H_{i-1}}{\delta}x}+P_{i-1}^{33}C_{i-1}^H+P_{i-1}^{24}D_{i-1}^H$$
$$D_i^H=(P_{i-1}^{41}A_{i-1}^H+P_{i-1}^{42}B_{i-1}^H)e^{-2\frac{H_{i-1}}{\delta}x}+P_{i-1}^{43}C_{i-1}^H+P_{i-1}^{44}D_{i-1}^H$$

若采用第一层系数表示,则有

$$\begin{cases}A_i^H=[(R_{i-1}^{11}A_1^H+R_{i-1}^{12}B_1^H)e^{-2\frac{h_1}{\delta}x}+R_{i-1}^{13}C_1^H+R_{i-1}^{14}D_1^H]e^{2\frac{H_{i-1}}{\delta}x}\\B_i^H=[(R_{i-1}^{21}A_1^H+R_{i-1}^{22}B_1^H)e^{-2\frac{h_1}{\delta}x}+R_{i-1}^{23}C_1^H+R_{i-1}^{24}D_1^H]e^{2\frac{H_{i-1}}{\delta}x}\\C_i^H=(R_{i-1}^{31}A_1^H+R_{i-1}^{32}B_1^H)e^{-2\frac{h_1}{\delta}x}+R_{i-1}^{33}C_1^H+R_{i-1}^{24}D_1^H\\D_i^H=(R_{i-1}^{41}A_1^H+R_{i-1}^{42}B_1^H)e^{-2\frac{h_1}{\delta}x}+R_{i-1}^{43}C_1^H+R_{i-1}^{44}D_1^H\end{cases}$$

若将式(2-3″)、式(2-5″):

$$E_k^He^{-2\frac{H_k}{\delta}x}-F_k^H=E_{k+1}^He^{-2\frac{H_k}{\delta}x}-F_k^H$$
$$m_k[(1+\frac{\chi_k}{2})E_k^He^{-2\frac{H_k}{\delta}x}+(1-\frac{\chi_k}{2})F_k^H]=E_{k+1}^He^{-2\frac{H_k}{\delta}x}+F_{k+1}^H$$

联立,就可求出 E_{k+1}^H、F_{k+1}^H 与 E_k^H、F_k^H 之间的关系式。

式(2-5″) ± 式(2-3″),则可得

$$E_{k+1}^H=\frac{1}{2}\{[1+(1+\frac{\chi_k}{2})m_k]E_k^He^{-2\frac{H_k}{\delta}x}-[1-(1-\frac{\chi_k}{2})m_k]F_k^H\}e^{2\frac{H_k}{\delta}x}$$
$$F_{k+1}^H=-\frac{1}{2}\{[1-(1+\frac{\chi_k}{2})m_k]E_k^He^{-2\frac{H_k}{\delta}x}+[1+(1-\frac{\chi_k}{2})m_k]F_k^H\}$$

若令

$$T_k^{11}=\frac{1}{2}[1+(1+\frac{\chi_k}{2})m_k]$$
$$T_k^{12}=-\frac{1}{2}[1-(1-\frac{\chi_k}{2})m_k]$$
$$T_k^{21}=-\frac{1}{2}[1-(1+\frac{\chi_k}{2})m_k]$$
$$T_k^{22}=\frac{1}{2}[1+(1-\frac{\chi_k}{2})m_k]$$

并令 $i=k+1$,则上两式可改写为如下两式:

$$E_i^H=(T_{i-1}^{11}e^{-2\frac{H_{i-1}}{\delta}x}E_{i-1}^H+T_{i-1}^{12}F_{i-1}^H)e^{2\frac{H_{i-1}}{\delta}x}$$
$$F_i^H=T_{i-1}^{21}e^{-2\frac{H_{i-1}}{\delta}x}E_{i-1}^H+T_{i-1}^{22}F_{i-1}^H$$

若用第一层系数 E_1^H、F_1^H 表示，则可得

$$\begin{cases} E_i^H = (H_{i-1}^{11}E_1^H e^{-2\frac{h_1}{\delta}x} + H_{i-1}^{12}F_1^H)e^{2\frac{H_{i-1}}{\delta}x} \\ F_i^H = H_{i-1}^{21}E_1^H e^{-2\frac{h_1}{\delta}x} + H_{i-1}^{22}F_1^H \end{cases}$$

当 $k=1,2,3,\cdots,n-1,j,l=1,2$ 时，则有

$$H_k^{jl} = \begin{cases} T_1^{jl} & (k=1) \\ T_k^{j1}H_{k-1}^{1l}e^{-2\frac{h_k}{\delta}x} + T_k^{j2}H_{k-1}^{2l} & (k\neq 1) \end{cases}$$

从上述分析可以看出，当 $i\geqslant 2$ 时，第 i 层的系数 A_i^H、B_i^H、C_i^H、D_i^H、E_i^H、F_i^H 表达式均可用第一层系数 A_1^H、B_1^H、C_1^H、D_1^H、E_1^H、F_1^H 来表示。

当 $i=n$ 时，在下述表达式：

$$C_i^H = (R_{i-1}^{31}A_1^H + R_{i-1}^{32}B_1^H)e^{-2\frac{h_1}{\delta}x} + R_{i-1}^{33}C_1^H + R_{i-1}^{24}D_1^H$$

$$D_i^H = (R_{i-1}^{41}A_1^H + R_{i-1}^{42}B_1^H)e^{-2\frac{h_1}{\delta}x} + R_{i-1}^{43}C_1^H + R_{i-1}^{44}D_1^H$$

中，根据 $C_n^H = D_n^H = 0$，则可得

$$R_{n-1}^{31}e^{-2\frac{h_1}{\delta}x}A_1^H + R_{n-1}^{32}e^{-2\frac{h_1}{\delta}x}B_1^H + R_{n-1}^{33}C_1^H + R_{n-1}^{34}D_1^H = 0 \tag{1-3}$$

$$R_{n-1}^{41}e^{-2\frac{h_1}{\delta}x}A_1^H + R_{n-1}^{42}e^{-2\frac{h_1}{\delta}x}B_1^H + R_{n-1}^{43}C_1^H + R_{n-1}^{44}D_1^H = 0 \tag{1-4}$$

这两个方程式与式(1-1)、式(1-2)，即

$$A_1^H + (1-2\mu_1)B_1^H - C_1^H + (1-2\mu_1)D_1^H = 0$$

$$A_1^H - 2\mu_1 B_1^H + C_1^H + 2\mu_1 D_1^H = 1$$

$$R_{n-1}^{31}e^{-2\frac{h_1}{\delta}x}A_1^H + R_{n-1}^{32}e^{-2\frac{h_1}{\delta}x}B_1^H + R_{n-1}^{33}C_1^H + R_{n-1}^{34}D_1^H = 0$$

$$R_{n-1}^{41}e^{-2\frac{h_1}{\delta}x}A_1^H + R_{n-1}^{42}e^{-2\frac{h_1}{\delta}x}B_1^H + R_{n-1}^{43}C_1^H + R_{n-1}^{44}D_1^H = 0$$

联立。上述由式(1-1)、式(1-2)、式(1-3)、式(1-4)组成的联立方程组与圆形单向水平荷载下多层连续体系的下述联立方程组，即

$$A_1^H + (1-2\mu_1)B_1^H - C_1^H + (1-2\mu_1)D_1^H = 0$$

$$A_1^H - 2\mu_1 B_1^H + C_1^H + (1-2\mu_1)D_1 = 1$$

$$R_{n-1}^{31}e^{-2\frac{h_1}{\delta}x}A_1^H + R_{n-1}^{32}e^{-2\frac{h_1}{\delta}x}B_1^H + R_{n-1}^{33}C_1^H + R_{n-1}^{34}D_1^H = 0$$

$$R_{n-1}^{41}e^{-2\frac{h_1}{\delta}x}A_1^H + R_{n-1}^{42}e^{-2\frac{h_1}{\delta}x}B_1^H + R_{n-1}^{43}C_1^H + R_{n-1}^{44}D_1^H = 0$$

进行比较可知，两者在方程式的结构上完全相同。因此，系数 A_1^H、B_1^H、C_1^H、D_1^H 表达式可表示为如下形式：

$$\begin{cases} A_1^H = \dfrac{1}{\Delta_G}\{(1-2\mu_1)(R_{n-1}^{33}R_{n-1}^{44} - R_{n-1}^{34}R_{n-1}^{43}) + [(1-2\mu_1)(R_{n-1}^{32}R_{n-1}^{43} - R_{n-1}^{33}R_{n-1}^{42}) + \\ \quad (R_{n-1}^{32}R_{n-1}^{44} - R_{n-1}^{34}R_{n-1}^{42})]e^{-2\frac{h_1}{\delta}x}\} \\ B_1^H = -\dfrac{1}{\Delta_G}\{(R_{n-1}^{33}R_{n-1}^{44} - R_{n-1}^{34}R_{n-1}^{43}) + [(1-2\mu_1)(R_{n-1}^{31}R_{n-1}^{43} - R_{n-1}^{33}R_{n-1}^{41}) + \\ \quad (R_{n-1}^{31}R_{n-1}^{44} - R_{n-1}^{34}R_{n-1}^{41})]e^{-2\frac{h_1}{\delta}x}\} \\ C_1^H = \dfrac{1}{\Delta_G}[(R_{n-1}^{32}R_{n-1}^{44} - R_{n-1}^{34}R_{n-1}^{42}) - (1-2\mu_1)(R_{n-1}^{31}R_{n-1}^{44} - R_{n-1}^{34}R_{n-1}^{41}) + \\ \quad (1-2\mu_1)(R_{n-1}^{31}R_{n-1}^{42} - R_{n-1}^{32}R_{n-1}^{41})e^{-2\frac{h_1}{\delta}x}]e^{-2\frac{h_1}{\delta}x} \\ D_1^H = -\dfrac{1}{\Delta_G}[(R_{n-1}^{32}R_{n-1}^{43} - R_{n-1}^{33}R_{n-1}^{42}) - (1-2\mu_1)(R_{n-1}^{31}R_{n-1}^{43} - R_{n-1}^{33}R_{n-1}^{41}) - \\ \quad (R_{n-1}^{31}R_{n-1}^{42} - R_{n-1}^{32}R_{n-1}^{41})e^{-2\frac{h_1}{\delta}x}]e^{-2\frac{h_1}{\delta}x} \end{cases}$$

当 $i=n$ 时,由于 $F_n^H=0$,故下述表达式:

$$F_i^H=H_{i-1}^{21}e^{-2\frac{h_1}{\delta}x}E_1^H+H_{i-1}^{22}F_1^H$$

可改写为下式:

$$H_{n-1}^{21}e^{-2\frac{h_1}{\delta}x}E_1^H+H_{n-1}^{22}F_1^H=0 \tag{1-6}$$

若将这个方程式与式(1-5),即

$$E_1^H-F_1^H=1$$

$$H_{n-1}^{21}e^{-2\frac{h_1}{\delta}x}E_1^H+H_{n-1}^{22}F_1^H=0$$

联立,采用行列式理论求解,则可得

$$E_1^H=\frac{H_{n-1}^{22}}{\Delta_G'}$$

$$F_1^H=-\frac{H_{n-1}^{21}}{\Delta_G'}e^{-2\frac{h_1}{\delta}x}$$

式中,$\Delta_G'=H_{n-1}^{21}e^{-2\frac{h_1}{\delta}x}+H_{n-1}^{22}$。

根据上述分析,各层系数表达式汇总如下:

(1)第一层系数表达式

当 $i=1$ 时,第一层系数表达式可表示为如下形式:

$$\begin{cases}A_1^H=\dfrac{1}{\Delta_G}\{(1-2\mu_1)(R_{n-1}^{33}R_{n-1}^{44}-R_{n-1}^{34}R_{n-1}^{43})+\\ \qquad[(1-2\mu_1)(R_{n-1}^{32}R_{n-1}^{43}-R_{n-1}^{33}R_{n-1}^{42})+(R_{n-1}^{32}R_{n-1}^{44}-R_{n-1}^{34}R_{n-1}^{42})]e^{-2\frac{h_1}{\delta}x}\}\\ B_1^H=-\dfrac{1}{\Delta_G}\{(R_{n-1}^{33}R_{n-1}^{44}-R_{n-1}^{34}R_{n-1}^{43})+[(1-2\mu_1)(R_{n-1}^{31}R_{n-1}^{43}-R_{n-1}^{33}R_{n-1}^{41})+\\ \qquad(R_{n-1}^{31}R_{n-1}^{44}-R_{n-1}^{34}R_{n-1}^{41})]e^{-2\frac{h_1}{\delta}x}\}\\ C_1^H=\dfrac{1}{\Delta_G}[(R_{n-1}^{32}R_{n-1}^{44}-R_{n-1}^{34}R_{n-1}^{42})-(1-2\mu_1)(R_{n-1}^{31}R_{n-1}^{44}-R_{n-1}^{34}R_{n-1}^{41})+\\ \qquad(1-2\mu_1)(R_{n-1}^{31}R_{n-1}^{42}-R_{n-1}^{32}R_{n-1}^{41})e^{-2\frac{h_1}{\delta}x}]e^{-2\frac{h_1}{\delta}x}\\ D_1^H=-\dfrac{1}{\Delta_G}[(R_{n-1}^{32}R_{n-1}^{43}-R_{n-1}^{33}R_{n-1}^{42})-(1-2\mu_1)(R_{n-1}^{31}R_{n-1}^{43}-R_{n-1}^{33}R_{n-1}^{41})-\\ \qquad(R_{n-1}^{31}R_{n-1}^{42}-R_{n-1}^{32}R_{n-1}^{41})e^{-2\frac{h_1}{\delta}x}]e^{-2\frac{h_1}{\delta}x}\\ E_1^H=\dfrac{H_{n-1}^{22}}{\Delta_G'}\\ F_1^H=-\dfrac{H_{n-1}^{21}}{\Delta_G'}e^{-2\frac{h_1}{\delta}x}\end{cases} \tag{14-3-1}$$

式中:$\Delta_G=(R_{n-1}^{33}R_{n-1}^{44}-R_{n-1}^{34}R_{n-1}^{43})+\{2(R_{n-1}^{32}R_{n-1}^{44}-R_{n-1}^{34}R_{n-1}^{42})+$

$$\frac{1}{2}[1-(1-4\mu_1)^2](R_{n-1}^{31}R_{n-1}^{43}-R_{n-1}^{33}R_{n-1}^{41})-(1-4\mu_1)(R_{n-1}^{31}R_{n-1}^{44}-R_{n-1}^{34}R_{n-1}^{41})+$$

$$(1-4\mu_1)(R_{n-1}^{32}R_{n-1}^{43}-R_{n-1}^{33}R_{n-1}^{42})\}e^{-2\frac{h_1}{\delta}x}+(R_{n-1}^{31}R_{n-1}^{42}-R_{n-1}^{32}R_{n-1}^{41})e^{-4\frac{h_1}{\delta}x}$$

$\Delta_G'=H_{n-1}^{21}e^{-2\frac{h_1}{\delta}x}+H_{n-1}^{22}$

对于 $k=1,2,3,\cdots,n-1,j,l=1,2,3,4$,则有

$$R_k^{jl}=\begin{cases}P_k^{jl} & (k=1)\\ P_k^{j1}R_{k-1}^{1l}e^{-2\frac{h_k}{\delta}x}+P_k^{j2}R_{k-1}^{2l}e^{-2\frac{h_k}{\delta}x}+P_k^{j3}R_{k-1}^{3l}+P_k^{j4}R_{k-1}^{4l} & (k\neq 1)\end{cases}$$

当 $k=1,2,3,\cdots,n-1,j,l=1,2$ 时，则有

$$H_k^{jl}=\begin{cases}T_1^{jl} & (k=1)\\ T_k^{j1}H_{k-1}^{1l}e^{-2\frac{h_k}{\delta}x}+T_k^{j2}H_{k-1}^{2l} & (k\neq 1)\end{cases}$$

其中，对于 $k=1,2,3,\cdots,n-1$，则可得

$$P_k^{11}=(1+R_k)T_k+(1-4\mu_{k+1}+2\frac{H_k}{\delta}x)Q_kV_k$$

$$P_k^{12}=\frac{1}{2}[(1-4\mu_k+2\frac{H_k}{\delta}x)T_k-(1-4\mu_{k+1}+2\frac{H_k}{\delta}x)V_k-2(2\mu_k-\frac{H_k}{\delta}x)(1-4\mu_{k+1}+2\frac{H_k}{\delta}x)Q_kV_k-2(2\mu_k-\frac{H_k}{\delta}x)R_kT_k]$$

$$P_k^{13}=(1-4\mu_{k+1}+2\frac{H_k}{\delta}x)(M_k+Q_k)V_k+R_kT_k$$

$$P_k^{14}=\frac{1}{2}\{L_kT_k-(1-4\mu_k-2\frac{H_k}{\delta}x)(1-4\mu_{k+1}+2\frac{H_k}{\delta}x)M_kV_k+2(2\mu_k+\frac{H_k}{\delta}x)[(1-4\mu_{k+1}+2\frac{H_k}{\delta}x)Q_kV_k+R_kT_k]\}$$

$$P_k^{21}=-2Q_kV_k$$

$$P_k^{22}=V_k+2(2\mu_k-\frac{H_k}{\delta}x)Q_kV_k$$

$$P_k^{23}=-2(M_k+Q_k)V_k$$

$$P_k^{24}=(1-4\mu_k-2\frac{H_k}{\delta}x)M_kV_k-2(2\mu_k+\frac{H_k}{\delta}x)Q_kV_k$$

$$P_k^{31}=(1-4\mu_{k+1}-2\frac{H_k}{\delta}x)(M_k-Q_k)V_k-R_kT_k$$

$$P_k^{32}=\frac{1}{2}[(1-4\mu_k+2\frac{H_k}{\delta}x)(1-4\mu_{k+1}-2\frac{H_k}{\delta}x)M_kV_k-L_kT_k+2(2\mu_k-\frac{H_k}{\delta}x)(1-4\mu_{k+1}-2\frac{H_k}{\delta}x)Q_kV_k+2(2\mu_k-\frac{H_k}{\delta}x)R_kT_k]$$

$$P_k^{33}=(1-R_k)T_k-(1-4\mu_{k+1}-2\frac{H_k}{\delta}x)Q_kV_k$$

$$P_k^{34}=\frac{1}{2}[(1-4\mu_{k+1}-2\frac{H_k}{\delta}x)V_k-(1-4\mu_k-2\frac{H_k}{\delta}x)T_k-2(2\mu_k+\frac{H_k}{\delta}x)(1-4\mu_{k+1}-2\frac{H_k}{\delta}x)Q_kV_k-2(2\mu_k+\frac{H_k}{\delta}x)R_kT_k]$$

$$P_k^{41}=2(M_k-Q_k)V_k$$

$$P_k^{42}=(1-4\mu_k+2\frac{H_k}{\delta}x)M_kV_k+2(2\mu_k-\frac{H_k}{\delta}x)Q_kV_k$$

$$P_k^{43}=-2Q_kV_k$$

$$P_k^{44}=V_k-2(2\mu_k+\frac{H_k}{\delta}x)Q_kV_k$$

当 $k=1,2,3,\cdots,n-1,j,l=1,2$ 时,则可得

$$T_1^{11}=\frac{1}{2}[1+(1+\frac{\chi_k}{2})m_k]$$

$$T_k^{12}=-\frac{1}{2}[1-(1-\frac{\chi_k}{2})m_k]$$

$$T_1^{21}=-\frac{1}{2}[1-(1+\frac{\chi_k}{2})m_k]$$

$$T_k^{22}=\frac{1}{2}[1+(1-\frac{\chi_k}{2})m_k]$$

(2)第 i 层系数表达式

当 $i\geqslant 2$ 时,第 i 层系数表达式可表示为如下形式:

$$\begin{cases}A_i^H=(R_{i-1}^{11}e^{-2\frac{h_1}{\delta}x}A_1^H+R_{i-1}^{12}e^{-2\frac{h_1}{\delta}x}B_1^H+R_{i-1}^{13}C_1^H+R_{i-1}^{14}D_1^H)e^{2\frac{H_{i-1}}{\delta}x}\\ B_i^H=(R_{i-1}^{21}e^{-2\frac{h_1}{\delta}x}A_1^H+R_{i-1}^{22}e^{-2\frac{h_1}{\delta}x}B_1^H+R_{i-1}^{23}C_1^H+R_{n-1}^{24}D_1^H)e^{2\frac{H_{i-1}}{\delta}x}\\ C_i^H=R_{i-1}^{31}e^{-2\frac{h_1}{\delta}x}A_1^H+R_{i-1}^{32}e^{-2\frac{h_1}{\delta}x}B_1^H+R_{i-1}^{33}C_1^H+R_{i-1}^{34}D_1^H\\ D_i^H=R_{i-1}^{41}e^{-2\frac{h_1}{\delta}x}A_1^H+R_{i-1}^{42}e^{-2\frac{h_1}{\delta}x}B_1^H+R_{i-1}^{43}C_1^H+R_{i-1}^{44}D_1^H\\ E_i^H=(H_{i-1}^{11}E_1^He^{-2\frac{h_1}{\delta}x}+H_{i-1}^{12}F_1^H)e^{2\frac{H_{i-1}}{\delta}x}\\ F_i^H=H_{i-1}^{21}E_1^He^{-2\frac{h_1}{\delta}x}+H_{i-1}^{22}F_1^H\end{cases}\tag{14-3-2}$$

根据上述分析可知,如果需要求解第一层($i=1$)的应力与位移分量,可以将式(14-3-1)系数表达式的计算结果直接代入式(11-6-1),就能得到圆形高次抛物面单向水平荷载下的应力与位移分量的全部理论解;若要求第 i 层($i\geqslant 2$)的应力与位移分量,首先应该根据式(14-3-1)求得系数 A_1^H、B_1^H、C_1^H、D_1^H、E_1^H、F_1^H 表达式的计算结果,然后再将这些计算结果代入式(11-6-1),方可求出圆形高次抛物单向水平荷载下的第 i 层应力与位移分量的全部解析解。

14.4 非轴对称课题的反力递推法

同第10章的分析方法一样,采用截面法将第 i 层从层状弹性体系中切出,形成一个脱离体,如图14-3所示。该脱离体的结构参数分别为结构层厚度 h_i、结构层的弹性模量 E_i、结构层的泊松比 μ_i,该层的六个未知系数分别为 A_i^H、B_i^H、C_i^H、D_i^H、E_i^H、F_i^H。坐标系的原点设置在层状弹性体系表面荷载圆的圆心上,其至上表面的垂直距离为 H_{i-1},至下底面的垂直距离为 H_i。在脱离体上表面处,作用有垂直荷载 $p_{i-1}(r)$ 和两个坐标方向的水平荷载 $s_{i-1}^{(1)}(r)$、$s_{i-1}^{(2)}(r)$;下底面处,作用有垂直荷载 $p_i(r)$ 和两个方向的水平荷载 $s_i^{(1)}(r)$、$s_i^{(2)}(r)$。在这些荷载中,除第一层上表面($z=0$)处的荷载为已知荷载外,其余均为未知反力。层状弹性体系的最下层($i=n$)为弹性半空间体,该层下底面的垂直距离为无穷大,故有 $h_n=\infty$,即 $p_n(r)=s_n^{(1)}(r)=s_n^{(2)}(r)=0$。它的弹性参数分别采用 E_n、μ_n 表示。

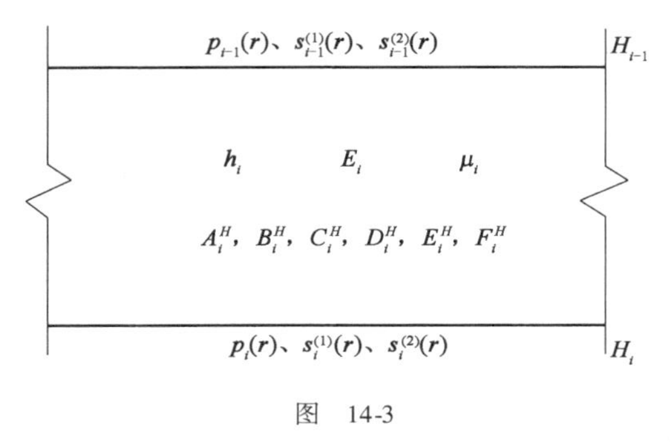

图 14-3

应当指出,当层状弹性体系表面作用有圆形均布单向水平荷载 $s^H(r)$ 时,根据本课题的表面边界条

件,则有如下表达式:

$$\begin{cases} p_0(r)=0 \\ s_0^{(1)}(r)=-s^H(r) \\ s_0^{(2)}(r)=s^H(r) \end{cases} \tag{A}$$

根据第 i 层脱离体的受力分析,当 $i=1,2,3,\cdots,n$ 时,则可得层间求解条件的如下六个表达式:

$$\sigma_{z_1}^H\Big|_{z=H_{i-1}}=-p_{i-1}(r)\cos\theta$$

$$\tau_{\theta z_i}^H\Big|_{z=H_{i-1}}=-s_{i-1}^{(1)}(r)\sin\theta$$

$$\tau_{zr_i}^H\Big|_{z=H_{i-1}}=-s_{i-1}^{(2)}(r)\cos\theta$$

$$\sigma_{z_i}^H\Big|_{z=H_i}=-p_i(r)\cos\theta$$

$$\tau_{\theta z_i}^H\Big|_{z=H_i}=-s_i^{(1)}(r)\sin\theta$$

$$\tau_{zr_i}^H\Big|_{z=H_i}=-s_i^{(2)}(r)\cos\theta$$

为了便于施加亨格尔积分变换,可将上述层间定解方程重新组合,使得每个求定解方程均只包含一种贝塞尔函数。这样一来,六个求解条件方程式可表示为如下形式:

$$\frac{\sigma_{z_1}^H}{\cos\theta}\Big|_{z=H_{i-1}}=-p_{i-1}(r)$$

$$\left(\frac{\tau_{\theta z_i}^H}{\sin\theta}+\frac{\tau_{zr_i}^H}{\cos\theta}\right)\Big|_{z=H_{i-1}}=-[s_{i-1}^{(1)}(r)+s_{i-1}^{(2)}(r)]$$

$$\left(\frac{\tau_{\theta z_i}^H}{\sin\theta}-\frac{\tau_{zr_i}^H}{\cos\theta}\right)\Big|_{z=H_{i-1}}=-[s_{i-1}^{(1)}(r)-s_{i-1}^{(2)}(r)]$$

$$\frac{\sigma_{z_i}^H}{\cos\theta}\Big|_{z=H_i}=-p_i(r)$$

$$\left(\frac{\tau_{\theta z_i}^H}{\sin\theta}+\frac{\tau_{zr_i}^H}{\cos\theta}\right)\Big|_{z=H_i}=-[s_i^{(1)}(r)+s_i^{(2)}(r)]$$

$$\left(\frac{\tau_{\theta z_i}^H}{\sin\theta}-\frac{\tau_{zr_i}^H}{\cos\theta}\right)\Big|_{z=H_i}=-[s_i^{(1)}(r)-s_i^{(2)}(r)]$$

若将式(11-6-2)中第三式的垂直正应力表达式和第五式、第六式的两个水平方向剪应力表达式代入上述六个应力表达式,并对它们施加亨格尔积分变换,则可得下列线性方程组:

$$\left[A_i^H+\left(1-2\mu_i+\frac{H_{i-1}}{\delta}x\right)B_i^H\right]e^{-2\frac{H_{i-1}}{\delta}x}-C_i^H+\left(1-2\mu_i-\frac{H_{i-1}}{\delta}x\right)D_i^H=-\bar{p}_{i-1}(\xi)e^{-\frac{H_{i-1}}{\delta}x} \tag{1}$$

$$\left[A_i^H-\left(2\mu_i-\frac{H_{i-1}}{\delta}x\right)B_i^H-E_i^H\right]e^{-2\frac{H_{i-1}}{\delta}x}+C_i^H+\left(2\mu_i+\frac{H_{i-1}}{\delta}x\right)D_i^H+F_i^H=-[\bar{s}_{i-1}^{(1)}(\xi)+\bar{s}_{i-1}^{(2)}(\xi)]e^{-\frac{H_{i-1}}{\delta}x} \tag{2}$$

$$\left[A_i^H-\left(2\mu_i-\frac{H_{i-1}}{\delta}x\right)B_i^H+E_i^H\right]e^{-2\frac{H_{i-1}}{\delta}x}+C_i^H+\left(2\mu_i+\frac{H_{i-1}}{\delta}x\right)D_i^H-F_i^H=-[\bar{s}_{i-1}^{(1)}(\xi)-\bar{s}_{i-1}^{(2)}(\xi)]e^{-\frac{H_{i-1}}{\delta}x} \tag{3}$$

$$\left[A_i^H+\left(1-2\mu_i+\frac{H_i}{\delta}x\right)B_i^H\right]e^{-2\frac{H_i}{\delta}x}-C_i^H+\left(1-2\mu_i-\frac{H_i}{\delta}x\right)D_i^H=-\bar{p}_i(\xi)e^{-\frac{H_i}{\delta}x} \tag{4}$$

$$\left[A_i^H-\left(2\mu_i-\frac{H_i}{\delta}x\right)B_i^H-E_i^H\right]e^{-2\frac{H_i}{\delta}x}+C_i^H+\left(2\mu_i+\frac{H_i}{\delta}x\right)D_i^H+F_i^H=-[\bar{s}_i^{(1)}(\xi)+\bar{s}_i^{(2)}(\xi)]e^{-\frac{H_i}{\delta}x} \tag{5}$$

$$[A_i^H-(2\mu_i-\frac{H_i}{\delta}x)B_i^H+E_i^H]e^{-2\frac{H_i}{\delta}x}+C_i^H+(2\mu_i+\frac{H_i}{\delta}x)D_i^H-F_i^H=-[\bar{s}_i^{(1)}(\xi)-\bar{s}_i^{(2)}(\xi)]e^{-\frac{H_i}{\delta}x} \quad (6)$$

式中,当 $k=0,1,2,\cdots,n$ 时,则有

$$H_k=\begin{cases}0 & (k=0)\\ \sum_{j=1}^{k}h_j & (1\leqslant k\leqslant n-1)\\ \infty & (k=n)\end{cases}$$

若将式(3)与式(2)相加、相减,则可得如下两式:

$$[A_i^H-(2\mu_i-\frac{H_{i-1}}{\delta}x)B_i^H]e^{-2\frac{H_{i-1}}{\delta}x}+C_i^H+(2\mu_i+\frac{H_{i-1}}{\delta}x)D_i^H=-\bar{s}_{i-1}^{(1)}(\xi)e^{-\frac{H_{i-1}}{\delta}x} \quad (7)$$

$$E_i^He^{-2\frac{H_{i-1}}{\delta}x}-F_i^H=\bar{s}_{i-1}^{(2)}(\xi)e^{-\frac{H_{i-1}}{\delta}x} \quad (8)$$

若将式(6)与式(5)相加、相减,则可得下列表达式:

$$[A_i^H-(2\mu_i-\frac{H_i}{\delta}x)B_i^H]e^{-2\frac{H_i}{\delta}x}+C_i^H+(2\mu_i+\frac{H_i}{\delta}x)D_i^H=-\bar{s}_i^{(1)}(\xi)e^{-\frac{H_i}{\delta}x} \quad (9)$$

$$E_i^He^{-2\frac{H_i}{\delta}x}-F_i^H=\bar{s}_i^{(2)}(\xi)e^{-\frac{H_i}{\delta}x} \quad (10)$$

当 $i=1$ 时,式(1)、式(7)、式(8)可表示为下述公式:

$$A_1^H+(1-2\mu_1)B_1^H-C_1^H+(1-2\mu_1)D_1^H=-\bar{p}_0(\xi)$$
$$A_1^H-2\mu_1B_1^H+C_1^H+2\mu_1D_1^H=-\bar{s}_0^{(1)}(\xi)$$
$$E_1^H-F_1^H=\bar{s}_0^{(2)}(\xi)$$

又根据式(A),有如下关系式:

$$\begin{cases}\bar{p}_0(\xi)=0\\ \bar{s}_0^{(1)}(\xi)=-1\\ \bar{s}_0^{(2)}(\xi)=1\end{cases} \quad (B)$$

这时,上述三式又可改写如下:

$$\begin{cases}A_1^H+(1-2\mu_1)B_1^H-C_1^H+(1-2\mu_1)D_1^H=0\\ A_1^H-2\mu_1B_1^H+C_1^H+2\mu_1D_1^H=1\\ E_1^H-F_1^H=1\end{cases}$$

从上述分析可以看出,这三式正是表示表面边界条件的方程式。

若将式(1)与式(7)相加、相减,则可得

$$[2A_i^H+(1-4\mu_i+2\frac{H_{i-1}}{\delta}x)B_i^H]e^{-2\frac{H_{i-1}}{\delta}x}+D_i^H=-[\bar{p}_{i-1}(\xi)+\bar{s}_{i-1}^{(1)}(\xi)]e^{-\frac{H_{i-1}}{\delta}x} \quad (11)$$

$$B_i^He^{-2\frac{H_{i-1}}{\delta}x}-2C_i^H+(1-4\mu_i-2\frac{H_{i-1}}{\delta}x)D_i^H=-[\bar{p}_{i-1}(\xi)-\bar{s}_{i-1}^{(1)}(\xi)]e^{-\frac{H_{i-1}}{\delta}x} \quad (12)$$

若将式(4)与式(9)相加、相减,则可得

$$[2A_i^H+(1-4\mu_i+2\frac{H_i}{\delta}x)B_i^H]e^{-2\frac{H_i}{\delta}x}+D_i^H=-[\bar{p}_i(\xi)+\bar{s}_i^{(1)}(\xi)e^{-\frac{H_i}{\delta}x} \quad (13)$$

$$B_i^He^{-2\frac{H_i}{\delta}x}-2C_i^H+(1-4\mu_i-2\frac{H_i}{\delta}x)D_i^H=-[\bar{p}_i(\xi)-\bar{s}_i^{(1)}(\xi)]e^{-\frac{H_i}{\delta}x} \quad (14)$$

若将式(12)与式(14)相减,并注意 $h_i=H_i-H_{i-1}$,则可得

$$(1-e^{-2\frac{h_i}{\delta}x})e^{-2\frac{H_{i-1}}{\delta}x}B_i^H+2\frac{h_i}{\delta}xD_i^H=\{[\bar{p}_i(x)-\bar{s}_i^{(1)}(x)]e^{-\frac{h_i}{\delta}x}-\bar{p}_{i-1}(\xi)+\bar{s}_{i-1}^{(1)}(\xi)\}e^{-\frac{H_{i-1}}{\delta}x} \quad (1\text{-}1)$$

若将式(13) $-e^{-2\frac{h_i}{\delta}x}\times$ 式(11),则可得

$$2\frac{h_i}{\delta}xB_i^He^{-2\frac{H_i}{\delta}x}B_i^H+(1-e^{-2\frac{h_i}{\delta}x})D_i^H=-\{\bar{p}_i(\xi)+\bar{s}_1^{(1)}(\xi)-[\bar{p}_{i-1}(\xi)+\bar{s}_{i-1}^{(1)}(\xi)]e^{-\frac{h_i}{\delta}x}\}e^{-\frac{H_i}{\delta}x} \tag{1-2}$$

为了便于计算,我们令

$$P_1=\bar{p}_i(\xi)$$

$$P_2=s_i^{(1)}(\xi)$$

$$P_3=\bar{p}_{i-1}(\xi)$$

$$P_4=\bar{s}_{i-1}^{(1)}(\xi)$$

则可得

$$(1-e^{-2\frac{h_i}{\delta}x})e^{-2\frac{H_{i-1}}{\delta}x}B_i^H+2\frac{h_i}{\delta}xD_i^H=[(P_1-P_2)e^{-\frac{h_i}{\delta}x}-P_3+P_4]e^{-\frac{H_{i-1}}{\delta}x}$$

$$2\frac{h_i}{\delta}xB_i^He^{-2\frac{H_i}{\delta}x}B_i^H+(1-e^{-2\frac{h_i}{\delta}x})D_i^H=-[P_1+P_2-(P_3+P_4)e^{-\frac{h_i}{\delta}x}]e^{-\frac{H_i}{\delta}x}$$

若将上述两式联立,采用行列式理论中的克莱姆法则求解,其共同分母行列式可表示为如下形式:

$$D_e=\begin{vmatrix}(1-e^{-2\frac{h_i}{\delta}x})e^{-2\frac{H_{i-1}}{\delta}x} & 2\frac{h_i}{\delta}x \\ 2\frac{h_i}{\delta}xe^{-2\frac{H_i}{\delta}x} & 1-e^{-2\frac{h_i}{\delta}x}\end{vmatrix}$$

$$=[(1-e^{-2\frac{h_i}{\delta}x})^2-(2\frac{h_i}{\delta}xe^{-\frac{h_i}{\delta}x})^2]e^{-2\frac{H_{i-1}}{\delta}x}$$

若令

$$\Delta_i=(1-e^{-2\frac{h_i}{\delta}x})^2-(2\frac{h_i}{\delta}xe^{-\frac{h_i}{\delta}x})^2$$

则可得

$$D_e=\Delta_ie^{-2\frac{H_{i-1}}{\delta}x}$$

根据行列式理论中的克莱姆法则,求出系数 B_i^H 的分子行列表达式,则可得系数表达式如下:

$$B_i^H=\frac{1}{D_e}\begin{vmatrix}(P_1e^{-\frac{h_i}{\delta}x}-P_2e^{-\frac{h_i}{\delta}x}-P_3+P_4)e^{-\frac{H_{i-1}}{\delta}x} & 2\frac{h_i}{\delta}x \\ -(P_1+P_2-P_3e^{-\frac{h_i}{\delta}x}-P_4e^{-\frac{h_i}{\delta}x})e^{-\frac{H_i}{\delta}x} & 1-e^{-2\frac{h_i}{\delta}x}\end{vmatrix}$$

$$=\frac{e^{\frac{H_{i-1}}{\delta}x}}{\Delta_i}\begin{vmatrix}(P_1e^{-\frac{h_i}{\delta}x}-P_2e^{-\frac{h_i}{\delta}x}-P_3+P_4) & 2\frac{h_i}{\delta}x \\ -(P_1+P_2-P_3e^{-\frac{h_i}{\delta}x}-P_4e^{-\frac{h_i}{\delta}x})e^{-\frac{h_i}{\delta}x} & 1-e^{-2\frac{h_i}{\delta}x}\end{vmatrix}$$

$$=\frac{e^{\frac{H_{i-1}}{\delta}x}}{\Delta_i}\{[P_1e^{-\frac{h_i}{\delta}x}-P_2e^{-\frac{h_i}{\delta}x}-P_3+P_4](1-e^{-2\frac{h_i}{\delta}x})+2\frac{h_i}{\delta}xe^{-\frac{h_i}{\delta}x}[P_1+P_2-P_3e^{-\frac{h_i}{\delta}x}-P_4^{-\frac{h_i}{\delta}x}]\}$$

即

$$B_i=\frac{e^{\frac{H_{i-1}}{\delta}x}}{\Delta_i}\{[2\frac{h_i}{\delta}x+(1-e^{-2\frac{h_i}{\delta}x})]e^{-\frac{h_i}{\delta}x}P_1+[2\frac{h_i}{\delta}x-(1-e^{-2\frac{h_i}{\delta}x})]e^{-\frac{h_i}{\delta}x}P_2-$$

$$[2\frac{h_i}{\delta}xe^{-2\frac{h_i}{\delta}x}+(1-e^{-2\frac{h_i}{\delta}x})]P_3-[2\frac{h_i}{\delta}xe^{-2\frac{h_i}{\delta}x}-(1-e^{-2\frac{h_i}{\delta}x})]P_4\}$$

若令

$$\delta_i^{(1)} = [2\frac{h_i}{\delta}x + (1 - e^{-2\frac{h_i}{\delta}x})]e^{-\frac{h_i}{\delta}x}$$

$$\delta_i^{(2)} = [2\frac{h_i}{\delta}x - (1 - e^{-2\frac{h_i}{\delta}x})]e^{-\frac{h_i}{\delta}x}$$

$$\delta_i^{(3)} = 2\frac{h_i}{\delta}xe^{-2\frac{h_i}{\delta}x} + (1 - e^{-2\frac{h_i}{\delta}x})$$

$$\delta_i^{(4)} = 2\frac{h_i}{\delta}xe^{-2\frac{h_i}{\delta}x} - (1 - e^{-2\frac{h_i}{\delta}x})$$

并将下列关系式:

$$P_1 = \bar{p}_i(\xi)$$

$$P_2 = \bar{s}_i^{(1)}(\xi)$$

$$P_3 = \bar{p}_{i-1}(\xi)$$

$$P_4 = \bar{s}_{i-1}^{(1)}(\xi)$$

代入 B_i^V 表达式,则可改写为下式:

$$B_i^H = \frac{1}{\Delta_i}[\delta_i^{(1)}\bar{p}_i(\xi) + \delta_i^{(2)}\bar{s}_i^{(1)}(x) - \delta_i^{(3)}\bar{p}_{i-1}(x) - \delta_i^{(4)}\bar{s}_{i-1}^{(1)}(x)]e^{\frac{H_{i-1}}{\delta}x}$$

根据行列式理论中的克莱姆法则,D_i^V 表达式可表示为下式:

$$D_i^H = \frac{1}{D_e}\begin{vmatrix} (1 - e^{-2\frac{h_i}{\delta}x})e^{-2\frac{H_{i-1}}{\delta}x} & (P_1 e^{-\frac{h_i}{\delta}x} - P_2 e^{-2\frac{h_i}{\delta}x} - P_3 + P_4)e^{-\frac{H_{i-1}}{\delta}x} \\ 2\frac{h_i}{\delta}xe^{-2\frac{H_i}{\delta}x} & -(P_1 + P_2 - P_3 e^{-\frac{h_i}{\delta}x} - P_4 e^{-\frac{h_i}{\delta}x})e^{-\frac{H_i}{\delta}x} \end{vmatrix}$$

$$= \frac{e^{-\frac{H_i}{\delta}x}}{\Delta_i}\begin{vmatrix} (1 - e^{-2\frac{h_i}{\delta}x}) & (P_1 e^{-\frac{h_i}{\delta}x} - P_2 e^{-2\frac{h_i}{\delta}x} - P_3 + P_4)e^{\frac{h_i}{\delta}x} \\ 2\frac{h_i}{\delta}xe^{-2\frac{h_i}{\delta}x} & -(P_1 + P_2 - P_3 e^{-\frac{h_i}{\delta}x} - P_4 e^{-\frac{h_i}{\delta}x}) \end{vmatrix}$$

$$= -\frac{e^{-\frac{H_i}{\delta}x}}{\Delta_i}[(P_1 + P_2 - P_3 e^{-\frac{h_i}{\delta}x} - P_4 e^{-\frac{h_i}{\delta}x})(1 - e^{-2\frac{h_i}{\delta}x}) + 2\frac{h_i}{\delta}xe^{-\frac{h_i}{\delta}x}(P_1 e^{-\frac{h_i}{\delta}x} - P_2 e^{-\frac{h_i}{\delta}x} - P_3 + P_4)]$$

即

$$D_i^H = -\frac{e^{-\frac{H_i}{\delta}x}}{\Delta_i}\{[2\frac{h_i}{\delta}xe^{-2\frac{h_i}{\delta}x} + (1 - e^{-2\frac{h_i}{\delta}x})]P_1 - [2\frac{h_i}{\delta}xe^{-2\frac{h_i}{\delta}x} - (1 - e^{-2\frac{h_i}{\delta}x})]P_2 -$$

$$[2\frac{h_i}{\delta}x + (1 - e^{-2\frac{h_i}{\delta}x})]e^{-\frac{h_i}{\delta}x}P_3 + [2\frac{h_i}{\delta}x - (1 - e^{-2\frac{h_i}{\delta}x})]e^{-\frac{h_i}{\delta}x}P_4\}$$

若将下述关系式:

$$\delta_i^{(1)}=[2\frac{h_i}{\delta}x+(1-e^{-2\frac{h_i}{\delta}x})]e^{-\frac{h_i}{\delta}x}$$

$$\delta_i^{(2)}=[2\frac{h_i}{\delta}x-(1-e^{-2\frac{h_i}{\delta}x})]e^{-\frac{h_i}{\delta}x}$$

$$\delta_i^{(3)}=2\frac{h_i}{\delta}xe^{-2\frac{h_i}{\delta}x}+(1-e^{-2\frac{h_i}{\delta}x})$$

$$\delta_i^{(4)}=2\frac{h_i}{\delta}xe^{-2\frac{h_i}{\delta}x}-(1-e^{-2\frac{h_i}{\delta}x})$$

$$P_1=\bar{p}_i(x),P_2=\bar{s}_i^{(1)}(x)$$

$$P_3=\bar{p}_{i-1}(x),P_4=\bar{s}_{i-1}^{(1)}(x)$$

代入上式,则可得

$$D_i^H=-\frac{e^{-\frac{H_i}{\delta}x}}{\Delta_i}[\delta_i^{(3)}\bar{p}_i(\xi)-\delta_i^{(4)}\bar{s}_i^{(1)}(\xi)-\delta_i^{(1)}\bar{p}_{i-1}(\xi)+\delta_i^{(2)}\bar{s}_{i-1}^{(1)}(\xi)]$$

若将式(1-1‴)表达式:

$$[2A_i^H+(1-4\mu_i+2\frac{H_{i-1}}{\delta}x)B_i^H]e^{-2\frac{H_{i-1}}{\delta}x}+D_i^H=-[\bar{p}_{i-1}(\xi)+\bar{s}_{i-1}^{(1)}(\xi)]e^{-\frac{H_{i-1}}{\delta}x}$$

改写为如下表达式:

$$A_i^H=-\frac{e^{\frac{H_{i-1}}{\delta}x}}{2}[(1-4\mu_i+2\frac{H_{i-1}}{\delta}x)e^{-\frac{H_{i-1}}{\delta}x}B_i^H+e^{\frac{H_{i-1}}{\delta}x}D_i^H+\bar{p}_{i-1}(\xi)+\bar{s}_{i-1}^{(1)}(\xi)]$$

又将 B_i^H、D_i^H 表达式代入上式,则可得

$$A_i^H=-\frac{e^{\frac{H_{i-1}}{\delta}x}}{2\Delta_i}\{(1-4\mu_i+2\frac{H_{i-1}}{\delta}x)[\delta_i^{(1)}\bar{p}_i(\xi)+\delta_i^{(2)}\bar{s}_i^{(1)}(\xi)-\delta_i^{(3)}\bar{p}_{i-1}(\xi)-\delta_i^{(4)}\bar{s}_{i-1}^{(1)}(\xi)]-$$

$$[\delta_i^{(3)}\bar{p}_i(\xi)-\delta_{i-1}^{(4)}\bar{s}_i^{(1)}(\xi)-\delta_i^{(1)}\bar{p}_{i-1}(\xi)+\delta_{i-1}^{(2)}\bar{s}_i^{(1)}(\xi)]e^{-\frac{h_1}{\delta}x}+\Delta_i[\bar{p}_{i-1}(\xi)+\bar{s}_{i-1}^{(1)}(\xi)]\}$$

若按 $\bar{p}_i(\xi)$、$\bar{s}_i^{(1)}(\xi)$、$\bar{p}_{i-1}(\xi)$、$\bar{s}_{i-1}^{(1)}(\xi)$ 合并同类项,则可得

$$\begin{aligned}A_i^H=-\frac{e^{\frac{H_{i-1}}{\delta}x}}{2\Delta_i}\{&[(1-4\mu_i+2\frac{H_{i-1}}{\delta}x)\delta_i^{(1)}-\delta_i^{(3)}e^{-\frac{h_i}{\delta}x}]\bar{p}_i(x)+\\&[(1-4\mu_i+2\frac{H_{i-1}}{\delta}x)\delta_i^{(2)}+\delta_i^{(4)}e^{-\frac{h_i}{\delta}x}]\bar{s}_i^{(1)}(x)-\\&[(1-4\mu_i+2\frac{H_{i-1}}{\delta}x)\delta_i^{(3)}-\delta_i^{(1)}e^{-\frac{h_i}{\delta}x}-\Delta_i]\bar{p}_{i-1}(x)-\\&[(1-4\mu_i+2\frac{H_{i-1}}{\delta}x)\delta_i^{(4)}+\delta_i^{(2)}e^{-\frac{h_i}{\delta}x}-\Delta_i]\bar{s}_{i-1}^{(1)}(x)\}\end{aligned}$$

若令

$$\alpha_i^{(1)}=(1-4\mu_i+2\frac{H_{i-1}}{\delta}x)\delta_i^{(1)}-\delta_i^{(3)}e^{-\frac{h_i}{\delta}x}$$

$$\alpha_i^{(2)}=(1-4\mu_i+2\frac{H_{i-1}}{\delta}x)\delta_i^{(2)}+\delta_i^{(4)}e^{-\frac{h_i}{\delta}x}$$

$$\alpha_i^{(3)}=(1-4\mu_i+2\frac{H_{i-1}}{\delta}x)\delta_i^{(3)}-\delta_i^{(1)}e^{-\frac{h_i}{\delta}x}-\Delta_i$$

$$\alpha_i^{(4)}=(1-4\mu_i+2\frac{H_{i-1}}{\delta}x)\delta_i^{(4)}+\delta_i^{(2)}e^{-\frac{h_i}{\delta}x}-\Delta_i$$

则上式可改写为下式：

$$A_i^H = -\frac{e^{\frac{H_{i-1}}{\delta}x}}{2\Delta_i}[\alpha_i^{(1)}\bar{p}_i(\xi)+\alpha_i^{(2)}\bar{s}_i^{(1)}(\xi)-\alpha_i^{(3)}\bar{p}_{i-1}(\xi)-\alpha_i^{(4)}\bar{s}_{i-1}^{(1)}(\xi)]$$

若将式(1-4‴)的表达式：

$$B_i^H e^{-2\frac{H_i}{\delta}x}-2C_i^H+(1-4\mu_i-2\frac{H_i}{\delta}x)D_i^H=-[\bar{p}_i(x)-\bar{s}_i^{(1)}(x)]e^{-\frac{H_i}{\delta}x}$$

改写如下：

$$C_i^H=\frac{1}{2}\{B_i^H e^{-2\frac{H_i}{\delta}x}+(1-4\mu_i-2\frac{H_i}{\delta}x)D_i^H+[\bar{p}_i(x)-\bar{s}_i^{(1)}(x)]e^{-\frac{H_i}{\delta}x}\}$$

若将 B_i^H、D_i^H 表达式代入上式，则可得

$$C_i^V=\frac{1}{2}\{\frac{e^{\frac{H_{i-1}}{\delta}x}}{\Delta_i}[\delta_i^{(1)}\bar{p}_i(\xi)+\delta_i^{(2)}\bar{s}_i^{(1)}(\xi)-\delta_i^{(3)}\bar{p}_{i-1}(\xi)-\delta_i^{(4)}\bar{s}_{i-1}^{(1)}(\xi)]e^{-2\frac{H_i}{\delta}x}-(1-4\mu_i-2\frac{H_i}{\delta}x)\times$$

$$\frac{e^{-\frac{H_i}{\delta}x}}{\Delta_i}[\delta_i^{(3)}\bar{p}_i(\xi)-\delta_i^{(4)}\bar{s}_i^{(1)}(\xi)-\delta_i^{(1)}\bar{p}_{i-1}(\xi)+\delta_i^{(2)}\bar{s}_{i-1}^{(1)}(\xi)]+[\bar{p}_i(\xi)-\bar{s}_i^{(1)}(\xi)]e^{-\frac{H_i}{\delta}x}\}$$

上式按 $\bar{p}_i(\xi)$、$\bar{s}_i^{(1)}(\xi)$、$\bar{p}_{i-1}(\xi)$、$\bar{s}_{i-1}^{(1)}(\xi)$ 合并同类项，则可得

$$C_i^H=-\frac{e^{-\frac{H_i}{\delta}x}}{2\Delta_i}\{[(1-4\mu_i-2\frac{H_i}{\delta}x)\delta_i^{(3)}-\delta_i^{(1)}e^{-\frac{h_i}{\delta}x}-\Delta_i]\bar{p}_i(\xi)-$$

$$[(1-4\mu_i-2\frac{H_i}{\delta}x)\delta_i^{(4)}+\delta_i^{(2)}e^{-\frac{h_i}{\delta}x}-\Delta_i]\bar{s}_i^{(1)}(\xi)-$$

$$[(1-4\mu_i-2\frac{H_i}{\delta}x)\delta_i^{(1)}-\delta_i^{(3)}e^{-\frac{h_i}{\delta}x}]\bar{p}_{i-1}(\xi)+$$

$$[(1-4\mu_i-2\frac{H_i}{\delta}x)\delta_i^{(2)}+\delta_i^{(4)}e^{-\frac{h_i}{\delta}x}]\bar{s}_{i-1}^{(1)}(\xi)\}e^{-\frac{h_i}{\delta}x}$$

若令

$$\beta_i^{(1)}=(1-4\mu_i-2\frac{H_i}{\delta}x)\delta_i^{(3)}-\delta_i^{(1)}e^{-\frac{h_i}{\delta}x}-\Delta_i$$

$$\beta_i^{(2)}=(1-4\mu_i-2\frac{H_i}{\delta}x)\delta_i^{(4)}+\delta_i^{(2)}e^{-\frac{h_i}{\delta}x}-\Delta_i$$

$$\beta_i^{(3)}=(1-4\mu_i-2\frac{H_i}{\delta}x)\delta_i^{(1)}-\delta_i^{(3)}e^{-\frac{h_i}{\delta}x}$$

$$\beta_i^{(4)}=(1-4\mu_i-2\frac{H_i}{\delta}x)\delta_i^{(2)}+\delta_i^{(4)}e^{-\frac{h_i}{\delta}x}$$

则上式可改写为下式：

$$C_i^V=-\frac{e^{-\frac{H_i}{\delta}x}}{2\Delta_i}[\beta_i^{(1)}\bar{p}_i(\xi)-\beta_i^{(2)}\bar{s}_i^{(1)}(\xi)-\beta_i^{(3)}\bar{p}_{i-1}(\xi)+\beta_i^{(4)}\bar{s}_{i-1}^{(1)}(\xi)]$$

若将式(1-3′)、式(1-6″)：

$$E_i^H e^{-2\frac{H_{i-1}}{\delta}x}-F_i^H=\bar{s}_{i-1}^{(2)}(\xi)e^{-\frac{H_{i-1}}{\delta}x}$$

$$E_i^H e^{-2\frac{H_i}{\delta}x}-F_i^H=s_i^{(2)}(\xi)e^{-\frac{H_i}{\delta}x}$$

联立，采用行列式理论中的克莱姆法则，其共同的分母行列式可表示为如下形式：

$$D_e'=\begin{vmatrix} e^{-2\frac{H_{i-1}}{\delta}x} & -1 \\ e^{-2\frac{H_i}{\delta}x} & -1 \end{vmatrix}=e^{-2\frac{H_{i-1}}{\delta}x}\begin{vmatrix} 1 & -1 \\ e^{-2\frac{h_i}{\delta}x} & -1 \end{vmatrix}=-e^{-2\frac{H_{i-1}}{\delta}x}(1-e^{-2\frac{h_i}{\delta}x})$$

即

$$D_i' = -e^{-2\frac{H_{i-1}}{\delta}x}(1 - e^{-2\frac{h_i}{\delta}x})$$

若令

$$\Delta_i' = 1 - e^{-2\frac{h_i}{\delta}x}$$

则可得

$$D_i' = -\Delta_i' e^{-2\frac{H_{i-1}}{\delta}x}$$

根据行列式理论中的克莱姆法则,则可得到系数 E_i^H 的表达式如下:

$$E_i^H = \frac{1}{D_i'}\begin{vmatrix} \bar{s}_{i-1}^{(2)}(\xi)e^{-\frac{H_{i-1}}{\delta}x} & -1 \\ \bar{s}_i^{(2)}(\xi)e^{-\frac{H_i}{\delta}x} & -1 \end{vmatrix} = -\frac{e^{\frac{H_{i-1}}{\delta}x}}{\Delta_i'}\begin{vmatrix} \bar{s}_{i-1}^{(2)}(\xi) & -1 \\ \bar{s}_i^{(2)}(\xi)e^{-\frac{h}{\delta}x} & -1 \end{vmatrix}$$

$$= -\frac{e^{\frac{H_{i-1}}{\delta}x}}{\Delta_i'}[\bar{s}_i^{(2)}(\xi)e^{-\frac{h_i}{\delta}x} - \bar{s}_{i-1}^{(2)}(\xi)]$$

即

$$E_i^H = -\frac{1}{\Delta_i'}[\bar{s}_i^{(2)}(\xi)e^{-\frac{h_i}{\delta}x} - \bar{s}_{i-1}^{(2)}(\xi)]e^{\frac{H_{i-1}}{\delta}x}$$

根据行列式理论中的克莱姆法则,则可得到系数 F_i^H 的表达式如下:

$$F_i^H = \frac{1}{D_i'}\begin{vmatrix} e^{-2\frac{H_{i-1}}{\delta}x} & \bar{s}_{i-1}^{(2)}(\xi)e^{-\frac{H_{i-1}}{\delta}x} \\ e^{-2\frac{H_i}{\delta}x} & \bar{s}_i^{(2)}(\xi)e^{-\frac{H_i}{\delta}x} \end{vmatrix} = -\frac{e^{-\frac{H_1}{\delta}x}}{\Delta_i'}\begin{vmatrix} 1 & \bar{s}_{i-1}^{(2)}(\xi)e^{\frac{H_{i-1}}{\delta}x} \\ e^{-\frac{H_i}{\delta}x} & \bar{s}_i^{(2)}(\xi) \end{vmatrix} = -\frac{e^{-\frac{H_1}{\delta}x}}{\Delta_i'}[\bar{s}_i^{(2)}(\xi) - \bar{s}_{i-1}^{(2)}(\xi)e^{-\frac{h_i}{\delta}x}]$$

即

$$F_i^H = -\frac{1}{\Delta_i'}[\bar{s}_i^{(2)}(\xi) - \bar{s}_{i-1}^{(2)}(\xi)e^{-\frac{h_i}{\delta}x}]e^{-\frac{H_i}{\delta}x}$$

综上所述,当 $1 \leqslant i < n$ 时,多层弹性连续体系中,第 i 层系数表达式可表示为如下形式:

$$\begin{cases} A_i^H = -\dfrac{e^{\frac{H_{i-1}}{\delta}x}}{2\Delta_i}[\alpha_i^{(1)}\bar{p}_i(\xi) + \alpha_i^{(2)}\bar{s}_i^{(1)}(\xi) - \alpha_i^{(3)}\bar{p}_{i-1}(\xi) - \alpha_i^{(4)}\bar{s}_{i-1}^{(1)}(\xi)] \\ B_i^H = \dfrac{e^{\frac{H_{i-1}}{\delta}x}}{\Delta_i}[\delta_i^{(1)}\bar{p}_i(\xi) + \delta_i^{(2)}\bar{s}_i^{(1)}(\xi) - \delta_i^{(3)}\bar{p}_{i-1}(\xi) - \delta_i^{(4)}\bar{s}_{i-1}^{(1)}(\xi)] \\ C_i^H = -\dfrac{e^{-\frac{H_i}{\delta}x}}{2\Delta_i}[\beta_i^{(1)}\bar{p}_i(\xi) - \beta_i^{(2)}\bar{s}_i^{(1)}(\xi) - \beta_i^{(3)}\bar{p}_{i-1}(\xi) + \beta_i^{(4)}\bar{s}_{i-1}^{(1)}(\xi)] \\ D_i^H = -\dfrac{e^{-\frac{H_i}{\delta}x}}{\Delta_i}[\delta_i^{(3)}\bar{p}_i(\xi) - \delta_i^{(4)}\bar{s}_i^{(1)}(\xi) - \delta_i^{(1)}\bar{p}_{i-1}(\xi) + \delta_i^{(2)}\bar{s}_{i-1}^{(1)}(\xi)] \\ E_i^H = -\dfrac{1}{\Delta_i'}[\bar{s}_i^{(2)}(\xi)e^{-\frac{h_i}{\delta}x} - \bar{s}_{i-1}^{(2)}(\xi)]e^{\frac{H_{i-1}}{\delta}x} \\ F_i^H = -\dfrac{1}{\Delta_i'}[\bar{s}_i^{(2)}(\xi) - \bar{s}_{i-1}^{(2)}(\xi)e^{-\frac{h_i}{\delta}x}]e^{-\frac{H_i}{\delta}x} \end{cases} \tag{14-4-1}$$

式中：$\Delta_i' = 1 - e^{-2\frac{h_i}{\delta}x}$

$$\Delta_i = (1 - e^{-2\frac{h_i}{\delta}x})^2 - (2\frac{h_i}{\delta}xe^{-\frac{h_i}{\delta}x})^2$$

$$\delta_i^{(1)} = [2\frac{h_i}{\delta}x + (1 - e^{-2\frac{h_i}{\delta}x})]e^{-\frac{h_i}{\delta}x}$$

$$\delta_i^{(2)} = [2\frac{h_i}{\delta}x - (1 - e^{-2\frac{h_i}{\delta}x})]e^{-\frac{h_i}{\delta}x}$$

$$\delta_i^{(3)} = 2\frac{h_i}{\delta}xe^{-2\frac{h_i}{\delta}x} + (1 - e^{-2\frac{h_i}{\delta}x})$$

$$\delta_i^{(4)} = 2\frac{h_i}{\delta}xe^{-2\frac{h_i}{\delta}x} - (1 - e^{-2\frac{h_i}{\delta}x})$$

$$\alpha_i^{(1)} = (1 - 4\mu_i + 2\frac{H_{i-1}}{\delta}x)\delta_i^{(1)} - \delta_i^{(3)}e^{-\frac{h_i}{\delta}x}$$

$$\alpha_i^{(2)} = (1 - 4\mu_i + 2\frac{H_{i-1}}{\delta}x)\delta_i^{(2)} + \delta_i^{(4)}e^{-\frac{h_i}{\delta}x}$$

$$\alpha_i^{(3)} = (1 - 4\mu_i + 2\frac{H_{i-1}}{\delta}x)\delta_i^{(3)} - \delta_i^{(1)}e^{-\frac{h_i}{\delta}x} - \Delta_i$$

$$\alpha_i^{(4)} = (1 - 4\mu_i + 2\frac{H_{i-1}}{\delta}x)\delta_i^{(4)} + \delta_i^{(2)}e^{-\frac{h_i}{\delta}x} - \Delta_i$$

$$\beta_i^{(1)} = (1 - 4\mu_i - 2\frac{H_i}{\delta}x)\delta_i^{(3)} - \delta_i^{(1)}e^{-\frac{h_i}{\delta}x} - \Delta_i$$

$$\beta_i^{(2)} = (1 - 4\mu_i - 2\frac{H_i}{\delta}x)\delta_i^{(4)} + \delta_i^{(2)}e^{-\frac{h_i}{\delta}x} - \Delta_i$$

$$\beta_i^{(3)} = (1 - 4\mu_i - 2\frac{H_i}{\delta}x)\delta_i^{(1)} - \delta_i^{(3)}e^{-\frac{h_i}{\delta}x}$$

$$\beta_i^{(4)} = (1 - 4\mu_i - 2\frac{H_i}{\delta}x)\delta_i^{(2)} + \delta_i^{(4)}e^{-\frac{h_i}{\delta}x}$$

当 $i = n$ 时，由于 $h_n \to \infty$，$\bar{p}_n^H(x) = \bar{s}_n^{H(1)}(x) = s_n^{H(2)}(x) = 0$，故有

$$\Delta_i' = \Delta_i = 1$$

$$\delta_n^{(1)} = 0, \delta_n^{(2)} = 0, \delta_n^{(3)} = 1, \delta_n^{(4)} = -1$$

$$\alpha_i^{(1)} = 0, \alpha_i^{(2)} = 0, \alpha_i^{(3)} = -2(2\mu_n - \frac{H_{n-1}}{\delta}x), \alpha_i^{(4)} = -2(1 - 2\mu_n + \frac{H_{n-1}}{\delta}x)$$

$$\beta_i^{(1)} = \beta_i^{(2)} = \beta_i^{(3)} = \beta_i^{(4)} = \infty$$

由此可得

$$\begin{cases} A_n^H = -[(2\mu_n - \frac{H_{n-1}}{\delta}x)\bar{p}_{n-1}(\xi) + (1 - 2\mu_n + \frac{H_{n-1}}{\delta}x)\bar{s}_{n-1}^{(1)}(\xi)]e^{\frac{H_{n-1}}{\delta}x} \\ B_n^H = -[\bar{p}_{n-1}(\xi) - \bar{s}_{n-1}^{(1)}(\xi)]e^{\frac{H_{n-1}}{\delta}x} \\ C_n^H = D_n^H = 0 \\ E_n^H = \bar{s}_{n-1}^{(2)}(\xi)e^{\frac{H_{n-1}}{\delta}x} \\ F_n^H = 0 \end{cases} \tag{14-4-2}$$

从上述分析可以看出，在式(14-4-1)与式(14-4-2)中，当 $i = 1,2,3,\cdots,n$ 时，只要求得各层的界面反力 $\bar{p}_{i-1}(\xi)$、$\bar{s}_{i-1}^{(1)}(\xi)$、$\bar{s}_{i-1}^{(2)}(\xi)$ 和 $\bar{p}_{n-1}(\xi)$、$\bar{s}_{n-1}^{(1)}(\xi)$、$\bar{s}_{n-1}^{(2)}(\xi)$，则待定系数 A_i^H、B_i^H、C_i^H、D_i^H、E_i^H、F_i^H 就能唯一确

定。为此，根据位移分量的三个定解条件，当 $i=2,3,\cdots,n$ 时，则可得到如下三个方程式：

$$u_{i-1}^{H}\big|_{z=H_{i-1}}=u_{i}^{H}\big|_{z=H_{i-1}}$$

$$v_{i-1}^{H}\big|_{z=H_{i-1}}=v_{i}^{H}\big|_{z=H_{i-1}}$$

$$w_{i-1}^{H}\big|_{z=H_{i-1}}=w_{i}^{H}\big|_{z=H_{i-1}}$$

为了便于施加亨格尔积分变换，可将上述三个求解条件的方程式重新组合如下：

$$\left(\frac{u_{i-1}^{H}}{\cos\theta}+\frac{v_{i-1}^{H}}{\sin\theta}\right)\bigg|_{z=H_{i-1}}=\left(\frac{u_{i}^{H}}{\cos\theta}+\frac{v_{i}^{H}}{\sin\theta}\right)\bigg|_{z=H_{i-1}}$$

$$\left(\frac{u_{i-1}^{H}}{\cos\theta}-\frac{v_{i-1}^{H}}{\sin\theta}\right)\bigg|_{z=H_{i-1}}=\left(\frac{u_{i}^{H}}{\cos\theta}-\frac{v_{i}^{H}}{\sin\theta}\right)\bigg|_{z=H_{i-1}}$$

$$w_{i-1}^{H}\bigg|_{z=H_{i-1}}=w_{i}^{H}\bigg|_{z=H_{i-1}}$$

若将式(11-6-2)中的位移分量表达式代入上述三个位移定解条件，并对 r 施加亨格尔积分变换，则可得如下线性方程组：

$$m_{i-1}\left\{\left[A_{i-1}^{H}-\left(1-\frac{H_{i-1}}{\delta}x\right)B_{i-1}^{H}-2E_{i-1}^{H}\right]e^{-2\frac{H_{i-1}}{\delta}x}-C_{i-1}^{H}-\left(1+\frac{H_{i-1}}{\delta}x\right)D_{i-1}^{H}-2F_{i-1}^{H}\right\}$$

$$=\left[A_{i}^{H}-\left(1-\frac{H_{i-1}}{\delta}x\right)B_{i}^{H}-2E_{i}^{H}\right]e^{-2\frac{H_{i-1}}{\delta}x}-C_{i}^{H}-\left(1+\frac{H_{i-1}}{\delta}x\right)D_{i}^{H}-2F_{i}^{H}\tag{a}$$

$$m_{i-1}\left\{\left[A_{i-1}^{H}-\left(1-\frac{H_{i-1}}{\delta}x\right)B_{i-1}^{H}+2E_{i-1}^{H}\right]e^{-2\frac{H_{i-1}}{\delta}x}-C_{i-1}^{H}-\left(1+\frac{H_{i-1}}{\delta}x\right)D_{i-1}^{H}+2F_{i-1}^{H}\right\}$$

$$=\left[A_{i}^{H}-\left(1-\frac{H_{i-1}}{\delta}x\right)B_{i}^{H}+2E_{i}^{H}\right]e^{-2\frac{H_{i-1}}{\delta}x}-C_{i}^{H}-\left(1+\frac{H_{i-1}}{\delta}x\right)D_{i}^{H}+2F_{i}^{H}\tag{b}$$

$$m_{i-1}\left\{\left[A_{i}^{H}+\left(2-4\mu_{i-1}+\frac{H_{i-1}}{\delta}x\right)B_{i-1}^{H}\right]e^{-2\frac{H_{i-1}}{\delta}x}+C_{i-1}^{H}-\left(2-4\mu_{i-1}-\frac{H_{i-1}}{\delta}x\right)D_{i-1}^{H}\right\}$$

$$=\left[A_{i}^{H}+\left(2-4\mu_{i}+\frac{H_{i-1}}{\delta}x\right)B_{i}^{H}\right]e^{-2\frac{H_{i-1}}{\delta}x}+C_{i}^{H}-\left(2-4\mu_{i}-\frac{H_{i-1}}{\delta}x\right)D_{i}^{H}\tag{c}$$

若将式(b)与式(a)相加、相减，则可得下列两式：

$$m_{i-1}\left\{\left[A_{i-1}^{H}-\left(1-\frac{H_{i-1}}{\delta}x\right)B_{i-1}^{H}\right]e^{-2\frac{H_{i-1}}{\delta}x}-C_{i-1}^{H}-\left(1+\frac{H_{i-1}}{\delta}x\right)D_{i-1}^{H}\right\}$$

$$=\left[A_{i}^{H}-\left(1-\frac{H_{i-1}}{\delta}x\right)B_{i}^{H}\right]e^{-2\frac{H_{i-1}}{\delta}x}-C_{i}^{H}-\left(1+\frac{H_{i-1}}{\delta}x\right)D_{i}^{H}\tag{d}$$

$$m_{i-1}\left(E_{i-1}^{H}e^{-2\frac{H_{i-1}}{\delta}x}+F_{i-1}^{H}\right)=E_{i}^{H}e^{-2\frac{H_{i-1}}{\delta}x}+F_{i}^{H}\tag{e}$$

若将式(c)与式(d)相加、相减，则可得如下两式：

$$m_{i-1}\left\{\left[2A_{i-1}^{H}+\left(1-4\mu_{i-1}+2\frac{H_{i-1}}{\delta}x\right)B_{i-1}^{H}\right]e^{-2\frac{H_{i-1}}{\delta}x}-\left(3-4\mu_{i-1}\right)D_{i-1}^{H}\right\}$$

$$=\left[2A_{i}^{H}-\left(1-4\mu_{i}+2\frac{H_{i-1}}{\delta}x\right)B_{i}^{H}\right]e^{-2\frac{H_{i-1}}{\delta}x}-\left(3-4\mu_{i}\right)D_{i}^{H}\tag{f}$$

$$m_{i-1}\left[\left(3-4\mu_{i-1}\right)B_{i-1}^{H}e^{-2\frac{H_{i-1}}{\delta}x}+2C_{i-1}^{H}-\left(1-4\mu_{i-1}-2\frac{H_{i-1}}{\delta}x\right)D_{i-1}^{H}\right]$$

$$=\left(3-4\mu_{i}\right)B_{i}^{H}e^{-2\frac{H_{i-1}}{\delta}x}+2C_{i}^{H}-\left(1-4\mu_{i}-2\frac{H_{i-1}}{\delta}x\right)D_{i}^{H}\tag{g}$$

若将系数 A_{i-1}^{H}、B_{i-1}^{H}、C_{i-1}^{H}、D_{i-1}^{H} 和 A_{i}^{H}、B_{i}^{H}、C_{i}^{H}、D_{i}^{H} 的表达式代入式(f)和式(g)，经整理后，可得如下两式：

$$\lambda_{i}^{(1)}\bar{p}_{i}(\xi)+\lambda_{i}^{(2)}\bar{s}_{i}^{(1)}(\xi)+\lambda_{i}^{(3)}\bar{p}_{i-1}(x)+\lambda_{i}^{(4)}\bar{s}_{i-1}^{(1)}(\xi)=\lambda_{i-2}^{(5)}\bar{p}_{i-2}(\xi)+\lambda_{i-2}^{(6)}\bar{s}_{i-2}^{(1)}(\xi)\tag{h}$$

$$\lambda_i^{(7)}\bar{p}_i(\xi)+\lambda_i^{(8)}\bar{s}_i^{(1)}(\xi)+\lambda_i^{(9)}\bar{p}_{i-1}(\xi)+\lambda_i^{(10)}\bar{s}_{i-1}^{(1)}(\xi)=\lambda_i^{(11)}\bar{p}_{i-2}(\xi)+\lambda_i^{(12)}\bar{s}_{i-2}^{(1)}(\xi) \tag{i}$$

式中:$\lambda_i^{(1)}=4(1-\mu_i)\Delta_{i-1}\delta_i^{(1)}e^{-\frac{h_i}{\delta}x}$

$$\lambda_i^{(2)}=-4(1-\mu_i)\Delta_{i-1}\delta_i^{(2)}e^{-\frac{h_i}{\delta}x}$$

$$\lambda_i^{(3)}=-m_{i-1}\Delta_i[4(1-\mu_{i-1})\delta_{i-1}^{(1)}-\Delta_{i-1}]-\Delta_{i-1}[4(1-\mu_i)\delta_i^{(3)}e^{-\frac{h_i}{\delta}x}+\Delta_i]$$

$$\lambda_i^{(4)}=m_{i-1}\Delta_i[4(1-\mu_{i-1})\delta_{i-1}^{(2)}+\Delta_{i-1}]+\Delta_{i-1}[4(1-\mu_i)\delta_i^{(4)}e^{-\frac{h_i}{\delta}x}-\Delta_i]$$

$$\lambda_i^{(5)}=-4(1-\mu_{i-1})m_{i-1}\Delta_i\delta_{i-1}^{(3)}$$

$$\lambda_i^{(6)}=4(1-\mu_{i-1})m_{i-1}\Delta_i\delta_{i-1}^{(4)}$$

$$\lambda_i^{(7)}=4(1-\mu_i)\Delta_{i-1}\delta_i^{(3)}$$

$$\lambda_i^{(8)}=4(1-\mu_i)\Delta_{i-1}\delta_i^{(4)}$$

$$\lambda_i^{(9)}=-m_{i-1}\Delta_i[4(1-\mu_{i-1})\delta_{i-1}^{(3)}e^{-\frac{h_{i-1}}{\delta}x}+\Delta_{i-1}]-\Delta_{i-1}[4(1-\mu_i)\delta_i^{(1)}-\Delta_i]$$

$$\lambda_i^{(10)}=-m_{i-1}\Delta_i[4(1-\mu_{i-1})\delta_{i-1}^{(4)}e^{-\frac{h_{i-1}}{\delta}x}-\Delta_{i-1}]-\Delta_{i-1}[4(1-\mu_i)\delta_i^{(2)}+\Delta_i]$$

$$\lambda_i^{(11)}=-4(1-\mu_{i-1})m_{i-1}\Delta_i\delta_{i-1}^{(1)}e^{-\frac{h_{i-1}}{\delta}x}$$

$$\lambda_i^{(12)}=-4(1-\mu_{i-1})m_{i-1}\Delta_i\delta_{i-1}^{(2)}e^{-\frac{h_{i-1}}{\delta}x}$$

当 $i=n$ 时,由于 $h_n\to\infty$,则有

$$\lambda_n^{(1)}=\lambda_n^{(2)}=\lambda_n^{(7)}=\lambda_n^{(8)}=0$$

$$\lambda_n^{(3)}=-m_{n-1}[4(1-\mu_{n-1})\delta_{n-1}^{(1)}-\Delta_{n-1}]-\Delta_{n-1}$$

$$\lambda_n^{(4)}=m_{n-1}[4(1-\mu_{n-1})\delta_{n-1}^{(2)}+\Delta_{n-1}]-\Delta_{n-1}$$

$$\lambda_n^{(5)}=4(1-\mu_{n-1})m_{n-1}\delta_{n-1}^{(3)}$$

$$\lambda_n^{(6)}=4(1-\mu_{n-1})m_{n-1}\delta_{n-1}^{(4)}$$

$$\lambda_n^{(9)}=-m_{n-1}[4(1-\mu_{n-1})\delta_{n-1}^{(3)}e^{-\frac{h_{n-1}}{\delta}x}+\Delta_{n-1}]-(3-4\mu_n)\Delta_{n-1}$$

$$\lambda_n^{(10)}=-m_{n-1}[4(1-\mu_{n-1})\delta_{n-1}^{(4)}e^{-\frac{h_{n-1}}{\delta}x}-\Delta_{n-1}]+(3-4\mu_n)\Delta_{n-1}$$

$$\lambda_n^{(11)}=-4(1-\mu_{n-1})m_{n-1}\delta_{n-1}^{(1)}e^{-\frac{h_{n-1}}{\delta}x}$$

$$\lambda_n^{(12)}=-4(1-\mu_{n-1})m_{n-1}\delta_{n-1}^{(2)}e^{-\frac{h_{n-1}}{\delta}x}$$

又由于 $\bar{p}_n(\xi)=\bar{s}_n^{(1)}(\xi)=0$,故式(h)、式(i)可改写为下两式:

$$\begin{cases}\lambda_n^{(3)}\bar{p}_{n-1}(\xi)+\lambda_n^{(4)}\bar{s}_{n-1}^{(1)}(\xi)=\lambda_n^{(5)}\bar{p}_{n-2}(\xi)+\lambda_n^{(6)}\bar{s}_{n-2}^{(1)}(\xi)\\ \lambda_n^{(9)}\bar{p}_{n-1}(\xi)+\lambda_n^{(10)}\bar{s}_{n-1}^{(1)}(\xi)=\lambda_n^{(11)}\bar{p}_{n-2}(\xi)+\lambda_n^{(12)}\bar{s}_{n-2}^{(1)}(\xi)\end{cases} \tag{j}$$

解式(j)的联立方程组,则可得

$$\begin{cases}\bar{p}_{n-1}(\xi)=\dfrac{1}{\eta_n}\{[\lambda_n^{(5)}\lambda_n^{(10)}-\lambda_n^{(4)}\lambda_n^{(11)}]\bar{p}_{i-2}(\xi)+[\lambda_n^{(6)}\lambda_n^{(10)}-\lambda_n^{(4)}\lambda_n^{(12)}]\bar{s}_{n-2}^{(1)}(\xi)\}\\ \bar{s}_{n-1}^{(1)}(x)=\dfrac{1}{\eta_n}\{[\lambda_n^{(3)}\lambda_n^{(11)}-\lambda_n^{(5)}\lambda_n^{(9)}]\bar{p}_{n-2}(\xi)+[\lambda_i^{(3)}\lambda_i^{(12)}-\lambda_i^{(6)}\lambda_i^{(9)}]\bar{s}_{i-2}^{(1)}(\xi)\}\end{cases} \tag{k}$$

式中,$\bar{\eta}_n=\lambda_n^{(3)}\lambda_n^{(10)}-\lambda_n^{(4)}\lambda_n^{(9)}$。

可以看出,式(k)为双层弹性体系($n=2$)中 $\bar{p}_{i-1}(x)$ 和 $\bar{s}_{i-1}^{(1)}(x)$ 的界面反力递推公式。为不失一般性,将式(j)中的 n 用 i 代替,则可得如下两式:

$$\begin{cases}\lambda_i^{(3)}\bar{p}_{i-1}(\xi)+\lambda_i^{(4)}\bar{s}_{i-1}^{(1)}(\xi)=\lambda_i^{(5)}\bar{p}_{i-2}(\xi)+\lambda_i^{(6)}\bar{s}_{i-2}^{(1)}(\xi)\\ \lambda_i^{(9)}\bar{p}_{i-1}(\xi)+\lambda_i^{(10)}\bar{s}_{i-1}^{(1)}(\xi)=\lambda_i^{(11)}\bar{p}_{i-2}(\xi)+\lambda_i^{(12)}\bar{s}_{i-2}^{(1)}(\xi)\end{cases} \tag{l}$$

同上述分析一样,式(l)的解可表示为如下形式:

$$\begin{cases}\overline{p}_{i-1}(\xi)=\dfrac{1}{\overline{\eta}_i}\{[\lambda_i^{(5)}\lambda_i^{(10)}-\lambda_i^{(4)}\lambda_i^{(11)}]\overline{p}_{i-2}(\xi)+[\lambda_i^{(6)}\lambda_i^{(10)}-\lambda_i^{(4)}\lambda_i^{(1)}]\overline{s}_{i-2}^{(1)}(\xi)\}\\ \overline{s}_{i-1}^{(1)}(\xi)=\dfrac{1}{\overline{\eta}_i}\{[\lambda_i^{(3)}\lambda_i^{(11)}-\lambda_i^{(5)}\lambda_i^{(9)}]\overline{p}_{i-2}(\xi)+[\lambda_i^{(3)}\lambda_i^{(12)}-\lambda_i^{(6)}\lambda_i^{(9)}]\overline{s}_{i-2}^{(1)}(\xi)\}\end{cases}\tag{m}$$

式中,$\overline{\eta}_i=\lambda_i^{(3)}\lambda_i^{(10)}-\lambda_i^{(4)}\lambda_i^{(9)}$。

在式(h)和式(i)中,若用 $i-1$ 代替 i,并将式(m)代入后,再用 i 代替 $i-1$,则可得

$$\begin{cases}\overline{p}_{i-1}(\xi)=\dfrac{1}{\eta_i}\{[\lambda_i^{(5)}\lambda_i^{(X)}-\lambda_i^{(IV)}\lambda_i^{(11)}]\overline{p}_{i-2}(\xi)+[\lambda_i^{(6)}\lambda_i^{(X)}-\lambda_i^{(IV)}\lambda_i^{(IX)}]\overline{s}_{i-2}^{(1)}(\xi)\}\\ \overline{s}_{i-1}^{(1)}(\xi)=\dfrac{1}{\eta_i}\{[\lambda_i^{(III)}\lambda_i^{(11)}-\lambda_i^{(5)}\lambda_i^{(IX)}]\overline{p}_{i-2}(\xi)+[\lambda_i^{(III)}\lambda_i^{(12)}-\lambda_i^{(6)}\lambda_i^{(IX)}]\overline{s}_{i-2}^{(1)}(\xi)\}\end{cases}\tag{14-4-3}$$

式中:$\lambda_i^{(III)}=\dfrac{\lambda_i^{(1)}}{\eta_{i+1}}[\lambda_{i+1}^{(5)}\lambda_{i+1}^{(X)}-\lambda_{i+1}^{(IV)}\lambda_{i+1}^{(11)}]+\dfrac{\lambda_i^{(2)}}{\eta_{i+1}}[\lambda_{i+1}^{(III)}\lambda_{i+1}^{(11)}-\lambda_{i+1}^{(5)}\lambda_{i+1}^{(IX)}]+\lambda_i^{(3)}$

$$\lambda_i^{(IV)}=\frac{\lambda_i^{(1)}}{\eta_{i+1}}[\lambda_{i+1}^{(6)}\lambda_{i+1}^{(X)}-\lambda_{i+1}^{(IV)}\lambda_{i+1}^{(12)}]+\frac{\lambda_i^{(2)}}{\eta_{i+1}}[\lambda_{i+1}^{(III)}\lambda_{i+1}^{(12)}-\lambda_{i+1}^{(6)}\lambda_{i+1}^{(IX)}]+\lambda_i^{(4)}$$

$$\lambda_i^{(IX)}=\frac{\lambda_i^{(7)}}{\eta_{i+1}}[\lambda_{i+1}^{(5)}\lambda_{i+1}^{(X)}-\lambda_{i+1}^{(IV)}\lambda_{i+1}^{(11)}]+\frac{\lambda_i^{(8)}}{\eta_{i+1}}[\lambda_{i+1}^{(III)}\lambda_{i+1}^{(11)}-\lambda_{i+1}^{(5)}\lambda_{i+1}^{(IX)}]+\lambda_i^{(9)}$$

$$\lambda_i^{(X)}=\frac{\lambda_i^{(7)}}{\eta_{i+1}}[\lambda_{i+1}^{(6)}\lambda_{i+1}^{(X)}-\lambda_{i+1}^{(IV)}\lambda_{i+1}^{(12)}]+\frac{\lambda_i^{(8)}}{\eta_{i+1}}[\lambda_{i+1}^{(III)}\lambda_{i+1}^{(12)}-\lambda_{i+1}^{(6)}\lambda_{i+1}^{(IX)}]+\lambda_i^{(10)}$$

其中,$\eta_1=\lambda_i^{(III)}\lambda_i^{(X)}-\lambda_i^{(IV)}\lambda_i^{(IX)}$。

若将 E_{i-1}^H、F_{i-1}^H 和 E_i^H、F_i^H 的表达式代入式(e),经整理后可得如下公式:

$$\lambda_i^{m(1)}\overline{s}_i^{(2)}(\xi)+\lambda_i^{m(2)}\overline{s}_{i-1}^{(2)}(\xi)=\lambda_i^{m(3)}\overline{s}_{i-2}^{(2)}(\xi)\tag{n}$$

式中:$\lambda_i^{m(1)}=-2\Delta_{i-1}'e^{-\frac{h_i}{\delta}x}$

$$\lambda_i^{m(2)}=m_{i-1}\Delta_i'(1+e^{-2\frac{h_{i-1}}{\delta}x})+\Delta_{i-1}'(1+e^{-2\frac{h_i}{\delta}x})$$

$$\lambda_i^{m(3)}=2m_{i-1}\Delta_i'e^{-\frac{h_{i-1}}{\delta}x}$$

当 $i=n$ 时,由于 $h_n\to\infty$,则有

$$\lambda_n^{m(1)}=0$$

$$\lambda_n^{m(2)}=m_{n-1}(1+e^{-2\frac{h_{n-1}}{\delta}x})+\Delta_{n-1}'$$

$$\lambda_n^{m(3)}=2m_{n-1}e^{-\frac{h_{n-1}}{\delta}x}$$

又因 $\overline{s}_n^{(2)}(\xi)=0$,则可得如下表达式:

$$\overline{s}_{n-1}^{(2)}(\xi)=\frac{\lambda_n^{m(3)}}{\lambda_n^{m(2)}}\overline{s}_{n-2}^{(2)}(\xi)\tag{o}$$

同理可知,式(o)为双层弹性体系($n=2$)中 $\overline{s}_{n-1}^{(2)}(\xi)$ 的界面反力递推公式。为不失一般性,将式(o)中的 n 用 i 代替,则可得

$$\overline{s}_{i-1}^{(2)}(\xi)=\frac{\lambda_i^{m(3)}}{\lambda_i^{m(2)}}\overline{s}_{i-2}^{(2)}(\xi)\tag{p}$$

在式(n)中,若用 $i-1$ 代替 i,并将式(p)代入后,再用 i 代替 $i-1$,则可得如下递推公式:

$$\overline{s}_{i-1}^{(2)}(x)=\frac{\lambda_i^{m(3)}}{\lambda_i^{m(II)}}\overline{s}_{i-2}^{(2)}(x)\tag{14-4-4}$$

式中:$\lambda_i^{m(II)}=\dfrac{\lambda_{i+1}^{m(3)}}{\lambda_{i+1}^{m(II)}}\lambda_i^{m(1)}+\lambda_i^{m(2)}$。

由上述分析可知,式(14-4-1)、式(14-4-2)、式(14-4-3)和式(14-4-4)为多层弹性连续体系的层间界面反力递推公式。

根据上述分析,反力递推法的计算步骤可归纳如下:

1.计算各层的参数 Δ'_k、Δ_k、$\delta_k^{(1)}$、$\delta_k^{(2)}$、$\delta_k^{(3)}$、$\delta_k^{(4)}$

当 $k=1,2,\cdots,n$ 时,则有

$$\Delta'_k=\begin{cases}1-e^{-2\frac{h_k}{\delta}x} & (k<n)\\ 1 & (k=n)\end{cases}$$

$$\Delta_k=\begin{cases}(1-e^{-2\frac{h_k}{\delta}x})^2-4\dfrac{h_k^2}{\delta^2}x^2e^{-2\frac{h_k}{\delta}x} & (k<n)\\ 1 & (k=n)\end{cases}$$

$$\delta_k^{(1)}=\begin{cases}2\dfrac{h_k}{\delta}xe^{-2\frac{h_k}{\delta}x}+(1-e^{-2\frac{h_k}{\delta}x}) & (k<n)\\ 1 & (k=n)\end{cases}$$

$$\delta_k^{(2)}=\begin{cases}2\dfrac{h_k}{\delta}xe^{-2\frac{h_k}{\delta}x}-(1-e^{-2\frac{h_k}{\delta}x}) & (k<n)\\ 1 & (k=n)\end{cases}$$

$$\delta_k^{(3)}=\begin{cases}[2\dfrac{h_k}{\delta}x+(1-e^{-2\frac{h_k}{\delta}x})]e^{-\frac{h_k}{\delta}x} & (k<n)\\ 0 & (k=n)\end{cases}$$

$$\delta_k^{(4)}=\begin{cases}[2\dfrac{h_k}{\delta}x-(1-e^{-2\frac{h_k}{\delta}x})]e^{-\frac{h_k}{\delta}x} & (k<n)\\ 0 & (k=n)\end{cases}$$

2.计算参数 $\lambda_k^{(1)}$、$\lambda_k^{(2)}$、$\lambda_k^{(3)}$、…、$\lambda_k^{(12)}$ 和 $\lambda_i^{m(1)}$、$\lambda_i^{m(2)}$、$\lambda_i^{m(3)}$

当 $k=2,3,\cdots,n$ 时,则有

$$\lambda_k^{(1)}=\begin{cases}4(1-\mu_k)\Delta_{k-1}\delta_k^{(1)}e^{-\frac{h_k}{\delta}x} & (k<n)\\ 0 & (k=n)\end{cases}$$

$$\lambda_k^{(2)}=\begin{cases}-4(1-\mu_k)\Delta_{k-1}\delta_k^{(2)}e^{-\frac{h_k}{\delta}x} & (k<n)\\ 0 & (k=n)\end{cases}$$

$$\lambda_k^{(3)}=\begin{cases}-m_{k-1}\Delta_k[4(1-\mu_{k-1})\delta_{k-1}^{(1)}-\Delta_{k-1}]-\Delta_{k-1}[4(1-\mu_k)\delta_k^{(3)}e^{-\frac{h_k}{\delta}x}+\Delta_k] & (k<n)\\ -m_{n-1}[4(1-\mu_{n-1})\delta_{n-1}^{(1)}-\Delta_{n-1}]-\Delta_{n-1} & (k=n)\end{cases}$$

$$\lambda_k^{(4)}=\begin{cases}-m_{k-1}\Delta_k[4(1-\mu_{k-1})\delta_{k-1}^{(2)}+\Delta_{k-1}]+\Delta_{k-1}[4(1-\mu_k)\delta_k^{(3)}e^{-\frac{h_k}{\delta}x}-\Delta_k] & (k<n)\\ -m_{n-1}[4(1-\mu_{n-1})\delta_{n-1}^{(1)}-\Delta_{n-1}]-\Delta_{n-1} & (k=n)\end{cases}$$

$$\lambda_k^{(5)}=\begin{cases}-4(1-\mu_{k-1})m_{k-1}\Delta_k\delta_{k-1}^{(3)} & (k<n)\\ -4(1-\mu_{n-1})m_{n-1}\delta_{n-1}^{(3)} & (k=n)\end{cases}$$

$$\lambda_k^{(6)}=\begin{cases}-4(1-\mu_{k-1})m_{k-1}\Delta_k\delta_{k-1}^{(4)} & (k<n)\\ -4(1-\mu_{n-1})m_{n-1}\delta_{n-1}^{(4)} & (k=n)\end{cases}$$

$$\lambda_k^{(7)}=\begin{cases}4(1-\mu_k)\Delta_{k-1}\delta_k^{(3)} & (k<n)\\ 0 & (k=n)\end{cases}$$

$$\lambda_k^{(8)} = \begin{cases} 4(1-\mu_k)\Delta_{k-1}\delta_k^{(4)} & (k<n) \\ 0 & (k=n) \end{cases}$$

$$\lambda_k^{(9)} = \begin{cases} -m_{k-1}\Delta_k[4(1-\mu_{k-1})\delta_{k-1}^{(3)}e^{-\frac{h_{k-1}}{\delta}x}+\Delta_{k-1}]-\Delta_{k-1}[4(1-\mu_k)\delta_k^{(1)}-\Delta_k] & (k<n) \\ -m_{n-1}[4(1-\mu_{n-1})\delta_{n-1}^{(3)}e^{-\frac{h_{n-1}}{\delta}x}+\Delta_{n-1}]-(3-4\mu_n)\Delta_{n-1} & (k=n) \end{cases}$$

$$\lambda_k^{(10)} = \begin{cases} -m_{k-1}\Delta_k[4(1-\mu_{k-1})\delta_{k-1}^{(4)}e^{-\frac{h_{k-1}}{\delta}x}-\Delta_{k-1}]-\Delta_{k-1}[4(1-\mu_k)\delta_k^{(1)}+\Delta_k] & (k<n) \\ -m_{n-1}[4(1-\mu_{n-1})\delta_{n-1}^{(3)}e^{-\frac{h_{n-1}}{\delta}x}-\Delta_{n-1}]+(3-4\mu_n)\Delta_{n-1} & (k=n) \end{cases}$$

$$\lambda_k^{(11)} = \begin{cases} -4(1-\mu_{k-1})m_{k-1}\Delta_k\delta_{k-1}^{(1)}e^{-\frac{h_{k-1}}{\delta}x} & (k<n) \\ -4(1-\mu_{n-1})m_{n-1}\delta_{n-1}^{(1)}e^{-\frac{h_{n-1}}{\delta}x} & (k=n) \end{cases}$$

$$\lambda_k^{(12)} = \begin{cases} -4(1-\mu_{k-1})m_{k-1}\Delta_k\delta_{k-1}^{(2)}e^{-\frac{h_{k-1}}{\delta}x} & (k<n) \\ -4(1-\mu_{n-1})m_{n-1}\delta_{n-1}^{(2)}e^{-\frac{h_{n-1}}{\delta}x} & (k=n) \end{cases}$$

$$\lambda_k^{m(1)} = \begin{cases} -2\Delta'_{k-1}e^{-\frac{h_k}{\delta}x} & (k<n) \\ 0 & (k=n) \end{cases}$$

$$\lambda_k^{m(2)} = \begin{cases} m_{k-1}\Delta'_k(1+e^{-2\frac{h_{k-1}}{\delta}x})+\Delta'_{k-1}(1+e^{-2\frac{h_k}{\delta}x}) & (k<n) \\ m_{n-1}(1+e^{-2\frac{h_{n-1}}{\delta}x})+\Delta'_{n-1} & (k=n) \end{cases}$$

$$\lambda_k^{m(3)} = \begin{cases} 2m_{k-1}\Delta'_k e^{-\frac{h_{k-1}}{\delta}x} & (k<n) \\ 2m_{n-1}e^{-\frac{h_{n-1}}{\delta}x} & (k=n) \end{cases}$$

$$\eta_n = \lambda_n^{(3)}\lambda_n^{(10)} - \lambda_n^{(4)}\lambda_n^{(9)}$$

3. 计算参数 $\lambda_i^{(\mathrm{III})}$、$\lambda_i^{(\mathrm{IV})}$、$\lambda_i^{(\mathrm{IX})}$、$\lambda_i^{(\mathrm{X})}$、$\eta_1$、$\lambda_i^{m(\mathrm{II})}$

当 $k=n-1,\cdots,3,2$ 时,则有

$$\lambda_k^{(\mathrm{III})} = \frac{\lambda_k^{(1)}}{\eta_{k+1}}[\lambda_{k+1}^{(5)}\lambda_{k+1}^{(\mathrm{X})}-\lambda_{k+1}^{(\mathrm{IV})}\lambda_{k+1}^{(11)}]+\frac{\lambda_k^{(2)}}{\eta_{k+1}}[\lambda_{k+1}^{(\mathrm{III})}\lambda_{k+1}^{(11)}-\lambda_{k+1}^{(5)}\lambda_{k+1}^{(\mathrm{IX})}]+\lambda_k^{(3)}$$

$$\lambda_k^{(\mathrm{IV})} = \frac{\lambda_k^{(1)}}{\eta_{k+1}}[\lambda_{k+1}^{(6)}\lambda_{k+1}^{(\mathrm{X})}-\lambda_{k+1}^{(\mathrm{IV})}\lambda_{k+1}^{(12)}]+\frac{\lambda_k^{(2)}}{\eta_{k+1}}[\lambda_{k+1}^{(\mathrm{III})}\lambda_{k+1}^{(12)}-\lambda_{k+1}^{(6)}\lambda_{k+1}^{(\mathrm{IX})}]+\lambda_k^{(4)}$$

$$\lambda_k^{(\mathrm{IX})} = \frac{\lambda_k^{(7)}}{\eta_{k+1}}[\lambda_{k+1}^{(5)}\lambda_{k+1}^{(\mathrm{X})}-\lambda_{k+1}^{(\mathrm{IV})}\lambda_{k+1}^{(11)}]+\frac{\lambda_k^{(8)}}{\eta_{k+1}}[\lambda_{k+1}^{(\mathrm{III})}\lambda_{k+1}^{(11)}-\lambda_{k+1}^{(5)}\lambda_{k+1}^{(\mathrm{IX})}]+\lambda_k^{(9)}$$

$$\lambda_k^{(\mathrm{X})} = \frac{\lambda_k^{(7)}}{\eta_{k+1}}[\lambda_{k+1}^{(6)}\lambda_{k+1}^{(\mathrm{X})}-\lambda_{k+1}^{(\mathrm{IV})}\lambda_{k+1}^{(12)}]+\frac{\lambda_k^{(8)}}{\eta_{k+1}}[\lambda_{k+1}^{(\mathrm{III})}\lambda_{k+1}^{(12)}-\lambda_{k+1}^{(6)}\lambda_{k+1}^{(\mathrm{IX})}]+\lambda_k^{(10)}$$

$$\eta_k = \lambda_k^{(\mathrm{III})}\lambda_k^{(\mathrm{X})} - \lambda_k^{(\mathrm{IV})}\lambda_n^{(\mathrm{IX})}$$

$$\lambda_k^{m(\mathrm{II})} = \frac{\lambda_{k+1}^{m(3)}}{\lambda_{k+1}^{m(\mathrm{II})}}\lambda_k^{m(1)} + \lambda_k^{m(2)}$$

4. 求出层间界面反力

利用层间界面的反力递推公式,当 $k=1,2,\cdots,i$ 时,则层间界面反力的递推公式可表示为如下:

$$\begin{cases}\bar{p}_{i-1}(x)=\dfrac{1}{\eta_i}\{[\lambda_i^{(5)}\lambda_i^{(X)}-\lambda_i^{(IV)}\lambda_i^{(11)}]\bar{p}_{i-2}(x)+[\lambda_i^{(6)}\lambda_i^{(X)}-\lambda_i^{(IV)}\lambda_i^{(IX)}]\bar{s}_{i-2}^{(1)}(x)\}\\ \bar{s}_{i-1}^{(1)}(x)=\dfrac{1}{\eta_i}\{[\lambda_i^{(III)}\lambda_i^{(11)}-\lambda_i^{(5)}\lambda_i^{(IX)}]\bar{p}_{i-2}(x)+[\lambda_i^{(III)}\lambda_i^{(12)}-\lambda_i^{(6)}\lambda_i^{(IX)}]\bar{s}_{i-2}^{(1)}(x)\}\\ \bar{s}_{i-1}^{(2)}(x)=\dfrac{\lambda_i^{m(3)}}{\lambda_i^{m(II)}}\bar{s}_{i-1}^{(2)}(x)\end{cases}$$

式中:$\bar{p}_0(x)=0$

$\bar{s}_0^{(1)}(x)=-1$

$\bar{s}_0^{(2)}(x)=1$

5. 计算系数 A_i^H、B_i^H、C_i^H、D_i^H、E_i^H、F_i^H

当 $i<n$ 时,根据式(14-4-1),则有

$$\begin{cases}A_i^H=-\dfrac{e^{\frac{H_{i-1}}{\delta}x}}{2\Delta_i}[\alpha_i^{(1)}\bar{p}_i^H(x)+\alpha_i^{(2)}\bar{s}_i^{H(1)}(x)-\alpha_i^{(3)}\bar{p}_{i-1}^H(x)-\alpha_i^{(4)}\bar{s}_{i-1}^{H(1)}(x)]\\ B_i^H=\dfrac{e^{\frac{H_{i-1}}{\delta}x}}{\Delta_i}[\delta_i^{(1)}\bar{p}_i^H(x)+\delta_i^{(2)}\bar{s}_i^{H(1)}(x)-\delta_i^{(3)}\bar{p}_{i-1}^H(x)-\delta_i^{(4)}\bar{s}_{i-1}^{H(1)}(x)]\\ C_i^H=-\dfrac{e^{-\frac{H_i}{\delta}x}}{2\Delta_i}[\beta_i^{(1)}\bar{p}_i^H(x)-\beta_i^{(2)}\bar{s}_i^{H(1)}(x)-\beta_i^{(3)}\bar{p}_{i-1}^H(x)+\beta_i^{(4)}\bar{s}_{i-1}^{H(1)}(x)]\\ D_i^H=-\dfrac{e^{-\frac{H_i}{\delta}x}}{\Delta_i}[\delta_i^{(3)}\bar{p}_i^H(x)-\delta_i^{(4)}\bar{s}_i^{H(1)}(x)-\delta_i^{(1)}\bar{p}_{i-1}^H(x)+\delta_i^{(2)}\bar{s}_{i-1}^{H(1)}(x)]\\ E_i^H=-\dfrac{1}{\Delta_i'}[\bar{s}_i^{H(2)}(x)e^{-\frac{h_i}{\delta}x}-\bar{s}_{i-1}^{H(2)}(x)]e^{\frac{H_{i-1}}{\delta}x}\\ F_i^H=-\dfrac{1}{\Delta_i'}[\bar{s}_i^{H(2)}(x)-\bar{s}_{i-1}^{H(2)}(x)e^{-\frac{h_i}{\delta}x}]e^{-\frac{H_i}{\delta}x}\end{cases}$$

式中:$\Delta_i'=1-e^{-2\frac{h_i}{\delta}x}$

$$\Delta_i=(1-e^{-2\frac{h_i}{\delta}x})^2-(2\frac{h_i}{\delta}xe^{-\frac{h_i}{\delta}x})^2$$

$$\delta_i^{(1)}=[2\frac{h_i}{\delta}x+(1-e^{-2\frac{h_i}{\delta}x})]e^{-\frac{h_i}{\delta}x}$$

$$\delta_i^{(2)}=[2\frac{h_i}{\delta}x-(1-e^{-2\frac{h_i}{\delta}x})]e^{-\frac{h_i}{\delta}x}$$

$$\delta_i^{(3)}=2\frac{h_i}{\delta}xe^{-2\frac{h_i}{\delta}x}+(1-e^{-2\frac{h_i}{\delta}x})$$

$$\delta_i^{(4)}=2\frac{h_i}{\delta}xe^{-2\frac{h_i}{\delta}x}-(1-e^{-2\frac{h_i}{\delta}x})$$

$$\alpha_i^{(1)}=(1-4\mu_i+2\frac{H_{i-1}}{\delta}x)\delta_i^{(1)}-\delta_i^{(3)}e^{-\frac{h_i}{\delta}x}$$

$$\alpha_i^{(2)}=(1-4\mu_i+2\frac{H_{i-1}}{\delta}x)\delta_i^{(2)}+\delta_i^{(4)}e^{-\frac{h_i}{\delta}x}$$

$$\alpha_i^{(3)}=(1-4\mu_i+2\frac{H_{i-1}}{\delta}x)\delta_i^{(3)}-\delta_i^{(1)}e^{-\frac{h_i}{\delta}x}-\Delta_i$$

$$\alpha_i^{(4)}=(1-4\mu_i+2\frac{H_{i-1}}{\delta}x)\delta_i^{(4)}+\delta_i^{(2)}e^{-\frac{h_i}{\delta}x}-\Delta_i$$

$$\beta_i^{(1)}=(1-4\mu_i-2\frac{H_i}{\delta}x)\delta_i^{(3)}-\delta_i^{(1)}e^{-\frac{h_i}{\delta}x}-\Delta_i$$

$$\beta_i^{(2)}=(1-4\mu_i-2\frac{H_i}{\delta}x)\delta_i^{(4)}+\delta_i^{(2)}e^{-\frac{h_i}{\delta}x}-\Delta_i$$

$$\beta_i^{(3)}=(1-4\mu_i-2\frac{H_i}{\delta}x)\delta_i^{(1)}-\delta_i^{(3)}e^{-\frac{h_i}{\delta}x}$$

$$\beta_i^{(4)}=(1-4\mu_i-2\frac{H_i}{\delta}x)\delta_i^{(2)}+\delta_i^{(4)}e^{-\frac{h_i}{\delta}x}$$

当 $i=n$ 时，根据式(14-4-2)，则有

$$\begin{cases}A_n^H=-[(2\mu_n-\frac{H_{n-1}}{\delta}x)\bar{p}_{n-1}^H(x)+(1-2\mu_n+\frac{H_{n-1}}{\delta}x)\bar{s}_{n-1}^{H(1)}(x)]e^{\frac{H_{n-1}}{\delta}x}\\B_n^H=-[\bar{p}_{n-1}^H(x)-\bar{s}_{n-1}^{H(1)}(x)]e^{\frac{H_{n-1}}{\delta}x}\\E_n^H=\bar{s}_{n-1}^{H(2)}(x)e^{\frac{H_{n-1}}{\delta}x}\\C_n^H=D_n^H=F_n^H=0\end{cases}$$

6. 计算应力和位移分量

求得系数 A_i^H、B_i^H、C_i^H、D_i^H、E_i^H、F_i^H 后，可根据式(11-6-2)，采用高斯数值积分方法，求出应力和位移分量的数值解，计算中的详情，请参阅第13章13.4节的内容。

14.5　古德曼模型在反力递推法中的应用

设多层弹性体系表面上作用有圆形单向水平荷载 $s^H(r)$，各层厚度、弹性模量和泊松比分别为 h_i，E_i，μ_i，最下层为弹性半空间体，其弹性模量和泊松比分别用 E_n 和 μ_n 表示，各接触面上的黏结系数分别为 K_i。其图形可参阅本章14.3节的图14-2。

采用截面法，将第 i 层从层状弹性体系中切出，形成脱离体，其图形可参阅本章14.4节的图14-3。

根据第 i 层脱离体的受力分析，当 $i=1,2,\cdots,n$ 时，可列出如下六式：

$$\sigma_{z_i}^H\Big|_{z=H_{i-1}}=-p_{i-1}(r)\cos\theta$$

$$\tau_{\theta z_i}^H\Big|_{z=H_{i-1}}=-s_{i-1}^{(1)}(r)\sin\theta$$

$$\tau_{zr_i}^H\Big|_{z=H_{i-1}}=-s_{i-1}^{(2)}(r)\cos\theta$$

$$\sigma_{z_i}^H\Big|_{z=H_i}=-p_i(r)\cos\theta$$

$$\tau_{\theta z_i}^H\Big|_{z=H_i}=-s_i^{(1)}(r)\sin\theta$$

$$\tau_{zr_i}^H\Big|_{z=H_i}=-s_i^{(2)}(r)\cos\theta$$

上述定解方程完全同于本章14.4节脱离体的定解方程，故可得系数表达式如下：

当 $i<n$ 时，根据式(14-4-1)，则有

$$\begin{cases} A_i^H = -\dfrac{e^{\frac{H_{i-1}}{\delta}x}}{2\Delta_i}[\alpha_i^{(1)}\bar{p}_i(x)+\alpha_i^{(2)}\bar{s}_i^{(1)}(x)-\alpha_i^{(3)}\bar{p}_{i-1}(x)-\alpha_i^{(4)}\bar{s}_{i-1}^{(1)}(x)] \\ B_i^H = \dfrac{e^{\frac{H_{i-1}}{\delta}x}}{\Delta_i}[\delta_i^{(1)}\bar{p}_i(x)+\delta_i^{(2)}\bar{s}_i^{(1)}(x)-\delta_i^{(3)}\bar{p}_{i-1}(x)-\delta_i^{(4)}\bar{s}_{i-1}^{(1)}(x)] \\ C_i^H = -\dfrac{e^{-\frac{H_i}{\delta}x}}{2\Delta_i}[\beta_i^{(1)}\bar{p}_i(x)-\beta_i^{(2)}\bar{s}_i^{(1)}(x)-\beta_i^{(3)}\bar{p}_{i-1}(x)+\beta_i^{(4)}\bar{s}_{i-1}^{(1)}(x)] \\ D_i^H = -\dfrac{e^{-\frac{H_i}{\delta}x}}{\Delta_i}[\delta_i^{(3)}\bar{p}_i(x)-\delta_i^{(4)}\bar{s}_i^{(1)}(x)-\delta_i^{(1)}\bar{p}_{i-1}(x)+\delta_i^{(2)}\bar{s}_{i-1}^{(1)}(x)] \\ E_i^H = -\dfrac{1}{\Delta_i'}[\bar{s}_i^{(2)}(x)e^{-\frac{h_i}{\delta}x}-\bar{s}_{i-1}^{(2)}(x)]e^{\frac{H_{i-1}}{\delta}x} \\ F_i^H = -\dfrac{1}{\Delta_i'}[\bar{s}_i^{(2)}(x)-\bar{s}_{i-1}^{(2)}(x)e^{-\frac{h_i}{\delta}x}]e^{-\frac{H_i}{\delta}x} \end{cases} \tag{14-5-1}$$

式中：$\bar{p}_0(x)=0$

$\bar{s}_0^{(1)}(x)=-1$

$\bar{s}_0^{(2)}(x)=1$

$\Delta_i'=1-e^{-2\frac{h_i}{\delta}x}$

$\Delta_i=(1-e^{-2\frac{h_i}{\delta}x})^2-(2\dfrac{h_i}{\delta}xe^{-\frac{h_i}{\delta}x})^2$

$\delta_i^{(1)}=[2\dfrac{h_i}{\delta}x+(1-e^{-2\frac{h_i}{\delta}x})]e^{-\frac{h_i}{\delta}x}$

$\delta_i^{(2)}=[2\dfrac{h_i}{\delta}x-(1-e^{-2\frac{h_i}{\delta}x})]e^{-\frac{h_i}{\delta}x}$

$\delta_i^{(3)}=2\dfrac{h_i}{\delta}xe^{-2\frac{h_i}{\delta}x}+(1-e^{-2\frac{h_i}{\delta}x})$

$\delta_i^{(4)}=2\dfrac{h_i}{\delta}xe^{-2\frac{h_i}{\delta}x}-(1-e^{-2\frac{h_i}{\delta}x})$

$\alpha_i^{(1)}=(1-4\mu_i+2\dfrac{H_{i-1}}{\delta}x)\delta_i^{(1)}-\delta_i^{(3)}e^{-\frac{h_i}{\delta}x}$

$\alpha_i^{(2)}=(1-4\mu_i+2\dfrac{H_{i-1}}{\delta}x)\delta_i^{(2)}+\delta_i^{(4)}e^{-\frac{h_i}{\delta}x}$

$\alpha_i^{(3)}=(1-4\mu_i+2\dfrac{H_{i-1}}{\delta}x)\delta_i^{(3)}-\delta_i^{(1)}e^{-\frac{h_i}{\delta}x}-\Delta_i$

$\alpha_i^{(4)}=(1-4\mu_i+2\dfrac{H_{i-1}}{\delta}x)\delta_i^{(4)}+\delta_i^{(2)}e^{-\frac{h_i}{\delta}x}-\Delta_i$

$\beta_i^{(1)}=(1-4\mu_i-2\dfrac{H_i}{\delta}x)\delta_i^{(3)}-\delta_i^{(1)}e^{-\frac{h_i}{\delta}x}-\Delta_i$

$\beta_i^{(2)}=(1-4\mu_i-2\dfrac{H_i}{\delta}x)\delta_i^{(4)}+\delta_i^{(2)}e^{-\frac{h_i}{\delta}x}-\Delta_i$

$\beta_i^{(3)}=(1-4\mu_i-2\dfrac{H_i}{\delta}x)\delta_i^{(1)}-\delta_i^{(3)}e^{-\frac{h_i}{\delta}x}$

$\beta_i^{(4)}=(1-4\mu_i-2\dfrac{H_i}{\delta}x)\delta_i^{(2)}+\delta_i^{(4)}e^{-\frac{h_i}{\delta}x}$

当 $i=n$ 时,有

$$\begin{cases}A_n^H=-[(2\mu_n-\frac{H_{n-1}}{\delta}x)\bar{p}_{n-1}(\xi)+(1-2\mu_n+\frac{H_{n-1}}{\delta}x)\bar{s}_{n-1}^{(1)}(x)]e^{\frac{H_{n-1}}{\delta}x}\\B_n^H=-[\bar{p}_{n-1}(\xi)-\bar{s}_{n-1}^{(1)}(x)]e^{\frac{H_{n-1}}{\delta}x}\\C_n^H=D_n^H=0\\E_n^H=\bar{s}_{n-1}^{(2)}(x)e^{\frac{H_{n-1}}{\delta}x}\\F_n^H=0\end{cases}\tag{14-5-2}$$

从上述系数表达式可以看出,这些系数均为界面反力的函数。只要求得界面反力,那么系数 A_i^H、B_i^H、C_i^H、D_i^H、E_i^H、F_i^H 就能唯一确定。为此,根据位移的三个定解条件,当 $i=2,3,\cdots,n$ 时,则可得

$$\tau_{\theta z_{i-1}}^H\Big|_{z=H_{i-1}}=K_{i-1}(v_{i-1}^H-v_i^H)\Big|_{z=H_{i-1}}$$

$$\tau_{zr_{i-1}}^H\Big|_{z=H_{i-1}}=K_{i-1}(u_{i-1}^H-u_i^H)\Big|_{z=H_{i-1}}$$

$$w_{i-1}^H\Big|_{z=H_{i-1}}=w_i^H\Big|_{z=H_{i-1}}$$

为了便于施加亨格尔积分变换,将上述定解条件变换为下列表达式:

$$\left[\frac{1}{K_{i-1}}\left(\frac{\tau_{\theta z_{i-1}}^H}{\sin\theta}+\frac{\tau_{zr_{i-1}}^H}{\cos\theta}\right)-\left(\frac{v_{i-1}^H}{\sin\theta}+\frac{u_{i-1}^H}{\cos\theta}\right)\right]\Bigg|_{z=H_{i-1}}=-\left(\frac{v_i^H}{\sin\theta}+\frac{u_i^H}{\cos\theta}\right)\Bigg|_{z=H_{i-1}}$$

$$\left[\frac{1}{K_k}\left(\frac{\tau_{\theta z_k}}{\sin\theta}-\frac{\tau_{zr_k}}{\cos\theta}\right)+\left(\frac{v_k}{\sin\theta}-\frac{u_k}{\cos\theta}\right)\right]\Bigg|_{z=H_k}=\left(\frac{v_{k+1}}{\sin\theta}-\frac{u_{k+1}}{\cos\theta}\right)\Bigg|_{z=H_k}$$

$$w_k\Big|_{z=H_k}=w_{k+1}\Big|_{z=H_k}$$

若将式(11-6-1)中的有关应力与位移分量代入上述定解条件,并施加亨格尔积分变换,则可得

$$\begin{aligned}&m_{i-1}\{(1+\chi_{i-1})A_{i-1}^H-[(1-\frac{H_{i-1}}{\delta}x)+(2\mu_{i-1}-\frac{H_{i-1}}{\delta}x)\chi_{i-1}]B_{i-1}^H-(2+\chi_{i-1})E_{i-1}^H\}e^{-2\frac{H_{i-1}}{\delta}x}-\\&m_{i-1}\{(1-\chi_{i-1})C_{i-1}^H+[(1+\frac{H_{i-1}}{\delta}x)-(2\mu_{i-1}+\frac{H_{i-1}}{\delta}x)\chi_{i-1}]D_{i-1}^H-(2-\chi_{i-1})F_{i-1}^H\}\\&=[A_i^H-(1-\frac{H_{i-1}}{\delta}x)B_i^H-2E_i^H]e^{-2\frac{H_{i-1}}{\delta}x}-C_i^H-(1+\frac{H_{i-1}}{\delta}x)D_i^H+2F_i^H\end{aligned}\tag{a}$$

$$\begin{aligned}&m_{i-1}\{(1+\chi_{i-1})A_{i-1}^H-[(1-\frac{H_{i-1}}{\delta}x)+(2\mu_{i-1}-\frac{H_{i-1}}{\delta}x)\chi_{i-1}]B_{i-1}^H+2(1+\frac{\chi_{i-1}}{2})E_{i-1}^H\}e^{-2\frac{H_{i-1}}{\delta}x}-\\&m_{i-1}\{(1-\chi_{i-1})C_{i-1}^H+[(1+\frac{H_{i-1}}{\delta}x)-(2\mu_{i-1}+\frac{H_{i-1}}{\delta}x)\chi_{i-1}]D_{i-1}^H+2(1-\frac{\chi_{i-1}}{2})F_{i-1}^H\}\\&=[A_i^H-(1-\frac{H_{i-1}}{\delta}x)B_i^H+2E_i^H]e^{-2\frac{H_{i-1}}{\delta}x}-C_i^H-(1+\frac{H_{i-1}}{\delta}x)D_i^H-2F_i^H\end{aligned}\tag{b}$$

$$\begin{aligned}&m_{i-1}\{[A_{i-1}^H+(2-4\mu_{i-1}+\frac{H_{i-1}}{\delta}x)B_{i-1}^H]e^{-2\frac{H_{i-1}}{\delta}x}+C_{i-1}^H-(2-4\mu_{i-1}-\frac{H_{i-1}}{\delta}x)D_{i-1}^H\}\\&=[A_1^H+(2-4\mu_i+\frac{H_{i-1}}{\delta}x)B_i^H]e^{-2\frac{H_{i-1}}{\delta}x}+C_i^H-(2-4\mu_{i1}-\frac{H_{i-1}}{\delta}x)D_i^H\end{aligned}\tag{c}$$

式中,当 $k=1,2,3,\cdots,n-1$ 时,则有

$$m_k=\frac{(1+\mu_k)E_{k+1}}{(1+\mu_{k+1})E_k}$$

$$\chi_k=\frac{2G_k}{K_k}\times\frac{x}{\delta}$$

若将式(b)与式(a)相加、相减,则可得下列两个表达式:

$$m_{i-1}\left\{\left\{(1+\chi_{i-1})A_{i-1}^H-\left[(1-\frac{H_{i-1}}{\delta}x)+(2\mu_{i-1}-\frac{H_{i-1}}{\delta}x)\chi_{i-1}\right]B_{i-1}^H\right\}e^{-2\frac{H_{i-1}}{\delta}x}-\right.$$

$$\left.(1-\chi_{i-1})C_{i-1}^H-\left[(1+\frac{H_{i-1}}{\delta}x)-(2\mu_{i-1}+\frac{H_{i-1}}{\delta}x)\chi_{i-1}\right]D_{i-1}^H\right\}$$

$$=\left[A_i^H-(1-\frac{H_{i-1}}{\delta}x)B_i^H\right]e^{-2\frac{H_{i-1}}{\delta}x}-C_i^H-(1+\frac{H_{i-1}}{\delta}x)D_i^H \tag{d}$$

$$m_{i-1}\left[(1+\frac{\chi_{i-1}}{2})E_{i-1}^H e^{-2\frac{H_{i-1}}{\delta}x}-(1-\frac{\chi_{i-1}}{2})F_{i-1}^H\right]=E_i^H e^{-2\frac{H_{i-1}}{\delta}x}-F_i^H \tag{e}$$

若将式(c)与式(d)相加、相减,则可得如下两个表达式:

$$m_{i-1}\left\{\left\{2(1+\frac{\chi_{i-1}}{2})A_{i-1}^H+\left[(1-4\mu_{i-1}+2\frac{H_{i-1}}{\delta}x)-(2\mu_{i-1}-\frac{H_{i-1}}{\delta}x)\chi_{i-1}\right]B_{i-1}^H\right\}e^{-2\frac{H_{i-1}}{\delta}x}+\right.$$

$$\left.\chi_{i-1}C_{i-1}^H-\left[(3-4\mu_{i-1})-(2\mu_{i-1}+\frac{H_{i-1}}{\delta}x)\chi_{i-1}\right]D_{i-1}^H\right\}$$

$$=\left[2A_i^H+(1-4\mu_i+2\frac{H_{i-1}}{\delta}x)B_i^H\right]e^{-2\frac{H_{i-1}}{\delta}x}-(3-4\mu_i x)D_i^H \tag{f}$$

$$m_{i-1}\left\{-\chi_{i-1}A_{i-1}^H+\left[(3-4\mu_{i-1})+(2\mu_{i-1}-\frac{H_{i-1}}{\delta}x)\chi_{i-1}\right]B_{i-1}^H\right\}^{-2\frac{H_{i-1}}{\delta}x}+$$

$$m_{i-1}\left\{2(1-\frac{\chi_{i-1}}{2})C_{i-1}^H-\left[(1-4\mu_{i-1}-2\frac{H_{i-1}}{\delta}x)+(2\mu_{i-1}+\frac{H_{i-1}}{\delta}x)\chi_{i-1}\right]D_{i-1}^H\right\}$$

$$=(3-4\mu_i)B_i^H e^{-2\frac{H_{i-1}}{\delta}x}+2C_i^H-(1-4\mu_i-2\frac{H_{i-1}}{\delta}x)D_i^H \tag{g}$$

若将下列表达式

$$A_i^H=-\frac{1}{2\Delta_i}\left[\alpha_i^{(1)}\bar{p}_i(\xi)+\alpha_i^{(2)}\bar{s}_i^{(1)}(\xi)-\alpha_i^{(3)}\bar{p}_{i-1}(\xi)-\alpha_i^{(4)}\bar{s}_{i-1}^{(1)}(\xi)\right]e^{\frac{H_{i-1}}{\delta}x}$$

$$B_i^H=\frac{1}{\Delta_i}\left[\delta_i^{(1)}\bar{p}_i(\xi)+\delta_i^{(2)}\bar{s}_i^{(1)}(\xi)-\delta_i^{(3)}\bar{p}_{i-1}(\xi)-\delta_i^{(4)}\bar{s}_{i-1}^{(1)}(\xi)\right]e^{\frac{H_{i-1}}{\delta}x}$$

$$C_i^H=-\frac{1}{2\Delta_i}\left[\beta_i^{(1)}\bar{p}_i(\xi)-\beta_i^{(2)}\bar{s}_i^{(1)}(\xi)-\beta_i^{(3)}\bar{p}_{i-1}(\xi)+\beta_i^{(4)}\bar{s}_{i-1}^{(1)}(\xi)\right]e^{-\frac{H_i}{\delta}x}$$

$$D_i^H=-\frac{1}{\Delta_i}\left[\delta_i^{(3)}\bar{p}_i(\xi)-\delta_i^{(4)}\bar{s}_i^{(1)}(\xi)-\delta_i^{(1)}\bar{p}_{i-1}(\xi)+\delta_i^{(2)}\bar{s}_{i-1}^{(1)}(\xi)\right]e^{-\frac{H_i}{\delta}x}$$

$$E_i^H=-\frac{1}{\Delta_i'}\left[\bar{s}_i^{(2)}(x)e^{-\frac{h_i}{\delta}x}-\bar{s}_{i-1}^{(2)}(x)\right]e^{\frac{H_{i-1}}{\delta}x}$$

$$F_i^H=-\frac{1}{\Delta_i'}\left[\bar{s}_i^{(2)}(\xi)-\bar{s}_{i-1}^{(2)}(\xi)e^{-\frac{h_i}{\delta}x}\right]e^{-\frac{H_i}{\delta}x}$$

$$A_{i-1}^H=-\frac{1}{2\Delta_{i-1}}\left[\alpha_{i-1}^{(1)}\bar{p}_{i-1}(\xi)+\alpha_{i-1}^{(2)}\bar{s}_{i-1}^{(1)}(\xi)-\alpha_{i-1}^{(3)}\bar{p}_{i-2}(\xi)-\alpha_{i-1}^{(4)}\bar{s}_{i-2}^{(1)}(\xi)\right]e^{\frac{H_{i-2}}{\delta}x}$$

$$B_{i-1}^H=\frac{1}{\Delta_{i-1}}\left[\delta_{i-1}^{(1)}\bar{p}_{i-1}(\xi)+\delta_{i-1}^{(2)}\bar{s}_{i-1}^{(1)}(\xi)-\delta_{i-1}^{(3)}\bar{p}_{i-2}(\xi)-\delta_{i-1}^{(4)}\bar{s}_{i-2}^{(1)}(\xi)\right]e^{\frac{H_{i-2}}{\delta}x}$$

$$C_{i-1}^H=-\frac{1}{2\Delta_{i-1}}\left[\beta_{i-1}^{(1)}\bar{p}_{i-1}(\xi)-\beta_{i-1}^{(2)}\bar{s}_{i-1}^{(1)}(\xi)-\beta_{i-1}^{(3)}\bar{p}_{i-2}(\xi)+\beta_{i-1}^{(4)}\bar{s}_{i-2}^{(1)}(\xi)\right]e^{-\frac{H_{i-1}}{\delta}x}$$

$$D_{i-1}^H=-\frac{1}{\Delta_{i-1}}\left[\delta_{i-1}^{(3)}\bar{p}_{i-1}(\xi)-\delta_{i-1}^{(4)}\bar{s}_{i-1}^{(1)}(\xi)-\delta_{i-1}^{(1)}\bar{p}_{i-2}(\xi)+\delta_{i-1}^{(2)}\bar{s}_{i-2}^{(1)}(\xi)\right]e^{-\frac{H_{i-1}}{\delta}x}$$

$$E_{i-1}^H=-\frac{1}{\Delta_{i-1}'}\left[\bar{s}_{i-1}^{(2)}(\xi)e^{-\frac{h_{i-1}}{\delta}x}-\bar{s}_{i-2}^{(2)}(\xi)\right]e^{\frac{H_{i-2}}{\delta}x}$$

$$F_{i-1}^{H}=-\frac{1}{\Delta_{i-1}'}[s_{i-1}^{(2)}(\xi)-\bar{s}_{i-2}^{(2)}(\xi)e^{-\frac{h_{i-1}}{\delta}x}]e^{-\frac{H_{i-1}}{\delta}x}$$

代入式(f)、式(g)和式(e),经整理后可得如下三个表达式:

$$\lambda_i^{(1)}\bar{p}_i(\xi)+\lambda_i^{(2)}\bar{s}_i^{(1)}(\xi)+\lambda_i^{(3)}\bar{p}_{i-1}(\xi)+\lambda_i^{(4)}\bar{s}_{i-1}^{(1)}(\xi)=\lambda_i^{(5)}\bar{p}_{i-2}(\xi)+\lambda_i^{(6)}\bar{s}_{i-2}^{(1)}(\xi) \tag{h}$$

$$\lambda_i^{(7)}\bar{p}_i(\xi)+\lambda_i^{(8)}\bar{s}_i^{(1)}(\xi)+\lambda_i^{(9)}\bar{p}_{i-1}(\xi)+\lambda_i^{(10)}\bar{s}_{i-1}^{(1)}(\xi)=\lambda_i^{(11)}\bar{p}_{i-2}(\xi)+\lambda_i^{(12)}\bar{s}_{i-2}^{(1)}(\xi) \tag{i}$$

$$\lambda_i^{m(1)}\bar{s}_i^{(2)}(\xi)+\lambda_i^{m(2)}\bar{s}_{i-1}^{(2)}(\xi)=\lambda_i^{m(3)}\bar{s}_{i-2}^{(2)}(\xi) \tag{j}$$

式中,当 $k=2,3,\cdots,n-1$ 时,则有

$$\lambda_k^{(1)}=4(1-\mu_k)\Delta_{k-1}\delta_k^{(1)}e^{-\frac{h_k}{\delta}x}$$

$$\lambda_k^{(2)}=-4(1-\mu_k)\Delta_{k-1}\delta_k^{(2)}e^{-\frac{h_k}{\delta}x}$$

$$\lambda_k^{(3)}=-m_{k-1}\Delta_k[4(1-\mu_{k-1})\delta_{k-1}^{(1)}-\Delta_{k-1}]-\Delta_{k-1}[4(1-\mu_k)\delta_k^{(3)}e^{-\frac{h_k}{\delta}x}+\Delta_k]$$

$$\lambda_k^{(4)}=-m_{k-1}\Delta_k[4(1-\mu_{k-1})\delta_{k-1}^{(2)}+(1-\chi_{k-1})\Delta_{k-1}]+\Delta_{k-1}[4(1-\mu_k)\delta_k^{(4)}e^{-\frac{h_k}{\delta}x}-\Delta_k]$$

$$\lambda_k^{(5)}=-4(1-\mu_{k-1})m_{k-1}\Delta_k\delta_{k-1}^{(3)}$$

$$\lambda_k^{(6)}=4(1-\mu_{k-1})m_{k-1}\Delta_k\delta_{k-1}^{(4)}$$

$$\lambda_k^{(7)}=4(1-\mu_k)\Delta_{k-1}\delta_k^{(3)}$$

$$\lambda_k^{(8)}=4(1-\mu_k)\Delta_{k-1}\delta_k^{(4)}$$

$$\lambda_k^{(9)}=-m_{k-1}\Delta_k[4(1-\mu_{k-1})\delta_{k-1}^{(3)}e^{-\frac{h_{k-1}}{\delta}x}+\Delta_{k-1}]-\Delta_{k-1}[4(1-\mu_k)\delta_k^{(1)}-\Delta_k]$$

$$\lambda_k^{(10)}=-m_{k-1}\Delta_k[4(1-\mu_{k-1})\delta_{k-1}^{(4)}-(1+\chi_{k+1})\Delta_{k-1}]-\Delta_{k-1}[4(1-\mu_k)\delta_k^{(2)}+\Delta_k]$$

$$\lambda_k^{(11)}=-4(1-\mu_{k-1})m_{k-1}\Delta_k\delta_{k-1}^{(1)}e^{-\frac{h_{k-1}}{\delta}x}$$

$$\lambda_k^{(12)}=-4(1-\mu_{k-1})m_{k-1}\Delta_k\delta_{k-1}^{(2)}e^{-\frac{h_{k-1}}{\delta}x}$$

$$\lambda_k^{m(1)}=-2\Delta_{k-1}'e^{-\frac{h_k}{\delta}x}$$

$$\lambda_k^{m(2)}=m_{k-1}\Delta_k'[(1+e^{-2\frac{h_{k-1}}{\delta}x})-\frac{\chi_{k-1}}{2}(1-e^{-2\frac{h_{k-1}}{\delta}x})]+\Delta_{k-1}'(1+e^{-2\frac{h_{k-1}}{\delta}x})$$

$$\lambda_k^{m(3)}=2m_{k-1}\Delta_k'e^{-\frac{h_{k-1}}{\delta}x}$$

当 $i=n$ 时,由于 $h_n\to\infty$,则有

$$\lambda_n^{(1)}=\lambda_n^{(2)}=\lambda_n^{(7)}=\lambda_n^{(8)}=0$$

$$\lambda_n^{(3)}=-m_{n-1}[4(1-\mu_{n-1})\delta_{n-1}^{(1)}-\Delta_{n-1}]-\Delta_{n-1}$$

$$\lambda_n^{(4)}=m_{n-1}[4(1-\mu_{n-1})\delta_{n-1}^{(3)}+(1-\chi_{n-1})\Delta_{n-1}]-\Delta_{n-1}$$

$$\lambda_n^{(5)}=4(1-\mu_{n-1})m_{n-1}\delta_{n-1}^{(3)}$$

$$\lambda_n^{(6)}=4(1-\mu_{n-1})m_{n-1}\delta_{n-1}^{(4)}$$

$$\lambda_n^{(9)}=-m_{n-1}[4(1-\mu_{n-1})\delta_{n-1}^{(4)}e^{-\frac{h_{n-1}}{\delta}x}-(1+\chi_{n-1})\Delta_{n-1}]+(3-4\mu_n)\Delta_{n-1}$$

$$\lambda_n^{(10)}=-m_{n-1}[4(1-\mu_{n-1})\delta_{n-1}^{(4)}e^{-\frac{h_{n-1}}{\delta}x}-\Delta_{n-1}]+(3-4\mu_n)\Delta_{n-1}$$

$$\lambda_n^{(11)}=-4(1-\mu_{n-1})m_{n-1}\delta_{n-1}^{(1)}e^{-\frac{h_{n-1}}{\delta}x}$$

$$\lambda_n^{(12)}=-4(1-\mu_{n-1})m_{n-1}\delta_{n-1}^{(2)}e^{-\frac{h_{n-1}}{\delta}x}$$

$$\lambda_n^{m(1)}=0$$

$$\lambda_n^{m(2)} = m_{n-1}\left[\left(1+e^{-2\frac{h_{n-1}}{\delta}x}\right) - \frac{\chi_{n-1}}{2}\left(1-e^{-2\frac{h_{n-1}}{\delta}x}\right)\right] + \Delta'_{n-1}$$

$$\lambda_n^{m(3)} = 2m_{n-1}e^{-\frac{h_{n-1}}{\delta}x}$$

从上述分析可以看出,本节的式(h)、式(i)和式(j)与上一节的式(h)、式(i)和式(n),在公式的结构上完全相同,只是在 λ 的表达式中个别分量有所不同,如 $\lambda_i^{(4)}$、$\lambda_i^{(10)}$ 和 $\lambda_i^{m(2)}$。因此,可得层间界面反力的递推公式如下:

$$\begin{cases} \bar{p}_{i-1}(\xi) = \dfrac{1}{\eta_i}\{[\lambda_i^{(5)}\lambda_i^{(\mathrm{X})} - \lambda_i^{(\mathrm{IV})}\lambda_i^{(11)}]\bar{p}_{i-2}(\xi) + [\lambda_i^{(6)}\lambda_i^{(\mathrm{X})} - \lambda_i^{(\mathrm{IV})}\lambda_i^{(\mathrm{IX})}]\bar{s}_{i-2}^{(1)}(\xi)\} \\ \bar{s}_{i-1}^{(1)}(\xi) = \dfrac{1}{\eta_i}\{[\lambda_i^{(\mathrm{III})}\lambda_i^{(11)} - \lambda_i^{(5)}\lambda_i^{(\mathrm{IX})}]\bar{p}_{i-2}(\xi) + [\lambda_i^{(\mathrm{III})}\lambda_i^{(12)} - \lambda_i^{(6)}\lambda_i^{(\mathrm{IX})}]\bar{s}_{i-2}^{(1)}(\xi)\} \\ \bar{s}_{i-1}^{(2)}(x) = \dfrac{\lambda_i^{m(3)}}{\lambda_i^{m(\mathrm{II})}}\bar{s}_{k-1}^{(2)}(x) \end{cases} \tag{14-5-3}$$

上述符号完全同于本章 14.4 节的符号。

应当指出,尽管本节的式(14-5-3)与上一节的式(14-4-3)在形式上完全相同。但由于 $\lambda_i^{(4)}$、$\lambda_i^{(10)}$ 和 $\lambda_i^{m(2)}$ 的表达式有所不同,故其应力和位移分量的计算结果也有所不同。只有当所有的黏结系数 K_{i-1} 均为无穷大(∞)时,两者的计算结果才能相同。

第4篇

多圆荷载作用下的应力与位移分析

15　应力与位移叠加公式

无论是汽车,还是飞机,它们都具有多轮行走系统。如果将每个轮子的接地印迹简化为一个相当圆,那么这种多轮行走系统可简化为多圆行走系统。在每一个圆面积内,均有轴对称垂直荷载和单向水平荷载作用。因此,问题可归结为层状弹性体系在多圆轴对称垂直荷载和单向水平荷载综合作用下应力与位移分析。应该指出,在这种多圆行走系统中,每个当量圆的荷载大小、荷载圆半径不一定完全相同。因此,在分析多圆荷载下的应力与位移分量时,我们都应该充分注意这种问题。

15.1　单圆荷载下的应力与位移叠加公式

设单圆轴对称垂直荷载和单向水平荷载作用下,层状弹性体系内某点 P 的应力和位移分量分别为 σ_r^V、σ_θ^V、σ_z^V、τ_{zr}^V、u^V、w^V 与 σ_r^H、σ_θ^H、σ_z^H、$\tau_{r\theta}^H$、$\tau_{\theta z}^H$、τ_{zr}^H、u^H、v^H、w^H,如图 15-1 所示。而在这两种荷载综合作用下相同点 P 的应力与位移分量用 σ_r、σ_θ、σ_z、$\tau_{r\theta}$、$\tau_{\theta z}$、τ_{zr}、u、v、w 表示。根据分析,这三种受力状态下相应的应力与位移作用方向一致。

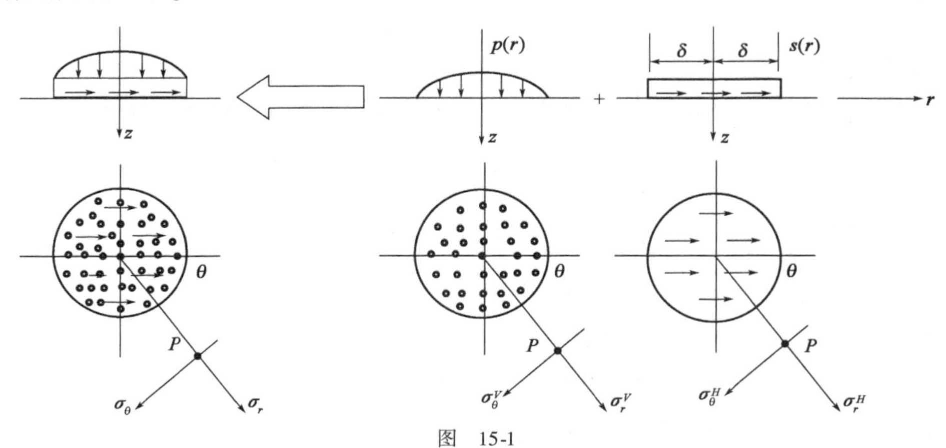

图　15-1

根据上述分析,圆形轴对称垂直荷载和单向水平荷载综合作用下的应力与位移分量可表示为如下形式:

$$\begin{cases}\sigma_r = \sigma_r^V + \sigma_r^H \\ \sigma_\theta = \sigma_\theta^V + \sigma_\theta^H \\ \sigma_z = \sigma_z^V + \sigma_z^H \\ \tau_{r\theta} = \tau_{r\theta}^H \\ \tau_{\theta z} = \tau_{\theta z}^H \\ \tau_{zr} = \tau_{zr}^V + \tau_{zr}^H \\ u = u^V + u^H \\ v = v^H \\ w = w^V + w^H \end{cases} \tag{15-1-1}$$

为了便于计算,可将上述应力与位移分量用应力与位移系数表达式来表示。为此,可令

$$\sigma_r^V=p\bar{\sigma}_r^V,\sigma_\theta^V=p\bar{\sigma}_\theta^V,\sigma_z^V=p\bar{\sigma}_z^V$$

$$\tau_{zr}^V=p\bar{\tau}_{zr}^V,u^V=\frac{2p\delta}{E}\bar{u}^V,w^V=\frac{2p\delta}{E}\bar{w}^V$$

$$\sigma_r^H=fp\bar{\sigma}_r^H\cos\theta,\sigma_\theta^H=fp\bar{\sigma}_\theta^H\cos\theta,\sigma_z^H=fp\bar{\sigma}_z^H\cos\theta$$

$$\tau_{r\theta}^H=fp\bar{\tau}_{r\theta}^H\sin\theta,\tau_{\theta z}^H=fp\bar{\tau}_{\theta z}^H\sin\theta,\tau_{zr}^H=fp\bar{\tau}_{zr}^H\cos\theta$$

$$u^H=\frac{2fp\delta}{E}\bar{u}^H\cos\theta,v^H=\frac{2fp\delta}{E}\bar{v}^H\sin\theta,w^H=\frac{2fp\delta}{E}\bar{w}^H\cos\theta$$

$$\sigma_r=p\bar{\sigma}_r,\sigma_\theta=p\bar{\sigma}_\theta,\sigma_z=p\bar{\sigma}_z$$

$$\tau_{r\theta}=p\bar{\tau}_{r\theta},\tau_{\theta z}=p\bar{\tau}_{\theta z},\tau_{zr}=p\bar{\tau}_{zr}$$

$$u=\frac{2p\delta}{E}\bar{u},v=\frac{2p\delta}{E}\bar{v},w=\frac{2p\delta}{E}\bar{w}$$

则可得应力与位移系数迭加公式如下:

$$\begin{cases}\bar{\sigma}_r=\bar{\sigma}_r^V+f\bar{\sigma}_r^H\cos\theta\\ \bar{\sigma}_\theta=\bar{\sigma}_\theta^V+f\bar{\sigma}_\theta^H\cos\theta\\ \bar{\sigma}_z=\bar{\sigma}_z^V+f\bar{\sigma}_z^H\cos\theta\\ \bar{\tau}_{r\theta}=f\bar{\tau}_{r\theta}^H\sin\theta\\ \bar{\tau}_{\theta z}=f\bar{\tau}_{\theta z}^H\sin\theta\\ \bar{\tau}_{zr}=\bar{\tau}_{zr}^V+f\bar{\tau}_{zr}^H\cos\theta\\ \bar{u}=\bar{u}^V+f\bar{u}^H\cos\theta\\ \bar{v}=f\bar{v}^H\sin\theta\\ \bar{w}=\bar{w}^V+f\bar{w}^H\cos\theta\end{cases}\tag{15-1-2}$$

式中:f——水平力系数。

当求得荷载综合作用下的应力与位移分量系数后,则可按下述公式求出层状弹性体系某点的应力与位移分量:

$$\begin{cases}\sigma_r=p\bar{\sigma}_r=p(\bar{\sigma}_r^V+f\bar{\sigma}_r^H\cos\theta)\\ \sigma_\theta=p\bar{\sigma}_\theta=p(\bar{\sigma}_\theta^V+f\bar{\sigma}_\theta^H\cos\theta)\\ \sigma_z=p\bar{\sigma}_z=p(\bar{\sigma}_z^V+f\bar{\sigma}_z^H\cos\theta)\\ \tau_{r\theta}=p\bar{\tau}_{r\theta}=fp\tau_{r\theta}^H\sin\theta\\ \tau_{\theta z}=p\bar{\tau}_{\theta z}=fp\bar{\tau}_{\theta z}^H\sin\theta\\ \tau_{zr}=p\bar{\tau}_{zr}=p(\bar{\tau}_{zr}^V+f\bar{\tau}_z^H\cos\theta)\\ u=\frac{2p\delta}{E}\bar{u}=\frac{2p\delta}{E}(\bar{u}^V+f\bar{u}^H\cos\theta)\\ v=\frac{2p\delta}{E}\bar{v}=\frac{2fp\delta}{E}\bar{v}^H\sin\theta\\ w=\frac{2p\delta}{E}\bar{w}=\frac{2p\delta}{E}(\bar{w}^V+f\bar{w}^H\cos\theta)\end{cases}\tag{15-1-3}$$

由上述分析可以看出,式(15-1-2)为单圆轴对称垂直荷载和单圆单向水平荷载综合作用下应力与位移系数的叠加公式。它不仅适用于综合荷载的情况,而且适用于求单一荷载下应力与位移系数的情况。例如,当只有单圆垂直荷载作用时,可将

$$\bar{\sigma}_r^H=\bar{\sigma}_\theta^H=\bar{\sigma}_z^H=\bar{\tau}_{r\theta}^H=\bar{\tau}_{\theta z}^H=\bar{\tau}_{zr}^H=\bar{u}^H=\bar{v}^H=\bar{w}^H=0$$

代入式(15-1-2),就能求得单圆垂直荷载下的应力与位移系数如下:

$$\begin{cases}\overline{\sigma}_r=\overline{\sigma}_r^V\\\overline{\sigma}_\theta=\overline{\sigma}_\theta^V\\\overline{\sigma}_z=\overline{\sigma}_z^V\\\overline{\tau}_{zr}=\overline{\tau}_{zr}^V\\\overline{u}=\overline{u}^V\\\overline{w}=\overline{w}^V\end{cases}$$

由此,可得单圆垂直荷载下的应力与位移分量如下:

$$\begin{cases}\sigma_r=p\overline{\sigma}_r^V\\\sigma_\theta=p\overline{\sigma}_\theta^V\\\sigma_z=p\overline{\sigma}_z^V\\\tau_{zr}=p\overline{\tau}_{zr}^V\\u=\dfrac{2p\delta}{E}\overline{u}^V\\w=\dfrac{2p\delta}{E}\overline{w}^V\end{cases}$$

当只有圆形单向水平荷载作用时,可将

$$\overline{\sigma}_r^V=\overline{\sigma}_\theta^V=\overline{\sigma}_z^V=\overline{\tau}_{zr}^V=\overline{u}^V=\overline{w}^V=0$$

代入式(15-1-2),就能求得圆形单向水平荷载下的应力与位移系数如下:

$$\begin{cases}\overline{\sigma}_r=f\,\overline{\sigma}_r^H\cos\theta\\\overline{\sigma}_\theta=f\,\overline{\sigma}_\theta^H\cos\theta\\\overline{\sigma}_z=f\,\overline{\sigma}_z^H\cos\theta\\\overline{\tau}_{r\theta}=f\,\overline{\tau}_{r\theta}^H\sin\theta\\\overline{\tau}_{\theta z}=f\,\overline{\tau}_{\theta z}^H\sin\theta\\\overline{\tau}_{zr}=f\,\overline{\tau}_{zr}^H\cos\theta\\\overline{u}=f\,\overline{u}^H\cos\theta\\\overline{v}=f\,\overline{v}^H\sin\theta\\\overline{w}=f\,\overline{w}^H\cos\theta\end{cases}$$

由此,可得圆形单向水平荷载下的应力与位移分量如下:

$$\begin{cases}\sigma_r=fp\overline{\sigma}_r^H\cos\theta\\\sigma_\theta=fp\overline{\sigma}_\theta^H\cos\theta\\\sigma_z=fp\overline{\sigma}_z^H\cos\theta\\\tau_{r\theta}=fp\,\overline{\tau}_{r\theta}^H\sin\theta\\\tau_{\theta z}=fp\overline{\tau}_{\theta z}^H\sin\theta\\\tau_{zr}=fp\overline{\tau}_z^H\cos\theta\\u=\dfrac{2fp\delta}{E}\overline{u}^H\cos\theta\\v=\dfrac{2fp\delta}{E}\overline{v}^H\sin\theta\\w=\dfrac{2fp\delta}{E}\overline{w}^H\cos\theta\end{cases}$$

15.2 双圆荷载下的应力与位移叠加公式

在我国现行《公路沥青路面设计规范》和现行《城市道路柔性路面设计规范》中都规定,设计标准轴为单轴一侧双轮组,另一侧面略而不计,其计算参数分别为:$p=0.7\text{MPa}$,$\delta=10.65\text{cm}$,两圆中心距 $R=3\delta$。在现行《公路沥青路面设计规范》中,只考虑双圆均布垂直荷载的作用,而现行《城市道路柔性路面设计规范》中,由于增加了表面剪切指标,因此该规范不仅考虑双圆均布垂直荷载的作用,而且还考虑到双圆均布单向水平荷载的作用。在计算双圆荷载下的应力与位移时,由于两圆分别产生的应力与位移分量的作用方向大部分不一致,只有垂直方向的应力与位移作用方向相同。因此,可采用"两次坐标变换法",解决双圆叠加问题。

若将坐标系选择在双圆中右圆 y 轴处,通过两圆圆心,两圆中心距为 R,两圆心的荷载集度均为 p,荷载当量圆半径为 δ,如图 15-2 所示。设圆 O_1 的坐标为(x_1,y_1),圆 O_2 的坐标为(x_2,y_2),计算点 P 的坐标为(x_0,y_0),则可得如下表达式:

$$r_k=\sqrt{(x_0-x_k)^2+(y_0-y_k)^2}$$

$$\sin\theta_k=\begin{cases}\dfrac{y_0-y_k}{r_k} & (r_k>0)\\ 0 & (r_k=0)\end{cases}$$

$$\cos\theta_k=\begin{cases}\dfrac{x_0-x_k}{r_k} & (r_k>0)\\ 1 & (r_k=0)\end{cases}$$

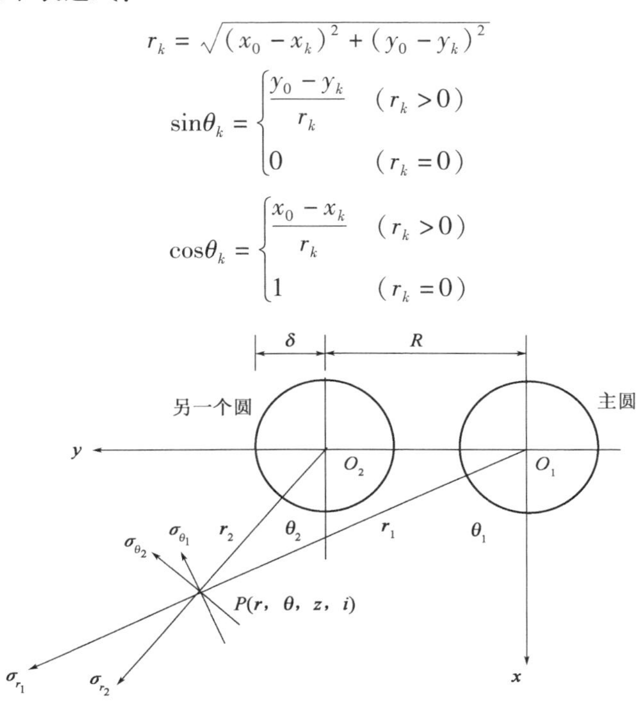

图 15-2

从图 15-2 可知,当 $x_1=0,y_1=0,x_2=0$ 时,$y_2=R$,故可得

$$r_1=\sqrt{x_0^2+y_0^2}$$

$$\sin\theta_1=\begin{cases}\dfrac{y_0}{r_1} & (r_1>0)\\ 0 & (r_1=0)\end{cases}$$

$$\cos\theta_1=\begin{cases}\dfrac{x_0}{r_1} & (r_1>0)\\ 1 & (r_1=0)\end{cases}$$

$$r_1=\sqrt{x_0^2+(y_0-R)^2}$$

$$\sin\theta_2 = \begin{cases} \dfrac{y_0 - R}{r_2} & (r_2 > 0) \\ 0 & (r_2 = 0) \end{cases}$$

$$\cos\theta_2 = \begin{cases} \dfrac{x_0}{r_2} & (r_2 > 0) \\ 1 & (r_2 = 0) \end{cases}$$

由于单个圆的应力与位移作用方向不一致，故先将圆 O_2 荷载下，柱面坐标系中的应力与位移分量，变换为直角坐标系中的应力与位移分量表达式：

$$\begin{cases} \sigma_{x_2} = \dfrac{\sigma_{r_2} + \sigma_{\theta_2}}{2} + \dfrac{\sigma_{r_2} - \sigma_{\theta_2}}{2}\cos 2\theta_2 - \tau_{r\theta_2}\sin 2\theta_2 \\ \sigma_{y_2} = \dfrac{\sigma_{r_2} + \sigma_{\theta_2}}{2} - \dfrac{\sigma_{r_2} - \sigma_{\theta_2}}{2}\cos 2\theta_2 + \tau_{r\theta_2}\sin 2\theta_2 \\ \sigma_{z_2} = \sigma_{z_2} \\ \tau_{xy_2} = \dfrac{\sigma_{r_2} - \sigma_{\theta_2}}{2}\sin 2\theta_2 + \tau_{r\theta_2}\cos 2\theta_2 \\ \tau_{yz_2} = \tau_{\theta z_2}\cos\theta_2 + \tau_{zr_2}\sin\theta_2 \\ \tau_{zx_2} = \tau_{zr_2}\cos\theta_2 - \tau_{\theta z_2}\sin\theta_2 \\ u_{x_2} = u_2\cos\theta_2 - v_2\sin\theta_2 \\ v_{y_2} = v_2\cos\theta_2 + u_2\sin\theta_2 \\ w_{z_2} = w_2 \end{cases}$$

再将上述直角坐标系中的应力与位移分量，利用式(2-3-1)变换为与荷载圆 O_1 作用下 θ_1 方向一致的柱面坐标系中应力与位移分量表达式，如下：

$$\begin{cases} \sigma_{r_2}^{e} = \dfrac{\sigma_{r_2} + \sigma_{\theta_2}}{2} + \dfrac{\sigma_{r_2} - \sigma_{\theta_2}}{2}\cos 2(\theta_2 - \theta_1) - \tau_{r\theta_2}\sin 2(\theta_2 - \theta_1) \\ \sigma_{\theta_2}^{e} = \dfrac{\sigma_{r_2} + \sigma_{\theta_2}}{2} - \dfrac{\sigma_{r_2} - \sigma_{\theta_2}}{2}\cos 2(\theta_2 - \theta_1) + \tau_{r\theta_2}\sin 2(\theta_2 - \theta_1) \\ \sigma_{z_2}^{e} = \sigma_{z_2} \\ \tau_{r\theta_2}^{e} = \dfrac{\sigma_{r_2} - \sigma_{\theta_2}}{2}\sin 2(\theta_2 - \theta_1) + \tau_{r\theta_2}\cos 2(\theta_2 - \theta_1) \\ \tau_{\theta z_2}^{e} = \tau_{\theta z_2}\cos(\theta_2 - \theta_1) + \tau_{zr_2}\sin(\theta_2 - \theta_1) \\ \tau_{zr_2}^{e} = \tau_{zr_2}\cos(\theta_2 - \theta_1) - \tau_{\theta z_2}\sin(\theta_2 - \theta_1) \\ u_2^{e} = u_2\cos(\theta_2 - \theta_1) - v_2\sin(\theta_2 - \theta_1) \\ v_2^{e} = v_2\cos(\theta_2 - \theta_1) + u_2\sin(\theta_2 - \theta_1) \\ w_2^{e} = w_2 \end{cases}$$

又当 $k = 1, 2$ 时，单个圆的综合荷载作用下应力与位移分量的叠加结果可表示为如下形式：

$$\sigma_{r_k} = \sigma_{r_k}^{V} + \sigma_{r_k}^{H}, \sigma_{\theta_k} = \sigma_{\theta_k}^{V} + \sigma_{\theta_k}^{H}, \sigma_{z_k} = \sigma_{z_k}^{V} + \sigma_{z_k}^{H}$$

$$\tau_{r\theta_k} = \tau_{r\theta_k}^{H}, \tau_{\theta z_k} = \tau_{\theta z_k}^{H}, \tau_{zr_k} = \tau_{zr_k}^{V} + \tau_{zr_k}^{H}$$

$$u_k = u_k^V + u_k^H, v_k = v_k^H, w_k = w_k^V + w_k^H$$

通过上述两次坐标式变换,将荷载圆 o_2 的应力与位移变换为与荷载圆 O_1 相一致的应力与位移。若将两圆的计算结果相加,则可得

$$\begin{cases}
\sigma_r = \sigma_{r_1} + \dfrac{\sigma_{r_2} + \sigma_{\theta_2}}{2} + \dfrac{\sigma_{r_2} - \sigma_{\theta_2}}{2}\cos 2(\theta_2 - \theta_1) - \tau_{r\theta_2}\sin 2(\theta_2 - \theta_1) \\
\sigma_\theta = \sigma_{\theta_1} + \dfrac{\sigma_{r_2} + \sigma_{\theta_2}}{2} - \dfrac{\sigma_{r_2} - \sigma_{\theta_2}}{2}\cos 2(\theta_2 - \theta_1) + \tau_{r\theta_2}\sin 2(\theta_2 - \theta_1) \\
\sigma_z = \sigma_{z_1} + \sigma_{z_2} \\
\tau_{r\theta} = \tau_{r\theta_1} + \dfrac{\sigma_{r_2} - \sigma_{\theta_2}}{2}\sin 2(\theta_2 - \theta_1) + \tau_{r\theta_2}\cos 2(\theta_2 - \theta_1) \\
\tau_{\theta z} = \tau_{\theta z_1} + \tau_{\theta z_2}\cos(\theta_2 - \theta_1) + \tau_{zr_2}\sin(\theta_2 - \theta_1) \\
\tau_{zr} = \tau_{zr_1} + \tau_{zr_2}\cos(\theta_2 - \theta_1) - \tau_{\theta z_2}\sin(\theta_2 - \theta_1) \\
u = u_1 + u_2\cos(\theta_2 - \theta_1) - v_2\sin(\theta_2 - \theta_1) \\
v = v_1 + v_2\cos(\theta_2 - \theta_1) + u_2\sin(\theta_2 - \theta_1) \\
w = w_1 + w_2
\end{cases} \tag{15-2-1}$$

式中:$\sin(\theta_2 - \theta_1) = \sin\theta_2\cos\theta_1 - \cos\theta_2\sin\theta_1$

$\cos(\theta_2 - \theta_1) = \cos\theta_2\cos\theta_1 + \sin\theta_2\sin\theta_1$

$\sin 2(\theta_2 - \theta_1) = 2\sin(\theta_2 - \theta_1)\cos(\theta_2 - \theta_1)$

$\cos 2(\theta_2 - \theta_1) = \cos^2(\theta_2 - \theta_1) - \sin^2(\theta_2 - \theta_1)$

式(15-2-1)为双圆轴对称垂直荷载和单向水平荷载综合作用下的应力与位移分量叠加公式。若双圆只有轴对称垂直荷载作用,那么式(15-2-1)退化为下述表达式:

$$\begin{cases}
\sigma_r = \sigma_{r_1}^V + \dfrac{\sigma_{r_2}^V + \sigma_{\theta_2}^V}{2} + \dfrac{\sigma_{r_2}^V - \sigma_{\theta_2}^V}{2}\cos 2(\theta_2 - \theta_1) \\
\sigma_\theta = \sigma_{\theta_1}^V + \dfrac{\sigma_{r_2}^V + \sigma_{\theta_2}^V}{2} - \dfrac{\sigma_{r_2}^V - \sigma_{\theta_2}^V}{2}\cos 2(\theta_2 - \theta_1) \\
\sigma_z = \sigma_{z_1}^V + \sigma_{z_2}^V \\
\tau_{r\theta} = \dfrac{\sigma_{r_2}^V - \sigma_{\theta_2}^V}{2}\sin 2(\theta_2 - \theta_1) \\
\tau_{\theta z} = \tau_{zr_2}^V\sin(\theta_2 - \theta_1) \\
\tau_{zr} = \tau_{zr_1}^V + \tau_{zr_2}^V\cos(\theta_2 - \theta_1) \\
u = u_1^V + u_2^V\cos(\theta_2 - \theta_1) \\
v = u_2^V\sin(\theta_2 - \theta_1) \\
w = w_1^V + w_2^V
\end{cases} \tag{15-2-2}$$

同单圆叠加公式处理方法一样,若用应力和位移系数表示,那么式(15-2-1)可改写为下述表达式:

$$\begin{cases}\bar{\sigma}_r=\bar{\sigma}_{r_1}+\dfrac{\bar{\sigma}_{r_2}+\bar{\sigma}_{\theta_2}}{2}+\dfrac{\bar{\sigma}_{r_2}-\bar{\sigma}_{\theta_2}}{2}\cos2(\theta_2-\theta_1)-\bar{\tau}_{r\theta_2}\sin2(\theta_2-\theta_1)\\ \bar{\sigma}_\theta=\bar{\sigma}_{\theta_1}+\dfrac{\bar{\sigma}_{r_2}+\bar{\sigma}_{\theta_2}}{2}-\dfrac{\bar{\sigma}_{r_2}-\bar{\sigma}_{\theta_2}}{2}\cos2(\theta_2-\theta_1)+\bar{\tau}_{r\theta_2}\sin2(\theta_2-\theta_1)\\ \bar{\sigma}_z=\bar{\sigma}_{z_1}+\bar{\sigma}_{z_2}\\ \bar{\tau}_{r\theta}=\bar{\tau}_{r\theta_1}+\dfrac{\bar{\sigma}_{r_2}-\bar{\sigma}_{\theta_2}}{2}\sin2(\theta_2-\theta_1)+\bar{\tau}_{r\theta_2}\cos2(\theta_2-\theta_1)\\ \bar{\tau}_{\theta z}=\bar{\tau}_{\theta z_1}+\bar{\tau}_{\theta z_2}\cos(\theta_2-\theta_1)+\bar{\tau}_{zr_2}\sin(\theta_2-\theta_1)\\ \bar{\tau}_{zr}=\bar{\tau}_{zr_1}+\bar{\tau}_{zr_2}\cos(\theta_2-\theta_1)-\bar{\tau}_{\theta z_2}\sin(\theta_2-\theta_1)\\ \bar{u}=\bar{u}_1+\bar{u}_2\cos(\theta_2-\theta_1)-\bar{v}_2\sin(\theta_2-\theta_1)\\ \bar{v}=\bar{v}_1+\bar{v}_2\cos(\theta_2-\theta_1)+\bar{u}_1\sin(\theta_2-\theta_1)\\ \bar{w}=\bar{w}_1+\bar{w}_2\end{cases}\tag{15-2-3}$$

式中，当 $k=1,2$ 时，则有

$$\bar{\sigma}_{r_k}=\bar{\sigma}^V_{r_k}+f\bar{\sigma}^H_{r_k}\cos\theta_k,\bar{\sigma}_{\theta_k}=\bar{\sigma}^V_{\theta_k}+f\bar{\sigma}^H_{\theta_k}\cos\theta_k,\bar{\sigma}_{z_k}=\bar{\sigma}^V_{z_k}+f\bar{\sigma}^H_{z_k}\cos\theta_k$$

$$\bar{\tau}_{r\theta_k}=f\bar{\tau}^H_{r\theta_k}\sin\theta_k,\bar{\tau}_{\theta z_k}=f\bar{\tau}^H_{\theta z_k}\sin\theta,\bar{\tau}_{zr_k}=\bar{\tau}^V_{zr_k}+f\bar{\tau}^H_{zr_k}\cos\theta_k$$

$$\bar{u}_k=\bar{u}^V_k+f\bar{u}^H_k\cos\theta_k,\bar{v}_k=f\bar{v}^H_k\sin\theta_k,\bar{w}_k=\bar{w}^V_k+f\bar{w}^H_k\cos\theta_k$$

如果双圆上只有轴对称垂直荷载作用，当 $k=1,2$ 时，可将

$$\bar{\sigma}_{r_k}=\bar{\sigma}^V_{r_k},\bar{\sigma}_{\theta_k}=\bar{\sigma}^V_{\theta_k},\bar{\sigma}_{z_k}=\bar{\sigma}^V_{z_k}$$

$$\bar{\tau}_{r\theta_k}=0,\bar{\tau}_{\theta z_k}=0,\bar{\tau}_{zr_k}=\bar{\tau}^V_{zr_k}$$

$$\bar{u}_k=\bar{u}^V_k,\bar{v}_k=0,\bar{w}_k=\bar{w}^V_k$$

代入式(15-2-3)，可得到双圆轴对称垂直荷载下层状弹性体系应力和位移系数的叠加公式如下：

$$\begin{cases}\bar{\sigma}_r=\bar{\sigma}_{r_1}+\dfrac{\bar{\sigma}_{r_2}+\bar{\sigma}_{\theta_2}}{2}+\dfrac{\bar{\sigma}_{r_2}-\bar{\sigma}_{\theta_2}}{2}\cos2(\theta_2-\theta_1)\\ \bar{\sigma}_\theta=\bar{\sigma}_{\theta_1}+\dfrac{\bar{\sigma}_{r_2}+\bar{\sigma}_{\theta_2}}{2}-\dfrac{\bar{\sigma}_{r_2}-\bar{\sigma}_{\theta_2}}{2}\cos2(\theta_2-\theta_1)\\ \bar{\sigma}_z=\bar{\sigma}_{z_1}+\bar{\sigma}_{z_2}\\ \bar{\tau}_{r\theta}=\dfrac{\bar{\sigma}_{r_2}-\bar{\sigma}_{\theta_2}}{2}\sin2(\theta_2-\theta_1)\\ \bar{\tau}_{\theta z}=\bar{\tau}_{zr_2}\sin(\theta_2-\theta_1)\\ \bar{\tau}_{zr}=\bar{\tau}_{zr_1}+\bar{\tau}_{zr_2}\cos(\theta_2-\theta_1)\\ \bar{u}=\bar{u}_1+\bar{u}_2\cos(\theta_2-\theta_1))\\ \bar{v}=\bar{u}_1\sin(\theta_2-\theta_1)\\ \bar{w}=\bar{w}_1+\bar{w}_2\end{cases}\tag{15-2-4}$$

当根据式(15-2-3)或式(15-2-4)求得双圆荷载作用下应力与位移系数后，再根据式(15-1-3)，计算其应力与位移分量。

15.3 多圆荷载下的应力与位移叠加公式

设在层状弹性体系表面上有 m 个轴对称垂直荷载和单向水平荷载综合作用的荷载圆,坐标系原点设置在最右侧的荷载圆圆心上,x 轴平行于道路纵向,每个荷载圆的荷载集度和相当圆半径分别为 p_k 和 δ_k,每个荷载圆圆心 O_k 的坐标分别为(x_k,y_k),计算点 P 的坐标为(x_0,y_0),如图 15-3 所示。

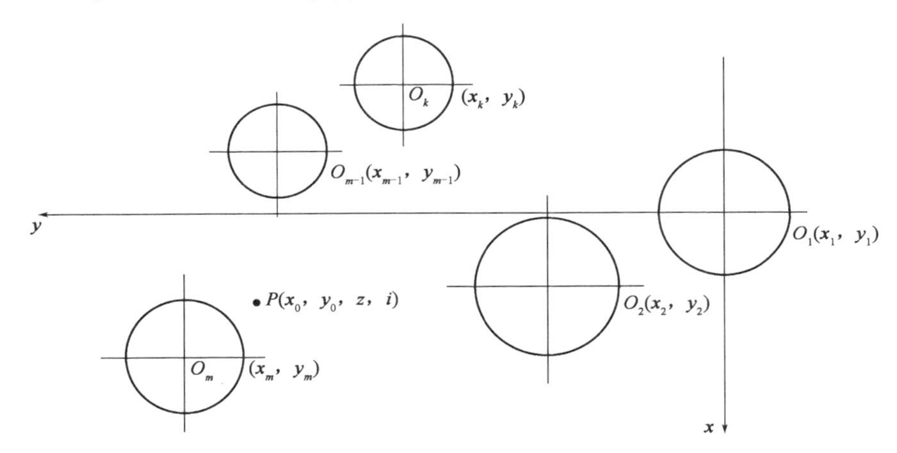

图 15-3

根据双圆叠加原理,则可得到多圆的综合荷载下的叠加公式如下:

$$
\left\{
\begin{aligned}
&\overline{\sigma}_r=\sum_{k=1}^{m}\left[\frac{\overline{\sigma}_{r_k}+\overline{\sigma}_{\theta_k}}{2}+\frac{\overline{\sigma}_{r_k}-\overline{\sigma}_{\theta_k}}{2}\cos2(\theta_k-\theta_1)-\overline{\tau}_{r\theta_k}\sin2(\theta_k-\theta_1)\right]\\
&\overline{\sigma}_\theta=\sum_{k=1}^{m}\left[\frac{\overline{\sigma}_{r_k}+\overline{\sigma}_{\theta_k}}{2}-\frac{\overline{\sigma}_{r_k}-\overline{\sigma}_{\theta_k}}{2}\cos2(\theta_k-\theta_1)+\overline{\tau}_{r\theta_k}\sin2(\theta_k-\theta_1)\right]\\
&\overline{\sigma}_z=\sum_{k=1}^{m}\overline{\sigma}_{z_k}\\
&\overline{\tau}_{r\theta}=\sum_{k=1}^{m}\left[\frac{\overline{\sigma}_{r_k}-\overline{\sigma}_{\theta_k}}{2}\sin2(\theta_k-\theta_1)+\overline{\tau}_{r\theta_k}\cos2(\theta_k-\theta_1)\right]\\
&\overline{\tau}_{\theta z}=\sum_{k=1}^{m}\left[\overline{\tau}_{\theta z_k}\cos(\theta_k-\theta_1)+\overline{\tau}_{zr_k}\sin(\theta_k-\theta_1)\right]\\
&\overline{\tau}_{zr}=\sum_{k=1}^{m}\left[\overline{\tau}_{zr_k}\cos(\theta_k-\theta_1)-\overline{\tau}_{\theta z_k}\sin(\theta_k-\theta_1)\right]\\
&\overline{u}=\sum_{k=1}^{m}\left[\overline{u}_k\cos(\theta_k-\theta_1)-\overline{v}_k\sin(\theta_k-\theta_1)\right]\\
&\overline{v}=\sum_{k=1}^{m}\left[\overline{v}_k\cos(\theta_k-\theta_1)+\overline{u}_k\sin(\theta_k-\theta_1)\right]\\
&\overline{w}=\sum_{k=1}^{m}\overline{w}_k
\end{aligned}
\right.
\tag{15-3-1}
$$

式中,当 $k=1,2,\cdots,m$ 时,则有

$$\sigma_{r_k}=\sigma_{r_k}^{V}+\sigma_{r_k}^{H},\sigma_{\theta_k}=\sigma_{\theta_k}^{V}+\sigma_{\theta_k}^{H},\sigma_{z_k}=\sigma_{z_k}^{V}+\sigma_{z_k}^{H}$$

$$\tau_{r\theta_k}=\tau_{r\theta_k}^{H},\tau_{\theta z_k}=\tau_{\theta z_k}^{H},\tau_{zr_k}=\tau_{zr_k}^{V}+\tau_{zr_k}^{H}$$

$$u_k=u_k^{V}+u_k^{H},v_k=v_k^{H},w_k=w_k^{V}+w_k^{H}$$

其中,$r_k=\sqrt{(x_0-x_k)^2+(y_0-y_k)^2}$

$$\sin\theta_k=\begin{cases}\dfrac{y_0-y_k}{r_k} & (r_k>0)\\ 0 & (r_k=0)\end{cases}$$

$$\cos\theta_k=\begin{cases}\dfrac{x_0-x_k}{r_k} & (r_k>0)\\ 1 & (r_k=0)\end{cases}$$

$$\sin(\theta_k-\theta_1)=\begin{cases}0 & (k=1)\\ \sin\theta_k\cos\theta_1-\cos\theta_k\sin\theta_1 & (k\neq 1)\end{cases}$$

$$\cos(\theta_k-\theta_1)=\begin{cases}1 & (k=1)\\ \cos\theta_k\cos\theta_1+\sin\theta_k\sin\theta_1 & (k\neq 1)\end{cases}$$

$$\sin2(\theta_k-\theta_1)=2\sin(\theta_k-\theta_1)\cos(\theta_k-\theta_1)$$

$$\cos2(\theta_k-\theta_1)=\cos^2(\theta_k-\theta_1)-\sin^2(\theta_k-\theta_1)$$

式(15-3-1)为多圆轴对称垂直荷载和单向水平荷载综合作用下的应力与位移分量叠加公式。当 $m=2$ 时,本式就是双圆叠加公式,即式(15-2-1)。若多圆只有轴对称垂直荷载作用,那么式(15-3-1)可退化为下列表达式:

$$\begin{cases}\sigma_r=\sum\limits_{k=1}^{m}\left[\dfrac{\sigma_{r_k}^V+\sigma_{\theta_k}^V}{2}+\dfrac{\sigma_{r_k}^V-\sigma_{\theta_k}^V}{2}\cos2(\theta_k-\theta_1)\right]\\ \sigma_\theta=\sum\limits_{k=1}^{m}\left[\dfrac{\sigma_{r_k}^V+\sigma_{\theta_k}^V}{2}-\dfrac{\sigma_{r_k}^V-\sigma_{\theta_k}^V}{2}\cos2(\theta_k-\theta_1)\right]\\ \sigma_z=\sum\limits_{k=1}^{m}\sigma_{z_k}^V\\ \tau_{r\theta}=\sum\limits_{k=1}^{m}\dfrac{\sigma_{r_k}^V-\sigma_{\theta_k}^V}{2}\sin2(\theta_k-\theta_1)\\ \tau_{\theta z}=\sum\limits_{k=1}^{m}\tau_{zr_k}^V\sin(\theta_k-\theta_1)\\ \tau_{zr}=\sum\limits_{k=1}^{m}\tau_{zr_k}^V\cos(\theta_k-\theta_1)\\ u=\sum\limits_{k=1}^{m}u_k^V\cos(\theta_k-\theta_1)\\ v=\sum\limits_{k=1}^{m}uV\sin(\theta_k-\theta_1)\\ w=\sum\limits_{k=1}^{m}w_k^V\end{cases}\tag{15-3-2}$$

式(15-3-2)为多圆轴对称垂直荷载作用下的应力与位移分量叠加公式,当 $m=2$ 时,式(15-3-2)就退化为式(15-2-2)。这就是说,式(15-2-2)为式(15-3-2)当 $m=2$ 时的特例。

在层状弹性体系中,一般采用应力与位移系数进行计算,编制图表。因此,在根据式(15-3-2)进行多圆叠加时,应注意如下几点:

(1)在式(15-3-2)中,其右端的下标为荷载圆号 k,而不是计算层的层号 i。由于计算点 P 在第 i 层,因此,在第 k 号荷载圆的作用下,所计算的应力与位移系数,仍然要采用计算层的层号 i。

(2)由于每个荷载圆的荷载集度和相当圆半径可能不一样,因此在计算应力和位移分量时,必须采用该荷载原有的荷载集度 p_k 和相当圆半径 δ_k。每个荷载圆的应力和位移按下述公式计算:

①单圆垂直荷载下的应力和位移。

$$\sigma_{r_k}^V=p_k\,\overline{\sigma}_{r_k}^V,\ \sigma_{\theta_k}^V=p_k\,\overline{\sigma}_{\theta_k}^V,\ \sigma_{z_k}^V=p_k\,\overline{\sigma}_{z_k}^V$$

$$\tau_{zr_k}^V=p_k\,\overline{\tau}_{zr_k}^V,\ u_k^V=\frac{2p_k\delta_k}{E_i}\,\overline{u}_k^V,\ w_k^V=\frac{2p_k\delta_k}{E_i}\,\overline{w}_k^V$$

②单个圆的单向水平荷载下的应力和位移。

$$\sigma_{r_k}^{H}=fp_k\,\overline{\sigma}_{r_k}^{H}\cos\theta_k,\sigma_{\theta_k}^{H}=fp_k\,\overline{\sigma}_{\theta_k}^{H}\cos\theta_k,\sigma_{z_k}^{H}=fp_k\,\overline{\sigma}_{z_k}^{H}\cos\theta_k$$

$$\tau_{r\theta_k}^{H}=fp_k\,\overline{\tau}_{r\theta_k}^{H}\sin\theta_k,\tau_{\theta z_k}^{H}=fp_k\tau_{\theta z_k}^{H}\sin\theta_k,\tau_{zr_k}^{H}=fp_k\,\overline{\tau}_{zr_k}^{H}\cos\theta_k$$

$$u_k^{H}=\frac{2fp_k\delta_k}{E_i}\overline{u}_k^{H}\cos\theta_k,v_k^{H}=\frac{2fp_k\delta_k}{E_i}v_k^{H}\sin\theta_k,w_k^{H}=\frac{2fp_k\delta_k}{E_i}\overline{w}_k^{H}\cos\theta_k$$

(3)在我国现行《公路沥青路面设计规范》中,荷载采用双圆均布垂直荷载,弯沉指标选取表面两圆中心处 A 点作为计算点,如图 15-4 所示。从图中可以看出,计算层层号 $i=1$,$p_1=p_2=p$,$\delta_1=\delta_2=\delta$,$\theta_1=90°$,$\theta_2=270°$,圆 O_1 的坐标为(0,0),圆 O_2 的坐标为$(0,R)$,计算点 A 的坐标为$(0,1.5\delta)$,$z=0$,故有

$$r=r_1=r_2=1.5\delta$$

$$\overline{w}=(\overline{w}_1^{V}+\overline{w}_2^{V})\Big|_{\substack{r=1.5\delta\\z=0}}$$

根据式(15-1-3),可得弯沉公式

$$l_s=\frac{2p\delta}{E_i}\overline{w}$$

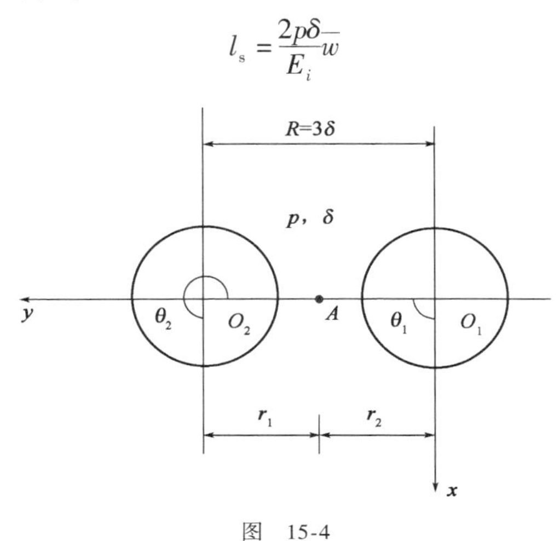

图 15-4

16　应力与应变分析

在外部荷载作用下,层状弹性体系内任意点 P 处于复杂应力状态。为了便于分析复杂应力状态下结构物的破坏验算,目前路面设计中比较实用的指标为主应力和主应变。因此,本章主要根据复杂应力状态求其主应力和主应变。

16.1　主应力分析

在层状弹性体系内某点 P,任取一个微分六面体,其上作用有已知的 σ_r、$\tau_{r\theta}$、τ_{zr},σ_θ、$\tau_{r\theta}$、$\tau_{\theta z}$,σ_z、τ_{zr}、$\tau_{\theta z}$。在微分体内任作一个斜面,其外法线为 N。根据力的三个平衡条件,则可得

$$\begin{cases} x_{\rm N} = \sigma_r l + \tau_{\theta r} m + \tau_{zr} n \\ y_{\rm N} = \tau_{r\theta} l + \sigma_\theta m + \tau_{z\theta} n \\ z_{\rm N} = \tau_{rz} l + \tau_{\theta z} m + \sigma_z n \end{cases} \tag{1}$$

式中:$l = \cos(r,N)$

$m = \cos(\theta,N)$

$n = \cos(z,N)$

由式(1)可以看出,若已知一点的九个应力分量,则过该点的任意斜面上的应力都可由这九个应力分量来表示。因此,这九个应力分量足以确定层状弹性体系内部的应力状态。

根据剪应力互等定理,即

$$\tau_{\theta r} = \tau_{r\theta}$$
$$\tau_{z\theta} = \tau_{\theta z}$$
$$\tau_{rz} = \tau_{zr}$$

代入式(1),则可得

$$\begin{cases} x_{\rm N} = \sigma_r l + \tau_{r\theta} m + \tau_{zr} n \\ y_{\rm N} = \tau_{r\theta} l + \sigma_\theta m + \tau_{\theta z} n \\ z_{\rm N} = \tau_{zr} l + \tau_{\theta z} m + \sigma_z n \end{cases} \tag{2}$$

作用于斜面上的总应力 $p_{\rm N}$,可由下述表达式求得:

$$p_{\rm N}^2 = x_{\rm N}^2 + y_{\rm N}^2 + z_{\rm N}^2$$

若将 $x_{\rm N}$、$y_{\rm N}$ 和 $z_{\rm N}$ 向法线 N 投影,则斜面上的正应力 $\sigma_{\rm N}$ 可由下式确定:

$$\sigma_{\rm N} = x_{\rm N} l + y_{\rm N} m + z_{\rm N} n$$

而斜面上的剪应力 $\tau_{\rm N}$ 由下式决定:

$$\tau_{\rm N}^2 = p_{\rm N}^2 - \sigma_{\rm N}^2$$

若总应力 $p_{\rm N}$ 与外法线 N 重合,斜面上的剪应力 $\tau_{\rm N} = 0$,这个面上的 $\sigma_{\rm N}$ 称为主应力,该斜面叫做主平面,$p_{\rm N}$ 的方向称为主轴向。主应力一共有三个,它们分别在三个互相垂直的方向上。

下面采用数学分析的方法来求主应力的值。令主应力的大小为 σ,主平面的方向余弦分别为 l、m、n(这里的 σ、l、m、n 均为未知量),因此有如下关系式:

$$\begin{cases} x_N = \sigma l \\ y_N = \sigma m \\ z_N = \sigma n \end{cases}$$

若将上述表达式代入式(2),则可得

$$\begin{cases} (\sigma_r - \sigma) l + \tau_{r\theta} m + \tau_{zr} n = 0 \\ \tau_{r\theta} l + (\sigma_\theta - \sigma) m + \tau_{\theta z} n = 0 \\ \tau_{zr} l + \tau_{\theta z} m + (\sigma_z - \sigma) n = 0 \end{cases} \tag{3}$$

式(3)是含三个方向余弦 l、m、n 的线性方程组,若要此线性齐次方程组有非零解,必须使下述行列式恒等于零,即

$$\begin{vmatrix} \sigma_r - \sigma & \tau_{r\theta} & \tau_{zr} \\ \tau_{r\theta} & \sigma_\theta - \sigma & \tau_{\theta z} \\ \tau_{zr} & \tau_{\theta z} & \sigma_z - \sigma \end{vmatrix} = 0$$

上述行列式为实对称行列式,故有三个实数解。若将上述行列式展开,则可得

$$\sigma^3 - J_1\sigma^2 + J_2\sigma - J_3 = 0 \tag{4}$$

式中:J_1——第一应力不变量,其表达式如下:

$$J_1 = \sigma_r + \sigma_\theta + \sigma_z$$

J_2——第二应力不变量,其值为:

$$J_2 = \begin{vmatrix} \sigma_r & \tau_{r\theta} \\ \tau_{r\theta} & \sigma_\theta \end{vmatrix} + \begin{vmatrix} \sigma_\theta & \tau_{\theta z} \\ \tau_{\theta z} & \sigma_z \end{vmatrix} + \begin{vmatrix} \sigma_z & \tau_{zr} \\ \tau_{zr} & \sigma_r \end{vmatrix} = \sigma_r\sigma_\theta + \sigma_\theta\sigma_z + \sigma_z\sigma_r - \tau_{r\theta}^2 - \tau_{\theta z}^2 - \tau_{zr}^2$$

J_3——第三应力不变量,其值可由下式表示:

$$J_3 = \begin{vmatrix} \sigma_r & \tau_{r\theta} & \tau_{zr} \\ \tau_{r\theta} & \sigma_\theta & \tau_{\theta z} \\ \tau_{zr} & \tau_{\theta z} & \sigma_z \end{vmatrix} = \sigma_r\sigma_\theta\sigma_z + 2\tau_{r\theta}\tau_{\theta z}\tau_{zr} - \sigma_r\tau_{\theta z}^2 - \sigma_\theta\tau_{zr}^2 - \sigma_z\tau_{r\theta}^2$$

若令

$$\sigma = p\bar{\sigma}$$

$$\sigma_r = p\bar{\sigma}_r$$

$$\sigma_\theta = p\bar{\sigma}_\theta$$

$$\sigma_z = p\bar{\sigma}_z$$

$$\tau_{r\theta} = p\bar{\tau}_{r\theta}$$

$$\tau_{\theta z} = p\bar{\tau}_{\theta z}$$

$$\tau_{zr} = p\bar{\tau}_{zr}$$

将上述表达式代入式(4),则可得

$$\bar{\sigma}^3 - \bar{J}_1\bar{\sigma}^2 + \bar{J}_2\bar{\sigma} - \bar{J}_3 = 0 \tag{5}$$

式中:$\bar{J}_1 = \bar{\sigma}_r + \bar{\sigma}_\theta + \bar{\sigma}_z$

$\bar{J}_2 = \bar{\sigma}_r\bar{\sigma}_\theta + \bar{\sigma}_\theta\bar{\sigma}_z + \bar{\sigma}_z\bar{\sigma}_r - \bar{\tau}_{r\theta}^2 - \bar{\tau}_{\theta z}^2 - \bar{\tau}_{zr}^2$

$\bar{J}_3 = \bar{\sigma}_r\bar{\sigma}_\theta\bar{\sigma}_z + 2\bar{\tau}_{r\theta}\bar{\tau}_{\theta z}\bar{\tau}_{zr} - \bar{\sigma}_r\bar{\tau}_{\theta z}^2 - \bar{\sigma}_\theta\bar{\tau}_{zr}^2 - \bar{\sigma}_z\bar{\tau}_{r\theta}^2$

式(5)为一元三次方程,它有三个实根,分别为:

$$\begin{cases}\bar{\sigma}_1=\dfrac{\bar{J}_1}{3}+2\sqrt{-\dfrac{m}{3}}\cos\dfrac{\alpha}{3}\\ \bar{\sigma}_2=\dfrac{\bar{J}_1}{3}-\sqrt{-\dfrac{m}{3}}\left(\cos\dfrac{\alpha}{3}-\sqrt{3}\sin\dfrac{\alpha}{3}\right)\\ \bar{\sigma}_3=\dfrac{\bar{J}_1}{3}-\sqrt{-\dfrac{m}{3}}\left(\cos\dfrac{\alpha}{3}+\sqrt{3}\sin\dfrac{\alpha}{3}\right)\end{cases} \tag{16-1-1}$$

式中:$\alpha=\arccos\left[-\dfrac{n}{2}\left(-\dfrac{m^3}{27}\right)^{-\frac{1}{2}}\right]\quad(0<\alpha<\pi)$

$$m=-\left(\frac{\bar{J}_1}{3}-\bar{J}_2\right)$$

$$n=-\left(\frac{2\bar{J}_1^3}{27}-\frac{\bar{J}_1\bar{J}_2}{3}+\bar{J}_3\right)$$

根据分析,在一般情况下,三个主应力满足:$\sigma_1>\sigma_2>\sigma_3$(证明从略)。

16.2 主应变分析

可以证明,在应力与变形理论之间有着完全的相似性(不证)。根据应力理论中的相当公式,就能写出在变形理论中的对应公式。因此,在物体内的任意一点,存在着三个相互垂直的方向,称为变形主轴,沿着主轴方向只有长度的改变,而无转动,即在变形主轴中的剪变形为零。

若以 ε_r 代替 σ_r,以$\frac{1}{2}\gamma_{r\theta}$代替 $\tau_{r\theta}$等,则可写出与式(4)相似的三次方程,此方程可以确定主应变:

$$\varepsilon^3-\theta_1\varepsilon^2+\theta_2\varepsilon-\theta_3=0 \tag{A}$$

式中:θ_1——第一形变不变量,其表达式如下:

$$\theta_1=\varepsilon_r+\varepsilon_\theta+\varepsilon_z$$

θ_2——第二形变不变量,其值可由下式确定:

$$\theta_2=\varepsilon_r\varepsilon_\theta+\varepsilon_\theta\varepsilon_z+\varepsilon_z\varepsilon_r-\frac{1}{4}(\gamma_{r\theta}^2+\gamma_{\theta z}^2+\gamma_{zr}^2)$$

θ_3——第三形变不变量,其值为:

$$\theta_3=\varepsilon_r\varepsilon_\theta\varepsilon_z+\frac{1}{4}(\gamma_{r\theta}\gamma_{\theta z}\gamma_{zr}-\varepsilon_r\gamma_{\theta z}^2-\varepsilon_\theta\gamma_{zr}^2-\varepsilon_z\gamma_{r\theta}^2)$$

若令

$$\varepsilon=\frac{p}{E}\bar{\varepsilon},\varepsilon_r=\frac{p}{E}\bar{\varepsilon}_r,\varepsilon_\theta=\frac{p}{E}\bar{\varepsilon}_\theta,\varepsilon_z=\frac{p}{E}\bar{\varepsilon}_z$$

$$\gamma_{r\theta}=\frac{p}{E}\bar{\gamma}_{r\theta},\gamma_{\theta z}=\frac{p}{E}\bar{\gamma}_{\theta z},\gamma_{zr}=\frac{p}{E}\bar{\gamma}_{zr}$$

那么式(A)可改写为下式:

$$\bar{\varepsilon}^3-\bar{\theta}_1\varepsilon^2+\bar{\theta}_2\bar{\varepsilon}-\bar{\theta}_3=0 \tag{B}$$

式中:$\bar{\theta}_1=\bar{\varepsilon}_r+\bar{\varepsilon}_\theta+\bar{\varepsilon}_z$

$$\bar{\theta}_2=\bar{\varepsilon}_r\bar{\varepsilon}_\theta+\bar{\varepsilon}_\theta\bar{\varepsilon}_z+\bar{\varepsilon}_z\bar{\varepsilon}_r-\frac{1}{4}(\bar{\gamma}_{r\theta}^2+\bar{\gamma}_{\theta z}^2+\bar{\gamma}_{zr}^2)$$

$$\bar{\theta}_3=\bar{\varepsilon}_r\bar{\varepsilon}_\theta\bar{\varepsilon}_z+\frac{1}{4}(\bar{\gamma}_{r\theta}\bar{\gamma}_{\theta z}\bar{\gamma}_{zr}-\bar{\varepsilon}_r\bar{\gamma}_{\theta z}^2-\bar{\varepsilon}_\theta\bar{\gamma}_{zr}^2-\bar{\varepsilon}_z\bar{\gamma}_{r\theta}^2)$$

同主应力分析一样,式(B)为一元三次方程,它有三个实根如下:

$$\begin{cases}\bar{\varepsilon}_1=\dfrac{\bar{\theta}_1}{3}+2\sqrt{-\dfrac{m}{3}}\cos\dfrac{\alpha}{3}\\ \bar{\varepsilon}_2=\dfrac{\bar{\theta}_1}{3}-\sqrt{-\dfrac{m}{3}}\left(\cos\dfrac{\alpha}{3}-\sqrt{3}\sin\dfrac{\alpha}{3}\right)\\ \bar{\varepsilon}_3=\dfrac{\bar{\theta}_1}{3}-\sqrt{-\dfrac{m}{3}}\left(\cos\dfrac{\alpha}{3}+\sqrt{3}\sin\dfrac{\alpha}{3}\right)\end{cases}\tag{16-2-1}$$

式中:$\alpha=\arccos\left[-\dfrac{n}{2}\left(-\dfrac{m^3}{27}\right)^{-\frac{1}{2}}\right]\quad(0<\alpha<\pi)$

$$m=-\left(\frac{\bar{\theta}_1}{3}-\bar{\theta}_2\right)$$

$$n=-\left(\frac{2\bar{\theta}_1}{27}-\frac{\bar{\theta}_1\bar{\theta}_2}{3}+\bar{\theta}_3\right)$$

主应变还可用主应力来表示,根据物理方程,则可得

$$\begin{cases}\varepsilon_1=\dfrac{1}{E}[\sigma_1-\mu(\sigma_2+\sigma_3)]\\ \varepsilon_2=\dfrac{1}{E}[\sigma_2-\mu(\sigma_1+\sigma_3)]\\ \varepsilon_3=\dfrac{1}{E}[\sigma_3-\mu(\sigma_1+\sigma_2)]\end{cases}\tag{16-2-2}$$

若令

$$\sigma_1=p\bar{\sigma}_1,\sigma_2=p\bar{\sigma}_2,\sigma_3=p\bar{\sigma}_3$$

$$\varepsilon_1=\frac{p}{E}\bar{\varepsilon}_1,\varepsilon_2=\frac{p}{E}\bar{\varepsilon}_2,\varepsilon_3=\frac{p}{E}\bar{\varepsilon}_3$$

则式(16-2-2)改写为下列表达式:

$$\begin{cases}\bar{\varepsilon}_1=\bar{\sigma}_1-\mu(\bar{\sigma}_2+\bar{\sigma}_3)\\ \bar{\varepsilon}_2=\bar{\sigma}_2-\mu(\bar{\sigma}_1+\bar{\sigma}_3)\\ \bar{\varepsilon}_3=\bar{\sigma}_3-\mu(\bar{\sigma}_1+\bar{\sigma}_2)\end{cases}\tag{16-2-3}$$

当利用式(16-1-1)求得主应力后,可直接利用式(16-2-2)求出主应变。

与主应力分析一样,在一般情况下,三个主应变也满足下列关系式:

$$\bar{\varepsilon}_1>\bar{\varepsilon}_2>\bar{\varepsilon}_3$$

16.3 最大剪应力

假如坐标为P、Q、R,主应力为σ_1、σ_2、σ_3。若令任意一个平面的法线为N,它的方向余弦分别为l、m、n,该平面上总应力为P_N,其三个分量为:$P_N=\sigma_1 l,Q_N=\sigma_2 m,R=\sigma_3 N$,如图16-1所示。

该平面上的法向应力为:

$$\sigma_N=\sigma_1 l^2+\sigma_2 m^2+\sigma_3 n^2\tag{a}$$

总应力可按下式求得:

$$P_N^2=\sigma_1^2 l^2+\sigma_2^2 m^2+\sigma_3^2 n^2$$

由此可得该平面上的剪应力表达式如下:

$$\tau^2 = P_N^2 - \sigma_N^2 = \sigma_1^2 l^2 + \sigma_2^2 m^2 + \sigma_3^2 n^2 - (\sigma_1 l^2 + \sigma_2 m^2 + \sigma_3 n^2)^2$$

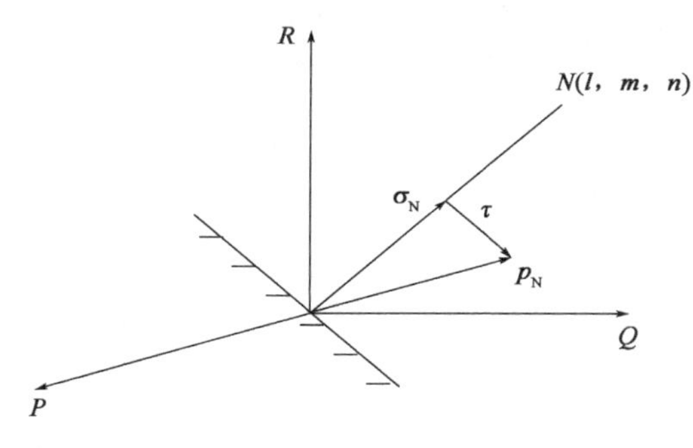

图 16-1

又因 $l^2 + m^2 + n^2 = 1$，故将 $n^2 = 1 - l^2 - m^2$ 代入上式，则可得

$$\tau^2 = [(\sigma_1^2 - \sigma_3^2)l^2 + (\sigma_2^2 - \sigma_3^2)m^2 + \sigma_3^2] - [(\sigma_1 - \sigma_3)l^2 + (\sigma_2 - \sigma_3)m^2 + \sigma_3]^2 \quad \text{(b)}$$

决定剪应力大小的极值条件是：

$$\frac{\partial \tau}{\partial l} = 0$$

$$\frac{\partial \tau}{\partial m} = 0$$

于是，对上式求导，则可得到如下两个方程：

$$\begin{cases} l(\sigma_1 - \sigma_3)\left[(\sigma_1 - \sigma_3)l^2 + (\sigma_2 - \sigma_3)m^2 - \frac{1}{2}(\sigma_1 - \sigma_3)\right] = 0 \\ m(\sigma_2 - \sigma_3)\left[(\sigma_1 - \sigma_3)l^2 + (\sigma_2 - \sigma_3)m^2 - \frac{1}{2}(\sigma_2 - \sigma_3)\right] = 0 \end{cases} \quad \text{(c)}$$

上述方程组的解分三种情况来讨论：

1. 主应力互不相等（$\sigma_1 \neq \sigma_2, \sigma_2 \neq \sigma_3, \sigma_3 \neq \sigma_1$）

当三个主应力互不相等时，由方程组(c)和 l、m、n 的轮换性，则有如表 16-1 所示的解。

剪应力各种解 表 16-1

解	一	二	三	四	五	六
l	0	0	±1	0	$\pm\frac{\sqrt{2}}{2}$	$\pm\frac{\sqrt{2}}{2}$
m	0	±1	0	$\pm\frac{\sqrt{2}}{2}$	0	$\pm\frac{\sqrt{2}}{2}$
n	±1	0	0	$\pm\frac{\sqrt{2}}{2}$	$\pm\frac{\sqrt{2}}{2}$	0
τ	0	0	0	$\pm\frac{1}{2}(\sigma_2 - \sigma_3)$	$\pm\frac{1}{2}(\sigma_1 - \sigma_3)$	$\pm\frac{1}{2}(\sigma_1 - \sigma_2)$

表中前三列，$\tau = 0$，因此在这种平面上无极值。剪应力的极大值和极小值发生在后三列的平面上。其值根据式(b)可表示为如下形式：

$$\tau_{12} = \pm\frac{\sigma_1 - \sigma_2}{2}$$

$$\tau_{23} = \pm\frac{\sigma_2 - \sigma_3}{2}$$

$$\tau_{13} = \pm\frac{\sigma_1 - \sigma_3}{2}$$

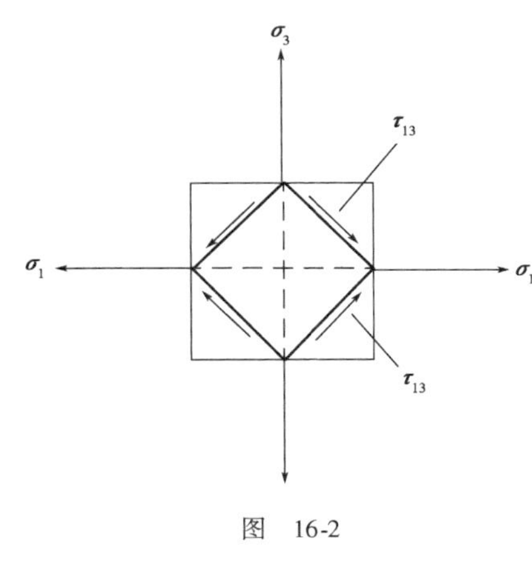

图 16-2

图16-2为 OPR 平面上剪应力极值,该面平分最大和最小主应力之间的夹角,其值为这两个主应力之差的一半。上述剪应力作用面上,也作用有正应力。根据式(a),其值为相应的主应力之和的一半:

$$\frac{\sigma_1+\sigma_2}{2}$$

$$\frac{\sigma_2+\sigma_3}{2}$$

$$\frac{\sigma_1+\sigma_3}{2}$$

2. 两个主应力相等($\sigma_1=\sigma_2,\sigma_2\neq\sigma_3$ 或 $\sigma_2=\sigma_3,\sigma_3\neq\sigma_1$ 或 $\sigma_3=\sigma_1,\sigma_1\neq\sigma_2$)

当主应力只有两个相等(如 $\sigma_1=\sigma_3$)时,则式(c)中的第一式自然成为恒等式,第二式可改写为下式:

$$m\left[(\sigma_2-\sigma_3)m^2-\frac{1}{2}(\sigma_2-\sigma_3)\right]=0$$

解上述方程,则可得

$$m=0$$

或

$$m=\pm\frac{\sqrt{2}}{2}$$

当 $m=0$ 时,根据式(b),则有

$$\tau=0$$

当 $m=\pm\frac{\sqrt{2}}{2}$时,根据式(b),则可得

$$\tau=\pm\frac{\sigma_2-\sigma_3}{2}$$

这表明剪应力的极值发生在与轴成45°的圆锥面上,如图16-3所示。

3. 所有主应力均相等($\sigma_1=\sigma_2=\sigma_3$)

当 $\sigma_1=\sigma_2=\sigma_3$ 时,式(c)中两式恒等于零,而无论 l、m、n 取何值。此时,根据式(b),则有 $\tau=0$。

根据上述分析,若 $\sigma_1>\sigma_2>\sigma_3$,则最大剪应力可表示为如下形式:

$$\tau_{\max}=\frac{\sigma_1-\sigma_3}{2} \tag{16-3-1}$$

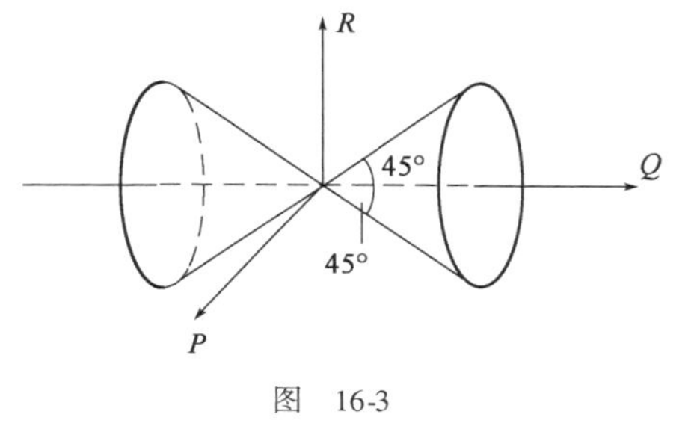

图 16-3

由式(16-3-1)可知,当 $\sigma_1>\sigma_2>\sigma_3$ 时,最大剪应力等于最大和最小主应力之差的一半。若令

$$\sigma_1=p\bar{\sigma}_1$$

$$\sigma_3=p\bar{\sigma}_3$$

$$\tau_{\max}=p\bar{\tau}_{\max}$$

则上式可改写为下式:

$$\bar{\tau}_{\max} = \frac{\bar{\sigma}_1 - \bar{\sigma}_3}{2} \tag{16-3-2}$$

16.4 正八面体应力

设主应力方向为坐标轴方向,在坐标轴上取三个等长的线段,并通过三线段的终点作一平面如图 16-4所示。这个平面的外法线与各主轴(坐标轴)的夹角相等,其方向余弦均为:

$$l = m = n = \frac{\sqrt{3}}{3}$$

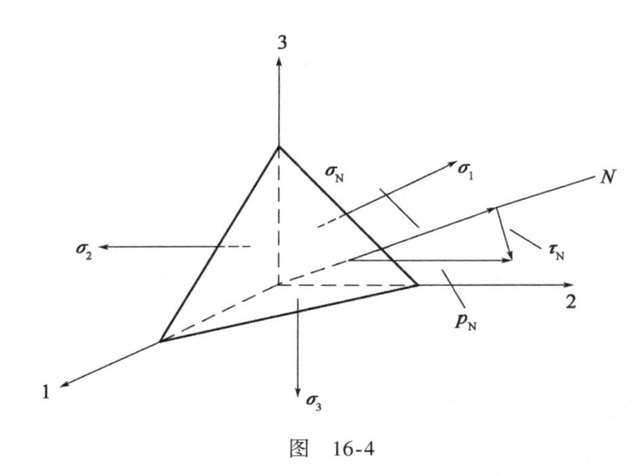

图 16-4

根据第 2 章 12.1 节的分析,作用于该斜面上的总应力 P_N 的分量可按下式计算:

$$x_N = \sigma_1 l = \frac{\sqrt{3}}{3}\sigma_1$$

$$y_N = \sigma_2 m = \frac{\sqrt{3}}{3}\sigma_2$$

$$z_N = \sigma_3 n = \frac{\sqrt{3}}{3}\sigma_3$$

由此可得总应力 P_N 的表达式为:

$$P_N = \sqrt{x_N^2 + y_N^2 + z_N^2}$$

即

$$p_N = \frac{\sqrt{3}}{3}\sqrt{\sigma_1^2 + \sigma_2^2 + \sigma_3^2}$$

若将 x_N、y_N、z_N 投影到法线 N 上,则可得正应力 σ_N 如下:

$$\sigma_N = x_N l + y_N m + z_N n = \sigma_1 l^2 + \sigma_2 m^2 + \sigma_3 n^2 = \sigma_{cp}$$

即

$$\sigma_{cp} = \frac{1}{3}(\sigma_1 + \sigma_2 + \sigma_3) \tag{16-4-1}$$

上式表明,正八面体面上正应力等于主应力的平均值。

对于正八面体面上的剪应力,由直角三角形可得如下表达式:

$$\tau_{\mathrm{N}} = \sqrt{p_{\mathrm{N}}^2 - \sigma_{\mathrm{N}}^2} = \sqrt{\frac{1}{3}(\sigma_1^2 + \sigma_2^2 + \sigma_3^2) - \frac{1}{9}(\sigma_1 + \sigma_2 + \sigma_3)^2}$$

$$= \sqrt{\frac{2}{9}(\sigma_1^2 + \sigma_2^2 + \sigma_3^2 - \sigma_1\sigma_2 - \sigma_2\sigma_3 - \sigma_3\sigma_1)} = \tau_{\mathrm{K}}$$

即

$$\tau_{\mathrm{K}} = \frac{1}{3}\sqrt{(\sigma_1 - \sigma_2)^2 + (\sigma_2 - \sigma_3)^2 + (\sigma_3 - \sigma_1)^2} \tag{16-4-2}$$

若令下列主剪应力:

$$\tau_{12} = \frac{\sigma_1 - \sigma_2}{2}$$

$$\tau_{23} = \frac{\sigma_2 - \sigma_3}{2}$$

$$\tau_{31} = \frac{\sigma_3 - \sigma_1}{2}$$

则上式又可改写为下式:

$$\tau_K = \frac{2}{3}\sqrt{\tau_{12}^2 + \tau_{23}^2 + \tau_{31}^2} \tag{16-4-3}$$

式(16-4-3)表明,正八面体面上的剪应力等于主剪应力平方和的$\frac{2}{3}$。

上述表达式用系数表示,则可得

$$\bar{\sigma}_{\mathrm{cp}} = \frac{1}{3}(\bar{\sigma}_1 - \bar{\sigma}_2 - \bar{\sigma}_3) \tag{16-4-4}$$

$$\bar{\tau}_{\mathrm{K}} = \frac{1}{3}\sqrt{(\bar{\sigma}_1 - \bar{\sigma}_2)^2 + (\bar{\sigma}_2 - \bar{\sigma}_3)^2 + (\bar{\sigma}_3 - \bar{\sigma}_1)^2} \tag{16-4-5}$$

$$\bar{\tau}_{\mathrm{K}} = \frac{2}{3}\sqrt{\bar{\tau}_{12}^2 + \bar{\tau}_{23}^2 + \bar{\tau}_{31}^2} \tag{16-4-6}$$

正八面体面上的正应力和剪应力,或称为正八面体应力,应当指出,在所有八个面上的正八面体应力均相等,如图16-5所示。

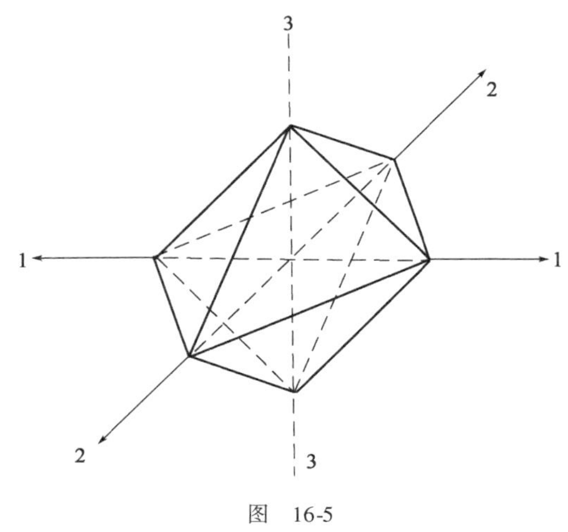

图 16-5

正八面体的剪应力还可有另外的表达式。根据上面的分析,则有

$$\tau_{K}=\frac{1}{3}\sqrt{2(\sigma_{1}^{2}+\sigma_{2}^{2}+\sigma_{3}^{2}-\sigma_{1}\sigma_{2}-\sigma_{2}\sigma_{3}-\sigma_{3}\sigma_{1})}$$
$$=\frac{1}{3}\sqrt{2[\sigma_{1}^{2}+\sigma_{2}^{2}+\sigma_{3}^{2}+2\sigma_{1}\sigma_{2}+2\sigma_{2}\sigma_{3}+2\sigma_{3}\sigma_{1}-3(\sigma_{1}\sigma_{2}+\sigma_{2}\sigma_{3}+\sigma_{3}\sigma_{1})]}$$
$$=\frac{1}{3}\sqrt{2[(\sigma_{1}+\sigma_{2}+\sigma_{3})^{2}-3(\sigma_{1}\sigma_{2}+\sigma_{2}\sigma_{3}+\sigma_{3}\sigma_{1})]}$$

又根据应力不变量,则有

$$\tau_{K}=\frac{1}{3}\sqrt{2(J_{1}^{2}-3J_{2})} \tag{16-4-7}$$

式中:$J_{1}=\sigma_{1}+\sigma_{2}+\sigma_{3}$

$J_{2}=\sigma_{1}\sigma_{2}+\sigma_{2}\sigma_{3}+\sigma_{3}\sigma_{1}$

若用应力系数表示,则上式可表示为下式:

$$\bar{\tau}_{K}=\frac{1}{3}\sqrt{2(\bar{J}_{1}^{2}-3\bar{J}_{2})} \tag{16-4-8}$$

式中:$\bar{J}_{1}=\bar{\sigma}_{1}+\bar{\sigma}_{2}+\bar{\sigma}_{3}$

$\bar{J}_{2}=\bar{\sigma}_{1}\bar{\sigma}_{2}+\bar{\sigma}_{2}\bar{\sigma}_{3}+\bar{\sigma}_{3}\bar{\sigma}_{1}$

在塑性理论中,正八面体的剪应力是基本物理量,它决定塑性变形的发展特性。

参 考 文 献

[1] 朱照宏,王秉纲,郭大智. 路面力学计算[M]. 北京:人民交通出版社,1985.
[2] 邓学钧,陈荣生. 刚性路面设计[M]. 北京:人民交通出版社,1990.
[3] 钱伟长,叶开沅. 弹性力学[M]. 北京:科学出版社,1980.
[4] 别茹霍夫 H И. 弹性与塑性理论[M]. 北京:人民教育出版社,1956.
[5] Waston G N. A Treatise on the Theory of Bessel Functions[M]. Cambridge Univ. Press, 1944.
[6] 王竹溪,郭敦仁. 特殊函数概论[M]. 北京:科学出版社,1979.
[7] 徐芝伦. 弹性力学[M]. 北京:人民教育出版社,1980.
[8] 穆斯海里什维列. 数学弹性理论的若干基本问题[M]. 北京:科学出版社,1958.
[9] 上海同济大学公路工程研究所. 路面厚度计算图表[M]. 北京:人民交通出版社,1975.

后　　记

郭大智教授将这套书稿及相关资料的最终版交给我们时，是2019年7月31日，当年的11月11日郭老师永远的离开了我们。

这一次校对书稿时，逐页仔细读来，宛如在郭老师指导下开展工作，也如同与之长谈，但更多的是永远的遗憾。本书的第一版于2000年定稿，之后郭大智教授即在教学和科研中不断审视打磨他的这套经典之作，2010年开始修订，2015年8月完成底稿，这之后继续雕琢完善，经历十九载光阴终于定稿。面对这样三部理论艰深复杂的著作，仅逐页校对公式，我们就难以想象他是怎样在垂暮之年完成煌煌巨作，难以想象他怎样独自在学术长征路上慢慢而执着的前行。

回想郭大智教授整理这一版文稿的过程，十分艰辛。这三部书，从体力上要一个字一个字、一个公式一个公式的敲进电脑，打字是“二指禅”指法、看屏幕要用放大镜的老者是如何坚持下来的，令人感慨。书中所有公式看得出是郭老师重新推导，甚至要自证的，从脑力上要重新推演、检查全局和细节，甚至再建构新的理论框架并完成全部理论求解，油尽灯枯的最后光阴，健康状况不佳的他承受着多少，更难以想象——独自完成如此繁重、宏大的研究，令人望而生畏。而再读这一版文稿，不仅依旧深奥、严谨、细致、周密，所关注问题仍是最根本的、最源头的、最繁复困难的，而这其中发现和解决新的问题，重新的推导方式、表达方式，很多新工作占比极大，更是治学的典范。这三本著作，可以说耗尽了他最后的心血与体力，难怪交给我们最终文稿不到4个月他就去世了。凝视这一行行公式，回想往事，令人泪下，更令人崇敬。所以在校稿时，对照自己的工作，深感惭愧，尤其是限于我们的水平，事实上仍有一些问题已经无法向郭老师求教商量了，这便是永远的遗憾。而更深层次的则是无尽的怀念。

郭大智教授，1936年3月25日出生于湖北武汉，1955年进入哈尔滨工业大学土木系学习，1958年在公路与城市道路专业创办之际被选拔为师资生参与专业建设，1959年10月被选送赴同济大学进修，1960年毕业留校任教，先后任道路工程教研室助教、讲师、副教授、教授，1993年加入中国共产党，1998年3月退休。本可安享晚年的他，实际上一直奋斗在学术一线，为学科的人才培养、队伍建设和科学研究无私奉献，直至耗尽自己的全部心血和精力。

郭大智教授是哈尔滨工业大学“八百壮士”的典型和“立德树人”的杰出楷模。他信仰坚定、初心不改，听从召唤扎根龙江六十一载，为学科发展付出了毕生心血，成就卓著、贡献卓越。郭大智教授学术功底深厚、心无旁骛、精益求精，醉心于学术研究，是我国路面力学领域的重要开拓者和主要奠基人，他在层状弹性体系力学与层状黏弹性体系力学及工程数学等领域有很深的造诣，独创了简洁可行的“郭大智解法”，所编著的《路面力学中的工程数学》《层状弹性体系力学》和《层状黏弹性体系力学》，阐释了路面力学的学术思想和研究方法，体现了他系统、宽广、严正、深邃、务实、精致的治学理念，是经典的学术著作和研究生教材，对交通领域的人才培养和学术研究影响深远。他始终坚持理论联系实际的研究风格，为制订具有中国理念、特色和风范的《公路沥青路面设计规范》开展了长达近半世纪的艰深研究和实践，是这部行业标准的主要引领者和编写人，为推动道路和机场工程技术进步做出了重要贡献。曾获国家科技进步二等奖、国家教委科技进步一等奖和多项省部级科技进步奖，曾荣获建设部科技先进工作者称号，享受国务院政府特殊津贴。

这三本著作，充分体现了郭大智教授的学术追求和研究风格，这一代学者用生命诠释着科学家精神和中国特有的教育家精神。郭老师胸怀祖国、服务人民、心有大我、至诚报国,之所以毕生投身于路面力学领域,就是为《公路沥青路面设计规范》的制修订和公路建设技术的发展贡献自己的才华与生命,面向国家战略需要做科研——这是一代代学者的朴素报国心。郭老师在科学研究中勇攀高峰、敢为人先,将国际同台竞技时要占领理论研究制高点——作为中国学者的使命,这是一代代学者民族自豪感的朴素体现。郭老师特别注重理论联系实际,构建的研究体系贯通了工程、力学、数学与计算——因此本书中既关注理论体系的完备和求解,同时重视路面设计规范的实际计算需求,注重路面力学计算的效率和精度,面向计算程序的效率和精度开展细致而繁重的研究,这些都为学科后续理论研究奠定了坚实的基础,也树立了光辉的典范。郭老师是哈工大"规格严格　功夫到家"校训的忠实践行者和楷模,受苏联专家和哈工大学风校风影响很深,他治学严谨细致——因此本书完整呈现了多层面的理论推演的脉络和细节;同时也有其自己的研究特色,他十分善于以经典问题为突破口,特别擅长运用初等工具建立高深的结果——因此本书尽量不用复杂晦涩难懂的数学理论,而是面向工科学生的基础运用便于理解的数学理论和表现形式,并解决更具一般意义的理论难题;他十分善于运用理论和计算验证自己研究的正确性——因此这一版专门增加了检验多层体系系数求解的方法,凡此种种细致地呈现了他的治学理念与风格。

郭大智教授既有淡泊名利、潜心研究的奉献精神,又有集智攻关、团结协作的协同精神,有言为士则、行为世范的道德情操,有启智润心、因材施教的育人智慧,有勤学笃行、求是创新的躬耕态度,有乐教爱生、甘于奉献的仁爱之心,还有胸怀天下、以文化人的弘道追求。郭老师耿直正派、胸襟磊落,严于律己、坚持原则,关爱学生、待人赤诚,谦虚谨慎、淡泊名利,学识渊博、甘当人梯,为我国交通事业培养了三代路面力学与结构设计领域的重要学者,为哈工大交通学科赢得了突出的学术声誉,为专业的科学研究、学科发展、人才培养和师资队伍建设等都做出了极其重要的贡献,是哈工大交通学院当之无愧的功勋教授,更是备受师生敬重、信赖和爱戴的师长。

展开这三部他耗尽毕生心血完成的著作,令人思绪翻涌、感慨万千。审校发现的问题,我们能确认的,均逐一核对、修改、答复。关于体例和行文,尤其是理论推导过程的公式的序号问题,限于我们的个人水平,还不能完全理解;其中关于反力递推法等篇章,饱含着他对自己挚友吴晋伟的怀念,但我对这些还不够熟悉,一般不敢擅自修改。看到这份文稿,如今更没有机会再找郭老师商量、核准,永远的遗憾,暂时尊重郭老师的思路和成果,不做修改,包括英文译名的写法等,也保持原貌,这些请读者理解。如文稿中有格式、编排等问题,我们愿负文责。

最后非常感谢编辑李瑞同志和审稿人的认真细致审校!编辑和审稿人所提出的很多问题,对我们而言是再一次学习。尤其是如此细致、周密、严谨的审校,对我们很受教育,想来也是对郭大智教授的一种深切怀念。

谨以此文纪念郭大智教授,更希望中国路面力学和道路工程领域的青年学者青出于蓝胜于蓝,为交通强国建设贡献更多智慧和力量,为伟大祖国培养更多杰出人才。

王东升　冯德成

2024 年 1 月 23 日